항공
산업기사 필기

김진우 저

INDUSTRIAL ENGINEER AIRCRAFT MAINTENANCE

머리말

본격적인 항공 분야의 발달은 그 역사가 짧지만, 하늘을 날고자 하는 인간의 꿈은 태초부터 있어 왔다. 수십 년 전 저자가 항공 분야에 입문할 당시와 오늘날 우리나라의 항공 분야는 비교도 할 수 없을 정도로 크게 성장하였다.

항공 분야가 발전하는 만큼 필요로 하는 종사자 수가 늘어나면서 많은 젊은이들이 항공 분야에 종사하기 위해 준비하고 있다. 따라서 항공 기초입문자나 일정한 자격 기준을 갖춘 이들이 보다 쉽고 빠르게 자격증을 취득할 수 있도록 다년간 항공 분야에서 가르친 경험을 바탕으로 교재를 발간하게 되었다.

이 책은 항공산업기사 시험이 처음으로 치러진 1999년부터 지금까지의 문제를 체계적으로 정리하여 수록하였다. 또한 항공정비사 기능증명을 취득하고자 하는 종사자들에게도 필요한 수험서가 되도록 다음과 같은 특징으로 구성하였다.

첫째, 한국산업인력공단의 출제기준에 따른 핵심 내용을 단원별로 수록하였다.
둘째, 단원별로 예상문제를 수록하여 난이도가 있거나 본문에서 다루지 않은 문제에는 이해하기 쉽도록 해설을 달아 주었다.
셋째, 항공산업기사, 항공정비사 시험을 준비하는 이들에게 꼭 필요한 내용을 일목요연하게 정리하였다.
넷째, 부록으로 최근에 시행된 기출문제를 수록하여 줌으로써 출제 경향을 알 수 있도록 하였으며, 자세한 해설로 문제의 이해를 도왔다.

새로운 항공기술 지식을 얻고자 하는 지식인과 자격시험을 준비하는 이들에게 손색없는 수험 참고서가 되도록 심혈을 기울여 엮은 교재인 만큼, 항공 분야에 종사하고자 하는 모든 이들에게 많은 도움이 되기를 기원한다. 그리고 혹시 미미한 점이나 잘못된 점이 있다면 여러분들의 기탄없는 충고를 바란다.

초심을 잃지 않고 꾸준히 공부한다면 하늘을 꿈꾸는 당신에게 반드시 항공 분야의 기술인으로서 중추적인 역할을 할 것을 믿어 의심하지 않는다. 끝으로 이 교재가 출간되기까지 아낌없이 노력을 쏟아주신 도서출판 **일진사**에 깊은 감사를 드린다.

저자 씀

항공산업기사 출제기준

필기검정방법	객관식	문제수	과목당 20문항 (4과목)	시험시간	2시간

○ **직무내용**: 항공기 기체계통, 기관계통, 전자 장비계통 등에 대한 기초 기술 업무 및 숙련된 기능을 바탕으로 규정된 정비절차에 따라서 각 계통의 작동상태, 손상상태를 점검 및 검사시험하여 항공기의 감항성이 유지되도록 정비하는 직무

필기 과목명	출제 문제수	주요항목	세부항목
항공역학	20	1. 공기역학	(1) 대기 ① 대기의 구성 ② 공기의 성질 ③ 표준대기 (2) 날개이론 ① 날개 형상 ② 날개단면 이론 ③ 날개이론
		2. 비행역학	(1) 비행성능 ① 수평 비행성능 ② 상승·하강 비행성능 ③ 선회 비행성능 ④ 이·착륙 비행성능 ⑤ 특수 비행성능 ⑥ 항속성능 (2) 비행기의 안전성과 조종 ① 세로안정과 조종 ② 가로안정과 조종 ③ 방향안정과 조종 ④ 조종면의 이론
		3. 프로펠러 및 헬리콥터	(1) 프로펠러 추진원리 ① 프로펠러의 추진원리 ② 프로펠러의 성능 (2) 헬리콥터 비행원리 ① 헬리콥터 비행원리 ② 헬리콥터의 성능
항공기관	20	1. 항공기 기관의 개요	(1) 항공기 기관의 개요 및 분류 ① 기관의 개요 ② 기관의 분류 (2) 열역학 및 항공 기관 사이클 ① 열역학 기본 법칙 ② 항공기관 사이클 해석
		2. 항공기 왕복 기관	(1) 왕복기관의 작동 원리 및 구조 ① 작동원리 ② 구조 및 성능 (2) 왕복기관의 계통 ① 흡·배기계통 ② 연료계통 ③ 윤활계통 ④ 시동 및 점화계통 (3) 왕복기관의 작동과 검사 ① 왕복기관의 작동과 검사
		3. 항공기 가스터빈 기관	(1) 가스터빈 기관의 작동원리 및 구조 ① 작동원리 ② 구조 및 성능 (2) 가스터빈 기관의 계통 ① 흡·배기계통 ② 연료계통 ③ 윤활계통 ④ 시동 및 점화계통 (3) 가스터빈 기관의 작동과 검사 ① 가스터빈 기관의 작동과 검사
		4. 프로펠러	(1) 프로펠러 ① 프로펠러의 구조 및 명칭 ② 프로펠러의 작동

필기 과목명	출제 문제수	주 요 항 목	세 부 항 목
항공장비	20	1. 항공기 전기 계통	(1) 전기회로 ① 직류와 교류 ② 회로보호장치 및 제어장치 (2) 직류 및 교류 전력 ① 축전지 ② 직류 및 교류발전기 ③ 직류 및 교류전동기 (3) 변압, 변류 및 정류기 ① 변압, 변류 및 정류기
		2. 항공기 계기 계통	(1) 항공계기 일반 ① 항공계기의 특성 ② 항공계기의 종류 ③ 계기의 작동원리 및 구조
		3. 항공기 공·유압 및 환경조절계통	(1) 공·유압계통 ① 공압계통 ② 유압계통 (2) 환경조절계통 ① 환경조절계통
		4. 항공기 방빙 및 비상 계통	(1) 제빙, 방빙계통 ① 제빙, 방빙 계통 ② 화재탐지 및 소화계통 (2) 비상계통 ① 비상계통
		5. 항공기 통신 및 항법 계통	(1) 통신계통 ① 유선통신 ② 무선통신 (2) 항법계통 ① 원조항법 ② 자립항법 ③ 지상항법
항공기체	20	1. 항공기 기체구조 및 기체계통	(1) 기체구조 ① 항공기기체 구조일반 ② 동체 및 날개 ③ 엔진마운트, 나셀 (2) 기체 계통 ① 조종계통 ② 착륙 및 브레이크계통 ③ 연료계통
		2. 항공기 재료 및 요소	(1) 항공기 재료 ① 철 및 비철금속 재료 ② 비금속 재료 (2) 항공기 요소 (Fastener 등) ① 항공기 요소의 식별 ② 항공기 요소의 취급
		3. 기체구조 수리 및 역학	(1) 기체구조의 수리 ① 판금작업 ② 리벳작업 ③ 용접작업 ④ 복합재료 수리 ⑤ 부식처리 및 방지법 (2) 구조역학의 기초 ① 응력과 변형률 ② 보의 응력과 변형 ③ 비틀림의 해석 ④ 구조의 하중과 $V-n$ 선도 ⑤ 무게와 평형

Contents

차 례

PART 1 항공 역학

제1장 공기역학

1. 대기 ································· 12
   - 1-1 대기의 성질 ······················ 12
   - 1-2 공기 흐름의 성질과 법칙 ········ 16
   - 1-3 공기의 점성효과 ················· 22
   - 1-4 공기의 압축성 효과 ·············· 28

2. 날개 이론 ···························· 33
   - 2-1 날개골(airfoil)의 모양과 특성 ··· 33
   - 2-2 날개의 공기력 ···················· 48
   - 2-3 날개의 공력 보조장치 ··········· 56

제2장 비행 역학

1. 비행 성능 ···························· 60
   - 1-1 항력과 동력 ······················ 60
   - 1-2 일반 성능 ························ 64
   - 1-3 특수 성능 ························ 77
   - 1-4 기동 성능 ························ 80

2. 비행기의 안정과 조종 ··············· 85
   - 2-1 조종면 이론 ······················ 85
   - 2-2 안정과 조종 ······················ 89
   - 2-3 고속기의 비행 불안정 ··········· 102

제3장 프로펠러 및 헬리콥터

1. 프로펠러의 추진원리 ················ 105
   - 1-1 프로펠러의 역할과 구성 ········ 105
   - 1-2 프로펠러 성능 ···················· 105
   - 1-3 프로펠러에 작용하는 힘과 응력 ······ 106

2. 헬리콥터의 비행원리 ················ 115
   - 2-1 헬리콥터의 비행원리 ············ 115
   - 2-2 안정과 조종 ······················ 126

PART 2 항공 기관

제1장 항공기 기관의 개요

1. 항공기 기관의 분류 ·················· 130
   - 1-1 항공기 왕복기관 ················· 130
   - 1-2 가스터빈 기관 ···················· 132
   - 1-3 펄스제트 기관 ···················· 133
   - 1-4 램제트 기관 ······················ 134
   - 1-5 로켓 기관 ························ 134

2. 열역학의 기초 및 항공기관 사이클 ······ 136
   - 2-1 열역학적 기초 단위와 용어 ····· 136
   - 2-2 열역학 제1법칙(에너지 보존 법칙) · 140

2-3 유체의 열역학적 특성 ················ 143
2-4 작동유체의 상태변화 ················ 145
2-5 열역학 제2법칙 ························ 147
2-6 왕복기관의 기본 사이클 ·········· 150
2-7 가스터빈 기관의 기본 사이클 ········ 151

제2장 항공기 왕복기관

1. 왕복기관의 작동원리 ···················· 153
1-1 4행정 기관의 작동원리 ············ 153

2. 왕복기관의 구조 ···························· 156
2-1 기본 구조 ································· 156
2-2 흡입 계통 ································· 161
2-3 배기 계통 ································· 164

3. 왕복기관의 연료 ···························· 170
3-1 연료 ··· 170
3-2 연료계통 ··································· 171
3-3 기화기 ····································· 172

4. 윤활계통 ·· 181
4-1 윤활유(oil) ······························· 181
4-2 기관의 윤활방법 ······················ 181
4-3 윤활유의 성질 ·························· 181
4-4 윤활계통 ································· 182

5. 시동계통 및 점화계통 ················· 187
5-1 시동계통 ································· 187
5-2 점화계통 ································· 187
5-3 마그네토의 원리 ······················ 188
5-4 마그네토의 구성 ······················ 189
5-5 마그네토의 회전속도 ··············· 190
5-6 고압 점화계통 ·························· 190
5-7 저압 점화계통 ·························· 191
5-8 점화시기 ································· 192
5-9 점화 플러그(spark plug) ········· 192
5-10 보조 장비 ······························· 194

6. 왕복기관의 성능 ···························· 198
6-1 기관의 성능 요소 구비조건 ······ 198
6-2 성능과 고도와의 관계 ············· 200

제3장 항공기 가스터빈 기관

1. 가스터빈 기관의 종류와 특성,
   작동원리 ·· 205
1-1 가스터빈 기관의 종류 및 분류 ······ 205
1-2 가스터빈 기관의 특성 ············· 205
1-3 가스터빈 기관의 작동원리 ······ 206

2. 가스터빈 기관의 구조 ·················· 209
2-1 기본 구조 ································· 209
2-2 공기 흡입계통(air inlet duct) ······· 209
2-3 압축기 ····································· 209
2-4 연소실 ····································· 213
2-5 터빈(turbine) ·························· 215

3. 연료계통 ·· 226
3-1 가스터빈 기관의 구비조건 ······ 226
3-2 연료 선택 시 고려할 사항 ······· 226
3-3 연료의 종류 ····························· 226
3-4 연료계통 ································· 227

4. 윤활계통 ·· 233
4-1 윤활유의 구비조건 ·················· 233
4-2 윤활유의 종류 ·························· 233
4-3 윤활계통 ································· 233

5. 시동계통 ·· 239
5-1 가스터빈 기관의 시동 및 점화계통의 특징 239
5-2 시동계통 ································· 239

6. 점화계통 ·· 240
6-1 가스터빈 기관의 점화계통의 특징 ·· 240
6-2 점화계통의 종류 ······················ 241
6-3 지상 동력장치와 보조 동력장치 ····· 242

7. 그 밖의 계통
- 7-1 소음 감소장치 ······ 243
- 7-2 추력 증가장치 ······ 244

8. 가스터빈 기관의 성능
- 8-1 가스터빈 기관의 추력 ······ 248
- 8-2 가스터빈 기관의 효율 ······ 250
- 8-3 가스터빈 기관의 비행성능과 작동 ·· 251

제4장 프로펠러
1. 프로펠러의 구조 ······ 257
- 1-1 프로펠러 깃 ······ 257
- 1-2 프로펠러에 작용하는 힘과 응력 ······ 258
- 1-3 프로펠러 피치 ······ 259

2. 프로펠러의 종류 ······ 263
- 2-1 깃의 사용 재료에 따른 분류 ······ 263
- 2-2 프로펠러 장착 방법에 따른 분류 ···· 263
- 2-3 프로펠러 깃수에 따른 분류 ······ 263
- 2-4 피치 변경 기구에 의한 분류 ······ 263

3. 프로펠러 감속 ······ 270

PART 3 항공기 기체

제1장 항공기 기체구조 및 기체계통
1. 기체구조 ······ 274
- 1-1 항공기 기체구조의 개요 ······ 274
- 1-2 동체 ······ 279
- 1-3 날개 ······ 286
- 1-4 꼬리날개 ······ 290

2. 기체계통 ······ 294
- 2-1 조종계통 ······ 294
- 2-2 착륙장치 ······ 302
- 2-3 기관 마운트 및 나셀 ······ 315

제2장 항공기 재료 및 요소
1. 항공기 재료 ······ 317
- 1-1 철강재료 ······ 317
- 1-2 비철 금속재료 ······ 320
- 1-3 금속재료의 열처리 및 표면경화법 ·· 326
- 1-4 비금속재료 ······ 331
- 1-5 복합재료 ······ 332

2. 항공기 요소(fastener 등) ······ 336
- 2-1 항공기용 기계요소 ······ 336
- 2-2 정비작업 ······ 358

제3장 기체구조 수리 및 역학
1. 기체구조의 수리 ······ 362
- 1-1 판금작업 ······ 362
- 1-2 리벳 작업 ······ 367
- 1-3 용접작업 ······ 372
- 1-4 비파괴 검사 ······ 375

2. 구조역학의 기초 ······ 378
- 2-1 비행상태와 하중 ······ 378
- 2-2 부재의 강도 ······ 390
- 2-3 강도와 안정성 ······ 402
- 2-4 구조시험 ······ 406

PART 4 항공기 장비

제1장 항공기 전기계통

1. 전기회로 ……………………………… 408
- 1-1 전기회로와 옴의 법칙 ……………… 408
- 1-2 항공기용 전기부품과 배선 ………… 411
- 1-3 전기 제어장치 ……………………… 412
- 1-4 전기의 측정 ………………………… 413

2. 직류 전력 …………………………… 421
- 2-1 축전지 ……………………………… 421
- 2-2 직류 발전기 ………………………… 423

3. 교류 전력 …………………………… 428
- 3-1 교류 ………………………………… 428
- 3-2 교류 발전기 ………………………… 430
- 3-3 교류 전압 조절기 …………………… 430
- 3-4 정속 구동장치 ……………………… 431
- 3-5 인버터(inverter) …………………… 431

4. 변압기, 변류기, 정류기 …………… 435
- 4-1 변압기 ……………………………… 435
- 4-2 변류기 ……………………………… 435
- 4-3 정류기 ……………………………… 435

5. 전동기 ……………………………… 436
- 5-1 직류 전동기 ………………………… 436
- 5-2 교류 전동기 ………………………… 436

6. 조명장치 …………………………… 438
- 6-1 외부 조명계통 ……………………… 438
- 6-2 내부 조명계통 ……………………… 438

제2장 항공기 계기계통

1. 항공계기 일반 ……………………… 440

- 1-1 피토 정압 계통 기기 ……………… 443
- 1-2 압력계기 …………………………… 448
- 1-3 온도계기 …………………………… 451
- 1-4 자기계기 …………………………… 454
- 1-5 자이로 계기 ………………………… 459
- 1-6 원격 지시계기
  (싱크로 계기, 자기 동기계기) ……… 463
- 1-7 액량 및 유량계기 …………………… 465
- 1-8 회전계기 …………………………… 467
- 1-9 그 밖의 계기 ………………………… 467

제3장 항공기 공·유압 및 환경 조절계통

1. 유압계통 일반 ……………………… 470
- 1-1 파스칼의 원리 ……………………… 470
- 1-2 작동유 ……………………………… 471

2. 유압 동력계통 및 장치 …………… 471
- 2-1 레저버(reservoir, 저장소) ………… 471
- 2-2 동력 펌프 …………………………… 472
- 2-3 수동 펌프 …………………………… 473
- 2-4 축압기 ……………………………… 473
- 2-5 여과기 ……………………………… 474

3. 압력 조절, 제한 및 제어장치 ……… 478
- 3-1 압력 조절장치 ……………………… 478
- 3-2 감압 밸브 …………………………… 479
- 3-3 퍼지 밸브 …………………………… 479
- 3-4 프라이오리티 밸브 ………………… 479
- 3-5 디부스터 밸브 ……………………… 479

4. 흐름방향 및 유량 제어장치 ……… 481
- 4-1 흐름방향 제어장치 ………………… 481

4-2 유량 제어장치 ······················ 482

5. 유압 작동기 및 작동계통 ············· 485
5-1 유압 작동기 ·························· 485
5-2 브레이크 장치계통 ················ 485

6. 공기압계통 ································· 487
6-1 공기압계통의 구성 ················ 487

7. 환경 조절계통 ···························· 490
7-1 대기와 산소 ·························· 490
7-2 비행 고도와 객실 고도 ········ 490
7-3 공기 조화계통 ······················· 490
7-4 객실 여압계통 ······················· 491
7-5 공기 조화계통 및 객실 여압계통의 작동 ································· 492

제4장 항공기 방빙 및 비상계통

1. 방빙과 제빙계통 ························ 496
1-1 방빙계통 ······························· 496
1-2 제빙계통 ······························· 496

2. 제우계통 ····································· 499
2-1 제우장치의 종류 ··················· 499

2-2 방우제계통 ···························· 499

3. 비상계통 ····································· 500
3-1 산소계통 ······························· 500
3-2 소화계통 ······························· 501
3-3 경고계통 ······························· 503
3-4 비상 장비 ······························ 503

제5장 항공기 통신 및 항법계통

1. 통신장치 ····································· 507
1-1 전파의 전파 ·························· 507
1-2 항공기 안테나 ······················· 510
1-3 HF 통신장치 ························ 511
1-4 VHF 통신장치 ····················· 511
1-5 UHF 통신장치 ····················· 512
1-6 위성 통신장치 ······················· 512
1-7 그 밖의 통신장치 ················· 513

2. 항법장치 ····································· 518
2-1 항법장치의 원리와 종류 ······ 518
2-2 최신 항법장치 ······················· 521
2-3 지시계기 ······························· 521

부록 과년도 출제 문제

- 2012년도 시행 문제 ·· 530
- 2013년도 시행 문제 ·· 568
- 2014년도 시행 문제 ·· 603
- 2015년도 시행 문제 ·· 644
- 2016년도 시행 문제 ·· 683
- 2017년도 시행 문제 ·· 722
- 2018년도 시행 문제 ·· 761
- 2019년도 시행 문제 ·· 801
- 2020년도 시행 문제 ·· 841
- 2021년 CBT 복원문제 ·· 872

항공산업기사

PART 1

제 1 편

항공 역학

제1장 공기 역학
제2장 비행 역학
제3장 프로펠러 및 헬리콥터

Chapter 01 공기 역학

1. 대 기

1-1 대기의 성질

(1) 대기의 성분

지표면에서 약 80 km까지는 거의 일정한 비율로 분포한다.
질소(N_2) : 78.09%, 산소(O_2) : 20.95%, 아르곤(Ar) : 0.9%, 이산화탄소(CO_2) : 0.03%

(2) 대기권의 구조

맨 아래층으로부터 대류권, 성층권, 중간권, 열권, 극외권으로 이루어진다.
① 대류권(Troposphere, 지표면으로부터 약 11 km까지의 대기층)
  ㈎ 공기가 상하로 잘 혼합되어 있다.
  ㈏ 구름 생성, 비, 눈, 안개 등의 기상현상이 일어난다.
  ㈐ 11 km까지 1 km 올라갈 때마다 기온이 약 6.5 ℃씩 낮아진다.

> 대류권의 임의 고도에서 온도(T)를 구하는 식
>
> $T = T_0 - 0.0065h$
>
> 여기서, T : 구하고자 하는 고도의 온도, T_0 : 해면의 온도, h : 고도(m)

  ㈑ 대류권 계면 : 대류권과 성층권의 경계면으로 대기가 안정되어 구름이 없고, 기온이 낮으며, 공기가 희박하여 제트기의 순항고도로 적합하다.
    적도지방 : 16~17 km, 극지방 : 8~10 km
② 성층권(Stratosphere, 10 km 높이에서 약 50 km 높이까지의 대기층)
  ㈎ 대류권 계면의 온도는 극에서 높고 적도에서 가장 낮다.
  ㈏ 성층권 윗부분에 오존층이 있어 자외선을 흡수한다.
  ㈐ 성층권 계면 : 성층권과 중간권의 경계면이다.
③ 중간권(Mesosphere, 50 km 높이에서부터 약 80 km까지의 대기층)
  ㈎ 성층권과 열권 사이를 말한다.

(나) 높이에 따라 기온이 감소한다.
(다) 중간권 계면 : 중간권과 열권의 경계면이며 기온이 가장 낮다.
④ 열권(Thermosphere, 80~500 km)
(가) 고도에 따라 온도가 높아지고, 공기는 매우 희박하다.
(나) 전리층 : 태양이 방출하는 자외선에 의해 대기가 전리되어 자유전자의 밀도가 커지는 층이다.
(다) 전리층이 전파를 흡수, 반사하는 작용을 하여 통신에 영향을 준다.
(라) 극광이나 유성이 밝은 빛의 꼬리를 길게 남기는 현상이 일어난다.
⑤ 극외권(Exosphere, 500 km) : 대기가 아주 희박하고 기체분자들이 서로 충돌의 방해를 받지 않는 층이다. 각 원자, 분자는 지상에서 발사된 탄환과 같이 궤적을 그리며 운동을 한다.

(3) 국제 표준대기(ISA)

국제민간 항공기구(ICAO)에서 항공기의 설계, 운용에 기준이 되는 대기상태를 정한 것이다.
① 표준대기의 조건
(가) 공기는 건조공기(질소 78%, 산소 21%, 아르곤 1%인 부피비)로서 이상기체의 상태방정식을 고도, 시간, 장소에 관계없이 만족해야 한다.

> **이상기체의 상태 방정식**
>
> $P = \rho \cdot R \cdot T$ 또는 $Pv = RT$
>
> 여기서, P : 압력(kgf/m²), ρ : 밀도(kg/m³), v : 비체적(m³/kg)
> R : 공기의 기체상수(kg·m/kg·K), T : 절대온도(K)

(나) 표준 해면고도에서의 압력, 밀도, 중력가속도, 온도
  ㉮ 온도 T_0 = 15℃ = 59℉ = 288.16 K(15+273.16)
  ㉯ 압력 P_0 = 760 mmHg = 29.92 inHg = 1013.25 mmbar = 101,325 Pa
  ㉰ 밀도 ρ_0 = 0.12492 kgf·s²/m⁴ = $\frac{1}{8}$ kgf·s²/m⁴ = 1.225 kg/m³
  ㉱ 중력가속도 g_0 = 9.8066 m/s²

(다) 고도 11km까지는 기온이 일정한 비율(1000 m당 6.5 ℃씩)로 감소하고, 그 이상의 고도에서는 -56.5 ℃로 일정한 기온을 유지한다고 가정한다.

예·상·문·제

1. 대기 중의 건조공기 성분에서 질소, 산소, 아르곤, 이산화탄소 이외의 기체를 모두 합쳐서 전체에서 차지하는 부피비로 산정한다면 그 값으로 올바른 것은?
㉮ 0.01% 이하 ㉯ 1~2% 정도
㉰ 4~5% 정도 ㉱ 7~8% 정도
[해설] 네온 이하의 미량의 기체는 모두 합쳐도 부피가 0.01%를 초과하지 않는다.

2. 지구의 대기는 4개의 기류층으로 되어 있다. 지구에서 가장 가까운 층부터의 기류층 순서는?
㉮ 성층권, 대류권, 중간권, 외기권
㉯ 대류권, 성층권, 중간권, 외기권
㉰ 대류권, 중간권, 성층권, 외기권
㉱ 성층권, 중간권, 대류권, 외기권

3. 구름의 생성, 비, 눈, 안개 등의 기상현상이 일어나는 대기권은?
㉮ 성층권 ㉯ 대류권
㉰ 중간권 ㉱ 극외권

4. 대기권을 다음과 같이 고도에 따른 온도분포에 의해 구분할 때 ( ) 안에 알맞은 것은?

| 대류권-성층권-중간권-열권-( ) |

㉮ 전리권 ㉯ 제트권
㉰ 극외권 ㉱ 이탈권

5. 대류권에서 고도가 높아질 때 일어나는 현상에 대하여 옳게 설명한 것은?

㉮ 압력과 밀도가 동시에 증가한다.
㉯ 압력은 증가하고, 밀도는 감소한다.
㉰ 압력은 감소하고, 밀도는 증가한다.
㉱ 압력과 밀도가 동시에 감소한다.
[해설] 고도 변화에 따른 기온, 압력, 밀도

고도(m)	온도(℃)	압력비	밀도비
0	15	1.0	1.0
3000	-4.5	0.692	0.742
6000	-24	0.466	0.538

6. 대류권에서 고도가 증가함에 따라 공기의 밀도, 온도, 압력은 어떻게 되는가?
㉮ 밀도, 온도는 감소하고 압력은 증가한다.
㉯ 밀도는 증가하고 압력, 온도는 감소한다.
㉰ 밀도, 압력, 온도 모두 증가한다.
㉱ 밀도, 압력, 온도 모두 감소한다.

7. 다음은 열권에 관한 내용이다. 가장 관계가 먼 내용은?
㉮ 열권은 중간권 위에 있다.
㉯ 열권에서는 분자, 원자가 충돌할 수 있는 기회가 아주 적어 각 원자, 분자는 지상에서 발사된 탄환과 같은 궤적을 그리며 운동하고 있다.
㉰ 위도가 높은 지방의 하늘에서 극광이나 유성이 길게 밝은 빛의 꼬리를 남기는 것은 주로 열권에서 일어난다.
㉱ 전리층이 있다.
[해설] 탄환과 같은 궤적운동은 극외권에서 일어난다.

정답 1. ㉮ 2. ㉯ 3. ㉯ 4. ㉰ 5. ㉱ 6. ㉱ 7. ㉯

8. 다음 대기권 중에서 전파를 흡수, 반사하는 작용을 하여 통신에 영향을 끼치는 곳은?

㉮ 성층권 ㉯ 열권
㉰ 극외권 ㉱ 중간권

9. 대기권에서 열권 위에 존재하는 층은?

㉮ 성층권 ㉯ 극외권
㉰ 중간권 ㉱ 대류권

10. 일반적으로 대류권에서 공기온도는 고도가 1000 m 높아질 때마다 6.5 ℃씩 감소한다. 해발고도에의 공기온도가 30℃일 때 고도 10000 m에서의 온도는 몇 ℃인가?

㉮ -25 ℃ ㉯ -35 ℃
㉰ -45 ℃ ㉱ -55 ℃

[해설] $T = T_0 - 0.0065\,h$
$= 30 - 0.0065 \times 10000$
$= -35\ ℃$

11. 해면에서의 대기온도가 15℃일 때 그 지역의 해면고도 2000m에서의 대기온도는 약 몇 ℃인가?

㉮ 2 ㉯ 4 ㉰ 13 ㉱ 15

[해설] $T = T_0 - 0.0065\,h$
$= 15 - 0.0065 \times 2000$
$= 2\ ℃$

12. 이상기체의 상태 방정식 $Pv = RT$에서 각각 기호가 갖는 단위가 서로 다르게 된 것은?

㉮ P : 절대압력(kg/m^3)
㉯ v : 비체적(m^3/kg)
㉰ R : 기체상수($kg \cdot m/kg \cdot K$)
㉱ T : 절대온도(R)

[해설] 압력의 단위 : Pa, N/m^2, kg/m^2, PSI, inHg, mmHg

13. 압력을 표시하는 단위에 속하지 않는 것은?

㉮ N/m^2 ㉯ mmHg
㉰ mmAq ㉱ lb-in

[해설]
· mmHg : 수은(Hg)의 높이를 mm로 표시한 압력
· inHg : 수은(Hg)의 높이를 inch로 표시한 압력
· mmAg : 물(H_2O, Aqua)의 높이를 mm로 표시한 압력

14. 해발고도에서의 표준 대기압을 나타내는 단위 중 수은주가 지시하는 값은?

㉮ 29.92 mmHg ㉯ 760 mmHg
㉰ 2116 mmHg ㉱ 1013 mmHg

[해설] 표준대기압 : 760 mmHg, 29.92 inHg, 101325 Pa, 1013 mbar

[정답] 8. ㉯ 9. ㉯ 10. ㉯ 11. ㉮ 12. ㉮ 13. ㉱ 14. ㉯

1-2 공기 흐름의 성질과 법칙

(1) 유체의 성질

① 정상 흐름(steady flow) : 유체에 가하는 압력을 시간이 경과해도 일정하게 유지하면 관 안의 주어진 한 점을 흐르는 속도(V), 압력(P), 밀도(ρ), 온도(T)가 시간이 경과하여도 일정한 값을 가지는 경우의 흐름이다.
② 비정상 흐름(unsteady flow) : 유체에 가하는 압력이 시간의 경과에 따라 주어진 한 점에서의 속도(V), 압력(P), 밀도(ρ), 온도(T)가 시간에 따라 변하는 흐름이다.
③ 압축성 유체 : 압력변화에 대해 밀도가 변하는 유체이다.
④ 비압축성 유체 : 압력변화에 대해 밀도변화가 거의 없는 유체이다.
⑤ 실제유체(real fluid) : 점성이 존재하는 유체이다.
⑥ 이상유체(ideal fluid) : 점성의 영향을 고려하지 않은 유체이다.

(2) 연속 방정식(질량 보존의 법칙)

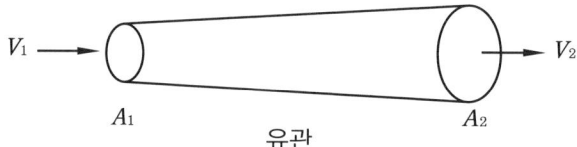

유관

여기서, A : 단면적$\left(A = \dfrac{\pi d^2}{4}\right)$, V : 유속, d : 지름

압축성 유체일 때의 연속 방정식

$$\rho_1 A_1 V_1 = \rho_2 A_2 V_2 = 일정$$

비압축성 유체일 때의 연속 방정식($\rho_1 = \rho_2$)

$$A_1 V_1 = A_2 V_2 = 일정$$

유체속도(V)와 단면적(A)은 반비례한다.

(3) 베르누이의 정리(에너지 보존의 법칙)

① 정압(Static pressure, P) : 유체의 운동 상태와 관계없이 항상 모든 방향으로 작용하는 압력이다.
② 동압(dynamic pressure, q) : 유체가 가진 속도에 의하여 생기는 압력으로 유체의 흐름을 직각되게 막았을 때 판에 작용하는 압력이다.

$$q = \dfrac{1}{2}\rho V^2$$

여기서, ρ : 공기밀도, V : 속도

③ 전압(total pressure, P_t) : 정압흐름에서 정압과 동압의 합은 항상 일정하다. 즉, 압력 (정압)과 속도(동압)는 서로 반비례한다는 것이다.

정압(P) + 동압(q) = 전압(P_t) = 일정 $P + \frac{1}{2}\rho V^2 = P_t$ (베르누이의 정리)

유체의 흐름에서 같은 유선상에 있는 1, 2점 사이의 관계식(베르누이의 정리)

$$P_1 + \frac{1}{2}\rho V_1^2 = P_2 + \frac{1}{2}\rho V_2^2 = P_t$$

(4) 피토 정압관(pitot-static tube)

전압과 정압의 차인 동압을 이용하여 속도를 측정한다. 피토 공(pitot hole)에는 전압이, 정압공(static pressure hole)에는 정압이 작용한다.

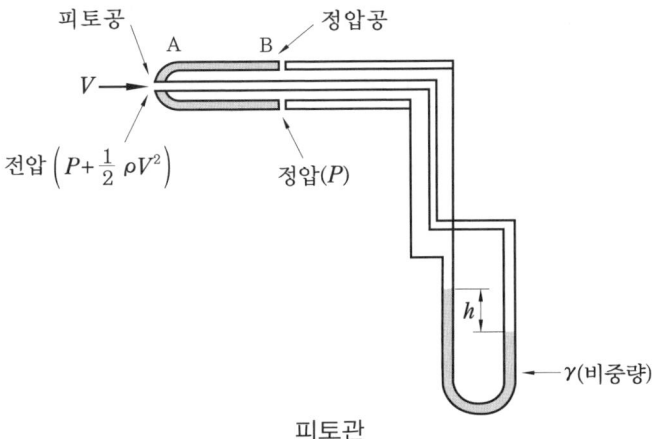

피토관

$$V = \sqrt{\frac{2\gamma h}{\rho}} = \sqrt{\frac{2(\text{전압} - \text{정압})}{\rho}}$$

여기서, γ : 비중량, h : 높이차

(5) 압력계수(pressure coefficient, C_P)

정압과 동압과의 비

$$C_P = \frac{P - P_0}{\frac{1}{2}\rho V^2} = 1 - \left(\frac{V}{V_0}\right)^2$$

여기서, P : 물체 주위의 정압
P_0 : 물체의 영향을 받지 않는 흐름의 상류 쪽에서의 압력
V_0 : 물체의 영향을 받지 않는 흐름의 상류 쪽에서의 속도
ρ : 공기밀도

비압축성 유체의 흐름에서 정체점에서는 $V = 0$이므로 $C_P = 1$이고, 물체로부터 멀리 떨어진 상류의 속도 $V = V_0$이므로 $C_P = 0$이 된다.

예·상·문·제

1. 유체 흐름을 쉽게 해석하기 위하여 이상유체(ideal fluid)를 설정한다. 이상유체의 전제조건으로 가장 옳은 것은?
㉮ 압력변화가 없다.
㉯ 온도변화가 없다.
㉰ 흐름속도가 일정하다.
㉱ 점성의 영향을 무시한다.

2. ( ) 안에 알맞은 것은?

| 비압축성이란 공기의 ( ) 변화를 무시할 수 있는 것이다. |

㉮ 밀도 ㉯ 온도 ㉰ 압력 ㉱ 점성

3. 연속의 법칙에 대한 설명으로 틀린 것은?
㉮ 단위 시간당 유관 내의 두 단면을 통하는 유량은 똑같다.
㉯ 유속이 증가함에 따라 유량도 증가한다.
㉰ 유관의 단면적이 감소하면 유속은 증가한다.
㉱ 단면적이 동일한 경우 밀도가 증가하면 유속은 감소한다.

[해설] $\rho_1 A_1 V_1 = \rho_2 A_2 V_2 =$ 일정
유량 : 유체가 단위시간에 흐르는 양($\rho_1 A_1 V_1$)

4. 연속의 방정식을 설명한 내용으로 가장 올바른 것은?(단, 아음속임.)
㉮ 유체의 점성을 고려한 방정식이다.
㉯ 유체의 밀도와는 관계가 없다.
㉰ 비압축성 유체에만 적용된다.
㉱ 유체의 속도는 단면적과 관계된다.

[해설] 공기 흐름에서 속도가 작을 때는 압축성 영향을 무시할 수 있으므로 ρ_1과 ρ_2는 같은 값을 가진다.
$A_1 V_1 = A_2 V_2 =$ 일정

5. 입구의 지름이 10 cm이고, 출구의 지름이 20 cm인 원형관에 액체가 흐르고 있다. 지름 20 cm되는 단면적에서의 속도가 2.4 m/s일 때 지름 10 cm 되는 단면적에서의 속도는 약 몇 m/s인가?
㉮ 4.8 ㉯ 9.6 ㉰ 14.4 ㉱ 19.2

[해설] 연속의 법칙
$A_1 V_1 = A_2 V_2$ 에서
$V_1 = \left(\dfrac{A_2}{A_1}\right) V_2 = \left(\dfrac{d_2}{d_1}\right)^2 V_2 = \left(\dfrac{0.2}{0.1}\right)^2 \times 2.4$
$= 9.6 \text{ m/s} \left(\text{단면적 } A = \dfrac{\pi d^2}{4} \text{이다.}\right)$

6. 관의 입구 지름이 10 cm이고, 출구 지름이 20 cm이다. 이 관의 출구에서의 흐름속도가 40 cm/s일 때 입구에서의 흐름의 속도는 약 몇 cm/s인가?(단, 유체는 비압축성 유체이다.)
㉮ 20 ㉯ 40 ㉰ 80 ㉱ 160

[해설] 연속의 법칙
$A_1 V_1 = A_2 V_2$ 에서
$V_1 = \left(\dfrac{A_2}{A_1}\right) V_2 = \left(\dfrac{d_2}{d_1}\right)^2 V_2 = \left(\dfrac{20}{10}\right)^2 \times 40$
$= 160 \text{ cm/s}$

7. 어떤 유체관의 입구 단면적은 8 cm², 출구 단면적은 16 cm²이며, 이때 관의 입

정답 1. ㉱ 2. ㉮ 3. ㉯ 4. ㉱ 5. ㉯ 6. ㉱ 7. ㉯

구속도가 10 m/s인 경우 출구에서의 속도는 몇 m/s인가?(단, 유체는 비압축성 유체이다.)

㉮ 2 ㉯ 5 ㉰ 8 ㉱ 10

[해설] 연속의 법칙
$A_1 V_1 = A_2 V_2$에서
$V_2 = \left(\dfrac{A_1}{A_2}\right) V_1 = \left(\dfrac{8}{16}\right) \times 10$
$= 5 \text{ m/s}$

8. 관의 단면적이 10 cm²인 곳에서 10 m/s 압축성 유체가 흐르고 있다. 관의 단면이 25 cm²인 곳에서의 유체흐름 속도는?

㉮ 3 m/s ㉯ 4 m/s
㉰ 5 m/s ㉱ 8 m/s

[해설] 연속의 법칙
$A_1 V_1 = A_2 V_2$에서
$V_2 = \left(\dfrac{A_1}{A_2}\right) V_1 = \left(\dfrac{10}{25}\right) \times 10$
$= 4 \text{ m/s}$

9. 지름이 20 cm와 30 cm로 된 관이 서로 연결되어 있다. 지름 20 cm 관에서의 속도가 2.4 m/s일 때 30 cm 관에서의 속도(m/s)는 얼마인가?

㉮ 0.19 ㉯ 1.07 ㉰ 1.74 ㉱ 1.98

[해설] 연속의 법칙
$A_1 V_1 = A_2 V_2$에서
$V_2 = \left(\dfrac{A_1}{A_2}\right) V_1 = \left(\dfrac{d_1}{d_2}\right)^2 \times V_1 = \left(\dfrac{20}{30}\right)^2 \times 2.4$
$= 1.07 \text{ m/s}$

10. 어떤 원통 내 비압축성 흐름에서 입구(A)의 지름이 50 cm이고, 출구(B)의 지름이 10 cm일 때 A를 지나는 유체속도가 5 m/s일 때 B를 지나는 유체의 속도는?

㉮ 5 m/s ㉯ 2 m/s
㉰ 125 m/s ㉱ 1.0 m/s

[해설] 연속의 법칙
$A_1 V_1 = A_2 V_2$에서
$V_2 = \left(\dfrac{A_1}{A_2}\right) V_1 = \left(\dfrac{d_1}{d_2}\right)^2 \times V_1 = \left(\dfrac{50}{10}\right)^2 \times 5$
$= 125 \text{ m/s}$

11. 어떤 원통관 내 비압축성 흐름에서 입구(A)의 지름이 5 cm이고, 출구(B)의 지름이 10 cm일 때 A를 지나는 유체속도가 5 m/s이다. B를 지나는 유체의 속도는 얼마인가?(단, ρ는 일정하다.)

㉮ 5 m/s ㉯ 2.5 m/s
㉰ 1.25 m/s ㉱ 0.25 m/s

[해설] 연속의 법칙
$A_1 V_1 = A_2 V_2$에서
$V_2 = \left(\dfrac{A_1}{A_2}\right) V_1 = \left(\dfrac{d_1}{d_2}\right)^2 \times V_1 = \left(\dfrac{5}{10}\right)^2 \times 5$
$= 1.25 \text{ m/s}$

12. 유관의 입구 지름이 20 cm이고 출구의 지름이 40 cm이다. 이때 입구에서의 유체속도가 4 m/s이면 출구에서의 유체속도는 약 몇 m/s인가?

㉮ 1 ㉯ 2 ㉰ 4 ㉱ 16

[해설] 연속의 법칙
$A_1 V_1 = A_2 V_2$에서
$V_2 = \left(\dfrac{A_1}{A_2}\right) V_1 = \left(\dfrac{d_1}{d_2}\right)^2 \times V_1 = \left(\dfrac{20}{40}\right)^2 \times 4$
$= 1 \text{ m/s}$

13. 입구 단면적 10 cm², 출구 단면적 20 cm²인 관의 입구에서 속도가 12 m/s인 경우 출구에서의 속도는 몇 m/s인가?

[정답] 8. ㉯ 9. ㉯ 10. ㉰ 11. ㉰ 12. ㉮ 13. ㉯

(단, 유체는 비압축성 유체다.)

㉮ 5 m/s   ㉯ 6 m/s
㉰ 7 m/s   ㉱ 8 m/s

[해설] 연속의 법칙
$A_1 V_1 = A_2 V_2$에서
$V_2 = \left(\dfrac{A_1}{A_2}\right) V_1 = \dfrac{10}{20} \times 12$
$= 6 \text{ m/s}$

14. 비행속도 360 km/h, 공기밀도 $\dfrac{1}{8}$ kg·s²/m⁴인 경우 동압은?

㉮ 45kg/m²   ㉯ 25kg/cm²
㉰ 625kg/m² ㉱ 625kg/cm²

[해설] 동압(q)
$q = \dfrac{1}{2}\rho V^2 = \dfrac{1}{2} \times \dfrac{1}{8} \times \left(\dfrac{360}{3.6}\right)^2 = 625 \text{ kg/m}^2$

($V = 360$ km/h $= \dfrac{360}{3.6}$ m/s, 단위 km/h를 m/s로 바꾸고자 할 때는 3.6으로 나누어야 한다.)

15. 공기밀도가 0.1 kg·s²/m⁴인 대기속을 100 m/s의 속도로 비행할 때 피토관(pitot tube) 입구에 작용하는 동압은?

㉮ 100 kg/m²   ㉯ 500 kg/m²
㉰ 1000 kg/m² ㉱ 1500 kg/m²

[해설] 동압(q)
$q = \dfrac{1}{2}\rho V^2 = \dfrac{1}{2} \times 0.1 \times 100^2 = 500 \text{ kg/m}^2$

16. 유체의 흐름과 관련하여 동압(dynamic pressure)에 대한 설명으로 가장 올바른 것은?

㉮ 속도에 비례하고, 밀도에는 반비례한다.
㉯ 속도의 제곱에 비례하고, 밀도에 비례한다.
㉰ 속도와 밀도에 반비례한다.
㉱ 속도에 비례하고, 밀도의 제곱에 비례한다.

[해설] 동압(q) $= \dfrac{1}{2}\rho V^2$

17. 유체흐름에서 베르누이 방정식을 나타내는 것은?(단, ρ: 밀도, V: 속도, A: 단면적, P: 정압, P_t: 전압)

㉮ $\rho \cdot V \cdot A = $ 일정
㉯ $A \cdot V = $ 일정
㉰ $P + \dfrac{1}{2}V^2 = P_t$
㉱ 정압+동압=전압

[해설] 전압+동압=전압(일정)
$P + \dfrac{1}{2}\rho V^2 = P_t$

18. 베르누이 정리에 대한 설명으로 가장 옳은 것은?

㉮ 전압과 동압의 합은 일정하다.
㉯ 전압과 정압의 합은 일정하다.
㉰ 동압과 정압의 차는 일정하다.
㉱ 동압과 정압의 합은 일정하다.

19. 정압과 동압에 대한 설명 중 가장 관계가 먼 내용은?

㉮ 이상유체의 정상 흐름에서 정압과 동압의 합은 전압이며 일정하다.
㉯ 동압은 유체의 운동 에너지가 압력으로 변환된 것이다.
㉰ 동압의 크기는 속도에 반비례한다.
㉱ 동압과 정압의 단위는 같다.

20. 다음 베르누이의 정리에 관련된 사항

[정답] 14. ㉰ 15. ㉯ 16. ㉯ 17. ㉱ 18. ㉱ 19. ㉰ 20. ㉯

중 옳지 못한 것은?(단, P_t : 전압, P : 정압, q : 동압, V : 속도, ρ : 밀도)

㉮ $q = \dfrac{1}{2}\rho V^2$

㉯ $P = P_t + q$

㉰ 이상유체의 정상 흐름에서 P_t는 일정하다.

㉱ 정압은 항상 존재한다.

21. 양력을 발생시키는 원리를 설명할 수 있는 법칙은?

㉮ 파스칼의 원리
㉯ 에너지 보존 법칙
㉰ 베르누이 정리
㉱ 작용과 반작용 법칙

22. 유동하는 아음속 유체의 속도를 구하기 위해서는 다음 어느 것을 측정해야 하는가?

㉮ 정압과 전온도   ㉯ 정압과 온도
㉰ 전압과 전온도   ㉱ 정압과 전압

[해설] 전압(P_t) = 정압(P_0) + 동압$\left(\dfrac{1}{2}\rho V^2\right)$

23. 날개골 상류의 속도 V_0, 날개골 상의 임의의 점의 속도를 V라고 할 때 그 점에서의 압력계수를 표현한 식으로 옳은 것은?

㉮ $1 - \left(\dfrac{V}{V_0}\right)$ ㉯ $1 - \left(\dfrac{V}{V_0}\right)^2$

㉰ $1 - \left(\dfrac{V_0}{V}\right)$ ㉱ $1 - \left(\dfrac{V_0}{V}\right)^2$

24. 비행기가 표준 해발고도에서 170m/s의 속도로 비행하여 날개 윗면의 임의의 점의 압력이 0.735kg/cm²이었다. 이 지역의 압력계수(C_P)는 얼마인가?(단, 이때의 대기압은 1.0332kg/cm²이다.)

㉮ −1.651   ㉯ −1.602
㉰ 0.408   ㉱ 0.628

[해설] $C_P = \dfrac{P - P_0}{\dfrac{1}{2}\rho V^2}$

$= \dfrac{(7350 - 10332)}{\dfrac{1}{2} \times 0.125 \times (170)^2} = -1.651$

(여기서, $P = 0.735\text{kg/cm}^2 = 7350\text{kg/m}^2$,
$P_0 = 1.0332\text{kg/cm}^2 = 10332\text{kg/m}^2$,
$\rho = 0.125\text{kgf} \cdot \text{s}^2/\text{m}^4$)

1-3 공기의 점성효과

(1) 점성 흐름

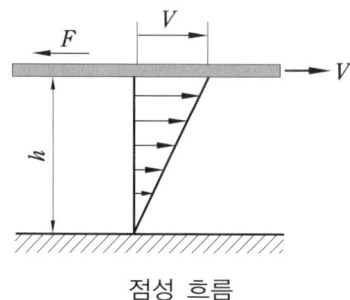

점성 흐름

① 평판을 움직이는 힘(F)

$$F = \mu S \frac{V}{h}$$

여기서, μ : 점성계수(coefficient of viscocity) 또는 간단히 점성(viscocity)
S : 평판의 넓이(m^2), V : 평판의 이동속도(m/s), h : 벽면과 평판 사이의 거리

② 동점성계수(ν) : 점성계수(μ)를 밀도(ρ)로 나눈 값이다.

$$\nu = \frac{\mu}{\rho}$$

동점성계수의 단위 : [m^2/s], [cm^2/s]

(2) 레이놀즈수(Reynold's Number, R_e)

$$R_e = \frac{\text{관성력}}{\text{점성력}} = \frac{\text{압력항력}}{\text{마찰항력}} = \frac{\rho V L}{\mu} = \frac{VL}{\nu}$$

여기서, ρ : 밀도, ν : 동점성계수$\left(\frac{\mu}{\rho}\right)$, μ : 절대 점성계수
V : 대기속도, L : 시위길이

레이놀즈수는 공기력 현상에 있어서 관성력과 점성력이 어떤 비로 작용하는가를 나타내는 무차원의 수이며, 층류와 난류를 구분하는 척도가 된다.

(3) 층류와 난류

① 층류(laminar flow) : 유동속도가 느릴 때 유체입자들이 층을 형성하듯 섞이지 않고 흐르는 흐름이다.
② 난류(turbulent flow) : 유동속도가 빠를 때 유체입자들이 불규칙하게 흐르는 흐름이다.

③ 천이(transition) : 층류에서 난류로 변하는 현상이다.
④ 천이점(transition point) : 층류에서 난류로 변하는 점, 즉 천이가 일어나는 점이다.
⑤ 임계 레이놀즈수(critical Reynold's number) : 층류에서 난류로 변할 때의 레이놀즈수, 즉 천이가 일어나는 레이놀즈수이다.
⑥ 와류 발생장치(vortex generator) : 날개 표면에 돌출부를 만들어 고의적으로 난류 경계층을 형성시켜 주는 장치로 박리를 방지한다.
⑦ 경계층(boundary layer) : 자유흐름 속도의 99%에 해당하는 속도에 도달한 곳을 경계로 하여 점성의 영향이 거의 없는 구역과 점성의 영향이 뚜렷한 구역으로 구분할 수 있는데, 점성의 영향이 뚜렷한 벽 가까운 구역의 가상적인 층을 경계층이라 한다.
경계층은 흐름의 속도가 빠를수록 대단히 얇아진다.

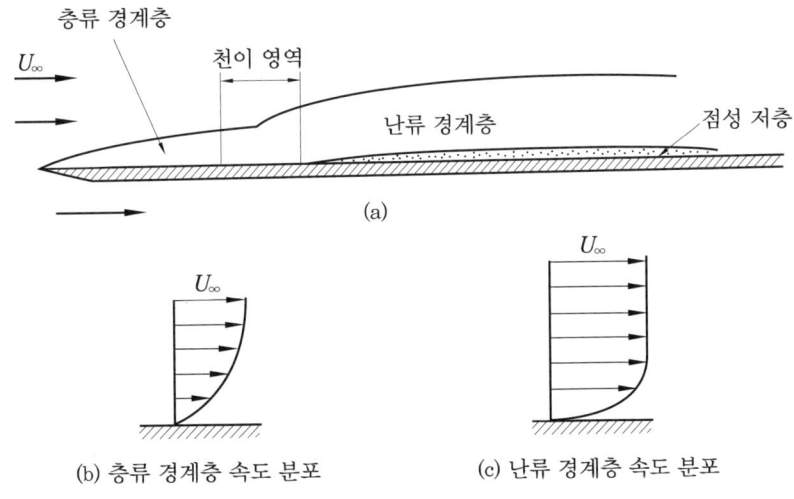

평판 위의 경계층

(개) 층류 경계층의 두께 : 경계층 내의 속도가 자유흐름 속도의 99%가 되는 점까지의 거리이다.

$$\delta = \frac{5.2 \cdot x}{\sqrt{R_e \cdot x}}$$

여기서, x : 평판의 앞전에서부터의 거리

층류 경계층의 두께는 $Re^{-\frac{1}{2}}$ 에 비례하고, $x^{\frac{1}{2}}$ 에 비례하여 증가한다.

(내) 난류 경계층의 두께

$$\delta = \frac{0.37 \cdot x}{\sqrt[5]{Re \cdot x}}$$

난류 경계층의 두께는 $Re^{-\frac{1}{5}}$ 에 비례하고, $x^{\frac{4}{5}}$ 에 비례하여 증가한다.
• 점성저층 : 난류 경계층에서는 벽면 가까운 곳에 층류흐름과 유사한 층이 형성되

는데 이를 점성저층(Vicous Sublayer)이라 한다.
- 와류발생장치(Vortex Generator)은 난류 경계층이 쉽게 발생되도록 하여 공기흐름의 떨어짐을 방지한다.

⑧ 층류와 난류의 비교
   (개) 난류는 층류에 비해서 마찰력이 크다.
   (내) 층류에서는 근접하는 두 개의 층 사이에 혼합이 없고, 난류에서는 혼합이 있다.
   (대) 박리(이탈)는 난류에서보다 층류에서 더 잘 일어난다.
   (래) 이탈점은 항상 천이점보다 뒤에 있다.
   (매) 층류는 항상 난류 앞에 있다.

예·상·문·제

1. 공기의 점성효과에 대한 설명으로 가장 올바른 것은?
   (개) 점성력은 속도(V), 면적(S), 점성계수(μ)에 반비례하고, 경계층 두께에 비례한다.
   (내) 비행하는 물체에 작용하는 점성력의 특성을 가장 잘 나타내는 식은 베르누이 정리이다.
   (대) 동점성계수 ν는 밀도 ρ를 점성계수 μ로 나눈 값이다.
   (래) 점성은 일반적으로 온도에 따라 그 값이 변한다.

   [해설] $F = \mu S \dfrac{V}{h}$, $\nu = \dfrac{\mu}{\rho}$
   점성계수는 압력에는 큰 변화가 없고 온도에만 관계한다. 대체적으로 온도가 높아지면 공기의 점성계수는 커진다.

2. 다음 중 레이놀즈수의 정의를 옳게 나타낸 것은?
   (개) 마찰력과 항력의 비
   (내) 양력과 항력의 비
   (대) 관성력과 점성력의 비
   (래) 항력과 관성력의 비

3. 동점성계수(kinematic viscosity)를 나타내는 것은?
   (개) $\dfrac{점성계수}{밀도}$　(내) $\dfrac{밀도}{점성계수}$
   (대) $\dfrac{관성력}{점성력}$　(래) $\dfrac{점성력}{중력}$

4. 그림과 같이 압력구배가 없는 점성흐름을 고찰할 때 작용힘(F)과 비례하지 않는 요소는?

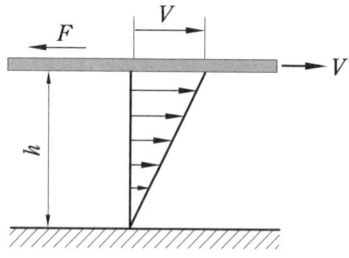

   (개) 점성계수(μ)　(내) 물체의 속도(V)
   (대) 작용면적(S)　(래) 거리(높이)(h)

정답 1. 래　2. 대　3. 개　4. 래

[해설] $F = \mu S \dfrac{V}{h}$

5. 유체의 점성을 고려한 마찰력에 대한 설명으로 옳은 것은?
- ㉮ 마찰력은 유체의 속도에 반비례한다.
- ㉯ 마찰력은 온도변화에 따라 그 값이 변한다.
- ㉰ 유체의 마찰력은 이상유체에서만 고려된다.
- ㉱ 마찰력은 유체의 종류에 관계없이 일정하다.

[해설] 액체나 기체 안에서 물체가 움직일 때 물체의 표면에 평행하게 작용하는 저항을 마찰저항(점성저항)이라 하며, 점성은 온도에 따라 그 값이 변한다.

6. 점성에 의한 마찰력을 기술한 것 중에서 틀린 것은?
- ㉮ 마찰력은 속도구배에 비례한다.
- ㉯ 마찰력은 면적의 제곱에 비례한다.
- ㉰ 마찰력은 절대 점성계수에 비례한다.
- ㉱ 마찰력은 유체의 속도와 관계된다.

[해설] $F = \mu S \dfrac{V}{h}$

구배란 기울기를 말하는 용어이다. 속도구배(기울기)란 거리와 속도와의 관계를 표시한 기울기이다.

7. 임계 레이놀즈수(critical reynolds number)를 가장 올바르게 표현한 것은?
- ㉮ 박리가 일어나는 레이놀즈수
- ㉯ 천이가 일어나는 레이놀즈수
- ㉰ 아음속에서 천음속으로 바뀌는 레이놀즈수
- ㉱ 충격파가 일어나는 레이놀즈수

8. 일반적으로 레이놀즈수는 어떻게 표시되는가?
- ㉮ $\dfrac{\text{면적} \times \text{시간}}{\text{동점성계수}}$
- ㉯ $\dfrac{\text{속도} \times \text{시간}}{\text{동점성계수}}$
- ㉰ $\dfrac{\text{속도} \times \text{면적}}{\text{동점성계수}}$
- ㉱ $\dfrac{\text{속도} \times \text{길이}}{\text{동점성계수}}$

[해설] $R_e = \dfrac{VL}{\nu}$

9. 레이놀즈수(reynolds number)는 유동현상에 있어서 관성력과 마찰력이 어떤 비로 작용하는가를 나타내는 무차원량이다. 다음 식에서 옳은 것은? (단, C: 날개의 시위길이, ν: 동점성계수, V: 공기속도, ρ: 공기밀도, μ: 절대 점성계수)
- ㉮ $\dfrac{Vc\nu}{\rho}$
- ㉯ $\dfrac{VC}{\rho}$
- ㉰ $\dfrac{VC}{\mu}$
- ㉱ $\dfrac{VC}{\nu}$

10. 풍동 시험부에서 시위가 1 m인 평판을 넣고 실험을 하고 있다. 이때 풍동 시위부에서 속도가 360 km/h, 동점성계수가 0.15 cm²/s일 때, 이 평판의 앞전으로부터 0.3 m 떨어진 곳의 레이놀즈수는 얼마인가?
- ㉮ 1×10^5
- ㉯ 2×10^5
- ㉰ 1×10^6
- ㉱ 2×10^6

[해설] $R_e = \dfrac{VL}{\nu} = \dfrac{(10000) \times 30}{0.15} = 2 \times 10^6$

($L = 0.3$ m $= 30$ cm, $V = 360$ km/h $= \left(\dfrac{360}{3.6}\right)$ m/s $= 100$ m/s $= 10000$ cm/s), 단위를 일치시켜 대입한다.)

11. 날개의 시위길이가 3 m, 공기흐름 속도가 360 km/h, 공기의 동점성계수가 0.3 cm²/s

정답 5. ㉯ 6. ㉯ 7. ㉯ 8. ㉱ 9. ㉱ 10. ㉱ 11. ㉮

일 때 레이놀즈수는 얼마인가?

㉮ 1×10^7 ㉯ 10×10^7
㉰ 2×10^7 ㉱ 20×10^7

[해설] $R_e = \dfrac{VL}{\nu} = \dfrac{(10000) \times 300}{0.3} = 1 \times 10^7$

($L = 3$ m $= 300$ cm, $V = 360$ km/h $= \left(\dfrac{360}{3.6}\right)$ m/s $= 100$ m/s $= 10000$ cm/s, 단위를 일치시켜 대입한다.)

12. 날개의 시위길이가 3 m, 공기흐름 속도가 360 km/h, 공기의 동점성계수가 0.15 cm²/s일 때 레이놀즈수는 얼마인가?

㉮ 1×10^7 ㉯ 2×10^7
㉰ 5×10^8 ㉱ 2×10^8

[해설] $R_e = \dfrac{VL}{\nu} = \dfrac{(10000) \times 300}{0.15} = 2 \times 10^7$

($L = 3$ m $= 300$ cm, $V = 360$ km/h $= \left(\dfrac{360}{3.6}\right)$ m/s $= 100$ m/s $= 10000$ cm/s)

13. 항공기 날개의 시위길이가 5 m, 대기 속도가 360 km/h, 동점성계수가 0.2 cm²/s일 때 레이놀즈수는 얼마인가?

㉮ 2.5×10^8 ㉯ 2.5×10^7
㉰ 1×10^8 ㉱ 5×10^7

[해설] $R_e = \dfrac{VL}{\nu} = \dfrac{(10000) \times 500}{0.2} = 2.5 \times 10^7$

($L = 3$ m $= 300$ cm, $V = 360$ km/h $= \left(\dfrac{360}{3.6}\right)$ m/s $= 100$ m/s $= 10000$ cm/s)

14. 날개 시위가 2.5 m인 비행기가 360 km/h인 속도로 비행하고 있을 때, 공기 흐름의 레이놀즈수는 약 얼마인가?(단, 공기의 동점성계수는 0.14 cm²/s이다.)

㉮ 1.54×10^4 ㉯ 1.76×10^5
㉰ 1.54×10^6 ㉱ 1.79×10^7

[해설] $R_e = \dfrac{VL}{\nu} = \dfrac{(10000) \times 250}{0.14} = 1.79 \times 10^7$

($L = 2.5$ m $= 250$ cm, $V = 360$ km/h $= \left(\dfrac{360}{3.6}\right)$ m/s $= 100$ m/s $= 10000$ cm/s)

15. 항공기의 날개를 지나는 공기의 흐름에서 레이놀즈수와 천이점과의 관계를 가장 올바르게 설명한 것은?

㉮ 레이놀즈수가 커지면 커질수록 천이점은 앞전 부근으로 이동한다.
㉯ 레이놀즈수가 작으면 작을수록 천이점은 앞전 부근으로 이동한다.
㉰ 레이놀즈와 천이점이 같아지는 점에서 최대의 항력이 발행한다.
㉱ 레이놀즈 수와 상관없이 천이점은 항상 뒷전 부근에 있다.

16. 레이놀즈수(Reynolds Number, R_e)에 대한 설명 중에서 가장 관계가 먼 내용은?

㉮ $R_e = \dfrac{\rho VL}{\mu} = \dfrac{VL}{\nu}$ 로 나타낼 수 있다. (ν : 동점성계수)
㉯ 관성력과 점성력의 비를 표시한다.
㉰ R_e의 단위는 cm²/s이다.
㉱ 천이현상이 일어나는 R_e를 임계 레이놀즈수라 한다.

[해설] 레이놀즈수는 단위가 없는 무차원적인 수이다.

17. 다음 중 레이놀즈수의 정의를 옳게 나타낸 것은?

㉮ 마찰력과 항력의 비
㉯ 양력과 항력의 비
㉰ 관성력과 점성력의 비
㉱ 항력과 관성력의 비

정답 12. ㉯ 13. ㉯ 14. ㉱ 15. ㉮ 16. ㉰ 17. ㉰

18. 임계 레이놀즈수에 대한 설명으로 가장 관계가 먼 것은?
㉮ 층류에서 난류로 바뀔 때의 레이놀즈수
㉯ 층류에서 또 다른 형태의 층류로 바뀔 때의 레이놀즈수
㉰ 난류에서 층류로 바뀔 때의 레이놀즈수
㉱ 유동 중 천이현상이 일어날 때의 레이놀즈수

[해설] 상임계 레이놀즈수 : 층류에서 난류로 바뀔 때의 레이놀즈수
하임계 레이놀즈수 : 난류에서 층류로 바뀔 때의 레이놀즈수

19. 층류에서 난류로 변하는 현상을 천이라고 하는데, 이것에 영향을 주는 요소가 아닌 것은?
㉮ 처음 들어오는 흐름의 난류 존재 여부
㉯ 레이놀즈수의 크기
㉰ 흐름에 놓인 평판 크기
㉱ 흐름의 진동

20. 다음 천이를 옳게 설명한 것은?
㉮ 층류에서 난류로 넘어가는 과정의 흐름을 말한다.
㉯ 흐름이 표면에서 떨어지는 지점을 말한다.
㉰ 유체입자가 나란히 흘러가는 흐름을 말한다.
㉱ 유체입자가 뒤섞여 흘러가는 흐름을 말한다.

21. 날개 표면에서는 천이(transition)현상이 일어난다. 그 현상을 가장 올바르게 설명한 것은?
㉮ 흐름이 날개 표면으로부터 박리되는 현상
㉯ 유체가 진동하면서 흐르는 현상
㉰ 유체의 속도가 시간에 대해서 변화하는 비정상류로 변화하는 현상
㉱ 층류 경계층에서 난류 경계층으로 변화하는 현상

22. 유체의 흐름이 층류에서 난류로 변하는데 관계되는 요소로 가장 거리가 먼 것은?
㉮ 유체의 속도 ㉯ 유체의 양
㉰ 유체의 점성 ㉱ 물체의 형상

[해설] $R_e = \dfrac{VL}{\nu}$

23. 균일한 속도로 빠르게 흐르는 공기의 흐름 속에 평판의 앞전으로부터 생기는 경계층의 종류를 순서대로 맞게 배열한 것은?
㉮ 층류 경계층 → 난류 경계층 → 천이 구역
㉯ 난류 경계층 → 천이 구역 → 층류 경계층
㉰ 층류 경계층 → 천이 구역 → 난류 경계층
㉱ 천이 구역 → 층류 경계층 → 난류 경계층

24. 볼텍스 제너레이터(vortex generator) 목적은?
㉮ 층류 흐름의 유지
㉯ 날개 끝 실속의 방지
㉰ 흐름의 떨어짐 방지
㉱ 흐름의 떨어짐 발생

[해설] 볼텍스 제너레이터(vortex generator) : 날개 상면에 작은 돌기를 장착하여 공기가 흐를 때 공기 이탈(박리)이 쉬운 층류 경계층을 난류 경계층으로 바꿔게 하여 흐름이 떨어짐을 방지한다.

[정답] 18. ㉯ 19. ㉱ 20. ㉮ 21. ㉱ 22. ㉯ 23. ㉰ 24. ㉰

1-4 공기의 압축성 효과

(1) 압축성 흐름

① 음속(C) : 공기 중에 미소한 교란이 전파되는 속도로서 온도가 증가할수록 빨라진다. 0℃인 공기 중에서 음속은 331.2m/s이다.

공기의 온도가 t[℃]일 때 음속을 구하는 식

$$C = C_0 \sqrt{\frac{273+t}{273}} \quad \text{또는} \quad C = \sqrt{\gamma RT}$$

여기서, C_0 : 331.2 m/s, t : 섭씨로 표시된 온도
γ : 공기비열비(1.4), R : 공기 기체상수 ($287 \text{m}^2/\text{s}^2 \cdot \text{K}$)
T : 절대온도 $\Rightarrow T[\text{K}] = t℃ + 273.16$

음속은 절대온도의 제곱근에 비례한다.

② 마하수(Mach Number, M_a) : 물체의 속도(비행기의 속도)와 그 고도에서의 소리의 속도(음속)와의 비를 말하며, 관계 유체의 압축성 특성을 잘 나타내는 무차원의 수이다.

$$M_a = \frac{\text{비행체의 속도}}{\text{소리의 속도}} = \frac{V}{C}$$

여기서, V : 비행체의 속도, C : 음속

(가) 마하수

마하수(M_a)	흐름의 특성
0.3 이하	아음속 흐름, 비압축성 흐름
0.3~0.75	아음속 흐름, 압축성 흐름
0.75~1.2	천음속 흐름, 압축성 흐름, 부분적 충격파 발생
1.2~5.0	초음속 흐름, 압축성 흐름, 충격파 발생
5.0 이상	극초음속 흐름, 충격파 발생

(나) 임계 마하수(Critical Mach Number) : 날개 윗면에서 최대속도가 마하수 1일 될 때 날개 앞쪽에서의 흐름의 마하수

(2) 충격파(shock wave)

물체의 속도가 음속보다 커지면 자신이 만든 압력보다 앞서 비행하므로 이 압력파들이 겹쳐 소리가 나는 현상이다.

① 충격파를 지나온 공기입자의 압력과 밀도는 증가되고 속도는 감소된다.

② 충격파에서 충격파의 앞쪽과 뒤쪽의 압력차가 충격파의 강도를 나타낸다.
③ 아음속, 초음속 흐름에서 속도, 압력.

구 분	아음속 흐름	초음속 흐름
통로가 좁아지는 수축단면	속도 증가, 압력 감소	속도 감소, 압력 증가
통로가 넓어지는 확대단면	속도 감소, 압력 증가	속도 증가, 압력 감소

㈎ 수직 충격파 (normal shock wave) : 초음속 흐름이 수직 충격파를 지난 공기흐름은 항상 아음속이 되고 압력과 밀도는 급격히 증가하며, 온도는 불연속적으로 증가한다. 그리고 속도는 급격히 감소한다.

㈏ 경사 충격파(oblique shock wave) : 경사 충격파를 지난 공기흐름은 아음속이 될 수도 있고 초음속이 될 수도 있다. 즉, 경사 충격파를 지나는 마하수는 항상 앞의 마하수보다 작다.

㈐ 수축단면의 공기흐름 : 통로가 일정 단면을 유지하다가 급격히 좁아지면 급격한 벽면으로부터 경사(수직) 충격파가 발생한다.

㈑ 확대단면(convex cornex)의 초음속 흐름 : 팽창파가 발생하고 팽창파를 지난 공기흐름은 속도가 빨라진다.

㈒ 팽창파를 유체가 통과할 경우 속도가 증가하고 압력이 감소하며, 에너지의 손실은 생기지 않는다. 팽창파는 초음속 흐름에서만 생기고, 항상 표면에 경사지게 된다.

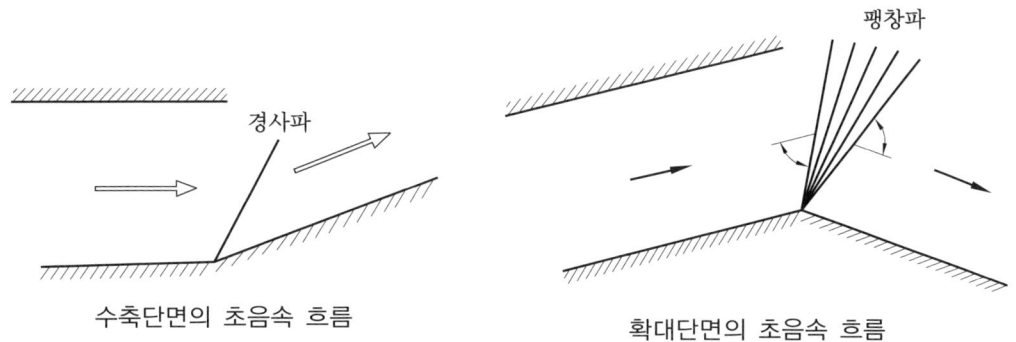

수축단면의 초음속 흐름   확대단면의 초음속 흐름

(3) 마하파(mach wave)

$M_a = 1$일 때 상류 쪽 전파 속도는 0이 되어 소리는 하류 쪽으로만 전해진다. 파면이 공통인 접선으로 직교하는 마하파가 발생한다.

- 마하수와 마하각과의 식

$$\frac{1}{M_a} = \sin\theta \qquad 여기서, \; \theta : 마하각$$

(4) 충격파에 의한 항력

① 조파항력(wave drag) : 초음속 흐름에서 충격파로 인하여 발생하는 항력을 말한다.
② 초음속 날개의 전항력 : 마찰항력+압력항력+조파항력
③ 조파항력에 영향을 끼치는 요소 : 날개골의 받음각, 캠버선의 모양, 길이에 대한 두께 비 등이다.
④ 조파항력을 최소로 하기 위한 방법
　(개) 앞전을 뾰족하게 한다(원호형이나 다이아몬드형).
　(내) 두께는 가능한 한 얇게 한다.

예·상·문·제

1. 음속에 가장 영향을 크게 주는 요소는 어느 것인가?
　㉮ 습도　㉯ 기압　㉰ 점성　㉱ 온도
　[해설] $C=\sqrt{\gamma RT}$, 음속은 절대온도의 제곱근에 비례한다.

2. 마하수에 대한 설명으로 가장 올바른 것은?
　㉮ 비행속도가 일정하면 마하수는 온도가 높을수록 비례하여 커진다.
　㉯ 비행속도가 일정하면 고도에 관계없이 마하수도 일정하다.
　㉰ 마하수의 단위는 m/s이다.
　㉱ 마하수는 음속에 반비례한다.
　[해설] 마하수는 단위가 없는 무차원수이다. 고도가 증가할수록 마하수는 커진다.
　　$M_a = \dfrac{V}{C}$

3. 고도 1500 m에서 $M=0.7$로 비행하는 항공기가 있다. 고도 12000 m에서 같은 속도로 비행할 때 마하수는?(단, 고도 1500 m에서 음속 a는 335 m/s이며, 고도 12000 m에서 음속 a는 295 m/s이다.)
　㉮ 약 0.6　㉯ 약 0.7
　㉰ 약 0.8　㉱ 약 0.9
　[해설] 마하수
　① 고도 1500m에서 항공기 속도
　　$V = a \times M = 335 \times 0.7 = 234.5 \text{m/s}$
　② 고도 12000m에서 마하수
　　$M = \dfrac{V}{a} = \dfrac{234.5}{295} = 0.8$

4. 고도 약 2300 m에서 비행기가 825 m/s로 비행할 때 마하수는? (단, 음속 $C = C_0 \sqrt{\dfrac{273+t℃}{273}}$, $C_0 = 330$ m/s, 해면에서의 온도는 15 ℃이다.)
　㉮ 2.0　㉯ 2.5　㉰ 3.0　㉱ 3.5
　[해설] 마하수
　① 2300 m에서의 온도
　　$T = 15-0.0065h = 15-0.0065 \times 2300$
　　$= 15-14.95 = 0.05 ℃$
　② 2300 m에서 음속은
　　$C = C_0 \sqrt{\dfrac{273+t℃}{273}} = 330\sqrt{\dfrac{273+0.05}{273}}$

정답 1. ㉱　2. ㉱　3. ㉰　4. ㉯

= 330 m/s

③ 2300m에서의 마하수

마하수 = $\dfrac{V}{C} = \dfrac{825}{330} = 2.5$

5. 다음은 비행기의 속도에 의한 분류이다. 초음속(supersonic)이란 마하수(MN)가 얼마인 경우를 말하는가?
- ㉮ 0.8~1.2
- ㉯ 1.2~5.0
- ㉰ 0.3~0.8
- ㉱ 0.8 이하

6. 임계 마하수(critical mach number)란?
- ㉮ 항력이 급격히 증가하는 마하수이다.
- ㉯ 양력이 급격히 증가하는 마하수이다.
- ㉰ 날개 위의 임의점에서 최고속도가 $M_a = 1.0$이 되는 마하수이다.
- ㉱ 이론상 항공기가 비행할 수 없는 속도제한 마하수이다.

7. 공기흐름 속에 물체가 놓여 있을 때 공기의 입자가 받는 변화로 가장 적당한 것은?
- ㉮ 속도 및 흐름의 방향에 대한 변화
- ㉯ 밀도 및 흐름의 방향에 대한 변화
- ㉰ 온도 및 흐름의 방향에 대한 변화
- ㉱ 무게 및 흐름의 방향에 대한 변화

8. 초음속 흐름 속에 쐐기형 에어포일이 그림과 같이 놓여져 있다. 에어포일 주위에 충격파, 팽창파가 생기고 초음속 흐름이 지나고 있다. 다음의 설명에서 틀린 것은?

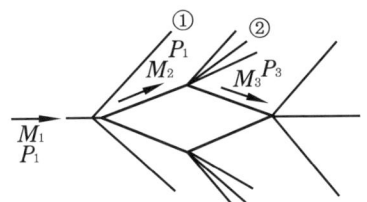

- ㉮ ① 충격파 $M_1 > M_2$, $P_1 < P_2$
- ㉯ ② 팽창파 $M_2 > M_3$, $P_1 < P_2$
- ㉰ ① 충격파 $M_1 > M_2$, $P_2 > P_3$
- ㉱ ② 팽창파 $M_2 < M_3$, $P_1 < P_2$

[해설] ① 경사파 : 경사파를 지나면 속도가 약간 감소한다.
② 팽창파 : 초음속 흐름이 팽창파를 지나면 속도는 빨라진다.

9. 충격파의 강도를 가장 옳게 나타낸 것은?
- ㉮ 충격파 전·후의 압력차
- ㉯ 충격파 전·후의 온도차
- ㉰ 충격파 전·후의 속도차
- ㉱ 충격파 전·후의 유량차

[해설] 충격파의 앞쪽과 뒤쪽의 압력차가 바로 충격파의 강도를 나타낸다.

10. 날개면상에 초음속 흐름이 형성되면 충격파가 발생하게 되는데 이때 충격파 전, 후에서의 압력, 밀도, 속도의 관계로 옳은 것은?
- ㉮ 충격파 앞의 압력과 속도는 충격파 뒤보다 크다.
- ㉯ 충격파 앞의 밀도와 속도는 충격파 뒤보다 작다.
- ㉰ 충격파 앞의 압력과 밀도는 충격파 뒤보다 작다.
- ㉱ 충격파 앞의 압력, 밀도 및 속도는 충격파 뒤보다 크다.

[해설] 날개면상의 충격파 : 날개면상에 충격파가 발생을 하면 속도, 압력, 밀도가 급격히 변화를 한다. 충격파 뒤에서의 속도는 급격히 감소를 하고, 압력, 밀도는 급격히 증가를 하게 된다.

정답 5. ㉯ 6. ㉰ 7. ㉮ 8. ㉯ 9. ㉮ 10. ㉰

11. 정지 충격파 전후의 유동 특성이 아닌 것은?
㉮ 충격파를 통과하게 되면 흐름은 압축을 받게 된다.
㉯ 충격파 전의 압력과 밀도는 충격파 후보다 항상 크다.
㉰ 충격파를 통과할 때 속도 에너지의 일부가 열로 변환된다.
㉱ 충격파는 실제적으로 압력의 불연속면이라 볼 수 있다.

12. 경사 충격파와 수직 충격파가 발생하는 곳에 관한 설명으로 옳은 것은?
㉮ 경사 충격파는 천음속 흐름에서 생기고, 수직 충격파는 초음속 흐름에서 생긴다.
㉯ 경사 충격파는 초음속 흐름에서 생기고, 수직 충격파는 천음속 흐름에서 생긴다.
㉰ 경사 충격파는 천음속 흐름에서 생기고, 수직 충격파는 아음속 흐름에서 생긴다.
㉱ 경사 충격파는 아음속 흐름에서 생기고, 수직 충격파는 천음속 흐름에서 생긴다.

13. 팽창파의 특징으로 가장 거리가 먼 내용은?
㉮ 유체가 통과할 경우 압력이 감소한다.
㉯ 에너지 손실이 생긴다.
㉰ 초음속 흐름에서만 생긴다.
㉱ 표면에 항상 경사지게 된다.

[해설] 팽창파(expansion wave) : 초음속 흐름에서 면적이 넓어지는 곳에서는 팽창파가 발생한다. 팽창파 뒤의 공기흐름은 속도와 마하수가 커지고 압력과 밀도가 작아진다. 굴곡면에서는 무수히 많은 팽창파가 발생한다.

14. 일반적인 경비행기의 순항비행에서는 발생되지 않는 항력은?
㉮ 유도항력   ㉯ 조파항력
㉰ 압력항력   ㉱ 마찰항력

[해설] 조파항력 : 조파항력은 초음속 흐름에서 충격파로 인해 발생하는 항력이다.

2. 날개 이론

2-1 날개골(airfoil)의 모양과 특성

(1) 날개골의 특성

① 날개골(airfoil)의 명칭

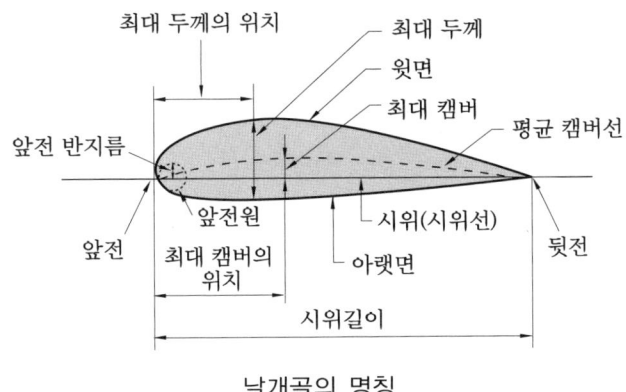

날개골의 명칭

(개) 앞전(leading edge : 전연) : 날개골 앞부분의 끝을 말하며 둥근 원호나 뾰족한 쐐기 모양을 하고 있다.

(내) 뒷전(trailing edge : 후연) : 날개골 뒷부분의 끝을 말한다.

(대) 시위(chord) : 날개골의 앞전과 뒷전을 이은 직선으로 시위선(익현선)의 길이를 "C"로 표시하고 특성 길이의 기준으로 쓰인다.

(래) 두께 : 시위선에서 수직선을 그었을 때 윗면과 아랫면 사이의 수직거리를 말한다.
  ㉮ 최대 두께 : 가장 두꺼운 곳의 길이
  ㉯ 두께비 : 두께와 시위선과의 비

(매) 평균 캠버선(mean camber line) : 두께의 이등분점을 연결한 선으로, 날개의 휘어진 모양을 나타낸다.

(배) 앞전 반지름(leading radius) : 앞전에서 평균 캠버선상에 중심을 두고, 앞전 곡선에 내접하도록 그린 원의 반지름을 말하며, 앞전 모양을 나타낸다.

(새) 최대 두께의 위치 : 앞전에서부터 최대 두께까지의 시위선상의 거리를 말하며, 시위선 길이와의 비(%)로 나타낸다.

(애) 최대 캠버의 위치 : 앞전에서부터 최대 캠버까지의 시위선상의 거리를 말하며, 그 거리는 시위선 길이와의 비(%)로 나타낸다.

② 날개골의 공력 특성
  ㈎ 날개골에 작용하는 공기력
    ㉮ 양력(lift)과 항력(drag)
      • 양력(L) : 날개골에 흐르는 흐름방향에 수직인 공기력.
      • 항력(D) : 날개골에 흐르는 흐름방향과 같은 방향의 공기력.

      $$양력\ L = \frac{1}{2}\rho V^2 C_L S \qquad 항력\ D = \frac{1}{2}\rho V^2 C_D S$$

      여기서, ρ : 공기밀도, V : 속도, C_L : 양력계수, S : 날개면적, C_D : 항력계수

      • 양력과 항력은 밀도(ρ), 면적(S)에 비례하고 속도 제곱(V^2)에 비례한다.
      • 날개골은 C_{Lmax}이 크고, C_{Dmin}이 작을수록 좋다.
      • 마하수가 음속 가까이 되면 항력계수는 급격히 증가하고, 양력계수는 감소한다.
    ㉯ 받음각(angle of attack : 영각) : 공기흐름의 속도 방향과 날개골 시위선이 이루는 각이다.
  ㈏ 받음각과 양력계수, 항력계수와의 관계(Clark Y형 날개골에서)

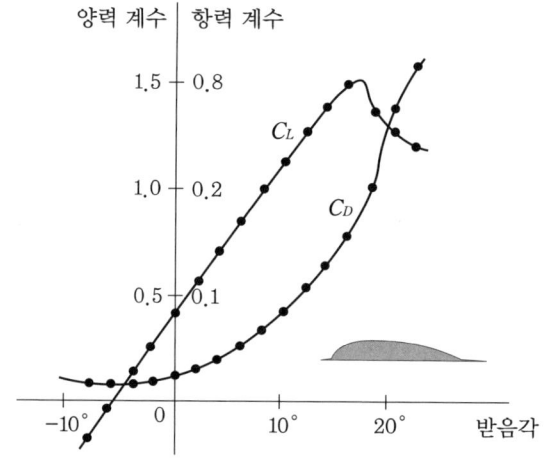

날개골의 양항특성

    ㉮ 양력계수(C_L)와 받음각과의 관계
      • 받음각이 $-5.3°$일 때 C_L은 0이다. 즉, 양력(L) = 0이다.
        이때의 받음각을 0양력 받음각(zero lift of attack)이라 한다.
      • 받음각이 증가함에 따라 C_L은 거의 직선적으로 증가한다.
      • 받음각이 $18°$ 근처일 때 C_L은 최대가 되는데 이때의 양력계수를 최대 양력계수(C_{Lmax})라 한다. 또 이때의 받음각을 실속각(stalling angle of attack)이라 한다.
      • 실속각을 넘으면 C_L은 급격히 감소하는데 이를 실속(stall)이라 한다.
    ㉯ 항력계수(C_D)와 받음각과의 관계

- 항력계수(C_D)가 0이 되는 점은 없고 받음각이 $-5°$일 때 항력계수는 최소가 되는데 이를 최소 항력계수(C_{Dmin})라 한다.
- 받음각이 증가할수록 항력계수는 증가하고 실속각을 넘으면 항력은 급격히 증가한다.
- 항력계수는 받음각이 -값을 가져도 항상 +값을 갖는다.

(다) 날개골 모양에 따른 특성

㉮ 두께
- 받음각이 작을 때 : 두꺼운 날개보다 얇은 날개가 항력이 작다.
- 받음각이 클 때 : 두꺼운 날개보다 얇은 날개가 항력이 크다.

㉯ 캠버
- 캠버가 클수록 양력이 크고 항력도 크다. 실속각은 작다.

㉰ 앞전 반지름
- 앞전 반지름이 작은 날개골 : 받음각이 작을 때 항력이 작지만, 받음각이 일정한 값 이상 커지면 항력이 급증한다.
- 앞전 반지름이 큰 날개골 : 받음각이 작을 때 항력은 크지만, 받음각이 클 경우 흐름의 떨어짐이 적어 최대 받음각이 커진다.

㉱ 시위길이
- 시위길이가 길수록 큰 받음각에서도 흐름의 떨어짐이 일어나지 않는다.

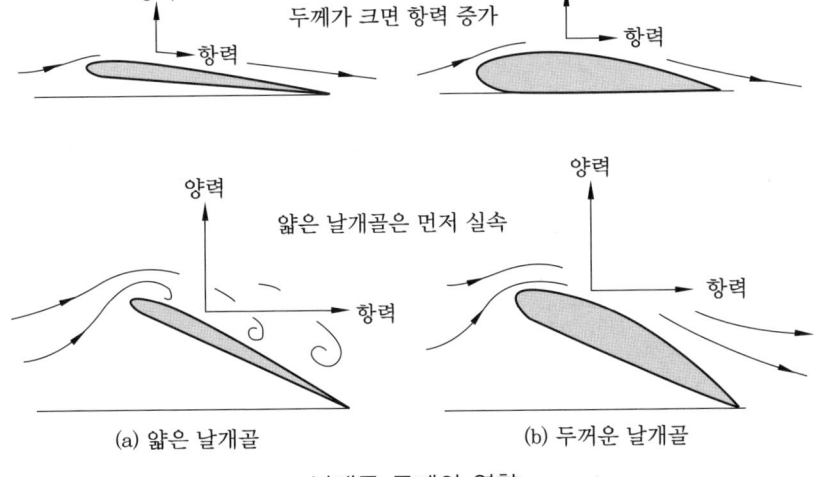

날개골 두께의 영향

③ 압력 중심과 공기력 중심

㉮ 압력 중심(Center of pressure, C.P, 풍압 중심) : 날개골의 윗면과 아랫면에서 작용하는 압력이 시위선상의 어느 한 점에 작용하는 지점을 말한다. 받음각이 증가하면 압력 중심은 앞전 쪽으로 이동한다.

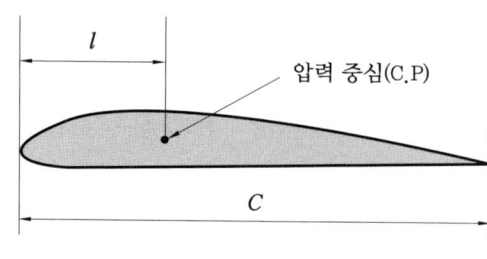

압력중심의 위치

- 압력 중심의 위치

$$\mathrm{C.P} = \frac{l}{C} \times 100\%$$

㈏ 공기력 중심(Aerodynamic Center, A.C) : 받음각이 변하더라도 모멘트 값이 변하지 않는 점을 말한다. 일정한 점을 말하며, 공기력 중심은 보통 날개 시위의 25%에 위치한다.

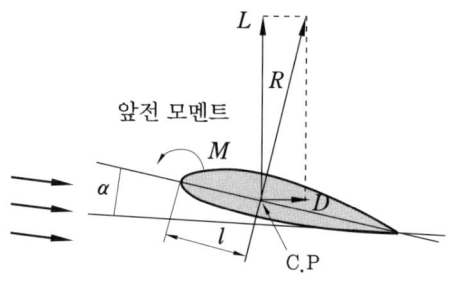

공기력과 모멘트

$$M = \frac{1}{2}\rho V^2 C_m SC$$

여기서, M : 공기력 모멘트, C_m : 모멘트 계수, C : 시위길이, S : 날개면적

- 대칭형 날개골에서는 공기력 중심 모멘트 계수(C_{mac})는 0이다.

④ 날개골의 종류

㈎ 날개골의 호칭

㉮ 4자 계열 : 최대 캠버의 위치가 시위길이의 40% 뒤쪽에 위치한 날개골이다.

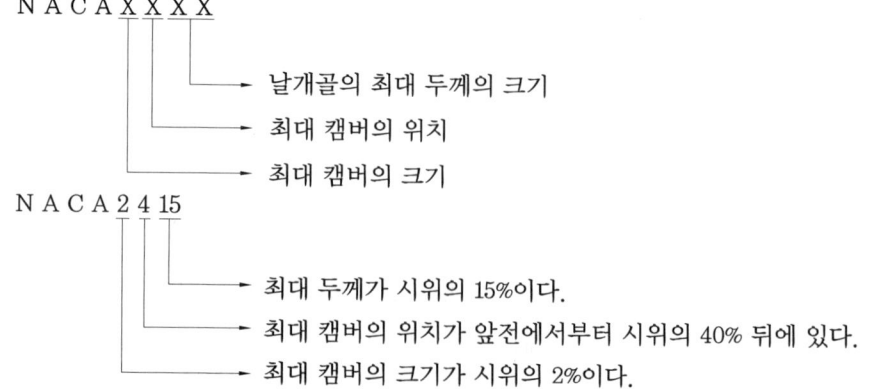

- 대칭형 날개골(symmetrical airfoil) : 대개 꼬리날개에 사용한다.
  Ｎ Ａ Ｃ Ａ 0009,   Ｎ Ａ Ｃ Ａ 0012
- 클라크 Y형(clark Y type) : 밑면이 직선으로 시위선과 일치하는 날개골(airfoil)이다.

㉯ 5자 계열 : 4자 계열의 날개골을 개선하여 만든 것으로, 최대 캠버의 위치를 앞쪽으로 옮겨 C_L을 증가시킨 날개골이다.

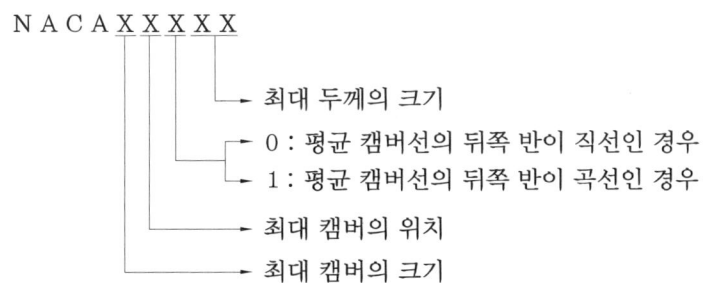

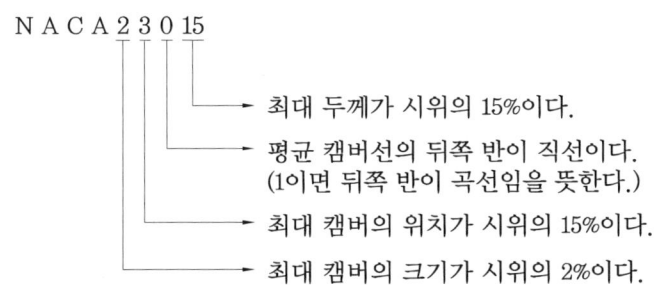

㉰ 6자 계열(층류형 날개골) : 최대 두께 위치를 중앙 부근에 놓이도록 하여 설계 양력계수 부근에서 항력계수가 작아지도록 하고, 받음각이 작을 때 앞부분의 흐름이 층류를 유지하도록 한 날개골이다.

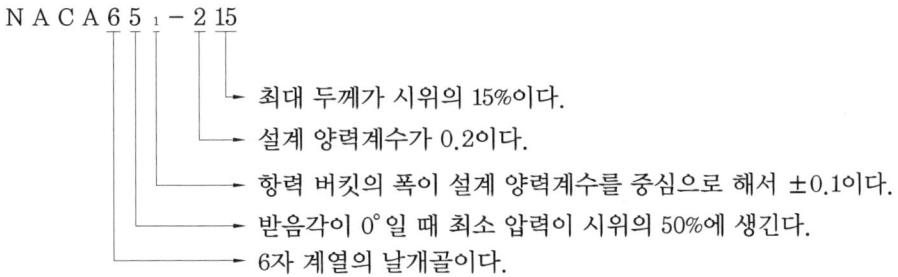

- 항력 버킷(drag bucket) : 어떤 양력계수 부근에서 항력계수가 갑자기 작아지는 부분을 말한다. 두께가 얇을수록 또는 레이놀즈수가 클수록 항력 버킷은 좁고 깊어진다.
㉱ 초음속 날개골 : 모든 날개골의 앞전은 칼날과 같이 뾰족한 모양을 하여 조파항력을 줄이기 위해 만든 날개골이다.

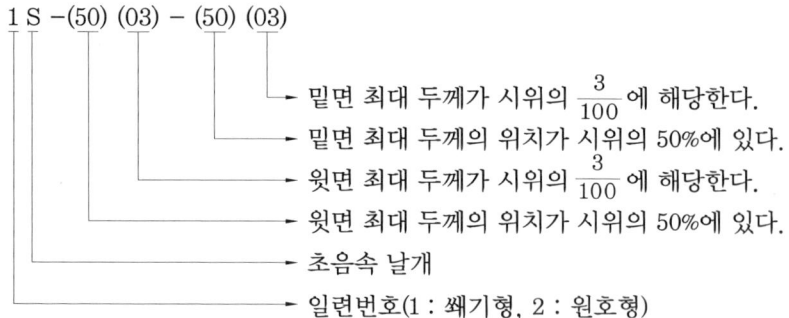

- 조파항력(wave drag) : 날개골이 초음속 흐름 속에 놓이면, 날개골에 충격파가 생기므로 해서 압력의 변화가 생기고, 이 압력의 변화에 의해 생기는 항력이다. 날개골의 앞전이 뾰족하고 얇을수록 작아진다.

㈏ 고속기의 날개골

㉮ 층류 날개골(laminal flow airfoil) : 최대 두께의 위치를 중앙 부근(40~50%)에 위치하게 하여 항력계수가 작아지도록 하고, 받음각이 작을 때 앞부분의 흐름이 층류를 유지하도록 한 날개골이다.

㉯ 피키 날개골(peaky airfoil) : 충격파의 발생으로 인한 항력의 증가를 억제하기 위해 시위 앞부분의 압력분포를 뾰족하게 만든 날개골이다.

㉰ 초임계 날개골(super critical airfoil) : 날개 주위의 초음속 영역을 넓혀서 충격파를 약하게 하여 항력의 증가를 억제하여 비행속도를 음속에 가깝게 한 날개골로서 임계 마하수를 0.99까지 얻을 수 있다.

- 특징 : 앞전 반지름이 비교적 크고 날개골 윗면은 평평하며, 뒷전 부근에 캠버가 조금 있다.

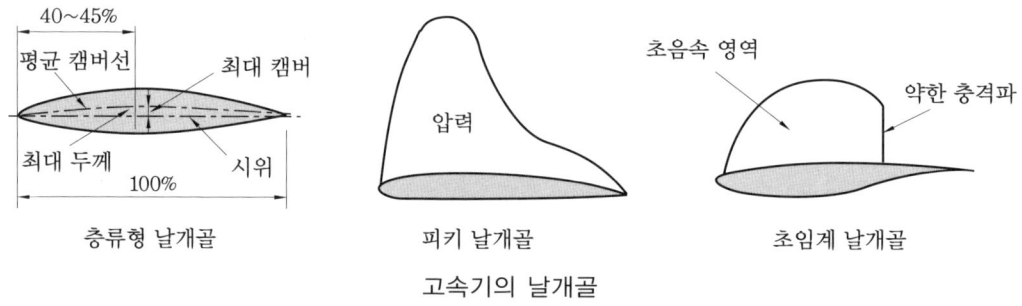

고속기의 날개골

(2) 날개의 용어

① 날개면적(S) : 보통 날개 윗면의 투영 면적을 말하며, 동체나 기관 나셀(nacelle)에 의해 가려진 부분도 포함한다.

② 날개길이(span, b) : 한쪽 날개 끝에서 다른 쪽 날개 끝까지의 길이이다.

③ 시위(chord, C) : 날개골의 앞전과 뒷전을 이은 직선으로, 보통 시위라고 하면 평균 시위를 말한다.

⑺ 평균 공력 시위(Mean Aerodynamic Chord ; MAC) : 주날개의 항공역학적 특성을 대표하는 부분의 시위이다. 날개를 가상적 직사각형 날개라 가정했을 때 시위이다.
⑻ 무게중심 위치가 MAC의 25%라 함은 무게중심이 MAC의 앞전에서부터 25%의 위치에 있음을 말한다.

④ 날개의 가로세로비(종횡비 ; Aspect Ratio, AR)

$$AR = \frac{b}{C_m} = \frac{b^2}{S} = \frac{S}{C_m^2}$$

여기서, C_m : 평균시위, b : 날개 폭(span), S : 날개면적

가로세로비가 커지면 유도항력은 작아지고, 종횡비가 클수록 활공성능은 좋아진다.

⑤ 테이퍼 비(λ) : 날개 뿌리 시위(C_r)와 날개 끝 시위(C_t)와의 비

$$\lambda = \frac{C_t}{C_r}$$

⑺ 직사각형 날개의 테이퍼 비 : 1
⑻ 삼각 날개의 테이퍼 비 : 0

⑥ 뒤젖힘각 (sweep back angle) : 앞전에서 25%C 되는 점들을 날개 뿌리에서 날개 끝까지 연결한 직선과 기체의 가로축이 이루는 각이다. 뒤젖힘각이 클수록 고속특성이 좋아진다.

⑦ 쳐든각(상반각) : 기체를 수평으로 놓고 보았을 때 날개가 수평을 기준으로 위로 올라간 각이다.
  • 쳐든각의 효과 : 옆놀이(rolling) 안정성이 좋아 옆미끄럼(sideslip)을 방지한다.

⑧ 붙임각 : 기체의 세로축과 날개 시위선이 이루는 각이다.

⑨ 기하학적 비틀림 : 날개 끝의 붙임각을 날개 뿌리의 붙임각보다 작게 한 것이다.
  • 날개에 기하학적 비틀림을 주는 이유 : 날개 끝에서 실속이 늦게 일어나 날개 끝 실속을 방지한다. 날개 뿌리의 받음각보다 2°~3° 정도 작게 기하학적 비틀림을 주면 날개 끝에서 실속이 늦게 일어난다.

(3) 날개의 모양

① 직사각형 날개 : 제작이 쉽고 소형 항공기에 사용한다. 날개 끝 실속 경향이 없어 안정성이 있다.
  ⑺ 날개 실속 : 날개 뿌리부근에서 먼저 실속이 발생한다.
② 테이퍼 날개 : 날개 끝과 날개 뿌리의 시위길이가 다른 날개이며 많이 사용한다.
  ⑺ 날개 실속 : 날개 끝에서 먼저 실속이 발생한다.
  ⑻ 실속 예방 : 날개에 비틀림을 주어서 날개 끝 실속을 방지한다.
③ 타원 날개 : 날개길이 방향의 유도 속도가 일정하고 유도항력이 최소이다.

㈎ 날개 실속 : 날개길이에 걸쳐 균일하게 발생한다.
④ 앞젖힘 날개 : 날개 전체가 뿌리에서부터 날개 끝에 걸쳐서 앞으로 젖혀진 날개이다. 공기흐름이 날개 뿌리 쪽으로 흐르는 특성으로 날개 끝 실속이 생기지 않고, 고속특성도 좋다.
⑤ 뒤젖힘 날개 : 날개 전체가 뿌리에서부터 날개 끝에 걸쳐 뒤로 젖혀진 날개이다.
㈎ 충격파의 발생을 지연시키고, 고속시 저항을 감소시켜 음속근처의 속도로 비행하는 제트 여객기에 사용한다.
㈏ 뒤젖힘각을 크게 하면 구조적으로 약하다.
⑥ 삼각 날개 : 뒤젖힘 날개를 더 발전시킨 날개로 초음속 항공기에 적합한 날개이다.
㈎ 장점 : 날개 시위길이를 길게 할 수 있어 두께비를 작게 할 수 있고, 뒤젖힘각도 커서 임계 마하수가 높고 구조면으로도 강하다.
㈏ 단점 : 최대 양력이 크지 않아 날개면적이 커야 되고, 이착륙시 조종시계가 나쁘다.
⑦ 오지 날개(반곡선 날개) : 양호한 초음속 특성과 저속시 안정성을 가지도록 설계된 날개로 콩코드 날개에 사용한다.
⑧ 가변 날개 : 저속시에는 날개가 뒤젖힘이 없는 직선 날개로 하여 저속 공력특성을 좋게 하고, 고속시에는 뒤젖힘각을 주어 고속특성이 좋도록 설계한 날개이다.

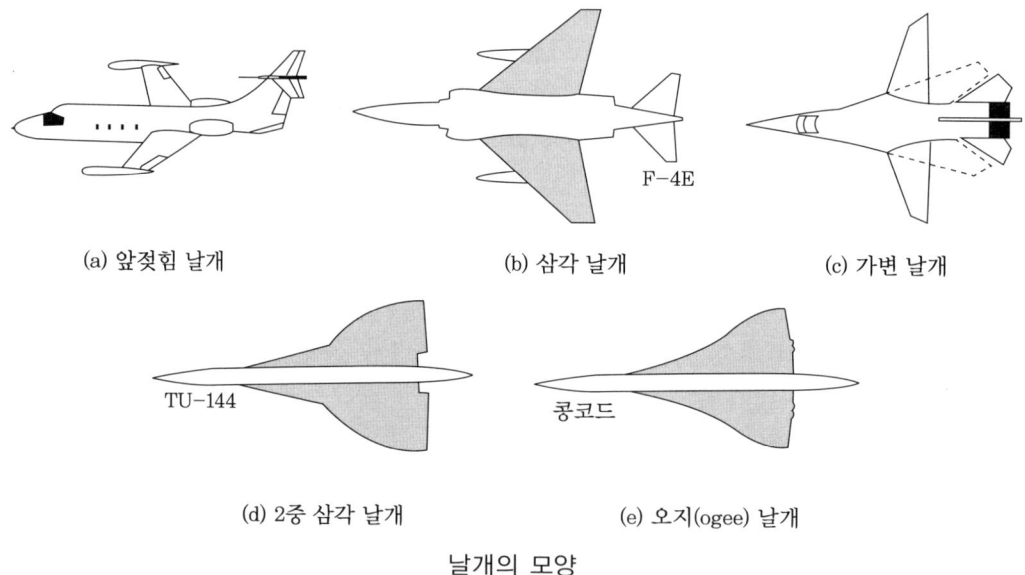

날개의 모양

(4) 고속형 날개

① 뒤젖힘 날개(후퇴 날개)
  ㈎ 후퇴익의 장점
    ㉠ 충격파의 발생을 지연시킨다.
    ㉡ 고속 시 저항을 감소시킬 수 있어 여객기 등에 사용된다.

(나) 후퇴익의 결점
　㉮ 날개 끝(익단) 실속(wing tip stall)이 일어나기 쉽다.
　㉯ 너무 뒤젖힘각을 많이 주면 날개 뿌리 부근의 연결 부분이 구조적으로 약하다(공력탄성에 문제).
(다) 날개 끝 실속 방지법
　㉮ 슬랫(slat)을 다는 방법
　㉯ 날개 끝부분의 받음각을 날개 뿌리부분의 받음각보다 작게 하여 비틀리게 하는 방법(wash out)
　㉰ 경계층 제어(boundary layer control) 방법
　㉱ 앞전을 변형시키는 방법
　㉲ 날개골의 캠버를 변형시키는 방법
　㉳ 경계층 판(fence)을 부착하는 방법
(라) 항력 발산 마하수(drag divergence mach number) : 날개골의 특성이 달라지는 어떤 마하수를 말하며, 마하수 증가에 따라 항력이 급격하게 증가하는 마하수이다.
　· 항력 발산 마하수를 높게 하기 위한 방법
　㉮ 얇은 날개를 사용하여 날개 표면에서의 속도증가를 줄인다.
　㉯ 뒤젖힘각을 준다.
　㉰ 가로세로비가 작은 날개를 사용한다.
　㉱ 경계층을 제어한다.
(마) 후퇴 날개에서 속도성분

$$V_2 = V\cos\Lambda$$

여기서, Λ : 뒤젖힘각, V : 비행속도, V_2 : 앞전에 수직방향의 속도성분

② 삼각 날개
(가) 후퇴 날개의 문제점을 해결한 날개이다.
(나) 공력탄성에 충분히 견딜 만한 강성을 가지고 있다.
(다) 날개 끝 실속이 일어나기 어렵다.
(라) 공력 중심의 이동이 작다.
(마) 가로세로비가 작아 양력이 작다.
(바) 조종석의 전방시계가 나쁘다.
(사) 날개 앞전에 와류 플랩(vortex flap) 설치로 높은 양항비를 얻도록 한다.

③ 오지 날개(ogee wing ; 반곡선 날개) : 날개의 평면형은 시위가 길고 날개길이가 길며, 최소 면적을 가지는 날개로 콩코드 여객기가 여기에 속한다.

④ 경사 날개
(가) 저속 비행시에는 직선 날개이다.
(나) 고속 비행시에는 한쪽 날개는 앞젖힘 날개, 다른 한쪽 날개는 뒤젖힘 날개이다.
(다) 가변 날개보다 양력중심의 이동이 작아서 공력하중을 감소시킨다.

예·상·문·제

1. 항공기 날개의 캠버가 증가를 하면 양력계수, 항력계수는 어떻게 되는가?
㉮ 양력계수 증가, 항력계수 감소
㉯ 양력계수 감소, 항력계수 증가
㉰ 양력계수 감소, 항력계수 감소
㉱ 양력계수 증가, 항력계수 증가
[해설] 캠버가 크면 양력이 크게 발생하고, 항력도 캠버가 클수록 발생한다.

2. 점성영향으로 인해 회전 원통 주위의 공기를 irrotational 운동, 순환하고 있는 원통중심에서 2 m되는 지점에서 속도가 20 m/s일 때 세기는?
㉮ 251 m²/s ㉯ 126 m²/s
㉰ 80 m²/s   ㉱ 40 m²/s
[해설] 볼텍스의 세기(Γ)
= $2\pi Vr = 2 \times \pi \times 20 \times 2 = 251$ m²/s

3. 항공기 airfoil의 요구 조건은?
㉮ 항력계수가 클 것
㉯ 무양력 모멘트가 클 것
㉰ 양력계수가 클 것
㉱ 양력계수가 작을 것
[해설] 날개골은 $C_{L\max}$가 크고, $C_{D\min}$이 작을수록 좋다.

4. 비행기의 날개에 사용되는 airfoil의 요구 조건으로 적합한 것은?
㉮ 얇은 날개골은 받음각이 작을 때 항력이 크다.
㉯ C_L, 특히 $C_{L\max}$가 클 것
㉰ C_D, 특히 $C_{D\max}$가 클 것
㉱ 앞전 반지름은 클수록 좋다.

5. 유체 내에 있는 물체의 항력 요인과 관계가 없는 것은?
㉮ 유체의 밀도   ㉯ 물체의 작용면적
㉰ 유체의 속도   ㉱ 물체의 길이
[해설] $D = \frac{1}{2}\rho V^2 C_D S$
(ρ : 밀도, V : 속도, S : 면적, C_D : 항력계수)

6. 비행 중 비행기에 작용하는 항력은?
㉮ 공기밀도와 무관하다.
㉯ 속도의 제곱에 비례를 한다.
㉰ 정상비행 중 양력과 반비례를 한다.
㉱ 받음각 증가에 따라 감소한다.

7. 항공기에 작용하는 항력은?
㉮ 항력계수의 제곱에 비례한다.
㉯ 밀도에 반비례한다.
㉰ 면적의 제곱에 비례한다.
㉱ 공기 유속의 제곱에 비례한다.

8. 양력계수(C_L)에 대한 설명으로 틀린 것은?
㉮ 날개골의 두께와는 무관하다.
㉯ 받음각에 관계되는 무차원수이다.
㉰ 받음각을 증가시키면 양력계수가 최댓값까지 증가한다.
㉱ 일정한 받음각을 넘으면 양력계수가 급격히 감소하는 현상을 실속이라 한다.

[정답] 1. ㉱ 2. ㉮ 3. ㉰ 4. ㉯ 5. ㉱ 6. ㉯ 7. ㉱ 8. ㉮

[해설] 날개골이 어느 정도까지 두꺼울수록 양력도 증가를 한다.

9. 비행기의 무게가 5000kg이고 큰 날개 면적이 60m²이며, 해면 위를 100km/h의 속도로 비행할 때 양력계수(C_L)는 약 얼마인가?(단, 공기의 밀도는 0.125kg·s²/m⁴이다.)

㉮ 0.13   ㉯ 0.86   ㉰ 1.73   ㉱ 2.46

[해설] $W = L = \frac{1}{2}\rho V^2 C_L S$에서

$$C_L = \frac{2W}{\rho V^2 S} = \frac{2 \times 5000}{0.125 \times \left(\frac{100}{3.6}\right)^2 \times 60} = 1.73$$

$\left(V = 100\text{km/h} = \left(\frac{100}{3.6}\right)\text{m/s}\right)$

10. 중량이 5000 kgf, 면적이 30 m², 비행속도가 100 m/s, 공기밀도가 0.125 kg·s²/m⁴일 때 항공기의 양력계수는?

㉮ 0.2   ㉯ 0.27   ㉰ 0.3   ㉱ 0.42

[해설] 양력계수(C_L)

$$= \frac{2W}{\rho V^2 S} = \frac{2 \times 5000}{0.125 \times 100^2 \times 30} = 0.27$$

11. 비행기의 무게가 2500kg이고, 큰 날개의 면적이 20m²이며, 해발고도(공기밀도가 0.125kg·s²/m⁴임)에서의 실속속도가 120km/h인 비행기의 최대 양력계수($C_{L\max}$)는 얼마인가?

㉮ 0.5   ㉯ 1.8   ㉰ 2.8   ㉱ 3.4

[해설] 최대 양력계수($C_{L\max}$)

$$= \frac{2W}{\rho V^2 S} = \frac{2 \times 2500}{0.125 \times \left(\frac{120}{3.6}\right)^2 \times 20} = 1.8$$

12. 비행기가 200mile/h로 비행 시 100 lbs의 항력이 작용하였다. 만일, 이 비행기가 같은 자세로 300mile/h로 비행 시 작용하는 항력을 구하면?

㉮ 225lbs   ㉯ 230lbs
㉰ 235lbs   ㉱ 240lbs

[해설] $D = \frac{1}{2}\rho V^2 C_D S$

항력은 속도의 제곱에 비례를 하므로
$100 : 200^2 = x : 300^2$ 이므로
$$x = \frac{100 \times 300^2}{200^2} = 225 \text{ lbs}$$

13. 다음 날개골과 양력계수(C_L)와 항력계수(C_D)를 정의한 내용 중 관계가 없는 것은?

㉮ 날개골 형태
㉯ 날개골 추력
㉰ 받음각에 따른 무차원 계수
㉱ 유체의 흐름 형태

14. 압력 중심(center of pressure)에 관한 설명으로 가장 거리가 먼 것은?

㉮ 날개에 압력이 작용하는 합력점이다.
㉯ 압력 중심의 위치는 앞전으로부터 압력 중심까지의 거리와 시위길이와의 비(%)로 나타낸다.
㉰ 보통의 날개에서 받음각이 커지면 압력 중심을 뒤로 이동을 한다.
㉱ 압력 중심 이동이 크면 비행기의 안정성에 좋지 않다.

[해설] 받음각이 클 때 압력 중심은 앞으로 이동하고, 받음각이 작을 때는 압력 중심은 뒤로 이동한다.

15. 받음각이 커지게 되면 풍압 중심(C.P)은 일반적으로 어떻게 되는가?

[정답] 9. ㉰ 10. ㉯ 11. ㉯ 12. ㉮ 13. ㉯ 14. ㉰ 15. ㉮

㉠ 앞전 쪽으로 이동한다.
㉡ 뒷전 쪽으로 이동한다.
㉢ 기류의 상태에 따라 앞전이나 뒷전 쪽으로 이동한다.
㉣ 풍압 중심은 받음각에 무관하게 일정한 위치가 된다.

16. 압력 중심에 가장 큰 영향을 끼치는 요소는 어느 것인가?
㉠ 양력　　㉡ 받음각
㉢ 항력　　㉣ 추력

[해설] 압력 중심은 받음각이 변화함에 따라 앞, 뒤로 이동을 한다.

17. 다음 무게중심에 대한 설명 중 틀린 것은?
㉠ 무게중심이 항공기 전방에 위치할수록 좋다.
㉡ 공기력 중심이 시위에 25% 정도에 위치한다.
㉢ 풍압 중심이 시위의 25% 정도에 위치한다.
㉣ 항공기 무게중심이 항공기 후방에 위치할수록 안전하다.

18. Airfoil의 머물음점(stagnation point)이란 어떠한 점을 의미하는가?
㉠ 속도가 0이 되는 점을 말한다.
㉡ 압력이 0이 되는 점을 말한다.
㉢ 속도, 압력이 동시에 0이 되는 점을 말한다.
㉣ 마하수가 1이 되는 점을 말한다.

[해설] 날개골 앞전에서 흐름의 속도가 0이 되는 지점을 말한다.

19. 그림에서 날개의 가로세로비를 계산하는데 이용되는 것은?

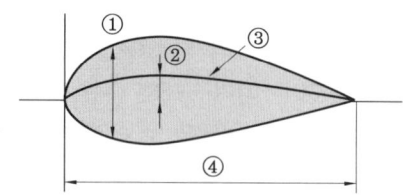

㉠ ①　㉡ ②　㉢ ③　㉣ ④

[해설] $AR = \dfrac{b}{C} = \dfrac{b^2}{S}$

20. 다음 날개골의 종류 중 틀린 것은?
㉠ NACA 4자 계열
㉡ NACA 5자 계열
㉢ NACA 400 계열
㉣ 클라크 Y형

21. NACA 0009의 날개골 형식은?
㉠ 대칭형 날개골
㉡ 비대칭형 날개골
㉢ 다이아몬드형 날개골
㉣ 초음속형 날개골

22. 4자 계열 날개골의 특징이 아닌 것은?
㉠ 두께가 15~18% 정도까지는 두꺼울수록 앞전 반지름도 커지므로 실속각과 최대 양력계수가 커진다.
㉡ 두께가 15~18% 이상에서는 큰 받음각일 때 최대 양력계수 값이 떨어진다.
㉢ 캠버의 실용범위는 4% 정도이다.
㉣ 항력은 두께가 얇고 캠버가 적을수록 작은 받음각에서 작다.

[해설] 항력은 두께가 두껍고 클수록 작은 받음각에서 크며 큰 받음각에서는 흐름의 떨어짐이 늦어지므로 얇은 날개보다 오히려

감소한다.

23. 4자 계열 날개골인 NACA 4512에서 "4"는 무엇을 의미하는가?
㉮ 두께비가 시위의 4%이다.
㉯ 최대 캠버가 시위의 4%이다.
㉰ 최대 캠버의 위치이다.
㉱ 항력이 작은 날개골이다.

24. NACA 2415에서 "2"는 무엇을 의미하는가?
㉮ 최대 캠버가 시위의 2%
㉯ 최대 두께가 시위의 2%
㉰ 최대 캠버의 위치가 시위의 20%
㉱ 최대 두께가 시위의 20%

25. 4자 계열 날개골에서 최대 캠버의 위치는 시위의 몇 %에 위치하는가?
㉮ 10% ㉯ 20% ㉰ 30% ㉱ 40%
[해설] 4자 계열 날개골 : 최대 캠버의 위치가 시위길이의 40% 뒤쪽에 위치한 날개골로서 보통 저속 항공기의 날개에 많이 사용한다.

26. 다음 날개꼴의 호칭 NACA23015에서 "3"에 관한 설명으로 옳은 것은?
㉮ 최대 캠버의 크기가 시위의 3%
㉯ 최대 캠버의 위치가 시위의 3%
㉰ 최대 캠버의 위치가 시위의 15%
㉱ 최대 두께의 위치가 시위의 15%

27. NACA 23012 날개골에 대한 설명으로 가장 올바른 것은?
㉮ 최대 캠버가 시위의 2%로 앞전에서 15%에 위치한다.
㉯ 최대 캠버가 시위의 20%로 앞전에서 30%에 위치한다.
㉰ 최대 두께가 15%이다.
㉱ 최대 두께가 12%로 최대 캠버는 앞전에서 50%에 위치한다.

28. NACA 23015의 날개골에서 최대 캠버의 위치는?
㉮ 15% ㉯ 20% ㉰ 23% ㉱ 30%
[해설] 3 : 최대 캠버의 위치가 시위의 15%이다.

29. 항공기 날개의 가로세로비(aspect ratio)를 나타낸 식이 아닌 것은?(단, b : 날개길이, C : 시위길이, S : 날개면적이다.)
㉮ $\dfrac{b}{C}$ ㉯ $\dfrac{b^2}{S}$ ㉰ $\dfrac{S}{C^2}$ ㉱ $\dfrac{C^2}{S}$

[해설] $AR = \dfrac{b}{C} = \dfrac{S}{C^2} = \dfrac{b^2}{S}$

30. 다음 중 가로세로비로서 가장 올바른 것은?(단, b : 날개길이, C : 시위길이, S : 날개면적이다.)
㉮ $\dfrac{S}{b^2}$ ㉯ $\dfrac{b^2}{C}$ ㉰ $\dfrac{b^2}{S}$ ㉱ $\dfrac{C}{b}$

31. 평균 공력 시위(MAC)에 대한 설명으로 가장 거리가 먼 내용은?
㉮ 이것은 날개를 가상적으로 직사각형 날개라고 가정했을 때 시위이다.
㉯ 꼬리날개와 착륙장치의 배치 및 중심 위치의 이동범위 등을 고려할 때 이용된다.
㉰ 실용적으로 날개모양에 면적중심을

정답 23. ㉯ 24. ㉮ 25. ㉱ 26. ㉰ 27. ㉮ 28. ㉮ 29. ㉱ 30. ㉰ 31. ㉱

통과하는 기하학적 평균시위를 말한다.
㉣ 중심위치가 MAC의 25%라는 것은 중심이 뒷전으로부터 25%가 되는 점이다.

[해설] 무게중심 위치가 평균 공력 시위(MAC)의 25%라 함은 무게중심이 MAC의 앞전에서부터 25%의 위치에 있음을 의미한다.

32. 날개의 길이(span)가 10m이고, 넓이가 25m²인 날개의 가로세로비(aspect ratio)는?
㉮ 2　㉯ 4　㉰ 6　㉣ 8

[해설] 가로세로비$(AR) = \dfrac{b^2}{S} = \dfrac{10^2}{25} = 4$

33. 날개의 면적이 20m²이고, 날개길이가 12m일 때 날개의 가로세로비는 얼마인가?
㉮ 8　㉯ 7.2　㉰ 6　㉣ 1.7

[해설] 가로세로비$(AR) = \dfrac{b^2}{S} = \dfrac{12^2}{20} = 7.2$

34. 날개면적이 100m²이고, 평균시위가 5m일 때 가로세로비는 얼마인가?
㉮ 1　㉯ 2　㉰ 3　㉣ 4

[해설] 가로세로비$(AR) = \dfrac{b^2}{S} = \dfrac{S}{C^2} = \dfrac{100}{5^2} = 4$

35. 어느 비행기의 날개면적이 100m²이고, 스팬(span)이 25m이다. 이 비행기의 가로세로비(aspect ratio)는 얼마인가?
㉮ 4.0　㉯ 5.1　㉰ 6.25　㉣ 7.63

[해설] 가로세로비$(AR) = \dfrac{b^2}{S} = \dfrac{25^2}{100} = 6.25$

36. 항공기 날개에 상반각을 주게 되면 다음과 같은 특성을 갖게 된다. 다음 중 가장 올바른 것은?
㉮ 유도저항을 적게 하고, 방향 안정성을 좋게 한다.
㉯ 옆미끄럼을 방지하고, 가로 안정성을 좋게 한다.
㉰ 익단 실속을 방지하고, 세로 안정성을 좋게 한다.
㉣ 선회성능을 향상시키고, 가로 안정성을 나쁘게 한다.

[해설] 날개에 상반각(쳐든각)을 주게 되면 옆 높이(Rolling) 안정성이 좋아진다.

37. 다음 중 항력 버킷을 가장 올바르게 설명한 것은?
㉮ 양항력 곡선에서 어떤 양력계수 부근에서 항력계수가 갑자기 작아지는 부분
㉯ 양항력 곡선에서 어떤 항력계수 부근에서 항력계수가 갑자기 작아지는 부분
㉰ 양항력 곡선에서 어떤 항력계수 부근에서 양력계수가 갑자기 작아지는 부분
㉣ 양항력 곡선에서 어떤 양력계수 부근에서 양력계수가 갑자기 작아지는 부분

38. 날개 뿌리의 받음각과 날개 끝의 받음각을 서로 다르게 하여 실속이 날개 뿌리에서 시작되도록 하는 것은?
㉮ 쳐든각　㉯ 기하학적 비틀림
㉰ 붙임각　㉣ 빗놀이각

39. 날개 끝의 붙임각을 날개 뿌리의 붙임각보다 크게 하거나 작게 한 것은?
㉮ 뒤젖힘각　㉯ 쳐든각
㉰ 붙임각　㉣ 기하학적 비틀림

정답 32. ㉯　33. ㉯　34. ㉣　35. ㉰　36. ㉯　37. ㉮　38. ㉯　39. ㉣

40. 기체의 세로축과 시위선이 이루는 각을 무엇이라 하는가?
- ㉮ 처진각
- ㉯ 뒤젖힘각
- ㉰ 처든각
- ㉱ 붙임각

[해설] 붙임각은 비행기가 순항비행을 할 때 기체가 수평이 되도록 한다.

41. 다음 뒤젖힘 날개에서 날개 끝 실속을 지연시키는 방법은?
- ㉮ Wash-out을 준다.
- ㉯ Wash-in을 준다.
- ㉰ 붙임각을 크게 한다.
- ㉱ 붙임각을 작게 한다.

42. 후퇴각을 한 날개의 공력특성에 대한 설명 중 가장 올바른 것은?
- ㉮ 후퇴시킨 날개는 날개 끝에서 실속이 낮게 일어난다.
- ㉯ 후퇴각은 날개 앞전과 동체 기준선과의 각을 말한다.
- ㉰ 후퇴 날개는 임계 마하수를 높이며, 실속특성이 나빠진다.
- ㉱ 후퇴각을 갖는 날개는 보통 날개보다 양력을 많이 얻는다.

[해설] 후퇴날개(뒤젖힘날개) : 충격파의 발생을 지연시키고, 고속시 저항을 감소시킬 수 있으므로 음속 근처의 속도로 비행하는 제트 여객기 등에 널리 사용된다.

43. 날개면적이 20 m²이고, 날개길이가 12 m일 때 가로세로비는 얼마인가?
- ㉮ 8
- ㉯ 7.2
- ㉰ 6
- ㉱ 1.7

[해설] 가로세로비$(AR) = \dfrac{b^2}{S} = \dfrac{12^2}{20} = 7.2$

44. 뒤젖힘 날개에서 임계 마하수가 높아지는 이유는?
- ㉮ 압력 중심의 이동이 작다.
- ㉯ 날개길이(span) 방향의 흐름이 작아지기 때문이다.
- ㉰ 뒷면의 공기흐름이 작다.
- ㉱ 항력계수가 작다.

[해설] $V_2 = V\cos\Lambda$
날개상면에는 실제의 비행속도(V)보다 $\cos\Lambda$를 곱한 것만큼 작게 흐른다.

45. 뒤젖힘각을 가장 올바르게 설명한 것은?
- ㉮ 25%C(코드길이) 되는 점들을 날개 뿌리에서 날개 끝까지 연결한 직선과 기체의 가로축이 이루어지는 각
- ㉯ 날개가 수평을 기준으로 위로 올라가는 각도
- ㉰ 기체의 세로축과 날개의 시위선이 이루는 각
- ㉱ 날개 끝의 붙임각을 날개 뿌리의 붙임각보다 크거나 작게 한 것

46. 비행기의 마하수가 증가하면 충격파 때문에 항력이 급격히 커지는 현상은?
- ㉮ Buffeting
- ㉯ Drag divergence 현상
- ㉰ Stall 현상
- ㉱ Fluttering 현상

정답 40. ㉱ 41. ㉮ 42. ㉰ 43. ㉯ 44. ㉯ 45. ㉮ 46. ㉯

2-2 날개의 공기력

(1) 날개의 양력

① 쿠타-쥬코브스키(kutta-joukowsky) 양력 : 물체 주위의 순환 흐름에 의해 생기는 양력. 즉, 흐름에 놓여진 물체에 순환이 있으면 물체는 흐름의 직각 방향으로 양력이 생긴다.

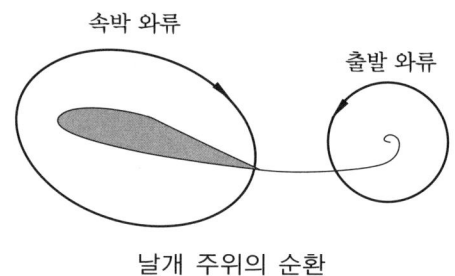

속박 와류 / 출발 와류

날개 주위의 순환

$$L = \rho V \Gamma$$

여기서, L : 양력, Γ : 와류의 세기, V : 속도

(가) 출발 와류(starting vortex) : 날개 뒷전에서 흐름의 떨어짐이 있게 되어 생기게 되는 와류이다.

(나) 속박 와류(bound vortex) : 출발 와류가 생기면 날개 주위에 크기가 같고 방향이 반대인 와류가 발생하는 와류현상이다. 이 속박 와류로 인해 양력이 발생한다.

(다) 날개 끝 와류(wing tip vortex) : 날개를 지나는 흐름은 윗면에서 부압(-), 아랫면에서 정압(+)이기 때문에 날개 끝의 날개 아랫면에서 윗면으로 말려드는 와류현상이다.

(라) 말굽형 와류(horse shoe vortex) : 테이퍼 날개에서 날개 끝 와류가 날개길이 중간에도 생겨 말굽모양의 와류가 발생하는 와류현상이다.

(마) 내리흐름(down wash) : 날개 끝이 있는 날개는 날개 끝에 날개 끝 와류가 발생되며, 이것은 날개 뒤쪽 부분의 공기흐름을 아래로 향하게 하는 흐름이다.

(바) 겉보기 받음각(기하학적 받음각) : 내리흐름에 의한 영향을 고려하지 않고 자유 흐름의 방향과 날개골의 시위선이 이루는 받음각이다.

(사) 유효 받음각(α_e) : 내리흐름에 의해 날개흐름에 대한 받음각은 겉보기 받음각보다 작아지는데 이 받음각을 유효 받음각이라 한다.

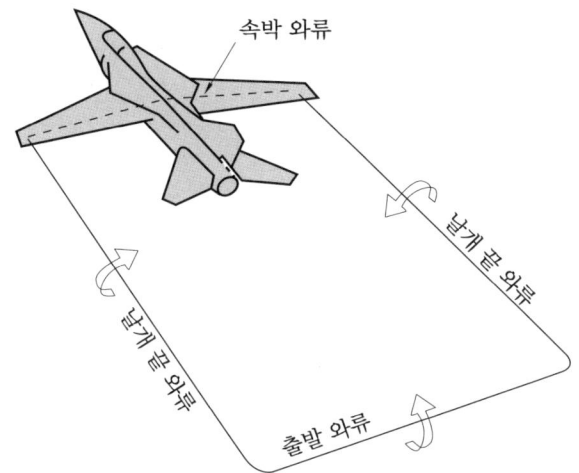

날개에 의한 와류, 말굽형 와류

(2) 날개의 항력

① 유도항력(induced drag, D_i) : 내리흐름(down wash)으로 인해 유효 받음각이 작아져서 날개의 양력성분이 기울어져 항력성분을 만드는데, 이것은 유도속도 때문에 생긴 항력이므로 유도항력이라 하고, 이때의 속도를 유도속도라 한다.

$$D_i = \frac{1}{2}\rho V^2 C_{D_i} S \qquad C_{D_i} = \frac{C_L^2}{\pi e AR}$$

여기서, C_{D_i} : 유도항력계수, AR : 가로세로비, e : 스팬 효율계수

유도항력은 가로세로비에 반비례를 한다.
타원형 날개가 유도항력이 가장 작다.

(가) 유도각(α_i)과 가로세로비와의 관계식

$$\alpha_i = \frac{C_L}{\pi e AR}$$

(나) 날개면적은 동일하고, 날개길이를 2배로 할 경우 : 가로세로비는 4배 증가하고, 유도항력은 $\frac{1}{4}$ 배 증가한다.

(다) 날개면적은 동일하고 날개길이를 2배, 양력계수를 $\frac{1}{2}$ 배로 할 경우 : 가로세로비는 4배 증가하고 유도항력은 $\frac{1}{16}$ 배 증가한다.

(라) 스팬 효율계수(e) : 타원 날개의 경우 e의 값은 1이 되고, 그 밖의 날개는 e의 값이 1보다 작다.

(마) 유해항력 : 양력에는 관계하지 않고, 비행을 방해하는 모든 항력을 유해항력이라 한다. 유도항력을 제외한 모든 항력을 말한다.

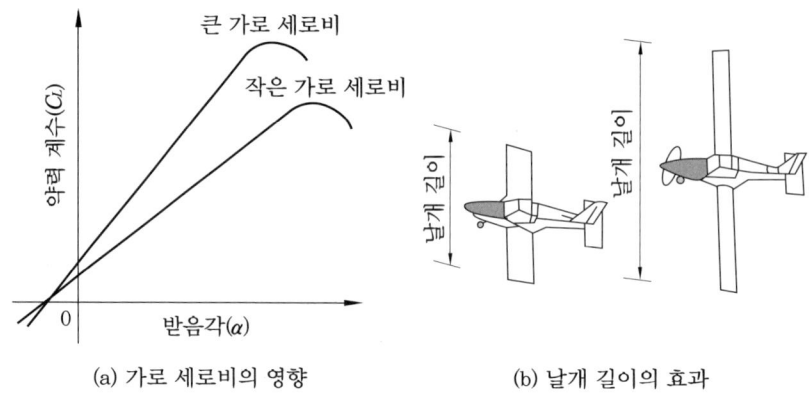

(a) 가로 세로비의 영향   (b) 날개 길이의 효과

가로세로비와 양력계수

② 형상항력 : 물체의 모양에 따라서 다른 값을 가지는 항력으로, 공기가 점성을 가지고 있기 때문에 발생하는 항력이다.

형상항력(profile drag) = 마찰항력+압력항력

㈎ 압력항력(pressure drag) : 흐름이 물체 표면에서 떨어져 하류 쪽으로 와류를 발생시키기 때문에 생기는 항력으로 유선형일수록 압력항력이 작다.

㈏ 마찰항력(friction drag) : 물체 표면과 유체 사이에서 발생되는 점성 마찰에 의한 항력을 말한다.

· 아음속 항공기에 생기는 전체 항력계수(C_D)

$$C_D = C_{DP} + C_{Di} = C_{DP} + \frac{C_L^2}{\pi e AR}$$

여기서, C_{DP} : 형상항력계수, C_{Di} : 유도항력계수

③ 조파항력(wave drag) : 날개 표면의 초음속 흐름 시 충격파 발생으로 충격파 뒤에 흐름의 떨어짐 현상이 생겨 항력이 증가하게 되어 생기는 항력으로, 양력계수의 제곱에 비례한다.

(3) 날개의 실속

① 실속(stall)

㈎ 무동력 실속(power off stall) : 기관의 출력을 줄일 때 비행기 속도가 작아져서 양력이 비행기 무게보다 작게 되어 비행기가 침하하는 경우의 실속이다.

㈏ 동력 실속(power on stall) : 기관의 출력은 충분히 크나 날개의 받음각이 너무 커서 날개 윗면의 흐름이 떨어짐으로 인하여 양력을 발생하지 못하여 비행기가 고도를 유지할 수 없는 상태의 실속이다.

(다) 완만한 실속특성을 갖는 날개골 : 가로세로비가 작고 날개 두께가 두껍고, 앞전 반지름과 캠버가 크다.

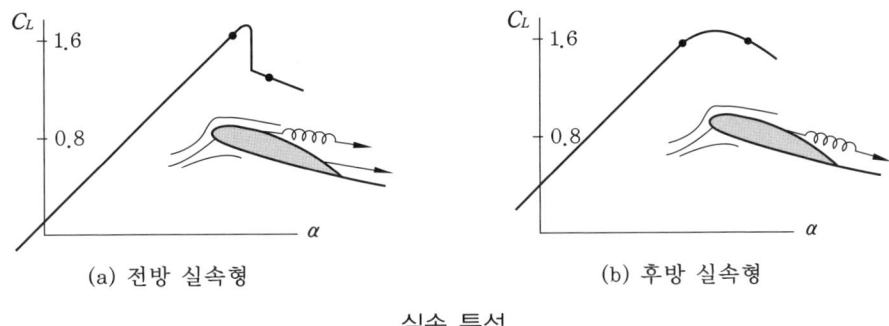

실속 특성

② 날개 모양에 따른 실속 특성
 (가) 직사각형 날개 : 실속이 날개 뿌리에서부터 발생한다.
 (나) 테이퍼형 날개
  ㉮ 테이퍼 비가 0.5보다 작은 날개 : 날개 끝부터 실속이 일어난다.
  ㉯ 테이퍼 비가 0.5일 때 : 날개 전체에 걸쳐 일어난다.
 (다) 타원 날개 : 날개길이 전체에 걸쳐 실속이 발생한다.
 (라) 뒤젖힘 날개 : 날개 끝에서 실속이 시작된다.
③ 날개 끝 실속 방지법

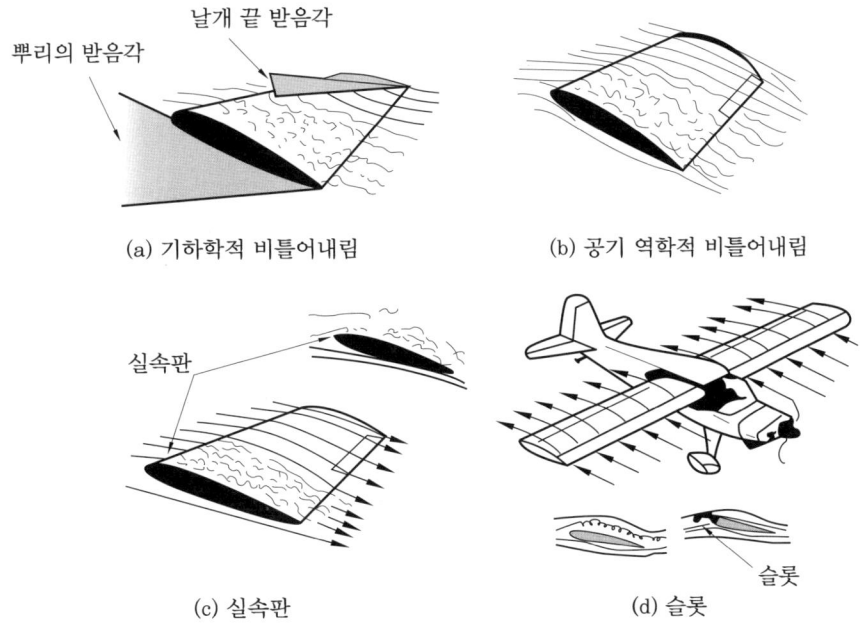

날개의 실속 끝 방지 방법

(가) 날개의 테이퍼 비를 너무 크게 하지 않는다.
(나) 날개 끝으로 갈수록 받음각이 작아지도록 날개의 앞내림(wash out)을 준다(기하학적 비틀림).
(다) 날개 끝부분에 두께비, 앞전 반지름, 캠버 등이 큰 날개골을 사용하여 실속각을 크게 한다(공력적 비틀림).
(라) 날개 뿌리에 스트립(strip)을 붙여 받음각이 클 때 흐름을 강제로 떨어지게 하여 날개 끝보다 먼저 실속이 생기게 한다.
(마) 날개 앞전 앞쪽에 슬롯(slot)을 설치하여 흐름의 떨어짐을 방지한다.

예·상·문·제

1. 날개의 순환이론에 대한 설명으로 가장 올바른 내용은?
㉮ 날개의 앞쪽에는 출발 와류로 인한 빗올림 흐름이 있다.
㉯ 속박 와류로 인하여 날개에 양력이 발생한다.
㉰ 날개를 지나는 흐름은 윗면에서는 정(+)압이고, 아랫면에서는 부(-)압이다.
㉱ 날개 끝 와류의 중심축은 흐름방향에 직각이다.
[해설] 날개 주위에 생기는 순환은 항상 날개에 붙어 다니므로 속박 와류라 하고 이 와류로 인하여 날개에 양력이 발생하게 된다.

2. 유도항력계수에 대한 설명으로 가장 거리가 먼 것은?
㉮ 양력계수의 제곱에 비례한다.
㉯ 항공기 속도에 비례한다.
㉰ 스팬 효율계수에 반비례한다.
㉱ 날개의 유효 가로세로비에 반비례한다.
[해설] $C_{D_i} = \dfrac{C_L^2}{\pi e AR}$

3. 타원형 날개에서 양력계수가 1.2이고 가로세로비가 6일 때 유도항력계수는?
㉮ 0.064　　㉯ 0.076
㉰ 0.083　　㉱ 0.041
[해설] 유도항력계수(C_{D_i})
$$= \frac{C_L^2}{\pi e AR} = \frac{1.2^2}{3.14 \times 1 \times 6} = 0.076$$
(여기서, 타원형 날개골의 날개 효율계수 $e=1$이다.)

4. 날개의 길이가 50feet, 시위가 6feet인 비행기가 비행 시 양력계수가 0.6일 때 유도항력계수를 구하면?(단, 날개 효율계수 $e=1$이라고 가정한다.)
㉮ 0.0105　　㉯ 0.0138
㉰ 0.0210　　㉱ 0.0272
[해설] 유도항력계수(C_{D_i})
$$= \frac{C_L^2}{\pi e AR} = \frac{0.6^2}{3.14 \times 1 \times 8.3} = 0.0138$$
(가로세로비 $AR = \dfrac{b}{C} = \dfrac{50}{6} = 8.3$이다.)

정답　1. ㉯　2. ㉯　3. ㉯　4. ㉯

5. 날개골 형태에 따라 다른 값을 가지는 형상항력의 특징이다. 틀린 것은?
㉮ 이상기체에서는 무시한다.
㉯ 공기가 점성을 가지기 때문에 발생한다.
㉰ 날개골이 가지는 두께에 의해 발생한다.
㉱ 유도항력에 의해 발생한다.

[해설] 유도항력은 날개에 발생되는 내리흐름에 의한 유도성분에 의한 항력이다.

6. 그림과 같은 상대적으로 갑작스러운 실속이 일어나는 특성을 갖는 날개골은?

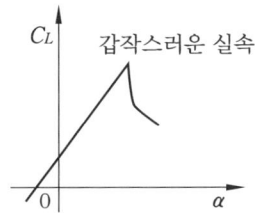

㉮ 두께가 두꺼운 날개골
㉯ 앞전 반지름이 큰 날개골
㉰ 캠버가 큰 날개골
㉱ 레이놀즈수가 작은 날개골

[해설] 두께가 얇고, 앞전 반지름이 작고, 캠버가 작은 고속용 날개일수록, 가로세로비가 큰 날개일수록 갑작스러운 실속이 발생한다.

7. 가로세로비가 큰 날개에서 갑자기 실속하는 경우와 가장 거리가 먼 것은?
㉮ 두께가 얇은 날개골
㉯ 앞전 반지름이 작은 날개골
㉰ 캠버가 큰 날개골
㉱ 레이놀즈수가 작은 날개골

8. 항공기 날개길이(span)가 길어지면 유도항력은 어떻게 되는가?
㉮ 유도항력이 작아진다.
㉯ 유도항력이 커진다.
㉰ 유도항력에는 관계가 없고, 양력만 커진다.
㉱ 항공역학적 성능과는 관계가 없다.

[해설] $D = \frac{1}{2}\rho V^2 C_{Di} S$, $C_{Di} = \frac{C_L^2}{\pi e AR}$, $AR = \frac{b^2}{S}$
날개길이(b)는 유도항력과 반비례한다.

9. 비행기 날개의 가로세로비가 커졌을 때 다음 중 가장 올바른 내용은?
㉮ 유도항력이 감소한다.
㉯ 유도항력이 증가한다.
㉰ 양력이 감소한다.
㉱ 스팬 효율과 양력이 증가한다.

10. 다음 공식 중 틀린 것은?
㉮ $C_{Di} = \frac{C_L^2}{\pi e AR}$
㉯ $\alpha_i = \frac{C_L}{\pi e AR}$
㉰ $C_D = C_{DP} + C_{Di}$
㉱ 양항비(L/D) $= \frac{C_L}{\pi e AR}$

11. 형상항력의 표현으로 가장 올바른 것은?
㉮ 유도항력 + 조파항력
㉯ 표면 마찰항력 + 유도항력
㉰ 간섭항력 + 조파항력
㉱ 압력항력 + 표면 마찰항력

[해설] 날개에서의 형상항력은 날개 표면에 발

정답 5. ㉱ 6. ㉱ 7. ㉰ 8. ㉮ 9. ㉮ 10. ㉱ 11. ㉱

생하는 마찰항력과 날개골이 가지는 두께에 의한 압력항력의 합이다.

12. 형상항력(Profile drag)은 어떤 항력을 의미하는가?
㉮ 압력항력과 표면 마찰항력
㉯ 압력항력과 유도항력
㉰ 표면 마찰항력과 유도항력
㉱ 유해항력과 유도항력

13. 공기가 점성을 가지기 때문에 발생되는 항력으로 물체의 모양에 따라서 다른 값을 가지는 항력은 무엇인가?
㉮ 형상항력   ㉯ 유도항력
㉰ 조파항력   ㉱ 간섭항력
[해설] 형상항력은 물체 모양에 따라서 다른 값을 가지는 항력으로 공기가 점성을 가지기 때문에 발생되는 항력이다.

14. 항공기의 날개에서 발생하는 양력으로 인하여 항력이 발생하는데 이것을 무슨 항력이라고 하는가?
㉮ 유도항력   ㉯ 조파항력
㉰ 표면 마찰항력   ㉱ 형상항력

15. 형상항력에 대한 설명으로 가장 거리가 먼 것은?
㉮ 이상유체에는 나타나지 않는 항력이다.
㉯ 공기가 점성을 가지기 때문에 생기는 항력이다.
㉰ 날개골의 형태에 따라 다른 값을 가지는 항력이다.
㉱ 날개 표면에 유도항력에 의해 발생한다.

16. 비행기의 양력에 관계하지 않고, 비행을 방해하는 유해항력으로 볼 수 없는 것은?
㉮ 조파항력   ㉯ 유도항력
㉰ 마찰항력   ㉱ 형상항력
[해설] 전체항력(D) = 유해항력(D_p) + 유도항력(D_i)
유도항력을 제외한 모든 항력을 유해항력이라 한다.

17. 유도항력(induced drag)계수에 대한 설명 중 가장 올바른 것은?
㉮ 양력이 발생하지 않을 때에는 유도항력이 존재하지 않는다.
㉯ 저속비행에서 유도항력은 무시될 수 있다.
㉰ 날개의 가로세로비가 클수록 유도항력은 증가한다.
㉱ 동일한 속도에서 항공기 무게가 증가하면 유도항력은 감소한다.
[해설] $C_{Di} = \dfrac{C_L{}^2}{\pi e AR}$
유도항력계수는 가로세로비(AR)에 반비례하고, 양력계수의 제곱에 비례한다.

18. 항공기에 발생하는 항력(drag)에는 여러 가지 종류의 항력이 있다. 아음속 비행 시 발생하지 않는 항력은?
㉮ 유도항력   ㉯ 마찰항력
㉰ 압력항력   ㉱ 조파항력
[해설] 날개면 상에 초음속 흐름이 형성되면 충격파가 발생하게 되고 조파항력이 생긴다.

19. 다음 중 항력에 대한 설명으로 가장 관계가 먼 내용은?
㉮ 형상항력은 물체의 모양에 따라 달라진다.

정답 12. ㉮ 13. ㉮ 14. ㉮ 15. ㉱ 16. ㉯ 17. ㉮ 18. ㉱ 19. ㉯

㉯ 유해항력이 클수록 비행 성능이 좋아진다.
㉰ 압력항력과 점성항력을 합쳐서 형상항력이라 한다.
㉱ 양력에 관계하지 않고 비행을 방해하는 모든 항력을 통틀어 유해항력이라 한다.

20. 비행기에서 양력에 관계하지 않고, 유도항력을 제외한 비행을 방해하는 모든 항력을 통틀어 무엇이라 하는가?
㉮ 압력항력   ㉯ 점성항력
㉰ 형상항력   ㉱ 유해항력

21. 비행기의 항력을 표시하는 것 중 등가유해면적(f)이라 하는 것은?
㉮ 항력계수가 1.28이 되는 평판이다.
㉯ 항력계수가 1이 되는 가상 평판의 면적이다.
㉰ 항력계수가 0이 되는 평판의 면적이다.
㉱ 항력계수가 1.5가 되는 가상 평판의 면적이다.

[해설] 등가유해면적
$$Dp = fq$$
유해항력 표시방법으로 등가유해면적 f의 항으로 표시하는데 이 면적은 항력계수 1을 갖는 가상의 평판의 면적을 말한다.

2-3 날개의 공력 보조장치

양력이나 항력을 목적에 따라 변화시키기 위해 날개면이나 동체에 덧붙인 장치를 말한다.

(1) 고양력 장치(high lift device)
날개의 양력을 증가시켜 주는 장치이다.

- 비행기의 실속속도(V_s)

$$V_s = \sqrt{\frac{2W}{\rho C_{L\max} S}}$$

여기서, V_s : 실속속도, W : 비행기 무게, S : 날개면적,
$C_{L\max}$: 최대 양력계수, ρ : 공기밀도

① 뒷전 플랩(flap) : 날개 뒷전을 아래로 구부려 캠버를 증가시켜 최대 양력을 증가시키는 장치이다.

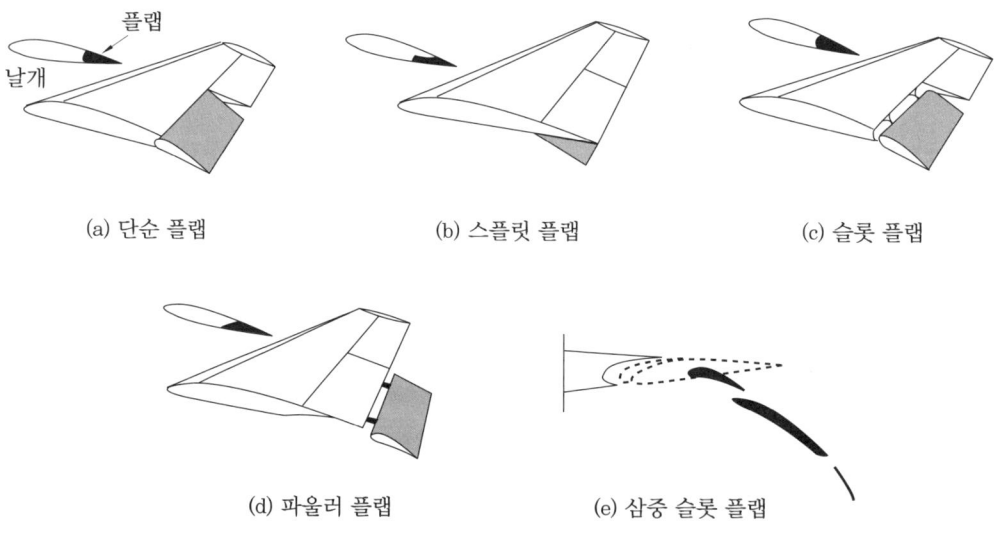

뒷전 플랩의 종류

㈎ 단순 플랩(plain flap) : 날개 뒷전을 단순히 밑으로 굽혀 날개의 캠버만 증가시켜 준다. 소형저속기에 많이 사용한다.

㈏ 스플릿 플랩(split flap) : 날개 뒷전 밑면의 일부를 내림으로써 날개 윗면의 흐름을 강제적으로 빨아들여 흐름의 떨어짐을 지연시킨다. 뒷전에 흐름의 떨어짐이 생기게 되어 항력이 두드러지게 증가한다.

㈐ 슬롯 플랩(slot flap) : 플랩을 내렸을 때 플랩의 앞전에 슬롯의 틈이 생겨 이를 통하여 날개 밑면의 흐름을 윗면으로 올려 뒷전 부분의 흐름의 떨어짐을 방지한다. 플

랩 각도를 크게 할 수 있어 최대 양력계수가 커진다.
- ㈑ 파울러 플랩(fowler flap) : 플랩을 내리면 날개면적과 캠버를 동시에 증가시켜 양력을 증가시킨다. 이 플랩은 날개면적을 증가시키고, 틈의 효과와 캠버 증가의 효과로 다른 플랩보다 최대 양력계수 값이 가장 크게 증가한다.
- ㈒ 이중, 삼중 슬롯 플랩 : 플랩 앞쪽의 틈에 베인(vane)을 설치하여 틈이 두 개 또는 세 개 생기도록 한 것으로 흐름의 떨어짐을 일으키지 않고 큰 플랩각을 취할 수 있어 최대 양력계수는 아주 커진다.

② 앞전 플랩
- ㈎ 슬롯(slot)과 슬랫(slat) : 날개 앞전의 약간 안쪽 밑면에서 윗면으로 틈을 만들어, 큰 받음각일 때 밑면의 흐름을 윗면으로 유도하여 흐름의 떨어짐을 지연시킨다.
  - ㉮ 고정 슬롯, 자동 슬롯
  - ㉯ 자동 슬롯에서 앞쪽으로 나간 부분을 슬랫(slat)이라 한다.
- ㈏ 크루거 플랩(kruger flap) : 날개 밑면에 접혀져 날개 일부를 구성하고 있으나, 조작하면 앞쪽으로 꺾여 구부러지고 앞전 반지름을 크게 하여 효과를 얻는다.
- ㈐ 드루프 앞전(drooped leading edge) : 날개 앞전부를 구부려 캠버를 크게 함과 동시에 앞전 반지름을 크게 하여 양력을 증가시키는 장치이다.

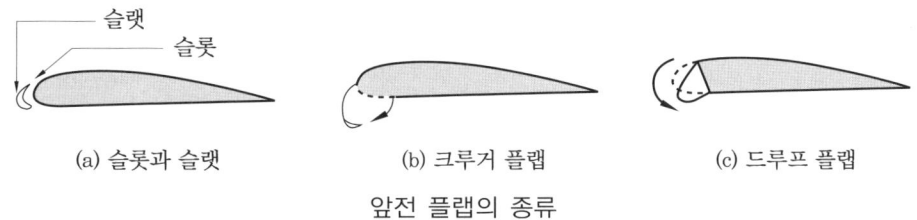

(a) 슬롯과 슬랫　　　　(b) 크루거 플랩　　　　(c) 드루프 플랩

앞전 플랩의 종류

③ 경계층 제어장치 : 받음각이 클 때 흐름의 떨어짐을 직접 방지하는 장치이다.
- ㈎ 불어날림(blowing) 방식 : 고압의 공기를 날개면 뒤쪽으로 분사하여 경계층을 불어 날리는 방식이다.
- ㈏ 빨아들임(suction) 방식 : 날개 윗면에서 흐름을 강제적으로 빨아들여 흐름의 가속을 촉진함과 동시에 흐름의 떨어짐을 방지하는 방식이다.

(2) 고항력 장치

① 공기 브레이크(air brake) : 날개 중앙부위에 부착된 일종의 평판으로, 이것을 날개 윗면이나 밑면에서 펼침으로써 흐름을 강제적으로 떨어지게 하여 양력을 감소시키고 항력을 증가시키는 장치이다.
- ㈎ 공중 스포일러(flight spoiler) : 고속비행시 대칭적으로 펼치면 공기 브레이크 기능을 하고, 도움날개와 연동을 하여 좌우 스포일러를 다르게 움직여 도움날개의 역할을 도와주는 기능이다.
- ㈏ 지상 스포일러(ground spoiler) : 착륙 시 펼쳐서 양력을 감소시키고 항력을 증가

시키는 역할을 한다.
② 역추력 장치(thrust reverser) : 제트 기관에서 배기가스를 역류시켜 추력의 방향을 반대로 바꾸는 장치로 착륙거리를 단축하기 위해 사용한다.
  ㈎ 역피치 프로펠러 : 프로펠러 비행기에서 프로펠러의 피치를 반대로 해서 추력을 반대로 형성시켜 착륙거리를 단축시키기 위해 사용한다.
③ 드래그 슈트(drag chute) : 일종의 낙하산과 같은 것으로 착륙거리를 짧게 하거나 비행 중 스핀에 들어갔을 때 회복시 이용하는 것으로 기체의 뒷부분으로 펼쳐서 속도를 감소시킨다.

예·상·문·제

1. 무게가 1000 kgf이고, 날개면적이 50 m²인 항공기가 최대 양력계수($C_{L\max}$)가 1.2인 상태의 받음각으로 해면상을 비행할 때 최소속도는 몇 m/s인가?
   ㉮ 39.96 m/s   ㉯ 16.33 km/h
   ㉰ 16.33 m/s   ㉱ 42.16 m/s
   [해설] 최소속도(V_S)
   $= \sqrt{\dfrac{2W}{\rho S C_{L\max}}} = \sqrt{\dfrac{2 \times 1000}{0.125 \times 50 \times 1.2}}$
   $= 16.33$ m/s
   (해면상에서 공기밀도(ρ)는 0.125 kg·s²/m⁴이다.)

2. 비행기의 중량이 4500 kg이고, 주날개 면적이 50 m²이다. 비행기의 고도가 해면상일 때 비행기의 최소속도($V_{\min}$)는 얼마인가?(단, 비행기의 $C_{L\max}$=1.6, ρ = 0.125 kg·s²/m⁴이다.)
   ㉮ 30 m/s   ㉯ 40 km/h
   ㉰ 100 m/s   ㉱ 120 km/h
   [해설] 최소속도($V_{\min}$)
   $= \sqrt{\dfrac{2W}{\rho S C_{L\max}}} = \sqrt{\dfrac{2 \times 4500}{0.125 \times 50 \times 1.6}}$
   $= 30$ m/s

3. 고양력 장치인 플랩(flap)의 종류 중 양력계수가 제일 큰 것은?
   ㉮ plain flap   ㉯ split flap
   ㉰ slotted flap ㉱ fowler flap
   [해설] 파울러 플랩은 날개면적을 증가시키고, 틈의 효과와 캠버 증가의 효과로 다른 플랩보다 최대 양력계수 값이 가장 크게 증가한다.

4. 다음의 고양력 장치 중에서 성능이 가장 좋은 것은?
   ㉮ fowler flap   ㉯ split flap
   ㉰ zap flap   ㉱ plain flap

5. 다음 중 캠버를 변화시키지 않고 양력을 증가시키는 방법은?
   ㉮ slot
   ㉯ leading edge flap
   ㉰ trailing edge flap
   ㉱ movable slot

정답 1. ㉰ 2. ㉮ 3. ㉱ 4. ㉮ 5. ㉮

6. 경계층 제어와 밀접한 관계가 있는 것은?
- ㉮ slat
- ㉯ split flap
- ㉰ tab
- ㉱ spoiler

7. 다음 중 뒷전 플랩의 종류가 아닌 것은?
- ㉮ 단순 플랩
- ㉯ 파울러 플랩
- ㉰ 스플릿 플랩
- ㉱ 크루거 플랩

8. 다음 고양력 장치 중 앞전 플랩(leading edge flap)에 해당하지 않는 플랩은?
- ㉮ 파울러 플랩(fowler flap)
- ㉯ 크루거 플랩(kruger flap)
- ㉰ 드루프 앞전(drooped leading edge)
- ㉱ 슬롯(slot)

9. 고양력 장치의 하나인 파울러 플랩(fowler flap)은 다음 보기 중 어느 원리에 의해서 양력을 증가시키는가?

① 날개의 면적 증가
② 캠버(camber)의 증가
③ 받음각 증가
④ 경계층 제어

- ㉮ ①, ③
- ㉯ ①, ②, ③
- ㉰ ①, ②
- ㉱ ①, ②, ④

10. 착륙거리를 짧게 하기 위한 고항력 장치가 아닌 것은?
- ㉮ 지상 스포일러(ground spoiler)
- ㉯ 역추진 장치(thrust reverser)
- ㉰ 드래그 슈트(drag chute)
- ㉱ 경계층 제어장치

11. 와류 발생장치(vortex generator)의 주목적은?
- ㉮ 층류의 유지
- ㉯ 익단 실속의 방지
- ㉰ 흐름의 떨어짐 방지
- ㉱ 항력 감소

[해설] 고아음속 비행기에서는 vortex generator라는 날개표면에 수직으로 가로세로비가 작은 조그만 날개를 장착하는데 이것은 경계층에 에너지를 공급시켜 줌으로써 박리를 지연시켜 준다.

12. 고양력 장치의 원리를 가장 올바르게 설명한 것은?
- ㉮ 최대 양력계수 $C_{L\max}$의 값을 증가시켜 실속속도를 감소시키는 것이다.
- ㉯ 레이놀즈수를 증가시켜서 항력을 감소시키는 것이다.
- ㉰ 날개면적을 줄여서 날개의 항력을 감소시키는 것이다.
- ㉱ 최대 양력계수 $C_{L\max}$를 증가시켜서 이륙속도를 증가시키는 것이다.

정답 6. ㉮ 7. ㉱ 8. ㉮ 9. ㉰ 10. ㉱ 11. ㉰ 12. ㉮

Chapter 02
비행 역학

1. 비행 성능

1-1 항력과 동력

(1) 비행기에 작용하는 공기력

- 비행 중에 작용하는 항력
  - ㈎ 항력의 종류 : 마찰항력, 압력항력, 유도항력, 조파항력, 간섭항력 등이 있다.
    - ㉮ 형상항력(profile drag) = 마찰항력+압력항력
    - ㉯ 비행기의 항력
      D(전체항력) $= D_P$(유해항력)$+ D_i$(유도항력)
  - ㈏ 아음속 흐름에서 날개에 작용하는 총항력
    = 유도항력+형상항력 = 유도항력+압력항력+마찰항력
  - ㈐ 유해항력(parasite drag) : 비행기에서 양력에 관계하지 않고 비행을 방해하는 모든 항력을 말한다. 유도항력을 제외한 모든 항력을 유해항력이라 한다.
  - ㈑ 간섭항력 : 날개, 동체 및 바퀴다리 등 동체의 각 구성품을 지나는 흐름이 간섭을 일으켜서 생기는 항력이다.
  - ㈒ 조파항력(wave drag) : 초음속 흐름에서 충격파로 인하여 발생하는 항력이다.
  - ㈓ 유도항력 : 유한 날개 끝에 생기는 와류현상에 의해 유도되는 항력으로 그 크기는 날개의 가로세로비에 반비례하고, 양력계수의 제곱에 비례한다 $\left(C_{Di} = \dfrac{C_L^{\,2}}{\pi e AR} \right)$.

(2) 필요마력(required horse power ; P_r)

비행기가 항력을 이기고 전진하는데 필요한 마력이다.

$$P_r = \frac{DV}{75} = \frac{1}{150}\rho V^3 C_D S = \frac{W}{75}\sqrt{\frac{2W}{\rho S}\,\frac{C_D}{C_L^{\frac{3}{2}}}}$$

여기서, D : 항력(kg), V : 속도(m/s), W : 무게(kg), S : 날개면적(m^2)

비행기의 필요마력은 $\dfrac{C_D}{C_L^{\frac{3}{2}}}$ 이 최소값인 상태로 비행할 때에 최소가 되고, 필요마력이 가

장 작아 연료소비가 가장 작음을 나타낸다.
비가속도 수평비행(등속 수평비행)인 경우 필요마력식

$$T = W\left(\frac{C_D}{C_L}\right)$$

$$P_r = \frac{TV}{75} = \frac{WV}{75} \cdot \frac{C_D}{C_L} = \frac{WV}{75} \cdot \frac{1}{\frac{C_L}{C_D}}$$

(3) 이용마력(available horse power ; P_a)

비행기가 가속 또는 상승시키기 위해 기관으로부터 발생시킬 수 있는 출력이다.

① 왕복기관을 장비한 프로펠러 비행기의 이용마력

$$P_a = \frac{TV}{75} = \eta \times \text{BHP}$$

여기서, η : 프로펠러 효율, BHP : 제동마력(PS), T : 추력

② 제트 비행기에서의 이용마력

$$P_a = \frac{TV}{75}$$

여기서, T : 추력(kg), V : 속도(m/s)

③ 여유마력(잉여마력 ; excess horse power) : 이용마력과 필요마력과의 차를 여유마력이라 하며 비행기의 상승 성능을 결정하는 중요한 요소가 된다. 상승률을 좋게 하려면 이용마력이 필요마력보다 훨씬 커야 한다.

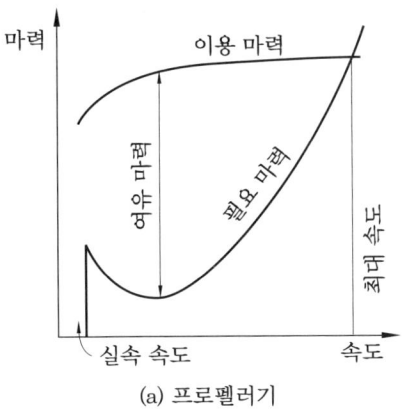
(a) 프로펠러기

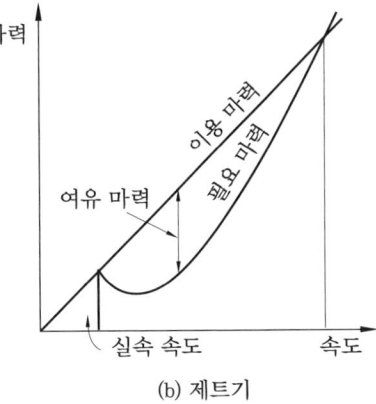
(b) 제트기

비행기의 마력 곡선

예·상·문·제

1. 필요마력에 대한 설명으로 가장 올바른 것은?
- ㉮ 고도가 높을수록 밀도가 증가하여 필요마력은 커진다.
- ㉯ 날개 하중이 작을수록 필요마력은 커진다.
- ㉰ 항력계수가 작을수록 필요마력은 작다.
- ㉱ 속도가 작을수록 필요마력은 크다.

[해설] $P_r = \dfrac{1}{150}\rho V^3 C_D S$

2. 항공기의 필요마력과 속도와의 관계로 가장 올바른 것은?
- ㉮ 필요마력은 속도에 비례한다.
- ㉯ 필요마력은 속도의 제곱에 비례한다.
- ㉰ 필요마력은 속도의 세제곱에 비례한다.
- ㉱ 필요마력은 속도와 반비례한다.

3. 필요마력이 최소가 되는 비행속도는?
- ㉮ 이륙속도
- ㉯ 최대속도
- ㉰ 최대 항속거리 속도
- ㉱ 최대 항속시간 속도

[해설] 필요마력이 최소라는 것은 연료가 가장 적게 소비되는 경우로 주어진 연료를 가지고 가장 오랫동안 비행할 수 있다는 것을 의미한다.

4. 날개면적이 100 m²이며, 고도 5000 m에서 150 m/s로 비행하고 있는 항공기가 있다. 이때의 항력계수는 0.02이다. 필요마력은?(단, 공기의 밀도는 0.070 kg·s²/m⁴이다.)
- ㉮ 1890 ps
- ㉯ 2500 ps
- ㉰ 3150 ps
- ㉱ 3250 ps

[해설] $P_r = \dfrac{DV}{75} = \dfrac{1}{150}\rho V^3 C_D S$
$= \dfrac{1}{150} \times 0.070 \times 150^3 \times 0.02 \times 100$
$= 3150 \, ps$

5. 항공기 중량이 900 kgf, 날개면적이 10 m²인 제트 비행기가 수평 등속도로 비행하고 있다. 이때 추력은?(단, $\dfrac{C_L}{C_D} = 3$ 이다)
- ㉮ 300 kgf
- ㉯ 250 kgf
- ㉰ 200 kgf
- ㉱ 150 kgf

[해설] 추력$(T) = W \cdot \dfrac{C_D}{C_L}$
$= 900 \times \dfrac{1}{3} = 300 \, kgf$

6. 이륙중량이 1500 kgf, 기관출력이 200 ps인 비행기가 5000 m 고도를 출력 50%로 360 km/h로 순항하고 있다. 양항비를 구하면?
- ㉮ 5
- ㉯ 10
- ㉰ 15
- ㉱ 20

[해설] $P_a = \dfrac{TV}{75} = \eta \times \text{BHP}$에서
$T = \dfrac{75 \times \eta \times \text{BHP}}{V}$
$= \dfrac{75 \times 0.5 \times 200}{\left(\dfrac{360}{3.6}\right)} = 75 \, kgf$

∴ $T = W\left(\dfrac{C_D}{C_L}\right)$에서
$\dfrac{C_L}{C_D} = \dfrac{W}{T} = \dfrac{1500}{75} = 20$

7. 이륙중량이 1500 kgf, 기관출력이 250

정답 1. ㉰ 2. ㉰ 3. ㉱ 4. ㉰ 5. ㉮ 6. ㉱ 7. ㉯

ps인 비행기가 해면고도를 출력 80%로 180 km/h로 순항하고 있다. 양항비 $\left(\dfrac{C_L}{C_D}\right)$를 구하면?

㉮ 5.25 ㉯ 5.0 ㉰ 6.0 ㉱ 6.25

[해설] $P_a = \dfrac{TV}{75} = \eta \times \text{BHP}$ 에서

$T = \dfrac{75 \times \eta \times \text{BHP}}{V}$

$= \dfrac{75 \times 0.8 \times 250}{\left(\dfrac{180}{3.6}\right)} = 300 \text{ kgf}$

∴ $T = W\left(\dfrac{C_D}{C_L}\right)$ 에서

$\dfrac{C_L}{C_D} = \dfrac{W}{T} = \dfrac{1500}{300} = 5$

8. 항공기의 중량이 일정한 경우에 항공기의 추력과 양항비와는 어떠한 관계가 있는가?

㉮ 추력은 양항비에 비례한다.
㉯ 추력은 양항비에 반비례한다.
㉰ 추력은 양항비의 제곱에 비례한다.
㉱ 추력은 양항비의 제곱에 반비례한다.

[해설] $T = W\left(\dfrac{C_D}{C_L}\right)$

9. 프로펠러의 효율이 80%인 항공기가 그 기관의 최대출력이 800마력인 경우 이 비행기가 수평 최대속도에서 낼 수 있는 최대 이용마력은?

㉮ 640 ps   ㉯ 760 ps
㉰ 800 ps   ㉱ 880 ps

[해설] $P_a = \eta \times \text{BHP} = 0.8 \times 800 = 640 \text{ ps}$

10. 어떤 항공기가 5000 m 고도를 360 km/h로 비행하고 있다. 날개의 면적은 30 m² 이고 이때의 항력계수는 0.03이다. 필요마력은 얼마인가?

㉮ 450 ps   ㉯ 4500 ps
㉰ 20995 ps ㉱ 675 ps

[해설] $P_r = \dfrac{1}{150} \rho V^3 C_D S$

$= \dfrac{1}{150} \times 0.075 \times \left(\dfrac{360}{3.6}\right)^3 \times 0.03 \times 30$

$= 450 \text{ ps}$

11. 경비행기의 무게가 1800 kgf 이고, 고도 2000 m인 상공에서 200마력으로 순항속도 360 km/h로 비행하고 있다. 이 때의 양항비 $\left(\dfrac{C_L}{C_D}\right)$는?

㉮ 12 ㉯ 24 ㉰ 6 ㉱ 9

[해설] $P_r = \dfrac{WV}{75} \cdot \dfrac{1}{\dfrac{C_L}{C_D}}$ 에서

$\dfrac{C_L}{C_D} = \dfrac{W \cdot V}{75 \cdot P_r} = \dfrac{1800 \times \dfrac{360}{3.6}}{75 \times 200} = 12$

12. 1500 kgf의 추력으로 속도 360 km/h로 나는 비행기의 이용마력은

㉮ 1000 ps   ㉯ 2000 ps
㉰ 3000 ps   ㉱ 4000 ps

[해설] $P_a = \dfrac{TV}{75} = \dfrac{1500 \times \dfrac{360}{3.6}}{75} = 2000 \text{ ps}$

13. 그림에서 최대 상승률을 얻을 수 있는 지점은?

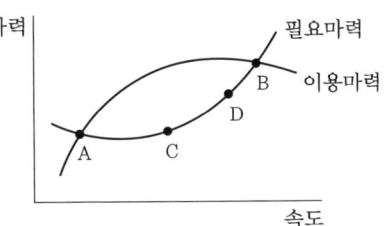

㉮ A ㉯ B ㉰ C ㉱ D

[해설] 이용마력과 필요마력의 차가 가장 큰 곳이 최대 상승률을 얻을 수 있다.

1-2 일반 성능

(1) 상승비행

① 동력비행

㈎ 상승비행 시 평형 조건

㉮ 비행기 진행방향과 힘의 평형식

$$T = W\sin\theta + D$$

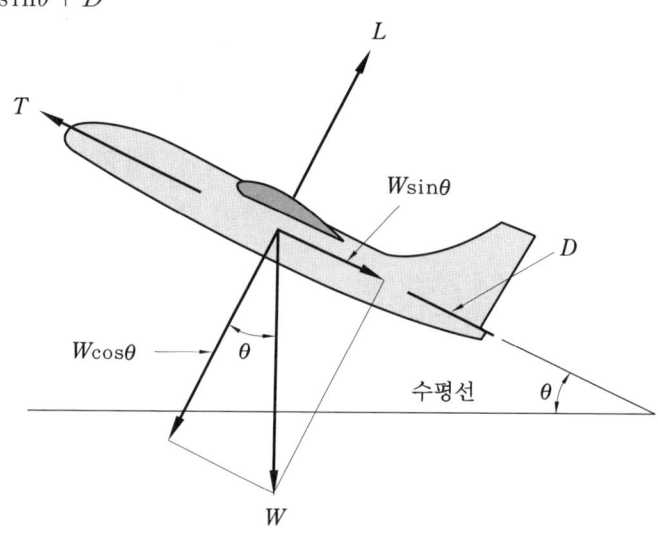

상승비행 시 힘의 작용

㉯ 진행방향에 직각인 방향의 힘의 평형식

$$L = W\cos\theta \quad \cdots\cdots\cdots\cdots \text{상승비행 시 양력 구하는 식}$$

㈏ 프로펠러 효율(η)

$$\eta = \frac{출력}{입력} = \frac{TV}{75 \times \text{BHP}}$$

여기서, 입력 : BHP(제동마력), 출력(P_a) : $\frac{TV}{75}$(이용마력)

이용마력을 프로펠러 효율로 나타내면

$$P_a = \frac{TV}{75} = \eta \times \text{BHP}$$

② 상승률(rate of climb, $R.C$)

$$R.C = \frac{75}{W}(P_a - P_r) = V\sin\theta \qquad \text{여기서, } \theta : 상승각$$

㈎ 상승률을 크게 하려면
　㉮ 중량(W)이 작아야 한다.
　㉯ 여유마력이 커야 한다. 즉 이용마력이 필요마력보다 커야 한다.
　㉰ 프로펠러 효율(η)이 좋아야 한다.
③ 고도의 영향
　㈎ 해발고도와 일정고도에서의 속도 관계식

$$V = V_0 \sqrt{\frac{\rho_0}{\rho}}$$

　　여기서, V : 일정고도에서의 속도, V_0 : 해발고도에서의 속도
　　　　　　ρ : 일정고도에서의 공기밀도, ρ_0 : 해발고도에서의 공기밀도

　㈏ 해발고도와 일정고도에서의 필요마력 관계식

$$P_r = P_{r0} \sqrt{\frac{\rho_0}{\rho}}$$

　　여기서, P_r : 일정고도에서의 필요마력, P_{r0} : 해발고도에서의 필요마력
　　　　　　ρ : 일정고도에서의 공기밀도, ρ_0 : 해발고도에서의 공기밀도

해발고도와 일정고도에서 동일한 받음각으로 비행하는 비행기에 대해 속도와 필요마력은 밀도비$\left(\dfrac{\rho_0}{\rho}\right)$의 제곱근에 비례하여 증가한다.

④ 상승한계
　㈎ 절대 상승한계 : 이용마력과 필요마력이 같아 상승률이 0 m/s인 고도이다.
　㈏ 실용 상승한계 : 상승률이 0.5 m/s인 고도로 절대 상승한계의 약 80~90%에 해당한다.
　㈐ 운용 상승한계 : 비행기가 실제로 운용할 수 있는 고도로 상승률이 2.5 m/s인 고도이다.

⑤ 상승시간(t)

$$t = \frac{고도변화}{평균상승률} = \sum \frac{\Delta h}{(R.C)_m}$$

　여기서, t : 상승시간, Δh : 고도의 변화율, $(R.C)_m$: 평균 상승률

(2) 수평비행

① 수평비행
　㈎ 등속 수평비행 조건

$$T = D, \quad L = W$$

　　여기서, D : 항력, L : 양력, T : 추력, W : 중력

(나) 힘의 평형
  ㉮ $T > D$ 이면 가속도 전진비행
  ㉯ $T = D$ 이면 등속도 전진비행
  ㉰ $T < D$ 이면 감속도 전진비행
(다) 실속속도 (최소속도 ; $V_{\min} = V_S$)
  양력계수가 최대가 되었을 때의 속도를 말하며, 이때 받음각을 실속각이라 한다.

$$V_{\min} = V_S = \sqrt{\frac{2W}{\rho C_{L\max} S}}$$

  여기서, $V_{\min}$: 최소속도(m/s), W : 비행기 무게(kgf),
  S : 날개면적(m^2), $C_{L\max}$: 최대 양력계수, ρ : 밀도(kgf·s^2/m^4)

  ㉮ 비행기는 실속속도가 작을수록 착륙속도가 작아져서 비행기가 착륙할 때 착륙 충격을 작게 하고 활주거리가 짧아지게 된다.
  ㉯ 실제 비행기의 착륙속도는 착륙 시 안전을 고려하여 실속속도의 1.2배로 잡는다.

② 순항 성능
(가) 순항(cruising) : 비행기가 어떤 지점에서 목적지까지 비행하는 경우에, 이륙, 착륙, 상승, 그리고 하강하는 구간을 제외한 비행 구간에서는 수평비행을 하는 것을 말한다.
(나) 순항비행 방식
  ㉮ 장거리 순항방식 : 연료를 소비함에 따라 비행기 무게가 감소하므로 순항속도를 점차 줄여 기본 출력을 감소시킴으로써 경제적으로 비행하는 방식이다.
  ㉯ 고속 순항방식 : 비행기의 무게는 연료를 소비함에 따라 감소하는 것을 고려하여 순항속도를 증가시키는 방식이다.
(다) 항속시간(endurance) : 비행기가 출발할 때부터 탑재한 연료를 다 사용할 때까지의 시간이다.

$$항속시간(t) = \frac{연료\ 탑재량(kgf)}{초당\ 연료\ 소비량(kgf/s)}$$

$$= \frac{연료\ 탑재\ 비행기의\ 출발\ 시\ 무게(W_1) - 연료\ 사용\ 후\ 비행기의\ 무게(W_2)}{초당\ 연료\ 소비량}$$

$$= \frac{W_1 - W_2}{\dfrac{c \cdot \mathrm{BHP}}{3600}}$$

  ㉮ 연료 소비율(c) : 기관 출력의 1마력당 1시간에 소비하는 연료 소비량
  ㉯ 초당 연료 소비량 = $\dfrac{c \cdot \mathrm{BHP}}{3600}$

㉰ 프로펠러 항공기의 최대 항속시간 : $\left(\dfrac{C_L^{\frac{3}{2}}}{C_D}\right)_{\max}$

㉱ 제트 항공기의 최대 항속시간 : $\left(\dfrac{C_L}{C_D}\right)_{\max}$

(라) 항속거리(range)

㉮ 프로펠러 비행기의 항속거리(R)

$$R = \dfrac{540\eta}{c} \cdot \dfrac{C_L}{C_D} \cdot \dfrac{W_1 - W_2}{W_1 + W_2} \, [\text{km}]$$

여기서, R : 항속거리, c : 연료 소비율, $\dfrac{C_L}{C_D}$: 양항비

η : 프로펠러 효율
W_1 : 연료를 탑재하고 출발시의 비행기 중량
W_2 : 연료를 전부 사용했을 때의 비행기 중량

항속거리를 길게 하려면 프로펠러 효율(η)을 크게 해야 하고, 연료 소비율(c)을 작게 해야 하며, 양항비가 최대인 받음각 $\left(\dfrac{C_L}{C_D}\right)_{\max}$ 으로 비행해야 하고 연료를 많이 실을 수 있어야 한다.

㉯ 제트기의 항속거리(R)

$$R = V \cdot t = \dfrac{3600\, V \cdot B}{c_t \cdot T}$$

여기서, B : 제트기의 연료량, C_t : 연료 소비율, T : 제트 기관의 추력

$$R = 3.6 \dfrac{C_L^{\frac{1}{2}}}{C_D} \sqrt{\dfrac{2W}{\rho \cdot S}} \cdot \dfrac{B}{C_t W} \, [\text{km}]$$

최대 항속거리로 비행하기 위해서는 $\dfrac{C_L^{\frac{1}{2}}}{C_D}$ 이 최대인 받음각으로 비행해야 하며, 연료 소비율(c_t)이 작아야 하고 연료를 많이 실을 수 있어야 한다.

그리고 밀도가 작을수록, 즉 고공으로 올라갈수록 항속거리가 증가한다.

③ 등속도 수평비행에서의 최대속도($V_{\max}$)

$$V_{\max} = \sqrt[3]{\dfrac{2 \times 75 \times \eta \text{BHP}}{\rho S C_D}}$$

여기서, ρ : 공기밀도, η : 프로펠러 효율, S : 날개면적, C_D : 항력계수, BHP : 출력

(3) 하강비행

① 활공비행

(가) 활공각

$$\tan\theta = \frac{C_D}{C_L} = \frac{1}{양항비} \qquad 양항비 = \frac{C_L}{C_D}$$

활공각 θ는 양항비$\left(\dfrac{C_L}{C_D}\right)$에 반비례한다.

즉, 멀리 활공하려면 활공각이 작아야 되며, 활공각이 작으려면 양항비가 커야 한다.

(나) 활공비

$$활공비 = \frac{L}{h} = \frac{C_L}{C_D} = \frac{1}{\tan\theta} = 양항비 \qquad 여기서, L : 활공거리, h : 활공고도$$

멀리 비행하려면 활공각(θ)이 작아야 한다. θ가 작다는 것은 양항비$\left(\dfrac{C_L}{C_D}\right)$가 크다는 것이다.

(다) 하강속도

$$하강속도 = -V\sin\theta = \frac{DV}{W} = \frac{75 \times 필요마력}{W}$$

여기서, 음(-)의 부호는 하강을 의미한다. 비행기 무게가 정해지면 최소 침하속도는 필요마력이 최소일 때이다.

② 받음각의 영향

(가) OA : 양항비가 최대, 장거리 활공을 할 수 있다.
(나) OB, OC : 받음각은 달라도 활공각은 같다.
(다) OD : 활공각이 90°로 급강하 활공을 한다.
(라) OE : 활공각은 90°보다 크고, 배면비행의 상태이다.

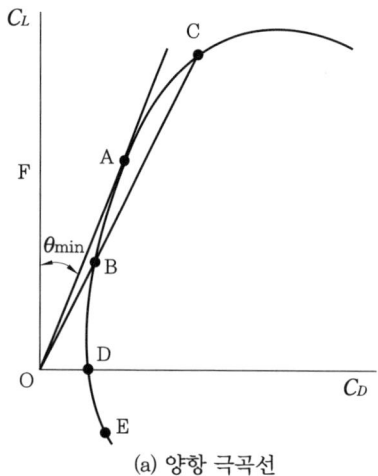
(a) 양항 극곡선

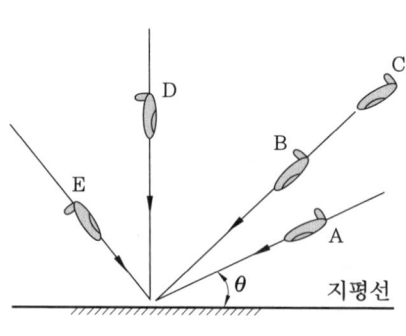
(b) 여러 가지 활공 자세

양항극 곡선과 활공자세

③ 급강하(diving)
- 종극속도(terminal velocity, V_D) : 비행기가 급강하할 때 더 이상 속도가 증가하지 않고 일정 속도로 유지되는 속도이다.

$$V_D = \sqrt{\frac{2W}{\rho C_D S}}$$

여기서, W : 비행기 무게, S : 날개면적, C_D : 항력계수, ρ : 공기밀도

급강하 시 힘의 평형
$W = D, \ L = 0$

④ 이륙
  (가) 이륙
    ㉮ 안전 이륙속도 : 실속속도의 1.2배($1.2 V_S$).
    ㉯ 이륙거리 : 비행기가 정지상태에서 출발하여 프로펠러기는 15 m, 제트기는 10.7 m가 될 때까지의 지상 수평거리이다.
      · 이륙거리 = 지상 활주거리+상승거리
    ㉰ 상승거리(장애물 고도) : 프로펠러 비행기는 15 m(50 ft), 제트기는 10.7 m(35 ft).
  (나) 이륙 활주거리

$$S = \frac{W}{2g} \cdot \frac{V^2}{(T - F - D)}$$

여기서, S : 이륙거리, V : 착륙속도, T : 추력, D : 항력
F : 지면에 대한 마찰력($F = \mu(W - L)$), μ : 마찰계수

  (다) 이륙거리를 짧게 하는 방법
    ㉮ 비행기 무게(W)를 작게 한다.
    ㉯ 추력(T)을 크게 한다.
    ㉰ 맞바람으로 이륙을 한다.
    ㉱ 항력이 작은 활주자세로 이륙한다.
    ㉲ 고양력 장치를 사용한다.

⑤ 착륙
  (가) 착륙거리 : 비행기가 활주로 끝 상공에서 장애물 고도(프로펠러기 15 m, 제트기 10.7 m)를 지나서 완전히 정지할 때까지의 수평거리이다.
    · 착륙거리 = 착륙 진입거리+지상 활주거리

$$S = \frac{W}{2g} \cdot \frac{V^2}{(D + \mu W)}$$

여기서, S : 착륙거리, μ : 착륙 시 마찰계수, V : 착륙속도

(나) 접지속도(진입속도) : 실속속도의 1.3배($1.3\,V_S$)
(다) 착륙 시 강하각 : 2.5~3°
(라) 착륙거리를 짧게 하는 방법
  ㉮ 착륙 무게(W)가 가벼워야 한다.
  ㉯ 접지속도가 작아야 한다.
  ㉰ 착륙 활주 중에 항력을 크게 한다.

예·상·문·제

1. 항공기가 등속 수평비행을 하기 위한 조건은?(단, 양력 : L, 항력 : D, 추력 : T, 무게 : W)
  ㉮ $L=D,\ T=W$ ㉯ $L=W,\ D=T$
  ㉰ $L=T,\ D=W$ ㉱ $L=D,\ D=T$

2. 항공기의 비행방향에 대해서 양력과 중력이 같고 추력과 항력이 동일하다면 항공기의 운동은?
  ㉮ 공중 정지한다.
  ㉯ 수평 가속비행을 한다.
  ㉰ 수평 등속비행을 한다.
  ㉱ 등속 상승비행을 한다.
  [해설] 등속 수평비행조건
  등속도 비행 $T=D$
  수평비행 $L=W$

3. 등속도 수평비행이라 함은 어떠한 비행인가?
  ㉮ 일정한 가속도로 수평비행하는 것을 말한다.
  ㉯ 속도가 시간에 따라 일정하게 증가하면서, 수평비행함을 말한다.
  ㉰ 일정한 속도로 수평비행함을 말한다.
  ㉱ 필요마력이 일정하게 되는 수평비행을 말한다.

4. 비행 중 항공기가 항력과 추력이 같으면 어떻게 되는가?
  ㉮ 감속 전진비행을 한다.
  ㉯ 가속 전진비행을 한다.
  ㉰ 정지한다.
  ㉱ 등속도 비행을 한다.

5. 항공기 무게가 5000kgf이고, 받음각이 4°인 등속 수평비행시 항공기에 작용하는 항력은?(단, 받음각이 4°일 때 양항비는 20이다.)
  ㉮ 250kg ㉯ 500kg
  ㉰ 750kg ㉱ 1000kg
  [해설] 양항비=$\dfrac{L}{D}$, 등속 수평비행 시 $L=W$
  이므로 양항비=$\dfrac{W}{D}$
  $D=\dfrac{W}{양항비}=\dfrac{5000}{20}=250\ kg$

6. 진대기속도(TAS)와 등가대기속도(EAS)의 상관관계는?

㉮ TAS = EAS $\sqrt{\rho_0}$
㉯ TAS = EASρ_0
㉰ TAS = EAS $\sqrt{\dfrac{\rho_0}{\rho}}$
㉱ TAS = EASρ_0^2

[해설] 진대기속도(TAS) : 고도변화에 따른 공기밀도를 수정한 속도
TAS = EAS $\sqrt{\dfrac{\rho_0}{\rho}}$

7. 등속도 수평비행을 하는 속도를 증가시키고, 그 상태에서 수평비행을 하기 위해서는 받음각은 어떻게 변화시켜야 하는가?

㉮ 감소시킨다.
㉯ 증가시킨다.
㉰ 변화를 시키지 않는다.
㉱ 받음각과는 무관하다.

8. 항력계수가 0.02이며, 날개면적이 20 m² 인 항공기가 150 m/s로 등속도 비행을 하기 위해 필요한 추력은 약 몇 kgf인가?(단, 공기의 밀도는 0.125 kgf·s²/m⁴이다.)

㉮ 430 ㉯ 560 ㉰ 640 ㉱ 720

[해설] 등속도 비행을 하므로 $T = D$이므로
$T = D = C_D \dfrac{1}{2} \rho V^2 S$
$= \dfrac{1}{2} \times 0.125 \times 150^2 \times 0.02 \times 20 = 560$ kgf

9. 비행기가 상승함에 따라 고도가 떨어진다. 절대 상승 한계에서 이용마력과 필요마력과의 관계를 가장 올바르게 표현한 것은?

㉮ 이용마력이 필요마력보다 크다.
㉯ 이용마력과 필요마력이 같다.
㉰ 이용마력이 필요마력보다 작다.
㉱ 고도에 따라 마력이 변하므로 비교할 수 없다.

[해설] 비행기가 계속 상승하다가 일정고도에 도달하게 되면 이용마력과 필요마력이 같아지게 되는 고도에 이르게 되는데 이때 상승률이 0이 된다. 이때의 고도가 절대 상승한계라 한다.

10. 다음 중 상승률이란?

㉮ $\dfrac{1}{W}$ (이용마력 – 필요마력)
㉯ $\dfrac{1}{W^2}$ (이용마력 – 필요마력)
㉰ $\dfrac{1}{W}$ (필요마력 – 이용마력)
㉱ $\dfrac{1}{W^2}$ (필요마력 – 이용마력)

11. 항공기의 상승비행에 대한 설명으로 가장 올바른 것은?

㉮ 이용마력과 필요마력이 같다.
㉯ 이용마력이 필요마력보다 크다.
㉰ 이용마력이 필요마력보다 작다.
㉱ 이용마력과 관계없이 필요마력에 의해 결정된다.

[해설] 여유마력 = 이용마력 – 필요마력
여유마력이 클수록 상승률이 크다.

12. 항공기 왕복기관의 상승비행에 대한 설명으로 가장 올바른 것은?

㉮ 이용마력과 필요마력이 같다.
㉯ 이용마력이 필요마력보다 크다.
㉰ 이용마력이 필요마력보다 작다.
㉱ 필요마력의 1.5배에 이르렀을 때에 상승비행이 가능하다.

정답 7. ㉮ 8. ㉯ 9. ㉯ 10. ㉮ 11. ㉯ 12. ㉯

13. 절대 상승한도를 가장 올바르게 설명한 것은?
- ㉮ 상승률이 0 m/s되는 고도
- ㉯ 상승률이 0.5 m/s되는 고도
- ㉰ 상승률이 5 cm/s되는 고도
- ㉱ 상승률이 0.5 cm/s되는 고도

14. 실용 상승한도에서 항공기의 상승률은 얼마인가?
- ㉮ 0.5 m/s되는 고도
- ㉯ 10 m/s되는 고도
- ㉰ 5 m/s되는 고도
- ㉱ 50 m/s되는 고도

15. 항공기의 활공각을 θ라고 할 때 $\tan\theta$의 특성으로 가장 올바른 것은?
- ㉮ 양항비와 비례한다.
- ㉯ 양항비와 반비례한다.
- ㉰ 고도와 반비례한다.
- ㉱ 활공속도와 반비례한다.

[해설] $\tan\theta = \dfrac{C_D}{C_L}$, 활공각은 양항비$\left(\dfrac{C_L}{C_D}\right)$에 반비례한다.

16. 비행기가 V의 속도를 갖고 수평선에 대해 θ의 각도로 상승하고 있을 때 상승률(rate of climb)을 구하는 식으로 옳은 것은?
- ㉮ $V \times \cos\theta$
- ㉯ $V \times \tan\theta$
- ㉰ $V^2 \times \cos\theta$
- ㉱ $V \times \sin\theta$

17. 어떤 비행기가 230 km/h로 비행하고 있다. 이 비행기의 상승률이 8 m/s라고 하면, 이 비행기의 상승각은 얼마인가?
- ㉮ 4.8°
- ㉯ 5.2°
- ㉰ 7.2°
- ㉱ 9.4°

[해설] $R.C = V\sin\theta$ 에서
$$\sin\theta = \dfrac{R.C}{V} = \dfrac{8}{\left(\dfrac{230}{3.6}\right)} = 0.125$$
$\theta = \sin^{-1}(0.125) = 7.2°$

18. 비행속도가 300 m/s인 항공기가 상승각 30°로 상승비행 시 상승률, 즉 수직방향의 속도는?
- ㉮ 100m/s
- ㉯ 150m/s
- ㉰ $150\sqrt{3}$ m/s
- ㉱ 200m/s

[해설] $R.C = V\sin\theta$
$= 300\sin30 = 150$ m/s

19. 어떤 활공기가 1 km 상공을 활공각 30°로 활공하고 있다. 이 활공기의 대기속도가 100 km/h일 때 침하속도는?
- ㉮ 5 km/h
- ㉯ 20 km/h
- ㉰ 25 km/h
- ㉱ 50 km/h

[해설] $R.C = V\sin\theta$
$= 100\sin30 = 50$ km/h

20. 항공기가 무동력으로 하강비행할 때 강하율을 최소로 하는 조건은?
- ㉮ 이용마력이 최소가 되는 속도
- ㉯ 이용마력이 최대가 되는 속도
- ㉰ 필요마력이 최대가 되는 속도
- ㉱ 필요마력이 최소가 되는 속도

[해설] 하강속도$= -V\sin\theta = \dfrac{75 \times 필요마력}{W}$
최소 침하속도는 필요마력이 최소일 때이다.

21. 활공비행에서 활공각을 나타내는 식으로 가장 올바른 것은?(단, θ : 활공각, T : 추력, W : 항공의 무게)

㉮ $\sin\theta = \dfrac{C_L}{C_D}$ ㉯ $\cos\theta = \dfrac{W}{C_L}$

㉰ $\tan\theta = \dfrac{C_D}{C_L}$ ㉱ $\tan\theta = \dfrac{C_L}{C_D}$

[해설] $\dfrac{\sin\theta}{\cos\theta} = \dfrac{D}{L}$ 또는 $\tan\theta = \dfrac{C_D}{C_L}$

22. 활공비행에서 활공각을 θ라고 할 때, 활공각을 나타내는 식은?(단, L: 양력, W: 비행기 무게, D: 항력)

㉮ $\sin\theta = \dfrac{L}{D}$ ㉯ $\cos\theta = \dfrac{W}{L}$

㉰ $\tan\theta = \dfrac{L}{D}$ ㉱ $\tan\theta = \dfrac{D}{L}$

23. 글라이더가 고도 2000 m 상공에서 양항비가 20인 상태로 활공한다면, 도달할 수 있는 수평 활공거리는?

㉮ 40000 m   ㉯ 6000 m
㉰ 3000 m   ㉱ 2000 m

[해설] 활공비(양항비) = $\dfrac{활공거리}{활공고도}$

활공거리 = 양항비 × 활공고도
= 20 × 2000 = 40000 m

24. 최대 양항비가 12인 항공기가 고도 2400m에서 활공을 시작했다. 최대 수평 도달거리는?

㉮ 14400 m   ㉯ 24000 m
㉰ 28800 m   ㉱ 48000 m

[해설] 활공거리 = 양항비 × 활공고도
= 12 × 2400 = 28800 m

25. 다음 양항 극곡선에서 장거리 비행 시 최소 활공각을 나타내는 것은?

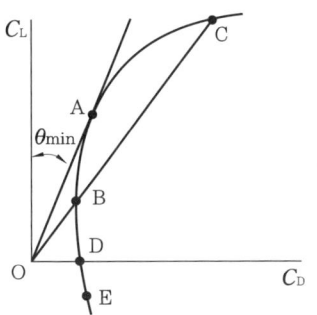

㉮ OA   ㉯ OB   ㉰ OC   ㉱ OD

26. 25번 그림과 같은 항공기의 양항력 곡선에 대한 설명 중 가장 올바른 것은?

㉮ 최장거리 활공비행은 A점 받음각으로 활공하면 좋다.
㉯ 최장거리 활공비행은 C점 받음각으로 활공하면 좋다.
㉰ 수평 활공비행은 D점 받음각으로 이루어진다.
㉱ 수직 활공비행은 E점 받음각으로 이루어진다.

27. 프로펠러 비행기의 항속거리(range)를 나타내는 식은?(단, R: 항속거리, B: 연료 탑재량, V: 순항속도, P: 순항중 기관의 출력, t: 항속시간, c: 마력당 1시간에 소비하는 연료 소모량)

㉮ $R = \dfrac{V}{t}$ ㉯ $R = \dfrac{c \cdot P}{V \cdot B}$

㉰ $R = V \cdot \dfrac{B}{c \cdot P}$ ㉱ $R = P \cdot \dfrac{B}{c \cdot V}$

28. 무게가 100 kgf의 비행기가 7000 m 상공($\rho = 0.06$ kgf · s²/m⁴)에서 급강하하고 있다. 항력계수 $C_D = 0.1$이고, 날개하중은 30 kgf/m²일 때, 급강하 속도는 얼

마인가?

㉮ 100 m/s ㉯ 100√3
㉰ 200 m/s ㉱ 100√5 m/s

[해설] 급강하 속도(V_D)
$$= \sqrt{\frac{2W}{\rho S C_D}} = \sqrt{\frac{2 \times 30}{0.06 \times 0.1}} = 100 \text{ m/s}$$

29. 항공기가 기관이 정지한 상태에서 수직강하하고 있을 때 도달할 수 있는 최대속도를 종극속도라고 한다. 종극속도는 어떠한 상태일 때의 속도를 말하는가?

㉮ 항공기 총중량과 항공기에 발생되는 양력이 같은 경우
㉯ 항공기 총중량과 항공기에 발생되는 항력이 같은 경우
㉰ 항공기 양력의 수평분력과 항력의 수직분력이 같은 경우
㉱ 항공기 양력과 항력이 같은 경우

[해설] 종극속도, $D = W$, $L = 0$

30. 비행기가 수평상태로부터 급강하로 들어갈 때 급강하 속도는 차차 증가하여 끝에 가서는 일정속도에 가까워지는데, 이때의 속도를 종극속도라 한다. 종극속도란 어떤 상태일 때를 말하는가?

㉮ 양력이 0이고, 항력이 최대인 속도
㉯ 양력이 0이고, 추력이 최대인 속도
㉰ 비행기 무게와 항력이 같아지는 속도
㉱ 양력과 항력이 같아지는 속도

31. 활공비행의 한 종류인 급강하 비행 시 비행기에 작용하는 힘을 나타낸 식으로 가장 올바른 것은?(단, L : 양력, D : 항력, W : 항공기 무게)

㉮ $L = D$ ㉯ $D = W$
㉰ $D + W = 0$ ㉱ $D = 0$

32. 제트기의 항속거리를 최대로 하기 위한 조건 중 가장 올바른 것은?

㉮ 비연료 소비율을 크게 한다.
㉯ $\left(\dfrac{C_L^{\frac{1}{2}}}{C_D}\right)_{max}$ 인 상태로 비행을 한다.
㉰ 추력을 최대로 하여 비행을 한다.
㉱ 하중계수를 최대로 하여 비행을 한다.

[해설]

구분	항속시간(t)	항속거리(R)
propeller 기	$\left(\dfrac{C_L^{\frac{3}{2}}}{C_D}\right)_{max}$	$\left(\dfrac{C_L}{C_D}\right)_{max}$
Jet기	$\left(\dfrac{C_L}{C_D}\right)_{max}$	$\left(\dfrac{C_L^{\frac{1}{2}}}{C_D}\right)_{max}$

33. 제트 항공기가 최대 항속거리로 비행하기 위한 조건은?(단, 연료 소비율은 일정)

㉮ $\left(\dfrac{C_L^{\frac{1}{2}}}{C_D}\right)$ 최대 및 고고도
㉯ $\left(\dfrac{C_L^{\frac{1}{2}}}{C_D}\right)$ 최대 및 저고도
㉰ $\left(\dfrac{C_L}{C_D}\right)$ 최대 및 고고도
㉱ $\left(\dfrac{C_L}{C_D}\right)$ 최대 및 저고도

34. 제트 항공기가 최대 항속시간을 비행하기 위한 조건은 어느 것인가?

정답 29. ㉯ 30. ㉰ 31. ㉯ 32. ㉯ 33. ㉮ 34. ㉮

㉮ $\left(\dfrac{C_L}{C_D}\right)$ 최대 ㉯ $\left(\dfrac{C_L^{\frac{3}{2}}}{C_D}\right)$ 최대

㉰ $\left(\dfrac{C_L^{\frac{1}{2}}}{C_D}\right)$ 최대 ㉱ $\left(\dfrac{C_L}{C_D^{1/2}}\right)$ 최대

35. 프로펠러 항공기가 최대 항속시간으로 비행할 수 있기 위한 조건은?

㉮ $\left(\dfrac{C_L}{C_D}\right)$ 이 최대 ㉯ $\left(\dfrac{C_L^{\frac{3}{2}}}{C_D}\right)$ 이 최대

㉰ $\left(\dfrac{C_L^{\frac{1}{2}}}{C_D}\right)$ 이 최대 ㉱ $\left(\dfrac{C_L}{C_D^{\frac{1}{2}}}\right)$ 이 최대

36. 프로펠러 항공기의 경우 항속거리를 최대로 하기 위해서는?

㉮ $\left(\dfrac{C_L}{C_D^{\frac{1}{2}}}\right)$ 가 최대인 상태로 비행한다.

㉯ $\left(\dfrac{C_L}{C_D}\right)$ 이 최소인 상태로 비행한다.

㉰ $\left(\dfrac{C_L}{C_D}\right)$ 이 최대인 상태로 비행한다.

㉱ $\left(\dfrac{C_L^{\frac{1}{2}}}{C_D}\right)$ 이 최대인 상태로 비행한다.

37. 활공기에서 활공거리를 크게 하기 위한 설명 중 가장 올바른 것은?
㉮ 형상항력을 최대로 한다.
㉯ 가로세로비를 작게 한다.
㉰ 날개의 가로세로비를 크게 한다.
㉱ 표면 박리현상 방지를 위하여 표면을 적절히 거칠게 한다.

[해설] 멀리 활공하려면 활공각이 작아야 되며 활공각이 작으려면 양항비가 커야 한다. 또한 날개 길이를 길게 함으로써 가로세로비를 크게 하여야 한다.

38. 프로펠러 비행기의 이륙거리(take-off distance)란?
㉮ 이륙을 위한 지상 활주거리 +5 m 상승까지의 공중 수평거리
㉯ 이륙을 위한 지상 활주거리 +15 m 상승까지의 공중 수평거리
㉰ 이륙을 위한 지상 활주거리 +50 m 상승까지의 공중 수평거리
㉱ 이륙을 위한 지상 활주거리 +75 m 상승까지의 공중 수평거리

39. 이륙 활주거리를 짧게 하기 위해서는 다음 어느 조건이 만족하여야 하는가?
㉮ 익면하중이 크고, 양력계수도 클 것
㉯ 익면하중이 크고, 지면 마찰계수가 작을 것
㉰ 익면하중이 작고, 지면 마찰계수가 클 것
㉱ 익면하중이 작고, 양력계수가 클 것

[해설] 비행기 무게가 가벼우면 이륙거리가 짧아지고, 고양력 장치를 사용하면 양력이 증가하여 이륙거리를 단축시킬 수 있다.

40. 항공기 이륙거리를 짧게 하기 위한 설명내용으로 가장 올바른 것은?
㉮ 항공기 무게와는 관계가 없다.
㉯ 배풍(tail wind)을 받으면서 이륙한다.
㉰ 이륙 시 플랩이 항력증가의 요인이 되므로 플랩을 사용하지 않는다.
㉱ 기관의 추력을 가능한 최대가 되도록 한다.

정답 35. ㉯ 36. ㉰ 37. ㉰ 38. ㉯ 39. ㉱ 40. ㉱

[해설] 기관의 추진력이 크면 이륙활주 중에 가속도가 커져서 이륙 성능이 좋아진다.

41. 최대 이륙중량과 최대 착륙장의 제한치에 차이를 둔 비행기가 있다면, 그 이유로 가장 올바른 것은?
㉮ 착륙장치의 강도상
㉯ 유상하중을 크게 잡기 위해서
㉰ 설계의 편의상
㉱ 체공 중에 연료 소비하는 것을 감안하였으므로

42. 다음 최대 착륙중량을 올바르게 표현한 것은?
㉮ 비행기의 총무게에서 연료량을 뺀 것이다.
㉯ 비행기가 이륙할 수 있는 최대 중량이다.
㉰ 비행기가 착륙할 수 있는 최대 중량이다.
㉱ 비행기 자중의 연료무게에 대한 무게이다.

43. 이륙 활주거리를 짧게 하기 위한 방법으로 맞는 것은?
㉮ 실속속도를 크게 하도록 flap을 작동시킨다.
㉯ 가속력을 높게 하기 위해 최대 추력을 낸다.
㉰ 항력을 감소시키기 위해 양항비를 크게 한다.
㉱ 실속속도를 작게 하기 위해 양항비를 크게 한다.

44. 이륙과 착륙에 대한 비행성능의 설명으로 가장 올바른 것은?
㉮ 이륙할 때 장애물 고도란 위험한 비행상태의 고도를 말한다.
㉯ 이륙할 때 항력은 속도의 제곱에 반비례한다. 따라서 속도를 증가시키면 항력은 감소하게 되어 이륙한다.
㉰ 착륙활주시 항력은 아주 작으므로 이를 보통 무시한다.
㉱ 착륙거리란 지상 활주거리에 착륙 진입거리를 더한 것이다.

45. 비행기 이착륙 시 마찰계수가 최소인 활주로 상태는?
㉮ 콘크리트   ㉯ 넓은 운동장
㉰ 굳은 잔디밭 ㉱ 풀이 짧은 들판

[해설] 마찰계수
콘크리트 $= 0.009 \sim 0.025$
딱딱한 지면 $= 0.023 \sim 0.037$

46. 실속속도가 160km/h이고, 양항비가 15인 비행기가 마찰계수 0.06인 활주로에 착륙하는 경우, 이 비행기의 착륙 활주거리는 약 얼마가 되는가?
㉮ 1025 m   ㉯ 866 m
㉰ 775 m   ㉱ 630 m

[해설] 착륙 활주거리

$$s = \frac{W}{2g} \frac{V^2}{(D+\mu W)} = \frac{V^2}{2g\left(\frac{D}{W}+\mu\right)}$$

착륙 시 $W = L$로 가정하면

$$S = \frac{V^2}{2g\left(\frac{D}{L}+\mu\right)}$$

$$= \frac{\left(\frac{160}{3.6}\right)^2}{2 \times 9.8 \left(\frac{1}{15}+0.06\right)}$$

$$= 775 \text{ m}$$

[정답] 41. ㉮ 42. ㉰ 43. ㉱ 44. ㉱ 45. ㉮ 46. ㉰

1-3 특수 성능

(1) 실속 성능

① 실속 받음각 : 양력계수의 값이 최대일 때의 받음각이다.

② 실속속도(V_S)

$$V_S = \sqrt{\frac{2W}{\rho C_{L\max} S}}$$

③ 실속 시 일어나는 현상
  (가) 버핏 현상
  (나) 승강키의 효율이 감소한다.
  (다) 조종간에 의해 조종이 불가능해지는 기수내림(nose down) 현상

④ 버핏(buffet) : 흐름이 날개에서 떨어지면서 발생되는 후류가 날개나 꼬리날개를 진동시켜 발생되는 현상으로 버핏이 발생하면 실속이 일어나는 징조이다.

⑤ 실속의 종류
  (가) 부분 실속(partial stall) : 실속상태에 들어가기 전에 실속경보장치가 울리게 되고, 이때 조종간을 풀어 주어 승강키를 내리게 되면 실속상태에서 벗어난다.
  (나) 정상 실속(normal stall) : 실속경보가 울린 후에도 조종간을 당기고 있으면, 비행기의 기수가 내려갈 때 조종간을 풀어 준다.
  (다) 완전 실속(complete stall) : 실속경보가 울린 후에도 계속 조종간을 당긴 상태에서 기수가 완전히 내려가 거의 수직강하 자세가 된 상태에서 조종간을 풀어 주어 회복을 한다.

실속의 징조

(2) 스핀 성능

① **자동회전(autrotation)** : 받음각이 실속각보다 클 경우, 날개 한쪽 끝에 가볍게 교란을 주면 날개가 회전하는데, 이때 회전이 점점 빨라져 일정하게 계속 회전하는 현상이다.

② **스핀(spin)** : 자동회전과 수직강하가 조합된 비행이다. 비행기가 실속상태에 빠질 때, 좌우 날개의 불평형 때문에 어느 한쪽 날개가 먼저 실속상태에 들어가 회전하면서 수직강하하는 현상이다.

 ㈎ **정상 스핀(normal spin)** : 하강속도와 옆놀이 각속도가 일정하게 유지되면서 하강을 계속하는 상태이다.

  ㉮ **수직스핀** : 비행기의 받음각이 20°~40° 정도이고, 낙하속도는 비교적 작은 40~80 m/s 정도로 회복이 가능한 비행법이다.

  ㉯ **수평스핀** : 수직스핀의 상태에서 기수가 들린 형태로 수평자세로 되면서 회전속도가 빨라지고 회전 반지름이 작아져서 회복이 불가능한 상태에 이르게 하는 스핀

  ㉰ **스핀 운동** : 조종간을 당겨서 실속시킨 후, 방향키 페달을 한쪽만 밟아 준다.

  ㉱ **스핀 회복** : 조종간을 반대로 밀어서 받음각을 감소시켜 급강하로 들어가서 스핀 회복을 해야 한다.

예·상·문·제

1. 비행기의 최소속도($V_{\min}$)를 나타내는 식으로 옳은 것은?(단, W: 비행기 무게, ρ: 밀도, S: 날개면적, $C_{L\max}$: 최대 양력계수)

㉮ $V_{\min} = \sqrt{\dfrac{2W}{\rho C_{L\max} S}}$

㉯ $V_{\min} = \sqrt{\dfrac{W}{\rho C_{L\max} S}}$

㉰ $V_{\min} = \sqrt{\dfrac{W}{2\rho C_{L\max} S}}$

㉱ $V_{\min} = \sqrt{\dfrac{1.5W}{\rho C_{L\max} S}}$

2. 다음과 같은 조건에서 최소속도($V_{\min}$)를 구하면?

> 비행기 중량 $W = 6000$ kg
> 날개면적 $S = 40$ m²
> 공기밀도 $\rho = \dfrac{1}{2}$ kg·s²/m⁴
> 최대 양력계수 $C_{L\max} = 1.5$

㉮ 30 m/s   ㉯ 20 m/s
㉰ 18 m/s   ㉱ 15 m/s

[해설] $V_{\min} = \sqrt{\dfrac{2W}{\rho C_{L\max} S}}$
$= \sqrt{\dfrac{2 \times 6000}{0.5 \times 1.5 \times 40}} = 20$ m/s

---

정답 1. ㉮   2. ㉯

3. 비행기의 중량 W=5000 kg, 날개면적 S=50 m², 비행고도가 해면상일 때 최소속도 V_{min}은 몇 m/s 인가?(단, 비행기의 최대 양력계수(C_{Lmax})=1.56, 공기밀도 $\rho = \frac{1}{8}$ kg·s²/m⁴이다.)

㉮ 0.32 ㉯ 1.32 ㉰ 13.2 ㉱ 32

[해설] $V_{min} = \sqrt{\dfrac{2W}{\rho C_{Lmax} S}}$

$= \sqrt{\dfrac{2 \times 5000}{\frac{1}{8} \times 1.56 \times 50}} = 32$ m/s

4. 무게 100 kgf인 비행기가 해발고도 위를 등속 수평비행을 하고 있다. 날개면적이 5 m²이면, 최소속도는 얼마인가?(단, C_{Lmax}=1.2, 공기밀도 $\rho = \frac{1}{8}$ kg·s²/m⁴이다.)

㉮ 160.33 m/s ㉯ 16.33 m/s
㉰ 1.629 m/s ㉱ 26.29 m/s

[해설] $V_{min} = \sqrt{\dfrac{2W}{\rho C_{Lmax} S}}$

$= \sqrt{\dfrac{2 \times 100}{\frac{1}{8} \times 1.2 \times 5}} = 16.33$ m/s

5. 비행기의 중량 W=4500 kg, 주날개면적 S=50 m², 비행기 고도가 해면일 때 비행기의 최소속도를 구하면? (단, 이때 비행기의 최대 양력계수는 1.6, 공기밀도는 0.125 kg·s²/m⁴이다.)

㉮ 30 m/s ㉯ 40 km/h
㉰ 100 m/s ㉱ 120 km/h

[해설] 최소속도(V_{min})

$V_{min} = \sqrt{\dfrac{2W}{\rho C_{Lmax} S}}$

$= \sqrt{\dfrac{2 \times 4500}{0.125 \times 1.6 \times 50}} = 30$ m/s

6. 최대 양력계수가 큰 날개 단면을 갖는 항공기는 다음 어떠한 특성이 있는가?

㉮ 착륙속도가 감소하는 반면에 이륙속도는 증가한다.
㉯ 착륙속도는 증가하는 반면에 이륙속도는 감소한다.
㉰ 착륙속도와 이륙속도가 증가한다.
㉱ 착륙속도와 이륙속도가 감소한다.

7. 수평비행을 할 때 실속속도가 80 km/h인 비행기가 60°의 경사각으로 선회비행 시 실속속도는 몇 km/h인가?

㉮ 90 ㉯ 109 ㉰ 113 ㉱ 120

[해설] 선회 시 실속속도(V_{ts})

$V_{ts} = \dfrac{V_s}{\sqrt{\cos\theta}} = \dfrac{80}{\sqrt{\cos 60}} = 113$ km/h

8. 비행기의 실속속도가 150 m/s인 비행기가 해면상 가까이에서 60°의 경사각으로 선회비행을 하는 경우 실속속도는?

㉮ 150 m/s ㉯ 173 m/s
㉰ 212 m/s ㉱ 300 m/s

[해설] 선회 시 실속속도(V_{ts})

$V_{ts} = \dfrac{V_s}{\sqrt{\cos\theta}} = \dfrac{150}{\sqrt{\cos 60}} = 212$ m/s

9. 비행기의 스핀(spin) 비행과 가장 관련이 깊은 현상은?

㉮ 자전(autorotation) 현상
㉯ 날개 드롭(wing drop) 현상
㉰ 가로방향 불안정(dutch roll) 현상
㉱ 디프 실속(deep stall) 현상

[해설] 스핀(spin) = 자전 + 수직 강하

정답 3. ㉱ 4. ㉯ 5. ㉮ 6. ㉱ 7. ㉰ 8. ㉰ 9. ㉮

1-4 기동 성능

(1) 선회비행

① 정상선회 : 수평면 내에서 일정한 선회 반지름을 가지고 원운동을 하는 비행이다. 정상선회시에는 원심력과 구심력이 같다.

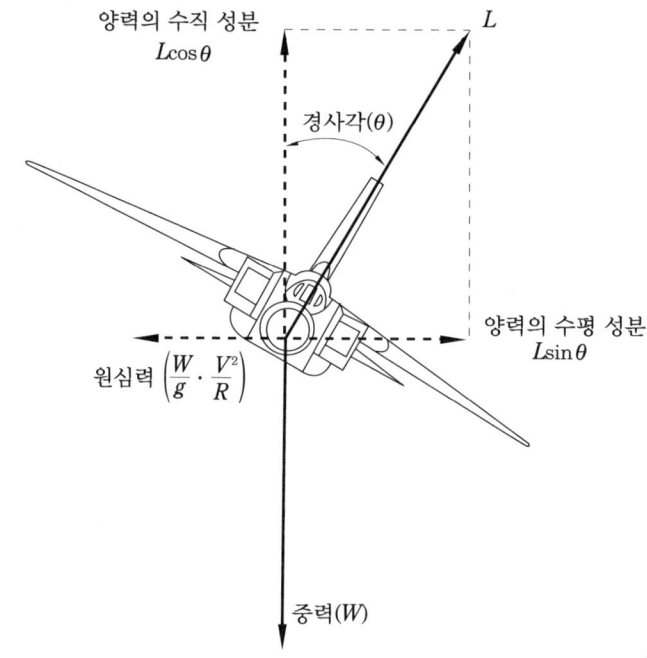

선회비행 시 작용하는 힘

(가) 선회 반지름 (R)

$$R = \frac{V^2}{g \tan\theta}$$

여기서, R : 선회 반지름, θ : 경사각, V : 선회속도, g : 중력가속도

선회 반지름을 작게 하려면 선회속도를 작게 하거나 경사각을 크게 하면 된다.

(나) 선회 시 양력(L)

$$L = \frac{W}{\cos\theta}$$

(다) 원심력($C.F$)

$$C.F = \frac{WV^2}{gR} = W\tan\theta$$

② 선회속도(V_t)
  ㈎ 직선비행 시 속도(V)와 선회비행 시 속도(V_t)와의 관계식

  $$V_t = \frac{V}{\sqrt{\cos\theta}}$$

  여기서, θ : 경사각
  ㈏ 수평비행 시 실속속도(V_s)와 선회 중의 실속속도(V_{ts})와의 관계식

  $$V_{ts} = \frac{V_s}{\sqrt{\cos\theta}}$$

③ 선회 중의 하중배수
  ㈎ 하중배수(load factor ; n) : 어떤 비행상태에서 양력과 무게와의 비

  $$하중배수(n) = \frac{L}{W}$$

  수평비행 시 하중배수 : 1 또는 1g
  ㈏ 선회비행 시 하중배수(n)

  $$n = \frac{1}{\cos\theta}$$

  60° 선회비행 시 하중배수 : 2
④ 비행 하중
  ㈎ 가속운동 시 하중배수

  $$n = 1 + \frac{가속도}{g}$$

  ㈏ 안전계수
    ㉮ 제한 하중(limit load) : 비행 중에 생길 수 있는 최대의 하중이다.
    ㉯ 극한 하중(ultimate load) : 비행기에 예기치 않은 과도한 하중이 작용하더라도 최소 2초간은 안전하게 견딜 수 있는 하중이다.
      극한 하중 = 안전계수(1.5) × 제한 하중
    ㉰ 안전계수(safety factor)
      · 일반적인 하중계수 : 1.5
      · 조종 케이블 : 1.33
      · 피팅(fitting) : 1.15
    ㉱ 제한 하중배수
      · 곡기 비행기(A) : 6
      · 실용 비행기(U) : 4.4

- 보통 비행기(N) : 2.25~3.8
- 수송기(T) : 2.5

(다) $V-n$ 선도 : 항공기 속도(V)와 하중배수(n)를 두 직교축으로 하여 항공기 속도에 대한 한계 하중배수를 나타내어, 항공기의 안전한 비행 범위를 정해 주는 선도이다. OABCDEF내부에서 운동할 때에 한해서 구조 강도상의 보장을 받을 수 있다는 것을 의미한다.

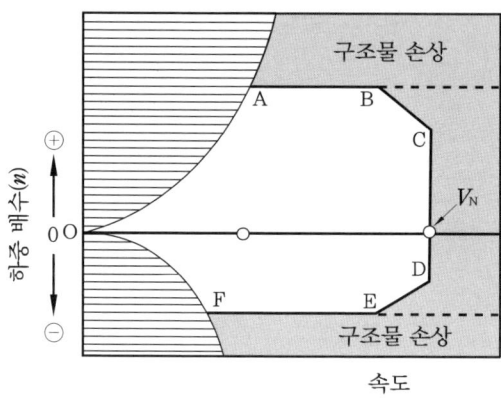

$V-n$ 선도

예 · 상 · 문 · 제

1. 비행기가 상승하면서 선회비행을 하는 경우는?
㉮ 양력의 수직분력이 중량보다 커야 한다.
㉯ 양력의 수직분력이 중량보다 작아야 한다.
㉰ 양력의 수직분력과 중량이 같아야 한다.
㉱ 양력과 수직분력에 관계없다.

[해설] 선회비행
① 수평 선회비행
 양력의 수직성분($L\cos\theta$)= W
② 상승 선회비행
 양력의 수직성분($L\cos\theta$)>= W

2. 비행기가 선회비행을 할 때 정상선회라 하는 것은 어떤 경우인가?
㉮ 원심력이 구심력보다 큰 경우이다.
㉯ 원심력과 구심력이 같은 경우이다.
㉰ 원심력이 구심력보다 작은 경우이다.
㉱ 속도가 원심력보다 큰 경우이다.

[해설] 정상선회 : 비행기가 수평면 내에서 일정한 선회 반지름을 가지고 원운동을 하는 비행을 말한다. 정상선회를 할 때, 비행기에 작용하는 힘은 원심력과 양력의 수평방향 성분(구심력)이 같아야 하고, 양력의 수직성분은 비행기의 중력과 같아야 한다.

3. 비행기가 정상선회를 하기 위해서는 어

정답 1. ㉮ 2. ㉯ 3. ㉮

떠한 조건을 만족해야 하는가?
㉮ 원심력과 구심력이 같아야 한다.
㉯ 원심력이 구심력보다 커야 한다.
㉰ 구심력이 원심력보다 커야 한다.
㉱ 원심력과 구심력은 상관이 없다.

4. 비행기의 무게가 3000 kgf이고, 경사각이 30°로 150 km/h의 속도로 정상선회를 하고 있을 때 선회 반지름(m)은?
㉮ 306.8 m   ㉯ 324.3 m
㉰ 567.9 m   ㉱ 721.6 m

[해설] $R = \dfrac{V^2}{g\tan\theta} = \dfrac{\left(\dfrac{150}{3.6}\right)^2}{9.8 \times \tan 30} = 306.8 \text{ m}$

5. 비행기의 무게가 5000 kgf이고, 경사각이 30°로 200 km/h의 속도로 정상선회를 하고 있을 때 선회 반지름(m)은?
㉮ 480m   ㉯ 546m
㉰ 672m   ㉱ 880m

[해설] $R = \dfrac{V^2}{g\tan\theta} = \dfrac{\left(\dfrac{200}{3.6}\right)^2}{9.8 \times \tan 30} = 546 \text{ m}$

6. 항공기 선회속도가 20 m/s, 선회각 30°로 정상 수평비행시 선회 반지름은 몇 m 정도인가?
㉮ 50   ㉯ 70   ㉰ 90   ㉱ 120

[해설] $R = \dfrac{V^2}{g\tan\theta} = \dfrac{20^2}{9.8 \times \tan 30} ≒ 70 \text{ m}$

7. 비행기의 무게가 4000kgf인 비행기가 선회각 60°로 정상선회 시 하중배수가 2라면, 양력은 얼마나 되겠는가?
㉮ 2000 kgf   ㉯ 4000 kgf
㉰ 6000 kgf   ㉱ 8000 kgf

[해설] 선회 시 양력(L)
$L = \dfrac{W}{\cos\theta} = \dfrac{4000}{\cos 60} = 8000 \text{ kgf}$

8. 비행기 무게 1000 kgf이고, 경사각이 30°로 100 km/h의 속도로 정상선회를 하고 있을 때, 양력은 얼마인가?(단, cos30 =0.866이다.)
㉮ 11.55 kg   ㉯ 115.5 kg
㉰ 1155 kg   ㉱ 2155 kg

[해설] 선회 시 양력(L)
$L = \dfrac{W}{\cos\theta} = \dfrac{1000}{\cos 30} = 1155 \text{ kgf}$

9. 비행기의 무게가 6000 kgf이고, 경사각이 60°의 정상선회를 하고 있을 때 이 비행기의 원심력은 얼마인가?
㉮ 10392 kgf   ㉯ 10676 kgf
㉰ 12176 kgf   ㉱ 13126 kgf

[해설] 원심력($C.F$)
$= W\tan\theta = 6000 \times \tan 60 = 10392 \text{ kgf}$

10. 총중량이 5200 kgf인 비행기가 선회각 30°로 정상선회를 하고 있을 때, 이 비행기에 작용하는 원심력은 약 얼마인가? (단, sin30 = 0.866, tan30 = 0.577이다.)
㉮ 2600 kgf   ㉯ 3000 kgf
㉰ 4503 kgf   ㉱ 5200 kgf

[해설] 원심력($C.F$)
$= W\tan\theta = 5200 \times \tan 30 = 3000 \text{ kgf}$

11. 선회비행 시 외측으로 slip하는 가장 큰 이유는 무엇인가?
㉮ 경사각이 작고, 구심력이 원심력보다

정답 4. ㉮   5. ㉯   6. ㉯   7. ㉱   8. ㉰   9. ㉮   10. ㉯   11. ㉱

㉮ 645 km/h   ㉯ 693 km/h
㉰ 850 km/h   ㉱ 1200 km/h

[해설] $V_t = \dfrac{V}{\sqrt{\cos\theta}} = \dfrac{600}{\sqrt{\cos 30}} = 645$ km/h

14. 다음 $V-n$ 선도에서 A, B 구간에 대한 설명 중 맞는 것은?

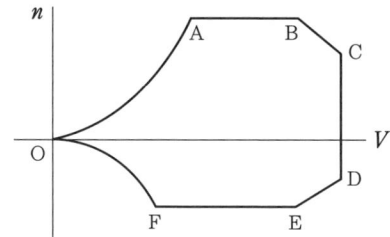

㉮ 공기력이 한계하중계수에 미치지 못하고, 속도의 제곱에 비례하여 증가한다.
㉯ 일정한 한계하중 범위를 나타낸다.
㉰ 버핏(buffet)에 의한 제한 범위를 나타낸다.
㉱ 배면비행일 때의 한계하중을 나타낸다.

㉯ 경사각이 크고, 구심력이 원심력보다 작을 때
㉰ 경사각이 크고, 원심력이 구심력보다 작을 때
㉱ 경사각이 작고, 원심력이 구심력보다 클 때

[해설] 선회비행
① 정상선회 : 원심력 = 구심력($L\cos\theta$)
② 외활선회 : 원심력 > 구심력($L\cos\theta$)
③ 내활선회 : 원심력 < 구심력($L\cos\theta$)

12. 비행기가 등속도로 수평비행을 하고 있다면 이 비행기에 작용하는 하중계수 g는?

㉮ 0 g   ㉯ 0.5 g   ㉰ 1 g   ㉱ 1.8 g

[해설] $n = \dfrac{L}{W} = \dfrac{1}{1} = 1$ g (수평비행 시 $L = W$)

13. 600 km/h의 수평속도의 비행기가 같은 받음각 상태에서 30°로 경사하여 선회하는 경우에 있어서 선회속도는?

2. 비행기의 안정과 조종

2-1 조종면 이론

(1) 조종면의 효율

① 주 조종면 : 도움날개, 승강키, 방향키
② 부 조종면 : 플랩, 탭, 스포일러

(2) 힌지 모멘트와 조종력

조종면은 힌지 축을 중심으로 위아래로, 또는 좌우로 변위하도록 되어 있다.

① 힌지 모멘트(hinge moment ; H) : 조종면으로 흐르는 압력분포의 차이로, 힌지 축을 중심으로 회전하려는 힘이다.

$$H = C_h \cdot \frac{1}{2} \cdot \rho \cdot V^2 \cdot b \cdot \bar{c}^2 = C_h \cdot q \cdot b \cdot \bar{c}^2$$

여기서, H : 힌지 모멘트, C_h : 힌지 모멘트 계수, b : 조종면의 폭, $\bar{c}$: 조종면의 평균시위

힌지 모멘트는 모멘트 계수, 동압, 조종면의 크기에 비례한다.

② 조종력(F_e)과 승강키 힌지 모멘트(H_e) 관계식

$$F_e = K \cdot H_e$$
$$= K \cdot q \cdot b \cdot \bar{c}^2 \cdot C_h$$

여기서, F_e : 조종력, H_e : 승강키 힌지 모멘트, K : 조종계통의 기계적 장치에 의한 이득

(가) 조종력은 비행속도의 제곱에 비례하고, $b\bar{c}^2$에 비례한다.
 ㉮ 속도가 2배가 되면, 조종력은 4배가 필요하다.
 ㉯ 조종면의 폭과 시위의 크기를 2배로 하면 조종력은 8배가 필요하다.

(3) 공력 평형장치

조종면의 압력 분포를 변화시켜 조종력을 경감시키는 장치이다.
① 앞전 밸런스(leading edge balance) : 조종면의 힌지 중심에서 앞전을 길게 하여 조종력을 감소시키는 장치이다.
② 혼 밸런스(horn balance) : 밸런스 역할을 하는 조종면을 플랩의 일부분에 집중시킨 것을 말한다.

㈎ 비보호 혼 : 밸런스 부분이 앞전까지 뻗쳐 나온 것을 비보호혼(unshielded horn)이라 한다.
㈏ 보호 혼 : 밸런스 앞에 고정면을 가지는 것을 보호 혼(shielded horn)이라 한다.
③ 내부 밸런스(internal balance) : 플랩의 앞전이 밀폐되어 있어서 플랩의 아래윗면의 압력차에 의해서 앞전 밸런스와 같은 역할을 하도록 한다.
④ 프리즈 밸런스(frise balance) : 도움날개에 자주 사용되는 밸런스로서, 연동되는 도움날개에서 발생되는 힌지 모멘트가 서로 상쇄되도록 하여 조종력을 경감시킨다.

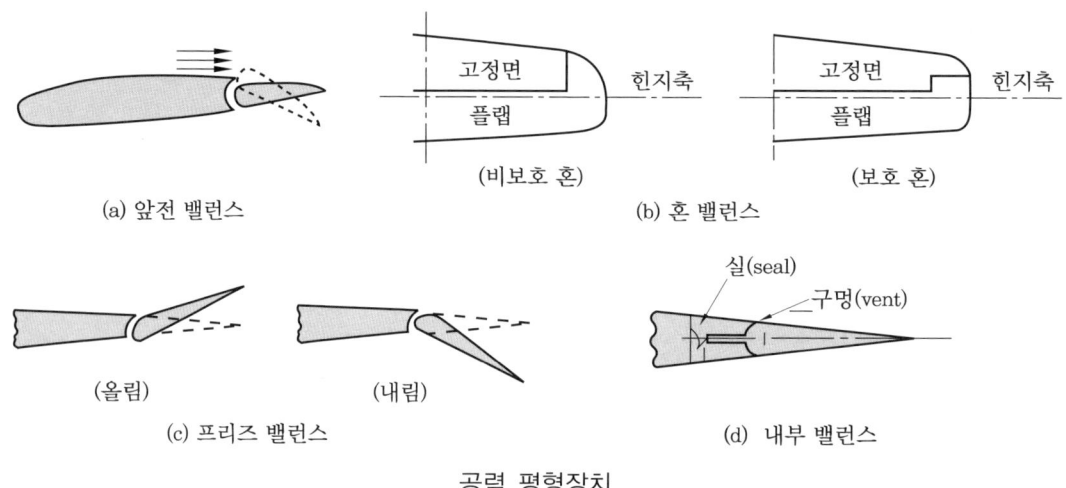

공력 평형장치

(4) 탭(tab)

조종면의 뒷전 부분에 부착시키는 작은 플랩의 일종으로, 조종면 뒷전 부분의 압력분포를 변화시켜 힌지 모멘트에 변화를 생기게 한다.

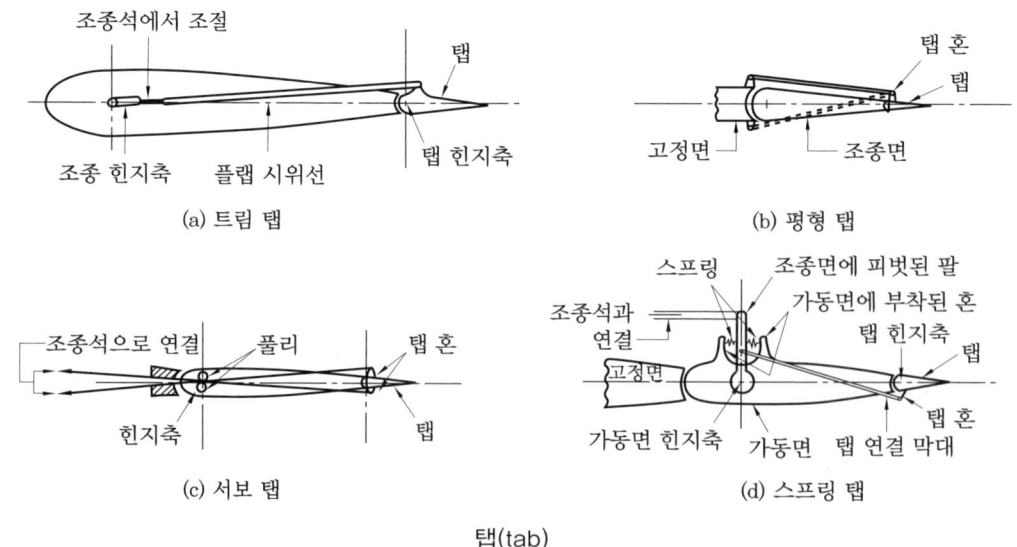

탭(tab)

① 트림 탭(trim tab) : 조종면의 힌지 모멘트를 감소시켜 조종사의 조종력을 0으로 조종해 준다.
② 평형 탭(balance tab) : 조종면이 움직이는 방향과 반대 방향으로 움직이도록 기계적으로 연결되어 있다.
③ 서보 탭(servo tab) : 조종석의 조종장치와 직접 연결되어 탭(tab)만 작동시켜 조종면을 움직인다.
④ 스프링 탭(spring tab) : 혼(horn)과 조종면 사이에 스프링을 설치하여 탭(tab)의 작용을 배가시키도록 한 장치이다.

예·상·문·제

1. 다음의 내용 중 가장 올바른 것은?
㉮ 조종면은 힌지 축을 중심으로 위아래로, 또는 좌우로 변위한다.
㉯ 조종면이 변해도 캠버는 항상 일정하다.
㉰ 조종면에 발생하는 힌지 모멘트는 동압과 힌지 모멘트 계수에 반비례한다.
㉱ 조종면의 폭과 시위의 크기를 2배로 하면 조종력은 4배가 된다.
[해설] $H = C_h \cdot q \cdot b \cdot \bar{c}^2$

2. 조종면은 무엇을 변화시켜 효과를 발생시키는가?
㉮ 날개골의 면적   ㉯ 날개골의 두께
㉰ 날개골의 캠버   ㉱ 날개골의 길이
[해설] 조종면이 변위하면 캠버가 변하여 조종면의 윗면과 아랫면, 또는 좌측면과 우측면의 공기 흐름 속도가 달라지게 되므로 조종면의 압력분포에 차이가 생기게 된다.

3. 힌지 모멘트(hinge moment)에 대한 내용으로 틀린 것은?
㉮ 힌지 모멘트 계수에 비례한다.
㉯ 동압에 비례한다.
㉰ 조종면의 크기에 비례한다.
㉱ 조종면의 폭에 반비례한다.
[해설] $H = C_h \cdot q \cdot b \cdot \bar{c}^2$
힌지 모멘트는 힌지 모멘트 계수(C_h), 동압(q), 그리고 조종면의 크기(b, $\bar{c}^2$)에 비례한다.

4. 비행기의 조종면 이론에서 힌지 모멘트에 대한 설명으로 가장 관계가 먼 것은?
㉮ 힌지 모멘트 계수에 비례한다.
㉯ 동압에 비례한다.
㉰ 조종면의 크기에 비례한다.
㉱ 조종면의 폭에 반비례한다.

5. 비행기 조종면에 매스 밸런스(mass balance)를 하는 가장 큰 목적은?
㉮ 조종면의 진동방지
㉯ 기수 올림 모멘트 방지
㉰ 조종면의 효과 증대
㉱ 힌지 모멘트 감소

정답 1. ㉮ 2. ㉰ 3. ㉱ 4. ㉱ 5. ㉮

6. 비행기 속도가 2배로 증가하였을 때 조종력은?

㉮ 변화 없다.
㉯ 2배로 증가한다.
㉰ 더 감소한다.
㉱ 4배로 증가한다.

[해설] $F_e = K \cdot q \cdot b \cdot \bar{c}^2 \cdot C_h$
조종력은 비행속도의 제곱 $\left(q = \dfrac{1}{2}\rho V^2\right)$에 비례한다.

7. 다음의 진술 내용 중 가장 올바른 것은?

㉮ 조종면을 조작하기 위한 조종력은 힌지 모멘트의 크기에 관계가 있다.
㉯ 조종면에 변위를 주게 되어도 그 윗면과 아랫면 또는 좌측면과 우측면의 압력분포에는 영향을 미치지 않는다.
㉰ 힌지 모멘트는 항상 비행기의 조종을 용이하게 하는데 도움을 준다.
㉱ 힌지 모멘트는 힌지 모멘트 계수, 동압 그리고 조종면의 크기에 반비례한다.

[해설] $F_e = K \cdot H_e$

8. 조종면의 폭이 2배가 되면 조종력은 몇 배가 되어야 하는가?

㉮ 1/2배 ㉯ 변화 없음
㉰ 2배   ㉱ 4배

9. 도움날개(aileron), 승강키(elevator)의 힌지 모멘트와 이들 조종면을 원하는 위치에 유지하기 위한 조종력과의 관계로서 가장 올바른 것은?

㉮ 힌지 모멘트가 커져도 필요한 조종력에는 관계가 없다.
㉯ 힌지 모멘트가 크면 조종력은 작아도 된다.
㉰ 힌지 모멘트가 크면 조종력도 커야 한다.
㉱ 아음속 항공기에서는 힌지 모멘트가 커질수록 필요한 마력은 작아진다.

[해설] $F_e = K \cdot H_e$

10. 비행기의 조종간에 걸리는 힘을 적게 하기 위해 여러 가지 장치를 사용하여 힌지 모멘트를 조절한다. 힌지 모멘트를 조절하기 위한 장치가 아닌 것은?

㉮ 혼 밸런스(horn balance)
㉯ 오버행 밸런스(overhang balance)
㉰ 서보 탭(servo tab)
㉱ 스포일러(spoiler)

11. 비행기의 조종력을 경감시키는 공력 평형장치가 아닌 것은?

㉮ 앞전 밸런스   ㉯ 혼 밸런스
㉰ 내부 밸런스   ㉱ 조종 밸런스

12. 왼쪽과 오른쪽이 서로 반대로 움직이는 도움날개에서 발생되는 힌지 모멘트가 서로 상쇄되도록 하여 조종력을 경감시키는 장치는?

㉮ 혼 밸런스(horn balance)
㉯ 앞전 밸런스(leading edge balance)
㉰ 프리즈 밸런스(frise balance)
㉱ 내부 밸런스(internal balance)

정답 6. ㉱ 7. ㉮ 8. ㉱ 9. ㉰ 10. ㉱ 11. ㉱ 12. ㉰

2-2 안정과 조종

(1) 정적 안정과 동적 안정

① 정적 안정

(가) 정적 안정(static stability ; 양(+)의 정적 안정) : 평형상태로부터 벗어난 뒤에 어떤 형태로든 움직여서 원래의 평형상태로 되돌아가려는 경향이 있다.

(나) 정적 불안정(static unstability ; 음(-)의 정적 안정) : 평형상태에서 벗어난 물체가 처음 평형상태로부터 더 멀어지려는 경향이 있다.

(다) 정적 중립(neutral static stability) : 평형상태에서 벗어난 물체가 이동된 위치에서 평형상태를 유지하려는 경향이 있다.

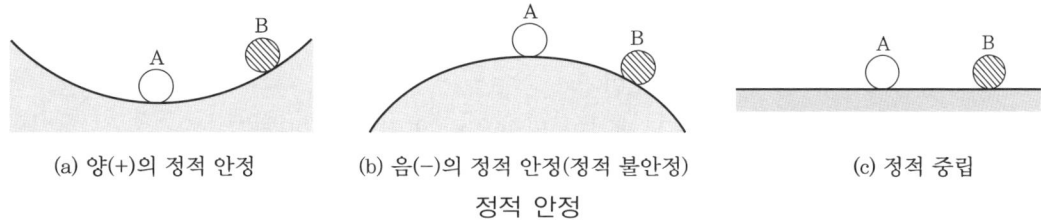

(a) 양(+)의 정적 안정   (b) 음(-)의 정적 안정(정적 불안정)   (c) 정적 중립

정적 안정

② 동적 안정

(가) 동적 안정(dynamic stability ; 양의 동적 안정) : 어떤 물체가 평형상태에서 이탈된 후 시간이 지남에 따라 운동의 진폭이 감소되는 상태이다. 동적 안정이면 반드시 정적 안정이다.

(나) 동적 불안정(dynamic unstability ; 음의 동적 안정) : 어떤 물체가 평형상태에서 이탈된 후 시간이 지남에 따라 운동의 진폭이 점점 증가되는 상태이다.

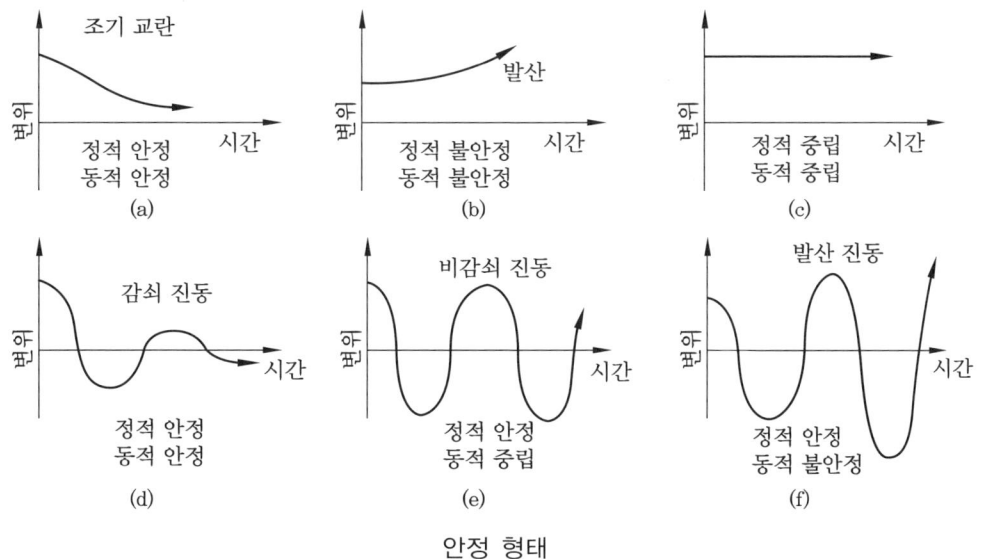

안정 형태

(다) 동적 중립(neutral dynamic stability) : 어떤 물체가 평형상태에서 이탈된 후 시간이 경과하여도 운동의 진폭이 변화가 없는 상태이다.

③ 평형과 조종
  (가) 평형상태 : 비행기에 작용하는 모든 힘의 합이 0이며, 키놀이, 옆놀이 및 빗놀이 모멘트의 합이 0인 경우를 말한다.
  (나) 조종 : 조종사가 조종간으로 조종면을 움직여서 비행기를 원하는 방향으로 운동시키는 것이다.
  (다) 안정과 조종 : 비행기의 안정성이 커지면 조종성이 나빠진다. 서로 반비례를 한다.

④ 비행기의 기준축 : 무게중심을 원점에 둔 좌표축으로서 기준축을 사용하며 이를, 기체축(body axis)이라 한다.
  (가) 세로축(X축) : 비행기의 앞과 뒤를 연결한 축이다.
    ㉮ 세로축에 관한 모멘트 : 옆놀이 모멘트(rolling moment)
    ㉯ 옆놀이를 일으키는 조종면 : 도움날개(aileron)
    ㉰ 옆놀이에 대한 안정 : 가로안정
  (나) 가로축(Y축) : 비행기의 날개길이 방향으로 연결한 축이다.
    ㉮ 가로축에 관한 모멘트 : 키놀이 모멘트(pitching moment)
    ㉯ 키놀이 모멘트를 일으키는 조종면 : 승강키(elevator)
    ㉰ 키놀이에 대한 안정 : 세로안정
  (다) 수직축(Z축) : 비행기의 상하축이다.
    ㉮ 수직축에 관한 모멘트 : 빗놀이 모멘트(yawing moment)
    ㉯ 빗놀이 모멘트를 일으키는 조종면 : 방향타(rudder)
    ㉰ 빗놀이에 대한 안정 : 방향안정

⑤ 조종계통
  (가) 도움날개(aileron)
    ㉮ 옆놀이 모멘트를 일으키는 조종면이다.
    ㉯ 조종간을 좌측으로 하면 좌측 도움날개는 올라가고, 우측 도움날개는 내려가 비행기는 좌측으로 경사지게 된다.
    ㉰ 차동조종장치 : 비행기에서 올림과 내림의 작동범위가 다르게 한 것으로 도움날개에 이용된다. 도움날개에 사용 시 유도항력이 크기가 다르기 때문에 발생하는 역 빗놀이(adverse yaw)를 작게 한다.
  (나) 승강키(elevator)
    ㉮ 키놀이 모멘트를 일으키는 조종면이다.
    ㉯ 조종간으로 당기면 승강키는 올라가고 기수도 올라간다.
  (다) 방향키(rudder)
    ㉮ 빗놀이 모멘트를 일으키는 조종면이다.
    ㉯ 왼쪽 페달은 밟으면 방향타는 왼쪽으로 움직이고 기수는 왼쪽으로 향한다.

(2) 세로안정과 조종

① 정적 세로안정: 비행기가 비행 중 외부 영향이나 조종사 의도에 의해 승강키가 조작되어 키놀이 모멘트가 변화되었을 때, 처음 평형상태로 되돌아가려는 경향이 있다.

받음각이 증가되면 양력계수 값이 증가되어 기수가 올라가면 기수 내림(−) 키놀이 모멘트가 발생하여 평형점으로 돌아가려는 경향이 있을 때 정적 세로안정성이 있다고 한다.

㈎ 정적 세로안정은 비행기의 받음각과 키놀이 모멘트의 관계에 의존한다.

㈏ 키놀이 모멘트 관계식

$$M = C_M \cdot q \cdot S \cdot \bar{c} \quad \text{또는} \quad C_M = \frac{M}{q \cdot S \cdot \bar{c}}$$

여기서, M: 무게중심에 관한 키놀이 모멘트, 기수를 드는 방향이 (+)방향
q: 동압, S: 날개 면적, $\bar{c}$: 평균 공력 시위, C_M: 키놀이 모멘트 계수

㈐ 날개와 꼬리날개에 의한 무게중심 주위의 키놀이 모멘트($M_{c.g}$)

$$M_{c.g} = M_{c.g\,\text{wing}} + M_{c.g\,\text{tail}}$$

여기서, $M_{c.g\,\text{wing}}$: 날개만에 의한 키놀이 모멘트
$M_{c.g\,\text{tail}}$: 수평꼬리 날개에 의한 키놀이 모멘트

㈑ 비행기 전체의 무게중심 모멘트 계수($C_{Mc.g}$)

$$C_{Mc.g} = C_{Mac} + C_L \frac{a}{\bar{c}} - C_D \frac{b}{\bar{c}} - C_{Lt} \frac{q_t \cdot S_t \cdot l}{qS\bar{c}}$$

여기서 S_t: 수평 꼬리날개 면적
q_t: 수평 꼬리날개 주위 동압
C_{Lt}: 수평 꼬리날개 양력계수
a: 무게중심에서 양력까지의 거리
b: 무게중심에서 항력까지의 거리
l: 무게중심에서 꼬리날개 압력중심까지의 거리

㈒ 비행기의 세로안정을 좋게 하기 위한 방법
㉮ 무게중심이 날개의 공기역학적 중심보다 앞에 위치할수록 좋다.
㉯ 날개가 무게중심보다 높은 위치에 있을수록 좋다.
㉰ 꼬리날개 부피($S_t \cdot l$)가 클수록 좋다.
㉱ 꼬리날개 효율(q_t/q)이 클수록 좋다.

② 세로조종의 임계 조건들을 충족시키기 위한 주요 비행상태
㈎ 기동조종 조건
㈏ 이륙조종 조건

(다) 착륙조종 조건

(3) 동적 세로안정

돌풍 등 외부 영향을 받은 비행기가 키놀이 모멘트가 변화된 경우에 운동이 진폭 시간에 따라 감소하는 경우 동적 세로안정이 있다고 한다.

① 비행기 세로운동의 주요 변수 : 비행기의 키놀이 자세, 받음각, 비행속도, 조종간 자유 시 승강키의 변위.

② 동적 세로안정의 진동 형태
 (가) 장주기 운동 : 진동주기가 20초에서 100초 사이이다.
 (나) 단주기 운동 : 키놀이 진동이며, 진동의 주기가 0.5초에서 5초 사이이다.
  · 단주기 운동이 발생될 때 가장 좋은 방법은 인위적인 조종이 아닌 조종간을 자유로 하여 필요한 감쇠를 하는 것이다.
 (다) 승강키 자유운동 : 진동주기가 0.3초에서 1.5초 사이이다.

(4) 가로안정과 조종

① 정적 가로안정 : 비행기가 양(+)의 옆미끄럼각을 가지게 될 경우 음(−)의 옆놀이 모멘트가 발생하면 정적 가로안정이 있다고 한다.
 (가) 옆놀이 모멘트(L')

$$L' = C_l' \cdot q \cdot S \cdot b \qquad 또는 \qquad C_l' = \frac{L'}{q \cdot S \cdot b}$$

 여기서, L' : 옆놀이 모멘트 (오른쪽이 (+) 값)
    q : 동압
    S : 날개면적, C_l' : 옆놀이 모멘트 계수

 (나) 가로안정에 영향을 주는 요소
  ㉮ 날개 : 가로안정에 가장 중요한 요소이다. 날개의 쳐든각 효과는 가로안정에 가장 중요한 요소이다.
   · 쳐든각(상반각)의 효과 : 옆미끄럼(side slip)을 방지하고, 가로 안정성을 좋게 한다.
  ㉯ 동체 : 동체 위에 부착된 날개는 2°나 3°의 쳐든각 효과가 있다.
  ㉰ 수직 꼬리날개

② 동적 가로안정
 (가) 방향 불안정(directional divergence) : 초기의 작은 옆미끄럼에 대한 반응이 옆미끄럼을 증가시키는 경향을 가질 때 발생한다.
 (나) 나선 불안정(spiral divergence) : 정적 방향 안정성이 정적 가로안정보다 훨씬 클 때 발생한다.
 (다) 가로방향 불안정(dutch roll) : 가로진동과 방향진동이 결합된 것으로 대기 동적으

로는 안정하지만 진동하는 성질 때문에 문제가 된다. 정적 방향 안정보다 쳐든각 효과가 클 때 일어난다.

(5) 방향안정과 조종

① 방향안정 : 비행 중 옆미끄럼각(β)이 발생했을 때 옆미끄럼을 감소시켜 주는 빗놀이 모멘트가 발생하면 정적 방향 안정성이 있다고 한다.
  - 양의 빗놀이각(ψ) : 비행기의 기수가 상대풍이 오른쪽에 있을 때 각도
  - 옆미끄럼각(β) : 상대풍이 비행기 중심선의 오른쪽으로 이동했을 때 각도
  - 방향키 부유각 : 방향키를 자유로 하였을 때 공기력에 의하여 방향키가 자유로이 변위되는 각

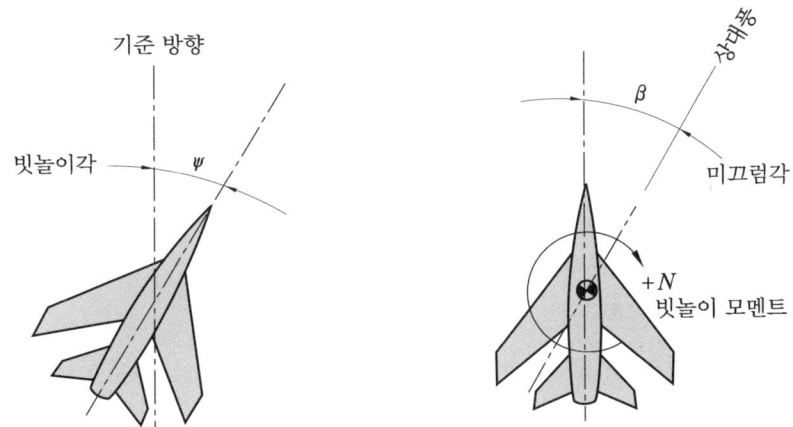

옆미끄럼각과 빗놀이각

(가) 빗놀이 모멘트(N)

$$N = C_N \cdot q \cdot S \cdot b \quad \text{또는} \quad C_N = \frac{N}{q \cdot S \cdot b}$$

여기서, N : 빗놀이 모멘트, C_N : 빗놀이 모멘트 계수, q : 동압,
S : 날개면적, b : 날개길이

(나) 방향안정에 영향을 끼치는 요소

㉮ 수직 꼬리날개 : 방향안정에 일차적으로 영향을 준다.
㉯ 동체, 기관 등에 의한 영향 : 동체와 기관은 방향 안정에 있어 불안정한 영향을 끼치는 가장 큰 요소이다.
㉰ 추력 효과 : 프로펠러 회전면이나 제트기 공기흡입구가 무게중심 앞에 위치했을 때 불안정을 유발한다.

(다) 도살 핀(dorsal fin) : 수직 꼬리날개가 실속하는 큰 옆미끄럼각에서도 방향안정을 증가시킨다.

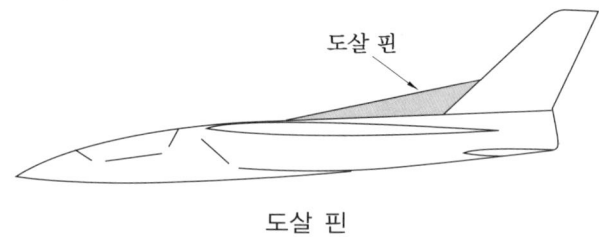

도살 핀

㉮ 도살 핀 장착 시 효과
- 큰 옆미끄럼각에서의 동체의 안정성을 증가시킨다.
- 수직 꼬리날개의 유효 가로세로비를 감소시켜 실속각을 증가시킨다.

(6) 현대의 조종계통

① 기계적인 조종계통 : 소형기에 적합한 조종계통이다.
② 유압 장치를 이용한 조종계통 : 기계적인 조종계통과 작동기를 동시에 사용한다.
③ 전기 신호를 이용하는 조종계통 : 플라이 바이 와이어(fly by wire) 시스템으로 모든 기계적인 연결을 전기적인 연료로 바꾸어 조종하는 계통.
④ 광신호를 이용하는 조종계통 : 플라이 바이 라이트(fly by light) 시스템으로 구리선 대신 광섬유 케이블을 통해 신호를 감지장치에서 컴퓨터로 옮기고, 다시 조종면으로 전송하여 조종면을 제어하는 조종계통.

예·상·문·제

1. 평형상태에 있는 비행기가 교란을 받았을 때 처음의 상태로 돌아가려는 힘이 자체적으로 발생하게 되는 데 이와 같은 정적안정상태에서 작용하는 힘을 무엇이라 하는가?
㉮ 가속력 ㉯ 기전력
㉰ 감쇠력 ㉱ 복원력

2. 비행기의 받음각이 외부적인 교란에 의해 진동을 시작해서 점차적으로 진동이 감소하여 처음의 상태로 돌아갈 경우를 가장 올바르게 표현한 것은?
㉮ 정적 안정   ㉯ 동적 안정
㉰ 동적 불안정 ㉱ 정적 불안정

3. 비행기의 안정성과 조종성에 관하여 가장 올바르게 설명한 것은?
㉮ 안정성과 조종성은 정비례한다.
㉯ 안정성과 조종성은 서로 상반되는 성질을 나타낸다.
㉰ 비행기의 안정성은 크면 클수록 바람직하다.

정답 1. ㉱ 2. ㉯ 3. ㉯

㉣ 정적 안정성이 증가하면 조종성은 증가한다.

4. 항공기의 정적 안정성이 작아지면, 조종성 및 평형을 유지시키려는 힘의 변화로 가장 올바른 것은?
㉮ 조종성은 감소되며, 평형유지는 쉬워진다.
㉯ 조종성은 감소되며, 평형유지가 어렵다.
㉰ 조종성은 증가하며, 평형유지는 쉬워진다.
㉣ 조종성은 증가하나, 평형유지는 어려워진다.
[해설] 안정과 조종은 서로 상반되는 성질을 가지고 있다.

5. 항공기가 트림(trim) 상태로 비행한다는 것은?
㉮ $C_L = C_D$인 상태
㉯ $C_{Mc.g} > 0$인 상태
㉰ $C_{Mc.g} = 0$인 상태
㉣ $C_{Mc.g} < 0$인 상태
[해설] 비행기는 키놀이 모멘트 계수(C_M)가 0일 때 평형(trim) 상태이다.

6. 정상 수평비행에서 trim 상태일 때 피칭 모멘트 계수 $C_{Mc.g}$의 값은?
㉮ $C_{Mc.g} = 1$ ㉯ $C_{Mc.g} = 0$
㉰ $C_{Mc.g} < 1$ ㉣ $C_{Mc.g} > 1$

7. 비행기에 작용하는 모든 힘의 합이 '0'이며, 키놀이, 빗놀이, 옆놀이 모멘트의 합이 '0'인 경우를 무엇이라 하는가?

㉮ 정조준 ㉯ 평형
㉰ 안정   ㉣ 균형

8. 비행기의 평형상태를 뜻하는 것이 아닌 것은?
㉮ 작용하는 모든 힘의 합이 무게중심에서 0인 상태
㉯ 속도 변화가 없는 상태
㉰ 비행기의 기관이 추력을 일정하게 내는 상태
㉣ 비행기의 회전 모멘트 성분들이 없는 상태

9. 비행기가 평형상태에서 이탈된 후, 그 변화의 진폭이 시간이 경과에 따라 증가하는 경우 이를 가장 올바르게 설명한 것은?
㉮ 정적으로 불안정하다.
㉯ 동적으로 불안정하다.
㉰ 정적으로는 불안정하지만, 동적으로는 안정하다.
㉣ 정적으로도 안정하고, 동적으로도 안정하다.

10. 정적 안정과 동적 안정에 대한 설명으로 가장 올바른 것은?
㉮ 동적 안정 시 (+)이면, 정적 안정은 반드시 (+)이다.
㉯ 동적 안정 시 (−)이면, 정적 안정은 반드시 (−)이다.
㉰ 정적 안정 시 (+)이면, 동적 안정은 반드시 (−)이다.
㉣ 정적 안정 시 (−)이면, 정적 안정은 반드시 (+)이다.

정답 4. ㉣ 5. ㉰ 6. ㉯ 7. ㉰ 8. ㉰ 9. ㉯ 10. ㉮

11. 항공기의 동적 안정성이 (+)인 상태를 설명한 것으로 가장 올바른 것은?
㉮ 운동의 진폭이 시간에 따라 점차 감소한다.
㉯ 운동의 진폭이 점차 감소하며, 비행기 기수가 점점 내림 현상을 갖는다.
㉰ 운동의 진폭이 시간이 지남에 따라 점차 증가한다.
㉱ 운동의 진폭이 점차 증가하며, 비행기 기수가 점점 올림 현상을 갖는다.

12. 항공기 피칭 모멘트(pitching moment)가 서서히 증가하는 경향이 있다. 이 같은 현상은?
㉮ 세로 안정성(longitudinal stability)의 감소
㉯ 가로 안정성(lateral stability)의 증대
㉰ 가로 안정성의 감소
㉱ 세로 안정성의 증대
[해설] 정적 세로 불안정인 비행기가 더 큰 양력계수 값으로 변화되면 기수올림 (+) 키놀이 모멘트가 발생되어 더욱 불안정해지고 작은 양력계수 값으로 변화되면 기수내림 (−) 키놀이 모멘트가 발생되어 더욱 불안정해진다.

13. 비행기에 단주기 운동이 발생되었을 때 가장 좋은 방법은?
㉮ 조종간을 자유롭게 놓는다.
㉯ 조종간을 고정시킨다.
㉰ 조종간을 당긴다(상승비행).
㉱ 조종간을 놓는다(하강비행).
[해설] 단주기 운동은 진동주기가 매우 짧기 때문에 불안정한 진폭은 아주 짧은 시간에도 위험한 수위에 도달하게 된다. 그러므로 단주기 운동이 발생될 때 가장 좋은 방법은 인위적인 조종이 아닌 조종간을 자유로 하여 필요한 감쇠를 하는 것이다.

14. 수평 꼬리날개에 의한 모멘트의 크기를 가장 올바르게 설명한 것은?(단, 양(+), 음(−)의 부호는 고려하지 않는 것으로 함.)
㉮ 수평 꼬리날개의 면적이 클수록, 그리고 수평 꼬리날개 주위의 동압이 작을수록 커진다.
㉯ 수평 꼬리날개의 면적이 클수록, 그리고 수평 꼬리날개 주위의 동압이 클수록 커진다.
㉰ 수평 꼬리날개의 면적이 작을수록, 그리고 수평 꼬리날개 주위의 동압이 클수록 커진다.
㉱ 수평 꼬리날개의 면적이 작을수록, 그리고 수평 꼬리날개 주위의 동압이 작을수록 커진다.

15. 수직 꼬리날개와 방향안정의 관계에 대하여 설명한 내용 중 가장 올바른 것은?
㉮ 수직 꼬리날개 면적의 증가는 항력의 증가를 수반하므로 매우 작은 값으로 제한하도록 하고, 그 대신 주날개의 면적을 증가시키도록 한다.
㉯ 마하수가 큰 초음속 비행기에서 수직 꼬리날개에 의한 안정성이 증가한다.
㉰ 큰 마하수에서 충분한 방향 안정성을 가지기 위해서, 초음속기의 경우 상대적으로 작은 수직 꼬리날개를 가진다.
㉱ 정적 방향안정에 미치는 수직 꼬리날개의 영향은 수직 꼬리날개 양력변화와 모멘트 팔길이에 의존한다.

정답 11. ㉮ 12. ㉮ 13. ㉮ 14. ㉯ 15. ㉱

16. 비행기의 안정과 조종, 그리고 운동의 문제를 다루는데 있어서 기준이 되는 좌표축(기준축 ; body axis)은 비행기의 어느 것을 원점으로 하는가?
㉮ 공기력 중심
㉯ 공기 역학적 중심
㉰ 무게중심
㉱ 기하학적 중심

[해설] 비행기에서 안정과 조종 그리고 운동에 나타나는 힘과 모멘트의 작용을 가식화하기 위해서 무게중심($c.g$)을 원점에 둔 좌표축으로 기준축을 사용하며, 이를 기체축이라 한다.

17. 비행기의 운동 중 X축에 관한 운동을 무엇이라 하는가?
㉮ 옆놀이(rolling)   ㉯ 빗놀이(yawing)
㉰ 키놀이(pitching) ㉱ 스핀(spin)

[해설] X축(세로축) : 비행기 전후의 축을 말하며 이 축에 관한 모멘트를 옆놀이(rolling) 모멘트라 한다.

18. 키놀이(pitching) 운동을 위한 조종면은?
㉮ 도움날개 (aileron)
㉯ 승강키 (elevator)
㉰ 방향키 (rudder)
㉱ 스포일러 (spoiler)

[해설] 키놀이(pitching) 운동 : 비행기 가로축을 중심으로 기수가 상승, 하강운동을 말한다.

19. 비행기에 옆놀이 모멘트(rolling moment)를 주는 조종면은?
㉮ 승강키   ㉯ 방향키
㉰ 고양력 장치   ㉱ 도움날개

[해설] 승강키 : 키놀이 모멘트 발생
방향키 : 빗놀이 모멘트 발생
도움날개 : 옆놀이 모멘트 발생

20. 다음 중 옆놀이 운동과 관계없는 것은?
㉮ 큰 날개의 쳐든각
㉯ 수평 안정판
㉰ 큰 날개의 후퇴각
㉱ 수직 안정판

[해설] 수평 안정판은 키놀이 운동에 영향을 준다.

21. 비행기의 세로축(longitudinal axis)을 중심으로 한 운동(rolling)에 가장 관계가 깊은 조종면은?
㉮ 도움날개(aileron)
㉯ 승강키(elevator)
㉰ 방향키(rudder)
㉱ 플랩(flap)

22. 빗놀이 모멘트를 상쇄시키기 위해 같이 작동시키는 조종계통은?
㉮ 도움날개와 승강키
㉯ 승강키와 방향타
㉰ 방향타와 도움날개
㉱ 도움날개와 플랩

23. 항공기 날개에 상반각을 주게 되면 다음과 같은 특성을 갖게 한다. 가장 올바른 내용은?
㉮ 유도저항을 적게 하고, 방향 안정성을 좋게 한다.
㉯ 옆미끄럼을 방지하고, 가로 안정성을 좋게 한다.
㉰ 익단 실속을 방지하고, 세로 안정성을 좋게 한다.

정답 16. ㉰ 17. ㉮ 18. ㉯ 19. ㉱ 20. ㉯ 21. ㉮ 22. ㉰ 23. ㉯

㈑ 선회 성능을 향상시키나, 가로 안정성을 해친다.

[해설] 날개의 상반각(쳐든각) 효과

24. 항공기에 쳐든각(dihedral angle)을 주는 가장 큰 이유는?
㈎ 임계 마하수를 높일 수 있다.
㈏ 익단 실속을 방지할 수 있다.
㈐ 피칭 모멘트(pitching moment)에 대한 안정성을 준다.
㈑ 옆놀이(rolling)와 빗놀이(yawing)에 대한 안정성을 준다.

25. 상반각(dihedral angle)에 대한 설명으로 옳은 것은?
㈎ 선회 성능을 좋게 한다.
㈏ 옆미끄럼각에 의한 옆놀이에 정적인 안정을 준다.
㈐ 항력을 감소시킨다.
㈑ 익단 실속을 방지한다.

26. 옆미끄럼(side slip)에 의한 롤링 모멘트(rolling moment) 변화에 가장 크게 작용하는 것은?
㈎ 도움날개(aileron)
㈏ 안정판(stabilizer)
㈐ 후퇴각
㈑ 상반각(dihedral angle)

27. 비행기의 가로안정에 날개가 가장 중요한 요소이다. 가로안정을 유지시키는 가장 좋은 방법은?
㈎ 날개의 캠버를 크게 한다.
㈏ 날개에 쳐든각(dihedral angle)을 준다.
㈐ 날개의 시위선을 최대로 한다.
㈑ 밸런스 탭(balance tab)을 장착한다.

28. 비행기가 옆미끄럼 상태에 들어갔을 때의 설명으로 가장 올바른 것은?
㈎ 수직 꼬리날개의 받음각에는 변화가 없다.
㈏ 비행기의 기수를 상대풍과 반대방향으로 이동시키려는 힘이 발생한다.
㈐ 수평 꼬리날개에 옆미끄럼힘(side force)이 발생된다.
㈑ 무게중심에 대한 빗놀이 모멘트가 발생된다.

29. 날개의 쳐든각(dihedral angle)을 가지고 있는 비행기가 왼쪽으로 옆미끄럼을 하게 되면?
㈎ 왼쪽 날개 및 오른쪽 날개의 받음각이 동시에 증가한다.
㈏ 왼쪽 날개 및 오른쪽 날개의 받음각이 동시에 감소한다.
㈐ 왼쪽 날개의 받음각은 증가하고, 오른쪽 날개의 받음각은 감소한다.
㈑ 왼쪽 날개의 받음각은 감소하고, 오른쪽 날개의 받음각은 증가한다.

30. 날개의 쳐든각은 비행기의 어느 축 주위의 안정성에 가장 효과적인가?
㈎ 수직축
㈏ 세로축
㈐ 가로축
㈑ 쳐든각은 안정성과 관계 없고 비행기 양력에 관계 있다.

[해설] 날개의 쳐든각 효과는 가로안정에 있어 가장 중요한 요소이다.

[정답] 24. ㈑ 25. ㈏ 26. ㈑ 27. ㈏ 28. ㈑ 29. ㈐ 30. ㈏

31. 가장 큰 쳐든각(dihedral angle)을 필요로 하는 경우는?
㉮ 날개가 동체의 상부에 위치하는 경우
㉯ 날개가 동체의 상부로부터 약 25% 위치에 있는 경우
㉰ 날개가 동체의 중심부에 위치하는 경우
㉱ 날개가 동체의 하부에 위치하는 경우

[해설] 동체 아래에 위치한 날개는 $-3°\sim4°$ 정도의 쳐든각 효과를 내고 동체 위에 부착된 날개는 $2°\sim3°$의 쳐든각 효과를 나타낸다.

32. 차동 도움날개를 가장 올바르게 설명한 것은?
㉮ 좌, 우측 도움날개의 위치를 비대칭으로 한다.
㉯ 좌, 우측 도움날개의 작동속도를 다르게 한다.
㉰ 도움날개의 올림각과 내림각을 다르게 한다.
㉱ 좌, 우측 도움날개의 면적을 다르게 한다.

[해설] 비행기에서 올림과 내림의 작동범위가 서로 다른 차동 도움날개를 사용하는 것은 도움날개 사용 시 유도항력의 차이가 다르기 때문에 발생하는 역빗놀이(adverse yaw)를 작게 하기 위한 것이다.

33. 정적으로 안정된 항공기에 해당하는 것으로 가장 올바른 것은?(단, C_M : 피칭 모멘트 계수, α : 받음각)
㉮ C_M이 α에 대한 기울기가 + 값
㉯ C_M이 α에 대한 기울기가 - 값
㉰ C_M이 α에 대한 기울기가 0 값
㉱ $\left(\dfrac{dC_M}{d}\right)_{c.g}$ 가 0값

[해설] 평형상태 : $C_M = 0$
정적 세로안정 : 양력계수(C_L)와 키놀이 모멘트 계수(C_M) 곡선에서 음의 기울기로 나타내며, 양력계수 값이 증가함에 따라 키놀이 모멘트는 감소한다.

34. 항공기가 세로 안정성이 있다는 것은 다음 중 어느 경우에 해당하는가?
㉮ 받음각이 증가함에 따라 키놀이 모멘트 값이 부(-)의 값을 갖는다.
㉯ 받음각이 증가함에 따라 빗놀이 모멘트 값이 정(+)의 값을 갖는다.
㉰ 받음각이 증가함에 따라 옆놀이 모멘트 값이 부(-)의 값을 갖는다.
㉱ 받음각이 증가함에 따라 옆놀이 모멘트 값이 정(+)의 값을 갖는다.

35. 정적 안정성이 가장 좋은 무게중심($c.g$), 공기력 중심($a.c$)의 위치에 관하여 다음 중 올바르게 설명한 것은?
㉮ $c.g$가 $a.c$의 앞에 있어야 한다.
㉯ $c.g$와 $a.c$는 일치해야 한다.
㉰ $c.g$는 $a.c$의 뒤에 있어야 한다.
㉱ 서로 관련이 없다.

[해설] 무게중심($c.g$)이 날개의 공기역학적 중심($a.c$)보다 앞에 위치할수록 안정성이 좋아지고, 날개가 무게중심보다 높은 위치에 있을 때 안정성이 좋다.

36. 비행기가 세로안정을 좋게 하기 위한 방법이 아닌 것은?
㉮ $c.g$가 $a.c$보다 앞에 위치할 수록 안정성이 좋아진다.
㉯ $c.g$가 $a.c$의 수직거리 값이 (+) 될수록 안정성이 좋다.

정답 31. ㉱ 32. ㉰ 33. ㉯ 34. ㉮ 35. ㉮ 36. ㉰

㉰ c.g가 a.c보다 뒤에 위치할수록, 날개 중심보다 아래에 있을수록 안정성이 좋아진다.
㉱ 꼬리날개의 효율이 좋을수록 안정성이 좋아진다.

37. 항공기의 정적 세로 안정성(static longitudinal stability)에 대한 설명으로 가장 거리가 먼 것은?
㉮ 무게중심 위치가 공기역학적 중심보다 전방에 위치할수록 안정성이 좋아진다.
㉯ 날개가 무게중심 위치보다 높은 위치에 있을 때 안정성이 좋다.
㉰ 꼬리날개 면적을 크게 하면 안정성이 좋다.
㉱ 꼬리날개 효율을 작게 할수록 안정성이 좋다.
[해설] 꼬리날개 효율이 클수록 안정성이 좋아진다.

38. 다음 중에서 비행기의 세로안정을 좋게 하기 위한 방법으로 가장 올바른 것은?
㉮ 중심위치가 날개의 공력중심 전방에 위치할수록 좋다.
㉯ 중심위치가 날개의 공력중심 후방에 위치할수록 좋다.
㉰ 꼬리날개 부피계수 값이 작을수록 좋다.
㉱ 꼬리날개 효율이 작을수록 좋다.

39. 비행기의 세로운동의 주요 변수요인이 아닌 것은?
㉮ 비행기의 키놀이 자세
㉯ 공기밀도
㉰ 받음각
㉱ 비행속도

40. 다음 세로안정과 가장 관련이 깊은 것은?
㉮ 날개
㉯ 수평 꼬리날개
㉰ 수직 꼬리날개
㉱ 도움날개

41. 비행기의 수직 꼬리날개 앞 동체에 붙어 있는 도살 핀(dorsal fin)의 가장 중요한 역할은?
㉮ 세로 안정성을 좋게 하다.
㉯ 가로 안정성을 좋게 한다.
㉰ 방향 안정성을 좋게 한다.
㉱ 구조 강도를 좋게 한다.
[해설] 도살 핀(Dorsal fin)의 효과
① 큰 옆미끄럼각에서 방향 안정성을 증가시킨다.
② 수직 꼬리날개의 유효 가로세로비를 감소시켜 실속각을 증가시킨다.

42. 수직 꼬리날개가 실속하는 큰 옆미끄럼각에서도 방향 안정성을 유지하기 위하여 사용되는 장치는?
㉮ 플랩(flap)
㉯ 도살 핀(dorsal fin)
㉰ 스포일러(spoiler)
㉱ 방향타(rudder)

43. 비행기의 도살 핀(dorsal fin)을 사용하는 이유가 가장 올바른 것은?
㉮ 도살 핀은 옆놀이 모멘트(rolling moment)를 작게 하여 비행기를 불안정하게 한다.
㉯ 수직 꼬리날개가 실속하는 큰 옆미끄럼각에서도 방향안정을 유지한다.
㉰ 도살 핀은 세로안정을 크게 한다.
㉱ 도살 핀은 플랩의 보조역할을 한다.

정답 37. ㉱ 38. ㉮ 39. ㉯ 40. ㉯ 41. ㉰ 42. ㉯ 43. ㉯

44. 다음 수직 꼬리날개의 도살 핀(dorsal fin)의 효과는?
㉮ 큰 옆미끄럼각에서 방향 안정성을 증가시킨다.
㉯ 큰 받음각에서 세로 안정성을 증가시킨다.
㉰ 가로 안정성을 증가시킨다.
㉱ 가로 및 세로 안정성을 증가시킨다.

45. 항공기에 장착된 도살 핀(dorsal fin)이 손상되었다, 이러한 경우에 다음 중 가장 큰 영향을 받은 것은?
㉮ 세로안정
㉯ 가로안정
㉰ 방향안정
㉱ 정적 세로안정

46. 동적 가로안정이 불안정할 때 나타나는 현상과 거리가 먼 것은?
㉮ 방향 불안정
㉯ 세로방향 불안정
㉰ 나선 불안정
㉱ 가로방향 불안정

47. 방향키 부유각(float angle)이란?
㉮ 방향키를 밀었을 때 공기력에 의해 방향키가 변위되는 각
㉯ 방향키를 당겼을 때 공기력에 의해 방향키가 변위되는 각
㉰ 방향키를 고정했을 때 공기력에 의해 방향키가 변위되는 각
㉱ 방향키를 자유로이 했을 때 공기력에 의해 방향키가 자유로이 변위되는 각

48. 정적 방향 안정성에 대한 추력효과에 대하여 가장 올바르게 설명한 내용은?
㉮ 프로펠러 회전면이나 제트 입구가 무게중심의 앞에 위치했을 때 불안정을 유발한다.
㉯ 수직 꼬리날개에서 추력에 의한 유도 속도의 변경에 기인하는 간섭효과는 일반적으로 제트 비행기인 경우에 더 심각하다.
㉰ 수직 꼬리날개에서 추력에 의한 흐름 방향의 변경에 기인하는 간섭효과는 일반적으로 제트 비행기인 경우에 더 심각하다.
㉱ 추력효과가 정적 안정에 불리한 영향을 가장 크게 미치는 경우는 추력이 작고, 동압이 클 때이다.

[해설] 추력효과 : 정적 방향 안정성에 대한 직접적인 추력효과는 프로펠러 회전면이나 제트기 공기 흡입구에서의 수직력에 한정되며 프로펠러 회전면이나 제트기 공기 흡입구가 무게중심의 앞에 위치했을 때 불안정을 유발한다.

49. 항공기가 기수를 우측으로 선회할 경우 관련 모멘트(moment) 설명으로 가장 올바른 것은?
㉮ 음(−) 롤링 모멘트
㉯ 양(+) 피칭 모멘트
㉰ 양(+) 요잉 모멘트
㉱ 제로 롤링 모멘트

[해설] 비행기가 양(+) 미끄럼각이고, 빗놀이 모멘트 계수의 값이 양(+)이면 정적 방향 안정이 나타난다. 따라서 상대풍이 오른쪽에 위치하면 오른쪽 회전의 빗놀이 모멘트가 발생되고, 기수를 바람방향으로 향하게 한다.

50. 다음 중 비행기의 방향안정에 일차적으로 영향을 주는 것은?
㉮ 수평 꼬리날개
㉯ 수직 꼬리날개
㉰ 플랩
㉱ 슬랫

정답 44. ㉮ 45. ㉰ 46. ㉯ 47. ㉱ 48. ㉮ 49. ㉰ 50. ㉯

2-3 고속기의 비행 불안정

(1) 세로 불안정

① 턱 언더(tuck under) : 비행기가 음속 가까운 속도로 비행을 하게 되면 속도를 증가시킬 때 기수가 오히려 내려가 조종간을 당겨야 하는 조종력의 역작용 현상이다.
  ㈎ 턱 언더의 수정 방법 : 마하 트리머(Mach trimmer)나 피치 트림 보상기(pitch trim compensator)를 설치한다.

② 피치 업(pitch up) : 비행기가 하강비행을 하는 동안 조종간을 당겨 기수를 올리려 할 때 받음각과 각속도가 특정값을 넘게 되면 예상한 정도 이상으로 기수가 올라가는 현상이다.
  ㈎ 피치 업의 원인
    ㉮ 뒤젖힘 날개의 날개 끝 실속 : 뒤젖힘이 큰 날개일수록 피치 업도 크다.
    ㉯ 뒤젖힘 날개의 비틀림
    ㉰ 날개의 풍압중심이 앞으로 이동
    ㉱ 승강키 효율의 감소

③ 디프 실속(deep stall ; 수퍼 실속) : 수평 꼬리날개가 높은 위치에 있거나, T형 꼬리날개를 가지는 비행기가 실속할 때 후류의 영향을 받은 꼬리날개가 안정성을 상실하고, 조작을 해도 승강키 효율이 떨어져 실속 회복이 불가능한 현상이다.
  ㈎ 디프 실속 방지책 : 날개 윗면에 판을 설치하거나, 보틸론(vortilon), 실속 스트립(스핀 스트립)을 장착한다.

(2) 가로 불안정

① 날개 드롭(wing drop) : 비행기가 수평비행이나 급강하로 속도를 증가하면 천음속 영역에서 한쪽 날개가 충격 실속을 일으켜서 갑자기 양력을 상실하여 급격한 옆놀이를 일으키는 현상이다.
  ㈎ 비교적 두꺼운 날개를 사용하는 비행기가 천음속으로 비행할 때 발생한다.
  ㈏ 얇은 날개를 가지는 초음속 비행기가 천음속으로 비행할 때에는 발생하지 않는다.

② 옆놀이 커플링 : 한 축에 교란이 생길 경우 다른 축에도 교란이 생기는 현상으로 이를 방지하기 위해 배지느러미(ventral fin)를 사용한다.
  ㈎ 공력 커플링 : 방향키만을 조작하거나 옆미끄럼 운동을 하였을 때 빗놀이와 동시에 옆놀이 운동이 생기는 현상이다.
  ㈏ 관성 커플링 : 기체축이 바람축에 대해 경사지게 되면 바람축에 대해서 옆놀이 운동을 하게 되며 원심력에 의해 키놀이 모멘트가 발생하는 현상이다.
  ㈐ 옆놀이 커플링을 줄이는 방법
    ㉮ 방향 안정성을 증가시킨다.
    ㉯ 쳐든각 효과를 감소시킨다.

㉰ 정상 비행상태에서 바람축과의 경사를 최대한 줄인다.
㉱ 불필요한 공력 커플링을 감소시킨다.
㉲ 옆놀이 운동에서의 옆놀이율이나 받음각, 하중배수 등을 제한한다.

예·상·문·제

1. 음속에 가까운 속도로 비행 시 속도를 증가시킬수록 기수가 오히려 내려가는 경향이 생겨 조종간을 당겨야 하는 현상은?
㉮ 더치 롤(dutch roll)
㉯ 내리 흐름(downwash) 현상
㉰ 턱 언더(tuck under) 현상
㉱ 나선 불안정(spiral divergence)

2. 다음 중 고속비행 시 턱 언더(tuck under) 현상을 수정하기 위해 장치된 계통은 무엇인가?
㉮ 고속 트리머(high speed trimmer)
㉯ 밸런스 트리머(balance trimmer)
㉰ 조정 트리머(control trimmer)
㉱ 마하 트리머(mach trimmer)

[해설] 턱 언더에 의한 조종력의 역작용은 조종사에 의해서 수정하기 어렵기 때문에 제트 수송기에서는 조종계통에 마하 트리머(mach trimmer)나 피치 트림 보상기(pitch trim compensator)를 설치하여 자동적으로 턱 언더 현상을 수정할 수 있게 한다.

3. 마하 트리머(mach trimmer)의 기능으로 가장 옳은 것은?
㉮ 자동적으로 턱 언더 현상을 수정한다.
㉯ 자동적으로 더치 롤 현상을 수정한다.
㉰ 자동적으로 방향 불안정 현상을 수정한다.
㉱ 자동적으로 나선 불안정 현상을 수정한다.

4. 하강비행 중 기수를 올리려 할 때 받음각과 각속도가 특정 값을 넘게 되면 예상한 정도 이상으로 기수가 올라가는 현상을 무엇이라 하는가?
㉮ 턱 업(tuck up)
㉯ 피치 업(pitch up)
㉰ 디프 실속(deep stall)
㉱ 기수 업(nose up)

5. 비행기가 하강비행 하는 동안 조종간을 당겨 기수를 올리려 할 때, 받음각과 각속도가 특정값을 넘게 되면 예상한 정도 이상으로 기수가 올라가게 되는 현상은?
㉮ 스핀(spin)
㉯ 더치 롤(dutch roll)
㉰ 버핏팅(bufecting)
㉱ 피치 업(pitch up)

6. 고속 비행 시 피치 업(pitch up) 현상의 원인이 아닌 것은?
㉮ 뒤젖힘 날개의 날개 끝 실속
㉯ 뒤젖힘 날개의 비틀림
㉰ 받음각의 감소
㉱ 날개의 풍압중심이 앞으로 이동

정답 1. ㉰ 2. ㉱ 3. ㉮ 4. ㉯ 5. ㉱ 6. ㉰

[해설] 피치 업(pitch up)의 원인
1. 뒤젖힘 날개의 날개 끝 실속
2. 뒤젖힘 날개의 비틀림
3. 날개의 풍압중심이 앞으로 이동
4. 승강키 효율의 감소

7. 피치 업(pitch up) 원인과 가장 거리가 먼 것은?
㉮ 뒤젖힘 날개의 날개 끝 실속
㉯ 뒤젖힘 날개의 비틀림
㉰ 쳐든각 효과의 감소
㉱ 날개의 풍압중심이 앞으로 이동

8. 날개 밑에 장착되는 보틸론(vortilon)의 가장 큰 역할은?
㉮ 가로안정 유지
㉯ 디프 실속(deep stall) 방지
㉰ 유도항력 감소
㉱ 옆 미끄럼 방지

[해설] 날개 윗면에 판(fence)을 설치하거나 보틸론(vortilon), 실속 스트립 또는 스핀 스트립을 장착한다.

9. 날개 드롭(wing drop)에 대한 설명으로 틀린 것은?
㉮ 옆놀이에 관련된 현상이다.
㉯ 두꺼운 날개를 사용한 비행기가 천음속으로 비행 시 발생한다.
㉰ 한쪽 날개가 충격실속을 일으켜서 갑자기 양력을 상실하며 발생하는 현상이다.
㉱ 아음속에서 충격파가 과도할 경우 날개가 동체에서 떨어져 나가는 현상이다.

[해설] 날개 드롭 : 비행기가 수평비행이나 급강하로 속도를 증가하여 천음속 영역에 도달하게 되면, 한쪽 날개가 충격실속을 일으켜서 갑자기 양력을 상실하여 급격한 옆놀이를 일으키는 현상

10. 날개 드롭(wing drop)에 대한 설명으로 가장 관계가 먼 것은?
㉮ 받음각이 작을 때 강하게 나타나서 한쪽 날개에만 충격실속이 생긴다.
㉯ 도움날개의 효율이 떨어져서 회복하기 어렵다.
㉰ 두꺼운 날개를 사용한 비행기가 천음속으로 비행시 발생한다.
㉱ 아음속에서 충격파가 과도할 경우 날개가 동체에서 떨어져 나갈 수 있다.

11. 옆놀이 커플링(rolling coupling)을 줄이는 방법으로 가장 거리가 먼 것은?
㉮ 쳐든각 효과를 감소시킨다.
㉯ 방향 안정성을 증가시킨다.
㉰ 정상비행상태에서 불필요한 공력 커플링을 감소시킨다.
㉱ 정상 비행상태에서 하중배수를 제한한다.

[해설] 옆놀이 운동에서의 옆놀이 율이나 받음각, 하중배수 등을 제한한다.

12. 최근의 초음속기에서 옆놀이 커플링 현상을 방지하기 위해 가장 많이 사용하는 방법은?
㉮ 벤트럴 핀(venrtal fin) 부착
㉯ 볼텍스 플랩(vortex flap) 사용
㉰ 실속 스트립(stall strip) 사용
㉱ 윙렛(winglet) 부착

[해설] 최근의 초음속기에서는 수직꼬리날개의 면적을 크게하거나 배지느러미(ventral fin)를 붙여서 고속 비행시에 도움날개나 방향키의 변위각을 자동적으로 제한하여 옆놀이 커플링 현상을 방지한다.

정답 7. ㉰ 8. ㉯ 9. ㉱ 10. ㉱ 11. ㉱ 12. ㉮

Chapter 03
프로펠러 및 헬리콥터

1. 프로펠러의 추진원리

1-1 프로펠러의 역할과 구성

(1) 프로펠러의 역할

기관으로부터 동력을 전달받아 회전함으로써 비행에 필요한 추력(thrust)으로 바꾸어 준다.

(2) 프로펠러의 구성

허브(hub), 섕크(shank), 깃(blade), 피치 조정 부분

1-2 프로펠러 성능

(1) 프로펠러의 추력

① 프로펠러 추력(T)

$T \propto$ (공기밀도)×(프로펠러 회전면의 넓이)×(프로펠러 깃의 선속도)^2

$T = C_t \rho n^2 D^4$

여기서, C_t : 추력계수, ρ : 공기밀도, n : 회전속도, D : 프로펠러 지름

② 프로펠러에 작용하는 토크 또는 저항 모멘트(Q)

$Q = C_q \rho n^2 D^5$ 여기서, C_q : 토크 계수

③ 기관에 의해 프로펠러에 전달되는 동력(P)

$P = C_p \rho n^3 D^5$ 여기서, C_p : 동력계수

④ 프로펠러 깃 단면에서의 추력(T), 토크(Q)

$T = L\cos\phi - D\sin\phi$

$Q = D\cos\phi + L\sin\phi$

여기서, L : 깃 요소양력, α : 받음각, D : 깃 요소항력, β : 깃 각, ϕ : 유입각

(2) 프로펠러 효율(η_p)

기관으로부터 프로펠러에 전달된 축동력과 프로펠러가 발생한 추력과 비행속도의 곱으로 나타낸다.

$$\eta_p = \frac{C_t}{C_p}\frac{V}{nD} = \frac{C_t}{C_p} \cdot J \qquad 여기서, J : 진행률$$

(3) 진행률(J)

깃의 선속도(회전속도)와 비행속도와의 비를 말하며, 깃 각에서 효율이 최대가 되는 곳은 1개뿐이다. 진행률이 작을 때는 깃 각을 작게 하고 진행률이 커짐에 따라 깃 각을 크게 해야만 효율이 좋아진다.

$$J = \frac{V}{nD}$$

(4) 효율과 진행률과의 관계

① 이륙, 상승 시 : 깃 각을 작게 한다.
② 순항비행 시 : 깃 각을 크게 한다.

1-3 프로펠러에 작용하는 힘과 응력

(1) 추력에 의한 휨 응력

추력에 의해 프로펠러 깃은 앞으로 휘어지는 휨 응력을 받으며, 프로펠러 깃을 앞으로 굽히려는 경향이 있으나 원심력과 상쇄되어 실제로는 그리 크지 않다.

(2) 원심력에 의한 인장 응력

원심력은 프로펠러의 회전에 의해 일어나며, 깃을 허브의 중심에서 밖으로 빠져나가게 하는 힘을 발생하며, 이 원심력에 의해 깃에는 인장 응력이 발생한다.
프로펠러에 작용하는 힘 중 가장 큰 힘은 원심력이다.

(3) 비틀림과 비틀림 응력

회전하는 프로펠러 깃에는 공기력 비틀림 모멘트와 원심력 모멘트가 발생한다. 공기력 비틀림 모멘트는 깃의 피치를 크게 하는 방향으로 작용하며, 원심력 모멘트는 깃이 회전하는 동안 깃의 피치를 작게 하는 방향으로 작용한다.

예·상·문·제

1. 프로펠러의 허브 중심으로부터 길이 방향으로 6인치 간격으로 깃 끝까지 나누어 표시하는 것은?
㉮ 스테이션(station) ㉯ 커프스(cuffs)
㉰ 피치(pitch) ㉱ 슬립(slip)

2. 프로펠러 깃 위치(blade station)는 어디에서부터 측정되어지는가?
㉮ 블레이드 섕크(shank)로부터 팁(tip)까지 측정한다.
㉯ 허브 중앙에서부터 블레이드 팁(tip)까지 측정한다.
㉰ 블레이드 팁에서부터 허브까지 측정한다.
㉱ 별문제가 되지 않는다.

3. 지름이 2 m인 프로펠러에서 중심으로부터 40 cm 떨어진 지점의 스테이션은?
㉮ 0.2 ㉯ 0.4
㉰ 0.6 ㉱ 0.8
[해설] 깃의 위치(blade station) : 허브의 중심으로부터 깃을 따라 위치를 표시한 것으로 일정한 간격으로 정한다.

4. 프로펠러의 한 단면 그림에서 도면에 표시된 내용이 맞는 것은?

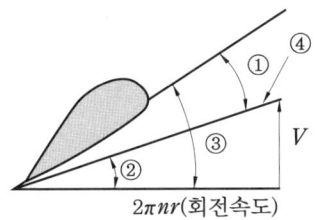

㉮ ① 피치각 ㉯ ② 받음각
㉰ ③ 깃 각 ㉱ ④ 전진속도
[해설] ① 받음각, ② 유입각, ③ 깃 각 ④ 합성속도

5. 다음 중 기하학적 피치($G.P$)란?
㉮ 프로펠러를 1바퀴 회전시켰을 때 실제로 전진한 거리를 말한다.
㉯ 프로펠러를 2바퀴 회전시켰을 때 실제로 전진한 거리를 말한다.
㉰ 프로펠러를 2바퀴 회전시켰을 때 전진할 수 있는 이론적인 거리를 말한다.
㉱ 프로펠러를 1바퀴 회전시켰을 때 프로펠러가 전진할 수 있는 이론적인 거리를 말한다.

6. 프로펠러 깃은 뿌리에서 깃 끝까지 일정하지 않고, 깃 끝으로 갈수록 깃 각이 작아지도록 비틀려 있다. 그 이유로 가장 올바른 것은?
㉮ 깃의 전길이에 걸쳐 기하학적 피치를 같게 하기 위하여
㉯ 깃의 전길이에 걸쳐 유효 피치를 같게 하기 위하여
㉰ 깃의 전길이에 걸쳐 프로펠러 슬립을 같게 하기 위하여
㉱ 깃 끝 실속을 줄이기 위하여
[해설] 깃의 전길이에 걸쳐 프로펠러가 1회전 하는 동안 도달하는 거리를 같게 하려면 깃 끝으로 갈수록 깃 각이 작아지게 비틀여지도록 해야 한다.

7. 프로펠러에서 깃 뿌리에서 깃 끝으로

정답 1. ㉮ 2. ㉯ 3. ㉯ 4. ㉰ 5. ㉱ 6. ㉮ 7. ㉯

위치변화에 따른 기하학적 피치 변화는?
- ㉮ 감소하도록 설계한다.
- ㉯ 일정하도록 설계한다.
- ㉰ 증가하도록 설계한다.
- ㉱ 중간 지점이 최대가 되도록 설계한다.

8 프로펠러의 기하학적 피치비(geometric pitch ratio)를 가장 올바르게 정의한 것은?
- ㉮ $\dfrac{\text{기하학적 피치}}{\text{프로펠러 반지름}}$
- ㉯ $\dfrac{\text{프로펠러 반지름}}{\text{기하학적 피치}}$
- ㉰ $\dfrac{\text{기하학적 피치}}{\text{프로펠러 지름}}$
- ㉱ $\dfrac{\text{프로펠러 지름}}{\text{기하학적 피치}}$

9. 프로펠러 깃 각이 β일 때 기하학적 피치는 어떻게 표현할 수 있는가?
- ㉮ $\dfrac{\pi D}{2}\tan\beta$
- ㉯ $\pi D \tan\beta$
- ㉰ $\dfrac{\pi D}{2}\sin\beta$
- ㉱ $\pi D \sin\beta$

[해설] $G.P = 2\pi r \cdot \tan\beta = \pi D \tan\beta$

10. 프로펠러 항공기의 비행속도가 V이고, 프로펠러의 회전수가 n [rpm]이면, 이 항공기의 프로펠러의 유효 피치는?
- ㉮ $\dfrac{Vn}{60}$
- ㉯ $\dfrac{60n}{V}$
- ㉰ $V \times \dfrac{60}{n}$
- ㉱ $\dfrac{n}{60V}$

11. 유효 피치(effective pitch)를 설명한 것 중 틀린 것은?

- ㉮ 공기 중에서 프로펠러가 1회전할 때 실제 전진한 거리이다.
- ㉯ $V \times \dfrac{60}{n}$로 표시할 수 있다.(V : 비행속도, n : 프로펠러 회전수)
- ㉰ 일반적으로 기하학적 피치보다 작다.
- ㉱ r은 프로펠러 중심부터의 거리, β는 깃 각일 때 날개골은 $2\pi r \cdot \tan\beta$의 유효 피치를 갖는다.

[해설] 기하학적 피치($G.P$)$= 2\pi r \cdot \tan\beta$

12. 프로펠러 슬립(slip)이란?
- ㉮ 유효 피치($E.P$)에서 기하학적 피치($G.P$)를 뺀 값을 평균 기하학적 피치의 백분율로 표시
- ㉯ 기하학적 피치($G.P$)에서 유효 피치($E.P$)를 뺀 값을 평균 기하학적 피치의 백분율로 표시
- ㉰ 유효 피치($E.P$)에서 기하학적 피치($G.P$)를 나눈 값을 백분율로 표시
- ㉱ 유효 피치($E.P$)와 기하학적 피치($G.P$)를 합한 값을 백분율로 표시

[해설] 프로펠러 슬립 $= \dfrac{G.P - E.P}{G.P} \times 100$

13. 프로펠러 슬립(slip)을 가장 올바르게 표현한 것은?
- ㉮ $\dfrac{\text{고피치각}}{\text{저피치각}} \times 100$
- ㉯ $\dfrac{\text{진행률}}{\text{프로펠러 효율}} \times 100$
- ㉰ $\dfrac{\text{기하학적 피치} - \text{유효피치}}{\text{기하학적 피치}} \times 100$
- ㉱ $\dfrac{\text{유효피치} - \text{기하학적 피치}}{\text{유효피치}} \times 100$

14. 다음 중 프로펠러의 추력을 구하는 식

정답 8. ㉰ 9. ㉯ 10. ㉰ 11. ㉱ 12. ㉯ 13. ㉰ 14. ㉮

으로 옳은 것은?

㉮ $T = C_t \rho n^2 D^4$ ㉯ $T = C_p \rho n^3 D^5$
㉰ $T = C_q \rho n^2 D^5$ ㉱ $T = C_q \rho n^3 D^5$

15. 다음 중 프로펠러의 동력(P)을 구하는 식으로 옳은 것은?

㉮ $P = C_t \rho n^2 D^4$ ㉯ $P = C_p \rho n^3 D^5$
㉰ $P = C_q \rho n^2 D^5$ ㉱ $P = C_q \rho n^3 D^3$

16. 다음 중 프로펠러의 저항 모멘트(torque, Q)를 나타내는 식으로 옳은 것은?

㉮ $Q = C_t \rho n^2 D^4$ ㉯ $Q = C_p \rho n^3 D^5$
㉰ $Q = C_q \rho n^2 D^5$ ㉱ $Q = C_q \rho n^3 D^5$

17. 프로펠러 동력(P)은 프로펠러의 회전수(n)와 지름(D)과 어떠한 관계를 갖는가?

㉮ n의 제곱에 비례하고, D의 제곱에 비례한다.
㉯ n의 제곱에 비례하고, D의 3제곱에 비례한다.
㉰ n의 3제곱에 비례하고, D의 4제곱에 비례한다.
㉱ n의 3제곱에 비례하고, D의 5제곱에 비례한다.

[해설] $P = C_p \cdot \rho \cdot n^3 \cdot D^5$

18. 프로펠러의 동력계수 C_p를 가장 올바르게 나타낸 것은?(단, P : 동력, n : 회전속도, D : 지름, ρ : 밀도)

㉮ $\dfrac{P}{n^3 D^4}$ ㉯ $\dfrac{P}{n^3 D^5}$
㉰ $\dfrac{P}{\rho n^3 D^4}$ ㉱ $\dfrac{P}{\rho n^3 D^5}$

19. 프로펠러의 추력계수 C_t를 가장 올바르게 나타낸 것은?(단, T : 추력, n : 회전속도, D : 지름, ρ : 밀도)

㉮ $\dfrac{T}{n^2 D^4}$ ㉯ $\dfrac{T}{n^2 D^5}$
㉰ $\dfrac{T}{\rho n^2 D^4}$ ㉱ $\dfrac{T}{\rho n^3 D^5}$

[해설] $T = C_t \cdot \rho \cdot n^2 \cdot D^4$

20. 프로펠러 회전수 2800 rpm, 지름 6.7 feet, 제동마력 800 hp일 때 해발고도에서 동력계수(C_p)는?

㉮ 0.1348 ㉯ 0.01348
㉰ 0.00672 ㉱ 0.0672

[해설] 동력계수(C_p) = $\dfrac{P}{\rho n^3 D^5}$

$= \dfrac{550 \times 800}{0.002378 \times \left(\dfrac{2800}{60}\right)^3 \times 6.7^5} \fallingdotseq 0.1348$

여기서, 1hp=550 ft·lb/s
ρ = 0.002378 slug/ft³

21. 프로펠러 항공기에 동력으로 올바른 식은?

㉮ $\dfrac{추력}{비행속도}$
㉯ 추력×비행속도
㉰ 추력×비행속도$^{\frac{2}{3}}$
㉱ 추력×비행속도^2

22. 프로펠러 깃 단면에서 추력에 해당하는 값은?(단, L : 깃 요소양력, α : 받음각,

정답 15. ㉯ 16. ㉰ 17. ㉱ 18. ㉱ 19. ㉰ 20. ㉮ 21. ㉯ 22. ㉱

D : 깃 요소항력, β : 깃 각, ϕ : 유입각)

㉮ $L\cos\alpha$
㉯ $DL\cos\alpha - D\sin\alpha$
㉰ $L\cos\beta - D\sin\beta$
㉱ $L\cos\phi - D\sin\phi$

23. 프로펠러의 깃의 미소길이 dr에 발생하는 미소양력이 dL, 항력이 dD이고, 이 때의 유입각(advance angle)이 α라면 이 미소길이에서 발생하는 미소추력 dT는?

㉮ $dT = dL\cos\alpha - dD\sin\alpha$
㉯ $dT = dL\cos\alpha + dD\sin\alpha$
㉰ $dT = dL\sin\alpha - dD\cos\alpha$
㉱ $dT = dL\sin\alpha + dD\cos\alpha$

24. 프로펠러 추력에 대한 설명으로 가장 올바른 것은?

㉮ 프로펠러의 추력은 공기밀도에 비례하고, 회전면의 넓이에 반비례한다.
㉯ 프로펠러의 추력은 회전면의 넓이에 비례하고, 깃의 선속도의 제곱에 비례한다.
㉰ 프로펠러의 추력은 공기밀도에 반비례하고, 회전면의 넓이에 비례한다.
㉱ 프로펠러의 추력은 회전면의 넓이에 비례하고, 깃의 선속도 제곱에 비례한다.

[해설] $T \propto \rho \times$ (프로펠러 회전면의 넓이)$\times$(프로펠러 깃의 선속도)^2

25. 프로펠러 효율에 대한 설명으로 가장 옳은 것은?

㉮ 프로펠러의 효율을 좋게 하기 위해서 진행률이 작을 때는 깃 각을 크게 해야 한다.
㉯ 비행기가 이륙하거나 상승시에는 깃 각을 크게 해야 한다.
㉰ 비행속도가 증가하면, 깃 각이 작아져야 한다.
㉱ 비행 중 프로펠러 깃 각이 변하는 가변 피치 프로펠러를 사용하면 프로펠러 효율이 좋다.

26. 프로펠러 진행률(advance ratio ; J)을 올바르게 나타낸 것은? (단, V : 속도, n : 프로펠러 회전속도, D : 프로펠러 지름)

㉮ $J = \dfrac{V}{nD}$ ㉯ $J = \dfrac{nD}{V}$

㉰ $J = \dfrac{n}{VD}$ ㉱ $J = \dfrac{D}{Vn}$

27. 프로펠러 진행률(advance ratio)의 정의 $J = \dfrac{V}{nD}$ 에서 진행률 J의 단위는?

㉮ rps(revolution per second)
㉯ m/s
㉰ m
㉱ 무차원

28. 프로펠러의 효율은 진행률에 비례하게 되는데 진행률이란?

㉮ 추력과 토크와의 비율
㉯ 실용 피치와 지름과의 비율
㉰ 실용 피치와 기하학적 피치와의 차
㉱ 기하학 피치와 지름과의 비율

29. 프로펠러 효율에 대한 설명으로 옳은 것은?

정답 23. ㉮ 24. ㉱ 25. ㉱ 26. ㉮ 27. ㉱ 28. ㉯ 29. ㉮

㉮ 진행률에 비례한다.
㉯ 진행률에 반비례한다.
㉰ 진행률과 관계없다.
㉱ 진행률과 비례하여 작아진다.

30. 프로펠러 효율과 관계되는 진행률이란?
㉮ 유효 피치와 기하학적 비틀림
㉯ 유효 피치와 회전면 지름과의 비
㉰ 유효 피치를 회전속도로 나눈 값
㉱ 기하학적 피치와 유효 피치의 비

[해설] $J = \dfrac{V}{nD}$
깃의 선속도, 즉 회전속도(rpm)와 비행속도와의 관계를 나타낸다.

31. 프로펠러 진행률을 가장 올바르게 설명한 것은?
㉮ 프로펠러의 유효 피치와 프로펠러 지름과의 비
㉯ 추력과 토크와의 비
㉰ 프로펠러 기하학적 피치와 유효 피치와의 비
㉱ 프로펠러 기하학적 피치와 지름과의 비

32. 프로펠러 단면을 얇은 날개이론에 의해 분석하면, 받음각에 대한 양력계수의 변화율은?(단, 양력계수는 자유유동의 동압과 시위와 단위 스팬(span)에 의해 무차원화되었고, π는 원주율이다.)
㉮ $\dfrac{1}{\pi}$ ㉯ 1 ㉰ π ㉱ 2π

33. 고정 피치 프로펠러를 장착한 항공기의 비행속도가 증가하는 경우에 가장 올바른 내용은?
㉮ 깃 각이 증가한다.
㉯ 깃의 받음각이 증가한다.
㉰ 깃 각이 감소한다.
㉱ 깃의 받음각이 감소한다.

[해설] 깃의 받음각이 작아질수록 피치각은 증가를 한다.
깃 각 = 받음각 + 피치각(유입각)

34. 프로펠러 지름이 250 cm이고, 회전수가 3500 rpm이라 할 때 프로펠러의 깃 끝 속도는 얼마인가?
㉮ 225 m/s ㉯ 340 m/s
㉰ 458 m/s ㉱ 680 m/s

[해설] $V_t = \pi D n = 3.14 \times 2.5 \times \dfrac{3500}{60}$
$= 458 \text{ m/s}$

35. 프로펠러의 회전에 의한 원심력이 깃 각에 주는 영향은?
㉮ 깃 각을 작게 한다.
㉯ 깃 각을 일정하게 유지하게 한다.
㉰ 깃 각을 크게 한다.
㉱ 영향을 주지 않는다.

[해설] 공기력 비틀림 모멘트 : 깃의 회전 시 깃의 피치를 크게 하려는 방향으로 작용
원심력 비틀림 모멘트 : 깃의 회전 시 깃의 피치를 작게 하려는 방향으로 작용

36. 프로펠러 깃 각에 비틀림을 주는 이유는?
㉮ 깃의 뿌리에서 끝까지 받음각을 일정하게 유지시킨다.
㉯ 깃의 뿌리에서 끝까지 유입각을 일정하게 유지시킨다.
㉰ 깃의 뿌리에서 끝까지 피치를 일정하

정답 30. ㉯ 31. ㉮ 32. ㉱ 33. ㉱ 34. ㉰ 35. ㉮ 36. ㉰

게 유지시킨다.
㉣ 깃의 뿌리에서 끝으로 감에 따라 피치를 감소시킨다.

37. 프로펠러의 깃 각이 일정하다면 깃 끝으로 갈수록 받음각의 변화는?
㉮ 작아진다.
㉯ 일정하다.
㉰ 커진다.
㉱ 중간부분이 최대가 된다.

38. 프로펠러 깃의 받음각에 영향을 주는 두 가지 요소는?
㉮ 깃 각과 공기의 탄성력
㉯ 깃 각과 비행속도
㉰ 비행속도와 회전수
㉱ 깃 각과 회전수

39. 프로펠러의 깃 각을 저피치로 돌리려는 힘은?
㉮ 원심력에 의한 비틀림 모멘트
㉯ 추력에 의한 굽힘 모멘트
㉰ 회전력에 의한 굽힘 모멘트
㉱ 공기력에 의한 비틀림 모멘트

40. 프로펠러의 피치 분포(pitch distribution)를 가장 올바르게 설명한 것은?
㉮ 프로펠러 허브로부터 깃 끝까지의 피치각의 점진적인 변화
㉯ 프로펠러 허브로부터 깃 끝까지의 피치각의 점진적인 변화
㉰ 프로펠러 허브로부터 깃 끝까지의 받음각의 점진적인 변화
㉱ 프로펠러 허브로부터 깃 끝까지의 깃 각의 점진적인 변화
[해설] 프로펠러 깃 각은 깃의 전길이에 걸쳐 일정하지 않고 깃 뿌리에서 깃 끝으로 갈수록 작아진다.

41. 프로펠러 회전에 의해 깃이 허브 중심에서 밖으로 빠져나가려는 힘은?
㉮ 추력   ㉯ 원심력
㉰ 비틀림 응력 ㉱ 구심력

42. 프로펠러에 작용하는 힘 중 허브(hub)에 가장 크게 작용하는 힘은?
㉮ 구심력   ㉯ 인장력
㉰ 비틀림력 ㉱ 원심력
[해설] 원심력은 프로펠러의 회전에 의해 일어나며 깃을 허브 중심에서 밖으로 빠져 나가게 하는 힘이다.

43. 프로펠러가 회전할 때 굽힘응력은 어떤 힘에 의해 작용하는가?
㉮ 원심력   ㉯ 비틀림력
㉰ 추력   ㉱ 공기의 반작용
[해설] 추력에 의하여 프로펠러 깃은 앞쪽으로 휘는 힘응력을 받는다.

44. 다음 중 프로펠러의 원심력 비틀림 모멘트란?
㉮ 깃을 저피치로 돌리려는 경향이 있다.
㉯ 깃을 고피치로 돌리려는 경향이 있다.
㉰ 깃을 뒤로 구부리려는 경향이 있다.
㉱ 깃을 바깥쪽으로 늘어나게 하는 경향이 있다.

45. 프로펠러에서 원심력이 가장 크게 작용하는 부분은?

정답 37. ㉰ 38. ㉰ 39. ㉮ 40. ㉱ 41. ㉯ 42. ㉱ 43. ㉰ 44. ㉮ 45. ㉮

㉮ 허브 ㉯ 프로펠러 끝
㉰ 블레이드 섕크 ㉱ 프로펠러 앞전

46. 프로펠러 장착 방식 중에서 가장 많이 사용되는 방식으로 프로펠러가 기관의 앞쪽에 부착되는 방식은?
㉮ 견인식 ㉯ 추진식
㉰ 이중 반전식 ㉱ 탠덤식

47. 고정 피치 프로펠러 설계시에 최대효율은 어느 때를 기준으로 하여 설계하는가?
㉮ 이륙 시
㉯ 상승 시
㉰ 순항 시
㉱ 최대 출력을 사용할 때

48. 조정 피치 프로펠러에 대한 설명으로 가장 올바른 것은?
㉮ 지상에서 피치를 조정한다.
㉯ 비행 중 조종사가 피치를 조정한다.
㉰ 기관의 회전속도가 유지되도록 자동으로 피치가 조정된다.
㉱ 피치가 일정하도록 기관의 회전속도가 조정된다.

49. 고정 피치 프로펠러의 경우 어떤 속도에서 효율이 가장 좋도록 깃 각이 결정되는가?
㉮ 이륙 시 ㉯ 착륙 시
㉰ 순항 시 ㉱ 상승 시

[해설] 고정 피치 프로펠러 : 깃 각이 하나로 고정되어 있으며, 순항속도에서 프로펠러 효율이 가장 좋도록 한다.

50. 2단 가변 피치 프로펠러의 경우 피치 각이 가장 큰 비행상태는?
㉮ 이륙비행 ㉯ 상승비행
㉰ 순항비행 ㉱ 하강비행

[해설] 2단 가변 피치 프로펠러
├ 저피치 : 이·착륙 시
└ 고피치 : 순항, 강하 시

51. 정속 프로펠러에서 출력에 알맞은 깃 각을 자동적으로 변경시키는 장치는?
㉮ 카운터 웨이터(counter weight)
㉯ 세 길 밸브(3-way valve)
㉰ 조속기(governor)
㉱ 원심력(centrifugal force)

52. 프로펠러의 페더링(feathering) 상태란 깃 각이 어떤 상태인가?
㉮ 깃 각이 0°에 근접한 상태
㉯ 깃 각이 90°에 근접한 상태
㉰ 깃 각이 -90°에 근접한 상태
㉱ 깃 각이 180°에 근접한 상태

53. 프로펠러 역피치(reversing)를 사용하는 주목적은?
㉮ 추력 증가를 위해서
㉯ 추력을 감소시키기 위해서
㉰ 착륙 시 활주거리를 줄이기 위해서
㉱ 후진 비행을 위해서

54. 이륙시 조정 pitch propeller를 지닌 항공기의 피치각은?
㉮ low angle blade
㉯ high angle blade
㉰ feather angel blade
㉱ reverse pitch angle blade

[정답] 46. ㉮ 47. ㉰ 48. ㉮ 49. ㉰ 50. ㉱ 51. ㉰ 52. ㉯ 53. ㉰ 54. ㉮

55. 일반적으로 유압식 프로펠러 깃은 어떤 경향이 있는가?
㉮ 프로펠러 깃을 뒤로 굽히려 한다.
㉯ 고피치를 저피치로 비트는 경향이 있다.
㉰ 저피치에서 고피치로 비트는 경향이 있다.
㉱ 나부끼려는 경향이 있다.

56. 프로펠러의 원심력 비틀림 모멘트는 프로펠러 깃을 어떻게 하려는 경향이 있는가?
㉮ 블레이드를 저피치로 돌리려는 경향이 있다.
㉯ 블레이드를 고피치로 돌리려는 경향이 있다.
㉰ 블레이드를 뒤로 구부리려는 경향이 있다.
㉱ 블레이드를 바깥쪽으로 던지려는 경향이 있다.

57. 항공기용 프로펠러에 조속기를 장비하여 비행고도, 비행속도, 스로틀 위치에 관계없이 조종사가 선택한 기관 회전수를 항상 일정하게 유지시켜 항행 조건에 대해 항상 최량의 효율을 가지도록 만든 프로펠러 형식은?
㉮ 정속 프로펠러
㉯ 조정 피치 프로펠러
㉰ 페더링 프로펠러
㉱ 고정 피치 프로펠러

58. 다음 설명 중 왕복기관의 프로펠러의 회전속도가 증가하게 되는 요인에 속하지 않는 것은?
㉮ 비행고도 증가
㉯ 비행속도 증가
㉰ 기관 출력 증가
㉱ 프로펠러 피치각 증가

59. 역피치 프로펠러의 목적은?
㉮ 착륙 진입을 할 때 항공기의 속도를 줄여 준다.
㉯ 지상에서 피치 변경기구의 기능을 조사한다.
㉰ 순항비행에서 비행기의 조종을 도와 준다.
㉱ 지상에서 착륙거리를 단축시켜 준다.

60. 다음 중 고정 피치 프로펠러는 어떤 회전수를 넘어서는 안 되는가?
㉮ 연속 최대 회전속도의 110%
㉯ 연속 최대 회전속도의 100%
㉰ 연속 최대 회전속도의 105%
㉱ 연속 최대 회전속도의 120%

61. 프로펠러 프로트랙터(protractor)의 목적은?
㉮ 블레이드의 궤도(track)를 점검하기 위함이다.
㉯ 블레이드 받음각을 점검하기 위함이다.
㉰ 블레이드 각도를 점검하기 위함이다.
㉱ 블레이드 위치를 점검하기 위함이다.

정답 55. ㉯ 56. ㉮ 57. ㉮ 58. ㉱ 59. ㉱ 60. ㉮ 61. ㉰

2. 헬리콥터의 비행원리

2-1 헬리콥터의 비행원리

(1) 헬리콥터의 특징

- 비행기와 다른 점
  - (가) 회전날개의 회전면을 기울여 추력의 수평성분을 만들고, 이것을 이용하여 전진, 후진, 횡진 비행이 가능하다.
  - (나) 공중 정지비행(hovering)이 가능하다.
  - (다) 비행 중 기관정지 시 자동착륙(autorotation)이 가능하다.

(2) 헬리콥터의 종류

① 단일 회전날개 헬리콥터(single rotor helicopter) : 하나의 주회전날개와 꼬리 회전날개로 구성, 가장 기본적인 형식의 헬리콥터이다. 꼬리날개의 피치각을 변화시켜 방향을 조종한다.
② 동축 역회전식 회전날개 헬리콥터 : 동일한 축 위에 2개의 주회전날개를 아래위로 겹쳐서 반대방향으로 회전시키는 헬리콥터이다.
③ 병렬식 회전날개 헬리콥터(side by side system rotor helicopter) : 비행방향에 옆으로 두 개의 회전날개를 배치한 형식으로 가로 안정성이 좋다.
④ 직렬식 회전날개 헬리콥터(tandem rotor helicopter) : 주회전날개를 비행방향에 앞뒤로 배열시킨 형식으로 대형화에 적합하다.
⑤ 제트 반동식 회전날개 헬리콥터(tip jet rotor type helicopter) : 회전날개의 깃 끝에 램 (ram) 제트 기관을 장착하여 그 반동에 의해 회전날개를 구동시키는 형식으로 고속용 헬리콥터에 적합한 구동 방식이다.

(3) 헬리콥터의 구조

① 각 부분의 명칭
  - (가) 허브(hub) : 주회전날개의 깃(blade)이 기관의 동력을 전달하는 회전축과 결합되는 부분이다.
  - (나) 주회전날개(main rotor) : 양력과 추력을 발생시키는 부분으로 여러 개의 깃 (blade)으로 구성된다.
  - (다) 꼬리 회전날개(tail rotor) : 주회전날개에 의해 발생되는 토크(torque)를 상쇄하고, 방향 조종을 하기 위한 장치이다.

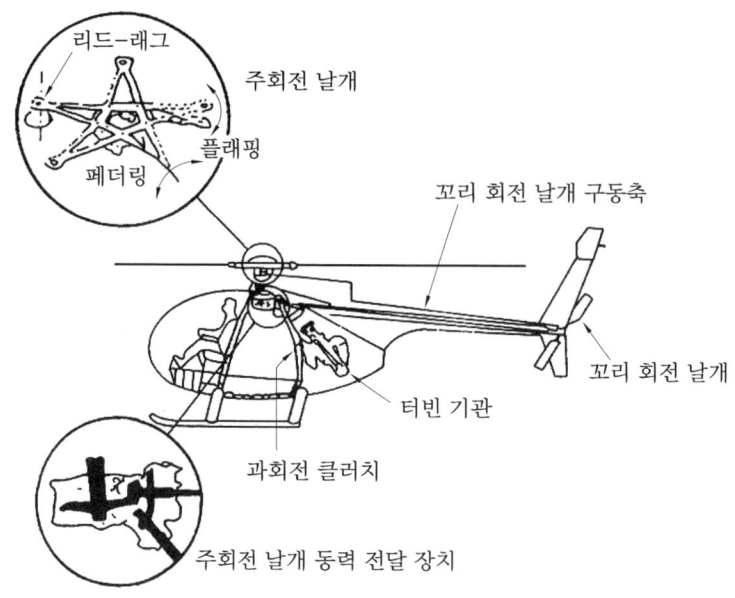

헬리콥터 각부 명칭

㈑ 플래핑 힌지(flapping hinge) : 회전날개 깃이 위아래로 자유롭게 움직일 수 있도록 한 힌지로 좌우 날개의 양력 불균형을 해소한다.

㈒ 리드-래그 힌지(lead-lag hinge) : 회전날개가 회전면 안에서 앞뒤 방향으로 움직일 수 있도록 한 힌지로 기하학적 불균형을 해소한다.

㉮ 리드-래그 감쇠기(lead-lag damper) : 회전면 내에서 발생하는 진동을 감소시킨다.

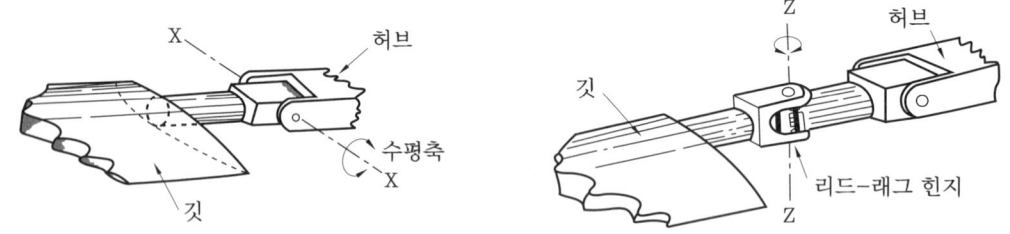

플래핑 힌지와 리드-래그 힌지

㈓ 회전원판 : 회전날개의 회전면을 회전원판 또는 날개 경로면(tip path plane)이라 한다.

㈔ 원추각(coning angle ; 코닝각) : 회전면과 원추의 모서리가 이루는 각이다.
  회전날개 깃은 양력과 원심력의 합에 의해 원추각이 결정된다.

㈕ 받음각 : 회전면과 헬리콥터의 진행방향에서의 상대풍이 이루는 각이다.

㈖ 비틀림각 : 회전날개 깃에서 일정한 양력을 발생시키기 위해 깃 끝부분은 비틀림각을 작게 하고, 깃 뿌리부분은 크게 해 준다.

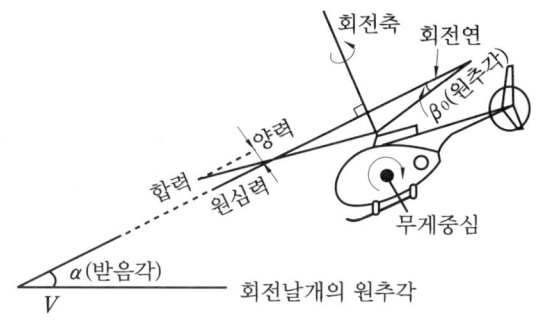

회전날개의 원추각

㉣ 회전 경사판(swash plate) : 깃에 피치각을 만들어 주는 기구로 조종간이 움직이면 두 회전 경사판이 같이 움직인다.
  ㉮ 회전 경사판 : 회전날개와 함께 회전한다.
  ㉯ 비회전 경사판 : 동체에 결합되어 회전하지 않는 경사판이다.

(4) 헬리콥터의 회전날개

① 회전날개 설계 시 고려해야 할 주요 변수
  ㈎ 회전날개 지름
    ㉮ 우수한 정지비행을 위해서는 지름이 클수록 좋다.
    ㉯ 가벼운 무게와 적은 비행을 위해서는 지름이 작을수록 좋다.
  ㈏ 깃 끝 속도 : 전진하는 깃의 압축성과 후퇴하는 깃의 실속속도에 의해 결정된다.
    깃 끝 속도의 제한 범위 : 225 m/s
  ㈐ 깃의 면적
    ㉮ 고속에서 좋은 기동성을 위해서는 깃면적이 커야 한다.
    ㉯ 좋은 정지비행 성능을 위해서는 깃면적이 작아야 한다.
  ㈑ 깃의 수
    ㉮ 저진동을 위해서는 깃수가 많아야 한다.
    ㉯ 적은 비행, 적은 허브 항력, 가벼운 허브 무게, 보관의 용이성을 위해서는 깃수가 적어야 한다.
  ㈒ 깃 비틀림각
    ㉮ 좋은 정지비행 성능과 후퇴하는 깃의 실속을 지연시키기 위해서는 깃의 비틀림각이 커야 한다.
    ㉯ 정지비행 시 작은 진동과 깃 하중을 위해서는 깃의 비틀림각이 작아야 한다.
  ㈓ 깃 끝 모양 : 압축성 효과의 지연, 소음감소, 적당한 동적 비틀림을 위해서는 깃 끝 모양이 직사각형이어서는 안 된다.
  ㈔ 깃 테이퍼 : 좋은 정지비행 성능을 위해서는 테이퍼가 커야 한다.
  ㈕ 깃 뿌리의 길이

㉮ 전진하는 깃의 항력감소를 위해 짧을수록 좋다.
㉯ 후퇴하는 깃의 항력감소를 위해서는 길수록 좋다.
㈐ 회전방향 : 미국식-시계방향으로 회전, 러시아식-반시계방향으로 회전
㈑ 회전날개 허브
㈒ 깃 단면

(5) 헬리콥터의 공기역학

① 정지비행(hovering) : 헬리콥터가 전후좌우의 방향으로 이동하지 않고 일정한 고도를 유지하며 공중에 떠 있는 상태를 말한다.

깃 단면의 회전 선속도(V_r)

$$V_r = \Omega \cdot r$$

여기서, Ω : 회전 각속도, r : 회전축으로부터의 거리

㈎ 회전날개의 추력을 구하는 방법
  ㉮ 운동량 이론(momentum theory) : 작용과 반작용의 법칙을 이용하여 회전익 항공기의 회전날개에 의해서 만들어지는 회전면에서의 운동량 차이를 이용하여 추력을 구하는 방법이다.
  · 회전날개의 추력(T)

$$T = 2\rho \cdot A \cdot V_1^2$$

여기서, ρ : 공기밀도, A : 회전면의 면적, V_1 : 유도속도

  · 유도속도(V_1) : 블레이드에 의해 가속되어진 블레이드 직후의 공기속도

$$V_1 = \sqrt{\frac{T}{2\rho A}} = \sqrt{\frac{D.L}{2\rho}}$$

여기서, 회전면 하중($D.L$) = $\frac{T}{A}$

  · 회전면 하중(disk loading ; 원판하중 ; D.L) : 헬리콥터 전체 무게(W)를 헬리콥터의 회전날개에 의해 만들어지는 회전면의 면적(πR^2)으로 나눈 값이다.

$$D.L = \frac{W}{\pi R^2}$$

  · 마력하중(horse power loading) : 헬리콥터의 전체 무게(W)를 마력(HP)으로 나눈 값이다.

$$마력하중 = \frac{W}{\text{HP}}$$

  ㉯ 깃 요소 이론(blade element theory) : 깃의 한 단면에 작용하는 공기흐름으로

부터 양력, 항력성분을 구하고, 이 힘들 중 수직한 성분을 회전날개의 깃 뿌리에서부터 깃 끝까지 합하여 깃의 개수와 곱하여 회전날개면에서 발생되는 추력을 구하는 방법이다.

㈐ 와류 이론(vortex theory) : 깃의 뒷전에서 떨어져나가는 와류에 의한 영향을 포함하여 깃에서의 정확한 유도속도를 계산하기 위한 방법이다.

$$T = \left[\sum_{\text{깃뿌리}}^{\text{깃끝}} (\text{양력의 수직성분} + \text{항력의 수직 성분})_{\text{단면}} \right] \times \text{깃의 수}$$

② 수직비행
  ㈎ 와류 고리(vortex ring) : 위로 향하는 흐름의 속도가 회전날개에 의한 아래 방향의 흐름의 속도와 같아지도록 빠르게 하면, 헬리콥터 주위를 둘러싸는 고리모양의 흐름이다.
  ㈏ 풍차식 제동(windmill brake) : 위쪽으로 향하는 흐름의 속도가 회전날개에 의한 아래 방향의 속도보다 커지면 전체 흐름은 위로 향하는 현상이다.

③ 전진비행
  ㈎ 전진비행 때 깃의 양력과 항력
    ㉮ 전진 방향의 추력 = $T \sin\alpha$ (여기서, α : 받음각)
    ㉯ 깃 요소가 받은 상대풍 속도(V_ϕ)

   $V_\phi = V\cos\alpha\sin\phi + r\cos\beta_0 \Omega$

   여기서, V : 상대풍 속도, ϕ : 방위각, r : 추력선에서 깃 뿌리로부터의 거리
        Ω : 회전날개의 회전 각속도

   상대풍 속도(V_ϕ)는 방위각(ϕ)이 90°일 때 회전속도와 전진속도 같은 방향으로 합이 되어 최댓값이 되고, 270°일 때 최솟값이 된다.
  ㈏ 역풍 지역 : 방위각 270° 부근에서 회전날개에 의한 속도보다 전진속도가 더 크게 되어 깃의 앞전이 아닌 뒷전에서 상대풍이 불어오는 상태로, 이 부분의 회전날개는 양력을 발생하지 못하게 되므로 전진속도에 한계가 생기게 된다.
  ㈐ 양력 불평형 : 깃의 피치각을 일정하게 하여 전진비행을 하게 되면, 서로 다른 상대풍의 속도가 깃에 작용하므로 회전면에서 발생하는 깃에 의한 양력은 오른쪽은 올라가고, 왼쪽은 내려가는 양력 불균형이 일어난다.
    ㉮ 플래핑 힌지 : 전진하는 깃의 피치각은 감소시켜 받음각을 작게 하고, 후퇴하는 깃의 피치각은 크게 하여 받음각을 크게 함으로써 양력 분포의 평형을 이루어 양력 불평형을 해소한다.
    ㉯ 전진비행시 회전날개의 회전
      ・방위각 90°위치 : 플래핑 속도가 최대
      ・방위각 180°위치 : 회전날개 깃이 제일 높은 위치

・방위각 270° 위치 : 플래핑 속도가 최소
・방위각 360° 위치 : 회전날개 깃이 가장 낮은 위치

㈜ 동적 실속(dynamic stall) : 받음각이 주기적으로 변화되는 깃에서의 실속으로 깃이 후퇴하는 영역인 방위각 270° 부근이며, 이곳에서 전진속도 V와 깃이 회전 선속도 V_r와의 차이 때문에 합성속도가 작고, 아래 방향으로의 플래핑 운동 속도가 크므로 받음각이 가장 커지기 때문이다.

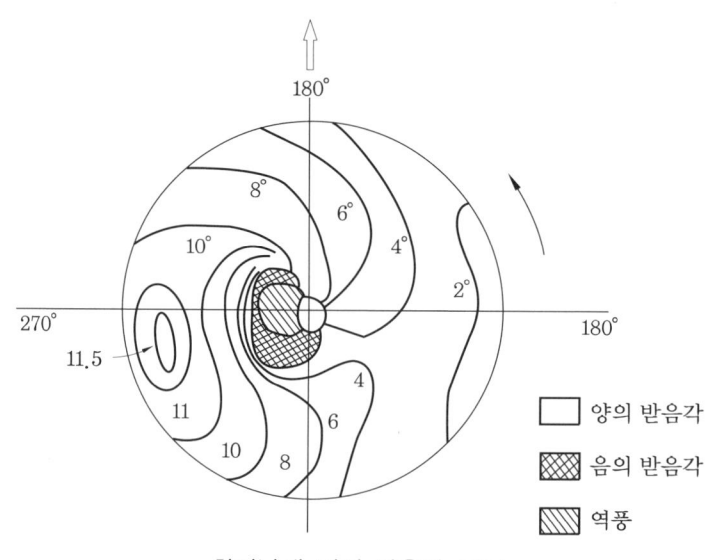

회전날개 깃의 받음각 분포

④ 플래핑과 리드-래그
  ㈎ 플래핑 힌지(flapping hinge) : 좌우 날개의 양력 불균형을 해소한다.
  ㈏ 리드-래그 힌지(lead-lag hinge) : 기하학적 불균형을 해소한다.
     리드-래그 감쇄기(lead-lag damper) : 회전면에서 발생하는 진동을 감소시킨다.
  ㈐ 회전 경사판(swash plate) : 조종사의 조종을 쉽게 하기 위해 회전 경사판이라는 장치를 조종간에 연결하여 조종사가 회전면을 경사지게 함으로써 주기적으로 회전날개의 피치를 변화시켜 준다.
⑤ 자동회전(autorotation) : 회전 날개축에 토크가 작용하지 않는 상태에서도 일정한 회전수를 유지하는 것을 말한다.
⑥ 지면효과(ground effect) : 회전익 항공기도 고정익 항공기와 마찬가지로 이착륙을 할 때 지면에서 거리가 가까워지면 양력이 더 커지는 현상이다.
  ㈎ 회전날개면이 회전날개의 반지름 정도의 높이에 있는 경우 추력의 증가는 5~10% 정도이다.
  ㈏ 회전날개의 회전면의 높이가 회전날개의 지름보다 커지면 지면효과가 거의 나타나지 않는다.
⑦ 수평 최대속도 : 이용마력과 필요마력이 같을 때 수평 최대속도가 된다.

(개) 수평 최대속도를 최대로 할 수 없는 이유
  ㉮ 후퇴하는 깃의 날개 끝 실속
  ㉯ 후퇴하는 깃 뿌리의 역풍범위
  ㉰ 전진하는 깃 끝의 마하수 영향

(6) 헬리콥터의 성능

① 상승한계 : 고도가 올라가면 기관의 마력은 떨어지고 여유마력이 감소한다. 어느 고도가 되면 기체는 더 이상 상승할 수 없게 되는 고도를 말한다.
  (개) 최대 상승률이나 최대 상승한계는 여유마력이 최대인 속도, 즉 필요마력 곡선이 최소가 되는 점에서의 속도에서 구해진다.
  (내) 정지비행 한계(hover ceiling) : 속도가 0인 경우의 상승한계
② 최대 항속거리 속도 : 원점으로부터 필요마력 곡선에 접하는 직선을 그었을 때 만나는 점에서의 속도이다.
③ 최대 순항속도 : 최대 항속거리 때의 속도보다 약간 큰 속도로 선택을 한다.
④ 최대 체공시간 속도 : 필요마력이 최소가 되는 속도이다.
⑤ 비 항속거리(specific range ; $S.R$)

$$S.R = \frac{단위 시간당 비행거리}{단위 시간당 연료소모량} = \frac{V}{HP_{req} \times s.f.c}$$

여기서, V : 속도, HP_{req} : 필요마력, $s.f.c$: 비연료 소모율

⑥ 필요마력(P_r) : 회전날개를 포함한 기체가 필요로 하는 1초간의 일

필요마력 = 유도항력마력 + 형상항력마력 + 유해항력마력 + 상승마력 + 간섭마력

⑦ 이용마력 : 회전날개도 기체의 일부가 되므로 기관이 내는 마력이 이용마력이다. 이용마력은 감속장치, 강제 냉각송풍기, 꼬리로터 구동 등에 마력을 빼앗기게 되므로 이것을 기관마력에서 제한 마력이 이용마력이다.

이용마력 = 기관마력 × 85%

예·상·문·제

1. 헬리콥터의 종류 중에서 꼬리 회전날개 (tail rotor)가 필요한 헬리콥터는?
㉮ 단일 회전날개 헬리콥터
㉯ 동축 역회전식 회전날개 헬리콥터
㉰ 병렬식 회전날개 헬리콥터
㉱ 직렬식 회전날개 헬리콥터

2. 헬리콥터 회전날개의 회전면과 회전날개 (원추 모서리) 사이의 각을 코닝각(coning angle)이라 부르는데 이러한 코닝각을 결정하는 가장 중요한 요소는?
㉮ 항력과 원심력의 합력
㉯ 양력과 추력의 합력
㉰ 양력과 원심력의 합력
㉱ 양력과 항력의 합력
[해설] 회전날개의 무게는 원심력이나 양력에 비해 작으므로 무시할 수 있으며, 원추각은 원심력과 양력의 합에 의해 결정된다.

3. 헬리콥터의 코닝각(coning angle)을 설명한 내용으로 틀린 것은?
㉮ 원심력과 블레이드(blade)의 시위선과 이루는 각이다.
㉯ 헬리콥터에 무거운 하중을 매달았을 때는 코닝각이 크게 된다.
㉰ 원심력과 양력 때문에 생기는 각이다.
㉱ 원심력이 일정하다면 코닝각도 일정하다.

4. 헬리콥터 회전날개의 무게중심(center of gravity)과 회전축과의 거리가 회전날개의 플래핑(flapping) 운동에 의하여 길어지거나 짧아짐으로써 회전날개의 회전 속도가 증가하거나 감소하는 현상은?
㉮ 자이로스코픽 효과(gyroscopic force)
㉯ 코리올리스 효과(coriolis effect)
㉰ 추력 편향효과
㉱ 회전축 편심 효과

5. 헬리콥터에서 회전날개의 깃(blade)은 회전하면 회전면을 밑면으로 하는 원추모양을 만들게 된다. 이때, 이 회전면과 원추모서리가 이루는 각을 무엇이라 하는가?
㉮ 받음각
㉯ 코닝각
㉰ 피치각
㉱ 플래핑각

6. 주회전날개의 코닝각(원추각)을 결정하는 요소로 가장 올바른 것은?
㉮ 원심력의 크기
㉯ 원심력과 양력의 합력의 크기
㉰ 양력의 크기
㉱ 항력의 크기

7. 전진비행 중 헬리콥터의 메인 로터 블레이드의 각 점에서 받음각의 관계로 가장 올바른 것은?

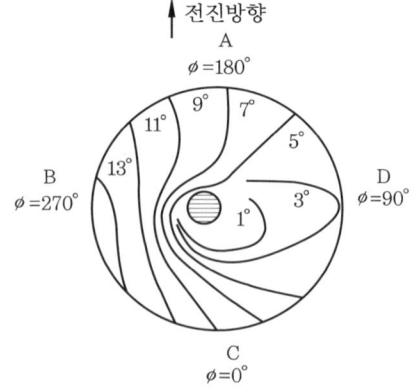

정답 1. ㉮ 2. ㉰ 3. ㉮ 4. ㉯ 5. ㉯ 6. ㉯ 7. ㉰

㉮ A>C, B=D ㉯ A=C, B<D
㉰ A=C, B>D ㉱ A<C, B=D

[해설] 후퇴하는 깃은 방위각 270° 근처에서 아랫방향의 플래핑 속도가 가장 커지므로 유효 받음각이 증가하게 되고 일정한 받음각을 넘게 되면 실속상태에 들어갈 수 있게 된다.

8. 헬리콥터가 전진비행을 할 때 속도와 유도마력과의 관계로 가장 올바른 것은?

㉮ 전진속도가 증가하면, 유도마력도 증가한다.
㉯ 전진속도가 증가하면, 유도마력은 감소한다.
㉰ 전진속도가 증가하면, 유도마력은 변화하지 않는다.
㉱ 전진속도가 증가하면, 유도마력도 느리게 증가한다.

[해설] 유도마력은 원판을 통과하는 공기를 가속하는데 필요한 마력으로, 전진비행 시 주날개(main rotor)를 통과하는 공기량이 증가하므로 유도마력은 감소한다.

9. 헬리콥터의 총중량이 800kgf, 기관 추력이 160hp, 회전날개의 반지름이 2.8m, 회전날개의 깃수가 2개일 때 원판하중은?

㉮ 28.5kgf/m² ㉯ 30.5kgf/m²
㉰ 32.5kgf/m² ㉱ 35.5kgf/m²

[해설] 원판하중(D.L) = $\dfrac{W}{\pi r^2}$

$= \dfrac{800}{3.14 \times 2.8^2} = 32.5 \text{ kgf/m}^2$

10. 헬리콥터가 호버링(hovering)을 할 때 관계식으로 맞는 것은?

㉮ 헬리콥터 무게<양력
㉯ 헬리콥터 무게=양력
㉰ 헬리콥터 무게>양력
㉱ 헬리콥터 무게=양력+원심력

[해설] 호버링(hovering) = 공중 정지비행

11. 헬리콥터의 정지비행 상승한도(hovering ceiling)를 가장 올바르게 표현한 것은?

㉮ 이용마력>필요마력
㉯ 이용마력=필요마력
㉰ 이용마력<필요마력
㉱ 유도항력마력=이용마력+필요마력

12. 헬리콥터에서 필요마력을 구성하는 마력과 가장 관계가 먼 것은?

㉮ 유도항력마력 ㉯ 형상항력마력
㉰ 조파항력마력 ㉱ 유해항력마력

[해설] 필요마력 = 유도항력마력 + 형상항력마력 + 유해항력마력 + 상승마력 + 간섭마력

13. 헬리콥터가 무동력으로 하강하는 것에 대응하는 헬리콥터가 갖고 있는 가장 큰 특징은?

㉮ 수직 상승
㉯ 자전하강(auto-rotation)
㉰ 플래핑(flapping)
㉱ 리드-래그(lead-lag)

[해설] 자동회전이란 회전날개 축에 토크가 작용하지 않은 상태에서도 일정한 회적수를 유지하는 것을 말한다.

14. 헬리콥터는 자동회전(auto-rotating)을 행하기 위하여 프리휠 장치(freewheel unit)를 필요로 한다. 이 장치의 가장 중요한 역할은?

[정답] 8. ㉯ 9. ㉰ 10. ㉯ 11. ㉯ 12. ㉰ 13. ㉯ 14. ㉮

㉮ 회전날개(rotor)는 기관에 의해서 구동되나 회전날개가 기관을 구동시킬 수 없도록 한 장치
㉯ 회전날개는 기관에 의해 구동되며, 기관 정지 시 회전날개가 기관을 구동시킬 수 있도록 한 장치
㉰ 회전날개는 기관에 의해서 구동되나, 자전 강하 시 회전날개가 기관을 구동시킬 수 있는 장치
㉱ 기관 정지 시 회전날개의 회전력으로 비상장비를 작동시킬 수 있게 만든 장치

15. 헬리콥터에서 유도속도를 가장 올바르게 표현한 것은?
㉮ 호버링(hovering) 중 로터 회전면의 하류의 풍압이다.
㉯ 로터 회전면의 하류의 공기의 풍압이다.
㉰ 로터 회전면의 하류의 공기의 속도이다.
㉱ 로터 회전면의 상류의 공기흐름이다.

16. 헬리콥터의 지면효과(ground effect)는 회전날개의 회전면의 고도가 다음 어느 정도일 때 최대가 되는가?
㉮ 회전면의 1/2   ㉯ 회전면의 1/3
㉰ 회전면의 1/4   ㉱ 회전면의 길이

17. 공중 정지비행 시 헬리콥터의 방향을 변경시키기 위한 방법은?
㉮ 회전날개(rotor blade)의 회전수를 변경시킨다.
㉯ 회전날개(rotor blade)의 피치각을 변경시킨다.
㉰ 테일 로터(tail rotor)의 기관 추력을 가감한다.
㉱ 회전날개의 코닝각을 변경시킨다.

18. 헬리콥터의 무게가 7500lbs이고, 블레이드가 3개일 때 깃 하나에서 최소 얼마의 양력이 발생하는가?
㉮ 1500lbs   ㉯ 2000lbs
㉰ 2500lbs   ㉱ 3000lbs

19. 헬리콥터의 양력 분포 불균형을 해결하는 방법으로 가장 옳은 것은?
㉮ 전진하는 깃과 후퇴하는 깃의 받음각을 같게 한다.
㉯ 전진하는 깃과 후퇴하는 깃의 피치각을 동시에 증가시킨다.
㉰ 전진하는 깃의 피치각은 감소시키고, 후퇴하는 깃의 피치각은 증가시킨다.
㉱ 전진하는 깃의 피치각은 증가시키고, 후퇴하는 깃의 피치각은 감소시킨다.

20. 헬리콥터에서 기하학적 불균형을 제거할 수 있도록 하기 위해 부착된 것은?
㉮ 피치 암   ㉯ 페더링 힌지
㉰ 플래핑 힌지   ㉱ 리드-래그 힌지

21. 헬리콥터 회전날개의 추력을 구하는 이론은?
㉮ 회전면 상하 유동의 운동량 차이를 이용한 운동량 이론
㉯ 로터 블레이드의 코닝각 변화 이론
㉰ 엔진의 연료 소비율에 따른 연소 이론
㉱ 로터 블레이드 회전 관성을 이용한 관성이론

정답 15. ㉰ 16. ㉰ 17. ㉯ 18. ㉰ 19. ㉰ 20. ㉱ 21. ㉮

22. 헬리콥터의 꼬리 회전날개(tail rotor)가 외부물체 등에 부딪치거나 다른 원인에 의하여 갑자기 정지하게 되면 발생할 수 있는 현상으로서 가장 거리가 먼 것은?
   ㉮ 테일 붐(tail boom) 마운트 손상
   ㉯ 테일 붐의 비틀림(twist)
   ㉰ 행거 베어링 마운트 손상
   ㉱ 테일 드라이브 샤프트의 비틀림

23. 헬리콥터 회전날개(rotor blade)에 적용되는 기본 힌지(hinge)로 가장 올바른 것은?
   ㉮ 플래핑 힌지, 페더링 힌지, 전단 힌지
   ㉯ 플래핑 힌지, 페더링 힌지, 항력 힌지
   ㉰ 페더링 힌지, 항력 힌지, 전단 힌지
   ㉱ 플래핑 힌지, 항력 힌지, 경사 힌지

24. 전진하는 헬리콥터의 주회전날개에 있어서 전진 및 후진 깃의 양력차를 보정하기 위한 방법으로 가장 올바른 것은?
   ㉮ 페더링 힌지에 의해 조종
   ㉯ 플래핑 힌지에 의해 조종
   ㉰ 주회전날개의 전단 힌지에 의한 조종
   ㉱ 항력 힌지에 의한 조종

25. 헬리콥터가 빠르게 날 수 없는 이유를 설명한 내용 중 틀린 것은?
   ㉮ 후퇴하는 깃(retreating blade)에서의 실속
   ㉯ 후퇴하는 깃(retreating blade)에서의 역풍지역(reverse flow region)
   ㉰ 전진하는 깃 끝의 항력 감소
   ㉱ 전진하는 깃 끝의 속도 증가

정답 22. ㉱ 23. ㉯ 24. ㉮ 25. ㉰

2-2 안정과 조종

(1) 헬리콥터의 안정

① 평형상태 : 회전익 항공기에 작용하는 모든 외력과 외부 모멘트의 합이 각각 0이 되는 상태이다.
② 양(+)의 정적 안정 : 회전익 항공기의 움직임이 초기의 평형상태로 되돌아가려는 경향을 말한다.
③ 동적 불안정 : 회전익 항공기의 움직임이 시간이 지남에 따라 평상상태로 돌아가지 못하고, 그 벗어난 폭이 점점 커지는 상태이다.
④ 회전익 항공기의 안정성에 기여하는 요소 : 회전날개, 꼬리 회전날개, 수평 안정판, 수직 안정판, 회전날개의 회전에 의한 자이로 효과(gyro effect) 등이다.

(2) 회전익 항공기의 균형과 조종

① 회전익 항공기의 균형(trim) : 직교하는 3개의 축에 대하여 힘과 모멘트의 합이 각각 0이다.
② 헬리콥터의 세로 균형 : 주기적 피치 제어간(cyclic pitch control lever)과 동시 피치 제어간(collective pitch control)을 사용한다.
  (가) 주기적 피치 제어간(cyclic pitch control lever) : 회전날개의 피치를 주기적으로 변하게 하면서 회전 경사판을 경사지게 하여 추력의 방향을 경사지게 하며, 전진, 후진, 횡진 비행을 할 수 있게 한다.
  (나) 동시 피치 제어간(collective pitch control) : 주회전날개의 피치를 동시에 크게 하거나 작게 해서 기체를 수직으로 상승, 하강시킨다. 대개 스로틀(throttle)과 함께 작동된다.
③ 헬리콥터의 가로균형과 방향균형 : 주기적 피치 제어간과 꼬리 회전날개에 연결되어 있는 페달(pedal)을 사용한다.
  (가) 페달(pedal) : 주회전날개가 회전함으로써 생기는 토크(torque)를 상쇄하기 위해 꼬리 회전날개의 피치를 조절하여 방향을 조종한다.
④ 헬리콥터의 조종
  (가) 상승·하강비행의 조종 : 동시적 피치 제어간을 위아래로 변화시켜 조종한다.
  (나) 전진·후진·회진비행 조종 : 주기적 피치 제어간을 움직여 조종한다.
  (다) 좌우 방향 비행의 조종 : 페달을 밟아서 조종한다.

예·상·문·제

1. 헬리콥터에서 직교하는 세 개의 X, Y, Z축에 대한 모든 힘과 모멘트의 합이 각각 0이 되는 상태를 무엇이라 하는가?
㉮ 전진상태 ㉯ 균형상태
㉰ 자전상태 ㉱ 정지상태

2. 헬리콥터에서 세로축에 대한 움직임(옆놀이(rolling) : 횡요)은 무엇에 의해서 움직이게 되는가?
㉮ 트림 피치 컨트롤 레버(trim pitch control lever)
㉯ 켈렉티브 피치 컨트롤(collective pitch control)
㉰ 테일 로터 피치 컨트롤(tail rotor pitch control)
㉱ 사이클릭 피치 컨트롤 레버(cyclic pitch control lever)

3. 헬리콥터에서 컬렉티브 피치 조종(collective pitch control)이란?
㉮ 메인로터 블레이드의 회전각에 따라 받음각을 조절하는 조작이다.
㉯ 메인로터 블레이크가 전진 회전 시 받음각을 감소시키는 조작이다.
㉰ 메인로터 블레이드의 양력을 증가, 감소시키는 조작이다.
㉱ 로터 블레이드 회전축을 운동하고자 하는 방향을 기울이는 조작이다.

4. 헬리콥터 회전날개의 조종장치 중 주기적 피치 조종과 동시적 피치 조종을 해야 할 필요성이 있다. 이를 위해서 사용되는 장치는?
㉮ 안정 바(stablilzer bar)
㉯ 트랜스미션(transmission)
㉰ 평형 탭(balance tab)
㉱ 회전 경사판(swash plate)

5. 헬리콥터에서 수직비행은 다음의 무엇에 의해 조종되는가?
㉮ 사이클릭 피치 조절레버(cyclic pitch lever)
㉯ 컬렉티브 피치 조절레버(collective pitch lever)
㉰ 회전 경사판(swash plate)
㉱ 페달(pedal)

정답 1. ㉯ 2. ㉱ 3. ㉰ 4. ㉱ 5. ㉯

항|공|산|업|기|사
PART 2

항공 기관

제1장 항공기 기관의 개요
제2장 항공기 왕복기관
제3장 항공기 가스터빈 기관
제4장 프로펠러

Chapter 01 항공기 기관의 개요

1. 항공기 기관의 분류

1-1 항공기 왕복기관

(1) 냉각 방법에 의한 분류

액랭식과 공랭식이 있다. 주로 공랭식이 이용된다.

① 액랭식 기관 : 물 재킷(radiator), 온도 조절장치, 펌프, 연결 파이프와 호스 등으로 이루어진다. 구조가 복잡하고 무게가 무거워 항공용 기관에는 사용하지 않는다.

② 공랭식 기관 : 프로펠러를 지난 공기나 팬에 의해 발생된 공기, 비행 시 마주치는 공기가 실린더 주위를 흐르게 하여 기관을 냉각한다.

  ㈎ 특징 : 지상에서 작동 시, 지상활주 시를 제외하고는 냉각효율이 좋고 제작비가 싸고 정비가 쉽다.

  ㈏ 구성

    ㉮ 냉각 핀(cooling fin) : 실린더 및 실린더 헤드 바깥쪽에 얇은 금속 핀(fin)을 부착시켜 냉각을 위한 표면적을 넓게 함으로써 흐르는 공기로 많은 열을 대기 중으로 방출, 냉각시킨다. 실린더와 같은 재질로 만들어서 열팽창 계수가 달라지더라도 재질의 변형이나 파손을 방지한다.

    ㉯ 배플(baffle) : 실린더 및 실린더 헤드 주위에 금속판을 설치하여 공기의 흐름을 각 실린더에 고르게 통과시키고, 또 같은 실린더에서도 앞부분부터 뒷부분까지 공기가 잘 흐르도록 유도시켜 주어 냉각효과를 증진시킨다.

    ㉰ 카울 플랩(cowl flap) : 기관의 주위를 덮어씌운 카울링(cowling) 뒷부분에 전체 또는 부분적으로 열고 닫을 수 있는 플랩을 장치하여, 실린더 온도에 따라 실린더 주의의 공기흐름 양을 조절하여 냉각효과를 조절한다.

      · 지상운전 시, 이륙 시, 상승 시처럼 비행속도가 느릴 때에는 카울 플랩을 완전히 열어 준다.

      · 순항비행이나 강하비행 시에는 과냉각을 막기 위해 카울 플랩을 닫아 준다.

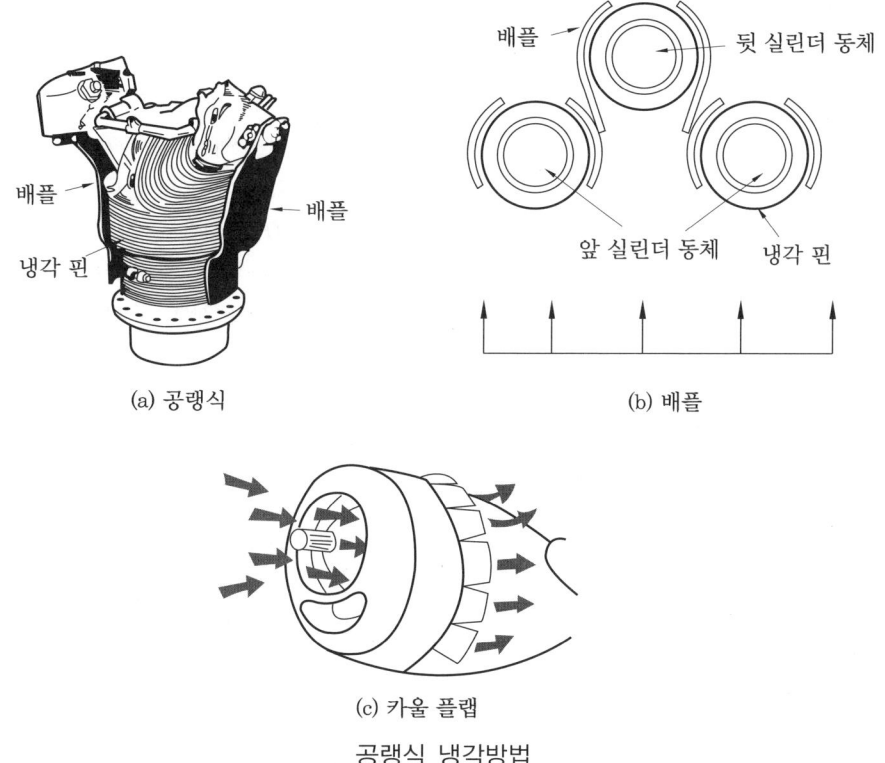

공랭식 냉각방법

(2) 실린더 배열 방법에 의한 분류

출력을 증가시키기 위해서는 실린더 수나 실린더 체적을 증가시키는데, 주로 실린더 수를 늘리는 방법을 사용한다.

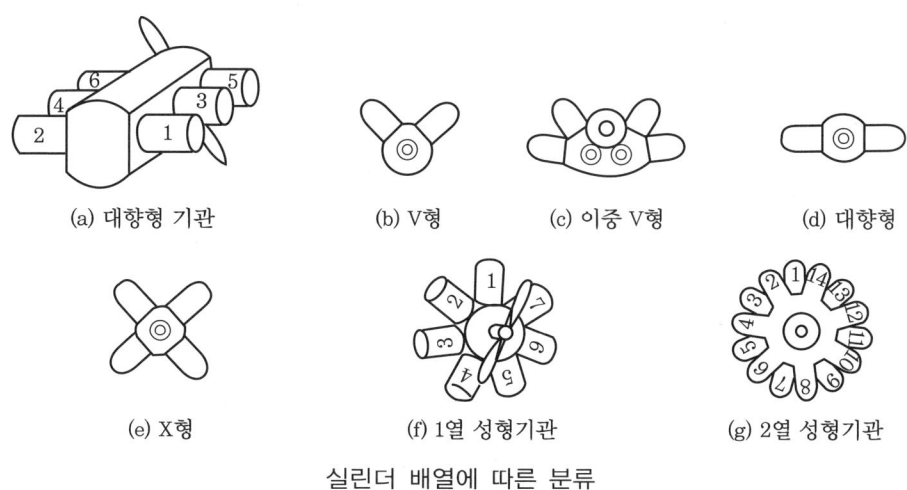

실린더 배열에 따른 분류

① 대향형 기관(opposed type engine) : 주로 소형기에 사용, 400마력 정도까지 출력을 낼 수 있다. 실린더 수가 짝수이다.
- 특징 : 구조가 간단하고, 기관의 전면 면적이 좁아 공기저항을 줄일 수 있다. 실린더 수가 많아질수록 기관의 길이가 길어져 마력이 큰 기관에는 부적합하다.

② 성형 기관(radial engine) : 크랭크축을 중심으로 실린더가 방사형으로 배치된다. 중·대형 항공기에 사용되며, 실린더 수에 따라 200~3500마력의 출력을 낼 수 있다.
- 특징 : 실린더 수가 많고 마력당 무게비가 작아 대형기관에 적합하다. 전면 면적이 넓어 공기저항이 크고, 실린더 수가 증가될수록 뒤 열의 실린더 냉각이 어렵다.

1-2 가스터빈 기관

(1) 터보제트 기관(turbojet engine)

소형, 경량으로 큰 추력을 낼 수 있고, 후기 연소기(after burner) 장착 시 초음 시 비행도 가능하여 군용기에 사용된다.
- 장단점
  ㈎ 비행속도가 빠를수록 효율이 좋다.
  ㈏ 아음속에서 초음속(마하 0.9~3.0)에 걸쳐 우수한 성능을 갖는다.
  ㈐ 저속에서 효율이 감소하고 연료 소비율이 높고 소음이 심하다.

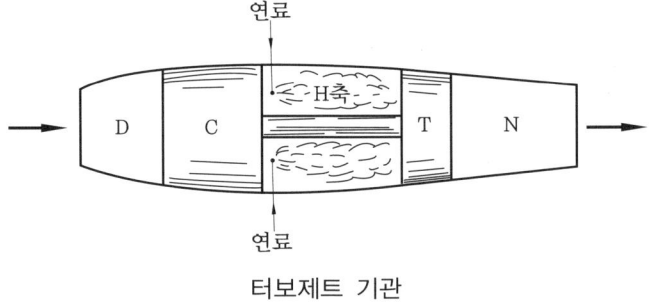

터보제트 기관

(2) 터보팬 기관(turbofan engine)

프로펠러 기관의 우수한 성능을 살리기 위해 팬(fan)이 장착되어 있고, 바이패스 공기 및 연소가스를 배기노즐로 분사함으로써 추력을 얻고, 제트 기관에 비해 많은 양의 공기를 비교적 느린 속도로 분사시킨다.
- 장단점 : 배기가스의 평균 분사속도는 낮지만 아음속에서 효율이 좋고 연료 소비율이 작으며, 소음방지에 유리하여 여객기, 군용기에 널리 사용된다.

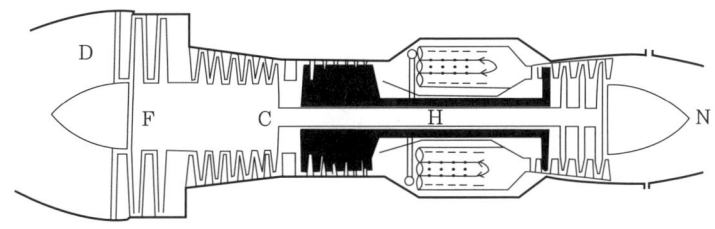

전방 터보팬 기관

(3) 터보프롭 기관(turboprob engine)

터보제트 기관에 프로펠러를 장착한 형태로, 추력의 대부분을 프로펠러에서 얻는다. 보통, 추력의 75% 정도는 프로펠러에서 얻고, 나머지는 배기노즐에서 얻는다.

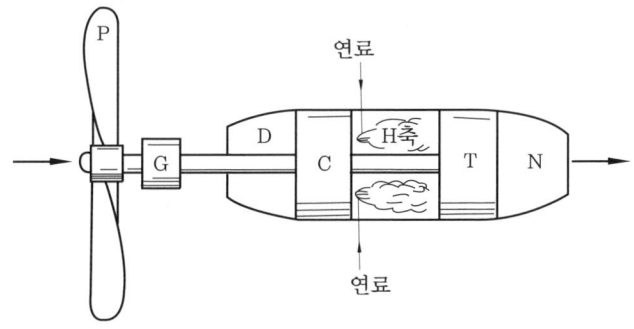

터보프롭 기관

(4) 터보샤프트 기관(turboshaft engine)

배기가스에 의한 추력은 거의 없고, 기관에서 발생된 모든 동력을 축을 통해 다른 작동부분에 전달하는 기관으로 주로 헬리콥터에 이용된다.

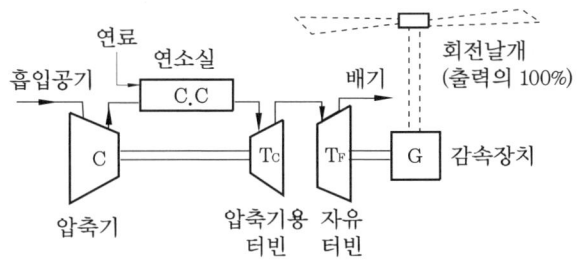

터보샤프트 기관

1-3 펄스제트 기관(pulse-jet engine)

흡입구, 밸브 망, 연소실 및 분사 노즐로 구성되며, 기관 내부에 기계적 구조를 거의 가지고 있지 않으며, 공기흡입 플래퍼 밸브(air inlet flapper valve)라고 하는 밸브망을 가지고 있어, 연소실 부분의 압력이 흡입구보다 높으면 닫히고, 낮으면 열리면서 흡입된 공기를 연소실로 보낸다.

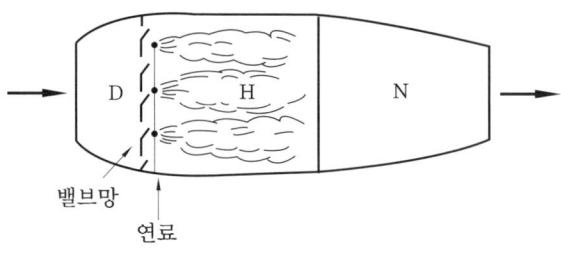

펄스제트 기관

- 장단점
    (가) 밸브의 수명이 짧고 폭발성이 강해 소음이 크다.
    (나) 공기를 연속적으로 흡입하지 못해 다른 기관보다 전면면적이 넓어야 한다.

1-4 램제트 기관(ramjet engine)

흡입구, 연소실, 분사 노즐로 이루어져 있으며, 제트 기관 중 가장 간단한 구조로 되어 있다. 기관으로 흡입되는 공기속도가 마하 0.2 이상이 되어야 하므로 정지상태에서는 작동이 불가능하다.

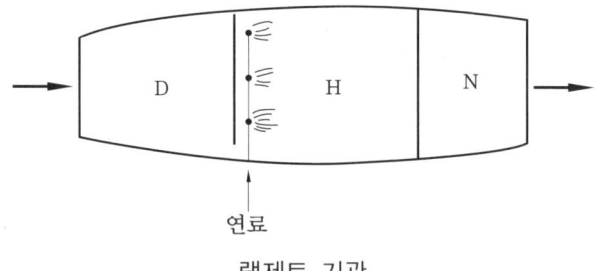

램제트 기관

- 스크램제트 기관(scramjet engine) : 램제트를 응용하여 음속의 4배 이상 비행할 수 있는 미래의 극초음속에서 작동되는 램제트 기관을 말한다.

1-5 로켓 기관(rocket engine)

기관 내부에 연료와 산화제를 함께 갖추고 있는 기관이다.

예·상·문·제

1. 지상에서 작동 중인 항공기 왕복기관의 카울 플랩(cowl flap)의 위치로 가장 올바른 것은?
㉮ 완전 닫힘 ㉯ 완전 열림
㉰ 1/3 열림 ㉱ 1/3 닫힘

2. 중량당 마력비가 가장 큰 기관의 실린더 배열의 형식은?
㉮ 직렬형 ㉯ 대향형
㉰ 성형 ㉱ V 형

3. 터빈식 회전기관이 아닌 것은?
㉮ 터보제트 ㉯ 터보프롭
㉰ 가스터빈 ㉱ 램제트

4. 가스터빈 기관에서 출력을 감속장치를 통해 구동하고, 배기가스에서 약간의 추력을 얻는 기관은?
㉮ 터보제트 ㉯ 터보팬
㉰ 터보프롭 ㉱ 터보샤프트

5. 제트 기관 중 shuttle valve를 사용하여 정적 연소를 하는 기관은?
㉮ ram jet ㉯ purse jet
㉰ turbo jet ㉱ turbine jet

6. 공기를 빠른 속도로 분사시킴으로써 소형, 경량으로 큰 추력을 낼 수 있고, 비행속도가 빠를수록 추진효율이 좋고, 아음속에서 초음속에 걸쳐 우수한 성능을 가지는 기관의 형식은?
㉮ 터보제트 기관
㉯ 터보샤프트 기관
㉰ 램제트 기관
㉱ 터보프롭 기관

7. 다음 가스터빈 중 배기소음이 가장 심한 기관은?
㉮ 터보제트 기관 ㉯ 터보팬 기관
㉰ 터보프롭 기관 ㉱ 터보샤프트 기관

정답 1. ㉯ 2. ㉰ 3. ㉱ 4. ㉰ 5. ㉯ 6. ㉮ 7. ㉮

2. 열역학의 기초 및 항공기관 사이클

2-1 열역학적 기초 단위와 용어

(1) 기본 단위와 힘

① 공학단위계에서의 힘의 표시

$$1\,\text{kgf} = 1\,\text{kg} \times 9.8\,\text{m/s}^2 = 9.8\,\text{kgf} \cdot \text{m/s}^2 = 9.8\,\text{N}$$

② 국제단위계에서의 힘의 표시

$$1\,\text{N} = 1\,\text{kg} \times 1\,\text{m/s}^2 = 1\,\text{kg} \cdot \text{m/s}^2$$

(2) 일과 동력

① 일(work : W) : 일의 크기는 물체에 작용하는 힘(F)과 힘의 방향으로 움직인 거리(L)와의 곱으로 표시한다.

$$W = F \times L$$

 (가) 일의 단위 : 줄(Joule, J)

$$1\,\text{J} = 1\,\text{N} \cdot \text{m}$$

 (나) 회전운동을 할 때 일의 크기

$$W = T \times \theta \quad\quad \text{여기서, } T : \text{회전 모멘트, } \theta : \text{회전각}$$

② 동력(power : P) : 단위시간에 할 수 있는 일의 능력을 말한다.

$$P = \frac{W}{t} = \frac{F \times L}{t} = F \times \frac{L}{t} = F \times V \quad\quad \text{여기서, } L : \text{이동거리, } V : \text{평균속도}$$

 (가) 회전운동을 하는 경우 동력

$$P = \frac{W}{t} = \frac{T \times \theta}{t} = T \times \frac{\theta}{t} = T \times \omega \quad\quad \text{여기서, } \theta : \text{회전각, } \omega : \text{각속도}$$

 (나) 동력의 단위 : kW, PS

$$1\,\text{PS} = 75\,\text{kgf} \cdot \text{m/s} = 0.735\,\text{kW}$$

(3) 온도와 절대온도

① 섭씨(℃)와 화씨(℉)

 (가) 섭씨(℃) : 표준대기압에서 물의 어는점과 끓는점을 100등분하여, 어는점을 0 ℃,

끓는 점을 100 ℃로 정한다.

(나) 화씨(°F) : 물의 어는점은 32 °F, 끓는점을 212 °F로 하여, 그 사이를 180등분을 하였다.

(다) 섭씨온도(t_c)와 화씨온도(t_f)의 관계식

$$t_c = \frac{5}{9}(t_f - 32) \quad \text{또는} \quad t_f = \frac{9}{5}t_c + 32$$

② 절대온도 : 이상기체는 온도 1 ℃ 높이면, 부피가 $\frac{1}{273}$ 만큼 증가한다. 따라서, −273 ℃일 때 부피는 0이 되며 −273 ℃를 기준으로 표시한 온도를 절대온도라 하며, 열역학적인 상태변화의 계산에 사용된다.

(가) 켈빈 온도(K)

$$T_c = t_c + 273 \quad \text{여기서, } T_c : \text{켈빈 온도, } t_c : \text{섭씨 온도}$$

(나) 랭킨 온도(R)

$$T_f = t_f + 460 \quad \text{여기서, } T_f : \text{랭킨 온도, } t_f : \text{화씨 온도}$$

(4) 비열

어떤 물질 1 kg을 1 ℃ 높이는데 필요한 열량을 비열이라 한다.

① 단위 : kcal/kg・℃
② 정압비열(C_P) : 압력이 일정한 상태에서 그 기체의 온도를 1 ℃ 높이는데 필요한 열량이다.
③ 정적비열(C_V) : 부피가 일정한 상태에서 기체의 온도를 1 ℃ 높이는데 필요한 열량이다.
④ 비열비(k) : 정압비열과 정적비열의 비로 그 값은 항상 1보다 크다.

$$k = \frac{C_P}{C_V} > 1$$

⑤ 온도를 1 ℃ 높이는데 필요한 열량(Q)을 구하는 식

$$Q = mC(t_2 - t_1) \quad \text{여기서, } m : \text{질량, } c : \text{비열}$$

(5) 비체적과 밀도

① 비체적(specific volume ; v) : 단위 질량당 체적을 말한다. 단위는 m^3/kg이다.
② 밀도(density ; ρ) : 단위 체적당 질량을 말한다. 단위는 kg/m^3이다.

(6) 압력

단위 면적에 수직으로 작용하는 힘의 크기를 말한다.

① 단위 : kgf/cm^2, bar, mmHg
② 표준기압
  1 atm = 760 mmHg = 1.033 kgf/cm^2 = 1.013 bar = 14.7 psi
③ 게이지 압력(gauge pressure) : 대기압을 기준으로 측정하는 압력이다.
④ 절대압력(absolute pressure) : 완전 진공상태의 기압을 기준으로 측정한 압력이다.
  절대압력=대기압+게이지 압력

(7) 계와 작동물질
① 계(system) : 열역학적으로 관심의 대상이 되는 물질이나 장치의 일부분이다.
  주위(surrounding)는 계에 속하지 않은 계 밖의 모든 부분이다.
② 작동물질(작동유체) : 에너지를 저장하거나 운반하기 위해 사용되는 물질이다.

(8) 밀폐계와 개방계
① 밀폐계(closed system) : 경계를 통해 에너지의 출입은 가능하나, 작동물질의 출입은 불가능하다.
② 개방계(open system) : 경계를 통해 에너지와 작동물질의 출입이 모두 가능하다.

예·상·문·제

1. 해면고도(sea level)에서 1 슬러그(slug)의 질량은 어느 정도의 무게인가?
㉮ 32.2 lb   ㉯ 1 lb
㉰ 375 lb   ㉱ 33000 lb
[해설] 1 slug = 32.174 lb

2. 3 PS는 몇 와트(W)인가?
㉮ 2438   ㉯ 2205
㉰ 1650   ㉱ 225
[해설] 1 PS = 0.735 kW = 735 W
  3 PS = 3×735 = 2205 W

3. 1 마력(PS)은 몇 kg·m/s인가?
㉮ 860   ㉯ 632.5
㉰ 550   ㉱ 75
[해설] 1 PS = 75 kg·m/s^2 = 0.735 kW

4. 섭씨온도=t_c, 화씨온도=t_f로 표시할 때 화씨온도를 섭씨온도로 환산하는 관계식이 옳은 것은?
㉮ $t_c = \frac{5}{9}(t_f - 32)$
㉯ $t_c = \frac{9}{5}(t_f - 32)$
㉰ $t_c = \frac{5}{9}(t_f + 32)$
㉱ $t_c = \frac{9}{5}(t_f + 32)$

[정답] 1. ㉮ 2. ㉯ 3. ㉱ 4. ㉮

5. 섭씨 15℃는 화씨의 절대온도로는 몇 도인가?

㉮ 59 °K ㉯ 59 °R
㉰ 518.7 K ㉱ 518.7 R

[해설] $t_f = \dfrac{9}{5} t_c + 32 = \dfrac{9}{5} \times 15 + 32 = 59\,°\mathrm{F}$

$T_f = t_f + 460 = 59 + 460 ≒ 519\,\mathrm{R}$

6. 단위에 대한 설명이 올바른 것은?

㉮ 1 N이란 1 kg의 질량을 1 m/s²으로 가속시키는 데 필요한 힘이다.
㉯ 비체적은 단위 질량에 대한 압력을 나타낸다.
㉰ 밀도는 단위 체적에 대한 압력을 나타낸다.
㉱ 비체적과 밀도는 비례한다.

7. 실제 또는 상징적인 경계에 의하여 주위로부터 구분되는 공간의 일부를 무엇이라 하는가?

㉮ 개방 ㉯ 밀폐
㉰ 형태 ㉱ 계(system)

8. 1 기압인 상태에서 물 1 g의 온도를 1℃ 높이는데 필요한 열량은 얼마인가?

㉮ 1 칼로리(calorie)
㉯ 1 BTU(British thermal unit)
㉰ 1 줄(joule)
㉱ 1 비열

9. 비열비(k)에 대한 공식 중 맞는 것은? (단, C_P : 정압비열, C_V : 정적비열)

㉮ $k = \dfrac{C_V}{C_P}$ ㉯ $k = \dfrac{C_P}{C_V}$

㉰ $k = 1 - \dfrac{C_P}{C_V}$ ㉱ $k = \dfrac{C_P}{C_V} - 1$

10. 공기의 정압비열(C_P)이 0.24이다. 이때 정적비열(C_V)의 값은 얼마인가?(단, 공기의 비열비는 1.4이다.)

㉮ 0.17 ㉯ 0.34 ㉰ 0.53 ㉱ 5.83

[해설] $k = \dfrac{C_P}{C_V}$ 에서

$C_V = \dfrac{C_P}{k} = \dfrac{0.24}{1.4} = 0.17$

11. 계(system)와 주위(surrounding)가 열교환을 하는 방법이 아닌 것은?

㉮ 전도(conduction)
㉯ 탄화 열분해(pyrolysis)
㉰ 복사(radiation)
㉱ 대류(convection)

정답 5. ㉱ 6. ㉮ 7. ㉱ 8. ㉱ 9. ㉯ 10. ㉮ 11. ㉯

2-2 열역학 제1법칙(에너지 보존 법칙)

에너지는 여러 가지 형태로 변환이 가능하나 절대적인 양은 일정하다.

(1) 열(Q)과 일(W)과의 관계

$$W = J \cdot Q \quad \text{여기서, } J: \text{열의 일당량}$$
$$J = 427 \text{ kg} \cdot \text{m/kcal} = 4187 \text{ J/kcal}$$

(2) 밀폐계의 열역학 제1법칙

① 밀폐계의 열과 일의 관계 : 어떤 물체에 열을 가하면 열은 에너지의 형태로 물체 내부에 저장되거나, 물체가 주위에 일을 하여 에너지를 소비한다.

$$Q = (U_2 - U_1) + W$$

여기서, Q : 외부에서 계에 공급된 열량
W : 기체가 팽창, 수축하면서 계가 주위에 한 일
U_1 : 계의 변화가 시작되기 전의 내부 에너지
U_2 : 계의 변화가 끝난 후의 내부 에너지

② 열기관의 열효율(η_{th})

$$\eta_{th} = \frac{\text{유효한 일}}{\text{공급된 열량}} = \frac{W}{Q_1} = \frac{Q_1 - Q_2}{Q_1} = 1 - \frac{Q_2}{Q_1}$$

여기서, Q_1 : 열기관에서 연료의 연소에 의해 공급되는 열량
Q_2 : 냉각과 배기에 의해 방출되는 열량
W : 열기관이 행한 순 일

(3) 개방계의 열역학 제1법칙

유동일이 포함되며 내부 에너지와 유동 에너지를 합하여 엔탈피라는 새로운 열역학적 성질이 정의된다.

① 유동일(flow work) : 개방계에서 압력에 차이가 있는 통로 속으로 작동물질을 이동시킬 때 필요한 일이다.

$$W = PV$$

② 엔탈피(enthalpy ; H) : 내부 에너지와 유동일의 합이다.

$$H = U + PV$$

③ 개방계의 열과 일과의 관계
  ㈎ 개방계의 열역학 제1법칙 : 계로 들어오는 에너지의 합은 계를 나가는 에너지의 합과 같다.

  $$Q + U_1 + P_1 V_1 = W + U_2 + P_2 V_2 \text{ 또는}$$
  $$Q + H_1 = W + H_2$$

  여기서, Q : 계에 공급된 열량
  U_1 : 개방계로 들어가는 작동물질의 내부 에너지
  $P_1 V_1$: 개방계로 들어가는 작동물질의 유동일
  $P_2 V_2$: 개방계로 나가는 작동물질의 유동일
  U_2 : 개방계로 나가는 작동물질의 내부 에너지
  W : 계가 외부에 한 축일

예·상·문·제

1. 내부 에너지와 유동일을 합한 상태량을 무엇이라고 표현하는가?
  ㉮ 비열   ㉯ 열량
  ㉰ 체적   ㉱ 엔탈피(enthalpy)
  [해설] 엔탈피(H)=내부 에너지(U)+유동일(PV)

2. 엔탈피(enthalpy)를 가장 올바르게 설명한 것은?
  ㉮ 열역학 제2법칙으로 설명된다.
  ㉯ 이상기체만 갖는 성질이다.
  ㉰ 모든 물질의 성질이다.
  ㉱ 내부 에너지와 유동일의 합이다.

3. 에너지는 상호간에 변환이 가능하고, 물체가 갖고 있는 에너지의 총합은 외부와 에너지를 교환하지 않는 한 일정하다는 법칙은?
  ㉮ 에너지 보존 법칙

  ㉯ 보일의 법칙
  ㉰ 샤를의 법칙
  ㉱ 열역학 제2법칙
  [해설] 열역학 제1법칙은 에너지 보존 법칙이라고도 한다.

4. 에너지 보존 법칙과 가장 관계가 깊은 것은?
  ㉮ 열역학 제1법칙   ㉯ 열역학 제2법칙
  ㉰ 열역학 제3법칙   ㉱ 열역학 제4법칙

5. 밀폐계에서 "한 사이클을 이룰 때의 열 전달량은 실제 이루어진 일과 정비례한다"는 것은 무엇인가?
  ㉮ 열역학 제1법칙   ㉯ 열역학 제2법칙
  ㉰ 열역학 제3법칙   ㉱ 열역학 제0법칙

6. 열역학 제1법칙에 대한 내용으로 가장

정답 1. ㉱   2. ㉱   3. ㉮   4. ㉮   5. ㉮   6. ㉯

올바른 것은?

㉮ 밀폐계가 사이클을 이룰 때의 열 전달량은 이루어진 일보다 항상 많다.
㉯ 밀폐계가 사이클을 이룰 때의 열 전달량은 이루어진 일과 정비례 관계를 가진다.
㉰ 밀폐계가 사이클을 이룰 때의 열 전달량은 이루어진 일과 반비례 관계를 가진다.
㉱ 밀폐계가 사이클을 이룰 때의 열 전달량은 이루어진 일보다 항상 작다.

7. 열역학 제1법칙에 의거한 열과 일과의 관계는 다음과 같다. 기호에 대한 설명이 잘못된 것은?(단, $W=JQ$, $Q=\dfrac{W}{J}=AW$)

㉮ W(일) : kg·m
㉯ J(열의 일당량) : 427 kg·m/kcal
㉰ A(일의 열당량) : $\dfrac{1}{427}$ kg·m/kcal
㉱ Q(열량) : kcal

[해설] 일의 열당량(A)
$A=\dfrac{1}{J}=\dfrac{1}{427}$ kcal/kg·m

8. 열효율이 25%, 유효마력이 50 마력(ps)인 내연기관의 총발열량은 약 몇 kcal/h 인가?(단, 1 마력은 75 kg·m/s, 열당량 A는 $\dfrac{1}{427}$ kcal/kg)

㉮ 8.75   ㉯ 35
㉰ 31500   ㉱ 12600

[해설] $\eta_{th}=\dfrac{W}{Q}$에서 $W=\eta_{th}\cdot Q$
$W=\eta_{th}\cdot J\cdot Q$에서
$Q=\dfrac{W}{\eta_{th}\cdot J}=\dfrac{50\times 75}{0.25\times 427}$
 =35 kcal/s=35×3600 kcal/h
 =12600 kcal/h

9. 초기압력 및 체적이 각각 $P=50$ N/cm², $V=0.03$ m³인 상태에서 정압과정으로 $V=0.3$ cm³이 되었다. 이때 하여진 일의 양은 얼마인가?

㉮ 50 kJ   ㉯ 135 kJ
㉰ 150 kJ   ㉱ 175 kJ

[해설] $W=PV$
 =(50×10000)×(0.3-0.03)
 =135000 J=135 kJ
 ($P=50$ N/cm² = 50×10000 N/m²)

정답 7. ㉰   8. ㉱   9. ㉯

2-3 유체의 열역학적 특성

(1) 유체의 성질과 상태

① 열역학적 성질
  (개) 강성 성질 : 물질의 양에 관계가 없는 온도, 압력, 밀도, 비체적 등을 말한다.
  (내) 종량 성질 : 체적, 질량 등과 같이 물질의 양에 비례하는 성질이다.

(2) 보일-샤를의 법칙

기체의 부피, 압력, 온도에 관한 서로의 관계를 나타내는 법칙이다.

① 보일의 법칙 : 온도가 일정하면 기체의 부피는 압력에 반비례한다.

$$P_1 v_1 = P_2 v_2 \quad \text{여기서, } v : \text{비체적}, P : \text{압력}$$

② 샤를의 법칙 : 기체의 부피가 일정할 때에 기체의 압력은 그 절대온도에 비례한다.

$$\frac{P_1}{T_1} = \frac{P_2}{T_2}$$

(3) 이상기체의 상태식

비열이 일정한 이상기체에 대한 압력, 비체적, 온도의 관계를 나타낸 식이다.

$$Pv = RT, \text{ 또 } \frac{P_1 v_1}{T_1} = \frac{P_2 v_2}{T_2} \quad \text{여기서, } R : \text{기체상수(kg·m/kg·K)}$$

(4) 기체의 비열과 내부 에너지

① 정적비열(C_V)에서의 내부 에너지 변화량(Q_V)

$$Q_V = m C_V (T_2 - T_1)$$

② 정압비열(C_P)에서의 내부 에너지 변화량(Q_P)

$$Q_P = m C_P (T_2 - T_1)$$

(5) 과정과 사이클

① 과정(process) : 계가 어떤 열평형 상태에서 다른 열평형 상태로 변화하는 경로이다.
  (개) 정적과정 : 체적을 일정하게 유지하면서 일어나는 상태변화이다.
  (내) 정압과정 : 압력을 일정하게 유지하면서 일어나는 상태변화이다.
② 사이클(cycle) : 어떤 계가 임의의 과정을 밟아서 맨 처음 상태로 되돌아왔을 때를 말한다.

1. 이상기체의 상태 방정식은 $Pv = RT$이다. 이것에 관한 설명으로 틀린 것은?
- ㉮ P : 기체의 절대압력(kg/cm²)
- ㉯ v : 비체적(m³/kg)
- ㉰ R : 공기 기체상수(kg · m/kg · K)
- ㉱ T : 절대온도(R)

[해설] T : 절대온도(K)

2. 다음 열역학적 성질이 아닌 것은?
- ㉮ 온도
- ㉯ 압력
- ㉰ 엔탈피(enthalpy)
- ㉱ 열

[해설] 일과 열은 열역학적 성질이 아닌 과정(process)이다.

3. 열역학적 성질에는 강성성질과 종량 성질이 있는데 강성성질과 가장 관계가 먼 것은?
- ㉮ 온도
- ㉯ 밀도
- ㉰ 비체적
- ㉱ 질량

[해설] 강성성질은 물질의 양에 관계없는 온도, 압력, 비체적 등과 같은 성질을 말한다.

4. 열역학에서 가역과정이기 위한 조건으로 가장 올바른 것은?
- ㉮ 마찰과 같은 요인이 있어도 상관없다.
- ㉯ 계와 주위가 항상 불균형 상태이어야 한다.
- ㉰ 바깥 조건의 작은 변화에 의해서는 반대로 만들 수가 없다.
- ㉱ 과정이 일어난 후에도 처음과 같은 에너지 양을 갖는다.

[해설] 가역과정 : 이상적 과정이라고도 하는데 계가 한 과정을 진행한 다음, 반대로 그 과정을 따라 처음 상태로 되돌아올 수 있는 과정으로 자연계에는 마찰과 같은 열손실 때문에 가역과정이 존재하지 않는다.

5. 보일 샤를의 법칙을 올바르게 설명한 것은?
- ㉮ 완전기체의 비체적은 압력에 반비례하고, 절대온도에 비례한다.
- ㉯ 완전기체의 비체적은 압력에 비례하고, 절대온도에 비례한다.
- ㉰ 기체의 온도가 일정할 때, 비체적은 압력에 반비례한다.
- ㉱ 기체의 압력이 일정할 때, 비체적은 절대온도에 반비례한다.

[해설] $Pv = RT$

[정답] 1. ㉱ 2. ㉱ 3. ㉱ 4. ㉱ 5. ㉮

2-4 작동유체의 상태변화

(1) 등온과정

온도가 일정하게 유지되면서 진행되는 작동유체의 상태변화이다.

$$P_1 v_1 = P_2 v_2 \quad \text{여기서, } v: \text{비체적}$$

(2) 정적과정

체적이 일정하게 유지되면서 진행되는 작동유체의 상태변화이다.

$$\frac{P_1}{T_1} = \frac{P_2}{T_2}$$

(3) 정압과정

압력이 일정하게 유지되면서 진행되는 작동유체의 상태변화이다.

$$\frac{v_1}{T_1} = \frac{v_2}{T_2}$$

(4) 단열과정

주위와 열의 출입이 차단된 상태에서 진행되는 작동유체의 상태변화이다.
단열과정은 P, v, T의 세 가지 성질 중에서 임의의 두 성질만 관계식으로 표시할 수 있다.
① 압력과 부피와의 관계식

$$\frac{P_2}{P_1} = \left(\frac{v_1}{v_2}\right)^k \quad \text{여기서, } k : \text{단열지수, 이상기체의 경우 비열비이다.}$$

(5) 폴리트로픽 과정

비열비 k 대신에 폴리트로픽 지수 n을 사용하여 실제기관에서 일어나는 상태변화에 가까운 과정을 말한다.

$$Pv^n = C \text{ (일정)} \quad \text{여기서, } n : \text{폴리트로픽 지수}$$

예·상·문·제

1. 온도가 일정하게 유지되는 상태변화를 무엇이라 하는가?
  ㉮ 정압변화   ㉯ 등온변화
  ㉰ 정적변화   ㉱ 단열변화

2. 기체의 온도가 일정한 상태에서 이루어지는 상태변화를 무엇이라 하는가?
  ㉮ 등온변화   ㉯ 등압변화
  ㉰ 등적변화   ㉱ 단열변화

3. 처음 20 kg/cm², 150 ℃ 상태에 있는 0.3 m³의 공기가 가역 정적과정으로 50 ℃까지 냉각된다. 이때 압력을 구하면? (단, 열역학적 절대온도 T=273 K이다.)
  ㉮ 6.67 kg/cm²   ㉯ 15.27 kg/cm²
  ㉰ 26.67 kg/cm²   ㉱ 25.27 kg/cm²

[해설] $\dfrac{P_1}{T_1} = \dfrac{P_2}{T_2}$ 에서

$P_2 = \dfrac{T_2}{T_1} P_1$

$= \dfrac{273+50}{273+150} \times 20 = 15.27 \text{ kg/cm}^2$

4. 체적 10 L 속의 완전기체가 압력 760 mmHg 상태에 있다. 만약, 체적이 20 L로 단열팽창하였다면 압력은 얼마로 변하겠는가?(단, 이 경우 비열비는 1.4이다.)
  ㉮ 217 mmHg   ㉯ 288 mmHg
  ㉰ 302 mmHg   ㉱ 364 mmHg

[해설] 단열과정에서 P, v 관계식

$\dfrac{P_2}{P_1} = \left(\dfrac{v_1}{v_2}\right)^k$ 에서

$P_2 = P_1 \left(\dfrac{v_1}{v_2}\right)^k$

$= 760 \times \left(\dfrac{10}{20}\right)^{1.4} = 288 \text{ mmHg}$

5. 완전가스 상태변화에서 처음 상태보다 압력이 2배, 체적이 3배로 되었다면 온도는 몇 배로 되는가?
  ㉮ 변화 없다.   ㉯ 1.5배
  ㉰ 6배   ㉱ 8배

[해설] $\dfrac{P_1 v_1}{T_1} = \dfrac{P_2 v_2}{T_2}$ 에서

$T_2 = \dfrac{P_2}{P_1} \cdot \dfrac{v_2}{v_1} \cdot T_1$

$= \dfrac{2P_1}{P_1} \cdot \dfrac{3v_1}{v_1} \cdot T_1 = 6 T_1$

6. 단열변화 과정 중에 대한 설명이 옳은 것은?
  ㉮ 팽창 일을 할 때 온도는 올라가고, 압축 일을 할 때는 온도가 내려간다.
  ㉯ 팽창 일을 할 때 온도는 내려가고, 압축 일을 할 때는 온도가 올라간다.
  ㉰ 팽창 일을 할 때, 압축 일을 할 때는 모두 온도는 내려간다.
  ㉱ 팽창 일을 할 때, 압축 일을 할 때는 모두 온도는 올라간다.

정답 1. ㉯   2. ㉮   3. ㉯   4. ㉯   5. ㉰   6. ㉯

2-5 열역학 제2법칙

열과 일의 변환에 어떠한 방향성이 있다는 것을 설명한 것이다.

열은 고온 물체에서 저온 물체로 이동하며, 저온 물체에서 고온 물체로는 이동하지 못한다(클라우시스(Clausius)의 정의).

고온으로부터 열을 흡수하여 일로 바뀔 때에 열기관이 필요하며, 흡수된 열의 일부만 일로 바뀌고 나머지는 방출된다.

일은 쉽게 열로 변환되지만 열에서 일을 얻기 위해서는 열기관이 필요하고, 또 공급된 열도 일부만 일로 바뀌고 나머지는 방출되기 때문에 100% 열기관은 존재하지 않는다. 또, 저온 물체에서 고온 물체로 열을 이동시킬 수 없으므로 냉동기를 사용해야 한다.

(1) 열기관의 이상적 사이클

- 카르노 사이클: 이론적으로 최고의 효율을 가진 사이클로 이상적인 사이클이다.
  2개의 등온과정과 2개의 단열과정으로 이루어진 사이클이다.
  등온팽창 → 단열팽창 → 등온압축 → 단열압축
  - 카르노 사이클의 열효율(η_{th})

$$\eta_{th} = \frac{W}{Q_1} = 1 - \frac{Q_2}{Q_1} = 1 - \frac{T_2}{T_1}$$

여기서, Q_1: 공급받는 열량, Q_2: 방출되는 열량, T_1, T_2: 절대온도

(2) 열량과 온도와의 관계

- 엔트로피(entropy: S): 가역과정에서 작동유체를 출입하는 열량 Q를 절대온도 T로 나눈 값을 말한다. 가역 사이클에서 엔트로피는 항상 일정하지만, 비가역 사이클에서 엔트로피는 항상 증가한다.

예·상·문·제

1. 등엔트로피(isentropic) 과정을 가장 올바르게 설명한 것은?
㉮ 등온, 가역과정
㉯ 단열, 가역과정
㉰ 폴리트로픽, 가역과정
㉱ 정압, 비가역과정

[해설] 등엔트로피 변화 : 엔트로피를 일정하게 유지하면서 물체가 속한 계의 상태를 변화시키는 것을 말한다. 가역적 단열변화가 여기에 해당하며, 이 경우 역으로도 성립하여 등엔트로피 상태의 가역적 변화는 항상 단열과정이다.

2. 이상적인 터보제트 기관의 구성에서 등엔트로피 과정이 아닌 것은?
㉮ 압축과정   ㉯ 터빈과정
㉰ 분사과정   ㉱ 연소과정

3. "열은 외부의 도움 없이는 스스로 저온에서 고온으로 이동하지 않는다"는 누구의 주장인가?
㉮ Clausius   ㉯ Kelvin
㉰ Carnot   ㉱ Boltzman

4. 열역학 제2법칙을 설명한 내용으로 틀린 것은?
㉮ 에너지 전환에 대한 조건을 주는 법칙이다.
㉯ 열과 기계적 일 사이의 에너지 전환을 말한다.
㉰ 열은 그 자체만으로는 저온 물체로부터 고온 물체로 이동할 수 없다.
㉱ 자연계에 아무 변화를 남기지 않고 어느 열원의 열을 계속하여 일로 바꿀 수 없다.

5. 자동차가 언덕을 내려올 때 브레이크를 밟으면 브레이크 장치에 열이 발생하는데, 만약 브레이크 장치를 냉각시켰더니 자동차가 언덕 위로 다시 올라갔다면, 다음 중 어느 법칙에 위배되는가?(단, 브레이크 작동 시 외부손실열은 없고, 발생된 열은 그대로 냉각 흡수하는 것으로 한다.)
㉮ 열역학 제1법칙   ㉯ 열역학 제0법칙
㉰ 열역학 제2법칙   ㉱ 에너지 보존 법칙

6. 자동차가 내려오다 브레이크를 밟았을 때 열이 발생하였다. 이때 바로 냉각했더니 자동차가 위로 올라갔다. 이는 어느 법칙을 위해하였는가?(단, 열 손실량은 없다.)
㉮ 열역학 제1법칙   ㉯ 열역학 제0법칙
㉰ 열역학 제2법칙   ㉱ 에너지 보존 법칙

7. 공기 사이클(air cycle) 3개 중 같은 압축비에서 최고압력이 같을 때 이론 열효율이 가장 높은 것부터 낮은 것으로 올바르게 나열한 것은?
㉮ 정적-정압-합성   ㉯ 정압-합성-정적
㉰ 합성-정적-정압   ㉱ 정적-합성-정압

8. 가역 카르노 사이클의 열효율 η_c는 어느 것인가?(단, T_1 : 고열원 절대온도, T_2 : 저열원 절대온도)

정답 1. ㉯ 2. ㉱ 3. ㉮ 4. ㉯ 5. ㉰ 6. ㉰ 7. ㉱ 8. ㉮

㉮ $\eta_c = 1 - \dfrac{T_2}{T_1}$ ㉯ $\eta_c = 1 - \dfrac{T_1}{T_2}$

㉰ $\eta_c = \dfrac{T_2}{T_1} - 1$ ㉱ $\eta_c = \dfrac{T_1}{T_2} - 1$

9. 온도 T_H인 고열원과 T_C인 저열원 사이에서 열량 Q_H를 받아 Q_C를 방출하여 작동하고 있는 카르노 사이클이 있다. 열효율을 가장 올바르게 표현한 것은?

㉮ $\eta = 1 - \dfrac{T_C}{\sqrt{T_H}}$

㉯ $\eta = 1 - \dfrac{T_C}{T_H}$

㉰ $\eta = \dfrac{Q_C}{Q_H} - \dfrac{T_C}{T_H}$

㉱ $\eta = \dfrac{T_H}{Q_H} - \dfrac{T_C}{Q_C}$

10. 카르노 사이클(carnot's cycle)에서 절대온도 $T_1 = 359K$, $T_2 = 223K$라고 가정할 때 열효율은 얼마인가?

㉮ 0.18 ㉯ 0.28 ㉰ 0.38 ㉱ 0.48

[해설] $\eta_c = 1 - \dfrac{T_2}{T_1} = 1 - \dfrac{223}{359} = 0.38$

11. 그림은 가스 사이클의 지압선도이다. 어떤 가스 사이클을 나타낸 것인가?

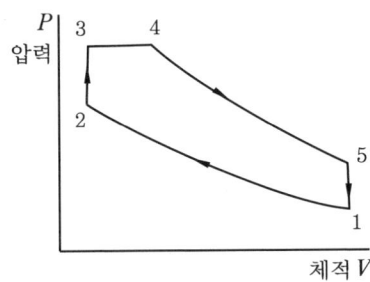

㉮ 오토 사이클 ㉯ 카르노 사이클
㉰ 디젤 사이클 ㉱ 사바테 사이클

[해설] 사바테 사이클
단열압축 과정 → 정적가열 과정 → 정압가열과정 → 단열팽창 과정 → 정적방열 과정

12. 다음 그림은 어떤 사이클인가?

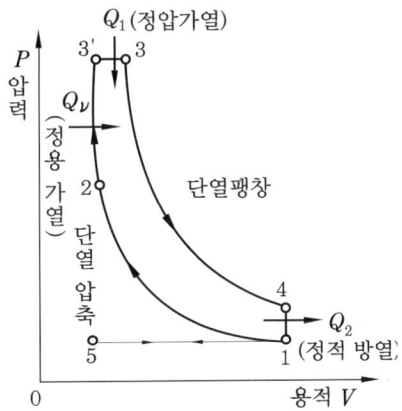

㉮ 카르노 사이클 ㉯ 정적 사이클
㉰ 정압 사이클 ㉱ 합성 사이클

[해설] 사바테 사이클(복합 사이클) : 2개의 단열과정, 2개의 정적과정, 1개의 정압과정으로 구성된 사이클로 정적-정압 사이클(복합 사이클, 이중연소 사이클)로 고속 디젤기관의 기본 사이클이다.

13. 다음 내연기관의 이론 공기 사이클을 해석하는데 가정되는 사항들이다. 잘못된 것은?

㉮ 작동 사이클은 공기 표준 사이클에 대하여 계산한다.
㉯ 가열은 외부로부터 피스톤과 실린더를 가열하는 것으로 생각한다.
㉰ 비열은 온도에 따라 변화하지 않는 것으로 본다.
㉱ 열해리는 일어나지 않는 것으로 하고, 열손실은 없다고 가정한다.

정답 9. ㉯ 10. ㉰ 11. ㉱ 12. ㉱ 13. ㉯

2-6 왕복기관의 기본 사이클

(1) 오토 사이클(정적 사이클)

정적과정과 단열과정으로 구성되고, 정적상태에서 이루어지므로 정적 사이클이라고 한다.

단열압축 과정 → 정적가열 과정 → 단열팽창 과정 → 정적방열 과정

열효율(η_0)

$$\eta_0 = 1 - \left(\frac{1}{\varepsilon}\right)^{k-1}$$

여기서, ε: 압축비

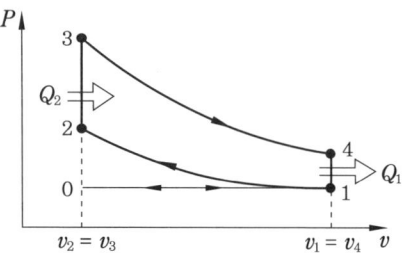

이상공기 표준 오토 사이클

예·상·문·제

1. 다음은 오토 사이클의 $P-v$ 선도이다. 3~4과정은?

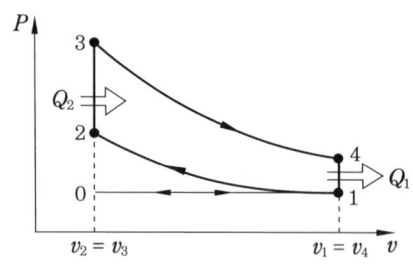

㉮ 단열팽창 ㉯ 단열압축
㉰ 정적수열 ㉱ 정적방열

[해설] 1-2과정: 단열압축, 2-3과정: 정적수열
3-4과정: 단열팽창, 4-1과정: 정적방열

2. 압축비가 8인 오토 사이클의 열효율은 얼마인가?(단, 작동유체는 공기이고, 비열비는 1.4이다.)

㉮ 48.9% ㉯ 56.4%
㉰ 78.2% ㉱ 94.5%

[해설] $\eta = 1 - \left(\frac{1}{\epsilon}\right)^{k-1}$
$= 1 - \left(\frac{1}{8}\right)^{1.4-1} = 0.564 = 56.4\%$

3. 과급기를 장착한 왕복기관에서 흡입되는 공기온도는 280 K이고 압축행정 후 온도는 840 K이다. 이때 외부 대기공기의 온도는 0 ℃이다. 열효율은 얼마인가?

㉮ 58.9% ㉯ 60%
㉰ 66.7% ㉱ 67.5%

[해설] $\eta = 1 - \frac{T_2}{T_1}$
$= 1 - \frac{840}{280} = 0.67$ 또는 67%

[정답] 1. ㉮ 2. ㉯ 3. ㉰

2-7 가스터빈 기관의 기본 사이클

(1) 브레이턴 사이클(Brayton cycle : 정압 사이클)

압축기에서 압축된 공기는 연소실로 들어가 정압연소되어 열을 공급하기 때문에 정압 사이클이라 한다.
단열압축 과정 → 정압가열 과정 → 단열팽창 과정 → 정압방열 과정

열효율(η_B)

$$\eta_B = 1 - \left(\frac{1}{\gamma_p}\right)^{\frac{k-1}{k}}$$

여기서, γ_p : 압력비

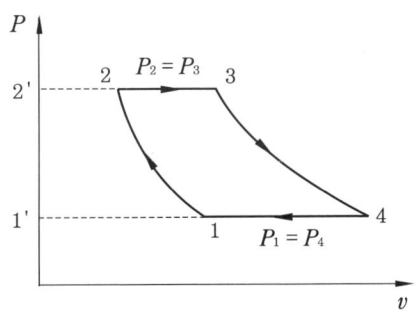

브레이턴 사이클

예·상·문·제

1. 브레이턴 사이클이란?
㉮ 정압과정 ㉯ 정온과정
㉰ 정량과정 ㉱ 정적과정

2. 그림은 브레이턴 사이클을 나타낸 것이다. 연소과정을 나타내는 것은?

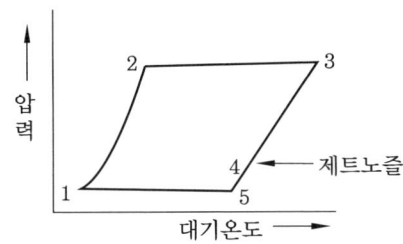

㉮ 1-2 ㉯ 2-3 ㉰ 3-4 ㉱ 4-5

[해설] 1-2 : 단열압축 과정
2-3 : 정압연소(가열) 과정
3-4 : 단열팽창 과정
5-1 : 정압방열 과정

3. 가스터빈 기관의 이상 사이클로서 열효율이 맞게 짝지어진 것은?

㉮ otto 사이클, $\eta_{th} = 1 - \left(\frac{V_1}{V_2}\right)^{k-1}$

㉯ 사바테 사이클, $\eta_{th} = 1 - \left(\frac{1}{\gamma_{vs}^{k-1}}\right)$

㉰ 디젤 사이클, $\eta_{th} = 1 - \left(\frac{1}{\gamma_{vs}^{k-1}}\right)\frac{r_f^{k-1}}{k(\gamma_f - 1)}$

㉱ 브레이턴 사이클, $\eta_{th} = 1 - \left(\frac{1}{\gamma_p}\right)^{\frac{k-1}{k}}$

4. 브레이턴(brayton) 사이클의 이론인 열

정답 1. ㉮ 2. ㉯ 3. ㉱ 4. ㉮

효율을 가장 올바르게 표시한 것은?(단, η_{th} : 열효율, γ : 압력비, k : 비열비)

㉮ $\eta_{th} = 1 - \left(\dfrac{1}{\gamma_p}\right)^{\frac{k-1}{k}}$

㉯ $\eta_{th} = 1 - \left(\dfrac{1}{\gamma_p}\right)^{\frac{k}{k+1}}$

㉰ $\eta_{th} = 1 - \left(\dfrac{1}{\gamma_p}\right)^{\frac{k+1}{k}}$

㉱ $\eta_{th} = 1 - \left(\dfrac{1}{\gamma_p}\right)^{\frac{k}{k-1}}$

5. 브레이턴(brayton) 사이클의 이론 열효율을 가장 올바르게 표시한 것은?(단, η_{th} : 열효율, γ : 압력비, k : 비열비)

㉮ $\eta_{th} = 1 - (\gamma)^{\frac{1}{k-1}}$

㉯ $\eta_{th} = 1 - (\gamma)^{\frac{1-k}{k}}$

㉰ $\eta_{th} = 1 - (\gamma)^{\frac{1}{k-1}}$

㉱ $\eta_{th} = 1 - (\gamma)^{\frac{k-1}{k}}$

[해설] $\eta_{th} = 1 - \left(\dfrac{1}{\gamma}\right)^{\frac{k-1}{k}} = 1 - (\gamma)^{\frac{1-k}{k}}$

6. 그림과 같이 단순 가스터빈 기관 사이클의 $P-v$ 선도에서 압축기가 공기를 압축하기 위하여 소비한 일은 어느 것인가?

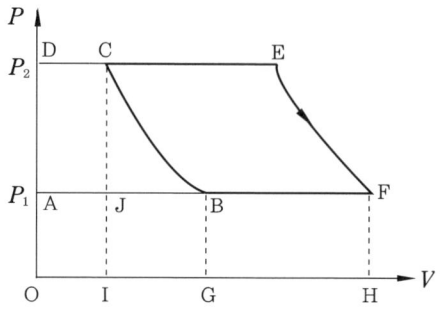

㉮ 면적 ABCDA ㉯ 면적 BCEFB
㉰ 면적 OGBCDO ㉱ 면적 AFHOA

7. 그림과 같은 브레이턴 사이클의 $P-v$ 선도에 대한 설명 중 틀린 것은?

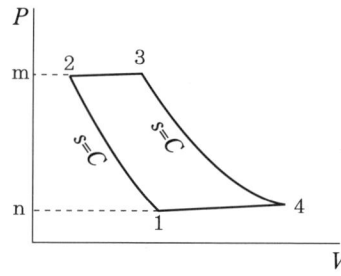

㉮ 넓이 1-2-3-4--1은 사이클의 참일
㉯ 넓이 3-4-n-m-3은 터빈 팽창일
㉰ 넓이 1-2-m-n-1은 압축일
㉱ 1개씩의 정압과정과 단열과정이 있다.

[해설] 브레이턴 사이클
1-2과정 : 단열압축 과정
2-3과정 : 정압수열(가열) 과정
3-4과정 : 단열팽창 과정
4-1과정 : 정압방열 과정

Chapter 02 항공기 왕복기관

1. 왕복기관의 작동원리

1-1 4행정 기관의 작동원리

크랭크축이 2회전하는 동안 한 번의 폭발이 일어난다.

(1) 흡입행정

피스톤이 하사점 방향으로 운동을 할 때 혼합가스가 실린더로 흡입된다. 흡입밸브는 상사점 전에 열리고, 하사점 후에 닫힌다.

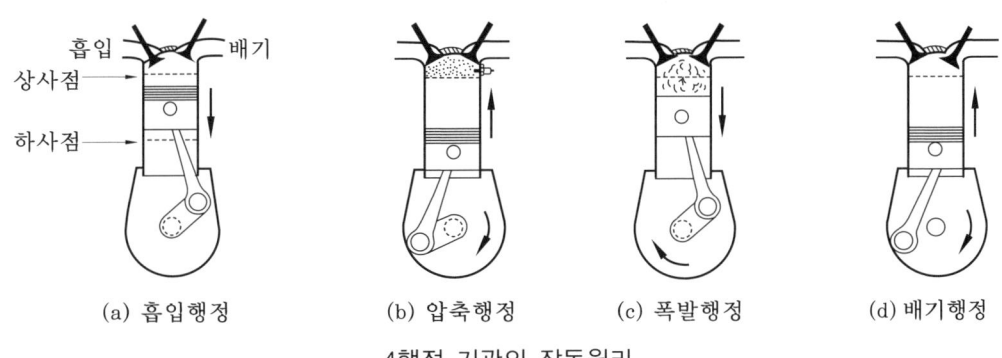

(a) 흡입행정 (b) 압축행정 (c) 폭발행정 (d) 배기행정

4행정 기관의 작동원리

(2) 압축행정

흡입밸브가 닫히고 피스톤이 상사점 방향으로 운동하면서 실린더 안의 혼합가스를 압축시킨다.
- 점화시기 : 압축행정 중 상사점 전에 점화 플러그에 의해 점화

(3) 팽창행정

흡·배기밸브가 닫혀 있는 상태에서 점화되어 폭발하면서 크랭크축을 회전시킨다.
상사점을 지나 10° 근처에서 실린더 압력이 최고가 되고, 실린더 안의 온도는 약 2000 ℃이다.
- 비정상적인 연소
  - (가) 디토네이션 현상 : 실린더 안에서 점화가 시작되어 연소, 폭발하는 과정에서 화염 전파속도에 따라 연소가 진행 중일 때 아직 연소되지 않은 혼합가스가 자연발화되

어 폭발하는 현상으로 정상점화 후 발생한다. 실린더 내부의 압력과 온도가 비정상적으로 급상승하고, 피스톤, 밸브 또는 커넥팅 로드 등이 손상을 입을 수 있다.

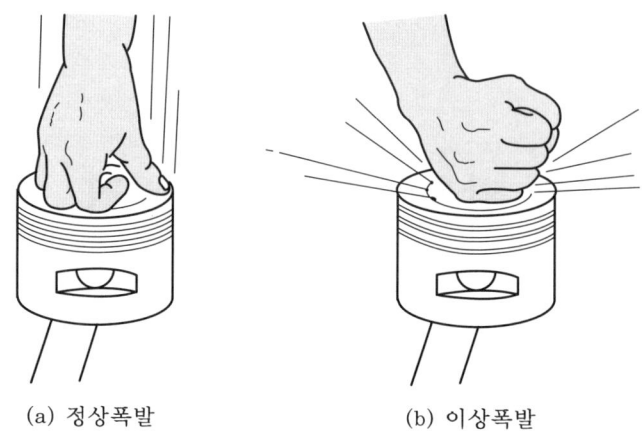

(a) 정상폭발 (b) 이상폭발

정상폭발과 이상폭발

(나) 조기점화 : 정상적인 불꽃 점화가 시작되기 전에 비정상적인 원인으로 발생하는 열에 의하여 밸브, 피스톤 또는 점화 플러그와 같은 부분이 과열되어 점화되는 현상으로 정상점화 전 발생을 한다.

(다) 디토네이션, 조기점화 방지책 : 적당한 옥탄가의 연료를 쓰거나 매니폴드 압력 및 실린더 안의 온도를 낮추어 준다.

(라) 디토네이션과 조기점화의 차이점 : 디토네이션은 정상점화 후 발생을 하고 조기점화는 정상점화 전에 발생을 한다.

(4) 배기행정

피스톤이 상사점 방향을 운동하면서 배기밸브가 열리고, 연소가스가 실린더 밖으로 배출된다. 배기밸브는 팽창행정이 끝나기 전인 하사점 전에 열리고, 흡입행정의 시작부분인 상사점 후에 닫힌다.

예·상·문·제

1. 피스톤 기관의 실린더 내의 최대 폭발 압력은 일반적으로 어느 점에서 일어나는가?

㉮ 상사점
㉯ 상사점 후 약 10°(크랭크 각)
㉰ 상사점 전 약 25°(크랭크 각)
㉱ 상사점 후 약 25°(크랭크 각)

[해설] 폭발은 상사점 전 25~35°에서 점화하

정답 1. ㉯

도록 설계하고, 최대 압력은 상사점 후 10° 근처에서 도달한다.

2. 왕복기관의 흡입·배기밸브가 실제로 열리고 닫히는 시기로 가장 올바른 것은?
- ㉮ 흡입밸브: 열림/상사점, 닫힘/하사점
  배기밸브: 열림/하사점, 닫힘/상사점
- ㉯ 흡입밸브: 열림/상사점 전, 닫힘/하사점 전
  배기밸브: 열림/하사점 후, 닫힘/상사점 후
- ㉰ 흡입밸브: 열림/상사점 전, 닫힘/하사점 전
  배기밸브: 열림/하사점 전, 닫힘/상사점 후
- ㉱ 흡입밸브: 열림/상사점 전, 닫힘/하사점 후
  배기밸브: 열림/하사점 전, 닫힘/상사점 후

[해설] 흡입밸브: 상사점 전에 열리고, 하사점 후에 닫힌다.
배기밸브: 하사점 전에 열리고, 상사점 후에 닫힌다.

3. 실린더의 압축비는 피스톤이 행정의 하사점에 있을 때와 상사점에 있을 때의 실린더 공간체적의 비이다. 압축비가 너무 클 때 일어나는 현상이 아닌 것은?
- ㉮ 하이드로릭 로크(hydraulic lock)
- ㉯ 디토네이션(detonation)
- ㉰ 조기점화(preignition)
- ㉱ 고열현상과 출력의 감소

[해설] 유압폐쇄(hydraulic lock): 성형기관의 하부 실린더, 도립 직렬형 기관에서 기관작동 후 정지상태에서 연료, 오일 등이 자체 중력에 의해 하부기통으로 모이면 다음 시동시 이 오일이 압축되어 기관을 묶어두는 현상

4. 디토네이션을 일으키는 원인은?
- ㉮ 너무 늦은 점화시기
- ㉯ 너무 낮은 옥탄가의 연료 사용
- ㉰ 너무 높은 옥탄가의 연료 사용
- ㉱ 오버홀의 부적합한 밸브 사용

5. 조기점화와 디토네이션의 차이점을 설명한 것 중 옳은 것은?
- ㉮ 조기점화가 먼저 일어나고, 디토네이션이 늦게 일어난다.
- ㉯ 조기점화가 늦게 일어나고, 디토네이션이 빨리 일어난다.
- ㉰ 조기점화와 디토네이션이 같이 일어난다.
- ㉱ 조기점화와 디토네이션 현상은 서로 상관없이 일어난다.

[해설] 디토네이션: 정상적인 점화 후 발생
조기점화: 정상적인 점화 전 발생

6. 4행정 사이클 기관에서 한 실린더가 분당 200번 폭발을 할 때 크랭크축의 회전수는?
- ㉮ 100 rpm
- ㉯ 200 rpm
- ㉰ 400 rpm
- ㉱ 800 rpm

[해설] 크랭크축이 2회전 했을 때 1번 폭발을 한다.

정답 2. ㉱ 3. ㉮ 4. ㉯ 5. ㉮ 6. ㉰

2. 왕복기관의 구조

2-1 기본 구조

(1) 실린더(cylinder)

피스톤이 왕복운동을 하고 동력을 발생하는 부분이다.

실린더 안에서 연소가스의 최대 압력은 약 60 kgf/cm^2, 최고 온도는 약 2000 ℃이다.

① 구성: 실린더 동체와 실린더 헤드로 이루어진다.

　(가) 실린더 헤드(cylinder head): 열전도성이 좋고 무게가 가볍고, 높은 온도에서도 기계적 강도가 큰 알루미늄 합금으로 만든다.
　　• 연소실 모양: 원통형, 반구형(많이 사용), 원뿔형

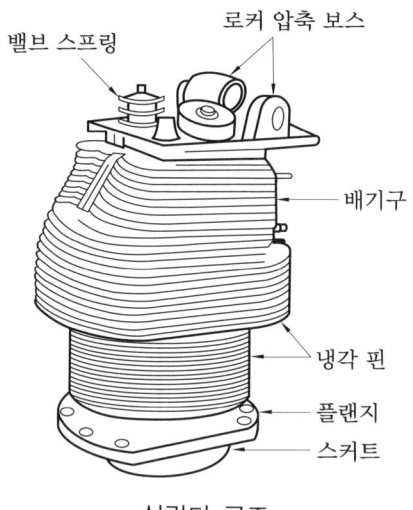

실린더 구조

　(나) 실린더 동체(cylinder barrel): 내열성과 내마멸성이 큰 합금강으로 만든다. 강철로 만든 실린더 라이너(liner)를 끼우고, 안쪽 면을 경화시키기 위해 질화(nitriding) 처리나 크롬(Cr) 도금을 한다.
　　• 지름-행정비: 실린더 안지름과 행정거리와의 비

(2) 피스톤(piston)

실린더 안의 연소가스 압력에 의한 힘을 받아 직선 왕복운동을 하면서 커넥팅 로드를 통해 크랭크축에 회전 일로 전달하고 혼합가스를 흡입하고 배기가스를 배출한다.

① 구성: 피스톤 헤드, 피스톤 스커트, 피스톤 링, 피스톤 핀

(가) 피스톤 : 열팽창이 작고, 열을 빨리 실린더 벽이나 윤활유에 전달해야 한다. 재질이 강하고, 내마멸성이 커야 한다.
  ㉮ 재질 : 알루미늄 합금
  ㉯ 피스톤 헤드 모양 : 평면형(많이 사용), 오목형, 컵형, 돔형, 반원뿔형
  ㉰ 피스톤 헤드 냉각 핀 : 헤드 안쪽면에 만들어져 있으며 구조를 더욱 튼튼히 하고 열을 잘 방출시킨다.
  ㉱ 피스톤 간격 : 열팽창에 의해 피스톤이 실린더에 밀착되는 것을 방지하기 위해 실린더와 피스톤 사이의 간격
  ㉲ 초크 보어(choke bore) : 열팽창을 고려하여 피스톤 헤드 쪽의 지름을 피스톤 스커트 쪽보다 작게 만들어 피스톤 간격이 일정하도록 한다.

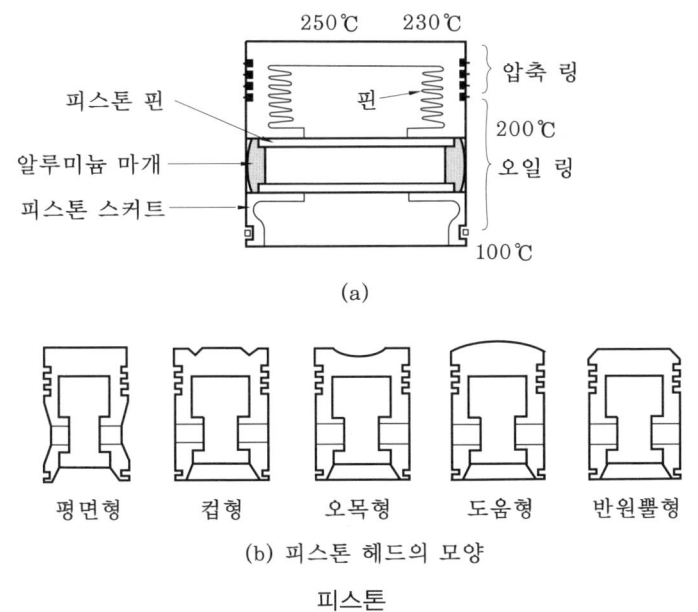

(b) 피스톤 헤드의 모양

피스톤

(나) 피스톤 링(piston ring) : 실린더 벽에 밀착되어 압축가스의 기밀작용, 열전도 작용, 윤활유 조절작용을 한다.
  ㉮ 압축링 : 피스톤의 열을 실린더 벽에 전달하고 피스톤 헤드 쪽에 2~3개가 있다.
  ㉯ 오일링 : 실린더 벽에 윤활유를 공급하거나 제거하고 피스톤 스커트 부분에 1~2개가 있다.
  ㉰ 끝간격(end clearance) : 링 홈에 링을 끼운 상태에서의 간격을 말한다. 계단형, 경사형, 맞대기형(많이 사용)이 있다.
  ㉱ 링의 장착 : 링 끝간격 배치 방향은 360°를 피스톤 링 수로 나눈 각도로 장착한다.
  ㉲ 링의 재질 : 주철
(다) 피스톤 핀(piston pin) : 피스톤에 작용하는 높은 압력의 힘을 커넥팅 로드에 전달한다. 강철 또는 알루미늄 합금으로 만들고 내마멸성을 높이기 위해 표면경화 처리

를 하고, 무게 감소를 위해 속이 비어 있다.
- ㉮ 종류 : 고정식, 반부동식, 전부동식(많이 사용)이 있다.
- ㉯ 스냅링(snap ring) 또는 스톱링(stop ring) : 기관 작동 중 피스톤 핀이 좌우 양쪽 방향으로 이동을 막는다.

(3) 밸브 기구 및 밸브 개폐기구

① 밸브(valve) : 실린더로 혼합가스, 배기가스의 출입을 제어한다. 포핏형(poppet type)이 주로 사용된다.

흡·배기밸브

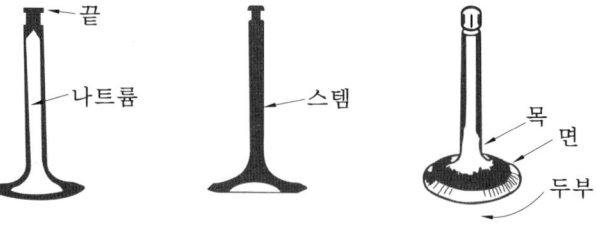

밸브장치

- ㉮ 흡기밸브 : Si-Cr강으로 만들고, 실린더 안으로 들어오는 혼합가스를 제어하며 보통 튤립형이 사용된다.
- ㉯ 배기밸브 : Ni-Cr강으로 만들고, 연소가스를 배출한다. 보통 버섯형이 사용되며 내열, 내마멸성이 강한 재료로 만든다. 배기밸브 내부는 속이 비어 있고, 이 속에 금속 나트륨(sodium)이 채워져 낮은 온도에서 액체 상태로 녹아 냉각효과를 증대시킨다.
- ㉰ 밸브 가이드(valve guide) : 밸브 스템을 지지하고 안내역할을 하며, 보통 수축법(shrinking)으로 장착한다.
- ㉱ 밸브 시트(valve seat) : 밸브 페이스와 맞닿는 부분으로 가스 누출을 방지하고, 초경질 합금 스텔라이트(stellite)를 입혀 마멸을 방지한다.
  - ㉮ 밸브 시트(valve seat)의 재질 : 알루미늄, 청동 또는 내열강
  - ㉯ 밸브 시트면의 각도 : 30°, 45°
- ㉲ 밸브 스프링(valve spring) : 밸브를 닫아 주는 역할을 한다. 방향이 서로 다르고 크기가 다른 2개의 스프링이 장착되어 진동을 감소시키고(서지(surge)현상 방지), 1개가 부러져도 안전하게 작동시킨다.

② 밸브 기구
- ㉮ 밸브 개폐시기에 사용되는 용어

㉮ 흡입밸브 열림 : IO(intake valve open)
㉯ 흡입밸브 닫힘 : IC(intake valve close)
㉰ 배기밸브 열림 : EO(exhaust valve open)
㉱ 배기밸브 닫힘 : EC(exhaust valve close)
㉲ 상사점 : TDC(top dead center)
㉳ 하사점 : BDC(bottom dead center)
㉴ 상사점 전 : BTC(before top dead center)
㉵ 상사점 후 : ATC(after top dead center)
㉶ 하사점 전 : BBC(before bottom dead center)
㉷ 하사점 후 : ABC(after before bottom dead center)

(나) 밸브 오버랩(valve overlap) : 흡입밸브와 배기밸브가 다 같이 열려 있는 각도이다.
  · 밸브 오버랩 공식 = IO + EC

(다) 대향형 기관의 밸브 기구 : 캠축에 캠 로브가 설치된다.
  ㉮ 캠 로브(cam lobe) 수 : 실린더 수의 2배
  ㉯ 캠축의 속도 : 크랭크축 속도의 $\frac{1}{2}$

(라) 성형기관의 밸브 기구 : 캠 플레이트(cam plate)에 캠 로브가 있다. 흡입밸브용 캠 로브와 배기밸브용 캠 로브는 같은 캠 플레이트에 2열로 배열한다.

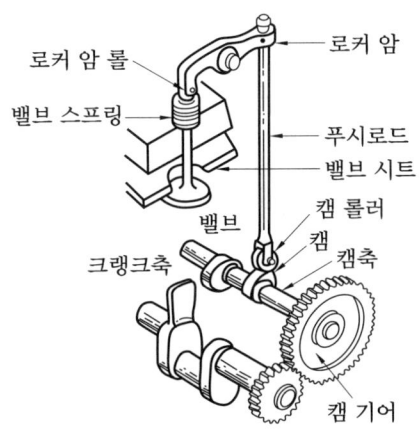

대향형 밸브 기구

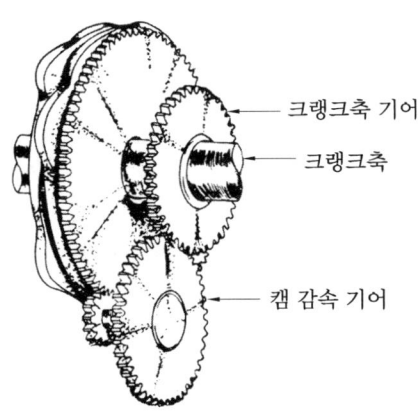

성형기관의 캠 플레이트

㉮ 캠 로브 수 구하는 식

$$n = \frac{N \pm 1}{2}$$

여기서, n : 캠 로브 수, N : 실린더 수, + : 캠축과 크랭크축의 회전방향이 동일한 방향일 경우, - : 캠축과 크랭크축의 회전방향이 반대방향일 경우

㉯ 캠 속도 구하는 공식 : $\frac{1}{N \pm 1}$, 캠판 속도 = $\frac{1}{2 \times \text{로브 수}}$

㉰ 밸브 틈새(valve clearance ; 밸브 간격) : 로커 암과 밸브 팁(tip)이 이루는 거리로 실린더의 열팽창과 밸브기구의 열팽창 차를 고려하여 틈새를 둔다.
- 밸브 간극이 좁으면 : 밸브가 빨리 열리고 늦게 닫힌다.
- 밸브 간극이 넓으면 : 밸브가 늦게 열리고 빨리 닫힌다.

(4) 커넥팅 로드(connecting rod)

피스톤의 왕복운동을 크랭크축의 회전운동으로 바꾸어 주기 위한 힘을 전달하며, 고탄소강이나 크롬강으로 만든다.
① 단면 모양 : H형, I형이 있다.
② 종류
　㉮ 평형 커넥팅 로드 : 직렬형, 대향형 기관에 사용한다.
　㉯ 포크 블레이드형 : V형 기관에 사용한다.
　㉰ 아티큘레이티드(articulated)형 : 성형기관에 사용한다.
③ 성형기관의 커넥팅 로드

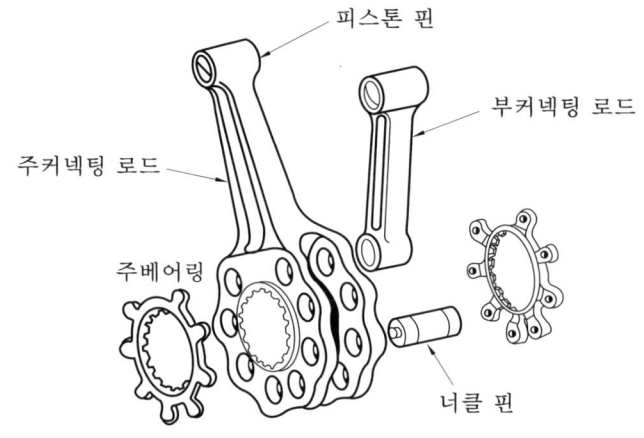

성형기관의 커넥팅 로드

　㉮ 주커넥팅 로드(master rod) : 성형기관에 1열에 하나씩 있으며, 로드 중 가장 크고 강하다. 부커넥팅 로드(articulated rod)가 주커넥팅 로드의 대단부에 연결되며, 주커넥팅 로드는 정확한 원운동을 한다.
　　㉠ 주커넥팅 로드(master rod)에 장착되는 실린더는 가장 늦게 탈거하고, 가장 먼저 장착을 한다.
　　㉡ 실린더 헤드 온도는 항상 주커넥팅 로드 실린더의 온도를 측정한다.
　　㉢ 마그네토 장착시는 항상 1번 실린더를 기준으로 장착을 한다.
　㉯ 부커넥팅 로드(articulated rod) : 주커넥팅 로드 대단부에 너클 핀(nuckle pin)으로 고정되며, 각자 고유의 타원 궤적운동을 한다.

(5) 크랭크축(crankshaft)

피스톤 및 커넥팅 로드의 왕복운동을 회전운동으로 바꾸어 프로펠러에 회전동력을 준다. 크롬-니켈-몰리브덴의 고강도 합금강으로 만든다.

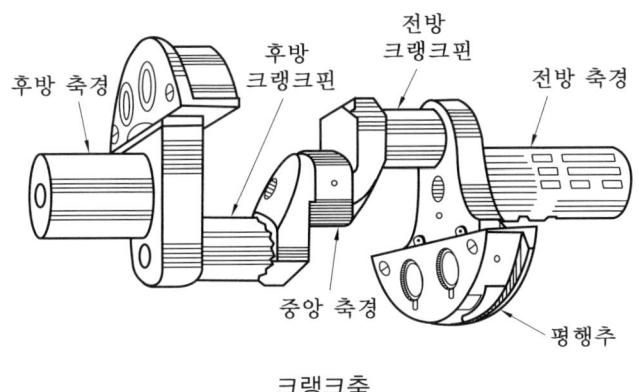

크랭크축

- 구성
    - (가) 주저널(main journal) : 주베어링에 의해 받쳐져 회전하는 부분이다.
    - (나) 크랭크암(crankarm) : 주저널과 크랭크핀을 연결하는 부분이다.
    - (다) 크랭크핀(crankpin) : 커넥팅 로드의 큰 끝이 연결되는 부분이다.
        - ㉮ 크랭크핀의 속이 비어 있는 이유
            - 무게 경감
            - 윤활유 통로 역할
            - 탄소 침전물, 찌꺼기, 이물질이 쌓이는 슬러지 체임버(sludge chamber) 역할
    - (라) 평형추(counter weight) : 크랭크축에 정적 평형을 준다. 즉, 회전력을 일정하게 되도록 한다.
    - (마) 다이내믹 댐퍼(dynamic damper) : 크랭크축의 변형이나 비틀림 및 진동을 방지한다. 즉, 동적 안정을 준다.

(6) 크랭크케이스(crankcase)

기관의 몸체를 이루고 있는 부분으로 크랭크축을 중심으로 주위의 여러 가지 부품이나 장비들을 둘러싸거나 장착하게 만든 케이스이다. 재질은 알루미늄 합금으로 만든다.

2-2 흡입 계통

피스톤의 펌프 작용에 의해 혼합가스를 각 실린더 안으로 흡입시켜 연소가 이루어지도록 혼합가스를 공급하는 부분이다.

(1) 공기 덕트(air duct)

공기를 받아들이는 통로이다.

① 공기 스쿠프(air scoop) : 램 공기(ram air)를 빨아들이는 긴 도관이다.
② 공기 여과기(air filter) : 공기가 기관으로 들어오기 전에 맨 처음 부딪히는 부분으로 공기 속의 먼지나 불순물을 걸러 준다.
③ 알터네이트 공기 밸브(alternate air valve) : 조종석에서 기화기 공기 히터 조종장치에 의해 조절한다.
  ㈎ 히터 위치(hot position) : 공기 여과기를 통과한 공기 덕트 통로는 닫히고, 히터 덕트가 열리면서 기관에 의해 뜨거워진 공기를 흡입한다.
  ㈏ 정상 위치(colt position) : 히터 덕트가 닫히고 주공기 덕트가 열리면서 대기 중의 공기를 기화기로 보낸다.
④ 기화기 공기 히터(carburetor air heater) : 배기관 주위가 덮개로 씌어져 있어 이곳을 통과한 따뜻한 공기로 기화기 빙결을 방지할 때 사용하고, 고 출력시 히터 위치에 놓으면 디토네이션이 일어나 출력이 감소한다.

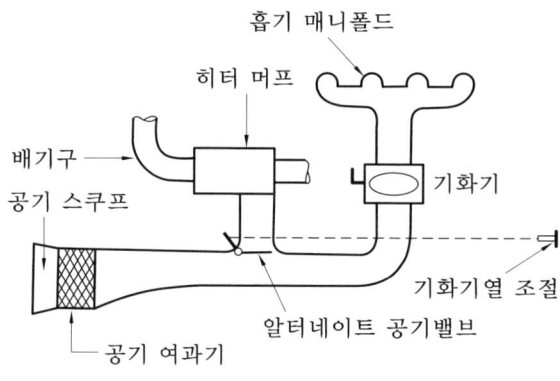

공기 덕트

(2) 기화기(carburetor)

공기 덕트를 통하여 들어온 공기와 연료계통에서 공급된 연료를 분사시켜 적당한 비율의 혼합가스로 만들어 주는 장치이다.

(3) 매니폴드(manifold)

기화기에서 만들어진 혼합가스를 각 실린더에 일정하게 분배, 운반하는 통로 역할을 한다. 매니폴드 압력계의 수감부가 있다.

(4) 과급기(supercharger)

흡입가스를 압축시켜 많은 양의 혼합가스 또는 공기를 실린더로 밀어 넣어 큰 출력을 내도록 하는 장치이다.

① 과급기의 사용 : 이륙 시, 고고도 비행 시에 사용한다.
② 과급기의 종류 : 루츠식, 베인식, 원심식(많이 사용)이 있다.
 • 원심식 과급기의 주요 구성품 : 구동기어, 임펠러(impeller), 디퓨저(diffuser)가 있다.
③ 원심식 과급기의 임펠러 구동시키는 방법
  ㈎ 기계식 : 기어에 의하여 임펠러를 크랭크축 회전속도의 5~10배 정도로 고속회전시켜 디퓨저를 통해 매니폴드로 공급된다.
  ㈏ 배기 터빈식 : 배기가스 흐름속도를 이용하여 터빈을 돌리고, 이 터빈과 과급기 임펠러가 직접 연결되어 임펠러를 회전시켜 출력을 증가시킨다.
    ㉮ 장점 : 기계적 마력손실이 없다.
    ㉯ 단점 : 배기가스 흐름에 저항이 생겨 체적효율이 낮아지고 구조가 복잡해진다.

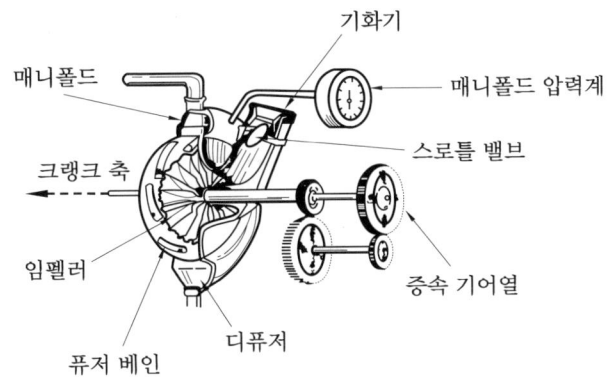

기계식 과급기

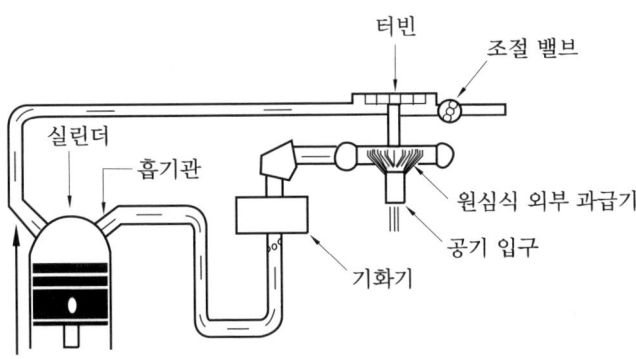

배기 터빈식 과급기

(5) 매니폴드 압력

매니폴드 안의 압력을 말한다. 과급기가 없는 기관의 매니폴드 압력은 대기압보다 항상 낮으며, 과급기가 있는 기관에서는 대기압보다 높아질 수 있다.
매니폴드 압력은 절대압력으로 나타내며, inHg 또는 mmHg의 단위를 사용한다.

2-3 배기 계통

(1) 배기관(배기 파이프)

각 실린더에서 배출되는 연소가스를 배기밸브로부터 한 곳으로 모아서 소음기를 통하여 대기 중으로 배출한다.

(2) 소음기

얇은 강판을 원통 모양으로 용접하여 안쪽에 여러 장의 차단판을 설치하고, 조금씩 팽창시키면서 흐름의 방향을 바꾸어 서서히 배기압력과 온도를 감소시켜 소음감소 효과를 얻도록 한다.

예·상·문·제

1. 실린더 헤드의 안쪽에 있는 연소실의 모양 중 가장 연소가 잘 이루어지는 형식은?
㉮ 원통형 ㉯ 반구형
㉰ 원뿔형 ㉱ 오목형

[해설] 연소실 모양 : 원통형, 반구형, 원뿔형 등이 있는데 연소가 잘 이루어지는 모양의 반구형이 널리 쓰인다.

2. 초크 보어 또는 taper ground 실린더의 목적은?
㉮ 정상작동 시 실린더 내경을 곧게 유지하기 위하여
㉯ 피스톤 링 고착 방지를 위해
㉰ 실린더 배럴 마모를 보상하기 위해
㉱ 시동 시 압축 압력을 증가시키기 위해

[해설] 초크 보어(choke bore) : 열팽창을 고려하여 실린더 상사점 부근의 지름이 하사점 부근의 지름보다 약간 작게 만들어 정상작동 시 실린더 내경을 일정하게 유지한다.

3. 피스톤 기관의 실린더 내벽의 크롬 도금에 대한 설명으로 가장 올바른 것은?
㉮ 실린더 내벽의 열팽창을 크게 한다.
㉯ 실린더 내벽의 표면을 경화시킨다.
㉰ 청색 표시를 한다.
㉱ 반드시 크롬 도금한 피스톤 링을 사용한다.

[해설] 실린더 안쪽 면을 경화시키기 위해 질화 처리를 하거나 크롬 도금을 한다.

4. 실린더의 내벽을 경화(hardening)시키는 방법은?
㉮ Nitriding ㉯ Shot peening
㉰ Ni plating ㉱ Zn plating

[해설] 실린더 동체는 강철로 만든 실린더 라이너를 끼우고, 실린더 안쪽면을 경화시키기 위해 질화처리(nitriding)를 하거나 크롬 도금을 한다.

5. 기관 실린더를 장탈할 때 피스톤의 위치

[정답] 1. ㉯ 2. ㉮ 3. ㉯ 4. ㉮ 5. ㉯

는 어디에 있을 때 장탈하여야 하는가?
- ㉮ 아무 곳이나 손쉬운 위치
- ㉯ 상사점
- ㉰ 상사점과 하사점 중간
- ㉱ 하사점

6. 피스톤 링은 연소실을 밀폐시키는 역할 이외에 어떤 역할을 하는가?
- ㉮ 피스톤 핀(pin)을 윤활시킨다.
- ㉯ 크랭크 케이스(case)압력을 축소시킨다.
- ㉰ 실린더가 헤드로 너무 가까이 접근하는 것을 방지한다.
- ㉱ 열분산을 돕는다.

[해설] 피스톤 링은 압축가스의 기밀작용, 열전도작용, 윤활유 조절작용을 한다.

7. 왕복기관의 피스톤 링(piston ring)의 주요 기능으로 가장 거리가 먼 것은?
- ㉮ 연소실 내의 압력 유지
- ㉯ 윤활유가 과도하게 연소실로 들어가는 것을 방지
- ㉰ 연소 압력이 상승됨
- ㉱ 피스톤 열을 실린더 벽면으로 전달하는 기능

8. 유압 리프터(hydraulic valve lifter)를 사용하는 수평 대향형 기관에서 밸브 간극을 조절하려면 어떻게 해야 하는가?
- ㉮ 로커 암을 조절
- ㉯ 로커 암을 교환
- ㉰ 푸시로드를 교환
- ㉱ 밸브 스템 심(shim)으로 조절

[해설] 대향형 기관의 유압식 밸브 리프터는 오버홀(overhaul)시에만 간극을 조절한다.

9. 왕복기관의 밸브 간격에 대한 설명으로 틀린 것은?
- ㉮ 냉간 간격은 기관이 작동하고 있지 않을 때의 밸브 간격이며, 검사 간격 이라고도 한다.
- ㉯ 밸브 간격이 너무 좁으면 흡입효율이 나쁘며, 완전배기가 되지 않는다.
- ㉰ 밸브 간격은 보통 열간 간격이 1.52~1.78 mm가 적합하고, 냉간 간격은 0.25 mm 정도이다.
- ㉱ 열간 간격이 큰 이유는 기관작동 시 실린더 쪽이 푸시로드(pushrod) 쪽보다 더 뜨겁고 열팽창이 크기 때문이다.

[해설] 밸브 간극이 너무 좁으면 밸브가 빨리 열리고 늦게 닫힌다.

10. 밸브 가이드가 마모되었을 때 일어나는 현상은?
- ㉮ 높은 오일 소모량
- ㉯ 낮은 실린더 압력
- ㉰ 낮은 오일 압력
- ㉱ 높은 오일 압력

[해설] 밸브 가이드(valve guide) : 밸브 스템을 지지하고 안내하는 역할을 한다.

11. 다음 중 어느 캠 링이 가장 천천히 회전을 하는가?
- ㉮ 5 실린더 기관에 사용되는 2 lobe cam ring
- ㉯ 7 실린더 기관에 사용되는 3 lobe cam ring
- ㉰ 9 실린더 기관에 사용되는 5 lobe cam ring
- ㉱ 위 모두 회전속도는 같다.

정답 6. ㉱ 7. ㉰ 8. ㉰ 9. ㉯ 10. ㉮ 11. ㉰

[해설] 캠판 속도 = $\dfrac{1}{2 \times 로브\ 수}$

12. 왕복기관의 경우 밸브 개폐시기로서 흡기밸브가 상사점 이전 30°에서 열리고 하사점 이후 60°에서 닫히며, 배기밸브는 하사점 이전 60°에서 열리고, 상사점 이후 15°에서 닫히는 경우 밸브 오버랩(valve overlap)은 몇 도(°)인가?
㉮ 15° ㉯ 45° ㉰ 60° ㉱ 75°

[해설] 밸브 오버랩(valve overlap)
= IO + EC = 30° + 15° = 45°

13. IO BTC 30°, IC ABC 60°, EO BBC 60°, EC ATC 15°일 때 6기통 기관의 power overlab은?
㉮ 40° ㉯ 60° ㉰ 90° ㉱ 120°

[해설] power overlap
= 폭발행정 – 배기밸브 열림각도
= 180° – 60° = 120°

14. 밸브 오버랩(valve overlap)의 가장 큰 장점은?
㉮ 밸브 backlash를 방지한다.
㉯ 가스의 역류를 방지한다.
㉰ 밸브를 좀 더 오래 열리게 한다.
㉱ 배기와 냉각을 돕는다.

[해설] 밸브 오버랩의 장점 : 체적 효율의 향상, 출력 증가, 냉각효과

15. 왕복기관에서 밸브 오버랩(valve overlap)의 가장 큰 장점이 되는 것은?
㉮ 배기밸브의 냉각을 돕고, 더 많은 출력을 낼 수 있게 한다.
㉯ 후화(after fire)를 방지한다.
㉰ 배기가스(exhaust gas)를 속히 배출한다.
㉱ 혼합기(mixture gas)를 실린더 내에 더 많이 넣어준다.

16. 왕복기관에서 밸브 간격이 과도하게 클 경우 가장 올바르게 설명한 것은?
㉮ 밸브 오버랩(overlab) 증가
㉯ 밸브 오버랩(overlab) 감소
㉰ 밸브의 수명 증가
㉱ 밸브 오버랩(overlab)에 영향을 미치지 않는다.

[해설] 밸브 간극이 너무 크면 밸브가 늦게 열리고 일찍 닫힌다. 따라서 밸브 오버랩이 감소한다.

17. 왕복기관에서 실린더의 배기밸브는 흡기밸브보다 과열되므로 밸브의 내부에 어떤 물질을 넣어서 냉각하는가?
㉮ 암모니아액 ㉯ 금속 나트륨
㉰ 수은   ㉱ 실리카 겔

[해설] 금속 나트륨은 비교적 낮은 온도에서 액체 상태로 녹아 냉각효과를 증대시킨다.

18. 배기밸브(exhaust valve)의 냉각을 위해 밸브 속에 넣어 사용하는 물질은?
㉮ 금속 나트륨(sodium)
㉯ 스텔라이트(stellite)
㉰ 아닐린(aniline)
㉱ 취하물(bromide)

19. 왕복기관에서 밸브 간격(valve clearance)이 작으면?
㉮ 빨리 열리고 늦게 닫힌다.
㉯ 밸브 작동시간이 짧다.
㉰ 늦게 열리고 빨리 닫힌다.
㉱ 흡·배기 효율이 좋다.

정답 12. ㉯ 13. ㉱ 14. ㉱ 15. ㉱ 16. ㉯ 17. ㉯ 18. ㉮ 19. ㉮

20. 왕복기관의 로커 암(rocker arm)과 밸브 끝(valve tip)의 간극이 작다면?
㉮ 밸브가 늦게 열리고 늦게 닫힌다.
㉯ 밸브가 열려 있는 기간이 짧다.
㉰ 밸브가 일찍 열리고 일찍 닫힌다.
㉱ 밸브가 일찍 열리고 늦게 닫힌다.

21. 항공기용 왕복기관의 밸브에 2개 이상의 스프링(spring)을 사용하는 가장 큰 이유는?
㉮ 밸브가 인장(stretch)되는 것을 감소하기 위해
㉯ 밸브 스템(stem)에 균등한 압력을 주기 위해
㉰ 밸브 스프링의 파동(spring surge)을 줄이기 위해
㉱ 밸브 스프링이 파손되는 것을 방지하기 위하여

[해설] valve spring은 나선형으로 감겨진 방향이 서로 다르고 스프링의 굵기와 지름이 다른 2개의 spring을 겹치게 장착하여 진동(surge)을 감소시키고 1개가 부러져도 안전하게 제기능을 하도록 한다.

22. 왕복기관에서 둘 또는 그 이상의 밸브 스프링을 사용하는 가장 큰 이유는?
㉮ 밸브 간격을 0으로 유지하기 위하여
㉯ 한 개의 밸브 스프링이 파손될 경우에 대비하기 위하여
㉰ 밸브의 변형을 방지하기 위해
㉱ 축을 감소시키기 위해

23. 고출력 왕복기관을 지상에서 높은 출력으로 장시간 작동시키다가 부주의로 인하여 순간적으로 급격하게 감소시켰을 때 일어나는 현상은?
㉮ 피스톤 링 홈(groove) 사이에서 오일의 탄화가 일어난다.
㉯ 자동온도 조절장치의 다이어프램이 손상된다.
㉰ 오일로 인하여 동력부에 과부하가 걸린다.
㉱ 동력부의 모든 오일이 소기된다.

24. 방사형 기관의 크랭크축에서 정적 평형은 어느 것에 의해 이루어지는가?
㉮ dynamic damper
㉯ counter weight
㉰ dynamic suspension
㉱ split master rod

[해설] 정적 평형 : 카운터 웨이트
동적 평형 : 다이내믹 댐퍼

25. 방사형 기관의 크랭크축에서 동적 평형은 어느 것에 의해 이루어지는가?
㉮ 카운터 웨이트(counter weight)
㉯ 다이내믹 댐퍼(dynamic damper)
㉰ 다이내믹 센서(dynamic sensor)
㉱ 플라이 휠(fly wheel)

26. 다아내믹 댐퍼(dynamic damper)의 주목적은?
㉮ 크랭크축의 자이로 작용(gyroscopic action)을 방지하기 위하여
㉯ 항공기가 교란되었을 때 원위치로 복원시키기 위하여
㉰ 크랭크축의 비틀림 진동을 감쇠하기 위하여
㉱ 커넥팅 로드(connecting rod)의 왕복운동을 방지하기 위하여

[정답] 20. ㉱ 21. ㉰ 22. ㉯ 23. ㉮ 24. ㉯ 25. ㉯ 26. ㉰

[해설] 다이내믹 댐퍼 : 동적 안정 및 크랭크축의 변형이나 비틀림을 방지한다.

27. 크랭크축의 런 아웃(run out) 측정을 위하여 다이얼 게이지를 읽은 결과 +0.001 inch부터 -0.002 inch까지 지시하였다면 이때, 런 아웃 값은 몇 inch인가?
- ㉮ 0.001
- ㉯ 0.002
- ㉰ 0.003
- ㉱ -0.002

[해설] 측정물을 회전시켜 최대값과 최소값으로 런아웃값을 구한다.

28. 9기통 성형기관에 4로브 캠의 경우 크랭크축과 캠축의 회전속도비는?
- ㉮ $\frac{1}{2}$
- ㉯ $\frac{1}{4}$
- ㉰ $\frac{1}{6}$
- ㉱ $\frac{1}{8}$

[해설] 성형기관의 밸브 기구
캠 속도 구하는 식 $= \frac{1}{N\pm 1} = \frac{1}{9-1} = \frac{1}{8}$
(캠 로브 수가 4개니까 크랭크축과 캠축은 반대방향으로 회전을 하므로 "-"를 사용한다.)

29. 크랭크축의 주요 3부분에 속하지 않는 것은?
- ㉮ main journal
- ㉯ crank pin
- ㉰ connecting rod
- ㉱ crank arm

30. 대형 성형기관의 크랭크축에 사용하는 베어링(bearing)은?
- ㉮ 볼 베어링(ball bearing)
- ㉯ 롤러 베어링(roller bearing)
- ㉰ 평면 베어링(plain bearing)
- ㉱ 미끄럼 베어링(slide bearing)

[해설] 볼 베어링 : 대형 성형기관과 가스 터빈 기관의 추력 베어링으로 사용한다.

31. 왕복기관의 크랭크축에 일반적으로 사용되는 베어링은?
- ㉮ 볼 베어링(ball bearing)
- ㉯ 롤러 베어링(roller bearing)
- ㉰ 평면 베어링(plain bearing)
- ㉱ 니들 베어링(needle bearing)

[해설] 평면 베어링 : 저출력 기관의 커넥팅 로드, 크랭크축, 캠축 등에 사용한다.

32. 항공기 왕복기관의 실린더 내경을 가공하는 순서로 가장 올바른 것은?
- ㉮ grinder-소입-honing-boring
- ㉯ boring-소입-grinder-honing
- ㉰ 소입-lapping-boring-grinder
- ㉱ lapping-소입-grinder-boring

[해설] ① honing : 숫돌로 공작물을 가볍게 문질러 정밀 다듬질을 하는 가공법
② 담금질(소입) : 고온에서 급속냉각을 통해 기계적 성질을 개선하는 경화법
③ boring : 이미 뚫어져 있는 구멍을 둥글게 깎아 넓히는 작업
④ grinder : 고속으로 회전하는 연삭숫돌을 사용하여 공작물의 면을 깎는 작업

33. 차압 시험기를 이용하여 압축기 점검을 수행할 때 피스톤이 하사점에 있을 때 하면 안 되는 가장 큰 이유는?
- ㉮ 너무 위험하기 때문에
- ㉯ 최소한 한 개의 밸브가 열려 있기 때문에
- ㉰ 게이지(gage)가 손상되므로
- ㉱ 실린더 체적이 최대가 되어 부정확하므로

34. 왕복기관에서 흡기압력이 증가할 때

정답 27. ㉰ 28. ㉱ 29. ㉰ 30. ㉮ 31. ㉰ 32. ㉯ 33. ㉯ 34. ㉰

일어나는 현상으로 가장 올바른 것은?
㉮ 충진체적이 증가한다.
㉯ 충진체적이 감소한다.
㉰ 충진밀도가 증가한다.
㉱ 연료, 공기 혼합기의 무게가 감소한다.

35. 고출력 왕복기관에서 사용되는 일종의 압축기로 혼합가스 또는 공기를 압축시켜 실린더로 보내어 큰 출력을 내도록 하는 것은?
㉮ 기화기 ㉯ 공기 덕트
㉰ 매니폴드 ㉱ 과급기

36. 터보 차저(turbo charger)의 동력원은?
㉮ 크랭크축 ㉯ 배터리
㉰ 발전기 ㉱ 배기가스
[해설] 배기 터빈식 과급기-배기가스 흐름 속도를 이용하여 터빈을 돌린다.

37. 왕복기관에서 과급기를 장착하는 주 목적은 무엇인가?
㉮ 연료 소비율의 향상
㉯ 고공에서 출력저하 방지
㉰ 착륙 효율의 향상
㉱ 기관 효율의 향상
[해설] 기관의 출력은 고도가 높아짐에 따라 감소하므로 과급기를 사용하여 어느 고도까지는 출력의 감소를 작게 하여 비행고도를 높일 수 있다.

38. 흡입계통에서 매니폴드의 히터(heater)의 열원은?
㉮ electron heating
㉯ cabin heating
㉰ thermo couple(열전대)
㉱ 배기가스

정답 35. ㉱ 36. ㉱ 37. ㉯ 38. ㉱

3. 왕복기관의 연료

3-1 연 료

(1) 항공용 가솔린의 구비 조건
  ① 발열량이 커야 한다.
  ② 기화성이 좋아야 한다.
  ③ 베이퍼 로크(vapor lock)를 잘 일으키지 않아야 한다.
  ④ 안티노크성(anti-knock value)이 커야 한다.
  ⑤ 부식성이 작아야 한다.
  ⑥ 내한성이 커야 한다.
  ⑦ 안전성이 커야 한다.

(2) 기화성과 증기폐쇄(vapor lock)
  ① 기화성 시험장치 : ASTM 증류 시험장치
  ② 연료의 증기압을 측정장치 : 레이드 증기 압력계
  ③ 증기폐쇄(vapor lock) : 연료의 기화성이 너무 좋으면 연료가 파이프를 통하여 흐를 때 연료가 뜨거운 열에 의해 증발되어 기포가 형성되면서 연료 흐름을 차단하는 현상을 말한다. 증기폐쇄는 연료관이 배기관 근처에 설치되었거나, 연료관 내 연료 압력이 낮고 온도가 높을 때 잘 발생한다.

(3) 연료의 안티노크(anti-knock)성
  ① 안티노크성 : 연료가 가지고 있는 성질로 노크를 일으키기 어려운 성질이다.
  ② 안티노크제 : 4 에틸납
    (가) 단점 : 독성이 있고 연소 시 산화납이 발생하며 부식성이 있다.
    (나) 중화제 : TCP(트리인산크레질)를 첨가하여 사용한다.
  ③ 연료의 안티노크 측정장치 : CFR 기관
    • CFR 기관 : 액랭식, 단일 실린더 4행정기관, 가변 압축비
  ④ 옥탄값(octane number ; $O.N$) : 이소옥탄과 n헵탄의 함유량 중에서 노크를 잘 일으키지 않는 이소옥탄이 차지하는 체적비율(%)을 말한다.

$$O.N = 128 - \frac{2800}{P.N}$$

⑤ 퍼포먼스 수(performance number ; P.N) : 이소옥탄만으로 이루어진 표준 연료를 사용했을 때 노크를 일으키지 않고 낼 수 있는 출력과 이소옥탄에 4 에틸납이 든 연료를 사용했을 때 낼 수 있는 출력 증가분을 백분율(%)로 표시한 것을 말한다.

$$P.N = \frac{2800}{128 - O.N}$$

3-2 연료계통

(1) 연료계통의 종류

① 중력식 연료계통 : 높은 날개의 소형 기관에 사용하고 연료 탱크가 가장 높은 곳에 위치하여 중력에 의해 연료를 공급한다. 연료 공급은 이륙 시 실제 소모량의 150% 이상 공급이 가능해야 한다.

② 압력식 연료계통 : 대부분의 항공기에 사용하고, 연료 펌프에 의해 연료 탱크로부터 기화기로 압송한다. 이륙 시 실제 소모량의 125% 이상 공급이 가능해야 한다.

(2) 연료 탱크의 주요 구성

① 연료 탱크(fuel tank)
  (가) 위치 : 주날개 또는 동체 내에 위치한다.
  (나) 시험 : 수리 시 3.5 psi 내압시험
  (다) 인티그럴 연료 탱크 : 날개 자체 내부를 그대로 연료 탱크로 사용한다.

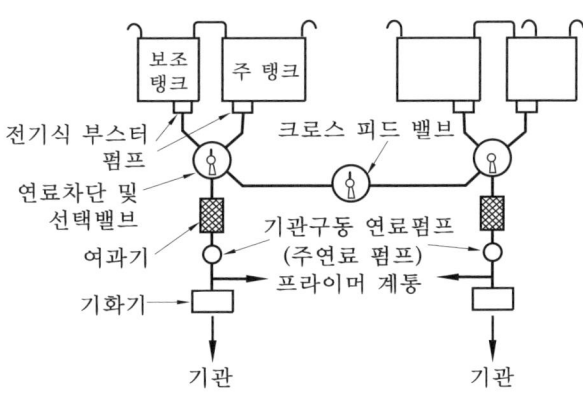

쌍발 항공기 연료계통

② 전기식 부스터 펌프(승압펌프)
  (가) 위치 : 연료 탱크 밑에 위치한다.
  (나) 부스터 펌프 형식 : 원심식이 있다.
  (다) 역할 : 시동 시, 이륙 시, 상승 시, 주연료 펌프가 고장 시 연료를 공급한다.

③ 연료 여과기(furl filter)
　㈎ 위치 : 연료 탱크와 기화기 사이, 연료계통 중 가장 낮은 곳에 위치한다.
　㈏ 역할 : 연료 내의 수분, 먼지 등 이물질을 제거한다.
　㈐ 배출 밸브(drain valve) : 여과기에 모인 불순물이나 수분 등을 배출시킨다.
④ 연료 차단 및 선택 밸브 : 연료 탱크로부터 기관으로 연료를 보내 주거나 차단하는 역할과 2개 이상 장착되어 있는 연료 탱크에서 어떤 연료 탱크의 연료를 사용할 것인가를 선택해 준다.
⑤ 주연료 펌프 : 베인식(vane type)이 주로 사용되고, 연료 탱크의 연료를 기화기로 일정한 양과 압력으로 보내 준다.
　㈎ 릴리프 밸브(relief valve) : 연료 출구 압력이 정해 놓은 압력보다 높을 때 연료를 입구 쪽으로 되돌려보낸다.
　㈏ 바이패스 밸브(bypass valve) : 기관 시동 시, 주연료 펌프 고장 시 연료를 직접 기관으로 공급한다.
　㈐ 벤트(vent) 구멍 : 고도에 따라 대기압이 변화하더라도 변화된 대기압이 작용되므로 연료 펌프의 출구 압력을 일정하게 한다.

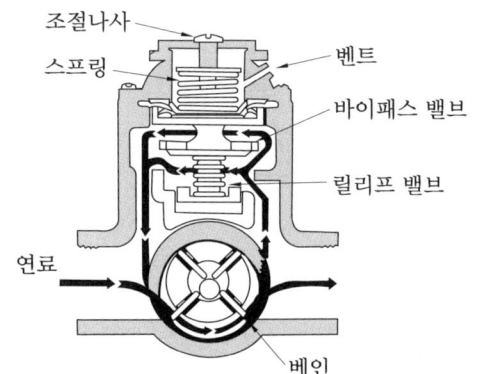

베인식 주연료 펌프

⑥ 프라이머(primer) : 기관 시동 시 흡입밸브 입구나 실린더 안에 연료 탱크로부터 프라이머 펌프를 통하여 직접 연료를 분사시켜 농후한 혼합가스를 만들어 줌으로써 시동을 쉽게 하는 장치이다.
　• 종류 : 수동식(소형기용), 전기식 솔레노이브 밸브(대부분 항공기용)가 있다.

3-3 기화기(carburetor)

연료 탱크로부터 공급된 연료와 공기 흡입계통으로 들어온 공기량에 따라 혼합비에 맞는 연료를 공급, 기화시켜 연소가 잘될 수 있는 혼합가스를 만드는 장치이다.

(1) 혼합비와 기관 출력

이상적인 연료 공기 혼합비는 1 : 15이다.
① 이륙 시 혼합비 : 농후한 혼합비
② 상승 시 혼합비 : 농후한 혼합비
③ 순항 시 혼합비 : 희박한 혼합비
④ 저속 작동 시 혼합비 : 가장 농후한 혼합비

(2) 후화와 역화 현상

① 후화(afterfire) : 혼합비가 너무 과농후(over rich)할 때 연소속도가 느려, 배기행정이 끝난 다음에도 연소가 진행되어 배기관을 통해 불꽃이 배출되는 현상이다.
② 역화(backfire) : 혼합비가 너무 과희박(over lean)할 때 연소속도가 과농후 상태보다 더욱 느려, 다음 흡입행정 시 흡입밸브가 열렸을 때 매니폴드나 기화기로 인화되는 현상이다.
③ 혼합비별 연소 속도 : 이상적인 혼합비 > 농후 혼합비 > 희박 혼합비

(3) 기화기 종류

① 플로트식 기화기(float type carburetor ; 부자식 기화기) : 구조가 간단하여 소형기에 널리 이용된다. 기화기 빙결이 쉽고 대형기나 곡기비행에 부적합하고 비행자세에 따라 영향이 크다. 연료량에 플로트(float)가 위아래로 움직일 때 여기에 연결된 니들 밸브(needle valve)가 위아래로 움직여 연료관의 통로를 열고 닫으면서 연료를 공급한다.

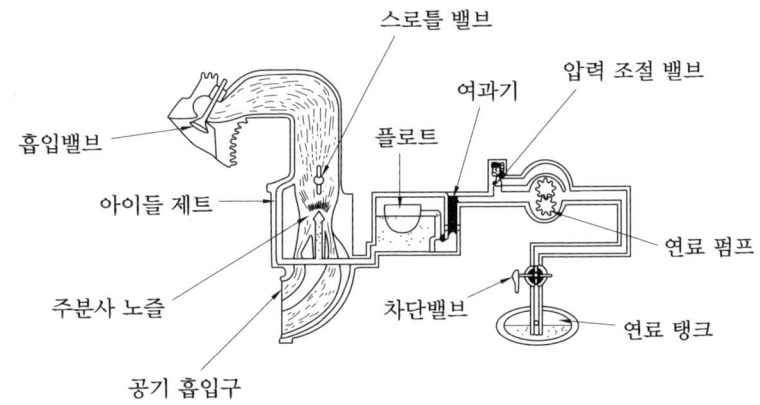

플로트식 기화기

㈎ 공기 블리드(air bleed) : 공기 중으로 연료 분사 시 더 작은 방울로 분무되도록 하여 공기와 혼합이 잘 되도록 한다.
㈏ 완속장치(idle system) : 기관이 완속으로 작동되어 주노즐에서 연료가 분출될 수 없을 때 연료가 공급되어 혼합가스를 만들어 주는 장치이다.
㈐ 이코노마이저 장치(economizer system) : 기관의 출력이 순항출력보다 큰 출력일 때, 연료를 더 공급하여 농후 혼합비를 만들어 주는 장치로 고출력장치라고도 한다.
 • 종류 : 니들 밸브식, 피스톤식, 매니폴드 압력식이 있다.
㈑ 가속장치(accelerating system) : 스로틀 밸브가 갑자기 여는 순간에만 연료를 강제적으로 더 많이 분출시켜 공기량 증가에 맞는 적당한 혼합가스가 유지될 수 있도록 한 장치이다.
㈒ 시동장치(starting system) : 시동 시 기화기 입구를 막아 공기의 흡입을 적게 해주고, 피스톤의 흡입압력을 이용하면 벤추리 부분의 압력이 낮아지면서 많은 연료

가 빨려나와 비교적 농후한 혼합가스를 만들어 시동이 가능하도록 한다.
  ㈅ 혼합비 조정장치 : 기관이 요구하는 출력에 적합한 혼합비가 되도록 연료량을 조절하거나, 고도가 증가함에 따라 밀도가 감소하므로 혼합비가 농후 상태가 되는 것을 방지해 주는 장치이다.
    ㉮ 종류 : 부압식(back suction type), 니들식, 에어포트식이 있다.
    ㉯ 자동 혼합 조정장치 : 고도의 변화에 따라 벨로즈의 수축, 팽창을 이용하여 자동적으로 밸브를 열고 닫아 혼합비를 조절해 주는 장치이다.

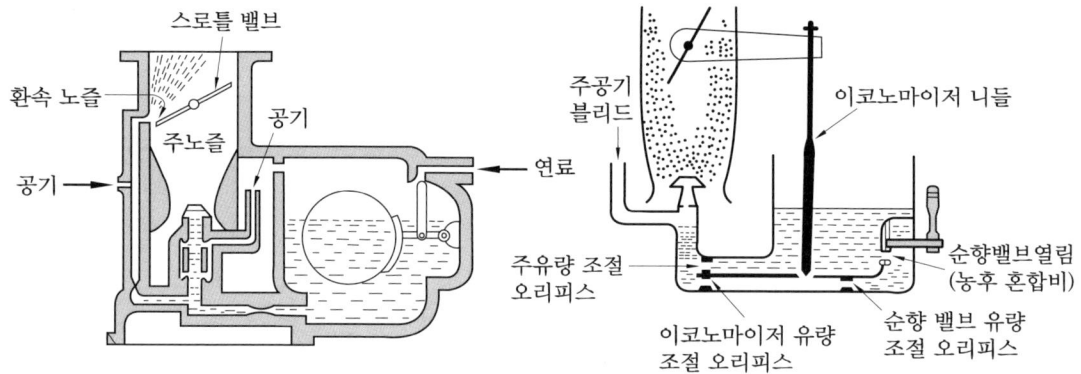

완속장치   이코노마이저 장치

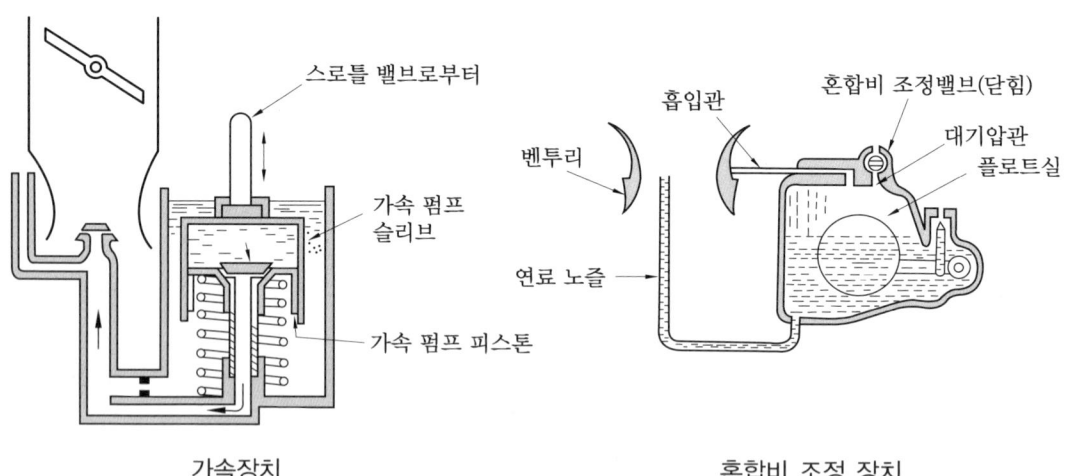

가속장치   혼합비 조정 장치

② 압력 분사식 기화기(pressure injection type carburetor)
  ㈎ 장점
    ㉮ 결빙의 염려가 없다.
    ㉯ 비행자세에 관계없이 일정하게 연료를 공급한다.
    ㉰ 작동이 유연하고 경제적이다.
    ㉱ 증기폐쇄가 없다.

㉻ 출력 맞춤이 간단하고 균일하다.
(나) 작동 원리
㉮ A chamber : 임팩트 공기압력(P_1)
㉯ B chamber : 벤투리 흡입압력(P_2)
㉰ C chamber : 유량이 조절된 압력(연료 계량 오리피스를 거쳐 전달된 연료압력)
㉱ D chamber : 유량이 조절되지 않은 압력(포핏 밸브를 통과한 연료압력)
· A와 B의 압력 차이 : 공기 메터링 힘
· D와 C의 압력 차이 : 연료 메터링 힘
· power enrichment 밸브 : 고출력이 되면 혼합비를 농후하게 만들어 주는 밸브
· enrichment 밸브가 열리는 힘 : 연료압

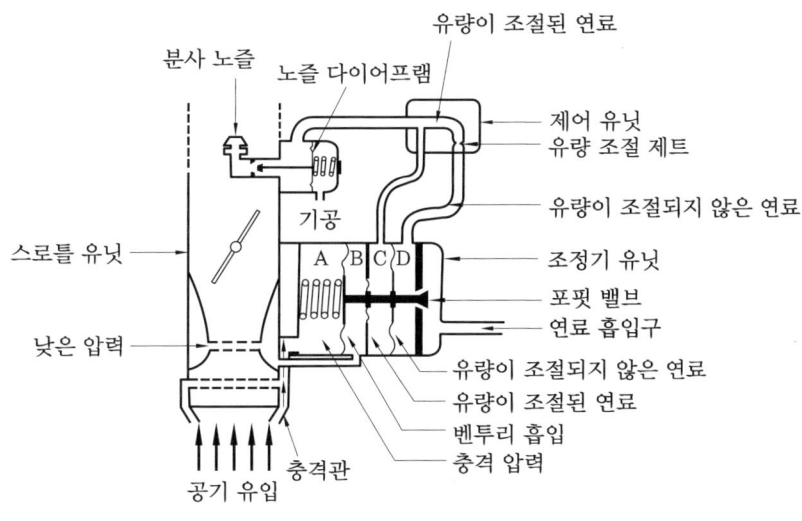

압력 분사식 기화기

③ 직접 연료분사 장치(direct fuel injection system) : 주조정장치에서 조절된 연료를 연료분사 펌프로 유도하여 높은 압력으로 각 실린더 연소실 안이나 흡입밸브 근처에 연료를 직접 분사를 하는 장치이다.
(가) 장점
㉮ 비행자세에 영향을 받지 않는다.
㉯ 결빙의 염려가 없고 흡입공기의 온도를 낮게 할 수 있어 출력증가에 도움을 준다.
㉰ 연료의 분배가 잘 이루어져 일부 실린더의 과열 현상이 없다.
㉱ 역화가 발생할 염려가 없다.
㉲ 시동 성능, 가속 성능이 좋다.
(나) 구성 : 연료분사 펌프, 주조정장치, 분사 노즐, 연료 매니폴드가 있다.

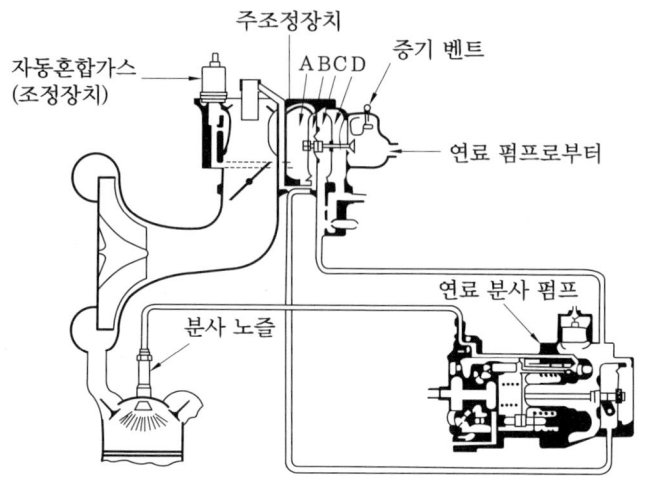

직접 연료 분사 장치

예·상·문·제

1. 증기폐쇄(vapor lock) 현상이란?
- ㉮ 액체 연료가 기화기에 이르기 전에 기화되어 기화기에 이르는 통로를 폐쇄하는 현상
- ㉯ 기화기에서 분사된 혼합가스가 거품을 형성하여 실린더의 연료 유입을 폐쇄하는 현상
- ㉰ 혼합가스가 아주 희박해짐으로써 실린더의 연료 유입이 폐쇄되는 현상
- ㉱ 기화기의 이상으로 액체 연료와 공기가 혼합되지 않는 현상

2. 왕복기관의 연료계통에서 증기폐쇄(vapor lock)에 대한 설명으로 가장 올바른 내용은?
- ㉮ 기화기에서 연료의 증기화
- ㉯ 연료가 방출 노즐을 떠나고 증기화 할 수 없는 상태
- ㉰ 연료 라인에 수증기의 형성
- ㉱ 연료가 기화기에 도달하기 전에 연료의 증기화

3. 연료의 퍼포먼스 수(performance number) 115란 무엇을 의미하는가?
- ㉮ 옥탄가 100의 연료를 사용할 때보다 4에틸납을 첨가하여 기관의 출력을 15% 증가하여 노크 현상을 일으키지 않는 연료
- ㉯ 옥탄가 100의 연료에 질량비로서 4에틸납을 15% 더 첨가한 연료
- ㉰ 옥탄가 100의 연료에 체적비로서 4에틸납을 15% 더 첨가한 연료
- ㉱ 옥탄가 115에 해당하는 내폭성을 갖는 연료

정답 1. ㉮ 2. ㉱ 3. ㉮

[해설] 일반적으로 퍼포먼스 수는 100 이상의 수치로 나타나게 되며 100 이상의 값은 그만큼 안티노크성이 증가된 것이다.

4. 항공기 왕복기관의 연료의 안티노크(anti-knock)제로 가장 많이 쓰이는 물질은?
㉮ 메틸알코올 ㉯ 4 에틸납
㉰ 톨루엔 ㉱ 벤젠

5. 왕복기관에서 실린더 안티노크성(anti-knock characteristic)을 가진 연료를 사용하는 가장 큰 이유는 무엇을 방지하기 위한 것인가?
㉮ 디토네이션(detonation)
㉯ 역화(backfire)
㉰ 킥백(kickback)
㉱ 후화(afterfire)

6. 왕복기관의 노크와 가장 관계가 먼 것은
㉮ 점화시기
㉯ 연료-공기 혼합비
㉰ 회전속도
㉱ 연료의 기화성
[해설] 노킹 발생과 관계있는 것 : 압축비, 연료의 성질, 공기 연료 혼합비, 공기 흡입계통 압력, 흡입가스 온도 및 실린더 온도, 기관의 회전속도

7. 연료 공기 혼합비에 대한 설명으로 올바른 것은?
㉮ 최적의 출력을 내는 혼합비는 경제적인 혼합비보다 약간 농후하다.
㉯ 정상 혼합비보다 희박한 혼합이 더 빨리 연소된다.
㉰ 정상 혼합비보다 농후한 혼합이 더 빨리 연소된다.
㉱ 설계된 최적 혼합비가 가장 경제적이다.

8. 항공기 기관의 후화(afterfire)의 가장 큰 원인은?
㉮ 빠른 점화시기
㉯ 흡입밸브의 고착
㉰ 너무 희박한 혼합비
㉱ 너무 농후한 혼합비
[해설] 후화는 과농후 혼합비에서, 역화는 과희박 혼합비에서 발생한다.

9. 왕복기관에서 시동 시 정상보다 스로틀 밸브(throttle valve)가 적게 열리면 다음 중 무엇을 유발하는가?
㉮ 희박 혼합비
㉯ 농후 혼합비
㉰ 희박 혼합비에 의한 역화
㉱ 조기점화

10. 근래 기화기의 자동연료 흐름 메터링 기구는 다음 어느 것에 의하여 작동되는가?
㉮ 기화기를 통과하는 공기의 질량과 속도
㉯ 기화기를 통과하는 공기의 속도
㉰ 기화기를 통하여 움직이는 공기의 질량
㉱ 스로틀 위치

11. 왕복기관의 저속(idle)에서 혼합비가 희박할 때 발생하는 가장 중요한 현상은 무엇인가?
㉮ 점화 플러그에 탄소가 침착됨

[정답] 4. ㉯ 5. ㉮ 6. ㉱ 7. ㉮ 8. ㉱ 9. ㉮ 10. ㉮ 11. ㉱

㉯ 출력이 급격히 증가
㉰ 기관 rpm이 상승
㉱ 시동 시 역화가 발생하며 흡기계통에 화재 발생의 원인

12. 기관계통 중 압력이 가장 낮은 곳은?
  ㉮ 기화기 입구   ㉯ 스로틀 밸브 앞
  ㉰ 과급기 입구   ㉱ 매니폴드

13. 왕복기관을 시동할 때 실린더 안에 직접 연료를 분사시켜 농후한 혼합가스를 만들어 줌으로써 시동을 쉽게 하는 장치는?
  ㉮ 프라이머   ㉯ 기화기
  ㉰ 과급기   ㉱ 주연료 펌프

14. 전기로 작동하여 연료를 프라이밍할 때 연료의 압력은 어디서 오는가?
  ㉮ EDP   ㉯ booster pump
  ㉰ injection   ㉱ 중력으로 공급

15. 부자식(float type) 기화기에 있는 이코노마이저(economizer) 밸브의 주목적은 무엇인가?
  ㉮ 최대 출력에서 농후한 혼합비가 되게 한다.
  ㉯ 유로계통에 분출되는 연료의 양을 경제적으로 한다.
  ㉰ 순항시 최적의 출력을 얻기 위하여 가장 희박한 혼합비를 유지한다.
  ㉱ 기관의 갑작스러운 가속을 위하여 추가적인 연료를 공급한다.
  [해설] 이코노마이저 장치 : 기관의 출력이 순항출력보다 큰 출력일 때, 농후 혼합비를 만들어주기 위해 추가적으로 연료를 공급해 준다.

16. 항공기 기관의 부자식 기화기에서 이코노마이저(economizer) 밸브의 가장 큰 목적은?
  ㉮ 분사계통(injection system)에 들어가는 연료의 양을 감소시킨다.
  ㉯ 기관의 순간적 가속에 따른 추가 연료를 공급한다.
  ㉰ 고출력 시 농후 혼합비를 제공한다.
  ㉱ 최상의 순항출력 동안 희박 혼합비 지속을 가능하게 한다.
  [해설] 이코노마이저 장치를 고출력 장치라고도 한다.

17. 이코노마이저 밸브가 닫힌 위치로 고착되었다면 무슨 일이 일어나겠는가?
  ㉮ 순항 속도 이상에서 디토네이션이 발생하게 된다.
  ㉯ 순항 속도 이상에서 조기점화가 발생하게 된다.
  ㉰ 순항 속도 이하에서 디토네이션이 발생하게 된다.
  ㉱ 순항 속도 이하에서 조기점화가 발생하게 된다.

18. 항공기 왕복기관의 부자식 기화기에서 가속펌프의 주목적은?
  ㉮ 고출력 고정 시 부가적인 연료를 공급하기 위하여
  ㉯ 이륙 시 기관 구동펌프를 가속시키기 위하여
  ㉰ 높은 온도에서 혼합가스를 농후하게 하기 위해서

정답 12. ㉱ 13. ㉮ 14. ㉯ 15. ㉮ 16. ㉰ 17. ㉮ 18. ㉱

라 스로틀(throttle)이 갑자기 열릴 때 부가적인 연료를 공급시키기 위해서

19. 부자식 기화기에서 부자실의 유면이 높아지면 혼합비는?
  가 희박해진다.　　나 농후해진다.
  다 변화 없다.　　라 조금 희박해진다.

20. 부자식 기화기에서 부자(float)의 높이(level)를 조절하는데 사용되는 일반적인 방법으로 가장 올바른 것은?
  가 부자의 축을 길게 하거나 짧게 조절
  나 부자의 무게를 증감시켜서 조절
  다 니들 밸브 시트(needle valve seat)에 심(shim)을 추가하거나 제거시켜 조절
  라 부자의 피벗 암(pivot arm)의 길이를 변경
  해설 부자(float)실 연료량 조절
  ① 와셔(shim)를 끼우면 연료유면이 낮아져 연료량이 감소한다.
  ② 와셔(shim)를 제거하면 연료유면이 높아져 연료량이 증가한다.

21. 부자식 기화기에서 부자의 높이를 조절하는 방법은?
  가 부자 무게 조절
  나 피벗 암의 길이 조절
  다 needle valve seat의 심(shim)을 추가 또는 제거
  라 부자축 길이 조절

22. 압력기 기화기에서 농후 밸브(enrichment valve)는 다음 중 어느 압력에 의해 열려지는가?

  가 공기압　　나 수압
  다 연료압　　라 벤투리 공기압
  해설 농후 밸브 : 이코노마이저 장치와 같은 역할을 수행하며 "D" Chamber의 증가된 연료압력에 의해 추가된 연료압력을 공급하여 농후한 혼합비를 만들어준다.

23. 압력식 기화기가 장착된 항공기 기관은 어떻게 시동되는가?
  가 혼합 조정레버가 idle cut off 위치에 있을 동안 프라이머로
  나 혼합 조정레버를 out rich에 놓고
  다 혼합 조정레버를 full lean 위치에 놓고
  라 혼합 조정레버를 full lean 위치에 놓고 있을 동안 프라이머로

24. 왕복기관의 기화기에 고도와 온도변화에 따른 장비를 갖추지 않은 경우 혼합비는 어떻게 되겠는가?
  가 고도나 온도가 증가하면 희박해진다.
  나 고도나 온도가 증가하면 농후해진다.
  다 고도가 증가하면 농후해지고, 온도가 증가하면 희박해진다.
  라 고도가 증가하면 희박해지고, 온도가 증가하면 농후해진다.
  해설 고도가 높아지면 공기압력은 저하하여 공기압력 저하에 따른 연료흐름이 감소되지 않아 농후해진다. 온도가 높아지면 공기 밀도가 낮아 농후해진다.

25. 항공기의 고도변화에 따라 왕복기관의 기화기에서 공급하는 연료의 양은 AMCU에 의해 조절된다. 다른 조건이 동일할 경우 다음 중 옳은 것은?
  가 고도가 증가하면 연료량은 감소한다.

㉯ 고도가 증가하면 연료량은 증가한다.
㉰ 고도가 증가하면 연료량은 증가했다가 감소한다.
㉱ 고도가 증가하면 연료량은 변화가 없다.

[해설] AMCU(자동혼합조종장치) : 고도가 증가함에 따라 공기량이 적어지는데, 적어지는 만큼 연료를 적게 분사한다.

26. 압력 분사식 기화기가 idle rpm에서 혼합조절이 auto rich에 있을 때 연료유량을 개량하는 것은?
㉮ auto lean jet와 manual mix control valve
㉯ auto lean jet와 auto rich jet
㉰ auto lean jet와 auto rich jet 및 idle valve
㉱ idle valve

27. 압력 분사식 기화기에서 자동 혼합가스 조절장치의 벨로즈(bellows)가 파열되었다면 어떤 현상이 발생하는가?
㉮ 혼합비가 보다 희박해진다.
㉯ 낮은 고도에서 농후한 혼합비가 된다.
㉰ 높은 고도에서 농후한 혼합비가 된다.
㉱ 낮은 고도에서 희박한 혼합비가 된다.

[해설] 높은 고도에서 연료량을 적게 조절하지 못하므로 농후한 혼합비가 된다.

28. 왕복기관에서 기화기 빙결(icing)이 일어나면 어떤 현상이 나타나는가?

㉮ CHT(cylinder head temperature)에 이상이 생긴다.
㉯ 흡입압력(manifold pressure)이 증가한다.
㉰ 기관 회전수(engine rpm)가 증가한다.
㉱ 흡입압력(manifold pressure)이 감소한다.

[해설] 플로트식 기화기에서 연료가 기화할 때 기화열의 흡수로 기화기 벤투리 부분이 냉각되는 현상을 기화기 빙결현상이라 하며 대기온도가 0~5℃일 때 가장 잘 일어난다. 빙결현상이 생기면 흡입압력이 감소하고 출력이 떨어진다.

29. 고도도에서 비행 시 조종사는 연료/공기 혼합비를 희박 혼합비로 맞추는 가장 큰 이유는?
㉮ 혼합비가 너무 농후해지는 것을 방지하기 위하여
㉯ 실린더를 냉각하기 위하여
㉰ 역화를 방지하기 위하여
㉱ 출력을 증대하기 위하여

30. 저속 혼합조정(idle mixture control) 하는 동안 정확한 혼합비가 되었음을 알고자 할 때 어느 것을 지켜 보아야 하는가?
㉮ 연료와 공기압력의 비율 변화
㉯ 연료유량 계기
㉰ 연료압력 계기
㉱ RPM 또는 다기관 압력의 변화

정답 26. ㉱ 27. ㉰ 28. ㉱ 29. ㉮ 30. ㉱

4. 윤활계통

4-1 윤활유(oil)

- 윤활유의 작용
  윤활작용, 기밀작용, 냉각작용, 청결작용, 소음방지작용

4-2 기관의 윤활방법

(1) 비산식

커넥팅 로드의 큰 끝에 달려 있는 윤활유 국자에 의해 윤활유 섬프에 괴어 있는 윤활유를 크랭크축의 매 회전마다 원심력으로 윤활유를 뿌려 크랭크축 베어링, 캠, 캠축 베어링, 실린더 벽에 공급한다.

(2) 압송식

윤활유 펌프로 윤활유에 압력을 가하여 윤활이 필요한 부분까지 뚫려 있는 윤활유 통로를 통하여 윤활유를 공급한다.

(3) 복합식

비산식과 압송식을 절충한 방식으로 많이 사용된다.

(4) 혼합 급유식

연료와 윤활유를 일정한 비율로 혼합시켜 연료탱크에 담아 연료를 공급하면 연료는 연소하고, 윤활유는 윤활작용을 한다.

4-3 윤활유의 성질

(1) 유성(oiliness)이 좋을 것
(2) 알맞은 점도를 가질 것
  ① 윤활유 점도 측정 : 세이볼트 유니버설 점도계(saybolt universal viscosimeter)
(3) 온도변화에 의한 점도변화가 작을 것

① 점도지수 : 온도변화에 따라 점도가 변화하는 정도의 차이이다.
② 점도지수가 높다 : 온도변화에 따라 점도의 변화가 작다.
(4) 낮은 온도에서 유동성이 좋을 것
(5) 산화 및 탄화 경향이 작을 것
(6) 부식성이 없을 것

4-4 윤활계통

(1) 윤활계통의 종류
① 건식 윤활계통(dry sump oil system) : 윤활유 탱크가 기관 밖으로 따로 설치되어 있으며 성형기관에 주로 사용한다.
② 습식 윤활계통(wet sump oil system) : 크랭크 케이스 밑부분을 탱크로 이용하며 오일 탱크가 따로 설치되어 있지 않고, 섬프가 탱크 역할을 한다. 주로 대향형 기관에 사용한다.

(2) 구 성
① 윤활유 탱크(oil tank)
　㈎ 용량 : 보급 시 규정된 용량만큼 보급하고, 2분간 작동시킨 뒤 용량계를 점검하여 재보충하되 10% 또는 $\frac{1}{2}$갤런의 팽창공간이 있어야 한다.
　　・소형 항공기의 경우 팽창공간은 filler neck으로 대치될 수 있다.
　㈏ 시험 : 수리 후에는 5psi의 내압시험을 한다.
　㈐ 섬프 드레인 플러그(sump drain plug) : 오일 탱크 밑바닥에 설치되어 탱크 내의 물이나 불순물을 밖으로 쉽게 배출한다.
　㈑ 호퍼(hopper) 탱크 : 기관의 난기 운전 시 오일을 빨리 데울 수 있도록 탱크 안에 별도의 탱크를 말한다.
　㈒ 벤트 라인(vent line) : 모든 비행자세에 따라 탱크의 통풍이 잘 되도록 하여 과도한 압력으로 인한 파손을 방지한다.
② Y 드레인 밸브
　㈎ 위치 : 탱크와 엔진 입구 최하부에 설치한다.
　㈏ 기능 : 온도를 측정하고 배유, 오일을 희석시킨다.
　㈐ 오일 희석장치(oil dilution system) : 차가운 기후에 윤활유의 점성이 크면 시동이 곤란하므로, 필요에 따라 가솔린을 기관정지 직전에 윤활유 탱크에 연료를 분사하여 윤활유 점성을 낮게 하여 시동을 용이하게 하는 장치이다.
③ 윤활유 펌프(oil pump)
　㈎ 형식 : 기어형이 있다.

(내) 릴리프 밸브(relief valve) : 기관의 안쪽으로 들어가는 윤활유의 압력이 과도하게 높을 때 윤활유를 펌프 입구로 되돌려 보내어 일정한 압력을 유지시켜 준다.

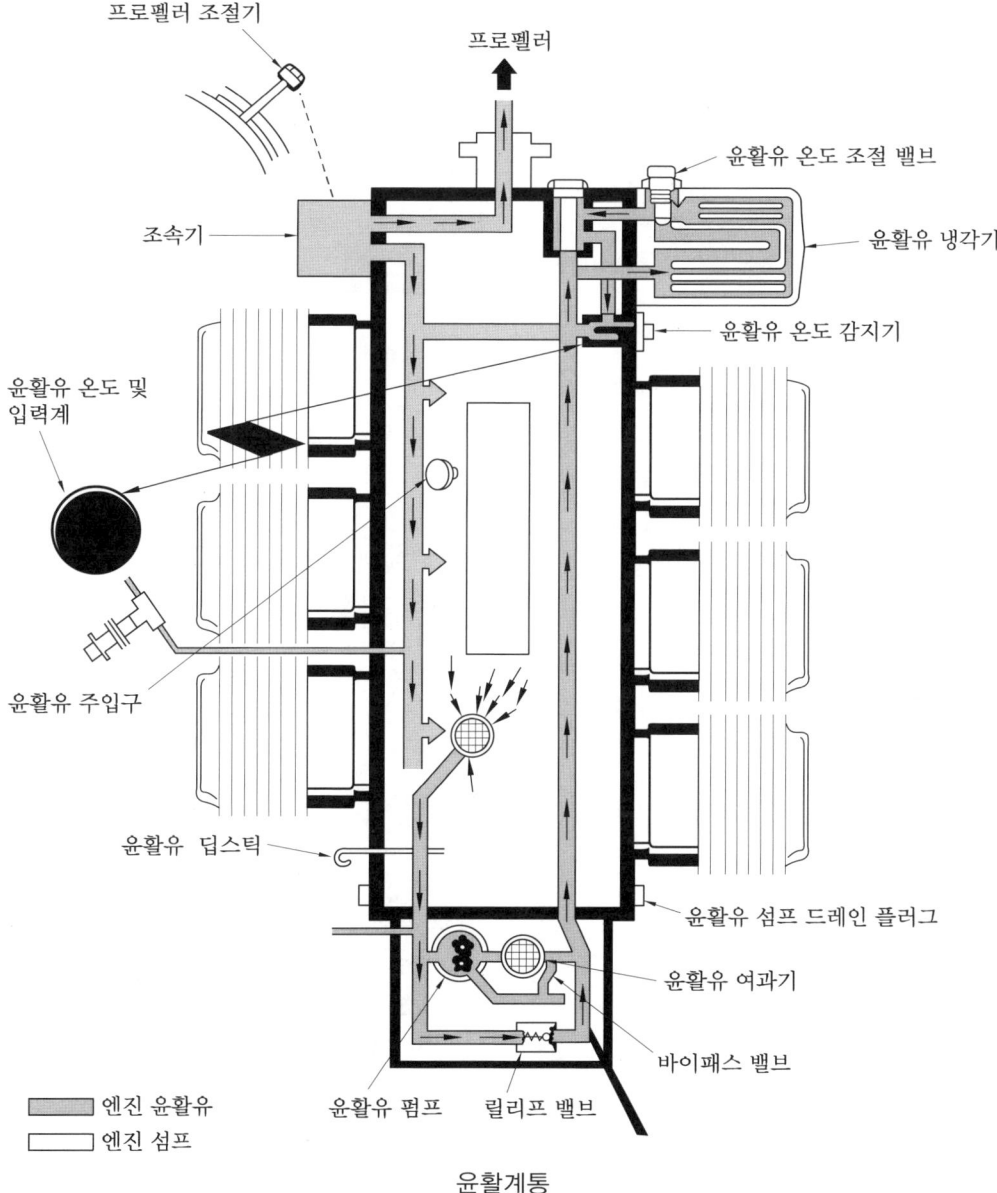

윤활계통

④ 윤활유 여과기(oil filter) : 윤활유 속의 불순물이나 이물질을 여과한다.
  (가) 종류 : 스크린형, 스크린 디스크형(쿠노형)이 있다.
  (내) 바이패스 밸브(bypass valve) : 윤활유 여과기가 막혔거나 추운 상태에서 시동할 때에 여과기를 거치지 않고 윤활유가 직접 기관 안쪽으로 공급되도록 한다.
  (대) 체크 밸브(check valve) : 기관이 작동되지 않을 때 윤활유가 불필요하게 기관 내부로 스며드는 것을 방지한다.

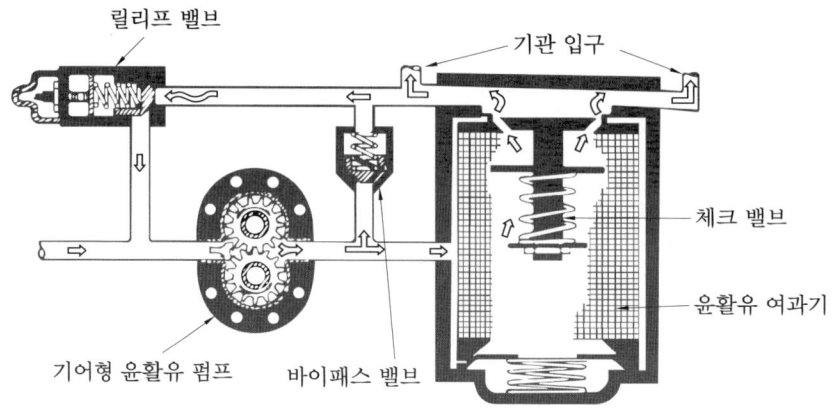

윤활유 펌프와 윤활유 여과기

⑤ 윤활유 배유 펌프(oil scavenge pump) : 기관의 각종 부품을 윤활시킨 뒤 섬프(sump)에 모인 윤활유를 탱크로 보낸다. 배유 펌프가 윤활유 펌프보다 용량이 약간 큰 이유는 기관에서 흘러나온 윤활유는 공기와 섞여 체적이 증가하기 때문이다.

⑥ 윤활유 온도 조절 밸브 : 윤활유의 온도를 적당하게 유지시키기 위한 장치이다.
  (개) 윤활유 온도가 높을 때 : 윤활유 냉각기를 거치게 함으로써 윤활유를 냉각시킨다.
  (내) 윤활유 온도가 낮을 때 : 바이패스 밸브가 열려 윤활유를 직접 윤활유 탱크로 들어가도록 한다.

 예·상·문·제

1. 왕복기관의 오일의 기능이 아닌 것은?
 ㉮ 재생작용 ㉯ 기밀작용
 ㉰ 윤활작용 ㉱ 냉각작용
 [해설] 윤활유의 기능 : 윤활, 기밀, 냉각, 청결, 방청작용

2. 고점성 오일의 사용은 무엇을 초래하는가?
 ㉮ 소기 펌프의 고장
 ㉯ 압력펌프의 고장
 ㉰ 낮은 오일 압력
 ㉱ 높은 오일 압력

3. 항공기 기관용 윤활유의 점도지수(viscosity index)가 높다는 것은 무엇을 뜻하는가?
 ㉮ 온도변화에 따라 윤활유의 점도변화가 작다.
 ㉯ 온도변화에 따라 윤활유의 점도변화가 크다.
 ㉰ 압력변화에 따라 윤활유의 점도변화가 작다.
 ㉱ 압력변화에 따라 윤활유의 점도변화가 크다.

정답 1. ㉮ 2. ㉱ 3. ㉮

4. 기어(gear)식 오일 펌프의 사이드 클리어런스(side clearance)가 클 경우 어떻게 되는가?
　㉮ 과도한 오일 소모가 나타난다.
　㉯ 과도한 오일 압력이 생긴다.
　㉰ 낮은 오일 압력으로 된다.
　㉱ 오일 펌프의 진동에 의한 고장이 나타난다.

5. 항공기 왕복기관이 매우 낮은 오일의 양을 가지고 시동되었을 때 조종사는 어떤 현상을 인지할 수 있는가?
　㉮ 높은 오일 압력
　㉯ 오일 압력이 없다.
　㉰ 오일 압력의 동요
　㉱ 아무것도 인지할 수 없다.

6. 기관 오일 부품 중 베어링의 이상유무와 그 이상 발생감소를 탐지하는데 이용되는 부품은?
　㉮ 오일 필터
　㉯ 칩 디텍터(chip detector)
　㉰ 오일 압력 조절 밸브
　㉱ 오일 필터 막힘 경고등

7. 왕복기관의 윤활유 탱크에 대한 내용으로 옳은 것은?
　㉮ 윤활유 탱크는 펌프 입구를 높게 하는 경우가 많다.
　㉯ 열팽창에 대비하여 드레인 플러그가 없다.
　㉰ 디프 스틱(deep stick)은 불순물을 제거한다.
　㉱ 재질이 일반적으로 경도가 높은 철판이다.

[해설] deep stick gauge : 윤활유 탱크 내의 윤활유의 양을 측정하는 막대 게이지이다.

8. 윤활유 필터가 막혔을 때 발생하는 현상은?
　㉮ 어떤 현상도 없이 바이패스 밸브를 통하여 윤활유가 공급된다.
　㉯ 윤활유가 누수된다.
　㉰ 필터가 막힘으로 인하여 고장이 발생한다.
　㉱ 흐름이 역류하여 체크 밸브를 통해 기관계통에 윤활유가 스며든다.

9. 주오일 여과기(oil filter)가 막히면 어떻게 되는가?
　㉮ 오일은 기관으로 흐르지 않는다.
　㉯ 오일은 기관으로부터 나오지 않는다.
　㉰ 오일은 기관으로 정상적으로 흐른다.
　㉱ 오일이 75% 정상비로 흐른다.

[해설] 주오일 여과기가 막히더라도 bypass valve를 통해 오일이 정상적으로 공급된다.

10. soap(spectrometric oil analysis program)에 대한 설명으로 가장 올바른 것은?
　㉮ 오일의 카본 발생량으로 오일의 품질 저하를 비교한다.
　㉯ 오일의 산성도를 측정하고, 오일의 품질 저하를 비교한다.
　㉰ 오일 중에 포한된 미랭의 금속원소에 의해 오일의 품질 저하 상황을 비교한다.
　㉱ 오일 중에 포함된 미량의 금속원소에 의해 이상 상태를 비교한다.

11. 왕복기관의 오일 계통에서 오일 온도

정답　4. ㉰　5. ㉰　6. ㉯　7. ㉮　8. ㉮　9. ㉰　10. ㉱　11. ㉰

상승요인 중 가장 큰 요인은?
㉮ 푸시로드 베어링
㉯ 크랭크축 베어링
㉰ 실린더 내의 피스톤
㉱ 배기가스

12. 오일 오염의 가장 큰 원인은 무엇인가?
㉮ 피스톤으로부터 벗겨져 나간 탄소
㉯ 베어링의 금속입자
㉰ 희박계통
㉱ 슬러지(sludge)

13. 정기점검 중인 왕복기관에서 반짝이는 작은 금속편이 여과기(filter)에서 발견되고, 마그네틱 드레인 플러그(magnetic drain plug)에서 발견되지 않았다. 어떤 조치를 취하여야 하는가?
㉮ 보기의 기어가 마모된 것으로 장탈하거나 오버홀이 필요하다.
㉯ 평면(plain) 베어링의 비정상적인 마모가 발생된 것으로 점검해 볼 필요가 있다.
㉰ 실린더 벽이나 링이 마모된 것으로 기관을 장탈해야 한다.
㉱ 평면(plain) 베어링 또는 알루미늄 피스톤의 정상적인 마모로 문제가 되지 않는다.

14. 왕복기관에서 오일의 냉각흐름 조절밸브가 열릴만한 조건은?
㉮ 기관에서부터 나오는 오일의 온도가 높을 때
㉯ 기관 오일 펌프 배출체적이 소기 펌프 출구체적보다 클 때
㉰ 기관으로 들어가는 오일의 온도가 높을 때
㉱ 소기 펌프의 배출체적이 기관 오일 펌프 체적보다 클 때

15. 왕복기관에서 오일 배유 펌프가 압력 펌프보다 용량이 큰 이유는?
㉮ 오일 배유 펌프는 쉽게 고장이 나므로
㉯ 윤활유가 고온이 됨에 따라 팽창하므로
㉰ 압력 펌프보다 압력이 낮으므로
㉱ 배유된 오일이 공기와 섞여 체적이 증가하기 때문

정답 12. ㉮ 13. ㉯ 14. ㉰ 15. ㉱

5. 시동계통 및 점화계통

5-1 시동계통

(1) 종류
① 수동식 시동방법 : 손으로 프로펠러를 돌려 시동한다.
② 전기식 시동방법 : 직류전기로 작동되는 직권전동기를 이용하여 시동한다.
  (가) 관성식 시동기(inertia starter) : 플라이휠을 회전시켜 관성력에 의한 회전력을 축적한 다음, 이것을 크랭크축에 전달하여 회전한다.
    ㉮ 수동식 관성 시동기 : 수동식 크랭크(hand crank)로 플라이휠을 회전시켜 관성력을 얻은 다음 감속기어나 클러치를 통해 플라이휠의 회전력을 크랭크축에 전달한다.
    ㉯ 전기식 관성 시동기 : 에너자이즈드 스위치(energized switch)로 전동기를 구동시켜 플라이휠에 회전력을 전달하고 메시(mesh) 기구가 전달받아 크랭크축을 회전시킨다.
    ㉰ 복합식 관성 시동기 : 수동이나 전기적으로 플라이휠을 회전시킨다.
  (나) 직접 구동 시동기 : 전동기의 회전력을 감속기어에 의해 감속시킨 다음 자동연결기구를 통해 크랭크축에 전달한다. 널리 사용된다.
    • 시동기가 소비하는 전력
      ─ 소형기 : 12 V 또는 24 V, 50~100 A
      ─ 대형기 : 24 V, 300~500 A

5-2 점화계통

기화기를 거쳐 실린더 안으로 흡입된 혼합가스를 기관 특성에 맞는 적절한 시기에 점화시키는 장치이다.

(1) 점화장치의 종류
① 축전지 점화계통(battery ignition system) : 축전지를 전원으로 사용하며 낮은 전압의 직류를 점화코일로 승압시켜 혼합가스를 점화시킨다.
② 마그네토 점화계통(magneto ignition system) : 기관의 회전으로 발전된 전원에 의해 점화시킨다.

(2) 점화방식에 따른 종류

① 단일 점화방식 : 각 실린더마다 1개의 점화 플러그를 연결하여 사용하는 방식이다.
② 이중 점화방식 : 하나의 기관에 2개의 마그네토 장치를 별개의 계통으로 설치하여, 하나의 계통이 고장나더라도 1개의 계통으로 작동이 가능하도록 한다. 많이 사용한다.
　㈎ 장점
　　㉮ 안전하고 확실하게 점화된다.
　　㉯ 연소속도가 빨라 디토네이션을 방지한다.
　　㉰ 한쪽 계통이 고장나도 안전하게 작동한다.
　㈏ 연결방법
　　㉮ 대향형 기관
　　　・우측 마그네토 : 우측 실린더의 상부 점화 플러그와 연결한다.
　　　　좌측 실린더의 하부 점화 플러그와 연결한다.
　　　・좌측 마그네토 : 좌측 실린더의 상부 점화 플러그와 연결한다.
　　　　우측 실린더의 하부 점화 플러그와 연결한다.
　　㉯ 성형기관
　　　・우측 마그네토 : 실린더 전방 점화 플러그와 연결한다.
　　　・좌측 마그네토 : 실린더 뒤쪽 점화 플러그와 연결한다.

5-3 마그네토의 원리

특수한 형태의 교류 발전기로서 영구자석을 기관축에 의해 회전시켜 점화회로에 전류를 공급한다. 영구자석, 폴 슈(pole shoe), 철심으로 구성된다.

(1) 최대자석위치

회전 영구자석과 폴 슈(pole shoe)의 마주보는 면이 가장 넓어 철심을 통과하는 자력수가 가장 많을 때의 위치이다.

(2) 중립위치

자력선이 철심을 통과하지 못하고 폴 슈에서 맴돌게 되는 위치이다.

(3) 1차 회로 : 철심 주위에 코일을 감아서 1차 회로를 구성한다.

브레이커 포인트, 콘덴서, 절연된 1차 코일로 이루어지며, 브레이커 포인트가 닫혀 있을 때만 회로가 형성된다.

(4) E 갭 위치(E gap position)

회전자석이 중립위치를 지나면서 정자속과 자속과의 차이가 최대가 되는 위치이다.

(5) E 갭 각(E gap angle)

마그네토의 회전 영구자석이 회전하면서 중립위치를 지나 중립위치와 브레이커 포인트(breaker point ; 접점)가 열리는 위치 사이의 각도는 보통 5~17°, 4극 마그네토인 경우 12° 정도이다.

5-4 마그네토의 구성

(1) 코일 어셈블리(coil assembly)

얇은 판의 연철심에 1차 코일과 2차 코일이 감겨 있으며, 1차 코일은 절연된 구리선이 수백 회 감겨 있고, 2차 코일은 매우 가는 선으로 수천 회 감겨 있다.
· 2차 코일 : 한쪽은 코일 속의 철심에 접지되고, 다른 쪽은 배전기에 연결한다.

(2) 브레이커 어셈블리(breaker assembly)

캠과 브레이커 포인트로 구성되며 회전하는 캠에 의해 브레이커 포인트가 열리고 닫혀 회로를 이어 주거나 끊어준다.
① 브레이커 포인트 : 1차 코일에 병렬 연결로 되며, E 갭 위치에서 열리도록 되어 있다.
② 콘덴서와 브레이커 포인트는 병렬로 연결한다.
③ 브레이커 포인트 재질 : 백금-이리듐을 쓴다.

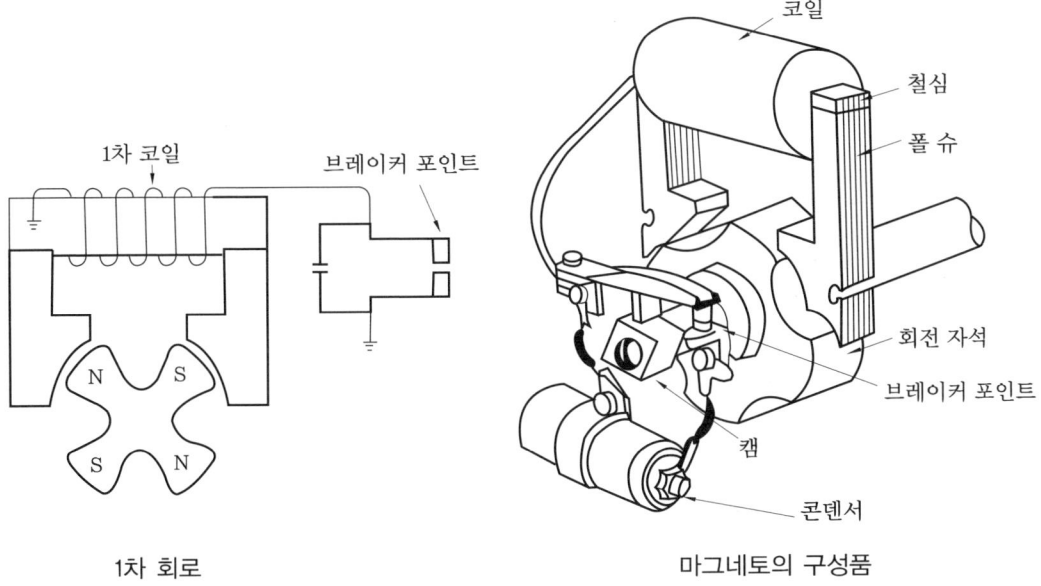

1차 회로　　　　　　　　마그네토의 구성품

(3) 콘덴서

브레이커 포인트와 병렬로 연결된다.

브레이커 포인트에서 생기는 아크(arc)를 흡수하여 브레이커 포인트 접점 부분의 불꽃에 의한 마멸을 방지하고, 철심에 발생했던 잔류 자기를 빨리 없애 준다.
  ① 콘덴서 용량이 너무 작으면 불꽃이 발생하여 브레이커 포인트(접촉점)가 손상되고, 2차선에 출력이 약화된다.
  ② 콘덴서의 용량이 너무 크면 전압이 감소하고 불꽃이 약화된다.

(4) 배전기(distributor)

2차 코일에서 유도된 고전압을 점화 순서에 따라 각 실린더에 전달하는 역할을 한다.
  ① 배전기 블록 : 실린더 수와 같은 전극이 고정되어 있고, 배전기 주위에 원형으로 배치된다. 배전기 전극의 번호는 점화 순서를 나타낸다.
  ② 배전기 회전자 : 브레이커 포인트가 열리면서 2차 코일에 유도된 고전압을 배전기 회전자가 전달받아 크랭크축과 1/2 회전비로 회전하면서 분배한다.
  ③ 리타드 핑거(retard finger) : 기관이 저속운전 시 점화시기를 늦추어 킥백(kick back)을 방지한다.

5-5 마그네토의 회전속도

$$\frac{\text{마그네토의 회전속도}}{\text{크랭크축의 회전속도}} = \frac{\text{실린더 수}}{2 \times \text{극수}}$$

(1) 캠축의 회전속도

  ① 대향형 기관 : 점화시기는 실린더마다 모두 같으므로 캠 로브의 배치간격이 균일하다.
  ② 성형기관
   (가) 보정캠(compensated cam) : 주커넥팅 로드 실린더와 부커넥팅 로드 실린더 간의 점화시기 차이로 실린더마다 각각의 고유한 캠 로브를 가져야 하는데 이와 같은 캠을 보정캠이라 한다.
   (나) 보정캠 축의 회전속도 = 크랭크축 회전속도 $\times \frac{1}{2}$

5-6 고압 점화계통

1차 코일 위에 수천 회의 2차 코일을 감고, 브레이커 포인트를 캠의 회전에 따라 주기적으로 열고 닫으면 2차 코일에 유도된 20000~25000 V의 높은 전압이 배전기를 통해 점화 플러그에 전달되는 방식이다.

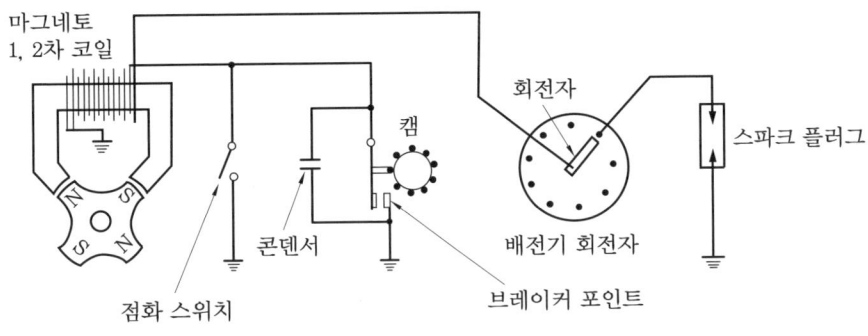

고압 점화계통

(1) 점화 스위치

① 점화 스위치를 ON 위치에 놓으면 : 1차 코일의 접지회로를 끊어 주게 되어 마그네토 1차 회로는 브레이커 포인트의 정상적인 개폐동작에 따라 점화 작용을 한다.
② 점화 스위치를 OFF 위치에 놓으면 : 1차 회로가 접지선과 연결되어 점화 작용이 일어나지 않는다.
③ 마그네토 스위치
  (가) "L" 위치 : 왼쪽 마그네토는 ON 상태, 오른쪽 마그네토는 OFF 상태이다.
  (나) "R" 위치 : 왼쪽 마그네토는 OFF 상태, 오른쪽 마그네토는 ON 상태이다.
  (다) "BOTH" 위치 : 양쪽 마그네토 모두 ON 상태이다.
  (라) "OFF" 위치 : 양쪽 마그네토 모두 OFF 상태이다.

(2) 단점

① 점화계통에서 전기 누설이나 통신 방해와 같은 현상이 발생한다.
② 플래시 오버(flash over)가 발생한다.
  • 플래시 오버 : 항공기가 고공비행 시 배전기 내부에서 전기 불꽃이 일어나는 현상으로 희박한 공기밀도 때문에 공기의 전기 절연율이 좋지 않아서 일어난다.

5-7 저압 점화계통

저압 마그네토, 배전기, 변압기, 점화 플러그로 이루어져 있으며, 마그네토 1차 코일에서 낮은 전압을 발생시켜 저전압 상태로 배전기 회전자를 통해 각 실린더마다 설치된 변압기에 보내 주게 되고, 변압기 코일에서 높은 전압으로 승압시켜 점화 플러그에 전달한다. 고공에서 전기 누설이 없어 고공비행에 적합하다. 가격이 비싸고 무게가 무겁다.

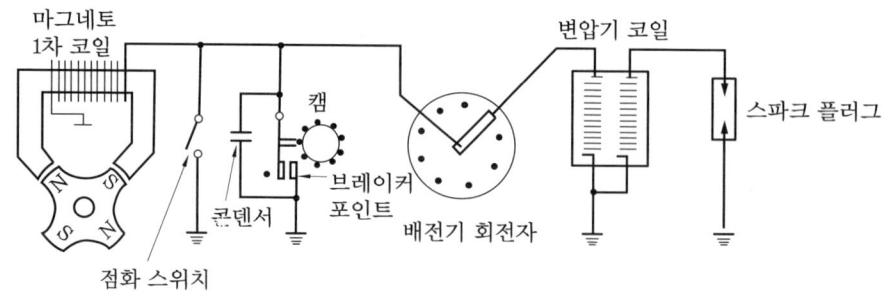

저압 점화계통

5-8 점화시기

(1) 점화진각

실린더 안의 최고압력이 압축 상사점 후 10° 근처에서 발생하기 위해서는 상사점 전에 미리 점화시켜 주는데 이를 점화진각이라 한다.

(2) 기관의 점화시기 조정

① 내부 점화시기 조정 : 마그네토의 E 갭 위치와 브레이커 포인트가 열리는 순간을 맞추어 주는 작업이다.
② 외부 점화시기 조정 : 기관이 점화진각에 위치할 때 크랭크축과 마그네토 점화시기를 일치시키는 작업이다.

(3) 점화 순서

① 6기통 수평 대향형 기관 : 1-6-3-2-5-4 또는 1-4-5-2-3-6
② 9기통 성형기관(홀수 먼저, 짝수 뒤에) : 1-3-5-7-9-2-4-6-8
③ 2열 14기통(+9, -5) : 1-10-5-14-9-4-13-8-3-12-7-2-11-6(1^{+9}, 10^{-5}, 5^{+9}, 14^{-5} ……)
④ 2열 18기통(+11, -7) : 1-12-5-16-9-2-13-6-17-10-3-14-7-18-11-4-15-8

5-9 점화 플러그(spark plug)

마그네토에서 만들어진 높은 전기적 에너지를 전달받아 혼합가스를 점화하는데 필요한 열에너지로 변환시켜 주는 장치이다.

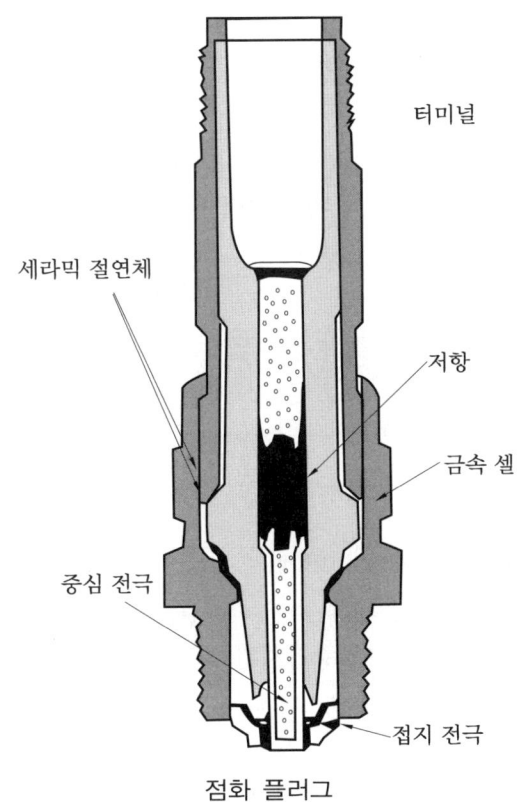

점화 플러그

(1) 구성

전극, 금속 셸(metal shell), 세라믹 절연체가 있다.
① 중심 전극은 (+)선이고, 접지 전극은 금속 셸로서 기관 자체에 접촉되며 (−)선이 된다.
② 점화 플러그는 실린더 안에서 고온, 고압의 가스에 노출되고, 20000 V 이상의 높은 전압에 견디어야 하며, 1초 동안에 30회 정도의 불꽃 방전작용을 계속해야 하므로, 내열성과 절연성이 뛰어나고 재질도 매우 견고해야 한다.

(2) 열특성에 따른 종류

① 고온 플러그(hot plug) : 냉각이 잘 되도록 만든 기관에는 열이 잘 발산되지 않는 고온 플러그를 사용한다.
  • 고온 작동기관에 고온 플러그를 사용하면 점화 플러그 끝이 과열되어 조기점화의 원인이 된다.
② 저온 플러그(cold plug) : 과열되기 쉬운 기관에 냉각이 잘 되는 저온 플러그를 사용한다.
  • 저온 작동기관에 저온 플러그를 사용하면 점화 플러그 끝에 타지 않은 탄소 찌꺼기가 부착되고 절연특성 및 불꽃 방전작용이 나빠지므로 점화 작용이 약해진다.
③ 일반 플러그(normal plug)

5-10 보조 장비

시동 시 점화진각을 늦추어 주어 킥백(kick back) 현상을 예방하고 확실한 점화를 위해 보조 점화장비가 사용된다. 시동 스위치와 연동되어 조작되며 전원으로는 축전지가 이용된다.

(1) 부스터 코일(booster coil)

작은 유도 코일로서 마그네토가 고전압을 발생시킬 수 있는 회전속도에 이를 때까지 점화 플러그에 점화 불꽃을 일으켜 준다. 시동 스위치가 조작되면 1차 코일은 축전지와 연결되며, 접점은 붙었다 떨어졌다 하는 작용에 의해 2차 코일에 높은 전압을 발생시켜 점화 플러그에 전달한다.

(2) 인덕션 바이브레이터(induction vibrator)

시동 시 충분한 전원을 공급하기 위해 축전지(battery)로부터 마그네토 1차 코일에 단속 전류를 보내 마그네토에서 고전압으로 승압시킨다. 시동기 솔레노이드와 연동되어 축전지 전류에 의해 작동된다.

(3) 임펄스 커플링(impulse coupling)

대향형 기관의 시동 보조장치로 기관 시동 시 느린 회전속도에서 불꽃 점화가 필요할 때에만 마그네토의 회전 영구자석의 회전속도를 순간적으로 가속시켜 고전압을 발생시키고, 점화시기를 늦추어 킥백 현상을 방지한다.

예 · 상 · 문 · 제

1. 마그네토 브레이커 포인트는 일반적으로 어떤 재료로 되어 있는가?
㉮ 은(silver)
㉯ 구리(copper)
㉰ 백금(platinum)-이리듐(iridium) 합금
㉱ 코발트(cobalt)

2. E-gap각이란 마그네토의 폴(pole)의 중립 위치로부터 어떤 지점까지의 각도를 말하는가?
㉮ 접점이 닫히는 지점
㉯ 접점이 열리는 지점
㉰ 1차 전류가 가장 낮은 지점

정답 1. ㉰ 2. ㉯

라 2차 전류가 가장 낮은 지점

[해설] E 갭 각 : 마그네토 회전 영구자석이 중립 위치를 지나 중립 위치와 브레이커 포인트가 열리는 사이에 크랭크축의 회전각도

3. 왕복기관에서 마그네토의 브레이커 포인트(breaker point)가 고착되었다면 무엇을 초래하는가?
  가 스위치를 off해도 기관이 정지하지 않는다.
  나 마그네토가 작동하지 않는다.
  다 높은 속도에서 점화되지 않는다.
  라 시동시 역화를 일으킨다.

4. 마그네토에서 접점(breaker point)의 간격이 커지면 어떤 현상이 초래하겠는가?
  가 점화(spark)가 늦게 되고, 강도가 높아진다.
  나 점화가 일찍 발생하고, 강도가 약해진다.
  다 점화가 늦게 되고, 강도가 약해진다.
  라 점화가 일찍 발생하고, 강도가 높아진다.

5. 마그네토 브레이커 포인터의 스프링이 약하면 어느 것이 가장 먼저 발생하는가?
  가 전 운전범위에서 회전이 불규칙하다.
  나 고속시에 실화한다.
  다 시동 시 및 저속시에 때때로 실화한다.
  라 기관이 시동되지 않는다.

6. 9기통 성형기관에서 회전 영구자석이 6극형이라면, 회전 영구자석의 회전속도는 크랭크축의 회전속도의 몇 배가 되는가?
  가 3배 나 1.5배 다 $\frac{3}{4}$배 라 $\frac{2}{3}$배

[해설] $\frac{\text{마그네토의 회전속도}}{\text{크랭크축의 회전속도}} = \frac{\text{실린더 수}}{2 \times \text{극수}}$
$= \frac{9}{2 \times 6} = \frac{3}{4}$

7. 마그네토 브레이커 포인트 캠(breaker point cam)축의 회전속도(r)를 나타낸 식은?(단, n : 마그네토 극수, N : 실린더 수이다.)
  가 $r = \frac{N}{n}$ 나 $r = \frac{N}{n+1}$
  다 $r = \frac{N}{2n}$ 라 $r = \frac{N+1}{2n}$

8. 마그네토의 배전기(distributor) 로터의 속도를 결정하는 공식은?
  가 $\frac{\text{크랭크축속도}}{2}$
  나 $\frac{\text{실린더 수}}{2 \times \text{로브의 수}}$
  다 $\frac{\text{실린더 수}}{\text{로브(lobe) 수}}$
  라 실린더 수 × 로브 수

[해설] 배전기 로터 : 브레이커 포인트가 열리면서 2차 코일에 유도된 고전압을 배전기 로터가 전달받아 크랭크축과 $\frac{1}{2}$ 회전비로 분배한다.

9. 4극 회전자석과 보상되지 않은 브레이커 캠(breaker cam)을 가진 이중(dual) 마그네토를 장착한 7기통 성형기관에서 가장 회전이 느린 것은?
  가 브레이커 캠   나 회전자석
  다 크랭크축   라 배분기

[정답] 3. 나 4. 나 5. 나 6. 다 7. 다 8. 가 9. 라

10. 타이밍 라이트(timing light)를 가지고 기관 타이밍을 맞출 때 일차 코일(primary coil)을 끊어야 하는 가장 큰 이유는?
㉮ 콘덴서의 작동이 타이밍과 간섭(interfere)하는 것을 방지하기 위하여
㉯ 영구자석의 자력 손실을 방지하기 위하여
㉰ 타이밍할 동안 일차 코일이 타는 것을 방지하기 위하여
㉱ 접점(breaker point)을 보호하기 위하여

11. 마그네토에서 timing mark를 한 줄로 정렬시켰다는 것은 무엇을 지시하는 것인가?
㉮ E-gap 위치
㉯ 중립위치
㉰ breaker point가 닫혀진 위치
㉱ 완전기록 위치

12. 대형기관에 점화시기를 맞추어 주면 무엇이 좋은가?
㉮ 연료 소모가 감소한다.
㉯ 기관 출력이 증가한다.
㉰ 완속이 유연하다.
㉱ 시동이 쉽다.

13. 왕복기관의 마그네토 브레이커 포인트가 과도하게 소실되었다, 다음 중 어떤 것을 교환해 주어야 하는가?
㉮ 1차 코일
㉯ 2차 코일
㉰ 배전반 접점
㉱ 콘덴서(condenser)

14. 왕복기관을 장착시키는 동안 마그네토 접지선을 접지시켜 놓은 가장 큰 이유는?
㉮ 기관 시동시 역화(backfire)를 방지하기 위하여
㉯ 기관장착 도중 프로펠러를 돌리면 기관이 시동될 가능성이 있기 때문에
㉰ 기관을 마운트(mount)에 완전히 장착시킨 후 마그네토 접지선을 점검치 않기 위하여
㉱ 점화 스위치가 잘못 놓일 수 있는 가능성 때문에

15. 지상에서 작동 중인 기관이 거칠게 운전 중인 것을 발견하여 확인한 결과, 마그네토 드롭(drop)은 정상이지만, 다기관 압력(manifold pressure)이 정상보다 높다면 가장 직접적인 원인은 무엇인가?
㉮ 마그네토 중 한 개의 하이텐션 리드(high tension lead)가 불확실하게 연결되어 있다.
㉯ 흡입 다기관(intake manifold)에서 공기가 세고 있다.
㉰ 하나의 실린더가 작동을 하지 않는다.
㉱ 실린더의 서로 다른 점화 플러그의 결함이다.

16. 왕복기관에서 고압 마그네토에 대한 설명 중 가장 관계가 먼 것은?
㉮ 전기누설의 가능성이 많은 고공용 항공기에 적합한 점화계통이다.
㉯ 고압 마그네토의 자기회로는 회전 영구자석, 폴 슈 및 철심으로 구성되었다.
㉰ 콘덴서는 브레이커 포인트와 병렬로 연결되어 있다.

정답 10. ㉯ 11. ㉮ 12. ㉯ 13. ㉱ 14. ㉯ 15. ㉰ 16. ㉮

라 1차 회로는 브레이커 포인트가 붙어 있을 때에만 폐회로를 형성한다.

17. 저압 점화계통을 사용할 때 단점은 무엇인가?
- 가 플래시 오버(flash over)
- 나 무게의 증대
- 다 고전압 코로나(high voltage corona)
- 라 캐패시턴스(capacitance)

18. 부스터 코일식 점화장치의 전류는 다음 어느 것에 의해 코일에 공급되는가?
- 가 generator
- 나 마그네토 1차선
- 다 battery
- 라 마그네토 2차선

[해설] 부스터 코일 : 시동 스위치가 조작되면 1차 코일은 축전지(battery)와 연결되며, 접점의 붙었다 떨어졌다 하는 작용에 의해 2차 코일에 높은 전압이 유기된다.

19. 수평 대형형 기관(horizontal opposed engine)의 점화 순서에서 특히 고려해야 할 점은?
- 가 점화 순서의 균형을 맞추어 기관의 진동을 최소가 되게
- 나 순항 비행 시 최대의 회전토크가 발생하도록
- 다 기계적 효율이 최대가 되게
- 라 설계가 간단하게

20. 콜드 점화 플러그(cold spark plug)를 높은 압축의 왕복기관에 사용할 경우 가장 올바른 설명은?
- 가 조기점화(preignition)가 일어난다.
- 나 정상적으로 작동한다.
- 다 점화 플러그가 fouling된다.
- 라 이상폭발(detonation)이 일어난다.

21. 고압 점화 케이블은 왜 유연한 금속제 관속에 넣어 느슨하게 장착하는가?
- 가 고고도에서 방전을 방지하기 위해서
- 나 케이블 피복제의 산화와 부식을 방지하기 위하여
- 다 작동 중 고주파의 전자파 영향을 줄이기 위해서
- 라 접지회로의 저항을 줄이기 위해서

[해설] 고압 점화계통에서 습기는 전기의 전도율을 높게 하여 누전의 원인이 된다. 또 마그네토에서 점화 플러그까지의 고압선은 통신잡음 및 누전현상을 없애기 위해 금속 망으로 여러 번 피복이 되어 있다.

22. 점화 플러그가 하나의 실린더에 2개씩 있는 주요한 목적은?
- 가 옥탄가가 다른 연료에도 사용할 수 있다.
- 나 1개가 파손되어도 안전하다.
- 다 연소 속도를 빠르게 한다.
- 라 점화 시기를 비켜서 연소가 끝나는 시기를 맞춘다.

23. 마그네토(Magneto)의 임펄스 커플링(impulse coupling)의 목적은?
- 가 밸브 타이밍(Valve timing)의 시점
- 나 시동 시 고전압 발생
- 다 토크(Torque) 방지
- 라 시동 부하 흡수

정답 17. 나 18. 다 19. 가 20. 나 21. 다 22. 나 23. 나

6. 왕복기관의 성능

6-1 기관의 성능 요소 구비조건

(1) 행정체적
피스톤이 상사점에서 하사점까지 움직이면서 빨아들인 체적을 말한다.
① 행정체적=단면적×행정거리
② 총 행정체적(V_d)=실린더 수(K)×단면적(A)×행정거리(L)=KAL
③ 행정체적을 증가시키는 방법 : 실린더 체적을 증가시키거나 실린더 수를 증가시킨다.

(2) 압축비(ε)
피스톤이 하사점에 있을 때 실린더 안의 전체 체적과 상사점에 있을 때 연소실 체적과의 비를 말한다.

$$\text{압축비}(\varepsilon) = \frac{\text{실린더안의 전체 체적}}{\text{연소실 체적}} = \frac{\text{연소실 체적}(V_c) + \text{행정체적}(V_d)}{\text{연소실 체적}(V_c)} = 1 + \frac{V_d}{V_c}$$

(3) 왕복기관의 동력
① 동력 : 단위 시간당 이루어진 일이다.
  (개) 동력의 단위 : PS, kW
  (내) 1 마력 = 75 kg·m/s = 0.735 kW
② 마찰마력(fHP) : 기관이 마찰력을 이겨내는데 소비된 마력이다.
③ 제동마력(bHP) : 프로펠러에 전달된 마력으로 지시마력의 85~90%의 값이다.

$$bHP = \frac{P_{mb} \cdot L \cdot A \cdot N \cdot K}{75 \times 2 \times 60} = \frac{P_{mb} \cdot L \cdot A \cdot N \cdot K}{9000} \text{[PS]}$$

여기서, P_{mb} : 제동평균 유효압력, L : 행정거리, A : 실린더 단면적,
  N : 기관의 분당 회전수, K : 실린더 수

제동마력을 증가시키려면 주로 제동평균 유효압력을 크게 해야 한다.

④ 지시마력(iHP) : 이론상의 마력으로 마찰에 의한 손실을 고려하지 않은 마력이다.

  지시마력 = 제동마력 + 마찰마력

⑤ 평균 유효압력 : 1 사이클 동안 이루어진 순일을 행정체적으로 나눈 값이다.
⑥ 기계효율(η_m) : 제동마력과 지시마력의 비로서 보통 85~95% 정도이다.

$$\eta_m = \frac{bHP}{iHP}$$

⑦ 제동평균 유효압력에 영향을 주는 요소
  (개) 압축비 : 압축비 증가에 따라 제동평균 유효압력은 증가하지만 디토네이션 위험성이 있다.
  (내) 회전속도 : 회전속도가 증가함에 따라 어느 정도까지는 증가하다가 어떤 회전속도 이상에서는 오히려 감소한다.
  (대) 혼합비 : 이론 혼합비보다 약간 농후 혼합비일 때가 제동평균 유효압력이 높다.
  (래) 실린더의 크기와 연소실 모양
  (매) 점화시기
  (배) 밸브 개폐시기
  (새) 체적효율

(4) 이륙마력과 정격마력

① 이륙마력(take off horsepower) : 항공기가 이륙할 때 기관이 낼 수 있는 최대마력으로 1~5분간의 사용시간 제한을 둔다.
② 정격마력(rated horsepower ; METO 마력) : 기관을 보통 30분 정도 또는 계속해서 연속 작동을 해도 아무 무리가 없는 최대마력으로 사용시간 제한없이 장시간 연속 작동을 보증할 수 있는 마력으로 정격마력에 의해 임계고도가 결정된다.
  (개) 임계고도(critical altitude) : 고도의 영향 때문에 어느 고도 이상에서는 기관이 정격마력을 낼 수 없는 고도이다.

(5) 순항마력(crusing horsepower ; 경제마력)

효율이 가장 좋은, 즉 연료 소비율이 가장 작은 상태에서 얻어지는 동력으로 비행 중 가장 오랜 시간 사용하게 되는 마력이다.

(6) 열효율

기관이 내는 출력을 기관에 투입된 연료의 연소열량으로 나눈 값이다.

(7) 체적효율

같은 압력·온도 조건하에서 실제로 실린더 속으로 흡입된 혼합가스의 체적과 행정체적과의 비이다.

$$체적효율 = \frac{실제\ 흡입된\ 체적}{행정체적}$$

6-2 성능과 고도와의 관계

공기밀도가 희박해지면 출력은 감소가 된다. 공기밀도는 대기압력, 대기온도, 습도에 영향을 받는다.

(1) 마력과 고도

고도가 증가함에 따라 출력은 감소를 한다.

① 고도에 따른 왕복기관의 마력의 변화

$$\frac{bHP_Z}{bHP_0} = \frac{P_Z}{P_0}\sqrt{\frac{T_0}{T_Z}}$$

여기서, bHP_Z : 임의의 고도에서의 제동마력(PS)
  P_Z : 임의의 고도에서의 대기압력(mmHg)
  T_Z : 임의의 고도에서의 대기의 절대온도(K)
  bHP_0 : 고도 0m(표준대기 상태)에서의 제동마력(PS)
  P_0 : 고도 0m에서의 대기압력(mmHg)
  T_0 : 고도 0m에서의 대기의 절대온도(K)

표준대기 상태에서의 기압은 760 mmHg, 기온은 15 ℃, 습도는 0%이다.
왕복기관의 마력은 대기압력에 비례하고, 대기의 절대온도의 제곱근에 반비례한다.

② 습도를 고려한 마력의 변화

$$bHP_0 = bHP_Z \times \frac{P_0}{P_Z - h}\sqrt{\frac{T_Z}{T_0}}$$

여기서, h : 수증기의 증기압(mmHg)

③ 고도에 따른 출력감소를 작게 하는 방법 : 흡입 부분에 과급기를 설치하여 사용하면 어느 고도까지는 출력의 증가를 가져오는 동시에 고도 증가에 따른 출력감소를 작게 할 수 있다. 또한, 이러한 목적 외에 이륙 시 최대마력을 높게 하기 위해서도 사용된다.

 예·상·문·제

1. 왕복기관의 체적효율에 영향을 미치지 않는 것은?
㉮ 실린더 헤드 온도
㉯ 기관 회전수
㉰ 연료/공기비
㉱ 기화기 공기온도

2. 피스톤의 상사점과 하사점 사이의 거리는?
㉮ 보어(bore)
㉯ 행정거리(stroke)
㉰ 론저론(longeron)
㉱ 벌크헤드(bulkhead)와 론저론(longeron)

3. 왕복기관에서 실린더의 압축비(ε)란 다음 어떻게 표시할 수 있는가?(단, V_c : 연소실 체적, V_d : 행정체적)
㉮ $\varepsilon = 1 + \dfrac{V_d}{V_c}$ ㉯ $\varepsilon = \dfrac{V_d}{V_c}$
㉰ $\varepsilon = \dfrac{V_c}{V_d}$ ㉱ $\varepsilon = 1 + \dfrac{V_c}{V_d}$

4. 실린더 체적이 80 in³, 피스톤 행정체적이 70 in³이라면 압축비는 얼마인가?
㉮ 10 : 1 ㉯ 9 : 1 ㉰ 8 : 1 ㉱ 7 : 1

[해설] 압축비 $= \dfrac{\text{연소실 체적} + \text{행정체적}}{\text{연소실 체적}}$
$= \dfrac{80}{80-70} = \dfrac{8}{1}$
(여기서, 실린더 체적=연소실 체적+행정체적)

5. 어떤 기관의 총배기량이 1500 cc이며, 압축비가 8.5일 때, 이 기관의 충진체적(clearance volume)은?
㉮ 176 cc ㉯ 250 cc
㉰ 300 cc ㉱ 350 cc

[해설] $\varepsilon = 1 + \dfrac{V_d}{V_c} = \dfrac{V_c + V_d}{V_c}$ 에서
$8.5 = \dfrac{1500}{V_c}$, $V_c = \dfrac{1500}{8.5} = 176$ cc

6. 오토 사이클의 열효율은 다음 중 어느 것에 의해 가장 크게 영향을 받는가?
㉮ 흡기온도 ㉯ 압축비
㉰ 혼합비 ㉱ 옥탄가

7. 항공기 왕복기관의 제동마력과 단위 시간당 기관의 소비한 연료 에너지와의 비를 무엇이라 하는가?
㉮ 제동 열효율 ㉯ 기계 열효율
㉰ 연료 소비율 ㉱ 일의 열당량

[해설] 제동 열효율(η_b)
$= \dfrac{\text{제동마력}}{\text{단위 시간당 기관의 소비한 연료 에너지}}$

8. 실린더 내부의 가스가 피스톤에 작용한 동력은?
㉮ 도시마력 ㉯ 마찰마력
㉰ 제동마력 ㉱ 축마력

9. 지시마력에서 마찰마력을 뺀 값을 무엇이라 하는가?

정답 1. ㉰ 2. ㉯ 3. ㉮ 4. ㉰ 5. ㉮ 6. ㉯ 7. ㉮ 8. ㉮ 9. ㉮

㉮ 제동마력　㉯ 일 마력
㉰ 유효마력　㉱ 손실마력

[해설] 지시마력=제동마력+마찰마력

10. 피스톤의 지름이 10 cm인 피스톤에 60 kg/cm²의 가스압력이 작용하면 피스톤에 미치는 힘은 얼마인가?

㉮ 47.1 tons　㉯ 471 tons
㉰ 41.5 tons　㉱ 4.71 tons

[해설] 힘=압력×단면적
$= 60 \times \dfrac{\pi \times 10^2}{4} = 4710\,\text{kg} = 4.71\,\text{tons}$

11. 피스톤의 지름이 16 cm인 피스톤에 65 kgf/cm²의 가스압력이 작용하면 피스톤에 미치는 힘은 얼마인가?

㉮ 10.06 t　㉯ 11.06 t
㉰ 12.06 t　㉱ 13.06 t

[해설] 힘 = 압력×단면적
$= 65 \times \dfrac{\pi \times 16^2}{4} = 13062\,\text{kgf} = 13.06\,\text{t}$

12. 피스톤의 지름이 16 cm, 행정거리가 0.16 m, 실린더 수가 6개인 기관의 총행정체적은 몇 L인가?

㉮ 17.29　㉯ 18.29
㉰ 19.29　㉱ 20.29

[해설] 총행정체적= KAL
$= 6 \times \left(\dfrac{3.14 \times 16^2}{4}\right) \times 16 = 19292\,\text{cm}^3$
$= 19.29\,\text{L}\,(1\,\text{L}=1000\,\text{cm}^3)$

13. 피스톤의 지름이 16 cm, 행정거리가 0.16 m, 실린더 수가 4개인 기관의 총행정체적은 얼마인가?

㉮ 12.86 L　㉯ 13.86 L
㉰ 14.86 L　㉱ 15.86 L

[해설] 총행정체적= KAL
$= 4 \times \left(\dfrac{3.14 \times 16^2}{4}\right) \times 16 = 12861\,\text{cm}^3$
$= 12.86\,\text{L}$

14. 마력에 관한 설명으로 가장 관계가 먼 것은?

㉮ 다른 조건을 완전히 바꾸지 않고 출력을 늘리기 위해서는 회전수를 높여야 한다.
㉯ 마찰마력은 기관과 보기(accessories)의 움직이는 부품들의 마찰을 극복하기 위해 필요한 마력이다.
㉰ 왕복기관은 연료의 연소에 의해 얻어지는 출력(총발열량)의 약 75%가 프로펠러 축에 전해지는 출력의 합계이다.
㉱ 제동마력은 프로펠러 축에 전해지는 출력의 합계이다.

15. METO 마력을 가장 올바르게 설명한 것은?

㉮ 순항마력이다.
㉯ 시간제한없이 장시간 연속작동을 보증할 수 있는 연속 최대마력이다.
㉰ 기관이 낼 수 있는 최대의 마력이다.
㉱ 열효율이 가장 좋은 상태에서 얻어지는 동력이다.

16. 다음 중 제동마력(bHP)을 올바르게 표현한 것은?(단, P : 제동평균 유효압력 (kg/cm²), L : 행정거리(cm), A : 피스톤 면적(cm²), bHP : 제동마력, K : 실린더 수)

[정답] 10. ㉱　11. ㉱　12. ㉰　13. ㉮　14. ㉰　15. ㉯　16. ㉯

㉮ $bHP = \dfrac{P \cdot L \cdot A \cdot N \cdot K}{75 \times 60}$

㉯ $bHP = \dfrac{P \cdot L \cdot A \cdot N \cdot K}{75 \times 2 \times 60}$

㉰ $bHP = \dfrac{P \cdot L \cdot A \cdot N \cdot K}{550}$

㉱ $bHP = \dfrac{P \cdot L \cdot A \cdot N \cdot K}{5500}$

17. 어떤 기관의 피스톤 지름이 16 cm이고, 행정길이가 0.16 m, 실린더 수가 6개, 제동평균 유효압력이 8 kgf/cm², 회전수가 2400 rpm일 때 제동마력은?

㉮ 411.6 ps ㉯ 511.6 ps
㉰ 611.6 ps ㉱ 711.6 ps

해설 $bHP = \dfrac{P \cdot L \cdot A \cdot N \cdot K}{75 \times 2 \times 60}$

$= \dfrac{8000 \times 0.16 \times \dfrac{3.14 \times 0.16^2}{4} \times 2400 \times 6}{9000}$

$= 411.6 \text{ ps}$

18. 어떤 기관의 피스톤 지름이 150 mm이고, 행정길이가 0.16 m, 실린더 수가 4, 제동평균 유효압력이 8 kgf/cm², 회전수가 2400 rpm일 때 제동마력은?

㉮ 261.1 ps ㉯ 251.1 ps
㉰ 241.1 ps ㉱ 231.1 ps

해설 $bHP = \dfrac{P \cdot L \cdot A \cdot N \cdot K}{75 \times 2 \times 60}$

$= \dfrac{8000 \times 0.16 \times \dfrac{3.14 \times 0.15^2}{4} \times 2400 \times 4}{9000}$

$= 241.1 \text{ ps}$

19. 다음 중 제동마력(BHP)을 올바르게 표현한 것은?(단, P : 제동평균 유효압력(psi), L : 행정거리(ft), A : 피스톤 면적(in²), $N = \dfrac{RPM}{2}$, K : 실린더 수)

㉮ $bHP = \dfrac{P \cdot L \cdot A \cdot N \cdot K}{375}$

㉯ $bHP = \dfrac{P \cdot L \cdot A \cdot N \cdot K}{33000}$

㉰ $bHP = \dfrac{P \cdot L \cdot A \cdot N \cdot K}{475}$

㉱ $bHP = \dfrac{P \cdot L \cdot A \cdot N \cdot K}{500}$

20. 한 개의 실린더 배기량이 170 in³인 7기통 가솔린 기관이 2000 rpm으로 회전하고 있다. 지시마력이 1800 hp이고, 기계효율(η_m)이 0.8이면 제동평균 유효압력은 얼마인가?

㉮ 186 psi ㉯ 257 psi
㉰ 326 psi ㉱ 479 psi

해설 $bHP = \dfrac{P_{mb} \cdot L \cdot A \cdot N \cdot K}{33000}$ 에서

$P_{mb} = \dfrac{33000 \times bHP}{L \cdot A \cdot N \cdot K}$

$= \dfrac{33000 \times 0.8 \times 1800 \times 12}{170 \times \dfrac{2000}{2} \times 7}$

$= 479 \text{ psi}$

(여기서, $\eta_m = \dfrac{bHP}{iHP}$, L : 행정(ft), A : 피스톤 면적(in²), $N : \dfrac{RPM}{2}$)

21. 기화기의 흡기온도가 증가하면 정미평균 유효압력(brake mean effective pressure)은?

㉮ 변화가 없다. ㉯ 증가한다.
㉰ 감소한다. ㉱ 감소 후 증가한다.

22. 평균 유효압력(mean effective pressure)의 정의가 맞는 것은?
- ㉮ 행정체적을 사이클 유효일로 나눈 것
- ㉯ 행정길이를 사이클 유효일로 나눈 것
- ㉰ 사이클 유효일을 행정체적으로 나눈 것
- ㉱ 사이클 유효일을 행정길이로 나눈 것

[해설] 평균 유효압력

$$P_m = \frac{W}{v}$$

실린더 속의 연소가스가 1 사이클 중에 하는 일(W)을 실린더의 행정체적(v)으로 나눈 값을 말한다.

23. 가솔린 기관의 출력을 나타내는 대표적인 수치로 평균 유효압력(P_m)이 상용된다. 이 압력을 증가시키는 유효한 방법으로 가장 관계가 먼 것은?
- ㉮ 부스트 압력을 높인다.
- ㉯ 흡기온도를 될 수 있는 대로 높인다.
- ㉰ 마찰 손실을 최소한으로 한다.
- ㉱ 배압을 가능한 한 낮게 유지한다.

24. full load에서 도시마력(ihp)이 80hp인 항공기 왕복기관의 제동마력이 64hp라면 기계효율은?
- ㉮ 0.75 ㉯ 0.8 ㉰ 0.85 ㉱ 0.90

[해설] $\eta_m = \dfrac{bHP}{iHP} = \dfrac{64}{80} = 0.80$

정답 22. ㉰ 23. ㉯ 24. ㉯

Chapter 03
항공기 가스터빈 기관

1. 가스터빈 기관의 종류와 특성, 작동원리

1-1 가스터빈 기관의 종류 및 분류

가스터빈 기관에는 반드시 압축기, 연소실, 터빈이 사용되는데 이를 가스 발생기(gas generator)라 한다.

(1) 압축기 형태에 따른 분류
① 원심식 압축기 기관 : 소형 기관이나 지상용 가스터빈 기관에 주로 사용한다.
② 축류식 압축기 기관 : 대형 고성능 기관에 사용한다.
③ 축류-원심식 압축기 기관 : 소형 터보프롭 기관이나 터보샤프트 기관에 사용한다.

(2) 출력 형태에 따른 분류
① 제트 기관
② 회전 동력 기관

1-2 가스터빈 기관의 특성

① 왕복기관보다 기관의 중량당 출력이 크다.
② 기관의 진동이 작고 높은 회전수를 얻을 수 있어 작은 크기로 큰 출력을 낼 수 있다.
③ 추운 기후에도 시동이 쉽고 윤활유 소모량이 적다.
④ 왕복기관보다 싼 연료를 사용한다.
⑤ 왕복기관보다 고속비행이 가능하다.
⑥ 왕복기관에 비해 연료 소모량이 많고 소음이 심하다.

1-3 가스터빈 기관의 작동원리

(1) 가스터빈 기관의 사이클

① 브레이턴 사이클 : 가스터빈 기관의 이상적인 사이클로 정압 사이클이라고도 한다.
  (가) 가스터빈 기관의 기본 사이클 : 단열압축 과정 → 정압수열 과정 → 단열팽창 과정 → 정압방열 과정
  (나) 가스터빈 기관의 열효율(η_{th})

$$\text{열효율}(\eta_{th}) = \frac{\text{참 일}(W)}{\text{공급열량}(Q_1)} = \frac{\text{공급열량}(Q_1) - \text{방출열량}(Q_2)}{\text{공급열량}(Q_1)}$$

$$= \frac{W}{Q_1} = \frac{Q_1 - Q_2}{Q_1} = 1 - \left(\frac{1}{\gamma}\right)^{\frac{k-1}{k}}$$

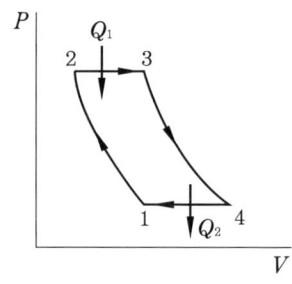
(a) 압력-비체적 선도

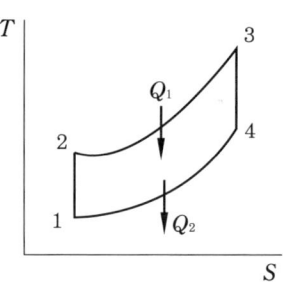
(b) 온도-엔트로피 선도

브레이턴 사이클

② 제트 기관의 사이클 : 가스터빈 기관처럼 브레이턴 사이클이며, 배기가스의 분사에 의하여 발생하는 추력으로 항공기를 전진시킴으로써 외부의 일을 한다.

(2) 작동원리

공기를 흡입, 압축하여 연소실로 보내면 연소실에서 압축된 공기와 연료가 연소되어 고온, 고압 가스를 발생시켜 터빈을 회전시키고, 터빈의 회전동력은 압축기 및 그 밖의 필요한 장치들을 구동한다. 나머지 연소가스는 배기노즐에서 빠른 속도로 팽창, 분사시켜 추력을 얻는다.

① 터보제트 기관 : 모든 연소가스를 배기노즐을 통하여 분사시켜 추력을 얻는다.
② 터보팬 기관 : 고온, 고압의 연소가스의 일부를 이용하여 터빈을 돌리고, 이 터빈 동력으로 팬(fan)이 구동되며 팬에 의하여 대량의 공기를 뒤로 분사시켜 추력을 얻는다.
  (가) 1차 공기 : 가스 발생기를 지나가는 공기이다.
  (나) 2차 공기 : 팬을 지나가는 공기이다.

㈎ 바이패스 비(BPR : By Pass Ratio) : 2차 공기량과 1차 공기량과의 비를 말한다. 바이패스 비가 5 이상인 터보팬 기관은 대형 장거리 수송기에, 1 이하인 터보팬 기관은 전투기에 사용된다.
③ 터보프롭 기관 : 가스 발생기에서 만들어진 고온, 고압 가스로 동력 터빈을 구동시켜 프로펠러를 회전시켜 추력을 얻고, 배기가스에서도 일부 추력을 얻는다. 보통 프로펠러에 의한 추력은 70~95%, 배기가스의 분사추력은 5~30%이다.
④ 터보샤프트 기관 : 가스 발생기에서 만들어진 고온, 고압의 가스로 동력 터빈을 회전시키고, 이 동력 터빈을 이용하여 항공기 주회전날개를 회전시킨다.

(3) 공기의 압력, 온도 및 속도변화

	압력변화	온도변화	속도변화
압축기	증가한다. 디퓨저에서 최고압력으로 상승	천천히 증가(300~400℃)	속도가 일정하거나 약간 감소
연소부	약간 감소	약 2000℃까지 상승	속도가 증가한다.
터빈부분	감소한다.	온도가 내려간다.	급격히 증가
배기부분	대기압보다 약간 높거나 같은 상태	서서히 감소한다.	속도 감소

예·상·문·제

1. 터빈식 회전기관이 아닌 것은?
㉮ 터보제트   ㉯ 터보프롭
㉰ 가스터빈   ㉱ 램제트

2. 가스터빈 기관에서 출력을 감속장치를 통해 구동하고, 배기가스에서 약간의 추력을 얻는 기관은?
㉮ 터보제트   ㉯ 터보팬
㉰ 터보프롭   ㉱ 터보샤프트

3. 제트 기관 중 shuttle valve를 사용하여 정적 연소를 하는 기관은?
㉮ ram jet   ㉯ purse jet
㉰ turbo jet   ㉱ turbine jet

4. 공기를 빠른 속도로 분사시킴으로써 소형, 경량으로 큰 추력을 낼 수 있고, 비행속도가 빠를수록 추진효율이 좋고, 아음속에서 초음속에 걸쳐 우수한 성능을 가지는 기관의 형식은?

정답 1. ㉱   2. ㉰   3. ㉯   4. ㉮

㉮ 터보제트 기관   ㉯ 터보샤프트 기관
㉰ 램제트 기관   ㉱ 터보프롭 기관

5. 터보제트 기관에서 중요한 부문 3가지는?
㉮ 흡입구, 압축기, 노즐
㉯ 흡입구, 압축기, 연소실
㉰ 압축기, 연소실, 배기관
㉱ 압축기, 연소실, 터빈
[해설] 가스 발생기 : 압축기, 연소실, 터빈

6. 브레이턴(brayton) 사이클의 이론인 열효율을 가장 올바르게 표시한 것은?(단, η_{th} : 열효율, γ : 압력비, k : 비열비)

㉮ $\eta_{th} = 1 - (\gamma)^{\frac{1}{k-1}}$

㉯ $\eta_{th} = 1 - (\gamma)^{\frac{1-k}{k}}$

㉰ $\eta_{th} = 1 - (\gamma)^{\frac{k}{k-1}}$

㉱ $\eta_{th} = 1 - (\gamma)^{\frac{k-1}{k}}$

7. 가스터빈 기관의 이상 사이클로서 열효율이 맞게 짝지어진 것은?

㉮ otto 사이클, $\eta_{th} = 1 - \left(\dfrac{V_1}{V_2}\right)^{k-1}$

㉯ 사바테 사이클, $\eta_{th} = 1 - \left(\dfrac{1}{\gamma_{vs}^{k-1}}\right)$

㉰ 디젤 사이클, $\eta_{th} = 1 - \left(\dfrac{1}{\gamma_{vs}^{k-1}}\right)\dfrac{r_f^{k-1}}{k(\gamma_f - 1)}$

㉱ 브레이턴 사이클, $\eta_{th} = 1 - \left(\dfrac{1}{\gamma}\right)^{\frac{k-1}{k}}$

8. 터보프롭 기관에서 프로펠러를 지상에서 "fine pitch"에 두는데 그 이유로 가장 관계가 먼 것은?
㉮ 시동 시 프로펠러의 토크를 적게 하기 위하여
㉯ 저속 운전 시 소비마력을 작게 하기 위하여
㉰ 지상 운전 시 기관 냉각을 돕기 위하여
㉱ 착륙거리를 줄이기 위하여

9. 터보제트 기관의 고속성능의 우수성, 터보프롭의 우수성을 결합하여 제작한 기관은?
㉮ turbofan engine   ㉯ turboshaft engine
㉰ ramjet engine   ㉱ rocket engine

정답 5. ㉱   6. ㉯   7. ㉱   8. ㉰   9. ㉮

2. 가스터빈 기관의 구조

2-1 기본 구조

공기 흡입관, 압축기, 연소실, 터빈, 배기노즐로 구성된다. 가스 발생기(gas generator)에는 압축기, 연소실, 터빈이 있다.

2-2 공기 흡입계통(air inlet duct)

공기를 압축기에 공급시켜 주는 통로인 동시에, 고속으로 들어오는 공기의 속도를 감속시켜 준다. 압축기 입구에서 공기속도는 항상 압축 가능한 최고속도인 마하 0.5 정도를 유지해야 한다.
- 압력효율비 : 공기흡입관 입구의 전압과 압축기 입구의 전압의 비로서 대략 98%의 값을 갖는다.
- 압력회복점(ram pressure recovery point) : 압축기 입구에서의 정압상승이 도관 안에서 마찰로 인한 압력강하와 같아지는 항공기의 속도, 즉 압축기 입구의 정압이 대기압과 같아지는 항공기 속도를 말하며, 압력회복점이 낮을수록 좋은 흡입관이다.

(1) 확산형 흡입관

아음속 항공기에 이용한다.

(2) 초음속 흡입관

수축 확산형 흡입관, 충격파, 가변 면적을 이용한다.
- 블로인 도어(blow-in door) : 고정 면적 흡입관에서 흡입구 안의 압력이 대기압보다 낮을 때에는 자동적으로 열려 부족한 공기가 들어올 수 있도록 한다.

2-3 압축기

(1) 원심식 압축기(centrifugal type compressor)

소형 기관에만 사용한다.
① 구성
  (가) 임펠러(impeller) : 임펠러의 회전에 의해 원심력으로 공기를 가속시킨다.
  (나) 디퓨저(diffuser) : 임펠러에서 가속된 속도 에너지를 압력 에너지로 바꾸어 준다.

즉, 속도를 감소시키고 압력을 증가시킨다.
　㈐ 매니폴드(manifold) : 압력이 높아진 공기를 방향을 바꾸어 연소실로 공급한다.
② 장점 : 단당 압력비가 높고 제작이 쉬우며, 구조가 튼튼하고 값이 싸다.
③ 단점 : 압축기 입구와 출구의 압력비가 낮고 효율이 낮으며, 많은 양의 공기를 처리할 수 없고, 추력에 비해 기관의 전면 면적이 넓기 때문에 항력이 크다.

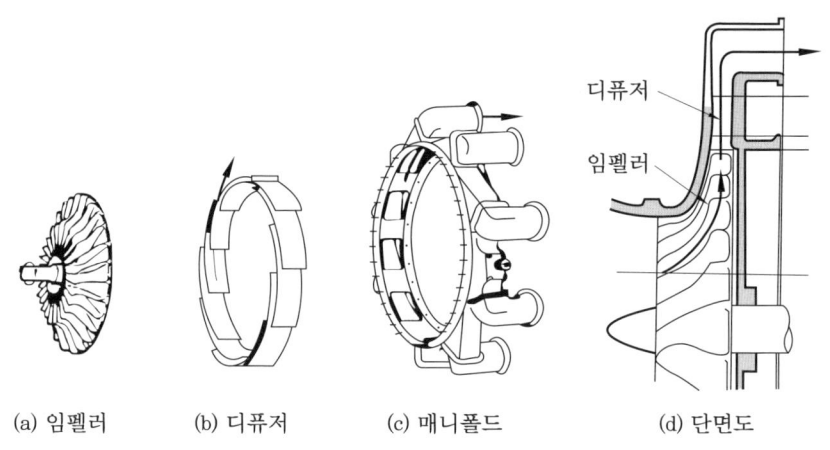

(a) 임펠러　　(b) 디퓨저　　(c) 매니폴드　　(d) 단면도

원심력식 압축기의 기본 구성품 및 단면도

(2) 축류식 압축기(axial flow type compressor)

고성능 기관에 많이 사용한다.
① 구성 : 회전자(rotor), 고정자(stator)로 구성된다. 한 열의 회전자 깃과 한 열의 고정자 깃을 합하여 1단(stage)이라 한다.

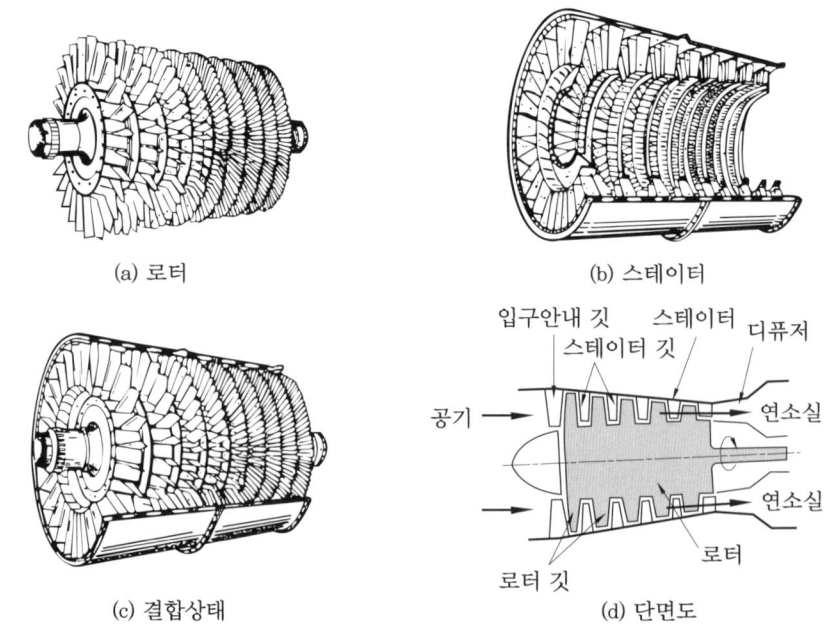

(a) 로터　　　　　　　　　　　　　(b) 스테이터

(c) 결합상태　　　　　　　　　　　(d) 단면도

축류식 압축기의 구성품과 단면도

(개) 회전자(rotor ; 동익) : 여러 층이 원판(disk) 둘레에 많은 회전자 깃(rotor blade)이 장착된다.

(내) 고정자(stator ; 정익) : 압축기 바깥쪽 케이스 안쪽에 많은 고정자 깃(stator vane)이 장착된다.

② 장점

(개) 전면 면적에 비해 많은 양의 공기를 흡입, 압축할 수 있다.

(내) 압력비 증가를 위해 여러 단으로 제작이 가능하다.

(다) 입구와 출구와의 압력비 및 압축기 효율이 높아 고성능 기관에 사용한다.

③ 단점 : 외부 물질에 의한 손상이 쉽고, 제작비용이 비싸고 무겁다.

④ 축류식 압축기의 작동원리 : 회전자 깃과 고정자 깃은 날개골 모양으로 이들 날개골 사이로 공기가 흐를 때 공기통로는 입구는 좁고 출구가 넓게 되어 있어, 이들 깃 사이의 공기통로를 지나면서 속도가 감소하고 압력이 증가한다.

(개) 압력비

$$\gamma = (\gamma_s)^n$$

여기서, γ_s : 단당 압력비, n : 단수

(내) 반동도(reaction rate) : 단당 압력상승 중 회전자 깃이 담당하는 압력상승의 백분율(%)을 말하며, 일반적으로 압축기의 반동도는 50% 정도이다.

$$반동도(\phi_c) = \frac{회전자\ 깃렬에\ 의한\ 압력상승}{단당\ 압력상승} \times 100\%$$
$$= \frac{P_2 - P_1}{P_3 - P_1} \times 100\%$$

여기서, P_1 : 회전자 깃렬의 입구 압력, P_2 : 고정자 깃렬의 입구 압력
P_3 : 고정자 깃렬의 출구 압력

(다) 압축기 단열효율(η_c) : 마찰이 없이 이루어지는 압축, 즉 이상적 압축에 필요한 일과 실제 압축에 필요한 일과의 비를 말하며, 압축기 효율은 약 85% 정도이다.

$$\eta_c = \frac{이상적인\ 압축\ 일}{실제\ 압축\ 일} = \frac{T_{2i} - T_1}{T_2 - T_1}, \quad T_{2i} = T_1 \gamma^{\frac{k-1}{k}}$$

여기서, T_{2i} : 이상적인 단열압축 후의 온도, T_2 : 실제 압축기 출구 온도
T_1 : 압축기의 입구 온도, γ : 압력비, k : 공기의 비열비

(라) 축류식 압축기의 실속 : 공기 흡입속도가 작을수록 회전속도가 클수록 회전자 깃의 받음각이 커져 압축기 실속이 발생을 하며, 압력비가 급격히 떨어지고 기관 출력은 감소하여 작동이 불가능해진다.

㉮ 원 인

- 압축기 방출 압력(연소실 압력)이 너무 높을 때(CDP가 너무 높을 때)
- 압축기 입구 온도가 너무 높을 때(CIT가 너무 높을 때)
- 압축기 입구에서 공기의 누적(choking) 현상 발생 시

⑭ 방지책 : 다축식 구조, 가변 고정자(stator) 깃(VSV), 브리드 밸브 설치, 가변 안내 베인, 가변 바이패스 밸브 등을 장치한다.

(3) 축류-원심식 압축기

압축기 앞부분은 축류식 압축기로, 뒷부분은 원심식 압축기로 되어 있으며, 소형 터보프롭 기관이나 터보샤프트 기관의 압축기로 많이 사용된다.

(4) 팬(fan)

터보팬 기관에 사용되는 팬(fan)은 공기를 압축한 후 노즐을 통하여 분사시킴으로써 추력을 얻는다.

팬에 의하여 압축된 공기의 일부는 압축기에 의하여 압축된 후 연소실로 들어가 연료와 연소하고, 일부는 팬 노즐을 통하여 분사되어 추력을 발생한다.

① 1차 공기 : 팬(fan)을 지난 공기 중 기관으로 들어가 연소에 참여한 공기이다.
② 2차 공기 : 팬(fan)을 지난 공기 중 팬 노즐(fan nozzle)을 통하여 분사되는 공기이다.
③ 바이패스 비 : 1차 공기와 2차 공기와의 비이다.
  (가) 바이패스 비가 큰 경우 2차 공기는 팬 노즐에 의하여 분사되어 추력을 발생한다.
  (나) 바이패스 비가 작은 경우에 2차 공기는 기관 주위로 흐르면서 기관을 냉각시켜 준 다음 1차 공기와 함께 배기노즐로 분사된다.

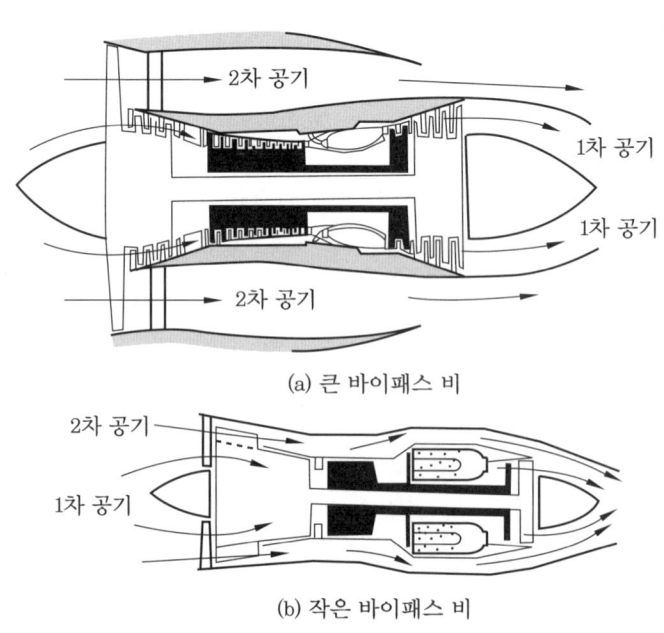

(a) 큰 바이패스 비

(b) 작은 바이패스 비

바이패스 비

2-4 연소실

압축기에서 압축된 고압공기에 연료를 분사하여 연소시켜 열에너지를 발생시킨다.

(1) 연소실의 구비 조건
① 가능한 한 작은 크기
② 기관의 작동 범위 내에서 최소의 압력손실
③ 연료 공기비, 비행고도, 비행속도 및 출력의 폭넓은 변화에 대하여 안정되고 효율적인 연료의 연소
④ 신뢰성
⑤ 양호한 고공 재시동 특성과 출구 온도분포가 균일

(2) 연소실의 종류
① 캔형(can type) 연소실 : 압축기의 구동축 주위에 독립된 5~10개의 원통형의 연소실을 가진 형식이다.
　㈎ 장점 : 연소실이 독립되어 있어 설계나 정비가 간단하여 초기에 많이 사용되었다.
　㈏ 단점
　　㉮ 고공에서 기압이 낮아지면 연소가 불안정해져서 연소정지(flame out) 현상이 생기기 쉽다.
　　㉯ 기관 시동 시 과열시동(hot start)을 일으키기 쉽고, 출구 온도분포가 불균일하다.
② 애뉼러형(annular type) 연소실 : 압축기 구동축을 둘러싸고 있는 1개의 고리 모양의 연소실을 가진 형식으로 현재 많이 사용된다.

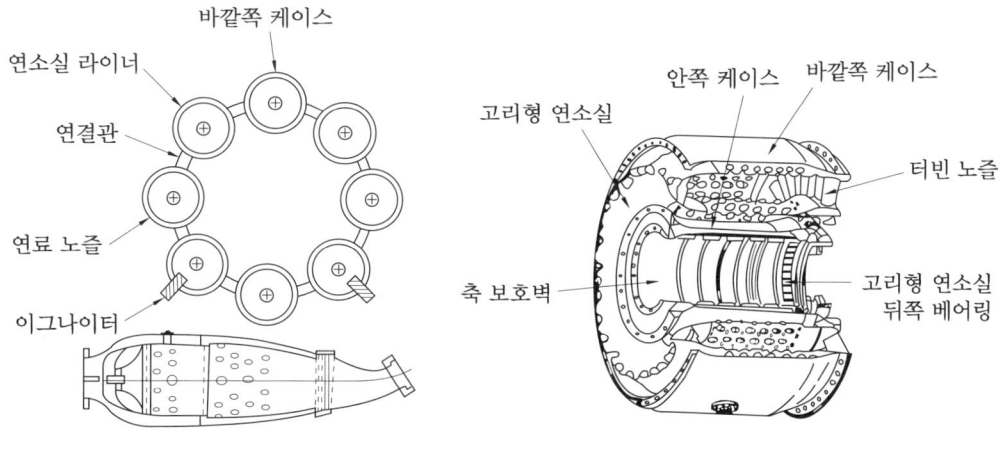

캔형 연소실의 배치도 및 단면도　　　애뉼러형 연소실

(가) 장점
  ㉮ 구조가 간단하고 길이가 짧으며 연소실 전면 면적이 좁다.
  ㉯ 연소가 안정되어 연소정지 현상이 거의 없고, 출구 온도분포가 균일하여 연소효율이 좋다.
(나) 단점 : 정비가 불편하다.
③ 캔-애뉼러형(can-annular type) 연소실 : 압축기의 구동축 주위를 둘러싸고 있는 안쪽과 바깥쪽 케이스 사이에 5~10개의 원통모양의 연소실 라이너(liner)를 배치한 형식으로 중형, 대형 가스터빈 기관의 연소실로 사용되고 있다.

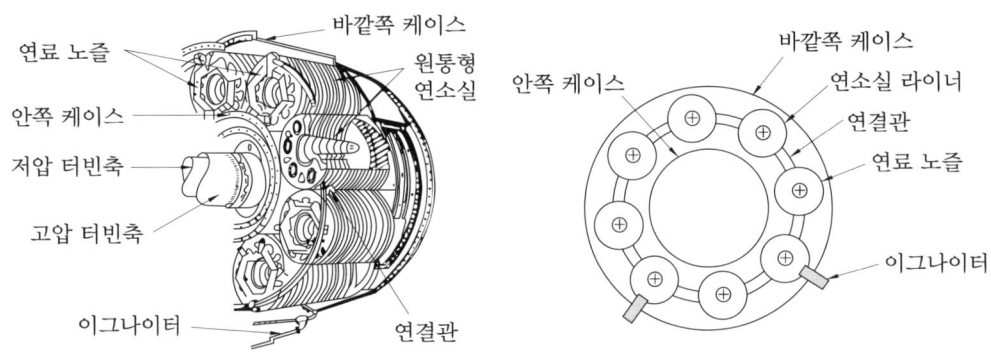

캔-애뉼러형 연소실

④ 가스의 흐름 형태
  (가) 직류형 : 압축기에서 압축되어 나온 공기가 앞쪽에서 뒤쪽으로 흐르면서 연소되는 연소실로 터보제트 기관이나 터보팬 기관에 많이 사용한다.
  (나) 역류형 : 연료 노즐이 압축기에서 들어오는 공기입구의 반대쪽에 위치하여 압축공기의 입구와 연소가스의 출구가 거의 같은 부분에 위치해 있는 연소실로 터보프롭이나 터보샤프트 기관에 많이 사용한다.

(3) 연소실의 연소영역

① 1차 연소영역(연소영역) : 직접 연소하는 영역으로 최적 공기 연료비인 8~18 : 1인데 실제 연소실에 들어온 공기 연료비는 60~130 : 1이므로, 선회 깃에 의해 강한 선회를 주어 유입속도를 감소시키고, 공기와 연료가 잘 섞이도록 하여 화염 전파속도가 증가되도록 한다. 1차 공기유량은 기관 전체에 공급되는 공기량의 약 20~30% 정도이다.
  • 선회 깃(swirl guide vane) : 연소실로 유입되는 공기속도를 감소시키고, 와류를 발생하게 하여 연료와 혼합이 잘되도록 한다.
② 2차 연소영역(혼합 냉각영역) : 연소가스의 냉각작용을 담당하는 영역이다. 연소되지 않은 많은 양의 2차 공기를 연소실 뒤쪽으로 공급하여 1차 영역에서 연소된 연소가스와 혼합시켜 연소실 출구 온도를 터빈 입구 온도에 적합하도록 균일하게 낮추어 준다. 2차 공기유량은 전체 공기량의 약 70~80%이다.

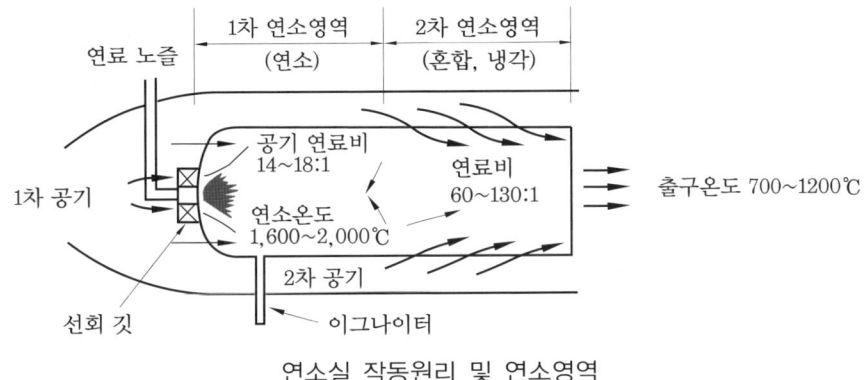

연소실 작동원리 및 연소영역

(4) 연소실의 성능

연소효율, 압력손실, 크기 및 무게, 연소의 안정성, 고공 재시동 특성, 출구 온도분포의 균일성, 내구성, 대기오염 물질 및 검은 연기의 배출 등에 의해 결정된다.

① 연소효율 : 연소실로 들어오는 공기의 압력 및 온도가 낮을수록, 공기의 속도가 빠를수록 낮아지므로 고도가 높아질수록 연소효율은 낮아진다. 일반적으로 연소효율은 95% 이상이어야 한다.
② 압력손실 : 입구와 출구의 전압력 차이를 압력손실이라 하며, 보통 연소실 입구의 전압력의 5% 정도이다.
③ 출구 온도분포 : 터빈 회전자 깃에 작용하는 응력은 뿌리부분에서 크기 때문에 연소실 출구 온도분포는 균일하거나 바깥지름 쪽이 안쪽보다 약간 높은 것이 좋다.
④ 재시동 특성 : 재시동 가능범위가 넓을수록 좋다.

2-5 터빈(turbine)

압축기 및 그 밖의 필요장비를 구동시키는데 필요한 동력을 발생시키는 부분으로 연소실에서 연소된 고온, 고압의 연소가스를 팽창시켜 회전동력을 얻는다.

(1) 레이디얼(radial) 터빈

원심식 압축기와 구조, 모양은 같으나 공기흐름 방향이 바깥쪽에서 중심부분으로 흐른다.
① 장점 : 제작이 간편하고 효율이 좋으며, 단(stage) 마다의 팽창비가 4 정도로 높다.
② 단점 : 다단으로 할 경우 단 수를 증가시키면 효율이 낮아지고, 구조가 복잡해져 소형기관에만 사용한다.

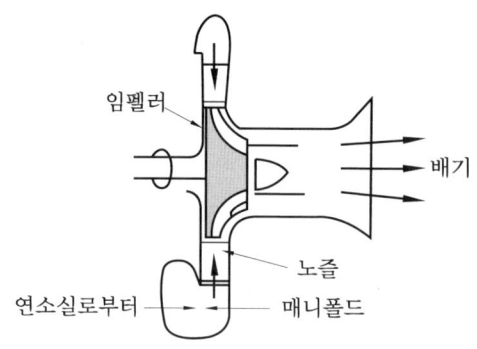 

레이디얼 터빈

(2) 축류형 터빈

연소실에서 연소된 고온, 고압의 공기는 터빈을 통하여 팽창하면서 터빈을 회전시키는데 터빈 1단의 팽창 중 회전자 깃이 담당하는 몫을 반동도라 한다.

① 구성 : 터빈 고정자(stator), 터빈 회전자(rotor)로 구성되었다.
② 1 단 : 1열의 고정자와 1열의 회전자를 1단이라 한다.
③ 터빈 노즐 : 터빈 고정자(stator)를 말한다.

$$반동도(\phi_t) = \frac{회전자\ 깃렬에\ 의한\ 팽창량}{단의\ 팽창량} \times 100\%$$

$$= \frac{P_2 - P_3}{P_1 - P_3} \times 100\%$$

여기서, P_1 : 고정자 깃렬의 입구 압력
P_2 : 고정자 깃렬의 출구 압력(회전자 깃렬의 입구 압력)
P_3 : 회전자 깃렬의 출구 압력

④ 터빈 노즐 다이어프램(turbine nozzle diaphragm) : 연소된 가스의 속도를 증가시키고, 유효한 각도로 회전자 깃(rotor blade)에 부딪치게 하여 터빈 회전자 깃 속도를 증가시켜 추력을 증가시킨다.

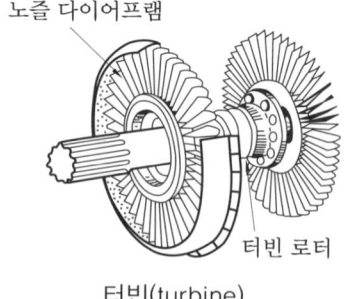

터빈(turbine)

⑤ 터빈의 3가지 형식
  ㈎ 반동 터빈(reaction turbine) : 고정자(stator)와 회전자(rotor) 깃에서 동시에 연소가스가 팽창하는 터빈으로 반동도는 50% 정도이다.
  ㈏ 충동 터빈(impulse turbine) : 가스의 팽창은 모두 고정자에서만 이루어져 반동도가 0%이다.
  ㈐ 실제 터빈 깃(충동-반동 터빈) : 회전자 깃을 비틀어 주어 깃 뿌리에서는 충동 터빈으로 하고, 깃 끝으로 갈수록 반동 터빈이 되도록 하여 토크를 일정하게 한다.

(3) 터빈 효율

마찰이 없는 터빈의 이상적인 일과 실제 터빈 일의 비를 단열효율이라 하며, 터빈 효율을 나타내는 척도로 사용한다.

$$\text{터빈의 단열효율}(\eta_t) = \frac{\text{실제 팽창일}}{\text{이상적인 팽창일}} = \frac{T_3 - T_4}{T_3 - T_{4i}}, \quad T_{4i} = T_3 \left(\frac{P_4}{P_3}\right)^{\frac{k-1}{k}}$$

여기서, T_3 : 터빈 입구 온도, T_4 : 터빈 출구 온도
T_{4i} : 이상적인 터빈의 출구 온도

(4) 터빈 깃의 냉각방법

① 대류 냉각(convection cooling) : 터빈 깃의 내부에 공기통로를 만들어 이곳으로 찬 공기가 지나가게 함으로써 터빈을 냉각한다. 구조가 간단하여 가장 많이 이용한다.
 · 터빈을 냉각하는데 사용하는 공기 : 압축기 뒤쪽 블리드 공기(bleed air)
② 충돌 냉각(impingement cooling) : 터빈 깃의 앞전 부분의 냉각에 이용된다. 터빈 깃의 내부에 작은 공기통로를 설치하여 이 통로에서 터빈 깃의 앞전 안쪽 표면에 냉각 공기를 충돌시켜 깃을 냉각시킨다.
③ 공기막 냉각(air film cooling) : 터빈 깃의 표면에 작은 구멍을 뚫어 찬 공기가 나오도록 하여 찬 공기의 얇은 막이 터빈 깃을 둘러싸서 연소가스가 터빈 깃을 직접 닿지 못하게 함으로써 냉각시킨다.
④ 침출 냉각(transpiration cooling) : 터빈 깃을 다공성 재질로 만들고, 깃 내부에 공기 통로를 만들어 차가운 공기가 터빈 깃을 통하여 스며나오게 함으로써 터빈 깃을 냉각한다. 가장 냉각성능이 우수하지만, 아직 실용화되지 못하고 있다.

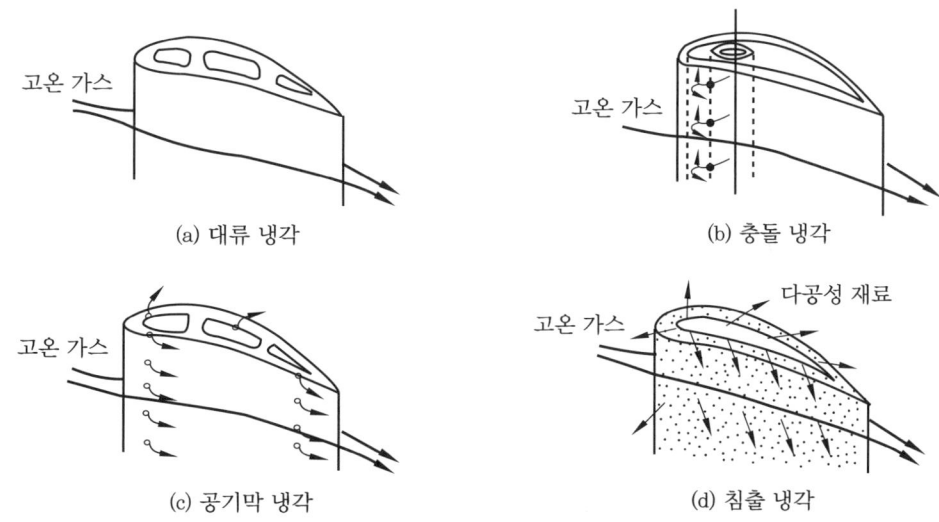

터빈 깃의 냉각방법

(5) 배기계통

배기가스를 배기노즐을 통하여 빠른 속도로 분사하여 추력을 얻는다.

① 배기관(exhaust duct ; 배기 도관 또는 테일 파이프(tail pipe))
  (개) 터빈을 통과한 배기가스를 대기 중으로 방출하기 위한 통로 역할을 한다.
  (내) 터빈을 통과한 배기가스를 정류하고, 배기가스의 압력 에너지를 속도 에너지로 바꾸어 추력을 얻는다.
② 배기노즐(exhaust nozzle) : 배기관에서 공기가 분사되는 끝부분을 배기노즐이라 한다.
  (개) 아음속 항공기의 배기노즐 : 수축형 배기노즐(convergent exhaust nozzle)
    · 테일 콘(tail cone) : 정류 목적을 위하여 내부에 원뿔모양으로 장착된 것을 말한다.
  (내) 초음속 항공기의 배기노즐 : 가변 면적 노즐인 수축-확산형 배기노즐(convergent-divergent nozzle)

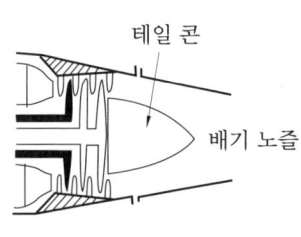
수축형 배기 덕트

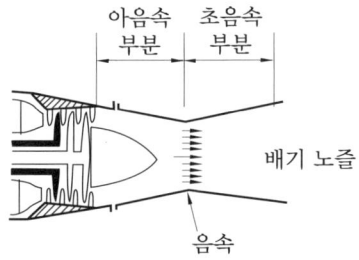
수축-확산형 배기 덕트

예·상·문·제

1. 가스터빈 기관에서 압축기 스테이터 베인(stator vane)의 가장 중요한 목적은?
  ㉮ 배기가스의 압력을 증가시킨다.
  ㉯ 배기가스의 속도를 증가시킨다.
  ㉰ 공기흐름의 속도를 감소시킨다.
  ㉱ 공기흐름의 압력을 감소시킨다.
  [해설] 회전자 깃과 고정자 깃은 날개골 모양으로 이들 날개골 사이로 공기가 흐를 때 공기통로는 입구가 좁고 출구가 넓게 되어 공기는 깃과 깃 사이의 공기통로를 지나면서 속도가 감소하고 압력이 증가한다.

2. 가스터빈 기관에서 수축-확산형 덕트의 설명 중 틀린 것은?
  ㉮ 아음속 흐름의 수축 덕트에서 압력 감소, 속도 증가
  ㉯ 초음속 흐름의 수축 덕트에서 압력 감소, 속도 증가
  ㉰ 초음속 흐름의 확산 덕트에서 압력 감소, 속도 증가
  ㉱ 초음속 흐름의 수축 덕트에서 압력 증가, 속도 감소

정답   1. ㉰   2. ㉯

[해설]

구 분	수축 덕트	확산 덕트
아음속 흐름	속도 증가, 압력 감소	속도 감소, 압력 증가
초음속 흐름	속도 감소, 압력 증가	속도 증가, 압력 감소

3. 가변 스테이터(variable stator) 구조의 목적으로 가장 올바른 것은?
- ㉮ 로터의 회전속도를 일정하게 한다.
- ㉯ 유입공기의 절대속도를 일정하게 한다.
- ㉰ 로터에 대한 유입공기의 상대속도를 일정하게 한다.
- ㉱ 로터에 대한 유입공기의 받음각을 일정하게 한다.

4. 원심식 압축기의 주요 구성품이 아닌 것은?
- ㉮ 임펠러
- ㉯ 디퓨저
- ㉰ 고정자
- ㉱ 매니폴드

5. 터빈 기관에서 오염(dirty)된 압축기 브레이드는 특히, 무엇을 초래하는가?
- ㉮ low RPM
- ㉯ high RPM
- ㉰ low EGT
- ㉱ high EGT

6. 가스터빈 기관의 어느 부분에서 최고압력이 나타나는가?
- ㉮ 압축기 입구
- ㉯ 압축기 출구
- ㉰ 터빈 출구
- ㉱ 터빈 입구

[해설] 압축기 출구 또는 연소실 입구가 가장 압력이 높다.

7. 원심형 압축기(centrifugal type compressor)의 가장 큰 장점은 무엇인가?
- ㉮ 단당 압력비가 높다.
- ㉯ 장착이 쉽고, 전체 압력비를 높게 할 수 있다.
- ㉰ 기관의 단위 면적당 추력이 크다.
- ㉱ 가볍고 효율이 높기 때문에 고성능 기관에서 적합하다.

8. 원심력식 압축기의 단점에 속하는 것은?
- ㉮ 단당 큰 압력비를 얻을 수 있다.
- ㉯ 무게가 가볍고, starting power가 낮다.
- ㉰ 축류형 압축기와 비교해 제작이 간단하고, 가격이 싸다.
- ㉱ 동일 추력에 대하여 전면 면적(frontal area)을 많이 차지한다.

[해설] 원심식 압축기는 압축기 입구와 출구의 압력비가 낮고, 효율이 낮으며, 많은 양의 공기를 처리할 수 없고, 추력에 비하여 기관의 전면 면적이 넓기 때문에 항력이 큰 단점을 가진다.

9. 가스터빈 기관에서 사용되는 압축기 중 원심력식보다 축류식이 좋은 점은?
- ㉮ 무게가 가볍다.
- ㉯ 가격이 저렴하다.
- ㉰ 단당 압력비가 높다.
- ㉱ 전면 면적에 비해 공기유량이 크다.

10. 축류식 압축기의 1단당 압력비가 1.6이고, 회전자 깃에 의한 압력 상승비가 1.3이다. 압축기 반동도(ϕ_c)를 구하면?
- ㉮ $\phi_c = 0.2$
- ㉯ $\phi_c = 0.3$
- ㉰ $\phi_c = 0.5$
- ㉱ $\phi_c = 0.6$

[정답] 3. ㉱ 4. ㉰ 5. ㉱ 6. ㉯ 7. ㉮ 8. ㉱ 9. ㉱ 10. ㉰

[해설] $\phi_c = \dfrac{P_2-P_1}{P_3-P_1} \times 100$

$= \dfrac{1.3P_1 - P_1}{1.6P_1 - P_1} \times 100 = 50\%$

$= 0.5$

11. 1단 압축비가 1.34인 9단 축류형 압축기의 전체 압력비는 얼마인가?(단, 압축기 입구 압력은 14.7 psi이다.)
㉮ 177 psi   ㉯ 205 psi
㉰ 255 psi   ㉱ 296 psi

[해설] $\gamma = (\gamma_s)^n = 1.34^9 = 13.93$
따라서, 압축기 출구 압력비는 압축기 입구 압력 14.7 psi에 13.93배인 약 205 psi이다.

12. 압축기 stator vane의 목적은?
㉮ 압력 파동 방지
㉯ 속도 증가
㉰ 공기의 흐름방향 결정
㉱ 압력 감소

13. 압축기 블레이드에서 프로파일(profile)은 무엇인가?
㉮ 깃 냉각방법의 종류
㉯ 깃 끝 단면의 모양
㉰ 깃 재질의 종류
㉱ 깃 부착방법의 종류

14. 제트 기관에서 축류 압축기의 실속은 어느 경우에 발생하는가?
㉮ 회전속도가 일정할 때 발생한다.
㉯ 입구 공기온도가 너무 낮을 때 발생한다.
㉰ 연소실 압력이 너무 높을 때 발생한다.
㉱ 압축기 입구 공기압력이 너무 높을 때 발생한다.

[해설] 기관을 가속할 때에 연료의 흐름이 너무 많으면 압축기 출구 압력(연소실 압력)이 높아져 흡입공기 속도가 감소하게 되고, 실속의 원인이 된다.

15. 압축기 실속(stall)이 일어나는 경우로 가장 올바른 것은?
㉮ 항공기 속도가 압축기 rpm에 비하여 너무 늦을 때
㉯ 항공기 속도가 터빈 rpm에 비하여 너무 빠를 때
㉰ ram-air 압력이 압축기 압력에 비하여 너무 높을 때
㉱ 항공기 속도와 압축기 압력이 같을 때

[해설] 공기 흡입속도가 작을수록, 압축기 회전속도(rpm)가 클수록 회전자 깃의 받음각이 커져 실속이 발생한다.

16. 제트 기관에서 압축기의 실속은 어느 때 일어나는가?
㉮ 항공기 속도가 압축기 회전속도에 비해 너무 빠를 때
㉯ 항공기 속도가 압축기 회전속도에 비해 너무 늦을 때
㉰ 항공기 추력이 압축기 압력보다 너무 클 때
㉱ 항공기 추력이 압축기 압력보다 작을 때

17. 가스터빈 기관의 축류식 압축기의 실속을 방지하기 위한 방법이 아닌 것은?
㉮ 다축식 구조   ㉯ 가변 고정자 깃
㉰ 블리드 밸브   ㉱ 가변 회전자 깃

정답 11. ㉯ 12. ㉰ 13. ㉯ 14. ㉰ 15. ㉮ 16. ㉯ 17. ㉱

[해설] 가변 회전자(rotor) 깃이라는 것은 구조상 만들 수가 없다.

18. 터빈 기관 압력비가 커지면 열효율은 증가하는 장점이 있는 반면, 단점도 있어 압력비 증가를 제한시킨다. 이 단점은 어느 것인가?
㉮ 압축기 입구 온도 증가
㉯ 압축기 출구 온도 증가
㉰ 압축기 실속 가능성 증가
㉱ 연소실 입구 온도 증가

19. 가스터빈 기관의 어느 부분에서 공기와 연료가 혼합되는가?
㉮ 보기부(accessory section)
㉯ 연소부(combustion section)
㉰ 압축부(compressor section)
㉱ 터빈부(turbine section)

20. 가스터빈 기관의 연소실에 대한 설명 중 가장 올바른 것은?
㉮ 압축기 출구에서 공기와 연료가 혼합되어 연소실로 분사된다.
㉯ 연소실로 유입된 공기의 75% 정도는 연소에 이용되고, 나머지 25% 정도는 냉각에 이용된다.
㉰ 1차 연소영역을 연소영역이라 하고, 2차 연소영역을 혼합 냉각영역이라 한다.
㉱ 최근 JT9D, CF6, RB-211 기관 등은 물론 엔진 크기에 관계없이 캔형 연소실이 사용된다.

21. 가스터빈 기관에서 1차 연소영역에서의 공기 연료비는 어느 정도인가?
㉮ 15 : 1 ㉯ 8 : 1 ㉰ 35 : 1 ㉱ 120 : 1

22. 가스터빈 기관의 연소실 성능에 대한 설명으로 가장 올바른 것은?
㉮ 연소효율은 고도가 높을수록 좋아진다.
㉯ 연소실 출구 온도분포는 일반적으로 안지름 쪽이 바깥지름 쪽보다 높은 것이 좋다.
㉰ 입구와 출구의 전압력(total pressure) 차가 클수록 좋다.
㉱ 고공 재시동 가능범위가 넓을수록 좋다.

23. 가스터빈 기관의 연소효율이란?
㉮ 연소실에 공급된 열량과 공기의 실제 증가된 에너지와의 비율
㉯ 연소실에 공급된 열량과 방출된 열량과의 비율
㉰ 연소실에 공급된 에너지와 방출된 에너지와의 비율
㉱ 연소실에 들어오는 1차 공기와의 비율

24. 압력 강하가 가장 작은 연소실의 형식은?
㉮ 애뉼러형(annular type)
㉯ 캔뉼러형(canular type)
㉰ 캔형(can type)
㉱ 역류캔형(counter flow can type)
[해설] 애뉼러 연소실은 연소정지 현상이 거의 없고, 출구 온도분포가 균일하며, 연소효율이 좋아 많이 사용된다.

[정답] 18. ㉰ 19. ㉯ 20. ㉰ 21. ㉮ 22. ㉱ 23. ㉮ 24. ㉮

25. 터보제트 기관의 연소실에서 압력 강하(손실)의 요인은?
㉮ 가스의 누설 때문에
㉯ 유체의 마찰손실과 가열에 의한 가스의 가속으로 인한 압력손실 때문에
㉰ 압력이 증가하기 때문에
㉱ 연료량이 많기 때문에

[해설] 압력손실: 입구와 출구의 전압력차를 압력손실이라 하며 연소실 안으로 공기가 흐를 때 공기의 마찰에 의해 에너지 손실이 생긴다.

26. 다음 중 연소가스의 출구 온도분포가 가장 균일한 연소실의 형태는?
㉮ 캔형 연소실
㉯ 애뉼러형 연소실
㉰ 캔-애뉼러형 연소실
㉱ 라이너형 연소실

27. 가스터빈 연소실 중에서 정비와 검사가 가장 편리한 형식은?
㉮ 캔형
㉯ 캔-애뉼러형
㉰ 애뉼러형
㉱ 반경류(radial dlow)형

28. 제트 기관의 연소실 형식으로 구조가 간단하고 길이가 짧으며, 연소실 전면 면적이 좁고 연소효율이 좋은 연소실 형식은?
㉮ can 형   ㉯ tubular 형
㉰ annular 형 ㉱ cylinder 형

29. 가스터빈 연소실의 공기 흡입구에 있는 선회 베인(swirl vane)에 대하여 가장 올바르게 설명한 것은?
㉮ 캔형 연소실에는 없다.
㉯ 연소영역을 길게 한다.
㉰ 일차 공기에 선회를 준다.
㉱ 연료 노즐 부근의 공기속도를 빠르게 한다.

[해설] 선회 깃(swirl guide vane): 속도를 감소시키고 와류를 발생하게 하여 혼합이 잘 되도록 한다.

30. 가스터빈 기관의 연소용 공기량은 연소실(combustion chamber)을 통과하는 총공기량의 몇 % 정도인가?
㉮ 25   ㉯ 50   ㉰ 75   ㉱ 100

31. 블레이드 내부에 작은 공기통로를 설치하여 블레이드 앞전을 향하여 공기를 충돌시켜 냉각하는 방법은?
㉮ transpiration cooling(침출 냉각)
㉯ convection cooling(대류 냉각)
㉰ impingement cooling(충돌 냉각)
㉱ air film cooling(공기막 냉각)

32. 블레이드 내부에 공기통로를 설치하여 이곳으로 차가운 공기가 지나가게 함으로써 터빈 깃을 냉각하는 방법은?
㉮ transpiration cooling
㉯ convection cooling
㉰ impingement cooling
㉱ film cooling

33. 터빈 깃의 냉각방법 중 터빈 깃의 내부를 중공으로 제작하여 이곳으로 차거

정답 25.㉯ 26.㉯ 27.㉮ 28.㉰ 29.㉰ 30.㉮ 31.㉰ 32.㉯ 33.㉱

운 공기가 지나가게 함으로써 터빈 깃을 냉각시키는 방법은?
- ㉮ 충돌 냉각
- ㉯ 공기막 냉각
- ㉰ 침출 냉각
- ㉱ 대류 냉각

34. 터빈 깃의 냉각방법 중 터빈 깃을 다공성 재료로 만들고, 깃 내부는 중공으로 하여 차가운 공기가 터빈 깃을 통하여 스며나오게 함으로써 터빈 깃을 냉각시키는 방법은?
- ㉮ 충돌 냉각
- ㉯ 공기막 냉각
- ㉰ 침출 냉각
- ㉱ 대류 냉각

35. 제트 기관의 터빈 반동도가 0%일 때의 설명으로 가장 올바른 것은?
- ㉮ 단당 압력 상승이 모두 터빈에서 일어난다.
- ㉯ 단당 압력 상승이 모두 정익(터빈 노즐)에서 일어난다.
- ㉰ 단당 압력 강하가 모두 터빈에서 일어난다.
- ㉱ 단당 압력 강하가 모두 정익에서 일어난다.

[해설] 충동 터빈 : 반동도가 0인 터빈으로, 가스의 팽창은 터빈 고정자에서만 이루어지고, 회전자 깃에서는 전혀 이루어지지 않는다.

36. 반동 터빈(reaction turbine)은?
- ㉮ 회전속도가 빠를 때 효과적이다.
- ㉯ 회전속도가 느릴 때 효과적이다.
- ㉰ 0% 반동도를 갖는다.
- ㉱ 100% 반동도를 갖는다.

37. 충동 터빈(impulse turbine)의 반동도는 얼마인가?
- ㉮ 0
- ㉯ 1
- ㉰ 2
- ㉱ 3

38. 축류형 터빈의 반동도를 올바르게 표현한 것은?(단, P_1 : 고정자 깃 입구의 압력, P_2 : 회전자 깃 입구의 압력, P_3 : 회전자 깃 출구의 압력)
- ㉮ $\phi = \dfrac{P_1 - P_2}{P_1 - P_3} \times 100\%$
- ㉯ $\phi = \dfrac{P_2 - P_3}{P_1 - P_3} \times 100\%$
- ㉰ $\phi = \dfrac{P_2 - P_1}{P_3 - P_1} \times 100\%$
- ㉱ $\phi = \dfrac{P_3 - P_2}{P_3 - P_1} \times 100\%$

39. 터빈에 대한 설명으로 잘못된 것은?
- ㉮ 연소실에서 발생된 고온고속의 가스를 통해 운동 에너지를 공급하여 터빈을 돌려준다.
- ㉯ 터빈 첫 단의 냉각은 오일냉각이다.
- ㉰ 반동 터빈은 입·출구의 압력, 속도가 모두 변화한다.
- ㉱ 충동 터빈은 입·출구의 압력, 속도 변화 없이 흐름방향만 변화한다.

40. 터빈 노즐 가이드 베인(turbine nozzle guide vane)의 목적은?
- ㉮ 속도 증가, 흐름방향 결정
- ㉯ 속도 감소, 흐름방향 결정
- ㉰ 압축 시 서지(surge) 방지
- ㉱ 배기가스 압력 감소

41. 터빈 기관에서 turbine nozzle의 목적으로 맞는 것은?
㉮ 배기가스 속도를 증가시킨다.
㉯ 배기가스 압력을 증가시킨다.
㉰ 배기가스 속도를 감소시킨다.
㉱ 압축공기 압력을 증가시킨다.

42. 제트 기관에서 배기노즐(exhaust nozzle)의 가장 중요한 기능은?(단, 노즐에서의 유속은 초음속이다.)
㉮ 배기가스의 속도와 압력을 증가시킨다.
㉯ 배기가스의 속도를 증가시키고, 압력은 감소시킨다.
㉰ 배기가스의 속도와 압력을 감소시킨다.
㉱ 배기가스의 속도를 감소시키고, 압력을 증가시킨다.

43. 가스터빈의 배기노즐의 주목적은?
㉮ 배기가스의 속도를 증가시키기 위하여
㉯ 최대추력을 얻을 때 소음을 감소시키기 위하여
㉰ 난류를 얻기 위하여
㉱ 배기가스의 압력을 증가시키기 위하여

44. 터보제트 기관의 배기노즐(exhaust nozzle)의 주목적은?
㉮ 배기가스를 정류만 한다.
㉯ 배기가스의 압력 에너지를 속도 에너지로 바꾸어 추력을 얻는다.
㉰ 배기가스의 속도 에너지를 압력 에너지로 바꾸어 추력을 얻는다.
㉱ 배기가스의 온도를 조절한다.

45. 제트 엔진에서 TCCS란 무엇을 의미하는가?
㉮ 기관의 추력을 자동적으로 제어해 주는 계통을 말한다.
㉯ 터빈 블레이드와 터빈 케이스 사이의 간극을 최소가 되게 해 주는 계통이다.
㉰ 주로 중·소형 터보팬 기관에 많이 사용한다.
㉱ TCCS는 thrust case cooling system의 약자이다.

[해설] TCCS : turbine case cooling system
터빈 블레이드 끝과 터빈 케이스 사이의 간격을 줄여주기 위해 터빈 케이스를 팬 압축공기로 냉각시켜 준다.

46. 터빈 블레이드 끝(tip)과 터빈 케이스 안쪽의 에어 실(air seal)과의 간격을 줄여 주기 위해서 터빈 케이스 외부를 냉각시켜 준다. 여기에 사용되는 냉각 공기는?
㉮ 압축기 배출 공기
㉯ 연소실 냉각 공기
㉰ 팬 압축 공기
㉱ 외부 공기

47. 일반적으로 터보제트 기관의 제어방식에 대한 설명으로 가장 올바른 것은?
㉮ 기관 rpm 제어방식과 토크제어방식이 있다.
㉯ 기관 rpm 제어방식과 기관 EPR 제어방식이 있다.
㉰ 기관 EPR 제어방식과 토크 제어방식이 있다.
㉱ 기관 EPR 제어방식과 스로틀 제어방식이 있다.

48. FADEC(full authority digital elec-

정답 41. ㉮ 42. ㉯ 43. ㉮ 44. ㉯ 45. ㉯ 46. ㉰ 47. ㉯ 48. ㉱

tronic control)라는 엔진 제어 기능 중 잘못된 것은?
㉮ 엔진 연료 유량
㉯ 압축기 가변 스테이터 각도
㉰ 실속방지용 압축기 블리드 밸브
㉱ 오일 압력

49. 터보팬 기관의 팬트림 밸런스에 관하여 가장 올바른 것은?
㉮ 기관의 출력 조정이다.
㉯ 정기적으로 행하는 팬의 균형시험이다.
㉰ 팬 블레이드를 교환하여야 한다.
㉱ 밸런스 웨이트로 수정한다.

50. 터보제트 기관의 축류형 2축 압축기는 어떠한 효율이 개선되는가?
㉮ 더 많은 터빈 휠(wheel)이 사용될 수 있다.
㉯ 더 높은 압축비를 얻을 수 있다.
㉰ 연소실로 들어오는 공기의 속도가 증가된다.
㉱ 연소실 온도가 축소된다.

51. 터보팬 기관에서 운항 중 새(bird)와 충격되어 기관에 손상이 예상될 때 가장 적당한 검사방법은?
㉮ 트랜드 모니터링 검사
㉯ 시각 검사
㉰ 보어스코프 검사
㉱ 초음파 검사

52. 가스터빈 기관에 있어서 크림프(crimp) 현상의 영향이 가장 큰 것은 어느 부분인가?
㉮ 연소실
㉯ 터빈 노즐 가이드 베인(turbine nozzle guide vane)
㉰ 터빈 블레이드(turbine blade)
㉱ 터빈 디스크(turbine disk)

53. 터빈 깃(vane)이 압축기 깃보다 더 많은 결함이 나타난다. 이는 터빈 깃이 압축기 깃보다 더 많은 무엇을 받기 때문인가?
㉮ 열응력
㉯ 연소실 내의 응력
㉰ 추력 간극(clearance)
㉱ 진동과의 다른 응력

54. 가스터빈 기관의 배기계통 중 배기 파이프 또는 테일 파이프라고 하는 터빈을 통과한 배기가스를 대기 중으로 방출하기 위한 통로는?
㉮ 배기 덕트
㉯ 고정 면적 노즐
㉰ 배기소음 방지장치
㉱ 역추력장치

55. 터빈 기관의 배기가스 특징으로 가장 올바른 것은?
㉮ 아이들(idle) 시 일산화탄소가 적다.
㉯ 가속 시 일산화탄소가 많다.
㉰ 가속 시 질소산화물이 많다.
㉱ 아이들 시 질소산화물이 많다.

[해설] 질소산화물은 고온 연소 시 많이 발생을 한다.

정답 49. ㉱ 50. ㉯ 51. ㉰ 52. ㉰ 53. ㉮ 54. ㉮ 55. ㉰

3. 연료계통

3-1 가스터빈 기관의 구비조건

① 연료의 증기압이 낮고 어는점이 낮아야 한다.
② 인화점이 높고 단위 무게당 발열량이 커야 한다.
③ 부식성이 작아야 하며 점성이 낮고, 깨끗한 균질의 연료이어야 한다.
④ 대량생산이 가능하고 가격이 싸야 한다.

3-2 연료 선택 시 고려할 사항

① 연료의 이용도
② 연소실 효율, 고도한계, 기관 회전수, 탄소 찌꺼기, 연소실과 후기 연소기의 공중 재시동 특성 등과 같은 기관의 성능
③ 항공기 연료계통의 증기, 액체 손실, 베이퍼 로크, 연료의 청결성

3-3 연료의 종류

(1) 군용

① JP-3 : 가솔린, 등유, 디젤유의 혼합물, 거의 사용 안함.
② JP-4 : JP-3의 증기압 특성을 개량한 것으로 군용으로 주로 사용한다.
③ JP-5 : 항공모함의 벙커 탱크에 저장하기 위해 개발된 연료로 주로 함재기에 많이 사용된다.
④ JP-6 : 초음속 항공기에서 고속비행 시 비행기 표면에 높은 온도에 적응하기 위해 개발된 연료이다. 낮은 증기압 및 JP-4보다 높은 인화점, JP-5보다 낮은 어는점을 가지고 있다.

(2) 민간용

① 제트 A형, A-1형 : JP-5와 비슷하나 어는점이 약간 높다.
② 제트 B형 : JP-4와 비슷하나 어는점이 약간 높다.

3-4 연료계통

(1) 기체 연료계통

연료탱크의 밑부분에 있는 부스터(booster) 펌프에 의하여 가압되어 선택 및 차단 밸브를 거쳐 연료 파이프 또는 호스를 통해 기관 연료계통으로 공급한다.

(2) 기관 연료계통

주연료 펌프 → 연료 여과기 → 연료 조정장치(FCU) → 여압 및 드레인 밸브(P&D valve) → 연료 매니폴드 → 연료 노즐

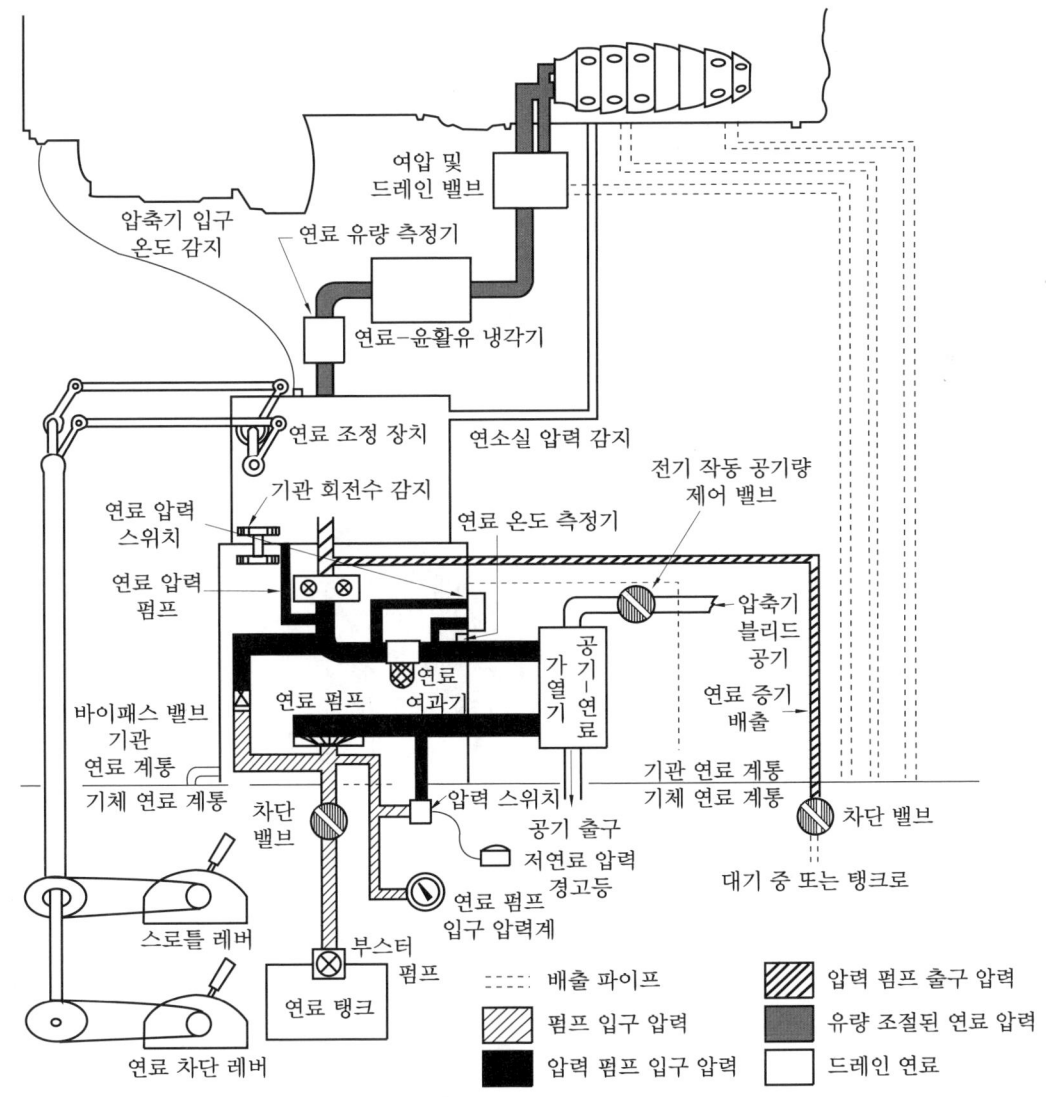

가스터빈 연료계통도

① 주연료 펌프(main fuel pump) : 원심 펌프, 기어 펌프, 피스톤 펌프가 주로 사용되며, 기관에 의해 구동된다.
  ㈎ 릴리프 밸브(relief valve) : 펌프 출구압력의 규정값 이상으로 높아지면 열려서 연료를 펌프 입구로 되돌려 보낸다.
  ㈏ 체크 밸브(check valve) : 연료가 역류하는 것을 방지한다.
  ㈐ 바이패스 밸브(bypass valve) : 연료 조정장치에서 사용하고 남은 연료를 바이패스 밸브를 통해 연료 펌프로 보내 준다.
② 연료 조정장치(fuel control unit : FCU) : 연료-공기 혼합비의 과농후 연소정지, 과희박 연소정지 및 압축기 실속영역을 피하면서 가장 좋은 가속 또는 감속성능이 얻어지도록 연료 유량을 자동으로 조절한다. 유압-기계식과 전자식 연료 조절장치 중 유압-기계식이 많이 사용된다.
  ㈎ 수감 부분(computing section) : 기관의 작동상태를 수감해서 이 신호들을 종합해서 유량 조절 부분으로 보낸다.
  ㈏ 유량 조절 부분(metering section) : 수감 부분에 의하여 계산된 신호를 받아 기관의 작동 한계에 맞도록 연료량을 조정하여 연소실로 공급한다.
    ·수감 부분이 수감하는 기관의 주요 작동변수 : 기관의 회전수(RPM), 압축기 출구 압력(CDP) 또는 연소실 압력, 압축기 입구 온도(CIT), 동력 레버의 위치(PLA)
③ 여압 및 드레인 밸브(pressurizing and drain valve : P & D valve)

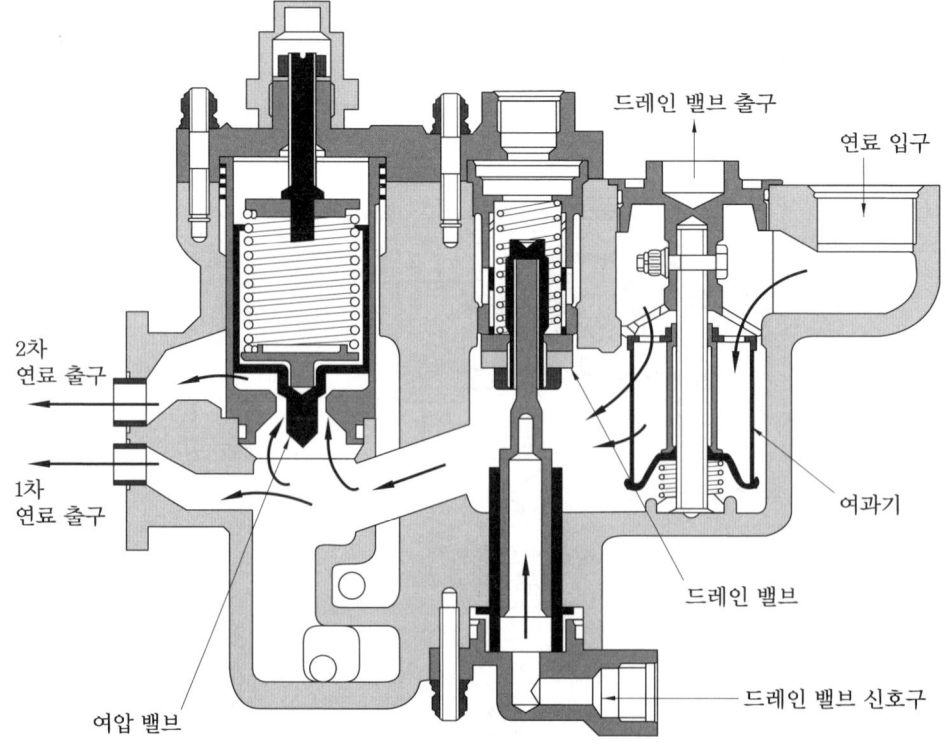

여압 및 드레인 밸브

㈎ 위치 : 연료 조절장치와 연료 매니폴드 사이
㈏ 기능
  • 연료의 흐름을 1차 연료와 2차 연료로 분리한다.
  • 기관 정지 시 매니폴드나 연료 노즐에 남아 있는 연료를 외부로 방출한다.
  • 연료의 압력이 일정 압력 이상이 될 때까지 연료의 흐름을 차단하는 역할을 한다.
④ 연료 매니폴드(fuel manifold) : 여압 및 드레인 밸브를 거쳐 나온 연료를 각 연료 노즐로 분배, 공급한다.

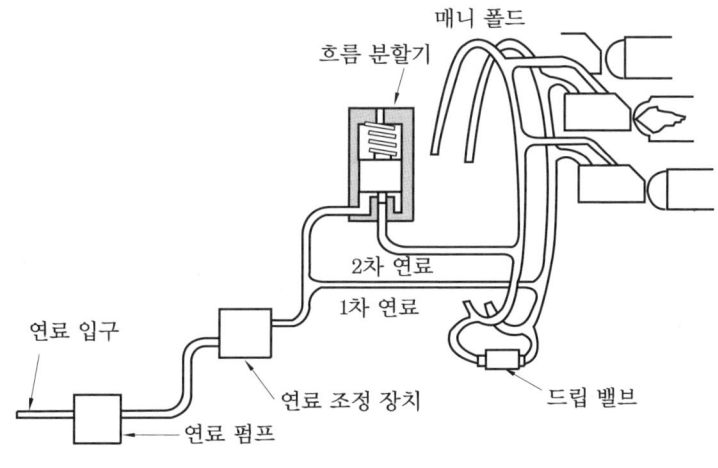

1차 및 2차 연료 분리형 매니폴드

⑤ 연료 노즐(fuel nozzle) : 여러 가지 조건에서도 빠르고 확실한 연소가 이루어지도록 연소실에 연료를 미세하게 분무하는 장치이다.
  ㈎ 분무식 연료 노즐 : 분사 노즐을 사용해서 고압으로 연소실에 연료를 분사시킨다. 많이 사용한다.

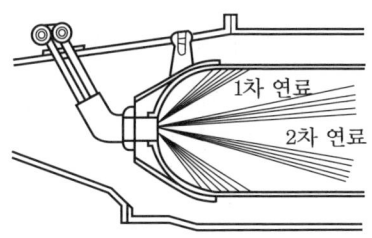

1, 2차 연료의 분사 모양

  ㉮ 단식 노즐(simplex nozzle) : 거의 사용하지 않는다.
  ㉯ 복식 노즐(duplex nozzle) : 많이 사용한다. 1차 연료는 노즐 중심의 작은 구멍을 통해 분사되고, 2차 연료는 가장자리의 큰 구멍을 통해 분사된다.
    • 1차 연료 : 시동 시 연료의 점화를 쉽게 하기 위해 넓은 각도로 분사한다.
      시동 시에는 1차 연료만 분사된다.

・2차 연료 : 연소실 벽에 연료가 직접 닿지 않고 연소실 안에서 균등하게 연소되도록 비교적 좁은 각도로 멀리 분사된다. 완속속도 이상에서 작동한다.

(나) 증발식 연료 노즐 : 연료가 1차 공기와 함께 증발관의 가운데로 통과하면서 연소열에 의하여 가열, 증발되어 연소실에 혼합가스를 공급한다.

⑥ 연료 여과기 : 연료 속의 불순물을 걸러내 준다. 여과기는 보통 연료 압력 펌프의 앞뒤에 하나씩 사용된다.

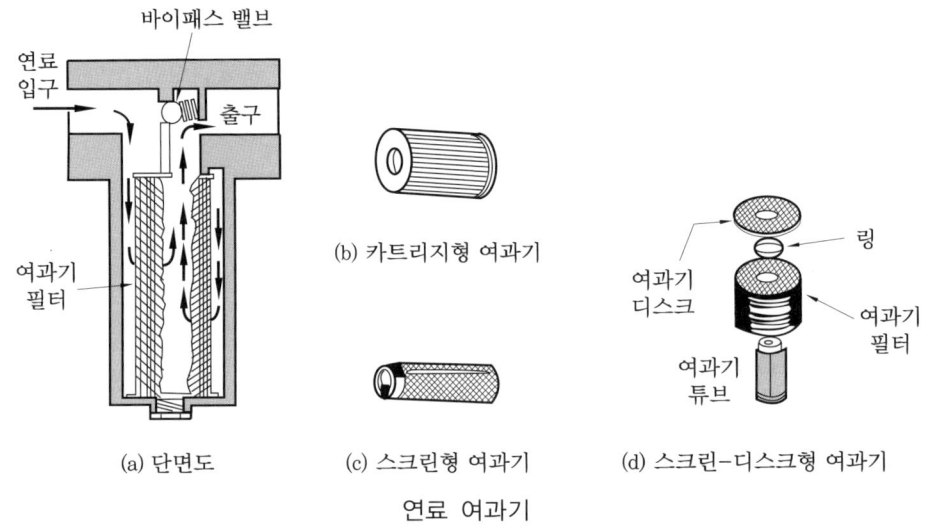

연료 여과기

(가) 바이패스 밸브 : 여과기가 막혀 연료가 흐르지 못할 때 규정된 압력 차이로 밸브가 열려 연료를 공급한다.

(나) 여과기의 종류

㉮ 카트리지형(cartridge type) : 여과기 필터는 종이로 되어 있고, 50~100 μm 정도까지 걸러낼 수 있다. 보통 연료 펌프 입구 쪽에 장착한다.

㉯ 스크린형(screen type) : 스테인리스 강철망으로 만들며 저압용 연료 여과기로 사용된다. 최대 40 μm까지 걸러낸다.

㉰ 스크린-디스크형(screen-disk type) : 연료 펌프 출구 쪽에 장착하며 분해 가능한 강철망으로 되어 있으며, 주기적으로 세척하여 사용할 수 있다.

예·상·문·제

1. 가스터빈 기관에 사용되는 연료는 다음 중 어느 것과 가장 근사한가?
㉮ 등유
㉯ 자동차용 가솔린
㉰ 원유
㉱ 고옥탄가의 항공용 연료

2. 가스터빈 기관용 연료인 JP-3에 혼합되지 않는 것은?
㉮ 가솔린 ㉯ 등유
㉰ 디젤유 ㉱ 중유

[해설] JP-3는 가솔린(gasoline), 등유(kerosene), 디젤유(diesel)의 혼합물로 이루어져 있다. 결점이 많아 거의 사용하지 않는다.

3. 다음 제트 기관용 연료로 JP-3을 구성하는 성분과 가장 거리가 먼 것은?
㉮ 디젤유(diesel)
㉯ 케로신(kerosine)
㉰ 항공유(aviation gasoline)
㉱ 하이드라진(hydrazine)

4. 가스터빈 기관에서 사용되는 여과기의 필터(filter)는 종이로 되어 있다, 이 종이 필터가 걸러낼 수 있는 최소 입자 크기는 얼마인가?
㉮ 10~20 μ   ㉯ 50~100 μ
㉰ 300~400 μ   ㉱ 500~600 μ

[해설] 종이필터가 걸러낼 수 있는 입자의 크기는 50~100 μm 정도이고, 주기적으로 필터를 교환해 주어야 한다.

5. 가스터빈 기관의 연료계통의 기본적인 유로형성으로 가장 올바른 것은?

① 주연료 펌프   ② 연료 여과기
③ 연료 조절장치 ④ 여압 및 드레인 밸브
⑤ 연료 매니폴드 ⑥ 연료 노즐

㉮ ①-②-③-④-⑤-⑥
㉯ ①-②-③-⑤-④-⑥
㉰ ①-③-②-④-⑤-⑥
㉱ ①-③-②-⑤-④-⑥

6. 제트 엔진에서 사용하는 연료 펌프의 형식이 아닌 것은?
㉮ 스프레이 펌프 ㉯ 원심력 펌프
㉰ 기어 펌프   ㉱ 플런저 펌프

7. 가스터빈 기관의 주연료 펌프에서 펌프 출구로 압력을 조절하는 것은?
㉮ 릴리프 밸브   ㉯ 체크 밸브
㉰ 바이패스 밸브 ㉱ 드레인 밸브

8. 제트 기관의 연료 부품 중 연료 소비율을 알려주는 부품은?
㉮ 연료 매니폴드(fuel manifold)
㉯ 연료 오일 냉각기(fuel oil cooler)
㉰ 연료 조절장치(fuel control unit)
㉱ 연료흐름 트랜스미터(fuel flow transmitter)

9. 복식 연료 노즐의 설명으로 가장 올바른 것은?
㉮ 리버스 인젠션을 한다.

정답 1. ㉮ 2. ㉱ 3. ㉱ 4. ㉯ 5. ㉮ 6. ㉮ 7. ㉮ 8. ㉱ 9. ㉱

㉯ 연료에 회전 에너지를 주면서 분사하는 것이다.
㉰ 공기 흐름량과 압력에 따라 분사각을 변화시킨다.
㉱ 낮은 흐름량일 때와 높은 흐름량일 때의 2단계의 분사를 한다.

[해설] 복식 연료 노즐
시동 시-1차 연료만 분사
완속속도 이상 시-1, 2차 연료가 분사

10. 항공기가 어떤 작동조건에서도 최적의 기관작동 특성을 유지하도록 만들어 주는 기관의 연료부품은?
㉮ 연료 조절장치(feul control unit)
㉯ 연료 펌프(duel pump)
㉰ 연료 오일 냉각기(fuel oil cooler)
㉱ 연료 노즐(fuel nozzle)

11. 제트 기관에서 연료 조절장치(FCU)의 일반적인 기본 입력신호로 가장 올바른 것은?
㉮ 기관 회전수(RPM), 대기압력(P_{am}), 압축기 출구 압력(CDP), 배기가스 온도(EGT)
㉯ 파워레버 위치(PLA), 기관 회전수(RPM), 대기압력(P_{am}), 압축기 입구 온도(CIT), 압축기 출구 압력(CDP)
㉰ 파워레버 위치(PLA), 연료 압력(FP), 연료실 압력(P_b), 터빈 입구 온도(TIT)
㉱ 파워레버 위치(PLA), 기관 회전수(RPM), 터빈 입구 온도(TIT), 압축기 출구 압력(CDP)

12. 가스터빈 기관의 연료 조절장치의 수감 부분에서 수감하는 주요 작동변수가 아닌 것은?

㉮ 기관의 회전수
㉯ 압축기 입구 온도
㉰ 연료 펌프의 출구 압력
㉱ 동력 레버의 위치

13. 가스터빈 기관에서 연료 조절장치가 받은 기본 입력자료로 가장 거리가 먼 것은?
㉮ 파워 레버 위치(PLA)
㉯ 압축기 입구 온도(CIT)
㉰ 압축기 출구 압력(CDP)
㉱ 배기가스 온도(EGT)

14. FCU(fuel control unit)의 수감부분이 아닌 것은?
㉮ PLA(power lever angle)
㉯ RPM
㉰ 연료 펌프 출구의 압력
㉱ CIT(compressor inlet temperature)

15. 가스터빈 기관에서 여압 및 드레인 밸브의 설명으로 가장 관계가 먼 것은?
㉮ 기관 정지 시 연료 매니폴드 내에 잔류 연료를 밖으로 배출시킨다.
㉯ 연료 매니폴드로 가는 1차 연료와 2차 연료를 분배하는 역할을 한다.
㉰ 2차 pressurizing valve는 스프링 힘에 열리고 연료 압력에 의해 닫힌다.
㉱ 기관이 정지되었을 때 연료 노즐에 남아 있는 연료를 외부로 배출시킨다.

16. 연료 분사계통의 구성부품이 아닌 것은?
㉮ 분사 펌프   ㉯ 분무 노즐
㉰ 흐름 분활기   ㉱ 주공기 블리드

정답 10. ㉮ 11. ㉯ 12. ㉰ 13. ㉱ 14. ㉰ 15. ㉰ 16. ㉱

4. 윤활계통

4-1 윤활유의 구비조건

① 점성과 유동점이 어느 정도 낮아야 한다.
② 점도지수는 높고 기화성은 낮아야 한다.
③ 윤활유와 공기의 분리성이 좋아야 한다.
④ 인화점, 산화 안정성 및 열적 안정성이 높아야 한다.

4-2 윤활유의 종류

합성유가 주로 사용되며, 에스테르기(ester base) 윤활유에 여러 가지 첨가물을 넣어 만든다. 보통 가혹한 조건에서도 적응할 수 있는 Ⅱ형(type Ⅱ)가 사용된다.

4-3 윤활계통

압축기 축, 터빈축의 베어링, 액세서리 구동용 기어들에 윤활을 하게 된다.

(1) 윤활유 탱크

가벼운 금속판을 용접하여 제작한다.

윤활유 냉각기의 위치에 따라 윤활유 냉각기를 압력 펌프와 기관 사이에 배치하여 윤활유를 냉각하기 때문에 윤활유 탱크에는 높은 온도의 윤활유가 저장되는 고온 탱크형(hot tank type)과 윤활유 냉각기를 배유 펌프와 윤활유 탱크 사이에 위치시켜 냉각된 윤활유가 윤활유 탱크에 저장되는 저온 탱크형(cold tank type)이 있다.

① 공기 분리기 : 섬프(sump)로부터 탱크로 혼합되어 들어온 공기를 윤활유로부터 분리시켜 대기로 방출한다.
② 섬프 벤트 체크 밸브(sump vent check valve) : 섬프 안 공기 압력이 너무 높을 때에 탱크로 빠지게 한다.
③ 압력 조절 밸브 : 탱크 안의 공기 압력이 너무 높을 때에 공기를 대기 중으로 배출한다.

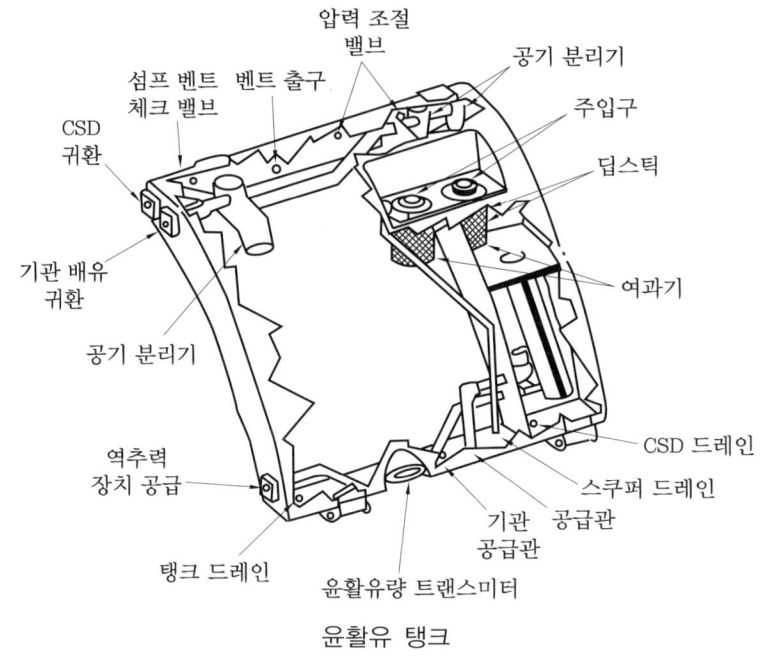

윤활유 탱크

(2) 윤활유 펌프

① 종류 : 기어형, 베인형, 제로터형이 있다.
② 윤활유 압력 펌프 : 탱크로부터 기관으로 윤활유를 압송한다.
  - 압력 릴리프 밸브 : 윤활유 압력을 일정하게 유지시켜 주며, 윤활유 압력이 높을 때 펌프 입구로 윤활유를 되돌려 보낸다.
③ 윤활유 배유 펌프 : 기관의 각종 부품을 윤활시킨 뒤 섬프에 모인 윤활유를 탱크로 되돌려 보낸다.
  - 윤활유 배유 펌프가 압력 펌프보다 용량이 큰 이유 : 윤활유는 기관내부에서 공기와 혼합되어 체적이 증가하기 때문이다.

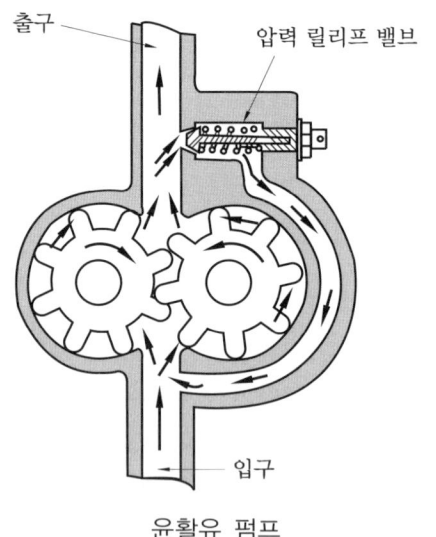

윤활유 펌프

(3) 윤활유 여과기

① 종류 : 카트리지형, 스크린형, 스크린-디스크형이 있다.
② 스크린-디스크형 윤활유 여과기 : 2개의 원형 스크린이 하나의 필터를 만들며, 윤활유는 이 필터의 밖으로부터 안으로 흐르면서 여과된다. 윤활유 여과기가 걸러낼 수 있는 입자 크기는 최소 $50 \mu m$ 이다.
  ㈎ 바이패스 밸브(bypass valve) : 여과기가 막혔을 때 윤활유를 계속적으로 공급해 주는 역할을 한다.

(나) 체크 밸브(check valve) : 기관 정지 시 윤활유가 역류하는 것을 방지한다.

(다) 드레인 플러그(drain plug) : 여과기 맨 아래에 설치되어 걸러진 불순물을 배출한다.

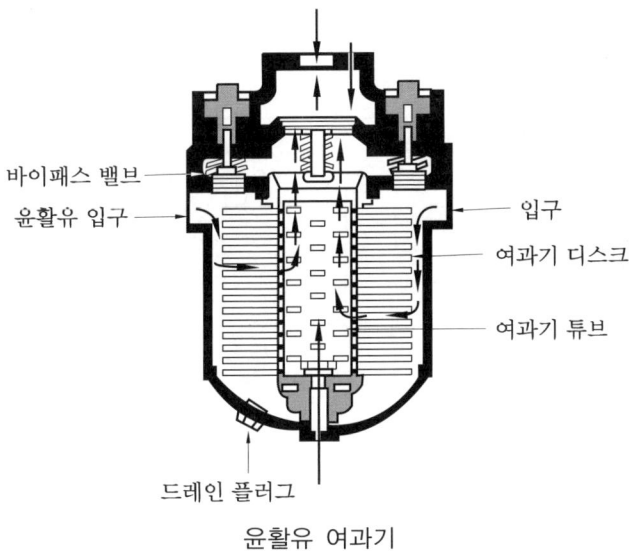

윤활유 여과기

(4) 윤활유 냉각기

① 연료-윤활유 냉각기(fuel-oil cooler) : 윤활유가 가지고 있는 열을 연료에 전달시켜 윤활유를 냉각시키는 동시에 연료는 가열한다.

㈎ 온도조절 밸브

㉮ 윤활유 온도가 규정값보다 낮을 때는 온도조절 밸브가 열려 윤활유가 냉각기를 거치지 않도록 한다(바이패스 상태).

㉯ 윤활유 온도가 규정값보다 높을 때는 온도조절 밸브는 닫혀 있고, 윤활유는 냉각기를 거치도록 한다.

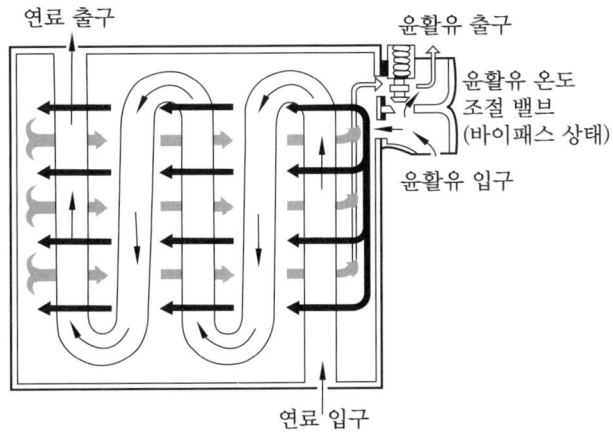

연료-윤활유 냉각기

(5) 블리더(bleeder) 및 여압(pressurizing)계통

비행 중 고도변화에 따라 대기압이 변하더라도 윤활계통은 기관에 알맞은 윤활유의 양을 공급하고, 배유 펌프가 기능을 충분히 발휘하도록 한다. 섬프 내부의 압력은 대기압이 변하더라도 항상 대기압과 일정한 차압이 되도록 한다.

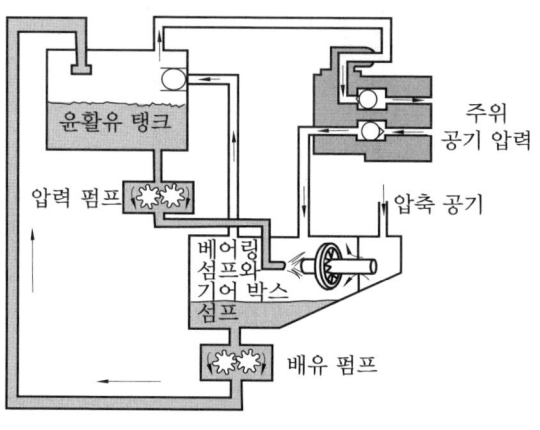

블리더 및 여압계통

  예·상·문·제

1. 가스터빈 기관의 오일의 구비조건이 아닌 것은?
㉮ 유동점(pour point)이 낮을 것
㉯ 인화점이 높을 것
㉰ 화학 안정성이 좋을 것
㉱ 공기와 오일의 혼합성이 좋을 것

2. 가스터빈 기관의 윤활유 조건으로 관계가 먼 것은?
㉮ 인화점이 낮아야 한다.
㉯ 점도지수가 높아야 한다.
㉰ 기화성은 낮아야 한다.
㉱ 산화 안정성 및 열적 안정성이 높아야 한다.

3. 제트 기관의 오일 소비는 왕복기관과 비교하면 어떠한가?
㉮ 고출력 왕복기관과 거의 같다.
㉯ 왕복기관보다 훨씬 적다.
㉰ 왕복기관보다 약간 더 많다.
㉱ 왕복기관보다 훨씬 더 많다.
[해설] 가스터빈 기관은 왕복 기관에 비해 윤활이 필요한 부분이 훨씬 적다.

4. 윤활유 시스템에서 고온형 탱크(hot tank

정답 1. ㉱ 2. ㉮ 3. ㉯ 4. ㉯

system)란?

㉮ 고온의 scanvenge 오일이 냉각되어서 직접 탱크로 들어가는 방식
㉯ 고온의 scanvenge 오일이 냉각되지 않고 직접 탱크로 들어가는 방식
㉰ 오일 냉각기가 scanvenge system에 있어 오일이 연료 가열기에 의한 가열 방식
㉱ 오일 냉각기가 scanvenge system에 있어 오일탱크의 오일이 가열기에 의한 가열방식

5. 가스터빈 기관의 기어(gear)형 윤활유 펌프에 관한 내용이다. 가장 올바른 것은?

㉮ 배유 펌프가 압력 펌프보다 용량이 더 크다.
㉯ 압력 펌프가 배유 펌프보다 용량이 더 크다.
㉰ 압력 펌프와 배유 펌프는 용량이 꼭 같다.
㉱ 압력 펌프와 배유 펌프는 용량과는 무관하다.

6. 가스터빈 기관의 윤활유 펌프의 압력 펌프와 배유 펌프의 용량 비교에 대해 가장 올바른 것은?

㉮ 압력 펌프가 크다.
㉯ 배유 펌프가 크다.
㉰ 용량은 같다.
㉱ 항공기별로 다르다.

7. 터빈 기관의 오일계통에 사용되는 그림의 압력 오일 펌프는 어느 것인가?

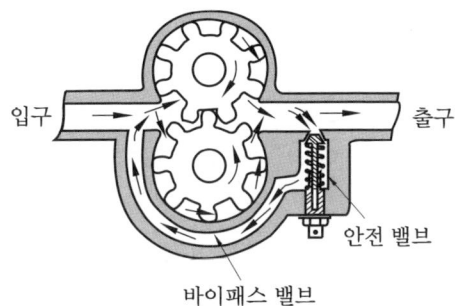

㉮ 플런저식   ㉯ 기어식
㉰ 루츠식   ㉱ 베인식

8. 블리더 공기(bleeder air)로부터 공기와 오일을 분리하기 위해 기어박스 내에 설치되어 있는 것은?

㉮ deoiler
㉯ oil separate
㉰ air separate
㉱ deairer

9. 터보제트 기관의 통상적인 오일계통의 형식(type)은?

㉮ wet sump, spray and splash
㉯ wet sump, dip, and pressure
㉰ dry sump, pressure, and spray
㉱ dry sump, dip, and splash

10. 기관의 베어링에 공급되고 남은 오일을 오일탱크로 귀유시키는 계통은?

㉮ 스케벤지(scavenge) 계통
㉯ 브리더 계통
㉰ 드레인 계통
㉱ 가압 계통

정답 5. ㉮   6. ㉯   7. ㉯   8. ㉮   9. ㉰   10. ㉮

11. 가스터빈 기관의 윤활유 냉각방법은?

㉮ air-oil cooler
㉯ fuel-oil cooler
㉰ radiator
㉱ radiator evaporator cooler

12. 다음 중 오일계통의 소기 펌프의 형식은?

㉮ 기어형(gear type)
㉯ 베인형(vane type)
㉰ 제로터형(gerotor type)
㉱ 압력형(pressure type)

13. 브리더 및 여압계통에 대한 설명이다. 틀린 것은?

㉮ 탱크 내부의 압력이 대기압보다 높기 때문에 탱크로부터 섬프로의 흐름이 가능하다.
㉯ 압축공기는 실(seal)을 통하여 섬프로 들어오기 때문에 윤활유의 누설을 방지한다.
㉰ 압력 펌프의 용량보다 배유 펌프의 용량이 더 크다.
㉱ 섬프 내부의 압력은 대기압이 변화하더라도 항상 대기압과 일정한 차압이 되도록 한다.

[해설] 섬프 안의 압력이 탱크의 압력보다 높으면 섬프 벤트 체크 밸브가 열려서 섬프 안의 공기를 탱크로 배출시킨다. 탱크로부터 섬프로의 공기흐름은 불가능하기 때문에 탱크의 압력은 대기압보다 높게 유지된다.

정답 11. ㉯ 12. ㉮ 13. ㉮

5. 시동계통

5-1 가스터빈 기관의 시동 및 점화계통의 특징

① 시동이 시작된 후에도 자립회전 속도에 이를 때까지 기관을 계속 회전시켜 주어야 하기 때문에 큰 회전력으로 오랫동안 기관을 돌려주어야 한다.
② 가스터빈 기관의 점화장치는 연소실 안에서 점화가 이루어진 후에는 작동이 멈춰진다.
③ 가스터빈 점화장치는 비교적 구조가 간단한 반면, 높은 에너지의 전기 불꽃 발생이 요구된다.

5-2 시동계통

(1) 전기식 시동계통

소형 기관에 사용된다.

① 전동기식 시동기 : 28V 직권식 직류 전동기가 사용되며 기관이 시동되어 자립회전속도에 도달하면 자동적으로 기관으로부터 분리되는 클러치가 필요하다.
② 시동-발전기식 시동기 : 항공기 무게를 감소시킬 목적으로 만들었으며 시동 시는 시동기로, 기관이 자립회전속도에 이르면 발전기 역할을 한다.

(2) 공기식 시동계통

대형 기관에 사용된다.

① 공기터빈식 시동기 : 전기식 시동기에 비해 무게가 가볍다. 압축된 공기를 외부로부터 공급받아 소형 터빈을 고속회전시킨 다음 감속기어를 통해 기관의 압축기를 회전시킨다.
② 가스터빈식 시동기 : 동력 터빈을 가진 독립된 소형 가스터빈 기관으로 외부의 동력없이 기관을 시동시킨다. 기관을 오랫동안 공회전시킬 수 있고, 출력이 높은 반면 구조가 복잡하다.
③ 공기충돌식 시동기 : 압축공기를 기관의 터빈에 직접 공급할 수 있는 도관만으로 이루어지기 때문에 시동기 중 가장 간단한 구조를 가지고 있다. 구조가 간단하고 무게가 가벼워 소형 기관에 적합하다.

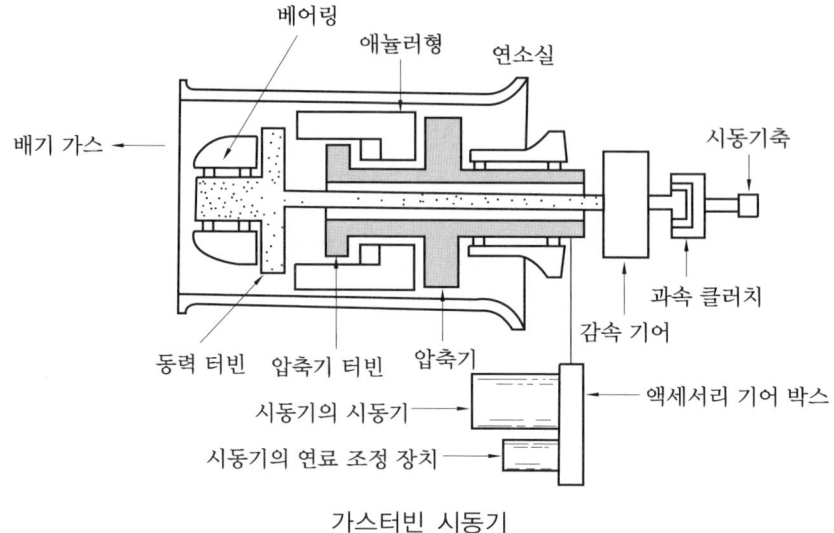

가스터빈 시동기

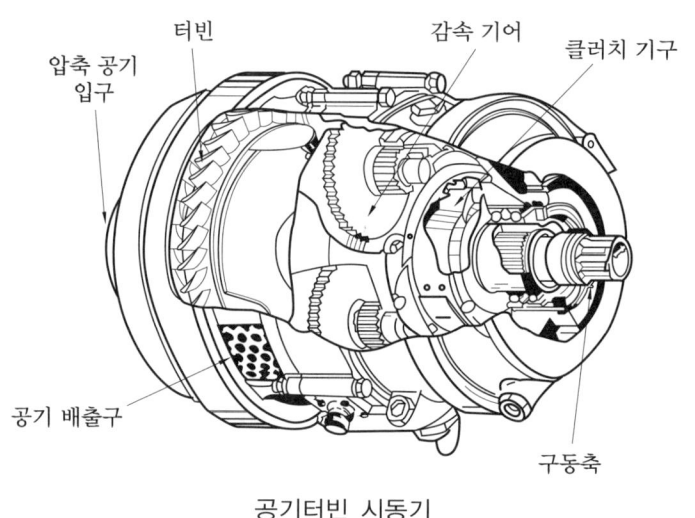

공기터빈 시동기

6. 점화계통

6-1 가스터빈 기관의 점화계통의 특징

① 시동시에만 점화가 필요하여 점화시기 조절장치가 필요없어 구조와 작동이 간편하다.
② 연료가 기화성이 낮고 혼합비가 희박하여 점화가 쉽지 않으며, 고공에서는 기온이 낮기 때문에 기관 정지 시 재시동이 어렵다.

③ 연소실을 지나는 공기는 속도가 빨라 와류현상이 심하여 시동시 점화가 어렵다.
④ 시동이 쉽지 않아 높은 에너지를 가지는 전기 스파크를 이용한다.

6-2 점화계통의 종류

(1) 유도형 점화계통

유도 코일에 의해 높은 전압을 유도시켜 이그나이터(ignitor)에 점화 불꽃이 일어나게 한다. 진동자와 변압기로 이루어진다.
① 진동자(vibrator) : 변압기의 1차 코일에 맥류를 공급한다.
② 변압기 : 이그나이터의 넓은 간극 사이에 점화 불꽃이 일어나도록 높은 전압을 유도시킨다.
　(개) 교류 유도형 점화장치 : 가스터빈 기관의 가장 간단한 점화장치로서 115 V, 400 Hz의 교류 전원을 사용한다.
　(내) 직류 유도형 점화장치 : 28 V의 직류 전원을 사용하며, 이 직류는 진동자에 공급된다. 진동자는 스프링의 힘과 진동자 코일의 자장에 의해 진동하면서 점화 코일의 1차 코일에 맥류를 공급한다.

(2) 용량형 점화계통

콘덴서에 많은 전하를 저장하였다가 점화 시 짧은 시간에 방전시켜 높은 에너지를 발생하도록 한 점화계통이다. 가장 많이 사용된다.
① 직류 고전압 용량형 점화장치 : 바이브레이터에 의해 직류를 교류로 바꾸어 사용하며, 통신잡음을 없애기 위해 입력전류를 필터를 거쳐 공급한다.
② 교류 고전압 용량형 점화장치 : 115 V, 400 Hz 교류를 이용한다.

(3) 이그나이터(ignitor)

왕복기관의 점화 플러그보다 큰 에너지를 공급받고 낮은 압력에서 작동된다.
① 애뉼러 간극형(annular gap type) : 점화를 효과적으로 하기 위해 중심전극이 연소실 안쪽으로 약간 돌출되어 있다.
② 컨스트레인 간극형(constrained gap type) : 전기 불꽃은 직선적으로 튀지 않고 안에서 밖으로 원호를 그리면서 튀며, 중심전극은 연소실 안쪽으로 돌출되어 있지 않아 애뉼러형보다 낮은 온도에서 작동한다.

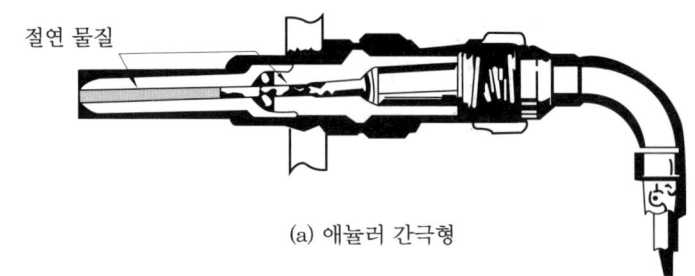

(a) 애뉼러 간극형

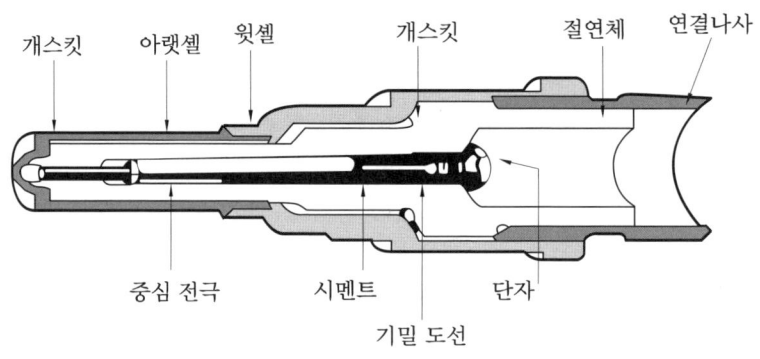

(b) 컨스트레인 간극형

이그나이터

6-3 지상 동력장치와 보조 동력장치

(1) 지상 동력장치(grounf power unit : GPU)

기관을 시동하거나 정지할 때에 사용되는 장비로 크기가 작고 무게가 가벼우며, 고장률이 적은 하나의 소형 가스터빈이다.

(2) 가스터빈 압축기(gas turbine compressor : GTC)

내부에 소형 가스터빈이 있어 공기식 시동기에 압축공기를 공급한다.

(3) 보조 동력장치(auxiliary power unit : APU)

전동기, 유압 모터, 수동식 시동기 등에 의해 시동되며, 원심식 압축기, 애뉼러형이나 캔형 연소실, 축류형 또는 레이디얼 터빈으로 구성된다.

7. 그 밖의 계통

7-1 소음 감소장치

주로 배기소음은 배기노즐로부터 대기 중에 고속으로 분출된 배기가스가 대기와 심하게 부딪혀 혼합될 때 발생한다.

(1) 소음의 크기

배기가스 속도의 6~8제곱에 비례하고 배기노즐 지름의 제곱에 비례한다.

(2) 소음 감소방법

저주파를 고주파로 변환시킨다.

배기소음 감소장치는 분출되는 면적을 넓게 하여 배기노즐 가까이에서 대기와 혼합되도록 함으로써 저주파 소음의 크기를 감소시킨다.

① 배기소음 감소방법 : 다수 튜브 제트 노즐형, 주름살형(꽃모양형), 소음 흡수 라이너 부착이 있다.

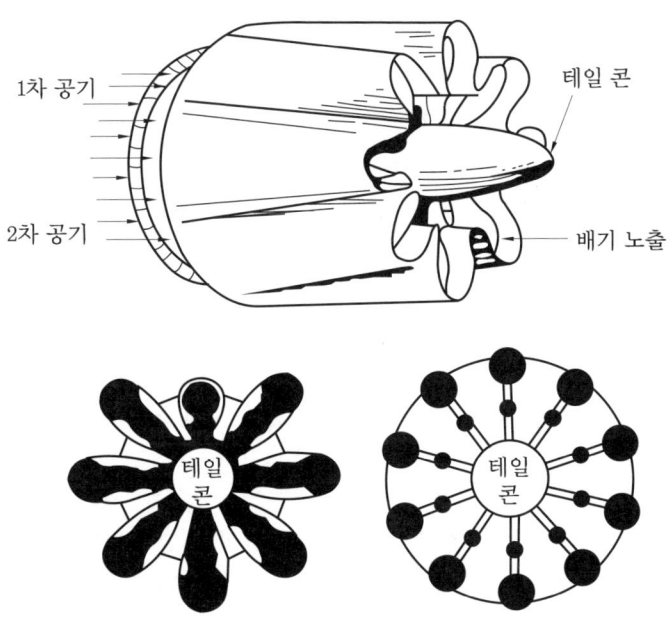

배기소음 감소장치

7-2 추력 증가장치

후기 연소기와 물분사 장치가 있다.

(1) 후기 연소기(after burner)

배기 도관 안에 연료를 분사시켜 터빈을 통과한 고온의 배기가스 안의 연소 가능한 공기와 연료를 혼합한 것을 다시 연소시켜 추력을 증가시키는 장치이다.

① 사용 시기 : 이륙 시, 상승 시, 초음속 비행 시
② 추력 증가 : 총추력의 50%까지 추력을 증가시킬 수 있다.
③ 연료 소비량 : 평소보다 약 3배 가량 사용된다.

　(가) 후기 연소기의 구성 : 후기 연소기 라이너, 연료 분무대, 불꽃 홀더, 가변 면적 배기 노즐로 구성되어 있다.

　　• 불꽃 홀더(flame holder) : 가스 속도를 감소시키고 와류를 형성시켜 불꽃이 머무르게 함으로써 연소가 계속 유지되어 후기 연소기 안의 불꽃이 꺼지는 것을 방지한다.

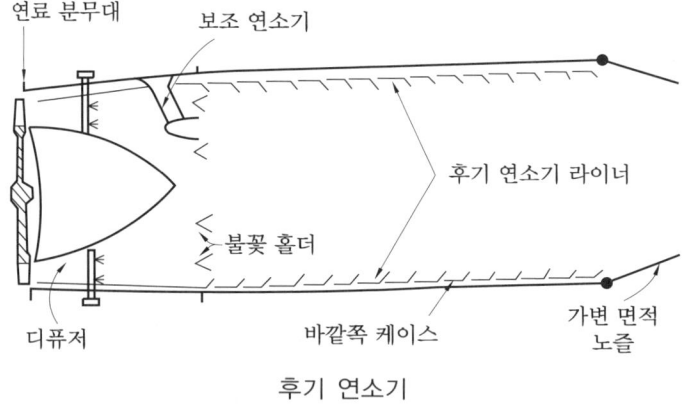

후기 연소기

　(나) 추력 증가 : 기관의 압력비가 같다면 후기 연소기에 의한 추력 증가량은 후기 연소기의 입구와 출구의 온도비에 비례한다. 배기가스 속도는 온도비의 제곱근에 비례한다. 후기 연소기는 저속비행보다 고속비행시에서 더 효과적이다.

(2) 물분사 장치(water injection system)

압축기 입구와 출구의 디퓨저 부분에 물이나 알코올의 혼합물을 분사함으로써 이륙 시 추력을 증가시키는 장치로 물을 분사하면 이륙 시 10∼30% 추력을 증가시킬 수 있다.

① 물분사 시 알코올을 혼합하여 사용하는 이유 : 물이 쉽게 어는 것을 방지하고 물에 의하여 연소가스의 온도가 낮아진 것을 알코올이 연소됨으로써 추가로 낮은 연소가스의 온도를 증가시켜 준다.

(3) 역추력 장치

배기가스를 비행기의 앞쪽 방향으로 분사시킴으로써 항공기에 제동력을 주는 장치로서 착륙 후의 비행기 제동에 사용된다. 역추력은 최대 정상 추력의 약 40~50%까지 얻을 수 있다.

① 종류
- ㈎ 항공 역학적 차단방식 : 배기 도관(duct) 내부에 차단판이 설치되어 있고, 역추력이 필요할 때에는 이 판이 배기노즐을 막아 주는 동시에 옆의 출구를 열어 주어 배기가스가 비행기 앞쪽방향으로 분출되도록 한다.
- ㈏ 기계적 차단방식 : 배기노즐 끝부분에 역추력용 차단기가 설치되어 있고, 역추력이 필요할 때 차단기가 장치대를 따라 뒤쪽으로 움직여 배기가스를 앞쪽의 적당한 각도로 분사되도록 한다.

② 역추력 장치를 작동하기 위한 동력
- ㈎ 공기압식 : 기관의 블리드 공기를 이용한다.
- ㈏ 유압식 : 유압을 이용, 많이 사용한다.
- ㈐ 기계식 : 기관의 회전동력을 이용한다.

(4) 방빙계통

흡입공기 온도가 낮아져 어는점 이하가 되면 압축기의 입구 안내깃(inlet guide vane) 및 흡입관의 립(lip) 부분에는 얼음이 생기는데 이를 방지하기 위한 계통이다.

① 압축기 입구에 빙결이 생기면 : 기관으로 흡입되는 공기의 양이 감소하여 압축기 실속의 원인이 되거나 터빈 입구의 온도가 높아지게 되어 기관의 효율이 떨어진다.
② 압축기 뒷부분의 고온, 고압의 블리드 공기(bleed air)를 흡입관의 립(lip) 부분이나 압축기의 입구 안내 깃의 내부로 통과시켜 가열함으로써 방빙이 된다.

예·상·문·제

1. 가스터빈 기관의 점화장치 작동에 대한 설명으로 가장 올바른 것은?
- ㈎ 처음 시동 시 1회만 작동한다.
- ㈏ 기관이 작동되는 중에도 계속 작동된다.
- ㈐ 정상적인 점화가 되면 정지한다.
- ㈑ 30분 주기로 점화가 반복된다.

[해설] 왕복기관에서는 기관이 운전되고 있는 동안 점화장치는 계속 작동되나 가스터빈 기관의 점화장치는 연소실 안에서 점화가 이루어진 후에는 작동이 멈춰진다.

정답 1. ㈐

2. 대형 터보팬 기관을 장착한 항공기에서 점화계통이 자화되었을 때, 익사이터(exciter)의 1차 코일에 공급되는 전원은?
㉮ AC 115V, 60Hz
㉯ AC 115V, 400Hz
㉰ DC 28V, 400Hz
㉱ AC 220V, 60Hz

3. 가스터빈 기관의 시동계통 중 현재 널리 이용하는 방식은?
㉮ low tension
㉯ high tension
㉰ capacitor discharger
㉱ battery

[해설] 가혹한 조건에서도 점화가 되도록 높은 에너지의 전기불꽃을 발생시키기 위해 대부분 용량형 점화계통이 사용된다.

4. 가스터빈 기관의 시동기 중에서 무게가 가볍고 간단한 시동기의 형태는?
㉮ 공기 충돌식 시동기
㉯ 공기식 시동기
㉰ 가스터빈 시동기
㉱ 전기식 시동기

5. 가스터빈 기관의 공압 시동기에 대해 잘못 설명된 것은?
㉮ APU 또는 지상시설에서의 고압 공기를 사용한다.
㉯ 기어박스를 매개로 기관의 압축기를 구동시킨다.
㉰ 시동 완료 후 발전기로 작동한다.
㉱ 사용시간에 제한이 있다.

[해설] 시동-발전기식 시동기: 기관 시동 시 시동기 역할, 자립회전 속도 후에는 발전기 역할

6. 전기식 시동기(electrical starter)의 클러치(clutch) 장력은 무엇으로 조절할 수 있는가?
㉮ clutch housing slip
㉯ clutch plate
㉰ slip torque adjustment unit
㉱ ratchet adjust regulator

7. 가스터빈 기관이 용량형 점화계통에서 높은 에너지의 점화 불꽃을 일으키는데 사용하는 것은?
㉮ 유도 코일   ㉯ 콘덴서
㉰ 바이브레이터   ㉱ 점화 계전기

8. 후기 연소기(after burner)의 4가지 기본 구성품으로 가장 올바른 것은?
㉮ main flame, fuel spray bar, flame holder, variable area nozzle
㉯ afterburner duct, fuel spray bar, flame holder, variable area nozzle
㉰ afterburner duct, main flame, flame holder, variable area nozzle
㉱ afterburner duct, fuel spray bar, main flame, variable area nozzle

[해설] 후기 연소기의 구성 : 후기 연소기 라이너(afterburner duct), 연료 분무대(fuel spray bar), 불꽃 홀더(flame holder), 가변 면적 배기노즐(variable area nozzle)

9. DC를 주전원으로 하는 항공기에서 시동을 위해 전원을 넣으면 점화 릴레이에 어떤 전원이 공급되는가?
㉮ 24 V DC 모터에 의해 공급
㉯ 115 V AC 400 cycle 기관 제너레이터에 공급

정답 2. ㉯ 3. ㉰ 4. ㉯ 5. ㉰ 6. ㉰ 7. ㉯ 8. ㉯ 9. ㉱

㈐ 115 V AC 600 cycle 기관 제너레이터에 공급
㈑ 인버터에 의한 115 V AC 400 cycle 교류에 의해 공급

10. 물분사 장치에 대한 설명으로 가장 관계가 먼 것은?
㈎ 물을 분사시키면 흡입공기의 온도가 낮아지고, 공기의 밀도가 증가한다.
㈏ 물분사를 하면 이륙할 때 10~30%의 추력 증가를 얻을 수 있다.
㈐ 물분사에 의한 추력 증가량은 대기의 온도가 높을 때 효과가 크다.
㈑ 물과 알코올을 혼합시키는 이유는 연소가스의 압력을 증가시키기 위한 것이다.

11. 역추력 장치를 사용하는 가장 큰 목적은?
㈎ 이륙 시 추력 증가
㈏ 기관의 실속방지
㈐ 착륙 후 비행기 제동
㈑ 재흡입 실속방지

12. 현재 사용 중인 대부분의 대형 터보팬 기관의 역추력 장치(thrust reverser)의 가장 큰 특징은?
㈎ fan reverser와 thrust reverser를 모두 갖춘 구조가 많이 이용된다.
㈏ fan reverser만 갖춘 구조가 가장 많이 이용된다.
㈐ turbine reverser만 갖춘 구조가 이용된다.
㈑ 역추력 장치를 구동하기 위한 동력으로 유압식이 주로 사용된다.

13. 제트 기관의 후기 연소기(after burner)의 역할을 가장 올바르게 설명한 것은?
㈎ 기관 열효율이 증가된다.
㈏ 추력을 크게 할 수 있다.
㈐ 착륙 때 사용한다.
㈑ 여객기 엔진에 주로 장착된다.

14. 가스터빈 기관의 배기소음 방지법에 대한 설명 중 옳은 것은?
㈎ 배기소음 중의 고주파음을 저주파음으로 변화시킨다.
㈏ 노즐 전체의 면적을 증가시킨다.
㈐ 대기와의 상대속도를 크게 한다.
㈑ 대기와 혼합되는 면적을 크게 한다.

8. 가스터빈 기관의 성능

8-1 가스터빈 기관의 추력

- 터보제트 기관이나 터보팬 기관의 추력의 단위: N, kg, lb
- 가스터빈 기관의 원리: 뉴턴의 제 3법칙인 작용과 반작용의 법칙
- 가스터빈 기관의 추력은 뉴턴의 제 2법칙인 질량과 가속도의 법칙($F = ma$)으로 구한다.

(1) 제트 기관의 추력

① 기관에 작용하는 힘(F)

$$F = F_a + F_f + F_{px}$$

여기서, F_a: 기관이 공기에 작용한 힘, F_f: 연료가 기관에 가하는 힘
F_{px}: 외부 압력에 의한 힘

(2) 진추력(net thrust ; F_n)

기관이 비행 중 발생시키는 추력을 말한다.

① 터보제트 기관의 진추력(F_n)

$$F_n = \frac{W_a}{g}(V_j - V_a)$$

여기서, W_a: 흡입공기의 중량 유량(kg/s), V_j: 배기가스 속도(m/s), V_a: 비행속도(m/s)

② 터보팬 기관의 진추력(F_n)

$$F_n = \frac{W_{pa}}{g}(V_p - V_a) + \frac{W_{sa}}{g}(V_s - V_a)$$

여기서, W_{ps}: 1차 공기의 중량 유량(kg/s), W_{sa}: 2차 공기의 중량 유량(kg/s)
V_p: 1차 공기의 배기가스 속도(m/s), V_a: 비행속도(m/s)
V_s: 팬의 배기노즐 출구에서의 배기가스 속도(m/s)

(가) 바이패스 비(bypass ratio ; BPR): 1차 공기량과 2차 공기량과의 비

$$BPR = \frac{W_{sa}}{W_{pa}}$$

여기서, W_{pa}: 1차 공기 유량, W_{sa}: 2차 공기 유량

(3) 총추력(gross weight ; F_g)

공기 및 연료의 유입 운동량을 고려하지 않았을 때의 추력, 즉 항공기가 정지되어 있을 때($V_a = 0$)의 추력을 말한다.

① 터보제트 기관의 총추력(F_g)

$$F_g = \frac{W_a}{g} V_j$$

② 터보팬 기관의 총추력(F_g)

$$F_g = \frac{W_{pa}}{g} V_p + \frac{W_{sa}}{g} V_s$$

(4) 비추력(specific thrust ; F_s)

기관으로 흡입되는 단위 공기 중량 유량에 대한 진추력을 말한다.

① 터보제트 기관의 비추력(F_s)

$$F_s = \frac{V_j - V_a}{g}$$

② 터보팬 기관의 비추력(F_s)

$$F_s = \frac{W_{pa}(V_p - V_a) + W_{sa}(V_s - V_a)}{g(W_{pa} + W_{sa})}$$

(5) 추력 중량비(thrust weight ratio ; F_W)

기관의 무게와 진추력과의 비를 말하며, 추력 중량비가 클수록 기관의 무게는 가볍다.

$$F_W = \frac{F_n}{W_{eng}}$$

여기서, W_{eng} : 기관의 건조 중량(dry weight)

(6) 추력 마력(thrust horse power ; THP)

진추력 F_n을 발생하는 터보제트 기관이나 터보팬 기관이 속도 V_a로 비행할 때 기관의 동력을 마력으로 환산한 마력을 말한다.

$$THP = \frac{F_n \cdot V_a}{75} \, [\text{PS}]$$

(7) 추력 비연료 소비율(thrust specific fuel consumption ; $TSFC$)

1kg의 추력을 발생하기 위해 1시간 동안 기관이 소비하는 연료의 중량(W_f)을 말한다.

추력 비연료 소비율이 작을수록 기관의 효율이 좋고, 성능이 우수하며 경제성이 좋다.

$$TSFC = \frac{W_f \times 3600}{F_n} \, [\text{kg/kg} \cdot \text{h}]$$

(8) 추력에 영향을 끼치는 요소

항공기가 비행함에 따라 대기상태의 변화, 속도변화, 고도변화에 따라 기관의 성능이 변한다.

① 공기밀도의 영향 : 추력은 밀도에 비례하며 밀도는 압력에 비례하고, 온도에 반비례한다($P = \rho RT$). 대기의 온도가 증가하면 추력은 감소하고, 대기압이 증가하면 밀도가 증가하여 추력은 증가한다.

② 비행속도의 영향 : 비행속도의 증가에 따라 추력은 어느 정도까지는 감소하다가 다시 증가한다.

③ 비행고도의 영향
 (가) 고도가 증가함에 따라 대기압이 낮아져 공기밀도가 작아지므로 추력은 감소한다.
 (나) 고도가 증가함에 따라 대기온도가 낮아져 공기밀도가 커짐으로써 추력은 증가한다.
 (다) 이 두 가지 영향을 종합하여 보면 대기압력 감소에 의한 밀도의 감소량이 대기온도에 의한 밀도의 증가량보다 커서 고도가 높아지게 되면, 전체적으로 밀도가 감소하여 추력은 감소한다.

8-2 가스터빈 기관의 효율

(1) 터보제트 기관의 추진효율(η_p)

공기가 기관을 통과하면서 얻은 운동 에너지와 비행기가 얻은 에너지인 추력과 비행속도의 곱으로 표시되는 추력동력의 비를 말한다.

$$\eta_p = \frac{2V_a}{V_j + V_a}$$

- 추진효율 향상방법 : 추력이 변하지 않고 추진효율을 증가시키기 위해서는 속도차이($V_j - V_a$)가 감소하는 만큼 공기의 질량유량을 증가시킨다. 터보팬 기관에서는 배기속도를 감소시키는 대신, 감소된 배기가스의 운동 에너지로 팬을 회전시켜 많은 공기를 뒤쪽으로 분출시켜 추진효율은 증가하고 추력은 감소하지 않는다. 특히, 높은 바이패스 비를 가질수록 추진효율이 높다.

(2) 터보제트 기관의 열효율(η_{th})

기관에 공급된 열에너지와 그 중 기계적 에너지로 바꿔진 양의 비를 말한다.

$$\eta_{th} = \frac{W_a(V_j^2 - V_a^2)}{2gW \cdot J \cdot H}$$

여기서, J : 열의 일당량, H : 연료의 저발열량
- **열효율 향상방법** : 압축기 및 터빈의 단열효율을 높여 기관의 내부 손상을 줄인다. 터빈 입구 온도를 높일 수 있는 방법의 개발과 압축기 및 터빈의 단열효율을 높이는 것이 가장 좋은 방법이다.

(3) 터보제트 기관의 전효율(overall effciency ; η_o)

공급된 열에너지에 의한 동력과 추력동력으로 변한 양의 비를 말한다.
전효율은 열효율(η_{th})과 추진효율(η_{th})의 곱으로 표시된다.

$$\eta_o = \eta_p \times \eta_{th} = \frac{V_a \times 3600}{TSFC \cdot J \cdot H}$$

8-3 가스터빈 기관의 비행성능과 작동

(1) 가스터빈 기관의 비행성능

비행속도, 비행고도, 기관 회전수(기관 압력비 ; EPR)의 영향을 받는다.
- **기관 압력비(EPR)** : 압축기 입구의 전압력과 터빈 출구의 전압력과의 비를 말한다. 기관 압력비는 추력에 직접 비례를 한다.

(2) 기관의 작동

① 터보제트 기관의 시동 : 과열시동을 방지하기 위해 연료가 공급되기 전에 점화계통을 먼저 작동을 시켜야 한다.
  ㈎ 동력 레버 : shut-off 위치
  ㈏ 주 스위치(main switch) : on
  ㈐ 연료 제어 스위치 : on 또는 normal
  ㈑ 연료 부스터 펌프 스위치 : on
  ㈒ 시동 스위치 : on(회전수(rpm)와 윤활유 압력이 상승하는지 관찰)
  ㈓ 10~15%의 rpm 정도에서 동력 레버를 idle 위치로 전진(만일, 별도의 점화 스위치가 있을 때에는 연료를 공급시키기 전에 점화 스위치를 on시킨다.)
  ㈔ 기관의 여러 계기 관찰
    · 시동 시 연료의 압력계 및 유량계를 관찰하고, 배기가스 온도(EGT)가 높아지는 것을 확인한다.
    · 시동 중 이상이 발생할 때는 즉시 기관을 정지하고 고장원인을 찾아야 한다.

② 터보팬 기관의 시동 절차
  ㈎ 동력 레버 : idle 위치
  ㈏ 연료 차단 레버 : close 위치
  ㈐ 주 스위치 : on
  ㈑ 연료계통 차단 스위치 : open
  ㈒ 부스터 펌프 스위치 : on(연료 압력계는 최소 5 psi를 지시한다.)
  ㈓ 시동 스위치 : on (회전수 및 윤활유 압력이 증가하는지 관찰한다.)
  ㈔ 점화 스위치 : on(압축기 회전수가 정규 회전수의 10% 정도 회전이 될 때까지 점화 스위치를 on으로 해서는 안 된다.)
  ㈕ 연료차단 레버 : open(연료계통의 작동 후 약 20초 이내에 시동이 완료되어야 하고, 기관의 회전수가 완속 회전수까지 도달하는데 2분 이상 걸려서는 안 된다.)
  ㈖ 시동 후 차동시동기 차단장치가 없을 때에는 기관의 완속 상태가 되면 기관 시동스 위치 : off, 점화 스위치 : off를 한다.

(3) 가스터빈 기관의 비정상 시동

① 과열 시동(hot start) : 시동 시 배기가스의 온도가 규정된 한계값 이상으로 증가하는 현상이다.
  • 원인 : 연료 조절장치의 고장, 결빙 및 압축기 입구 부분에서 공기흐름의 제한
② 결핍 시동(false start) : 시동이 시작된 다음 기관의 회전수가 완속 회전수까지 증가하지 않고 이보다 낮은 회전수에 머물러 있는 현상이다.
  • 원인 : 시동기에 공급되는 동력이 불충분
③ 시동 불능(no start) : 시동이 규정된 시간 안에 시동되지 않는 현상이다.
  • 원인 : 시동기나 점화장치의 불충분한 전력, 연료흐름의 막힘, 점화장치 및 연료 조절장치의 고장

(4) 기관의 정격

① 이륙 추력(dry take-off thrust) : 기관이 이륙할 때 물분사 없이 발생할 수 있는 최대 추력이다.
② 물분사 이륙 추력(wet take-off thrust) : 기관이 이륙할 때에 발생할 수 있는 최대 추력에 물분사 장치를 사용하여 얻을 수 있는 추력으로 이륙시만 사용하고 1~5분으로 제한한다.
③ 최대 연속 추력 : 시간 제한없이 작동할 수 있는 최대 추력으로 이륙 추력의 90% 정도이다.
④ 최대 상승 추력 : 항공기를 상승시킬 때 사용되는 최대 추력이다.
⑤ 순항 추력 : 순항비행을 하기 위하여 정해진 추력으로 비연료 소비율이 가장 적은 추력으로 이륙 추력의 70~80% 정도이다.

⑥ 완속 추력: 지상이나 비행 중 기관이 자립 회전할 수 있는 최저 회전상태이다.

(5) 기관의 조절(engine trimming)

제작회사에서 정해 놓은 정격 추력에 해당하는 기관 압력비가 얻어지는지 주기적으로 기관의 여러 가지 작동상태를 조정하는 것을 말한다.

- 기관의 조절 시 이상적인 조건: 습도가 없고 무풍시가 좋으며, 바람이 있을 때는 정풍으로 향하게 하고, 제작회사에서 규정한 방법에 따라 수행한다.

예·상·문·제

1. 물질의 질량에 가해지는 힘의 크기를 식으로 나타낸 것은?(단, F: 힘, m: 질량, a: 가속도)

㉮ $F \propto ma$ ㉯ $F \propto \dfrac{m}{a}$

㉰ $F \propto m(1+a)$ ㉱ $F \propto \dfrac{a}{m}$

[해설] 뉴턴의 제2법칙 $F = ma$

2. 가스터빈 기관의 진추력에서 연료유량과 압력차를 무시했을 때 성립되는 식은?(단, F_n: 진추력, W_f: 연료의 유량, W_a: 흡입공기의 유량, V_j: 배기가스 속도, V_a: 비행속도, A_j: 배기노즐 면적, P_j: 배기노즐에서 출구 정압, P_a: 대기 압력)

㉮ $F_n = \dfrac{W_f}{g}(V_j + V_a)$

㉯ $F_n = \dfrac{W_a}{g} A_j (P_j - P_a)$

㉰ $F_n = \dfrac{W_f}{g}(V_j - V_a)$

㉱ $F_n = \dfrac{W_a}{g}(V_j - V_a)$

3. 속도 720 km/h로 비행하는 항공기에 장착된 터보제트 기관이 300 kg/s로 공기를 흡입하여 400 m/s로 배기시킨다. 이때 진추력은?(단, 중력가속도는 10 m/s² 이다.)

㉮ 6000 kg   ㉯ 7000 kg
㉰ 8000 kg   ㉱ 9000 kg

[해설] $F_n = \dfrac{W_a}{g}(V_j - V_a)$
$= \dfrac{300}{10}\left(400 - \left(\dfrac{720}{3.6}\right)\right) = 6000\,\text{kg}$

4. 속도 720 km/h로 비행하는 항공기에 장착된 터보제트 기관이 196 kg/s인 중량유량의 공기를 흡입하여 300 m/s의 속도로 배기시킨다. 다음 중 진추력의 값을 나타낸 것은?

㉮ 2000 kg   ㉯ 4000 kg
㉰ 6000 kg   ㉱ 8000 kg

[해설] $F_n = \dfrac{W_a}{g}(V_j - V_a)$
$= \dfrac{196}{9.8}\left(300 - \left(\dfrac{720}{3.6}\right)\right) = 2000\,\text{kg}$

[정답] 1. ㉮   2. ㉱   3. ㉮   4. ㉮

5. 속도 540 km/h로 비행하는 항공기에 장착된 터보제트 기관이 196 kg/s인 중량유량의 공기를 흡입하여 250 m/s의 속도로 배기시킬 때, 진추력은 얼마인가?

㉮ 1850 kg ㉯ 2000 kg
㉰ 2200 kg ㉱ 2350 kg

[해설] $F_n = \dfrac{W_a}{g}(V_j - V_a)$
$= \dfrac{196}{9.8}\left(250 - \left(\dfrac{540}{3.6}\right)\right) = 2000 \text{ kg}$

6. 속도 540 km/h로 비행하는 항공기에 장착된 터보제트 기관이 196 kg/s인 중량유량의 공기를 흡입하여 250 m/s의 속도로 배기시킬 때, 총추력은?

㉮ 4000 kg ㉯ 5000 kg
㉰ 6000 kg ㉱ 7000 kg

[해설] $F_g = \dfrac{W_a}{g} V_j$
$= \dfrac{196}{9.8} \times 250 = 5000 \text{ kg}$

7. 터보팬 기관의 바이패스 비(BPR)란?

㉮ $\dfrac{2차\ 공기량}{1차\ 공기량}$ ㉯ $\dfrac{1차\ 공기량}{2차\ 공기량}$
㉰ $\dfrac{2차\ 공기량}{전체\ 공기량}$ ㉱ $\dfrac{1차\ 공기량}{전체\ 공기량}$

8. 터보팬(turbo-fan) 기관의 1차 공기량이 50 kgf/s, 2차 공기량이 60 kgf/s, 1차 공기 배기속도 170 m/s, 2차 공기 배기속도 100 m/s이었다, 이 기관의 바이패스 비(bypass ratio)는 얼마인가?

㉮ 0.59 ㉯ 0.83 ㉰ 1.2 ㉱ 1.7

[해설] 바이패스 비(BPR)

$BPR = \dfrac{2차\ 공기량}{1차\ 공기량} = \dfrac{60}{50} = 1.2$

9. 터보팬 기관에서 BPR(by-pass ratio)를 가장 올바르게 설명한 것은?

㉮ 흡입된 전체 공기 유량과 배출된 전체의 유량의 비
㉯ 2차 공기의 흡입된 양과 2차 공기의 방출된 공기량의 비
㉰ 압축기를 통과한 공기 유량과 터빈을 통과한 유량의 비
㉱ 압축기를 통과한 공기의 유량과 팬(fan)을 통과한 공기 유량의 비

10. 추력 비연료 소비율($TSFC$)에 대한 설명 중 틀린 것은?

㉮ 1kg의 추력을 발생하기 위하여 1초 동안 기관이 소비하는 연료의 중량을 말한다.
㉯ 추력 비연료 소비율이 작을수록 기관의 효율이 높다.
㉰ 추력 비연료 소비율이 작을수록 기관의 성능이 우수하다.
㉱ 추력 비연료 소비율이 작을수록 경제성이 좋다.

11. 제트 기관의 연료 소비율($TSFC$)의 정의로 가장 옳은 것은?

㉮ 기관의 단위 시간당 단위 추력을 내는데 소비한 연료량이다.
㉯ 기관이 단위 거리를 비행하는데 소비한 연료량이다.
㉰ 기관이 단위 시간 동안에 소비한 연료량이다.

[정답] 5. ㉯ 6. ㉰ 7. ㉮ 8. ㉰ 9. ㉱ 10. ㉮ 11. ㉮

㉣ 기관이 단위 추력을 내는데 소비한 연료량이다.

12. 가스터빈 기관의 열효율 향상 방법과 가장 거리가 먼 것은?
㉮ 고온에서 견디는 터빈 재질 개발
㉯ 기관의 내부 손실 방지
㉰ 터빈 냉각방법의 개선
㉱ 배기가스의 온도 증가

[해설] 열효율 향상 방법 : 높은 온도에 견디는 터빈 재질의 개발, 터빈 냉각방법의 개선, 압축기 및 터빈의 단열 효율을 높여 기관 내부의 손실을 줄임.

13. 다음 제트 항공기에 있어서 기관 추력을 결정하는 요소는?
㉮ 외기 온도, rpm, 고도, 비행속도
㉯ 고도, 비행속도, 외기 온도, 연료 압력
㉰ 공기 온도, rpm, 연료 온도
㉱ 고도, 비행속도, 공기 압력비, 윤활유 속도

14. 가스터빈 기관 작동 시 다음 기관 변수중 어느 것이 가장 중요한 변수인가?
㉮ 압축기 RPM
㉯ 터빈 입구 온도
㉰ 연소실 압력
㉱ 압축기 입구 공기 온도

15. 가스터빈 기관의 작동상태와 기계적 안정을 나타내는 계기는?
㉮ CIT 계기   ㉯ RPM 계기
㉰ EPR 계기   ㉱ EGT 계기

[해설] 연료의 압력계, 유량계를 관찰하고 배기 가스 온도(EGT)가 높아지는 것을 확인하여 온도가 규정 값 이상을 넘지 않도록 한다.

16. 터보제트 기관의 추진효율에 대한 설명 중 가장 올바른 것은?
㉮ 추진효율은 배기구 속도가 클수록 커진다.
㉯ 추진효율은 기관의 내부를 통과한 1차 공기에 의하여 발생되는 추력과 2차 공기에 의하여 발생되는 추력의 합이다.
㉰ 추진효율은 기관에 공급된 열에너지와 기계적 에너지로 바꿔진 양의 비이다.
㉱ 추진효율은 공기가 기관을 통과하면 얻은 운동 에너지에 의한 동력과 추진 동력과의 비이다.

17. 터빈 기관에 대한 설명으로 가장 올바른 것은?
㉮ 작은 rpm 증가로서 기관의 고속시에 추력을 더욱 빠르게 증가한다.
㉯ 작은 rpm 증가로서 기관의 저속시에 추력을 더욱 빠르게 증가한다.
㉰ 높은 온도에서 온도가 낮기 때문에 기관은 덜 효율적이다.
㉱ 높은 고도에서 추력을 내는데 1 파운드당 공기 소비량은 적게 든다.

18. 기관 시동시 시동밸브 스위치의 전기적 신호에 의해 밸브가 열리지 않았다, 조치 사항은?
㉮ 시동 스위치의 교환
㉯ 시동 스위치 솔레노이드의 점검
㉰ pilot valve rod을 수동으로 하여 밸브를 open시킨다.
㉱ manual override handle을 수동으

정답 12. ㉱   13. ㉮   14. ㉯   15. ㉱   16. ㉱   17. ㉮   18. ㉯

로 하여 밸브를 open시킨다.

19. 일반적으로 터보제트 기관의 제어방식에 대한 설명으로 맞는 것은?
㉮ rpm 제어방식, 토크 제어방식
㉯ rpm 제어방식, EPR 제어방식
㉰ EPR 제어방식, 토그 제어방식
㉱ EPR 제어방식, 스로틀 제어방식

20. 터빈 기관의 시동 시 결핍시동(hung start)은 기관의 어떤 상태를 말하는가?
㉮ 기관의 배기가스 온도가 규정치를 넘는 상태이다.
㉯ 기관이 완속회전(idle rpm)에 도달하지 못하고 걸린 상태이다.
㉰ 기관의 완속회전(idle rpm)이 규정치를 넘는 상태이다.
㉱ 기관의 압력비가 규정치를 초과한 상태이다.

21. 터빈 기관 시동 시 과열시동(hot start)은 기관의 어떤 상태를 말하는가?
㉮ 시동 중 EGT가 최대 한계를 넘는 현상이다.
㉯ 시동 중 RPM이 최대 한계를 넘는 현상이다.
㉰ 기관을 비행 중 시동하는 비상조치 중의 하나이다.
㉱ 기관이 냉각되지 않은 채로 시동을 거는 현상을 말한다.

22. 터빈 기관에 있어 트림(trim)의 가장 큰 목적은?
㉮ 스로틀 레버를 서로 일치시키는 것
㉯ 기관의 최대 추력을 확립하는 것
㉰ 압축비를 높이는 것
㉱ 배기압력을 조절하는 것

23. 기관 조절(engine trimming)을 하는 가장 큰 이유는?
㉮ 정비를 편하도록
㉯ 비행기의 안정성을 위해
㉰ 기관 정격 추력을 유지하기 위해
㉱ 이륙 추력을 크게 하기 위해

24. 가스터빈 기관이 정해진 회전수에서 정격 추력을 낼 수 있도록 연료 조절장치와 각종 기구를 조정하는 작업을 무엇이라 하는가?
㉮ 고장탐구(trouble shooting)
㉯ 크래킹(cracking)
㉰ 트리밍(trimming)
㉱ 모터링(motoring)

정답 19. ㉯   20. ㉯   21. ㉮   22. ㉯   23. ㉰   24. ㉰

Chapter 04 프로펠러

1. 프로펠러의 구조

프로펠러 깃은 길이방향으로 깃 섕크(blade shank), 깃 끝(blade tip)으로 나누어진다.

1-1 프로펠러 깃(blade)

깃의 단면은 날개골(airfoil)과 같은 형태로 되어 있으며, 날개에서는 양력이 비행방향에 수직으로 발생하나 프로펠러 깃은 비행방향과 같은 방향으로 양력을 발생시켜 추력을 얻는다.

① 깃 섕크(blade shank) : 깃의 뿌리부분으로 허브에 연결되며 추력이 발생되지 않는다.
② 깃 끝(blade tip) : 깃의 가장 끝부분으로 반지름이 가장 크고, 특별한 색깔을 칠해 회전 범위나 회전 여부를 나타낸다.
③ 깃 커프스(blade cuffs) : 프로펠러의 출력을 증가시키기 위해 프로펠러 깃 끝에서부터 허브까지 전체가 날개골 모양을 유지하도록 한다.
④ 깃 등(blade back) : 프로펠러 깃의 캠버(camber)로 된 면이며 추력이 작용되는 면이다.
⑤ 깃 면(blade face) : 프로펠러 깃의 평평한 쪽이다.
⑥ 금속 피팅(metal fitting) : 깃 끝으로부터 깃의 앞전을 따라 금속을 입힌 것으로 깃 끝에 적당한 간격으로 정해진 크기의 3개의 구멍을 뚫어 금속과 목재 사이에 생기는 습기를 원심력에 의해 빠지게 한다.
⑦ 깃의 위치(blade station) : 허브의 중심으로부터 깃을 따라 위치를 표시한 것으로 일정한 간격으로 나누어 정한다. 이것은 일반적으로 허브의 중심에서 6인치 간격으로 나누어 표시한다.
⑧ 깃 각(blade angle) : 프로펠러 회전면과 시위선이 이루는 각을 말한다. 깃 각은 일정

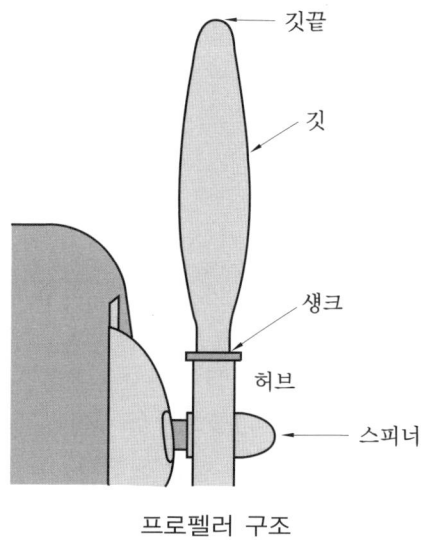

프로펠러 구조

하지 않고 깃 뿌리에서는 크고, 깃 끝으로 갈수록 작아진다. 보통 깃 각이라 함은 허브에서 75% 되는 위치의 깃 각을 말한다.

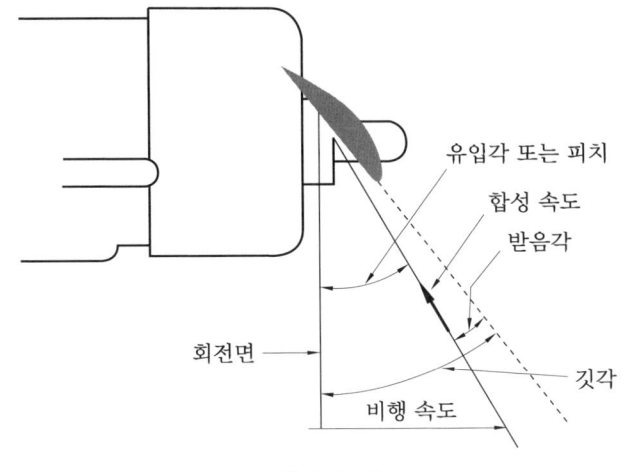

프로펠러의 깃 각

⑨ 유입각(피치각) : 비행속도와 깃의 선속도를 합하여 하나의 합성속도로 만든 이것과 회전면이 이루는 각을 말한다.
⑩ 받음각 : 깃 각에서 유입각을 뺀 것을 받음각이라 한다.
⑪ 블레이드 디스크(blade disk) : 블레이드의 회전으로 생기는 원을 말한다.

1-2 프로펠러에 작용하는 힘과 응력

(1) 추력과 휨 응력

① 추력 : 프로펠러가 회전하는 동안 깃의 윗면 쪽으로 공기의 힘이 생겨 깃을 앞으로 전진하게 하는 힘을 말한다.
② 추력에 의한 휨 응력 : 프로펠러 추력에 의해 프로펠러 깃은 앞으로 휘어지는 휨 응력을 받는다. 휨 응력은 원심력과 상쇄되어 실제로는 휨 현상이 크지 않다.

(2) 원심력에 의한 인장 응력

① 원심력 : 프로펠러의 회전에 의해 깃을 허브(hub) 중심에서 밖으로 빠져나가게 하는 힘을 말한다.
② 원심력에 의한 인장 응력 : 원심력에 의해 프로펠러는 인장 응력을 받는다. 이 힘을 이겨 내기 위해 허브 부분을 굵고 크게 만든다.

(3) 비틀림과 비틀림 응력

비틀림 응력은 프로펠러 회전속도의 제곱에 비례한다.

① 비틀림 : 깃에 작용하는 공기의 합성속도가 프로펠러 중심축의 방향과 같지 않기 때문에 깃을 비틀려고 하는 힘이다.
② 비틀림에 의한 비틀림 응력
　㈎ 공기력 비틀림 모멘트 : 깃이 회전할 때에 풍압중심이 깃의 앞전 쪽에 있어 깃의 피치를 크게 하려는 방향으로 작용한다.
　㈏ 원심력 비틀림 모멘트 : 깃이 회전하는 동안 원심력이 작용하여 깃의 피치를 작게 하려는 방향으로 작용한다.

1-3 프로펠러 피치(pitch)

프로펠러 깃 각은 깃 뿌리에서 깃 끝으로 갈수록 작아진다.

(1) 기하학적 피치(geometric pitch, $G.P$)

프로펠러 깃을 한 바퀴 회전시켰을 때 앞으로 전진할 수 있는 이론적인 거리를 말한다.

$$G.P = 2\pi r \cdot \tan\beta \quad 여기서, \beta : 깃 각$$

프로펠러 깃의 길이에 따라 깃 각이 일정하다면, 기하학적 피치는 깃 끝으로 갈수록 커지므로, 1회전 하는 동안에 도달거리를 같게 하려면 깃 끝으로 갈수록 깃 각이 작아지도록 비틀려지도록 한다.

(2) 유효 피치(effective pitch, $E.P$)

공기 중에서 프로펠러가 1회전 시 실제로 비행기가 전진한 거리를 말한다.

$$유효\ 피치(E.P) = V \times \left(\frac{60}{n}\right) \quad 여기서,\ V : 비행속도,\ n : 회전속도(\text{rpm})$$

(3) 프로펠러 슬립(slip)

$$프로펠러\ 슬립((\text{slip})) = \frac{G.P - E.P}{G.P} \times 100$$

(4) 진행률 (J)

비행속도와 깃의 선속도(회전속도)와의 비를 말한다.

$$J = \frac{V}{nD}$$

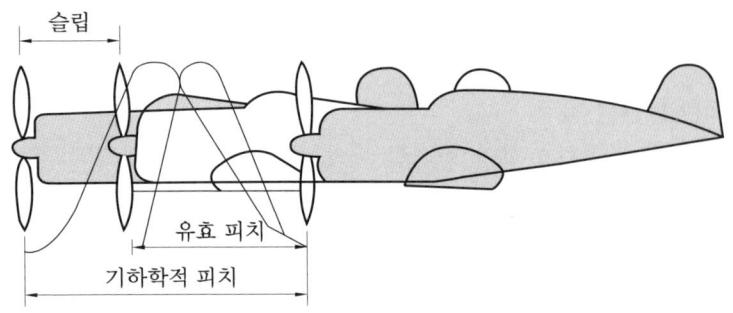

프로펠러 슬립

예·상·문·제

1. 프로펠러 블레이드 면(blade face)이란?
- ㉮ 프로펠러 깃(blade)의 뿌리 끝
- ㉯ 프로펠러 깃의 평편한 쪽(flat side)
- ㉰ 프로펠러 깃의 캠버된 면(cambered side)
- ㉱ 프로펠러 깃의 끝부분

2. 프로펠러 커프스(cuffs)의 목적은?
- ㉮ 방빙 작동유 부분
- ㉯ 프로펠러 강도 보강
- ㉰ 공기를 유선형으로 하여 항력을 줄이기 위해
- ㉱ 기관 나셀로 냉각공기를 흐르게 하기 위해

3. 회전하고 있는 프로펠러에 사람이 접근하게 되면 치명적인 상해를 입을 수가 있는데, 이를 방지하기 위한 방법으로 가장 올바른 것은?
- ㉮ 블레이드 팁(blade tip)에 위험표시(warning strip)을 해 준다.
- ㉯ 프로펠러의 전체를 밝은 색상으로 칠해 준다.
- ㉰ 프로펠러의 돔(dome)에 위험표식(waring strip)을 해 준다.
- ㉱ 블레이드의 허브(hub)에 눈(eye)의 모양을 그려 놓는다.

4. 프로펠러(propeller)의 트랙(track)이란?
- ㉮ 프로펠러의 피치각이다.
- ㉯ 프로펠러의 블레이드의 선단 회전궤적이다.
- ㉰ 프로펠러가 1회전하여 전진한 거리이다.
- ㉱ 프로펠러가 1회전하여 생기는 와류(vortex)이다.

5. 프로펠러 깃 트래킹(blade tracking)은 무엇을 결정하는 절차인가?
- ㉮ 항공기 세로축(longitudinal axis)에 대해서 프로펠러의 회전면을 결정하는

정답 1. ㉯ 2. ㉰ 3. ㉮ 4. ㉯ 5. ㉱

절차
㉯ 진동을 방지하기 위하여 깃 받음각을 동일하게 결정하는 절차
㉰ 깃 각(blade angle)을 특정한 범위 내에 들어오게 하는 절차
㉱ 프로펠러 깃의 회전 선단(tip) 위치가 동일한지 여부를 결정하는 절차

[해설] 깃의 궤도(blade track) : 깃이 회전하는 동안 어떠한 깃 끝이 다른 깃을 따라가는 궤적을 말한다. 깃의 궤도차가 심할 경우 0.0625 in 이상은 깃이 휘었거나, 프로펠러의 장착이 부정확하다는 것을 의미한다.

6. 프로펠러 항공기의 블레이드 각을 측정하는 기구는?
㉮ 다이얼 게이지
㉯ 프로트랙터(protractor)
㉰ 마이크로미터(micrometer)
㉱ 블레이드 앵글 측정기

7. 고정 피치 프로펠러의 깃 각(blade angle)은?
㉮ 선단(tip)에서 가장 크다.
㉯ 허브(hub)에서 선단까지 일정하다.
㉰ 선단에서 가장 작다.
㉱ 허브로부터 거리에 따라 비례해서 증가를 한다.

[해설] 깃 각은 깃 끝으로 갈수록 작아지게 만들어져 있다.

8. 프로펠러의 깃 각(blade angle)에 대해서 가장 올바르게 설명한 것은?
㉮ 깃의 전길이에 걸쳐 일정하다.
㉯ 깃 뿌리(blade root)에서 깃 끝(blade tip)으로 갈수록 작아진다.
㉰ 깃 뿌리(blade root)에서 깃 끝(blade tip)으로 갈수록 커진다.
㉱ 일반적으로 프로펠러 중심에서 60% 되는 위치의 각도를 말한다.

9. 프로펠러 깃 각의 스테이션(station) 40 inch에서 20°라면 기하학적 피치는?
㉮ 65.58 inch
㉯ 77.63 inch
㉰ 91.44 inch
㉱ 134.27 inch

[해설] $G.P = 2\pi r \cdot \tan\beta$
$= 2 \times 3.14 \times 40 \times \tan 20 = 91.44 \text{ inch}$

10. 다음 중 프로펠러의 진행률을 바르게 표현한 것은?
㉮ $T \times \dfrac{V}{P}$
㉯ $\dfrac{V}{nD}$
㉰ $\dfrac{V}{nD}$
㉱ $\dfrac{V}{T} \times P$

11. 프로펠러가 1회전할 때 실제로 전진한 거리를 유효 피치라 하고, 비행기 속도가 V, 회전속도가 n인 프로펠러의 유효 피치는?
㉮ $\dfrac{V}{\left(\dfrac{60}{n}\right)}$
㉯ $V \times \left(\dfrac{60}{n}\right)$
㉰ $V^2 \times \left(\dfrac{60}{n}\right)$
㉱ $V \times \left(\dfrac{60}{n}\right)^2$

12. 프로펠러의 기하학적 피치란?
㉮ 1초 동안 전진한 거리
㉯ 1회전 동안 전진한 거리
㉰ 속도와 진행률과의 비
㉱ 속도와 회전수와의 비

[정답] 6. ㉯ 7. ㉰ 8. ㉯ 9. ㉰ 10. ㉰ 11. ㉯ 12. ㉯

13. 기하학적 피치(geometric pitch)란?
  ㉮ 프로펠러를 1바퀴 회전시켜 실제로 전진한 거리
  ㉯ 프로펠러를 2바퀴 회전시켜 전진할 수 있는 이론거리
  ㉰ 프로펠러를 2바퀴 회전시켜 실제로 전진한 거리
  ㉱ 프로펠러를 1바퀴 회전시켜 프로펠러가 앞으로 전진할 수 있는 이론적인 거리

14. 프로펠러가 고속으로 회전할 때 발생하는 응력(stress) 중 추력(thrust)에 의해서 발생하는 것은?
  ㉮ 인장 응력   ㉯ 전단 응력
  ㉰ 비틀림 응력 ㉱ 굽힘 응력

15. 프로펠러 깃 각(blade angle)을 증가시키는데 가장 기여하는 힘은 무엇인가?
  ㉮ 원심력(centrifugal)의 비틀림 힘
  ㉯ 공기력(aerodynamic)의 비틀림 힘
  ㉰ 추력(thrust)의 굽힘 힘
  ㉱ 토크(torque)의 굽힘 힘

16. 프로펠러 깃 선단(tip)이 회전방향의 반대방향으로 처지게(lag) 하는 힘으로 가장 올바른 것은?
  ㉮ 토크- 굽힘(torque-bending)력
  ㉯ 공력-비틀림(areidynamic-twisting)력
  ㉰ 원심-비틀림(centrifugal-twisting)력
  ㉱ 추력-굽힘(thrust-bending)력

17. 프로펠러 깃 선단(tip)이 앞으로 휘게(bend)하는 가장 큰 힘은?
  ㉮ 토크-굽힘(torque-bending)력
  ㉯ 공력-비틀림(areidynamic-twisting)력
  ㉰ 원심-비틀림(centrifugal-twisting)력
  ㉱ 추력-굽힘(thrust-bending)력

정답 13. ㉱ 14. ㉱ 15. ㉯ 16. ㉮ 17. ㉱

2. 프로펠러의 종류

2-1 깃의 사용 재료에 따른 분류

① 목재 프로펠러 : 가볍고 제작공정이 쉽지만 200마력 이상의 기관에는 사용할 수 없다.
② 금속재 프로펠러 : 알루미늄 및 강(steel) 등의 단조물로 하고, 강철인 경우는 속이 비어 있다.

2-2 프로펠러 장착 방법에 따른 분류

① 견인식 : 프로펠러를 비행기 앞에 장착을 하여, 프로펠러 추력이 비행기를 앞으로 끌고 가는 방법이며 가장 많이 사용한다.
② 추진식 : 프로펠러를 비행기 뒷부분에 장착하고, 비행기를 앞으로 밀고 가는 방식이다.
③ 이중 반전식 : 이중으로 된 회전축에 프로펠러를 장착하여 프로펠러의 회전방향이 서로 반대로 돌게 만든 방법이다. 프로펠러의 자이로 효과를 없앨 수 있는 장점이 있다.
④ 탠덤식 : 견인식과 추진식 프로펠러를 모두 갖춘 방법이다.

2-3 프로펠러 깃수에 따른 분류

2, 3, 4, 5 깃(blade) 프로펠러가 있다.

2-4 피치 변경 기구에 의한 분류

(1) 고정 피치 프로펠러(fixed pitch prop)

깃 각이 한 가지로 고정되어 있는 것으로 순항속도에서 가장 좋은 효율을 얻도록 깃 각이 맞추어져 있다.

(2) 조정 피치 프로펠러(adjustable pitch prop)

1개 이상의 비행속도에서 최대효율을 가지도록 지상에서 피치 조정이 가능하다.
정비사가 조정나사로 조정하여 비행 목적에 따라 피치를 조정한다.

(3) 가변 피치 프로펠러(controllable pitch prop)

비행 중 비행 목적에 따라 조종사에 의해 피치 변경이 가능한 프로펠러로서 유압, 전기 또는 기계적인 장치에 의해 작동된다.

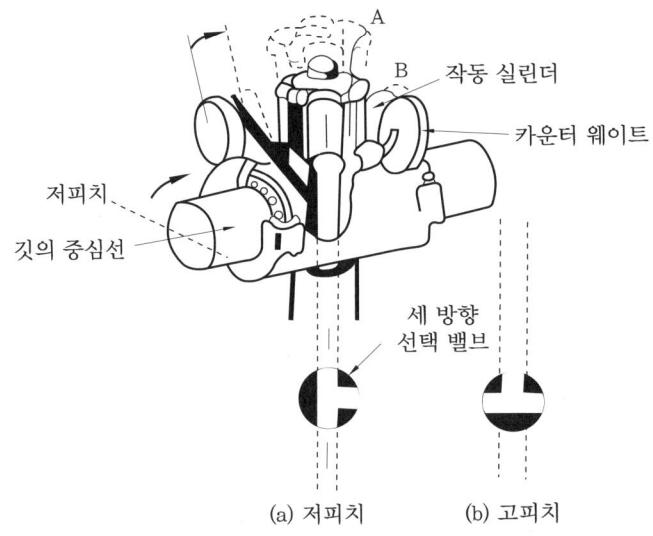

가변 피치 프로펠러

① 2단 가변 피치 프로펠러(2-position controllable pitch propeller) : 조종사가 비행 중 저피치(low pitch), 고피치(high pitch)의 2개의 위치만을 변경할 수 있는 프로펠러이다.
  ㈎ 저피치 : 저속 시(이착륙 비행 시)
  ㈏ 고피치 : 고속 시(순항, 강하비행 시)
    ㉮ 저피치로 조작하려면 : 피치 조작 레버를 저피치에 놓으면 → 3방향 선택 밸브(3 way valve)를 통해 작동유가 작동 실린더 → 카운터 웨이트 안으로 오므라짐 → 블레이드 각은 저피치가 된다.
    ㉯ 고피치로 조작하려면 : 피치 조작 레버를 고피치에 놓으면 → 3방향 선택 밸브는 윤활유 공급을 막고, 실린더 안의 윤활유를 배출시킨다. → 작동 실린더 내 오일이 없어 작동 실린더 후방으로 작동 → 카운터 웨이트 벌어짐 → 블레이드 각은 고피치가 된다.
② 정속 프로펠러(constant speed propeller) : 조속기(speed governor)를 장착하여 저피치에서 고피치까지 자유롭게 피치를 조정할 수 있어, 비행속도나 기관의 출력의 변화에 관계없이 프로펠러가 항상 일정하다.
  ㈎ 과속 회전 상태(overspeed 상태) : 과속 회전 상태가 되면 → 플라이웨이트(flyweight)가 벌어진다. → 파일럿 밸브(pilot valve)가 위로 올라간다. → 작동 실린더의 윤활유가 배출된다. → 카운터 웨이트가 벌어진다. → 블레이드 각은 증가(고피치)한다. → rpm 감소하여 정속 회전 상태로 돌아온다.

(나) 저속 회전 상태(underspeed 상태) : 저속 회전 상태가 되면 → 플라이웨이트가 오므라든다. → 파일럿 밸브가 아래로 내려간다. → 조속기 펌프(governor pump)에서 가압된 오일 작동 실린더로 공급된다. → 작동 실린더가 전방으로 이동한다. → 카운터 웨이트가 오므라든다. → 블레이드 각은 감소한다(저피치). → rpm 증가하여 정속 회전 상태로 돌아온다.

(다) 정속 회전 상태(onspeed 상태) : 정속 회전 상태가 되면 → 플라이웨이트와 스피더 스프링(speeder spring) 평형이 된다. → 파일럿 밸브는 중립위치에 있다. → 작동 실린더 전후방 이동이 없다. → 피치 변경이 없다. → 정속 회전 상태를 그대로 유지한다.

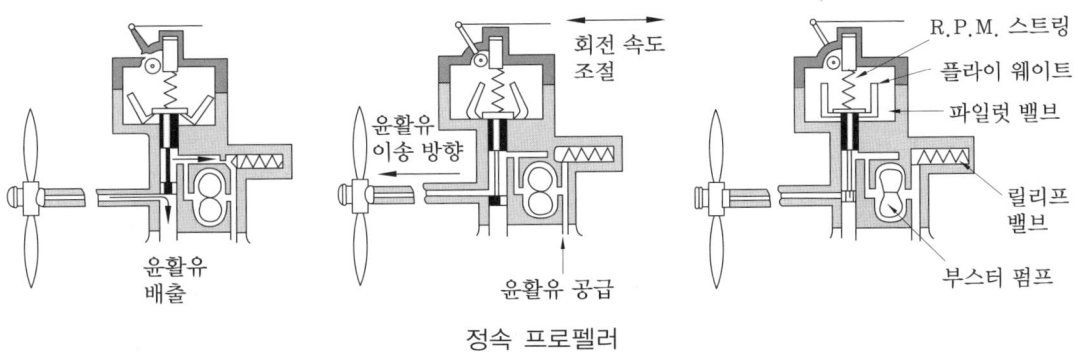

정속 프로펠러

③ 완전 페더링 프로펠러 : 정속 프로펠러에 페더링을 더 추가한 형식으로 비행 중 기관 정지 시 항공기의 공기저항을 감소시키고 풍차 회전(windmill)에 따른 기관 고장을 확대 방지하기 위해 프로펠러를 비행방향과 평행이 되도록 피치를 변경시킨다.

④ 역피치 프로펠러(revere pitch propeller) : 정속 프로펠러에 페더링 기능과 역피치 기능을 부가시킨 것으로 착륙 시 저피치에서 더욱 작은 역피치로 하여 역추력을 발생하여 착륙거리를 단축시킨다.

예·상·문·제

1. 고출력용에 사용되는 중공(hollow) 프로펠러의 재질은 무엇으로 만들어지는가?
㉮ 알루미늄 합금(25ST, 75ST)
㉯ 크롬-니켈-몰리브덴강(Cr-Ni-Mo강)
㉰ 스테인리스강(stainless steel)
㉱ 탄소강(carbon steel)

2. 터보 프로펠러 기관의 프로펠러를 지상에서 "fine pitch"에 두는데 그 이유로 가장 관계가 먼 것은?
㉮ 시동 시 프로펠러의 토크(torque)를 적게 하기 위하여
㉯ 저속(idle)운전 시 소비마력을 적게

정답 1. ㉯ 2. ㉰

하기 위하여
㈐ 지상운전 시 기관냉각(engine cooling)을 돕기 위하여
㈑ 착륙거리를 줄이기 위하여

[해설] ground fine pitch로 두는 이유
① 시동시에 블레이드로 인한 토크를 적게 하고, 시동을 용이하게 한다.
② 기관의 동력 손실 방지
③ 착륙 시 추력을 0이 되게 하고, 블레이드의 전방 면적을 넓힘므로써 착륙거리 단축에 효과적이다.
④ 완속운전 시 프로펠러에 토크가 적다.

3. 지상에서 기관이 작동하지 않을 때에만 비행목적에 따라 피치를 조정할 수 있는 프로펠러는?
㈎ 고정 피치 프로펠러(fixed pitch propeller)
㈏ 조정 피치 프로펠러(adjustable pitch propeller)
㈐ 가변 피치 프로펠러(controllable pitch propeller)
㈑ 정속 피치 프로펠러(constant speed propeller)

4. 프로펠러 조속기 내의 스피더 스프링(speeder spring)의 압축력을 증가하였다면 프로펠러 깃 각(blade angle)과 기관 rpm에는 어떤 변화가 있는가?
㈎ 깃 각은 증가하고, rpm은 감소한다.
㈏ 깃 각은 감소하고, rpm도 감소한다.
㈐ 깃 각은 증가하고, rpm도 증가한다.
㈑ 깃 각은 감소하고, rpm은 증가한다.

[해설] 스피더 스프링이 오므라들면 rpm은 증가하고 깃 각은 감소한다.

5. 정속 프로펠러에서 프로펠러 피치 레버를 조작했는데 프로펠러가 피치 변경이 되지 않는 결함이 발생하였다면 가장 큰 원인은 무엇이라 추정되는가?
㈎ 조속기(governor)의 릴리프 밸브가 고착되었다.
㈏ 파일럿 밸브(pilot valve)의 틈새가 고도하게 크다.
㈐ 조속기 스피더 스프링(speeder spring)이 파손되었다.
㈑ 페더링 스프링(feathering spring)이 마모되었다.

6. 기관 출력이 증가하였을 때 정속 프로펠러는 어떤 기능을 하는가?
㈎ rpm을 그대로 유지하기 위해 깃 각을 감소시키고, 받음각을 작게 한다.
㈏ rpm을 증가시키기 위해 깃 각을 감소시키고, 받음각을 작게 한다.
㈐ rpm을 그대로 유지하기 위해 깃 각을 증가시키고, 받음각을 작게 한다.
㈑ rpm을 증가시키기 위해 깃 각을 증가시키고, 받음각을 크게 한다.

7. 조속기가 달린 프로펠러를 장착한 왕복기관에서 피치 변경이 자유롭게 변화가 가능한 프로펠러는?
㈎ 페더링 프로펠러
㈏ 정속 피치 프로펠러
㈐ 고정 피치 프로펠러
㈑ 역피치 프로펠러

8. 프로펠러 중 저피치와 고피치 사이에서 피치각을 취하며 항상 일정한 회전속도로 유지하여 가장 좋은 프로펠러 효율을 갖게 하는 것은?

정답 3. ㈏ 4. ㈑ 5. ㈐ 6. ㈐ 7. ㈏ 8. ㈐

㉮ 고정 피치 프로펠러
㉯ 조정 피치 프로펠러
㉰ 정속 프로펠러
㉱ 가변 피치 프로펠러

9. 정속 프로펠러 설명 중 맞는 것은?
㉮ 고피치와 저피치인 2개의 위치만을 조절한다.
㉯ 3방향 선택 밸브(3 way valve)를 이용하여 피치가 변경된다.
㉰ 자유롭게 피치를 조정할 수 있다.
㉱ 깃 각이 하나로 고정되어 피치 변경이 불가능하다.

10. 정속 프로펠러에서 블레이드 각을 작게(저피치 상태) 하는 것은 어떤 구성품의 기능인가?
㉮ 거버너 펌프(governor pump)의 유압
㉯ 카운터 웨이트(counter weight)의 회전관성
㉰ 페더링(feathering) 펌프의 유압
㉱ 거버너(governor)의 원심력

11. 정속 평형추(counter weight) 프로펠러의 깃(blade)을 고피치(high pitch)로 이동시켜 주는 힘은 어느 것인가?
㉮ 프로펠러 피스톤-실린더에 작용하는 기관 오일 압력
㉯ 프로펠러 피스톤-실린더에 작용하는 기관 오일 압력과 평형추에 작용하는 힘
㉰ 평형추에 작용하는 원심력
㉱ 프로펠러 피스톤-실린더에 작용하는 프로펠러 조속기 오일 압력

12. 2-포지션 프로펠러(two-position propeller)의 깃 각(blade angle)을 증가시키는 힘은?
㉮ 기관 오일 압력(engine oil pressure)
㉯ 스프링((spring)
㉰ 원심력(centrifugal force)
㉱ 거버너 오일 압력(governor oil pressure)

[해설] 2단 가변 피치 프로펠러 : 피치 조작 레버를 고피치로 놓으면, 윤활유가 배출되고, 카운터 웨이트는 원심력에 의해 밖으로 벌어지게 되어 고피치가 된다.

13. 터보프롭 기관의 프로펠러 깃 각(blade angle)은 무엇에 의해 조절되는가?
㉮ 속도 레버(speed lever)
㉯ 파워 레버(power lever)
㉰ 프로펠러 조종 레버(propeller control lever)
㉱ 컨디션 레버(condition lever)

14. 정속 피치 프로펠러에서 저피치로 변경시키는 힘은?
㉮ 조속기의 오일 압력
㉯ 연료 압력
㉰ 스프링의 힘
㉱ 프라이웨이트

15. 다음 중 프로펠러 항공기의 기관 작동 순서는?
㉮ 회전날개 제동장치의 레버를 열림위치로 놓는다. → 스로틀을 완전히 열림위치로 놓는다. → 닫힘위치로 되돌려 놓은 후 회전날개 제동장치의 레버를 작동위치에 놓는다.
㉯ 회전날개 제동장치의 레버를 닫힘 위치로 놓는다. → 스로틀을 완전히 열림위치로 놓는다. → 닫힘위치로 되돌

정답 9. ㉰ 10. ㉮ 11. ㉰ 12. ㉰ 13. ㉯ 14. ㉮ 15. ㉯

려 놓은 후 회전날개 제동장치의 레버를 작동위치에 놓는다.
㉯ 회전날개 제동장치의 레버를 닫힘위치로 놓는다. → 스로틀을 완전히 닫힘위치로 놓는다. → 회전날개 제동장치의 레버를 작동위치에 놓는다.
㉰ 회전날개 제동장치의 레버를 열림위치로 놓는다. → 스로틀을 완전히 닫힘위치로 놓는다. → 회전날개 제동장치의 레버를 작동위치에 놓는다.

16. 다음 중 정속 프로펠러에서 거버너(governor)의 기능은?
㉮ 블레이드 피치에 따라 기화기로 흐르는 연료를 조절한다.
㉯ 프로펠러의 깃 끝 속도를 조절한다.
㉰ 블레이드의 피치를 조절한다.
㉱ 비행기의 자세를 자동으로 바꾸어 준다.

17. 비행 중인 프로펠러 항공기에서 프로펠러에 얼음이 형성되면 어떤 현상이 일어나는가?
㉮ 추력이 감소하고 진동이 발생한다.
㉯ 실속속도 및 소음이 증가한다.
㉰ 실속속도 및 소음이 감소한다.
㉱ 추력이 증가하고 진동이 발생한다.

18. 정속 프로펠러에서 프로펠러 피치 변경은 보통 어느 것에 의해 이루어지는가?
㉮ 조속기 펌프에 의하여
㉯ 기관 오일에 의해
㉰ 깃에 작용하는 공기압력에 의해
㉱ 평형 스프링에 의해

19. 유압식 프로펠러에서 고피치(high pitch)로 되는 힘은?
㉮ 조속기 오일 펌프의 오일이 프로펠러 실린더의 안쪽으로 공급되어 피스톤을 외측으로 움직인다.
㉯ 조속기 오일 펌프의 오일이 프로펠러 실린더의 바깥쪽으로 공급되어 피스톤을 안쪽으로 움직인다.
㉰ 회전 중 블레이드의 원심력과 비틀림 모멘트에 의해서 움직인다.
㉱ 프로펠러 실린더의 오일을 방출시키고 평형추의 원심력과 비틀림 모멘트에 의해 움직인다.

[해설] 과속 회전상태 : 과속 회전상태가 되면 flyweight도 회전이 빨라져 원심력에 의해 밖으로 벌어진다. 이때 pilot valve는 위로 올라가 프로펠러의 피치 조절은 윤활유가 배출되며, 프로펠러 피치는 고피치가 된다.

20. 정속 프로펠러를 장착한 기관의 순항[rpm]에서 스로틀(throttle)에 관한 설명 중 옳은 것은?
㉮ 스로틀을 닫으면 깃 각이 증가할 것이다.
㉯ 스로틀을 열면 깃 각이 증가할 것이다.
㉰ 스로틀의 움직임은 깃 각하고는 관계 없다.
㉱ 답이 없다.

21. 유압식 정속 프로펠러에서 조속기의 pilot valve는 다음 중 어느 것에 의해 작동되는가?
㉮ 기관 오일 압력에 의해
㉯ 프로펠러 평형추에 의해
㉰ 조속기 플라이웨이트에 의해
㉱ 프로펠러 레버에 의해

정답 16. ㉰ 17. ㉮ 18. ㉯ 19. ㉱ 20. ㉯ 21. ㉰

22. 스피더 스프링(speeder spring)과 플라이웨이트(flyweight)가 중립위치일 때 정속 프로펠러는 어떤 상태인가?
㉮ on speed 상태
㉯ over speed 상태
㉰ under speed 상태
㉱ feathering 상태

[해설] 정속 회전상태(on speed 상태) : pilot valve가 중앙위치에 놓여 가압된 윤활유가 들어가고 나가는 것을 막는다.

23. 조속기의 스피더 스프링의 장력이 감소되면 블레이드 피치와 기관의 회전수는?
㉮ 피치는 감소하고 회전수는 증가한다.
㉯ 피치는 증가하고 회전수는 감소한다.
㉰ 피치와 회전수가 증가한다.
㉱ 피치와 회전수가 감소한다.

[해설] speeder spring의 장력이 감소하면 Flyweight가 벌어지고, rpm은 감소하고, 피치는 증가한다.

24. 정속 프로펠러를 장착한 비행기가 비행 중 기화기가 동결되면 어떤 현상이 일어나는가?
㉮ 출력이 감소하고 회전계의 바늘이 진동을 한다.
㉯ 혼합가스가 희박해지고 회전계의 지시바늘이 내려간다.
㉰ 혼합가스가 노후해지고 윤활유 압력계의 지시가 내려간다.
㉱ 출력이 감소하고 흡입 압력계의 지시가 내려간다.

25. 페더링이 되지 않는 정속 프로펠러가 고피치에서 스피더 스프링(speeder spring)이 부러졌다면 기관의 출력을 증가할 때 피치는?
㉮ 저피치가 된다.
㉯ 변화 없다.
㉰ 출력에 따라 변한다.
㉱ 정답 없다.

26. 정속 프로펠러에서 기관을 정지하기 직전에 완전 고피치로 두는 이유는?
㉮ 다음 시동 시 기관의 과열을 방지하기 위하여
㉯ 피치 변경기구의 노출로 인한 부식을 방지하기 위하여
㉰ 더 급속히 기관온도를 감소시키기 위하여
㉱ 피스톤의 유압폐쇄를 방지하기 위하여

27. 유압식 정속 프로펠러에서 프로펠러는 어떻게 윤활이 되는가?
㉮ 주기적으로 그리스를 주입한다.
㉯ 프로펠러 피치 변경오일에 의하여 한다.
㉰ 프로펠러를 제작할 때 주입한다.
㉱ 프로펠러의 오버홀 시에 그리스를 주입한다.

28. 유압식 정속 프로펠러에서 순항 시 스로틀을 변경하면 어떤 변화가 일어나는가?
㉮ 흡기압력(MAP)과 rpm이 증가한다.
㉯ MAP와 rpm이 감소한다.
㉰ rpm에는 변화가 없고 피치가 변화할 것이다.
㉱ 피치에는 변화가 없고 rpm이 변화할 것이다.

정답 22. ㉮ 23. ㉯ 24. ㉱ 25. ㉯ 26. ㉯ 27. ㉯ 28. ㉰

3. 프로펠러 감속

깃 끝 속도가 음속에 가까워지면 경사 충격파가 발생하여 실속이 일어나 양력과 압력 항력이 증가하여 효율이 급속히 감소하므로, 감속기어를 사용하여 프로펠러 깃 끝 속도를 음속의 90% 이하로 제한한다.

(1) 깃 끝에 대한 공기의 합성속도(V_t)

$$V_t = \sqrt{V^2 + (2\pi n r)^2} = \sqrt{V^2 + (\pi n D)^2}$$

여기서, V : 비행속도, n : 회전수, $\pi n D$: 반지름이 r인 깃 끝의 선속도

(2) 감속기어 장치

기관의 회전속도가 빠를 경우에 감속장치로서 보통 유성기어 열(planetary gear train)을 많이 사용한다.

$$감속비(r) = \frac{n_a}{n_a + n_c}$$

여기서, n_a : 주동 기어 잇수, n_c : 고정기어 잇수

예·상·문·제

1. 다음 중에서 프로펠러의 회전속도가 증가하게 되는 요인에 해당되지 않는 것은?
㉮ 비행고도의 증가
㉯ 감속기어를 삽입할 경우
㉰ 비행자세를 강하자세로 취할 경우
㉱ 기관의 스로틀 개폐증가에 의한 기관의 출력증가

2. 프로펠러를 장비한 경항공기에서 감속기어(reduction gear)를 사용하는 가장 큰 이유는?
㉮ 블레이드(blade) 길이를 짧게 하기 위해
㉯ 블레이드 끝(blade tip) 부분에서의 실속방지를 위해
㉰ 연료 소모율을 감소시키기 위해
㉱ 프로펠러(propeller) 회전속도를 증가시키기 위해

정답 1. ㉯   2. ㉯

3. 프로펠러 깃 끝의 합성속도(V_t)를 나타내는 식은?(단, V : 깃 끝 속도, n : 회전수, D : 프로펠러 지름, R : 프로펠러 반지름이다.)

㉮ $V_t = \sqrt{V^2 + (2\pi nD)}$
㉯ $V_t = \sqrt{V + (2\pi nD)}$
㉰ $V_t = \sqrt{V^2 + (\pi nD)^2}$
㉱ $V_t = \sqrt{V^2 + (2\pi nD)^2}$

4. 프로펠러의 감속장치에서 주동기어의 잇수를 n_a, 유성기어의 잇수를 n_b, 고정기어의 잇수를 n_c라 할 때 감속비(r)는?

㉮ $r = \dfrac{n_a}{n_a + n_b + n_c}$
㉯ $r = \dfrac{n_a}{n_a + n_c}$
㉰ $r = \dfrac{n_a + n_b}{n_a + n_b + n_c}$
㉱ $r = \dfrac{n_b}{n_a + n_c}$

5. 프로펠러의 감속기어 장치로 주로 사용되는 것은?

㉮ 차동기어 감속장치
㉯ 베벨기어 감속장치
㉰ spiral 감속장치
㉱ 유성기어(planetary) 감속장치

6. 프로펠러 깃 끝 속도는 보통 음속 이하로 제한이 되는데 그 이유는?

㉮ 프로펠러의 플러터를 방지한다.
㉯ 프로펠러의 진동을 방지한다.
㉰ 프로펠러의 효율 저하를 방지한다.
㉱ 프로펠러 기관의 소음을 방지한다.

항|공|산|업|기|사
PART 3

제 3 편

항공기 기체

제1장 항공기 기체구조 및 기체계통
제2장 항공기 재료 및 요소
제3장 기체구조 수리 및 역학

Chapter 01
항공기 기체구조 및 기체계통

1. 기체구조

1-1 항공기 기체구조의 개요

(1) 기체의 구성

① 5 부분으로의 구분 : 동체(fuselage), 날개(wing), 꼬리날개(tail wing, empennage), 착륙장치(landing gear), 기관 마운트(engine mount) 및 나셀(nacelle)로 구분되어 있다.

② 3 부분으로의 구분 : 동체(fuselage), 주날개(main wing), 꼬리날개(tail wing)로 구분되어 있다.

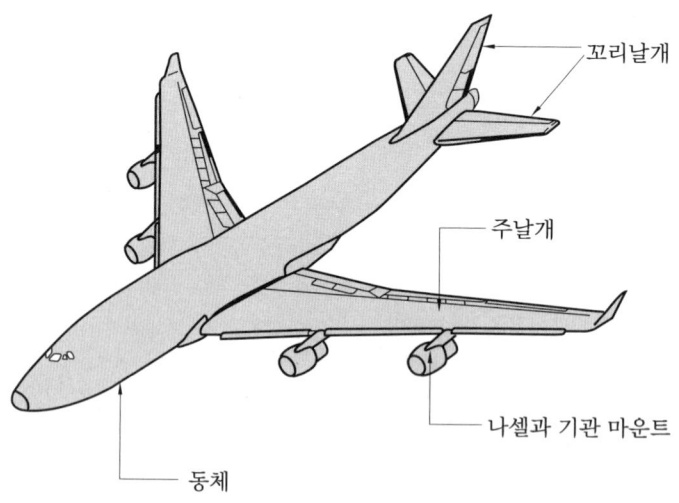

항공기 기체의 구성

(2) 기체구조의 형식

① 1차 구조(primary structure) : 항공기 기체의 중요한 하중을 담당하는 구조 부분으로 비행 중 파손이 생길 경우 심각한 결과를 가져온다.

㈎ 날개보(spar), 리브(rib), 외피(skin), 동체의 벌크헤드(bulkhead), 세로대(longeron),

프레임(frame), 스트링거(stringer)
② 2차 구조(secondary structure) : 비교적 작은 하중을 담당하는 구조 부분으로 파손 시 적절한 조치와 뒤처리 여하에 따라 사고를 방지할 수 있는 구조 부분이다. 2개의 날개보를 가지는 날개의 앞전 부분
③ 트러스(truss) 구조 : 목재 또는 강관으로 트러스(truss)를 이루고 그 위에 천 또는 얇은 금속판으로 외피를 씌운 구조이다.
④ 응력 외피 구조
　㈎ 모노코크(monocoque) 구조 : 하중 전체를 외피(skin)가 담당한다.
　㈏ 세미 모노코크(semi monocoque) 구조 : 외피와 뼈대가 같이 하중을 담당한다.
⑤ 페일세이프(failsafe) 구조 : 항공기 기체는 여러 개의 구조 요소로 결합되어, 하나의 구조 요소가 파괴되더라도 나머지 구조 요소가 작용하는 하중에 견딜 수 있도록 함으로써 치명적인 파괴나 과도한 변형을 방지할 수 있는 구조이다.
　㈎ 다경로(redundant) 하중 구조 : 여러 개의 부재를 통하여 하중이 전달되도록 하여 어느 하나의 부재가 손상되더라도 그 부재가 담당하던 하중을 다른 부재가 담당하여 치명적인 결과를 가져오지 않는 구조 형식이다.
　㈏ 이중(double) 구조 : 두 개의 작은 부재를 결합시켜 하나의 부재와 같은 강도를 가지게 함으로써, 어느 부분의 손상이 부재 전체의 파손에 이르는 것을 예방할 수 있도록 하는 구조이다.
　㈐ 대치(back-up) 구조 : 부재가 파손될 것을 대비하여 예비적인 대치 부재를 삽입시켜 구조의 안정성을 갖는 구조 형식이다.
　㈑ 하중 경감(load dropping) 구조 : 부재가 파손되기 시작하면 변형이 크게 일어나므로 주변의 다른 부재에 하중을 전달시켜 원래 부재의 추가적인 파괴를 막는 구조 형식이다.

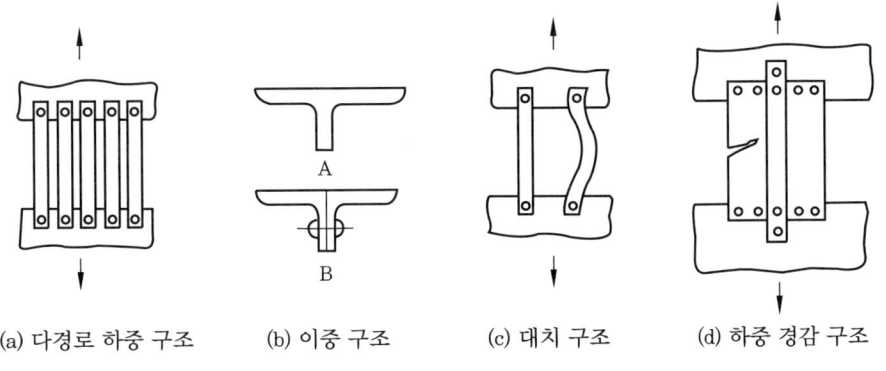

(a) 다경로 하중 구조　　(b) 이중 구조　　(c) 대치 구조　　(d) 하중 경감 구조

여러 가지 페일세이프 구조

⑥ 손상 허용 설계(damage tolerance design) : 페일세이프 구조를 더욱 발전시킨 새로운 방식으로 구조의 정비방식과 같은 개념이다. 항공기를 장시간 운용할 때 발생할 수 있는 구조 부재의 피로 균열이나 혹은 제작 동안의 부재 결함이 어떤 크기에 도달하기

전까지는 발견될 수가 없기 때문에, 그 결함이 발견되기까지 구조의 안전에 문제가 생기지 않도록 보충하기 위한 것이다. 부재가 파손되기 시작하면 변형이 크게 일어나므로 주변의 다른 부재에 하중을 전달시켜 원래 부재의 추가적인 파괴를 막는 구조 형식이다.

(3) 항공기 위치 표시 방식

① 동체 위치선(FS : fuselage station 또는 BSTA : body station) : 기준이 되는 0점 또는 기준선으로부터의 거리를 나타낸다. 기준선은 기수 또는 기수로부터 일정한 거리에 위치한 상상의 수직면으로 설명되며, 주어진 점까지의 거리는 보통 기수에서 테일 콘(tail cone)의 중심까지 잇는 중심선의 길이로 측정된다.
② 동체 수위선(BWL : body water line) : 기준으로 정한 특정 수평면으로부터 높이를 측정하는 수직거리이다.
③ 버턱선(buttock line) : 동체 버턱선(BBL : body buttock line)과 날개 버턱선(WBL : wing buttock line)으로 구분한다. 동체 중심선을 기준으로 오른쪽과 왼쪽으로 평행한 너비를 나타낸다.
④ 날개 위치선(WS : wing station) : 날개보가 직각인 특정한 기준면으로부터 날개 끝 방향으로 측정된 거리를 말한다.

예·상·문·제

1. 항공기 기체의 구성을 크게 5부분으로 구분을 하면?
㉮ 날개, 착륙장치, 동체, 꼬리날개, 동력장치로 구성되어 있다.
㉯ 날개, 동체, 꼬리날개, 착륙장치, 기관장착부로 구성되어 있다.
㉰ 날개, 동체, 꼬리날개, 착륙장치, 각종 장비계통으로 구성되어 있다.
㉱ 동체, 날개, 동력장치, 장비장치로 구성되어 있다.

2. 비행기의 기체는 대략 모양이 비슷하여 그 분류를 3부분으로 구분한다. 그 부분은?
㉮ 큰 날개(main wing), 동체(fuselage), 수평안정판(horizontal stabilizer)
㉯ 큰 날개(main wing), 동체(fuselage), 방향키(rudder)
㉰ 큰 날개(main wing), 방향키(rudder), 수평 안정판(horizontal stabilizer)
㉱ 큰 날개(main wing), 동체(fuselage), 꼬리날개(tail wing)

3. 모노코크 구조(monocoque structure)는?
㉮ 외피(skin)만으로 되어 있는 구조

정답 1. ㉯ 2. ㉱ 3. ㉮

㉯ 강관 골격에 천을 씌운 구조
㉰ 강관 골격에 알루미늄 외피(skin)를 씌운 구조
㉱ 외피, 프레임, 스트링거 등의 접합으로 한 구조

4. 모노코크 구조(monocoque structure)에 있어서 항공 역학적 힘의 대부분을 담당하는 부재는?
㉮ 포머   ㉯ 응력 외피
㉰ 벌크헤드   ㉱ 스트링거

5. 모노코크 구조(monocoque structure)를 가장 올바르게 설명한 것은?
㉮ 비틀림 응력은 동체 스트링거가 담당한다.
㉯ Hydro-press로 가공한 벌크헤드, 포머, 스킨(skin)이 리베팅되어 있다.
㉰ 동체 밑부분에는 압축력이 걸려 주면 스킨(skin)이 담당한다.
㉱ 인장력은 외피(skin)가 담당한다.

6. 현대 항공기에서 가장 많이 사용되는 기체구조 형식은?
㉮ 트러스 구조(truss structure)
㉯ 모노코크 구조(monocoque structure)
㉰ 세미 모노코크 구조(semi-monocoque structure)
㉱ 샌드위치 구조(sandwich structure)

7. 기체 부분의 피로파괴가 일어나거나 일부분이 파괴되어도 나머지 구조가 작용하중을 지지할 수 있게 하여 치명적인 파괴나 과도한 변형을 막아 주어 항공기가 비행 중 안전하게 운항할 수 있는 구조 형식은?
㉮ 페일세이프 구조(failsafe structure)
㉯ 샌드위치 구조(sandwich structure)
㉰ 안전 구조(safety structure)
㉱ 세미 모노코크 구조(semi monocoque structure)

8. 항공기의 안정성을 보장하기 위한 구조는?
㉮ 페일세이프 구조(failsafe structure)
㉯ 샌드위치 구조(sandwich structure)
㉰ 안전 구조(safety structure)
㉱ 세미 모노코크 구조(semi monocoque structure)

9. 다음 페일세이프(failsafe) 구조 형식에 속하지 않는 것은?
㉮ 다경로 하중(redundant) 구조
㉯ 샌드위치(sandwich) 구조
㉰ 이중(double) 구조
㉱ 대치(back up) 구조

10. 페일세이프 구조의 백업 구조(back-up structure)를 가장 올바르게 설명한 것은?
㉮ 많은 부재로 되어 있고 각각의 부재는 하중을 고르게 되도록 되어 있는 구조
㉯ 하나의 큰 부재를 사용하는 대신 2개 이상의 작은 부재를 결합하여 1개의 부재와 같은 또는 그 이상의 강도를 지닌 구조
㉰ 규정된 하중은 모두 좌측 부재에서 담당하고 우측 부재는 예비 부재로 좌측부재가 파괴된 후 그 부재를 대신하

정답 4. ㉯   5. ㉯   6. ㉰   7. ㉮   8. ㉮   9. ㉯   10. ㉰

여 전체 하중을 담당한다.
㉣ 단단한 보강재를 대어 해당량 이상의 하중을 이 보강재가 분담하는 구조

11. 샌드위치 구조(sandwich structure)를 가장 올바르게 설명한 것은?
㉮ 구조 골격의 설치가 곤란한 곳에 금속판을 넣고 만든 구조이다.
㉯ 구조 골격의 설치가 곤란한 곳에 상하 표피 사이에 벌집구조(honeycomb structure)를 접착제(bond compound)로 고정하여 면적당 무게가 적고, 강도가 큰 구조이다.
㉰ 구조 골격의 설치가 곤란한 곳에 가벼운 나무를 넣어서 만든 구조이다.
㉣ 링(ring) 구조라고도 한다.

12. 하니 컴(honey comb) 샌드위치 구조(sandwich structure)에 대한 설명 중 틀린 것은?
㉮ 표면이 평평하다.
㉯ 충격흡수가 우수하다.
㉰ 집중하중에 강하다.
㉣ 단열효과가 좋다.

13. 외판(skin)과 외판(skin) 사이에 core를 끼워서 제작한 판의 구조는?
㉮ 이중 구조(double structure)
㉯ 응력 외피 구조(stressed skin structure)
㉰ 샌드위치 구조(sandwich structure)
㉣ 페일세이프 구조(failsafe structure)

14. 샌드위치 구조 형식에서 두 개의 외판 사이에 넣는 부재가 아닌 것은?
㉮ 페일형 ㉯ 파형
㉰ 거품형 ㉣ 벌집형

15. 항공기의 위치 표시(location numbering) 방법 중에서 수직인 중심선의 왼쪽 또는 오른쪽에 평행한 폭을 나타내는 것은?
㉮ fuselage station(FS)
㉯ buttock line(butt line ; BL)
㉰ watet line(WL)
㉣ reference line(RL)

16. 항공기의 위치 표시 방식 중에서 기준으로 정한 특정 수평면으로부터의 위치를 측정한 수직거리는?
㉮ FS(fuselage station)
㉯ WS(wing station)
㉰ BWL(body water line)
㉣ BBL(body buttock line)

17. 항공기의 위치 표시 방법 중 버턱 라인(buttock line)은?
㉮ 항공기의 전방에서 테일 콘(tail cone)까지 연장된 선과 평행하게 측정한다.
㉯ 수직 중심선에 평행하게 좌·우측의 너비를 측정한 것이다.
㉰ 항공기 동체의 수평면으로부터 수직으로 높이를 측정한 것이다.
㉣ 날개의 후방 빔에 수직하게 밖으로부터 안쪽 가장자리를 측정한 것이다.

정답 11. ㉯ 12. ㉰ 13. ㉰ 14. ㉮ 15. ㉯ 16. ㉰ 17. ㉯

1-2 동체(fuselage)

(1) 동체의 역할

① 비행 중 항공기에 작용하는 하중을 담당한다.
② 날개, 꼬리날개, 착륙장치 등을 장착하는 항공기의 몸체로서 승무원과 승객 및 화물을 수용한다.
③ 착륙장치를 접어 넣을 수 있는 공간이다.

(2) 동체구조의 형식

① 트러스 구조(truss structure) : 목재 또는 강관으로 만든 구조 부재가 삼각형의 트러스(truss)를 이루고 그 위에 천 또는 얇은 금속판으로 외피를 씌운 구조로 모든 하중을 뼈대(truss)가 담당을 하는 구조이다.

　(가) 구성
　　㉮ 트러스(truss ; 골격, 뼈대) : 기체에 작용하는 모든 하중을 담당한다.
　　㉯ 외피(skin) : 항공기 외부형상을 유지하여 항공 역학적인 공기력을 발생시킨다. 공기력을 트러스에 전달하는 역할만 한다.
　(나) 장점 : 구조설계와 제작이 용이하고, 제작비용이 적으며 경비행기에 주로 사용한다.
　(다) 단점 : 내부 공간 마련이 어렵고 동체를 유선형으로 만들기 어렵다.

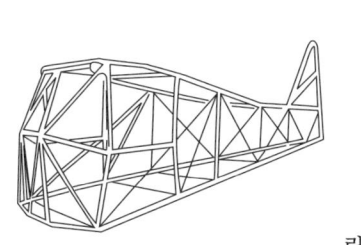
(a) 트러스 구조 형식
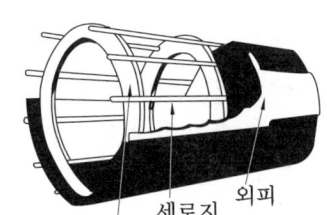
(b) 세미 모노코크 구조 형식
링 또는 벌크헤드　세로지　외피
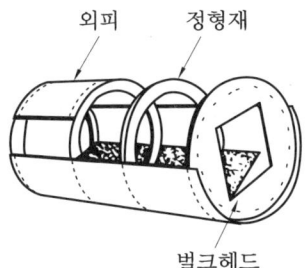
(c) 모노코크형
외피　정형재　벌크헤드

동체구조의 골격

　(라) 종류
　　㉮ 프랫 트러스(pratt truss) 구조형 동체 : 세로대와 수직 웨브 및 수평 웨브의 대각선 사이에 보강선을 설치하여 강도를 유지하도록 한 동체이다.
　　㉯ 워렌 트러스(warren truss) 구조형 동체 : 웨브나 보강선의 설치없이 강재 튜브의 접합점을 용접함으로써 웨브나 보강선의 설치가 필요 없는 구조로 트러스형 동체에 많이 이용된다.
　　　· 강관의 재질 : 용접성이 양호한 저탄소강이나 니켈-크롬-몰리브덴강

② 응력 외피 구조(stress skin structure)
　㈎ 모노코크 구조(monocoque structure) : 정형재, 벌크헤드, 외피(skin)에 의해 동체 형태가 이루어지고, 대부분의 하중을 외피(skin)가 담당하는 구조, 즉 외판만으로 구성된 구조로 미사일 구조 등에 사용한다.
　　㉮ 장점 : 내부 공간 마련이 쉽다.
　　㉯ 단점 : 외피의 두께가 두꺼워 무게가 무겁고, 균열 등의 작은 손상에도 구조 전체를 약화시킨다.
　㈏ 세미 모노코크 구조(semi monocoque structure) : 외피(skin)가 하중의 일부를 담당하여 외피와 뼈대가 같이 하중을 담당하는 구조로 현대 항공기의 동체구조로서 가장 많이 사용한다. 정역학적으로 부정정 구조물이다.
　　㉮ 구성
　　　・수직 방향 부재 : 벌크헤드(bulkhead), 정형재(former), 링(ring), 프레임(frame)
　　　・세로 방향 부재 : 세로대(longeron), 스트링거(stringer)
　　　・외피
　　㉯ 각 부재의 역할
　　　・스트링거(stringer ; 세로지) : 세로대보다 무게가 가볍고 훨씬 많은 수를 배치한다. 스트링거는 어느 정도 강성을 가지고 있지만, 주로 외피의 형태에 맞추어 부착하기 위해서 사용되며 외피의 좌굴(buckling)을 방지한다.
　　　・세로대(longeron) : 세로 방향의 주부재로 굽힘하중을 담당한다.
　　　・링(ring) : 수직 방향의 보강재로서 세로지와 합쳐 외피를 보호한다.
　　　・벌크헤드(bulkhead) : 동체의 앞뒤에 하나씩 있으며 집중하중을 외피(skin)에 골고루 분산하고, 동체가 비틀림에 의해 변형되는 것을 방지한다. 여압식 동체에서는 객실 내의 압력을 유지하기 위해 격벽판(pressure bulkhead)으로 이용된다.
　　　・외피(skin) : 동체에 작용하는 전단응력과 비틀림력을 담당하고, 때로는 스트링거와 함께 압축 및 인장응력을 담당한다.

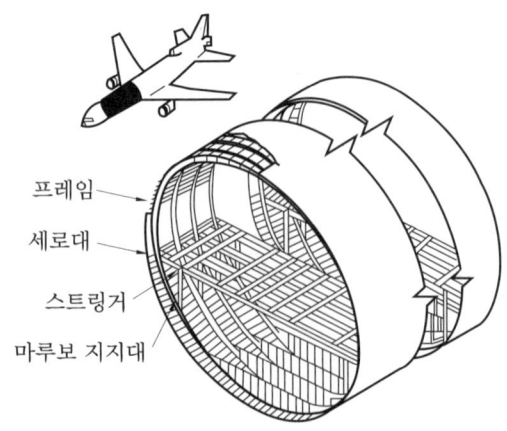

세미 모노코크형 동체의 구조

③ 동체구조의 구분
  ㈎ 전방 동체(forward section) : 동체의 앞쪽 부분으로 조종실이 마련되며, 공기저항을 최소화하도록 항공 역학적 특성과 비행 중, 지상활주시에 조종사의 시계가 확보될 수 있어야 한다.
  ㈏ 중간 동체(middle section) : 주로 승객, 화물을 탑재하기 위한 공간과 날개 및 주착륙장치 등이 부착되는 부분이다.
  ㈐ 후방 동체(after section) : 승객 및 화물이 탑재되는 공간이며 후방 몸체가 연결되는 부분이다.

(3) 여압 상태의 동체구조

① 여압실의 구조
  ㈎ 여압을 하는 이유 : 고공비행 시 고공의 압력은 지상보다 낮기 때문에 압력과 온도를 일정하게 유지해 주어 생명체가 안전하게 비행할 수 있도록 한다.
  ㈏ 여압을 해야 하는 공간 : 조종실, 객실, 화물실
  ㈐ 여압을 제한 요소 : 기체구조 강도를 고려해야 한다.
  ㈑ 여압실의 단면형상 : 이중 거품형이 많이 사용된다.
② 여압실의 압력 유지 : 여압실의 실내 압력을 유지하기 위해서는 밀폐되어 있어야 하는데 이를 기밀이라 한다. 기체와 외피판 접합의 경우에는 밀폐제(sealant)를 이용하여 기밀을 하고, 절개된 외피 부분의 기밀은 스프링과 고무 실(seal), 그리스와 와셔, 고무 콘(cone) 등을 사용하여 기체 내부와 외부를 밀폐시킨다.
③ 창문, 출입문의 구조와 기밀
  ㈎ 윈드실드 패널(windshield panel)
    ㉠ 구성 : 바깥 유리-비닐층-안쪽 유리
    ㉡ 안쪽 유리에는 금속피막을 입혀 전기를 통하도록 함으로써 윈드실드의 방빙(anti-icing) 및 윈드실드에 생기는 서리(anti-fog)를 제거할 수 있다.
    ㉢ 비닐층은 금속피막에 흐르는 전기에 의해 가열되어 플라스틱 상태로 됨으로써 앞뒤의 유리가 충격에 견딜 수 있도록 한다.
    ㉣ 윈드실드 강도 기준
      • 바깥 유리 : 최대 여압실 압력의 7~10배이다.
      • 안쪽 유리 : 최대 여압실 압력의 3~4배 이상이다.
      • 충격 강도 : 무게 1.8kg의 새가 순항속도로 비행하고 있는 비행기의 윈드실드에 충돌해도 파괴되지 않아야 한다.

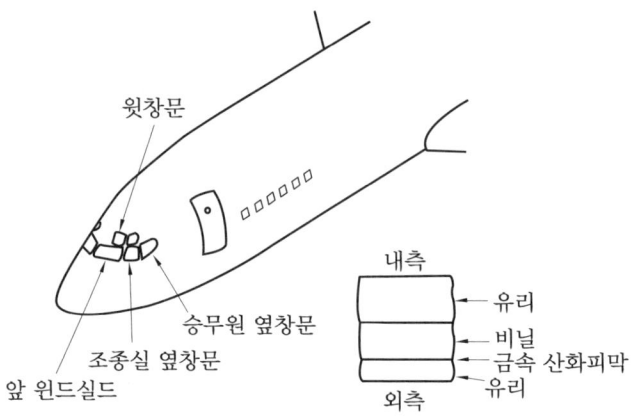

조종실 및 윈드실드 패널 단면

(나) 객실 : 여러 개의 원형 또는 둥근 모서리형 창문을 사용하여 재료의 불연속으로 인한 응력의 집중을 줄인다. 바깥쪽 판 유리와 안쪽 판 유리로 되어 있고, 바깥쪽 판 유리만으로도 최대 여압에 견디어야 한다. 창문의 주위는 밀폐용 실(seal)로 기밀 처리한다.

(다) 출입문 : 강도상 동체와 같은 강도 또는 그 이상의 강도를 유지해야 한다. 밀폐용 실(seal)을 이용하여 여압공기의 기밀을 유지한다. 동체 안으로 여는 플러그형 출입문(plug type door)을 많이 사용한다.

예·상·문·제

1. 이상적인 트러스(truss) 구조의 부재는 어느 하중을 받는가?
㉮ 인장 또는 압축 ㉯ 굽힘
㉰ 전단 ㉱ 인장 또는 굽힘

2. 다음 항공기의 구조 부재들이다. 트러스(truss) 구조 형식의 비행기에 없는 부재는?
㉮ 스파(spar)
㉯ 스트링거(stringer)
㉰ 리브(rib)
㉱ 장선(brace bar)
[해설] 리브(rib)는 날개구조 부재이다.

3. 강철형 튜브 구조재가 나옴에 따라 개발된 형식으로 이러한 구조는 내부에 보강용 웨브(web)나 버팀줄(bracing wire)을 할 필요가 없으므로 조종실이나 여객실에 보다 많은 공간을 줄 수가 있다. 또, 충분한 강도도 가질 수 있으며, 보다 유선형인 형태로의 동체성형이 용이하다. 이 구조 형식은?

정답 1. ㉮ 2. ㉯ 3. ㉯

㉮ pratt truss
㉯ warren truss
㉰ monocoque
㉱ semi monocoque

[해설] 워렌 트러스형 강재 튜브의 접합점을 용접함으로써 웨브나 보강선의 설치가 필요없는 구조이며 동체를 가능한 한 유선형으로 하기 위하여 삼각형의 접합 구조를 적절히 이용한다.

4. 모노코크(monocoque) 구조를 가장 올바르게 설명한 것은?
㉮ 강관의 골격에 알루미늄 외피를 씌운 구조
㉯ 강관의 골격에 fabric을 씌운 구조
㉰ 금속외피, frame, stringer 등의 강도 부재를 접합하여 만든 구조
㉱ 외피로만 되어 있어 구조의 하중을 외피가 담당하는 구조

5. 다음 중 모노코크형 동체의 구조 부재에 해당하지 않는 것은?
㉮ 벌크헤드   ㉯ 정형재
㉰ 외피   ㉱ 세로대

[해설] 세로대(longeron)는 세미 모노코크 부재이다.

6. 모노코크 구조에서 항공 역학적인 힘을 받는 곳은?
㉮ 응력 외피   ㉯ 벌크헤드
㉰ 스트링거   ㉱ 포머

7. 모노코크(monocoque) 구조에 있어서 항공 역학적 힘의 대부분을 담당하는 부재는?

㉮ 포머(formers)
㉯ 응력 표피(stressed skin)
㉰ 벌크헤드(bulkhead)
㉱ 스트링거(stringer)

8. 모노코크(monocoque)형 동체의 구성 요소로 가장 올바른 것은?
㉮ 외피(skin), 정형재(former), 벌크헤드(bulkhead)
㉯ 외피(skin), 론저론(longeron), 스트링거(stringer)
㉰ 프레임(frame), 론저론(longeron), 스트링거(stringer)
㉱ 외피(skin), 정형재(former), 튜브(tube)

9. 기체구조의 형식에서 응력 외피 구조(stress skin structure)를 가장 올바르게 설명한 것은?
㉮ 목재 또는 강관으로 트러스(삼각형 구조)를 구성하고 그 위에 천 또는 얇은 금속판의 외피를 씌운 구조이다.
㉯ 외피가 항공기의 형태를 이루면서 항공기에 작용하는 하중의 일부를 외피가 담당하는 구조이다.
㉰ 두 개의 외판 사이에 벌집형, 거품형, 파(wave)형 등의 심을 넣고 고착시켜 샌드위치 모양으로 만든 구조이다.
㉱ 하나의 구조요소가 파괴되더라도 나머지 구조가 그 기능을 담당해 주는 구조이다.

10. 비행기 응력 외피 구조(stress skin structure)의 설명 중 틀리는 것은?

[정답] 4. ㉱ 5. ㉱ 6. ㉮ 7. ㉯ 8. ㉮ 9. ㉯ 10. ㉱

㉮ 응력 외피 구조는 트러스형과 달리 외피(skin)가 비행기에 작동하는 하중의 일부를 담당하는 구조이다.
㉯ 내부에 골격이 없으므로 내부 공간을 크게 할 수 있고, 외형을 유선형으로 할 수 있는 장점이 있다.
㉰ 응력 외피 구조에는 모노코크형과 세미 모노코크형이 있다.
㉱ 응력 외피 구조에는 모노코크형만 있다.

[해설] 응력 외피 구조에는 모노코크형과 세미 모노코크형 구조가 있다.

11. 동체 구조에서 반 모노코크(semi monocoque)를 가장 올바르게 설명한 것은?
㉮ 구조재가 삼각형을 이루는 기체의 뼈대가 하중을 담당하고, 표피는 항공역학적인 요구를 만족하는 기하학적 형태만을 유지하는 구조이다.
㉯ 골격과 외피가 함께 하중을 담당하는 구조로서 외피는 주로 전단응력(shear load)을 담당하고, 골격은 인장, 압축, 굽힘 등 모든 하중을 담당하는 구조이다.
㉰ 하중의 대부분을 표피가 담당하며, 내부에는 보강재가 없이 금속의 각 껍질(shell)로 구성된 구조이다.
㉱ 동체 내부 공간을 확보하기 위해 세로대(longeron) 및 세로지(stringer)를 이용한 구조이다.

12. 세미 모노코크(semi monocoque) 구조에 대한 설명 중 가장 거리가 먼 것은?
㉮ 금속제 항공기 구조의 대부분이 이 구조에 속한다.
㉯ 구조가 단순하다.
㉰ 유효공간이 크다.
㉱ 무게에 비하여 강도가 크다.

13. 세미 모노코크(semi monocoque) 구조에 대한 설명 중 틀린 것은?
㉮ 외피가 하중의 일부를 담당한다.
㉯ 트러스 구조보다 복잡하다.
㉰ 골격이 모든 하중을 담당한다.
㉱ 공간 마련이 쉽다.

14. 세미 모노코크(semi monocoque) 구조에 대한 설명 중 가장 거리가 먼 것은?
㉮ 금속제 항공기에 많이 사용된다.
㉯ 동체의 길이 방향으로 세로대와 스트링거가 보강되어 있어 압축하중에 대한 좌굴의 문제가 없다.
㉰ 공간 마련이 용이하다.
㉱ 정역학적으로 정정인 구조물이다.

[해설] 세미 모노코크 구조는 정역학적으로 부정정 구조물이다.

15. 세미 모노코크 동체의 강도에 미치는 부재와 가장 관계가 먼 것은?
㉮ 스트링거(stringer)
㉯ 다이아고널 웨브(diagonal web)
㉰ 론저론(longeron)과 프레임(frame)
㉱ 벌크헤드(bulkhead)와 론저론(longeron)

16. 벌크헤드(bulkhead)에 대한 설명 중 가장 거리가 먼 내용은?
㉮ 동체의 앞뒤에 하나씩 있다.
㉯ 동체에 작용하는 비틀림 모멘트를 담당한다.

[정답] 11. ㉯ 12. ㉯ 13. ㉰ 14. ㉱ 15. ㉯ 16. ㉱

㉰ 동체가 비틀림에 의해 변형되는 것을 막아 준다.
㉱ 동체에서 공기압력을 유지시키지 못한다.

17. 다음 부재 중 동체구조 부재에 들지 않는 것은?
㉮ 리브
㉯ 벌크헤드
㉰ 세로대(longeron)
㉱ 프레임(frame)

18. 세미 모노코크(semi monocoque) 구조 형식의 비행기에서 동체의 비틀림 강성을 크게 하는 부재는?
㉮ 벌크헤드(bulkhead)
㉯ 외피(skin)
㉰ 스트링거(stringer)
㉱ 날개보(spar)

19. 여압식 동체에서 공기압력을 유지하기 위한 격벽판으로 사용되기도 하고, 동체가 비틀림에 의해 변형되는 것을 막아 주는 동체의 부재는?
㉮ 프레임(frame)
㉯ 스트링거(stringer)
㉰ 세로대(longeron)
㉱ 벌크헤드(bulkhead)

20. 세미 모노코크 구조 형식의 비행기에서 표피는 주로 어떤 하중을 담당하는가?
㉮ 굽힘, 인장 및 압축
㉯ 굽힘과 비틀림
㉰ 인장력과 압축력
㉱ 비틀림과 전단력

21. 항공기 출입문 중 동체 외벽 안으로 여는 형식은?
㉮ 플러그(plug)형　㉯ T 형
㉰ 팽창(expand)형　㉱ 밀폐(seal)형

정답 17. ㉮　18. ㉮　19. ㉱　20. ㉱　21. ㉮

1-3 날개(wing)

(1) 날개의 역할
① 공기역학적으로 양력을 발생하여 항공기를 뜨도록 한다.
② 착륙장치, 기관, 조종장치, 각종 고양력장치 등이 부착된다.
③ 내부 공간은 연료탱크로 이용된다.

(2) 날개구조의 형식
① 트러스 구조형 날개 : 소형 경항공기에 주로 이용된다.
  • 구성 : 날개보(spar), 리브(rib), 강선(bracing wire), 외피(skin) 등이다.
② 세미 모노코크 구조형 날개 : 날개보와 외피가 하나의 상자(box)를 형성하는데, 날개보는 축력과 굽힘하중을 담당하고, 외피는 비틀림이나 축력의 증가분을 전단흐름 형태로 변환하여 담당한다.
  • 구성 : 날개보, 리브, 스트링거, 정형재, 외피 등이다.

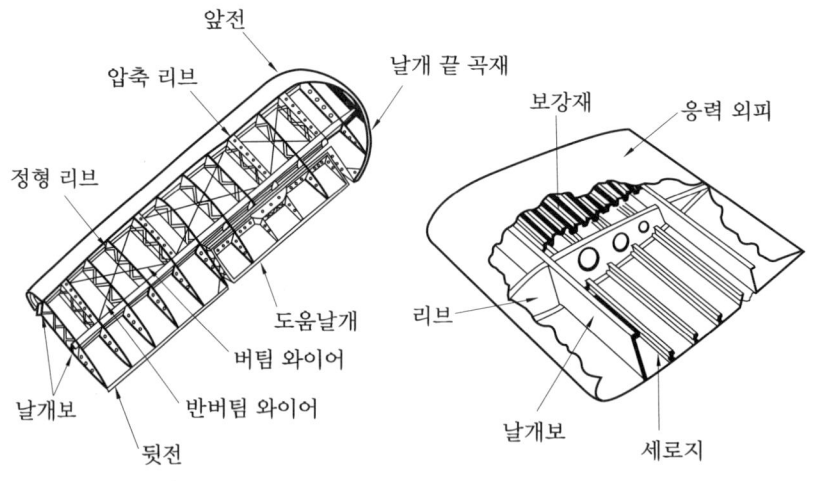

큰 날개의 구조

(3) 날개의 주요 구조 부재
날개보, 리브, 스트링거, 외피로 구성된다.
① 날개보(spar) : 날개에 작용하는 대부분의 하중을 담당하며, 굽힘하중과 비틀림하중을 주로 담당하는 날개의 주구조 부재이다.
  ㈎ 트러스 구조형 날개
  ㈏ I형 날개보 : 세미 모노코크 구조형 날개에 이용된다. 위 날개보 플랜지, 밑 날개보 플랜지, 웨브(web)로 구성된다. 비행 중 날개보에는 위 날개보 플랜지에는 압축응력이,

밑 날개보 플랜지에는 인장응력이 작용하고, 웨브(web)에는 전단응력이 작용한다.

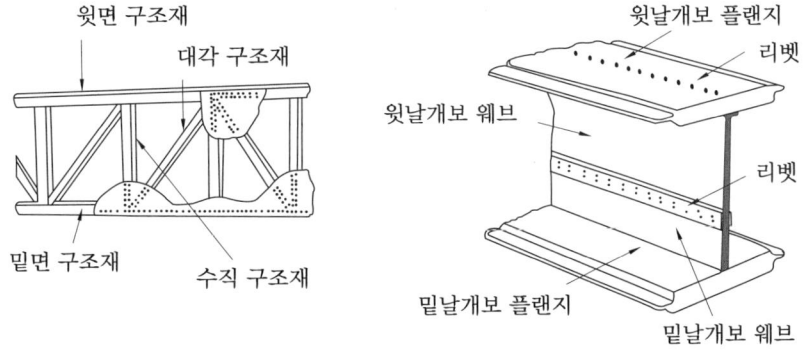

날개보

② 리브(rib) : 공기 역학적인 날개골을 유지하도록 날개의 모양을 만들어 주며, 날개 외피에 작용하는 하중을 날개보에 전달한다.

③ 스트링거(stringer) : 날개의 굽힘 강도를 크게 하고, 날개의 비틀림에 의한 좌굴(buckling)을 방지한다.

④ 외피(skin) : 전방 날개보와 후방 날개보 사이의 외피는 날개구조상 큰 응력을 받기 때문에 응력 외피라 하며 높은 강도가 요구된다. 그러나 날개 앞전과 뒷전 부분의 외피는 응력을 별로 받지 않으며 공기 역학적인 형태를 유지해야 한다.

(4) 날개의 장착

① 지주식 날개(braced type wing) : 날개 장착부, 지주(strut)의 양 끝점이 서로 3점을 이루는 트러스 구조로 장착이 간단하고 무게가 가볍다. 비행 중 공기저항이 커서 경항공기에만 사용된다. 날개와 동체를 연결하는 지주에는 비행 중 인장력이 작용한다.

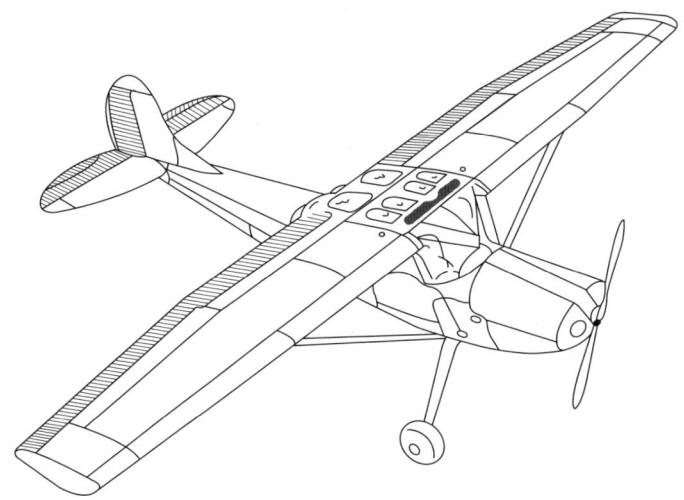

지주식 날개

② 캔틸레버식 날개(cantilever type wing ; 외팔보식) : 모든 응력이 날개 장착부에 집중되어 있어 장착방법이 복잡해지므로 충분한 강도를 가지도록 설계해야 한다. 항력이 작아 고속기에 적합하나 다소 무게가 무겁다는 결점이 있다.

(5) 날개의 내부 공간

앞 날개보와 뒷 날개보 사이의 내부 공간은 주로 연료탱크로 사용된다.
① 인티그럴 연료탱크(integral fuel tank) : 날개의 내부 공간을 밀폐시켜 내부 그대로 연료탱크로 사용되며, 보통 여러 개로 나누어져 있다. 오늘날 대형 항공기에 많이 사용한다. 무게가 가벼운 장점이 있다.
② 셀 탱크(cell tank) : 합성 고무제품의 연료탱크로 구식 군용기에 많이 사용된다.
③ 블래더형 연료탱크 : 금속으로 된 연료탱크를 날개보 사이의 공간에 내장하여 사용한다.

(6) 날개의 부착장치와 조종면

① 고양력장치 : 항공기의 이륙거리 단축과 이·착륙 속도의 감소를 목적으로 날개골과 날개면적을 변화시키는 장치이다.
　㈎ 앞전 고양력장치 : 날개 윗면으로 높은 에너지의 공기흐름을 유도하여 큰 받음각에서도 유체흐름의 이탈을 지연시켜 실속을 방지한다.
　　㉮ 고정 슬롯 : 날개에서 높은 에너지의 공기흐름을 날개 윗면으로 유도하여 높은 받음각에서도 공기흐름의 이탈을 지연시킨다.
　　㉯ 드롭 노즈(droop nose) : 앞전이 얇거나 뾰족한 초음속기에 이용되며 저속에서 내리고 고속에서 들어 올릴 수 있다.
　　㉰ 슬랫(slat) : 아음속 여객기에 가장 많이 사용되며, 최대 양력계수를 50~90% 사이의 증가를 얻을 수 있다.
　　㉱ 크루거 플랩(kruger flap) : 얇은 날개에 장착할 수 있으며 날개 내부로 접어들일 수 있다.
　　㉲ 로컬 캠버(local camber)

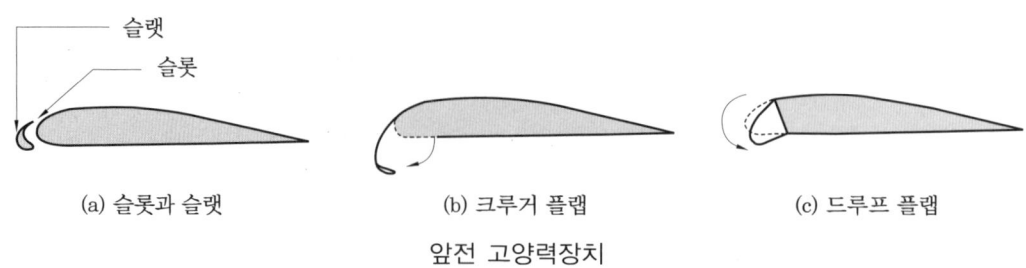

(a) 슬롯과 슬랫　　　　(b) 크루거 플랩　　　　(c) 드루프 플랩

앞전 고양력장치

(나) 뒷전 고양력장치
  ㉮ 플레인 플랩(plane flap ; 단순 플랩) : 스플릿 플랩에 비해 효율은 떨어지나 얇은 날개에 장착하기가 쉬워 전투기 등에 사용된다.
  ㉯ 스플릿 플랩(split flap ; 분할 플랩) : 날개의 아랫면에 부착되는 것으로 구조가 간단하고 무게가 가벼우나 효율이 낮아 잘 사용하지 않는다.
  ㉰ 단일 슬롯 플랩(single slot flap) : 플랩 내림각을 40°이상까지 할 수 있다.
  ㉱ 이중 슬롯 플랩(double slot flap) : 플랩 내림각의 범위가 월등히 넓으며 이중 슬롯을 가짐으로써 플랩 윗면의 공기흐름의 박리를 현저하게 지연시킬 수 있다. 여객기 등에 많이 사용된다.
  ㉲ 삼중 슬롯 플랩 : 날개하중을 크게 높일 수 있으므로 대형 여객기에 많이 사용된다.
  ㉳ 파울러 플랩(fowler flap) : 날개 캠버를 증가시키는 동시에 유효면적도 증가시키며, 아주 낮은 항력증가에 비해 높은 양력증가를 얻을 수 있는 성능이 우수한 고양력장치이다.
  ㉴ 블로 플랩(blow flap) : 구조의 형식이 슬롯 플랩과 같으나, 효과를 높이기 위해 기관의 배기가스를 사용하여 양력을 최대로 할 수 있는 것이 다르다.
  ㉵ 블로 제트(blow jet)

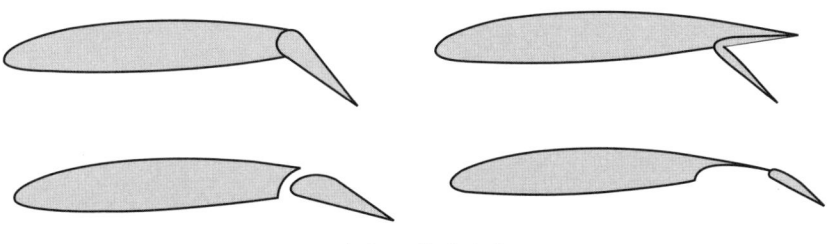

뒷전 고양력장치

② 도움날개(aileron) : 날개의 바깥쪽에 붙어 있으며, 비행기의 옆놀이(rolling) 운동을 발생시킨다. 도움날개를 차동 조종장치라 한다. 대형날개의 도움날개는 좌우에 각각 2개씩 있으며 저속시에는 모두 작동하고, 고속시에는 안쪽 도움날개만 작동한다.
③ 스포일러(spoiler) : 날개 안쪽과 바깥쪽에 설치되어 있다.
  (가) 공중 스포일러(flight spoiler) : 비행 중에 날개 바깥쪽의 스포일러의 일부를 좌우로 따로 움직여서 항공기의 자세를 조종하거나, 같이 움직여서 비행속도를 감소시킨다.
  (나) 지상 스포일러(ground spoiler) : 착륙활주 중 지상 스포일러를 수직에 가깝게 세워 항력을 증가시켜 활주거리를 짧게 한다.

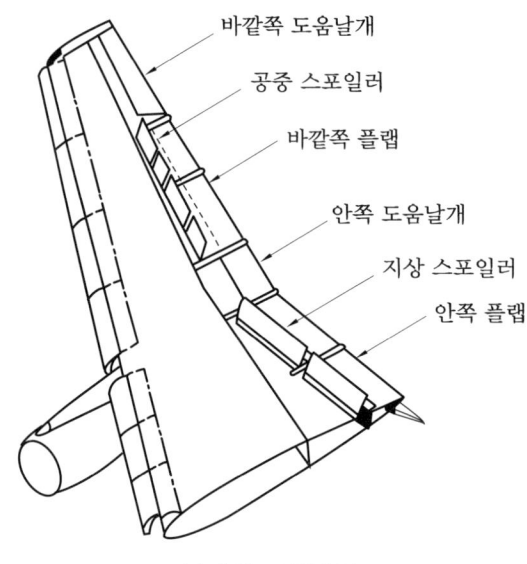

날개의 가동장치

④ 날개의 방빙장치(anti-icing system) : 날개의 앞전을 미리 가열하여 결빙을 방지한다.
  (가) 전열식 방빙장치 : 날개 앞전의 내부에 전열선을 설치하여 전기에 의해 날개 앞전을 가열한다.
  (나) 가열 공기식 방빙장치 : 날개 앞전 내부에 설치된 덕트를 통하여 가열 공기를 공급하여 앞전 부분을 가열한다. 압축기 뒷단의 브리드 공기(bleed air)를 사용한다.
    • 방빙장치가 설치된 곳 : 날개 앞전, 꼬리날개 앞전, 프로펠러
⑤ 제빙장치(de-icing system) : 이미 형성된 얼음을 깨어 제거한다.
  (가) 알코올 분출식 : 날개 앞전의 작은 구멍을 통하여 알코올을 분사하여 어는점을 낮아지게 하여 얼음을 제거한다.
  (나) 제빙부츠식 : 압축 공기를 맥동적으로 공급, 배출시켜 부츠가 주기적으로 팽창, 수축되도록 하여 부츠 위에 얼어붙었던 얼음을 제거한다.
    • 공기 오일 분리기 : 제빙부츠에 설치되어 있는 것으로 공기 속의 오일이 고무의 부츠를 퇴화시키는 것을 방지하기 위해 설치한다.

1-4 꼬리날개(tail wing, empennage)

동체의 꼬리 부분에 부착되어 비행기의 안정성과 조종성을 제공한다.

(1) 꼬리날개의 형태

① V형 꼬리날개 : V형 꼬리날개로 수평과 수직 꼬리날개의 두 가지 기능을 겸하고 있으며 그 뒷전에는 승강키와 방향키를 겸한 방향 승강키(ruddervator)를 가지고 있다.
② T형 꼬리날개 : 수평 꼬리날개의 윗부분에 수평 꼬리날개를 부착한 형태이다. 수평 꼬

리날개가 동체와 날개 후류의 영향을 받지 않아 수평 꼬리날개의 성능이 좋고, 무게 경감에 도움이 된다.
③ 일반형 날개 : 동체 꼬리 부분에 수평, 수직 꼬리날개가 연결된다.

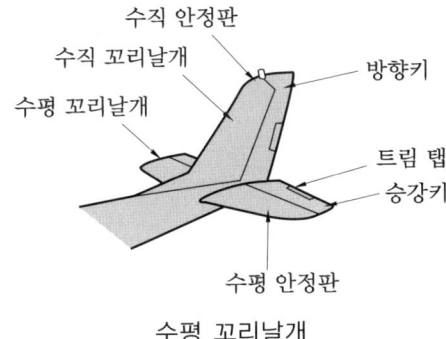

수평 꼬리날개

(2) 구성 : 수평 안정판, 수직 안정판, 방향타(rudder), 승강타(elevator)

① 수평 꼬리날개
- 구성 : 수평 안정판, 승강키
  ㉮ 수평 안정판 : 비행 중 비행기의 세로 안정성을 담당한다.
  ㉯ 승강키(elevator) : 비행 조종계통에 연결되어 비행기를 상승, 하강시키는 키놀이(pitching) 모멘트를 발생시킨다.
② 수직 꼬리날개
- 구성 : 수직 안정판, 방향키
  ㉮ 수직 안정판 : 비행 중 비행기에 방향 안정성을 담당한다.
  ㉯ 방향키(rudder) : 페달과 연결되며, 비행기의 빗놀이(yawing) 운동을 발생시킨다.

예·상·문·제

1. 반 모노코크(semi monocoque) 구조 형식에 있어서 날개의 구조는?
㉮ 론저론(longeron), 스트링거(stringer), 벌크헤드(bulkhead), 외피(skin)
㉯ 스트링거(stringer), 리브(rib), 외피(skin)
㉰ 스파(spar), 리브(rib), 스트링거(stringer), 외피(skin)
㉱ 플랩(flap), 도움날개(aileron), 스포일러(spoiler)

2. 주날개에 걸리는 굽힘력(bending force)을 견디는 것은 주로 어떤 것인가?
㉮ skin ㉯ spar

정답 1. ㉰ 2. ㉯

㉰ rib　　㉴ stringer

3. 항공기 날개구조에서 리브(rib)의 기능을 가장 올바르게 설명한 것은?
㉮ 날개의 곡면상태를 만들어 주며 날개의 표면에 걸리는 하중을 스파에 전달한다.
㉯ 날개에 걸리는 하중을 스킨(skin)에 분산시킨다.
㉰ 날개의 스판(span)을 늘리기 위하여 사용되는 연장 부분이다.
㉱ 날개 내부구조의 집중응력을 담당하는 골격이다.

4. 날개(wing)의 주요 구조 부분이 아닌 것은?
㉮ 스파(spar)　　㉯ 리브(rib)
㉰ 스킨(skin)　　㉱ 프레임(frame)

5. 항공기 날개(wing)의 가장 기본적인 부재는?
㉮ 스파(spar)
㉯ 리브(rib)
㉰ 스킨(skin)
㉱ 스트링거(stringer)

6. 응력 외피형 날개구조에서 비틀림을 주로 담당하게 되어 있는 부재로 가장 올바른 것은?
㉮ 스파　　㉯ 리브
㉰ 외피　　㉱ 압축 버팀대

7. 날개구조 부재의 3요소로 날개골의 형태를 만들기 위한 구조 부재는?

㉮ 날개보(spar)
㉯ 리브(rib)
㉰ 프레임(frame)
㉱ 스트링거(stringer)

8. 날개의 구조 부재 중 날개골 모양을 하고 있으며 날개 외피에 작용하는 하중을 날개보에 전달하는 역할을 하는 것은?
㉮ 앞전　　㉯ 리브
㉰ 스트링거　　㉱ 스포일러

9. 경비행기의 날개를 떠 받고 있는 지주(strut)는 비행 중에 어떤 하중을 가장 많이 받는가?(단, 지주의 양 끝은 마찰이 없는 핀(pin)으로 연결되어 있다고 한다.)
㉮ 비틀림 모멘트
㉯ 굽힘 모멘트
㉰ 인장력
㉱ 압축력

10. 스포일러(spoiler)에 대한 설명 중 가장 거리가 먼 것은?
㉮ 대형 항공기에서는 날개 안쪽과 바깥쪽에 스포일러가 설치되어 있다.
㉯ 비행 중 양쪽 날개의 공중 스포일러를 움직여서 비행속도를 감소시킨다.
㉰ 착륙활주 중에는 사용해서는 안 된다.
㉱ 비행 스포일러 혹은 지상 스포일러로 구분할 수 있다.

11. 스포일러(spoiler)의 설명이 잘못된 것은?
㉮ 날개 윗면 혹은 밑면에 좌우대칭 위치에서 돌출되는 일종의 공기 저항판이다.

정답　3. ㉮　4. ㉱　5. ㉮　6. ㉰　7. ㉯　8. ㉯　9. ㉰　10. ㉰　11. ㉰

㉰ 날개 위에서 뻗치면 그 후방에서 공기흐름에 박리가 생기고, 크게 압력이 줄고 항력이 증가한다.
㉰ 날개 위에서 뻗치면 그 후방에서 공기흐름에 박리가 생기고, 크게 압력이 줄고 항력이 감소한다.
㉱ 플라이트 스포일러(flight spoiler) 혹은 그라운드 스포일러(ground spoiler)라고 한다.

12. 민간 항공기에 주로 사용하는 인티그럴 연료탱크의 장점은?
㉮ 연료 누설이 없다.
㉯ 화재 위험이 없다.
㉰ 무게가 가볍다.
㉱ 연료공급이 쉽다.

13. 연료탱크(fuel tank)는 벤트 계통(vent system)이 있다. 그 목적으로 가장 올바른 것은?
㉮ 연료탱크 내의 증기를 배출하여 발화를 방지한다.
㉯ 연료탱크 내의 압력을 감소시켜 연료의 증발을 방지한다.
㉰ 연료탱크를 가압하여 송유를 돕는다.
㉱ 탱크 내·외의 압력차를 적게 하여 압력보호와 연료공급을 돕는다.

14. 트레일링 에지 플랩(trailing edge flap)의 설명 중 가장 관계가 먼 것은?
㉮ 비행기의 양력을 일시적으로 증가시킨다.
㉯ 착륙거리를 감소시킨다.
㉰ 이륙거리를 짧게 한다.
㉱ 보조날개 바깥쪽에 설치되어 있고 힌지(hinge)로 지탱한다.

15. 수직 안정판, 수평 안정판, 승강키, 방향키 등으로 구성된 항공기의 후방 동체 부분을 무엇이라 하는가?
㉮ after end assembly
㉯ empennage
㉰ fuselage
㉱ bulkhead

[해설] 꼬리날개(empennage) : 수직 안정판, 수평 안정판, 승강키, 방향키

16. 유압모터(hydraulic motor)로 스크루잭(screw jack)을 회전시켜 작동되는 조종면은?
㉮ 도움날개(aileron)
㉯ 수평 안정판(horizontal stabilizer)
㉰ 탭(tab)
㉱ 스피드 브레이크(speed brake)

[해설] 수평 꼬리날개 : 대형 항공기의 수평 꼬리날개는 좌우로 분할해서 중앙부분에 결합되어 있다. 이 때문에 앞 날개보 부분을 유압모터로 움직일 수 있도록 한 것이 많다.

17. 항공기의 리깅체크는 제작사의 지시를 따라야 하지만 일반적으로 구조적 일치상태 점검에 포함되지 않는 것은?
㉮ 날개 상반각
㉯ 날개 취부각
㉰ 수평 안정판 상반각
㉱ 수직 안정판 상반각

2. 기체계통

2-1 조종계통

(1) 조종면의 구조

① 주조종면과 항공기 운동 : 도움날개, 승강키, 방향키를 주조종면(1차 조종면)이라 한다.
　㈎ 항공기의 세 가지 운동축
　　㋐ 세로축(x축) : 항공기 동체의 앞과 끝을 연결한 축이다.
　　㋑ 가로축(y축) : 한쪽 날개 끝에서 다른 쪽 날개 끝을 연결한 축이다.
　　㋒ 수직축(z축) : 세로축과 가로축이 만드는 평면에 수직인 축이다.
　㈏ 운동축과 운동
　　㋐ 세로축을 중심으로 하는 운동 : 옆놀이(rolling)
　　㋑ 가로축을 중심으로 하는 운동 : 키놀이(pitching)
　　㋒ 수직축을 중심으로 하는 운동 : 빗놀이(yawing)
　㈐ 운동을 일으키는 조종면
　　㋐ 옆놀이를 일으키는 조종면 : 도움날개(aileron)
　　㋑ 키놀이를 일으키는 조종면 : 승강키(elevator)
　　㋒ 빗놀이를 일으키는 조종면 : 방향타(rudder)

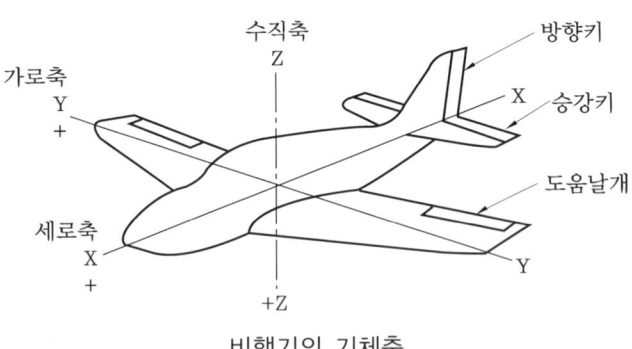

비행기의 기체축

(2) 조종계통의 구조

① 옆놀이 조종계통 : 조종간(control stick)을 좌우로 움직여서 조종을 한다.
　㈎ 조종간을 왼쪽으로 기울이면 오른쪽 도움날개는 내려가고, 왼쪽 도움날개는 올라가 비행기를 왼쪽으로 옆놀이를 하게 된다.
　㈏ 조종간을 오른쪽으로 기울이면 오른쪽 도움날개는 올라가고, 왼쪽 도움날개는 내

려가 비행기를 오른쪽으로 옆놀이한다.

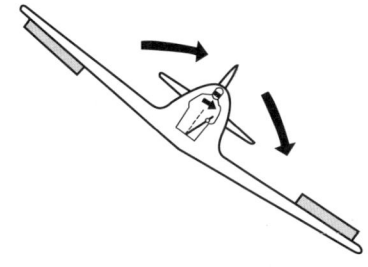

옆놀이 조종

② 키놀이 조종계통 : 조종간(control stick)을 앞뒤로 밀거나 당겨서 조종을 한다.
  ㈎ 조종간을 당기면 승강타가 올라가 비행기 기수는 올라간다.
  ㈏ 조종간을 앞으로 밀면 승강타가 내려가 비행기 기수는 내려간다.
  ㈐ 스테빌레이터(전가동식 수평 안정판) : 고속 항공기에서 수평 안정판이 승강키 역할을 한다. 수평 안정판 전체를 움직이면서 앞전을 올리거나 내리도록 하여 키놀이 모멘트를 일으키게 된다.

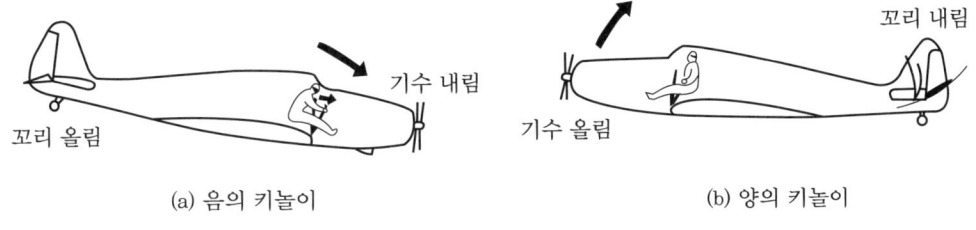

(a) 음의 키놀이 (b) 양의 키놀이

키놀이 조종

③ 빗놀이 조종계통 : 페달(pedal)을 이용하여 조종을 한다.
  ㈎ 왼쪽 페달을 밟으면 방향타가 왼쪽으로 움직이고 기수는 왼쪽으로 향한다.
  ㈏ 오른쪽 페달을 밟으면 방향타는 오른쪽으로 움직이고 기수는 오른쪽으로 향한다.

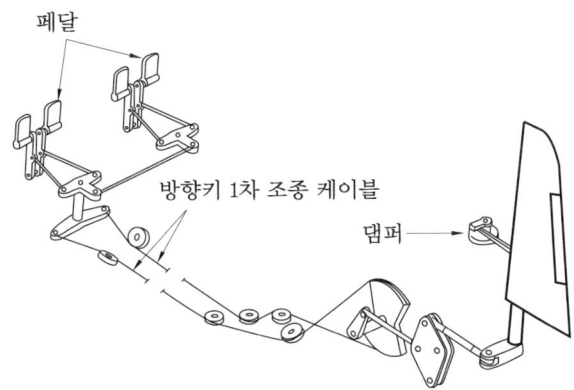

방향키 조종계통

(3) 운동 전달 방식

① 수동 조종장치(manual flight control system) : 조종사가 가하는 힘과 조작범위를 기계적으로 조종면에 전달하는 방식으로 값이 싸고 가공·정비가 쉬우며, 무게가 가볍고 동력원이 필요없다. 신뢰성이 높아 소·중형기에 널리 이용된다.

⑺ 케이블(cable) 조종계통 : 케이블을 이용하여 조종면을 움직이게 하는 조종계통으로 소형·중형 항공기에 널리 사용된다.
  ㉮ 장점 : 무게가 가볍고 느슨함이 없으며, 방향전환이 자유롭고 가격이 싸다.
  ㉯ 단점 : 마찰이 크고 마멸이 많으며 케이블에 주어져야 할 공간이 필요하고, 큰 장력이 필요하며 케이블이 늘어난다.
  ㉰ 구성 : 케이블 어셈블리, 케이블 장력 조절기, 풀리, 페어리드, 케이블 가이더, 케이블 드럼

⑷ 푸시풀 로드(push-pull rod) 조종계통 : 케이블 대신 로드(rod)가 사용되며 케이블 조종계통에 비해 마찰이 작고, 늘어나지 않으며 온도변화에 의한 팽창도 거의 없다. 반면에 무게가 무겁고 관성력이 크며, 느슨함이 있을 수 있고 값이 비싸다. 소형기에 주로 사용한다.

⑸ 토크 튜브(torque tube) 조종계통 : 조종력을 조종면에 전달 시 튜브의 회전에 의해 전달된다.
  ㉮ 레버 형식 조종계통 : 무게가 무겁고 비틀림에 의한 변형을 막기 위해 지름이 큰 튜브를 사용한다. 플랩 조종계통에 주로 사용한다.
  ㉯ 기어식 조종계통 : 기어를 이용하여 회전토크를 줌으로써 조종면을 원하는 각도만큼 변위시키는 장치로 방향변환이 쉽고, 필요한 공간과 마찰력을 줄일 수 있다.

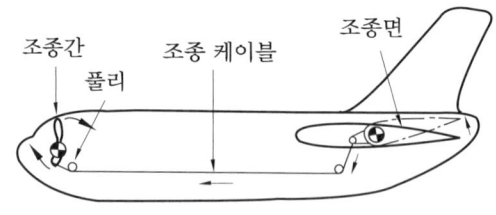

수동 조종장치

② 동력 조종장치 : 조종면의 작동을 동력을 이용하여 조종하는 방식이다.
  ⑺ 유압 부스터 방식(가역 시 조종방식) : 유압의 힘을 이용하여 조종하는 방식으로 조종력을 사람의 힘보다 몇 배로 크게 할 수 있고, 유압계통 고장시에도 인력으로 조종이 가능하다.
  ⑷ 비가역식 조종방식 : 스프링, 보브 웨이트(bob weight) 등을 사용하거나 동압에 따라 링크(link) 기구의 힘의 전달비를 변화시켜 조종간이 움직이는 양과 조종면에 작용하는 힘을 인공적으로 조종사가 느끼도록 되어 있다.
    ㉮ 인공 감각장치 : 비행기에 작용하는 속도에 따라 다르게 나타나는 동압의 크기,

조종면의 변위각도 등 조종량에 대한 조종력을 느낄 수 있도록 되어 있는 장치이다.

㈐ 플라이 바이 와이어(fly by wire) 조종장치 : 조종간이나 방향키 페달의 움직임을 전기적인 신호로 변환시켜 컴퓨터에 입력시키고, 이 컴퓨터에 의해 전기 또는 유압 작동기를 동작하게 함으로써 조종계통을 작동시킨다. F-16, A320항공기가 이 조종장치를 처음으로 사용하였다.

㈑ 자동 조종장치(automati pilot system) : 비행기를 장시간 조종하게 되면 조종사는 육체적, 정신적으로 피로하게 되는데, 자이로에 의해 검출된 변위량을 기계식 또는 전자식에 의하여 조종신호로 바꾸어 자동적으로 조종을 하도록 한다. 즉, 장시간 비행에 있어서 조종사를 돕는다.

　㉮ 구성
　　· 자이로스코프(gyroscope) : 변위를 검출하는 계통이다.
　　· 서보 앰프 : 일종의 계산기로 변위를 수정하기 위해 조종량을 산출한다.
　　· 서보모터(servomotor) : 조종신호에 따라 작동하는 작동기이다.

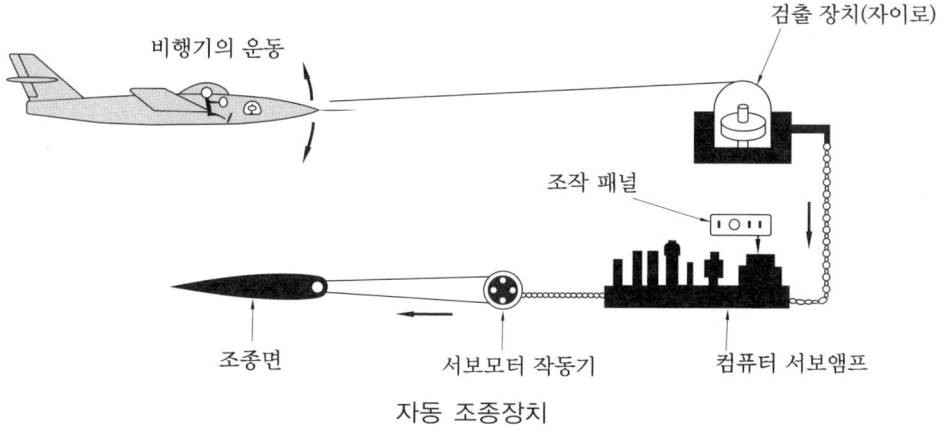

자동 조종장치

(4) 조종면의 평형

① 정적 평형(static balance) : 어떤 물체가 자체의 무게중심으로 지지되고 있는 경우, 정지된 상태를 그대로 유지하려는 경향을 말한다. 효율적인 비행을 하려면 조종면의 앞전을 무겁게 제작을 한다.

　㈎ 과소 평형(under balance) : 조종면을 평형대(balance stand)에 장착하였을 때 수평위치에서 조종면의 뒷전이 내려가는 현상(+상태)이다.
　㈏ 과대 평형(over balance) : 조종면을 평형대(balance stand)에 장착하였을 때 수평위치에서 조종면의 뒷전이 올라가는 현상(-상태)이다.

② 동적 평형(dynamic balance) : 물체가 운동하는 상태에서 이 물체에 작용하는 모든 힘들이 평형을 이루게 되면, 그 물체는 원래의 운동상태를 유지하려는 평형상태를 말한다.

③ 평형 방법 : 조종면의 중심선의 앞부분에 무게를 첨가시키는 방법으로 평형을 잡는다.

(5) 부조종면

조종면에서 주조종면을 제외한 보조 조종계통에 속하는 모든 조종면으로 탭(tab), 플랩(flap), 스포일러(spolier) 등이 있다.

① 트림 탭(trim tab) : 주조종면 뒷전에 붙어 있는 작은 날개로서 정상비행을 하는데 조종력을 0으로 맞추어 주는 장치로 조종사가 조종력을 장시간 가할 경우 대단히 피로하고 힘이 들므로 조종력을 0으로 조정하여 조종력을 편하게 하기 위한 것이다.

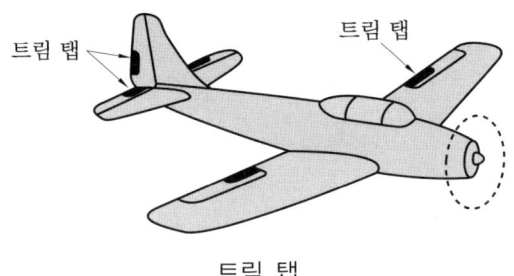

트림 탭

② 조종력 경감장치 : 조종면에 작용하는 공기력이 너무 클 경우 조종력을 경감하는 장치
  (가) 앞전 밸런스(leading edge balance) : 조종면의 힌지 중심에서 앞쪽을 길게 하면 그 부분에 작용하는 공기력이 힌지 모멘트를 감소시키는 방향으로 작용하여 조종력을 경감한다.
  (나) 밸런스 탭(balance tab ; 평형 탭) : 조종면 뒷전에 붙인 작은 키로서 탭은 항상 조종면이 움직이는 방향과 반대로 움직인다. 조종계통이 1, 2차 조종계통에 연결되어 서로 반대방향으로 작용한다.
  (다) 서보 탭(serbo tab ; 조종 탭 ; control tab) : 1차 조종면에 조종계통이 연결되지 않고 조종계통이 2차 조종면에 연결되어 탭을 작동해 풍압에 의해 1차 조종면을 작동한다.
  (라) 스프링 탭(spring tab) : 겉으로 보기에는 트림 탭과 비슷하지만 그 기능은 전혀 다르다. 스프링 탭은 조종사가 주조종면을 움직일 때 도움을 주기 위한 보조 역할로 사용되도록 작동하는 탭, 즉 조종사가 주조종면을 움직일 때 도움을 주기 위한 보조 역할을 하는 데 사용한다.

③ 고정 탭(fixed tab) : 조종면의 뒷전에 작은 판을 붙여서 비행기 본래의 비정상적인 비행자세를 수정하도록 하는 탭으로 지상에서 정비시에 필요한 만큼 적절하게 구부려 비행기의 자세를 수정한다.

예·상·문·제

1. 항공기의 주조종면의 구성으로 가장 올바른 것은?
㉮ 승강타, 보조날개, 플랩
㉯ 승강타, 방향타, 플랩
㉰ 승강타, 방향타, 보조날개
㉱ 승강타, 방향타, 스포일러

2. 조종계통이 1차 조종면에 연결되어 있고, 1차 조종면(primary control surface)과 2차 조종면(secondary control surface)은 서로 반대방향으로 작동하며, 1차 조종면과 2차 조종면이 작용하는 풍압이 평형되는 위치에서 1차 조종면의 위치가 정해지는 탭(tab)은?
㉮ 트림 탭(trim tab)
㉯ 컨트롤 탭(control tab)
㉰ 밸런스 탭(balance tab)
㉱ 스프링 탭(spring rab)

3. 2차 조종면의 밸런스 탭(balance tab)을 가장 올바르게 설명한 것은?
㉮ 1차 조종면에 조종계통이 연결되지 않고, 조종계통이 2차 조종면, 즉 탭(tab)에 연결되어 작동되는 탭을 말한다.
㉯ 조종계통은 1차 조종면에 연결되어 있으나 1차 조종면과 2차 조종면이 스프링을 통해 연결되어 있어 2차 조종면은 1차 조종면과 반대방향으로 작동되는 탭이다.
㉰ 조종계통이 1차 조종면에 연결되어 있고 1차 조종면과 2차 조종면이 직접 연결되어 있어 1차 조종면과 2차 조종면은 서로 반대방향으로 작동한다.
㉱ 1차 조종면에 의한 비행 조종 시 조종특성을 수정하기 위해 작동하는 탭을 말한다.

4. 조종간을 후방 좌측으로 움직이면 우측 보조날개와 승강타는 어떻게 움직이는가?
㉮ 보조날개는 아래로, 승강타는 위로
㉯ 보조날개는 아래로, 승강타도 아래로
㉰ 보조날개는 위로, 승강타도 위로
㉱ 보조날개는 위로, 승강타는 아래로
[해설] 조종간을 후방으로 당기면 승강타는 올라가고 기수도 올라간다. 조종간을 좌측으로 하면 좌측 보조날개는 올라가고, 우측 보조날개는 내려간다.

5. 보조날개(aileron)의 설명이 잘못된 것은?
㉮ 비행기를 오른쪽이나 왼쪽으로 움직인다.
㉯ 보조날개는 통상 날개의 바깥쪽에 붙어 있다.
㉰ 대형 비행기는 보조날개가 좌·우에 각각 2개씩 있다.
㉱ 오른쪽 보조날개와 왼쪽 보조날개는 같은 방향으로 움직인다.
[해설] 보조날개는 좌·우가 서로 반대로 작동한다.

6. 보조날개에 대한 설명 중 틀린 것은?
㉮ 조종면의 일부로서 날개 후방 스파에 힌지로 장착된다.
㉯ 조종간을 좌·우로 밀어서 작동을 한다.

정답 1. ㉰ 2. ㉰ 3. ㉰ 4. ㉮ 5. ㉱ 6. ㉯

㉰ 날개 좌·우 안쪽 트레일링 에지(trailing edge)에 힌지로 장착된다.
㉱ 날개 좌·우 바깥쪽 트레일링 에지(trailing edge)에 힌지로 장착된다.

7. 승강타 트림 탭(trim tab)을 내리면 항공기는 어떻게 되는가?
㉮ 항공기 기수가 올라간다.
㉯ 왼쪽으로 선회한다.
㉰ 오른쪽으로 선회한다.
㉱ 피칭 운동을 한다.

[해설] tab과 승강타는 반대로 움직인다. 따라서 tab을 내리면 승강타는 올라가고, 기수도 올라간다.

8. 키놀이 조종계통에서 승강키에 대한 설명으로 가장 올바른 것은?
㉮ 보통 수평 안정판의 뒷전에 장착되어 있다.
㉯ 수직축을 중심으로 좌·우로 회전운동에 사용
㉰ 보통 승강키의 조종은 페달에 의존한다.
㉱ 세로축을 중심으로 하는 항공기 운동에 사용

9. 비행 중 비행기의 세로안정을 위한 것으로서 대형 고속 제트기의 경우 조종계통의 트림(trim) 장치에 의해 움직이도록 되어 있는 것은?
㉮ 수직 안정판   ㉯ 방향키
㉰ 수평 안정판   ㉱ 도움날개

10. 조종계통의 구조 작동에 대한 설명으로 올바른 것은?
㉮ 항공기를 옆놀이시키는 데는 방향키를 사용하고, 조종은 페달로 한다.
㉯ 선회 반지름으로부터 바깥쪽으로 미끄러져 나가는 것을 스키드(skid) 현상이라 한다.
㉰ 항공기를 왼쪽으로 빗놀이시키려면 오른쪽으로 방향키를 변위시켜야 한다.
㉱ 조종간에 힘을 주어 오른쪽으로 젖히며 항공기는 왼쪽으로 옆놀이한다.

11. 수동 조종장치(manual control system)에 관한 설명으로 가장 올바른 것은?
㉮ 대형 항공기에 적합하다.
㉯ 신뢰성은 높으나 무겁고, 정비가 어렵다.
㉰ 동력원이 필요없다.
㉱ 컴퓨터에 의해 조종계통을 자동적으로 제어한다.

[해설] 조종사가 가하는 힘과 조작범위를 기계적으로 조종면에 전달하므로 동력원이 필요없다.

12. 현재 주로 사용되는 조종방식으로서 컴퓨터가 계산하여 조종면을 필요한 만큼 편위시켜 주도록 되어 있으므로 항공기의 급격한 자세 변화시에도 원만한 조종성을 발휘하는 조종방식은?
㉮ 수동 조종방식
㉯ 부스터 조종방식
㉰ 비가역 조종방식
㉱ 플라이 바이 와이어 조종방식

13. 비행기체의 각 부분을 전기적으로 연결하는 것을 bonding이라고 한다. 다음 중 bonding과 관계 없는 것은?

정답 7. ㉮ 8. ㉮ 9. ㉰ 10. ㉯ 11. ㉰ 12. ㉱ 13. ㉱

㉮ 기체 각부 사이의 spark 방지
㉯ 전기 접지회로의 저항 감소
㉰ 기체 각부 사이의 전위차 감소
㉱ 기상 축전지의 전해액 유출방지

14. 조종면의 평형작업은 언제 수행하는가?
㉮ 비행 중에 조종사가 수시로 점검한다.
㉯ 주기적으로 지상에서 점검한다.
㉰ 제작회사의 지시에 따라 점검한다.
㉱ 개조 및 수리 작업 후 실시한다.

15. 조종면의 평형(balancing)에서 동적 평형(dynamic balance)이란?
㉮ 물체가 자체의 중심으로 지지되고 있는 상태
㉯ 조종면을 어느 위치에 돌려놓거나 회전 모멘트가 0(zero)으로 평형되는 상태
㉰ 조종면을 평형대 위에 장착하엿을 때 수평위치에서 조종면의 뒷전이 밑으로 내려가는 상태
㉱ 조종면을 평형대 위에 장착하였을 때 수평위치에서 조종면의 뒷전이 위로 올라가는 상태

16. 항공기가 효율적인 비행을 하기 위해서는 조종면의 앞전이 무거운 상태를 유지하여야 하는데 이를 무엇이라 하는가?
㉮ 과소 평형(under balance)
㉯ 과대 평형(over balance)
㉰ 정적 평형(static balance)
㉱ 균형 평형

17. 항공기에 조종면의 평형은 어떤 상태가 가장 바람직한가?
㉮ 수평위치에서 조종면의 뒷전이 내려가는 상태
㉯ 수평위치에서 조종면이 올라가는 상태
㉰ 조종면의 앞전이 무거운 과대 평형 상태
㉱ 조종면의 앞전이 가벼운 상태

정답 14. ㉰ 15. ㉯ 16. ㉯ 17. ㉰

2-2 착륙장치(landing gear)

항공기가 이륙, 착륙, 지상활주 및 지상에서 정지해 있을 때 항공기의 무게를 감당하고 진동을 흡수하며 착륙 시 항공기의 수직 속도성분에 해당하는 운동 에너지를 흡수한다.

(1) 착륙장치의 종류
① 사용목적에 따른 분류 : 타이어 바퀴형(육상용), 스키형(눈 위에서), 플로트(float)형(수상용)
② 장착 방법에 따른 분류
  (가) 고정형
  (나) 접개들이형(retractable type) : 유압, 공기압 또는 전기동력으로 작동되며 구조가 복잡하다. 동력원이 고장시에는 수동을 조작할 수 있는 보조계통이 있어야 한다.
③ 조향 바퀴에 따른 분류
  (가) 앞바퀴형(nose gear type) : 주바퀴(main gear) 앞에 앞바퀴가 있다. 거의 대부분의 항공기에 사용한다. 무게중심(c.g)은 주바퀴 앞에 있다.
  [장점]
   · 동체 후방이 들려 있어 이륙 시 저항이 작고, 착륙 성능이 좋다.
   · 이 · 착륙 시, 지상활주 시 항공기 자세가 수평이므로 조종사의 시계가 넓다.
   · 프로펠러를 장착한 항공기에서 브레이크 작동 시 프로펠러의 손상 위험이 없다.
   · 터보 제트기의 배기가스의 배출이 용이하다.
   · 중심이 주바퀴 앞에 있어 지상전복(ground loop) 위험이 적다.
  (나) 뒷바퀴형(tail gear type) : 동체 꼬리 부분에 뒷바퀴가 있다. 소형기에 약간 사용되며 무게중심은 주바퀴 뒤에 있다.
④ 타이어 수에 따른 분류
  (가) 단일식 : 타이어가 한 개인 방식으로 소형기에 사용한다.
  (나) 이중식 : 타이어 2개가 1조가 된 형식으로 앞바퀴에 적용된다.
  (다) 보기식 : 타이어 4개가 1조가 된 형식으로 주바퀴에 적용된다.

(2) 완충장치(shock absorber)
착륙 시 항공기의 수직속도 성분에 의한 운동 에너지를 흡수함으로써 충격을 완화시켜 주기 위한 장치이다.
① 고무식 완충장치 : 고무의 탄성을 이용하여 충격을 흡수한다. 완충효율이 50% 정도이다.
② 평판 스프링식 완충장치 : 강철재의 판의 탄성을 이용하여 충격을 흡수하는 형식으로 완충효율이 50% 정도이다.

③ 공기 압축식 완충장치 : 공기의 압축성을 이용한 장치로 완충효율이 47% 정도이다.
④ 올레오 완충장치(공기-오일 완충장치) : 현대 항공기에 가장 많이 사용하는 형식으로 항공기가 착륙할 때 받는 충격을 유체의 운동 에너지와 공기의 압축성을 이용하여 충격을 흡수하는 장치로 완충효율이 70~80% 정도이다.

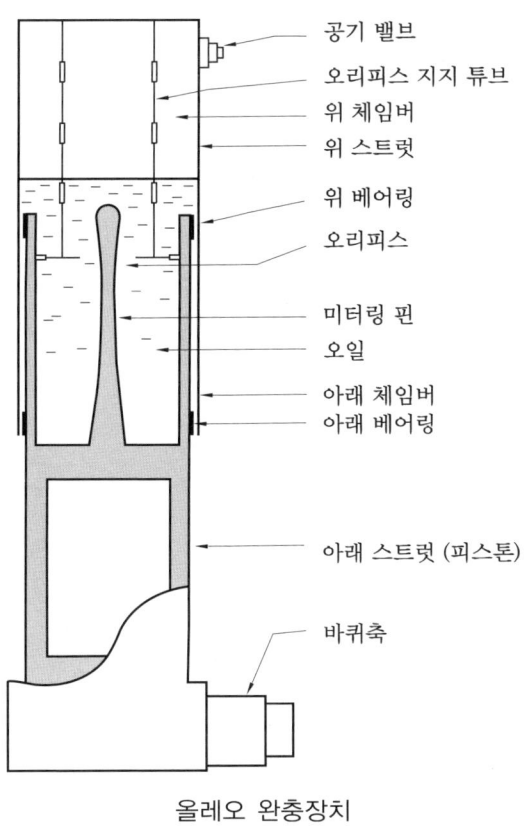

올레오 완충장치

(3) 주착륙장치

항공기의 착륙 시 충격하중의 대부분을 흡수하고, 지상에서 항공기의 무게를 주로 지탱한다.
① 착륙장치 구조
 ㈎ 트러니언(trunnion) : 착륙장치를 동체 구조재에 연결시키는 부분으로 양 끝은 베어링에 의해 지지되며 이를 회전축으로 하여 착륙장치가 펼쳐지거나 접어 들여진다.
 ㈏ 토션 링크(torsion link, scissor link) : 2개의 A자 모양으로 윗부분은 완충 버팀대에, 아랫부분은 올레오 피스톤과 축으로 연결되어 피스톤이 과도하게 빠지지 못하게 하고, 바퀴가 정확하게 정렬해 있도록, 즉 옆으로 돌아가지 못하도록 한다.
 ㈐ 트럭(truck) : 이·착륙할 때 항공기의 자세에 따라 힌지를 중심으로 앞과 뒤로 요동한다.
 ㈑ 센터링 실린더(centering cylinder) : 항공기가 착륙하는 과정에서 완충 스트럿과 트럭이 서로 경사지게 되었을 때 이들이 서로 수직이 될 수 있도록 작동시켜 주

는 기구이다.
㈎ 스너버(snubber) : 센터링 실린더의 작동이 완만하게 이루어지도록 하고, 지상 활주 시 진동을 감쇄시키기 위한 장치이다.
㈐ 이퀄라이저 로드(제동 평형 로드, equalizer rod) : 2개 또는 4개로 구성되며 활주 중에 항공기가 멈추려고 할 때 트럭의 앞바퀴에 하중이 집중되어 트럭의 뒷바퀴가 지면으로부터 들려지는 현상을 방지하여 트럭의 앞뒤 바퀴가 균일하게 항공기 하중을 담당하도록 한다.
㈑ 항력 스트러트(drag strut, 항력 버팀대) : 완충 스트러트를 보강 지지해 준다.
㈒ 옆 버팀대(side strut) : 착륙장치가 옆방향으로 주저앉지 못하게 지지한다.
㈓ 로크 기구 : 다운 로크(down lock)와 업 로크(up lock) 기구는 착륙장치를 내렸거나 올렸을 때 그 상태를 유지하도록 고정시키는 기구이다.
㈔ 바퀴 : 휠(wheel)과 타이어로 구성되며, 휠은 바퀴축에 장착되는 부분이고 타이어는 튜브리스 타이어가 많이 사용된다.

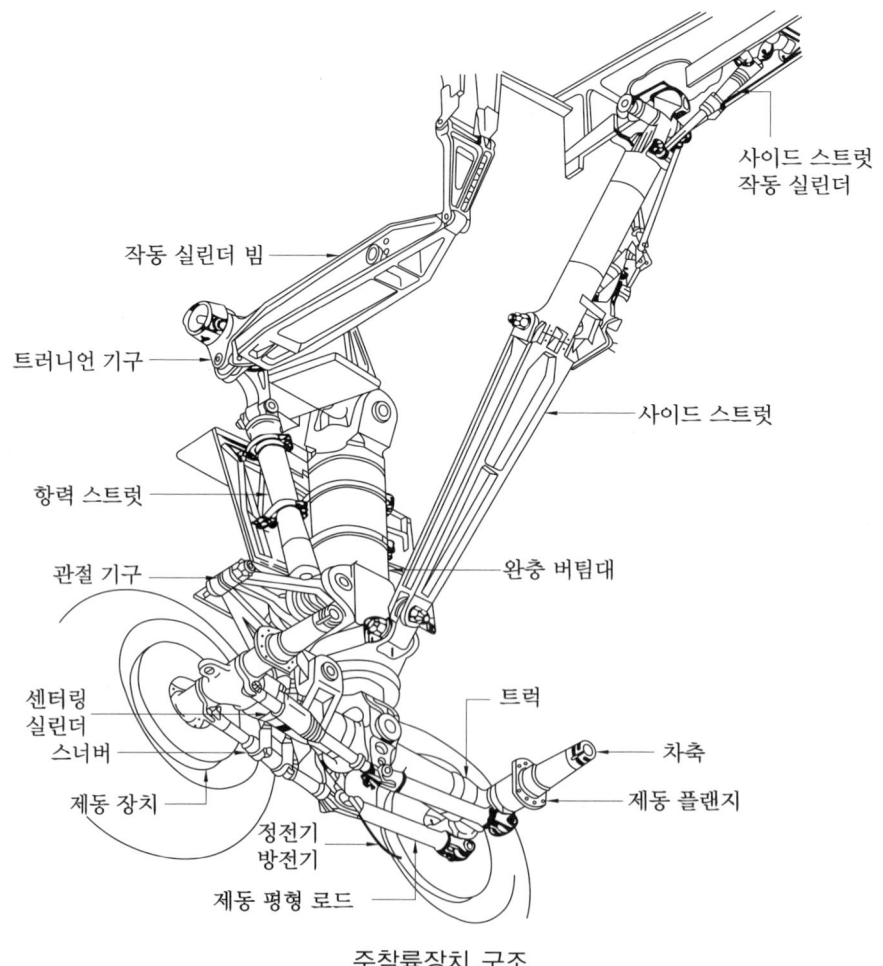

주착륙장치 구조

② 접개들이식 착륙장치
  ㈎ 목적 : 비행 중 항공기의 항력감소를 위해 동체 또는 날개 내부에 접어 들인다.
  ㈏ 접어들이는 방식
    ㉮ 기계식 : 체인과 스프로킷 또는 케이블과 레버를 이용한다.
    ㉯ 전기식 : 전동기와 웜 기어를 이용한다.
    ㉰ 유압식 : 많이 사용한다.
  ㈐ 래치(latch) 장치 : 착륙장치를 올림 또는 내림 위치에서 안전하게 고정시키는 장치이다.
    ㉮ 업 래치(up latch) : 착륙장치의 올림 위치에서 항공기에 진동이 생겼을 때 착륙장치의 무게로 인하여 착륙장치가 내려가는 것을 방지한다.
    ㉯ 다운 래치(down latch) : 착륙장치의 내림 위치에서 접지 충격을 받더라도 접혀지지 않도록 한다.
  ㈑ 착륙장치 내림 작동순서 : 착륙장치 레버를 내림 위치에 놓으면 → up latch 풀린다 → 문이 열리고, 착륙장치는 내려간다 → down latch가 걸리면서 내림과정이 완료된다.

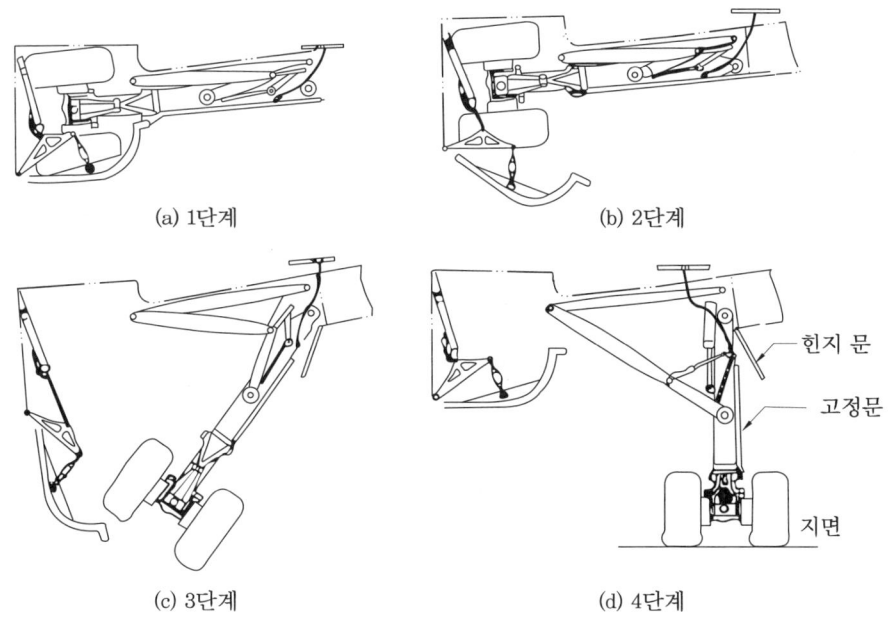

착륙장치의 열림과 내림

③ 착륙장치의 경고 회로
  ㈎ 바퀴가 완전히 내려가면 다운 로크 스위치가 녹색 경고등 회로를 형성시켜 녹색등이 켜진다.
  ㈏ 바퀴가 올라가지도 내려가지도 않은 상태에서는 업 로크 스위치(up lock switch)와 다운 로크 스위치(down lock switch)에 의해 붉은색등이 켜진다.

(다) 바퀴가 완전히 올라가서 업 로크 스위치가 작동하면 붉은색 경고등이 차단되어 아무 불도 켜지지 않는다.

④ 완충 스트러트의 점검 : 완충 스트러트의 팽창길이를 점검한다. 보통 관절기구의 상하 피벗점들 사이의 길이를 기준으로 한다.

(4) 앞 착륙장치

착륙 중에 충격흡수 및 지상에서 항공기 무게의 일부를 지탱하고, 지상활주 중에 항공기 방향조절 역할을 한다.

① 시미 댐퍼(shimmy damper) : 앞 착륙장치 및 뒤 착륙장치는 지상활주 중 지면과 타이어의 마찰에 의해 타이어 밑면의 가로축 방향의 변형과 바퀴의 선회축 둘레의 진동과의 합성된 진동이 좌우로 발생하는데, 이러한 진동을 시미라 하며 시미현상을 감쇄, 방지하기 위한 장치가 시미 댐퍼이다.

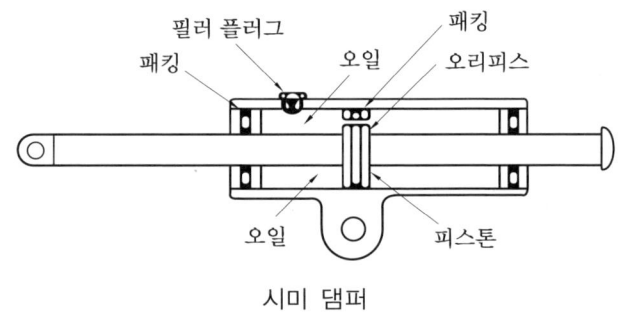

시미 댐퍼

② 조향장치(steering system) : 항공기를 지상 활주시키기 위하여 앞바퀴의 방향을 변경시키는 장치이다.

(가) 기계식 : 소형기에 사용되며, 방향키 페달을 이용한다.

(나) 유압식 : 대형기에 사용되며, 작동유압에 의해 조향작동 실린더가 작동되어 앞바퀴의 방향을 전환할 수 있는 장치이다.

㉮ 조향 제어 밸브 : 조향 바퀴의 작용에 의해 조향작동 실린더에 유압회로를 형성해 주는 밸브이다.

㉯ 축압기 : 조향작동 실린더 내에 있는 피스톤의 진동을 감쇄시켜 주고 시미 댐퍼 역할을 한다.

(5) 뒤 착륙장치

뒷바퀴형 착륙장치에 사용되며, 주로 소형기에 사용되고 대형 항공기에 사용되는 경우에는 동체 꼬리 부분에 테일 스키드(tail skid)를 장착하여 기체의 손상을 방지한다.

방향제어는 주로 체인이나 케이블에 의해 방향키와 연동되어 작동된다.

(6) 브레이크(brake) 장치

착륙장치의 바퀴의 회전을 제동하는 것으로, 항공기를 천천히 이동시키고 지상활주 시 방향을 바꿀 때 사용되며, 착륙시에는 항공기의 활주거리를 단축시켜 항공기를 정지 또는 계류시킨다.

① 기능에 따른 분류
  ㈎ 정상 브레이크 : 평상시에 사용한다.
  ㈏ 파킹(parking) 브레이크 : 공항 등에서 장시간 비행기를 계류시킬 때 사용한다.
  ㈐ 비상 및 보조 브레이크 : 정상 브레이크가 고장났을 때 사용하며 정상 브레이크와 별도로 장착되어 있다.

② 작동과 구조 형식에 따른 분류
  ㈎ 팽창 튜브(expander tube)식 브레이크 : 소형 항공기에 사용된다.
  ㈏ 싱글 디스크(single disk)식 브레이크(단원판식 브레이크) : 소형 항공기에 사용된다.
  ㈐ 멀티디스크(multi-disk)식 브레이크(다원판식 브레이크) : 대형 항공기에 사용된다.
  ㈑ 세그먼트 로터(segment rotor)식 브레이크 : 대형 항공기에 사용된다.

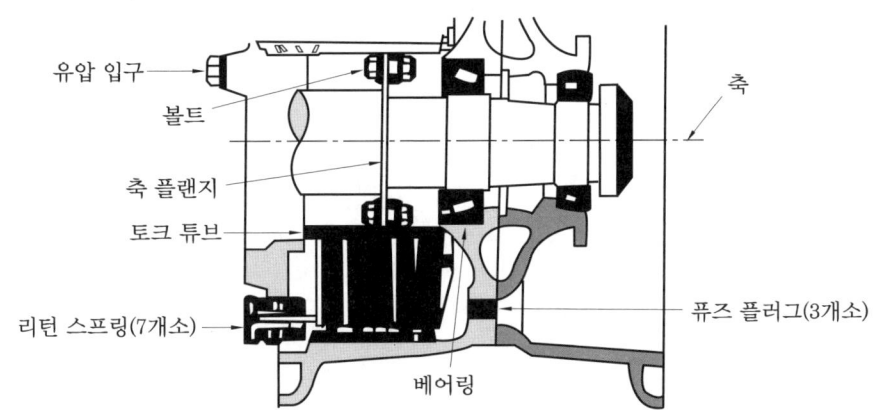

멀티디스크 브레이크의 단면

③ 안티 스키드 장치 (anti skid system) : 항공기가 착륙 접지하여 활주 중에 갑자기 브레이크를 밟으면 바퀴에 제동이 걸려 회전하지 않고 지면과 마찰을 일으키고, 타이어는 미끄러지면서 스키드(skid) 현상이 발생한다. 스키드 현상이 일어나면서 타이어가 부분적으로 닳거나 파열되는 현상을 방지하는 것이 안티 스키드 장치이다.

④ 브레이크 장치 계통 점검
  ㈎ 드래깅(dragging) 현상 : 브레이크 장치계통에 공기가 차 있거나 작동기구의 결함에 의해 브레이크 페달을 밟은 후 제동력을 제거하더라도 브레이크 장치가 원상태로 회복이 안 되는 현상이다.
  ㈏ 그래빙(grabbing) 현상 : 제동판이나 라이닝에 기름이 묻어 있거나 오염물질이 부착되어 제동상태가 원활하게 이루어지지 않고 거칠어지는 현상이다.
  ㈐ 페이딩(fading) 현상 : 브레이크 장치가 가열되어 라이닝 등이 마모됨으로써 미끄

러지는 상태가 발생하여 제동효과가 감소하는 현상이다.

(7) 바퀴 및 타이어

① 바퀴(wheel) : 항공기를 지지하는 가장 아랫부분의 장치로, 2개의 베어링에 의해 축에 지지되고 타이어와 함께 회전을 한다.

　㈎ 바퀴의 종류

　　㉮ 스플릿(split)형 바퀴 : 일반적으로 많이 사용된다.

　　㉯ 플랜지(flange)형 바퀴

　　㉰ 드롭센터 고정 플랜지형 바퀴 : 소형기에 사용된다.

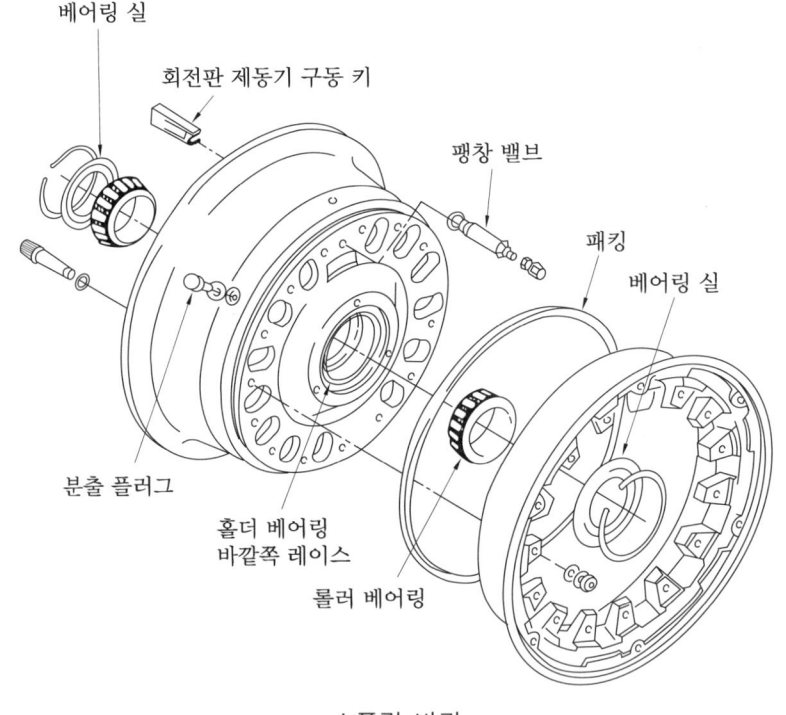

스플릿 바퀴

　㈏ 재질 : 알루미늄이나 마그네슘 합금

　㈐ 퓨즈 플러그(fuse plug) : 브레이크의 과열 등으로 타이어 안의 공기압력, 온도가 지나치게 높아졌을 때 퓨즈 플러그가 녹아 공기압력이 빠져나가게 하여 타이어가 터지는 것을 방지한다.

② 타이어(tire) : 고무와 철사 및 인견포를 적층하여 제작하며 일반적으로 튜브리스(tubeless) 타이어가 사용된다.

　㈎ 타이어의 구성

　　㉮ 트레드(tread) : 직접 노면과 접하는 부분으로 미끄럼을 방지하고 주행 중 열을 발산, 절손의 확대 방지의 목적으로 여러 모양의 무늬 홈이 만들어져 있다.

㉯ 코어 보디(core body) : 타이어의 골격 부분으로 고압 공기에 견디고 하중이나 충격에 따라 변형되어야 하므로 강력한 인견이나 나일론 코드를 겹쳐서 강하게 만든 다음 그 위에 내열성이 우수한 양질의 고무를 입힌다.

㉰ 브레이커(breaker) : 코어 보디와 트레드 사이에 있으며 외부 충격을 완화시키고 와이어 비드와 연결된 부분에 차퍼를 부착하여 제동장치로부터 오는 열을 차단한다.

㉱ 와이어 비드(wire bead) : 비드 와이어라 하며 양질의 강선이 와이어 비드부의 늘어남을 방지하고 바퀴 플랜지에서 빠지지 않도록 한다.

③ 타이어의 규격

㈎ 저압 타이어 : 타이어 나비(inch)×타이어 안지름(inch)-코어 보디의 층 수

㈏ 고압 타이어 : 타이어 바깥지름(inch)×타이어의 너비(inch)-림의 지름(inch)

(8) 브레이크 계통의 점검

① 공기 빼기(brake air bleeding) : 브레이크 계통 내 공기가 들어 있을 경우 페달을 밟더라도 제동이 제대로 되지 않는 현상(스펀지 현상)이 발생하는데 이런 경우 계통 내의 공기 빼기 작업을 해 주어야 한다. 공기 빼기를 할 때 작동유와 공기가 함께 섞여 나오며 공기가 모두 빠지면 페달을 밟았을 때 약간 뻣뻣함을 느낄 수가 있다.

② 작동유가 샐 때는 새는 부분의 개스킷과 실(seal)을 교환해야 한다.

③ 브레이크 드럼에 균열이 1인치 이상 균열시에는 드럼을 교환해야 한다.

예·상·문·제

1. 트라이 사이클 기어(tri-cycle gear ; 앞바퀴형)에 대한 다음 설명 중 가장 관계가 먼 것은?

㈎ 기어의 배열은 노즈 기어(nose gear)와 메인 기어(main gear)로 되어 있다.

㈏ 빠른 착륙속도에서 강한 브레이크를 사용할 수 있다.

㈐ 이·착륙 중에 조종사에게 좋은 시야를 제공한다.

㈑ 항공기 무게중심이 메인 기어 후방으로 움직여 지상전복(grounding looping)을 방지한다.

[해설] 앞바퀴형은 무게 중심이 주바퀴(main-gear) 앞에 있다.

2. 랜딩 기어에서 전륜식(nose gear)과 후륜식(tail gear)의 차이점 중 틀린 것은?

㈎ 전륜식이 후륜보다 이륙 시 저항이 작다.

㈏ 전륜식이 후륜식보다 조종사의 시야가 좋다.

㈐ 후륜식이 전륜식보다 승객이 안락하다.

㈑ 제트기에서는 배기 관계로 전륜식이

정답 1. ㈑ 2. ㈐

어야 한다.

3. 착륙장치는 장착 위치에 따라 앞바퀴형과 뒷바퀴형이 있다. 다음 중 앞바퀴형의 장점이 아닌 것은?
㉮ 동체 후방이 들려 있기 때문에 착륙 성능이 좋다.
㉯ 중심이 주바퀴의 앞에 있어 지상전복의 위험이 작다.
㉰ 제트기는 배기 때문에 앞바퀴형이어야 한다.
㉱ 이륙할 때 저항이 크므로 연료 소모가 많다.
[해설] 앞바퀴형은 동체 후방이 들려 있으므로 이륙 시 저항이 적고 착륙성능이 좋다.

4. 올레오 쇼크 스트러트(oleo shock strut)에 있는 메터링 핀(metering pin)의 주역할은 무엇인가?
㉮ 업(up) 위치에서 스트러트를 제동한다.
㉯ 다운(down) 위치에서 스트러트를 제동한다.
㉰ 스트러트가 압착될 때 오일의 흐름을 제한하여 충격을 흡수한다.
㉱ 스트러트 내부의 공기의 양을 조절한다.

5. 판 스프링형 착륙장치에서 탄성 에너지에 의한 방법으로 충격 에너지를 흡수할 때 완충효율은 일반적으로 얼마 정도인가?
㉮ 75%   ㉯ 50%
㉰ 40%   ㉱ 30%

6. 다음 그림의 완충장치의 효율은 얼마인가?

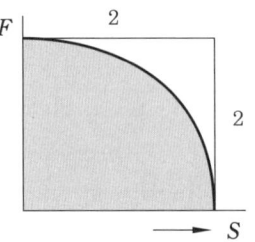

㉮ 50%   ㉯ 75%   ㉰ 78.5%   ㉱ 85%
[해설] 완충장치의 효율 : 완충장치의 효율은 빗금친 부분의 면적과 같다.
$$완충장치의 효율 = \frac{빗금친\ 부분의\ 면적}{직사각형\ 면적}$$
$$= \frac{\frac{3.14 \times 2^2}{4}}{2 \times 2} = 0.785$$
$$= 78.5\%$$

7. 그림은 어떤 비행기 완충장치의 완충곡선이다. 완충효율은 몇 %인가?

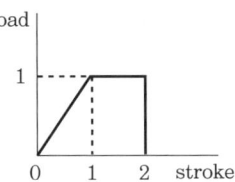

㉮ 90%   ㉯ 80%   ㉰ 75%   ㉱ 50%

8. 항공기의 착륙장치에서 스프링 백(spring back)에 걸리는 하중은?
㉮ 수직하중   ㉯ 수평하중
㉰ 압축하중   ㉱ 전단하중

9. 착륙장치의 완충장치가 흡수하는 운동 에너지에 대한 설명 중 잘못된 것은?
㉮ 항공기 중량에 비례한다.
㉯ 중력가속도에 반비례한다.
㉰ 실속속도의 제곱에 비례한다.
㉱ 양력의 제곱에 반비례한다.

정답 3. ㉱   4. ㉰   5. ㉯   6. ㉰   7. ㉰   8. ㉮   9. ㉱

[해설] $\dfrac{WV^2}{2g}+(W-L)d_{max}=\eta\cdot P_{max}\cdot d_{max}$

W : 항공기 무게
V : 항공기 접지 수직속도 성분
L : 양력 η : 완충효율
P_{max} : 완충장치에 작용하는 최대 하중
d_{max} : 착륙 시 완충장치의 최대 변위

10. 착륙장치는 타이어의 수에 따라 일반적으로 3가지로 분류하는데 해당되지 않는 것은?
㉮ 이중식(dual type)
㉯ 단일식(single type)
㉰ 다발식(multi type)
㉱ 보기식(bogie type)

11. 대형 항공기에 일반적으로 사용되는 브레이크 형식으로 가장 올바른 것은?
㉮ 싱글 디스크 브레이크(single disk brake)
㉯ 멀티 디스크 브레이크(multi disk brake)
㉰ 팽창 튜브 브레이크(expander tube brake)
㉱ 듀얼 디스크 브레이크(dual disk brake)

12. 대형 항공기에 주로 사용하는 브레이크 장치는?
㉮ 싱글 디스크 브레이크(single disk brake)
㉯ 세그먼트 로터 브레이크(segment rotor brake)
㉰ 슈 브레이크(shoe brake)
㉱ 듀얼 디스크 브레이크(dual disk brake)

13. 착륙 시 항공기 무게가 지면에 가해지는 앞, 뒷바퀴의 달라진 하중을 균등하게 작용하도록 하는 장치는?
㉮ 트럭 빔(truck beam)
㉯ 제동 평형 로드(brake equalizer rod)
㉰ 토션 링크(torsion link)
㉱ 트러니언(trunnion)

14. 접개들이 착륙장치의 작동순서가 가장 올바른 것은?
㉮ 착륙장치 레버 작동-다운래치 풀림-도어(door) 열림-착륙장치 내려감-도어가 닫힘
㉯ 착륙장치 레버 작동-도어(door) 열림-다운래치 풀림-착륙장치 내려감-도어가 닫힘
㉰ 착륙장치 레버 작동-업래치 풀림-도어 열림-착륙장치 내려감-도어가 닫힘
㉱ 착륙장치 레버 작동-도어 열림-업래치 풀림-착륙장치 내려감-도어가 닫힘

15. 접개들이 랜딩 기어를 비상으로 내리는 세 가지 방법이 아닌 것은?
㉮ 핸들을 이용하여 기어의 업 로크(up lock)를 풀었을 때 자중에 의하여 내려와 기계적으로 로크된다.
㉯ 핸드 펌프로 유압을 만들어 내린다.
㉰ 축압기에 저장된 공기압을 이용하여 내린다.
㉱ 기어 핸들 밑에 있는 비상 스위치를 눌러서 기어를 내린다.

16. retractable landing gear에서 부주

의로 인해 착륙장치가 접히는 것(retraction)을 방지하기 위한 안전장치가 아닌 것은?
- ㉮ up lock
- ㉯ down lock
- ㉰ safety switch
- ㉱ ground lock

17. 착륙 기어(landing gear)가 내려올 때 속도를 감소시키는 밸브는?
- ㉮ orifice check valve
- ㉯ sequence valve
- ㉰ shuttle valve
- ㉱ relief valve

18. 노즈 스트러트(nose strut) 내부에 있는 센터링 캠(centering cam)의 작동목적을 가장 올바르게 설명한 것은?
- ㉮ 착륙 후에 노즈 휠(nose wheel)을 중립으로 하여 준다.
- ㉯ 이륙 후에 노즈 휠(nose wheel)을 중립으로 하여 준다.
- ㉰ 내부 피스톤에 묻은 오물을 제거한다.
- ㉱ 노즈 휠 스티어링(steering)이 작동하지 않을 때 중립위치로 하여 준다.

19. 소형 항공기의 앞 착륙장치(nose landing gear) 실의 문은 어떤 힘에 의하여 열리고 닫히게 하는가?
- ㉮ 유압계통의 힘으로
- ㉯ 전기적인 힘으로
- ㉰ 링크(link) 기구에 의하여 기계적으로
- ㉱ 전기 유압식으로

20. 다음 중 올레오 스트러트에 있는 토크 링크의 목적이 아닌 것은?
- ㉮ 활주 중에 기어가 전후로 움직이는 것을 방지한다.
- ㉯ 내부 실린더와 외부 실린더 사이를 연결한다.
- ㉰ 바퀴가 돌아가는 것을 방지한다.
- ㉱ 내부 실린더가 상하 작동을 하도록 한다.

21. 랜딩 기어 시스템에서 토크 링크(torque link)에 대한 설명 중 틀린 것은?
- ㉮ 랜딩 기어를 곧게 전방으로 향하게 한다.
- ㉯ 링크는 중심에서 힌지가 되어 피스톤 스트러트 내부에서 위, 아래로 움직일 수 있다.
- ㉰ 메인 기어를 항공기 구조부에 연결한다.
- ㉱ 토크 링크의 한쪽 부분은 쇼크 스트러트 실린더에, 다른 한쪽 부분은 피스톤에 연결되어 있다.

22. 착륙장치에서 지상활주 중 지면과 타이어의 마찰에 의해 타이어 밑면의 가로 축방향의 변형과 바퀴 선회축 둘레의 진동과의 합성 진동에 의한 불안정한 공진을 감쇠시키는 것은?
- ㉮ 작동 실린더 작동기(actuator)
- ㉯ 올레어 완충장치
- ㉰ 번지(bungee) 스프링
- ㉱ 시미 댐퍼(shimmy damper)

23. 항공기의 앞 착륙장치의 좌우 방향 진동을 방지하거나 감쇠시키는 장치는 무엇인가?
- ㉮ 시미 댐퍼
- ㉯ 방향 제어 장치

정답 17. ㉮ 18. ㉯ 19. ㉰ 20. ㉮ 21. ㉰ 22. ㉱ 23. ㉮

㉰ 오리피스　　㉱ 오버센터 링크

24. 항공기의 착륙시에 바퀴의 회전수를 수감하여 제동시에 바퀴의 미끄러짐 현상을 최소화하여 브레이크 제동효율을 높이는 계통은?
㉮ 독립 브레이크 계통
㉯ 비상 브레이크 계통
㉰ 안티 스키드 계통
㉱ 노즈 스티어링 계통

25. anti-skid와 관계가 없는 것은?
㉮ 브레이크 안티 스키드 장치(brake skid control)
㉯ 정상 안티 스키드 장치(normal skid control)
㉰ locked 차륜 안티 스키드 장치(locked wheel skid control)
㉱ 터치 다운 보호 안티 스키드 장치(touch down protection)

[해설] 안티 스키드 시스템 : 높은 성능을 가진 항공기는 브레이크 시스템에는 스키드 컨트롤(skid control)이나 안티 스키드 시스템이 갖추어져 있다. 스키드 컨트롤 시스템에는 다음 4가지 기능을 수행한다.
① normal skid control
② locked wheel skid control
③ touch down protection
④ fail safe protection

26. 안티 스키드 장치(anti skid system)의 가장 중요한 역할은?
㉮ 항공기의 착륙활주 중 활주속도에 비해 과도하게 제동을 함으로써 타이어가 미끄러지고 올바른 착륙주행이 이루어지지 않는 것을 방지한다.

㉯ 브레이크 제동을 원활하게 하기 위한 것이다.
㉰ 유압식 브레이크에 장비되어 있는 작동유 누출을 방지하기 위한 것이다.
㉱ 항공기가 미끄러지지 않게 균형을 유지시켜 준다.

27. 항공기의 착륙활주 중 브레이크를 밟았을 때 바퀴가 한쪽 면만 닳지 않게 하면서 브레이크의 효율을 높이는 장치는 무엇인가?
㉮ 안티 스키드 장치
㉯ 올레오식 장치
㉰ 시미 댐퍼
㉱ 드롭센터 장치

28. 브레이크의 기능 중에서 비상 및 보조 브레이크 장치에 관한 설명으로 가장 올바른 것은?
㉮ 정상 브레이크와 같이 사용한다.
㉯ 파킹 브레이크와 같이 사용된다.
㉰ 주브레이크와는 별도로 장치되어 있다.
㉱ 방향타 조종용 페달과 같이 부착한 부페달로 작동한다.

29. 소형 항공기에 사용되는 가장 일반적인 바퀴의 형태는?
㉮ 스플릿형 바퀴
㉯ 플랜지형 바퀴
㉰ 드롭센터형 바퀴
㉱ 고정 플랜지형 바퀴

30. 항공기 타이어의 정비사항으로 가장 거리가 먼 내용은?

[정답] 24. ㉰　25. ㉮　26. ㉮　27. ㉮　28. ㉰　29. ㉰　30. ㉯

㉮ 타이어 압력은 최소한 일주일에 한 번 이상 측정한다.
㉯ 공기압력은 반드시 타이어가 뜨거울 때 측정한다.
㉰ 비행 후 최소 2시간 이후에 타이어 공기압력을 측정한다.
㉱ 비행 전에도 타이어의 공기압력을 측정하여야 한다.

31. 타이어가 과팽창하면 가장 큰 손상의 원인이 될 수 있는 것은?
㉮ 허브 프림(hub frim)
㉯ 휠 플랜지(wheel flange)
㉰ 백 플레이트(back plate)
㉱ 브레이크(brake)

32. 타이어 휠(tire wheel)에 부착되어 있는 퓨즈 플러그(fuse plug)를 가장 올바르게 설명한 것은?
㉮ 타이어 내의 공기압력을 조절한다.
㉯ 제동장치의 과도한 사용으로 타이어 면에 과도한 열이 발생하여 타이어 내부의 공기압력 및 온도가 과도하게 높아졌을 때 퓨즈 플러그가 녹아 공기압력이 빠져나가 타이어가 터지는 것을 방지한다.
㉰ 타이어 교환 시 공기압력을 빼기 위한 것이다.
㉱ 타이어 내부의 온도를 조절하는 것이다.

33. 항공기의 바퀴에 장착되어 있는 퓨즈 플러그(fuse plug)의 주된 역할은?
㉮ 타이어 내의 압력을 항상 일정하게 유지시킨다.
㉯ 제동장치의 효율을 극대화시킨다.
㉰ 과도한 압력에만 작동한다.
㉱ 부적절한 브레이크 사용으로 과열 시 타이어를 보호한다.

34. 항공기 타이어의 형식 Ⅷ타이어는 높은 이륙속도를 갖는 고성능 항공기의 타이어로 사용되는데, 타이어 표면에 $49 \times 19-20$, $32R2(B747)$로 표시되어 있다면 이것의 의미는?
㉮ 외경 49 inch, 폭 19 inch, 휠 지름 20 inch, 32 Ply, 2회 재생
㉯ 외경 49 inch, 내경 19 inch, 폭 20 inch, 넓이 32 inch, 2회 재생
㉰ 외경 49 inch, 내경 19 inch, 폭 20 inch, 32 Ply, 2회 재생
㉱ 외경 49 inch, 내경 19 inch, 휠 지름 20 inch, 32 Ply, 2회 재생

35. 타이어 표시가 다음과 같을 때 8 PLY가 뜻하는 것은?

$$9.50 \times 16-8 \text{ PLY}$$

㉮ 타이어의 폭
㉯ 타이어 지름
㉰ 고무와 철사 및 인견포의 층 수
㉱ 수리가능한 횟수

36. 항공용 타이어의 구조에서 타이어의 마멸을 측정하고 제동효과를 주는 것은?
㉮ tread의 홈   ㉯ breaker
㉰ core body   ㉱ chafer

정답 31. ㉯ 32. ㉯ 33. ㉱ 34. ㉮ 35. ㉰ 36. ㉮

2-3 기관 마운트 및 나셀

(1) 기관 마운트(engine mount)

기관의 무게를 지지하고 기관의 추력을 기체에 전달하는 구조로서 항공기 구조물 중 하중을 가장 많이 받는 곳 중의 하나이다.
- 방화벽 : 기관의 열이나 화염이 기체로 전달되는 것을 차단하는 장치이다.
  - (가) 재질 : 스테인리스강 또는 티탄 합금이다.
  - (나) 위치 : 기관 마운트 뒤쪽에 위치한다.

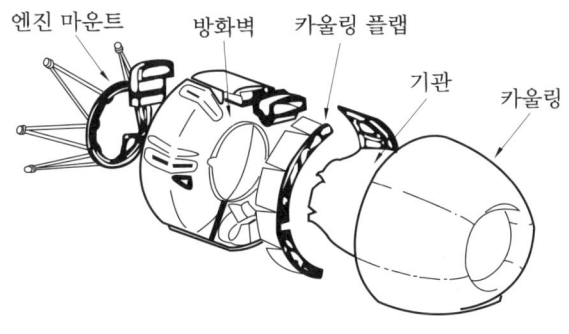

왕복기관의 나셀 구조

(2) 나셀(nacelle)

기체에 장착된 기관을 둘러싼 부분을 말하며, 기관 및 기관에 부수되는 각종 장치를 수용하기 위한 공간을 마련하고 나셀의 바깥면은 공기 역학적 저항을 작게 하기 위해 유선형으로 한다.
① 카울링(cowling) : 기관이나 기관에 관계되는 부품, 기관 마운트, 방화벽 주위를 쉽게 접근할 수 있도록 떼었다 붙였다 할 수 있도록 하는 덮개를 말한다.
② 카울 플랩(cowl flap) : 나셀 안으로 통과하여 나가는 공기의 양을 조절하여 기관의 냉각을 조절한다.
③ 공기 스쿠프(air scoope) : 기화기에 흡입되는 공기통로의 입구를 말한다.

(3) QEC(quick engine change) 엔진

기관을 떼어낼 때 부수되는 계통, 즉 연료계통, 유압선, 전기계통, 조절기구 및 기관 마운트 등도 쉽게 장착하고 떼어낼 수 있는 기관을 말한다.

예·상·문·제

1. 기관의 무게를 지지하고 추력을 기체에 전달하는 구조물의 명칭은?
㉮ 카울링(cowling)
㉯ 카울링 플랩(cowling flap)
㉰ 기관 마운트(engine mount)
㉱ 액세서리 케이스

2. 나셀(nacelle)에 대한 설명으로 잘못된 것은?
㉮ 기관의 공기 역학적 외형을 유지한다.
㉯ 스트링거, 벌크헤드, 링, 프레임 등이 있다.
㉰ 외피, 카울링, 방화벽, 기관 마운트로 구성된다.
㉱ 내피, 카울링, 방화벽, 기관 마운트로 구성된다.

[해설] 나셀(nacelle)
① 나셀의 구성 : 외피, 카울링, 구조 부재, 방화벽, 기관 마운트
② 나셀의 구조 : 세로대, 스트링거, 벌크헤드, 링, 정형재

3. 나셀(nacelle)에 대한 설명 중 가장 거리가 먼 것은?
㉮ 나셀은 기관 및 기관에 부수되는 각종 장치를 수용하기 위한 공간을 마련한다.
㉯ 바깥면은 공기 역학적 저항을 작게 하기 위하여 유선형으로 되어 있다.
㉰ 동체 안에 기관을 장착시에도 나셀을 설치해야 한다.
㉱ 일반적으로 날개의 위나 아래에 또는 날개 앞전에 장착한다.

4. 제트 기관과 같이 토크가 크지 않은 기관에 2~3개의 콘 볼트(corn bolt)와 트러니언 마운트(trunnion mount)에 의해 고정되는 기관 장착방법을 무엇이라 하는가?
㉮ 트러스 마운트법(truss mount method)
㉯ 베드 마운트법(bed mount method)
㉰ 포드 마운트법(pod mount method)
㉱ 링 마운트법(ring mount method)

5. 가스터빈 기관에서 기관을 기체에 장착하기 위한 구조물은?
㉮ 방화벽
㉯ 파일론(pylon)
㉰ 벌크헤드(bulkhead)
㉱ 카울링(cowling)

정답 1. ㉰ 2. ㉱ 3. ㉰ 4. ㉰ 5. ㉯

Chapter 02 항공기 재료 및 요소

1. 항공기 재료

1-1 철강재료

(1) 철강재료의 분류

① 순철(pure iron) : 탄소 함유량이 0.025% 이하이다.
② 강(steel) : 탄소 함유량이 0.025~2.0%인 합금이다.
③ 주철(cast iron) : 탄소 함유량이 2.0~6.68%인 탄소와 철의 합금이다.

(2) 순 철

- 탄소강의 분류
  (가) 저탄소강(연강) : 탄소 함유량이 0.1~0.3%이며 전성이 좋아 구조용 볼트, 너트, 핀 등에 사용한다. 항공기에서는 안전 결선용 철사, 케이블 부싱, 나사, 로드 등에 사용하며 판재로는 2차 구조재로 사용한다.
  (나) 중탄소강 : 탄소 함유량이 0.3~0.6%이며 탄소량이 증가하면 강도, 경도가 증가하지만 연신율은 저하된다.
  (다) 고탄소강 : 탄소 함유량이 0.6~1.2%이며, 강도와 경도가 매우 크고, 전단이나 마멸에 강하며 기차 바퀴, 철도 레일, 공구강 등에 사용한다.

(3) 특수강(합금강)

보통 탄소강에 하나 또는 둘 이상의 특수 원소를 첨가하여 만든 강을 말한다. 특수 원소로는 니켈, 크롬, 몰리브덴, 규소, 바나듐, 코발트, 텅스텐 등이 사용된다.

① 특수강의 분류
  (가) 고장력강
    ㉮ 크롬-몰리브덴강(AISI 4130~AISI 4140) : 용접성, 열처리성을 향상시킨 강으로 항공기의 강력 볼트, 착륙장치 부품, 기관부품 등에 사용된다.
    ㉯ 니켈-크롬-몰리브덴강(AISI 4340) : 인성이 풍부하고 인장강도를 요구하는 착륙장치와 기관의 부품에 사용된다.
    ㉰ 니켈강 : 탄소강에 니켈이 2~5% 함유된 것을 주로 사용하며, 인장강도와 경도 등이 높고 고온에서의 기계적 성질이 좋다.

㉣ 크롬강 : 탄소강에 크롬이 1~2% 함유된 것으로 충격과 부식에 강하며, 상온에서 자체 정화되는 자경성이 있어서 강도와 경도를 크게 증가시킨다.
  (나) 내식강
    ㉮ 크롬계 스테인리스강 : 자성이 있고 열처리가 가능하며 기계 가공성은 내식강 중 가장 좋다. 흡입 안내 깃, 압축기 깃 등에 사용된다.
    ㉯ 크롬-니켈계 스테인리스강 : 크롬 18%, 니켈 8%를 첨가한 강으로 18-8 스테인리스강이라고도 하며 우수한 내식성으로 인하여 기관의 부품이나 방화벽, 안전 결선용 와이어, 코터 핀 등에 사용된다.
    ㉰ 석출경화형 스테인리스강 : 강도가 높고 내식성, 내열성이 좋아 항공기나 미사일 등의 기계부품에 사용한다.
  (다) 내열강 : 탄소강에 니켈, 크롬, 알루미늄, 규소 등의 합금 원소를 첨가하여 내열성과 고온 강도를 부여한 합금강을 말한다.
② 철강재료의 식별법
  (가) SAE에 의한 합금강의 의미

    SAE ××××

    ㉮ 첫째 자리의 수 : 강의 종류를 나타낸다.
    ㉯ 둘째 자리의 수 : 합금 원소의 함유량을 나타낸다.
    ㉰ 나머지 두 자리의 숫자 : 탄소의 평균 함유량을 나타낸다.
  (나) 합금강의 분류

    | 1××× | 탄소강 | 1 3×× | 망간강 |
    | 2××× | 니켈강 | 2 3×× | 니켈 3% 함유강 |
    | 3××× | 니켈-크롬강 | 4××× | 몰리브덴강 |
    | 4 1×× | 크롬-몰리브덴강 | 4 3×× | 크롬-니켈-몰리브덴강 |
    | 5××× | 크롬강 | 5 2×× | 크롬 2% 함유강 |
    | 6××× | 크롬-바나듐강 | 7 2×× | 텅스텐-크롬강 |
    | 8 1×× | 니켈-크롬-몰리브덴강 | 9 2×× | 규소-망간강 |

③ SAE 합금강의 식별방법
  SAE 1025
      1 : 탄소강을 의미한다.
      0 : 합금 원소가 없다.
      25 : 탄소의 함유량이 0.25%이다.
  SAE 2330
      2 : 니켈강을 나타낸다.
      3 : 니켈의 함유량이 3%이다.
      30 : 탄소의 함유량이 0.30%이다.

예·상·문·제

1. 다음의 금속 성질 중 어느 것이 좋아야 판재의 부품 성형이 가장 용이한가?
㉮ 경도 ㉯ 전성 ㉰ 연성 ㉱ 취성

[해설] 전성(퍼짐성) : 얇은 판으로 가공할 수 있는 성질로 판금공작에 중요하다.

2. 충격에 잘 견디는 성질이며 찢어지거나 파괴가 되지 않는 금속의 성질을 무엇이라고 하는가?
㉮ 전성 ㉯ 취성
㉰ 인성 ㉱ 연성

[해설] 인성 : 재료의 질긴 성질로, 찢어지거나 파괴되지 않으므로 가공하거나 구조용으로 많이 사용한다.

3. 합금조직 중 화학적으로 결합하여 성분 금속과 다른 성질을 가지는 것은?
㉮ 공정 ㉯ 공석
㉰ 고용체 ㉱ 금속간 화합물

[해설] 금속간 화합물 : 금속과 금속의 친화력이 클 때에는 화학적으로 결합하여 성분 금속과 다른 성질을 가지며, 이러한 독립된 화합물로 만들어진 조직이다.

4. 저용융점 합금이란?
㉮ 주석의 녹는점보다 낮은 합금
㉯ Al의 녹는점보다 낮은 합금
㉰ Cu의 녹는점보다 낮은 합금
㉱ 주철의 녹는점보다 낮은 합금

[해설] 저용융점 합금 : 주석의 용융점(melting point) 231.9℃보다 더 용융점이 낮은 합금을 말한다.

5. 합금강 SAE 6150의 1의 숫자는 무엇을 표시하는가?
㉮ 1%의 크롬 함유량
㉯ 0.1%의 탄소 함유량
㉰ 1%의 니켈 함유량
㉱ 1.0%의 망간 함유량

6. 다음의 SAE 식별방법 중 가장 올바른 것은?

SAE 1025

㉮ 0 : 합금 원소가 없다.
㉯ 1 : 망간강이다.
㉰ 5 : 탄소의 함유량이 5%이다.
㉱ 2 : 니켈강이다.

7. SAE 4130 합금강에서 숫자 41은 무엇을 의미하는가?
㉮ 크롬-몰리브덴강이다.
㉯ 크롬강이다.
㉰ 4%의 탄소강이다.
㉱ 0.04%의 탄소강이다.

8. 경항공기의 방화벽(fire wall) 재료로 잘 쓰이는 18-8 스테인리스강은 어느 것인가?
㉮ 1.8%의 탄소와 8%의 크롬을 갖는 특수강
㉯ Cr-Mo강으로 열에 강하다.
㉰ 1.8%의 Cr과 0.8% Ni을 갖는 특수강
㉱ 18%의 Cr과 8% Ni을 갖는 특수강

정답 1. ㉯ 2. ㉰ 3. ㉱ 4. ㉮ 5. ㉮ 6. ㉮ 7. ㉮ 8. ㉱

1-2 비철 금속재료

(1) 알루미늄과 알루미늄 합금

① 순수 알루미늄의 특성 : 비중이 2.7이고 흰색 광택을 내는 비자성체이며 내식성이 강하고 전기 및 열의 전도율이 매우 좋다. 또 무게가 가볍고 660 ℃의 비교적 낮은 온도에서 용해되며, 유연하고 전연성이 우수하다. 그러나 인장강도가 낮아 구조 부분에는 사용할 수 없으며 알루미늄 합금을 만들어 사용한다.

② 알루미늄 합금의 성질 : 알루미늄에 구리, 마그네슘, 규소, 아연, 망간, 니켈 등의 금속을 첨가하여 내열성을 향상시켜 사용한다.

  (가) 알루미늄 합금의 특성
    ㉮ 전성이 우수하여 성형 가공성이 좋다.
    ㉯ 내식성이 양호하다.
    ㉰ 강도와 연신율을 조절할 수 있다.
    ㉱ 상온에서 기계적 성질이 좋다.
    ㉲ 시효 경화성이 있다.

③ 알루미늄 합금의 식별기호

  (가) 알코아(alcoa) 규격 식별기호 : 맨 앞에 A자를 붙여 알코아 회사의 알루미늄 재료를 나타내고 그 뒤의 숫자는 합금 원소를, 숫자 뒤의 S는 가공재를 나타낸다.

합금 번호 범위	주합금 원소	합금 번호 범위	주합금 원소
2S	순수 알루미늄	30 S~49 S	규소(Si)
3S~9S	망간(Mn)	50 S~69 S	마그네슘(Mg)
10S~29S	구리(Cu)	70 S~79 S	아연(Zn)

  [예] A-50S
    A : 알코아 회사의 알루미늄 재료를 나타낸다.
    50 : 합금 원소가 마그네슘임을 나타낸다.
    S : 가공용 알루미늄을 나타낸다.

  (나) AA 규격 식별기호 : 알루미늄 협회에서 가공용 알루미늄 합금을 통일하여 지정한 합금 번호로서 네 자리 숫자로 되어 있다.
    ㉮ 첫째 자리 숫자 : 합금의 종류
    ㉯ 둘째 자리 숫자 : 합금의 개량 번호
    ㉰ 나머지 두 자리 숫자 : 합금의 분류 번호

합금 번호 범위	주합금 원소	합금 번호 범위	주합금 원소
1×××	순수 Al(99% 이상)	5×××	Mg
2×××	Cu	6×××	Mg+Si
3×××	Mn	7×××	Zn
4×××	Si		

예 2024-T6
  2 : 알루미늄-구리 합금을 의미한다.
  0 : 개량을 처리하지 않은 합금이다.
  24 : 합금의 종류가 24임을 나타낸다.
  T6 : 열처리 방법(담금질한 후 인공시효 처리한 것)

(다) 식별기호
  F : 주조한 그대로의 상태의 것
  O : 풀림 처리를 한 것
  H : 가공 경화한 것
  W : 담금질 후 시효 경화가 진행 중인 것
  T : 열처리한 것
  T3 : 담금질한 후 냉간 가공한 것
  T36 : 담금질한 후 냉간 가공으로 체적률을 6% 감소한 재료
  T4 : 담금질한 후 상온시효가 완료된 것
  T6 : 담금질한 후 인공시효 처리한 것

④ 알루미늄 합금의 종류와 특성
 (가) 고강도 알루미늄 합금
  ㉮ 2014 : Al에 4.5%의 구리를 첨가한 알루미늄-구리-마그네슘 합금으로, 고강도의 장착대, 과급기, 임펠러 등에 사용한다.
  ㉯ 2017 : 알루미늄에 구리 4%, 마그네슘 0.5%를 첨가한 합금으로 두랄루민(duralumin)이라 하는데, 비중은 강의 $\frac{1}{2}$ 정도로 리벳으로만 사용되고 있다.
  ㉰ 2024 : 구리 4.4%와 마그네슘 1.5%를 첨가한 합금으로 초두랄루민(super-duralumin)이라 하며 대형 항공기의 날개 밑면의 외피나 여압을 받는 동체 외피 등에 사용된다.
  ㉱ 7075 : 아연 5.6%와 마그네슘 2.5%를 첨가한 합금으로 ESD(Extra Super Duralumin)이라 하며 강도가 알루미늄 합금 중 가장 우수하다. 항공기 주날개의 외피와 날개보, 기체 구조 부분 등에 사용된다.
 (나) 내열 알루미늄 합금
  ㉮ 2218 : 알루미늄-구리-마그네슘 합금에 니켈을 약 2% 첨가하여 내열성을 개선한 합금으로 Y 합금이라 한다.
  ㉯ 2618 : 알루미늄-구리 합금에 내열성을 향상시키기 위해 1.2%의 니켈과 1.0%의 철을 첨가한 합금으로 100~200 ℃ 온도범위에서 가장 강도가 커서 콩코드 여객기의 외피로 사용되었다.
 (다) 내식 알루미늄 합금
  ㉮ 1100 : 99.0% 이상의 순수 알루미늄으로 내식성은 우수하나 열처리가 불가능하며 구조용으로 사용이 곤란하다.

㉯ 3003 : 용접을 필요로 하지 않는 비구조 부분이나 강도를 요하지 않는 곳에 사용한다.

㉰ 5052 : 피로강도가 우수하고, 항공기 진동이 심한 부분에 사용한다.

㉱ 6061 : 내식성, 용접성, 성형가공성이 양호, 노스카울링, 날개 끝부분, 기관 덮개 등에 사용한다.

㉲ 알클래드(alclad)판 : 알루미늄 합금판 양면에 열간압연에 의하여 순수 알루미늄을 약 3~5% 정도의 두께로 입힌 것을 말한다. 부식을 방지하고 표면이 긁히는 등의 파손을 방지할 수 있다.

(2) 티탄과 티탄 합금

① 티탄의 성질

㈎ 비중 4.51로서 강의 0.6배 정도이며 용융온도는 1730 ℃이다.

㈏ 내열성이 크고 내식성이 우수하며 비강도(티탄 20.2)가 커서 가스터빈 기관용 재료로 널리 이용된다.

② 티탄 합금의 규격

㈎ Ti-6Al-4V : 티탄 외에 6%의 알루미늄과 4%의 바나듐이 포함되었다.

㈏ Ti-8Al-1Mo-1V : 티탄 외에 8% Al, 1% Mo, 1% V이 포함되었다.

㈐ Ti-50A : 합금의 인장강도가 50000psi이며 A는 풀림처리(annealing)를 했다.

③ 티탄 합금의 종류

㈎ 순수 티탄 : 바닥 패널이나 방화벽에 사용된다.

㈏ Ti-6Al-4V 합금 : 열처리에 의해 인장강도를 170,000 psi 정도를 높인 합금으로 초음속 여객기의 기체 구조재나 압축기 깃과 압축기 디스크용으로 사용되고 있다.

㈐ Ti-5Al-2.5Sn 합금 : 고온강도와 크리프 파괴강도가 우수하며 용접성도 양호하여 가스터빈 기관의 케이스로 많이 사용된다.

㈑ Ti-8Al-1Mo-1V 합금 : 400~500 ℃의 고온에서 우수한 크리프 강도를 가지며 용접성도 좋다.

(3) 구리 합금의 종류와 특성

① 황동(brass) : 구리+아연

㈎ 60/40 황동 : 아연을 40% 함유한 합금으로 내식성이 우수하다.

㈏ 70/30 황동 : 아연을 30% 함유한 합금으로 황금색을 띠고 전연성과 강도가 좋다.

② 청동(bronze) : 구리+주석

강도가 크고 내마멸성이 양호하여 주조용으로 사용되고 있다.

(4) 니켈과 니켈 합금

① 니켈의 성질 : 흰색을 띠며 인성과 내식성이 우수하고, 비중은 8.9이며 용융점은 1.455 ℃이다.

② 니켈 합금의 종류
　㈎ 인코넬 600 : 크롬 15%와 철 8%를 첨가한 합금으로 내식성과 내산화성을 향상시킨 합금이며 성형성과 용접도 가능하다.
　㈏ 인코넬 718 : 700 ℃까지 고온강도가 양호하며 터빈 디스크, 축 등에 사용한다.
　㈐ 하스텔로이 : 16%의 몰리브덴을 함유하여 고온에서 내식성을 함유한 합금으로 가스터빈 안내 깃 등에 사용된다.

(5) 마그네슘과 그 합금
① 마그네슘 : 비중이 1.7~2.0으로 실용금속 중 가장 가볍고, 비강도가 커서 경합금 재료로 적합하다.
② 마그네슘 합금의 규격
　AZ 92 A-T_6
　　AZ : 함유 원소(알루미늄과 아연)
　　92 : 알루미늄 9%와 아연 2%를 포함
　　 A : 순도가 높다.
　　T_6 : 열처리 방법(담금질한 후 인공시효 처리한 것)

합금 원소 기호	
A : 알루미늄	H : 토륨
K : 지르코늄	M : 망간
Z : 아연	E : 희귀 원소

예·상·문·제

1. 다음 중 알루미늄 합금의 특성이 아닌 것은?
　㈎ 적절히 처리하면 내식성이 좋다.
　㈏ 시효 경화성이 없어 상온에서 깨지지 않는다.
　㈐ 상온에서 기계적 성질이 우수하다.
　㈑ 가공성이 좋다.
　[해설] 알루미늄 합금은 열처리 후 시간이 지남에 따라 합금의 강도와 경도가 증가하는 시효 경화성을 가지고 있다.

2. 알루미늄 합금의 일반적인 특성에 대한 설명 중 틀린 것은?
　㈎ 상온에서 기계적 성질이 우수하다.
　㈏ 전성이 우수하여 가공성이 좋다.
　㈐ 내식성이 양호하다.
　㈑ 시효 경화성이 없다.

3. 항공기가 고속화됨에 따라 기체 재료로서 알루미늄 합금은 부적당하고, 티타늄 합금으로 대체되고 있다. 이것은 알루미

정답　1. ㈏　2. ㈑　3. ㈑

늄 합금의 어떠한 결함 때문인가?
㉮ 너무 무겁다.
㉯ 전기 저항이 너무 크다.
㉰ 공기와 마찰로 마모가 심하다.
㉱ 열에 충분히 강하지 못하다.

[해설] 티탄은 비중이 4.51이고 녹는 온도는 1730℃로 강보다 높으며 알루미늄 합금보다 비강도와 내열성이 크고 내식성이 양호하여 항공기 기관 재료로 이용된다.

4. 알루미늄 합금은 비행기의 재료로서는 구조용 강철보다 훨씬 좋지만 초고속기의 재료로서는 다음의 어떤 결함 때문에 티타늄 합금보다 못하는가?
㉮ 밀도가 크다.
㉯ 가공이 어렵다.
㉰ 부식이 심하다.
㉱ 고온에서 인장강도가 크지 않다.

5. 알루미늄 1050에서 "1"이 의미하는 것은 무엇인가?
㉮ 99%의 순수 알루미늄
㉯ 알루미늄-구리계 합금
㉰ 알루미늄-망간계 합금
㉱ 알루미늄-마그네슘계 합금

6. AA 규격이란?
㉮ 미국 철강 협회의 규격으로 알루미늄 규격이다.
㉯ 미국 알루미늄 협회의 규격으로 알루미늄 합금용의 규격이다.
㉰ 미국 재료시험 협회의 규격으로 마그네슘 합금의 규격이다.
㉱ SAE의 항공부가 민간항공기 재료에 대해 정한 규격으로 티타늄 합금, 내열 합금에 많이 쓰인다.

[해설] AA규격 : 미국 알루미늄 협회(Aluminum Association of American) 규격
AISI규격 : 미국 철강 협회(American Iron and Steel Institute) 규격
SAE규격 : 미국 자동차 기술자 협회(Society of Automotive Engineers) 규격
ASTM규격 : 미국 재료시험 협회(American Society for Testing Materials) 규격

7. AA 알루미늄 규격과 주합금 원소가 올바르게 짝지어진 것은?
㉮ 3 X X X : 망간
㉯ 5 X X X : 규소
㉰ 6 X X X : 구리
㉱ 5 X X X : 마그네슘, 규소

8. 알루미늄 합금의 식별에는 미국의 알코아(alcoa) 회사에서 제조한 알루미늄 합금의 규격표시가 사용되기도 한다. 규격의 표시 A-50S가 나타내는 것은?
㉮ Alcoa 회사의 알루미늄 재료로서 합금의 원소가 마그네슘이고, 가공용 알루미늄을 나타낸 것이다.
㉯ Alcoa 회사의 알루미늄 재료로서 합금의 원소가 구리이고, 가공용 알루미늄을 나타낸 것이다.
㉰ Alcoa 회사의 알루미늄 재료로서 합금의 원소가 규소이고, 가공용 알루미늄을 나타낸 것이다.
㉱ Alcoa 회사의 알루미늄 재료로서 합금의 원소가 아연이고, 가공용 알루미늄을 나타낸 것이다.

9. 알루미늄 합금 중 2017의 설명으로 가장 올바른 것은?
㉮ 파괴 인성이 좋고, 피로 특성에도 우수하므로 인장하중이 큰 날개 밑면의

[정답] 4. ㉱ 5. ㉮ 6. ㉯ 7. ㉮ 8. ㉮ 9. ㉱

외피나 동체의 외피에 사용한다.
㉯ 연질 리벳으로 많이 사용된다.
㉰ 초두랄루민이라 불리며, 소형 항공기의 날개 외피 등에 사용한다.
㉱ 두랄루민으로 불리며 오직 리벳으로만 사용된다.

10. 두랄루민으로 개발된 최초 합금으로 Cu 4%, Mg 0.5%를 함유하며 현재는 주로 리벳으로 사용되는 것은?
㉮ 2014   ㉯ 2017
㉰ 2024   ㉱ 2224

11. 알루미늄-구리-마그네슘계 합금으로 일명 "초두랄루민"이라 하며 파괴에 대한 저항성이 우수하며 피로강도도 양호하여 인장하중이 크게 작용하는 대형 항공기 날개 밑면의 외피나 동체의 외피로 사용되는 것은?
㉮ 2014   ㉯ 2024
㉰ 7075   ㉱ 7179

12. 알루미늄(aluminum) 합금의 열처리 기호(heat treatment) T4는 무엇을 나타내는가?
㉮ 연화(annealing)한 것
㉯ 용액 열처리 후 냉각한 것
㉰ 용액 열처리 후 인공시효 완료품
㉱ 용액 열처리 후 자연시효(상온시효) 완료품

13. 미국 재료시험 협회에서 정한 질별기호 중 풀림처리를 나타내는 것은?
㉮ O   ㉯ H   ㉰ F   ㉱ W

14. 알루미늄 합금 2024-T4의 열처리 기호 T4는 무엇을 나타내는가?
㉮ 용액 열처리 후 냉간 가공품인 것
㉯ 담금질 후 인공시효 경화한 것
㉰ 가공 경화 후 풀림처리한 것
㉱ 담금질 후 상온시효가 완료된 것

15. 마그네슘과 그 합금(Mg alloy)이 갖는 일반적인 성질과 가장 거리가 먼 내용은?
㉮ 순수 마그네슘 가루는 공기 중에서 발화하기가 쉽다.
㉯ 염분에 대하여 부식이 심하며, 냉각 가공이 불가능하다.
㉰ 철분을 많이 포함하고 있는 경우에는 내식성이 증가한다.
㉱ 순수 마그네슘의 비중은 1.74 정도이며 실용금속 중에서 가장 가볍다.
[해설] 마그네슘 합금은 내식성이 좋지 않기 때문에 화학적 피막처리를 하여 사용한다.

16. 마그네슘 합금의 규격은 일반적으로 다음과 같은 ASTM의 기호를 사용하고 있다. 설명이 틀린 것은?

$$\underline{AZ}\ \underline{92}\ \underline{A}\ -\ \underline{T_6}$$
① ② ③   ④

㉮ ①은 함유 원소
㉯ ②는 합금 원소의 중량 %
㉰ ③은 용도
㉱ ④는 열처리 기호
[해설] AZ : 함유 원소(알루미늄(A)과 아연(Z))
92 : 알루미늄 9%와 아연 2%
A : 순도 높음
T_6 : 열처리 방법(담금질 후 인공시효 처리한 것)

정답 10. ㉯ 11. ㉯ 12. ㉱ 13. ㉮ 14. ㉱ 15. ㉰ 16. ㉰

1-3 금속재료의 열처리 및 표면경화법

(1) 철강재료의 열처리

① 일반 열처리
  (가) 담금질(quenching ; 급랭) : 재료의 강도와 경도를 증대시키는 처리로서, 철강의 변태점보다 30~50 ℃ 정도 높은 온도로 가열한 후, 기름 등에서 급속 냉각시켜 경도가 강한 조직을 얻는 방법
  (나) 뜨임(tempering ; 소둔) : 적당한 온도(500~600 ℃)에서 재가열하여 공기 중에서 서서히 냉각하여 재료의 인성을 증가시키고, 재료 내부의 잔류 응력을 제거하기 위한 방법
  (다) 풀림(annealing ; 연화) : 철강재료의 연화, 조직 개선 및 내부 응력을 제거하기 위한 처리로서 일정 온도에서 어느 정도의 시간이 경과된 다음 노(furnace) 안에서 서서히 냉각시키는 열처리 방법
  (라) 불림(normalizing) : 조직의 미세화, 주조와 가공에 의한 조직의 불균일 및 내부 응력을 감소시키기 위한 조작으로 담금질의 가열온도보다 약간 높게 가열한 다음 공기 중에서 냉각하여 처리하는 방법

② 철강재료의 표면경화법
  (가) 침탄법(carburizing) : 탄소나 탄화수소계로 구성된 침탄제 속에서 가열하면 강재 표면의 화학변화에 의하여 탄소가 강재표면에 침투되어 침탄층이 형성되어 표면이 단단해지는 표면경화법
  (나) 질화법(nitriding) : 암모니아 가스 중에서 500~550 ℃로 20~100시간 정도 가열하여 표면을 경화하는 방법
  (다) 침탄 질화법(carbonitriding ; 시안화법) : 시안화염을 주성분으로 한 염욕에 강을 가열한 후 담그면 침탄과 질화가 동시에 되는 표면경화법
  (라) 고주파 담금질법(induction hardening) : 철강에 고주파 전류를 이용하여 표면을 가열한 후 물로 급랭시켜 담금질 효과를 주어 표면경화하는 방법
  (마) 금속 침투법 : 강재를 가열하여 그 표면에 아연, 크롬, 알루미늄, 규소, 붕소 등과 같은 피금속을 부착시키는 동시에 합금 피복층을 형성시키는 처리법
  (바) 화염 담금질법(flame hardening) : 탄소강 표면에 산소-아세틸렌 화염으로 표면만을 가열하여 오스테나이트로 만든 다음 급랭하여 표면층만 담금질하는 방법

(2) 알루미늄 합금의 열처리

① 고용체화 처리 : Al-Cu합금, Al-Mg-Si합금, Al-Zn합금에 이용되는 열처리로 강도와 경도를 증대시키기 위한 처리이다.
② 인공시효 처리 : 고용체화 처리된 재료를 120~200 ℃ 정도로 가열하여 과포화 성분을 석

출시키는 처리이다.
③ 풀림 처리 : 고용체화 처리 온도와 인공시효 처리 온도의 중간 온도로 가열하여 잔류응력을 제거하여 재질을 연하게 한다.

(3) 금속의 부식처리 및 부식방지법

① 부식의 종류
  ㈎ 표면 부식(surface corrosion) : 흔한 부식 생성물로서 가루 침전물을 수반하는 움푹 팬 모양으로 화학적, 전기 화학적 침식에 의해 발생한다.
  ㈏ 이질 금속간의 부식(galvanic corrosion, 전식 작용, 동전기 부식) : 서로 다른 금속이 접촉하면 접촉면 양쪽에 기전력이 발생하고 여기에 습기가 끼게 되면 전류가 흐르면서 금속이 부식되는 현상을 말한다.
    A군 : 1100, 3003, 5052, 6061
    B군 : 2014, 2017, 2024, 7075
    A, B군은 서로 이질 금속이므로 접촉을 피해야 한다.
  ㈐ 입간 부식(intergranular corrosion) : 합금의 결정입계 또는 그 근방을 따라 생기는 부식으로 합금성분의 분포가 균일하지 못한데서 일어나는 부식을 말한다.
  ㈑ 응력 부식(stress corrosion) : 강한 인장응력과 적당한 부식조건과의 복합적인 영향으로 발생하며 알루미늄 합금과 마그네슘 합금에 주로 발생한다.
  ㈒ 프레팅 부식(fretting corrosion) : 서로 밀착한 부품간에 계속적으로 아주 작은 진동이 일어날 경우 그 표면에 흠이 생기는 부식을 말한다.
  ㈓ 공식 부식(pitting corrosion) : 금속표면에서 일부분의 부식속도가 빨라서 국부적으로 깊은 홈을 발생시키는 부식이다.

② 부식방지법
  ㈎ 양극 산화 처리(anodizing) : 금속표면에 전해질인 산화피막을 형성하는 방법으로, 전해질인 수용액 중에서 OH^-이 방출되기 때문에 양극의 금속표면이 수산화물 또는 산화물로 변화되고 고착되어 부식에 대한 저항성을 향상시킨다.
  ㈏ 도금(plating) 처리 : 철강재료의 부식을 방지하기 위한 방법으로 철강재료의 경우 카드뮴이나 주석도금을 하여 부식을 방지한다.
  ㈐ 파커라이징(parkerizing) : 철강의 부식방지법의 일종으로 검은 갈색의 인산염 피막을 철재 표면에 형성시켜 부식을 방지하는 방법을 말한다.
  ㈑ 벤더라이징(benderizing) : 철강재료 표면에 구리를 석출시켜서 부식을 방지하는 방법을 말한다.
  ㈒ 음극 부식방지법(cathodic protection) : 부식을 방지하려는 금속재료에 외부로부터 전류를 공급하여 부식되지 않는 부(−)전위를 띠게 함으로써 부식을 방지하는 방법이다.
  ㈓ 알클래드(alclad) : 초강 합금의 표면에 내식성이 우수한 순알루미늄 또는 알루미늄 합금판을 붙여 사용하는데 이것을 알클래드라 하며, 표면에 접착하는 두께는 실제의 5~10% 정도에서 압연하여 접착하고 표면에 "ALCLAD"라 표시한다.

예·상·문·제

1. 강(steel)을 고용체 상태로 가열한 후 급속 냉각하여 재질을 경화하는 열처리 방법은?
㉮ 풀림(annealing)
㉯ 불림(normalizing)
㉰ 담금질(quenching)
㉱ 뜨임(tempering)

2. 리벳 보호피막 처리에서 황색으로 된 것은?
㉮ 양극 처리를 한 것이다.
㉯ 크롬산 아연을 처리한 것이다.
㉰ 금속을 분무한 것이다.
㉱ 보호피막 처리를 하지 않은 것이다.

3. 알루미늄 합금 리벳 중 황색은?
㉮ 크롬산 아연으로 보호도장을 한 것이다.
㉯ 양극 처리를 한 것이다.
㉰ 금속도료를 도장한 것이다.
㉱ 니켈, 마그네슘선으로 보호도장된 것이다.

4. 담금질 후 열처리가 정확하지 못했다면 알루미늄 합금재에 발생하는 부식은?
㉮ 입자간 부식   ㉯ 응력 부식
㉰ 찰과 부식   ㉱ 이질 금속간 부식

5. 다음 중 부식의 종류에 해당되지 않는 것은?
㉮ 자장 부식   ㉯ 표면 부식
㉰ 입자간 부식 ㉱ 응력 부식

6. 알루미늄의 표면에 인공적으로 얇은 산화피막을 형성하는 방법은?
㉮ 파커라이징
㉯ 애노다이징
㉰ 카드뮴 도금 처리
㉱ 주석 도금 처리
[해설] 양극 산화 처리 : anodizing

7. 알루미늄의 내식성을 향상시키고, 좋은 피막을 얻는 방법이 아닌 것은?
㉮ 황산법   ㉯ 인산 알코올법
㉰ 크롬산법   ㉱ 석출경화

8. 인공적으로 방부처리하는 양극 산화 처리의 종류에 속하지 않는 것은?
㉮ 황산법   ㉯ 수산법
㉰ 알로다인법   ㉱ 크롬산법
[해설] 양극 산화 처리작업 : 황산법, 수산법, 크롬산법

9. 알루미늄 합금의 화학적 피막처리 방법으로 가장 옳은 것은?
㉮ 알로다인 처리   ㉯ 다우 처리
㉰ 알칼리 착색법   ㉱ 파커라이징 처리
[해설] 알로다인 처리 : 화학적 피막처리인 알로다인 처리는 화학적으로 합금표면에 0.00001~0.00005 inch 크로메이트 처리를 하여 내식성과 도장작업의 접착효과를 증진시키기 위한 부식방지 처리 작업이다.

10. 항공기 기체에서 사용되는 금속재료의 90% 이상이 알루미늄 합금이다. 알클래

[정답] 1. ㉰ 2. ㉯ 3. ㉮ 4. ㉮ 5. ㉮ 6. ㉯ 7. ㉱ 8. ㉰ 9. ㉮ 10. ㉯

드(alclad)판이란 무엇인가?
㉮ 순수 알루미늄에 알루미늄 합금으로 입힌 것이다.
㉯ 알루미늄 합금에 순수 알루미늄으로 입힌 것이다.
㉰ 순수 알루미늄을 말한다.
㉱ 알루미늄 합금을 말한다.

11. 알루미늄 합금판에서 "알클래드(alclad)"란 말은 판의 표면 부식방지를 위하여 어떻게 처리한 것을 말하는가?
㉮ 크롬-인산염 처리
㉯ 전기도금 화학처리
㉰ 카드뮴 판을 입힘
㉱ 순알루미늄을 입힘

12. 알클래드(alclad)판에 대한 설명으로 가장 올바른 것은?
㉮ 순수 알루미늄 판에 알루미늄 합금을 약 3~5% 정도의 두께로 입힌 것이다.
㉯ 알루미늄 합금판에 순수 알루미늄을 약 3~5% 정도의 두께로 입힌 것이다.
㉰ 티타늄 합금판에 순수 티타늄을 약 3~5% 정도의 두께로 입힌 것이다.
㉱ 순수 티타늄 판에 티타늄 합금을 약 3~5% 정도의 두께로 입힌 것이다.

13. 알클래드 알루미늄(alclad aluminum)을 올바르게 설명한 것은?
㉮ 부식을 방지하기 위하여 알루미늄 합금판에 모재(母材) 두께의 한쪽 면의 3~5%로 순알루미늄으로 피막을 입힌 것이다.
㉯ 부식을 방지하기 위하여 알루미늄 합금판에 모재(母材) 두께의 한쪽 면의 3~5%로 순마그네슘으로 피막을 입힌 것이다.
㉰ 모재(母材) 두께의 한쪽 면의 0~3%로 순티타늄으로 피막을 입힌 것이다.
㉱ 모재(母材) 두께의 한쪽 면의 5~7%로 순마그네슘으로 피막을 입힌 것이다.

14. 비행기의 표피 재료인 알클래드(alclad)판은 알루미늄 합금판 위에 순알루미늄을 피복한 것이다. 순알루미늄을 피복한 주목적은?
㉮ 단선 배선에 있어서 회로저항을 감소하기 위함이다.
㉯ 공기 중에 있어서 부식을 방지하기 위함이다.
㉰ 표면을 매끈하게 하여 공기저항을 줄이기 위함이다.
㉱ 판의 두께를 증가하여 더 큰 하중에 견디도록 하기 위함이다.

15. 초기 알루미늄 합금 위에 순수 알루미늄을 입힌 것은?
㉮ 알클래드   ㉯ 양극 산화 처리
㉰ 메탈라이징   ㉱ 벤더라이징

16. 알루미늄 합금 주물로 된 비행기 부품이 공기 중에서 부식하는 것을 방지하기 위하여 어떤 처리를 하여야 하는가?
㉮ 침탄 처리
㉯ 카드뮴 도금 처리
㉰ 산화알루미늄 도금 처리
㉱ 아연 도금 처리

17. 서로 다른 재질의 금속이 접촉하면 접촉전기와 수분에 의해 전기가 발생하여

정답 11. ㉱ 12. ㉯ 13. ㉮ 14. ㉯ 15. ㉮ 16. ㉰ 17. ㉯

부식을 초래하게 되는 현상을 무엇이라 하는가?
㉮ anti-corrosion
㉯ galvanic action
㉰ bonding
㉱ age hardening

18. 다음 이질 금속간의 부식이 일어날 수 있는 것은?
㉮ 크롬-스테인리스 ㉯ 동-알루미늄
㉰ 납-철　　　　　㉱ 동-니켈

19. 양극 처리(anodizing)에 대한 설명으로 관계가 없는 것은?
㉮ 강철 처리에 용이하다.
㉯ 산화알루미늄 도금이다.
㉰ 부식을 방지하기 위한 도금이다.
㉱ 전기 화학적 도금이다.

20. 양극 처리(anodizing)에 대한 설명 중 바른 것은?
㉮ 금속표면에 산화피막을 입힌 것이다.
㉯ 양극 피막은 전기에 대해 불량도체이다.
㉰ 알루미늄 합금에 처리하면 내식성이 증가한다.
㉱ 부식에 대한 저항력을 약화시키거나 페인팅하기에 좋은 표면을 만든다.

21. 밀착된 구성품 사이에 작은 진폭의 상대운동이 일어날 때에 발생하는 제한된 형태의 부식은 무엇인가?
㉮ 점(pitting) 부식
㉯ 찰과(fretting) 부식
㉰ 피로(fatigue) 부식
㉱ 동전기(galvanic) 부식

22. 금속표면이 국부적으로 깊게 침식되어 콩알만한 작은 점을 만드는 부식은?
㉮ 피로 부식(fatigue corrosion)
㉯ 공식 부식(pitting corrosion)
㉰ 응력 부식(stress corrosion)
㉱ 이질 금속간의 부식(galvanic corrosion)

23. 열처리가 부적당한 어느 특정된 알루미늄 합금재에 발생하는 부식을 무엇이라 하는가?
㉮ 입자 부식(intergranular corrosion)
㉯ 응력 부식(stress corrosion)
㉰ 찰과 부식(fretting corrosion)
㉱ 이질 금속간의 부식

24. 서로 밀착한 부품간에 계속적으로 아주 작은 진동이 일어날 경우 그 표면에 생기는 부식을 무엇이라 하는가?
㉮ 표면 부식(surface corrosion)
㉯ 이질 금속간의 부식(galvanic corrosion)
㉰ 입간 부식(intergranular corrosion)
㉱ 프레팅 부식(fretting corrosion)

25. 항공기 동체구조 점검 중에 알루미늄 합금의 구조물이 층층이 떨어지는 것을 발견하였다. 일반적으로 이와 같은 부식을 무엇이라 부르는가?
㉮ 이질 금속간의 부식
㉯ 응력 부식
㉰ 마찰 부식
㉱ 엑스폴리에이션(exfoliation)

정답 18. ㉰　19. ㉮　20. ㉰　21. ㉯　22. ㉯　23. ㉮　24. ㉱　25. ㉱

1-4 비금속재료

(1) 플라스틱(plastics)

　① 열경화성 수지 : 한 번 가열하여 성형하면 다시 가열하여도 연해지거나 용융되지 않는 성질로 페놀 수지, 에폭시 수지, 폴리우레탄 등이 있다.

　　(가) 에폭시 수지 : 접착력이 매우 크고 성형 후 수축률이 작고 내약품성이 우수하다. 항공기 구조의 접착제나 도료로 사용된다. 전파 투과성이 우수하여 항공기의 레이돔, 동체 및 날개부의 구조재용 복합재료의 모재로도 사용된다.

　　(나) 폴리우레탄 수지 : 내수성, 내유성, 내열성 및 내약품성이 우수하여 항공기의 좌석, 열배기부분의 단열재로 사용된다.

　　(다) 페놀 수지 : 베이크라이트(bakelite)로 널리 알려진 수지로, 전기적, 기계적 성질, 내열성 및 내약품성이 우수하여 전기계통의 각종 부품, 기계부품 등에 사용된다.

　② 열가소성 수지 : 가열하여 성형한 후 다시 가열하면 연해지고 냉각하면 다시 본래의 상태로 굳어지는 성질의 수지로 폴리염화비닐(PVC), 폴리에틸렌, 나일론, 폴리메타클릴산메틸(PMMA) 등이 있다.

　　(가) 폴리염화비닐(PVC) : 전기 절연성, 내수성, 내약품성 및 자기 소화성을 가지고 있으나 유기용제에 녹기 쉽고 열에 약하며 비중이 크다. 전선의 피복재 또는 항공기 객실 내장재로 사용된다.

　　(나) 폴리메타클릴산메틸(PMMA ; 아크릴 수지) : 플렉시글라스(plexiglas)라고도 하며 투명도가 우수하고 가볍고 강인하여 항공기용 창문유리, 객실 내부의 안내판 및 전등덮개 등에 사용된다.

(2) 세라믹(ceramic)

　무기질 비금속재료로서 고온에서의 내열성이 우수하고 성형 가공성도 우수하지만 인장과 충격에 약하다. 내열성이 우수하여 항공기 기관의 부품에 사용된다.

(3) 고무

　공기, 액체, 가스 등의 누설을 방지하고, 진동과 소음을 방지하기 위한 부분에 사용된다.

　① 니트릴 고무 : 내유성, 내열성, 내마멸성은 우수하지만, 굴곡성과 유연성이 부족하며 내오존성이 없고 저온 특성이 좋지 않다. 오일 실, 개스킷, 연료 탱크 호스 등에 사용한다.

　② 부틸 고무 : 가스 침투의 방지와 기후에 대한 저항성이 매우 우수하고, 내열 노화성, 내오존성이 좋다. 호스나 패킹, 진공실 등에 사용한다.

　③ 플루오르 고무 : 초내열성, 내식성의 고무로 오일 실, 패킹, 내약품성 호스에 사용한다.

　④ 실리콘 고무 : 내열성과 내한성이 우수하여 사용온도 범위가 매우 넓으며 기후에 대한 저항성과 전기절연 특성이 매우 우수하다.

1-5 복합재료

(1) 복합재료의 개요

고체상태의 강화재(reinforcement)와 이들을 결합시키는 액체나 분말형태의 모재(matrix)로 구성된다.

① 복합재료의 장점
- (개) 무게당 강도비가 매우 높다(Al 합금에 비해 20% 무게 감소, 30% 정도의 인장, 압축강도가 증가한다).
- (내) 복잡한 형태나 공기 역학적인 곡선형태의 부품제작이 쉽다.
- (대) 유연성이 크고 진동에 대한 내구성이 커서 피로강도가 증가한다.
- (래) 접착제가 절연체 역할을 하여 전기화학 작용에 의한 부식을 최소화할 수 있다.
- (매) 복합구조재의 제작이 단순하고 비용이 절감된다.

② 강화재 : 항공기 부품제작에 사용되는 복합재료에는 주로 섬유형태의 강화재가 사용되며 강화재에는 유리 섬유(fiber glass), 탄소(carbon/graphite) 섬유, 아라미드(aramid) 섬유, 보론(boron) 섬유 및 세라믹(ceramic) 섬유 등이 있다.
- (개) 유리 섬유 : 이산화규소의 가는 가닥으로 만들어진 섬유로 내열성과 내화학성이 우수하고 값이 저렴하여 가장 많이 사용되고 있다. 기계적 강도가 낮아 2차 구조물에 사용된다.
- (내) 탄소 섬유 : 열팽창 계수가 작기 때문에 사용온도의 변동이 크더라도 치수 안정성이 우수하다. 강도와 강성이 날개와 동체 등과 같은 1차 구조부의 제작에 쓰인다. 취성이 크고 가격이 비싸다.
- (대) 아라미드 섬유 : 케블라라고도 하며 가볍고 인장강도가 크며 유연성이 크다. 알루미늄 합금(7075-T6)보다 인장강도가 4배 높으며, 밀도는 $\frac{1}{2}$ 정도로 높은 응력과 진동을 받는 항공기 부품에 가장 이상적이다.
- (래) 보론 섬유 : 뛰어난 압축강도와 경도를 가지며 열팽창률이 크고 금속과의 점착성이 좋다. 작업할 때 위험성이 있고 값이 비싸기 때문에 일부 전투기에 사용된다.
- (매) 세라믹 섬유 : 1200 ℃에 도달할 때까지 강도와 유연성을 유지하며 높은 온도의 적용이 요구되는 곳에 사용한다.

③ 모재 : 강화재를 결합시키며 전단하중이나 압축하중을 담당하고, 습기가 화학물질로부터 강화재를 보호한다.
- (개) 유리 섬유 보강 플라스틱(fiber glass reinforced plastic ; FRP) : 항공기의 1차 구조재에 필요한 충분한 강도를 가지지 못하고, 취성이 강해 유리 섬유와 함께 2차 구조재 제작에 사용되었다.
- (내) 섬유 보강 금속(fiber reinforced metallics ; FRM) : 가볍고 인장강도가 큰 것을

요구할 때는 알루미늄, 티탄, 마그네슘과 같은 저밀도 금속을 사용하고, 내열성을 고려할 때는 철이나 구리계의 금속을 사용한다.

(다) 섬유 보강 세라믹(fiber glass reinforced ceramic ; FRC) : 내열합금도 견디지 못하는 1000℃ 이상의 높은 온도에 내열성이 있다.

④ 혼합 복합 소재

(가) 인트라플라이 혼합재(intra-ply hybrid) : 천을 생산하기 위해 2개 혹은 그 이상의 보강재를 함께 사용하는 방법이다.

(나) 인터플라이 혼합재(inter-ply hybrid) : 두 겹 혹은 그 이상의 보강재를 사용하여 서로 겹겹이 덧붙인 형태이다.

(다) 선택적 배치(selective placement) : 섬유를 큰 강도, 유연성, 비용절감 등을 위해 선택적으로 배치하는 방법이다.

예·상·문·제

1. 알루미나(alumina) 섬유의 특징으로 틀린 것은?

㉮ 내열성이 뛰어나 공기 중에서 1300℃로 가열해도 취성을 갖지 않는다.
㉯ 표면처리를 하지 않아도 FRP나 FRM으로 할 수 있다.
㉰ 전기, 광학적 특징은 은백색으로 전기의 도체이다.
㉱ 금속과 수지와의 친화력이 좋다.

[해설] 알루미나 섬유 : 무색투명하며 전기 부도체인 섬유이다. 1300℃로 가열해도 물성이 유지되는 우수한 내열성을 가지고 있다. 또한, 모든 종류의 모재와 잘 결합하며 우수한 내열성으로 인해 고온 부위의 재료로 사용된다.

2. 알루미나 섬유에 대한 설명으로 가장 올바른 것은?

㉮ 기계적 특성이 뛰어나므로 주로 전투기 동체나 날개 부품제작에 사용한다.
㉯ 알루미나 섬유를 일명 케블라라고 한다.
㉰ 무색투명하며 약 1300 ℃로 가열하여도 물성이 유지되는 우수한 내열성을 가지고 있다.
㉱ 기계적 성질이 떨어져 주로 객실 내부 구조물 등 2차 구조물에 사용한다.

3. 다음 항공기에 사용되는 복합재료의 하나인 탄소 섬유(carbon fiber)에 관한 것이다. 가장 올바른 것은?

㉮ 밀도는 보론이나 유리 섬유보다 크다.
㉯ 열팽창률이 매우 작아서 치수 안정성이 필요한 우주장비에 적합하다.
㉰ 고온(500 ℃ 이상)에서 사용 시 탄화규소와 반응하여 산화 부식의 원인이

정답 1. ㉰ 2. ㉰ 3. ㉯

된다.
㉣ 열팽창률이 매우 크다.

[해설] 탄소 섬유: 피치, 레이온 또는 폴리아크릴로니트릴과 같은 유기 섬유를 탄화시켜 제조하며 열처리하여 흑연화시킨 것을 말한다. 열팽창계수가 작기 때문에 사용온도의 변동이 크더라도 치수 안정성이 우수하여 항공 우주용 구조물에 이용된다.

4. 일명 "케블라"라 불리며, 비중이 작으므로 구조물의 경량화를 위하여 사용량이 증가되고 있는 복합재료는?
㉮ 아라미드 섬유 ㉯ 열경화성 섬유
㉰ 유리 섬유   ㉱ 세라믹

5. 상품명이 케블라(kevlar)라고 하며 황색이고 전기 부도체이며 전파도 투과시키는 강화 섬유는?
㉮ 보론 섬유   ㉯ 알루미나 섬유
㉰ 아라미드 섬유 ㉱ 유리 섬유

6. 용해된 이산화규소의 가는 가닥으로 만들어진 섬유로서 전기 절연성이 뛰어나고 내수성, 내산성 등의 화학적 내구성이 좋으며, 가격도 저렴하지만 다른 강화섬유에 비해 기계적 성질이 낮아 2차 구조물에 사용되는 섬유는?
㉮ 카본 섬유   ㉯ 유리 섬유
㉰ 아라미드 섬유 ㉱ 보론 섬유

7. 다음 복합재료 중 가격이 비교적 저렴하여 보편적으로 객실 내부 구조물 등과 같은 2차 구조물에 널리 사용되는 것은?
㉮ 보론 섬유(boron fiber)
㉯ 탄소/흑연 섬유(carbon/graphite fiber)
㉰ 케블라(kevlar)
㉱ 유리 섬유(fiber glass)

8. 다음 중 사용온도 범위가 가장 높고, 내마멸성이 우수하여 항공기의 제동 디스크나 로켓 노즐에 사용되는 모재로 옳은 것은?
㉮ FRP(유리 섬유 보강 플라스틱)
㉯ FRM(유리 섬유 보강 금속)
㉰ FRC(유리 섬유 보강 세라믹)
㉱ C/C 복합재(탄소-탄소 복합재료)

[해설] 탄소-탄소 복합재료(carbon-carbon composite material): 보강 섬유와 보재를 모두 탄소를 사용하며 내열성과 내마모성이 우수하여 항공기 제동 디스크나 로켓 노즐 등에 사용한다.

9. 비금속재료인 플라스틱 가운데 투명도가 가장 높아서 항공기용 창문유리, 객실 내부의 전등덮개 등에 사용되며, 일명 플렉시글라스라고 하는 것은?
㉮ 네오프렌
㉯ 폴리메타클릴산메틸
㉰ 폴리염화비닐
㉱ 에폭시 수지

10. 가격이 비교적 비싸고 화학반응성이 커서 취급에 어려움이 있으나 기계적 특성이 다른 강화 섬유에 비해 뛰어나므로 주로 전투기 등의 동체나 날개 부품제작에 사용되는 것은?
㉮ 아라미드 섬유 ㉯ 알루미나 섬유
㉰ 탄소 섬유   ㉱ 보론 섬유

11. 항공기 구조의 접착제나 도료 등으로 사용되고, 전파 투과성도 우수하여 항공

정답 4. ㉮ 5. ㉰ 6. ㉯ 7. ㉱ 8. ㉱ 9. ㉯ 10. ㉱ 11. ㉯

기의 레이돔, 동체 및 날개 등의 구조재용 복합재료의 모재로도 사용되는 플라스틱 재료는?
㉮ 페놀 수지
㉯ 에폭시 수지
㉰ 폴리염화비닐 수지
㉱ 아크릴 수지

12. 섬유 강화 플라스틱(F.R.P : fiber reinforced plastic)에 대한 설명 중 옳지 않은 것은?
㉮ 경도, 강성이 낮은데 비해 강도비가 크다.
㉯ 내식성, 진동에 대한 감쇄성이 크다.
㉰ 최근 항공기의 조종면에는 F.R.P 허니컴(honey comb) 구조가 사용된다.
㉱ 인장강도, 내열성이 높으므로 기관 마운트(engine mount)로 사용한다.
[해설] FRP는 항공기의 1차 구조재에 필요한 충분한 강도를 가지지 못하고, 취성이 강해 2차 구조재에 사용한다.

13. FRCM(fiber reinforced composite materials) 중 최대 사용온도가 높은 것은?
㉮ FRC   ㉯ BMI   ㉰ FRM   ㉱ FRP

14. FRP(fiber reinforced plastic)에 주로 사용되고 있는 열경화성 수지는?

㉮ 멜라민 수지   ㉯ 실리콘 수지
㉰ 폴리염화비닐   ㉱ 에폭시 수지

15. 다음 중 열가소성 수지는?
㉮ 폴리에틸렌 수지
㉯ 페놀 수지
㉰ 에폭시 수지
㉱ 폴리우레탄 수지

16. 다음 중 열경화성 수지에 해당하지 않는 것은?
㉮ 페놀 수지
㉯ 폴리염화비닐 수지
㉰ 폴리우레탄 수지
㉱ 에폭시 수지

17. 합성고무 중 우수한 안정성을 가져 내열성이 요구되는 부분의 밀폐제 등으로 사용되는 것은?
㉮ 부틸   ㉯ 부나
㉰ 네오프렌   ㉱ 실리콘 고무

18. 가열하면 화학반응이 진행되어 그 온도에서 고체화하며 냉각 후에는 가열 전과 다른 구조로 되고 여러 번 가열해도 연화하지 않는 수지는?
㉮ 열가소성 수지   ㉯ 열경화성 수지
㉰ 염화비닐 수지   ㉱ 아크릴 수지

정답 12. ㉱   13. ㉮   14. ㉱   15. ㉮   16. ㉯   17. ㉱   18. ㉯

2. 항공기 요소(fastener 등)

2-1 항공기용 기계요소

(1) 볼트(bolt)

① 볼트의 길이

㈎ 그립(grip) : 볼트의 길이 중에서 나사가 나와있지 않은 부분의 길이로 체결하여야 할 부재의 두께와 일치한다.

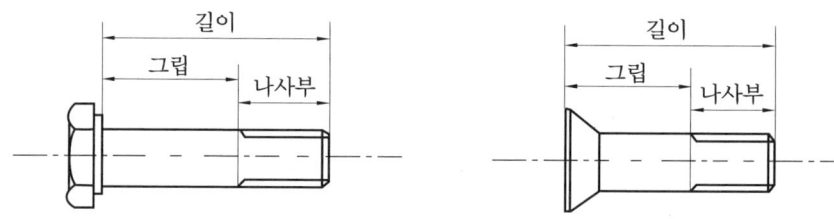

항공기용 볼트의 규격

㈏ 볼트 길이(shank)

㉮ 일반적인 볼트 : 그립(grip)+나사부(볼트 머리 부분은 제외)

㉯ 접시머리 볼트(countersunk bolt) : 그립(grip)+나사부, 즉 볼트 전체 길이(머리 부분 포함)

② 볼트의 머리 기호에 의한 식별 : 볼트 머리에 기호를 표시하여 볼트의 특성이나 재질을 나타낸다.

㈎ Al 합금 볼트 : 쌍대시(- -)

㈏ 내식강 : 대시(-)

㈐ 특수 볼트 : SPEC 또는 S

㈑ 정밀 공차 볼트 : △

㉮ △ : 고강도 볼트로 허용강도가 160000~180000 psi

㉯ △ : 합금강 볼트로 허용강도가 125000~145000 psi

㈒ 열처리 볼트 : R

항공용 볼트의 식별부호

③ 볼트의 종류
   (가) 육각머리 볼트(육각 볼트 AN 3~AN 20) : 일반적으로 인장하중과 전단하중을 담당하는 구조부분에 사용한다.
   (나) 드릴 헤드 볼트(AN 73~AN 81) : 안전결선을 하도록 볼트 머리에 구멍이 뚫려 있다.
   (다) 정밀 공차 볼트(육각머리 AN 173~AN 186, NAS 673~NAS 678) : 일반 볼트보다 정밀하게 가공된 볼트로서 어느 정도 타격을 가해야만 제 위치에 들어간다.
   (라) 내부 렌칭 볼트(MS 20004~20024)(internal wrenching bolt)
      ㉮ 고강도강으로 만들며 인장하중이 주로 작용하는 부분에 사용한다.
      ㉯ 볼트 머리에 홈이 파여져 있으므로 L wrench(allen wrench)를 사용하여 풀거나 조일 수 있다.

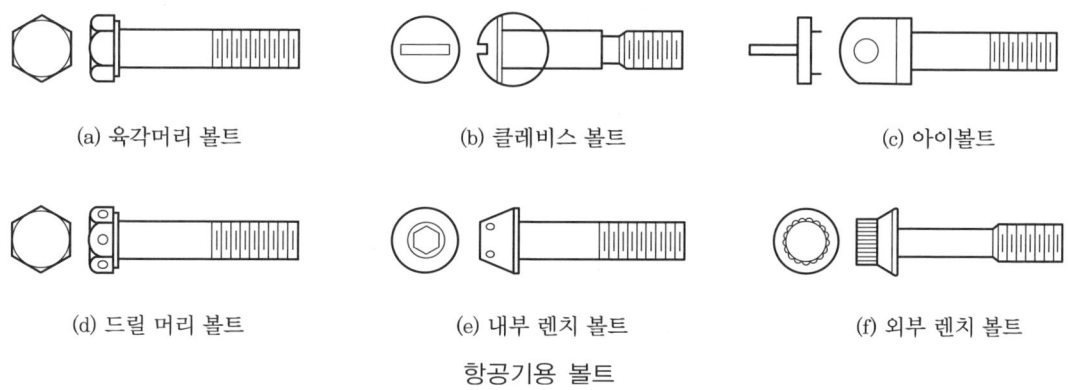

(a) 육각머리 볼트   (b) 클레비스 볼트   (c) 아이볼트
(d) 드릴 머리 볼트   (e) 내부 렌치 볼트   (f) 외부 렌치 볼트
항공기용 볼트

   (마) 특수 볼트
      ㉮ 클레비스 볼트(clevis bolt, AN 21~AN 36)
         · 머리가 둥글고 스크루 드라이버를 사용하도록 머리에 홈이 파여 있다.
         · 전단하중만 걸리고 인장하중이 작용하지 않는 조종계통의 장착용 핀으로 자주 사용된다.
      ㉯ 아이 볼트(eye bolt, AN 42~AN 49) : 외부의 인장하중이 작용하는 부분에 사용하며 머리에 나 있는 고리(eye)에는 턴 버클(turn buckle)이나 조종 케이블(cable) 등의 부품이 연결된다.
      ㉰ 로크 볼트(lock bolt, 고정 볼트) : 고강도 볼트와 리벳으로 구성되며 날개의 연결부, 착륙장치의 연결부와 같은 구조부분에 사용된다. 재래식 볼트보다 신속하고 간편하게 장착할 수 있고, 와셔나 코터 핀 등을 사용하지 않아도 된다.
④ 볼트의 식별
   (가) AN 3 DD H 5 A
      AN : 규격(AN 표준기호)
      3 : 계열번호 및 볼트 지름$\left(\dfrac{3}{16}\text{inch}\right)$

DD : 볼트 재질로 2024 알루미늄 합금을 나타낸다.
H : 머리에 구멍 유무(H : 구멍 유, 무표시 : 구멍 무)
5 : 볼트 그립의 길이를 나타내는 AN 규격품의 번호(bolt 그립 길이가 $\frac{5}{8}$ inch)
A : 나사 끝에 구멍 유무(A : 구멍 무, 무표시 : 구멍 유)

(나) NAS 6603 D H 10

NAS : 규격(NAS)
6603 : 계열번호
03 : 볼트 지름$\left(\frac{3}{16}\text{ inch}\right)$
H : 볼트 머리의 구멍 유무 표시
10 : 볼트 그립을 나타내는 NAS 규격품의 번호

⑤ 나사의 등급

(가) 1등급(class 1) : losse fit로 강도를 필요로 하지 않는 곳에 사용한다.
(나) 2등급(class 2) : free fit로 강도를 필요로 하지 않는 곳에 사용하며, 항공기용 스크루 제작에 사용한다.
(다) 3등급(class 3) : medium fit로 강도를 필요로 하는 곳에 사용되며, 항공기용 볼트는 거의 3등급으로 제작한다.
(라) 4등급(class 4) : close fit로 너트를 볼트에 끼우기 위해서는 렌치(wrench)를 사용해야 한다.

(2) 너트(nut)

① 너트의 종류

(가) 자동 고정 너트(self-locking nut) : 심한 진동하에서 쉽게 풀리지 않는 강도를 요하는 연결부에 사용하며, 회전하는 부분에는 사용할 수 없다.

㉮ 금속형 자동 고정 너트 : 너트 윗부분에 홈을 파서 구멍의 지름을 작게 하여 금속의 탄성을 이용하여 고정한다.

㉯ 파이버 자동 고정 너트(fiber self-locking nut) : 너트 안쪽에 파이버(fiber)로 된 칼라(collar)를 끼워 탄성력을 줌으로써 자체가 스스로 체결된다. 나일론 계통은 200회 정도, 파이버 계통은 약 15회 정도 사용한다.

(나) 비자동 고정 너트(일반 너트) : 너트를 체결한 다음 코터 핀(cotter pin)이나 안전결선 또는 고정 너트 등으로 체결하여야 한다.

㉮ 캐슬 너트(castle nut ; 성 너트, AN 310) : 볼트 중에 섕크(shank)에 구멍이 나 있는 볼트나, 아이 볼트 및 스터드 볼트 등과 함께 사용되며 큰 인장하중에 견딘다. 너트에 있는 요철 부분은 코터 핀이나 안전결선에 의한 고정 작업을 하기 위한 부분이다.

㉯ 캐슬 전단 너트(castellated shear nut ; AN 320) : 성 너트보다 얇고 약하며 주로 전단응력만 작용하는 곳에 사용한다.

㉰ 평 너트(plain nut ; AN 315) : 비구조용 부재의 체결용으로써 인장하중을 받는 곳에 사용하며 풀림방지를 위하여 체크 너트나 고정 와셔 등의 보조장치가 필요하다.

㉱ 체크 너트(check nut ; AN 316) : 잼(Jam) 너트라고 하며 두께가 얇다. 볼트에 너트를 2개 결합하면 풀림을 방지할 수 있기 때문에 다른 너트나 조종 로드 끝부분의 풀림방지용 고정 너트로 사용된다.

㉲ 나비 너트(wing nut ; AN 350) : 맨손으로 죌 수 있을 정도의 죔이 요구되는 부분에 사용한다.

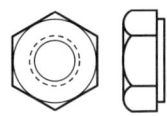   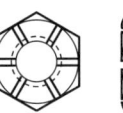 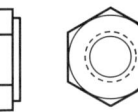  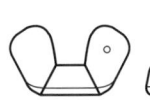

(a) 평너트　　　(b) 캐슬너트　　　(c) 캐슬 전단 너트　　　(d) 체크 너트　　　(e) 나비 너트

항공기용 너트

㈐ 특수 너트

㉮ 앵커 너트(anchor nut ; 플레이트 너트) : 얇은 패널에 너트를 부착하여 사용할 수 있도록 고안된 너트이다.

② 너트의 식별

㈎ AN 310 D-5R

　　AN : 규격명(AN 표준기호)

　　310 : 너트의 종류(캐슬 너트)

　　D : 재질(2017 T)

　　　(F : 강, B : 황동, D : 2017 T(알루미늄), DD : 2024 T, C : 스테인리스강)

　　5 : 사용 볼트의 지름$\left(\dfrac{5}{16}\text{ inch}\right)$

　　R : 오른나사(L : 왼나사)

(3) 스크루(screw ; 나사못)

① 스크루와 볼트의 차이점 : 스크루는 재질, 강도가 낮고, 나사가 비교적 헐거우며 명확한 그립(grip)의 길이가 없다.

② 종류

㈎ 구조용 스크루 : 볼트와 같이 그립을 가지고 있으나 머리형태만 다르고 볼트에 상당하는 전단강도를 가진다. 머리모양은 둥근머리, 와셔머리, 접시머리(countersink) 등으로 되어 있다.

㈏ 기계용 스크루 : 그립이 없고 구조용 스크루에 비해 강도가 낮다. 가장 많이 사용된다.

㈐ 자동 태핑 스크루 : 구조부의 일시적 결합이나 비구조 부재의 영구 결합용으로 사용된다.

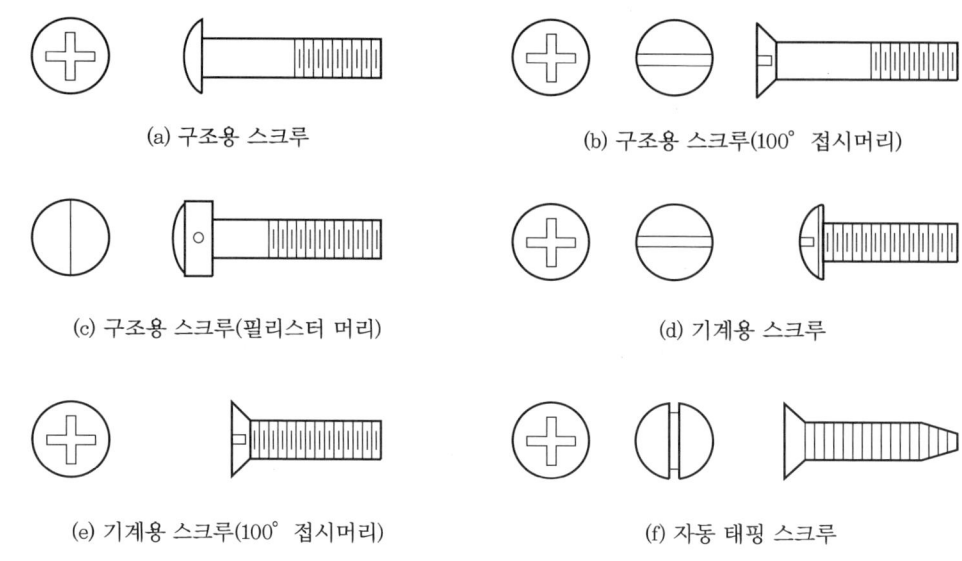

(a) 구조용 스크루
(b) 구조용 스크루(100° 접시머리)
(c) 구조용 스크루(필리스터 머리)
(d) 기계용 스크루
(e) 기계용 스크루(100° 접시머리)
(f) 자동 태핑 스크루

항공기용 스크루

(4) 와셔(washer)

볼트나 너트쪽에 부착시켜 체결하는 하중을 분산되도록 하며, 볼트나 스크루의 그립 길이를 조정하는 데에 사용되는 부품이다. 또한 볼트나 너트를 죌 때에 구조물과 장착부품을 충격과 부식으로부터 보호한다.

① 와셔의 종류
  ㈎ 평 와셔(AN 960, AN 970)
  ㈏ 고정 와셔(AN 935, AN 936) : 일반적인 와셔의 특징 이외에 진동에 의해 볼트와 너트가 풀리는 것을 방지한다.
  ㈐ 특수 와셔(AN 950, AN 955)

(5) 코터 핀(cotter pin)

캐슬 너트나 핀 등의 풀림을 방지할 때 사용하고, 코터 핀 구멍에 들어가는 것 중에서 가장 굵은 것을 사용하며, 한 번 사용 후 재사용해서는 안 된다.

(6) 리벳(rivet)

금속판재를 영구 결합하는데 사용하는 부품으로 결합작업이 용이하고, 강도를 크게 유지할 수 있어 가장 널리 사용한다.

① 일반 리벳
  ㈎ 머리모양에 따른 분류
    ㉠ 둥근머리 리벳(round head rivet, AN 430, AN 435, MS 20435) : 두꺼운 판재나 강도를 필요로 하는 내부 구조물을 연결하는데 쓰인다.
    ㉡ 납작머리 리벳(flat head rivet, AN 441, AN 442) : 내부구조 결합에 사용한다.

㉰ 접시머리 리벳(countersunk head rivet, AN 420, AN 425, MS 20426) : 공기 중에 노출되는 부분으로서 공기저항을 받지 않아야 할 부분에 사용한다.
AN 420 : 90°, AN 425 : 78°, AN 426 : 100°

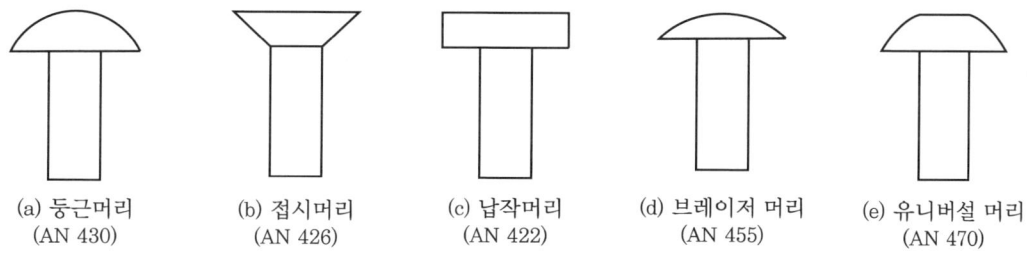

(a) 둥근머리 (AN 430) (b) 접시머리 (AN 426) (c) 납작머리 (AN 422) (d) 브레이저 머리 (AN 455) (e) 유니버설 머리 (AN 470)

리벳 머리에 의한 분류

㉱ 브레이저 머리(납작 둥근머리) 리벳(brazier head rivet, AN 455, AN 456) : 흐름에 노출되는 얇은 판재를 연결하는데 널리 쓰인다.
㉲ 유니버설 리벳(universal rivet, AN 470, MS 20470) : 기체의 내부나 저속 항공기의 공기흐름이 닿는 외피에도 사용한다.

(나) 재질에 따른 종류

합금재료에 따른 리벳의 식별

재질 기호 및 코드	리벳의 머리 형태
A(1100)	
AD(2117-T)	
D(2017-T)	
DD(2024-T)	
B(5056)	

㉮ 1100 리벳(A) : 순수 알루미늄 리벳으로, 열처리가 불필요하며 비구조용으로 사용한다.
㉯ 2117-T 리벳(AD) : 항공기에 가장 많이 사용되며, 열처리를 하지 않고 상온에서 작업을 할 수 있다.
㉰ 2017-T 리벳(D) : 2117-T 리벳보다 강도가 요구되는 곳에 사용되며 상온에서 너무 강해 풀림처리 후 사용한다. 상온 노출 후 1시간 후에 50% 정도 경화되며, 4일쯤 지나면 100% 경화된다. 냉장고(ice box rivet)에서 보관하고 냉장고에서

꺼낸 후 1시간 이내에 사용해야 한다.
- ㉱ 2024-T 리벳(DD) : 2017-T보다 강한 강도가 요구되는 곳에 사용하며 열처리 후 냉장보관(ice box rivet)하고 상온 노출 후 10~20분 이내에 작업을 해야 한다.
- ㉲ 5056(B) : 내식성이 강해 마그네슘(Mg) 합금구조에 주로 사용된다.
- ㉳ 모넬 리벳(M) : 니켈 합금강이나 니켈강 구조에 사용되며 내식강 리벳과 호환하여 사용가능하다.

(다) 특수 리벳 : 속이 비어 있고 강도가 약하며 비구조용으로 사용한다.
  ㉮ 체리 리벳(cherry rivet)
    · 중공식 체리 리벳 : 체결 후 스템(stem)이 리벳 슬리브를 빠져나가 가운데가 비어 있다.
    · 고정식 체리 리벳 : 고정칼라(locking collar)가 있어 스템이 리벳 슬리브의 마찰력에 의해 기계적으로 고정되는 리벳이다.
  ㉯ 리브 너트(riv nut) : 섕크 안쪽에 구멍이 뚫려 나사가 나 있는 곳에 리브 너트를 끼워 시계방향으로 돌리면 섕크가 압축을 받아 오그라들면서 돌출 부위를 만든다. 날개의 앞전에 제빙부츠를 장착하거나 기관 방화벽에 부품을 장착할 때 사용된다.
  ㉰ 폭발 리벳(explosive rivet) : 섕크 끝 속에 화약을 넣어 리벳 머리에 가열된 인두로 폭발시켜 리벳 작업을 하도록 되어 있다. 연료탱크나 화재 위험이 있는 곳에서는 사용을 금지한다.

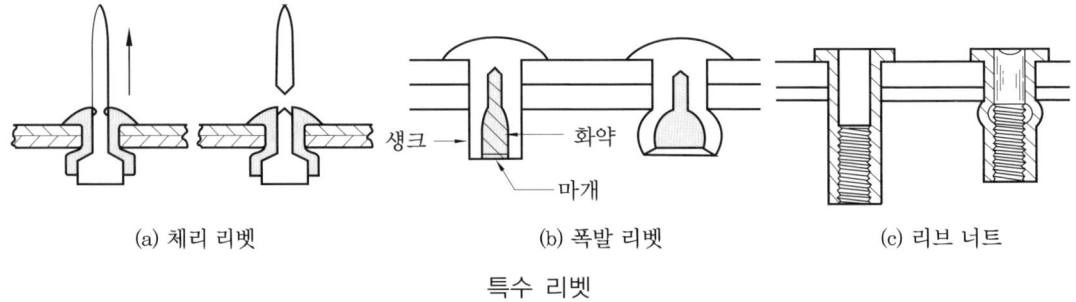

(a) 체리 리벳   (b) 폭발 리벳   (c) 리브 너트

특수 리벳

㉱ 리벳의 식별

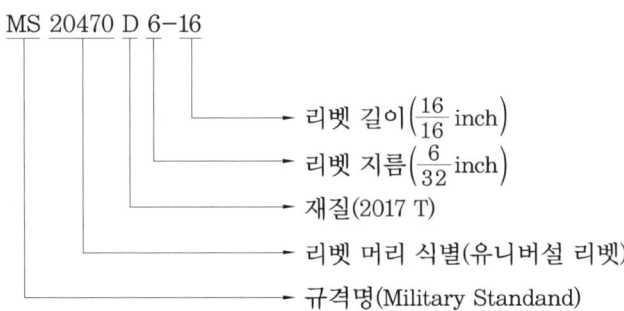

(7) 턴 로크 파스너(turn lock fastener)

정비와 검사를 목적으로 점검창을 신속하고 용이하게 장탈하거나 장착할 수 있도록 만들어진 부품으로 드라이버를 이용하여 반시계방향으로 $\frac{1}{4}$ 회전시키면 풀어지고, 시계방향으로 회전시키면 고정된다.

① 쥬스 파스너(dzus fastener) : 스터드(stud), 그로밋(grommet), 리셉터클(receptacle)로 구성된다.

 (가) 쥬스 파스너의 머리에는 지름, 길이, 머리모양이 표시되어 있다.

 (나) 지름은 $\frac{x}{16}$ inch로 표시한다.

 (다) 길이는 $\frac{x}{100}$ inch로 표시한다.

 (라) 쥬스 파스너의 머리모양 : 윙(wing)형, 플러시(flush)형, 오벌(oval)형

 (마) 쥬스 파스너의 식별

   F : 플러시 머리(flush head)

   $6\frac{1}{2}$: 몸체 지름이 $\frac{6.5}{16}$ inch

   50 : 몸체 길이가 $\frac{50}{100}$ inch

② 캠 로크 파스너(cam lock fastener) : 스터드, 그로밋, 리셉터클로 구성되며, 항공기 카울링(cowling), 페어링(fairing)을 장착하는데 사용한다.

③ 에어 로크 파스너(air lock fastener) : 스터드, 크로스 핀(cross pin), 리셉터클로 구성되어 있다.

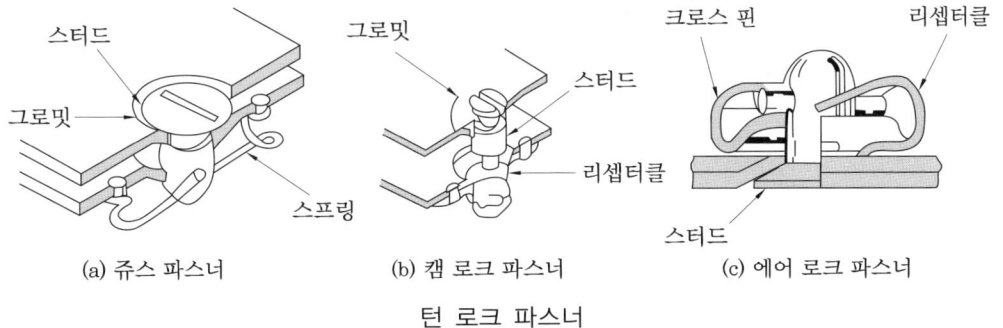

(a) 쥬스 파스너   (b) 캠 로크 파스너   (c) 에어 로크 파스너

턴 로크 파스너

(8) 특수 고정 부품

① 고전단 리벳(high shear rivet or pin rivet)

 (가) 나사가 없는 볼트라고도 볼 수 있으며 높은 전단강도가 요구되는 곳에 사용된다.

 (나) 그립의 길이가 몸체의 지름보다 큰 곳에 사용한다.

② 고정 볼트(lock bolt) : 고전단 리벳처럼 높은 전단응력을 필요로 하는 곳에 사용되지만 고전단 리벳보다 진동에 강하다.

③ 고강도 고정 볼트(hi-lock bolt) : 높은 전단응력을 받는 구조부분의 영구 결합용 부품으

로 사용한다.

④ 조 볼트(jaw bolt) : 고강도 구조용 조임장치로 고강도가 요하는 곳의 정밀 공차 구멍에 사용한다.

⑤ 테이퍼 로크(taper lock) : 응력이 아주 크게 걸리는 날개보와 같은 부분을 수리할 때 사용한다.

(9) 케이블과 턴 버클(cable and turn buckle)

① 케이블(cable)

(가) 조종 케이블의 종류

㉮ 7×19 케이블 : 19개의 와이어로 1개의 다발(가닥)을 만들고, 이 다발(가닥) 7개로 1개의 케이블을 만든다. 초가요성 케이블이라 하며 강도가 높고 유연성이 매우 좋아 주조종계통에 사용된다.

㉯ 7×7 케이블 : 7개의 와이어로 1다발(가닥)을 만들고, 이 다발(가닥) 7개로 1개의 케이블을 만든다. 가요성 케이블이라 하고 초가요성보다 유연성은 없지만 내마멸성이 크다.

㉰ 1×19 케이블 : 19개의 와이어를 꼬아서 1개의 케이블을 만든다. 유연성이 없어 구조보강용 케이블로 사용한다.

㉱ 1×7 케이블 : 7개의 와이어를 꼬아서 1개의 케이블을 만든다.

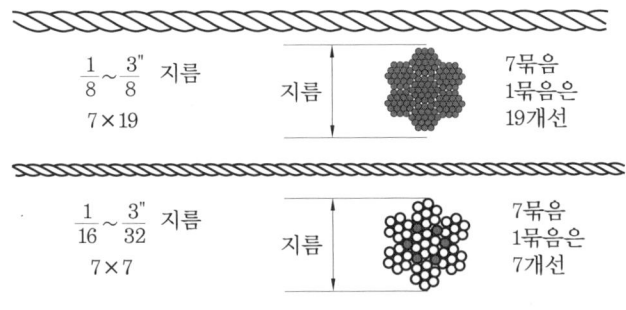

케이블의 단면

(나) 재질에 따른 종류

㉮ 탄소강 케이블 : 조종계통에 사용하며 고온영역(260 ℃ 이상)에서는 사용할 수 없다.

㉯ 내식강 케이블 : 조종계통에 적합하며 바깥부분에 노출되는 곳과 260 ℃ 이상의 고온영역에 사용한다.

㉰ 비자성 내식강 케이블 : 내식성이 필요하거나 비자성이 요구되는 곳에 사용한다.

(다) 케이블 연결방법

㉮ 스웨이징 방법(swaging method) : 스웨이징 케이블 단자에 케이블을 끼우고 스웨이징 공구나 장비로 압착하여 접착하는 방법으로 연결부분 케이블 강도는 케이블 강도의 100%를 유지하며 일반적으로 가장 많이 사용한다.

㈔ 5단 엮기 케이블 이음방법(5 tuck woven cable splice method) : 부싱(bushing)이나 심블(thimble)을 사용하여 케이블 가닥을 풀어서 엮은 다음 그 위에 와이어로 감아 씌우는 방법으로 7×7, 7×19 케이블로 지름 $\frac{3}{32}$ inch 이상의 케이블에 사용할 수 있다. 연결부분의 강도는 케이블 강도의 75%이다.

㈕ 랩 솔더 케이블 이음방법(wrap solder cable splice) : 케이블 부싱이나 심블 위로 구부려 돌린 다음 와이어를 감아 스테아르산의 땜납 용액에 담아 땜납 용액이 케이블 사이에 스며들게 하는 방법으로 케이블 지름이 $\frac{3}{32}$ inch 이하의 가요성 케이블이거나 1×19 케이블에 적용되며 접합부분의 강도는 케이블 강도의 90%이고 고온부분에는 사용을 금지한다.

② 턴 버클(turn buckle) : 조종 케이블의 장력을 조절하는 부품이다.
  ㈎ 구성 : 턴 버클 배럴과 턴 버클 단자(terminal end)로 구성된다.
    ㉮ 턴 버클 배럴 : 턴 버클 배럴의 한쪽은 오른나사, 다른 한쪽은 왼나사로 되어 있다.
    ㉯ 턴 버클 단자(terminal end) : 볼 이중 섕크 단자, 볼 단일 섕크 단자, 긴 나사의 스터드 단자, 짧은 나사의 스터드 단자, 포크 단자, 아이 단자

③ 케이블 조종계통
  ㈎ 풀리(pulley) : 케이블을 유도하고 케이블 방향을 바꾸는 데 사용한다.
  ㈏ 페어리드(fairlead) : 조종 케이블의 작동 중 최소 마찰력으로 케이블과 접촉하여 직선운동을 하며 케이블을 3° 이내 범위에서 방향을 유도한다.
    ㉮ 벨 크랭크(bell crank) : 로드와 케이블의 운동 방향을 전환하고자 할 때 사용하며 회전축에 대하여 2개의 암(arm)을 가지고 있어 회전운동을 직선운동으로 바꾸어 준다.

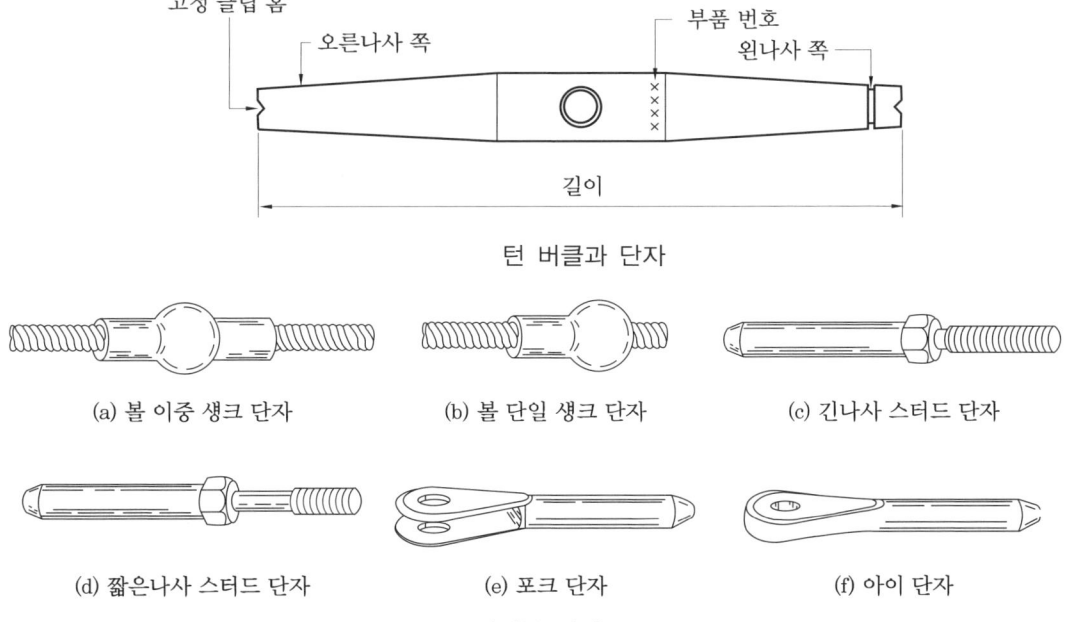

턴 버클과 단자

(a) 볼 이중 섕크 단자   (b) 볼 단일 섕크 단자   (c) 긴나사 스터드 단자

(d) 짧은나사 스터드 단자   (e) 포크 단자   (f) 아이 단자

케이블 단자

㈐ 케이블 장력 조절기(cable tension regulator) : 여름철과 같이 기온이 높은 온도에서는 장력이 커지고 겨울철이나 고공 비행시에는 케이블 장력이 작아진다. 이처럼 온도 변화에 따른 장력을 자동적으로 일정하게 유지시켜주는 역할을 한다.

(10) 튜브(tube) 및 호스(hose)

① 튜브

㈎ 튜브의 호칭 치수 : 바깥지름(분수)×두께(소수)로 표시한다.

㈏ 알루미늄 튜브 : 가볍고 부식에 강한 성질을 가지고 있어 유체의 압력이 낮은 부분에 유체의 흐름을 연결해 주는 도관으로 사용한다.

㈐ 경질 염화비닐 튜브 : 튜브 내부흐름의 마찰력이 적으며 내식성이 좋고, 무게가 가벼워서 급수, 배수 및 환기통로로 이용된다.

㈑ 강관 : 인장강도가 높고 외부충격에 강의 연결이 쉬워 많이 사용된다.

  ㉮ 스테인리스강 : 내식성이 우수하고 내열성이 있으며 인장강도가 다른 관에 비해 2~3배 정도 높고, 관의 두께가 얇아 많이 이용된다.

㈒ 폴리에틸렌 튜브 : 부식에 강하고 흐름의 변화율이 작으며 가공이 쉽다. 고온에 약하고, -80℃까지의 저온에서 강하다.

㈓ 금속 튜브 검사

  ㉮ 알루미늄 합금관의 긁힘이나 찍힘이 관 두께의 10%가 넘을 때에는 관을 교환한다.

  ㉯ 플레어된 부분에 금이 가거나 결함이 있는 경우에는 수리를 한다.

  ㉰ 관의 찌그러진 부분이 지름의 20% 이하일 때 수리가 가능하다.

② 호스

㈎ 호스의 호칭 치수 : 내경으로 표시하며 1인치의 16분비$\left(\dfrac{x}{16}\text{inch}\right)$로 나타낸다.

  예 No. 7인 호스는 안지름이 $\dfrac{7}{16}$ inch인 호스를 말한다.

㈏ 호스 종류

  ㉮ 저압용 호스 : 300 psi 이하의 압력 배관용에 사용한다.

  ㉯ 중압용 호스 : 1500~3000 psi의 압력 배관용에 사용한다.

  ㉰ 고압용 호스 : 3000 psi 이상의 압력 배관용에 사용한다.

㈐ 고무호스 : 인조고무에 면으로 짠 끈과 철사의 층을 여러 겹으로 덮어 구성하고 연료, 윤활유, 냉각, 유압계통에 사용한다.

㈑ 테프론 호스 : 고온, 고압의 작동조건에 맞도록 제작된 호스로 진동과 피로에 강하며, 강도가 높고 고무호스보다 부피의 변형이 적고 수명도 반영구적이다.

㈒ 호스 장착 시 유의사항

  ㉮ 호스가 꼬이지 않도록 장착한다.

  ㉯ 압력이 가해지면 호스가 수축되므로 5~8% 여유(slack)를 준다.

  ㉰ 호스의 진동을 막기 위해 60 cm마다 클램프(clamp)로 고정한다.

(11) 배관계통의 접합기구

① 플레어 방식에 의한 관 연결법
  (가) 단일 플레어(single flare)
  (나) 이중 플레어(double flare)
    ㉮ $\frac{1}{8} \sim \frac{3}{8}$ inch까지의 50520와 6061T 알루미늄 합금관에 적용된다.
    ㉯ 플레어링 각도 : 17°, 37°, 45°(표준각도 : 37°)

예·상·문·제

1. 나사산 2등급(free fit)에 관한 설명 중 맞는 것은?
  ㉮ 헐겁게 맞춤 ㉯ 느슨하게 맞춤
  ㉰ 중간 맞춤   ㉱ 억지 맞춤
  [해설] 2등급 (class 2) : free fit(느슨한 맞춤) 항공기용 스크루 제작에 사용

2. 육각 볼트에 대한 설명으로 가장 올바른 것은?
  ㉮ 볼트는 머리(head)와 그립(grip)으로 구성되어 있다.
  ㉯ 볼트의 길이는 그립(grip)의 길이를 말한다.
  ㉰ 일반적으로 볼트의 식별을 위해 머리에 식별기호가 있다.
  ㉱ 볼트의 길이는 $\frac{1}{16}$ inch 단위로 표시한다.
  [해설] bolt 머리에 기호를 표시하여 볼트의 특성이나 재질을 나타낸다.

3. 볼트 그립(grip)의 길이에 대한 설명 중 맞는 것은?
  ㉮ 볼트 그립의 길이는 재료의 두께와 같아야 한다.
  ㉯ 볼트 그립의 길이는 가장 얇은 판재 두께의 3배가 되어야 한다.
  ㉰ 볼트가 장착될 때 재료의 두께는 볼트 그립 길이의 1~1.5배이다.
  ㉱ 볼트가 장착될 재료의 두께는 볼트 그립 길이에 볼트 지름을 합한 것과 같아야 한다.

4. 항공기용 볼트의 그립(grip) 길이는 어떻게 결정되는가?
  ㉮ 볼트의 지름과 일치
  ㉯ 체결해야 할 부재의 두께와 일치
  ㉰ 볼트 전체 길이에서 나사부분의 길이
  ㉱ 볼트 전체 길이에서 나사부분의 길이를 더한 길이

5. AN 3D-6 볼트의 규격 중 3은 무엇을 나타내는가?
  ㉮ 재질(2024 T)   ㉯ 지름$\left(\frac{3}{16} \text{ in}\right)$
  ㉰ 그립의 길이   ㉱ 볼트의 길이

6. 볼트의 부품번호가 AN 12-17인 볼트의 지름은?

정답 1. ㉯ 2. ㉰ 3. ㉮ 4. ㉯ 5. ㉯ 6. ㉰

㉮ $\frac{3}{8}$ 인치   ㉯ $\frac{5}{16}$ 인치

㉰ $\frac{3}{4}$ 인치   ㉱ $\frac{7}{32}$ 인치

[해설] AN 12-12 :
볼트 지름 $\left(\frac{12}{16}\right)$, 볼트 길이 $\left(\frac{17}{8}\right)$

7. 다음 볼트의 식별방법을 표시한 것이다. 식별 내용 중 볼트 머리에 구멍난 상태를 알려준 것은?

AN 3 DD H 10 A

㉮ AN   ㉯ DD   ㉰ H   ㉱ A

[해설] DD : 볼트 재질, H : 볼트 머리 구멍관련 기호, A : 생크의 구멍 관련 기호

8. 육각 볼트(bolt) 머리의 삼각형 속에 ×가 새겨져 있다면 이것은 어떤 볼트인가?
㉮ 표준 볼트(standard bolt)
㉯ 내식성 볼트
㉰ 정밀 공차 볼트
㉱ 내부 렌치 볼트

9. 정밀 공차 볼트(close tolerance bolt)를 용이하게 식별하기 위하여 볼트 머리에 어떤 기호가 표시되어 있는가?
㉮ 십자형 표시   ㉯ 원형 표시
㉰ 사각형 표시   ㉱ 삼각형 표시

10. 육각머리 볼트 중에서 생크(shank)에 구멍이 나 있는 볼트나 아이(eye) 볼트, 스터드(stud) 볼트 등과 함께 사용하고 큰 인장하중에 잘 견디며, 코터 핀(cotter pin) 작업 시 사용되는 너트는?
㉮ 체크 너트   ㉯ 캐슬 전단 너트
㉰ 캐슬 너트   ㉱ 나비 너트

11. 클레비스 볼트는 일반적으로 항공기의 어느 부분에 주로 사용하는가?
㉮ 외부 인장력이 작용하는 부분
㉯ 전단력이 작용하는 부분
㉰ 착륙기어 부분
㉱ 인장력과 전단력이 작용하는 부분

12. 클레비스 볼트에 대한 설명으로 가장 올바른 것은?

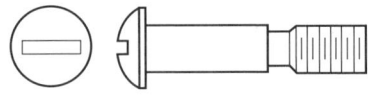

㉮ 전단하중이 걸리는 곳에 사용한다.
㉯ 인장하중이 걸리는 곳에 사용한다.
㉰ 볼트 머리는 6각 또는 12각으로 되어 있어 렌치를 이용하여 장착한다.
㉱ 압축하중과 인장하중이 걸리는 곳에 사용한다.

13. NAS 654 V 10 D볼트에 너트를 고정시키는데 필요한 것은?
㉮ 코터 핀   ㉯ 스크루
㉰ 로크(lock) 와셔   ㉱ 특수 와셔

14. 인터널 렌칭 볼트(internal wrenching bolt) 사용상 주의사항으로 가장 올바른 내용은?
㉮ 카운터 싱크 와셔를 사용할 때는 와셔의 방향은 무시해도 좋다.
㉯ MS와 NAS의 인터널 렌칭 볼트의 호환은 NAS를 MS로 교환이 가능하다.
㉰ 너트의 아래는 충격에 강한 연질의 와셔를 사용한다.

[정답] 7. ㉰   8. ㉰   9. ㉱   10. ㉰   11. ㉯   12. ㉮   13. ㉮   14. ㉯

㉣ 이 볼트에는 연질의 너트를 사용한다.

15. 인터널 렌칭 볼트(internal wrenching bolt)가 주로 사용되는 곳은?
㉮ 큰 인장력과 전단력이 작용하는 곳에 사용한다.
㉯ 정밀 공차 볼트와 같이 사용한다.
㉰ 클레비스 볼트와 같이 사용한다.
㉱ 비행 조종계통의 로드 연결부에 사용한다.

16. 너트(nut)의 일반적인 식별방법이 아닌 것은?
㉮ 머리모양에 식별기호나 문자가 있다.
㉯ 금속 특유의 광택으로 식별할 수 있다.
㉰ 내부에 삽입된 파이버(fiber) 또는 나일론의 색으로 식별한다.
㉱ 구조 및 나사 등으로 식별한다.

17. 항공기 너트의 식별표시에 포함되어 있지 않는 내용은?
㉮ 황동 색깔
㉯ 내부 특징으로 비 셀프 로킹 또는 셀프 로킹
㉰ 금속의 광택
㉱ 재질 표시 특수문자가 너트에 새겨져 있다.

18. 항공기용 너트(nut)의 취급방법에 대한 설명 중 가장 거리가 먼 것은?
㉮ 너트는 사용되는 장소에 따라 강도, 내식, 내열에 적합한 부품번호의 너트를 사용하여야 한다.
㉯ 셀프 로킹(self-locking) 너트를 볼트에 장착하였을 때에는 볼트 나사 끝 부분이 2 나사 이상 나와 있어야 한다.
㉰ 셀프 로킹(self-locking) 너트의 느슨함으로 인한 볼트의 결손이 비행의 안정성에 영향을 주는 장소에는 사용해서는 안 된다.
㉱ 셀프 로킹(self-locking) 너트를 이용하여 토크를 걸 때에는 너트의 규정 토크 값만을 정확히 적용한다.

19. 다음은 너트의 일반적인 설명이다. 틀린 것은?
㉮ 평 너트(plain hexagon airframe nut)는 장착부품과 상대운동을 하는 볼트에 사용한다.
㉯ 나비 너트(plain wing nut)는 맨손으로 조일 수 있는 곳에서 조립부를 빈번하게 장탈 혹은 장착하는데 적합하게 만들어져 있다.
㉰ 잼 너트(hexagon jam nut)는 평 너트, 세트 스크루 끝부분의 나사가 있는 로드에 장착되어 고정하는 역할을 한다.
㉱ 구조용 캐슬 너트(plain castellated airframe nut)는 인장용의 홈이 있는 너트이다.

20. 너트(nut)의 일반적인 설명 중 가장 올바른 내용은?
㉮ 평 너트(plain hexagon airframe nut)는 인장하중을 받는 곳에 사용한다.
㉯ 잼 너트(hexagon jam nut)는 맨손으로 조일 수 있는 곳에서 조립부를 빈번하게 장탈 혹은 장착하는데 적합하게 만들어져 있다.
㉰ 나비 너트(plain wing nut)는 평 너

정답 15. ㉮ 16. ㉮ 17. ㉱ 18. ㉱ 19. ㉮ 20. ㉮

트, 세트 스크루 끝부분의 나사가 있는 로드에 장착되어 고정하는 역할을 한다.
㉣ 구조용 캐슬 너트(plain castellated airframe nut)는 홈이 없이 사용된다.

21. 너트의 사용에 관한 설명으로 틀린 것은?
㉮ plain nut의 사용 시 check nut나 lock washer를 사용한다.
㉯ 큰 인장력이 작용하는 곳에는 castle nut를 사용한다.
㉰ bolt나 nut가 회전하는 연결부에는 self locking nut를 사용한다.
㉱ wing nut는 손으로 조일 수 있는 강도가 요구되는 곳에 사용한다.
[해설] 자동 고정 너트에는 회전을 필요로 하는 부분에는 사용해서는 안 된다.

22. 구조용 캐슬 너트(plain castellated airframe nut)에 대한 설명으로 가장 거리가 먼 것은?
㉮ 나사에 구멍이 있는 스터드와 함께 사용한다.
㉯ 인장용의 홈이 있는 너트이다.
㉰ 세트 스크루 끝부분의 나사가 있는 로드에 장착되어 고정하는 역할을 한다.
㉱ 장착부품과 상대운동을 하는 볼트에 사용한다.

23. 다음은 흔히 사용하는 너트와 이것의 부호이다. 각 부호를 가장 올바르게 설명한 것은?

AN 310 D 5 R

㉮ AN310은 파이버 로킹 너트를 나타낸다.
㉯ "D"는 마그네슘 합금을 나타낸다.
㉰ "5"는 지름으로 $\frac{5}{16}$ 인치를 나타낸다.
㉱ "R"은 오른나사선으로 나사산이 1인치당 38개이다.
[해설] AN 310 D 5 R
AN 310 : 캐슬 너트
D : 재질이 2017 T
5 : 지름이 $\frac{5}{16}$ inch
R : 오른나사

24. AN 310 D 5 R에서 R의 의미는?
㉮ 사용 볼트의 길이가 $\frac{5}{16}$ 인치인 오른나사
㉯ 사용 볼트의 지름이 $\frac{5}{16}$ 인치인 오른나사
㉰ 사용 볼트의 길이가 $\frac{5}{8}$ 인치인 왼나사
㉱ 사용 볼트의 길이가 $\frac{5}{16}$ 인치인 왼나사

25. 너트의 부품번호가 AN 310 D 5 R에서 D는 무엇을 의미하는가?
㉮ 너트의 종류인 캐슬 너트이다.
㉯ 사용 볼트의 지름을 말한다.
㉰ 너트의 재료인 알루미늄 합금 2017T 이다.
㉱ 너트의 안전결선용 구멍이다.

26. plain check nut는 어느 것인가?
㉮ AN 310   ㉯ AN 315
㉰ AN 316   ㉱ AN 350
[해설] AN 310 : 캐슬 너트
AN 315 : 평 너트
AN 316 : 체크 너트
AN 350 : 나비 너트

[정답] 21. ㉰ 22. ㉰ 23. ㉰ 24. ㉯ 25. ㉰ 26. ㉰

27. 비자동 고정 너트(non self locking nut)에 해당하지 않는 것은?
㉮ 평 너트(plain hexagon airframe nut)
㉯ 잼 너트(hexagon jam nut)
㉰ 인서트 비금속 너트(non metallic taper nut)
㉱ 나비 너트(plain wing nut)

28. 항공용 스크루의 종류에 해당하지 않는 것은?
㉮ 테이퍼 핀 스크루
㉯ 기계용 스크루
㉰ 자동 태핑 스크루
㉱ 구조용 스크루

29. NAS 514 P 428 – 8의 스크루에서 틀린 내용은?
㉮ NAS : 규격명
㉯ P : 머리의 홈
㉰ 428 : 지름, 나사산 수
㉱ 8 : 계열

[해설] NAS 514 P 428-8
NAS : 규격명
514 : 스크루의 종류
P : 머리의 홈(필립스)
428 : 축지름$\left(\frac{4}{16}인치\right)$
1인치당 나사산의 수가 28
8 : 나사 길이$\left(\frac{8}{16}인치\right)$

30. AN 514 P 428-8 스크루에서 P가 뜻하는 것은?
㉮ 계열   ㉯ 머리의 홈
㉰ 지름   ㉱ 재질

31. AN 501 B – 416 – 7의 B는 스크루의 무엇을 식별하는가?
㉮ 2017-T 알루미늄 합금이다.
㉯ 황동이다.
㉰ 부식 저항 강이다.
㉱ 머리에 구멍이 있다.

32. 스크루(screw)의 식별부호 NAS 144 DH-22에서 DH는 무엇을 가르키는가?
㉮ 재질   ㉯ 머리모양
㉰ 드릴 헤드   ㉱ 길이

33. 항공기용 와셔에 대한 다음 설명 중 틀린 것은?
㉮ AN 960과 AN 970은 로크 와셔(lock washer)로서 너트 밑에 사용한다.
㉯ AN 935와 AN 936은 로크 와셔(lock washer)로서 기계가공한 스크루나 볼트와 함께 사용한다.
㉰ 로크 와셔(lock washer)는 파스너와 함께 1차와 2차 구조에 사용할 수 없다.
㉱ 표면의 결함을 막는 밑바닥에 평 와셔 없이 로크 와셔(lock washer)가 재료에 직접 닿아서는 안 된다.

[해설] 평 와셔(AN 960, AN 970)
① 육각 너트 밑에 사용하고, 편평한 면압을 형성시키고 볼트와 너트가 조립 시 알맞은 그립(grip) 길이를 얻도록 심(shim) 역할을 한다.
② 볼트에 코터 핀 구멍이 일치되도록 캐슬 너트의 위치 조절을 하는데 사용한다.
③ 평 와셔는 표면재료를 상하지 않게 하기 위해 고정 와셔 밑에 사용한다.
④ AN 970 와셔는 AN 960보다 더 큰 면압 면적을 주며, 목재 표면을 상하지 않게 하기 위하여 볼트나 너트의 밑에 사용한다.

34. 다음 중 평 와셔의 사용 역할이 아닌

[정답] 27.㉰ 28.㉮ 29.㉱ 30.㉯ 31.㉯ 32.㉰ 33.㉮ 34.㉮

것은?
㉮ 볼트, 너트의 풀림을 방지한다.
㉯ 부품의 조이는 힘을 분산시켜 평균화한다.
㉰ 볼트나 스크루의 그립(grip) 길이를 조절하는 데 사용한다.
㉱ 구조물과 장착부품을 충격과 부식으로부터 보호한다.

35. 고정 와셔(lock washer)에 대한 설명으로 가장 올바른 것은?
㉮ 결합으로 틈새가 생겨 연결부에 공기흐름이 노출되는 곳에 사용한다.
㉯ 파스너와 함께 1, 2차 구조에 사용한다.
㉰ 와셔(AN935)의 스프링 작용은 충분한 마찰을 제공해서 진동으로 인한 너트의 풀림을 막는다.
㉱ 와셔가 부식조건에 영향을 받는 곳에 사용한다.

[해설] 고정 와셔(AN 935, AN 936)
① 자동 고정 너트나 캐슬 너트가 접합하지 않은 곳에 기계용 스크루나 볼트와 함께 사용된다.
② AN 935 와셔의 스프링 작용은 진동으로 인하여 너트가 풀리는 것을 방지할 만큼 충분한 마찰을 준다.
③ 고정 와셔를 사용해서는 안 되는 부분
 ㉮ 주 및 부구조물에 고정장치로 사용될 때
 ㉯ 파손 시 항공기나 인명에 피해나 위험을 줄 수 있는 부분에 고정장치로 사용될 때
 ㉰ 파손 시 공기흐름에 연결부가 노출되는 곳
 ㉱ 스크루를 자주 장탈하는 부분
 ㉲ 와셔가 공기흐름에 노출되는 곳
 ㉳ 와셔가 부식할 수 있는 조건이 있는 곳
 ㉴ 표면을 상하지 않게 하기 위하여 밑에 평 와셔를 사용하지 않고 연한 재료에 바로 와셔를 낄 필요가 있는 부분

36. 고정 와셔가 사용되는 곳으로 가장 적당한 곳은?
㉮ 주(主) 및 부구조물에 고정장치로 사용될 때
㉯ 파손 시 공기흐름에 노출되는 곳
㉰ 자동 고정 너트(self locking nut)나 캐슬 너트가 적합하지 않은 곳에 사용된다.
㉱ screw를 자주 장탈하는 부분

37. 셰이크 프루프 고정 와셔(shake proof lock washer)가 주로 사용되는 곳은?
㉮ 주구조물에 고정장치로 사용
㉯ 높은 온도에 잘 견디고, 심한 진동부분에 사용
㉰ 스크루를 자주 장탈하는 부분에 사용
㉱ 와셔가 공기흐름에 노출되는 곳에 사용

[해설] 셰이크 프루프 고정 와셔 : 너트를 제 위치에 고정시키기 위하여 볼트나 육각 너트 측면에 윗방향으로 구부린 탭이나 립(lip)을 가진 둥근 와셔이다. 이 와셔는 어떤 다른 방법보다도 높은 온도에 잘 견딜 수 있고, 또한 진동하에서도 안전하게 사용할 수 있다. 한 번 사용 후 재사용을 해서는 안 된다.

38. 셰이크 프루프 고정 와셔가 주로 사용되는 곳으로 가장 옳은 것은?
㉮ 회전을 방지하기 위하여 고정 와셔가 필요한 곳에 사용한다.
㉯ 고열에 잘 견딜 수 있고, 심한 진동에도 안전하게 사용할 수 있으므로 조절계통 및 기관계통에 사용한다.
㉰ 기체구조 접합물에 많이 사용한다.
㉱ 기체 외피와 구조물의 접착에 일반적

[정답] 35. ㉰ 36. ㉰ 37. ㉯ 38. ㉯

으로 사용한다.

39. 항공기용 와셔 취급 시 일반적으로 고려해야 할 사항으로 가장 올바른 것은?
㉮ 와셔는 필요강도가 충분하면 볼트와 같은 재질이 아니어도 상관없다.
㉯ 크램프 장착시에는 평 와셔를 붙여 사용할 필요가 없다.
㉰ 기밀을 요하는 장소 및 공기의 흐름에 노출되는 표면에는 락크 와셔를 필히 사용해야 한다.
㉱ 탭 와셔는 재사용할 수 있다.

40. 와셔(washer)의 취급에 대한 내용 중 가장 올바른 것은?
㉮ 탭 와셔, 프리로드 지시 와셔는 1회에 한하여 재사용을 할 수 있다.
㉯ 로크 와셔(lock washer)는 2차 구조부에 사용해서는 안 된다.
㉰ 클램프 장착시는 반드시 평 와셔를 붙여 사용한다.
㉱ 와셔는 원칙적으로 볼트와 같은 재질로 사용할 필요가 없다.

41. 와셔의 부품번호가 AN 960 J D 716 L로 표기되었다. L이 뜻하는 내용은?
㉮ 재질   ㉯ 두께
㉰ 표면처리   ㉱ 형식
[해설] AN 960 J D 716 L
  AN 960 : 계열(평 와셔)
  J : 표면처리
  D : 재질
  716 : 적용 볼트 지름
  L : 두께

42. 리벳 머리에 표시를 보고 무엇을 알 수 있는가?
㉮ 리벳 머리의 모양
㉯ 리벳의 지름
㉰ 재료의 종류
㉱ 재료의 강도

43. 17ST의 AN 표준규격 재료기호 표시로 가장 올바른 것은?
㉮ A   ㉯ D   ㉰ AD   ㉱ DD

44. 2017 알루미늄 리벳의 다른 재질 표시 방법은?
㉮ DD   ㉯ AD   ㉰ A   ㉱ D

45. 항공기 외피용으로 적합하며, 플러시 헤드 리벳(flush head rivet)이라 부르는 것은?
㉮ 납작머리 리벳(flat head rivet)
㉯ 유니버설 리벳(universal rivet)
㉰ 접시머리 리벳(countersunk rivet)
㉱ 둥근머리 리벳(round head rivet)

46. 리벳(rivet)의 머리형태에 의한 분류에서 항공기 외피용으로 가장 많이 사용되는 것은?
㉮ 접시머리 리벳(countersunk rivet)
㉯ 둥근머리 리벳(round head rivet)
㉰ 납작머리 리벳(flat head rivet)
㉱ 유니버설 리벳(universal rivet)

47. AN 470 AD 3-5 리벳의 부품번호에서 문자와 숫자를 정확하게 표시한 것은?
㉮ AN 470 : 계열번호로서 브레이저 머

[정답] 39. ㉯ 40. ㉰ 41. ㉯ 42. ㉰ 43. ㉯ 44. ㉱ 45. ㉰ 46. ㉮ 47. ㉱

리 리벳을 의미한다.

㉯ 3 : 리벳의 지름이 $\frac{3}{16}$ 인치임을 의미한다.

㉰ AD : 리벳의 재질이 2017 T 알루미늄 합금을 의미한다.

㉱ 5 : 리벳의 길이가 $\frac{5}{16}$ 인치임을 의미한다.

[해설] AN 470 AD 3-5
AN 470 : 유니버설 리벳
AD : 리벳 재질이 2017 T
3 : 지름이 $\frac{3}{32}''$
5 : 길이가 $\frac{5}{16}''$

48. MS 20470 D 5-2 리벳에 대한 설명 중 가장 올바른 것은?

㉮ 유니버설 리벳으로 재질은 2017 알루미늄 재질이며, 지름은 $\left(\frac{5}{32}\right)''$, 길이는 $\left(\frac{2}{16}\right)''$ 이다.

㉯ 둥근머리 리벳으로 재질은 2024이며, 지름은 $\left(\frac{5}{16}\right)''$, 길이는 $\left(\frac{2}{16}\right)''$ 이다.

㉰ 납작머리 리벳으로 재질은 2017이며, 지름은 $\left(\frac{5}{32}\right)''$, 길이는 $\left(\frac{2}{16}\right)''$ 이다.

㉱ 브레이저 머리 리벳으로 재질은 2024이며, 지름은 $\left(\frac{5}{16}\right)''$, 길이는 $\left(\frac{2}{16}\right)''$ 이다.

49. 17ST-D 리벳에서 D는 무엇을 의미하는가?

㉮ 리벳의 머리모양을 나타낸다.
㉯ 리벳의 길이를 나타낸다.
㉰ 리벳의 재질기호이며, 상온에서는 너무 강해 그대로는 리베팅을 할 수 없으며, 열처리를 한 후 사용가능하다.
㉱ 리벳의 재질기호이며, 강한 강도가 요구되는 곳에 사용되며, 열처리에 관계없이 사용가능하다.

50. AA 알루미늄 규격 2024로 만들어진 리벳은 사용하기 전에 열처리되어야 하는 가장 큰 이유는?

㉮ 경화시켜 강도를 증가하기 위해
㉯ 경화속도를 빨리하기 위해
㉰ 내부응력을 제거하기 위해
㉱ 리베팅이 쉽도록 연화시키기 위해

[해설] 리벳을 열처리하여 연화시킨 다음 저온 상태의 아이스 박스에 보관하면 리벳의 시효 경화를 지연시켜 연화상태가 유지되므로 꺼내서 사용하기가 편리하다.

51. 기계적 확장 리벳(mechanically expand rivet) 중에서 진동으로 리벳이 헐거워져 이탈되는 것을 방지하기 위하여 기계적 고정칼라(collar)를 갖고 있는 리벳은?

㉮ 기계 고정식 브라인드 리벳
㉯ 마찰 고정식 브라인드 리벳
㉰ 리브 너트
㉱ 폭발 리벳

52. 다음 중 블라인드 리벳(blind rivet)이 아닌 것은?

㉮ 체리 리벳(cherry rivet)
㉯ 훅 메커니컬 로크 리벳(huck mechanical lock rivet)
㉰ 폭발 리벳(explosive rivet)
㉱ 카운터성크 리벳(countersunk rivet)

[정답] 48. ㉮ 49. ㉰ 50. ㉱ 51. ㉮ 52. ㉱

53. 전단응력만 작용하는 곳에 사용되고, 그립(grip) 길이가 섕크(shank)의 지름보다 작은 곳에 사용하여서는 안 되는 리벳은?
㉮ 폭발 리벳(explosive rivet)
㉯ 블라인드 리벳(blind rivet)
㉰ 고전단 리벳(high shear rivet)
㉱ 기계적 확장 리벳(mechanically expand rivet)

54. 그립 길이가 섕크의 지름보다 작은 곳에는 사용할 수가 없고, 높은 전단응력만이 작용하는 곳에 사용하는 것은?
㉮ hi-shear rivet ㉯ 폭발 리벳
㉰ 블라인드 리벳 ㉱ 고강도 볼트

55. Hi-shear rivet을 사용하여 알루미늄 합금으로 된 구조재를 조립하려고 한다. 다음 중 가장 올바른 내용은?
㉮ 높은 전단응력(고전단응력)이 작용하는 곳에 정밀 공차를 두고 리베팅하여야 한다.
㉯ 3개의 알루미늄 합금 리벳이 담당하는 응력치보다 1개의 Hi-shear rivet이 담당하는 값이 적어야 한다.
㉰ 금이 가는 것을 방지하기 위해 830°F 내지 860°F로 가열 사용한다.
㉱ 그립(grip) 길이가 섕크(shank)의 지름보다 작은 곳에 사용한다.

56. 턴 로크 파스너 중에서 에어 로크 파스너의 구성요소가 아닌 것은?
㉮ 스터드(stud)
㉯ 리셉터클(receptacle)
㉰ 크로스 핀(cross pin)
㉱ 그로밋(grommet)

57. 쥬스 파스너(dzus fastener)의 구성품이 아닌 것은?
㉮ 리셉터클(receptacle)
㉯ 그로밋(grommet)
㉰ 어크로스 슬리브(acres sleeve)
㉱ 스터드(stud)

58. 파스너 장착부위에 프리로드(preload)를 주며, 피로하중에 대한 특성이 가장 좋은 하드웨어는?
㉮ 테이퍼 로크 볼트
㉯ 블라인드 파스너
㉰ 척 볼트 파스너
㉱ 로크 볼트 파스너

[해설] lock bolt fastener : 중량 감소, 비용절감, 같은 재료의 볼트보다 피로강도가 크다. 일정한 프리로드 텐션(preload tension)을 줄 수 있다.

59. 조종계통의 구성품 중에서 회전축에 대해 두 개의 암(arm)을 가지고 있어 회전운동을 직선으로 바꾸어 주는 것은?
㉮ 토크 튜브(torque tube)
㉯ 벨 크랭크(bell crank)
㉰ 풀리(pulley)
㉱ 페어리드(fairlead)

60. 조종계통에서 벨 크랭크(bell crank)의 주역할은?
㉮ 케이블(cable)과 로드(rod)를 연결한다.
㉯ 로드(rod)나 케이블(calbe)의 운동방향을 전환한다.

정답 53. ㉰ 54. ㉮ 55. ㉮ 56. ㉱ 57. ㉰ 58. ㉱ 59. ㉯ 60. ㉯

㈐ 풀리(pulley)를 장착하는데 사용한다.
㈑ 풀리와 케이블을 직선으로 연결한다.

61. 조종 케이블의 작동 중에 최소의 마찰력으로 케이블과 접촉하여 직선운동을 하게 하며, 케이블을 3°이내의 범위에서 방향을 유도하는 것은?
㈎ 토크 튜브(torque tube)
㈏ 벨 크랭크(bell crank)
㈐ 풀리(pulley)
㈑ 페어리드(fairlead)

62. 항공기 조종계통에서 7×19케이블에 대한 설명으로 가장 옳은 것은?
㈎ 7개의 wire로서 1개의 다발(strand)를 만들고 이 다발 19개로서 1개의 케이블(cable)을 만든 것이다.
㈏ 19개의 wire로서 1개의 다발을 만들고 이 다발 7개로서 1개의 케이블(cable)을 만든 것이다.
㈐ 7개의 다발로 19개를 만든 것이다.
㈑ 19개의 다발로 7개를 만든 것이다.

63. 케이블 터미널 피팅(fitting) 연결방법에서 원래 부품과 똑같은 강도를 보장할 수 있는 방법은?
㈎ 5단 엮기 이음방법(5 tuck woven splice method)
㈏ 스웨이징 방법(swaging method)
㈐ 납땜 이음방법(wrap solder cable splice method)
㈑ 모두 다 원래 부품의 강도를 가진다.

64. 조종 케이블(control cable)에 대한 설명으로 가장 거리가 먼 것은?
㈎ 케이블의 기본 구성품은 와이어(wire)이다.
㈏ 케이블의 규격을 지름으로 정한다.
㈐ 주조종계통에는 지름이 $\frac{1}{8}$ 인치 이하의 케이블을 사용한다.
㈑ 일반적으로 케이블의 재료는 탄소강과 내식강이다.

65. 항공기 조종계통의 케이블의 장력은 신축과 온도변화에 따른 주기적 점검 조절을 해야 한다. 무엇으로 조절하는가?
㈎ 케이블 장력 조절기(cable tension regulator)
㈏ 턴 버클(turn buckle)
㈐ 케이블 드럼(cable drum)
㈑ 케이블 장력계(cable tension meter)

66. 케이블 조종계통에서 케이블 장력(cable tension)을 조절하여 줄 수 있는 부품은?
㈎ 케이블 드럼(cable drum)
㈏ 벨 크랭크(bell crank)
㈐ 턴 버클(turn buckle)
㈑ 풀리(pulley)

67. 항공기 조종계통은 대기온도 변화에 따라 케이블의 장력이 변한다. 이것을 방지하기 위하여 온도변화에 관계없이 자동적으로 항상 일정한 케이블의 장력을 유지하기 위하여 설치된 부품은?
㈎ 턴 버클(turn buckle)
㈏ 케이블 장력계(cable tension meter)
㈐ 케이블 장력 조절기(cable tension

정답 61. ㈑ 62. ㈏ 63. ㈏ 64. ㈐ 65. ㈏ 66. ㈐ 67. ㈐

regulator)
㉣ 푸시풀 로드(push-pull rod)

68. 금속 튜브의 호칭 치수를 가장 올바르게 표기한 것은?
㉮ 바깥지름×안지름×두께
㉯ 두께×안지름×바깥지름
㉰ 바깥지름×두께
㉱ 안지름×두께

69. 튜브 플레어링(tube flaring)에 대하여 설명하였다. 가장 올바른 것은?
㉮ 강철 튜브(steel tube)는 이중 플레어링(double flaring)으로 제작된다.
㉯ 이중 플레어링(double flaring) 튜브는 밀폐 특성이 좋다.
㉰ 가공경화로 인해 전단작용에 대한 저항력이 감소한다.
㉱ 단일 플레어링(single flaring) 튜브는 매끈하고 동심으로 제작이 용이하다.

70. 튜브를 튜브 접합기구에 연결하는 방법에서 지름이 $\frac{3}{8}$ 인치 이하인 알루미늄 튜브에 일반적으로 적용하는 방식은?
㉮ 단일 플레어리스(flareless) 방식
㉯ 이중 플레어리스(flareless) 방식
㉰ 단일 플레어링(flaring) 방식
㉱ 이중 플레어링(flaring) 방식

71. 다음은 플렉시블(flexible) 호스의 조립과 교환에 관한 설명이다. 가장 관계가 먼 내용은?
㉮ 피팅(fitting)의 반지름은 장착할 호스의 안지름과 같다.
㉯ 호스에 소켓을 돌려 끼운 후 튜브 어셈블리가 제대로 배열되었는지를 확인하기 위해 1바퀴를 더 돌려 준다.
㉰ 플레어리스 튜브 어셈블리를 장착할 때는 튜브를 제자리에 놓고 배열상태를 점검한다.
㉱ 플렉시블 호스에 쓰이는 슬리브형 끝 피팅은 분리가능하며, 사용할 수 있다고 판단되면 다시 사용해도 된다.

정답 68. ㉰ 69. ㉯ 70. ㉱ 71. ㉯

2-2 정비작업

(1) 체결작업

① 볼트와 너트를 이용하여 체결할 경우
  (개) 볼트와 너트가 헐거워졌을 때에도 빠지지 않도록 하기 위해 볼트 머리방향이 비행 방향이나 윗방향으로 향하게 체결한다.
  (내) 회전하는 부품에는 회전하는 방향으로 향하도록 체결한다.
  (대) 볼트 그립(grip)의 길이는 결합부재의 두께와 동일하거나 약간 긴 것을 택하고 길이가 맞지 않을 때는 와셔를 이용해 길이를 조절한다.

② 자동 고정 너트를 이용하여 체결할 경우 : 사용횟수와 사용온도가 제한되어 있으므로 이를 확인하고 사용한다. 일반적으로 재질이 파이버는 약 15회, 나일론은 약 200회까지 사용하고 사용온도는 121 ℃ 이하에서 사용되며 경우에 따라 649 ℃까지 사용하는 것도 있다.

③ 토크 렌치(torque wrench) : 볼트와 너트에 가해지는 토크값을 측정하기 위한 렌치로 단위는 kg·cm, kg·m, N·m, in·lb, ft·lb이다.
  (개) 연결공구를 사용하였을 때 체결 토크값

$$TW = \frac{TA \times L}{L \pm A} \quad 또는 \quad TA = \frac{(L \pm E)TW}{L}$$

여기서, TW : 토크 렌치의 지시 토크값, TA : 실제 죔 토크값, L : 토크 렌치의 길이, A : 연장공구의 길이, + : 연장공구가 바깥쪽으로 연결된 경우
－ : 연장공구가 안쪽으로 연결된 경우

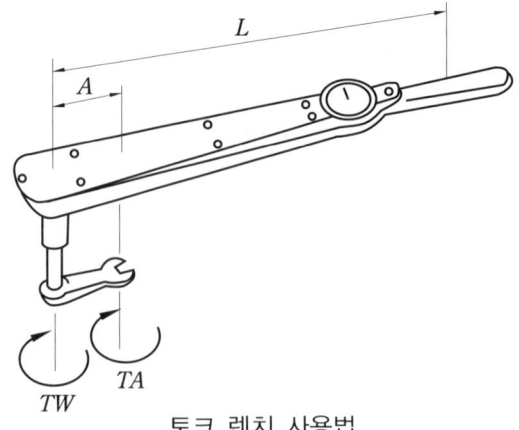

토크 렌치 사용법

(2) 안전 고정작업

체결된 부품이 비행 중이나 작동 중에 진동에 의해 헐거워지거나 탈락되는 것을 방지하기

위해 체결 후 안전결선이나 코터 핀을 이용하여 부품을 고정시키는 작업이다.
① 안전결선(safety wire)
　㈎ 안전결선 시 유의사항

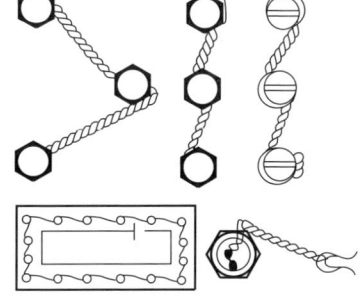

안전결선 작업

　　㉮ 한 번 사용한 와이어는 다시 사용해서는 안 된다.
　　㉯ 와이어를 펼 때 피막에 손상을 입혀서는 안 된다.
　　㉰ 와이어를 꼴 때 팽팽한 상태가 되도록 해야 한다.
　　㉱ 안전결선은 당기는 방향이 부품의 죄는 방향이 되도록 한다.
　　㉲ 매듭을 만들기 위해 자를 때에는 자른 면이 직각이 되도록 하여 날카롭게 되지 않도록 한다.
　　㉳ 플라이어로 과도하게 당기면 꼬임 시작점에 응력이 집중되어 끊어질 염려가 있으므로 심하게 당기지 않도록 한다.
　　㉴ 안전결선 끝부분은 3~6회 정도 꼬아서 절단 후 구부린다.
　　㉵ 안전결선의 꼬임의 수는 와이어의 지름이 0.8~1 mm인 경우는 1인치당 6~8회를 꼰다.
② 코터 핀(cotter pin)을 이용한 안전 고정작업
　㈎ 볼트 상단으로 구부리는 방법
　　㉮ 볼트 상단으로 구부린 코터 핀의 가닥길이가 볼트 지름을 벗어나서는 안 된다.
　　㉯ 아래쪽으로 구부린 가닥은 와셔의 표면에 얹히지 않도록 한다.
　㈏ 너트 둘레로 감아 구부리는 방법
　　㉮ 코터 핀의 가닥이 너트 바깥지름을 벗어나지 않도록 한다.
③ 턴 버클의 안전 고정작업
　㈎ 안전결선을 이용하는 방법
　　㉮ 단선식 결선법(single wrap method) : 케이블 지름이 $\frac{1}{18}$ inch 이하(3.2 mm 이하)인 경우에 사용한다.
　　　・턴 버클의 죔이 적당한지 확인한다. 확인 방법은 나사산이 3개 이상 밖으로 나와 있으면 안 되며 배럴 구멍에 핀을 꽂아 보아 핀이 들어가면 제대로 체결되지 않은 것이다.
　　　・턴 버클 섕크 주위로 와이어를 5~6회(최소 4회) 감는다.
　　㉯ 복선식 결선법(double wrap method) : 케이블 지름이 $\frac{1}{8}$ inch 이상(3.2 mm 이상)인 경우에 사용한다.
　㈏ 클립을 이용하는 방법
　㈐ 케이블의 장력 측정 : 케이블 텐션 미터(cable tension meter)

예·상·문·제

1. 그림과 같이 연장공구를 이용하여 토크 렌치를 사용하였을 때 토크값은?

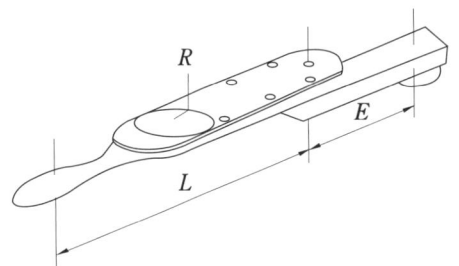

T : 필요한 토크값 E : 연장공구의 길이
L : 토크 렌치의 길이 R : 필요한 게이지 읽음값

㉮ $R = \dfrac{T \cdot E}{L}$ ㉯ $R = \dfrac{L \cdot T}{L+E}$

㉰ $R = T$ ㉱ $R = \dfrac{T \cdot E}{L} + E$

2. 유효길이가 16인치인 토크 렌치와 연장공구 유효길이가 4인치를 사용하여 1500 in·lb의 토크값을 구하려 한다. 필요한 토크에 해당하는 scale reading 값은?

㉮ 1000 in·lb   ㉯ 1200 in·lb
㉰ 1300 in·lb   ㉱ 1500 in·lb

[해설] $R = \dfrac{L \cdot T}{L+E} = \dfrac{16 \times 1500}{16+4} = 1200$ in·lb

3. 유효길이 16 inch의 토크 렌치와 3 inch의 연장공구를 사용하여 1440 in·lb로 조이려 한다. 토크 렌치의 지시값은 얼마인가?

㉮ 1000 in·lb   ㉯ 1200 in·lb
㉰ 1300 in·lb   ㉱ 1500 in·lb

[해설] $R = \dfrac{L \cdot T}{L+E} = \dfrac{16 \times 1440}{16+3} = 1200$ in·lb

4. 항공기 정비에서 안전결선 작업에 관한 유의사항으로 가장 올바른 것은?

㉮ 안전결선용 와이어는 2회까지 재사용이 가능하다.
㉯ 와이어를 펼 때 피막에 손상을 입혀서는 안 된다.
㉰ 와이어는 최대한 세게 당기면서 꼬임작업을 한다.
㉱ 매듭을 만들기 위해 와이어를 자를 때는 절단면을 날카롭게 자른다.

5. 복선식 안전결선 작업에서 고정작업을 해야 할 부품이 4~6 inch의 넓은 간격으로 떨어져 있을 때, 연속적으로 고정할 수 있는 부품의 수는 최대 몇 개로 제한되어 있는가?

㉮ 2개   ㉯ 3개   ㉰ 4개   ㉱ 5개

6. 안전결선 작업을 신속하고 일관성 있게 하거나 와이어(wire)를 절단하는 데에도 사용할 수 있는 공구는?

㉮ diagonal cutter
㉯ wire twister
㉰ interlocking plier
㉱ canon plier

7. 코터 핀 장착 및 떼어낼 때의 주의사항 중 틀린 것은?

㉮ 한 번 사용한 것은 재사용해서는 안 된다.
㉯ 핀 끝을 접어 구부릴 때는 꼬거나 가

[정답] 1. ㉯   2. ㉯   3. ㉯   4. ㉯   5. ㉯   6. ㉯   7. ㉯

로방향으로 구부린다.
㉯ 핀 끝을 절단할 때는 안전사고를 방지하기 위해 핀 축에 직각으로 절단해야 한다.
㉱ 부근의 구조를 손상시키지 않도록 플라스틱 해머를 사용한다.

8. 코터 핀 장착 및 떼어낼 때의 주의사항 중 틀린 것은?
㉮ 한 번 사용한 것은 재사용해서는 안 된다.
㉯ 핀 끝을 절단할 때는 핀 축에 직각으로 절단해야 한다.
㉰ 핀 끝을 접어 구부릴 때는 펼쳐지게 해야 한다.
㉱ 핀 끝을 너트의 벽에 꼭 붙이기 위해서는 스틸(steel) 해머를 사용해야 한다.

9. 조종계통의 턴 버클(turn buckle) 안전결선에서 복선식 안전결선법은?
㉮ 모든 조종계통 케이블(cable)에 해당된다.
㉯ 케이블 지름이 $\frac{1}{8}$ 인치 이하에만 사용한다.
㉰ 케이블 지름이 $\frac{1}{8}$ 인치 이상에만 사용한다.
㉱ 비가요성 케이블(non flexible cable)에만 사용한다.

10. 턴 버클(turn buckle)의 검사방법에 대한 설명 중 가장 거리가 먼 내용은?
㉮ 탄선 결선법인 경우 턴 버클의 죔이 적당한지 확인하는 방법은 나사산이 3~4개가 밖으로 나와 있는지 본다.
㉯ 이중결선법인 경우 배럴의 검사 구멍에 핀(pin)이 들어가면 장착이 잘 되었다고 할 수 있다.
㉰ 이중결선법인 경우에 케이블의 지름이 $\frac{1}{8}$ 인치 이상인지를 확인한다.
㉱ 단선결선법에서 턴 버클 섕크 주위로 와이어가 4회 이상 감겼는지 확인한다.

11. 턴 버클로 연결할 때 안전하게 결합된 상태로 가장 올바른 것은?
㉮ 나사가 3~4개 이상 보여서는 안 된다.
㉯ 나사가 전혀 나오지 않게 잠겨져야 한다.
㉰ 케이블을 장착하고, 턴 버클을 2회만 잠그면 된다.
㉱ 배럴(barrel) 중앙부의 양측에서 꼽은 부분이 서로 닿도록 잠겨져야 한다.

12. 케이블 조종계통(cable control system)의 턴 버클 배럴(turn buckle barrel)에 구멍이 있다. 이 구멍의 용도를 가장 올바르게 표현한 것은?
㉮ 양쪽 케이블 피팅(fitting)의 나사가 충분히 물려 있는지 확인하기 위하여
㉯ 양쪽 케이블 피팅(fitting)에 윤활유를 보급하기 위하여
㉰ 안전결선(safety wire)을 하기 위하여
㉱ 턴 버클(turn buckle)를 조절하기 위하여

Chapter 03
기체구조 수리 및 역학

1. 기체구조의 수리

1-1 판금작업

(1) 구조 수리의 기본원칙
 ① 원래의 강도 유지
 ② 원래의 윤곽 유지
 ③ 최소 무게 유지
 ④ 부식에 대한 보호

(2) 설계
 ① 판금설계 : 평면 전개, 모형뜨기 전개, 모형 전개도법이 있다.
  (가) 모형 전개도법
   ㉠ 평행선 전개도법 : 도관이나 원통 및 파이프 접합 등과 같은 부품을 제작할 때 사용한다.
   ㉡ 방사선 전개도법 : 원뿔이나 삼각뿔 형태의 부품을 제작할 때 사용한다.
  (나) 평면설계 : 최소 굽힘 반지름과 굽힘여유, 세트 백 등을 고려하여 설계한다.
  (다) 모형뜨기 : 설계도가 없거나 항공기 부품으로부터 직접 모형을 떠야 할 필요가 있을 때, 실물과 모형면에 기준선을 잡고 적당한 간격으로 똑같은 원호를 그리면서 윤곽을 잡아 가는 설계방식이다.

(3) 최소 굽힘 반지름
 판재가 본래의 강도를 유지한 상태로 구부러질 수 있는 최소의 굽힘 반지름을 말한다.
 ① 풀림 처리를 한 판재의 최소 굽힘 반지름 : 그 두께와 같은 정도의 반지름이다.
 ② 보통 판재의 최소 굽힘 반지름 : 판재 두께의 약 3배 정도이다.

(4) 굽힘여유(Bend Allowance ; B.A, 굴곡 허용량)
 평판을 수직으로 정확히 구부릴 수 없기 때문에 구부려지는 부분에 여유길이가 생기게 되는데, 이를 굽힘여유 또는 굴곡 허용량이라 한다.

$$B.A = \frac{\theta}{360} 2\pi \left(R + \frac{1}{2}T\right)$$

여기서, θ : 굽힘 강도, R : 굽힘 반지름, T : 판재 두께

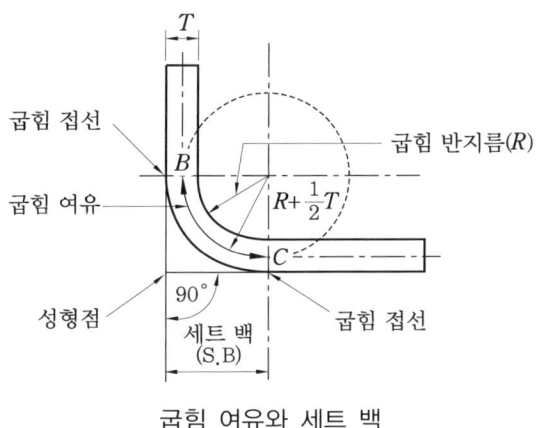

굽힘 여유와 세트 백

(5) 세트 백(Set Back : S.B)

굽힘 접선에서 성형점까지의 길이를 말한다.

$$S.B = K(R + T)$$

여기서, K : 굽힘 각도에 따른 상수, 직각으로 구부렸을 때 K는 1이다.

① 성형점(mold point) : 판재 외형선의 연장선이 만나는 점을 말한다.
② 굽힘 접선(bend tangent line) : 굽힘의 시작점과 끝점에서의 접선을 말한다.

(6) 판재의 절단 및 굽힘가공

① 굽힘작업 시 선의 표시는 끝이 뾰족한 유성펜을 사용하여 판재의 면을 손상시키지 않도록 한다.
② 성형작업 시 스프링 백(spring back)을 고려해야 한다. 스프링 백(spring back)은 하중을 제거하더라도 금속의 탄성에 의해 원래 상태로 되돌아가려는 성질을 말한다.
③ 릴리프 홀(relief hole) : 2개 이상의 굽힘이 교차하는 장소는 응력집중이 발생하여 교점에 균열이 일어나게 되는데 응력·교정에 응력제거 구멍을 뚫어 이를 예방한다. 릴리프 홀의 크기는 $\frac{1}{8}$ inch 이상의 범위에서 굽힘 반지름의 치수를 릴리프 홀의 지름으로 한다.

(7) 수축 및 신장가공

① 수축가공 : 재료의 한쪽 길이를 압축시켜 짧게 하여 재료를 구부리는 방법이다.

② 신장가공 : 재료의 한쪽 길이를 늘려서 길게 하여 재료를 구부리는 방법이다.

(8) 범핑 가공
가운데가 움푹 들어간 구형면을 판금가공하는 방법이다.

예·상·문·제

1. 판금작업을 할 때 일반적으로 사용하는 전개도 작성 방법으로 이루어진 것은?
- ㉮ 평행선법, 삼각형법, 방사선법
- ㉯ 평행선법, 삼각형법, 투상도법
- ㉰ 삼각형법, 투상도법, 방사선법
- ㉱ 평행선법, 투상도법, 사각형법

2. 다음 모형 전개도법 중에서 평행선 전개도법(parallel line development)은 어떤 부품을 제작할 때 사용되는가?
- ㉮ 원뿔, 각뿔 ㉯ 원기둥, 각기둥
- ㉰ 깔때기, 원기둥 ㉱ 육각뿔, 사각뿔

3. 방사선 전개도법으로 전개를 할 수 없는 것은?
- ㉮ 원통 ㉯ 원뿔
- ㉰ 깔때기 ㉱ 각뿔

4. 성형법의 접기가공(folding)에 대한 설명 중 가장 관계가 먼 것은?
- ㉮ 두께가 얇고 연한 재료는 예각으로 굴곡할 수 없다.
- ㉯ 얇은 판이나 플레이트 등을 굴곡하는 것을 접기가공이라 한다.
- ㉰ 굴곡 반지름이란 가공된 재료의 곡선상의 내측 반지름을 말한다.
- ㉱ 세트 백은 굽힌 접선에서 성형점까지의 길이를 나타낸다.

5. 판금성형에 대한 설명으로 가장 관계가 먼 것은?
- ㉮ 굴곡 허용량(bend allowance)은 평판을 구부릴 때 필요한 길이를 뜻한다.
- ㉯ 굴곡 중심선은 정중앙에 위치한다.
- ㉰ 세트 백(set back)은 성형점과 굴곡 접선과의 거리이다.
- ㉱ 세트 백은 $\tan\left(\dfrac{\theta}{2}\right) = K$로 구하기도 한다(단, θ는 굴곡 각도이다).

6. 알클래드 알루미늄 판재의 금긋기 작업을 옳게 설명한 것은?
- ㉮ 금긋기 바늘을 깊게 하여 긋는다.
- ㉯ 금긋기 바늘을 얕게 하여 긋는다.
- ㉰ 분필 또는 색연필을 사용한다.
- ㉱ 펀치를 이용하여 부분부분 표시한다.

[해설] 선의 표시는 표면에 손상시키지 않으면서 잘 보이는 것이 좋다.

7. 다음 용어 중 구멍을 넓히는 작업은?
- ㉮ 보링(boring) ㉯ 밀링(miling)
- ㉰ 호닝(horning) ㉱ 드릴링(drilling)

정답 1. ㉮ 2. ㉯ 3. ㉮ 4. ㉮ 5. ㉯ 6. ㉰ 7. ㉮

8. 금속판재를 굽힐 때 응력에 의해 영향을 받지 않는 부위는?
  ㉮ 몰드선(mold line)
  ㉯ 세트 백(set back)
  ㉰ 벤드 라인(bend line)
  ㉱ 중립선(neutral line)

9. 2024 T_0 알루미늄 판을 45°로 굽힐 때 굽힘 허용값은?(단, 재료의 두께 $T = 0.8$ mm, 굴곡 반지름 $R = 2.4$ mm)
  ㉮ 2.054 mm   ㉯ 2.100 mm
  ㉰ 2.198 mm   ㉱ 2.532 mm

  [해설] 굽힘여유(BA) $= \dfrac{\theta}{360} 2\pi \left(R + \dfrac{T}{2}\right)$
  $= \dfrac{45}{360} \times 2 \times 3.14 \times \left(2.4 + \dfrac{0.8}{2}\right)$ m
  $= 2.198$ m

10. 두께 0.051 inch의 판을 $\dfrac{1}{4}$ 인치 굴곡 반지름으로 90° 굽힌다면 굴곡 허용량(bend allowance)은 얼마인가?
  ㉮ 0.3423 inch   ㉯ 0.4328 inch
  ㉰ 0.4523 inch   ㉱ 0.5328 inch

  [해설] 굽힘여유(BA) $= \dfrac{\theta}{360} 2\pi \left(R + \dfrac{T}{2}\right)$
  $= \dfrac{90}{360} \times 2 \times 3.14 \times \left(\dfrac{1}{4} + \dfrac{0.051}{2}\right)$
  $= 0.4328$ inch

11. 다음과 같이 주어졌을 때 알루미늄 판재의 굽힘 허용값을 구하면?(단, 곡률 반지름(R) : 0.125 inch, 굽힘 각도(θ) : 90°, 두께(T) : 0.04 inch)
  ㉮ 0.228 inch   ㉯ 0.259 inch
  ㉰ 0.342 inch   ㉱ 0.456 inch

  [해설] 굽힘여유(BA) $= \dfrac{\theta}{360} 2\pi \left(R + \dfrac{T}{2}\right)$
  $= \dfrac{90}{360} \times 2 \times 3.14 \times \left(0.125 + \dfrac{0.04}{2}\right)$
  $= 0.228$ inch

12. 굴곡 각도가 90°일 때 세트 백(set back ; S.B)을 계산하는 공식은?(단, T = 두께, R = 굴곡 반지름, S.B = 세트 백, D = 지름)
  ㉮ S.B $= \dfrac{D+T}{2}$ ㉯ S.B $= \dfrac{R+T}{2}$
  ㉰ S.B $= R + T$ ㉱ S.B $= \dfrac{R}{2+T}$

13. 폭이 20 cm, 두께가 8 mm인 알루미늄 판을 그림과 같이 구부리고자 한다. 필요한 알루미늄 판의 세트 백은 얼마인가?

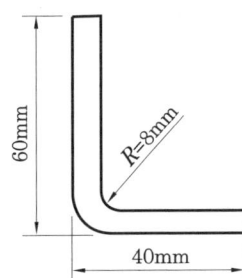

  ㉮ 12 mm   ㉯ 16 mm
  ㉰ 18 mm   ㉱ 20 mm

  [해설] 세트 백 $= K(R+T) = (8+8) = 16$ mm

14. 알루미늄 판 두께가 0.051인치인 재료를 굴곡 반지름 0.125인치가 되도록 90° 굴곡할 때 생기는 세트 백(set back)은 얼마인가?
  ㉮ 0.017 inch   ㉯ 0.074 inch
  ㉰ 0.176 inch   ㉱ 0.125 inch

정답 8. ㉱ 9. ㉰ 10. ㉯ 11. ㉮ 12. ㉰ 13. ㉯ 14. ㉰

[해설] 세트 백 = $K(R+T)$
= $(0.126+0.051) = 0.176$ inch
(90°인 경우 굽힘상수 $K=1$이다.)

15. 그림의 판재 굽힘에서 판재 전체의 길이는 얼마인가?

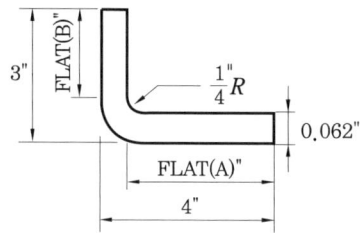

㉮ 7.0인치 ㉯ 6.8인치
㉰ 6.6인치 ㉱ 6.0인치

[해설] 세트 백(S.B) = $K(R+T)$
= $1 \times \left(\dfrac{1}{4}+0.062\right) = 0.312$ inch

굴곡 허용량(B.A) = $\dfrac{\theta}{360} 2\pi \left(R+\dfrac{T}{2}\right)$
= $\dfrac{90}{360} \times 2 \times 3.14 \times \left(\dfrac{1}{4}+\dfrac{0.062}{2}\right)$
= 0.44 inch

판재 전체 길이(L) = 3−S.B+4−S.B+B.A
= 3−0.312+4−0.312+0.44 = 6.8 inch

16. 곡률 반지름을 R, 판의 두께를 T라고 하면 중립선(neutal line)의 반지름은 대략 어느 정도인가?

㉮ $R+\dfrac{1}{2}T$ ㉯ $R+T$

㉰ $2R+\dfrac{1}{2}T$ ㉱ $R+2T$

17. 한쪽의 길이를 짧게 하기 위해 주름지게 하는 판금 가공법은?

㉮ 수축(shrinking)가공
㉯ 신장(stretching)가공
㉰ 범핑(bumping) 가공
㉱ 크림핑(crimping)

[정답] 15. ㉯ 16. ㉮ 17. ㉱

1-2 리벳 작업(riveting)

리벳을 이용하여 두 금속판재를 영구 접합시키는 작업을 말한다.

(1) 리벳의 선택과 배치

① 리벳의 지름(D)

　㈎ 접합하고자 하는 판 중에서 두꺼운 판재 두께의 3배 정도가 가장 적당하다.

$$D = 3T$$

　㈏ 지름이 $\frac{3}{32}$ inch(2.4 mm) 이하인 리벳은 응력을 받는 구조부재에 사용할 수 없다.

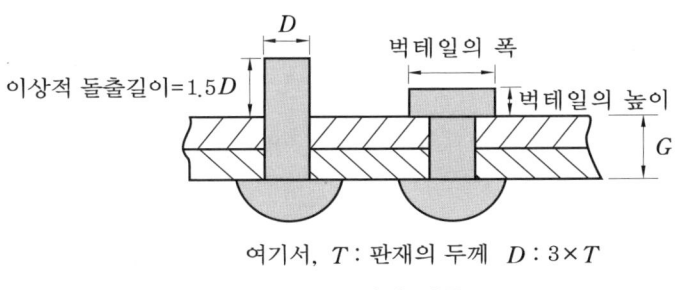

여기서, T : 판재의 두께　$D : 3 \times T$

리벳 지름

② 리벳의 길이

　㈎ 리벳 전체 길이 $= G + 1.5D$

　㈏ 머리성형을 위한 이상적인 돌출길이 : $1.5D$

　㈐ 성형 후 돌출 높이(벅테일 높이) : $0.5D$

　㈑ 성형 후 가로 돌출길이(벅테일 지름) : $1.5D$

③ 리벳의 배열

　㈎ 리벳 피치(리벳 간격) : 같은 열에 있는 리벳과 리벳 중심간의 거리를 말한다.
　　・리벳 피치 : 보통 6~8 D, 최소 3 D, 최대 12 D

　㈏ 열간 간격(횡단 피치) : 리벳 열과 열 사이의 거리를 말하며, 리벳 간격의 75%에 해당한다.
　　・열간 간격 : 보통 4.5~6 D, 최소 2.5 D

　㈐ 연거리(끝거리) : 연거리 판재의 모서리와 이웃하는 리벳의 중심까지의 거리를 말한다.
　　・연거리 : 보통 2.5 D, 최소 2 D, 접시머리 경우 : 최소 2.5 D, 최대 4 D

④ 리벳 수 계산 : 손상부분의 받는 응력에 따라 리벳의 수량이 결정된다.

$$N = 1.15 \times \frac{T \cdot L \cdot \sigma_{\max}}{\left(\dfrac{\pi D^2}{4}\right) \cdot \tau_{\max}}$$

여기서, D : 리벳 지름, L : 판의 폭, T : 판의 두께, $\tau_{\max}$: 판재의 최대 전단응력
$\sigma_{\max}$: 판재의 최대 인장응력, N : 리벳 수, 1.15 : 안전계수

⑤ 리벳 구멍 뚫기
  (가) 이상적인 리벳과 리벳 구멍과의 간격 : 0.005~0.01 mm(0.002~0.004 inch)
  (나) 올바른 구멍을 만들기 위해서는 먼저 드릴 작업을 한 다음 리머 작업(reaming)으로 다듬는다.
    ㉮ 경질재료, 얇은 판일 경우 드릴 각도 : 118° 저속작업
    ㉯ 연질재료, 두꺼운 판일 경우 드릴 각도 : 90° 고속작업
    ㉰ 재질에 따른 드릴 날의 각도 : 일반재질 118°, 스테인리스 140°, 연한 알루미늄 90°

⑥ 드릴 작업에 사용되는 공구
  (가) 드릴(drill) : 리벳 작업을 하기 전에 리벳에 들어갈 판재에 구멍을 뚫는 작업 공구이다.
  (나) 리머(reamer) : 드릴로 구멍을 뚫은 판재 안쪽을 매끄럽게 다듬질 하는 작업이다.
  (다) 리벳 건(rivet gun) : 리벳 작업에 필요한 공구로서 리벳 머리를 두드리는데 사용된다.
    • 리벳 세트(rivet set) : 리벳 건 사용 시 리벳 머리 부분에 리벳 머리의 생김새와 똑같은 모양의 것을 말한다.
  (라) 시트 파스너(sheet fastener, 클래코) : 리벳 작업 시 접합할 금속판을 미리 고정시키는데 이용된다.
  (마) 버킹 바(bucking bar) : 리벳의 벅테일을 만들 때 리벳 섕크 끝을 받치는 공구로서 합금강으로 만든다.

⑦ 카운터 싱킹과 딤플링
  (가) 딤플링(dimpling) : 판재의 두께가 0.04 inch 이하로 얇아서 카운터 싱킹 작업이 불가능할 때 딤플링을 한다. 접시머리 리벳의 머리 부분이 판재의 접합부와 꼭 들어맞도록 하기 위해 판재의 구멍 주위를 움푹 파는 작업을 말한다. 이때 사용되는 공구가 딤플링 다이이다.
  (나) 카운터 싱킹(counter sinking) : 접시머리 리벳의 머리 부분이 판재의 접합부와 꼭 들어맞도록 하기 위해 판재의 구멍 주위를 움푹 파는 작업을 하는데 카운터 싱킹은 리벳 머리의 높이보다도 결합해야 할 판재 쪽이 두꺼운 경우에만 적용하며 얇은 경우에는 딤플링을 적용한다.

예·상·문·제

1. 리벳의 치수 계산 시 다음 사항 중 틀린 것은?
   ㉮ 리벳 지름(D)은 일반적으로 두꺼운 판재 두께(T)의 3배이다.
   ㉯ 리벳 길이는 판의 전체 두께와 리벳 지름(D)의 1.5배한 길이를 합한 것이다.
   ㉰ 리벳 피치 간격은 최소 $3D$ 이상이며 보통 $6 \sim 8 D$이다.
   ㉱ 벅테일(buck tail)의 높이는 $1.5D$이고, 최소지름은 $3D$이다.
   [해설] 이상적인 벅테일의 높이는 0.5 D이다.

2. 버킹 바(bucking bar)는 어디에 사용하는가?
   ㉮ 리벳의 머리를 지지하기 위해 사용한다.
   ㉯ 드릴을 고정하기 위해 사용한다.
   ㉰ 리벳 건(rivet gun)에 끼워서 사용한다.
   ㉱ 성형머리를 만들기 위해 사용한다.

3. 두께가 3 mm인 알루미늄 판과 두께가 2 mm인 알루미늄 판을 리벳으로 접합하고자 한다. 리벳의 지름은 얼마로 하면 되는가?
   ㉮ 15 mm   ㉯ 9 mm
   ㉰ 6 mm   ㉱ 5 mm
   [해설] $D = 3T = 3 \times 3 = 9$ mm

4. 0.0625인치 두께의 금속판 2개를 접하기 위하여 $\frac{1}{8}$인치 지름의 유니버설 리벳을 사용하려고 한다. 최소한의 리벳 길이는 얼마가 되어야 하는가?

   ㉮ $\frac{1}{4}$인치   ㉯ $\frac{1}{8}$인치
   ㉰ $\frac{5}{16}$인치   ㉱ $\frac{7}{16}$인치
   [해설] $L = G + 1.5D$
   $= 0.0625 \times 2 + 1.5 \times \frac{1}{8} = 0.3125$ inch
   $= \frac{5}{16}$ inch

5. 리벳의 배치에 대한 설명 중 가장 관계가 먼 내용은?
   ㉮ 리벳의 열과 열 사이를 리벳 피치라 한다.
   ㉯ 횡단 피치는 리벳 열간의 간격이다.
   ㉰ 리벳 피치의 최소간격은 $3D$이다.
   ㉱ 리벳 끝거리는 판재의 가장자리에서 첫 번째 리벳 구멍 중심까지의 거리이다.

6. 기체의 판금작업 시 리벳의 배치에 대한 설명 중 가장 관계가 먼 내용은?
   ㉮ 리벳의 횡단 피치는 열과 열 사이의 거리이다.
   ㉯ 리벳의 피치란 같은 리벳 열에서 인접한 리벳 중심간의 거리이다.
   ㉰ 리벳의 끝거리는 판재의 모서리에서 가장 먼 곳에 배열된 리벳 중심까지의 거리이다.
   ㉱ 리벳의 열이란 판재의 인장력을 받는 방향에 대하여 직각방향으로 배열된 리벳 집합이다.

7. 판재의 모서리와 이웃하는 리벳 중심까지의 거리를 무엇이라 하는가?

정답 1. ㉱ 2. ㉱ 3. ㉯ 4. ㉰ 5. ㉮ 6. ㉰ 7. ㉰

㉮ 리벳 간격　　㉯ 열간간격
㉰ 연거리　　　　㉱ 가공거리

8. AN 460 AD 4-5리벳에 있어 10″×5″ 금속판에 $4D$ 간격으로 리벳 작업을 하려고 할 때 리벳의 수는?
㉮ 52　㉯ 56　㉰ 60　㉱ 64

9. 항공기 기체수리 작업 시 리베팅하기 전에 임시로 고정하는데 사용하는 공구는?
㉮ 캠-로크 파스너　㉯ 딤플링
㉰ 스퀴즈　　　　　㉱ 시트 파스너

10. 리벳 작업에 사용되는 공구들이다. 이 중 설명이 옳은 것은?
㉮ C-clamp는 리벳 섕크 끝을 받치는 공구이다.
㉯ 시트 파스너(sheet fastener)는 접합할 금속판을 미리 고정하는 공구이다.
㉰ 버킹 바(bucking bar)는 판재 주위를 움푹 파는 공구이다.
㉱ 딤플링(dimpling)은 벅테일을 만드는 데 사용되는 공구이다.

11. 드릴 작업 후 드릴 구멍 가장자리에 남은 칩을 효과적으로 제거하기 위한 방법을 가장 올바르게 설명한 것은?
㉮ 리벳 작업 시 자동적으로 제거되므로 제거할 필요가 없다.
㉯ 줄을 사용하여 갈아서 제거한다.
㉰ 드릴 구멍 크기의 한 배 또는 두 배 크기의 드릴을 사용하여 손으로 돌려서 제거한다.
㉱ 같은 크기의 드릴을 사용하여 반대방향에서 뚫어 제거한다.

12. 다음 중 리벳(rivet)을 교체할 때 어떻게 하는 것이 가장 좋은가?
㉮ 구멍은 항상 더 큰 크기의 리벳에 맞게 뚫는다.
㉯ 항상 $\frac{1}{16}$ 인치 더 큰 크기를 사용한다.
㉰ 만일 구멍의 크기가 커지지 않았다면 원래 크기의 리벳을 사용하고, 그렇지 않으면 구멍의 다음 크기로 뚫은 다음 다듬질한다.
㉱ 항상 $\frac{1}{32}$ 인치 더 큰 것을 사용하여 다듬질 한다.

13. 알루미늄 합금 판재에 드릴 작업을 할 때 가장 적합한 드릴 각도, 속도, 작업압력이 올바른 것은?
㉮ 118°, 고속, 손에 힘이 균일하게
㉯ 140°, 저속, 매우 힘있게
㉰ 90°, 고속, 저압
㉱ 75°, 저속, 매우 세게

14. 연한 알루미늄에 드릴(drill) 작업을 할 때 드릴의 각도는?
㉮ 118°　㉯ 90°　㉰ 67°　㉱ 45°

15. 카운터 싱크 커터(cutter)의 종류가 아닌 것은?
㉮ 고정식 싱크 커터
㉯ 스톱 싱크 커터
㉰ 마이크로 스톱 싱크 커터
㉱ 압력식 싱크 커터

16. 다음은 딤플링(dimpling) 작업시의 주의사항이다. 틀린 것은?

정답　8. ㉯　9. ㉱　10. ㉯　11. ㉰　12. ㉰　13. ㉮　14. ㉯　15. ㉱　16. ㉰

㉮ 판을 2개 이상 겹쳐서 동시에 딤플링하는 방법은 될 수 있는 한 삼가한다.
㉯ 티타늄 합금은 홀 딤플링을 적용하지 않으면 균열을 일으킨다.
㉰ 마무리 작업시에는 반대방향으로 다시 딤플링한다.
㉱ 얇은 판 때문에 카운터 싱킹 한계(0.040 in 이하)를 넘을 때는 딤플링으로 한다.

[해설] 판을 2개 이상 겹쳐서 동시에 딤플링하는 것은 가능한 한 삼가야 하며, 반대방향으로 딤플링해서는 안 된다.

17. 다음 딤플링(dimpling) 작업 시 주의사항이다. 틀린 것은?
㉮ 7000 시리즈 알루미늄 합금, 마그네슘 합금, 그 외 티타늄 합금은 홀 딤플링(hole dimpling)을 적용한다.
㉯ 판을 2개 이상 겹쳐서 동시에 딤플링하는 작업을 되도록 삼가한다.
㉰ 마무리 작업시에는 반대방향으로 재딤플링한다.
㉱ 판재의 두께가 0.04 inch 이하로 얇아서 카운터 싱킹 작업이 불가능할 때 딤플링한다.

18. 딤플링(dimpling) 작업 시 주의사항으로 틀린 것은?
㉮ 7000 시리즈 알루미늄 합금에 홀 딤플링(hole dimpling)을 적용하지 않으면 균열이 발생한다.
㉯ 판을 2개 이상 겹쳐서 딤플링하는 것은 가능한 한 피한다.
㉰ 반대방향으로 딤플링해서는 안 된다.
㉱ 스커트가 판 위에서 미끄러지지 않게 스커트를 잡고 수평으로 유지한다.

19. 항공기 기체구조 수리에 대한 내용으로 올바른 것은?
㉮ 같은 두께의 재료로써 17ST의 판재나 리벳을 A17ST로 대체하여 사용할 수 있다.
㉯ 수리부분의 원래 재료와의 접촉면에는 재료의 성분에 관계없이 부식방지를 위하여 기름으로 표면처리를 한다.
㉰ 사용 리벳 수는 같은 재질로 기체의 강도를 고려하여 최소한의 수를 사용한다.
㉱ 수리를 위하여 대치할 재료의 두께는 원래 두께와 같거나 작아야 한다.

20. 판금 가윗날의 여유각에 대하여 가장 올바르게 설명한 것은?
㉮ 아랫날과 윗날이 이루는 각을 말한다.
㉯ 날면의 경사를 말한다.
㉰ 수직 절단면과 윗날 및 아랫날이 만드는 각을 말한다.
㉱ 동력 전단기에서의 여유각은 3~6°이고, 판금가위는 7~9°이다.

[해설] 판금 가윗날의 각도
① 사이각 : 아랫날과 윗날이 이루는 각을 말한다.
  · 동력 전단기에서의 사이각 : 3~6°
  · 발로 누르는 전단식에서의 사이각 : 7~9°
② 날끝각 : 날 면의 경사도를 말하는 것으로 판금가위의 날 끝각은 약 65°이다.
③ 여유각 : 수직 절단면과 윗날 및 아랫날이 만드는 각으로 판금가위나 동력 전단기의 여유각은 2°이다.

21. 클리닝 아웃(cleaning out)이 아닌 것은?
㉮ 트리밍(trimming) ㉯ 커팅(cutting)
㉰ 파일링(filing)   ㉱ 크린 업(clean up)

[정답] 17. ㉰ 18. ㉱ 19. ㉰ 20. ㉰ 21. ㉱

1-3 용접작업

재료의 접합하려는 부분을 녹이거나 녹은 상태에서 서로 융합시킴으로써 금속을 접합시키는 것을 용접이라 한다.

(1) 용접(welding)의 종류

용접, 압점, 납땜 등이 있다.
① 가스 용접(gas welding)
  ㈎ 산소-아세틸렌 가스 용접
    ㉮ 호스(hose)
      • 산소 호스 : 검은색 또는 초록색, 호스 연결부의 나사는 바른나사이다.
      • 아세틸렌 호스 : 빨간색, 호스 연결부의 나사는 왼나사이다.
    ㉯ 아세틸렌 용기 : 규조토, 목탄, 석면 등과 같은 다공질의 물질을 넣고 아세톤을 흡수시켜 아세틸렌 가스를 충전하여 사용한다. 보통 15 ℃에서 15기압 정도로 가압하여 용해한 아세틸렌을 사용한다.
    ㉰ 용접 불꽃 : 산소와 아세틸렌을 1 : 1의 비율로 혼합시켜 연소시키면 다음과 같은 세 부분의 불꽃이 된다.
      • 백심 : 흰색 불꽃부분으로 1500 ℃이다.
      • 용접 불꽃(속불꽃) : 3200~3500 ℃로 무색에 가깝고 백색 불꽃을 둘러싼다.
      • 겉불꽃 : 2000 ℃이다.
    ㉱ 산소, 아세틸렌의 비율에 따른 불꽃 상태
      • 중성 불꽃(표준 불꽃, 중성염) : 토치에서 산소와 아세틸렌의 혼합비가 1 : 1일 때의 불꽃으로 이때 아세틸렌이 완전히 연소하기 위해 공기 중에서 1.5의 산소를 얻는다. 연강, 주철, 니크롬강, 구리, 아연도금 철판, 아연, 주강 및 고탄소강의 일반 용접에 사용한다.

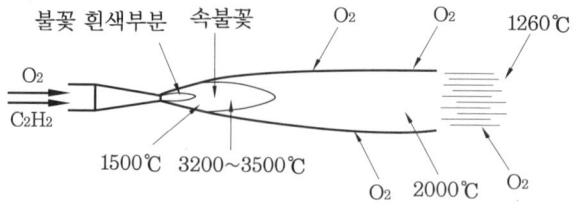

산소-아세틸렌 불꽃의 구성

      • 산화 불꽃(산소 과잉 불꽃) : 중성 불꽃에서 산소의 양을 많이 할 때 생기는 불꽃으로 산화성이 강하여 황동, 청동 용접에 사용한다.
      • 탄화 불꽃(아세틸렌 과잉 불꽃) : 산소가 적고 아세틸렌이 많을 때의 불꽃으로

불완전 연소로 인하여 온도가 낮다. 스테인리스강, 스텔라이트, 알루미늄, 모넬 메탈 등에 사용한다.

㈑ 가스 용접봉 : 용접한 모재의 보충재료로서 사용되는 관계로 일반적으로 모재보다 좋은 재질이거나 모재와 동일한 것을 사용한다. 용접봉의 굵기는 모재의 두께에 따라 선택한다.

② 아크 용접(arc welding) : 교류나 직류를 이용하여 모재와 용접봉 사이에 아크를 발생시키면 3500~6000 ℃ 정도에 이르는 고온이 발생되는데, 이 고온을 이용하여 금속을 용해시켜 접합하는 용접이 아크 용접이다.

㈎ 직류전원 아크 용접 : 아크 발생이 안정하고 일정하다.

㈏ 교류전원 아크 용접 : 주파수 증가에 따른 미세하고 균일한 아크가 발생되는 이점 때문에 교류 아크 용접기를 사용한다.

③ 불활성 가스 아크 용접

㈎ 텅스텐 불활성 가스 아크 용접(TIG 용접) : 용접에 필요한 열에너지는 비소모성의 텅스텐 전극과 모재 사이에서 발생하는 아크열에 의해 공급되며, 이때 비피복용 가재는 이 열에너지에 의하여 용해되어 용접되는 방법이다.

㈏ 금속 불활성 가스 아크 용접(MIG 용접) : TIG 용접의 텅스텐 대신에 피복을 입히지 않은 가느다란 금속 와이어인 용가전극(용접 와이어)을 일정한 속도로 토치에 자동 공급하여 모재와 와이어 사이에서 아크를 발생시키고 그 주위를 아르곤, 헬륨 또는 그것들의 혼합가스 등을 공급시켜 아크와 용융지를 보호하면서 행하는 용접법이다.

예·상·문·제

1. 산소-아세틸렌 용접 시 불꽃의 용도에 대한 설명 중 가장 거리가 먼 것은?
㉮ 탄화 불꽃 : 스테인리스강, 알루미늄
㉯ 산성 불꽃 : 아연도금, 티타늄
㉰ 중성 불꽃 : 연강, 니크롬강
㉱ 산화 불꽃 : 황동, 청동

2. 가스 용접 시 역화의 원인이 아닌 것은?
㉮ 팁(tip)이 물체에 부딪쳐 순간적으로 가스의 흐름이 멈출 때
㉯ 팁이 과열되었을 때
㉰ 가스의 압력이 높을 때
㉱ 팁의 연결부분이 불충분할 때

3. 알루미늄 합금을 용접할 때 가장 적합한 불꽃은?
㉮ 탄화 불꽃 ㉯ 중성 불꽃
㉰ 산화 불꽃 ㉱ 활성 불꽃

4. 모재의 용접에 쓰이는 조인트(joint)의 형식이 아닌 것은?

정답 1. ㉰ 2. ㉰ 3. ㉮ 4. ㉰

㉮ Butt joint
㉯ Tee joint
㉰ Double joint
㉱ Lap joint

[해설] 맞대기 이음, 겹치기 이음, 변두리 이음, 모서리 이음, T형 이음

5. 강관의 용접 시 조인트(joint) 부위를 보강하는 방법이 아닌 것은?
㉮ 평 거싯(gusset)
㉯ 삽입 거싯(gusset)
㉰ 스카프 패치(scarf patch)
㉱ 손가락 판

[해설] 조인트 보강법
① 평 거싯(flat gusset)
② 삽입 거싯(insert gusset)
③ 래퍼 거싯(wrapper gusset)
④ 덧붙임판(손가락판 : finger straps)

6. 다음은 용접방법 중 좌진법과 우진법에 대하여 설명하였다. 이 중 틀린 것은?
㉮ 열 이용률은 좌진법이 좋다.
㉯ 용접 변형은 우진법이 작다.
㉰ 산화의 정도는 좌진법이 심하다.
㉱ 용접이 가능한 판 두께는 좌진법이 얇다.

[해설] ① 좌진법(전진법) : 왼쪽방향으로 전진해 나간다. 용접부가 과열되기 쉽고, 모재의 변형이 심하여 기계적 성질이 떨어지게 되나 비드(bead) 표면은 매끈하게 되며, 모재의 두께가 5mm 이하의 맞대기 용접, 변두리 용접, 비철금속이나 주철 금속에 덧붙이 용접에 사용한다.
② 우진법(후진법) : 우측방향으로 전진해 나간다. 용입이 깊어 5mm 이상의 두꺼운 판재의 용접에 쓰이며, 과열되지 않아 기계적 성질이 우수하고, 가스 소비량도 적다. 좌진법보다 비드 표면이 매끈하게 되지 않고, 비드의 높이가 커지기 쉽다.

정답 5. ㉰   6. ㉮

1-4 비파괴 검사

(1) 육안 검사
① 개요 : 가장 오래된 비파괴 검사방법으로 결함이 계속해서 진행되기 전에 빠르고 경제적으로 탐지하는 방법이다. 검사자의 능력과 경험에 따라 신뢰성이 달려 있다.
② 검사방법
　(가) 플래시 라이트(flash light)를 이용한 균열 검사
　　㉮ 검사하고자 하는 구역을 솔벤트로 세척한다.
　　㉯ 플래시 라이트를 검사자의 5~45°의 각도로 향하도록 유지한다.
　　㉰ 확대경을 사용하여 검사한다.
　(나) 보어 스코프(bore scope) 검사 : 육안으로 검사물을 직접 볼 수 없는 곳에 사용한다.
　(다) 파이버옵틱 스코프(fiberoptic scope) : 검사하기 어려운 위치의 검사물을 검사하는데 사용되는 비디오 스코프 검사방법이다.

(2) 침투 탐상 검사
① 특징 : 육안 검사로 발견할 수 없는 작은 균열이나 결함 등을 발견하는데 사용한다.
　(가) 금속, 비금속의 표면 결함에 사용된다.
　(나) 검사비용이 저렴하다.
　(다) 표면이 거친 검사에는 부적합하다.
② 순서
　(가) 검사물을 세척하여 표면의 이물질을 제거한다.
　(나) 적색 또는 형광 침투액을 뿌린 후 5~20분 기다린다.
　(다) 세척액으로 침투액을 닦아낸다.
　(라) 현상제를 뿌리고 결함 여부를 관찰한다.

(3) 자분 탐상 검사
① 특징
　(가) 피로균열 등과 같이 표면 결함 및 표면 바로 밑의 결함을 발견하기가 좋다.
　(나) 검사비용이 비교적 저렴하다.
　(다) 검사원의 숙련이 필요없다.
　(라) 강자성체에만 사용이 가능하다.
② 순서
　전처리 → 자화 → 자분의 적용 → 검사 → 탈자 → 후처리
　　　　　　　(습식, 건식법)

(4) 와전류 검사

변화하는 자기장 내에 도체를 놓으면 도체 표면에 와전류가 발생하는데, 이 와전류를 이용하는 검사방법이다.

① 특징
  ㈎ 검사결과가 전기적 출력으로 얻어지므로 자동화 검사가 가능하다.
  ㈏ 검사속도가 빠르고 검사비용이 싸다.
  ㈐ 표면 및 표면 부근의 결함을 검출하는데 적합하다.

(5) 초음파 검사

고주파 음속파장을 사용하여 부품의 불연속 부위를 찾는 방법으로 항공기의 파스너 결합부나 파스너 구멍 주변의 의심나는 주변을 검사하는데 많이 사용된다.

- 특징
  ㈎ 검사비가 싸다.
  ㈏ 균열과 같은 평면적인 결함 검사에 적합하다.
  ㈐ 검사 대상물의 한쪽 면만 노출되면 검사가 가능하다.
  ㈑ 판독이 객관적이다.
  ㈒ 재료의 표면상태 및 잔류응력에 영향을 받는다.
  ㈓ 검사 표준 시험편이 필요하다.

(6) 방사선 투과 검사

① 특징
  ㈎ 기체 구조부에 쉽게 접근할 수 없는 곳이나 결함 가능성이 있는 구조부분의 검사에 사용된다.
  ㈏ 검사비용이 많이 들고 방사선의 위험성이 있다.
  ㈐ 제품의 형태가 복잡한 경우 검사가 어렵다.

예·상·문·제

1. 다음 비파괴 검사법 중에서 큰 하중을 받는 알루미늄 합금 구조물의 내부검사에 이용할 수 있는 검사법은?
  ㈎ 다이체크 검사(dye penetrant inspection)
  ㈏ 자이글로 검사(zyglo inspection)
  ㈐ 자기 탐상 검사(magnetic particle inspection)
  ㈑ 방사선 투과 검사(radiograph inspection)

정답 1. ㈑

2. 비파괴 시험 중 자분이 필요한 시험은?
㉮ 자기 탐상법
㉯ 초음파 탐상법
㉰ 침투 탐상법
㉱ 방사선 탐상법

3. 복합재료로 제작된 항공기 부품의 결함(층분리 또는 내부 손상)을 발견하기 위해 사용되는 검사방법이 아닌 것은?
㉮ 육안 검사
㉯ 동전 두드리기 검사(coin test)
㉰ 와전류 탐상 검사(eddy current inspection)
㉱ 초음파 검사

[해설] 동전 두드리기 검사(coin tap test) : 내부의 홈이나 층의 분리와 같은 결함이 예상되는 곳에 사용한다. 동전을 가지고 가볍게 두드렸을 때 날카롭고 청명한 소리가 나면 양호한 상태를 나타내고 둔탁한 소리가 나면 층이 분리된 결함이 있음을 나타낸다.

4. 허니컴 구조(honeycomb structure)에서 층분리(delamination)를 확인(check)하는 가장 간단한 방법은?
㉮ dye penetrant
㉯ metallic ring test
㉰ X-ray
㉱ ultrasonic

5. 항공기 수리용 도면에서 hidden lines은 무엇을 가리키는가?

----
hidden line(은선)

㉮ 눈에 안 보이는 끝(edge) 또는 윤곽선을 가리킨다.
㉯ 물체의 어떤 면 부분이 도면상에서 보이지 않는 것을 가리킨다.
㉰ 물체의 교차되는 부분 또는 없어진 부분과 관계되는 부분을 가리킨다.
㉱ 한 물체의 단면도 상에 노출된 표면을 가리킨다.

[정답] 2. ㉮ 3. ㉰ 4. ㉯ 5. ㉮

2. 구조역학의 기초

2-1 비행상태와 하중

(1) 비행 중 항공기 기체

- 비행 중 기체에 작용하는 하중 : 인장하중, 압축하중, 굽힘하중, 전단하중, 비틀림하중이 있다.
  - ㈎ 프로펠러 항공기 : 기체가 인장력을 받는다.
  - ㈏ 제트 비행기 : 기체가 압축력을 받는다.

(2) 하중배수와 속도-하중배수($V-n$) 선도

① 하중배수 : 현재의 하중이 기본하중(W)의 몇 배나 되는지를 말하며 항공기에 있어서 날개에서 발생하는 양력이 기본하중, 즉 수평비행시에 발생하는 양력의 몇 배가 되는지를 정하는 수치이다.

㈎ 급상승 시 하중배수

$$n = \frac{V^2}{V_s^2}$$

㈏ 선회비행 시 하중배수

$$n = \frac{1}{\cos \theta}$$ 여기서, θ : 선회비행 시 경사각

㈐ 돌풍 시 하중배수

$$n = 1 + \frac{KU \cdot V \cdot m \cdot \rho}{2 - \frac{W}{S}}$$ 여기서, KU : 돌풍속도, m : 양력곡선의 기울기

㈑ 제한 하중배수

민간기	제한 하중배수	
	(+)	(−)
보통기(N)	3.8	1.5
실용기(U)	4.4	1.76
곡예기(A)	6.0	3.0
수송기(T)	2.5	1.0

② 속도-하중배수($V-n$) 선도
  (가) 속도-하중배수($V-n$) 선도 : 속도와 하중배수를 직교 좌표축으로 하여 항공기의 속도에 대한 제한 하중배수를 나타내어 항공기의 안전한 비행범위를 정해 주는 도표이다.
  (나) 설계 급강하 속도(V_D) : 구조강도의 안전성과 조종면에서 안전을 보장하는 설계 상의 최대 허용속도이다.
  (다) 설계 순항 속도(V_C) : 순항성능이 가장 효율적으로 얻어지도록 정한 설계 속도이다.

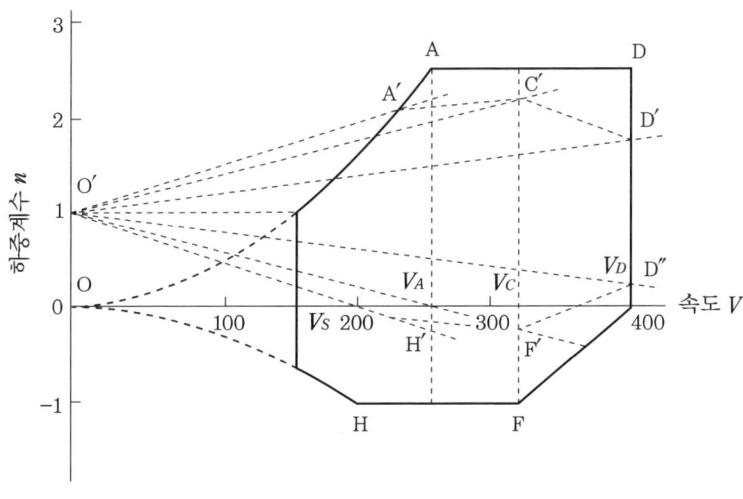

하중배수 선도

  (라) 설계 운용 속도(V_A) : 항공기가 어떤 속도로 수평비행을 하다가 갑자기 조종간을 당겨 최대 양력계수의 상태로 될 때 큰 날개에 작용하는 하중배수가 그 항공기의 설계제한 하중배수(n_1)와 같게 되었을 때의 속도이다. 설계 운용 속도 이하에서는 항공기가 어떤 조작을 해도 구조상 안전하다는 것이다.

$$V_A = \sqrt{n_1}\, V_S$$

  (마) 설계 돌풍 운용 속도(V_B) : 어떤 속도로 수평비행 시 수직 돌풍속도(KU)를 받았을 때 하중배수가 설계제한 하중배수(n_1)와 같아질 때의 수평 비행속도를 말한다.

(3) 힘과 모멘트
① 힘(force) : 물체에 작용하여 그 물체의 형태와 운동상태를 바꾸려는 것을 힘이라 한다.
  (가) 힘의 세 가지 요소 : 크기, 방향, 작용점
  (나) 힘의 합성(R) : 서로 다른 선상의 두 힘은 평행사변형의 원리에 의해 하나의 힘으

로 할 수 있다.

$$F_1 + F_2 = R \text{ 또는 } \overrightarrow{F_1} + \overrightarrow{F_2} = \overrightarrow{R}$$

여기서, R : 합력

$$R = \sqrt{F_1^2 + F_2^2 + 2F_1 F_2 \cos\theta}$$

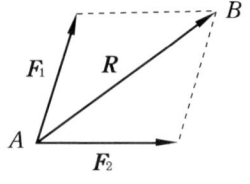

힘의 성질

② 모멘트(M) : 회전이 얼마나 크게 이루어지는가 하는 정도, 힘의 회전능률을 말한다.

$$M = d \times F = rF \sin\theta$$

여기서, r : 거리, F : 힘, d : 수직거리

(가) 짝힘 : 크기가 같고 방향이 반대인 두 힘이 서로 평행한 선상에 작용하는 힘을 짝힘이라 한다.

$$M = Fd$$

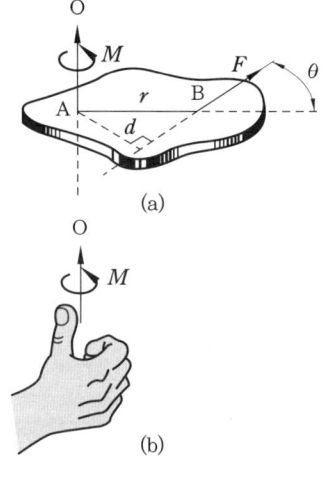

모멘트

③ 평형 방정식
  (가) 지지점과 반력
    ㉮ 롤러 지지점(roller support) : 수직 반력만 생긴다.
    ㉯ 힌지 지지점(hinge support) : 수직, 수평 반력이 생긴다.
    ㉰ 고정 지지점(fixed support) : 수직, 수평, 회전 모멘트의 반력이 생긴다.

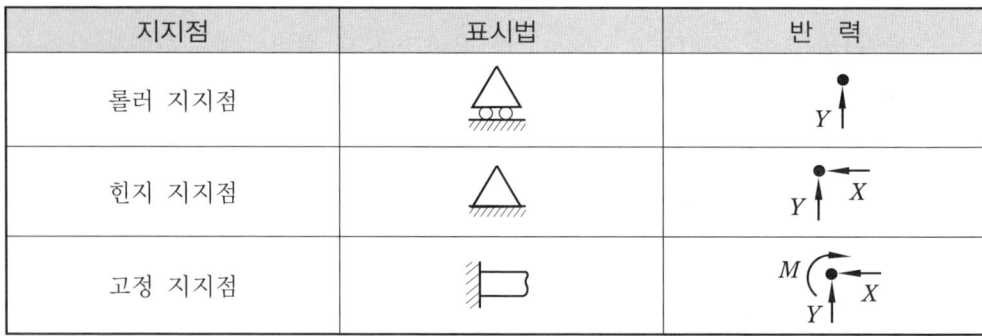

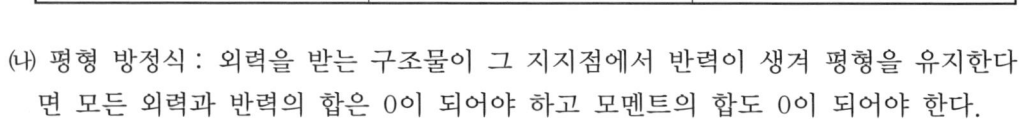

(나) 평형 방정식 : 외력을 받는 구조물이 그 지지점에서 반력이 생겨 평형을 유지한다면 모든 외력과 반력의 합은 0이 되어야 하고 모멘트의 합도 0이 되어야 한다.
  · 모든 수평 분력의 합은 0이 되어야 한다. $\Sigma X = 0$
  · 모든 수직 분력의 합은 0이 되어야 한다. $\Sigma Y = 0$
  · 모든 임의점에 대한 모멘트의 합은 0이 되어야 한다. $\Sigma M = 0$

(4) 무게와 평형

① 무게의 구분

㈎ 유용하중(useful load) : 승무원, 승객, 화물, 무장계통, 연료, 윤활유 등의 무게를 포함한 것으로 최대 총무게에서 자기 무게를 뺀 것을 말한다.

㈏ 기본 빈 무게(basic empty weight : 기본 자기 무게)

　㉮ 승무원, 승객 등의 유용하중, 사용가능한 연료, 배출가능한 윤활유의 무게를 포함하지 않은 상태에서의 항공기 무게이다.

　㉯ 기본 빈 무게에는 사용 불가능한 연료, 배출 불가능한 윤활유, 기관 내의 냉각액의 전부, 유압계통의 무게도 포함한다.

㈐ 운항 빈 무게(operating empty weight : 운항 자기 무게) : 기본 빈 무게에서 운항에 필요한 승무원, 장비품, 식료품을 포함한 무게이다. 승객, 화물, 연료 및 윤활유를 포함하지 않은 무게이다.

㈑ 최대 무게(maximum gross weight) : 항공기에 인가된 최대 무게이다.

㈒ 영 연료 무게(zero fuel weight) : 연료를 제외하고 적재된 항공기의 최대 무게이다.

㈓ 테어 무게(tare weight) : 항공기 무게를 측정할 때 사용하는 잭(jack), 블록(block), 촉(chock)과 같은 부수적인 품목의 무게를 말한다.

㈔ 설계 단위 무게 : 항공기 탑재물에 대한 무게를 정하는데 기준이 되는 설계상의 무게이다.

　㉮ 남자 승객 : 75 kg

　㉯ 여자 승객 : 65 kg

　㉰ 가솔린 : 1리터당 0.7 kg

　㉱ JP-4 : 1리터당 0.767 kg

　㉲ 윤활유의 무게 : 1리터당 0.9 kg

② 중심 계산

㈎ 중심위치 계산식

$$중심위치(c.g) = \frac{총모멘트}{총무게} = \frac{W_1 l_1 + W_2 l_2 + \cdots\cdots + W_n l_n}{W_1 + W_2 + \cdots\cdots + W_n}$$

③ 평균 공력 시위(MAC)

항공기 날개의 공기역학적인 특성을 대표하는 시위로서 항공기의 무게중심은 평균 공력 시위상의 위치로 나타내며 무게중심을 표시하는 방법은 %MAC로 표시한다.

$$\%MAC = \frac{H-X}{C} \times 100$$

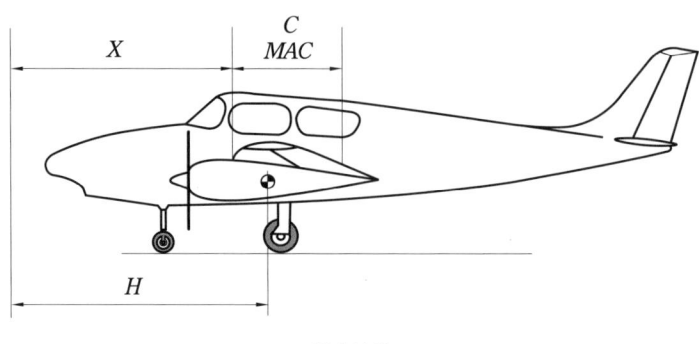

% MAC

예·상·문·제

1. 항공기 구조하중 중 동하중에 해당하지 않는 사항은?
㉮ 교번하중 ㉯ 반복하중
㉰ 표면하중 ㉱ 충격하중

[해설] 동하중 : 시간에 따라 크기가 변하면서 작용하는 하중으로 구조에 진동을 일으키는 것으로 반복하중, 교번하중, 충격하중 등이 있다.

2. 항공기에 작용하는 하중 중 시간에 따라 크기가 변화하면서 작용하는 동하중이 아닌 것은?
㉮ 반복하중 ㉯ 교번하중
㉰ 충격하중 ㉱ 표면하중

3. 구조하중에 대한 설명으로 잘못된 것은?
㉮ 양력은 날개(wing)와 꼬리날개(empennage)에서 불균형 분포하중으로 발생하여 날개(wing)와 동체 결합부에 인장, 압축, 굽힘, 전단, 비틀림 응력을 유발한다.
㉯ 항력은 기체 각 부분에서 공기력에 의해 발생되는 불균형 분포하중으로 기체 결합부에 집중하중으로 작용한다.
㉰ 중력은 구조물 각 section의 합력점으로 각 구조부의 개별하중으로 작용한다.
㉱ 하중은 무게중심에 집중하중으로 계산하되 주어진 limit 안에 있어야 한다.

4. 하중과 응력에 대한 설명으로 잘못된 것은?
㉮ 구조물에 가해지는 힘을 하중이라 한다.
㉯ 하중에는 탑재물의 중량, 공기력, 관성력, 지면반력, 충격력 등이 있다.
㉰ 면적당 작용하는 내력의 크기를 응력이라 한다.
㉱ 구조물인 항공기는 하중을 지지하기 위한 외력으로 응력을 가진다.

5. 항상 압축응력과 인장응력이 동시에 발생하는 경우는?
㉮ 순수 전단(pure shear)

정답 1. ㉰ 2. ㉱ 3. ㉰ 4. ㉱ 5. ㉯

㉯ 순수 휨(pure bending)
㉰ 순수 비틀림(pure torsion)
㉱ 평면 응력(plane stress)

6. 다음 항공기에 작용하는 하중은?

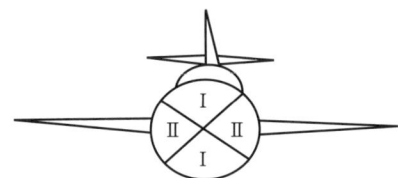

㉮ I - 전단 II-비틀림
㉯ I - 전단 II-굽힘
㉰ I - 굽힘 II-비틀림
㉱ I - 굽힘 II-전단

7. 그림과 같이 경사각 $\theta = 60°$ 로서 정상 선회의 비행을 하는 비행기의 날개에 걸리는 하중배수 n은 얼마인가?

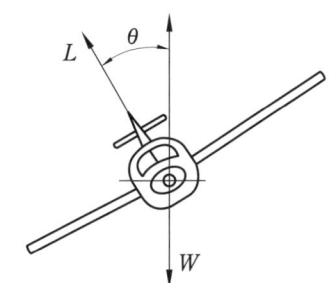

㉮ 0.5 ㉯ 1 ㉰ 2 ㉱ 4

[해설] $n = \dfrac{1}{\cos\theta} = \dfrac{1}{\cos 60} = 2$

8. 하중배수 선도에 대한 설명 중 가장 관계가 먼 것은?
㉮ 항공기의 속도를 세로축에 두고, 하중배수를 가로축으로 하여 그려진 선도이다.
㉯ 구조 역학적으로 항공기의 안전한 비행범위를 정하여 준다.
㉰ $V-n$ 선도라 한다.
㉱ $V-g$ 선도라 한다.

[해설] 가로축 : 속도, 세로축 : 하중배수

9. $V-n$ 선도에 대한 설명으로 가장 올바른 것은?
㉮ 속도와 저항에 대한 하중과의 관계
㉯ 양력계수와 하중계수와의 관계
㉰ 비행기의 운용가능한 하중의 범위
㉱ 비행속도와 항력계수와의 관계

10. $V-n$ 선도에 대한 설명으로 잘못된 것은?
㉮ 정부기관에서 항공기의 유형에 따라 정한다.
㉯ 제작회사에서 항공기 설계 시 정한다.
㉰ 제작자에게 구조상 안전하게 설계, 제작을 지시한다.
㉱ 사용자에게 구조상 안전 운항범위를 제시한다.

11. $V-n$ 선도에서 하중배수(n ; load factor)를 올바르게 나타낸 것은?

㉮ $\dfrac{L}{W}$ ㉯ $\dfrac{W}{L}$ ㉰ $\dfrac{T}{D}$ ㉱ $\dfrac{D}{T}$

12. 다음과 같은 속도 하중배수($V-n$) 선도에서 실속속도의 표시가 맞게 된 것은?(단, V_S : 실속속도, n_1 : 제한 하중배수)

㉮ 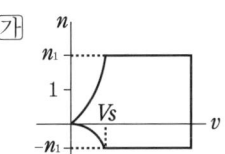 ㉯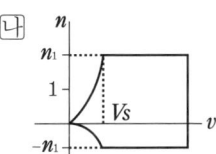

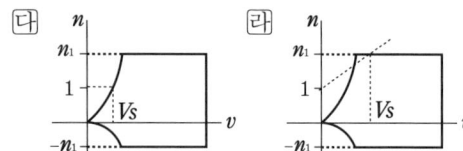

13. 하중배수 선도($V-n$)에서 구조 역학적인 의미를 갖지 않는 것은?

㉮ 설계 순항 속도 ㉯ 설계 운용 속도
㉰ 설계 돌풍 속도 ㉱ 설계 급강하 속도

[해설] 설계 순항 속도 : 순항 성능이 가장 효율적으로 얻어지도록 정한 설계 속도이다.

14. 설계제한 하중배수가 2.5인 비행기의 실속속도가 120 km/h일 때 이 비행기의 설계 운용 속도는?

㉮ 190km/h ㉯ 300km/h
㉰ 150km/h ㉱ 240km/h

[해설] 설계 운용 속도(V_A)
$V_A = \sqrt{n}\ V_S = \sqrt{2.5} \times 120 = 190 \text{km/h}$

15. 실속속도가 150 km/h인 비행기가 300 km/h의 속도로 수평비행을 할 때, 갑자기 조종간을 잡아당겨서 최대 받음각이 되었을 때 하중계수는?

㉮ 4 ㉯ 2 ㉰ 6 ㉱ 8

[해설] $n = \dfrac{V_A^2}{V_S^2} = \dfrac{300^2}{150^2} = 4$

16. 감항류별 N의 비행기의 실속속도가 80 km/h이다. 이 비행기가 120 km/h로 비행 중 급히 조종간을 당기면 비행기에 걸리는 하중배수는?

㉮ 0.75 ㉯ 2.25 ㉰ 1.50 ㉱ 3.03

[해설] $n = \dfrac{V_A^2}{V_S^2} = \dfrac{120^2}{80^2} = 2.25$

17. 그림의 $V-n$ 선도에서 순항 성능이 가장 효율적으로 얻어지도록 정한 설계 속도는?

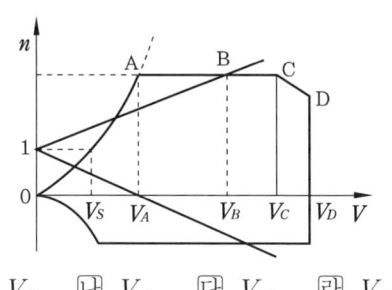

㉮ V_S ㉯ V_A ㉰ V_C ㉱ V_D

18. 다음 $V-n$ 선도에서 급격한 조작을 하여도 강도상 안전한 구조는?

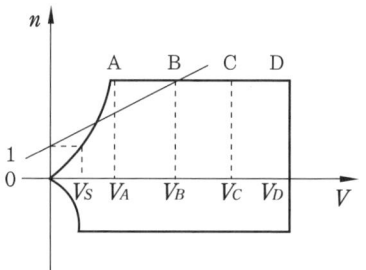

㉮ V_A ㉯ V_B ㉰ V_C ㉱ V_D

19. 그림은 수송기의 $V-n$ 선도를 나타낸 것이다. 이 그림에서 A와 D의 연결선은 무엇을 나타내는가?

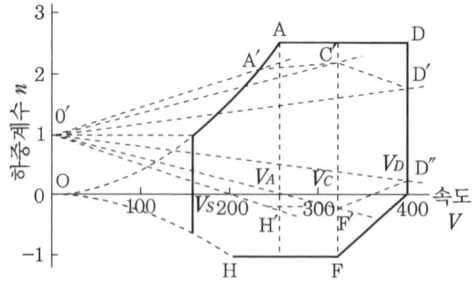

㉮ 양력계수
㉯ 돌풍 하중계수

정답 13. ㉮ 14. ㉮ 15. ㉮ 16. ㉯ 17. ㉰ 18. ㉮ 19. ㉰

㉰ 설계상 주어진 한계 하중계수
㉱ 설계 순항 속도

20. 아래 $V-n$ 선도에서 AD선은 무엇을 나타내는 것인가?

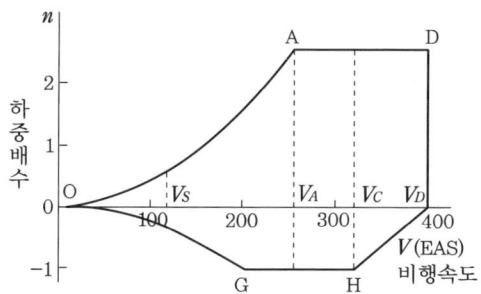

㉮ "+" 방향에서 얻어지는 하중배수
㉯ "−" 방향에서 얻어지는 하중배수
㉰ 최소 제한 하중배수
㉱ 최대 제한 하중배수

21. 고정 지지점(fixed support)에 대한 설명으로 가장 올바른 것은?
㉮ 수직 반력만 생긴다.
㉯ 저항 회전 모멘트 반력만 생긴다.
㉰ 수직 및 수평 반력이 생긴다.
㉱ 수직 및 수평 반력과 동시에 저항 회전 모멘트 등 3개의 반력이 생긴다.

22. 고정된 물체에 힘이 작용하고, 물체의 움직임이 억제되면 지지점에서는 외부의 힘과 평형을 이루기 위해 반력이 생기는데, 롤러 지지점(roller support)이 받는 반력은?
㉮ 수직 반력
㉯ 수평 반력
㉰ 수직, 수평 반력
㉱ 수직, 수평, 회전 토크

23. 길이 5 m인 받침보에 있어서 A단에서 2 m인 곳에 800 kg의 집중하중이 작용할 때 A단에서의 반력은 얼마인가?

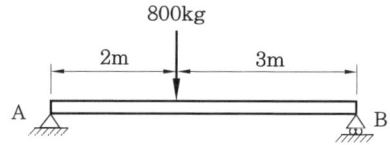

㉮ 480kg   ㉯ 400kg
㉰ 320kg   ㉱ 300kg

[해설] $R_a \times 5 = 800 \times 3$에서
$R_a = 480$ kg

24. 다음 단순 지지보의 B지점에서의 반력 R_2는?(단, $a > b$)

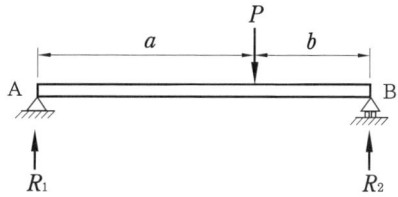

㉮ $R_2 = P$ ㉯ $R_2 = \dfrac{1}{2}P$
㉰ $R_2 = \dfrac{a}{a+b}P$ ㉱ $R_2 = \dfrac{b}{a+b}P$

[해설] A 지점을 중심으로 하는 모멘트를 구하면
$P \times a = (a+b)R_2$ $R_2 = \dfrac{a}{a+b}P$

25. 항공기의 세로축 또는 기축에 대하여 설정하여 부품 또는 측정부의 위치를 나타낼 때 사용하는 것은?
㉮ 기준선(reference datum)
㉯ 평균 공력 시위(mean aerodynamic chord)
㉰ 중심선(center line)
㉱ 시위선(chord line)

26. 항공기 실제 무게와는 관계가 없는 것은?
- ㉮ 자기 무게
- ㉯ 최대 무게
- ㉰ 영 연료 무게
- ㉱ 테어(tare) 무게

27. 다음 자기 무게(empty weight)에 포함되는 무게는 무엇인가?
- ㉮ 사용가능한 연료
- ㉯ 승무원
- ㉰ 고정 밸러스트
- ㉱ 식료품

28. 운항 자기 무게에 속하는 것은?
- ㉮ 유압계통의 작동유 무게
- ㉯ 연료계통의 사용가능한 연료의 무게
- ㉰ 승객의 무게
- ㉱ 화물의 무게

29. 항공기의 무게와 평형에서 유효하중이란?
- ㉮ 항공기에 인가된 최대 무게이다.
- ㉯ 항공기 내의 고정위치에 설계로 장착되어 있는 하중이다.
- ㉰ 최대 허용 총무게에서 자기 무게를 뺀 것을 의미한다.
- ㉱ 항공기의 무게중심을 말한다.

30. 요구되는 중심의 평형을 얻기 위하여 항공기에 설치하는 모래주머니, 납봉, 납판 등을 무엇이라 하는가?
- ㉮ 유상하중(pay load)
- ㉯ 테어 무게(tare weight)
- ㉰ 평형 무게(balance weight)
- ㉱ 발라스트(ballast)

31. 항공기의 무게중심을 구할 때 사용되는 최소 연료량은 기관의 어떤 출력과 관계가 있는가?
- ㉮ 최대 이륙출력
- ㉯ 최대 연속출력
- ㉰ 지시출력
- ㉱ 제동 유효출력

32. 그림에서 평균 공기력 시위(mean aerodynamic chord)의 백분율로 c.g의 위치를 계산하면?

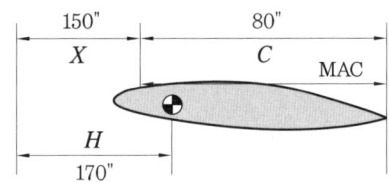

- ㉮ 15%
- ㉯ 20%
- ㉰ 25%
- ㉱ 30%

[해설] $\%\text{MAC} = \dfrac{H-X}{C} \times 100$

$= \dfrac{170-150}{80} \times 100 = 25\%$

33. 항공기의 무게중심이 기준에서 90inch에 있고, MAC의 앞전이 기준선에서 82inch인 곳에 위치한다. MAC가 32inch인 경우 중심은 몇 % MAC인가?
- ㉮ 15
- ㉯ 20
- ㉰ 25
- ㉱ 35

[해설] $\%\text{MAC} = \dfrac{H-X}{C} \times 100$

$= \dfrac{90-82}{32} \times 100 = 25\%$

34. 그림에서 MAC(mean aerodynamic chord)의 백분율로 c.g(center of gravity)를 구하면?

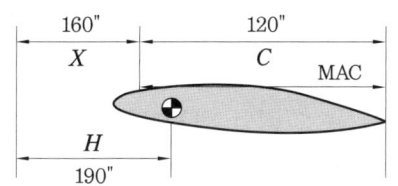

㉮ 20%   ㉯ 15%   ㉰ 30%   ㉱ 25%

[해설] %MAC $= \dfrac{H-X}{C} \times 100$

$= \dfrac{190-160}{120} \times 100 = 25\%$

35. 그림과 같이 하중이 작용하는 경우 항공기의 무게중심(c.g)을 MAC(%)로 나타내면?(단, MAC=120 in이다.)

앞바퀴 : 1400lbs,   우측 주바퀴 : 3200lbs
좌측 주바퀴 : 3300lbs

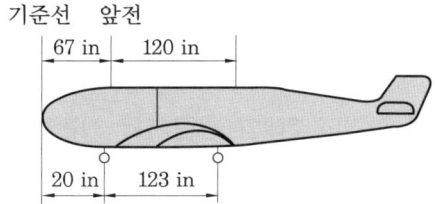

㉮ 40% MAC   ㉯ 45.2% MAC
㉰ 50% MAC   ㉱ 54.2% MAC

[해설] 무게중심(c.g) $= \dfrac{\text{총모멘트}}{\text{총무게}}$

$= \dfrac{1400 \times 20 + 3200 \times 143 + 3300 \times 143}{1400 + 3200 + 3300}$

$= 121.2 \, \text{inch}$

% MAC $= \dfrac{H-X}{C} \times 100$

$= \dfrac{121.2 - 67}{120} \times 100 = 45.2\%$

36. 어떤 항공기의 무게를 측정한 결과 다음과 같다. 이때 중심위치는 MAC의 몇 %에 위치하는가?

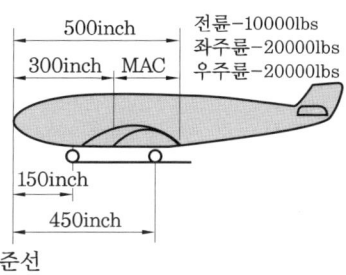

㉮ MAC의 앞전부터 45% 뒤에 위치한다.
㉯ MAC의 앞전부터 45% 앞에 위치한다.
㉰ MAC의 앞전부터 25% 뒤에 위치한다.
㉱ MAC의 앞전부터 25% 앞에 위치한다.

[해설] 무게중심(c.g) $= \dfrac{\text{총모멘트}}{\text{총무게}}$

$= \dfrac{10000 \times 150 + 20000 \times 450 + 20000 \times 450}{10000 + 20000 + 20000}$

$= 390 \, \text{inch}$

% MAC $= \dfrac{H-X}{C} \times 100$

$= \dfrac{390 - 300}{200} \times 100 = 45\%$

37. 항공기의 중량을 측정한 결과 다음과 같다. 날개 앞전으로부터 무게중심까지의 거리를 MAC(평균 공력 시위) 백분율로 표시하면?

앞바퀴(nose landing gear) : 1500 kg
우측 주바퀴(main landing gear) : 3500 kg
좌측 주바퀴(main landing gear) : 3400 kg

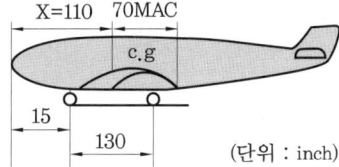

㉮ 4.5%MAC   ㉯ 16.9%MAC
㉰ 21.7%MAC   ㉱ 25.4%MAC

[해설] 무게중심(c.g) $= \dfrac{\text{총모멘트}}{\text{총무게}}$

[정답]   35. ㉯   36. ㉮   37. ㉯

$$= \frac{1500 \times 15 + 3400 \times 145 + 3500 \times 145}{1500 + 3400 + 3500}$$
$$= 121.8 \, cm$$
$$\% \, MAC = \frac{H-X}{C} \times 100$$
$$= \frac{121.8 - 110}{70} \times 100 = 16.9\%$$

38. 항공기 무게 측정에서 다음과 같이 나타났다. 자기 무게의 중심(empty weight center of gravity)은?(단, 8 G/L 오일이 −30 inch의 거리에 보급되어 있다. 1 G/L당 7.5 lbs이다.)

무게점	순무게(lbs)	거리(inch)
좌측 주바퀴	617	68
우측 주바퀴	614	68
앞바퀴	152	−26

㉮ 61.64 inch ㉯ 51.64 inch
㉰ 57.67 inch ㉱ 66.14 inch

[해설] 기본 자기 무게에는 배출가능한 윤활유는 포함되지 않는다.
무게중심(c.g)
$$= \frac{617 \times 68 + 614 \times 68 + 152 \times (-26) - 60 \times (-30)}{617 + 614 + 152 - 60}$$
$$= 61.64 \, inch$$
(여기서, 8 G/L의 무게는 8×7.5이므로 60 lbs이다.)

39. 다음 항공기의 무게중심(c.g) 위치를 구하면?

무게 측정점	순무게(lbs)	거리(inch)
왼쪽 바퀴	700	68
오른쪽 바퀴	720	68
앞바퀴	150	10

㉮ 60.25 inch ㉯ 62.46 inch
㉰ 65.25 inch ㉱ 67.46 inch

[해설] 무게중심
$$= \frac{700 \times 68 + 720 \times 68 + 150 \times 10}{700 + 720 + 150}$$
$$= 62.46 \, inch$$

40. 다음 그림의 항공기의 무게중심 위치를 구하면?

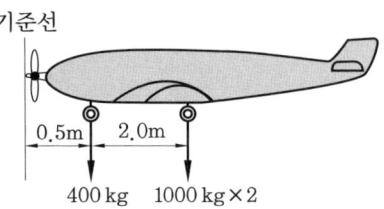

㉮ 기준선으로부터 후방 0.72 m
㉯ 기준선으로부터 후방 1.50 m
㉰ 기준선으로부터 후방 2.17 m
㉱ 기준선으로부터 후방 3.52 m

[해설] 무게중심
$$= \frac{400 \times 0.5 + 1000 \times 2.5 + 1000 \times 2.5}{400 + 1000 + 1000}$$
$$= 2.17 \, m$$

41. 기관이 2대인 항공기의 기관을 1750 kg의 모델에서 1850 kg의 모델로 교환하였으며 기관의 위치는 기준선에서 40 cm에 위치하였다. 기관을 교환하기 전의 항공기 무게 평형(weight and balance) 기록에는 항공기 무게가 15000 kg, 무게중심은 기준선 후방 35 cm에 위치하였다면 새로운 기관으로 교환 후 무게중심 위치는?

㉮ 기준선 전방 32 cm
㉯ 기준선 전방 20 cm
㉰ 기준선 후방 35 cm
㉱ 기준선 후방 45 cm

[해설] 새로운 중심위치(c.g)
$$= \frac{총 모멘트 + 증가된 모멘트}{총무게 + 증가된 무게}$$
$$= \frac{15000 \times 35 + 200 \times 40}{15000 + 200}$$
$$= 35 \, cm$$

정답 38. ㉮ 39. ㉯ 40. ㉰ 41. ㉰

42. 무게 1500 kg인 항공기 중심위치가 기준선 후방 50 cm에 위치하고 있으며, 기준선 전방 100 cm에 위치한 화물 75 kg을 기준선 후방 100 cm 위치로 이동시켰을 때 새로운 중심위치는?

㉮ 기준선으로부터 후방 40 cm
㉯ 기준선으로부터 후방 50 cm
㉰ 기준선으로부터 후방 60 cm
㉱ 기준선으로부터 후방 70 cm

[해설] 무게중심
① 원래 무게중심 50 cm에서 이동화물을 제외한 무게의 위치 x는 다음과 같이 구한다.

$$c.g = \frac{\text{총 모멘트}}{\text{총 무게}}$$ 에서

$$50 = \frac{1425 \times x - 75 \times 100}{1425 + 75}$$ 에서

$x = 57.9$ cm이다.

② 화물이 이동되었을 때 새로운 무게중심을 구하면
새로운 무게중심(c.g)

$$= \frac{1425 \times 57.9 + 75 \times 100}{1425 + 75} \fallingdotseq 60 \text{ cm}$$

43. 비행기 무게가 2500 kg의 중심위치가 기준선 후방 0.5 m에 있다. 기준선 후방 4 m에 위치한 10 kg짜리 승객좌석 2개를 떼어내고 기준선 후방 4.5 m에 항법 장비 장치 17 kg을 장착한 후 구조변경을 하여 기준선 후방 3 m에 12.5 kg의 무게증가 요인이 있었다. 이때 무게중심의 위치는?

㉮ 기준선으로부터 후방 0.1 m
㉯ 기준선으로부터 후방 0.2 m
㉰ 기준선으로부터 후방 0.51 m
㉱ 기준선으로부터 후방 0.92 m

[해설] 새로운 중심위치(c.g)

$$= \frac{\text{총 모멘트} + \text{증가된 모멘트}}{\text{총무게} + \text{증가된 무게}}$$

$$= \frac{2500 \times 0.5 + 12.5 \times 3}{2500 + 12.5} = 0.51 \text{ m}$$

2-2 부재의 강도

(1) 응력과 변형률

① 응력(stress) : 물체에 외력이 작용하면 내부에서는 저항하려는 힘, 즉 내력이 생기는데, 단위 면적당 내력의 크기를 응력이라 한다.

(가) 인장, 압축응력

$$\sigma = \frac{W}{A}$$

여기서, σ : 인장응력(kg/cm^2), W : 인장력(kg), A : 단면적(cm^2)

(나) 전단응력 : 두 판재가 인장력을 받을 때 그 사이의 리벳의 단면에서는 전단력이 작용하는데, 이때 단위 면적당 작용하는 힘을 전단응력이라 한다.

$$\tau = \frac{V}{A}$$

여기서, V : 전단력(kg), τ : 전단응력(kg/cm^2), A : 단면적(cm^2)

② 변형률(strain) : 변형 전의 치수에 대한 변형량의 비, 즉 늘어난 길이와 원래 길이와의 비를 변형률이라 한다.

$$\varepsilon = \frac{\delta}{L}$$

여기서, δ : 늘어난 길이(cm), ε : 변형률, L : 원래 길이(cm)

(가) 전단 변형률(shearing strain)

$$\varepsilon_s = \frac{\delta_s}{L}$$

여기서, δ_s : 미끄러진 길이, ε_s : 전단 변형률, L : 원래 길이

(나) 푸아송의 비(ν) : 재료의 가로 변형률과 세로 변형률과의 비이다.

$$\nu = \frac{가로변형률}{세로변형률} = \frac{1}{m}$$

여기서, m : 푸아송 수

- 체적 탄성계수(K)

$$K = \frac{E}{3(1-2\nu)}$$

- 전단 탄성계수(G)

$$G = \frac{E}{2(1+\nu)}$$

- 체적변화율 $\left(\frac{\Delta V}{V}\right)$

$$\frac{\Delta V}{V} = \varepsilon(1-2\nu)$$

③ 훅의 법칙(hook's law) : 하중에 의한 재료 변형은 일정한 탄성범위 내에서 대응하는 응력과 변형률이 서로 비례관계가 있다.

$$\sigma = E\varepsilon$$ 여기서, σ : 응력, E : 비례상수(재료의 탄성계수 또는 영률), ε : 변형률

(가) 전단응력과 전단 변형률과의 관계

$$\tau = G\gamma$$ 여기서, γ : 전단 변형률, G : 전단 탄성계수, τ : 전단응력

(나) 응력-변형률 곡선

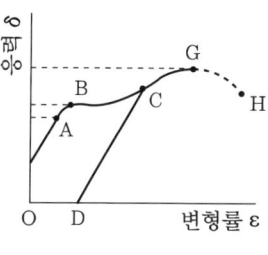

응력-변형률 곡선

㉮ OA(탄성영역) : 비례한도라 하고 훅의 법칙이 성립하는 곳이다. 이 범위 안에서는 응력이 제거되면 변형률이 제거되어 원래의 상태로 돌아간다.

㉯ OD : 잔류 변형

㉰ B(항복점) : 응력이 증가하지 않아도 변형이 저절로 증가되는 점이다. 이때의 응력을 항복응력 또는 항복강도라 한다.

㉱ G : 재료가 받을 수 있는 최대 응력으로 극한강도 또는 인장강도라 한다.

(2) 실제의 여러 가지 응력

① 봉의 단면에서의 응력

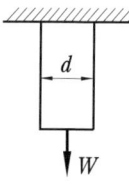

봉의 인장

$$\sigma = \frac{W}{A} = \frac{4W}{\pi d^2}$$ 여기서, A : 단면적 $\left(\frac{\pi d^2}{4}\right)$, W : 하중(kg)

② 열응력(thermal stress) : 재료가 열을 받아도 늘어나지 못하게 양 끝이 구속되어 있다면 재료 내부에는 응력이 발생하는데, 이때의 응력을 열응력이라 한다.

$$\delta = \alpha L_o (\Delta T)$$

여기서, δ : 늘어난 길이, L_o : 원래의 길이, ΔT : 온도변화, α : 재료의 선팽창계수

$$\sigma = E\varepsilon = E\alpha(\Delta T) \quad \left(\varepsilon = \frac{\delta}{L_o} = \alpha(\Delta T)\right)$$ 여기서, σ : 열응력

③ 원통 용기의 응력

(가) 얇은 원통벽의 응력

㉮ 길이방향의 응력(σ_1)

$$\sigma_1 = \frac{pR}{2t}$$ 여기서, p : 내부 압력, R : 평균 반지름, t : 두께

㉯ 원주방향의 응력(σ_2)

$$\sigma_2 = \frac{pR}{t}$$

원주방향의 응력은 길이방향의 응력에 2배가 되며 후프 응력(hoop stress)이라 한다.

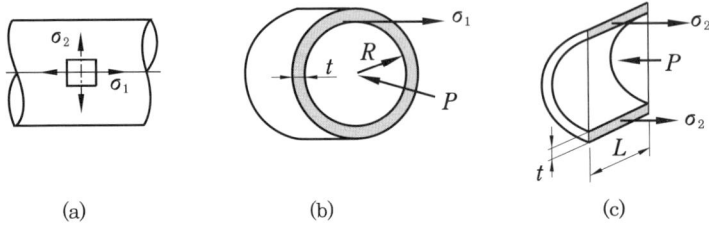

얇은 원통벽의 응력

(나) 얇은 구벽의 응력

$$\sigma = \frac{pR}{2t}$$

(3) 단면의 성질

① 단면의 도심 : 단면의 1차 모멘트가 0이 되는 점을 단면의 1차 모멘트라 한다.
  (가) 도심의 좌표

$$\overline{x} = \frac{\sum_{i=1}^{n} x_i \Delta A_i}{A} \qquad \overline{y} = \frac{\sum_{i=1}^{n} y_i \Delta A_i}{A}$$

  (나) 단면 1차 관성 모멘트 : 임의의 면적 A인 평면 도형상에 미소면적 dA를 취하여 그 좌표를 x, y라 할 때 dA에서 X축, Y축까지의 거리를 곱한 양 ydA 및 xdA를 미소면적의 X, Y축에 대한 1차 모멘트라 하며 그것을 도형의 전체 면적 A에 걸쳐 적분한 양을 X축, Y축에 대한 단면 1차 모멘트라 한다.
    ㉮ X축에 관한 단면 1차 관성 모멘트(Q_x)

$$Q_x = \overline{y}A$$

    ㉯ Y축에 관한 단면 1차 관성 모멘트(Q_y)

$$Q_y = \overline{x}A$$

② 단면 2차 모멘트(관성 모멘트 : I) : 임의의 평면 도형의 미소면적 dA에서 X축, Y축까지의 거리 x 및 y의 제곱을 서로 곱한 양을 X축, Y축에 관한 미소단면의 2차 모멘트라 하고, 그 도형의 전체 면적을 A에 걸쳐 적분한 값을 단면 2차 모멘트 또는 관성 모멘트라 한다.
  (가) X축에 관한 단면 2차 모멘트 : $I_x = \sum_{i=1}^{n} y_i^2 (\Delta A_i)$

(나) Y축에 관한 단면 2차 모멘트 : $I_y = \sum_{i=1}^{n} x_i^2 (\Delta A_i)$

(다) 단면의 성질

단면 형상	A(단면적)	I(2차 모멘트)
직사각형 ($b \times h$)	bh	$\dfrac{bh^3}{12}$
원 (d)	$\dfrac{\pi d^2}{4}$	$\dfrac{\pi d^4}{64}$
중공원 (d_1, d_2)	$\dfrac{\pi}{4}(d_2^2 - d_1^2)$	$\dfrac{\pi}{64}(d_2^2 - d_1^2)$

③ 극관성 모멘트(J) : 임의의 미소면적을 dA라 하고 X축, Y축의 0점을 극으로 하면 dA에서 극까지의 거리는 r이므로 극관성 모멘트라 한다.

$$J = \sum_{i=1}^{n} r^2 (\Delta A_i) \qquad J = I_x + I_y$$

도심을 통과하는 직교축에 관하여 대칭인 도형은 $I_x = I_y$이므로

$$I_x = I_y = \dfrac{J}{2}$$

④ 회전 반지름(k) : 주어진 축에 대한 이 도형의 관성 모멘트 크기가 주어진 축에 대한 분포된 면적의 관성 모멘트와 같은 경우 주어진 축까지의 거리를 회전 반지름이라 한다.

$$Ak^2 = I \text{ 또는 } k = \sqrt{\dfrac{I}{A}}$$

회전 반지름은 단면 2차 관성 모멘트를 단면적으로 나눈 값의 제곱이다.

(4) 비틀림

① 원형 단면봉의 비틀림 모멘트(토크)

$T = Fd$ 여기서, T : 비틀림 모멘트, F : 짝힘, d : 지름

$T = \dfrac{J \tau_{\max}}{R}$ 여기서, J : 극관성 모멘트

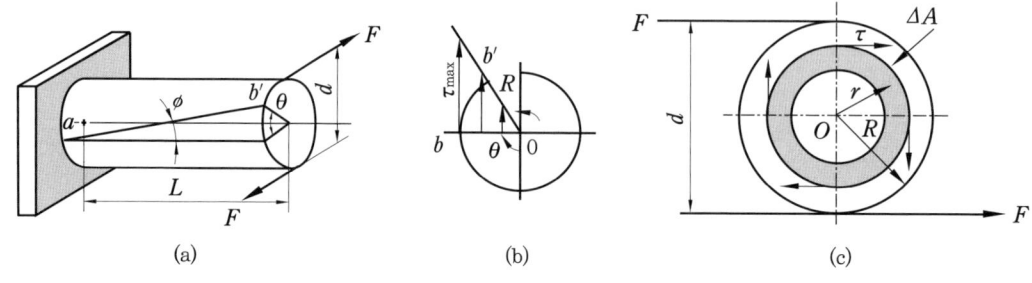

원형 단면봉의 비틀림

(가) 원형 단면봉에서의 최대 전단응력($\tau_{\max}$)

$$\tau_{\max} = \frac{TR}{J}$$

(나) 원형 단면봉에서 발생하는 비틀림각(θ)

$$\theta = \frac{TL}{GJ}$$ 여기서, G: 전단 탄성계수, L: 봉의 길이

(5) 보의 전단과 굽힘

축선에 수직방향으로 하중을 받으면 구부러지는데 이러한 굽힘 작용을 받는 봉을 보(beam)라 한다.

① 보의 종류

(가) 정정보 : 정역학적 평형조건으로 반력을 구할 수 있는 보이다.

㉮ 단순보 : 일단이 부등한 힌지 위에 지지되어 있고 타단이 가동 힌지점 위에 지지되어 있는 보이다.

㉯ 외팔보 : 일단이 고정되어 있고 타단이 자유로운 보이다.

㉰ 돌출보 : 일단이 부동 힌지점 위에 지지되어 있고 보의 중앙 근방에 가동 힌지점이 지지되어 있어 보의 한 부분이 지점 밖으로 돌출되어 있는 보이다.

㉱ 게르버보 : 돌출보와 단순보가 조합하여 이루어진 보이다.

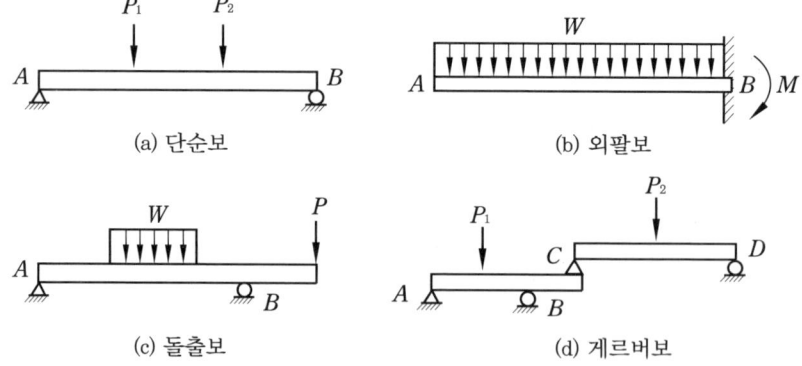

정정보의 종류

(내) 부정정보 : 정역학적 평형조건만으로는 해결할 수 없는 보이다.
  ㉮ 고정 지지보 : 일단이 고정되어 타단이 가동 힌지점 위에 지지된 보이다.
  ㉯ 양단 지지보 : 양단이 고정되어 있는 보이다.
  ㉰ 연속보 : 1개의 부동 힌지점과 2개 이상의 가동 힌지점이 연속하여 지지되어 있을 때의 보이다.

② 전단력 선도(S.F.D : shearing force diagram)와 굽힘 모멘트 선도(B.M.D : bending moment diagram)

(가) 단순보
  ㉮ 집중하중을 받는 단순보
    · 보의 중앙에 P가 작용했을 때 최대 굽힘 모멘트
    $$M_{\max} = \frac{Pl}{4}$$
    · 보의 중앙에 P가 작용했을 때 최대 전단력
    $$V_{\max} = \frac{P}{2}$$

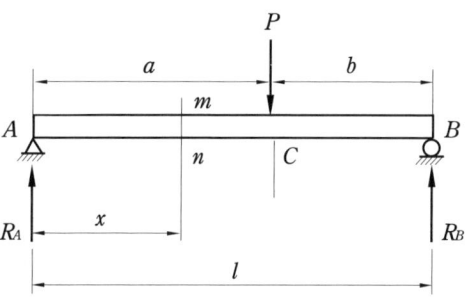

집중하중을 받는 단순보

  ㉯ 등분포하중을 받는 단순보
    · 최대 굽힘 모멘트는 전단력이 0점 이므로
    $$M_{\max} = \frac{Wl^2}{8}$$
    · 최대 전단력
    $$V_{\max} = \frac{Wl}{2}$$

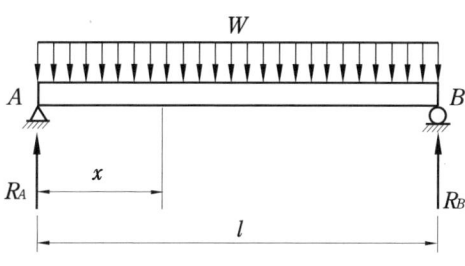

등분포하중을 받는 단순보

  ㉰ 삼각분포 하중을 받는 단순보
    · 최대 굽힘 모멘트
    $$M_{\max} = \frac{W_0 l^2}{9\sqrt{3}}$$

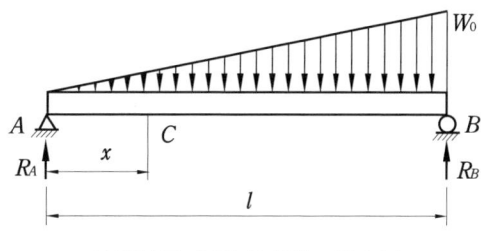

삼각분포 하중을 받는 단순보

(나) 외팔보(cantilever beam)
  ㉮ 집중하중을 받는 외팔보
    · 최대 굽힘 모멘트
    $$M_{\max} = -Pl$$
    · 최대 전단력
    $$V_{\max} = -P$$

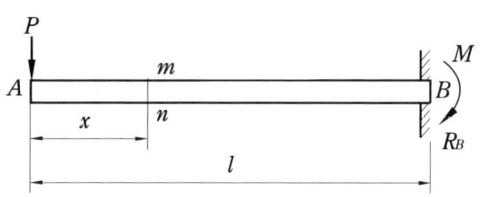

집중하중을 받는 외팔보

㉯ 등분포하중을 받는 외팔보
　· 최대 굽힘 모멘트
$$M_{\max} = -\frac{Wl^2}{2}$$

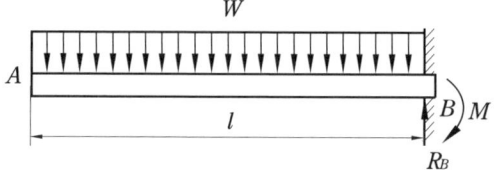

등분포하중을 받는 외팔보

㈑ 돌출보(내다지보, over hanging beam)
　㉮ 집중하중을 받는 돌출보
　　· 최대 굽힘 모멘트
$$M_{\max} = \frac{P_1ab - Pcl}{l}$$

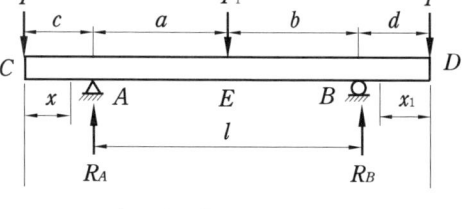

집중하중을 받는 돌출보

㉯ 등분포하중을 받는 돌출보
　· 최대 굽힘 모멘트
$$M_{\max} = \frac{Wll_1}{4} - \frac{Wl^2}{8}$$

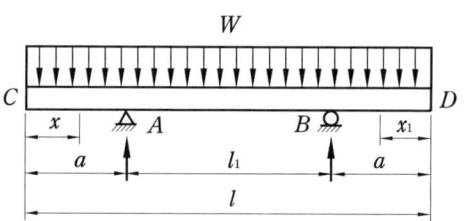

등분포하중을 받는 돌출보

예·상·문·제

1. 재료의 변형은 하중에 의하여 어느 작은 범위에서는 응력과 변형률의 비례관계가 $\sigma = E\varepsilon$로 성립된다. 이것을 무엇이라 하는가?
　㉮ 탄성계수　　㉯ 훅의 법칙
　㉰ 영률　　　　㉱ 응력-변형률

2. 재료의 기계적 성질에서 훅의 법칙에 관하여 가장 올바르게 설명한 것은?
　㉮ 일정한 탄성범위 내에서 대응하는 응력과 변형률이 서로 비례관계에 있다.
　㉯ 재료의 탄성계수는 동일 재료에서도 다른 값을 가진다.
　㉰ 일정한 탄성범위 내에서 대응하는 응력과 변형률은 서로 반비례관계에 있다.
　㉱ 재료의 탄성계수는 영률(Young's modules)과는 다르다.

3. 변형률에 대한 설명 중 옳지 않은 것은?
　㉮ 변형률은 변화량과 본래의 치수와의 비를 말한다.
　㉯ 변형률은 탄성한계 내에서 응력과는

정답　1. ㉯　2. ㉮　3. ㉯

아무런 관계가 없다.
㉰ 변형률은 탄성한계 내에서 응력과 정비례 관계에 있다.
㉱ 변형률은 길이와 길이와의 비이므로 차원은 없다.

[해설] $\varepsilon = \dfrac{\delta}{L} = \dfrac{변화량}{원래 길이}$

4. 그림과 같은 응력-변형률 곡선(stress-strain)에서 항복점(yield point)은 어느 것인가?(단, σ는 응력, ε는 변형률이다.)

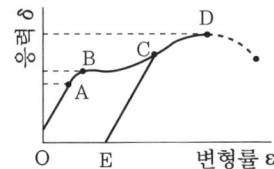

㉮ A ㉯ B ㉰ C ㉱ D

[해설] B : 항복응력(항복강도), D : 극한강도(인장강도)

5. 문제 4번 그림과 같은 응력-변형률 곡선에서 보통 기체 역학적으로 인장강도라고 생각되는 점은?

㉮ A ㉯ B ㉰ C ㉱ D

6. 두께 $t=0.01$ in인 판의 전단흐름 $q=30$ lb/in이다. 전단응력(τ)은 얼마인가?

㉮ 3000 lb/in² ㉯ 300 lb/in²
㉰ 30 lb/in²   ㉱ 0.3 lb/in²

[해설] $\tau = \dfrac{q}{t} = \dfrac{30}{0.01} = 3000$ lb/in²

7. 그림과 같은 web 양단에 연결된 두 flange 보 구조에 전단력 V가 그림과 같이 작용하는 경우에 있어서 web에 작용하는 전단흐름 q는 얼마인가?(단, web는 굽힘하중에 대해서 저항하지 못한다.)

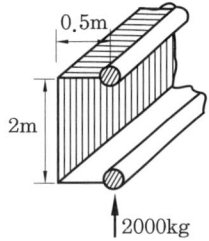

㉮ 1000 kg/m ㉯ 2000 kg/m
㉰ 3000 kg/m ㉱ 4000 kg/m

[해설] $q = \dfrac{V}{2bh} = \dfrac{2000}{2 \times 0.5 \times 2} = 1000$ kg/m

8. 한 개의 리벳(rivet)으로 두 개의 평판을 그림과 같이 연결했다. 만약, 리벳의 지름이 15 mm이고, 하중 P가 500 kg일 때 리벳에 생기는 응력은 몇 kg/cm²인가?

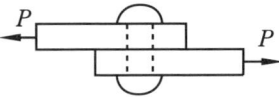

㉮ 282.94 ㉯ 141.47
㉰ 42.44   ㉱ 2.83

[해설] $\tau = \dfrac{V}{A} = \dfrac{500}{\dfrac{3.14 \times 1.5^2}{4}} = 282.94$ kg/cm²

9. 봉의 단면적이 A, 길이가 L, 재료의 탄성계수 E, 이에 작용하는 인장력이 P일 때 늘어난 길이 δ는?

㉮ $\delta = \dfrac{P^2 L}{2EA}$ ㉯ $\delta = \dfrac{PL}{2EA}$

㉰ $\delta = \dfrac{PL}{2A}$ ㉱ $\delta = \dfrac{PL}{EA}$

[해설] $\sigma = E\varepsilon = \dfrac{P}{A}$, $\varepsilon = \dfrac{\delta}{L}$
$E \cdot \dfrac{\delta}{L} = \dfrac{P}{A}$ 에서 $\delta = \dfrac{PL}{EA}$ 이다.

정답 4. ㉯ 5. ㉱ 6. ㉮ 7. ㉮ 8. ㉮ 9. ㉱

10. 단면적이 A이고, 길이가 L이며, 영률이 E인 시편에 인장하중 P가 작용하였을 때, 이 시편에 저장되는 탄성 에너지 (U)는?

㉮ $U = \dfrac{PL^2}{2AE}$ ㉯ $U = \dfrac{PL^2}{3AE}$

㉰ $U = \dfrac{P^2L}{2AE}$ ㉱ $U = \dfrac{P^2L}{3AE}$

[해설] $U = \dfrac{1}{2}P \cdot \delta = \dfrac{P \cdot PL}{2EA} = \dfrac{P^2L}{2EA}$ 이다.

$\left(\text{여기서, } \delta = \dfrac{PL}{EA}\right)$

11. 재료의 탄성계수 E, 푸아송의 비 ν, 체적 탄성계수 K 사이의 관계식으로 가장 올바른 것은?

㉮ $K = E(1-2\nu)$ ㉯ $K = \dfrac{E}{3(1-2\nu)}$

㉰ $K = \dfrac{E}{1-2\nu}$ ㉱ $K = \dfrac{E}{2\nu} + 1$

12. 재료의 탄성계수 E, 푸아송의 비 ν, 전단 탄성계수 G 사이의 관계식으로 가장 올바른 것은?

㉮ $G = \dfrac{E}{2(1-\nu)}$ ㉯ $E = \dfrac{G}{2(1+\nu)}$

㉰ $G = \dfrac{E}{2(1+\nu)}$ ㉱ $E = \dfrac{G}{2(1-\nu)}$

13. 균일 단면봉에 인장하중을 가했을 때 체적 변화율 $\dfrac{\Delta V}{V}$와 변형률 ε와 푸아송 비 ν 관계는?

㉮ $\dfrac{\Delta V}{V} = \epsilon(1+2\nu)$

㉯ $\dfrac{\Delta V}{V} = \epsilon(1-2\nu)$

㉰ $\dfrac{\Delta V}{V} = \dfrac{\epsilon}{(1+2\nu)}$

㉱ $\dfrac{\Delta V}{V} = \dfrac{\epsilon}{(1-2\nu)}$

14. 그림은 구멍이 뚫린 평판이 인장하중을 받을 때 생기는 응력분포 곡선들이다. 가장 올바른 것은?

㉮ 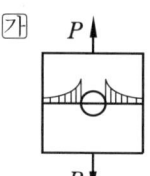   ㉯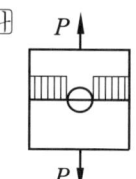

㉰ 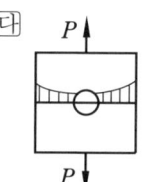   ㉱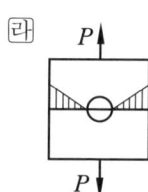

15. 단면주축에 관한 설명으로 가장 올바른 것은?

㉮ 주축에서는 단면 상승 모멘트가 최대이다.
㉯ 주축에서는 단면 상승 모멘트가 최소이다.
㉰ 주축에서는 단면 상승 모멘트가 0이다.
㉱ 주축에서는 단면 2차 모멘트가 0이다.

16. 다음 그림과 같은 보를 무엇이라 하는가?

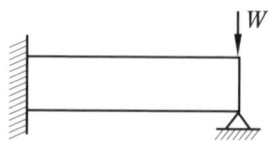

정답 10. ㉰ 11. ㉯ 12. ㉰ 13. ㉯ 14. ㉮ 15. ㉰ 16. ㉯

㉮ 단순보 ㉯ 고정 지지보
㉰ 고정보 ㉱ 돌출보

㉰ $EI\dfrac{d^3y}{dx^3}=q$ ㉱ $EI\dfrac{d^4y}{dx^4}=q$

17. 그림과 같이 인장력 P를 받는 봉에 축적되는 탄성 에너지에 대하여 잘못 설명한 것은?

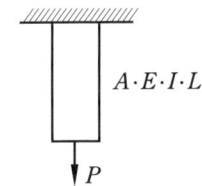

㉮ 봉의 길이 L에 비례한다.
㉯ 봉의 단면적 A에 비례한다.
㉰ 가한 하중 P의 제곱에 비례한다.
㉱ 재료의 탄성계수 E에 반비례한다.

[해설] • 수직응력에 의한 탄성 에너지(U)
$$U=\dfrac{P^2L}{2EA}=\dfrac{\sigma^2 AL}{2E}$$
• 최대 탄성에너지(u) : 단위체적당 탄성에너지 $u=\dfrac{U}{V}=\dfrac{\sigma^2}{2E}$

18. 재료가 탄성 한도에서 단위체적에 저축되는 변형 에너지를 최대 탄성 에너지(U)라고 부르는데 다음에서 옳은 표시는?(단, σ : 응력, E : 탄성계수)

㉮ $U=\dfrac{\sigma^2}{2E}$ ㉯ $U=\dfrac{2E}{\sigma^2}$
㉰ $U=\dfrac{\sigma}{2E^2}$ ㉱ $U=\dfrac{E}{2\sigma^3}$

19. 일정한 단면을 갖는 보에서 분포하중 q와 처짐 y와의 관계식으로 옳은 것은? (단, E는 탄성계수이고, I는 관성 모멘트이다.)

㉮ $EI\dfrac{dy}{dx}=q$ ㉯ $EI\dfrac{d^2y}{dx^2}=q$

20. 그림과 같은 도면에 단면 2차 모멘트(I_X)는?

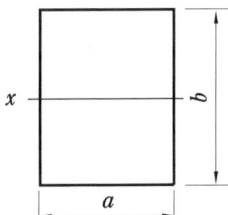

㉮ $\dfrac{ba^3}{12}$ ㉯ $\dfrac{ab^3}{12}$ ㉰ $\dfrac{ba^3}{6}$ ㉱ $\dfrac{ba^2}{6}$

21. 바깥지름이 8 cm, 안지름이 6 cm인 원통의 극관성 모멘트는 얼마인가?

㉮ 29 cm⁴ ㉯ 127 cm⁴
㉰ 275 cm⁴ ㉱ 402 cm⁴

[해설] 극관성 모멘트(I_P)
$$I_P=2I_x=2I_y$$
$$I_x=\dfrac{\pi}{64}(d_2^2-d_1^2)$$
$$=\dfrac{3.14}{64}(8^2-6^2)=137.375\ \text{cm}^4$$
따라서, $I_P=2I_x=2\times137.375\fallingdotseq 275\ \text{cm}^4$

22. 등분포하중 q를 받는 길이 L되는 단순 지지보의 최대 처짐은 얼마인가?(단, E는 재료의 탄성계수이고, I는 보 단면의 단면 2차 모멘트이다.)

㉮ $\dfrac{qL^4}{48EI}$ ㉯ $\dfrac{qL^4}{8EI}$
㉰ $\dfrac{5qL^4}{384EI}$ ㉱ $\dfrac{qL^4}{192EI}$

[해설] 등분포하중의 보
① 최대 처짐각($\theta_{\max}$) : $\theta_{\max}=\dfrac{qL^3}{24EI}$

정답 17. ㉯ 18. ㉮ 19. ㉱ 20. ㉯ 21. ㉰ 22. ㉰

② 최대 처짐량(δ_{max}) : $\delta_{max} = \dfrac{5qL^4}{384EI}$

23. 원형 단면인 보의 경우 비틀림에 의하여 단면에서 발생하는 비틀림각 θ를 나타낸 식은?(단, L : 봉의 길이, G : 전단 탄성계수, R : 반지름, J : 극관성 모멘트, T : 비틀림 모멘트)

㉮ $\dfrac{J \times L}{T \times G}$ ㉯ $\dfrac{T \times R}{J}$

㉰ $\dfrac{T \times L}{G \times J}$ ㉱ $\dfrac{G \times R}{T \times J}$

24. 비틀림 모멘트에 대한 식으로 가장 올바른 것은?

㉮ 전단응력×극단면계수
㉯ 전단응력×횡탄성계수
㉰ 전단 변형도×단면 2차 모멘트
㉱ 굽힘응력×단면계수

[해설] 비틀림응력(τ)과 토크(T)의 관계식
$T = \tau \cdot Z_P$
(여기서, τ : 비틀림(전단)응력, Z_P : 극단면계수, T : 비틀림 모멘트(토크))

25. 둥근막대에 있어 비틀림에 의한 단위 체적당 탄성 에너지(u) 표시 중 알맞은 것은?

㉮ $u = \dfrac{\tau}{2G}$ ㉯ $u = \dfrac{\tau^2}{2G}$

㉰ $u = \dfrac{\tau^2}{4G}$ ㉱ $u = \dfrac{\tau^4}{2G}$

[해설] 비틀림에 의한 탄성 에너지(U)
$U = \dfrac{\tau^2 A l}{4G}$
단위 체적당 탄성 에너지(u)
$u = \dfrac{U}{V} = \dfrac{\tau^2}{4G}$

26. 스프링에 50 kg의 힘을 작용시켰더니 4 cm가 줄었다. 이때 스프링에 저축된 탄성 에너지는 몇 kg·cm인가?

㉮ 30 ㉯ 50 ㉰ 100 ㉱ 1000

[해설] 스프링 내부에 저장되는 탄성 에너지(U)
$U = \dfrac{1}{2} P\delta = \dfrac{1}{2} \times 50 \times 4 = 100$ kg·cm
(여기서, P : 스프링에 작용 하중, δ : 스프링의 처짐량, k : 스프링 상수)

27. 다음 보 중에서 부정정보는?

㉮ 연속보 ㉯ 단순 지지보
㉰ 내다지보 ㉱ 외팔보

[해설] 부정정보 : 정역학적 평형조건으로는 해결할 수 없는 보, 고정 지지보, 양단 지지보, 연속보 등이 있다.

28. 한쪽 끝은 고정 지지점이고, 다른 쪽은 롤로 지지점인 보의 종류는?

㉮ 단순보 ㉯ 외팔보
㉰ 고정보 ㉱ 고정 지지보

[해설] 단순보

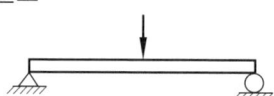

29. 그림과 같은 외팔보의 자유단에 300 kg, 중앙점에 400 kg의 하중이 작용할 때 고정단 A점의 굽힘 모멘트는 얼마인가?

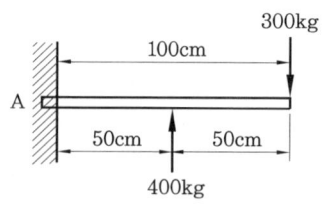

㉮ 5000 kg·m ㉯ 7000 kg·m
㉰ 10000 kg·m ㉱ 2000 kg·m

정답 23. ㉰ 24. ㉮ 25. ㉰ 26. ㉰ 27. ㉮ 28. ㉱ 29. ㉰

[해설] A점의 굽힘 모멘트
$= 300 \times 100 - 40 \times 50 = 10000$ kg·m

30. 그림에서와 같이 길이 2 m인 외팔보에 2개의 집중하중 300 kg, 100 kg이 작용할 때 고정단에 생기는 최대 굽힘 모멘트의 크기는 얼마인가?

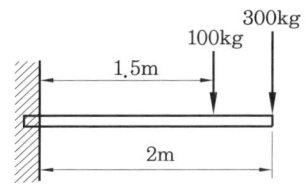

㉮ 400 kg·m   ㉯ 650 kg·m
㉰ 750 kg·m   ㉱ 800 kg·m

[해설] $M = 1.5 \times 100 + 2 \times 300 = 750$ kg·m

31. 그림은 캔틸레버식 날개이다. B점에 있어서 굽힘 모멘트는 얼마인가?

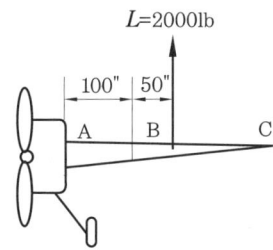

㉮ 200000 in·lb   ㉯ 100000 in·lb
㉰ 10000 in·lb   ㉱ 2000 in·lb

[해설] $M = 50 \times 2000 = 100000$ in·lb

32. 그림과 같은 보에 있어서 굽힘 모멘트 선도가 가장 올바르게 그려진 것은?

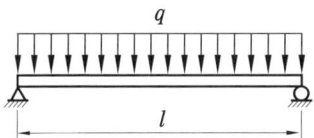

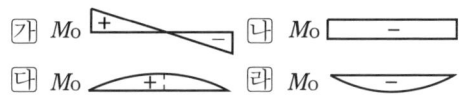

33. 문제 32번 그림과 같은 보에 있어서 균일 분포하중을 받고 있을 때 전단력 선도가 올바르게 그려진 것은?

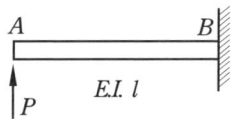

34. 그림과 같이 길이 l인 캔틸레버보의 자유단에 집중력 P가 작용하고 있다. 이 보의 최대 굽힘 모멘트는?

㉮ Pl ㉯ $\dfrac{Pl}{AE}$
㉰ $\dfrac{P^2l}{2AE}$ ㉱ Pl^2

35. 굽힘 강성계수 EI이고, 길이가 L인 일정 단면봉에서 순수 굽힘 모멘트를 받을 때 변형 에너지(U)는?

㉮ $\dfrac{M^2L}{EI}$ ㉯ $\dfrac{M^2L}{2EI}$
㉰ $\dfrac{M^2L}{3EI}$ ㉱ $\dfrac{2M^2L}{3EI}$

[해설] 굽힘 탄성 에너지(U)
$U = \dfrac{M \cdot \theta}{2} = \dfrac{M^2L}{2EI}$

[정답] 30. ㉰ 31. ㉯ 32. ㉰ 33. ㉮ 34. ㉮ 35. ㉯

2-3 강도와 안정성

(1) 크리프(creep)와 피로(fatigue)

① 크리프 : 일정한 응력을 받는 재료가 일정한 온도에서 시간이 경과함에 따라 하중이 일정하더라도 변형률이 변화하는 현상을 말한다.

   (개) 크리프-파단 곡선

      ㉮ 제1단계(초기 단계) : 탄성범위 내의 변형으로 하중을 제거하면 원래의 상태로 돌아온다.

      ㉯ 제2단계 : 변형률이 직선으로 증가한다.

      ㉰ 제3단계 : 변형률이 급격히 증가하여 파단된다.

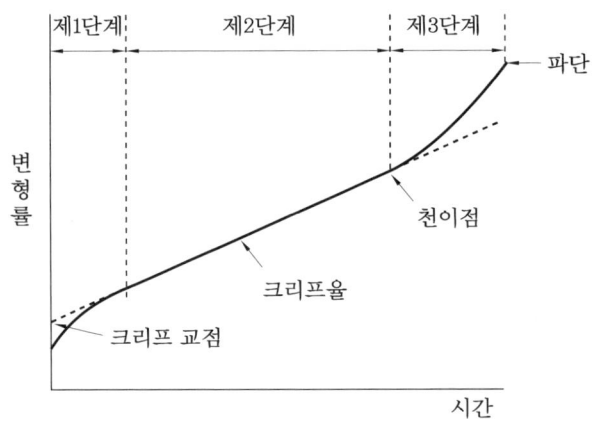

크리프-파단 곡선

② 피로 : 반복하중에 의하여 재료의 저항력이 감소하는 현상을 말한다.

   (개) 피로파괴 : 반복하중을 받는 구조는 정하중에서의 재료의 극한강도보다 훨씬 낮은 응력에서 파단되는데 이를 피로파괴라 한다.

   (내) 철계통의 재료는 피로한도가 분명하다.

   (대) Al 계통의 재료는 피로한도가 분명하지 않다.

(2) 기둥의 좌굴

① 세장비(slenderness ratio) : 기둥의 좌굴은 그 길이를 단면의 회전 반지름으로 나눈 비와 관련이 있는데, 이를 세장비라 한다.

$$세장비(\lambda) = \frac{L}{k}$$ 여기서, L : 기둥의 길이, k : 최소 단면 회전 반지름

② 임계하중(critical load) : 재료의 내부에서 좌굴이 발생하는 순간의 하중을 좌굴하중 또

는 임계하중이라 한다.
㈎ 길이가 긴 기둥에서의 임계하중

$$\sigma_{cr} = \frac{n\pi^2 E}{\dfrac{L}{k}}$$

여기서, E : 재료의 탄성계수, A : 기둥 단면적, k : 기둥 단면의 회전 반지름
I : 단면 2차 모멘트, n : 기둥의 단말계수

㈏ 기둥의 단말계수
㉮ 자유단 : 1/4
㉯ 양단 회전단 : 1
㉰ 회전단 고정단 : 2
㉱ 양단 고정단 : 4

(3) 안전여유

① 설계하중과 안전여유
㈎ 설계하중(design load) : 항공기는 한계하중보다 큰 하중을 받지는 않으나 기체의 강도는 한계하중보다 좀 더 높은 하중에서 견딜 수 있도록 설계해야 하는데, 이를 설계하중 또는 극한하중이라 한다. 일반적으로 기체구조의 설계 시 안전계수는 1.5이다.

설계하중=한계하중×안전계수

㈏ 안전여유(margin of safety ; M.S)

$$안전여유 = \frac{허용하중}{실제하중} - 1$$

㈐ 안전율(safety factor, 안전계수)

$$안전율 = \frac{최대응력}{허용응력} = \frac{항복응력}{허용응력}$$

② 응력집중 : 노치(norch), 작은 구멍, 키, 홈, 필릿 등과 같이 변화하는 단면의 주위에서 부분적으로 대단히 큰 응력이 발생하는 것을 응력집중이라 한다.
㈎ 원형 끝에서 발생하는 응력

$$\sigma_m = \frac{W}{(b-d)t}$$

여기서, W : 하중, b : 너비, t : 평판의 두께, d : 지름

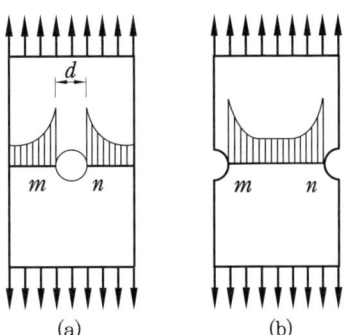

응력집중

예·상·문·제

1. 항공기의 여압동체와 같이 반복하중을 받는 구조는 정하중에서도 재료의 극한강도보다 훨씬 낮은 응력상태에서도 파단되는데, 이와 같이 반복하중에 의하여 재료의 저항력이 감소되는 현상을 무엇이라 하는가?
   ㉮ 좌굴   ㉯ 피로
   ㉰ 크리프   ㉱ 응력집중

2. 일정한 응력이 가해질 때 시간에 따라 계속 변형률이 증가한다. 이와 같이 시간에 따라 변형도가 달라지는 현상은?
   ㉮ 천이점(transition point)
   ㉯ 피로(fatigue)
   ㉰ 크리프(creep)
   ㉱ 탄성(elasticity)

3. 일정온도에서 시간이 지남에 따라 재료의 변형률이 변화하는 것을 무엇이라 하는가?
   ㉮ strain   ㉯ buckling
   ㉰ fatigue   ㉱ creep

4. Creep 현상에 대한 설명 중 가장 올바른 것은?
   ㉮ 장시간 방치하면 creep는 심하게 진행된다.
   ㉯ 주위의 온도가 상온 이하에서 creep는 심하게 진행된다.
   ㉰ 내부 조직이 안정되어 있을수록 creep는 심하게 진행된다.
   ㉱ 일정한 온도와 하중을 가한 상태에서 시간에 따라 변화한다.

5. 다음 피로한계에 대한 설명 중 틀린 것은?
   ㉮ 회전축을 무한한 횟수로 회전시켜도 피로로 파괴하지 않는 최대 진동응력 진폭
   ㉯ 알루미늄 합금과 같은 비철계 금속에서는 피로한계가 정확히 존재함을 알 수 있다.
   ㉰ 대체적으로 철계 금속은 응력 회전수(S-N) 피로 진동에서 점금선을 확인할 수 있다.
   ㉱ 피로한계를 정확히 확인할 수 없을 때에는 10^6의 수를 회전시켜서 파괴되지 않을 때의 진동응력의 진폭

   [해설] 피로한도(강도)
   ① 재료의 응력이 피로한도 이하일 때는 이론적으로 이 재료는 아무리 반복하중을 작용시킨다 하더라도 파괴가 일어나지 않는다.
   ② 철 계통의 재료는 피로한도가 분명히 나타나는데 대개 피로 파괴 회전수는 $10^6 \sim 10^7$이다.
   ③ 알루미늄 계통의 재료는 피로한도가 뚜렷이 나타나지 않기 때문에 보통 2×10^8 회전수에서 나타나는 응력을 재료의 피로강도라 한다.

6. 시간에 대한 재료의 변형도를 표시한 곡선을 creep 곡선이라 한다. 이 creep 곡선 중 시간에 대한 변형도의 증가율이 일정하게 증가하는 시간의 단계는?

정답 1. ㉯   2. ㉰   3. ㉱   4. ㉱   5. ㉯   6. ㉯

㉮ 제1단계　㉯ 제2단계
㉰ 제3단계　㉱ 제4단계

7. 강의 최대응력이 2.4×10^6 kg/cm²이고, 사용응력이 1.2×10^6 kg/cm²일 때 안전 여유는 얼마인가?

　㉮ 0.5　㉯ 1　㉰ 2　㉱ 4

　[해설] 안전여유 = $\dfrac{허용응력}{실제응력} - 1$
　　　　＝ $\dfrac{2.4 \times 10^6}{1.2 \times 10^6} - 1 = 1$

8. 강(AISA 4340)으로 된 봉의 바깥지름이 1 cm이다. 인장하중 10 t이 작용할 때 이 봉의 인장강도에 대한 안전여유는 얼마인가?(단, AISI 4340의 인장강도 σ_T =18000 kg/cm²이다.)

　㉮ 0.16　㉯ 0.37　㉰ 0.41　㉱ 0.72

　[해설] 안전여유 = $\dfrac{허용응력}{실제응력} - 1$
　　　　＝ $\dfrac{18000}{12739} - 1 = 0.41$

　실제응력 = $\dfrac{W}{A}$
　　　　＝ $\dfrac{10000}{\dfrac{3.14 \times 1^2}{4}} = 12739$ kg/cm²

9. 구조상의 최대하중으로 기체의 영구변형이 일어나더라도 파괴되지 않는 하중은?

　㉮ 한계하중　㉯ 최고하중
　㉰ 극한하중　㉱ 돌풍하중

10. 다음 중 설계하중을 나타낸 것은?

　㉮ 설계하중 = 종극하중×종극하중 계수
　㉯ 설계하중 = 극한하중×종극하중 계수
　㉰ 설계하중 = 극한하중×안전계수
　㉱ 설계하중 = 종극하중×안전계수

　[해설] 설계하중(극한하중)
　　　＝ 한계하중(종극하중)×안전계수(1.5)

11. 수송유형 비행기의 제한하중 배수가 (+)방향으로 2.5이며, 항공기의 안전율은 1.5로 하였을 때 종극하중 배수는 얼마인가?

　㉮ 5.25　㉯ 3.75　㉰ 1.67　㉱ 0.6

　[해설] 종극하중(극한하중)=한계하중×안전계수
　　　＝ $2.5 \times 1.5 = 3.75$

12. 항공기의 기체구조 설계 시 일반적인 안전계수는 얼마 정도인가?

　㉮ 1　㉯ 1.5　㉰ 2　㉱ 2.5

13. 구멍이 뚫린 평판에 인장하중을 받을 때 생기는 응력 분포도 곡선이 올바른 것은?

㉮ 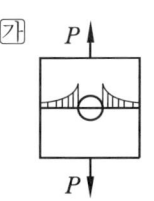　㉯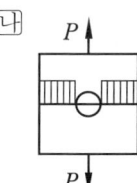

㉰ 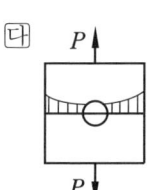　㉱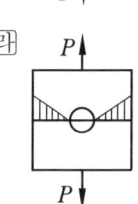

[정답] 7. ㉰　8. ㉰　9. ㉰　10. ㉱　11. ㉯　12. ㉯　13. ㉮

2-4 구조시험

① 정하중 시험 : 비행 중 가장 심한 하중, 즉 극한하중의 조건에서 기체의 구조가 충분한 강도와 강성을 가지고 있는지 시험하는 것이다.
  ㈎ 강성시험
  ㈏ 한계하중시험
  ㈐ 극한하중시험
  ㈑ 파괴시험
② 낙하시험 : 실제의 착륙상태 또는 그 이상의 조건에서 착륙장치의 완충능력 및 하중전달 구조물의 강도를 확인하기 위하여 하는 시험이다. 착륙장치의 시험에는 자유 낙하시험, 여유 에너지 흡수 낙하시험, 작동시험이 있다.
③ 피로시험 : 부분구조의 피로시험과 전체구조의 피로시험으로 나눈다. 기체구조 전체의 피로시험은 기체구조의 안전수명을 결정하기 위한 것이 주목적이며, 부수적으로 2차 구조의 손상여부를 검토하기 위한 시험을 한다.
④ 지상 진동시험

예·상·문·제

1. 항공기의 설계 및 제작과정에서 항공기가 비행 중에 걸리는 공기력의 측정을 위해 수행되는 시험은?
  ㈎ 진동시험
  ㈏ 풍동시험(wind tunnel test)
  ㈐ 비행 하중시험
  ㈑ 목형시험(mock up test)

2. 공력탄성학적 현상을 방지하기 위한 목적으로 행하는 시험은?
  ㈎ 목형시험
  ㈏ 풍동시험
  ㈐ 진동시험
  ㈑ 피로시험

정답 1. ㈏   2. ㈐

항|공|산|업|기|사

PART 4

항공기 장비

제1장 항공기 전기계통
제2장 항공기 계기계통
제3장 항공기 공·유압 및 환경 조절계통
제4장 항공기 방빙 및 비상계통
제5장 항공기 통신 및 항법계통

Chapter 01 항공기 전기계통

1. 전기회로

1-1 전기회로와 옴의 법칙

(1) 기전력(전위차, 전압)

두 지점의 전기적 에너지의 차이로 전류를 흐르게 하는 힘을 말한다.
① 전압의 단위 : 볼트(volt, V)
② 전압의 기호 : E
③ 전자 및 전류의 흐름
 (가) 전자의 흐름 : 음(−)에서 양(+)으로 흐른다.
 (나) 전류의 흐름 : 양(+)에서 음(−)으로 흐른다.

(2) 전류(current)

운동하는 전자의 흐름을 말한다. 즉, 단위 시간 동안 이동한 전하의 양을 말한다.
① 전류의 단위 : 암페어(ampere, A)
② 전류의 기호 : I
③ 1암페어 : 1쿨롬(coulomb)에 해당하는 전자가 회로 내를 1초 동안에 흐를 때의 전류이다.
④ 1쿨롬(coulomb) : 6.28×10^{18}에 해당하는 전자의 전하량이다.

$$I = \frac{Q}{t} [A] \quad \text{여기서, } I : 전류, \ t : 시간, \ Q : 전하량$$

(3) 저항(resistance)

도체 내에서 전기의 흐름을 방해하는 성질을 저항이라 한다.
① 저항의 단위 : 옴(ohm, Ω)
② 저항의 기호 : R
③ 도체의 저항에 영향을 주는 요소
 (가) 물질의 성질 : Cu나 Al선을 사용한다.
 (나) 도체의 길이

㈐ 도체의 단면적

㈑ 온도 : 일반적으로 온도가 증가하면 저항도 증가한다(탄소, 서미스터(thermistor)는 감소).

④ 도선의 전기저항 : 도선의 저항(R)은 길이(L)에 비례하고 단면적(S)에 반비례한다.

$$R = \rho \frac{L}{S} \quad \text{여기서, } \rho : \text{고유저항(비저항)}$$

㈎ 고유저항(ρ)의 단위 : ohm-cir · mil/ft

㈏ circular mil : 원형의 단면적을 표시하는 단위이다.

(4) 옴의 법칙

어떤 회로에 흐르는 전류의 세기(I)는 전압(E)에 비례하고 저항(R)에 반비례한다.

$$I = \frac{E}{R} [A] \quad \text{여기서, } I : \text{전류}, \ E : \text{전압}, \ R : \text{저항}$$

(5) 전력(electric power)

1초 동안에 전기기구에 공급되는 전기 에너지, 즉 전기가 단위 시간에 할 수 있는 일을 말한다.

$$P = EI = I^2 R = \frac{E^2}{R} [W]$$

전력의 단위 : W(와트), kW(킬로와트)

(6) 전력량

어느 시간 동안에 사용한 전기 에너지의 양을 전력량이라 하는데, 전력량은 전력과 시간의 곱으로 나타낸다.

$$\text{전력량} = \text{전력} \times \text{시간}$$

전력량의 단위 : Wh(와트시), kWh(킬로와트시)

(7) 저항의 접속

① 직렬회로의 합성저항(n개가 직렬로 연결되었을 때)

㈎ 저항 : $R = R_1 + R_2 + \cdots + R_n$

㈏ 전류 : $I = I_1 = I_2 = \cdots = I_n$

㈐ 전압 : $V = V_1 + V_2 + \cdots + V_n$

② 병렬회로의 합성저항(n개가 병렬로 연결되었을 때)

㈎ 전압 : $V = V_1 = V_2 = \cdots = V_n$

㈏ 전류 : $I = I_1 + I_2 + \cdots + I_n$

㈐ 저항 : 전체 저항의 역수는 각 저항의 역수의 합과 같다.

$$\frac{1}{R} = \frac{1}{R_1} + \frac{1}{R_2} + \cdots + \frac{1}{R_n}$$

(8) 키르히호프의 법칙(Kirchhoff's law)

① 제1법칙 : 도선의 접속점에 흘러 들어오는 전류의 합은 흘러나간 전류의 합과 같다. 즉, 유입 전류의 합 = 유출 전류의 합

$$I_1 + I_3 + I_5 = I_2 + I_4 + I_6$$

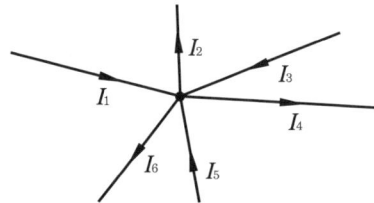

키르히호프의 제1법칙

② 제2법칙 : 어느 폐회로를 따라 특정한 방향으로 취한 전압 상승의 합은 0이다. 즉, 임의의 한 폐회로에서 각 부분의 전압의 합은 회로 전체의 전압과 같다.

$$E_1 + E_2 = I(R_1 + R_2)$$

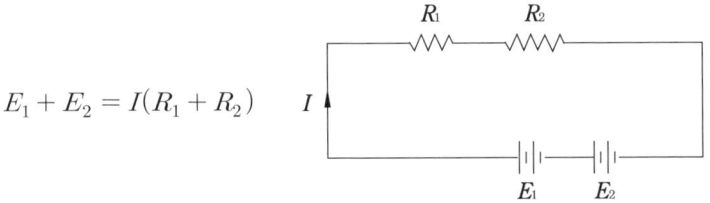

(9) 휘트스톤 브리지(Wheatstone Bridge)

검류계의 값이 0이 될 때 전류의 값이 평형상태가 되어 미지의 저항값을 알 수 있다.

$$R_1 R_4 = R_2 R_3$$

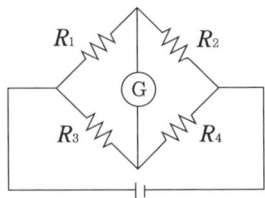

1-2 항공기용 전기부품과 배선

(1) 도선

① 항공기의 배선 방식 : 단선계통 방식(single wire system)
　(개) 단선계통 방식 : 양(+)의 선은 도선을 이용하고 음(-)의 선은 항공기 기체 구조재를 이용하는 방식으로 항공기 무게를 줄여 준다.
　(내) 항공기에 사용하는 배선 : 4/0번부터 49번까지 중 2/0(00번)부터 20번까지 짝수 도선만 사용한다.
　(대) 도선 단면적의 크기 단위 : cmil(circular mil)
　　예 0.025 인치 도선 : 625 cmil(25/1000인치에서 25를 제곱한 값)

② 도선의 부호, 계통, 색깔

부 호	계 통	색 깔	부 호	계 통	색 깔
C	조종계통	청색	K	기관시동	갈색
D	방빙계통	녹색	L	조명	적색
E	기관계기	적색	M	기타	청색
F	조종계기	백색	P	전원계통	황색
G	착륙장치	청색	Q	연료, 윤활유	적색
H	가열, 환기계통	녹색	R	무선항법	백색
J	점화	황색	W	경고장치	청색

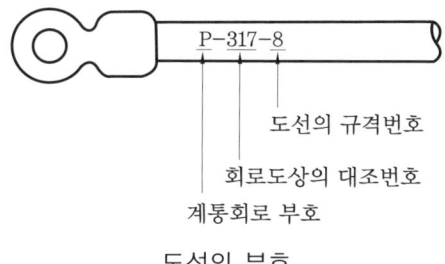

도선의 부호

(2) 회로 보호장치

① 퓨즈(fuse) : 규정 용량 이상으로 전류가 흐르면 녹아 끊어지도록 함으로써 회로에 흐르는 전류를 차단시킨다.
　(개) 재질 : 주석과 비스무트이다.
　(내) 항공기 내에는 규정된 수의 50%에 해당하는 예비 퓨즈를 비치하여야 한다.
② 회로 차단기(circuit breaker) : 회로 내에 규정 전류 이상의 전류가 흐를 때 회로를 열

어 주어 전류의 흐름을 막는 장치이다. 퓨즈 대신에 많이 사용되며, 스위치 역할까지 하는 것도 있다.

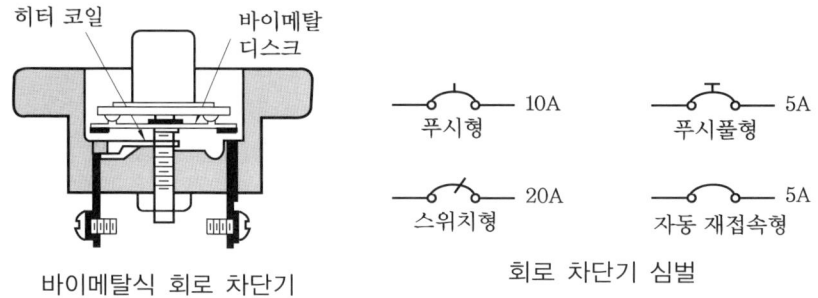

바이메탈식 회로 차단기   회로 차단기 심벌

③ 열 보호장치(thermal protector) : 열 스위치(thermal switch)라고도 하는데 전동기와 같이 과부하로 인하여 기기가 과열되면 자동으로 공급전류가 끊어지도록 하는 스위치이다.

1-3 전기 제어장치

(1) 스위치(switch)

전기회로에 전류가 흐르게 하거나 멈추게 하며 전류의 방향을 바꾸는데 사용한다.

① 종류
 ㈎ 토글 스위치(toggle switch) : 항공기에서 가장 많이 사용한다.
 ㈏ 푸시 버튼 스위치(push button switch) : 항공기 계기 패널에 사용한다.
 ㈐ 마이크로 스위치(micro switch) : 착륙장치, 플랩 등을 작동시키는 전동기의 작동을 제한하는데 사용한다.
 ㈑ 회전 선택 스위치(rotary selector switch) : 여러 개의 스위치를 하나로 담당한다.
 ㈒ 근접 스위치(proximity switch) : 승객의 출입문이나 화물칸의 문이 완전히 닫히지 않았을 때의 경고용 회로에 사용한다.

② 토글 스위치 접속방법
 ㈎ SPST(single pole single throw) :
  전류흐름을 공급하는 스위치의 접점부분이 한 곳이며, 스위치는 한쪽 방향으로 움직인다.
 ㈏ DPDT(double pole double throw) :
  접점이 2개, 두 방향으로 움직이는 스위치이다.
 ㈐ DPST(double pole single throw) :
 ㈑ SPDT(single pole double throw) :

(2) 계전기(relay)

스위치에 의하여 간접적으로 작동되며 큰 전류가 흐르는 회로를 작은 전류로 제어하기 위한 장치로 제어할 부분과 가장 가까운 전원 또는 버스 사이에 장착한다.

　종류 : 고정 철심형 계전기, 운동 철심형 계전기

(3) 저항기(resistor)

전압을 다양하게 하기 위하여 전류흐름을 제어하는데 저항기는 전기적인 에너지를 열로 전환시켜 전압을 감소시킨다.

① 고정식 저항기 : 작은 전류를 제어하는데 사용한다.
　㈎ 축류형 저항기
　㈏ 방사형 저항기
② 조절식 및 가변 저항기 : 회로에 저항의 양을 변화시킬 필요가 있는 부분에 사용한다.

전기 기호

명 칭	표 시	명 칭	표 시
양극 음극	+ −	램프	Ⓛ
축전지	⊣∣⊢	콘덴서	⊣⊢
고정 저항	─/\/\/─	스위치	SPST SPDT DPST DPDT
가변 저항	─/\/\/─	푸시 버튼 스위치	
퓨즈	─◠◠─	접지(earth)	⏚
전동기	Ⓜ	발전기	Ⓖ
변압기		솔레노이드	

1-4 전기의 측정

(1) 직류 측정계기

다르송발(D'Arsonval) 계기를 이용한다.

① 전류계(ammeter) : 전류의 세기를 측정하는 기구로 션트(shunt) 저항을 병렬로 연결하

여 대부분의 전류를 흐르게 한다.

$$션트(shunt) 저항 = \frac{계기의 감도(암페어) \times 계기의 내부저항}{션트 전류}$$

② 전압계(voltmeter) : 계기의 코일과 저항을 직렬로 연결하고 그 저항에 흐르는 전류를 측정하여 해당 전압을 지시하도록 한다.

$$전압계의 감도 = \frac{R_m + R_A}{E} (\Omega/V)$$

여기서, R_m : 계기저항, R_A : 직렬저항

③ 저항계(ohmmeter) : 회로 또는 회로 구성요소의 단선된 곳을 조사하거나 저항값을 측정할 때 사용한다. 메거(megger) 옴미터는 전기장치의 절연상태를 검사한다.
④ 멀티미터(multimeter) : 전류, 전압, 저항을 하나의 계기로 측정할 수 있는 측정기기이다.
  ㈎ 주의사항
    ㉮ 전류계는 측정하고자 하는 회로요소와 직렬로, 전압계는 병렬로 연결해야 한다.
    ㉯ 측정범위를 예상하지 못할 때는 측정범위부터 시작하여 낮추어 간다.

(2) 교류 측정계기

전류력계형, 운동 철편형, 경사 코일 철편형, 열전쌍형 등이 있다.
① 교류 전류계 : 유도성 션트(inductive shunt) 코일을 계자 코일과는 직렬로, 운동 코일과는 병렬로 연결하여 사용한다.
② 교류 전압계 : 측정할 회로에 병렬로 연결하여 사용하며 전압의 측정범위를 보정하기 위하여 저항을 운동 코일 및 계자 코일에 직렬로 연결하여 사용한다.
③ 전력계(wattmeter) : 전류와 전압의 곱으로 나타나는 전력을 측정하기 위해 사용한다.
④ 주파수계 : 진동편형, 운동 코일형, 운동 디스크형, 공명 회로형 등이 있는데 항공기에는 진동편형을 많이 사용한다.

예·상·문·제

1. 어느 도체의 단면에 1시간 동안 10800 C의 전하가 흘렀다면 전류는 몇 A인가?
㉮ 3 ㉯ 18 ㉰ 30 ㉱ 180

[해설] $I = \dfrac{Q}{t} = \dfrac{10800}{3600} = 3A$

2. 고유저항 또는 비저항(specific resistance)을 나타내는 단위는?
㉮ Ω·mil/inch ㉯ Ω·cmmil/inch
㉰ Ω·mil/feet ㉱ Ω·cirmil/feet

[해설] $R = \rho \dfrac{L}{S}$
ρ : 고유저항(ohm-cirmil/feet)

3. 단면적이 1.0 cm², 길이 25 cm인 어떤 도선의 전기저항이 15 Ω이었다면 도선 재료의 고유저항(ρ)은 몇 Ω·cm인가?
㉮ 0.4 ㉯ 0.5 ㉰ 0.6 ㉱ 0.8

[해설] 고유저항(ρ)
$R = \dfrac{\rho \cdot L}{S}$ 에서
$\rho = \dfrac{S \cdot R}{L} = \dfrac{1 \times 15}{25} = 0.6$ Ω·cm

4. 길이가 L인 도선에 1 V의 전압을 가했더니 1 A의 전류가 흐르고 있었다. 이때, 도선의 단면적을 $\dfrac{1}{2}$로 줄이고 대신 길이를 2배로 늘리면 도선의 저항은 원래보다 몇 배가 되는가?(단, 도선의 고유저항 및 전압은 변화가 없다고 본다.)
㉮ $\dfrac{1}{4}$배 ㉯ $\dfrac{1}{2}$배 ㉰ 2배 ㉱ 4배

[해설] $R = \dfrac{\rho \times 2L}{\dfrac{1}{2}S} = 4\dfrac{\rho \times L}{S}$

5. 항공기에 사용하는 도선의 지름에 대한 가장 편리한 단위는?
㉮ 센티미터 (cm) ㉯ 미터 (m)
㉰ 센티밀 (cmil) ㉱ 밀 (mil)

6. Battery terminal에 부식을 방지하기 위한 방법으로 가장 올바른 것은?
㉮ terminal에 grease로 엷은 막을 만들어 준다.
㉯ terminal에 paint로 엷은 막을 만들어 준다.
㉰ terminal에 납땜을 한다.
㉱ 증류수로 씻어낸다.

7. 도선 도표(wire chart)상에서 도선의 굵기를 정하는데 있어 고려되지 않아도 되는 것은?
㉮ 전선의 길이
㉯ 전류
㉰ 전선의 주위상태
㉱ 내선전압

8. 모든 부품을 항공기 구조에 전기적으로 연결하는 방법으로 고전압 정전기의 방전을 도와 스파크(spark) 현상을 방지시키는 역할을 하는 것을 무엇이라 하는가?
㉮ 공전(static)

[정답] 1. ㉮ 2. ㉱ 3. ㉰ 4. ㉱ 5. ㉰ 6. ㉮ 7. ㉱ 8. ㉰

㉯ 접지(earth)
㉰ 본딩(bonding)
㉱ 절제(temperance)

[해설] 본딩 와이어(bonding wire) : 부재와 부재 사이, 즉 발동기와 마운트, 날개와 동체 간에 전기적 접촉을 확실히 하기 위하여 구리선을 넓게 짜서 연결한 것

9. 항공기의 전기회로에 사용되는 스위치의 설명 중 틀린 것은?

㉮ 푸시 버튼 스위치(push button switch)는 접속방식에 따라 SPUP, DPWT, DPUP, DPWT가 있다.
㉯ 토클 스위치는 항공기에 가장 많이 사용되는 스위치로서 운동 부분이 공기중에 노출되지 않도록 케이스에 보호되어 있다.
㉰ 회전 선택 스위치(rotary selector switch)는 한 회로만 개방하고, 다른 회로는 동시에 닫게 하는 역할을 한다.
㉱ 마이크로 스위치(micro switch)는 짧은 움직임으로 회로를 개폐시키는 것으로 착륙장치와 플랩 등을 작동시키는 전동기의 작동을 제한하는 스위치로 사용된다.

[해설] 푸시 버튼 스위치 : 항공기 계기 패널에 많이 사용되며 조종사가 쉽게 식별할 수 있도록 되어 있다.

10. 회로 보호장치(circuit protection device) 중 비교적 높은 전류를 짧은 시간 동안 허용할 수 있게 하는 장치는?

㉮ limit switch
㉯ 전류 제한기(current limiter)
㉰ 회로 차단기(circuit breaker)
㉱ 열 보호장치(thermal protector)

11. 미리 설정된 정격값 이상의 전류가 흐르면 회로를 차단하는 것으로 재사용이 가능한 회로 보호장치는?

㉮ 퓨즈(fuse)
㉯ 릴레이(relay)
㉰ 회로 차단기(circuit breaker)
㉱ circular connector

12. 500MHz 고주파 전압의 파형을 측정할 수 있는 것은?

㉮ Mutimeter
㉯ Wheatstone's bridge
㉰ Oscilloscope
㉱ Galvanometer

13. 전원의 주파수를 측정하는데 사용되는 브리지 회로는?

㉮ wien bridge
㉯ maxwell bridge
㉰ synchro bridge
㉱ wheatstone bridge

[해설] wien bridge : 가청 주파수의 측정에 사용하는 교류 브리지의 일종.

14. 3Ω의 저항 3개는 직렬 또는 병렬로 연결하였을 때 가장 작은 저항값은 얼마인가?

㉮ 1Ω ㉯ 3Ω ㉰ $\frac{2}{3}$Ω ㉱ $\frac{1}{3}$Ω

[해설] ① 회로를 병렬로 연결 시 저항
$\frac{1}{R} = \frac{1}{R_1} + \frac{1}{R_2} + \frac{1}{R_3}$ 에서
$\frac{1}{R} = \frac{1}{3} + \frac{1}{3} + \frac{1}{3}$ 에서 $R = 1Ω$
② 회로를 직렬로 연결 시 저항

정답 9. ㉮ 10. ㉯ 11. ㉰ 12. ㉰ 13. ㉮ 14. ㉮

$R = R_1 + R_2 + R_3$ 에서
$R = 3 + 3 + 3 = 9\ \Omega$

15. 그림의 교류회로에서 임피던스를 구한 값은?

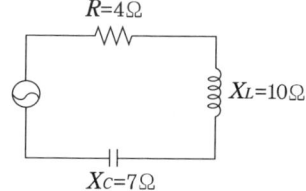

㉮ 5 Ω ㉯ 7 Ω ㉰ 10 Ω ㉱ 17 Ω

[해설] $Z = \sqrt{R^2 + (X_L - X_C)^2}$
$= \sqrt{4^2 + (10-7)^2} = 5\ \Omega$

16. 8 kΩ의 저항에 50 mA의 전류를 흘리는데 필요한 전압(E)은 몇 V인가?

㉮ 360 ㉯ 380 ㉰ 400 ㉱ 420

[해설] 전압(E) = $IR = 0.050 \times 8000 = 400$ V

17. 9 A의 전류가 흐르고 있는 4 Ω 저항의 양 끝 사이의 전압은 얼마인가?

㉮ 24 V ㉯ 28 V ㉰ 32 V ㉱ 36 V

[해설] $E = IR = 9 \times 4 = 36$ V

18. 내부저항이 2Ω인 축전지에서 가장 큰 전력을 흡수할 수 있는 부하 저항값을 구하고, 그때 흡수되는 전력을 구하면?

㉮ 2 Ω, 144 W ㉯ 4 Ω, 64 W
㉰ 1 Ω, 64 W   ㉱ 2 Ω, 72 W

[해설] $P = EI = \dfrac{E^2}{R} = \dfrac{24^2}{2+2} = 144$ W
($R = 2\ \Omega$일 때 가장 큰 전력을 흡수한다.)

19. 24V, $\dfrac{1}{3}$ HP motor가 효율 75%에서 동작되고 있으면 그때의 전류는?

㉮ 4.6 A   ㉯ 13.8 A
㉰ 22.8 A ㉱ 30.0 A

[해설] 1HP = 746W이다.

출력전력 = $\dfrac{1}{3}$ HP = $\dfrac{1}{3} \times 746 = 248.7$ W이다.

효율 = $\dfrac{출력전력}{입력전력}$ 에서

입력전력 = $\dfrac{출력전력}{효율} = \dfrac{248.7}{0.75} = 331.5$ W

따라서, $I = \dfrac{P}{E} = \dfrac{331.6}{24} = 13.8$ A

20. 20 HP의 펌프를 쓰자면 몇 kW의 전동기가 필요한가?(단, 펌프의 효율은 80%이다.)

㉮ 12 kW ㉯ 19 kW
㉰ 10 kW ㉱ 8 kW

[해설] $20\text{HP} = 20 \times 0.746 = 14.92$ kW

펌프의 효율이 80%이므로 $\dfrac{14.92}{0.8}$은 18.65 kW이다. 따라서 20 HP의 펌프를 사용하려면 18.65 kW보다 큰 전동기를 사용해야 한다.

21. 미국 도선규격으로 채택된 도선규격은?

㉮ AM 도선규격
㉯ AS 도선규격
㉰ BS 도선규격
㉱ DIN 도선규격

[해설] 도선의 규격은 미국 도선규격(AWG)으로 채택된 BS(Brown & Sharp) 도선규격에 따른다.

22. 그림과 같은 회로망에서 전류계와 전압계로서 각 단의 전류 전압을 측정하려 한다. 연결이 바르게 된 것은?

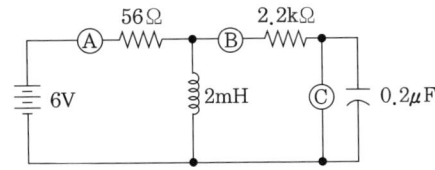

㉮ Ⓐ와 Ⓑ는 전압계, Ⓒ는 전류계
㉯ Ⓐ와 Ⓑ는 전류계, Ⓒ는 전압계
㉰ Ⓐ는 전류계, Ⓑ와 Ⓒ는 전압계
㉱ Ⓐ와 Ⓒ는 전류계, Ⓑ는 전압계

23. 다음 그림과 같은 회로에서 5 Ω에 흐르는 전류 I_2값을 구하면?

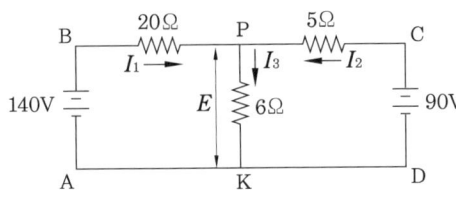

㉮ 4 A   ㉯ 6 A   ㉰ 8 A   ㉱ 10 A

[해설] 접합점 P점에 키르히호프 제1법칙을 적용하여
$I_1 + I_2 = I_3$
폐회로 KPBA회로에서 키르히호프 제2법칙을 적용하면
$20I_1 + 6I_3 = 140$
폐회로 KPCD회로에서 키르히호프 제2법칙을 적용하면
$5I_2 + 6I_3 = 90$
위 세 식을 연립 방정식으로 풀게 되면
$I_1 = 4A, \quad I_2 = 6A, \quad I_3 = 10 A$

24. 문제 23번 그림과 같은 회로에서 저항 6Ω의 양단전압 E를 구하면?

㉮ 20 V   ㉯ 40 V   ㉰ 60 V   ㉱ 80 V

[해설] 접합점 P점에 키르히호프 제1법칙을 적용하여
$I_1 + I_2 = I_3$
폐회로 PKBA회로에서 키르히호프 제2법칙을 적용하면
$20I_1 + 6I_3 = 140$
폐회로 KPCD회로에서 키르히호프 제2법칙을 적용하면
$5I_2 + 6I_3 = 90$
위 세 식을 연립 방정식으로 풀게 되면
$I_1 = 4A, \quad I_2 = 6A, \quad I_3 = 10A$
$E = I_3 R = 10 \times 6 = 60 V$

25. 다음 회로에서 스위치(SW)를 닫을 경우에 맞는 것은?(단, E는 일정하다.)

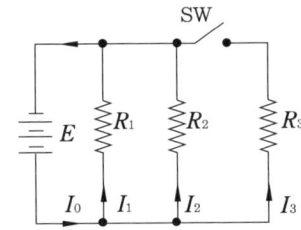

㉮ I_2는 변화 없다.
㉯ I_t가 증가한다.
㉰ I_1는 변화 없다.
㉱ I_t가 감소한다.

[해설] 병렬연결
① 전압은 일정하다($E = E_1 = E_2 = E_3$).
② 전류(I_t) $= I_1 + I_2 = I_3$
③ 저항(R) $= \dfrac{1}{\dfrac{1}{R_1} + \dfrac{1}{R_2} + \dfrac{1}{R_3}}$

SW를 닫을 경우 전체 합성 저항값 R은 감소하게 되므로 전체 전류 I_t는 증가를 한다 ($E = I_t \cdot R$).

26. 다음의 브리지 회로가 평형되는 조건은?

정답 22. ㉯ 23. ㉯ 24. ㉰ 25. ㉯ 26. ㉰

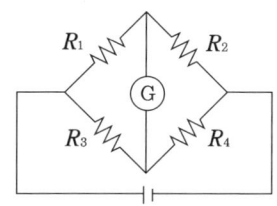

㉮ $R_1 \cdot R_2 = R_3 \cdot R_4$
㉯ $R_1 \cdot R_3 = R_2 \cdot R_4$
㉰ $R_1 \cdot R_4 = R_2 \cdot R_3$
㉱ $R_1 \cdot R_2 \cdot R_3 = R_4$

27. 다음 그림과 같이 브리지 회로에서 평형이 취하여졌다. 저항 R의 값은?

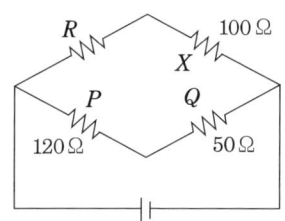

㉮ 60　㉯ 80　㉰ 120　㉱ 240

[해설] 브리지 회로의 평형
$R \cdot Q = P \cdot X$에서
$R \times 50 = 100 \times 120$, $R = 240\,\Omega$

28. 그림과 같은 Wheatstone bridge가 평행이 되려면 X의 저항은 몇 Ω이 되어야 하는가?

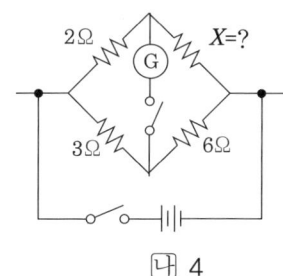

㉮ 3　　　　㉯ 4
㉰ 5　　　　㉱ 6

29. 다음 그림과 같은 평형 브리지 회로에서 단자 A, B간의 전위차를 구하고 A와 B 중 전위가 높은 쪽을 표시한 곳은?

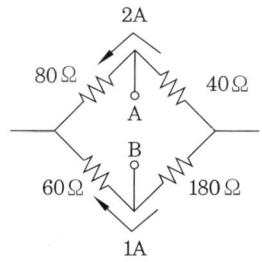

㉮ 100V, A<B　㉯ 100V, A>B
㉰ 220V, A.B　㉱ 220V A<B

[해설] ① A 전위 : $80 \times 2 = 160$ V
② B 전위 : $60 \times 1 = 60$ V
A와 B의 전위차는 100 V이다.

30. 전원전압 115/200 V에 10 μF의 콘덴서 250 mH의 코일이 직렬로 접속되어 있을 때, 이 회로의 공진 주파수는 몇 Hz인가?

㉮ 0.04　㉯ 25.8　㉰ 100.7　㉱ 711.5

[해설] 공진 주파수
$f = \dfrac{1}{2\pi\sqrt{LC}}$
$= \dfrac{1}{2 \times 3.14 \sqrt{(250 \times 10^{-3}) \times (10 \times 10^{-6})}}$
$= 100.7$ Hz

31. 전원회로에서 전압계(VM)와 전류계(AM)를 부하와 연결하는 방법으로 옳은 것은?

㉮ VM은 병렬, AM은 직렬
㉯ VM은 직렬, AM은 병렬
㉰ VM와 AM을 직렬
㉱ VM와 AM을 병렬

[정답] 27. ㉱　28. ㉯　29. ㉯　30. ㉰　31. ㉮

32. 저항 측정기(ohm meter)를 사용하여 b와 c 사이의 저항을 측정하였더니 200 Ω이었다. 이때 계기 수리공은 어떤 조치를 하여야 하는가?
 ㉮ a와 b 사이가 단선되었음을 의미하므로 이곳을 조치한다.
 ㉯ b와 c 사이가 단선되었음을 의미하므로 이곳을 조치한다.
 ㉰ c와 a 사이가 단선되었음을 의미하므로 이곳을 조치한다.
 ㉱ 아무런 이상이 없는 것을 의미한다.

33. 전류계(ammeter)에 사용되는 션트(shunt) 저항은 다르송발(D'Arsonval) 계기와 어떻게 연결되는가?
 ㉮ 직렬
 ㉯ 병렬
 ㉰ 직렬과 병렬을 동시에
 ㉱ 션트(shunt) 저항은 필요 없다.

34. 션트(shunt)에 대한 설명으로 가장 올바른 것은?
 ㉮ 저항, 전압 등의 전류를 측정할 수 있는 측정기(meter)
 ㉯ 축전기가 충전되는가를 알기 위한 암미터(ammeter)
 ㉰ 계기 보호용으로 삽입된 회로상의 퓨즈(fuse)
 ㉱ 전류계 외측에 대부분의 전류를 바이패스시키는 저항체

35. 션트 저항을 계산하는 계산식으로 맞는 것은?
 ㉮ $\dfrac{\text{계기의 감도(암페어)} \times \text{계기의 외부 전류}}{\text{션트 전류}}$
 ㉯ $\dfrac{\text{계기의 감도(암페어)} \times \text{계기의 외부저항}}{\text{션트 전류}}$
 ㉰ $\dfrac{\text{계기의 감도(암페어)} \times \text{계기의 내부저항}}{\text{션트 전류}}$
 ㉱ $\dfrac{\text{션트 전류} \times \text{계기의 외부저항}}{\text{계기의 감도(암페어)}}$

36. 감도가 20 mA인 계기로 200 A를 측정할 수 있는 내부저항이 10 Ω인 전류계를 만들 때 분류기(shunt)를 얼마로 해야 하는가?
 ㉮ 0.001 Ω   ㉯ 0.01 Ω
 ㉰ 0.1 Ω   ㉱ 1 Ω

[해설] 션트 저항
$= \dfrac{\text{계기의 감도(암페어)} \times \text{계기의 내부저항}}{\text{션트 전류}}$
$= \dfrac{0.02 \times 10}{199.98} = 0.001\ \Omega$

37. 전기선과 연료선이 동시에 배치된다면 배선의 위치는?
 ㉮ 전선과 연료선을 같이 배열한다.
 ㉯ 작업이 용이하도록 배열하다.
 ㉰ 전선을 연료배관 아래에 설치한다.
 ㉱ 전선을 연료배관 위로 설치한다.

2. 직류 전력

2-1 축전지(battery)

(1) 납산 축전지(lead acid battery)

① 셀(cell)당 전압 : 2 V(6개 또는 12개를 직렬로 연결하여 사용)이다.
② 구성
   (가) 극판
      ㉮ 양극판 : 이산화납(PbO_2), 음극판 : 납(Pb), 전해액 : 묽은 황산(H_2SO_4)
      ㉯ 음극판의 수가 양극판의 수보다 한 개 더 많다.
   (나) 격리판(seperator) : 양극판과 음극판이 서로 접촉되어 전기적으로 단락되는 것을 방지하기 위해 극판 사이에 설치한다.
   (다) 터미널 포스트(terminal post) : 셀(cell)을 직렬로 연결할 때 쓰며 중앙에는 캡이 있다.
      ㉮ 캡(cap) : 전해액의 비중을 측정하고 증류를 보충하거나 충전 시 발생하는 가스를 배출한다.

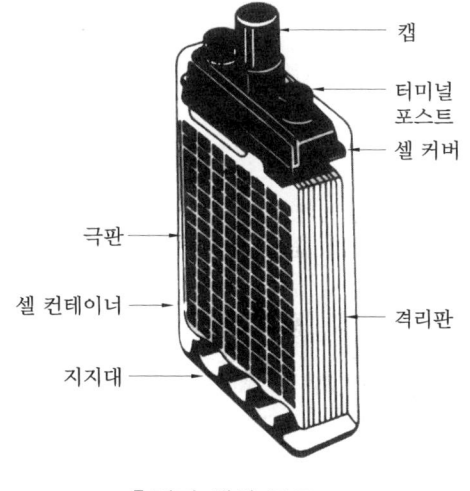

축전지 셀의 구조

      ㉯ 캡(cap) 속 납추(차폐 마개)의 역할 : 항공기의 자세가 흔들리거나 배면비행 시 납추가 가스 배출구를 막아 전해액의 누설을 방지한다.
   (라) 셀 커버 및 지지대
   (마) 셀 컨테이너
③ 납 축전지의 특성
   (가) 축전지가 충전되면 비중은 높아진다.
   (나) 축전지의 충전, 방전상태는 전해액의 비중을 보고 알 수 있다.
      ㉮ 축전지의 비중 점검 : 비중계(hydrometer)로 한다.
   (다) 축전지의 비중
      ㉮ 완전 충전 : 1.300
      ㉯ 고충전 상태 : 1.275~1.300

㉰ 중충전 상태 : 1.240~1.274

㉱ 저충전 상태 : 1.200~1.239

㈑ 비중은 온도에 따라 변화한다.

㈒ 전해액 보충 시 반드시 물(증류수)에 묽은 황산을 넣어 만든다.

㈓ 전해액 보충 시 순수한 증류수를 보충하고, 표면이 더러울 때는 마른 걸레로 닦아낸다.

(2) 알칼리 축전지

항공기에 사용되는 알칼리 축전지는 니켈-카드뮴 축전지이다.

① 장점

㈎ 유지비가 적게 들고 수명이 길다.

㈏ 재충전 소요시간이 짧고 신뢰성이 높다.

㈐ 큰 전류를 일시에 써도 무리가 없다.

② 구조

㈎ 셀(cell)당 전압 : 1.2~1.25 V(12V는 10개의 셀을, 24 V는 19개의 셀을 직렬로 연결하여 사용한다)이다.

㈏ 극판 : 양극판-수산화니켈($Ni(OH)_3$), 음극판-카드뮴(Cd)

㈐ 전해액 : 30%의 묽은 수산화칼륨(KOH)이고 비중은 1.240~1.300이다.

③ 충전, 방전

㈎ 방전상태 확인 : 전압계(voltmeter)로 측정한다.

㈏ 전해액은 충·방전 시 화학적으로 변하지 않는다.

㈐ 전해액의 비중은 변하지 않는다(방전 시 전해액 수면은 낮아진다).

④ 취급 시 주의사항

㈎ 납 축전지와 화학적 특성이 반대이므로 분리 보관하고 공구들도 구분해서 사용한다.

㈏ 전해액은 부식성이 강하므로 피부나 옷에 묻지 않도록 한다.

· 중화제 : 아세트산, 레몬 쥬스, 붕산염 용액

㈐ 완전 충전된 후 3~4시간이 지나기 전에 물(증류수)을 첨가해서는 안 된다.

㈑ 충전을 할 때에는 각 셀을 단락시켜 전위를 0으로 평준화시키고 충전해야 한다.

㈒ 전해액을 만들 때에는 물에 수산화칼륨을 조금씩 떨어뜨려서 만든다.

(3) 용량

① 축전지의 용량은 Ah(ampere-hour)로 표시한다.

② 항공기 축전지에는 5시간 방전율을 적용한다.

(4) 충전방법

① 정전압 충전법(항공기에 사용되는 충전방법)

㈎ 과충전에 대한 특별한 주의가 없어도 짧은 시간에 충전을 완료할 수 있다.

(나) 여러 개를 동시에 충전할 때 전압값별로 전류에 관계없이 병렬로 연결한다.

(다) 축전지 여러 개를 동시에 충전하려면 용량에 관계없이 병렬로 연결한다.

② 정전류 충전법

(가) 일정한 규정 전류로 계속 충전하는 방법이며 여러 개를 동시에 충전하고자 할 때에는 전압에 관계없이 용량을 구별하여 직렬로 연결한다.

(나) 충전 완료시간을 미리 예측할 수 있으나, 소요시간이 길고 과충전되기 쉽다.

(다) 전압에 관계없이 축전지를 용량별로 직렬로 연결하여 충전한다.

2-2 직류 발전기

항공기에 사용되는 대부분의 전기는 발전기에서 공급하며, 발전기는 기관에 의해 구동된다.

(1) 전기 수요에 따른 분류

① M형 : 50 A   ② O형 : 100 A   ③ P형 : 200 A
④ R형 : 300 A   ⑤ A형 : 400 A

(2) 구조

계자, 전기자, 정류자, 브러시로 구성된다.

① 계자 : 요크(yoke)라고 불리는 틀에 고정된 자극으로 극은 요크 내부에 볼트로 결합되어 있는데 2극 또는 4극이다.

② 전기자 : 자기장 내에서 회전하는 코일을 포함한 회전체로 링형과 드럼형이 있다.

③ 정류자 : 전기자 축 끝에 설치되어 있고 구리로 된 쐐기모양의 편으로서 각각의 운모판에 의하여 절연되어 전기자 코일에 연결된다.

④ 브러시 : 고단위 탄소로 만들며 브러시 홀더(holder)로 지지되어 정류자 편과 미끄럼 접촉이 된다.

(3) 종류

① 직권형(series wound) 직류 발전기 : 전기자와 계자 코일이 서로 직렬로 연결된 형식으로 부하도 이들과 직렬로 연결된다. 부하 크기에 따라 출력전압이 변하기 때문에 전압 조절이 어려워 항공기의 발전기에는 사용하지 않는다.

② 분권형(shunt wound) 직류 발전기 : 전기자와 계자 코일이 서로 병렬로 연결된 형식으로 부하전류는 출력전압에 영향을 끼치지 않는다.

③ 복권형(compound wound) 직류 발전기 : 직권형과 분리형을 동시에 가지는 직류 발전기로서 두 가지 장점을 살려 일반적으로 많이 사용된다.

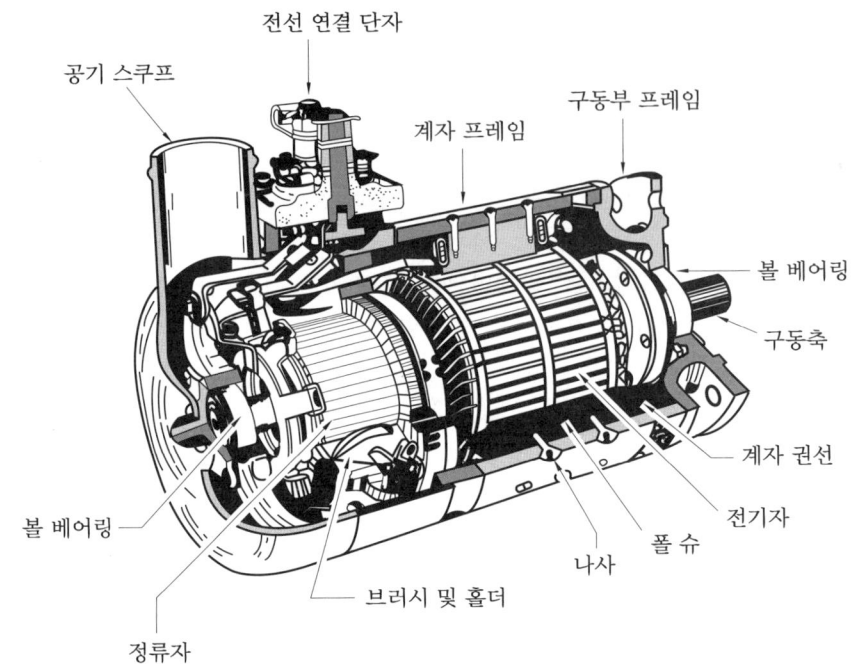

항공기형 24V 직류 발전기

(3) 직류 발전기의 보조 기기

① 전압 조절기(voltage regulator)
　㈎ 발전기의 출력전압을 발전기의 회전속도, 부하의 크기 등에 관계없이 일정한 전압으로 유지하는 역할을 한다.
　㈏ 진동형(vibrating type)과 카본 파일식(carbon file type) 전압 조절기 중 카본 파일식 전압 조절기가 많이 사용된다.
② 역전류 차단기(reverse current cutout relay) : 발전기의 출력전압이 낮을 때에 축전지로부터 발전기로 전류가 역류하는 것을 방지하는 장치이다.
③ 과전압 방지장치(over voltage relay) : 출력전압이 과도하게 높아졌을 때 전기 기기와 회로를 보호하기 위한 장치이다.
④ 계자 제어장치(field control relay) : 계자 코일을 보호하기 위하여 전류를 차단시키는 장치이다.
⑤ 발전기의 시험 : 전기자 시험과 계자 시험으로 나누어 회로의 단선과 단락을 시험한다.
　㈎ 전기자 시험 : 고전위 시험과 그라울러(growler) 시험
　㈏ 계자 시험 : 고전위 시험

예·상·문·제

1. 연 축전지(lead acid battery)에 대한 설명으로 가장 올바른 것은?
   ㉮ 축전지의 충전상태는 전해액의 온도로 측정한다.
   ㉯ 축전지 여러 개를 충전할 때 정전류법은 병렬로 연결하여 충전한다.
   ㉰ 축전지 여러 개를 충전할 때 정전압법은 병렬로 연결하여 충전한다.
   ㉱ 정전류법으로 충전할 때에는 반드시 시작 전에 캡을 닫아 놓아야 한다.
   [해설] ① 정전압법 : 축전지 여러 개를 동시에 충전하고자 할 때는 용량에 관계없이 병렬로 연결한다.
   ② 정전류법 : 전압에 관계없이 축전지 용량별로 직렬로 연결하여 충전한다.

2. 납산 축전기의 셀당 전압은 얼마 정도인가?
   ㉮ 1.1 V   ㉯ 2.2 V   ㉰ 3.3 V   ㉱ 4.4 V
   [해설] 충전한 직후의 납산 축전지의 1셀의 전압은 2.2 V이지만 사용할 때 전압은 내부저항에 의한 전압 강하로 2 V이다.

3. 납산 축전지(lead acid battery)의 셀(cell)의 음극(-)과 양극(+)의 수는 어떠한가?
   ㉮ 음극(-)판이 하나 더 많다.
   ㉯ 음극(-)판이 하나 더 적다.
   ㉰ 음극(-), 양극(+)판의 수는 똑같다.
   ㉱ 양극(+)판이 몇 개 더 많다.
   [해설] 양극판이 음극판 사이에 설치되어 있어 음극판이 하나 더 많다.

4. 납산 축전지에서 용량의 표시 기호는?
   ㉮ Ah   ㉯ Bh   ㉰ Vh   ㉱ Fh
   [해설] 축전지의 용량은 AH(ampere-hour)로 나타낸다.

5. 납 축전지의 전해액을 만들 때 어떤 식으로 만드는가?
   ㉮ 희유산(묽은 황산)에 증류수를 떨어뜨린다.
   ㉯ 희유산(묽은 황산)과 증류수를 같이 떨어뜨린다.
   ㉰ 증류수에 희유산(묽은 황산)을 떨어뜨린다.
   ㉱ 어느 것을 먼저 해도 상관없다.

6. 다음 중 납산 축전지의 캡(cap)의 용도가 아닌 것은?
   ㉮ 외부와 내부의 전선 연결
   ㉯ 전해액의 보충, 비중 측정
   ㉰ 충전 시 발생되는 가스 배출
   ㉱ 배면비행 시 전해액의 누설 방지

7. 항공기용 축전지에 적용하는 방전율(distance rate)은?
   ㉮ 1시간 방전율   ㉯ 3시간 방전율
   ㉰ 5시간 방전율   ㉱ 8시간 방전율
   [해설] 방전율 : 3시간율, 5시간율, 10시간율 등이 있는데 항공기의 경우 축전지의 정격 용량 방전시간을 5시간으로 잡고 있다.

8. Ni-Cd 축전지에 대한 설명 중 가장 올

정답 1. ㉰   2. ㉯   3. ㉮   4. ㉮   5. ㉰   6. ㉮   7. ㉰   8. ㉱

바른 것은?
㉮ 전해액의 부식성이 적어 안전하다.
㉯ 단위 Cell당 전압은 연 축전지보다 높다.
㉰ 방전할 때는 음극판이 3수산화니켈이 된다.
㉱ 연 축전지에 비해 수명이 길다.

9. 항공기에 사용되는 니켈-카드뮴 축전지의 일반적인 셀(cell)당 전압으로 가장 올바른 것은?
㉮ 1.2~1.25 V ㉯ 1.3~1.7 V
㉰ 1.7~2.0 V ㉱ 2.0~2.25 V
[해설] 니켈-카드뮴 축전지의 셀당 전압은 1.2~1.25 V이다.

10. Ni-Cd 축전지의 취급방법과 가장 관계가 먼 것은?
㉮ 전해액인 수산화칼륨은 부식성이 매우 크므로 취급 시 보안경, 고무장갑, 고무 앞치마 등을 착용한다.
㉯ 수산화칼륨의 중화제로는 아세트산, 레몬주스가 있다.
㉰ 전해액을 만들 때는 수산화칼륨에 물을 조금씩 떨어뜨려 섞어야 한다.
㉱ 완전히 충전된 후 3~4시간이 지나기 전에 물을 첨가해서는 안 된다.
[해설] 전해액을 만들 때는 수산화칼륨에 물을 부으면 폭발할 위험이 있으므로 물에 수산화칼륨을 조금씩 떨어뜨려서 섞는다.

11. 항공기용 축전지로 니켈-카드뮴 축전지가 많이 쓰이는데 이 축전지를 설명한 것 중 틀린 것은?
㉮ 한 개의 cell당 정격전압은 1.2볼트이다.
㉯ 전해액은 질산계의 산성액이다.
㉰ 충·방전 시 전해액의 농도변화가 없다.
㉱ 방전기간 동안 전압의 차이가 적다.
[해설] 납 축전지는 산성 전해액을, 니켈-카드뮴 축전지는 알칼리성 전해액을 사용한다.

12. 다음 중 니켈-카드뮴 축전지에 대한 설명으로 틀린 것은?
㉮ 전해액은 질산계의 산성액이다.
㉯ 과부하 특성이 좋고, 큰 전류 방전시에는 안정된 전압을 유지한다.
㉰ 진동이 심한 장소에 사용가능하고, 부식성 가스를 거의 방출하지 않는다.
㉱ 한 개의 셀(cell)의 기전력은 무부하 상태에서 1.2~1.25 V이다.

13. 니켈-카드뮴 축전지에서 24 V 축전지는 몇 개의 셀(cell)을 직렬로 연결하는가?
㉮ 12개 ㉯ 15개 ㉰ 17개 ㉱ 19개
[해설] 1.2 V 셀을 19개 직렬로 연결한다.

14. 알칼리 축전지의 전해액 점검으로 옳은 것은?
㉮ 비중과 액량은 측정할 필요가 없다.
㉯ 비중과 액량은 때때로 측정할 필요가 없다.
㉰ 비중은 측정할 필요가 없지만 액량은 측정하고 정확히 보존하여야 한다.
㉱ 비중은 정해진 점검시에 매회 점검할 필요가 있다.
[해설] 비중은 변하지 않아도 전해액 수면은 충·방전 시 변화한다.

정답 9. ㉮ 10. ㉰ 11. ㉯ 12. ㉮ 13. ㉱ 14. ㉰

15. 항공기에 사용되는 니켈-카드뮴 축전지의 방전상태를 측정하는 장비로 가장 적합한 것은?
㉮ 저항계(ohmmeter)
㉯ 전압계(voltmeter)
㉰ 와트미터(wattmeter)
㉱ 전류계(ammeter)

16. 니켈-카드뮴 축전지가 방전시에 전해액은 어떻게 되는가?
㉮ 수분이 증발하지 않는 한 변화가 없다.
㉯ 낮아진다.
㉰ 높아지거나 온도가 낮아지면 변하지 않는다.
㉱ 높아진다.

[해설] 방전하면 전해액 수면이 낮아지고, 충전하면 전해액 수면이 높아진다.

17. 발전기의 무부하 상태에서 전압을 결정하는 3가지 주요한 요소에 들지 않는 것은?
㉮ 회전자가 자장을 끊는 속도
㉯ 자장의 세기
㉰ 자장을 끊는 회전자 수
㉱ 회전자의 회전방향

18. 직류 발전기에서 잔류자기를 잃어 발전기 출력이 나오지 않을 경우 잔류자기를 회복할 수 있는 방법으로 가장 올바른 것은?
㉮ 잔류자기가 회복될 때까지 반대방향으로 회전시킨다.
㉯ 계자권선에 직류 전원을 공급한다.
㉰ field coil을 교환한다.
㉱ 잔류자기가 회복될 때까지 고속 회전시킨다.

[해설] 계자 플래싱(field flashing) : 발전기가 처음 발전을 시작할 때는 남아 있는 계자, 즉 잔류자기(residual magnetism)에 의존한다. 잔류자기가 전혀 남아있지 않아 발전을 시작하지 못할 때에는 외부 전원으로부터 계자 코일에 잠시 동안 전류를 통해 주는데, 이를 계자 플래싱이라 한다.

19. 직류 발전기에서 계자 플래싱(field flashing)이란?
㉮ 계자 코일에 축전지(battery)로부터 역전류를 가하는 행위
㉯ 계자코일에 발전기로부터 역전류를 가하는 행위
㉰ 계자 코일에 축전지(battery)로부터 정(+)의 방향 전류를 가하는 행위
㉱ 계자 코일에 발전기로부터 정(+)의 방향 전류를 가하는 행위

20. 직류 발전기의 보상권선(compensating winding)과 그 역할이 같은 것은?
㉮ 보극(inter-pole)
㉯ 직렬권선(series winding)
㉰ 병렬권선(shunt winding)
㉱ 회전자 권선(armature coil)

[해설] 보상권선(compensating winding) : 보극과 같은 역할을 하도록 보극에 감기는 코일을 연장하여 주극 사이를 오가게 하는 것을 보상권선이라 한다.

정답 15. ㉯ 16. ㉯ 17. ㉱ 18. ㉯ 19. ㉰ 20. ㉮

3. 교류 전력

3-1 교류

(1) 교류의 표시법

① 극좌표 표시법 : 2개 이상의 교류를 곱하거나 나누는 계산에 사용한다.

$$e = E_m^{\angle \theta}$$ 여기서, e : 순간 전압, E_m : 최대 전압

② 지수함수 표시법 : 2개 이상의 교류를 곱하거나 나누는 계산에 사용한다.

$$e = E_m e^{\angle j\theta}$$

③ 복소수 표시법 : 더하거나 빼는 계산에 사용한다.

$$e = E_m(\cos\theta + j\sin\theta)$$

④ 삼각함수 표시법 : 교류를 그림으로 취급할 때 사용한다.

(2) 교류의 실효값

최댓값(E_m)의 0.707배 $\left(\dfrac{1}{\sqrt{2}}\right)$이다.

$$E = \frac{1}{\sqrt{2}} E_m = 0.707 E_m, \quad I = \frac{1}{\sqrt{2}} I_m = 0.707 I_m$$

(3) 교류의 평균값

최댓값의 $\dfrac{2}{\pi}$, 즉 0.637배에 해당한다.

(4) 교류의 저항

① 교류 회로에 저항으로 작용하는 요소
  (가) 저항(R) : 직류에서의 저항이다.
  (나) 인덕턴스(L) : 코일의 자기장 변화를 말한다.
  (다) 커패시턴스(C) : 콘덴서의 전기장 변화를 말한다.

② 리액턴스(reactance) : 90°의 위상차를 가지게 하는 교류저항을 리액턴스라 하며 X로 표시하고 단위는 Ω이다.

(가) 유도성 리액턴스(X_L) : 인덕턴스로 인한 것으로 전류를 90° 지연시킨다.

$$X_L = 2\pi f L^{\angle 90°} = j2\pi f L$$

(나) 용량형 리액턴스 : 커패시턴스로 인한 것으로 전류를 90° 앞서게 한다.

$$X_C = \frac{1^{\angle 90°}}{2\pi f C} = -j\frac{1}{2\pi f C}$$

③ 임피던스(impedance) : 회로가 저항(R) 이외에 인덕턴스(L), 커패시턴스(C)를 포함할 때 이들의 합성성분을 임피던스라 하며 Z로 표시하고 단위는 옴(Ω)이다.

$$Z = \sqrt{R^2 + (X_L - X_C)^2} \qquad \theta = \tan^{-1}\left(\frac{X_L - X_C}{R}\right)$$

(5) 교류의 전력

① 유효전력(active power) : 저항에 흡수되어 실제로 소비한 전력으로 단위는 와트(watt, W)이다.

$$유효전력 = EI\cos\theta = I^2 R$$

② 무효전력(reactive power) : 전기장 및 자기장의 변화에 의하여 흡수·반환현상을 되풀이할 뿐 소모되는 것이 아닌 전력으로 단위는 바(bar)이다.

$$무효전력 = EI\sin\theta = I^2 X$$

③ 피상전력(apparent power) : 유효전력과 무효전력이 합성된 값으로 단위는 볼트·암페어(VA)이다.

$$피상전력 = \sqrt{(유효전력)^2 + (무효전력)^2} = EI = I^2 Z$$

(6) 3상 교류

① Y결선
  (가) 선간 전압은 상전압보다 $\sqrt{3}$ 배 크고 위상은 30° 앞선다.
  (나) 선전류의 크기와 위상은 상전류와 같다.
② Δ결선
  (가) 선간 전압의 크기와 위상은 상전압과 같다.
  (나) 선전류의 크기는 상전류의 $\sqrt{3}$ 배이고 위상은 상전류보다 30°만큼 뒤진다.

3-2 교류 발전기

(1) 단상 교류 발전기

① 교류 발전기의 주파수

$$f = \frac{P}{2} \times \frac{N}{60}$$

여기서, f : 주파수(Hz), P : 계자의 극수, N : 분당 회전수

(2) 3상 교류 발전기

단상에 비하여 효율이 우수하고 결선방식에 따라 전압, 전류에서 이득을 가지며 높은 전력의 수요를 감당하는데 적합하여 항공기에 많이 사용된다.

① 자기 여자 교류 발전기 : 자신이 발전한 교류를 정류기로 정류하여 계자에 보내어 발전한다.

② 브러시리스 교류 발전기 : 브러시와 슬립링이 없이 여자전류를 발생시켜 3상 교류 발전기의 회전계자를 여자시킨다.

- 장점 : 브러시, 슬립링 또는 정류자가 없으므로 마멸되지 않아 정비 유지비가 적게 든다. 또 슬립링이나 정류자와 브러시 사이의 저항 및 전도율의 변화가 없어 출력파형이 불안정해질 염려가 없으며 브러시가 없어 아크(arc)가 발생하지 않고 고공비행 시에도 우수한 기능을 발휘한다.

3-3 교류 전압 조절기

(1) 목적

① 구동축의 회전수가 변하더라도 발전기의 출력전압을 항상 일정하게 유지하는 것이다.

② 부하가 급격하게 변하더라도 출력전압을 거의 일정하게 한다.

③ 여러 개의 발전기가 병렬운전을 할 때에는 각 발전기가 부담하는 전류를 같게 한다.

(2) 종류

① 카본 파일형 전압 조절기 : 직류 발전기를 여자기로 이용하는 교류 발전기의 전압조절에 이용된다.

② 자기 증폭기형 전압 조절기 : 부하의 크기에 관계없이 일정한 전압을 유지할 수 있고 규정 전압을 회복하는 데에도 0.1초 정도의 짧은 시간 이내에 회복되어 제트 항공기에 많이 사용된다.

③ 트랜지스터형 전압 조절기 : 교류 발전기의 계전전류를 조절한다.

3-4 정속 구동장치(constant speed drive ; CSD)

기관의 회전수에 관계없이 항상 교류 발전기의 회전수를 일정하게 유지함으로써 출력 주파수를 일정하게 한다.

3-5 인버터(inverter)

항공기 내에 교류 전원이 없을 때, 즉 교류 발전기가 고장났을 때 직류만을 주전원으로 하는 항공기에서 축전기의 직류를 공급받아 교류로 변환시켜 최소한의 교류 장비를 작동시키기 위한 장치이다.

예·상·문·제

1. 교류를 더하거나 빼는데 편리한 교류의 표시방법은 어느 것인가?
㉮ 삼각함수 표시법
㉯ 극좌표 표시법
㉰ 지수함수 표시법
㉱ 복소수 표시법

[해설] 교류의 기본 표시법
① 삼각함수 표시법($e = E_m \sin(\omega t + \theta)$) : 교류를 그림으로 표시할 때 사용
② 극좌표 표시법($e = E_m^{\angle \theta}$) : 교류를 곱하거나 나누는 계산에 사용
③ 지수함수 표시법($e = E_m \cdot e^{j\theta}$) : 교류를 곱하거나 나누는 계산에 사용
④ 복소수 표시법($e = E_m(\cos\theta + j\sin\theta)$) : 더하거나 빼는 계산에 사용

2. E_m은 전압의 최댓값이고 θ를 위상각 (phase angle)이라고 할 때 순간전압 $e = E_m^{\angle \theta}$로 표시하는 방법은?
㉮ 삼각함수 표시법
㉯ 극좌표 표시법
㉰ 지수함수 표시법
㉱ 복소수 표시법

3. E_m은 전압의 최댓값이고 θ를 위상각 (phase angle)이라고 할 때 순간전압 $e = E_m \sin(\omega t + \theta)$로 표시하는 방법은?
㉮ 삼각함수 표시법
㉯ 극좌표 표시법
㉰ 지수함수 표시법
㉱ 복소수 표시법

4. 어떤 교류 발전기의 정격이 115 V, 1

정답 1. ㉱ 2. ㉯ 3. ㉮ 4. ㉰

kVA, 역률이 0.866이라면 무효전력(reactive power)은 얼마인가? (단, 역률(power factor) 0.866은 cos30°에 해당된다.)

㉮ 500 W　　㉯ 866 W
㉰ 500 Var　㉱ 866 Var

[해설] 무효전력＝피상전력×sinθ
　　　＝1000sin30＝500 Var
　　　(cosθ＝0.866이므로 θ는 30°이다.)

5. 항공기의 주전원계통으로 교류를 사용할 때 직류계통에 비하여 장점이 아닌 것은?

㉮ 병렬운전이 용이하다.
㉯ 전압조절이 용이하다.
㉰ 가는 도선으로 큰 전류를 보낼 수 있다.
㉱ 브러시를 사용하지 않는다.

6. 발전기 회전자 코어(core)의 재료는?

㉮ 니켈강　　㉯ 철
㉰ 니켈-크롬강　㉱ 규소강

[해설] 코어(core)는 와류 손실을 감소하기 위하여 연철판으로 되어 있다.

7. 직류를 교류로 변화시키는 장치는?

㉮ 인버터(inverter)
㉯ 컨버터
㉰ DC 발전기
㉱ 바이브레이터(vibrator)

8. 인버터의 작동 중 바른 것은?

㉮ 직류를 교류로 바꾼다.
㉯ 교류를 직류를 바꾼다.
㉰ 시동 시 고전압을 얻는다.
㉱ 축전지에서 전류가 역류되는 것을 방지한다.

9. 정속 구동장치(CSD : constant speed drive)의 작동에 대한 설명으로 가장 올바른 것은?

㉮ 기관의 회전수에 맞추어 발전기축에 부하를 일정하게 한다.
㉯ 기관의 회전수에 관계없이 항상 일정한 회전수를 발전기축에 전달한다.
㉰ 연료 펌프의 회전수 및 압력을 일정하게 한다.
㉱ 유압 펌프의 회전수 및 압력을 일정하게 한다.

10. 기관의 회전수와 관계없이 항상 일정한 회전수를 발전기축에 전달하는 장치는?

㉮ 정속 구동장치(CSD)
㉯ 전압 조절기(voltage regulator)
㉰ 감쇄 변압기(damping transformer)
㉱ 계자 제어장치(field control relay)

11. 항공기 기관의 구동축과 발전기축 사이에 장착하여 주파수를 일정하게 하여 주는 장치를 무엇이라 하는가?

㉮ 정속 구동장치　㉯ 변속 구동장치
㉰ 출력 구동장치　㉱ 주파수 구동장치

12. 교류 발전기의 출력 주파수를 일정하게 유지시키는데 사용되는 것은?

㉮ magamp　　㉯ brushless
㉰ carbon file　㉱ CSD

정답 5. ㉱　6. ㉯　7. ㉮　8. ㉮　9. ㉯　10. ㉮　11. ㉮　12. ㉱

13. 교류 발전기를 병렬운전에 들어가기 전에 반드시 일치시켜야 할 확인사항에 들지 않는 것은?
㉮ 전압(voltage)
㉯ 주파수(frequency)
㉰ 토크(torque)
㉱ 위상(phase)

14. 발전기의 병렬운전 조건으로 가장 올바른 것은?
㉮ 전압, 주파수, 상이 같아야 한다.
㉯ 전압, 주파수, 출력이 같아야 한다.
㉰ 전압, 주파수, 전류가 같아야 한다.
㉱ 전압, 전류, 상이 같아야 한다.
[해설] 교류 발전기의 병렬운전: 교류 발전기를 2개 이상 운전시에는 각 발전기의 부하를 동일하게 분담시켜 어느 한쪽 발전기에 무리가 생기는 것을 피해야 한다. 따라서 병렬운전시에는 각 발전기의 전압, 주파수, 위상 등이 서로 일치하는지 확인해야 한다.

15. 전원 전압 115/200 V에 10 μF의 콘덴서, 250 mH의 코일이 직렬로 접속되어 있을 때 이 회로의 공진 주파수를 구하면?
㉮ 0.04 Hz ㉯ 25.0 Hz
㉰ 100.7 Hz ㉱ 2500.0 Hz
[해설] 공진 주파수(f_o)
$$f_o = \frac{1}{2\pi\sqrt{LC}}$$
$$= \frac{1}{2 \times 3.14 \times \sqrt{250 \times 10^{-3} \times 10 \times 10^{-6}}}$$
$$= 100.7 \text{ Hz}$$

16. 그림과 같은 병렬 공진 회로의 공진 주파수는 약 몇 kHz인가?

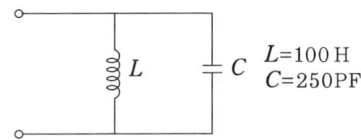
$L=100$ H
$C=250$ PF

㉮ 15.9 ㉯ 31.8
㉰ 318 ㉱ 1006.6
[해설] $f_o = \dfrac{1}{2\pi\sqrt{LC}}$
$$= \frac{1}{2 \times 3.14 \times \sqrt{100 \times 10^{-6} \times 250 \times 10^{-12}}}$$
$= 1006584 \text{ Hz} = 1006.6 \text{ kHz}$

17. 교류 발전기에서 주파수(f) 계산방식은?(단, f: 주파수(Hz,cps), P: 계자의 극수, N: 분당 회전수(rpm), V: 전압)
㉮ $f = \dfrac{N \cdot P \cdot V}{60}$
㉯ $f = \dfrac{N \cdot V}{V}$
㉰ $f = \dfrac{P \times 60 \times V}{N}$
㉱ $f = \dfrac{P \cdot N}{2 \times 60}$

18. 항공기에 사용되는 교류는 400 Hz이다. 8000 rpm으로 구동되는 교류 발전기는 몇 극이어야 하는가?
㉮ 2극 ㉯ 4극 ㉰ 6극 ㉱ 8극
[해설] $f = \dfrac{P \cdot N}{120}$에서
$P = \dfrac{120f}{N} = \dfrac{120 \times 400}{8000} = 6$

19. 12000 rpm으로 회전하고 있는 교류 발전기로 400 Hz의 교류를 발전하려면 몇 극(pole)으로 하여야 하는가?
㉮ 4극 ㉯ 8극 ㉰ 12극 ㉱ 24극

[정답] 13. ㉰ 14. ㉮ 15. ㉰ 16. ㉱ 17. ㉱ 18. ㉰ 19. ㉮

[해설] $f = \dfrac{P \cdot N}{120}$ 에서

$P = \dfrac{120f}{N} = \dfrac{120 \times 400}{1200} = 4$

20. 8극 3상 교류 발전기로 1500 Hz를 발생시키려면 회전수는 얼마인가?
- ㉮ 1125 rpm
- ㉯ 22500 rpm
- ㉰ 100 rpm
- ㉱ 200 rpm

[해설] $f = \dfrac{P \cdot N}{120}$ 에서

$N = \dfrac{120f}{P} = \dfrac{120 \times 1500}{8} = 22500$ rpm

21. 16극을 가진 교류 발전기에서 400 Hz를 얻기 위해서는 회전자계의 분당 회전수는?
- ㉮ 50 rpm
- ㉯ 500 rpm
- ㉰ 3000 rpm
- ㉱ 6000 rpm

[해설] $f = \dfrac{P \cdot N}{120}$ 에서

$N = \dfrac{120f}{P} = \dfrac{120 \times 400}{16} = 3000$ rpm

22. 항공기에 쓰이는 3상 교류는 주파수가 400 Hz이고, 극수가 8극이면 계자의 회전수는 몇 rpm이 되어야 하는가?
- ㉮ 2000
- ㉯ 4000
- ㉰ 6000
- ㉱ 8000

[해설] $f = \dfrac{P \cdot N}{120}$ 에서

$N = \dfrac{120f}{P} = \dfrac{120 \times 400}{8} = 6000$ rpm

23. 3상 교류 발전기에서 발전된 전압을 정의 방향으로 순차적으로 모두 합하면 얼마가 되겠는가?
- ㉮ 0배
- ㉯ 1배
- ㉰ $\sqrt{2}$ 배
- ㉱ $\sqrt{3}$ 배

[해설] 3상교류 : 주파수가 동일하고 위상이 $\dfrac{2}{3}\pi$[rad] 만큼씩 다른 3개의 파형

① 3상 교류의 순시값

$V_a = \sqrt{2}\, V\sin\omega t$

$V_b = \sqrt{2}\, V\sin\left(\omega t - \dfrac{2}{3}\pi\right)$

$V_c = \sqrt{2}\, V\sin\left(\omega t - \dfrac{4}{3}\pi\right)$

② 3상 교류의 벡터 표시

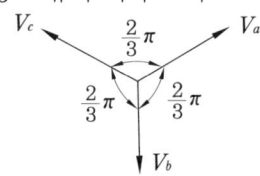

· 전압의 벡터 합 = $V_a + V_b + V_c = 0$

4. 변압기, 변류기, 정류기

4-1 변압기(transformer)

전압의 전기적 에너지를 다른 전압의 전기적 에너지로 바꾸어 주는 장치로 전압을 올리거나 내려준다.. 변압기는 전기적으로 직접 연결되어 있지 않은 2개의 코일과 그 코일이 감겨 있는 철심으로 구성된다.

(1) 변압비의 권수비

$$\frac{E_1}{E_2} = \frac{n_1}{n_2} = a$$

여기서, E_1 : 1차 전압, E_2 : 2차 전압, n_1 : 1차 권수, n_2 : 2차 권수, a : 권수비

4-2 변류기(current transformer)

변압기의 일종으로 큰 전류에서 일정한 비율의 작은 전류를 빼내어 계기나 계전기 등에 공급하기 위하여 사용되는 장치이다.

(1) 변류비
권수비의 역수로 정해진다.

$$\frac{I_1}{I_2} = \frac{n_2}{n_1}$$

여기서, I_1 : 1차 전류, I_2 : 2차 전류

4-3 정류기(rectifier)

전류를 한쪽 방향으로만 흐르게 함으로써 교류를 직류로 바꾸는 장치이다.

5. 전동기

5-1 직류 전동기

전기적인 에너지를 기계적인 에너지로 바꾸어 주는 장치로 기관의 시동, 조종면의 작동을 위한 서보모터, 다이너모터 및 인버터를 구동하는데 사용한다.

(1) 직권 전동기

계자와 전기자가 직렬로 연결된다. 부하가 크고, 시동 토크가 크게 필요한 기관의 시동용 전동기, 착륙장치, 플랩 등을 움직이는 전동기로 사용한다.

(2) 복권 전동기

계자와 전기자가 병렬로 연결되며, 회전속도에 따라 계자전류가 변하지 않는다. 선풍기, 원심 펌프, 전동기-발전기를 작동하는데 사용한다.

(3) 분권 전동기

부하의 변화에 대한 회전속도의 변동이 작으므로 일정한 회전속도가 요구되는 인버터 등에 사용된다.

5-2 교류 전동기

직류 전동기보다 효율이 좋기 때문에 경제적인 운전을 할 수 있으며 직류에 비하여 작은 무게로 많은 동력을 얻을 수 있으므로 대형 제트 항공기에 많이 사용한다.

(1) 만능(universal) 전동기

직류 전동기와 모양과 구조가 같고 교류와 직류를 겸용으로 사용할 수 있는 것을 말하며 진공청소기, 전기 드릴 등에 이용된다.

(2) 유도(induction) 전동기

교류에 대한 작동 특성이 좋기 때문에 시동이나 계자 여자가 있어 특별한 조치가 필요하지 않고, 부하 감당범위가 넓어 대형 항공기의 비교적 작은 부하의 작동기로 사용된다.

(3) 동기(synchronous) 전동기

일정한 회전수가 필요한 기구에 사용되며, 항공기에서는 기관의 회전계(tachometer)에 이용한다.

예·상·문·제

1. 전동기에서 자장의 방향과 전류의 방향을 알고 있을 때 도체의 운동(힘) 방향을 알 수 있는 법칙은?
㉮ 렌츠의 법칙
㉯ 패러데이 법칙
㉰ 플레밍의 왼손 법칙
㉱ 플레밍의 오른손 법칙

[해설] 플레밍의 법칙
① 오른손 법칙 : 발전기의 원리, 자기장 속에서 도선이 움직일 때 유도기 전력에 유도되는 전류의 방향을 나타낸다.
② 왼손 법칙 : 전동기의 원리, 자기장 속에서 전류가 받는 힘의 방향을 나타낸다.

2. 직류 전동기 중 변동률이 가장 심한 것은?
㉮ 분권형　　㉯ 직권형
㉰ 가동복권형　㉱ 차동복권형

[해설] 직권형 전동기의 회전속도를 부하의 크기에 따라 변하므로 부하가 작으면 매우 빠르게, 부하가 크면 천천히 회전한다.

3. 전동기에서 시동 특성이 가장 좋은 것은?
㉮ 직·병렬 모터　㉯ 분권 모터
㉰ 션트 모터　　㉱ 직권 모터

4. 직류 전동기는 그 종류에 따라 부하에 대한 토크 특성이 다른데, 정격 이상의 부하에서 토크가 크게 발생하여 왕복기관의 시동기에 가장 적합한 것은?
㉮ 분권식(shunt wound)
㉯ 복권식(compound wound)
㉰ 직권식(series wound)
㉱ 유도식(induction type)

5. 시동 토크가 크고, 입력이 과대하게 되지 않으므로 시동운전 시 가장 좋은 전동기는?
㉮ 분권 전동기　㉯ 직권 전동기
㉰ 복권 전동기　㉱ 화동복권 전동기

6. 교류 전동기에 대한 설명 중 가장 관계가 먼 것은?
㉮ 자장 발생, 전기자 유도에 의한 회전력의 발생은 직류 전동기와 다르다.
㉯ 교류 전동기는 자장의 방향과 크기가 시간에 따라 변한다.
㉰ 교류 전동기는 직류 전동기보다 효율이 크다.
㉱ 무게에 비해 많은 동력을 얻을 수 있다.

7. 다음 교류 전동기가 아닌 것은?
㉮ 가역 전동기　㉯ 유니버설 전동기
㉰ 유도 전동기　㉱ 동기 전동기

8. 교류 전동기 중에서 유도 전동기에 대한 설명으로 틀린 것은?
㉮ 부하 감당범위가 넓다.
㉯ 교류에 대한 작동 특성이 좋다.
㉰ 브러시와 정류자 편이 필요 없다.
㉱ 직류전원만을 사용할 수 있다.

[정답] 1. ㉰　2. ㉯　3. ㉱　4. ㉰　5. ㉯　6. ㉮　7. ㉮　8. ㉱

6. 조명장치

6-1 외부 조명계통

착륙, 지상활주와 비행 중에 시계를 밝히거나 항공기의 위치를 알리고, 비행 중에 항공기 날개 등에 생길 수 있는 결빙상태를 살필 수 있도록 하며, 충돌을 방지하도록 한다.

충돌 방지등, 항법등, 지상활주등, 착륙등, 앞전등, 동체 조명등, 주날개 조명등, 꼬리날개 조명등이 있다.

(1) 착륙등

착륙등이 켜졌을 때 광선을 앞방향으로 비출 수 있도록 장착되어야 하며, 주로 야간 착륙을 할 때 조명하기 위해 사용된다. 착륙등의 계전기는 주착륙장치의 내림 한계 스위치(down limit switch)를 통하여 접지 위에 있으므로, 착륙장치가 올라갈 때에는 착륙등이 켜지지 않으며, 내려갈 때에는 계전기가 닫혀 28V 교류를 공급받는다.

(2) 지상활주등

항공기가 야간에 지상에서 활주할 때 유도로를 비추기 위하여 사용한다.

(3) 위치등(항법등)

항공기의 진행방향과 위치를 표시하기 위한 등화로 항공기 주날개 끝과 동체 꼬리 맨 끝에 장착된다.
- 왼쪽 날개 : 빨강색등
- 우측 날개 : 녹색등
- 동체 꼬리 : 흰색등

(4) 충돌 방지등

충돌을 방지하기 위하여 다른 항공기의 주의를 끌 수 있도록 동체상부나 수직안정판 꼭대기에 적색등을 점멸하게 되어 있다.

6-2 내부 조명계통

조종실이나 객실의 실내를 조명하고, 조종사가 계기의 상태를 파악하도록 하며, 그 밖에 항공기 내부의 필요한 부분을 조명한다.

계기등, 조종실 조명등, 객실 조명등, 화물실 조명등이 있다.

예·상·문·제

1. 날개 및 날개 뿌리(wing root) 부분 또는 랜딩 기어에 장착되며 항공기축 방향을 조명하는데 사용하는 등은?
㉮ 착빙 감시등　㉯ 선회등
㉰ 항공등　　　㉱ 착륙등

2. 항공기의 위치(position), 방향(direction) 그리고 고도(altitude)를 visual indication 해 주는 light는?
㉮ 충돌 방지등(anticollision light)
㉯ 항법등(navigation light)
㉰ 착륙등(landing light)
㉱ 비상등(emergency light)

3. 항공기의 항행 라이트(navigation light)에 대한 설명 중 옳은 것은?
㉮ 좌측 날개 끝 라이트 – 녹색
㉯ 우측 날개 끝 라이트 – 적색
㉰ 꼬리날개 라이트 – 백색
㉱ 충돌 방지 라이트 – 청색

4. 항법등에서 꼬리 끝에 있는 등은 어떤 색깔인가?
㉮ 적색등　㉯ 녹색등
㉰ 흰색등　㉱ 황색등

5. 다음의 항공기 외부등 중 충돌 방지등은 어느 것인가?
㉮ 동체 아랫면 : 점멸 백색등
㉯ 왼쪽 날개 끝 : 백색등
㉰ 꼬리 끝 : 붉은색등
㉱ 동체상부 또는 수직 안정판 꼭대기 : 붉은색등

6. 비상 조명계통(emergency light system)에 대한 설명으로 가장 올바른 것은?
㉮ 비행 시 비상 조명 스위치의 정상 위치는 on position이다.
㉯ 비상 조명계통은 비행 시(flight mode)에만 작동된다.
㉰ 비상 조명 스위치는 off, test, arm, on의 4 position toggle 스위치이다.
㉱ 항공기에 전기공급을 차단할 때는 비상 조명 스위치를 off에 선택해야 배터리(battery)의 방전을 방지할 수 있다.

7. 항공기 착륙장치가 완전하게 접혀 격납이 완료되었을 때 착륙장치 인디케이터(indicator)는 어떻게 지시하는가?
㉮ 적색 지시램프가 들어온다.
㉯ 녹색 지시램프가 들어온다.
㉰ 백색 지시램프가 들어온다.
㉱ 어떤 램프도 들어오지 않는다.

정답 1. ㉱　2. ㉯　3. ㉰　4. ㉰　5. ㉱　6. ㉱　7. ㉱

Chapter 02 항공기 계기계통

1. 항공계기 일반

(1) 항공계기의 색표지

① 붉은색 방사선 : 최대 및 최소 운용한계를 나타낸다.
② 녹색 호선 : 안전 운용범위, 즉 계속 운전범위를 나타낸다.
③ 노란색 호선 : 안전 운용범위에서 초과금지까지의 경계와 경고범위를 나타낸다.
④ 흰색 호선 : 대기 속도계에서 플랩 조작에 따른 항공기의 속도범위를 나타낸다.
⑤ 푸른색 호선 : 기화기를 장비한 왕복기관에 관계되는 기관계기에 표시하는 것으로서, 연료공기 혼합비가 오토린(auto lean)일 때의 상용 안전 운전범위를 나타낸다.

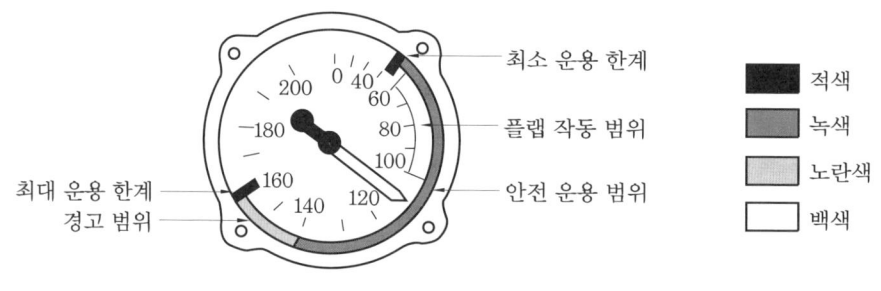

계기의 색표지

(2) 계기판

자기 영향을 받지 않도록 비자성 금속인 알루미늄 합금이 사용되며, 기체와 기관의 진동으로부터 보호하기 위해 고무로 된 완충 마운트를 사용한다. 또한 계기판의 지시내용이 잘못 파악되지 않도록 무광택의 검은색 도장을 한다.

① 비행계기 : 고도계, 속도계, 승강계, 선회 경사 지시계, 방향 지시계, 마하계
② 기관계기 : 회전계, 흡입 압력계, 연료 압력계, 윤활유 압력계, 압축기 출구 압력계, 연료 유량 지시계, 연료량 지시계, 실린더 헤드 온도 지시계, 연료 온도 지시계, 흡입 공기 온도 지시계, 배기가스 온도 지시계, 압축기 입구 온도 지시계
③ 항법계기 : 자기 컴퍼스, 원격 지시 컴퍼스, 자동 방향 탐지기, 초단파 전방향 무선 표시기(VOR), 거리 측정 장치(DME), 로란(LORAN), 관성 항법 장치(INS)

(3) 계기의 배치

항법계기, 기관계기, 비행계기 등으로 구분하여 배치한다.

• T형 배치

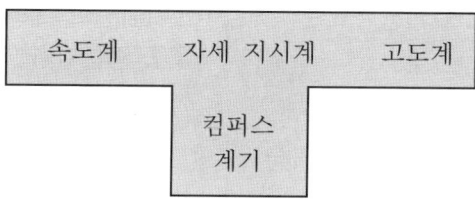

예·상·문·제

1. 항공계기의 특징과 조건을 설명한 내용 중 가장 거리가 먼 것은?
㉮ 무게 : 적절한 중량이 있어야 한다.
㉯ 습도 : 방습처리를 한다.
㉰ 마찰 : 베어링에는 보석을 사용한다.
㉱ 진동 : 방진장치를 설치한다.

[해설] 계기의 특성
① 무게, 크기를 작게 하고, 내구성이 커야 한다.
② 누설 오차를 없애고, 접촉 부분의 마찰력을 줄인다.
③ 온도 변화에 의한 오차를 작게 하고, 진동으로부터 보호되어야 한다.
④ 방습, 방염, 항균처리를 해야 한다.

2. 다음은 항공계기의 색표지에 대한 설명이다. 틀린 것은?
㉮ 녹색 호선은 안전 운용범위를 나타낸다.
㉯ 붉은색 방사선은 최대 및 최소 운용한계를 나타낸다.
㉰ 흰색 호선은 기화기를 장착한 항공기에만 사용된다.
㉱ 노란색 호선은 안전 운용범위에서 초과금지까지의 경계 및 경고범위를 나타낸다.

3. 항공계기 색표지 중 적색 방사선(red radiation)은 무엇을 나타내는가?
㉮ 최소, 최대 운전 또는 운용한계
㉯ 계속 운전범위(순항범위)
㉰ 경계 및 경고범위
㉱ 연료와 공기 혼합기의 auto-lean시의 계속 운전범위

4. 속도계에만 표시되는 것으로 최대 착륙 하중시의 실속속도에서 flap을 내릴 수 있는 속도까지의 범위를 나타내는 색표식의 색깔은?
㉮ 녹색   ㉯ 황색   ㉰ 청색   ㉱ 백색

5. 속도계의 색표식 중에서 power-off, flap-up, stall speed는 어디에 표시되어 있는가?
㉮ 적색 방사선   ㉯ 녹색 호선
㉰ 황색 호선   ㉱ 백색 호선

정답 1. ㉮   2. ㉰   3. ㉮   4. ㉱   5. ㉱

6. 항공계기 중 전기계기 내부는 어느 것으로 충전시키는가?
   ㉮ 산소가스   ㉯ 질소가스
   ㉰ 수소가스   ㉱ 불활성가스

7. 항공기 계기판의 설명으로 가장 관계가 먼 것은?
   ㉮ 계기판은 비자성 재료인 알루미늄 합금으로 되어 있다.
   ㉯ 기체 및 기관의 진동으로부터 보호하기 위해 완충 마운트를 설치한다.
   ㉰ 계기판은 지시를 쉽게 읽을 수 있도록 무광택의 검은색을 칠한다.
   ㉱ 야간비행 시 조종석은 밝게 하여 계기의 눈금과 바늘이 잘 보이도록 한다.

8. 계기의 T형 배치에서 중심이 되는 것은?
   ㉮ 자세 지시계   ㉯ 속도계
   ㉰ 고도계   ㉱ 방위 지시계

9. 항공기의 기관계기만으로 짝지어진 것은?
   ㉮ 회전 속도계, 연료 유량계, 마하계
   ㉯ 회전 속도계, 연료 압력계, 승강계
   ㉰ 대기 속도계, 승강계, 대기 온도계
   ㉱ 연료 유량계, 연료 압력계, 회전 속도계

10. 다음 계기 중 비행계기만을 포함하고 있는 것은?
   ㉮ 고도계, 속도계, 나침반, TACAN
   ㉯ 고도계, 속도계, 승강계, 연료 압력계
   ㉰ 고도계, 속도계, 자세 지시계, Machmeter
   ㉱ 고도계, 속도계, 회전계, 흡입공기 온도계

11. 종합계기 PFD(primary flight display)에 display 되지 않는 계기는?
   ㉮ marker beacon(M/B)
   ㉯ very high frequency(VHF)
   ㉰ instrument landing system(ILS)
   ㉱ altimeter

   [해설] 1차 비행 표시장치(primary flight display) 자세계, 속도계, 기압 고도계, 전파 고도계, 승강계, 방향 지시계, 마커비콘, auto pilot 자동모드 등을 한곳에 집약하여 지시하는 것으로 조종사는 이것에 의해 비행상태를 한눈에 알 수 있다.

12. 집합계기의 장점이 아닌 것은?
   ㉮ 필요한 정보를 필요할 때 지시하게 할 수 있다.
   ㉯ 한 개의 정보를 여러 개의 화면에 나타낼 수 있다.
   ㉰ 다양한 정보를 도면에 이용하여 표시할 수 있다.
   ㉱ 항공기 상태를 그림, 숫자로 표시할 수 있다.

13. 다음 비행계기에 속하지 않는 계기는?
   ㉮ 고도계   ㉯ 속도계
   ㉰ 선회 경사계   ㉱ 회전계

14. 다음 비행계기의 종류에 속하지 않는 것은?
   ㉮ 통신계기   ㉯ 항법계기
   ㉰ 비행계기   ㉱ 동력계기

정답 6. ㉱   7. ㉱   8. ㉮   9. ㉱   10. ㉰   11. ㉯   12. ㉯   13. ㉱   14. ㉮

1-1 피토 정압 계통 기기

(1) 피토 정압 계통

① 피토 정압관

(가) 정압공 : 정압을 수감한다.
(나) 피토공 : 전압을 수감한다.
(다) 정압만 이용한 계기 : 고도계, 승강계
(라) 정압과 전압을 이용한 계기 : 속도계, 마하계, 대기 속도계
(마) 이 밖에 여압계통, 자동 조종계통, 비행 기록계 등과 연결된다.

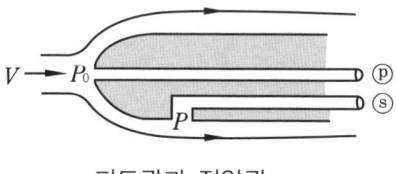

피토관과 정압관

(2) 고도계

일종의 아네로이드 기압계이다.

① 항공기의 고도

(가) 진고도(true altitude) : 해면상에서부터의 고도이다.
(나) 절대 고도(absolute altitude) : 항공기로부터 그 당시 지형까지의 고도이다.
(다) 기압 고도(pressure altitude) : 기압 표준선, 즉 표준 대기압인 해면(29.92 inHg)으로부터의 고도이다.

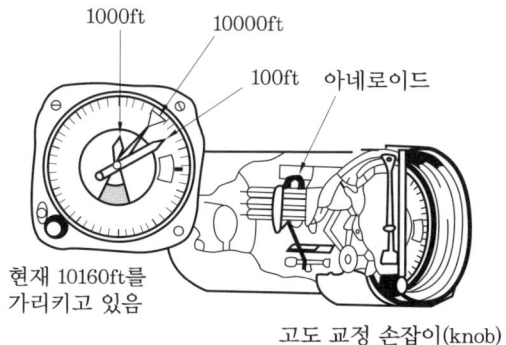

기압식 고도계

② 고도계의 보정

(가) QNE 보정 : 표준 대기압인 29.92 inHg를 맞추어 표준 기압면으로부터의 고도를 지시하게 하는 방법으로, QNH를 통보해 주는 곳이 없는 해상 비행이나 14000 ft 이상의 높은 고도로 비행 시 사용한다. 고도계가 지시하는 고도는 기압 고도이다.

(나) QNH 보정 : 활주로에서 고도계가 활주로 표고를 가리키도록 하는 보정이며 해면으로부터의 기압 고도, 즉 진고도를 지시한다. 14000 ft 미만의 고도에서 사용한다. 고도계가 지시하는 고도는 기압 고도이다.

(다) QFE 보정 : 활주로 위에서 고도계가 0 ft를 지시하도록 고도계의 기압 창구에 비행장의 기압을 보정하는 방식으로 이·착륙 훈련 등에 편리하다.
③ 고도계의 오차
(가) 눈금 오차
(나) 탄성 오차 : 히스테리시스, 편위(drift), 잔류효과 등과 같이 일정한 온도에서 재료의 특성 때문에 생기는 탄성체 고유의 오차
(다) 온도 오차
(라) 기계적 오차 : 계기 각 부분의 마찰, 기구의 불평형, 가속도와 진동에 의해 생기는 오차

(3) 대기 속도계

전압과 정압의 차이인 동압을 이용하여 속도를 측정한다.
① 속도 수정
(가) 지시 대기속도(IAS) : 공함에 동압이 가해지고 동압은 유속의 제곱에 비례하므로 압력 눈금 대신에 환산된 속도 눈금으로 표시한 속도이다.
(나) 수정 대기속도(CAS) : 지시 대기속도에 피토관의 장착 위치 및 계기 자체에 의한 오차를 수정한 속도이다.
(다) 등가 대기속도(EAS) : 수정 대기속도에 공기의 압축성 효과를 고려한 속도이다.
(라) 진대기 속도(TAS) : 등가 대기속도에 고도변화에 따른 밀도를 보정한 속도이다.

(4) 마하계

항공기의 대기속도를 공기 중의 음속에 대한 배율로 표시한 계기이다. 속도계에 고도를 수감하여 고도변화에 따른 기압의 변화를 보상할 수 있는 고도수정 아네로이드를 더 삽입시킨 것이다.

(5) 승강계

비행 고도를 유지하고 예정된 고도의 변화를 정확하게 알기 위하여 사용되는 계기이다.
① 기능 : 정압을 이용하여 항공기의 수직방향으로 속도를 지시한다.
② 수직방향 속도 : ft/min으로 지시한다.
③ 지시에 대한 감도
(가) 구멍이 작은 경우 : 감도는 높아지나 지시 지연시간이 길어진다.
(나) 구멍이 큰 경우 : 지시 지연시간은 짧으나 감도가 낮아진다.

(6) 피토 정압 계기의 정비

피토 정압 시험기(MB-1 tester)를 사용한다.

예·상·문·제

1. 공함(collapsible chamber) 계기에 대한 설명으로 가장 거리가 먼 것은?
㉮ 공함은 압력을 기계적 변위로 바꾸어 주는 장치이다.
㉯ 속이 진공인 공함을 다이어프램(diaphragm)이라 한다.
㉰ 공함 재료로는 베릴륨-구리 합금이 쓰인다.
㉱ 공함 계기로는 고도계, 승강계, 속도계 등이 있다.
[해설] ① 밀폐식 공함 : 아네로이드
② 개방식 공함 : 다이어프램

2. 공함은 압력을 기계적인 변위로 바꾸어 주는 장치인데 공함을 이용한 계기로 가장 올바른 것은?
㉮ 고도계
㉯ 승강계
㉰ 속도계
㉱ 고도계, 승강계, 속도계
[해설] 항공기에 사용되는 압력계기 중에는 공함을 응용한 것이 많으며, 대표적인 계기로는 고도계, 승강계, 속도계가 있다.

3. 고도계의 밀폐식 공함은 어느 것인가?
㉮ diaphragm ㉯ aneroid
㉰ bellow ㉱ bourdon tube

4. 지시 대기속도에 피토-정압관 장착위치 및 계기 자체의 오차를 수정한 속도는?
㉮ EAS ㉯ CAS
㉰ TAS ㉱ IAS

5. 고도계 세팅(setting) 방법이 아닌 것은?
㉮ QNE 방식 ㉯ QFE 방식
㉰ QNH 방식 ㉱ QEF 방식

6. 고도계의 보정방법 중 활주로에서 고도계가 활주로 표고를 가리키도록 하는 보정방법은 무엇인가?
㉮ QNE 보정 ㉯ QNH 보정
㉰ QFE 보정 ㉱ QFH 보정

7. 해면상으로부터 항공기까지의 고도로 가장 올바른 것은?
㉮ 절대 고도 ㉯ 진고도
㉰ 밀도 고도 ㉱ 기압 고도

8. 고도계의 setting 방법 중에서 진고도를 나타나게 하는 방식은?
㉮ QNE ㉯ QNH
㉰ QFE ㉱ 29.92에 set

9. 14000 ft 미만에서 비행을 할 경우 사용하고, 비행 도중 관제탑 등에서 보내준 기압정보에 따라 기압 세트(set)를 수정하면서 고도를 조절(setting)하는 방법은?
㉮ QNH ㉯ QNE ㉰ QFE ㉱ QFQ

10. 기압 세트를 29.92 inHg로 하고 14000 ft 이상의 고고도로 비행을 할 때의 고도 setting 방법은?

[정답] 1. ㉯ 2. ㉱ 3. ㉯ 4. ㉰ 5. ㉱ 6. ㉰ 7. ㉯ 8. ㉯ 9. ㉮ 10. ㉯

㉮ QNH setting ㉯ QNE setting
㉰ QFE setting ㉱ QFQ setting

11. 절대 고도란 고도계의 어떤 setting 방법인가?
㉮ QNH setting ㉯ QNE setting
㉰ QFE setting ㉱ QFQ setting

12. 절대 고도(absolute altitude)란?
㉮ 해면상으로부터의 온도
㉯ 표준대기 해면(29.92 inHg)으로부터의 고도
㉰ 표준대기 밀도에 상당하는 고도
㉱ 지상으로부터 항공기까지의 거리

13. 고도계의 오차와 가장 관계가 먼 것은?
㉮ 북선 오차 ㉯ 기계적 오차
㉰ 온도 오차 ㉱ 탄성 오차

14. 고도계 오차의 종류가 아닌 것은?
㉮ 눈금 오차 ㉯ 밀도 오차
㉰ 온도 오차 ㉱ 기계적 오차

15. 다음은 탄성 오차에 대한 설명이다. 틀린 것은?
㉮ 백래시(backlash)에 의한 오차
㉯ 온도변화에 의해서 탄성계수가 바뀔 때의 오차
㉰ 크리프(creep) 현상에 의한 오차
㉱ 재료의 피로현상에 의한 오차

16. 다음 고도계의 오차 중 히스테리시스 오차는?
㉮ 눈금 오차 ㉯ 온도 오차
㉰ 탄성 오차 ㉱ 기계적 오차

17. 다음 고도계의 탄성 오차가 아닌 것은?
㉮ 와동 오차 ㉯ 편위
㉰ 히스테리시스 ㉱ 잔류효과

18. 다음 고도계의 오차 중 히스테리시스(hysteresis)로 인한 오차는?
㉮ 눈금 오차 ㉯ 온도 오차
㉰ 탄성 오차 ㉱ 기계적 오차

19. pitot 정압계통에 대한 설명으로 가장 올바른 것은?
㉮ pitot line의 누설시험은 부압을 이용한다.
㉯ 승강계는 pitot압을 사용한다.
㉰ 대기 속도계는 pitot압과 정압을 사용한다.
㉱ 정압라인의 누설시험은 압력을 가한다.

20. 피토관(pitot tube)은 다음 중 어떤 압력을 측정하여 국부유속을 측정하는가?
㉮ 정압 – 대기압 ㉯ 동압 + 대기압
㉰ 전압 – 정압 ㉱ 전압 + 동압

[해설] $V = \sqrt{\dfrac{2(전압-정압)}{\rho}}$

21. 피토-정압계통에서 피토 튜브(pitot tube)에 걸리는 공기압은?
㉮ 정압 ㉯ 동압
㉰ 대기압 ㉱ 전압

정답 11. ㉰ 12. ㉱ 13. ㉮ 14. ㉯ 15. ㉮ 16. ㉰ 17. ㉮ 18. ㉰ 19. ㉰ 20. ㉰ 21. ㉱

22. 피토 정압관(pitot-static tube)에서 측정되는 것은?
- ㉮ 정압과 동압의 차 ㉯ 정압
- ㉰ 동압 ㉱ 전압

[해설] 전압과 정압의 차이인 동압을 이용하여 속도를 측정한다.

23. pitot-static 계통과 관계없는 것은?
- ㉮ 속도계(airspeed meter)
- ㉯ 승강계(rate-of-climb indicator)
- ㉰ 고도계(alti meter)
- ㉱ 가속도계(accelero meter)

24. 동압(dynamic pressure)에 의해서 작동되는 계기가 아닌 것은?
- ㉮ 대기 속도계 ㉯ 진대기 속도계
- ㉰ 수직 속도계 ㉱ 마하계

25. 다음 계기의 성격이 다른 하나는?
- ㉮ 선회 경사계 ㉯ 고도계
- ㉰ 승강계 ㉱ 속도계

[해설] 속도계는 전압과 정압의 차이인 동압을 이용한다.

26. pitot-static & temperature probe anti-icing system에서 결빙이 생기지 않도록 이용되는 것은?
- ㉮ hot pneumatic air
- ㉯ electric heater
- ㉰ gasket heater
- ㉱ patch heater

[해설] 겨울에는 얼음을 제거하기 위하여 승무원의 조작에 의해 조작되는 전기식 가열기(heater)가 설치되어 있으며 가열기가 작동하는 것을 알리는 지시등이 있다.

27. 다음 계기 중 피토관의 동압관과 연결된 계기는?
- ㉮ 고도계 ㉯ 선회계
- ㉰ 자이로계기 ㉱ 속도계

28. 대기 속도계에 대한 설명 중 틀린 것은?
- ㉮ 밀폐된 케이스 안에 다이어프램이 들어 있다.
- ㉯ 계기의 눈금은 속도에 비례한다.
- ㉰ 속도 단위는 KNOT 또는 MPH이다.
- ㉱ 난류 등에 의한 취부 오차가 발생한다.

[해설] 계기의 눈금은 속도의 제곱에 비례하여 지시한다.

29. 계기의 지시속도가 일정하고 기압이 낮아지면 진대기 속도는?
- ㉮ 감소한다.
- ㉯ 증가한다.
- ㉰ 변화가 없다.
- ㉱ 대기온도에도 함수관계가 있으므로 무어라 말할 수 없다.

[해설] $V = \sqrt{\dfrac{2(전압 - 정압)}{\rho}}$

정답 22. ㉰ 23. ㉱ 24. ㉰ 25. ㉮ 26. ㉯ 27. ㉱ 28. ㉯ 29. ㉮

1-2 압력계기

(1) 압력의 종류

① 절대압력 : 완전 진공을 기준으로 측정한 압력으로 inHg를 사용한다.

절대압력 = 대기압 ± 게이지 압력(+ : 정압, - : 부압)

② 게이지 압력 : 대기압을 기준으로 하는 압력으로 PSI 단위를 사용한다.

(2) 압력계기 일반

- 압력을 기계적인 변위로 변환시키기 위한 압력 측정부
  - (가) 부르동관(bourdon tube) : 속이 비어 있는 타원형의 단면을 가진 금속관으로, 둥글게 구부러져 있어 압력이 가해지면 관이 펴져 그 변위에 해당하는 만큼 바늘이 움직인다.
  - (나) 벨로스(bellows) : 탄성재료를 압연가공하여 만든 여러 개의 공함을 겹친 것으로 다른 것에 비하여 수감 변위가 크고 감도가 좋으므로 직접 작동하는 계기로서 적합하다.
  - (다) 아네로이드(밀폐식 공함) : 내부가 진공이므로 외부 압력을 절대압력으로 측정하는데 사용한다.
  - (라) 다이어프램(개방식 공함) : 내부로 통하는 구멍이 있어 내·외측에 모두 압력을 받을 수 있어 차압을 측정하거나 게이지 압력을 측정한다.

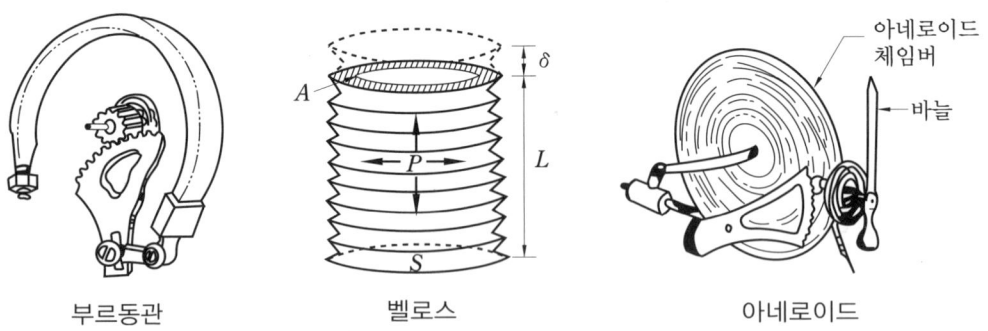

부르동관   벨로스   아네로이드

(3) 윤활유 압력계(oil pressure gauge)

윤활유 펌프에서 기관의 각 부분으로 공급되는 윤활유 압력을 지시하는 계기로 윤활유의 압력과 대기압력과의 차인 게이지(gauge) 압력을 나타내며 윤활유 공급상태를 알 수 있다. 윤활유 압력계는 기관 입구 쪽의 압력을 지시한다.

(4) 연료 압력계(fuel pressure gauge)

연료를 탱크로부터 기화기 또는 제트기의 경우에 연료 조종장치(FCU)까지 공급되는 연료의 압력을 측정하는 계기로 다이어프램 또는 벨로스를 사용한다. 벨로스는 다이어프램보다 더 큰 범위를 지시할 수 있다.

(5) 흡입 압력계(manifold pressure gauge)

왕복기관에서 실린더로 공급되는 혼합가스의 압력을 절대압력으로 측정하는 계기로서 정속 프로펠러나 과급기를 갖춘 기관에서 꼭 필요한 필수 계기이다. 낮은 고도에서는 초과 과급을 경고하고 높은 고도를 비행할 때는 기관의 출력손실을 알린다. inHg 단위로 표시되며 매니폴드 압력계라고도 한다.

(6) EPR 계기(engine pressure ratio indicator)

가스터빈 기관의 압축기 입구압력(P_{t2})과 터빈 출구압력(P_{t7})과의 비를 나타내어 이륙 또는 비행 중 제트 기관을 가장 알맞은 추력으로 작동시키기 위하여 기관의 출력을 지시하도록 하는 계기이다. 압력비는 항공기의 이륙시와 비행 중의 기관 추력을 좌우하는 요소이고, 기관 출력을 산출하는데 사용된다.

(7) 작동유 압력계

착륙장치, 플랩, 스포일러, 브레이크 등의 작동장치는 유압으로 되어 있는데 작동유의 압력을 지시하는 계기는 보통 부르동관(burdon tube)으로 구성되어 있다. 지시범위는 1~1000 psi, 0~2000 pis, 0~4000 psi 정도이다.

(8) 제빙 압력계

항공기의 날개에 설치된 제빙장치에 공급되는 공기의 압력을 지시하는 계기로 부르동관으로 되어 있다. 게이지 압력을 psi 단위로 지시한다.

(9) 압력계기의 정비

데드 웨이트 시험기(dead weight tester)를 사용한다.

예·상·문·제

1. 대기압에 대한 설명으로 가장 거리가 먼 것은?
㉮ 공기의 무게에 의해서 생기는 압력이다.
㉯ 위도 45°에서 15℃의 해면 위의 압력을 1기압으로 한다.
㉰ 지상에서 약 760 mm의 수은주 아랫면에 작용하는 압력과 같다.
㉱ 1기압은 14.7 psi 그리고 29.92 inHg와 같다.

2. 압력계에 대한 설명 중 가장 관계가 먼 것은?
㉮ 오일 압력계는 버튼 튜브식 압력계로 게이지 압력을 지시
㉯ 흡입 압력계는 다이어프램형 압력계로 절대압력을 지시
㉰ 흡입 압력계는 공함식 압력계로 2곳의 압력차를 지시
㉱ EPR계는 벨로스식 압력계로 2개의 압력의 비를 지시

3. 다음 압력 측정에 쓰이지 않는 것은?
㉮ 아네로이드 ㉯ 다이어프램
㉰ 벨로스 ㉱ 자이로

정답 1. ㉯ 2. ㉯ 3. ㉱

1-3 온도계기

(1) 온도계기의 일반
  ① 증기압식 온도계
    ㈎ 염화메틸과 같이 증발성이 강한 액체를 밀폐된 구(bulb)에 가득 채우고 부르동관 압력계와 모세관으로 연결하여 온도를 측정한다.
    ㈏ 소형 및 중형기의 윤활유 온도계 및 기화기의 흡입공기 온도계 등에 사용되며 지시범위는 −40~140 ℃이다.

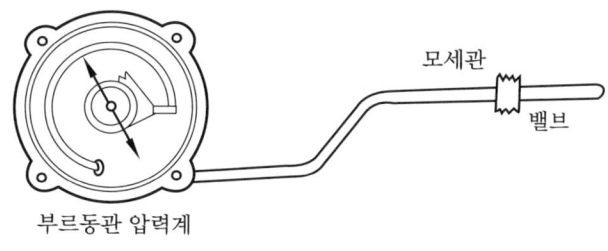

증기압식 온도계

  ② 바이메탈식 온도계
    ㈎ 열팽창계수가 다른 2개의 이질금속(보통 황동과 철)을 서로 맞붙여 온도변화와 휘는 정도에 따라 온도를 측정한다.
    ㈏ 경비행기의 외기 온도계로 사용하며, 지시범위는 −60~50 ℃이다.
  ③ 전기 저항식 온도계 : 온도에 따른 전기저항의 변화로 인한 전류의 변화량을 휘트스톤 브리지와 같은 적절한 회로를 사용하여 측정하고 그에 상당하는 온도를 알 수 있는 온도계로 외부 대기온도, 기화기의 공기온도, 윤활유 온도, 실린더의 헤드 온도의 측정에 사용된다.

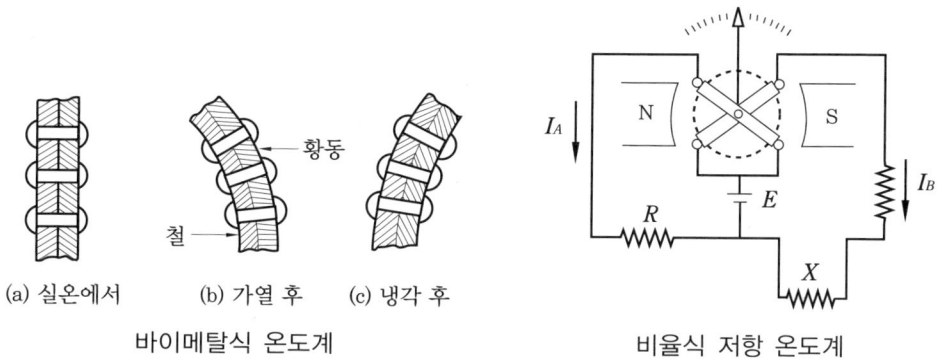

바이메탈식 온도계   비율식 저항 온도계

  ④ 열전쌍(thermocouple)식 온도계
    ㈎ 2개의 접점 냉점과 온점간에 온도차가 생기면 양 접점간에 기전력이 발생하여 열

전류가 흐르고 열기전력이 발생하는데, 열기전력은 두 금속의 종류와 한쪽 접합점의 온도가 일정하면 다른 한쪽의 온도에 의해서만 정해진다.
(나) 왕복기관의 실린더 헤드 온도(CHT)를 측정하거나, 가스 터빈 기관의 배기가스 온도(EGT) 측정에 사용되며, 크로멜-알루멜, 철-콘스탄탄, 구리-콘스탄탄 등의 재료가 사용된다.
㉮ 제트칼 시험기 : 제트 기관의 배기가스 온도계통의 작동을 시험하기 위한 장치이다.

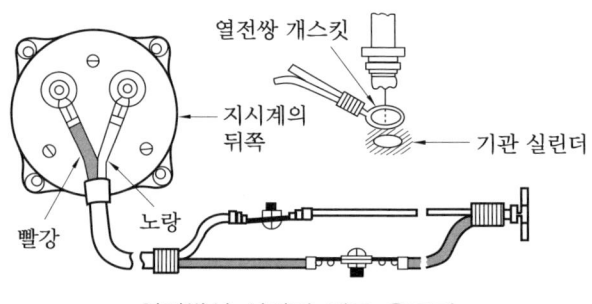

열전쌍식 실린더 헤드 온도계

(2) 배기가스 온도계(exhaust gas thermometer)

크로멜-알루멜 열전쌍을 이용하여 배기가스 온도를 측정하는데 8개가 서로 병렬로 접속되어 있다. 이 중 어느 것이 끊어지는 고장이 생기더라도 약간 적게 지시하지만 열전쌍 회로는 작동한다. 연소되어 배기되는 가스의 온도는 기관의 성능과 상태를 판단하기 위해 반드시 필요하다.

(3) 윤활유 온도계

윤활유가 기관으로 들어가는 부분의 배관에 저항봉을 장착하여 이 저항봉에 따른 저항값에 의한 전류로서 윤활유의 온도를 측정한다.

(4) 실린더 헤드 온도계(CHT)

왕복기관을 장착한 항공기의 실린더 중에서 가장 온도가 높은 실린더 헤드의 온도를 측정하며 열전쌍식 온도계가 사용된다.

(5) 외기 온도계

기관의 출력 설정, 결빙 방지, 연료 내의 수분 동결 방지 등을 판단하는데 중요하며 고속 항공기의 진대기 속도를 구하는데 필요하다.

예·상·문·제

1. 다음 온도계의 종류 중 버든 튜브(bourdon tube)가 사용되는 것은?
- ㉮ 전기 저항식
- ㉯ 증기 압력식
- ㉰ bimetal식
- ㉱ thermo couple식

2. 대형 항공기에서 주로 기관 출구의 온도를 측정하는데 가장 적합한 과열 탐지기는?
- ㉮ 열 스위치(thermal switch)식 탐지기
- ㉯ 서모커플(thermocouple)식 탐지기
- ㉰ 튜브(tube)형 탐지기
- ㉱ 가변 저항(thermistor)식 탐지기

3. thermocouple은 어떠한 원리로 작동되는가?
- ㉮ 두 금속 종류의 접합점의 온도차에 의해 생기는 열기전력으로
- ㉯ 온도변화에 따른 증기압 변화
- ㉰ 지시부에 바이메탈에 의한 냉점 보정
- ㉱ 온도증가에 따른 저항 감소로 인하여

4. 서모커플식 기통두 온도계의 lead line 을 풀어내면?
- ㉮ 0을 지시한다.
- ㉯ 기통두 온도를 그대로 지시한다.
- ㉰ 계기 주위의 온도를 지시한다.
- ㉱ 대기값보다 높은 값을 지시한다.

5. 열전대(thermocouple)는 서로 다른 종류의 금속을 접합하여 온도계기로 쓰이는데, 이 사용방법을 가장 올바르게 기술한 것은?
- ㉮ 사용하는 금속은 구리와 철이다.
- ㉯ 브리지 회로를 만들어 전압을 공급한다.
- ㉰ 출력에 나타나는 전압은 온도에 반비례한다.
- ㉱ 지시계의 접합부의 온도를 바이메탈로 냉점 보정을 한다.

6. 다음의 열기전력을 이용할 수 있는 금속 구성 중 가장 높은 고온을 측정할 수 있는 것은?
- ㉮ 크로멜-철
- ㉯ 철-동
- ㉰ 크로멜-알루멜
- ㉱ 알루멜-콘스탄탄

[해설] 열전쌍(thermocouple)
① 크로멜-알루멜 : 1100 ℃
② 철-콘스탄탄 : 900 ℃
③ 구리-콘스탄탄 : 600 ℃
④ 백금-백금로듐 : 1600 ℃

7. thermister의 가장 큰 특성은?
- ㉮ 온도가 증가하면 저항이 증가한다.
- ㉯ 온도가 증가하면 저항이 증가하거나 감소한다.
- ㉰ 온도가 증가하면 저항이 감소한다.
- ㉱ 온도가 증가하면 저항은 일정하다.

[해설] 금속은 온도가 증가하면 저항이 증가하지만, 서미스터(thermister)와 같이 온도가 증가하면 저항은 감소한다.

정답 1. ㉯ 2. ㉯ 3. ㉮ 4. ㉰ 5. ㉱ 6. ㉰ 7. ㉰

1-4 자기계기

항공기가 정확하게 목적지를 향해 비행하기 위해 지구에 대한 항공기의 방위를 알기 위해 사용되는 계기이다.

(1) 자기계기 일반

① 자차(deviation) : 자기계기의 주위에 있는 전기 기기 및 전선, 기체 구조재 내의 자성체 등의 영향과 자기계기의 제작상, 설치상의 잘못으로 인하여 생기는 지시 오차다.
② 편차(variation) : 지구 자오선과 자기 자오선과의 오차를 말한다.
③ 방위 : 북쪽을 기준으로 시계방향으로 나타낸 각이다.
　(가) 나방위 : 나침반상의 북쪽을 기준으로 하여 시계방향으로 잰 각이다.
　(나) 자방위 : 지자기축의 북인 자북을 기준으로 하여 시계방향으로 잰 각이다.
　(다) 진방위 : 지축의 북인 진북을 기준으로 하여 시계방향으로 잰 각이다.
④ 지자기의 3요소 : 편각, 복각, 수평 분력

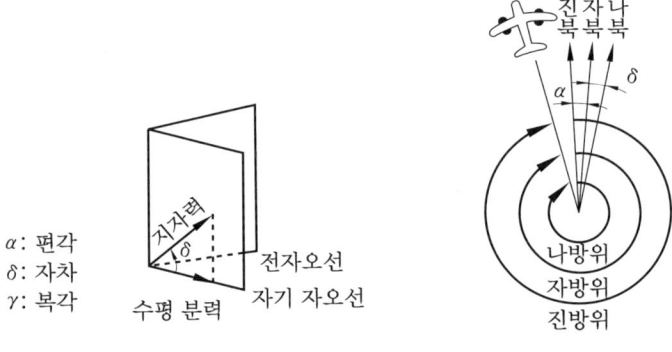

자기계기의 오차

(2) 자기 컴퍼스

지자기를 수감하여 자극의 방향, 즉 지구 자기 자오선의 방향을 탐지한 다음 이것을 기준으로 항공기의 기수 방위 및 목적지의 방위를 나타내는 계기이다.
① 자기 컴퍼스의 오차
　(가) 동적 오차
　　㉮ 북선 오차 : 항공기가 선회하려고 경사를 주면 자력의 수직 분력과 선회에 의한 원심력 때문에 막대자석을 선회방향으로 기울어지게 하여 컴퍼스 카드를 더 많이 회전시키거나 부족하게 회전시키기 때문에 생기는 오차를 말한다.
　　㉯ 가속도 오차 : 지자기의 복각에 의하여 발생되는 것으로 항공기가 가·감속 비행을 할 때 발생한다.
　　㉰ 와동 오차 : 비행 중 난기류 또는 그 밖의 원인에 의하여 생기는 컴퍼스액의 와동

으로 컴퍼스 카드가 불규칙적으로 움직이기 때문에 생기는 오차이다.
  (나) 정적 오차 : 여러 종류의 철재를 사용함으로 인해 컴퍼스에 영향을 주어 생기는 오차를 말한다.

$$\delta = A + B\sin\theta + C\cos\theta + D\sin 2\theta + E\cos 2\theta$$

  ㉮ 불이차(A) : 컴퍼스 제작상 오차 또는 장착 잘못에 의한 오차
  ㉯ 반원차($B\sin\theta + C\cos\theta$) : 항공기에 사용되는 수평 철재 및 전류에 의해 생기는 오차
  ㉰ 사분원차($D\sin 2\theta + E\cos 2\theta$) : 연철이 지자기에 감응되어 생기는 오차
② 자차 수정법
  (가) 자차의 허용 : ±10℃ 이내이어야 한다.
  (나) 자차 수정 시 주의사항 : 수평자세에 가깝게 하고 조종계통은 중립위치로 하며, 기관 및 그 밖의 전기계통은 작동상태로 한다.
  (다) 자차의 수정
    ㉮ 불이차 수정 : 장착할 때 기축선에 나란하게 자기 컴퍼스를 장착하는 나사와 와셔로 조정한다.
    ㉯ 반원차 수정 : 컴퍼스 윗부분에 있는 2개의 보정용 나사로 수정한다.
    ㉰ 사분원차 수정 : 거의 무시하여 수정하지 않아도 된다.

(3) 원격 지시 컴퍼스
수감부를 자기의 영향이 작은 날개 끝이나 꼬리부분에 장착하고 지시부만 조종석에 둔다.
① 마그네신 컴퍼스 : 왕복기관을 장착한 중형 항공기에 쓰였던 방식으로 지자기의 수감부는 항공기 내부에서 자기 영향이 작은 날개 끝이나 꼬리부분에 설치하고 지시부를 계기판에 설치한다.
② 자이로신 컴퍼스 : 대형 항공기에 많이 사용되며 자기 탐지 능력과 방향 지시 자이로의 강직성이 합해진 것으로 자차가 거의 없고 동적 오차도 없다.
③ 자이로 플럭스 게이트 컴퍼스 : 다른 것에 비하여 단점을 찾을 수 없으며 수감부인 플럭스 게이트의 수평안정을 자이로를 이용하여 얻는다. 항공기 기수 방위가 조금이라도 변하면 변한 만큼의 오차 전기신호가 발생하여 이 신호가 원격으로 항공기의 기수 방위를 지시하게 된다.

예·상·문·제

1. 지자기에 대한 설명으로 틀린 것은?
   ㉮ 지자기의 남북과 지도상의 남북은 다르다.
   ㉯ 자석의 N은 지리학상 지구의 남극을 가리킨다.
   ㉰ 자기 컴퍼스는 일반적으로 65° 이상의 고위도에서는 사용할 수 없다.
   ㉱ 자성체에 의해서 지자기의 방향이 영향을 받는다.
   [해설] 컴퍼스 케이스의 앞면 윗부분에는 2개의 조정나사가 있는데, 이것으로 자기 보상장치를 조정하여 자차를 수정한다. 컴퍼스 카드가 ±18°까지 경사가 지더라도 자유로이 움직일 수 있으나, 일반적으로 65° 이상의 고위도에서는 이 한계가 초과되어 사용하지 못한다.

2. 지자기 자력선의 방향과 수평선간의 각을 말하며 적도 부근에서는 거의 0°이고 양극으로 갈수록 90°에 가까워지는 것을 무엇이라 하는가?
   ㉮ 편각   ㉯ 복각
   ㉰ 수평 분력   ㉱ 수직 분력
   [해설] 복각 : 지구 자기의 전자력(全磁力)의 방향이 수평면과 이루는 각. 곧, 지구상의 임의의 지점에 놓은 자침의 방향이 수평면과 이루는 각을 이른다. 자기 적도에서는 0°, 자기극에서는 90°이다.

3. 지자기의 3요소 중 복각에 대한 설명으로 맞는 것은?
   ㉮ 지자력의 지구 수평에 대한 분력을 의미한다.
   ㉯ 지자기 자력선의 방향과 수평선간의 각을 말하며, 양극으로 갈수록 90°에 가까워진다.
   ㉰ 지축과 지자기축이 서로 일치하지 않음으로써 발생되는 진방위와 자방위의 차이를 말한다.
   ㉱ 지자력의 지구 수평에 대한 분력을 말하며, 적도 부근에서는 최대이고, 양극에서는 0°에 가깝다.

4. 지자기의 요소 중 지자기 자력선의 방향과 수평선간의 각을 의미하는 요소는?
   ㉮ 편각   ㉯ 복각
   ㉰ 수직 분력   ㉱ 수평 분력

5. 다음 중 지자기의 3요소가 아닌 것은?
   ㉮ 복각(dip)
   ㉯ 편차(variation)
   ㉰ 수직 분력(vertical comonent)
   ㉱ 수평 분력(horizontal component)

6. 컴퍼스(compass) 계통에서 편차(variation)라 함은?
   ㉮ 지구 자오선과 자기 자오선과의 차이각을 말한다.
   ㉯ 진북과 진남을 이은 선을 말한다.
   ㉰ 자기 자오선과 비행기와의 차이각을 말한다.
   ㉱ 나침반과 진 자오선과의 차이각을 말한다.

정답 1. ㉯ 2. ㉯ 3. ㉯ 4. ㉯ 5. ㉰ 6. ㉮

7. 다음 설명 중 자기 컴퍼스(magnetic compass)의 북선 오차와 가장 관계가 먼 것은?
- ㉮ 컴퍼스 회전부의 중심과 피벗(pivot)이 일치하지 않기 때문
- ㉯ 항공기가 북진하다 선회할 때 실제 선회각보다 작은 각이 지시된다.
- ㉰ 항공기가 가속 선회할 때 나타나는 오차도 이와 같은 원리이다.
- ㉱ 항공기가 북극지방을 비행할 때 컴퍼스 회전부가 기울어지기 때문이다.

[해설] 북선 오차 : 북진하다가 동서로 선회할 때에 오차가 크므로 북선 오차라 하며 선회할 때 나타난다고 하여 선회 오차라 한다.

8. 자기 컴퍼스가 위도에 따라 기울어지는 현상은 무엇 때문인가?
- ㉮ 지자기의 편각
- ㉯ 지자기의 수평 분력
- ㉰ 지자기의 복각
- ㉱ 컴퍼스 자체의 북선 오차

9. 자차 수정 시 자차의 허용범위는?
- ㉮ ±10° ㉯ ±12° ㉰ ±14° ㉱ ±16°

10. 비행장에 설치된 컴퍼스 로즈(compass rose)의 주 용도는?
- ㉮ 활주로의 방향을 표시하는 방위도
- ㉯ 그 지역의 편각을 알려주기 위한 기준 방향
- ㉰ 그 지역의 지자기의 세기를 알려준다.
- ㉱ 기내에 설치된 자기 컴퍼스의 자차를 수정한다.

[해설] 컴퍼스 로즈(compass rose) 수정은 정확한 방위가 표시된 로즈에서 컴퍼스 자차를 수정하는 것이다.

11. 자기계기에서 불이차의 발생원인으로 가장 올바른 것은?
- ㉮ compass의 중심선과 기축선이 서로 평행일 때
- ㉯ magnetic bar의 축선과 compass card의 남북선이 서로 일치할 때
- ㉰ pivot와 lubber's line을 연결한 선과 기축선이 서로 평행일 때
- ㉱ compass의 중심선과 기축선이 서로 평행하지 않을 때

[해설] 불이차 : 컴퍼스 자체의 제작상 오차 또는 장착 잘못에 의한 오차이다.

12. 자기 컴퍼스의 동적 오차의 종류에 해당되지 않는 것은?
- ㉮ 사분원차 ㉯ 북선 오차
- ㉰ 가속도 오차 ㉱ 와동 오차

13. 항공기를 구성하는 철재 중에서 연철은 지자기가 감응되어 일시적으로 자기를 띠었다 잃었다 한다. 이 현상에 의해 생기는 오차는 무엇인가?
- ㉮ 반원차 ㉯ 불이차
- ㉰ 사분원차 ㉱ 와동 오차

14. compass rose의 역할은?
- ㉮ 진북, 진남의 편차 수정 시 사용
- ㉯ 자북을 기준으로 기내에 설치된 자기 컴퍼스의 자차 수정
- ㉰ 활주로의 방향을 표시하는 방위로
- ㉱ 지상에서 자차 수정 시 사용

[정답] 7. ㉱ 8. ㉰ 9. ㉮ 10. ㉱ 11. ㉱ 12. ㉮ 13. ㉰ 14. ㉱

15. 다음 중 자기 컴퍼스의 컴퍼스 스윙(swing)으로 수정할 수 있는 것은?
㉮ 북선 오차   ㉯ 장착 오차
㉰ 가속도 오차 ㉱ 편차

16. 다음 중 자장을 감지하여 그 방향으로 향하는 전기신호로 변환하는 장치는?
㉮ 플럭스(flux) 밸브
㉯ 수평의
㉰ 컴퍼스 카드
㉱ 루버 라인(lubber's line)

17. 플럭스 밸브(flux valve)의 장·탈착에 대하여 가장 올바르게 설명한 것은?
㉮ 장착용 나사는 비자성체인 것을 사용해야 하며, 사용공구는 보통의 것이 좋다.
㉯ 장착용 나사, 사용공구에 대한 특별한 사용제한이 없으므로 일반공구를 사용해도 된다.
㉰ 장착용 나사, 사용공구 모두 비자성체인 것을 사용해야 한다.
㉱ 장착용 나사 중 어떤 것은 자기를 띤 것을 이용하는데 이때는 그 위치를 조정하여 자차를 보정한다.

18. 자이로신 컴퍼스의 자방위판(컴퍼스 카드)은 어떤 신호에 의해 구동되는가?
㉮ 플럭스 밸브에서 전기신호를 받아 구동된다.
㉯ 정침의의 신호를 받아 구동된다.
㉰ 수평의의 신호를 받아 구동된다.
㉱ 초단파 전방위 무선 표시장치((VOR)의 신호를 받아 구동한다.

정답 15. ㉯ 16. ㉮ 17. ㉰ 18. ㉮

1-5 자이로 계기

강직성과 섭동성을 이용하여 항공기의 기수 방위, 항공기의 분당 선회량, 항공기의 자세를 나타낸다.

(1) 자이로 계기 일반

① 자이로(자이로스코프) : 한 점이 고정되어 있는 축 주위를 회전하고 있는 대칭인 물체를 팽이라 하며, 그 고정점이 회전체의 무게중심에 있는 것을 자이로라고 한다.

㈎ 자이로의 강직성(rigidity) : 자이로의 축이 항상 우주에 대하여 일정한 방향을 유지하려는 성질을 말한다. 자이로 회전자의 질량이 클수록, 자이로 회전자의 회전이 빠를수록 강하다.

• 자이로의 강직성을 이용한 계기 : 방향 자이로 지시계(정침의)

㈏ 자이로의 섭동성 : 외부에서 가해진 착력점으로부터 로터의 회전방향으로 90° 회전한 점에 힘이 작용하여 축을 움직이게 하는 성질을 섭동성이라 한다.

$$\Omega = \frac{M}{I\omega}$$

여기서, Ω : 섭동 각속도, M : 외력에 의한 모멘트
I : 회전자의 관성 능률, ω : 회전자의 회전 각속도

㉮ 자이로의 섭동성만을 이용한 계기 : 선회계
㉯ 강직성과 섭동성을 이용한 계기 : 자이로 수평 지시계(인공 수평의)

㈐ 자이로 구동방법 : 진공 회전식, 전기 회전식과 공기 회전식이 있는데 전기 회전식이 많이 사용된다.

㈑ 편위(drift) : 자이로가 지구 중력에 관계없이 자세를 유지하기 때문에 지구의 자전에 의하여 각변위가 생기는데, 이를 편위라 한다. 1시간에 15°씩 기울어진다.

(2) 선회 경사계

① 선회계 : 2축 자이로를 이용한 레이트(rate) 자이로로서 항공기의 분당 선회율을 나타낸다. 자이로의 섭동성만 이용한 계기이다.

㈎ 선회계의 지시방법

㉮ 2분계 : 1바늘 폭이 180°/min, 2바늘 폭이 360°/min의 선회 각속도를 뜻한다.

㉯ 4분계 : 1바늘 폭이 90°/min, 2바늘 폭이 180°/min의 선회 각속도를 뜻한다.

② 경사계 : 정상비행을 할 때 항공기의 경사도와 선회비행을 할 때 선회의 정상 여부를 나타내는 계기이다.

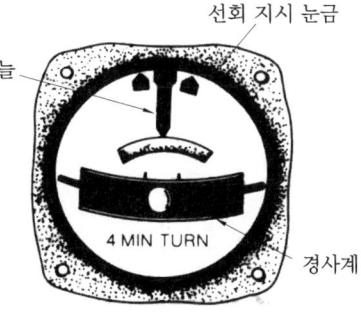

선회 경사계

(3) 방향 자이로 지시계(정침의)

3축 자이로로서 강직성을 이용하여 항공기의 기수 방위와 선회비행을 할 때에 정확한 선회각을 지시하는 계기이다.

지구 자전의 영향을 받아 편위가 생겨 15분마다 지시값을 수정해야 한다.

공기구동식 방향 자이로 지시계의 정상 작동범위는 피치와 경사가 55°인데 전기구동식 방향 자이로 지시계는 85°이다.

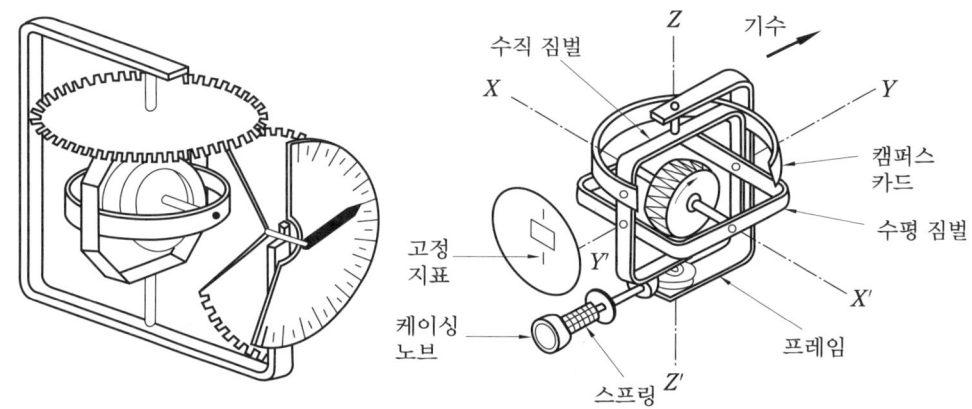

방향 자이로 지시계의 내부구조

(4) 자이로 수평 지시계(인공 수평의)

3축 자이로로서 직립장치를 이용하여 자이로축이 언제나 지구 중심을 향하게 함으로써 자이로축인 연직선에 대한 항공기의 자세, 즉 키놀이(pitching), 옆놀이(rolling) 각의 크기를 지시하게 된다. 강직성과 섭동성을 모두 이용한 계기로서 항공기의 수평에 대한 자세를 지시한다.

① 직립장치
　㈎ 공기구동식 자이로의 직립장치
　㈏ 전기구동식 자이로의 직립장치 : 볼식(ball type), 맴돌이 전류식(eddy current type), 진자식(pendulum type), 액체 스위치식(liquid switch type)

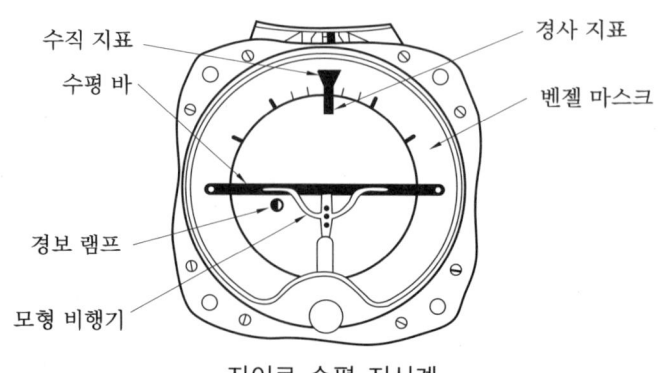

자이로 수평 지시계

(5) 레이저 자이로

레이저 광선, 반사경, 프리즘, 광 검출기 등으로 구성되어 있으며 스트랩 다운 방식의 관성 항법장치에서는 복잡한 짐벌을 필요로 하지 않고 기계적인 회전부분도 없기 때문에 평균 고장시간이 INS(관성 항법장치)보다 적으며 무게, 체적, 소비전력도 대폭으로 개선되고 가속도에 복잡한 짐벌이 악영향도 받지 않는다. 장거리 항법장치(IRS)에 널리 이용되고 있다.

예·상·문·제

1. 다음 그림은 자이로의 섭동성을 나타낸 것이다. 자이로가 굵은 화살표 방향으로 회전하고 있을 때, F의 힘을 가하면 실제로 힘을 받는 부분은?

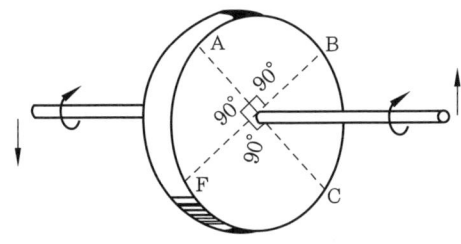

㉮ F ㉯ A ㉰ B ㉱ C

[해설] 외부에서 가해진 힘(F)으로부터 로터(rotor)의 회전 방향으로 90° 회전한 지점 A점에 힘이 작용하며 축을 움직이게 한다(섭동성의 원리).

2. 자이로의 강직성에 대한 설명으로 가장 옳은 것은?

㉮ 로터(rotor)의 회전속도가 큰 만큼 강하다.
㉯ 로터(rotor)의 회전속도가 큰 만큼 약하다.
㉰ 로터(rotor)의 질량이 회전축에서 멀리 분포하고 있는 만큼 약하다.
㉱ 로터(rotor)의 질량이 회전축에서 가까이 분포하고 있는 만큼 강하다.

3. 자이로(gyro)의 강성 또는 보전성이란?

㉮ 외력을 가하지 않는 한 일정의 자세를 유지하려는 성질
㉯ 외력을 가하면 그 힘의 방향으로 자세를 변하는 성질
㉰ 외력을 가하면 그 힘과 직각으로 자세를 변하는 성질
㉱ 외력을 가하면 그 힘과 반대방향으로 자세를 변하는 성질

[해설] 자이로의 강성 = 자이로의 강직성

4. 자이로에 관한 설명으로 틀린 것은?

㉮ 강직성은 자이로 로터의 질량이 커질수록 강하다.
㉯ 강직성은 자이로 로터의 회전이 빠를수록 강하다.
㉰ 섭동성은 가해진 힘의 크기에 반비례하고 로터의 회전속도에 비례한다.
㉱ 자이로를 이용한 계기로는 선회 경사계, 방향 자이로 지시계, 자이로 수평 지시계가 있다.

5. 자이로스코프의 섭동성을 이용한 계기

[정답] 1. ㉯ 2. ㉮ 3. ㉮ 4. ㉰ 5. ㉰

는?
- ㉮ 경사계
- ㉯ 인공 수평의
- ㉰ 선회계
- ㉱ 정침의

6. 자이로를 이용하고 있는 계기가 아닌 것은?
- ㉮ 자이로 수평 지시계
- ㉯ 자기 컴퍼스
- ㉰ 방향 자이로 지시계
- ㉱ 선회 경사계

7. 다음 중 자이로(gyro)를 이용하는 계기는 어느 것인가?
- ㉮ 데이신
- ㉯ 선회 경사계
- ㉰ 마그네신 컴퍼스
- ㉱ 자기 컴퍼스

8. 자이로의 상·하축을 중심으로 하는 3축 자이로의 강직성과 섭동성을 이용하여 자이로축을 항상 연직되도록 한 계기는?
- ㉮ 선회계
- ㉯ 정침의
- ㉰ 인공수평의
- ㉱ 경사계

[해설] 강직성과 섭동성을 이용한 계기 : 자이로 수평 지시계(인공 수평의)

9. 항공계기 중 출력축이 스프링과 감쇄기(damper)로 구성된 자이로스코프가 쓰이는 계기는?
- ㉮ 인공 수평의
- ㉯ 자이로 컴퍼스
- ㉰ 선회 경사계
- ㉱ 승강계

10. 각속도 자이로(rate gyro)가 사용되는 것은?
- ㉮ 정침의
- ㉯ 인공 수평의
- ㉰ 선회계
- ㉱ 경사계

11. 수평의(vertical gyro)는 항공기에서 어떤 축의 자세를 감지하는가?
- ㉮ 기수 방위
- ㉯ 롤(roll) 및 피치(pitch)
- ㉰ 롤(roll) 및 기수 방위
- ㉱ 피치(pitch), 롤(roll) 및 기수 방위

12. 항공기의 선회율을 지시하는 자이로 계기는?
- ㉮ 레이트(rate) 자이로
- ㉯ 인티그럴(integral) 자이로
- ㉰ 버티컬(vertical) 자이로
- ㉱ 디렉셔널(directional) 자이로

13. 선회계의 지시방법에서 1바늘 폭이 90°/min의 선회 각속도를 뜻하고, 2바늘 폭이 180°/min의 선회 각속도를 뜻하는 지시방법은?
- ㉮ 1분계
- ㉯ 2분계
- ㉰ 3분계
- ㉱ 4분계

[해설] 선회 경사계 지시방법
① 2분계(2 minturn) : 1바늘 폭이 180°/min의 선회 각속도를 의미한다.
② 4분계(4 minturn) : 1바늘 폭이 90°/min의 선회 각속도를 의미한다.

14. 수평상태 지시기(HSI)의 전방향 표지편위(VOR deviation)의 1눈금(dot) 편위 각도는?
- ㉮ 2°
- ㉯ 5°
- ㉰ 7°
- ㉱ 10°

정답 6. ㉯ 7. ㉯ 8. ㉰ 9. ㉰ 10. ㉰ 11. ㉯ 12. ㉮ 13. ㉱ 14. ㉯

1-6 원격 지시계기(싱크로 계기, 자기 동기계기)

항공기가 대형화, 고성능화되면서 여러 개의 기관을 장착함에 따라 계기의 수감부와 지시부 사이의 거리가 멀어지게 되므로, 수감부의 기계적인 각변위 또는 직선적인 변위를 전기적인 신호로 바꾸어 멀리 떨어진 지시부에 같은 크기의 변위를 나타내는 지시계기이다.

(1) 직류 셀신(D.C selsyn ; Desyn)

120° 간격으로 분할하여 감겨진 정밀 저항 코일로 되어 있는 전달기와 3상 결선의 코일로 감겨진 원형의 연철로 된 코어 안에 영구자석이 회전자가 들어 있는 지시계로 구성되어 있다.

착륙장치나 플랩 등의 위치 지시계로 또는 연료의 용량을 측정하는 액량 지시계로 사용되며 12V와 24V용이 있어 비교적 폭넓은 입력전압의 변화에도 오차가 발생하지 않는다.

(2) 교류 셀신

① 마그네신(magnesyn) : 회전자(rotor)가 영구자석으로 되어 있고, 교류전압이 고정자에 가해진다. 축의 마찰이 작고 소형 경량이므로 미소한 토크의 전달이 적합하다. 오토신보다 작고 가볍기는 하지만, 토크가 약하고 정밀도가 다소 떨어진다.

② 오토신(autosyn) : 26 V, 400 Hz의 단상 교류 전원이 회전자에 연결되고 고정자는 3상으로서 델타 또는 Y결선이 되어 서로의 단자 사이를 도선으로 연결한다. 대형기의 플랩 위치 지시계로서 연료 및 제트 기관의 기관 압력비를 지시하는 계기로 사용한다.

예·상·문·제

1. 항공기가 대형화, 다양화됨에 따라 지시부와 수감부간의 거리가 멀어져 원격 지시계기의 일종으로 발전하게 된 것으로 직선 또는 각변위를 수감하여 전기적인 양으로 변화한 다음 조종석에서 기계적인 변위로 재현시키는 계기는?
㉮ 자기계기　　㉯ 자이로 계기
㉰ 싱크로 계기　㉱ 회전계기

2. 싱크로 계기에 속하지 않는 것은?
㉮ 오토신(autosyn)
㉯ 자이로신(gyrosyn)
㉰ 직류 셀신(D.C selsyn)
㉱ 마그네신(magnesyn)

3. 다음 싱크로 계기에 속하지 않는 것은?
㉮ 직류 셀신(D.C selsyn)

정답　1. ㉰　2. ㉯　3. ㉰

㉯ 오토신(autosyn)
㉰ 동조계(synchro-scope)
㉱ 마그네신(magnesyn)

4. 싱크로 계기의 종류 중 마그네신(magnesyn)에 대한 설명으로 가장 관계가 먼 것은?

㉮ 오토신(autosyn)의 회전자를 영구자석으로 바꾼 것을 마그네신이라 한다.
㉯ 교류전압이 회전자(rotor)에 가해진다.
㉰ 오토신(autosyn)보다 작고 가볍다.
㉱ 오토신(autosyn)보다 토크가 약하고 정밀도가 떨어진다.

5. 직류 셀신에 대한 설명으로 가장 관계가 먼 것은?

㉮ 전원을 직류로 사용한다.
㉯ 일종의 원격 지시계이다.
㉰ 지시부와 수감부로 구성된다.
㉱ 로터는 단상이고, 스테이터는 3상이다.

정답 4. ㉯ 5. ㉱

1-7 액량 및 유량계기

(1) 액량계기

항공기에 사용되는 액체의 양을 부피나 무게로 측정하여 지시하는 계기로 부피를 표시할 때는 갤런(gallon)으로 표시하고 무게로 나타낼 때는 파운드(pound)로 표시한다.

부피는 고도나 온도에 따른 변화가 심하므로 무게측정 단위로 표시하는 것이 유리하다.

① 직독식 액량계 : 사이트 글라스(sight glass)에 의하여 액량을 읽는다.
② 플로트식 액량계 : 플로트가 상하운동을 하면 이에 따라 레버를 거쳐 계기의 바늘이 움직이도록 한다. 왕복기관에 많이 이용된다.
③ 액압식 액량계 : 탱크 밑바닥의 액체의 압력을 측정하여 액량을 읽는다.
④ 전기 용량식 액량계 : 연료체적은 비행고도와 온도에 따라 영향을 받게 되므로 이들의 변화에 영향을 받지 않는 전기 용량식이 고공비행에 유리하다. 액체의 유전율과 공기의 유전율 차이를 이용하여 중량단위(pound)로 측정, 지시한다. 대형 및 고공 항공기에 사용한다.

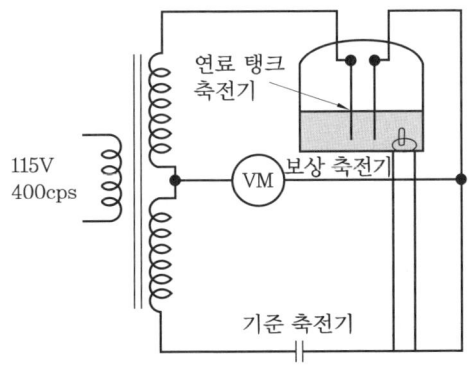

전기 용량식 연료량계

(2) 유량계기

연료탱크에서 기관으로 흐르는 연료의 유량을 시간당 부피단위, 즉 GPH 또는 무게단위 PPH로 지시하는 계기이다.

- 유량계기 단위 : GPH(gallon per hour), PPH(pound per hour)

① 베인식 유량계 : 연료의 흐름에 의한 베인의 각변위를 오토신의 변환기에 의하여 전기신호로 바꾸어 지시계에 전달하여 유량을 지시한다.
② 동기 전동기식 유량계 : 유량이 많은 제트 기관에 사용되는 유량계로 연료에 일정한 각속도를 주어 이때의 각 운동량을 측정하여 무게단위로 연료의 유량을 지시한다.
③ 차압식 유량계 : 오리피스 앞·뒷부분의 압력차를 측정함으로써 유량을 지시한다.

예·상·문·제

1. 액량계기의 형식과 가장 거리가 먼 것은?
㉮ 직독식 액량계 ㉯ 부자식 액량계
㉰ 차압식 액량계 ㉱ 전기 용량식 액량계

2. 연료 유량계의 종류가 아닌 것은?
㉮ 차압식 유량계
㉯ 베인식 유량계
㉰ 부자식 유량계
㉱ 동기 전동기식 유량계

3. 액량계기와 유량계기에 관한 설명 중 가장 올바른 것은?
㉮ 액량계기는 연료탱크에서 기관으로 흐르는 연료의 유량을 지시한다.
㉯ 액량계기는 대형기와 소형기에 차이 없이 대부분 직독식 계기이다.
㉰ 유량계기는 연료탱크에서 기관으로 흐르는 연료의 유량을 시간당 부피 또는 무게단위로 나타낸다.
㉱ 유량계기는 연료탱크 내에 있는 연료량을 연료의 무게나 부피로 나타낸다.

4. 다음 값 중에서 온도가 올라가면 감소되는 것은?
㉮ 일반 금속의 전기저항
㉯ thermistor 내로 흐르는 전류
㉰ 연료의 유전율
㉱ 연료탱크 내의 유면의 높이

5. 항공기에 사용되는 액량계기의 형식에 대한 설명 중 틀린 것은?
㉮ 직독식 액량계는 사이트 글라스(sight glass)에 의해 액량을 읽는다.
㉯ 플로트식 액량계에서는 플로트의 운동을 셀신 또는 전위차계 등을 이용하여 원격지시하게 하는 것이 대부분이다.
㉰ 액압식 액량계는 오토신의 원리를 이용한 것이다.
㉱ 제트기에서는 전기 용량식 액량계가 사용된다.

6. 지상에서 항공기 연료 level을 측정할 때 사용하는 것은?
㉮ de electric cell ㉯ float 기구
㉰ dip stick   ㉱ patassium

7. 연료량 지시계에서 콘덴서의 용량과 가장 관계가 먼 것은?
㉮ 극판의 넓이
㉯ 극판간의 거리
㉰ 중간 매개체의 유전율
㉱ 중간 매개체의 절연율

8. 정전 용량식 액량계에서 사용되는 콘덴서의 용량과 가장 관계가 먼 것은?
㉮ 극판의 넓이
㉯ 극판간의 거리
㉰ 중간 매개체의 유전율
㉱ 중간 매개체의 절연율

정답 1. ㉰ 2. ㉰ 3. ㉰ 4. ㉯ 5. ㉰ 6. ㉰ 7. ㉱ 8. ㉱

1-8 회전계기(tachometer)

기관축의 회전수를 지시하는 계기로 왕복기관에서 크랭크축의 회전수를 분당 회전수(rpm)로 지시하고, 가스 터빈 기관에서는 압축기의 회전수를 최대 출력 회전수의 백분율(%)로 나타낸다.

(1) 기계식 회전계
① 원심력식 회전계(centrifugal type tachometer)
② 와전류식 회전계(eddy current type tachometer) : 소형 항공기에 이용된다.

(2) 전기식 회전계
전기식 회전계의 대표적인 것으로는 동기 로터식 회전계(synchronous rotor type tachometer)가 가장 많이 사용된다. 회전계 발전기(tacho-generator)와 동기 전동기(synchronous motor)이며 이들은 전기적 도선으로 연결된다.

(3) 전자식 회전계
회전수를 셀 수 있는 부품을 통하여 기관의 회전속도를 구한다.

(4) 동기계(synchroscope)
쌍발 이상의 항공기에서 임의로 정해 놓은 기관을 마스터 기관(master engine)이라 하고 다른 기관을 슬레이브 기관(slave engine)이라 하는데, 마스터 기관과 슬레이브 기관 사이의 회전수가 서로 같은가를 표시해 주는 계기이다.

1-9 그 밖의 계기

(1) 경고장치
① 기계적 경고장치 : 착륙장치가 안전 위치에 놓이지 않거나 승강구나 화물실의 문이 열려 있거나 하는 불완전 상태를 경고하는 장치로서 마이크로 스위치를 이용하여 전기회로를 개폐함으로써 램프나 경적을 동작시킨다.
② 압력 경고장치 : 연료의 압력, 윤활유의 압력 또는 객실 압력 등의 압력값이 규정값 이하일 때 사용되는 경고장치이다.
③ 화재 경고장치 : 화재의 발생을 수감하여 전기회로가 개폐되도록 하여 램프나 경적을 동작시키는 것으로서 열 스위치, 광전식, 열전쌍 및 서미스터(thermistor) 등이 사용된다.

(2) 에어 데이터 컴퓨터(air data computer)

비행속도와 비행고도가 증가함에 따라 대기온도, 대기압력, 대기속도 등 대기에 대한 정확한 정보가 필요한데 대기에 대한 정보를 측정하여 정확한 정보를 계산하는 것을 에어 데이터 컴퓨터라 한다.

- 기능
  - ㈎ 기압 고도 계산
  - ㈏ 고도 응답 신호 발생
  - ㈐ 승강률 계산
  - ㈑ 마하수 계산
  - ㈒ 수정 대기속도 계산
  - ㈓ 전체 온도 계산
  - ㈔ 대기온도 계산
  - ㈕ 진대기 속도 계산

(3) 종합 계기(integrated instrument)

몇 가지 지시내용을 하나의 지시계로 나타내는 계기이다.

① 무선 자기 지시계(RMI) : 자기 컴퍼스에서 받은 자방위에 자동 방향 탐지기(ADF)나 전방향 무선 항법장치(VOR)에서 받은 무선 방위를 조합하여 비행기의 방위에 관하여 종합적인 지시를 해 주는 장치이다.

② 수평상태 지시계(HSI) : 자기 컴퍼스에서 받은 자방위와 VOR나 INS에서 받은 비행코스와의 관계를 나타내는 계기로 현재 비행상태에서의 기수의 방위를 지시하고, 비행코스와의 관계를 나타내 준다. 또한 처음 설정한 기수 방위와 현재의 기수 방위와의 차이를 알 수 있다.

③ 자세 방향 지시계(ADI) : 현재의 비행자세를 알려 주며 미리 설정된 모드(mode)로 비행하기 위한 명령을 지시한다.

(4) 종합 전자계기

자이로, 에어 데이터 컴퓨터, 무선 항법 장치, 기관의 정보 등 항공기 상태에 관한 여러 가지 정보를 해상도가 높은 CRT상에 숫자와 기호 또는 도면으로 표시할 수 있는 계기판이 종합 전자계기이다.

① 종합 전자계기의 구성

㈎ 일차적인 비행 표시장치(PFD) : 기계장치였던 ADI에 속도계, 기압 고도계, 전파 고도계, 승강계, 기수 방위 지시계, 자동조종 작동 모드 표시 등을 한곳에 집약하여 지시하는 계기이다.

㈏ 항법 표시장치(ND) : 항법에 필요한 여러 가지 자료를 나타내는 CRT로서 기존의 HSI 기능을 모두 포함하고 있으며 비행기의 현재 위치, 기수 방위, 비행방향, 설정 코스에서 얼마나 벗어났는지의 여부 뿐만 아니라 비행예정 코스, 도중 통과지점까지의 거리 및 방위, 소요시간의 계산과 지시 등을 말한다.

㈐ 기관 지시 및 승무원 경고장치(EICAS) : 기관의 각 성능이나 상태를 지시하거나 항공기 각 계통을 감시하고 기능이나 계통에 이상이 발생하였을 경우에는 경고를 전달하는 장치이다.

(5) 중앙 정비 컴퓨터(CMCS)

항공기 결함 정보를 알려 주거나 지시·수집해 주며, 또한 항공기의 전계통의 지상 작동 상태를 시험하는데 사용되며 정비사에게 정비 데이터를 시험하고 수집해 줌으로써 항공기의 정비를 용이하게 해 주고 운항정시성을 확보해 준다.

예·상·문·제

1. 싱크로 전기 기기에 대한 설명으로 틀린 것은?
㉮ 회전축의 위치를 측정 또는 제어하기 위해 사용되는 특수한 회전기이다.
㉯ 항공기에서 컴퍼스 계기상에 VOR국이나 ADF국 방위를 지시하는 지시계기로서 사용되고 있다.
㉰ 구조는 고정자축에 1차 권선, 회전자축에 2차 권선을 회전 변압기이고, 2차축에는 정현파 교류가 발생하도록 되어 있다.
㉱ 각도 검출 및 지시용으로는 2개의 싱크로 전기 기기를 1조로 사용한다.

2. 전파 자방위 지시계(RMI : radio magnetic indicator)의 기능을 가장 올바르게 설명한 것은?
㉮ 항공기의 자세를 표시하는 계기
㉯ 자북극 방향에 대해 전방향 표시(VOR) 신호 방향과 각도 및 항공기의 방위 지시
㉰ 조종사에게 진로를 지시하는 계기
㉱ 기수 방위를 나타내는 컴퍼스 카드와 코스를 지시

3. 비행자세 지시기(ADI : altitude director indicator)를 옳게 설명한 것은?
㉮ 기수 방위와 설정 기수 방위를 나타낸다.
㉯ 기수 방위각, 기수 오차각을 자동조종한다.
㉰ 기체의 상승 또는 하강한 높이 정보를 자동조종한다.
㉱ 피치 자세를 받아 기체의 자세를 알기 쉽게 나타내며, 비행 지시장치에 조타명령을 지시한다.

4. 다음 중 종합 계기 일차적인 비행 표시장치(PFD ; primary flight display)에 지시되지 않는 것은?
㉮ 마커 비컨(M/B ; marker beacon)
㉯ VHF(very high frequency)
㉰ ILS(instrument landing system)
㉱ MDA(minimum descent altitude)

[해설] 일차적인 비행 표시장치 : 자세 방향 지시계(ADI ; altitude director indicator)에 속도계, 기압 고도계, 전파 고도계, 승강계, 기수 방위 지시계, 자동작동모드 표시 등을 한곳에 집약하여 지시하는 계기로 조종사는 이것에 의해 비행상태를 한눈에 쉽게 알 수 있다.

정답 1. ㉰ 2. ㉯ 3. ㉱ 4. ㉯

Chapter 03 항공기 공·유압 및 환경 조절계통

1. 유압계통 일반

1-1 파스칼의 원리

밀폐된 용기 안에 가득 채운 유체에 가한 압력은 유체의 모든 부분과 용기의 벽에 대하여 소멸하지 않고 모든 방향에 대하여 동일하게 전달된다.

(1) 기계적 이득

작은 힘으로 큰 힘을 얻는 것을 기계적 이득이라 한다.

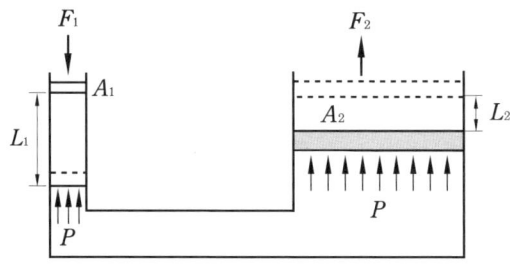

기계적 이득

① 작동부에 작용하는 힘

$$F_2 = \frac{A_2}{A_1} F_1 \quad \text{여기서, } \frac{A_2}{A_1} : \text{배력비}$$

힘은 실린더의 단면적비에 비례하여 배력이 된다.

② 작동부의 운동거리

$$L_2 = \frac{A_1}{A_2} L_1$$

운동거리는 실린더 단면적비에 반비례한다.

1-2 작동유

(1) 작동유의 구비조건

① 마찰손실이 적고 점성이 낮아야 한다.
② 온도변화에 따라 작동유의 성질변화가 적어야 한다.
③ 화학적 안정성이 높고 인화점이 높아야 한다.
④ 내화성을 가지고 끓는점이 높아야 한다.
⑤ 부식성이 낮고 부식을 방지할 수 있어야 한다.

(2) 작동유의 종류

① 식물성유 : 아주까리 기름과 알코올 혼합물로 되어 있으며 파란색이다. 천연고무 실(seal)을 사용한다.
② 광물성유 : 원유로부터 만들며 붉은색이다. 사용 온도범위는 −54~71 ℃이다. 착륙장치의 완충기에 사용된다. 광물성유에는 네오프렌 실을 사용한다.
③ 합성유 : 인산염과 에스테르의 혼합물로 자주색이다. 인화점이 높아 대부분 항공기에 사용된다. 사용 온도범위는 −54~115 ℃이다. 부틸 고무 또는 에틸렌-프로필렌 실을 사용한다.

2. 유압 동력계통 및 장치

2-1 레저버(reservoir, 저장소)

작동유를 펌프에 공급하고, 계통으로부터 귀환하는 작동유를 저장하는 동시에 공기 및 각종 불순물을 제거하는 장소 역할을 한다. 또한 계통 내에서 팽창에 의한 작동유의 증가량을 축적시키는 역할도 한다.

(1) 저장탱크의 용량

작동유의 온도가 38 ℃에서 필요로 하는 용량의 150% 이상이거나 축압기를 포함한 모든 계통이 필요로 하는 용량의 120% 이상이어야 한다.

(2) 저장탱크(reservoir)의 구조

① 여압 구멍 : 고공에서 거품 발생을 방지하고 저장탱크 안을 여압시키는 연결구이다.
② 배플(baffle)과 핀(pin) : 레저버 안에 있는 작동유가 심하게 흔들리거나 귀환되는 작동

유에 의하여 소용돌이치는 불규칙한 동요로 작동유에 거품이 발생하거나 펌프 안에 공기가 유입되는 것을 방지한다.

③ 스탠드 파이프(stand pipe) : 주계통이 마비되었거나 주계통의 유압이 떨어졌을 때, 즉 비상 시 작동유를 공급하는 통로이다.

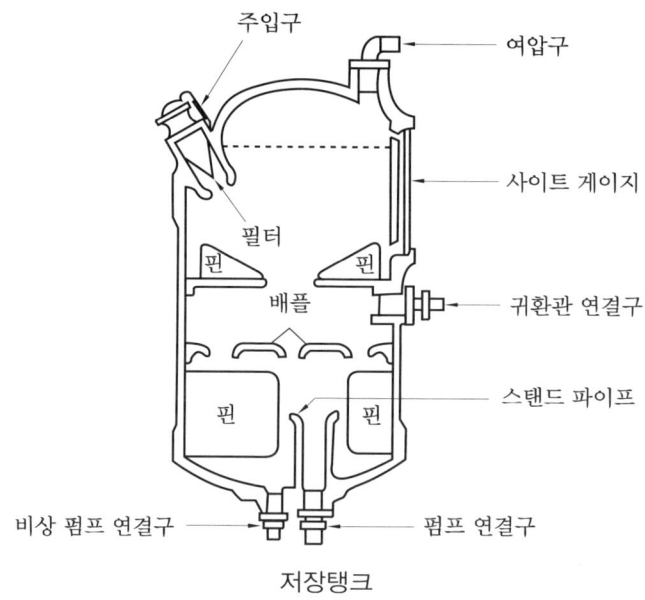

저장탱크

2-2 동력 펌프

작동유의 압력을 가압하는 장치로서 작동유에 의해서 윤활과 냉각이 된다.

(1) 형식에 의한 분류

① 기어(gear)형 펌프 : 1500 psi 이내의 압력에 사용한다.
② 제로터(gerotor)형 펌프
③ 베인(vane)형 펌프
④ 피스톤(piston)형 펌프 : 3000 psi 이상의 고압을 사용하며 대형 항공기에는 대부분 이 형식이 사용된다.

(2) 방출량에 의한 분류

① 일정 용량 펌프 : 요구되는 압력에 관계없이 펌프의 회전수당 고정된 양의 작동유를 공급한다. 기어형, 제로터형, 베인형 펌프가 있다.
② 가변 용량 펌프 : 작동유의 방출을 변화시킴으로써 계통의 요구 압력에 펌프 배출 압력을 맞출 수 있다. 이 펌프는 보상 밸브에 의해 자동적으로 방출 압력을 조절한다. 피스

톤형 펌프가 가변용량 펌프로 현대 항공기에 일반적으로 사용되고 있다.

(3) 구동방식에 의한 분류: 기관 구동 펌프, 공기압 구동 펌프, 전기모터 펌프

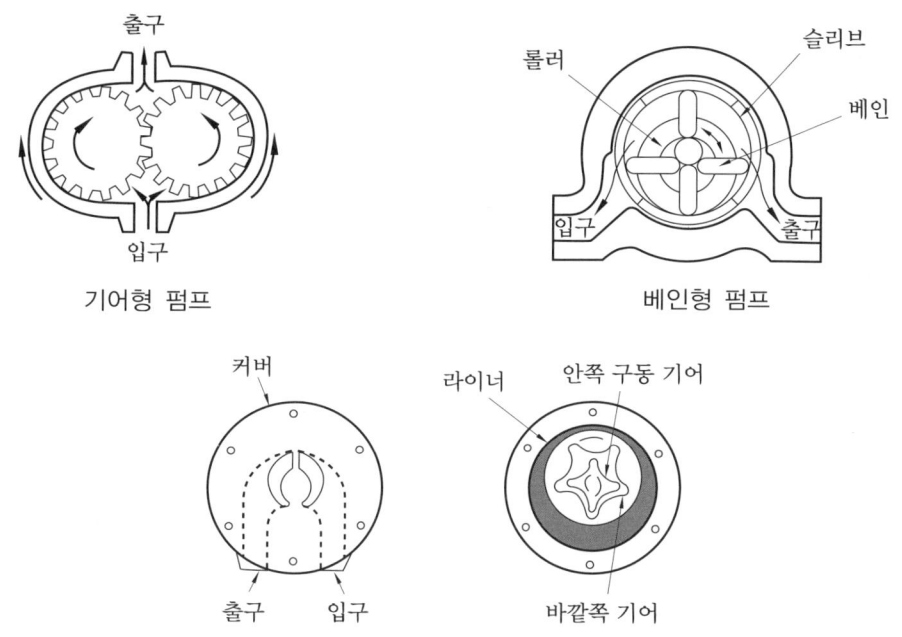

기어형 펌프   베인형 펌프

제로터형 펌프

2-3 수동 펌프(hand pump)

유압계통을 지상 점검 시 또는 동력 펌프가 고장났을 때 사용한다.

(1) 싱글 액팅(single acting)식 수동 펌프

1회 왕복에 1번씩 배출한다.

(2) 더블 액팅(double acting)식 수동 펌프

1회 왕복에 2번씩 배출한다. 많이 사용된다.

2-4 축압기(accumulator)

(1) 기능

가압된 작동유의 저장통으로 여러 개의 유압 기기가 동시에 사용될 때 동력 펌프를 도우며 동력 펌프의 고장 시 제한된 유압 기기를 작동시킨다. 유압계통의 서지(surge)현상을 방

지하고 유압계통의 충격적인 압력을 흡수해 주며 압력 조절기의 개폐 빈도를 줄여 펌프나 압력 조절기의 마멸을 작게 한다.

(2) 종류

① 다이어프램(diaphragm)형 축압기 : 유압계통 최대 압력의 $\frac{1}{3}$에 해당하는 압력으로 공기를 충전하면 다이어프램이 올라간다. 1500 psi 이하 계통에 사용한다.

② 블래더(bladder)형 축압기 : 3000 psi 이상인 계통에 사용한다.

③ 피스톤(piston)형 축압기 : 공간을 적게 차지하고 구조가 튼튼해 현재의 항공기에 많이 사용된다.

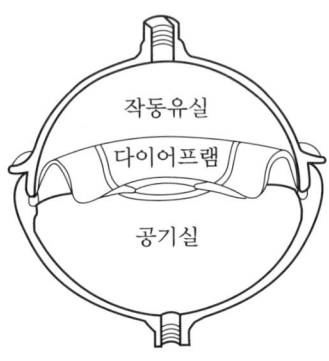

다이어프램형 축압기

2-5 여과기

작동유에는 선택 밸브나 펌프 등의 마멸에 의하여 금속 가루가 생기는데, 이를 여과하여 작동 불량이 생기지 않도록 한다.

쿠노형 여과기(cuno filter)와 미크론형 여과기(micron filter)가 있다.

- 바이패스 릴리프 밸브(bypass relief valve) : 여과기 하우징 밑에 쌓인 이물질이 분리될 수 있도록 쿠노형 여과기는 세척을 계통 중에 할 수 있으며, 여과기가 완전히 막히게 되는 경우를 대비하여 스프링 부하의 볼형 밸브를 설치하여 이 밸브를 통해 유압유를 공급한다.

예·상·문·제

1. 광물성유에 사용되는 seal은?
㉮ 천연고무
㉯ 일반고무
㉰ 네오프렌 합성고무
㉱ 부틸 합성고무

[해설] 광물성유에는 네오프렌(neoprene) 실(seal)을 사용한다.

2. 광물성 작동유(MIL-H-5606)를 사용하는 유압계통에 장착할 수 있는 O 링(ring)의 재질로 가장 적당한 것은?
㉮ 부틸   ㉯ 천연고무
㉰ 테프론 ㉱ 네오프렌 고무

3. 합성유(skydrol hydraulic fluid)를 사

[정답] 1. ㉰ 2. ㉱ 3. ㉰

용하는 계통을 세척할 때 사용하는 용액은?
- ㉮ 등유(kerosene)
- ㉯ 납사(naphtha)
- ㉰ 염화에틸렌(trichlorethylene)
- ㉱ 알코올(alcohol)

4. 유압 작동유 중 인화점이 낮아 항공기 유압계통에는 사용되지 않고 착륙장치의 완충기에 사용되는 작동유는?
- ㉮ 식물성유
- ㉯ 합성유
- ㉰ 광물성유
- ㉱ 동물성유

5. 유압계통의 작동유는 열팽창이 작은 것을 요구한다. 그 이유로 가장 올바른 것은?
- ㉮ 고고도에서 증발 감소를 위해서이다.
- ㉯ 고온일 때 과대압력을 방지한다.
- ㉰ 화재를 최소한 방지한다.
- ㉱ 작동유의 순환 불능을 해소한다.

6. 작동유(hydraulic fluid) 구비조건으로 가장 관계가 먼 것은?
- ㉮ 점도가 높을 것
- ㉯ 열전도율이 좋을 것
- ㉰ 화학적 안정성이 좋을 것
- ㉱ 부식성이 적을 것

7. MIL-H-8794는 길이방향으로 노랑색이 그려져 있다. 노란색선이 의미하는 것은?
- ㉮ 호스의 압력한계를 표시한다.
- ㉯ 호스가 꼬이지 않고 장착되었는지를 확인한다.
- ㉰ 호스가 윤활계통에 한하여 사용할 수 있다는 것을 의미한다.
- ㉱ 호스가 합성고무로 제작되었음을 의미한다.

8. 유압 및 공압 부품을 일정기간 이상 저장하면 안 되는 가장 큰 이유는 무엇인가?
- ㉮ 부품의 구성품이 부식되기 때문
- ㉯ 부품의 구성품이 노쇄되기 때문
- ㉰ 부품 내의 실(seal)이 그 기간 이상 지나면 노화되기 때문
- ㉱ 법으로 정해져 있기 때문

9. 항공기 유압회로와 가장 관계가 먼 것은?
- ㉮ 공급 라인
- ㉯ 압력 라인
- ㉰ 작업 및 귀환 라인
- ㉱ 점검 라인

10. 공·유압 계통도에서 다운 스트림(down stream)을 가장 올바르게 설명한 것은?
- ㉮ 어떤 밸브를 기준으로 배출방향 쪽
- ㉯ 어떤 밸브를 기준으로 유입구 쪽
- ㉰ 밸브의 내부 흐름
- ㉱ 어떤 밸브를 기준으로 하부 흐름

11. 유압계통에서 블리드(bleed)를 하는 주 목적은?
- ㉮ 계통에서 공기를 제거하기 위해
- ㉯ 계통의 누출을 방지하기 위해
- ㉰ 계통의 압력손실을 방지하기 위해
- ㉱ 실의 손상을 방지하기 위해

12. 항공기 유압계통에 사용되는 파이프의

정답 4. ㉰ 5. ㉯ 6. ㉮ 7. ㉯ 8. ㉰ 9. ㉱ 10. ㉮ 11. ㉮ 12. ㉯

크기 표시로 가장 옳은 것은?
㉮ 외경은 인치(inch)인 소수, 두께는 인치(inch)인 분수로 표시한다.
㉯ 외경은 인치(inch)인 분수, 두께는 인치(inch)인 소수로 표시한다.
㉰ 외경, 두께 모두를 인치(inch)인 소수로 표시한다.
㉱ 외경, 두께 모두를 인치(inch)인 분수로 표시한다.

[해설] 튜브의 치수 표기 : 외경(분수)×두께(소수)
호스의 치수 표기 : 내경으로 표시하며, 1인치의 16분비로 표시한다.

13. 고정된 부분에서 유체의 유출방지 및 공기나 먼지의 유입을 방지하는 실(seal)은?
㉮ 와셔   ㉯ 와이퍼
㉰ 패킹   ㉱ 개스킷

14. 유체를 이용한 힘의 전달방식은 다음 중 어느 원리에 기초를 두고 있는가?
㉮ 아르키메데스의 원리
㉯ 파스칼의 원리
㉰ 뉴턴의 법칙
㉱ 보일의 법칙

15. 작동유 저장탱크에 관한 내용 중 가장 올바른 것은?
㉮ 재질은 일반적으로 알루미늄 합금이나 마그네슘 합금으로 되어 있다.
㉯ 저장탱크의 압력은 사이트 게이지(sight gauge)로 알 수 있다.
㉰ 배플은 불순물을 제거한다.
㉱ 저장탱크의 용량은 축압기를 포함한 모든 계통이 필요로 하는 용량의 75% 이상이어야 한다.

16. 유압계통에서 레저버(reservoir) 내의 stand pipe의 가장 중요한 역할은 무엇인가?
㉮ 계통 내의 압력유동을 감소시킨다.
㉯ vent 역할을 한다.
㉰ 비상 시 작동유의 예비 공급 역할을 한다.
㉱ 탱크 내에 거품이 생기는 것을 방지한다.

17. 작동 유압계통에서 압력 단위를 나타내는 것은?
㉮ GPM   ㉯ RPM
㉰ PSI   ㉱ PPM

18. 연속 이송형 펌프(constant delivery pump)를 장착한 유압계통에서 계통 내의 유압이 사용되지 않고 있다면 어떤 구성품에 의해 작동유가 순환되는가?
㉮ 압력 릴리프 밸브
㉯ 셔틀 밸브
㉰ 압력 조정기
㉱ 디부스터 밸브

19. 고압력을 요구하는 계통에 사용되는 펌프의 구조로 가장 올바른 것은?
㉮ 기어식   ㉯ 베인(vane)식
㉰ 피스톤식   ㉱ 유압식

[해설] 펌프 종류: 기어형, 제로터형, 베인형, 피스톤형 등이 있으며 1500psi 이내의 압력에서는 기어형이 이용되고, 3000psi 이내의 고압이 필요한 경우에는 피스톤형 펌프가 이용된다.

정답 13. ㉱ 14. ㉯ 15. ㉮ 16. ㉰ 17. ㉰ 18. ㉰ 19. ㉰

20. 유압계통에서 가변 용량식 펌프로 사용되는 것은?
㉮ 기어식(gear type)
㉯ 베인식(vane type)
㉰ 제로터식(gerotor type)
㉱ 피스톤식(piston type)

[해설] 방출량에 의한 분류
① 일정 용량 펌프 : 요구되는 압력에 관계없이 펌프의 회전수당 고정된 양의 작동유를 공급한다. 기어형, 제로터형, 베인형 펌프가 있다.
② 가변 용량 펌프 : 작동유의 방출을 변화시킴으로써 계통의 요구압력에 펌프 배출압력을 맞출 수 있다. 피스톤형 펌프가 있다.

21. 유압 펌프에서 정용량형 펌프란?
㉮ 1회전에 대한 이론 토출량이 일정
㉯ 펌프의 회전수와 관계없이 일정량의 유압유 토출
㉰ 부하 압력 변동에 관계없이 일정용량의 유량유 토출
㉱ 유압 실린더의 용량에 따라 일정량의 유압유 토출

[해설] 정용량형 펌프(fixed displacement pump) 1회전마다의 이론 토출량이 변화되지 않는 펌프로 기어 펌프, 베인 펌프, 베인형 펌프 등이 있다.

22. 유압회로의 열화작용이란?
㉮ 회로 내에 공기의 혼입으로 기름의 온도가 상승하는 것
㉯ 회로 내에 기름을 장시간 사용함으로써 온도가 상승하는 것
㉰ 회로 내에 기름이 부족하여 온도가 상승하는 것
㉱ 회로 내에 기름이 과대하여 온도가 상승하는 것

23. 유압계통에 있는 축압기(accumulator)의 설치 위치와 가장 관계가 있는 것은?
㉮ 작업 라인(working line)
㉯ 귀환 라인(return line)
㉰ 공급 라인(supply line)
㉱ 압력 라인(pressure line)

24. 유압장치의 작동기가 동작하고 있지 않은 상태에서 계통 작동유의 압력이 고르지 못할 때 압력에 대한 완충작용을 함과 동시에 압력 조절기의 작동빈도를 낮추기 위한 장치는?
㉮ reservoir   ㉯ selector valve
㉰ accumulator ㉱ check valve

[정답] 20. ㉱ 21. ㉮ 22. ㉮ 23. ㉱ 24. ㉰

3. 압력 조절, 제한 및 제어장치

3-1 압력 조절장치

(1) 압력 조절기(pressure regulator)

불규칙한 배출압력을 규정 압력범위로 조절하고, 계통에서 압력이 요구되지 않을 때에는 펌프에 부하가 걸리지 않도록 한다.

① 킥 아웃(kick out) 상태 : 계통의 압력이 규정값보다 높을 때 펌프에서 배출되는 압력을 저장탱크로 되돌려 보내기 위해 바이패스 밸브가 열리고, 체크 밸브가 닫혀서 작동유는 귀환관을 통하여 레저버로 귀환된다.

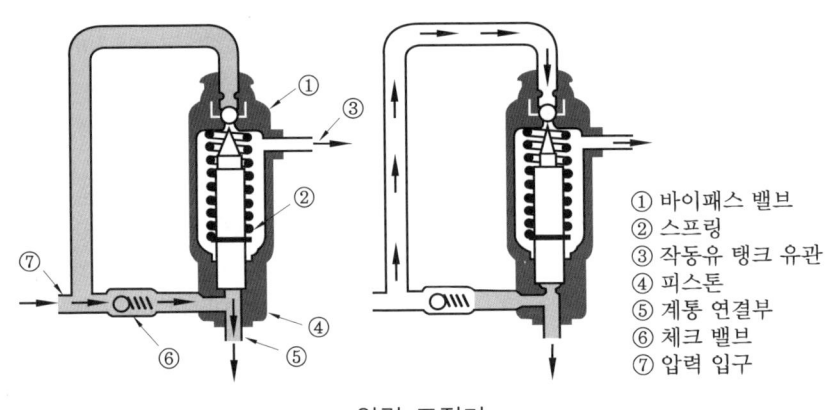

① 바이패스 밸브
② 스프링
③ 작동유 탱크 유관
④ 피스톤
⑤ 계통 연결부
⑥ 체크 밸브
⑦ 압력 입구

압력 조절기

② 킥 인(kick in) 상태 : 계통의 압력이 규정값보다 낮을 때 계통으로 유압을 보내기 위하여 귀환관에 연결된 바이패스 밸브가 닫히고 체크 밸브가 열려 있는 상태이다.

(2) 릴리프 밸브(relief valve)

작동유에 의한 계통 내의 압력을 규정된 값 이하로 제한하는데 사용되는 것으로 과도한 압력으로 인하여 계통 내의 관이나 부품이 파손될 수 있는 것을 방지한다.

① 계통 릴리프 밸브 : 압력 조절기 및 계통의 고장 등으로 계통 내의 압력이 규정값 이상으로 되는 것을 방지하기 위한 밸브이다.

② 온도 릴리프 밸브 : 온도 증가에 따른 유압계통의 압력 증가를 막는 역할을 한다.

3-2 감압 밸브(pressure reducing valve)

계통의 압력보다 낮은 압력이 필요한 일부 계통에 설치하는데 일부 계통의 압력을 요구 수준까지 낮추고 이 계통에 갇힌 작동유의 열팽창에 의한 압력 증가를 막는다.

3-3 퍼지 밸브(purge valve)

비행자세의 흔들림과 온도의 상승으로 인하여 펌프의 공급관과 펌프 출구 쪽에 생기는 공기와 거품을 저장탱크로 되돌아가게 한다.

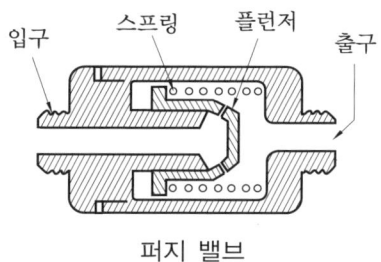

퍼지 밸브

3-4 프라이오리티 밸브(priority valve ; 우선 순위 밸브)

작동유 압력이 일정 압력 이하로 떨어지면 유로를 막아 작동유의 중요도에 따라 우선 필요한 계통만을 작동시키는 기능을 가진 밸브이다.

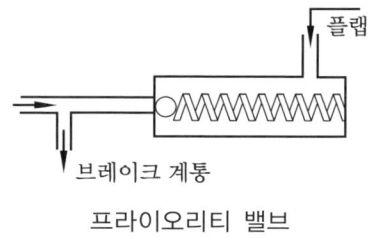

프라이오리티 밸브

3-5 디부스터 밸브(debooster valve)

브레이크 작동을 신속하게 하는 밸브로서 브레이크를 작동할 때 일시적으로 작동유의 공급량을 증가시켜 신속히 제동되도록 하며 브레이크를 풀 때에도 작동유의 귀환이 신속하게 이루어지도록 한다.

예·상·문·제

1. 작동유 압력이 일정 압력 이하로 떨어지면 유로를 차단하는 기능을 갖는 것은?
㉮ system accumulator
㉯ system relief valve
㉰ system return filter module
㉱ priority valve

2. 항공기 유압회로에서 필터(filter)에 부착되어 있는 차압 지시계(differential pressure indicator)의 주목적은?
㉮ 필터 엘리먼트(element)가 오염되어 있는 상태를 알기 위한 지시계이다.
㉯ 필터 출력회로에 압력이 높아질 경우 압력차를 알기 위한 지시계이다.
㉰ 필터 출력회로에서 귀환되어 유압의 압력차를 지시하기 위한 지시계이다.
㉱ 필터 입력회로에 유압의 압력차를 지시하기 위한 지시계이다.

3. 유압계통에 있는 필터에서 필터 내에 바이패스 릴리프 밸브의 주목적은?
㉮ 필터 엘리먼트(filter element) 내에 유압유 압력이 높아지면 귀환 라인으로 유압유를 보내기 위하여
㉯ 필터 엘리먼트(filter element)가 막힐 경우 유압유를 계통에 공급하기 위하여
㉰ 유압유 공급 라인에 압력이 과도하여 지는 것으로부터 계통을 보호하기 위하여
㉱ 회로 압력을 설정값 이하로 제한하여 계통을 보호하기 위하여

4. 항공기 브레이크 계통에서 브레이크로 가는 압력을 감소시키고 유압유의 흐르는 양을 증가시키는 역할과 관계되는 것은?
㉮ 셔틀 밸브(shuttle valve)
㉯ 디부스터 밸브(debooster valve)
㉰ 브레이크 제어 밸브(brake control valve)
㉱ 브레이크 조절 밸브(brake regulation valve)

5. 항공기 유압회로에서 프라이오리티 밸브(priority valve)에 대한 설명으로 옳은 것은?
㉮ 유로를 선택하고 작동유의 공급과 리턴 회로를 만들고 기구의 작동방향을 결정하는 밸브이다.
㉯ 한 방향으로 자유로이 작동유를 흐르게 하지만 반대방향으로 흐르지 못하게 하는 밸브이다.
㉰ 작동유 압력이 일정압력 이하로 떨어지면 유로를 차단하는 기능을 가진 밸브이다.
㉱ 한 개의 선택 밸브에 의해 복수의 기구를 작동시켰을 때, 그 작동순서를 결정하는 밸브이다.

정답 1. ㉱ 2. ㉮ 3. ㉯ 4. ㉯ 5. ㉰

4. 흐름방향 및 유량 제어장치

4-1 흐름방향 제어장치

(1) 선택 밸브
작동 실린더의 운동방향을 결정하는 밸브이며 중심 개방형, 중심 폐쇄형으로 구분한다.
① 기계적으로 작동하는 밸브 : 회전형, 포핏형, 스풀형, 피스톤형, 플런저형 등이 있다.
② 작동 방식 : 전기식과 기계식이 있다.

(2) 오리피스와 체크 밸브(check valve)
① 오리피스(orifice) : 흐름 제한기(flow restrictor)라고도 하며 작동유의 흐름률을 제한한다.
② 체크 밸브(check valve) : 작동유의 흐름을 한쪽 방향으로만 흐르게 하고 반대 방향으로는 흐르지 못하게 하는 밸브이다.

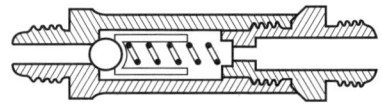

체크 밸브

③ 오리피스 체크 밸브 : 오리피스와 체크 밸브를 합한 것으로 한쪽 방향으로는 정상적으로 흐르게 하고 다른 방향으로는 흐름을 제한한다.
④ 미터링 체크 밸브 : 오리피스 체크 밸브와 기능은 같으나 유량을 조절할 수 있다.
⑤ 수동 체크 밸브 : 정상시에는 체크 밸브 역할을 하지만 필요 시 양쪽 방향으로 작동유를 흐르도록 하는 밸브이다.

(3) 시퀀스 밸브(sequence valve ; 타이밍 밸브)
착륙장치, 도어 등과 같이 2개 이상의 작동기를 정해진 순서에 따라 작동되도록 유압을 공급하기 위한 밸브로서 타이밍 밸브라고도 한다.

(4) 셔틀 밸브(shuttle valve)
정상 유압동력 계통에 고장이 발생하였을 경우에 비상계통을 사용할 수 있도록 해 주는 밸브이다.

4-2 유량 제어장치

작동유의 과도한 흐름을 제한하여 흐름을 일정하게 하고 기기를 손상시킬 염려가 있을 때에는 흐름을 차단하는 장치이다.

(1) 흐름 평형기(flow equalizer)

2개의 작동기가 동일하게 움직이게 하기 위하여 작동기에 공급되거나 작동기로부터 귀환되는 작동유의 유량을 같게 하는 장치이다.

(2) 흐름 조절기(flow regulator, 흐름 제어 밸브)

계통의 압력변화에 관계없이 작동유의 흐름을 일정하게 유지시키는 장치이다.

이 조절기는 유압 모터의 회전수를 일정하게 하거나 앞 착륙장치 스티어링, 카울 플랩, 윙 플랩 등을 일정한 속도로 작동하게 한다. 그리고 승강키, 방향키, 서보 실린더 등에 공급되는 작동유의 급격한 흐름의 변화를 방지하는데 사용한다.

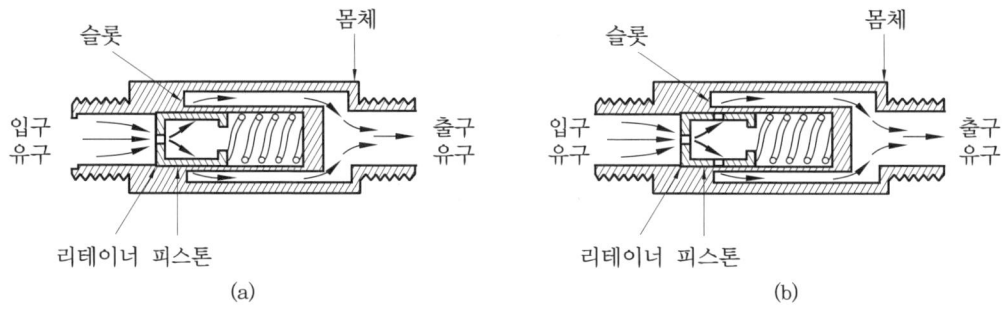

흐름 조절기의 작동

(3) 유압 퓨즈(hydraulic fuse)

유압계통의 관이나 호스가 파손되거나 기기 내의 실(seal)에 손상이 생겼을 때 과도한 누설을 방지하기 위한 장치로서 계통이 정상적일 때는 작동유를 흐르게 하지만 누설로 인하여 규정보다 많은 작동유가 통과할 때는 밸브가 흐름을 차단하기 때문에 작동유의 과도한 손실을 막는다.

(4) 유압관 분리 밸브(hydraulic line disconnect valve)

유압 펌프 및 브레이크 등과 같은 유압기기의 장탈 시 작동유가 누출되는 것을 최소화하기 위한 장치이다.

예·상·문·제

1. 유압계통에서 시퀀스 밸브(sequence valve)란?
㉮ 동작물체의 동작에 따른 작동유의 요구량 변화에도 흐름을 일정하게 해 주는 밸브
㉯ 작동유의 속도를 일정하게 해 주는 밸브
㉰ 작동유의 온도를 적당히 조절해 주는 밸브
㉱ 한 물체의 작동에 의해 유로를 형성시켜 줌으로써 다른 물체가 순차적으로 동작하도록 해 주는 밸브

2. 항공기 유압회로에서 가장 높은 압력으로 setting된 밸브는?
㉮ 퍼지 밸브(purge valve)
㉯ 시퀀스 밸브(sequence valve)
㉰ 체크 밸브(check valve)
㉱ 릴리프 밸브(relief valve)

3. 유압계통에 사용되는 릴리프 밸브의 특성 중 압력 오버 라이드(over ride)란?
㉮ 크래킹 압력(cracking pressure)에서부터 릴리프 밸브가 닫힐 때까지의 압력변화
㉯ 릴리프 밸브가 열려 있을 때 정격유량의 압력변화
㉰ 크래킹 압력에서부터 정격유량이 흐를 때까지의 압력변화
㉱ 릴리프 밸브가 닫혀서 정격유량을 유지할 때까지의 압력변화

4. 압력 조절기와 비슷한 역할을 하지만 압력 조절기보다 약간 높게 조절되어 있어, 그 이상의 압력을 빼어 주기 위한 장치는?
㉮ check valve ㉯ reservoir
㉰ accumulator ㉱ relief valve

5. 정상 유압동력 계통에 고장이 생겼을 때 비상계통을 사용할 수 있도록 해 주는 밸브는?
㉮ 선택 밸브(selector valve)
㉯ 체크 밸브(check valve)
㉰ 시퀀스 밸브(sequence valve)
㉱ 셔틀 밸브(shuttle valve)

6. 항공기 유압계통 연결 시 신속분리 커플링(quick disconnect coupling)을 사용하는 가장 큰 목적은?
㉮ 유체계통 배관의 길이를 감소시킬 수 있다.
㉯ 유체의 압력이 상승할 경우 안전율(safety factor)을 증가시킬 수 있다.
㉰ 유체의 손실이나 공기 혼입이 없이 배관을 신속하게 분리할 수 있다.
㉱ 유체의 흐름을 여러 방향으로 손실없이 분배할 수 있다.

7. 유압계통에서 체크 밸브(check valve)의 주목적은?
㉮ 압력 조절
㉯ 역류 방지

정답 1. ㉱ 2. ㉱ 3. ㉰ 4. ㉱ 5. ㉱ 6. ㉰ 7. ㉯

㉰ 기포 방지
㉱ 비상 시 유입 차단

8. 유량 제어장치 중 유압관 파손 시 작동유가 누설되는 것을 방지하기 위한 장치는?
㉮ 흐름 제한기(flow restrictor)
㉯ 유압 퓨즈(hydraulic fuse)
㉰ 흐름 조절기(flow regulator)
㉱ 유압관 분리 밸브(disconnect valve)

9. 다음 중 작동유가 과도하게 흐르는 것을 방지하기 위한 장치는?
㉮ 필터(filter)
㉯ 프라이오리티(priority) 밸브
㉰ 바이패스 밸브(bypass valve)
㉱ 유압 퓨즈(hydraulic fuse)

10. 항공기 유압회로에서 프라이오리티(priority) 밸브에 대한 설명으로 옳은 것은?

㉮ 유로를 선택하고 작동유의 공급과 귀환회로를 만들고 기구의 작동방향을 결정하는 밸브이다.
㉯ 한 방향으로 자유로이 작동유를 흐르게 하지만 반대방향으로는 흐르지 못하게 하는 밸브이다.
㉰ 작동유 압력이 일정압력 이하로 떨어지게 되면 유로를 차단하는 기능을 가진 밸브이다.
㉱ 한 개의 선택 밸브에 의해 복수의 기구를 작동시켰을 때 그 작동순서를 결정하는 밸브이다.

11. 작동유 압력이 일정압력 이하로 떨어질 때 유로를 차단하는 기능을 갖는 것은?
㉮ system relief valve
㉯ system accumulator
㉰ system return filter module
㉱ priority valve

정답 8. ㉯ 9. ㉱ 10. ㉰ 11. ㉱

5. 유압 작동기 및 작동계통

5-1 유압 작동기

가입된 작동유를 받아 기계적인 운동으로 변환시키는 장치이다.

(1) 직선 운동 작동기

① 싱글 액팅 작동기 : 한쪽 방향으로는 유압에 의하여 작동하고 반대쪽 방향으로는 스프링에 의하여 귀환 운동을 하는 형식으로 브레이크 계통 등에 사용된다.
② 더블 액팅 작동기 : 피스톤의 양쪽에 모두 유압이 작동하여 네길 선택 밸브의 방향에 따라 피스톤이 운동하는 형식으로 자동 조종장치의 서보 작동기에 사용된다.
③ 래크(rack)와 피니언(pinion) : 피스톤의 직선운동을 래크와 피니언에 의하여 제한된 회전운동으로 바꾸어 주는 작동기로 윈드실드 와이퍼나 앞 착륙장치 스티어링 계통에 사용된다.

(2) 회전 운동 작동기

유압 모터를 말하며 작동유를 공급받아 회전축을 회전시킨다.

5-2 브레이크 장치계통

항공기가 지상에서 활주할 때 항공기 속도를 감소시키고 항공기 방향을 바꾸거나 주기와 계류 시 사용한다.

(1) 브레이크 계통

① 독립식 브레이크 계통 : 소형 항공기에 주로 사용된다.
② 동력 부스터 브레이크 계통
③ 동력 브레이크 제어계통 : 많은 양의 작동유가 요구되는 대형 항공기에 사용된다.

(2) 브레이크 장치

① 슈 브레이크(shoe brake)
② 팽창 튜브 브레이크 : 소형 항공기에 사용된다.
③ 단일 디스크 브레이크(single disk brake)
④ 멀티 디스크 브레이크 : 대형 항공기에 사용된다.

(3) 앤티 스키드 계통

착륙 후 지상활주 시 무리한 제동을 가하면 바퀴의 회전이 멈추면서 지면에 대하여 미끄럼이 발생하여 타이어가 심하게 한쪽 면만 닳거나 터지게 되는데, 이와 같은 미끄럼 현상을 방지하는 장치이다.

예·상·문·제

1. 작동 실린더(actuating cylinder)에 대한 설명 중 가장 올바른 것은?
- ㉮ 작동유압을 기계적 운동으로 변화시키는 장치
- ㉯ 작동유의 흐름을 제어하는 장치
- ㉰ 운동 에너지와 안정된 정역학적 부하를 흡수하는 장치
- ㉱ 왕복운동을 회전운동으로 변화시키는 장치

2. 유압계통의 작동 피스톤의 작동속도와 관계가 없는 것은?
- ㉮ 펌프의 회전속도
- ㉯ 실린더의 단면적
- ㉰ 실린더의 행정
- ㉱ 펌프의 배출용량

3. 작동 유압계통에서 계기는 어느 압력을 지시하는가?
- ㉮ reservoir pressure
- ㉯ pressure manifold pressure
- ㉰ accumulator pressure
- ㉱ pressure regulator pressure

4. 피스톤형 밸브로서 브레이크(brake)의 작동을 신속하게 하기 위한 밸브는?
- ㉮ 디부스터 밸브(debooster valve)
- ㉯ 퍼지 밸브(purge valve)
- ㉰ 프라이오리티 밸브(priority valve)
- ㉱ 릴리프 밸브(relief valve)

5. 브레이크 계통에서 디부스터 밸브(debooster valve)에 대한 설명 중 맞는 것은?
- ㉮ 브레이크의 apply 및 release를 빠르게 한다.
- ㉯ 제동효과를 높이기 위해 power booster의 압력을 높인다.
- ㉰ brake 작동기의 공급압력을 높인다.
- ㉱ brake 파열 시 작동유 유출을 막는다.

6. 항공기 브레이크 계통에서 브레이크로 가는 압력을 감소시키고 유압유의 흐르는 양을 증가시키는 역할과 관계되는 것은?
- ㉮ 셔틀 밸브(shuttle valve)
- ㉯ 디부스터 밸브(debooster valve)
- ㉰ 브레이크 제어 밸브(brake control valve)
- ㉱ 브레이크 조절 밸브(brake regulation valve)

정답 1. ㉮ 2. ㉯ 3. ㉱ 4. ㉮ 5. ㉮ 6. ㉯

6. 공기압계통

유압계통을 작동시키기가 불가능할 때 보조적인 수단으로 사용되며, 어느 정도 계통의 누설을 허용하더라도 압력 전달에 영향을 주지 않는다. 공기압계통은 무게가 가볍고 사용한 공기를 대기 중으로 배출시키게 되어, 귀환관이 필요 없어 계통이 간단하다.

6-1 공기압계통의 구성

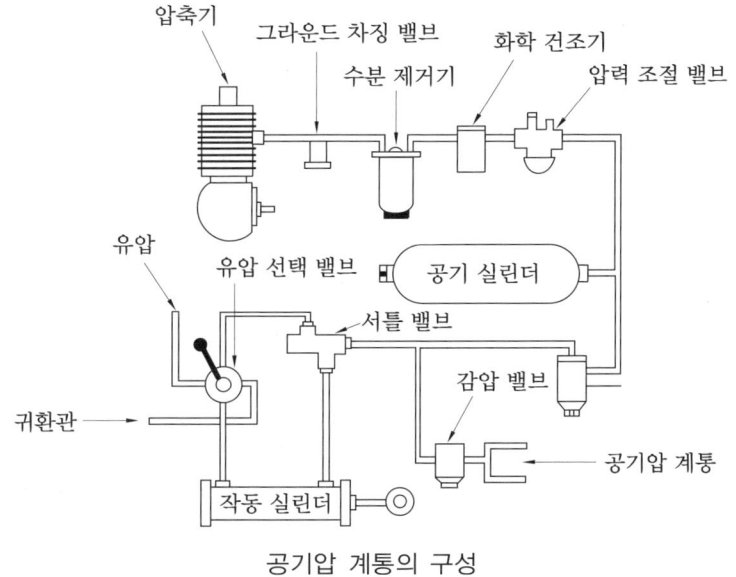

공기압 계통의 구성

(1) 공기 압축기
공기압을 발생시키기 위한 것으로 기관 구동식 압축기가 사용된다.

(2) 공기 저장통
공기압 계통에 필요한 압축공기를 저장하는 실린더이다.
- 스택 파이프(stack pipe) : 제거되지 않은 수분이나 윤활유가 계통으로 섞여 나가지 않도록 한다.

(3) 지상 충전 밸브(ground charging valve)
일종의 체크 밸브로서 지상에서 항공기 기관이 작동하지 않고 있을 때 지상 작업 등을 위하여 계통에 공기를 공급하는데 사용한다.

(4) 수분 제거기
공기에 포함된 수분이나 오일을 제거하기 위한 장치이다.

(5) 화학 건조기
수분 제거기로도 제거되지 않은 수분이나 오일을 화학적 탈수제로 완전히 제거시키는 장치이다.

(6) 압력 조절 밸브
공기 저장통의 공기압력을 규정 범위로 유지시키는 역할을 한다.

(7) 감압 밸브
높은 압력의 공기가 흡입 플런저에 뚫려 있는 작은 공기 통로를 통과함으로써 공기의 압력이 낮아지게 하여 저장계통에 공급되는 밸브이다.

(8) 셔틀 밸브(shuttle valve)
유압과 공기압을 필요에 따라 선택할 때 사용되는 밸브이다.

예·상·문·제

1. 공기압계통에서 공기 저장통 안에 설치되어 수분이나 윤활유가 계통으로 섞여 나가지 않도록 하는 것은?
㉮ 핀(pin)
㉯ 스택 파이프(stack pipe)
㉰ 배플(baffle)
㉱ 스탠드 파이프(stand pipe)

2. 항공기 공압계통에서 스위치의 위치와 밸브 위치가 일치했을 때 점등하는 light는?
㉮ agreement light
㉯ disagreement light
㉰ intransit light
㉱ condition light

[해설] ① agreement light : 스위치의 위치와 밸브의 위치가 일치할 때
② disagreement light : 스위치의 위치와 밸브의 위치가 불일치할 때
③ intransit light : 스위치의 위치와 관계없이 밸브가 완전히 열렸거나 닫힌 위치 이외의 경우에

3. 항공용으로 사용되는 공기압계통에 대한 설명으로 가장 관계가 먼 것은?
㉮ 대형 항공기에는 주로 유압계통에 대한 보조수단으로 사용한다.
㉯ 소형 항공기에는 브레이크 장치, 플랩 작동장치 작동에 사용한다.
㉰ 공기압 누설 시 압력전달에 큰 영향

정답 1. ㉯ 2. ㉮ 3. ㉰

을 주기 때문에 누설 허용은 안 된다.
라 공기압 사용 시 귀환관이 필요 없어 계통이 단순하다.

4. 항공기에서 사용되는 공기압계통(pneumatic system)의 공압기에 대한 설명으로 틀린 것은?
가 적은 양으로 큰 힘을 얻을 수 있다.
나 불연성(non-flammable)이고 깨끗하다.
다 서보(servo)계통으로서 정밀한 조정이 가능하다.
라 리저버(reservoir), 귀환 라인(return line)에 해당하는 장치가 필요하다.

5. 항공기에서 사용되는 공기압계통에 대한 설명 중 가장 관계가 먼 내용은?
가 대형 항공기에는 주로 유압계통에 대한 보조수단으로 사용한다.
나 소형 항공기에서는 브레이크 장치, 플랩작동장치 등을 작동시키는데 사용한다.
다 적은 양으로 큰 힘을 얻을 수 있고, 깨끗하며 불연성(non-inflammable)이다.
라 공기압의 재활용으로 귀환관이 필요하나 유압계통보다는 계통이 단순하다.

6. 공압계통이 유압계통과 다른 점을 올바르게 설명한 것은?
가 공압계통은 압축성이므로 그대로의 힘을 손실없이 전달한다.
나 공압계통은 비압축성이므로 그대로의 힘을 전달하지 못하고 손실된다.
다 공압계통은 압축성이며, 귀환라인(return line)이 요구되지 않는다.
라 공압계통은 비압축성이며, 귀환 라인이 요구되지 않는다.

7. 유압장치와 공압장치를 비교할 때 공압장치에서 필요 없는 부품은?
가 check valve   나 relief valve
다 reducing valve 라 accumulator

8. 공·유압계통에서 공압과 유압을 필요에 따라 선택할 때 사용되는 밸브는?
가 감압 밸브
나 셔틀(shuttle) 밸브
다 유압관 분리 밸브
라 선택 밸브

9. 대형 항공기 공압계통에서 공통 매니폴드(manifold)에 공급되는 공기의 온도 조절은 주로 어느 것에 의해 이루어지는가?
가 팬 에어(fan air)
나 열교환기(heat exchanger)
다 램 에어(ram air)
라 브리딩 에어(bleeding air)

10. 대형 항공기 공압계통에서 공통 매니폴드(manifold)에 공급되는 공기 공급원의 종류와 가장 거리가 먼 것은?
가 전기 모터로 구동되는 압축기(electric motor compressor)
나 터빈 기관의 압축기(compressor)
다 기관으로 구동되는 압축기(supercharger)
라 그라운드 뉴메틱 카트(ground neumatic cart)

정답 4. 라 5. 라 6. 다 7. 라 8. 나 9. 나 10. 가

7. 환경 조절계통

7-1 대기와 산소

(1) 인간이 외부 도움없이 신체적 장애를 받지 않고 정상적인 활동이 가능한 고도는 2400m(8000ft)이다.

(2) **산소 결핍증(anoxia)**

    4575m(15000ft) 이상 고도에서 산소 부족으로 인해 졸음이 오고 머리가 아프며, 입술과 손톱이 파랗게 되고 시력과 판단력이 흐려지며 맥박 증가와 호흡 곤란이 일어나는 현상이다.

7-2 비행 고도와 객실 고도

(1) **비행 고도(flight altitude)** : 실제 비행하는 고도이다.

(2) **객실 고도(cabin altitude)** : 객실 안의 기압에 해당하는 고도이다.

(3) **차압(differential pressure)** : 비행 고도와 객실 고도의 차이로 인해 기체 외부와 내부에 생기는 압력차를 말하며 비행기 구조가 견딜 수 있는 차압은 설계할 때 정해진다.

7-3 공기 조화계통

    항공기 내부의 공기를 쾌적한 상태의 온도로 조절하는 계통으로 가열기나 냉각기를 사용하여 기내의 온도를 21~27 ℃로 만든다.

(1) **가열계통**

    여압공기는 압축기에 압축될 때 이미 가열되어 있어 추가로 가열할 필요는 없지만 온도를 좀 더 높일 필요가 있을 경우에는 가솔린 연소 가열기나 전열기 및 제트 기관의 배기가스를 이용한 열교환기 등을 사용하거나 압축공기를 재순환시켜 더욱 가열되도록 한다.

    ① 소형 항공기 : 기관의 배기관을 히터머프 안으로 통과시켜 주위로 지나가는 램 공기(ram air)가 가열되도록 한다.

    ② 대형 항공기 : 별도로 연소 가열기를 설치하여 램 공기를 가열시킨다.

㈎ 솔레노이드 밸브 : 온도가 규정값 이상에 도달하게 되면 가열기에 공급되는 연료를 차단시킨다.

㈏ 공기 릴리프 밸브(차압 조절기) : 연소 가열기로 들어오는 공기 압력을 조절한다.

(2) 냉각계통

① 공기순환 냉각방식(air cycle cooling) : 냉각 터빈(팽창 터빈), 공기 사이클 머신(ACM), 가열 공기를 냉각시키는 공기 열교환기 및 여러 개의 밸브로 구성되어 있는 기계적 냉각방식이다. 안정성이 높고 구조가 단순하며 고장이 적고 경제적이다.

㈎ 1차, 2차 열교환기

㉮ 1차 열교환기 : 기관 블리드 공기가 1차 열교환기를 거치게 하여 외부 공기 온도 정도로 냉각한다.

㉯ 2차 열교환기 : 1차 열교환기와 공기순환 압축기를 거친 뜨거운 블리드 공기를 다시 한번 냉각시켜 준다.

㈏ 터빈 바이패스 밸브 : 공기순환 장치의 출구가 막혀 얼어 버리는 것을 방지한다.

㈐ 차단 밸브 : 계통에 공기흐름을 차단하거나 공기 조화계통을 작동하는데 필요한 공기의 흐름을 조절하며 팩(pack) 밸브라고도 한다.

㈑ 수분 분리기 : 객실로 들어가는 공기의 수분을 제거한다.

㈒ 램 공기 흡입 및 배기 도어 : 열교환기 주위를 지나는 램 공기의 양을 조절하기 위해 순차적으로 작동한다. 도어(door)를 통과하는 공기의 양에 따라 열교환기에 의해 추출된 열의 양도 조절된다.

② 증기순환 냉각방식(vapor cycle cooling) : 대형기는 냉각 성능이 강력하고 기관이 작동하지 않더라도 냉각이 가능한 증기순환 냉각방식을 사용한다. 작동원리는 에어컨이나 냉장고와 비슷하며 적극적인 냉각방식이다.

㈎ 리시버 건조기(건조 저장기) : 냉매의 건조와 여과를 담당한다.

㈏ 응축기(condensor) : 냉각제의 열을 빼앗아 액체로 만든다.

㈐ 냉각제 : 프레온(freon) 가스가 일반적으로 사용된다.

㈑ 팽창 밸브 : 액체 냉각제의 압력을 낮추어 냉각제의 온도를 더욱 낮게 해 준다.

㈒ 증발기(evaporator) : 공기 조화계통에서 공기를 냉각시킨다.

㈓ 압축기 : 냉각제가 계통을 거쳐 순환되도록 한다.

7-4 객실 여압계통

객실 안의 압력을 높이기 위해 압축된 공기를 전량 계속해서 공급하며 객실 내의 압력은 기체 밖으로 배출시킬 공기의 양을 조절함으로써 조절된다.

(1) 여압공기의 공급

① 왕복기관 항공기의 여압공기의 공급 : 과급기(supercharger) 또는 터보 과급기(turbo supercharger)로부터 객실 여압에 필요한 공기를 받는다.
② 가스 터빈 기관의 여압공기의 공급 : 기관 압축기에서 가압된 블리드 공기(bleed air)를 사용한다.

7-5 공기 조화계통 및 객실 여압계통의 작동

(1) 공기유량 조절장치

① 공기압식 유량 조절장치 : 왕복기관 항공기에 사용되는데 순항고도에서 요구되는 공기 유량을 객실에 공급한다.
② 자동유량 조절장치 : 피스톤형 밸브에 의하여 제트 기관의 압축기로부터 객실로 공급되는 공기의 흐름을 자동으로 조절하는 장치이다.

(2) 객실압력 조절장치

① 아웃 플로 밸브(out flow valve) : 고도에 관계없이 계속 공급되는 압축된 공기를 동체 옆이나 꼬리부분 또는 날개의 필릿을 통하여 외부로 배출시킴으로써 객실 안의 압력을 원하는 압력으로 유지하도록 하는 밸브이다.
② 객실압력 조절기 : 규정된 객실 고도의 기압이 되도록 아웃 플로 밸브의 위치를 지정하고, 자동적으로 등기압 범위에 있어서의 설정값을 조절해 주며 차압 영역에서는 미리 설정한 차압이 유지되도록 한다.
③ 객실압력 안전 밸브 : 차압이 규정값보다 클 때 작동되는 객실 압력 릴리프 밸브와 대기압이 객실압력보다 높을 때 작동되는 부압 릴리프 밸브, 제어 스위치에 의해 작동되는 덤프 밸브가 있다.

예 · 상 · 문 · 제

1. 대형 항공기의 공기 조화계통에서 가열계통에는 연소 가열기를 장치하여 사용한다. 온도가 규정값 이상에 도달하게 되면 연소 가열에 공급되는 연료를 자동차단시킬 수 있는 밸브 장치는?

㋐ 솔레노이드 밸브
㋑ 조정 유닛 밸브
㋒ 스필 밸브
㋓ 버터플라이식 밸브

해설 연소 가열기를 이용한 가열계통에는 온

정답 **1.** ㋐

도가 규정값 이상 도달하게 되면 가열기에 공급되는 연료를 차단시킬 수 있는 솔레노이드 밸브가 장치된다.

2. air cycle cooling system에서 turbine의 주역할은?

㉮ compressor에서 압축된 공기가 turbine에서 팽창압력과 온도가 낮아지게 한다.
㉯ turbine에서 공기를 고압, 고온으로 만들어 compressor에 보낸다.
㉰ cooling fan을 동작시킨다.
㉱ heat exchanger용 냉각공기를 끌어들이는 fan을 동작시킨다.

[해설] 냉각된 압축공기 중에서 일부는 객실로 가고, 나머지는 압축기와 터빈으로 구성되어 있는 공기 사이클 머신으로 간다. 이 냉각공기는 원심력식 압축기에서 압축되어 온도가 약간 상승하지만 2차 열교환기를 거치면서 다시 냉각된다. 이 냉각된 공기는 터빈을 통과하면서 터빈 임펠러를 돌리게 되고, 이 압축된 냉각공기는 터빈을 회전시키는 일을 하게 됨으로써 압력과 온도가 더욱 떨어지게 되어 객실로 공급된다.

3. air-cycle air conditioning system에서 expansion turbine에 대한 설명으로 가장 올바른 것은?

㉮ 1차 열교환기를 거친 공기를 냉각시킨다.
㉯ 공기공급 라인이 파열되면 계통의 압력손실을 막는다.
㉰ air condition 계통에서 가장 마지막으로 냉각이 일어난다.
㉱ 찬 공기와 뜨거운 공기가 섞이도록 한다.

4. 공기 조화계통에서 믹싱(mixing 또는 trim) 밸브의 기능을 가장 올바르게 설명한 것은?

㉮ 객실 공기와 환기실 공기를 섞는다.
㉯ 객실 공기와 대기 공기를 섞는다.
㉰ 더운 공기, 차가운 공기, 서늘한 공기의 흐름을 조절한다.
㉱ 습한 공기를 건조한 공기로 만든다.

5. 기본적인 에어 사이클 냉각계통의 구성으로 가장 옳은 것은?

㉮ 압축기, 열교환기, 터빈, 수분 분리기
㉯ 히터, 냉각기, 압축기, 수분 분리기
㉰ 바깥 공기, 압축기, 엔진 블리드 공기
㉱ 열교환기, 이베퍼레이터, 수분 분리기

6. ACM에서 수분 분리기의 역할에 대한 설명으로 가장 올바른 것은?

㉮ 공기와 수분을 분리한다.
㉯ 공기의 습도를 조절한다.
㉰ 팽창 터빈 앞에 장착되어 있다.
㉱ 수분을 객실 내에 공급한다.

7. ACM의 작동 중 압력과 온도가 떨어지도록 역할을 하는 곳은?

㉮ 팽창 밸브   ㉯ 팽창 터빈
㉰ 열교환기   ㉱ 압축기

8. 공기 냉각장치(air cycle cooling system)에서 공기의 냉각을 가장 올바르게 설명한 것은?

㉮ 프리쿨러(precooler)에 의하여 냉각된다.
㉯ 기관 압축기에서의 bleed air는 1, 2차

정답 2. ㉮ 3. ㉰ 4. ㉰ 5. ㉮ 6. ㉮ 7. ㉯ 8. ㉯

열교환기와 쿨링 터빈(cooling turbine)을 지나면서 냉각된다.
- 때 1, 2차 열교환기에 의하여 냉각된다.
- 래 프레온(freon)의 응축에 의하여 냉각된다.

9. vapor cycle cooling system(freon)에서 공기의 냉각은?
- 가 고온 고압의 freon gas가 cooling air에 의해 열을 빼앗겨 냉각된다.
- 내 액체 프레온을 팽창시켜서 온도를 낮춘다.
- 대 프레온의 응축에 의하여 냉각된다.
- 래 액체 프레온이 cabin air의 열을 흡수하여 기화함으로써 냉각된다.

10. vapor cycle system에서 프레온 가스의 상태를 바르게 설명한 것은?
- 가 응축기(condenser)를 거치면서 low pressure liquid
- 내 팽창 밸브를 거치면서 low pressure vapor
- 대 증발기(evaporator)를 지나면서 high pressure liquid
- 래 압축기(compressor)를 지나면서 high pressure vapor

11. vapor cycle cooling system에서 콘덴서(condenser)의 기능에 대한 설명 중 올바른 것은?
- 가 centrifugal type과 piston type이 있다.
- 내 고압력의 프레온 가스를 액체로 변화시킨다.
- 대 냉각제가 부족하지 않게 계통에 공급한다.
- 래 냉각제가 증기화되는 것을 막는다.

12. 프레온 에어컨 계통에서 콘덴서의 냉각 공기는 어디로부터 오는가?
- 가 기관 압축기
- 내 바깥 공기
- 대 배기가스
- 래 객실 공기

13. 항공기 장비 냉각계통(equipment cooling system)에 대한 설명으로 가장 올바른 것은?
- 가 차가운 공기를 불어 넣어 준다.
- 내 바깥 공기(ram air)를 사용한다.
- 대 압축기로부터 압축공기가 공급된다.
- 래 객실 내의 공기를 사용한다.

14. 객실 여압계통에서 대기압이 객실 안의 기압보다 높은 경우에 사용하는 장치로 가장 올바른 것은?
- 가 객실 하강률 조정기
- 내 부압 릴리프 밸브(negative pressure relief valve)
- 대 수퍼차저 오버 스피드 밸브(supercharger overspeed valve)
- 래 압축비 한계 스위치

15. 여압장치가 되어 있는 항공기는 제작 순항고도에서의 객실 고도를 미연방항공청(FAA)에서는 얼마로 취하도록 규정되어 있는가?
- 가 해면
- 내 3000 ft
- 대 8000 ft
- 래 20000 ft

16. 객실 여압장치의 설명으로 가장 거리가 먼 것은?

정답 9. 래 10. 래 11. 내 12. 내 13. 래 14. 내 15. 대 16. 내

㉮ 항공기의 운항고도가 10000 feet 이상인 경우에 필요하다.
㉯ 객실압력이 필요 이상 올라가면 압축기를 끈다.
㉰ 압축된 공기는 온도가 높으므로 냉각장치가 필요하다.
㉱ 추운 지상에서 운용하기 위해서 히터로 적절하게 가열한다.

17. 항공기 객실 여압(cabin pressurization)계통에서 압력 릴리프 밸브(pressure relief valve)는 언제 열리는가?
㉮ 객실압력이 외부압력보다 일정한 차압을 초과할 경우
㉯ 객실압력이 외부압력보다 일정한 차압을 초과하지 못할 경우
㉰ 객실압력을 외부로부터 흡인할 경우
㉱ 객실압력을 외부공기로 여압을 할 경우

18. 객실 여압 및 공기 조화계통을 구성하는 기기 중 객실압력 조절기(cabin pressure regulator)는 어떤 신호를 받아 작동하는가?
㉮ 블리드 공기압력, 바깥 공기온도, 객실 고도 변화율
㉯ 기압계 압력, 객실 고도, 객실 고도 변화율
㉰ 블리드 공기의 양, 객실 고도, 객실 고도 변화율
㉱ 바깥 공기온도, 객실 고도, 객실압력

19. 객실 여압계통에서 out flow valve의 역할은 무엇인가?

㉮ 일정한 공기의 양을 계속적으로 보낸다.
㉯ 객실압력이 미리 설정된 대기압과의 차압을 넘는 것을 방지한다.
㉰ 객실 공기를 밖으로 vent시킨다.
㉱ 바깥 공기의 유입을 조절한다.

20. 객실 여압계통의 아웃 플로 밸브(out flow valve)의 가장 기본적인 기능은?
㉮ 객실의 온도 조절
㉯ 객실의 균형 조절
㉰ 객실의 습도 조절
㉱ 객실의 압력 조절

21. 객실 차압을 조절하기 위한 방법으로 가장 올바른 것은?
㉮ 객실 내의 공기를 배출
㉯ 밸브로 가는 압력을 조절
㉰ 공급원의 공기압을 조절
㉱ 객실 내의 공기를 공급

22. 객실 고도 9.9 psi로 설계된 항공기가 45000 feet, 2.14 psi로 비행하고 있을 때 비행기 객실 고도의 압력은?
㉮ 800 psi   ㉯ 8.9 psi
㉰ 11.04 psi ㉱ 6.76 psi

[해설] 객실 고도 압력과 차압
객실 고도 압력－차압＝비행 고도 압력
객실 고도 압력＝차압＋비행 고도 압력
＝2.14＋8.9＝11.04psi

23. 객실압력 조절기의 작동은 무엇에 의해 조정되는가?
㉮ 압축 공기압   ㉯ 객실 공기압
㉰ 램 공기압   ㉱ 블리드 공기압

정답 17. ㉮ 18. ㉯ 19. ㉯ 20. ㉱ 21. ㉮ 22. ㉰ 23. ㉰

Chapter 04
항공기 방빙 및 비상계통

1. 방빙과 제빙계통

1-1 방빙계통(anti-icing system)

결빙의 우려가 있는 항공기의 부분에 화학물질이나 가열공기 및 전열기를 사용하여 결빙을 미리 방지하는 계통이다.

(1) 화학적 방빙계통

결빙의 우려가 있는 부분에 이소프로필알코올이나 에틸렌글리콜과 알코올을 섞은 용액을 분사, 어는점을 낮게 하여 결빙을 방지한다.

프로펠러에는 슬링거 링(slinger ring)이 설치되어 있어서 원심력에 의해 알코올을 분사한다.

(2) 열적 방빙계통

방빙이 필요한 부분에 덕트를 설치하고 가열된 공기를 통과시켜 온도를 높여 줌으로써 얼음이 어는 것을 막는 장치로, 전기적인 열을 이용하여 방빙시키기도 한다.

피토관, 전공기온도 감지기, 받음각 감지기, 기관압력 감지기, 기관온도 감지기, 얼음 감지기, 조종실 윈도, 물공급 라인, 오물 배출구 등을 방빙한다.

1-2 제빙계통(de-icing system)

항공기의 기체 부위에 얼어 있는 얼음을 제거하는 계통으로, 공기식 제빙계통과 화학식 제빙계통이 있다.

(1) 제빙부츠

날개나 조종면 앞전에 고무부츠를 부착시키고 팽창 및 수축할 수 있는 공기방이 유연성이 있는 호스에 의해서 가압된 공기와 진동상태를 교대로 가하여 결빙된 얼음을 제거하는 장치이다.

항공기의 방빙 및 제빙 방법

결빙 부분	얼음방지 및 제거방법
날개 앞전	가열 공기
수직, 수평 안전판의 앞전	가열 공기
윈드 실드 및 창문	전열기, 알코올
히터, 기관 공기 흡입구	전열기
실 속 경고 장치	전열기
피토관	전열기
프로펠러 깃의 앞전	전열기, 알코올
기화기(플로트형)	가열공기, 알코올

예·상·문·제

1. 결빙 방지기의 종류가 아닌 것은?
㉮ 가변저항 이용
㉯ 압력차이 이용
㉰ 기계적 항력 이용
㉱ 고유진동 이용

2. 다음 항공기에서 방빙장치가 설치되지 않은 곳은?
㉮ 꼬리날개의 앞부분
㉯ 기관 전방 카울링
㉰ 주날개 앞부분
㉱ 동체 앞부분

3. 다음 중 전기적인 방빙을 사용하는 부분이 아닌 것은?
㉮ 정압공
㉯ 피토 튜브(pitot tube)
㉰ 코어 카울링(core cowling)
㉱ 프로펠러

4. 항공기의 제빙장치에 사용되는 화학물질은?
㉮ 가성소다 ㉯ 알코올
㉰ 솔벤트   ㉱ 벤젠

5. 제빙부츠 취급 시 주의해야 할 사항으로 틀린 것은?
㉮ 가솔린, 오일, 그리스, 오염, 그 밖에 부츠의 고무를 열화시킬 수 있는 물이나 액체는 접촉시키지 않는다.
㉯ 부츠 위의 공구나 정비에 필요한 공구를 놓지 않는다.
㉰ 부츠를 저장하는 경우 천이나 종이로 덮어 둔다.
㉱ 부츠에 흠집이나 열화가 확인되면 표면을 절대로 코팅해서는 안 된다.

정답 1. ㉮ 2. ㉱ 3. ㉰ 4. ㉯ 5. ㉱

6. 제빙부츠를 취급할 때에 주의해야 할 사항으로 옳지 않은 것은?
- ㉮ 부츠 위에서 연료 호스(hose)를 끌지 않는다.
- ㉯ 부츠 위에 공구나 정비에 필요한 공구를 놓지 않는다.
- ㉰ 부츠를 저장하는 경우 그리스나 오일로 깨끗하게 닦은 다음 기름종이로 덮어 둔다.
- ㉱ 부츠에 흠집이나 열화가 확인되면 가능한 빨리 수리하거나 표면을 다시 코팅한다.

7. 공기압식 제빙계통에서 제빙부츠의 팽창 순서를 조절하는 것은?
- ㉮ 분배 밸브
- ㉯ 부츠 구조
- ㉰ 진공 펌프
- ㉱ 흡입 밸브

8. 제빙장치에서 압력 매니폴드에 들어가기 전에 오일 분리기로 제거할 수 없는 여분의 오일을 제거하는 장치는?
- ㉮ 안전 밸브(safety valve)
- ㉯ 콤비네이션 유닛(combination unit)
- ㉰ 흡입압력 조절 밸브(suction regulation valve)
- ㉱ 솔레노이드 분배 밸브(solenoid distributor valve)

9. 방빙이 되지 않는 곳은?
- ㉮ static pressure port
- ㉯ angle of attack sensor
- ㉰ pitot tube
- ㉱ glide slope antenna

10. 방빙 및 제빙장치 제거방법으로 잘못 기술된 것은?
- ㉮ 실속 경고 탐지기(angle of attack sensor) – 공기
- ㉯ 조종날개 – 공기, 열
- ㉰ 화장실 – 전열
- ㉱ 윈드실드, 윈도(window) – 전열, 고온 공기

11. 대부분의 결빙은 대기온도가 빙점에 가깝거나 약간 낮을 때 발생을 한다. 다음 중 결빙 발생 온도가 가장 높은 부분은?
- ㉮ 날개 앞전(wing leading edge)
- ㉯ Drain master
- ㉰ 기화기(carburetor)
- ㉱ 기관 입구(engine inlet)

12. 다음은 방빙계통에 대한 설명이다. 이 중 옳은 것은?
- ㉮ 프로펠러의 방빙, 제빙에는 슬링거링(slinger ring)을 이용해 날개 끝부분에 뜨거운 공기를 공급한다.
- ㉯ 기화기는 water separator를 사용하여 흡입공기의 수분을 제거함으로써 방빙을 한다.
- ㉰ drain master의 예열은 지상 계류시에는 저전압으로 예열한다.
- ㉱ 연료에 수분이 포함되면 필터 부분에 결빙이 발생되므로 이를 방지하기 위해 필터 앞에 전기 히터를 설치한다.

정답 6. ㉰ 7. ㉮ 8. ㉯ 9. ㉱ 10. ㉮ 11. ㉰ 12. ㉰

2. 제우계통(rain removal system)

비오는 중에 항공기가 이·착륙을 하거나 비행장에 접근할 때 조종사의 시야를 양호한 상태로 유지하기 위한 장치이다.

2-1 제우장치의 종류

(1) 전기식 윈드실드 와이퍼 계통
전기에 의해 와이퍼를 작동시켜 빗물을 제거한다.

(2) 유압식 윈드실드 와이퍼 계통
항공기의 유압계통으로부터 공급되는 유압에 의해 와이퍼를 작동시켜 빗물을 제거한다.

(3) 제트 블라스트 제우계통
제트 기관의 압축공기나 기관 시동용 압축기의 블리드 공기를 이용하여 고압의 공기로 빗방울이 윈드실드 표면에 붙기 전에 불어 버린다.

2-2 방우제계통

빗방울을 아주 작고 둥글게 하여 대기 중으로 빨리 흩어져 날릴 수 있도록 한다. 건조할 때 사용하면 방우제가 고착되어 시야를 방해하므로, 강우량이 적을 때는 사용해서는 안 된다. 방우제가 고착되면 제거하기 어려우므로 빨리 중성세제로 닦아내야 한다.

예·상·문·제

1. 윈드실드의 제우장치로서 가장 거리가 먼 방법은?
㉮ 화학물질을 분사하는 방법
㉯ 윈도 와이퍼를 사용하는 방법
㉰ 공기로 불어내는 방법
㉱ 절연기를 사용하는 방법

2. 빗방울을 제거하는 목적으로 사용되는 계통이 아닌 것은?
㉮ 윈드실드 와이퍼(windshield wiper)
㉯ 에어 커튼(air curtain)
㉰ 방빙 부츠(anti-icing boots)
㉱ 레인 리펠런트(rain repellent)

정답 1. ㉱ 2. ㉰

3. 비상계통

3-1 산소계통

항공기가 3000 m(10000 feet) 이상 고도로 비행하는 경우 산소계통을 갖추어야 한다.

(1) 산소 공급장치

① 보충용 산소장치 : 객실고도가 최고 객실고도보다 높아질 때 인체의 생명이나 기능을 유지하기 위하여 호흡용 공기에 산소를 보충하여 신체 내부에 일정한 산소 분압이 확보되도록 하는 장치이다. 연속 유량형(continuous flow type)에서 해면상의 산소압력이, 요구 유량형(demand diluter type)에서는 1500 m 고도의 산소 압력이 유지된다.

② 방호용 호흡장치(protective breathering) : 객실에 연기나 화재가 발생하였을 때 연기나 유해가스로부터 인체를 보호하는 것을 목적으로 한다. 2400 m에서 연속 15분간 사용할 수 있는 용량을 가져야 한다.

③ 구급용 산소장치 : 병약자나 신생아 또는 비상 시 압력이 떨어졌다가 다시 정상 여압으로 회복된 후에도 저산소증으로부터 회복이 늦는 경우 구급, 의료용으로 쓰이기 위한 장치이다.

(2) 산소의 저장과 공급

① 기체 산소계통
 (가) 고압 산소 용기 : 충전압력이 1800 psi 정도이고 표면은 녹색이 칠해져 있고 "Aviators Breathing Oxygen"이라고 표시되어 있다.
 (나) 저압 산소 용기 : 노란색으로 칠해져 있으며 스테인리스강으로 만든 띠(band)를 여러 개 용접하여 이은 형태로 만든다.

② 액체 산소계통 : 산소를 저온 액체상태로 저장하고 있다가 필요할 때 기화시켜 공급하는 방식으로 민간용에서는 거의 사용하지 않는다.

③ 고체 산소계통 : 산소분자를 많이 함유한 고체 화합물에 화학반응을 일으키게 하여 산소가스를 발생시켜 분리해 공급한다. 대형기의 승객용 보충 산소 공급장치로 많이 사용된다.

(3) 산소의 조절

① 연속 유량형 : 연속적으로 산소가 공급되는 방식이다.
② 요구 유량형 : 호흡 시 흡입할 때만 산소가 흘러 공급되는 형식이다.

③ 압력형 : 산소 분압을 유지하는데 필요한 압력을 산소 마스크에 가하여 산소를 폐 내부에 가압 공급하는 방식이다.

(4) 산소 흡입장치

10500 m(35000 ft) 이상의 고도에서 충분한 산소를 사용자에게 공급해야 한다. 연속 유량형 산소 조절기, 요구 유량형 산소 조절기, 회석요구 유량형 산소 조절기, 압력요구 유량형 산소 조절기 등이 있다.

3-2 소화계통

(1) 화재의 구분

① A급 화재(일반화재) : 종이, 나무, 의류 등 가연성 물질에 의한 화재이다.
② B급 화재(기름화재) : 연료, 윤활유, 그리스, 솔벤트, 페인트 등에 의한 화재이다.
③ C급 화재(전기화재) : 전기가 원인이 되어 발생하는 화재이다.
④ D급 화재(금속화재) : 마그네슘, 분말 금속 등 금속물질로 인한 화재이다.

(2) 화재 방지계통

① 화재 탐지방법 : 온도 상승률 탐지기, 복사 감지 탐지기, 연기 탐지기, 과열 탐지기, 일산화탄소 탐지기, 가연성 혼합가스 탐지기, 승무원 또는 승객에 의한 감시 등이 있다.
② 소화제 용기 및 소화제
　㈎ 소화제 용기 : 열 릴리프 밸브가 있어 100 ℃ 이상이 되면 항공기 밖으로 가스가 방출된다. 이때 압력은 정상압력의 1.5배 정도이고 소화제가 방출되면 적색 디스크가 떨어진다.
　㈏ 소화제
　　㉮ 물 : A급 화재만 사용하고 B, C급 화재에는 사용이 금지된다.
　　㉯ 이산화탄소 : B, C급 화재에 유효하다. D급 화재에는 효과가 없다.
　　㉰ 프레온 가스 : 소화능력이 뛰어나 B, C급 화재에 사용된다.
　　㉱ 분말 소화제 : B, C, D급 화재에 사용된다.
　　㉲ 사염화탄소 : 소화능력은 좋지만 독성이 있어 사용을 금지한다.
　　㉳ 질소 : 소화능력이 뛰어나며 독성이 작다. 일부 군용기에 사용한다.
　㈐ 항공기에 비치하여야 할 소화기의 수
　　㉮ 6인 이하 : 0개　　　㉯ 7~30인 : 1개
　　㉰ 31~40인 : 2개　　　㉱ 61인 이상 : 3개
　㈑ 휴대용 소화기 : 물 소화기, 이산화탄소 소화기, 분말 소화기, 프레온 소화기 등이 있다.

예·상·문·제

1. 산소계통에서 고압의 산소를 저압으로 낮추는데 사용하는 부품은?
㉮ pressure reduce valve
㉯ pressure relief valve
㉰ 고정된 calibrated orifice
㉱ diluter demand regulator

2. 가솔린 또는 유류 화재의 분류는?
㉮ A급 화재   ㉯ B급 화재
㉰ C급 화재   ㉱ D급 화재

3. 화재의 등급에서 마그네슘과 분말 금속 등에 의한 금속화재는 어느 등급으로 분류되는가?
㉮ A급 화재   ㉯ B급 화재
㉰ C급 화재   ㉱ D급 화재

4. 다음 화재 중 D급 화재란 무엇에 의한 화재인가?
㉮ 나무, 종이 등에 의한 화재
㉯ 유류에 의한 화재
㉰ 전기에 의한 화재
㉱ 금속 자체에 의한 화재

5. 다음 중 정션 박스(juction box)에 일어나는 화재는?
㉮ A급 화재   ㉯ B급 화재
㉰ C급 화재   ㉱ D급 화재

6. 화재 진압장치는 소화용기의 상태를 계기에 지시하도록 되어 있다. 황색 디스크가 깨져 있다면 어떤 상태인가?
㉮ 소화용기 내의 압력이 부족하다.
㉯ 화재 진압을 위해 분사되었다.
㉰ 소화용기 내의 압력이 너무 높다.
㉱ 소화기의 교체 시기가 지났다.

정답 1. ㉮   2. ㉯   3. ㉱   4. ㉱   5. ㉰   6. ㉯

3-3 경고계통

(1) 기계적 경고장치

항공기의 문이 이륙 전이나 비행 중에 안전하게 닫혀 있는지의 여부나 카울 플랩이 기관 출력에 비해 적절한 위치에 있는지, 착륙장치가 비행에 지장없이 확실하게 올라갔는지의 여부 등을 기계적인 기구를 통해 경고등이나 혼(horn)에 경고하는 신호를 하는 장치이다.

- 착륙장치의 경고회로
    - ㈎ 바퀴가 완전히 내려간 상태 : 녹색등이 켜진다.
    - ㈏ 올라가지도 내려가지도 않은 상태 : 적색등이 켜진다.
    - ㈐ 완전히 올라가서 업 로크(up lock)가 된 상태 : 아무 불도 켜지지 않는다.

(2) 압력 경고장치

기관의 윤활유 압력, 연료 압력, 자이로 계기에 이용되는 진공압 및 객실여압이 안전 한계 미만의 낮은 압력일 때 경고하는 장치이다.

(3) 화재 경고장치

기관과 그 주위 및 화물실 등의 열에 민감한 재료를 사용하여 화재 탐지장치를 설치하여 화재가 발생하면 경고장치에 의해 신호를 보낸다.

① 열전쌍식 화재 경고장치 : 온도의 급격한 상승에 의하여 화재를 탐지하는 장치로 서로 다른 금속을 접합한 열전쌍(thermocouple)을 이용한다.

② 열 스위치(thermal switch)식 화재 경고장치 : 열팽창률이 낮은 니켈-철 합금인 금속 스트럿이 서로 휘어져 있어 평상시에는 접촉점이 떨어져 있으나 열을 받게 되면 열팽창률이 높은 스테인리스강으로 된 케이스가 늘어나게 되어 금속 스트럿이 퍼지면서 접촉점이 연결되어 화재를 경고하는 장치이다.

③ 광전지식 화재 경고장치 : 광전지는 빛을 받으면 전압이 발생하는데 화재 시 발생하는 연기로 인한 반사광으로 화재를 탐지하는 장치이다.

④ 저항 루프형 화재 경고장치(resistance loop type detector) : 전기저항이 온도에 의해 변화하는 세라믹이나 일정 온도에 달하면 급격하게 전기저항이 떨어지는 융점이 낮은 소금(eutectic salt)을 이용하여 온도 상승을 전기적으로 탐지하는 장치이다.

3-4 비상 장비

① 긴급 탈출장치 : 90초 이내에 승객, 승무원이 탈출할 수 있어야 한다.
② 구명 조끼 : 일반용과 유아용이 있다.

③ 구급함
④ 구명 보트
⑤ 비상 송신기 : 조난기 구난 전파를 발사하는 장치로 121.5 MHz와 243 MHz의 주파수로 48시간 구조 신호를 보낼 수 있도록 되어 있다.

예·상·문·제

1. 다음 화재 탐지기로 사용하는 것이 아닌 것은?
㉮ 온도 상승률 탐지기
㉯ 스모그 탐지기
㉰ 이산화탄소 탐지기
㉱ 과열 탐지기

2. 화재 탐지계통에 대한 설명으로 가장 올바른 것은?
㉮ 감지기의 kink, dent 등은 허용범위 이내라도 수정하는 것이 바람직하다.
㉯ 감지기의 connection을 분리했을 때는 반드시 cooper crush gasket을 교환해야 한다.
㉰ 감지기의 절연저항 check은 multi-meter면 충분하다.
㉱ ionization smoke detector는 수리를 위해서 line에서 분해할 수 있다.

3. 화재 탐지기에 요구되는 기능과 성능에 대한 설명으로 가장 관계가 먼 것은?
㉮ 화재가 발생되지 않는 경우에는 작동이나 경고를 발하지 않을 것
㉯ 화재가 계속 진행하고 있을 때는 연속적으로 작동할 것
㉰ 정비나 취급이 복잡하더라도 중량이 가볍고 장착이 용이할 것
㉱ 화재가 꺼진 후에는 정확하게 지시가 제거될 것

4. 연기 감지기(smoke detector)에 대한 설명으로 가장 올바른 것은?
㉮ 연기 감지기에 의해 연기가 감지되면 자동으로 소화장치가 작동되어 화재를 진압한다.
㉯ 현대 항공기에는 연기 입자에 의한 빛의 굴절을 이용한 photo electric 방식의 감지기가 주로 사용된다.
㉰ 연기 감지기는 주로 기관, APU (auxiliary power unit) 등에 화재 감지를 위해 장착된다.
㉱ 연기 감지기는 공기를 감지기 내로 끌어들이기 위한 별도의 장치가 필요없다.

5. 연기 감지기(smoke detector)에서 공기 내의 빛의 투과량을 측정하는데 사용되는 것은?
㉮ 일렉트로 메커니컬(electro-mechanical) 장치
㉯ 포토 셀(photo cell)
㉰ 젖빛 유리

정답 1. ㉰ 2. ㉯ 3. ㉰ 4. ㉯ 5. ㉯

㉣ 전자적인 측정 장비

6. 광전형 연기 감지기(photo electric smoke detector)에 대한 설명으로 가장 관계가 먼 것은?

㉮ 연기 감지기 내부는 빛의 반사가 없도록 무광 흑색 페인트로 칠해져 있다.
㉯ 연기 감지기 내부로 들어오는 연기는 항공기 내·외의 기압차에 의한다.
㉰ 화재의 발생은 연기 감지기 내의 포토 셀에서 감지하게 되어 있다.
㉱ 장기간 사용으로 이물질이 약간 있더라도 작동에는 이상이 없다.

7. 화재 경보장치 중에서 열이 서서히 증가하는 것을 감지할 수 있는 감지장치는?

㉮ 서미스터형(thermistor type)
㉯ 서모커플형(thermocouple type)
㉰ 서멀 스위치형(thermal switch type)
㉱ 실버 윈 형(silver win type)

8. Loop식 화재 탐지장치의 thermistor 재료에 대한 설명으로 가장 올바른 것은?

㉮ 온도가 올라가면 저항이 커져서 회로가 형성되도록 한다.
㉯ 온도가 내려가면 저항이 커져서 회로가 형성되도록 한다.
㉰ 온도가 올라가면 저항이 작아져서 회로가 형성되도록 한다.
㉱ 온도가 내려가면 저항이 작아져서 회로가 형성되도록 한다.

9. 다음의 화재 탐지장치 중 온도 상승을 바이메탈로 탐지하며, 일명 스폿형(spot type)이라고 부르는 것은?

㉮ 서멀 스위치형 화재 탐지기
㉯ 서모커플형 화재 탐지기
㉰ 저항 루프형 화재 탐지기
㉱ 광전자형 화재 탐지기

10. 스테인리스강이나 인코넬 튜브로 만들어져 있으며, 인코넬 튜브 안은 절연체 세라믹으로 채워져 있고, 전기적 신호를 전송하기 위하여 2개의 니켈 전선이 들어 있는 항공기 화재 탐지기는?

㉮ 열전쌍식   ㉯ 광전지식
㉰ 열 스위치식   ㉱ 저항 루프식

11. 여러 개의 thermal 스위치가 한 개의 탐지 등으로 구성되어 있는 화재 탐지장치에 대한 설명 중 옳은 것은?

㉮ 스위치가 서로 직렬이고, 등(lihgt)도 직렬로 연결한다.
㉯ 스위치가 서로 병렬이고, 등(lihgt)은 직렬로 연결한다.
㉰ 스위치가 서로 병렬이고, 등(lihgt)도 병렬로 연결한다.
㉱ 스위치가 서로 직렬이고, 등(lihgt)은 병렬로 연결한다.

12. 다음 화재 탐지장치 중에서 tube 내의 가스 팽창을 이용한 pressure type의 화재 탐지기는?

㉮ lindberg type   ㉯ fenwall type
㉰ kidde type   ㉱ responder type

정답 6. ㉱ 7. ㉮ 8. ㉰ 9. ㉮ 10. ㉱ 11. ㉯ 12. ㉮

13. 표류 중에 위치를 알려 주기 위한 긴급신호장치(emergency signal equipment)가 아닌 것은?
㉮ FM 라디오 ㉯ radio beacon
㉰ megaphone ㉱ 백색 광탄

14. 항공기 각 시스템과 장비의 동력원이 되는 전력(electric power)과 공압(pneumatic power)을 공급하기 위한 동력장치는?
㉮ 보조 동력장치(auxiliary power unit)
㉯ 지상 동력장비(ground power unit)
㉰ 가스터빈 압축기(gas turbine compressor)
㉱ 공기 구동 펌프(air driven pump)

15. external power를 조절 및 보호 기능을 하는 부분은?
㉮ GCU ㉯ ELCU ㉰ BPCU ㉱ TRU

16. 항공기의 주전원이 고장나는 경우에 대비하여 비상전원(emergency battery)에 대한 설명 중 잘못된 것은?
㉮ 비상전원은 운항에 필수적인 항법, 통신장치에 전력을 공급한다.
㉯ 비상전원을 이용하여 AC 115 V 단상 전원을 공급한다.
㉰ 비상전원은 기관 점화 시 이용될 수 있다.
㉱ 비상전원은 3시간 이상 공급될 수 있는 용량이어야 한다.

17. dual spool type에서 APU 발전기를 무엇으로 작동하는가?
㉮ 시동기
㉯ 발전기
㉰ 저압 터빈/저압 압축기(N_1)
㉱ 고압 터빈/고압 압축기(N_2)

[해설] dual spool type APU : 2축으로 구성되어 있는데, 고압 터빈/고압압축기축은 회전 속도를 일정하게 유지하여 이 축으로 발전기를 구동한다. 저압 압축기의 압축공기는 공기 동력계통과 가스 제너레이터에 공기를 공급한다.

정답 13. ㉮ 14. ㉮ 15. ㉰ 16. ㉱ 17. ㉱

Chapter 05
항공기 통신 및 항법계통

1. 통신장치

1-1 전파의 전파

(1) 전파의 분류

① 주파수의 분류

    VLF(초장파) : 3~30 kHz   LF(장파) : 30~300 kHz

    MF(중파) : 300 kHz~3 MHz   HF(단파) : 3~30 MHz

    VHF(초단파) : 30~300 MHz   UHF(극초단파) : 300~3000 MHz

    SHF(극극초단파) : 3~30 GHz   EHF(초극초단파) : 30~300 GHz

② 전파 경로에 의한 분류

  (가) 지상파 : 직접파, 대지 반사파, 지표파, 회절파

  (나) 공간파

    ㉮ 대류권 산란파

    ㉯ 전리층파 : E층 반사파, F층 반사파, 전리층 활행파, 전리층 산란파

③ 지상파의 전파

  (가) 지상파(ground wave) : 10 km 이내의 근거리 통신에 이용된다.

    ㉮ 직접파 : 대지면에 접촉되지 않고 송신 안테나로부터 직접 수신 안테나에 도달되는 전파, 송신 안테나와 수신 안테나의 높이를 높일수록 도달거리는 길어진다.

    ㉯ 대지 반사파 : 대지에서 반사되어 도달되는 파이다.

    ㉰ 지표파 : 지표에 따라 전파되는 파이다.

    수평편파는 대지에서 반사할 때 위상이 180°만큼 변화되지만 수직편파는 변화되지 않는다.

    ㉱ 회절파 : 산이나 큰 건물의 뒤로 회절해서 도달하는 파로 전파의 회절은 초단파나 극초단파에서 일어난다.

  (나) 공간파(sky wave)

    ㉮ 대류권 산란파 : 대류권 내에서 불규칙한 기류에 의해 산란되어 전파되는 파이다.

      • 라디오 덕트(radio duct) : 역전층 안에 들어간 전파는 마치 덕트(duct) 안에 들

어간 것과 같아 역전층 외부로 좀처럼 빠져나가지 못하여 가시거리보다 먼 거리까지 전파되는 이상 대기층이다.
  ④ 전리층파 : 전리층에서 반사되거나 산란되어 전파되는 파(E층 반사파, F층 반사파, 전리층 활행파, 전리층 산란파)이다.
   - 높이 : D층(50~90 km), E층(100 km), F층(200~400 km)
   - 전자밀도 : D층에서 F층으로 갈수록 높아진다.
   - 최적 운용 주파수(FOT) : 최고 사용 주파수의 약 85% 정도의 주파수를 선정하여 사용하는 경우를 말한다.
   - 임계 주파수(critical frequency) : 지상으로부터 전리층에 수직으로 입사한 전파는 어떤 주파수보다 낮으면 거의 수직방향으로 반사하고 그 주파수보다 높으면 투과하는데 이 경계를 임계 주파수라 한다.
  ⑤ 전리층에 관한 여러 가지 현상
   - 델린저 현상 : 단파 통신이 갑자기 두절되는 현상으로, 태양면의 흑점폭발에 의해서 방출된 다량의 자외선이나 X선이 지구대기의 하층부인 D층 영역에서 전자밀도가 이상 증가하여 이 부분을 통과하는 전파의 흡수가 현저해지기 때문이다.
   - 소실 현상(fade-out effect) : 전리층의 불규칙한 변동으로 인해 태양에 비추어지고 있는 지구의 뒷면에서 단파의 수신 전기장의 강도가 급격히 저하하고 때로는 수신 불능상태가 수분 내지 수시간 지속되다가 후에 점차적으로 회복되는 현상이다.
   - SID(sudden ionospheric disturbance) : D층 영역의 이상 전리 증가로 인하여 일어나는 혼란이다.
④ 각 파장대의 전리층 전파
 (가) 전리층에서의 전파 현상
  ② VLF, LF, MF대의 전파는 보통 E층에서 반사된다.
  ④ HF대의 전파는 F층에서 반사된다.
  ⑤ VHF대 및 그보다 높은 주파수대의 전파는 보통 전리층을 뚫고 나가서 반사되지 않는다.
 (나) 장파의 전파 : 전리층에 의한 장파의 반사는 E층 하면에서 복소굴절이 급히 변하기 때문에 생기므로 반사에 따른 손실이 적다. D층에 의한 감쇠는 장파대에서 파장이 길수록 감소한다.
  - 장파의 일출, 일몰 현상 : 장파가 일출, 일몰 시 전기장 강도가 급격히 약해지는 현상이다.
 (다) 중파의 전파 : D층에서 거의 흡수되며 500~2000 kHz 부근에서 가장 심하게 일어난다.
 (라) 단파의 전파 : 지상파의 감쇠가 크기 때문에 전리층파가 주가 된다. 전리층파는 보통 E층을 뚫고 나가서 F층에서 반사된다.

(2) 전파의 경로상 특성

① 전파의 회절 : 전파의 회절 현상 때문에 산이나 건물 뒤쪽의 전파의 그늘에서도 수신이 가능하며, 파장이 긴 전파가 회절도 많기 때문에 먼 거리까지 도달된다.

② 페이딩(fading) : 전파의 수신 전기장 강도가 시간적으로 변동하는 것을 말한다.

 (가) 페이딩의 종류

  ㉮ 속도에 따른 분류 : 빠른 페이딩과 느린 페이딩이 있다.

  ㉯ 주파수 변동에 따른 분류 : 선택성 페이딩, 동기성 페이딩이 있다.

  ㉰ 페이딩이 생기는 원인에 따른 분류

   • 간섭 페이딩 : 전리층을 이용하는 원거리 단파통신에 문제가 된다.

   • 편파 페이딩 : 자기의 영향을 받은 전리층파의 경우에 생긴다.

   • 흡수 페이딩 : 전파 통로상 매질 흡수에 의한 감쇠가 변동하기 때문에 생긴다.

   • 도약 페이딩 : 도약거리 부근에서 통신시 전파가 잡혔다 안 잡혔다 하는 페이딩으로 일출이나 일몰 때 가끔 일어난다.

 (나) 페이딩 방지대책 : 다이버시티 방식을 사용한다.

   • 다이버시티 방식 분류 : 공간 다이버시티, 주파수 다이버시티, 편파 다이버시티가 있다.

③ 에코(echo) 현상 : 송신 안테나에서 발사된 전파가 수신 안테나에 도달하는 데에는 여러 가지 통로가 있을 수 있으므로 각각의 성분이 도달하는 시간에도 약간의 차이가 생겨 같은 신호가 여러 번 되풀이하여 나타나는 현상을 말한다.

④ 다중신호(multiple signal) : 송신점에서 하나의 수신점에 도달하는 전파는 여러 개가 있는데 각 전파의 도래 시각이나 도래 방향이 다른 것을 다중신호라 하며, 다중신호를 피하려면 주파수의 선택을 적당히 하거나 저항성 안테나를 사용한다.

⑤ 태양 흑점의 영향 : 태양 흑점이 증가하면 자외선이 많이 증가하고 또 전리층 내의 전자밀도가 갑자기 증가하기 때문에 F층의 임계 주파수가 높아져 높은 주파수의 전파가 잘 반사된다.

⑥ 자기폭풍(magnetic storm) : 태양 표면의 폭발이나 태양 흑점의 활동이 심할 경우에 지구 자기장이 갑자기 비정상적으로 변화하는 현상을 말한다. 자기폭풍이 일어나면 HF 대역 통신이 불가능해지므로 20 MHz보다 낮은 주파수로 통신하는 것이 좋다.

⑦ 대칭점(symmetric point) 효과 : 수신점이 있어서 전파의 도래 방향이 항상 변화하게 되는데 많은 통로를 지나온 전파가 수신점에 모이기 때문에 수신 전기장의 강도가 예상 밖으로 커지는 현상이다.

1-2 항공기 안테나

(1) 안테나의 원리
① 자기력선과 기전력 : 전파(전자기파)는 시간적으로 변화하는 전기장과 자기장이 서로 얽혀서 전파되는 파동이다.
② 전파의 복사 : 전자파는 주파수가 높을수록 잘 복사되고 전파된다. 전기장과 자기장은 공간적으로 서로 직각이고 시간적으로 위상이 같다.
- 전자파의 성질
  ㉮ 동일 매질중을 전파하는 전파도 직진한다.
  ㉯ 입사파 및 반사파의 통로는 동일 평면 내에 있고 반사점을 세운 법선에 대하여 반사파와 입사파는 같다.
  ㉰ 서로 다른 매질의 경계면을 통과할 경우에는 굴절한다.
  ㉱ 회절 현상이 있다.

(2) 안테나의 종류와 특성
- 종류
  ㉮ 사용방법에 의한 분류 : 송신용, 수신용, 송·수신 공용
  ㉯ 용도에 따른 분류 : 방송용, 일반 통신용, 방향 탐지용, 항법용, 전파 망원용, 인공위성용이 있다.
  ㉰ 동작원리에 의한 분류 : 정재파 안테나, 진행파 안테나
  ㉱ 구조에 의한 분류
   ㉮ 선상 안테나 : 집중 정수형(자심 코일 안테나), 분포 정수형(접지형, 비접지형)
   ㉯ 판상 안테나 : 판상 도선용, 내장형(슬롯 안테나), 반사용(corner reflector, 나팔형 안테나)
   ㉰ 개구형 안테나(입체 안테나) : 렌즈 안테나, 곡면 반사형(회전 반사면 안테나), 복합 개구면형, 유전체용 안테나
  ㉲ 지형 특성에 의한 분류 : 무지향성(전방향성) 안테나, 등방향성 안테나(isotropic 안테나), 단일 지향성 안테나, 2방향성 안테나
  ㉳ 주파수 특성에 따른 분류 : 광대역 안테나, 협대역 안테나, 정임피던스 안테나

(3) 항공기에 사용되는 안테나
① 와이어 안테나(wire antenna) : 시속 약 300마일 이하로 운행하는 항공기의 HF와 LF/MF 자동방향 탐지기에 요구되는 센스(sense) 안테나와 75 MHz 마커 비컨 수신을 위한 안테나에 사용된다.

② 로드 안테나(rod antenna) : 경비행기에서 좋은 성능을 발휘하지만 높은 속도에서는 부적당하다.
③ 수평 비 안테나 : 토끼 귀 모양으로 된 텔레비전 안테나와 비슷하여 완전하게 단일 방향으로 만들 수 없는 결점이 있다. 저속 항공기에 적합하다.
④ 블레이드 안테나(blade antenna) : 수직축은 통신 목적을 위한 수직 안테나로 되어 있으며, 항법 비 안테나는 꼭대기의 뒤로 벌어진 수평구조에 포함된다.
⑤ 접시형 안테나(parabolic antenna) : 항공기에 사용되는 레이더는 주로 접시형 반사기를 사용하는데 대표적인 접시형 안테나로는 기상 레이더용이 있다.
⑥ 슬롯 안테나 : 보통 접시형 안테나의 여진용 또는 항공기용 레이더의 복사기로 사용되는데, 항공기에서는 글라이드 슬로프의 수신용 안테나로 사용된다.
⑦ 나팔형 안테나 : 실제로 사용할 때는 전자 나팔에 반사기를 결합하여 사용하며 항공기에서는 전파 고도계에 사용된다.

1-3 HF 통신장치

주로 해상 원거리 통신에 사용되며 국내 항공로에서 사용되는 VHF 통신장치의 2차적인 통신 수단이며 주로 국제항공 등의 원거리 통신에 사용된다.

이 송·수신 장치는 2~25 MHz의 범위에서 최고 144채널까지를 수용할 수 있는 서보 동조 방식의 A_1, A_3 겸용 송·수신 장치이다.

송·수신에도 국부 발진 신호를 이중 주파수 변환시킨 회로 방식을 채용하고, 1.75~ 3.5 MHz 주파수 범위의 국부 발진기 출력을 이용하며 2~25 MHz 범위의 주파수를 얻는다.

(1) 선택 호출장치(SELCAL ; selective calling service)
① 지상 무선국이 특정의 항공기와 교신하고 싶을 때 불러내는 장치이다.
② 각 항공기에는 각각 다른 코드(4개)가 지정되어 있고 지상국이 HF 또는 VHF 통신장치를 매개로 한 목적의 항공기에 코드를 송신하면 그것을 수신한 항공기 중에서 지정된 코드와 일치하는 항공기에만 조종실에서 램프에 점등시점과 동시에 차임을 작동시켜 조종사에게 지상국으로부터 부르고 있다는 것을 알린다.

1-4 VHF 통신장치

조정패널, 송·수신기, 안테나로 구성되며 118.0~136.9 MHz의 VHF 대역을 사용한 근거리 통신장치이다. 국내선 및 공항 주변에서의 통신 연락은 대부분 VHF 통신장치가 사용된다.

(1) 송·수신기

① 송신부 : 118~144 MHz의 음성 전화 통신용 송신기이다.
② 수신부 : 중간 주파수 18 MHz의 단일 수퍼헤테로다인 방식을 채용한다.
  • 스켈치(squelch) 회로 : 수신신호가 없을 때 백색 잡음에 의해 "싸" 하는 소리가 나는데 이를 방지하기 위해 수신신호가 없으면 저주파 증폭부의 이득을 떨어뜨려 잡음이 들리지 않도록 한다.

1-5 UHF 통신장치

225~400 MHz의 주파수 범위에서 A_3 전파의 단일 통화방식에 의해 항공기와 지상국 또는 항공기 상호간의 통신에 사용하고 있으며 군용 항공기에 한정하여 사용하고 있다.

1-6 위성 통신장치

(1) 위성 통신의 기초

① 위성 통신의 장점
  (가) 장거리 광역 통신에 적합하며 통신거리 및 지형에 관계없이 전송 품질이 우수하다.
  (나) 대용량의 통신이 가능하고 신뢰성이 높다.
② 위성의 분류
  (가) 기능에 따른 분류
    ㉮ 수동 위성 : 지상 중계방식의 무급전 방식과 그 기능이 같은 위성이다.
    ㉯ 능동 위성 : 전파를 수신하여 증폭하고 주파수 변환을 하여 재방사하는 중계기능을 가지는 위성이다.
  (나) 위성 고도에 따른 분류
    ㉮ 저궤도 위성 : 지상에서 수백~수천 km 상공에 쏘아 올려 수시간마다 지구를 일주하게 하는 위성이다.
    ㉯ 정지 위성 : 적도 상공의 36000 km의 궤도에 쏘아 올려진 위성으로서 위성의 공전주기가 지구의 자전주기와 같게 제어되는 위성이다.
  (다) 용도에 따른 분류 : 통신위성, 방송위성, 해상위성, 기상위성, 지구관측위성이 있다.
③ 궤도 조건과 배치방식에 따른 위성 통신방식
  (가) 랜덤 위성방식(random satellite system) : 지구 상공을 수백~수천 km의 궤도상을 수시간의 주기로 선회하는 위성방식으로 기상이나 해양관측에 이용된다.
  (나) 위상 위성방식(phased satellite system) : 지구 상공에 등간격으로 여러 개의 위성을 배치하고 지구국은 안테나를 사용하여 차례로 위성을 추적하여 상시 통신망을 확보하는 방식이다.

(다) 정지 위성방식(stationary satellite system) : 적도 상공 35786 km의 원궤도에 쏘아 올려진 3개의 위성에 의하여 상시 통신망을 확보하는 통신방식으로 현재 많이 사용된다.

1-7 그 밖의 통신장치

(1) 운항 승무원 상호간 통화장치(flight interphone system)
조종실에서 운항 승무원 상호간의 통화 연락을 위해 각종 통신이나 음성신호를 각 운항 승무원석에 배분하는 통화장치이다.

(2) 승무원 상호간 통화장치(service interphone system)
비행 중에는 조종실과 객실 승무원석 및 갤리(galley : 주방)간의 통화 연락을, 지상에서는 조종실과 정비, 점검상 필요한 기체 외부와의 통화 연락을 하기 위한 장치이다.

(3) 캐빈 인터폰 장치(cabin interphone system)
조종실과 객실 승무원석 및 각 배치로 나누어진 객실 승무원 상호간의 통화 연락을 하기 위한 장치이다.

(4) 기내방송 장치(passenger address system)
조종실 및 객실 승무원석에 승객에게 필요한 정보를 방송하기 위한 기내장치이다.

(5) 오락 프로그램 제공장치(passenger entertainment system)
승객에게 영화, 오락 등 오락 프로그램을 제공하는 장치이다.

예·상·문·제

1. 지상파의 종류가 아닌 것은?
㉮ E층 반사파 ㉯ 지표파
㉰ 대지 반사파 ㉱ 건물 반사파

2. 9376MHz 기상 레이더의 주파수 사용 밴드는?
㉮ X-band ㉯ D-band
㉰ C-band ㉱ T-band

[해설] X 대역 : 5200~10900 MHz
S 대역 : 1550~5200 MHz
L 대역 : 390~1500 MHz
P 대역 : 220~390 MHz

정답 1. ㉮ 2. ㉮

3. 항공기 UHF 주파수 사용범위는?
- ㉮ 300~3000kHz
- ㉯ 225~399.95kHz
- ㉰ 300~3000MHz
- ㉱ 225~399.95MHz

[해설] UHF : 극초단파

4. 전파의 이상 현상과 가장 거리가 먼 것은?
- ㉮ 페이딩(fading) 현상
- ㉯ 자기폭풍(magnetic storm)
- ㉰ 델린저(dellinger) 현상
- ㉱ 백색 잡음(white noise)

5. 델린저 현상의 원인은 어느 것인가?
- ㉮ 흑점의 증가
- ㉯ 자기람
- ㉰ 태풍
- ㉱ 태양 표면의 폭발

6. 통신계통에서 자기폭풍 또는 델린저 현상이 잘 일어나지 않는 주파수대는?
- ㉮ LF
- ㉯ MF
- ㉰ HF
- ㉱ VHF

[해설] 델린저 현상 : 이 영향을 받는 주파수는 단파대이지만, 주파수가 높을수록 영향이 적고 지속시간도 짧아진다.

7. 대류권파의 페이딩(fading) 현상이 가장 심한 주파수는?
- ㉮ LF
- ㉯ IF
- ㉰ VHF
- ㉱ MF

[해설] 페이딩은 전파 매질의 성질이 시간이 지남에 따라 변화하기 때문에 생기는 현상으로 단파(HF, VHF.) 회선 또는 같은 평면에 있는 무선회선 등에서 나타난다.

8. 단파(HF : high frequency) 통신에는 안테나 커플러(antenna coupler)가 장착되어 있는데 이것의 주목적은?
- ㉮ 송·수신장치와 안테나의 전기적인 매칭(matching)을 위하여
- ㉯ 송·수신장치와 안테나를 접속시키기 위하여
- ㉰ 송·수신장치를 이용하여 통신을 용이하게 하기 위하여
- ㉱ 송·수신 장치에서 주파수 선택을 용이하게 하기 위하여

9. 안테나의 종류와 특성 중 주파수 특성에 의해서 분류한 안테나는?
- ㉮ 렌즈 안테나
- ㉯ 광대역 안테나
- ㉰ 유전체용 안테나
- ㉱ 곡면 반사형 안테나

[해설] 안테나
① 개구형 안테나(입체 안테나) : 렌즈 안테나, 곡면 안테나(회전 반사면 안테나), 복합 계구면 안테나, 유전체용 안테나
② 주파수 특성에 따른 안테나 : 광대역 안테나, 협대역 안테나, 정임피던스 안테나

10. selective calling(SELCAL) 장치의 주목적은?
- ㉮ 선택한 정비 타워를 호출하기 위하여
- ㉯ 선택한 관제기관을 호출하기 위하여
- ㉰ 선택한 항공회사를 호출하기 위하여
- ㉱ 선택한 항공기를 호출하기 위하여

[해설] 선택 호출장치(SELCAL) : 항공기에 고유의 등록부호를 주어 지상에서 호출할 때는 통신에 앞서 호출부호를 먼저 송신하면 항공기쪽의 부호 해독기를 자기 항공기의 호출부호를 수신하였을 때만 벨소리와 호출 등을 점멸하여 송무원에게 지상의 호출을 알리는 장치

정답 3. ㉰ 4. ㉱ 5. ㉱ 6. ㉱ 7. ㉰ 8. ㉮ 9. ㉯ 10. ㉱

11. 선택 호출장치(SELCAL : selective calling system)의 설명으로 틀린 것은?
㉮ 지상에서 항공기를 호출하기 위한 장치이다.
㉯ HF, VHF system으로 송·수신된다.
㉰ SELCAL code는 4개의 code로 만들어져 있다.
㉱ 항공기의 편명에 따라 SELCAL code가 바뀐다.

12. SELCAL에 대한 설명 중 가장 관계가 먼 것은?
㉮ HF, VHF system으로 송·수신된다.
㉯ 지상에서 항공기를 호출하기 위한 장치이다.
㉰ 항공기 위험 사항을 알리기 위한 비상호출 장치이다.
㉱ 일반적으로 SELCAL code는 4개의 code로 만들어져 있다.

13. SSB 통신은 어떤 방식인가?
㉮ 양측대파 통신
㉯ 주파수 변조통신
㉰ 단측대파 통신
㉱ 각도 변조 통신

[해설] AM 통신에는 반송파와 상·하측대파를 모두 전송하는 양측대파(DSB) 방식과 단파대 무선전화 통신에서 많이 쓰이는 것과 같이 상·하측대파 중에서 한쪽 측대파만을 전송하는 단측대파(SSB) 방식이 있다.

14. 다음 중에서 지표파가 가장 잘 전파되는 전파는?
㉮ LF ㉯ UHF ㉰ HF ㉱ VHF

[해설] 지표파 : 지구표면을 따라 전파되는 파로 장파(LF) 중파(MF)대에서 이용한다.

15. 장거리 통신에 가장 적합한 장치는?
㉮ HF 통신장치   ㉯ VHF 통신장치
㉰ UHF 통신장치 ㉱ SHF 통신장치

[해설] HF 통신장치 : 전파가 전리층과 지상에 반복적으로 반사되어 멀리 나가므로 주로 국제 항공로 등의 원거리 통신에 사용된다.

16. HF 통신의 용도로 가장 올바른 것은?
㉮ 항공기 상호간의 단거리 통신
㉯ 항공기와 지상간의 단거리 통신
㉰ 항공기 상호간 및 항공기와 지상간의 단거리 통신
㉱ 항공기 상호간 및 항공기 지상간의 장거리 통신

17. 전리층의 반사파를 이용하여 장거리 통신을 할 수 있는 방식으로 가장 올바른 것은?
㉮ HF ㉯ VHF ㉰ UHF ㉱ SHF

18. 스퀠치(squelch) 회로에 대한 설명으로 옳은 것은?
㉮ AM 송신기에서 고역을 강조하는 장치
㉯ FM 송신기에서 주파수 체배를 위한 장치
㉰ FM 수신기 신호가 없을 때 잡음을 지울 수 있는 장치
㉱ AM 수신기에서 반송파를 제거시키는 장치

[해설] 스퀠치(squelch) : 무선 수신기에 수신파가 없을 때에 자동적으로 잡음을 제거하기 위한 전기 회로 장치

19. 항공기 VHF 통신장치에 관한 설명 중

정답 11. ㉱ 12. ㉰ 13. ㉰ 14. ㉮ 15. ㉮ 16. ㉱ 17. ㉮ 18. ㉰ 19. ㉯

틀린 것은?
㉮ 근거리 통신에 이용된다.
㉯ VHF 통신 채널 간격은 30 kHz이다.
㉰ 수신기에는 잡음을 없애는 스퀠치(squelch) 회로를 사용하기도 한다.
㉱ 국제적으로 규정된 항공 초단파 통신 주파수 대역은 108~136 MHz이다.

[해설] VHF 항공 통신 주파수의 간격은 각각 25 kHz의 주파수 간격을 두고 통신한다.

20. UHF 송 · 수신장치에서 수신기는?
㉮ 이중 수퍼 헤테로다인 방식
㉯ 이중 스트레이트 방식
㉰ 단일 수퍼 헤테로다인 방식
㉱ 단일 스트레이트 방식

[해설] ① 수퍼 헤테로다인 방식 : 수신 전파 주파수를 중간 주파수로 변환시키고 이를 증폭하여 검파하는 방식의 수신기
② 이중 수퍼 헤테로다인 방식 : 2개의 주파수 혼합기를 사용하여 두 종류의 중간 주파수로 변환하는 방식

21. 위성 통신장치에서 지상국 시스템의 송신계에 가장 적합한 증폭기는?
㉮ 저잡음 증폭기
㉯ 저출력 증폭기
㉰ 고출력 증폭기
㉱ 전자냉각 증폭기

[해설] 지상국 시스템
① 송신계 : 고출력 증폭기로서 고주파 신호를 위성까지 전송할 수 있을 정도의 크기로 신호를 증폭하는 역할을 수행한다.
② 수신계 : 저잡음 증폭기를 말하며 전송되는 미약한 신호에서 잡음을 제거하고 순수한 신호만 증폭한다.

22. 궤도 조건과 배치방식에 따른 위성 통신방식과 가장 거리가 먼 것은?
㉮ 랜덤 위성방식   ㉯ 정지 위성방식
㉰ 위성 궤도방식   ㉱ 위상 위성방식

23. 궤도 조건과 배치방식에 따른 위성 통신 방식과 가장 거리가 먼 것은?
㉮ 랜덤 위성방식   ㉯ 정지 위성방식
㉰ 위성 궤도방식   ㉱ 위상 위성방식

24. 위성 통신장치의 위상 위성방식으로 가장 올바른 것은?
㉮ 지구 상공 수백~수천 km의 궤도상을 수시간의 주기로 선회하는 위성을 이용하는 방식이다.
㉯ 지구 상공에 위성을 배치하고 지구국은 안테나를 사용하여 차례로 위성을 추적하여 상시 통신하는 방식이다.
㉰ 각종 관측 위상에만 사용한다.
㉱ 안테나를 설치하여 위성을 추적한다.

25. 서비스 통화계통(service interphone system)에 대한 설명으로 가장 올바른 것은?
㉮ 비행 중에는 조종실과 객실 승무원 및 주방간의 통화
㉯ flight를 위하여 조종사와 지상 조업 요원간의 직접 통화
㉰ 정비사 상호간의 통화
㉱ 조종사 상호간의 통화

26. 항공기에서 정비할 때 사용하는 유선 통신장치는?
㉮ flight interphone
㉯ cabin interphone

[정답] 20. ㉮ 21. ㉰ 22. ㉱ 23. ㉱ 24. ㉯ 25. ㉮ 26. ㉰

㉰ service interphone
㉱ passenger interphone

27. 항공기에 장착되어 있는 플라이트 인터폰(flight interphone)의 주목적은?
㉮ 운항 중에 승무원 상호간의 통화와 통신 항법계통의 오디오 신호를 승무원에게 분배, 청취하기 위하여
㉯ 비행 중에 항공기 내에서 유선통신을 사용하기 위하여
㉰ 비행 중에 운항 승무원과 객실 승무원의 상호 통화와 기타 오디오 신호를 승무원에게 분배, 청취하기 위하여
㉱ 비행 중에 조종실과 지상 무선시설의 상호 통화 및 오디오 신호를 청취하기 위하여

28. cabin interphone system의 목적과 가장 거리가 먼 것은?
㉮ 조종실과 객실 승무원과의 연락
㉯ 객실 승무원 상호 연락
㉰ 운항 승무원 상호 연락
㉱ 카고(cargo) 항공기 화물 적재 시 통화

29. 항공기에 장착되어 있는 플라이트 인터폰(flight interphone)을 가장 올바르게 설명한 것은?
㉮ 비행 중에는 승무원 상호간의 통화를 하며, 지상에서는 flight를 위해 항공기가 택싱하는 동안 지상 조업요원과 조종실 내 운항 승무원간에 통화를 한다.
㉯ 정비사가 항공기 정비를 위하여 정비사들 상호간에 통화를 한다.

㉰ 비행 중에 운항 승무원과 객실 승무원의 상호 통화와 객실 승무원과 승객 상호간에 통화를 한다.
㉱ 비행 중에 조종실과 지상 무선시설의 상호 통화 및 오디오 신호를 청취한다.

30. 비행 중에는 조종실 내의 운항 승무원 상호간에 통화를 하며, 지상에서는 항공기가 taxing하는 동안에 지상 조업요원과 조종실 내의 운항 승무원간에 통화하는 인터폰은?
㉮ passenger 인터폰
㉯ cabin 인터폰
㉰ service 인터폰
㉱ flight 인터폰

31. P.A 계통의 수선 순위가 맞는 것은?
㉮ 기내 안내방송 – 운항 승무원 안내방송 – 재생 안내방송 – 기내 음악
㉯ 운항 승무원 안내방송 – 기내 안내방송 – 기내 음악 – 재생 안내방송
㉰ 운항 승무원 안내방송 – 기내 안내방송 – 재생 안내방송 – 기내 음악
㉱ 운항 승무원 안내방송 – 재생 안내방송 – 기내 안내방송 – 기내 음악

해설 기내 방송장치(passenger adress system) 조종실 또는 객실 승무원석에서 승객에게 여러 가지 안내를 하기 위한 방송장치이며, 배경음악 방송에도 이용된다. 또, 비상사태가 발생할 경우 긴급방송에도 이용된다.
① 제1순위 : 조종실에서의 방송
② 제2순위 : 객실 승무원이 행하는 방송
③ 제3순위 : 음악방송

정답 27. ㉮ 28. ㉰ 29. ㉮ 30. ㉱ 31. ㉰

2. 항법장치

2-1 항법장치의 원리와 종류

(1) 자동방향 탐지기(ADF ; Automatic Direction Finder)

190~1750 kHz대의 전파를 사용하여 무선국으로부터 전파도래 방향을 알아 항공기의 방위 시각 또는 청각장치를 통해서 알아내는 장치이다. 안테나, 수신기, 방향 지시기, 조종패널로 구성된다.

① 무지향 표지시설(NDB ; 호밍 비컨(homing beacon)) : 장파대 또는 중파대의 A_2 전파를 무지향으로 발사하여 항공기의 방향탐지를 가능하게 한다.

② 루프 안테나(loop antenna) : 지름 1m 내외의 정사각형, 원형, 다각형 등의 형태에 코일을 감은 것으로 이 코일 내를 관통하는 자기력 선속이 변화할 때 유기되는 기전력을 이용한다.
  - 고니오미터(goniometer) : 안테나 소자를 회전시키지 않고서도 루프 안테나를 회전시키는 것과 같은 효과를 얻는 장치이다.

③ 방향 지시기 : 안테나 내부의 2상 교류 발전기에 의한 $\sin\theta$, $\cos\theta$ 신호와 수신기에 의한 방위신호를 위상계에 가하여 방위를 지시한다.

④ 수신기 : 이동국의 방향 탐지기는 200~1800 kHz의 주파수 범위를 사용하고, 지상의 공항용 방향 탐지기는 VHF대에서 100~150 MHz, UHF대에서는 200~400 MHz의 주파수 범위를 사용하고 방식은 이중 또는 삼중 수퍼헤테로다인 방식이며, 원격제어에 의한 채널 전환 및 주파수 합성방식에 의한 자동 조절방식을 많이 사용한다.

(2) 전방향 표지시설(VOR ; VHF Omnidirectional Range)

자북극을 지시하는 전파를 받는 순간부터 지향성의 전파를 받는 순간까지의 시간차를 측정하여 발신국의 방향을 알아내는 장치이다.

주로 공항 또는 공항 부근에 설치하여 항공기의 진입 및 강하 유도에 사용되는 것을 공항 전방향 표지시설(TVOR)이라 한다.

(3) 계기 착륙장치(ILS ; Instrument Landing System)

활주로에서 지향성 전파를 발사시켜 착륙하기 위해 최종 접근 진입 중인 항공기에게 정확한 활주로 진입경로를 지시해 주는 시설이다.

① 로컬라이저(localizer) : 정밀한 수평방향의 접근 유도신호를 제공하는데 40채널의 VHF 스펙트럼을 사용한다. 주파수는 108.1~111.95 MHz를 간격으로 구분하여 0.1

MHz 단위가 홀수인 것을 사용한다.
② 글라이드 슬로프(glide slope) : 하강 비행각을 표시해 주는 것으로 계기착륙 조작 중에 활주로에 대하여 적정한 강하각을 유지하기 위해 수직방향의 유도를 위한 것이다.
③ 마커 비컨(marker beacon) : 최종 접근 진입로상에 설치되어 지향성 전파를 수직으로 발사시켜 활주로까지의 거리를 지시해 준다.

(4) 거리 측정시설(DME ; Distance Measuring Equipment)

전파의 속도가 일정함을 이용하여 항공기로부터 질문전파를 지상에 설치된 무선국에 발사해서 이를 수신한 지상국으로부터의 응답전파를 수신하여 소요되는 시간을 측정함으로써 거리를 알 수 있는 시설이다.
① DME의 이점
　(가) 진로에 대해서 연속적으로 위치 결정이 된다.
　(나) 위치 결정이 ADF, VOR보다 정확하다.
　(다) 정확한 항공기 위치의 정보를 얻을 수 있어 레이더에 의한 유도를 받을 필요가 없다.
　(라) 항공기의 대기속도가 정확, 신속하게 산출된다.
　(마) 진입시에 관제거리를 짧게 할 수 있어 많은 체공선회를 할 필요가 없다.

(5) SSR 및 ATC 트랜스폰더

① 2차 감시 레이더(SSR : Secondary Surveillance Radar) : 1차 감시 레이더만 사용한 항공 교통관제는 안전상 충분하지 않으므로 하나의 감시수단으로 사용되는 레이더이다.
　(가) 신호의 질을 향상시키기 위한 방법
　　㉮ 질문 측대파 억제(ISLS ; Interrogation Side Lobe Suppression) : 질문기 안테나의 측대파로부터 발사된 질문신호에 대하여 항공기상의 트랜스폰더가 응답하는 것을 방지하는 기능을 한다.
　　㉯ 개량 질문 측대파 억제(IISLS ; Improved ISLS) : IISLS는 항공기상의 트랜스폰더의 SLS 데드 타임을 이용하여 주변 장애물로부터 나오는 의사 질문에 대해서 응답을 방지하는 방식이다.
　　㉰ 수신기 측대파 억제(RSLS ; Receiver SLS) : 항공기에 탑재된 트랜스폰더로부터 발사된 응답신호가 장애물에 반사되어 질문기 안테나의 측대파로 수신된 경우, 이 수신된 신호를 지상설비 쪽에서 제거하는 방식이다.
　　㉱ 간섭신호의 제거 : 자국의 질문에 동기한 응답인지 아닌지를 두 신호 사이의 관계로부터 판단해서 자국의 질문에 동기된 응답만 끄집어낸다.
② ATC 트랜스폰더 : 지상의 질문기로부터의 질문신호를 수신한 후 일련의 부호화된 응답신호를 자동적으로 지상으로 송신하도록 설계되어 있다.

(6) 곡선 항법장치(Hyperbolic navigation system)

미리 위치를 알고 있는 두 송신국으로부터의 전파를 수신하고, 그 도달시간의 차이 또는 위상차를 측정하여 위치를 결정하는 방식을 쌍곡선 항법이라고 한다.
① 로란(LORAN ; Long Range Navigation) : 송신국으로부터 원거리에 있는 선박 또는 항공기에 항행위치를 제공하는 무선 항법 보조시설이다.
② 오메가 항법(omega navigation) : 10~14 kHz의 초장파(VLF)를 사용한 쌍곡선 항법으로 2개의 송신국으로부터 발사되는 전파의 위상차를 측정해서 위치를 결정하는 것이다.

(7) 전술 항행장치(TACAN ; Tactical Air Navigation)

지상국의 채널을 사용하여 항공기에서 선택하면 지상국에 대한 방위와 거리가 동시에 기상 지시기에 표시되는 장치이다.
① 특징
　㈎ 방위, 거리정보에 대한 항법장치의 일원화가 가능하다.
　㈏ 클리어 채널(clear channel) 방식이다.
　㈐ 많은 항공기가 동시에 하나의 지상국을 이용할 수 있다.
　㈑ 방위 및 거리 정확도가 우수하다.
　㈒ 지상장치는 일정한 동작허용주기로 동작되므로 안전하다.
　㈓ 신호는 모두 1세트의 펄스로 구성되므로 동작에 착오가 적다.
　㈔ 지상장치는 VOR 지상장치와 함께 정비하여 VOR/TAC 시스템을 구성할 수 있으며, TACAN의 거리계통은 DME 시스템의 역할을 한다.

(8) 전파 고도계

항공기에서 지표를 향해 전파를 발사하여 그 반사파가 되돌아올 때까지의 시간을 측정하는 장치이다. 지형과 항공기 사이의 수직거리인 절대 고도를 구하는 계기이다. 저고도용으로 사용되며 측정범위는 2500 ft 이하이다.
① 펄스식 전파 고도계 : 기상에서 아래쪽으로 발사한 펄스가 지표면에서 반사되어 다시 기상 수신기에 도달하는 시간에 항공기와 지표면 사이의 거리를 구하는 방식의 고도계이다.
② FM식 전파 고도계 : 0~750 m까지의 낮은 고도를 측정하는데 이용되며 주로 활주로에 접근, 착륙 시 이용된다.

(9) 기상 레이더(weather radar)

사전에 악천후 영역을 탐지해서 비교적 기류의 변화가 작은 곳을 찾아 비행함으로써 안전 운행을 도모하고, 악천후 영역을 미리 알아냄으로써 신속하게 항로를 변경하여 비행시간의 단축과 연료 절약이 가능하도록 한다.

(10) 중앙 대기 자료 컴퓨터(CADC ; Central Air Data Computer)

정압, 총압력, 대기온도, 정압의 온도차 보정, 홀드 로직(hold logic)의 다섯 가지 기본 압력신호를 검출함으로써 필요한 자료를 산출해 낸다.

2-2 최신 항법장치

(1) 도플러 항법장치

"이동체의 속도에 비례하여 수신 주파수가 변화한다"는 도플러 원리를 이용한 것이며, 지상 보조시설을 필요로 하지 않고 직접 행할 수 있는 기상 항법장치이다.

(2) 관성 항법장치(INS ; Inertial Navigation System)

가속도를 적분하면 속도가 구해지며, 이것을 다시 한번 적분하면 이동한 거리가 나온다는 사실을 이용한 항법장치가 관성 항법장치이다.

(3) 위성 항법장치

인공위성을 사용하여 전세계적인 서비스를 무제한의 이용자에게 제공할 목적으로 구성되었다.

① GPS(Global Positioning System) : 인공위성을 이용하여 3차원의 위치 및 항법에 필요한 위치 및 속도와 시간을 무제한의 이용자에게 서비스를 제공해 준다. 사용법이 간단하고 NDB, VOR, LORAN-C 같은 재래의 항법장치들보다 더 정확한 위치정보 및 시간을 제공해 준다.

② 인머샛(inmarsat) : 해상 항법을 위해서 개발된 시스템으로 국제협력에 의해서 소유 및 운용되는 이동 위성 통신 서비스를 전세계에 제공한다.

③ GLONASS(Global Navigation System) : 소련에서 개발한 인공위성을 이용한 무선 항행 시스템으로서 전세계에 있는 무제한의 이용자에게 3차원의 위치, 속도, 시간, 정보를 제공한다.

2-3 지시계기

(1) 플라이트 디렉터(flight director)

컴퓨터에 입력된 정보를 사용하고 기체 특성 및 과도 특성까지를 고려하여 조종사가 수행해야 할 수많은 일들에 필요한 명령신호를 산출하는 장치이다.

(2) 비행자세 지시계(ADI ; Attitude Director Indicator)

자세계라고도 하며 조종사 계기판의 가장 보기 쉬운 앞면 중앙에 장치되어 있다.

(3) 수평상태 지시계(HSI ; Horizontal Situation Indicator)

기수 방위를 나타내는 컴퍼스 카드와 코스로부터 이탈됨을 표시하는 바늘이 중앙에 있고, 그 주위에 목표지점으로부터의 거리를 표시하는 계수기가 배치되어 있다.

(4) 무선자기 지시계(RMI ; Radio Magnetic Indicator)

자북극 방향에 대해 VOR 신호 방향과의 각도 및 항공기의 방위각을 나타내 주는 계기이다.

예·상·문·제

1. 활주로에 대하여 수직면 내의 정확한 진입각을 지시하여 항공기를 착지점으로 유도하는 장치는?
㉮ 관성 항법장치(INS)
㉯ 로컬라이저(localizer)
㉰ 글라이드 슬로프(glide slope)
㉱ 마커 비컨(marker beacon)

2. 다음은 항공기가 비행하는데 필요한 항법장치이다. 무선 원조항법과 가장 관계가 먼 것은?
㉮ 자동방향 탐지기(ADF)
㉯ 초단파 전방향 표시기(VOR)
㉰ 거리 측정 시설(DME)
㉱ 도플러(Doppler) 레이더

3. 자동방향 탐지기(ADF) 계통과 가장 관계가 먼 것은?
㉮ 루프(loop), 감도 안테나
㉯ 무선 방위 지시계(RMI)
㉰ 무지향성 표지시설((NDB)
㉱ 자이로컴퍼스(gyrocompass)
[해설] 자동방향 탐지기(ADF) : 지상에는 무지향 표지시설(NDB)이 있고, 항공기는 안테나, 수신기, 방향 지시기 및 전원장치로 구성되는 수신장치이다.

4. 지상에 설치한 무지향성 무선 표지국으로부터 송신되는 전파의 도래 방향을 계기상에 지시하는 것은?
㉮ 거리 측정장치(DME)
㉯ 항공교통관제장치(ATC)
㉰ 자동방향 탐지기(ADF)
㉱ 무선 고도계(radio altimeter)

5. 계기 착륙시설(ILS)의 구성 장치가 아닌 것은?
㉮ 로컬라이저 수신장치(Localizer receiver)
㉯ 글라이드 슬로프 수신장치(glide slope receiver)
㉰ 마커 수신장치(marker receiver)
㉱ 기상 레이더
[해설] 계기 착륙시설(ILS : instrument landing system)
① 로컬라이저(localizer) : 활주로에 접근하는 항공기에 활주로 중심선을 제공해 주는 지상시설이다.
② 글라이드 슬로프(glide slope) : 계기 착

정답 1. ㉰ 2. ㉱ 3. ㉱ 4. ㉰ 5. ㉱

륙 중인 항공기가 활주로에 대하여 적절한 각도를 유지하며 하강하도록 수직방향 유도를 수행한다.
③ 마커 비컨(marker beacon) : 활주로 진입로 상공을 통과하고 있다는 것을 조종사에게 알리기 위한 지상장치이다.

6. 다음 중 계기 착륙장치(ILS)와 관계가 없는 것은?
㉮ 전방향 표시장치(VOR)
㉯ 로컬라이저(localizer)
㉰ 글라이드 슬로프(glide slope)
㉱ 마커 비컨(maker beacon)

7. 계기 착륙장치(ILS)에 사용되는 system과 가장 관계 있는 것은?
㉮ localizer, glide slope
㉯ LRRA, marker beacon(M/B)
㉰ VOR, localizer
㉱ ADF, marker beacon(M/B)

8. 계기 착륙장치의 구성 장치가 아닌 것은?
㉮ 로컬라이저 수신장치
㉯ 글라이드 슬로프 수신장치
㉰ 마커 비컨 수신장치
㉱ 기상 레이더

9. 계기 착륙장치(ILS) 계통에서 로컬라이저(localizer) 수신장치의 기능을 가장 올바르게 표현한 것은?
㉮ 활주로 수평, 진입평면에 대해 항공기 진입각 표시
㉯ 활주로 상·하 연장평면에 대해 항공기 진입각 표시
㉰ 활주로 수직, 수평 연장선에 대해 진입 중인 항공기의 위치 표시
㉱ 활주로 중심, 수직평면에 대해 진입 중인 항공기의 위치 표시

[해설] 로컬라이저 : 활주로에 접근하는 항공기에 활주로 중심선을 제공해주는 지상 시설이다.

10. 활주로에 접근하는 비행기에 활주로 중심선을 제공해 주는 지상시설은?
㉮ localizer   ㉯ glide slop
㉰ maker beacon   ㉱ VOR

11. 비행자의 활주로 중심선에 대하여 정확한 수평면의 방위를 지시하는 장치는?
㉮ localizer
㉯ glider slope
㉰ marker beacon
㉱ VOR

12. 계기 착륙장치(ILS) 계통을 설명한 내용 중 가장 관계가 먼 것은?
㉮ 제어 스위치를 어프로치(approach) 모드로 선택하면 초단파 전방위 표시기(VOR) 안테나에서 레이돔(radome) 안에 있는 로컬라이저(localizer) 안테나로 전환되어 로컬라이저 빔을 수신한다.
㉯ 로컬라이저 주파수만 선택하면 글라이드 슬로프(glide slope) 거리 측정장치(DME)가 함께 동조된다.
㉰ 착륙기어가 내려졌을 때 레이돔의 글라이드 슬로프 캡처(capture) 안테나에서 노스기어 도어에 위치한 트랙(track)안테나로 전환되어 글라이드 슬로프 빔을 수신한다.

정답 6. ㉮ 7. ㉮ 8. ㉱ 9. ㉱ 10. ㉮ 11. ㉮ 12. ㉱

라 마커 비컨(marker beacon) 수신장치는 같은 주파수를 수신하고 활주로 끝을 나타내기 위하여 청색, 주황색, 백색의 표시등을 켜지게 한다.

[해설] 마커 비컨 수신 : 75 MHz의 전파를 수신하여 복조하고, 400 Hz, 1300 Hz, 3000 Hz의 가청 주파수 필터를 통하여 각각의 신호를 분리하며, 수신된 톤 주파수로 저주파 증폭기를 통하여 스피커를 울린다.

13. 항공기의 거리 측정장치(DME)의 기능을 가장 올바르게 설명한 내용은?

가 질문 펄스에서 응답 펄스에 대한 펄스 간에 지체 시간을 구하여 방위를 측정할 수 있다.
나 질문 펄스에서 응답 펄스에 대한 펄스 간에 지체 시간을 구하여 거리를 측정할 수 있다.
다 응답 펄스에서 질문 펄스에 대한 시간차를 구하여 방위를 구할 수 있다.
라 응답 펄스에서 질문 펄스에 대한 주파수만을 계산하여 측정할 수 있다.

[해설] 거리 측정 장치(DME : distance measuring equipment) : 960~1215 MHz의 주파수 대역을 사용하며, 항공기의 질문신호에 대해 지상국에서 응답신호를 보내 항공기와 거리 측정장치 지상국 사이의 거리 정보를 제공한다. 거리 측정장치는 초단파 전방향 무선 표지시설과 병설되어 VOR/DME로 불리며 국제표준으로 규정되어 있다.

14. 거리 측정장치(DME)에 대한 설명으로 가장 관계가 먼 것은?

가 DME는 초단파 전방향 무선 표지시설과 병설되어 VOR로도 불리며, 국제표준으로 규정되어 있다.
나 DME 시스템의 사용 주파수 대역은 500~1215kHz로 넓은 범위의 주파수 대역을 사용한다.
다 DME 지시기에 표시되는 거리는 항공기에서 DME국까지의 경사거리이다.
라 DME의 거리 측정은 항공기로부터 질문 펄스가 발사되어 지상국의 응답 펄스를 수신할 때까지의 지연 시간을 측정하여 거리로 환산하는 방법이다.

15. 초단파 전방향 무선시설(VOR)이란?

가 지상 무선국에 해당되는 주파수를 선택하면 항공기가 지상 무선국으로부터 어느 방향에 있는지 알 수 있다.
나 지상 무선국에 해당되는 주파수를 선택하면 지상 무선국의 방향을 지시한다.
다 지상 무선국에 해당되는 주파수를 선택하면 지상 무선국으로부터 북서쪽 방향을 항공기에 지시한다.
라 지상 무선국에 해당되는 주파수를 선택하면 지상 무선국에서 남서쪽 방향을 항공기에 지시한다.

16. 지상 무선국을 중심으로 하여 360° 전방향에 대해 비행방향을 지시할 수 있는 기능을 갖추고 있는 항법장치는?

가 VOR
나 M/B(marker beacon)
다 LAAR
라 G/S(glide slope)

17. 항공교통관제(ATC)에서 항공기가 응답하는 비행고도로 가장 올바른 것은?

가 진고도(sea level)
나 기압 고도
다 절대 고도

정답 13. 나 14. 나 15. 가 16. 가 17. 나

㉑ 상대 고도

18. 서로 떨어진 두 개의 송신소로부터 동기신호를 수신하여 두 송신소에서 오는 신호의 시간차를 측정하여 자기 위치를 결정하여 항행하는 무선방법은?
㉮ LORAN(long range navigation)
㉯ TACAN(tactical air navigation)
㉰ VOR(VHF omni range)
㉱ ADF(automatic direction finder)

[해설] 로란(LORAN : long range navigation) 송신국으로부터 원거리에 있는 선박 또는 항공기에 항행 위치를 제공하는 무선항법 보조시설이다.

19. 전파 고도계(radio altimeter)를 가장 올바르게 설명한 것은?
㉮ 항공기에서 지표를 향하여 전파를 방사하여 그 반사파가 되돌아 올 때까지의 전압을 측정한다.
㉯ 항공기에 지상까지의 기압고도를 측정한다.
㉰ 항공기에서 지표를 향하여 전파를 발사하여 그 반사파가 되돌아 올 때까지의 시간을 측정한다.
㉱ 항공기에서 지상까지의 밀도고도를 측정한다.

20. 단거리 전파 고도계(LRRA)로 구할 수 있는 고도는?
㉮ 진고도   ㉯ 절대 고도
㉰ 기압 고도   ㉱ 마찰 고도

21. 단거리 전파 고도계(LRRA)에 대한 설명으로 가장 올바른 것은?

㉮ 기압 고도계이다.
㉯ 고고도 측정에 사용된다.
㉰ 전파 고도계로 항공기가 착륙할 때 사용된다.
㉱ 평균 해수면 고도를 지시한다.

22. 전파 고도계(radio altimeter)에 대한 설명으로 틀린 것은?
㉮ 전파 고도계는 지형과 항공기의 수직 거리를 나타낸다.
㉯ 항공기 착륙에 이용하는 전파 고도계의 측정범위는 0~2500 feet이다.
㉰ 절대 고도계라고도 하며, 높은 고도용의 FM형과 낮은 고도용의 펄스형이 있다.
㉱ 항공기에서 지표를 향해 전파를 발사하여, 그 반사파가 되돌아올 때까지의 시간을 측정하여 고도를 표시한다.

[해설] 전파 고도계 : 절대고도를 지시하여 절대 고도계라고도 하며 높은 고도용의 펄스형과 낮은 고도용의 FM형이 있다.

23. 관성 항법장치(INS)의 특징에 대한 설명으로 틀린 것은?
㉮ GPS보다 정밀도가 우수하다.
㉯ 전세계 어디에서도 사용가능하다.
㉰ 시간의 경과에 따라 오차도 커진다.
㉱ 지상의 항법 원조시설의 도움없이 독립적으로 작동한다.

24. 다음 중 관성 항법장치를 나타내는 용어는?
㉮ INS   ㉯ GPS   ㉰ FMS   ㉱ DME

[해설] INS(intertial navigation system)

정답 18. ㉮ 19. ㉰ 20. ㉯ 21. ㉰ 22. ㉰ 23. ㉰ 24. ㉮

25. 수동 비행 시 조종사가 조종간을 움직이기 위하여 참고해야 할 기본 정보는?
㉮ 항공기의 자세 ㉯ 항공기의 위치
㉰ 항공기의 속도 ㉱ 항공기의 고도

26. 항법의 중요한 3가지 요소와 가장 거리가 먼 것은?
㉮ 항공기 위치의 확인
㉯ 침로의 결정
㉰ 도착 예정시간의 산출
㉱ 비행 항로의 기상

[해설] 항법
① 현재의 위치를 측정
② 입력된 목적지와의 차이를 계산하여 침로를 결정
③ 연료량, 도착 예정시간 산출

27. 비행 중 가장 중요한 것은?
㉮ 자세 ㉯ 방향
㉰ 목적지 거리 ㉱ 거리

28. 항공기가 비행을 하면서 관성 항법장치(INS)에서 얻을 수 있는 정보와 가장 관계가 먼 것은?
㉮ 위치 ㉯ 자세
㉰ 자방위 ㉱ 속도

29. 도플러 항법장치를 갖고 있는 항공기가 정상 장거리 비행을 하기 위하여 도플러 레이더에서 얻어진 정보만으로는 지구에 대한 상대 관계가 확실치 않으므로 기수 방위의 정보를 얻기 위하여 다음과 같은 장치를 하게 되는데 이 장치와 가장 관계가 되는 것은?
㉮ 자동방향 탐지기(ADF)
㉯ 자이로컴퍼스(gyrocompass)
㉰ 초단파 전방향 표시기(VOR)
㉱ 무지향성 표지시설(NDB)

[해설] 도플러 항법장치 : 도플러 원리를 이용하여 지상 보조 시설을 필요로 하지 않고 직접 행할 수 있는 기상 항법장치로 도플러 레이더와 항법 계산기로 구성된다.
① 도플러 레이더 : 전파의 도플러 효과를 이용하여 항공기의 대지속도 및 편류각을 구한다.
② 항법 계산기 : 항공기의 컴퍼스(compass)로부터 얻어지는 기수 방위각을 더하여 대지속도를 요소 성분마다 적분하여 항공기의 위치를 연속적으로 지시한다.

30. auto flight control system의 유도 기능에 속하지 않는 것은?
㉮ DME에 의한 유도
㉯ VOR에 의한 유도
㉰ ILS에 의한 유도
㉱ INS에 의한 유도

31. 전파 자방위 지시계(RMI : radio magnetic indicator)의 기능을 가장 올바르게 설명한 것은?
㉮ 항공기의 자세를 표시하는 계기
㉯ 자북극 방향에 대해 전방향 표시(VOR) 신호 방향과 각도 및 항공기의 방위 지시
㉰ 조종사에게 진로를 지시하는 계기
㉱ 기수 방위를 나타내는 컴퍼스 카드와 코스를 지시

32. 위성으로부터 전파를 수신하여 자신의 위치를 알아내는 계통으로 처음에는 군사목적으로 이용하였으나 민간 여객기, 자동차용으로도 실용화되어 사용 중인

정답 25. ㉮ 26. ㉱ 27. ㉮ 28. ㉰ 29. ㉯ 30. ㉮ 31. ㉯ 32. ㉱

것은?
- ㉮ 로란(LORAN)
- ㉯ 오메가(OMEGA)
- ㉰ 관성 항법(IRS)
- ㉱ 위성 항법(GPS)

33. 위성 통신장치 중 감지 제어계는?
- ㉮ 안테나의 도래 방향을 검출하는 방법
- ㉯ 안테나의 방향이 위성을 향하도록 제어하는 안테나 구동 제어장치
- ㉰ 전파를 수신하여 방위 오차를 검출
- ㉱ 오차 신호를 동기 검파하여 오차의 크기와 부호를 검출할 기능이 없다.

34. 항법 장비 중에서 지상의 무선국이 없어도 되는 것은?
- ㉮ ADF
- ㉯ VOR
- ㉰ LORAN
- ㉱ INS

35. 다음 구성품 중 관성 항법장치와 가장 관계가 먼 것은?
- ㉮ 속도계
- ㉯ 가속도계
- ㉰ 자이로를 이용한 안정판
- ㉱ 컴퓨터

36. 비행 자세 지시기(ADI : attitude director indicator)를 옳게 설명한 것은?
- ㉮ 기수 방위와 설정 기수 방위를 나타낸다.
- ㉯ 기수 방위각, 기수 오차각을 자동 조종한다.
- ㉰ 기체의 상승 또는 하강한 높이 정보를 자동 조종한다.
- ㉱ 피치 자세를 받아 기체의 자세를 알기 쉽게 나타내며, 비행 지시장치에

조타 명령을 지시한다.

37. 항공기 자동 조종장치(auto pilot system)의 귀환 소자로 주로 쓰이는 것은?
- ㉮ 자이로스코프
- ㉯ 오토신
- ㉰ 마그네신
- ㉱ 직류 셀신

38. 조종실 음성 기록장치(CVR : cockpit voice recorder)의 설명으로 가장 올바른 것은?
- ㉮ 지상에서 항공기를 호출하기 위한 장치이다.
- ㉯ 항공기 사고원인 규명을 위해 사용되는 녹음장치이다.
- ㉰ HF 또는 VHF를 이용하여 통화를 한다.
- ㉱ 지상에 있는 정비사와 통화를 위한 장치이다.

[해설] 조종실 음성 기록장치(CVR: cockpit voice recorder) : 항상 최후 30분 동안의 녹음내용이 담겨져 있으며, 기록된 음성은 사고조사를 위하여 사용되는 것으로 정상 비행에서는 비행이 종료되었을 때 승무원이 녹음을 지울 수 있다.
① 비행기 내에서의 무선에 의해 송·수신되는 음성통신
② 조종실 내에서의 비행 승무원간 음성
③ 기내 인터폰 계통을 사용하는 조종실 내에서의 비행 승무원간의 통화내용
④ 승객 확성기 계통을 사용하는 비행 승무원의 음성통신

39. 조종실에서 교신하는 통신 및 대화내용, 기관 등 백그라운드 노이즈(background noise)가 기록되는 장치는?
- ㉮ 비행 기록장치(FDR)
- ㉯ 음성 기록장치(CVR)

정답 33. ㉯ 34. ㉱ 35. ㉮ 36. ㉱ 37. ㉮ 38. ㉯ 39. ㉯

㉰ 음성 관리장치(OMU)
㉱ 플라이트 인터폰(flight interphone)

40. 음성 녹음장치(voice record) control panel의 erase switch의 기능인 것은?

㉮ 스위치 1초 push 시 지워짐
㉯ 스위치 2초 이상 push 시 지워짐
㉰ 스위치 push 시 VU meter 바늘이 청색까지 갔다옴
㉱ 스위치 push 시 VU meter 바늘이 조금 움직임

41. 다음은 항공교통관제 트랜스폰더(ATC transponder)에 대한 설명으로 옳은 것은?

㉮ 지상 무선시설의 질문에 응답하기 위한 장치이며, 교통량이 많은 공역을 비행할 때에는 트랜스폰더의 탑재를 의무화한다.
㉯ 인공위성에서 발사한 전파를 수신하여 관측점까지 소요시간을 측정함으로써 항공기의 위치를 구하는 장치이다.
㉰ 전파가 물체에 부딪쳐서 반사되는 성질을 이용하여 지상과 항공기 사이의 수직거리를 측정하는 장치이다.
㉱ 항공기가 지상으로 과도하게 접근시 조종사에게 시각 및 청각 경고를 제공하는 장치이다.

[해설] 항공교통관제 트랜스폰더(ATC transponder) : 지상의 질문기로부터 질문신호를 수신한 후 부호화된 응답신호를 자동적으로 송신하도록 설계되어 있다. 수신부는 1030 MHz, 송신부는 1090 MHz에 고정되어 있으며, 송신출력은 약 500 W이다.

42. 엔진 표시 및 승무원 경고장치(EICAS : engine indicating and crew alerting system)의 기능이 아닌 것은?

㉮ engine parameter를 지시한다.
㉯ 항공기의 각 system을 감시한다.
㉰ engine 출력을 설정할 수 있다.
㉱ system의 이상 상태 발생을 지시해 준다.

[해설] EICAS : 조종사에게 엔진상태, 다른 시스템의 경고상태를 종합적으로 알려주는 시스템이다. 엔진 파라미터, 엔진 내부온도, 연료 흐름량, 연료량, 오일압력 등을 지시한다.

정답 40. ㉯ 41. ㉮ 42. ㉰

항|공|산|업|기|사

부 록

과년도 출제 문제

2012년도 시행 문제

▶ 2012년 3월 4일 시행

자격종목	시험시간	문제 수	형 별	수험번호	성 명
항공 산업기사	2시간	80	B		

제1과목 : 항공역학

1. 제트류는 일정한 방향과 속도로 부는데, 지구 북반구의 경우 제트류가 발생하는 대기층, 방향, 평균속도로 옳은 것은?

㉮ 성층권, 동에서 서로, 약 37 m/s
㉯ 성층권, 서에서 동으로, 약 37 m/s
㉰ 대류권, 서에서 동으로, 약 60 m/s
㉱ 성층권, 서에서 동으로, 약 60 m/s

[해설] 제트기류(jet stream) : 대류권 상부나 성층권에서 거의 수평축을 따라 불고 있는 강한 바람대를 말한다. 제트기류는 중고위도 상공에서 상시 부는 편서풍으로, 북반구에서 겨울철 제트기류는 북위 35도에 위치하고 여름철에는 북향하여 북위 50도 근처에 가까워지며 평균풍속은 겨울철에는 시속 130 km, 여름철에는 시속 65 km이며 공기밀도의 차이가 가장 큰 겨울철에 풍속도 가장 강하다.

2. 그림과 같은 하강하는 항공기의 힘이 성분(A)에 옳은 것은?

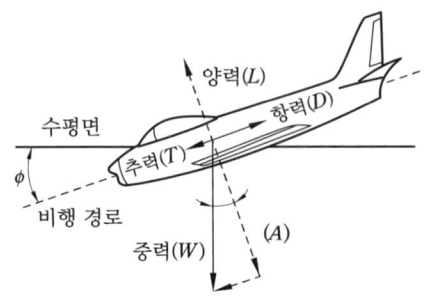

㉮ $W\sin\phi$　　㉯ $W\cos\phi$
㉰ $W\tan\phi$　　㉱ $\dfrac{W}{\sin\phi}$

[해설] 힘의 성분
① 비행경로에 수직한 축의 힘의 성분
$L = W\cos\phi$
② 비행경로축의 힘의 성분
$T + W\sin\phi = D$

3. 비행기의 무게가 5000kgf이고 기관출력이 400HP이다. 프로펠러 효율 0.85로 등속 수평비행을 한다면 이때 비행기의 이용마력은 몇 HP인가?

㉮ 340　㉯ 370　㉰ 415　㉱ 460

[해설] 이용마력
이용마력 $= \dfrac{TV}{75} = \eta \cdot b$ [HP]
$= 0.85 \times 400 = 340$ HP

4. 비행기의 속도가 2배가 되면 필요한 조종력은 처음의 얼마가 필요한가?

㉮ 1/2　　㉯ 1배
㉰ 2배　　㉱ 4배

[해설] 조종력 : 조종력은 비행속도의 제곱에 비례하고, $b\bar{c}^2$에 비례한다.

5. 고정 날개 항공기의 자전운동(autorotation)과 연관된 특수 비행 성능은?

㉮ 선회 운동
㉯ 스핀(spin) 운동

정답　1. ㉯　2. ㉯　3. ㉮　4. ㉱　5. ㉯

㉰ 키놀이(loop) 운동
㉱ 온 파일론(on pylon) 운동

6. 항공기의 총 중량 24000kgf의 75%가 주(제동)바퀴에 작용한다면 마찰계수 0.7일 때 주 바퀴의 최소 제동력은 몇 kgf 이어야 하는가?

㉮ 5250　　　㉯ 6300
㉰ 12600　　㉱ 25200

[해설] 지면에 대한 마찰력(F)
$F = \mu(W-L)$
$= 0.7(24000 \times 0.75 - 0) = 12600 \text{ kgf}$
∴ 착륙 시 양력(L)은 아주 작으므로 무시한다.

7. 선회비행 시 외측으로 슬립(slip)하는 가장 큰 이유는?

㉮ 경사각이 작고 구심력이 원심력보다 클 때
㉯ 경사각이 크고 구심력이 원심력보다 작을 때
㉰ 경사각이 크고 원심력이 구심력보다 작을 때
㉱ 경사각이 작고 원심력이 구심력보다 클 때

[해설] 경사각과 선회비행
① 정상 선회 시 : 원심력과 구심력이 같다.
② 외측으로 슬립 시 : 경사각이 작고 원심력이 구심력보다 클 때
③ 내측으로 슬립 시 : 경사각이 크고 원심력이 구심력보다 작을 때

8. 프로펠러의 추력에 대한 설명으로 옳은 것은?

㉮ 프로펠러의 추력은 공기밀도에 비례하고 회전면의 넓이에 반비례한다.
㉯ 프로펠러의 추력은 회전면의 넓이에 비례하고 깃의 선속도 제곱에 반비례한다.
㉰ 프로펠러의 추력은 공기밀도에 반비례하고 회전면의 넓이에 비례한다.
㉱ 프로펠러의 추력은 회전면의 넓이에 비례하고 깃의 선속도 제곱에 비례한다.

[해설] 프로펠러 추력(T) $= C_t \rho n^2 D^4$
$T \propto$ (공기밀도)×(프로펠러의 회전면의 넓이)×(프로펠러 깃의 선속도)^2

9. 비행기가 1500m 상공에서 양항비 10인 상태로 활공한다면 최대 수평 활공 거리는 몇 m 인가?

㉮ 1500　　㉯ 2000
㉰ 15000　　㉱ 20000

[해설] 활공비(양항비) $= \dfrac{\text{최대수평활공거리}}{\text{높이}}$
최대수평활공거리 = 양항비×높이
$= 10 \times 1500 = 15000\text{m}$

10. 다음 중 비행기의 가로안정성에 가장 적은 영향을 주는 것은?

㉮ 쳐든각　　㉯ 동체
㉰ 프로펠러　㉱ 수직꼬리날개

[해설] 가로 안정성에 영향을 주는 요소
① 날개 : 가로 안정에서 가장 중요한 요소이다. 쳐든각 효과는 가로 안정에 가장 중요한 요소이다.
② 동체 : 날개와 동체, 꼬리날개의 조합에 의해 영향을 준다
③ 수직꼬리 날개 : 가로 안정에 중대한 영향을 준다.

11. 헬리콥터에서 발생되는 지면효과의 장점이 아닌 것은?

㉮ 양력의 크기가 증가한다.
㉯ 많은 중량을 지탱할 수 있다.

[정답] 6. ㉰　7. ㉱　8. ㉱　9. ㉰　10. ㉰　11. ㉱

㉰ 회전 날개깃의 받음각이 증가한다.
㉱ 기체의 흔들림이나 추력 변화가 감소한다.

12. 날개의 가로세로비가 8, 시위 길이 0.5m인 직사각형 날개를 장착한 무게 200kgf의 항공기가 해발고도로 등속수평 비행하고 있다. 최대양력계수가 1.4일 때 비행가능한 최소 속도는 몇 m/s인가? (단, 밀도는 1.225 kg/m³이다.)

㉮ 5.40 ㉯ 16.90
㉰ 23.90 ㉱ 33.81

[해설] 실속속도(V_s)
① 직사각형 날개의 날개길이(b)
$AR = \dfrac{b}{c}$에서 $b = AR \times c = 8 \times 0.5 = 4\,m$
② 직사각형 날개 면적 = 가로(날개길이) × 세로(시위길이) = $4 \times 0.5 = 2.0\,m$
③ 공기밀도 = $1.225\,kg/m^3$
  $= 0.125\,kgf \cdot s^2/m^4$
④ 실속속도(V_s)
$= \sqrt{\dfrac{2W}{\rho S C_{Lmax}}} = \sqrt{\dfrac{2 \times 200}{0.125 \times 2 \times 1.4}} = 33.81\,m/s$

13. 항공기에서 발생하는 항력 중 아음속 비행 시 발생하지 않는 것은?

㉮ 유도항력 ㉯ 마찰항력
㉰ 형상항력 ㉱ 조파항력

[해설] 조파항력(wave drag) : 초음속 흐름에서 충격파로 인하여 발생하는 항력이다.

14. 정상 수평 비행에서 평형상태의 피칭 모멘트 계수 $C_{Mc \cdot g}$의 값은?

㉮ −1 ㉯ 0 ㉰ 1 ㉱ 2

[해설] 키놀이 모멘트 계수 : 키놀이 모멘트 계수(C_M)가 0일 때 평형상태이며 양력 계수 값이 변화할 때 평형적으로 되돌아가기 위해 키놀이 모멘트 값이 변화된다.

15. 다음 중 일반적으로 단면 형태가 다른 것은?

㉮ 도움날개 ㉯ 방향키
㉰ 피토 튜브 ㉱ 프로펠러 깃

[해설] 날개골(airfoil) : 비행기의 날개는 양력을 발생시켜 비행기를 공중에 뜨게 한다. 비행기의 날개를 수직으로 자른 유선형의 단면을 날개골 또는 날개 단면이라 한다.

16. 프로펠러 항공기의 추력과 속도와의 관계로 틀린 것은?

㉮ 저속에서 프로펠러 후류의 영향은 없다.
㉯ 비행속도가 감소하면 이용추력은 증가한다.
㉰ 추력이 증가하면 프로펠러 후류 속도가 증가한다.
㉱ 비행속도가 실속속도 부근에서는 후류 영향이 최대값이 된다.

[해설] 프로펠러 후류 : 회전하고 있는 프로펠러의 후류는 회전방향으로 비틀려진 흐름이 생기는데 이를 프로펠러 후류라 한다. 프로펠러의 회전속도가 빠르고, 비행속도가 느릴 때 나타난다.

17. 17°로 상승하는 항공기 날개의 붙임각이 3°이고 받음각이 3°일 때 항공기의 수평선과 날개의 시위선이 이루는 각도는 몇 도인가?

㉮ 17 ㉯ 20 ㉰ 23 ㉱ 26

[해설] 항공기 수평선과 시위선이 이루는 각도 : 수평선과 항공기 진행방향이 이루는 각 (17°) + 받음각(3°) = 20°

18. 날개의 시위 길이 2m, 대기 속도

300 km/h, 공기의 동점성계수가 0.15 cm²/s 일 때 레이놀즈 수는 얼마인가?

㉮ 1.1×10^7
㉯ 1.4×10^7
㉰ 1.1×10^6
㉱ 1.4×10^6

[해설] 레이놀즈 수

$$Re = \frac{VL}{\nu} = \frac{(8300) \times 200}{0.15} = 1.1 \times 10^7$$

여기서, $V = 360 km/h = \left(\frac{300}{3.6}\right) m/s$
$= 83.3 \; m/s = 8300 \; cm/s$
$L = 2 \; m = 200 \; cm$

19. 다음 중 프로펠러의 효율(η)을 표현한 식으로 틀린 것은? (단, T : 추력, D : 지름, V : 비행속도, J : 진행률, n : 회전수, P : 동력, C_P : 동력계수, C_T : 추력계수이다.)

㉮ $\eta = \dfrac{P}{TV}$
㉯ $\eta = \dfrac{C_T}{C_P} \cdot \dfrac{V}{nD}$
㉰ $\eta = \dfrac{C_T}{C_P} J$
㉱ $\eta < 1$

20. 날개골(airfoil)의 정의로 옳은 것은?
㉮ 날개의 단면
㉯ 날개가 굽은 정도
㉰ 최대 두께를 연결한 선
㉱ 앞전과 뒷전을 연결한 선

제2과목 : 항공기관

---

21. 기관부품에 대한 비파괴 검사 중 강자성체 금속으로만 제작된 부품의 표면결함을 검사할 수 있는 방법은?
㉮ 형광침투검사
㉯ 방사선시험
㉰ 자분탐상검사
㉱ 와전류탐상검사

[해설] 자분탐상검사 : 금속재료를 자화시키고, 미세한 자분을 그 위에 뿌리면 결함이 있는 장소에 자분이 집중하는 것을 이용하여 결함 부위를 발견한다.

22. 프로펠러 비행기가 비행 중 기관이 고장나서 정지시킬 필요가 있을 때, 프로펠러의 깃 각을 바꾸어 프로펠러의 회전을 멈추게 하는 조작을 무엇이라 하는가?
㉮ 슬립(slip)
㉯ 비틀림(twisting)
㉰ 피칭(pitching)
㉱ 페더링(feathering)

[해설] 프로펠러 페더링(feathering) : 프로펠러 깃을 비행 방향과 평행이 되도록 피치를 변경시키는 것을 말한다.

23. 증기폐쇄(vapor lock)에 대한 설명으로 옳은 것은?
㉮ 기화기의 이상으로 액체연료와 공기가 혼합되지 않는 현상
㉯ 기화기에서 분사된 혼합가스가 거품을 형성하여 실린더의 연료유입을 폐쇄하는 현상
㉰ 혼합가스가 아주 희박해져 실린더로의 연료유입이 폐쇄되는 현상
㉱ 액체연료가 기화기에 이르기 전에 기화되어 기화기에 이르는 통로를 폐쇄하는 현상

[해설] 증기폐쇄(vapor lock) : 연료가 기화성이 너무 좋으면 연료가 파이프를 통하여 흐를 때에 약간의 열만 받아도 증발되어 연료 속에 거품이 생기기 쉽고, 이 거품이 연료 파이프에 차게 되어 연료 흐름을 방해하는 현상을 말한다. 증기폐쇄는 연료관 내 연료 압력이 낮고, 온도가 높을 때 발생한다.

24. 터보 제트 엔진기관의 추력 비연료 소비율(TSFC)에 대한 설명으로 틀린 것은?
㉮ 추력 비연료 소비율이 작을수록 경제성이 좋다.
㉯ 추력 비연료 소비율이 작을수록 기관의 효율이 좋다.
㉰ 추력 비연료 소비율이 작을수록 기관의 성능이 우수하다.
㉱ 1kgf의 추력을 발생하기 위하여 1초 동안 기관이 소비하는 연료의 체적을 말한다.
[해설] 추력 비연료 소비율(TSFC) : 1kgf의 추력을 발생하기 위하여 1시간 동안 기관이 소비하는 연료의 중량을 말한다.

25. 제트 기관의 점화장치를 왕복기관에 비하여 고전압, 고에너지 점화장치로 사용하는 주된 이유는?
㉮ 열손실이 크기 때문에
㉯ 사용연료의 휘발성이 낮아서
㉰ 왕복기관에 비하여 부피가 크므로
㉱ 점화기 특성 규격에 맞추어야 하므로
[해설] 가스 터빈 점화계통 : 연료의 특성과 연소실을 지나는 공기 흐름 특성 때문에 혼합가스를 점화시키는 것은 매우 어려우므로 높은 에너지를 가지는 전기 스파크를 이용한다.

26. 가스 터빈 기관의 연료 조정 장치 (FCU) 기능이 아닌 것은?
㉮ 연료 흐름에 따른 연료 필터의 사용 여부를 조정한다.
㉯ 출력 레버 위치에 맞게 대기상태의 변화에 관계없이 자동적으로 연료량을 조절한다.
㉰ 출력 레버 위치에 해당하는 터빈 입구 온도를 유지한다.
㉱ 파워 레버의 작동이나 위치에 맞게 기관에 공급되는 연료량을 적절히 조절한다.
[해설] 연료 조정 장치 : 연료-공기 혼합비의 과농후 연소정지, 과희박 연소정지 및 압축기 실속 영역을 피하면서 가장 좋은 가속 또는 감속 성능이 이루어지도록 연료 유량을 자동적으로 조정한다.

27. 제트 기관에서 고온고압의 강력한 전기불꽃을 일으키기 위해 저전압을 고전압으로 바꾸어 주는 것은?
㉮ 연료노즐(fuel nozzle)
㉯ 점화플러그(ignition plug)
㉰ 점화 익사이터(ignition exiter)
㉱ 하이텐션 리드 라인(high-tension lead line)

28. 왕복기관으로 흡입되는 공기 중의 습기 또는 수증기가 증가할 경우 발생할 수 있는 현상으로 옳은 것은?
㉮ 체제효과가 증가하여 출력이 증가한다.
㉯ 일정한 RPM과 다기관 압력 하에서는 기관출력이 감소한다.
㉰ 고출력에서 연료 요구량이 감소하여 이상 연소현상이 감소된다.
㉱ 자동연료 조정장치를 사용하지 않는 기관에서는 혼합기가 희박해진다.
[해설] 습기 또는 수증기가 증가하게 되면 공기밀도가 감소하여 단위 시간당 흡입되는 공기량이 감소되어 출력이 감소한다.

29. 항공기 기관의 오일필터가 막혔다면 어떤 현상이 발생하는가?
㉮ 기관 윤활계통의 윤활 결핍 현상이

정답 24. ㉱ 25. ㉯ 26. ㉮ 27. ㉰ 28. ㉯ 29. ㉰

온다.

㉯ 높은 오일압력 때문에 필터가 파손된다.

㉰ 오일이 바이패스 밸브(bypass valve)를 통하여 흐른다.

㉱ 높은 오일압력으로 체크밸브(check valve)가 작동하여 오일이 되돌아온다.

30. 왕복기관을 실린더 배열에 따라 분류할 때 대향형 기관을 나타낸 것은?

 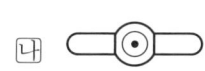

[해설] 실린더 배열에 따른 분류
㉮ : 직렬형   ㉯ : 수평 대향형
㉰ : V형   ㉱ : 성형

31. 가스 터빈 기관의 용량형 점화장치(igniter)가 장착되지 않은 상태로 작동할 때, 열이 축적되는 것을 방지하는 것은?

㉮ 블리드 저항(bleed resister)
㉯ 저장 축전기(stroage capacitor)
㉰ 더블러 축전기(doubler capacitor)
㉱ 고압 변압기(high tension transformer)

[해설] 브리더 저항 : 트리거 콘덴서에 저장되었던 전하를 방출하여 다음 번 방전을 위한 준비를 한다.

32. 저출력 소형 항공기 왕복기관의 크랭크 축에 일반적으로 사용되는 베어링은?

㉮ 볼(bell) 베어링
㉯ 롤러(roller) 베어링
㉰ 평면(plate) 베어링
㉱ 니들(needle) 베어링

[해설] 베어링
① 평면 베어링 : 저출력 기관의 커넥팅 로드, 크랭크 축, 캠 축 등에 사용한다.
② 볼 베어링 : 대형 성형기관과 가스 터빈 기관의 추력 베어링으로 사용한다.

33. 항공기 왕복기관의 배기계통의 목적 및 용도로 틀린 것은?

㉮ 압을 높이지 않고 가스를 배출한다.
㉯ 연소가스 내의 유행성분 밀도를 높인다.
㉰ 기내 난방이나 수퍼 차저의 구동 등에 사용된다.
㉱ 기화기 결빙이 우려될 경우 흡기의 예열에 사용된다.

34. 정적비열 0.2 kcal/kg·k인 이상기체 5kg이 일정압력 하에서 50 kcal의 열을 받아 온도가 0℃에서 20℃까지 증가하였다. 이 때 외부에 한 일은 몇 kcal인가?

㉮ 4   ㉯ 20   ㉰ 30   ㉱ 70

[해설] 외부에 한 일$(W) = mR(T_2 - T_1)$
정압과정에서의 열량(Q)
$Q = mC_P(T_2 - T_1)$에서
$C_P = \dfrac{Q}{m(T_2 - T_1)} = \dfrac{50}{5(20-0)} = 0.5$
$C_V + R = C_P$에서 기체 상수(R)은
$R = C_P - C_V = 0.5 - 0.2 = 0.3$
따라서, 외부에 한 일(W)
$W = mR(T_2 - T_1)$
$= 5 \times 0.3 \times (20 - 0) = 30 \text{ kcal}$

35. 왕복기관의 마그네토 캠 축과 기관 크랭크 축의 회전속도비를 옳게 나타낸 식은 어느 것인가?

㉮ $\dfrac{N}{n}$ ㉯ $\dfrac{N}{2n}$

㉰ $\dfrac{N}{n+1}$ ㉱ $\dfrac{N+1}{2n}$

[해설] $\dfrac{\text{마그네토의 회전속도}}{\text{크랭크축의 회전속도}} = \dfrac{\text{실린더 수}(N)}{2 \times \text{극 수}(n)}$

정답 30. ㉯   31. ㉮   32. ㉰   33. ㉯   34. ㉰   35. ㉯

36. 고도가 높아지면서 나타나는 기관의 변화가 아닌 것은?
㉮ 기관 출력의 감소
㉯ 기압 감소로 오일 소모 증가
㉰ 점화계통에서 전류가 새어나감
㉱ 기압 감소로 연료비등점이 낮아져 증기폐쇄 발생

37. 엔탈피의 차원과 같은 것은?
㉮ 에너지 ㉯ 동력
㉰ 운동량 ㉱ 엔트로피

[해설] 엔탈피 : 에너지와 유사한 성질의 상태함수로서 엔탈피는 에너지의 차원을 가지고 있는데 계가 지나온 과정에 관계없이 온도, 압력, 그 계의 조성에 의해서만 결정되는 값이다.
$$H = E + PV$$

38. 다음 중 일반적으로 프로펠러 방빙계통에서 사용되는 것은?
㉮ 에틸 알코올
㉯ 변성(denatured) 알코올
㉰ 이소프로필(isopropyl) 알코올
㉱ 에틸렌글리콜(ethylene glycol)

[해설] 화학적 방빙 계통 : 결빙의 우려가 있는 부분에 이소프로필 알코올이나 에틸렌글리콜과 알코올을 섞은 용액을 분사, 어는점을 낮게 하여 결빙을 방지한다.

39. 가스 터빈 기관의 고온부 구성품에 수리해야 할 부분을 표시할 때 사용하지 않아야 하는 것은?
㉮ chalk
㉯ layout dye
㉰ felt-up applicator
㉱ lead pencil

40. 가스 터빈 기관 내부에서 가스의 속도가 가장 빠른 곳은?
㉮ 연소실   ㉯ 터빈 노즐
㉰ 압축기 부분 ㉱ 터빈 로터

제3과목 : 항공기체

---

41. 강관의 용접작업 시 조인트 부위를 보강하는 방법이 아닌 것은?
㉮ 평 거싯(flat gussets)
㉯ 스카프 패치(scarf patch)
㉰ 손가락 판(finger straps)
㉱ 삽입 거싯(insert gussets)

[해설] 조인트 보강방법 : flat gussets, insert gussets, wrapper gussets, finger straps

42. 리브너트(rivnut) 사용에 대한 설명으로 옳은 것은?
㉮ 금속면에 우포를 씌울 때 사용한다.
㉯ 두꺼운 날개 표피에 리브를 붙일 때 사용한다.
㉰ 기관 마운트와 같은 중량물을 구조물에 부착할 때 사용한다.
㉱ 한쪽 면에서만 작업이 가능한 제빙장치 등을 설치할 때 사용한다.

[해설] 리브너트 : 날개의 앞전에 제빙부츠를 장착하거나 기관 방화벽에 부품을 장착할 때 사용한다.

43. 비행기 표피판의 두께 4 mm, 전단흐름 3000 kgf/cm 일 때 전단응력은 약 몇 kgf/mm² 인가?
㉮ 7.5   ㉯ 75   ㉰ 750   ㉱ 7500

정답 36. ㉯ 37. ㉮ 38. ㉰ 39. ㉱ 40. ㉯ 41. ㉯ 42. ㉱ 43. ㉯

[해설] 전단흐름 $(V) = \tau \cdot t$ 에서
$$\tau = \frac{V}{t} = \frac{3000}{0.4} = 7500 \text{kgf/cm}^2$$
$$= 75 \text{kgf/mm}^2$$

44. 동체 구조 형식에서 세미모노코크 구조에 대한 설명으로 옳은 것은?

㉮ 가장 넓은 동체 내부 공간을 확보할 수 있으며 세로대 및 세로지, 대각선 부재를 이용한 구조이다.
㉯ 하중의 대부분을 표피가 담당하며, 내부에 보강재가 없이 금속의 껍질로 구성된 구조이다.
㉰ 골격과 외피가 하중을 담당하는 구조로서 외피는 주로 전단응력을 담당하고 골격은 인장, 압축, 굽힘 등 모든 하중을 담당하는 구조이다.
㉱ 구조부재로 삼각형을 이루는 기체의 뼈대가 하중을 담당하고 표피는 항공역학적인 요구를 만족하는 기하학적 형태만을 유지하는 구조이다.

45. 다음 중 착륙거리를 단축시키는데 사용하는 보조 조종면은?

㉮ 스테빌레이터 (stabilator)
㉯ 브레이크 브리딩 (brake bleeding)
㉰ 그라운드 스포일러 (ground spoiler)
㉱ 플라이트 스포일러 (flight spoiler)

[해설] 스포일러 : 항공기가 활주할 때 브레이크의 작용을 보조해주는 지상 스포일러 (ground spoiler)와 비행 중 도움날개의 조작에 따라 작동되어 항공기의 세로조종을 보조해주는 공중 스포일러 (flight spoiler)가 있다.

46. 그림과 같은 T자형 구조재에서 도심 (G)을 지나는 $X-X'$축에 대한 단면 2차 모멘트의 값은 약 몇 cm^4인가?

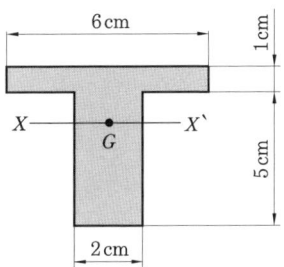

㉮ 27.5 ㉯ 55.1 ㉰ 220.4 ㉱ 110.2

[해설] 단면 2차 모멘트 T자형 구조재를 A_1, A_2로 나누어서 생각하면

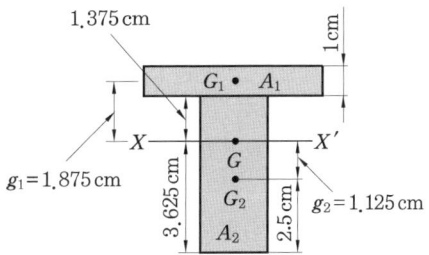

① 단면의 도심 ($\bar{y}$)
$$= \frac{A_1 \bar{y_1} + A_2 \bar{y_2}}{A_1 + A_2} = \frac{1 \times 6 \times 5.5 + 2 \times 5 \times 2.5}{1 \times 6 + 2 \times 5}$$
$$= 3.625 \text{cm}$$

② $X-X$축에 대한 단면 2차 모멘트
$$I_x = \frac{b_1 h_1^3}{12} + A_1 y_1^2 + \frac{b_2 h_2^3}{12} + A_2 y_2^2$$
$$= \frac{6 \times 1^3}{12} + 6 \times 1 \times 1.875^2$$
$$+ \frac{2 \times 5^3}{12} + 2 \times 5 \times 1.125^2 = 55.1 \text{cm}^4$$

47. 부품 번호가 "NAS 654 V 10 D" 인 볼트에 너트를 고정시키는데 필요한 것은?

㉮ 코터 핀 ㉯ 스크루
㉰ 로크 와셔 ㉱ 특수 와셔

[해설] NAS 654 V 10 D
NAS 654 : 정밀골차 6각머리 볼트 (지름 4/16인치)
V : 볼트 재질 (6AL-4V)

정답 44. ㉰ 45. ㉰ 46. ㉯ 47. ㉮

10 : grip의 길이가 10/16인치
D : 나사 끝에 구멍이 있음
나사 끝에 구멍이 있으므로 캐슬 너트와 코터 핀으로 안전 고정작업이 필요하다.

48. 스크루의 부품번호가 AN 501 C – 416 – 7 이라면 재질은?

㉮ 탄소강　㉯ 황동
㉰ 내식강　㉱ 특수 와셔

[해설] 재료의 기호
B : 황동, C : 내식강
DD : 알루미늄합금 (2024T)

49. 비행기의 기체축과 운동 및 조종면이 옳게 연결된 것은?

㉮ 가로축 – 빗놀이운동 (yawing) – 승강키 (elevator)
㉯ 수직축 – 선회운동 (spinning) – 스포일러 (spoiler)
㉰ 대칭축 – 키놀이운동 (pitching) – 방향키 (rudder)
㉱ 세로축 – 옆놀이운동 (rolling) – 도움날개 (aileron)

[해설] 기체축과 운동
가로축 – 키놀이운동 (pitching) – 승강키
세로축 – 옆놀이운동 (rolling) – 도움날개
수직축 – 빗놀이운동 (yawing) – 방향키

50. 항공기의 리깅 체크(rigging check) 시 일반적으로 구조적 일치 상태점검에 포함되지 않는 것은?

㉮ 날개 상반각
㉯ 수직안정판 상반각
㉰ 날개 취부각
㉱ 수평안정판 상반각

51. 직경 $\frac{3}{32}''$ 이하의 가요성 케이블(flexible cable)에 사용되고, 고열부분에서는 사용이 제한되는 케이블 작업은?

㉮ swaging
㉯ nicopress
㉰ five-tuck woven splice
㉱ wrap-solder cable splice

52. 열처리 강화형 알루미늄 합금을 500℃ 전후의 온도로 가열한 후 물에 담금질을 하면 합금성분이 기본적으로 녹아 들어가 유연한 상태가 얻어지는데, 이런 열처리를 무엇이라 하는가?

㉮ 풀림 (annealing)
㉯ 뜨임 (tempering)
㉰ 알로다이징 (alodizing)
㉱ 용체화처리 (solution heat treatment)

[해설] 알루미늄 합금의 열처리 : 고용체화 처리, 인공시효처리, 풀림처리 등이 있다.
• 고용체화 처리 : 공정온도 부근으로 가열시킨 다음 급랭 처리하여 과포화 고용체로 만든다.

53. 항공기 기체구조 중 트러스 형식에 대한 설명으로 옳은 것은?

㉮ 항공기의 전체적인 구조 형식은 아니며, 날개 또는 꼬리 날개와 같은 구조 부분에만 사용하는 구조 형식이다.
㉯ 금속판 외피에 굽힘을 받게 하여 굽힘 전단응력에 대한 강도를 갖도록 하는 구조방식으로 무게에 비해 강도가 큰 장점이 있어 현재 금속 항공기에서 많이 사용하고 있다.
㉰ 주 구조가 피로로 인하여 파괴되거나 혹은 그 일부분이 파괴되더라도 나머지 구조가 하중을 지지할 수 있게 하여 파괴 또는 과도한 구조 변형을 방지하는 구조 형식이다.

54. 다음과 같은 항공기 트러스 구조에서 부재 BD의 내력은 몇 kN 인가?

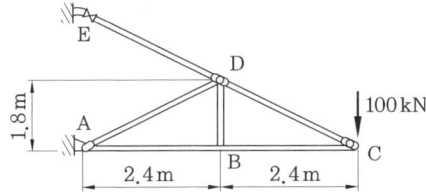

㉮ 0 ㉯ 100 ㉰ 150 ㉱ 200

[해설] B 지점의 힘의 평형을 그림으로 그리면

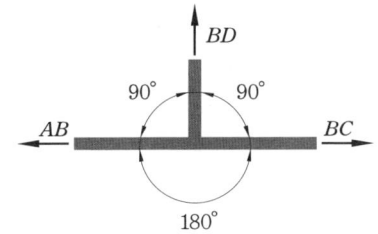

라미의 정리에 의해

$\dfrac{BD}{\sin 180} = \dfrac{AB}{\sin 90}$ 에서

$BD = \dfrac{\sin 180}{\sin 90} \times AB = 0$

55. 다음 중 부식의 종류에 해당되지 않는 것은?

㉮ 응력 부식 ㉯ 표면 부식
㉰ 입자간 부식 ㉱ 자장 부식

56. 부품 번호가 AN 470 AD 3-5인 리벳에서 AD는 무엇을 나타내는가?

㉮ 리벳의 직경이 $\dfrac{3}{16}''$ 이다.
㉯ 리벳의 길이는 머리를 제외한 길이이다.
㉰ 리벳의 머리 모양이 유니버설 머리이다.
㉱ 리벳의 재질이 알루미늄 합금인 2117 이다.

[해설] AN 470 AD 3-5
 AN : 규격명
 470 : 리벳머리식별(유니버설 리벳)
 AD : 재질 (AD : 2117T, D : 2017T, DD : 2024T)
 3 : 리벳지름 (3/32인치)
 5 : 리벳길이 (5/16인치)

57. 항공기 판재의 직선 굽힘 가공 시 고려해야 할 요소가 아닌 것은?

㉮ 세트 백
㉯ 굽힘 여유
㉰ 최소 굽힘 반지름
㉱ 진폭 여유

[해설] 굽힘 가공 : 직선 굽힘 가공을 할 때에는 판재 재질의 두께, 합금성분, 열처리 조건을 고려한다. 또한 염두해 두어야 할 사항은 최소굽힘 반지름, 굽힘여유, 세트 백 이다.

58. 일반적인 금속의 응력-변형률 곡선에서 위치별 내용이 옳게 짝지어진 것은?

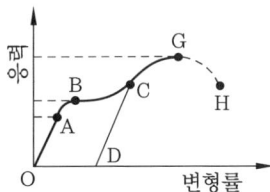

㉮ G : 항복점
㉯ OA : 비례탄성범위
㉰ B : 인장강도
㉱ OD : 순간변형률

[해설] 응력-변형률 선도
 OA : 탄성한계
 B : 항복점
 G : 극한강도 (인장강도)
 OD : 영구변형

59. 실속속도가 80 km/h인 비행기가 150 km/h로 비행 중 급히 조종간을 당겼을 때 비행기에 걸리는 하중배수는 약 얼마인가?

㉮ 0.75 ㉯ 1.50 ㉰ 2.25 ㉱ 3.52

[해설] 하중배수 $n = \dfrac{V^2}{V_s^2} = \dfrac{150^2}{80^2} = 3.52$

60. 그림과 같이 기준선으로부터 2.5 m 떨어진 앞바퀴에 5000 kg의 반력이 작용하고, 앞바퀴에서 10m 떨어진 양쪽 뒷바퀴 각각에 10000 kg의 반력이 작용할 때, 이 항공기의 무게중심은 기준선으로부터 몇 m 떨어진 곳에 위치하겠는가?

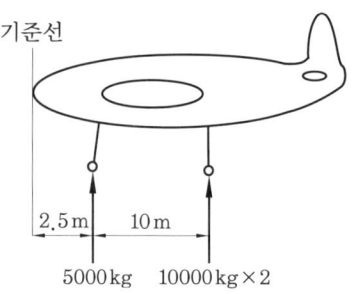

㉮ 10.0 ㉯ 10.5 ㉰ 11.0 ㉱ 11.5

[해설] 무게중심(c.g)

무게중심 = $\dfrac{총모멘트}{총무게}$

$= \dfrac{500 \times 2.5 + 1000 \times 12.5 + 1000 \times 12.5}{500 + 1000 + 1000}$

$= 10.5\,m$

제4과목 : 항공장비

61. 병렬회로에 대한 설명으로 틀린 것은 어느 것인가?

㉮ 전체 저항은 가장 작은 1개의 저항 값보다 작다.
㉯ 전체의 전류는 각 회로로 흐르는 전류의 합과 같다.
㉰ 1개의 저항을 제거하면 전체의 저항값은 증가한다.
㉱ 병렬로 접속되어 있는 저항 중에서 1개의 저항을 제거하면 남아 있는 저항에 전압 강하는 증가한다.

[해설] 병렬회로
① 전압 : $V = V_1 = V_2 = \cdots = V_n$
② 전류 : $I = I_1 + I_2 + \cdots + I_n$
③ 저항 : $\dfrac{1}{R} = \dfrac{1}{R_1} + \dfrac{1}{R_2} + \cdots \dfrac{1}{R_n}$

62. 다음 중 작동유의 압력에너지를 기계적인 힘으로 변환시켜 직선운동을 시키는 것은?

㉮ 작동실린더 (actuating cylinder)
㉯ 마스터 실린더 (master cylinder)
㉰ 유압 펌프 (hydraulic pump)
㉱ 축압기 (accumulator)

63. 인공위성을 이용하여 통신, 항법, 감시 및 항공관제를 통합 관리하는 항공운항지원 시스템의 명칭은?

㉮ 위성 항법 시스템
㉯ 항공 운항 시스템
㉰ 위성 통합 시스템
㉱ 항공 관리 시스템

64. TCAS와 ACAS의 공통점으로 옳은 것은?

㉮ 항공 관제 시스템이다.
㉯ 항공기 호출 시스템이다.
㉰ 항공기 충돌 방지 시스템이다.

라 기상상태를 알려주는 시스템이다.
[해설] 공중 충돌 회피 장치(airborne collision avoidance system): 항공기끼리의 상대거리와 접근율을 측정하여 위험한 범위 내에 항공기가 들어올 때 조치를 취하기 위한 장치이다.

65. 자이로 로터축(rotor shaft)의 편위(drift) 원인으로 옳은 것은?
- 가 각도 정보를 감지하기 위한 싱크로에 의한 전자적 결합
- 나 균형 잡힌 짐발의 중량
- 다 균형 잡힌 짐발 베어링
- 라 지구의 이동과 공전

66. 공압 계통에서 릴리프 밸브(relief valve)의 압력 조정은 일반적으로 무엇으로 하는가?
- 가 심(shim)
- 나 스크루(screw)
- 다 중력(gravity)
- 라 드라이브 핀(drive pin)

67. 자이로 스코프(gyroscope)의 섭동성에 대한 설명으로 옳은 것은?
- 가 극 지역에서 자이로가 극 방향으로 기우는 현상
- 나 외력이 가해지지 않는 한 일정 방향을 유지하려는 경향
- 다 피치 축에서의 자세 변화가 롤(roll) 및 요(yaw)축을 변화시키는 현상
- 라 외력이 가해질 때 가해진 힘 방향에서 로터 회전방향으로 90도 회전한 점에 힘이 작용하여 로터가 기울어지는 현상

68. 다음 중 항공기에 갖추어야 할 비상장비가 아닌 것은?
- 가 손도끼
- 나 휴대용 버너
- 다 메가폰
- 라 구급의료용품

[해설] 비상장비: 비상탈출 미끄럼대, 구명보트, 비상 신호용 장비, 소화기, 산소공급장치, 손전등, 보호안경, 손도끼, 구급약품

69. 다음 중 HF 주파수대를 반사시키는 대기의 전리층은?
- 가 D층
- 나 E층
- 다 F층
- 라 G층

[해설] 전리층에서 전파현상
① VLF, LF, MF대의 전파는 보통 E층에서 반사된다.
② HF대의 전파는 F층에서 반사된다.
③ VHF대 및 그보다 높은 주파수대의 전파는 보통 전리층을 뚫고 나가서 반사되지 않는다.

70. 400 Hz의 교류를 사용하는 항공기에서 8000 rpm으로 구동되는 교류발전기는 몇 극이어야 하는가?
- 가 2극
- 나 4극
- 다 6극
- 라 8극

[해설] $f = \dfrac{P \cdot N}{120}$ 에서
$P = \dfrac{120f}{N} = \dfrac{120 \times 400}{8000} = 6$

71. 비행자세 지시계(ADI)에 대한 설명으로 틀린 것은?
- 가 현재의 항공기 비행 자세를 지시해 준다.
- 나 미리 설정된 모드로 비행하기 위한 명령장치(FD)의 일부이다.
- 다 희망하는 코스로 조작하여 항공기의 위치를 수정한다.
- 라 INS에서 받은 자방위 및 VOR/ILS 수

정답 65. 가 66. 나 67. 라 68. 나 69. 다 70. 다 71. 라

신 장치에서 받은 비행 코스와의 관계를 그림으로 표시한다.

[해설] 비행자세 지시계 : 피치 자세를 받아 항공기 자세를 알기 쉽게 나타냄과 동시에 비행지시장치에 조타명령을 지시한다.

72. 비행 상태에 따른 객실고도에 대한 설명으로 틀린 것은?
㉮ 착륙 시 지상고도와 일치시킨다.
㉯ 상승 시 객실고도는 일정비율로 증가시킨다.
㉰ 하강 시 객실고도는 일정비율로 감소시킨다.
㉱ 순항 시 객실고도는 항공기의 고도와 일치시킨다

[해설] 객실고도 : 2440 m (8000 ft) 이상으로 비행 시에는 객실고도를 2440 m로 계속 일정하게 유지할 수 있도록 한다.

73. 항공기에서 화재경고에 대한 설명으로 틀린 것은?
㉮ 탐지장치는 온도, 복사열, 연기, 일산화탄소 등을 이용한다.
㉯ 화재탐지기로부터의 신호는 음향 경고, 색 등을 이용하여 표시한다.
㉰ 화재탐지기의 고장을 예방하기 위하여 조종실에서 기능 시험을 할 수 있도록 한다.
㉱ 동력 장치에는 화재 발생 시 동력 장치와 기체와의 공급 관계를 차단하는 연소가열기를 설치한다.

74. 항공계기에서 일반적인 사용 범위부터 초과 금지 사이의 경계 범위를 의미하는 것은?
㉮ 적색 방사선   ㉯ 황색 호선
㉰ 녹색 호선   ㉱ 백색 호선

75. 그림과 같은 교류회로에서 임피던스는 몇 Ω인가?

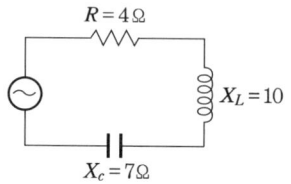

㉮ 5   ㉯ 7   ㉰ 10   ㉱ 17

[해설] 임피던스
$Z = \sqrt{R^2 + (X_L - X_C)^2} = \sqrt{4^2 + (10-7)^2}$
$= 5\,\Omega$

76. 자이로를 이용하는 계기 중 자이로의 각속도 성분만을 검출, 측정하여 사용하는 계기는?
㉮ 수평의   ㉯ 선회계
㉰ 정침의   ㉱ 자이로 컴퍼스

[해설] 선회계 : 레이트(rate)자이로의 일종으로 기축과 직각인 수평축이 있는 2축 자이로이다. 2축 자이로 로터에서 각운동량의 크기는 각속도와 관성모멘트로 결정하게 된다.

77. 납산 축전지(lead acid battery)에 사용되는 전해액의 비중은 온도에 따라 변화하여 비중계를 사용 시 온도를 고려해야 하지만 일정한 온도 범위에서는 비중의 변화가 적기 때문에 고려하지 않아도 되는데 이러한 온도 범위는?
㉮ 0 ~ 30°F   ㉯ 30 ~ 60°F
㉰ 70 ~ 90°F   ㉱ 100 ~ 130°F

[해설] 비중 수정표 : 전해액의 온도에 따른 비중은 21 ~ 32°C(70 ~ 90°F)에서는 변화가 적기 때문에 수정할 필요가 없다.

78. 직류 전동기는 그 종류에 따라 부하에 대한 토크 특성이 다른데, 정격 이상의 부하에서 토크가 크게 발생하여 왕복기관의 시동기에 가장 적합한 것은?
㉮ 분권형 ㉯ 복권형
㉰ 직권형 ㉱ 유도형

79. 항공기의 안테나(antenna)의 방빙 시스템에 대한 설명으로 옳은 것은?
㉮ 모든 무선 안테나는 기능 유지를 위해 방빙 시스템을 갖추어야 한다.
㉯ 안테나의 방빙 시스템은 얼음의 박리에 의한 기관이나 기체의 손상을 방지하기 위해 필요하다.
㉰ 레이돔(radome)은 레이더 및 안테나가 장착된 곳으로 방빙 시스템이 반드시 설치된다.
㉱ 안테나의 방빙 시스템은 구조상 기능 유지를 위해 fin type의 안테나에만 요구되어진다.

80. 다음 중 무선 원조 항법장치가 아닌 것은?
㉮ intertial navigation system
㉯ automatic direction system
㉰ air traffic control system
㉱ distance measuring equipment system

정답 78. ㉰   79. ㉯   80. ㉮

▶ 2012년 5월 20일 시행

자격종목	시험시간	문제 수	형 별
항공 산업기사	2시간	80	B

수험번호　성 명

제1과목 : 항공역학

1. 다음 중 비행기의 안정성과 조종성에 관한 설명으로 가장 옳은 것은?

㉮ 안정성과 조종성은 상호간에 정비례한다.
㉯ 정적 안정성이 증가하면 조종성도 증가된다.
㉰ 비행기의 안정성이 크면 클수록 바람직하다.
㉱ 안정성과 조종성은 서로 상반되는 성질을 나타낸다.

[해설] 안정성과 조종성 : 안정과 조종은 서로 상반되는 성질을 나타내기 때문에 조종성과 안정성을 동시에 만족시킬 수는 없다.

2. 비행기 날개에 작용하는 양력과 공기의 유속과의 관계를 옳게 설명한 것은?

㉮ 공기의 유속과는 관계가 없다.
㉯ 공기의 유속에 반비례한다.
㉰ 공기의 유속의 제곱에 비례한다.
㉱ 공기의 유속의 3제곱에 비례한다.

[해설] 양력 (lift) = $\dfrac{1}{2}\rho V^2 C_L S$

양력은 공기밀도에 비례하고, 공기의 유속의 제곱에 비례하고, 날개면적에 비례한다.

3. 100 lbs의 항력을 받으며 200mph 로 비행하는 비행기가 같은 자세로 400mph 로 비행 시 작용하는 항력은 약 몇 lbs 인가?

㉮ 225　㉯ 300　㉰ 325　㉱ 400

[해설] 항력 (drag) = $\dfrac{1}{2}\rho V^2 C_D S$

항력은 속도의 제곱에 비례하므로 속도가 2배로 증가를 하면 항력은 4배로 증가를 하게 된다.

4. 저속의 비행기에서 키놀이(loop)비행을 시작하기 위한 조작으로 가장 적합한 것은?

㉮ 조종간을 당겨 비행기를 상승시켜 속도를 증가시킨다.
㉯ 조종간을 당겨 비행기를 상승시켜 속도를 감소시킨다.
㉰ 조종간을 밀어 비행기를 하강시켜 속도를 증가시킨다.
㉱ 조종간을 밀어 비행기를 하강시켜 속도를 감소시킨다.

[해설] 키놀이 비행 : 비교적 저속의 비행기는 키놀이에 들어가기 전에 조종간을 밀어서 일단 기수를 하강시켜 속도를 크게 한 다음 그 운동에너지를 이용하여 키놀이에 들어가지 않으면 안 된다. 그러나 고속기에서는 즉시 키놀이에 들어갈 수 있고, 어떤 경우에는 선회반경을 작게 하기 위하여 속도를 일단 줄이고 키놀이에 들어가기도 한다.

5. 항공기에 장착된 도살핀(dorsal fin)이 손상되었다면 다음 중 가장 큰 영향을 받는 것은?

[정답] 1. ㉱　2. ㉰　3. ㉱　4. ㉰　5. ㉰

㉮ 가로안정 ㉯ 동적세로안정
㉰ 방향안정 ㉱ 정적세로안정

[해설] 도살핀(dorsal fin) : 수직꼬리 날개가 실속하는 큰 옆미끄럼각에서도 방향안정을 유지하는 강력한 효과를 얻는다.

6. 국제표준대기에서 평균해발고도에서 특성값을 틀리게 짝지은 것은?

㉮ 온도 : 20℃
㉯ 압력 : 1013 hpa
㉰ 밀도 : 1.225 kg/m³
㉱ 중력가속도 : 9.8066 m/s²

[해설] 국제표준대기 : 표준 해면에서의 온도는 15℃이다.

7. 중량 3200 kgf 인 비행기가 경사각 30°로 정상선회를 하고 있을 때 이 비행기의 원심력은 약 몇 kgf 인가?

㉮ 1600 ㉯ 1847
㉰ 2771 ㉱ 3200

[해설] 원심력 (C.F)
$C.F = W \tan\phi = 3200 \tan 30 = 1847\ kg$

8. 다음 중 항력발산 마하수를 높게 하기 위한 날개를 설계할 때 옳은 것은?

㉮ 쳐든각을 크게 한다.
㉯ 날개에 뒤젖힘각을 준다.
㉰ 두꺼운 날개를 사용한다.
㉱ 가로세로비가 큰 날개를 사용한다.

[해설] 항력발산 마하수를 높게 하기 위한 방법
① 얇은 날개를 사용하여 날개 표면에서의 속도를 증가시킨다.
② 날개에 뒤젖힘각을 준다.
③ 가로세로비가 작은 날개를 사용하고, 경계층을 제어한다.

9. 항공기에 피토관(pitot tube)을 이용하여 속도측정을 할 때 이용되는 공기압은?

㉮ 정압, 전압 ㉯ 대기압, 정압
㉰ 정압, 동압 ㉱ 동압, 대기압

[해설] 피토관(pitot tube) : 전압과 동압의 차이인 동압을 이용하여 속도를 측정한다.

10. 헬리콥터에서 양력 불균형현상이 일어나지 않도록 주회전 날개 깃의 플래핑 작용의 결과로 나타내는 현상은?

㉮ 사이클릭 페더링
㉯ 원추현상
㉰ 후진 블레이드 실속
㉱ 블로 백

[해설] 블로 백(blow back) 현상 : 주회전 날개에서 양력 불균형과 위상 지연이 결합이 되어 플래핑하는 깃에 의해서 기수가 올라가려는 현상을 말한다.

11. 헬리콥터가 지상 가까이에 있을 경우 회전날개를 지난 흐름이 지면에 부딪혀 헬리콥터와 지면 사이에 존재하는 공기를 압축시켜 추력이 증가되는 현상을 무엇이라 하는가?

㉮ 지면 효과 ㉯ 페더링 효과
㉰ 플래핑 효과 ㉱ 정지비행 효과

12. 비행기가 옆미끄럼 상태에 들어갔을 때의 설명으로 옳은 것은?

㉮ 수직꼬리날개의 받음각에는 변화가 없다.
㉯ 수평꼬리날개의 옆미끄럼 힘이 발생된다.
㉰ 무게중심에 대한 빗놀이 모멘트가 발생된다.
㉱ 비행기의 기수를 상대풍과 반대방향으로 이동시키려는 힘이 발생한다.

정답 6. ㉮ 7. ㉯ 8. ㉯ 9. ㉮ 10. ㉱ 11. ㉮ 12. ㉰

[해설] 방향안정 : 비행기의 방향안정은 수직축에 관한 모멘트와 빗놀이 및 옆미끄럼각(sideslip angle)과의 관계를 포함한다.

13. 제트비행기의 장애물 고도는 약 몇 ft 인가?

㉮ 10　㉯ 15　㉰ 35　㉱ 50

[해설] 장애물 고도 : 프로펠러 비행기의 경우 15m(50ft), 제트기는 10.7(35ft)이다.

14. 프로펠러의 직경이 2m, 회전속도 2400 rpm, 비행속도 720 km/h 일 때 진행률은 얼마인가?

㉮ 1.5　㉯ 2.5　㉰ 3.5　㉱ 4.5

[해설] 진행률 $= \dfrac{V}{nD} = \dfrac{\left(\dfrac{720}{3.6}\right)}{\left(\dfrac{2400}{60}\right) \times 2} = 2.5$

15. 다음 중 제트항공기가 최대 항속시간으로 비행하기 위한 조건으로 옳은 것은?

㉮ $\left(\dfrac{C_L}{C_D}\right)$ 최대　㉯ $\left(\dfrac{C_L}{C_D}\right)$ 최소

㉰ $\left(\dfrac{C_L}{C_D^{\frac{1}{2}}}\right)$ 최대　㉱ $\left(\dfrac{C_L}{C_D^{\frac{1}{2}}}\right)$ 최소

[해설] 제트기

항속시간 : $\left(\dfrac{C_L}{C_D}\right)_{\max}$　항속거리 : $\left(\dfrac{C_L^{\frac{1}{2}}}{C_D}\right)_{\max}$

16. 프로펠러의 비틀림 응력 중 원심력에 의한 비틀림은 깃을 어느 방향으로 비트는가?

㉮ 원주 방향
㉯ 피치를 적게 하는 방향
㉰ 허브 중심 방향
㉱ 피치를 크게 하는 방향

[해설] 비틀림 응력 : 공기력 비틀림 모멘트는 깃이 회전을 할 때 풍압중심이 깃의 앞쪽에 있게 되므로 깃의 피치를 크게 하려는 방향으로 작용하며, 원심력 비틀림 모멘트는 깃이 회전하는 동안 원심력이 작용하여 깃의 피치를 작게 하려는 경향을 갖는다.

17. 항공기의 압력중심(center of pressure)에 대한 설명으로 틀린 것은?

㉮ 받음각에 따라 위치가 이동되지 않는다.
㉯ 항공기 날개에 발생하는 합성력의 작용점이다.
㉰ 받음각이 커짐에 따라 위치가 앞으로 변화한다.
㉱ 받음각이 작아짐에 따라 위치가 뒤로 이동한다.

18. 비행속도가 300 m/s 인 항공기가 상승각 30°로 상승 비행 시 상승률은 몇 m/s인가?

㉮ 100　㉯ 150
㉰ $150\sqrt{3}$　㉱ 200

[해설] 상승률(R.C)
R.C $= V\sin\theta = 300 \sin 30 = 150$ m/s

19. 압축성 유체에서 연속의 법칙을 옳게 나타낸 것은? (단, S, V, ρ 는 각각 단면적, 유속, 밀도를 나타내고, 첨자 1, 2는 각 단면의 위치를 나타낸다.)

㉮ $\rho_1 V_1 = \rho_2 V_2$
㉯ $S_1 \rho_1 = S_2 \rho_2$
㉰ $S_1 V_1 = S_2 V_2$
㉱ $S_1 V_1 \rho_1 = S_2 V_2 \rho_2$

20. 직사각 날개의 가로세로비를 나타내는 것으로 틀린 것은?

정답 13. ㉰　14. ㉯　15. ㉮　16. ㉯　17. ㉮　18. ㉯　19. ㉱　20. ㉱

㉮ $\dfrac{b}{c}$ ㉯ $\dfrac{b^2}{S}$ ㉰ $\dfrac{S}{c^2}$ ㉱ $\dfrac{S^2}{bc}$

제2과목 : 항공기관

21. 다음 그림과 같은 여과기의 형식은?

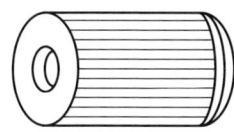

㉮ 디스크형 (disk type)
㉯ 스크린형 (screen type)
㉰ 카트리지형 (catridge type)
㉱ 스크린-디스크형 (screen-disk type)

22. 다음 중 터빈 형식기관에 해당되는 것은?
㉮ 로켓   ㉯ 램제트
㉰ 펄스제트   ㉱ 터보팬

23. 열역학 제2법칙을 가장 잘 설명한 것은?
㉮ 일은 열로 전환될 수 있다.
㉯ 열은 일로 전환될 수 있다.
㉰ 에너지 보존법칙을 나타낸다.
㉱ 에너지 변화의 방향성과 비가역성을 나타낸다.

[해설] 열역학 제2법칙 : 열역학 제1법칙은 에너지 보존법칙으로 열과 일은 서로 변환될 수 있다. 그러나 이것은 가능성이지 반드시 일어나지는 않으며, 어떠한 제한을 받는다. 열과 일의 변환에는 어떠한 방향이 있다는 것을 설명한 것이 열역학 제2법칙이다.

24. 가스 터빈 기관에서 터빈 노즐(turbine nozzle)의 주된 목적은?
㉮ 터빈의 냉각을 돕기 위해서
㉯ 연소 가스의 속도를 증가시키기 위해서
㉰ 연소 가스의 온도를 증가시키기 위해서
㉱ 연소 가스의 압력을 증가시키기 위해서

[해설] 터빈 노즐 : 연소된 가스의 속도를 증가시키고, 유효한 각도로 회전자(rotor)에 부딪치게 한다.

25. 축류형 압축기의 반동도를 옳게 나타낸 것은?
㉮ $\dfrac{\text{로터에 의한 압력 상승}}{\text{단당 압력 상승}} \times 100$
㉯ $\dfrac{\text{압축기에 의한 압력 상승}}{\text{터빈에 의한 압력 상승}} \times 100$
㉰ $\dfrac{\text{저압압축기에 의한 압력 상승}}{\text{고압압축기에 의한 압력 상승}} \times 100$
㉱ $\dfrac{\text{스테이터에 의한 압력 상승}}{\text{단당 압력 상승}} \times 100$

[해설] 반동도 : 단당 압력 상승 중 회전자 깃이 담당하는 압력 상승의 백분율(%)을 말한다.

26. 다음과 같은 밸브 타이밍을 가진 왕복기관의 밸브 오버랩은 얼마인가? (단, I.O : 25° BTC, E.O : 55° BBC, E.C : 15° ATC, I.C : 60° ABC 이다.)
㉮ 25°   ㉯ 40°
㉰ 60°   ㉱ 75°

[해설] 밸브 오버랩 = I.O + E.C
= 25° + 15° = 40°

27. 가스 터빈 기관을 시동하여 공회전(idle)에 도달할 때, 기관의 정상 여부를 판단하는 중요한 변수와 가장 관계가 먼 것은?

[정답] 21. ㉰ 22. ㉱ 23. ㉱ 24. ㉯ 25. ㉮ 26. ㉯ 27. ㉰

㉮ 진동 ㉯ 오일압력
㉰ 추력 ㉱ 배기가스온도

28. 부자식 기화기(float-type carburetor)에 있는 이코노마이저 밸브(economizer valve)의 작동에 대한 설명으로 옳은 것은?
㉮ 저속과 순항속도에서는 밸브가 열린다.
㉯ 최대 출력에서 농후한 혼합비를 만든다.
㉰ 순항 시 최적의 출력을 얻기 위하여 농후한 혼합비를 유지한다.
㉱ 기관의 갑작스런 가속을 위하여 추가적인 연료를 공급한다.

[해설] 이코노마이저 장치(고출력 장치) : 기관의 출력이 순항출력보다 큰 출력일 때 농후한 혼합비를 만들어 주기 위하여 추가적으로 충분한 연료를 공급해 주는 역할을 한다.

29. 압축비와 가열량이 일정할 때, 이론적인 열효율이 가장 높은 사이클은?
㉮ 오토 사이클 ㉯ 사바테 사이클
㉰ 디젤 사이클 ㉱ 브레이턴 사이클

[해설] 열효율이 가장 좋은 기관은 디젤 사이클이다. 압축비가 동일할 때 열효율이 가장 좋은 기관은 오토 사이클이다.

30. 2단 가변피치 프로펠러 항공기의 프로펠러 효율을 좋게 하기 위해 운행 상태에 따른 각각의 사용피치로 옳은 것은?
㉮ 강하시에 저피치(low pitch)를 사용한다.
㉯ 순항시에 고피치(high pitch)를 사용한다.
㉰ 이륙시에 고피치(high pitch)를 사용한다.
㉱ 착륙시에 고피치(high pitch)를 사용한다.

[해설] 2단 가변피치
① 저피치 : 이·착륙 때와 같은 저속에서 사용
② 고피치 : 순항 및 강하 비행 시 사용

31. 고정피치 프로펠러를 장착한 항공기의 프로펠러 회전속도를 증가시키면 블레이드는 어떻게 되는가?
㉮ 블레이드각(blade angle)이 증가한다.
㉯ 블레이드각(blade angle)이 감소한다.
㉰ 블레이드 영각(angle of attack)이 증가한다.
㉱ 블레이드 영각(angle of attack)이 감소한다.

[해설] 고정피치 프로펠러 : 회전속도가 증가하더라도 깃각에는 변화가 없다.
① 깃각 = 유입각(피치각) + 받음각
② 유입각 = 회전면과 합성속도(깃의 회전 선속도 + 비행속도)가 이루는 각
③ 프로펠러 회전속도를 증가시켜 깃의 회전 선속도가 증가하여 유입각은 작아지게 되고, 받음각(영각)은 증가한다.

32. 피스톤 오일 링(piston oil ring)에 의하여 모여진 여분의 오일은 어느 경로로 통하여 흐르는가?
㉮ 실린더 벽면의 작은 틈을 통하여
㉯ 피스톤 핀 중앙에 뚫린 구멍을 통하여
㉰ 피스톤 핀에 있는 드릴 구멍을 통하여
㉱ 피스톤 오일 링 홈에 있는 드릴 구멍을 통하여

33. 왕복기관 윤활계통에서 윤활유의 역할이 아닌 것은?
㉮ 금속가루 및 미분을 제거한다.
㉯ 금속부품의 부식을 방지한다.
㉰ 연료에 수분의 침입을 방지한다.

정답 28. ㉯ 29. ㉮ 30. ㉯ 31. ㉰ 32. ㉱ 33. ㉰

라 금속면 사이의 충격하중을 완충시킨다.

[해설] 윤활유의 작용 : 윤활, 기밀, 청결, 방청, 냉각, 소음방지 작용

34. 기관흡입구의 장치 중 동일 목적으로 사용되어지는 것으로 짝지어진 것은?

가 움직이는 쐐기형(movable wedge) – 와류분산기(vortex dissipator)

나 움직이는 스파이크(movable spike) – 움직이는 베인(movable vane)

다 움직이는 베인(movable vane) – 움직이는 쐐기형(movable wedge)

라 와류분산기(vortex dissipator) – 움직이는 베인(movable vane)

[해설] 기관흡입구
① movable wedge : 초음속 항공기의 흡기구에서 충격파를 발생시켜 공기속도를 감소시켜 흡입하도록 한다.
② movable spike : 터보제트 기관에 공급되는 공기의 흐름을 최적화시켜서 엔진의 출력을 증대시켜 주는 역할을 한다.
③ movable vane : 기관 흡입구 공기의 방향을 급전환시켜서 모래나 얼음 등을 밑으로 빠져 나가게 한다.
④ vortex dissipator : 지상으로부터 기관까지 거리가 가까워서 강한 흡입력으로 인해 지면에 있는 모래, 작은 돌조각, 물 등이 기관으로 들어가는 것을 방지한다.

35. 항공기용 왕복기관의 이론마력은 250 PS, 지시마력은 200 PS, 제동마력은 140PS라면 이 기관의 기계효율은 몇 %인가?

가 70 나 75 다 80 라 85

[해설] 기계효율 = $\dfrac{제동마력}{지시마력}$
$= \dfrac{140}{200} = 0.7 = 70\%$

36. 성형기관에서 마그네토(magneto)를 보기부(accessory section)에 설치하지 않고 전방부분에 설치하여 얻는 가장 큰 이점은?

가 정비가 용이하다.
나 냉각효율이 좋다.
다 검사가 용이하다.
라 설치제작비가 저렴하다.

37. 왕복기관 작동 중 점화스위치와 우측 마그네토를 연결한 선이 끊어졌을 때 나타나는 현상으로 옳은 것은?

가 기관의 출력이 떨어진다.
나 우측 마그네토 접점이 타버린다.
다 우측 마그네토가 작동되지 않는다.
라 점화스위치를 off에 놓아도 기관은 계속 작동한다.

38. 다음 중 가스 터빈 기관의 트림(trim) 작업 시 조절하는 것이 아닌 것은?

가 연료제어장치(FCU)
나 가변정익베인(VSV)
다 터빈 블레이드 각도
라 사용 연료의 비중

[해설] 기관의 조절(trimming) : 기관의 정격추력을 유지하기 위하여 주기적으로 기관의 작동상태를 조정하는 것을 말한다.

39. 다음 중 민간 항공기용 가스 터빈 기관에 사용되는 연료는?

가 Jet A-1 나 Jet B-5
다 JP-4 라 JP-8

[해설] ① 민간용 연료 : 제트 A형, 제트 A-1형, 제트 B형
② 군용 연료 : JP-4, JP-5, JP-6, JP-7, JP-8

정답 34. 라 35. 가 36. 다 37. 라 38. 다 39. 가

40. 터보팬 기관의 역추력장치 부품 중 팬을 지난 공기를 막아주는 역할을 하는 것은?

㉮ 블록 도어(block door)
㉯ 공기 모터(pneumatic motor)
㉰ 캐스케이드 베인(cascade vane)
㉱ 트랜슬레이팅 슬리브(translating sleeve)

[해설] 역추력장치 : 배기가스를 비행기의 앞쪽 방향으로 분사시킴으로써 항공기에 제동력을 주는 장치로서 배기 도관 내부에 차단판(blocker door)이 설치되어 있으며, 역추력이 필요할 때에는 이 판이 배기 노즐을 막아 주는 동시에 옆의 출구(cascade vane)를 열어주어 배기가스가 비행기 앞쪽으로 분출되도록 한다.

제3과목 : 항공기체

41. 나셀(Nacelle)에 대한 설명으로 옳은 것은?

㉮ 기체의 인장하중(tension)을 담당한다.
㉯ 기체에 장착된 기관을 둘러싼 부분을 말한다.
㉰ 일반적으로 기체의 중심에 위치하여 날개구조를 보완한다.
㉱ 기관을 장착하여 하중을 담당하기 위한 구조물이다.

42. 비행기의 무게가 2500 kg이고 중심위치는 기준선 후방 0.5 m에 있다. 기준선 후방 4m에 위치한 10 kg짜리 좌석을 2개 떼어내고 기준선 후방 4.5 m에 17 kg짜리 항법장비를 장착하였으며, 이에 따른 구조변경으로 기준선 후방 3m에 12.5 kg의 무게증가 요인이 추가 발생하였다면 이 비행기의 새로운 무게중심위치는?

㉮ 기준선 전방 약 0.21 m
㉯ 기준선 전방 약 0.51 m
㉰ 기준선 후방 약 0.21 m
㉱ 기준선 후방 약 0.51 m

[해설] 새로운 중심위치 (c.g)
$$= \frac{총 모멘트 + 증가된 모멘트}{총무게 + 증가된 무게}$$
$$= \frac{2500 \times 0.5 + 12.5 \times 3}{2500 + 12.5}$$
$$= 0.51 \text{m}$$

43. 주로 18-8 스테인리스강에서 발생하며 부적절한 열처리로 결정립계가 큰 반응성을 갖게 되어 입계에 선택적으로 발생하는 국부적 부식을 무엇이라 하는가?

㉮ 입계부식
㉯ 응력부식
㉰ 찰과부식
㉱ 이질금속간의 부식

[해설] 입지 간 부식(inter granular corrosion) : 금속합금의 입자 경계면을 따라서 발생하는 선택적인 부식이 입자간 부식으로 부적절한 열처리에서 합금 조직의 균일성 결여로 인해 발생한다. 급격히 경화된 알루미늄 합금과 어떤 종류의 스테인리스강에 있어서도 자주 나타나는 현상이다.

44. FRCM의 모재(matrix) 중 사용온도 범위가 가장 큰 것은?

㉮ FRC   ㉯ BMI
㉰ FRM   ㉱ FRP

[해설] 섬유보강 세라믹(FRC) : 내열합금도 견디지 못하는 1000℃ 이상의 높은 온도에 대한 내열성이 있다.

정답 40. ㉮ 41. ㉯ 42. ㉱ 43. ㉮ 44. ㉮

45. 튜브의 플레어링(tube flaring)에 대한 설명으로 옳은 것은?

㉮ 강 튜브(steel tube)는 더블 플레어링(double flaring)으로 제작한다.
㉯ 싱글 플레어 튜브(single flare tube)는 가공경화로 인해 전단작용에 대한 저항력이 크다.
㉰ 더블 플레어 튜브(double flare tube)는 싱글 플레어 튜브(single flare tube)보다 밀폐 특성이 좋다.
㉱ 싱글 플레어 튜브(single flare tube)는 매끈하고 동심으로 제작이 용이하다.

[해설] 이중 플레어 방식 : $\frac{1}{8} \sim \frac{3}{8}$ in까지의 5052O와 6061T 알루미늄 합금 튜브에 적용되며 심한 진동을 받는 부위나 계통의 흐름 압력이 높은 곳에 사용된다.

46. 두께가 0.062″인 판재를 그림과 같이 직각으로 굽힌다면 이 판재의 전체길이는 약 몇 인치인가?

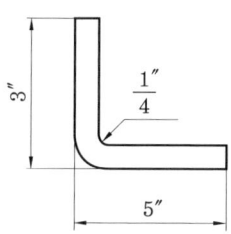

㉮ 7.8 ㉯ 6.8 ㉰ 4.1 ㉱ 3.1

[해설] 판재 전체 길이(L)
$= 3 - S.B + 5 - S.B + B.A$
① 세트백 (S.B) $= K(R+T)$
$= 1 \times \left(\frac{1}{4} + 0.062\right) = 0.312$ inch
② 굴곡허용량 (B.A) $= \frac{\theta}{360} 2\pi \left(R + \frac{T}{2}\right)$
$= \frac{90}{360} \times 2 \times 3.14 \times \left(\frac{1}{4} + \frac{0.062}{2}\right)$
$= 0.44$ inch

③ $L = 3 - S.B + 5 - S.B + B.A$
$= 3 - 0.312 + 5 - 0.312 + 0.44$
$= 7.8$ inch

47. 크리프(creep) 현상에 대한 설명으로 가장 옳은 것은?

㉮ 재료가 반복되는 응력을 받았을 때 파괴되는 현상이다.
㉯ 재료에 온도를 서서히 증가하였을 때 조직구조가 변형되는 현상이다.
㉰ 재료에 시험편을 서서히 잡아 당겨서 파괴되었을 때 파단면의 조직이 변화된 현상이다.
㉱ 재료를 일정한 온도와 하중을 가한 상태에서 시간에 따라 변형률이 변화하는 현상이다.

48. 알루미늄 합금이 초고속기 재료로서 적당하지 않은 이유는?

㉮ 무겁기 때문
㉯ 부식이 심하기 때문
㉰ 열에 약하기 때문
㉱ 전기저항이 크기 때문

49. 비행기의 원형 부재에 발생하는 전 비틀림각과 이에 미치는 요소와의 관계로 틀린 것은?

㉮ 비틀림력이 크면 비틀림각도 커진다.
㉯ 부재의 길이가 길수록 비틀림각은 작아진다.
㉰ 부재의 전단계수가 크면 비틀림각이 작아진다.
㉱ 부재의 극단면 2차 모멘트가 작아지면 비틀림각이 커진다.

[해설] 비틀림 각 $\theta = \frac{T \times L}{G \times J}$
여기서, L : 봉의 길이, G : 전단계수, J : 극관성 모멘트, T : 비틀림 모멘트

50. 대형 항공기에 주로 사용하는 브레이크 장치는?
㉮ 슈(shoe)식 브레이크
㉯ 싱글 디스크(single disk)식 브레이크
㉰ 멀티 디스크(multi disk)식 브레이크
㉱ 팽창 튜브(expander tube)식 브레이크

51. 2017T보다 강한 강도를 요구하는 항공기 주요 구조용으로 사용되고 열처리 후 냉장고에 보관하여 사용하며 상온에 노출 후 10분에서 20분 이내에 사용하여야 하는 리벳은?
㉮ A17ST(2117) – AD
㉯ 17ST(2017) – D
㉰ 24ST(2024) – DD
㉱ 2S(1100) – A

52. 동체의 전단응력에 대한 설명이 잘못된 것은?
㉮ 동체의 전단응력은 항공기 무게에 의해 발생된다.
㉯ 동체의 전단응력은 항공기 공기력에 의해 발생된다.
㉰ 동체의 전단응력은 항공기지면 반력에 의해 발생된다.
㉱ 동체의 좌우측 중앙에서 동체의 전단응력이 최소이다.

53. 세라믹 코팅(ceramic coating)의 가장 큰 목적은?
㉮ 내식성
㉯ 접합 특성 강화
㉰ 내열성과 내마모성
㉱ 내열성과 내식성

54. 날개의 주요 하중을 담당하는 부재는 어느 것인가?
㉮ 리브(rib)
㉯ 날개보(spar)
㉰ 스트링거(stringer)
㉱ 압축 스트링거(comprssion stringer)

55. 기계용 스크루(machine screw)의 설명으로 틀린 것은?
㉮ 일반 목적용으로 사용되는 스크루이다.
㉯ 평면머리와 둥근머리 와셔 헤드 형태가 있다.
㉰ 저탄소, 황동, 내식강, 알루미늄 합금 등으로 만들어진다.
㉱ 명확한 그립이 있고 같은 크기의 볼트처럼 같은 전단강도를 갖고 있다.
[해설] 기계용 스크루 : 그립이 없고, 구조용 스크루에 비해 강도가 낮다.

56. 그림과 같은 $V-n$ 선도에서 n_1은 설계제한 하중배수, 점선 1B 는 돌풍하중배수선도라면 옳게 짝지은 것은?

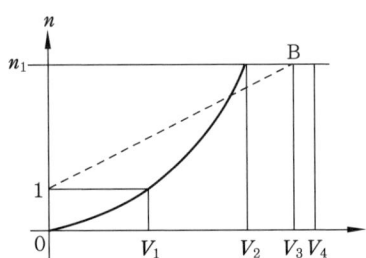

㉮ V_1 – 설계순항속도
㉯ V_2 – 설계운용속도
㉰ V_3 – 설계급강하속도
㉱ V_4 – 실속속도
[해설] V_1 : 실속속도
V_2 : 설계운용속도
V_3 : 설계돌풍운용속도
V_4 : 설계급강하속도

정답 50. ㉰ 51. ㉰ 52. ㉱ 53. ㉰ 54. ㉯ 55. ㉱ 56. ㉯

57. 블라인드 리벳(blind rivet)의 종류가 아닌 것은?
㉮ hi-shear rivet ㉯ rivnut
㉰ explosive rivet ㉱ cherry rivet

[해설] 고전단 리벳(hi-shear rivet) : 높은 전단강도가 요구되는 곳에 사용되며, 그립의 길이가 몸체의 지름보다 큰 곳에 사용한다.

58. 항공기 착륙장치의 완충장치(shock strut)를 날개구조에 장착할 수 있도록 지지하며 완충 스트럿의 힌지축 역할을 담당하는 것은?
㉮ 트러니언(trunnion)
㉯ 저리 스트럿(jury strut)
㉰ 토션 링크(torsion link)
㉱ 드래그 스트럿(drag strut)

59. 조종 케이블이 작동중에 최소의 마찰력으로 케이블과 접촉하여 직선운동을 하게 하며, 케이블을 작은 각도 이내의 범위에서 방향을 유도하는 것은?
㉮ 풀리(pully)
㉯ 페어리드(fairlead)
㉰ 벨 크랭크(bell crank)
㉱ 케이블 드럼(cable drum)

60. 그림과 같이 응력-변형률 곡선에서 파단점을 나타내는 곳은? (단, σ는 응력, ϵ는 변형률을 나타낸다.)

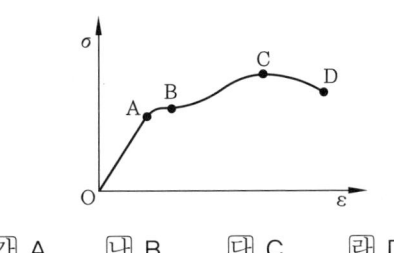

㉮ A ㉯ B ㉰ C ㉱ D

제4과목 : 항공장비

61. 항공기 나셀의 방빙에 사용되는 방법이 아닌 것은?
㉮ 제빙 부츠 방식
㉯ 열 방빙 방식
㉰ 전기적 방빙 방식
㉱ 고온 공기를 이용한 방식

[해설] 공기식 제빙계통은 제빙 부츠 장치를 이용하여 얼음을 제거하는 방법인데 현대 대형 항공기에는 제빙계통을 장치하지 않고 있지만, 소형항공기의 날개 앞전에 부츠를 장착하여 앞전에 있는 얼음을 제거한다.

62. 그림과 같은 회로에서 a, b 간에 전류가 흐르지 않도록 하기 위해서는 저항 R은 몇 Ω으로 해야 하는가?

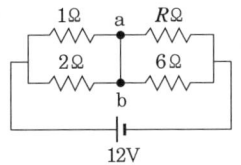

㉮ 1 ㉯ 2 ㉰ 3 ㉱ 4

[해설] 휘트스톤 브리지

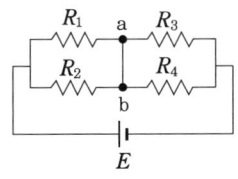

$R_1 \cdot R_4 = R_2 \cdot R_3$ 에서
$1 \times 6 = 2 \times R$ ∴ $R = 3\,\Omega$

63. 도체를 자기장이 있는 공간에 놓고 전류를 흘리면 도체에 힘이 작용하는 것과 같은 전동기 원리에서 작용하는 힘의 방향을 알 수 있는 법칙은?
㉮ 렌츠의 법칙

정답 57.㉮ 58.㉮ 59.㉯ 60.㉱ 61.㉮ 62.㉰ 63.㉯

㉰ 플레밍의 왼손법칙
㉱ 패러데이의 법칙
㉲ 플레밍의 오른손 법칙

64. 항공기 기관의 구동축과 발전기축 사이에 장착하여 주파수를 일정하게 만들어 주는 장치는?
㉮ 변속 구동 장치 ㉯ 출력 구동 장치
㉰ 주파수 구동 장치 ㉱ 정속 구동 장치

65. 해발 500m인 지형 위를 비행하고 있는 항공기의 절대고도가 1500m라면 이 항공기의 진고도는 몇 m인가?
㉮ 1000 ㉯ 1500 ㉰ 2000 ㉱ 2500
[해설] 고도의 종류
① 절대고도 : 어느 지형 표면 위를 비행하고 있는 항공기에서 지형 표면까지의 수직거리
② 진고도 : 해수면으로부터 항공기까지의 수직거리
③ 기압고도 : 표준 대기압 해면으로부터 항공기까지의 수직거리

66. 다음 중 발연경보(smoke warning) 장치에서 감지센서로 사용되는 것은?
㉮ 바이메탈(bimetal)
㉯ 열전대(thermocouple)
㉰ 광전튜브(photo tube)
㉱ 공용염(eutectic salt)
[해설] 광전기 연기 탐지기 : 광전기 셀(photo electric cell), 비컨등(lamp), 시험등으로 구성되어 있으며 공기 중에 연기가 10% 정도 존재할 경우 광전기 셀은 전류를 발생한다.

67. 자기컴퍼스의 구조에 대한 설명으로 틀린 것은?
㉮ 컴퍼스액은 케로신을 사용한다.
㉯ 컴퍼스 카드에는 플로트가 설치되어 있다.

㉰ 외부의 진동, 충격을 줄이기 위해 케이스와 베어링 사이에 피벗이 들어 있다.
㉱ 케이스, 자기보상장치, 컴퍼스 카드 및 확장실 등으로 구성되어 있다.
[해설] 자기 컴퍼스 : 컴퍼스 카드 중심부의 보석 베어링을 피벗이 받쳐주고 있다.

68. 탄성 압력계의 수감부 형태에 해당되지 않는 것은?
㉮ 흡입형 ㉯ 부르동형
㉰ 다이어프램형 ㉱ 벨로즈형

69. 항공기의 화재탐지장치가 갖추어야 할 사항으로 틀린 것은?
㉮ 과도한 진동과 온도변화에 견디어야 한다.
㉯ 화재가 계속되는 동안에 계속 지시해야 한다.
㉰ 조종석에서 화재탐지장치의 기능 시험을 할 수 있어야 한다.
㉱ 항상 화재탐지장치 자체의 전원으로 작동하여야 한다.

70. 다음 중 전원 주파수를 측정하는데 사용되는 브리지(bridge) 회로는?
㉮ 윈 브리지(wein bridge)
㉯ 맥스웰 브리지(maxwell bridge)
㉰ 싱크로 브리지(synchro bridge)
㉱ 휘트스톤 브리지(wheatstone bridge)
[해설] 브리지 회로
① wein bridge : 주파수를 측정하는데 이용
② maxwell bridge : 인덕턴스를 측정하는데 이용
③ wheatstone bridge : 미지의 저항을 측정하는데 이용

71. SELCAL system에 대한 설명 중 가장 관계가 먼 내용은?
㉮ HF, VHF 시스템으로 송·수신된다.

정답 64. ㉱ 65. ㉰ 66. ㉰ 67. ㉰ 68. ㉮ 69. ㉱ 70. ㉮ 71. ㉱

㉯ 자상에서 항공기를 호출하기 위한 장치이다.
㉰ 일반적으로 코드는 4개의 코드로 만들어져 있다.
㉱ 항공기 위험 사항을 알리기 위한 비상호출장치이다.

72. 축전지에서 용량의 표시 기호는?
㉮ Ah ㉯ Bh ㉰ Vh ㉱ Fh

73. 전파 고도계에 대한 설명으로 틀린 것은?
㉮ 송수신기, 안테나, 고도지시계로 구성된다.
㉯ 지면에 대한 항공기의 절대고도를 나타낸다.
㉰ 항공기에서 지표를 향해 전파를 발사하여 이 전파가 되돌아오기까지의 시간차를 측정한다.
㉱ 대부분 고고도용이며, 측정범위는 2500 ft 이상이다.

[해설] 전파 고도계 : 항공기에서 지표를 향해 전파를 발사하여 이 전파가 되돌아오기까지의 시간차를 측정하는 것으로 지면에 대한 항공기의 절대고도를 구하는 계기이다. 모두 저고도용이며 측정범위는 2500 ft 이하이다.

74. 다음 중 ACM(air cycle machine) 내에서 압력과 온도를 낮추는 역할을 하는 곳은?
㉮ 팽창터빈 ㉯ 압축기
㉰ 열교환기 ㉱ 팽창밸브

75. 공압 계통에서 공기 저장통 안에 설치되어 수분이나 윤활유가 계통으로 섞여 나가지 않도록 하는 것은?
㉮ 핀 ㉯ 스택 파이프
㉰ 배플 ㉱ 스탠드 파이프

76. 정침의(DG)의 자이로 축에 대한 설명으로 옳은 것은?
㉮ 지구의 중력방향을 향하도록 되어 있다.
㉯ 지표에 대하여 수평이 되도록 되어 있다.
㉰ 기축에 평행 또는 수평이 되도록 되어 있다.
㉱ 기축에 직각 또는 수직이 되도록 되어 있다.

77. 다음 중 공중충돌 경보장치는?
㉮ ATC ㉯ TCAS
㉰ ADC ㉱ 기상레이더

78. 항공기가 지상에서 작동 시 흡기압력계(manifold-pressure gage)에서 지시하는 것은?
㉮ "0"(zero)
㉯ 29.92 inHg
㉰ 그 당시의 지형의 기압
㉱ 30.00 inHg

79. 유압계통의 관이나 호스가 파손되거나 기기 내의 실(seal)에 손상이 생겼을 때 과도한 누설을 방지하는 장치는?
㉮ 흐름조절기 ㉯ 셔틀 밸브
㉰ 흐름평형기 ㉱ 유압 퓨즈

80. 비행중에는 조종실 내의 운항 승무원 상호 간에 통화를 하며, 지상에서는 비행을 위하여 항공기 택싱(taxiing)하는 동안 지상조업 요원과 조종실 내 운항 승무원 간에 통화하기 위한 시스템은?
㉮ cabin interphone system
㉯ flight interphone system
㉰ passenger address system
㉱ service interphone system

정답 72. ㉮ 73. ㉱ 74. ㉮ 75. ㉯ 76. ㉯ 77. ㉯ 78. ㉰ 79. ㉱ 80. ㉯

▶ 2012년 9월 15일 시행

자격종목	시험시간	문제 수	형 별	수험번호	성 명
항공 산업기사	2시간	80	A		

제1과목 : 항공역학

1. 공기 중에서 음파의 전파속도를 나타낸 식으로 틀린 것은? (단, P : 압력, ρ : 밀도, R : 기체상수, T : 온도, k : 공기의 비열비이다.)

㉮ $\sqrt{PT}$　　㉯ $\sqrt{\dfrac{dP}{d\rho}}$

㉰ $\sqrt{\dfrac{kP}{\rho}}$　　㉱ $\sqrt{kRT}$

[해설] 음속(C) = $\sqrt{kRT} = \sqrt{\dfrac{kP}{\rho}} = \sqrt{\dfrac{dP}{d\rho}}$
이상기체의 상태방정식 $P = \rho RT$

2. 4자 계열 날개골 NACA 2315는 최대캠버가 앞전에서부터 시위길이의 몇 % 정도에 위치한 날개골인가?

㉮ 10　㉯ 20　㉰ 30　㉱ 40

3. 다음 중 정적으로 안정된 항공기에 해당하는 것은? (단, C_M : 피칭 모멘트 계수, α : 받음각이다.)

㉮ C_M이 α에 대한 기울기가 + 값일 경우
㉯ C_M이 α에 대한 기울기가 − 값일 경우
㉰ C_M이 α에 대한 기울기가 0 값일 경우
㉱ C_M이 α에 대한 기울기가 1 값일 경우

[해설] 정적세로 안정은 양력계수(C_L)와 키놀이 모멘트 계수(C_M) 곡선에서 오른쪽으로 내려가는 음의 기울기로 나타내며, 양력계수 값이 증가함에 따라 키놀이 모멘트 계수는 감소한다.

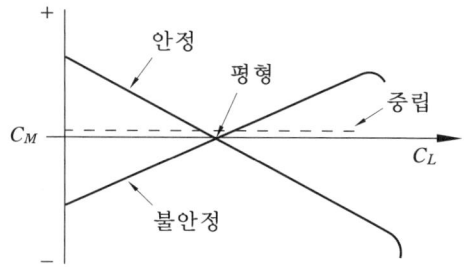

4. 성층권 아래층의 기온은 높이에 관계없이 대체로 일정하지만 위층에서는 높아지는데 그 이유로 옳은 것은?

㉮ 구름이 없기 때문
㉯ 대기에 불순물이 있기 때문
㉰ 밀도가 높고 질소의 양이 많기 때문
㉱ 오존층이 있어 자외선을 흡수하기 때문

[해설] 성층권 : 대류권 계면의 온도는 극에서 높고, 적도에서 가장 낮으며, 고도가 높아짐에 따라 20km까지는 위도가 높은 지역에서는 기온이 낮아지고, 위도가 낮은 지역에서는 높아지며, 그 이상의 고도에서는 거의 일률적으로 높아져 50km에서 최고 온도가 된다. 이것은 성층권 윗부분에 오존층이 있어서 자외선을 흡수하기 때문이다.

5. 항공기의 항속거리가 3600km이고, 항속시간이 2시간이며, 비행 중 연료소비량이 4000kgf이라면, 이 항공기의 비항속거리 (specific range)는 몇 m/kgf인가?

㉮ 900　㉯ 1200　㉰ 1800　㉱ 1600

[정답] 1. ㉮　2. ㉰　3. ㉯　4. ㉱　5. ㉮

[해설] 비항속거리(specific range)
단위 연료무게당 비행거리

$$\text{비항속거리} = \frac{\text{단위 시간당 비행거리}}{\text{단위 시간당 연료소모량}}$$

$$= \frac{\left(\frac{3600}{2}\right)}{\left(\frac{4000}{2}\right)} = 0.9 \text{ km/kgf}$$

$$= 900 \text{ m/kgf}$$

6. 중량이 일정한 항공기가 등속도 수평비행을 할 경우 항공기의 추력과 양항비(lift-drag range)와의 관계를 가장 옳게 설명한 것은?

㉮ 추력은 양항비에 비례한다.
㉯ 추력은 양항비에 반비례한다.
㉰ 추력은 양항비의 제곱에 비례한다.
㉱ 추력은 양항비의 제곱에 반비례한다.

[해설] 추력(T)과 양항비 $\left(\frac{C_L}{C_D}\right)$ $T = W\frac{C_D}{C_L}$

7. 프로펠러에 작용하는 토크(torque)의 크기를 옳게 나타낸 것은? (단, ρ : 공기밀도, n : 프로펠러 회전수, C_q : 토크계수, D : 프로펠러의 지름이다.)

㉮ $C_q \rho n^2 D^5$ ㉯ $C_q \rho n D$
㉰ $\frac{C_q D^2}{\rho n}$ ㉱ $\frac{\rho n}{C_q D^2}$

8. 비행 중 저피치와 고피치 사이의 무한한 피치를 선택할 수 있어 비행속도나 기관출력의 변화에 관계없이 프로펠러의 회전속도를 항상 일정하게 유지하여 가장 좋은 효율을 유지하는 프로펠러의 종류는?

㉮ 고정피치 프로펠러
㉯ 정속 프로펠러
㉰ 조정피치 프로펠러
㉱ 2단 가변피치 프로펠러

9. 비행기의 조종간에 걸리는 힘을 작게 하기 위해서 힌지 모멘트를 조절하기 위한 장치로 가장 부적합한 것은?

㉮ 스포일러(spoiler)
㉯ 서보 탭(servo tab)
㉰ 혼 밸런스(horn balance)
㉱ 앞전 밸런스(leading edge balance)

10. 헬리콥터 전진 비행성능에 가장 영향을 적게 주는 요소는?

㉮ 밀도 고도
㉯ 바람의 속도
㉰ 지면 효과
㉱ 헬리콥터의 총 중량

11. 전진 비행하는 헬리콥터의 주 회전날개에서 플래핑 운동에 대한 설명으로 틀린 것은?

㉮ 전진 블레이드와 후진 블레이드의 받음각을 변화시킨다.
㉯ 전진 블레이드와 후진 블레이드의 상대속도 차이에 의해 양력 차이가 발생한다.
㉰ 전진 블레이드와 후진 블레이드의 양력 차이를 해소한다.
㉱ 전진 블레이드와 후진 블레이드의 회전수 차에 의해 발생한다.

12. 공기가 아음속으로 관내를 흐를 때 관의 단면적이 점차로 증가한다면 이때 전압(total pressure)은?

㉮ 일정하다.
㉯ 점차 증가한다.

[정답] 6. ㉯ 7. ㉮ 8. ㉯ 9. ㉮ 10. ㉰ 11. ㉱ 12. ㉮

㉰ 감소하다가 증가한다.
㉱ 점차 감소한다.
[해설] 전압(일정)=정압+동압

13. 비행기가 230km/h로 수평비행 할 때 비행기의 상승률이 10m/s 라고 하면, 이 비행기 상승각은 약 몇 °인가?
㉮ 4.8° ㉯ 7.2° ㉰ 9.0° ㉱ 12.0°
[해설] $R.C = V\sin\theta$ 에서
$$\sin\theta = \frac{R.C}{V} = \frac{8}{\left(\frac{230}{3.6}\right)} = 0.125$$
$$\theta = \sin^{-1}(0.125) = 7.2°$$

14. 다음 중 수평선회에 대한 설명으로 틀린 것은?
㉮ 선회반경은 속도가 클수록 커진다.
㉯ 경사각이 크면 선회반경은 작아진다.
㉰ 경사각이 클수록 하중배수는 커진다.
㉱ 선회 시 실속 속도는 수평비행 실속 속도보다 작다.
[해설] 선회 시 실속 속도 $V_{ts} = \frac{V_s}{\sqrt{\cos\phi}}$
선회 중의 실속 속도는 수평비행 때의 실속 속도보다 커진다.

15. 수직 꼬리날개가 실속하는 큰 옆미끄럼각에서도 방향안정성을 유지하기 위하여 사용되는 장치는?
㉮ 플랩(flap)
㉯ 도살핀(dosal pin)
㉰ 러더(rudder)
㉱ 스포일러(spoiler)

16. 날개의 면적을 유지하면서 가로세로비만 4배로 증가시켰을 때 이 비행기의 유도항력계수는 어떻게 되는가?
㉮ 4배 증가한다. ㉯ $\frac{1}{2}$로 감소한다.
㉰ $\frac{1}{4}$로 감소한다. ㉱ $\frac{1}{16}$로 감소한다.
[해설] 유도항력계수 $(C_{Di}) = \frac{C_L^2}{\pi e AR}$
유도항력계수는 가로세로비에 반비례하므로 $\frac{1}{4}$로 감소한다.

17. 다음 중 이륙 시 활주거리를 줄일 수 있는 조건으로 틀린 것은?
㉮ 추력을 최대로 한다.
㉯ 날개하중을 작게 한다.
㉰ 고양력 장치를 사용한다.
㉱ 고도가 높은 비행장에서 이륙한다.

18. 원통의 회전에 의해 생긴 순환이 선형 흐름과 조합될 경우 양력이 발생하게 되는데 이러한 효과를 무엇이라 하는가?
㉮ 마그너스 효과 ㉯ 마찰 효과
㉰ 실속 효과 ㉱ 점성 효과
[해설] 마그너스 효과(magnus effect)

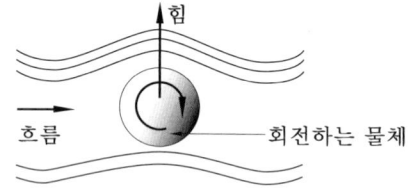

19. 공기 유동이 날개의 표면을 따라 흐르다가 날개의 표면에서 떨어지는 것을 무엇이라 하는가?
㉮ 천이(transition)
㉯ 박리(separation)
㉰ 난류(turbulence)
㉱ 간섭(interference)

[정답] 13. ㉯ 14. ㉱ 15. ㉯ 16. ㉰ 17. ㉱ 18. ㉮ 19. ㉯

20. 받음각이 실속각보다 클 경우에 날개에 가벼운 옆놀이 운동이나 교란을 주면 날개는 회전을 시작하고 회전은 점점 빨라져서 일정 회전수로 회전을 하게 되는데 고정익 항공기에서는 스핀이라고도 하는 현상은?

㉮ 자전 현상 ㉯ 공전 현상
㉰ 실속 현상 ㉱ 키놀이 현상

제2과목 : 항공기관

---

21. 다음 중 추진체에 의해 발생되는 주된 최종 기체가 아닌 것은?

㉮ 램제트기관 ㉯ 터보프롭기관
㉰ 터보팬기관 ㉱ 터보제트기관

22. 가스터빈기관에서 가변정익(variable stator vane)을 장착하는 가장 큰 이유는 언제 발생하는 실속을 방지하기 위해서인가?

㉮ 저속에서 가속과 감속 시
㉯ 순항에서 가속과 감속 시
㉰ 고속에서 가속과 감속 시
㉱ 급강하에서 가속과 감속 시

23. 항공기 가스터빈기관의 연료로서 필요한 조건이 아닌 것은?

㉮ 발열량이 클 것
㉯ 휘발성이 낮을 것
㉰ 부식성이 없을 것
㉱ 저온에서 동결되지 않을 것

24. 완전가스의 열역학적인 상태변화에 속하지 않는 것은?

㉮ 등온변화 ㉯ 가용변화
㉰ 정압변화 ㉱ 폴리트로픽변화

[해설] 작동유체의 상태변화에는 등온과정, 정적과정, 정압과정, 단열과정 및 폴리트로픽 과정 등이 있다.

25. 프로펠러의 특정 부분을 나타내는 명칭이 아닌 것은?

㉮ 허브(hub) ㉯ 넥(neck)
㉰ 블레이드(blade) ㉱ 로터(rotor)

26. 항공용 직접연료분사(direct fuel injection)식 왕복기관에서 연료가 분사되는 부분이 아닌 것은?

㉮ 흡입 매니폴드 ㉯ 흡입밸브
㉰ 벤투리 목부분 ㉱ 실린더의 연소실

[해설] 직접연료분사 장치 : 주 조정장치에서 조절된 연료를 연료분사펌프로 유도하여 높은 압력으로 각 실린더의 연소실 안이나 흡입밸브 근처에 연료를 직접 분사하는 방법이다.

27. 왕복기관의 흡입 및 배기밸브가 실제로 열리고 닫히는 시기로 가장 옳은 것은?

㉮ 흡입밸브 : 열림/상사점, 닫힘/하사점
  배기밸브 : 열림/하사점, 닫힘/상사점
㉯ 흡입밸브 : 열림/상사점 전, 닫힘/하사점 전
  배기밸브 : 열림/하사점 후, 닫힘/상사점 후
㉰ 흡입밸브 : 열림/상사점 전, 닫힘/하사점 전
  배기밸브 : 열림/하사점 전, 닫힘/하사점 후
㉱ 흡입밸브 : 열림/상사점 전, 닫힘/하사점 후

정답 20.㉮ 21.㉯ 22.㉮ 23.㉯ 24.㉯ 25.㉱ 26.㉰ 27.㉱

배기밸브 : 열림/하사점 전, 닫힘/상사점 후

[해설] 흡입밸브는 상사점 전에서 미리 열리고, 하사점을 지난 후에 닫히도록 하고, 배기밸브는 하사점 전에서 미리 열리고 상사점을 지난 후에 닫히도록 한다.

28. 가스터빈기관의 공기흐름 중에서 압력이 가장 높은 곳은?
㉮ 압축기 ㉯ 터빈노즐
㉰ 디퓨저 ㉱ 터빈로터

29. 다음 중 가스터빈기관의 압축기 블레이드 오염(dirty)으로 발생되는 현상은?
㉮ Low R.P.M ㉯ High R.P.M
㉰ Low E.G.T ㉱ High E.G.T

30. 가스터빈기관의 시동기(starter)는 일반적으로 어느 곳에 장착되는가?
㉮ 보기어박스 ㉯ 타코미터
㉰ 연료 조절장치 ㉱ 블리드 패드

31. 그림과 같이 압력(P)-부피(V)선도 상의 오토 사이클(otto cycle)에서 과정 1→2, 3→4 는 어떤 변화인가?

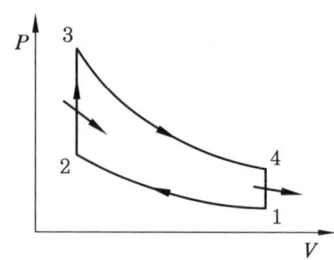

㉮ 등온 압축, 등온 팽창
㉯ 단열 압축, 등온 팽창
㉰ 등온 압축, 단열 팽창
㉱ 단열 압축, 단열 팽창

[해설] 1→2 단열 압축, 2→3 정적 가열, 3→4 단열 팽창, 4→1 정적 방열

32. 기관오일계통의 부품 중 베어링부의 이상 유무와 이상 발생 장소를 탐지하는데 이용되는 부품은?
㉮ 오일 필터
㉯ 마그네틱 칩 디텍터
㉰ 오일압력 조절밸브
㉱ 오일필터 막힘 경고등

33. 가스터빈기관 연소실의 2차 공기에 대한 설명으로 옳은 것은?
㉮ 14~18 : 1의 최적 혼합비를 유지한다.
㉯ 스웰 가이드베인이 있어 강한 선회를 주어 적당한 난류를 발생시킨다.
㉰ 2차 공기는 연소실로 유입되는 전체 공기의 약 25% 정도이다.
㉱ 흡입된 공기로 연소가스를 희석하여 연소실 출구온도를 낮춘다.

[해설] 2차 연소 영역은 주로 연소가스의 냉각작용을 담당하는 영역이다. 연소되지 않은 많은 양의 2차 공기를 연소실 뒤쪽으로 공급하여 1차 영역에서 연소가스와 혼합시킴으로써 연소실 출구 온도를 터빈 입구 온도에 적합하도록 균일하게 낮추어 준다.

34. 9개 실린더를 갖고 있는 성형기관(radial engine)의 마그네토 배전기(distributor) 6번 전극에 꽂혀있는 점화 케이블은 몇 번 실린더에 연결시켜야 하는가?
㉮ 2 ㉯ 4 ㉰ 6 ㉱ 8

[해설] 9기통 성형기관의 점화순서는 1→3→5→7→9→2→4→6→8이다.

35. 왕복기관의 작동 중 점검하여야 할 사

[정답] 28. ㉰ 29. ㉱ 30. ㉮ 31. ㉱ 32. ㉯ 33. ㉱ 34. ㉮ 35. ㉯

항과 가장 관계가 먼 것은?
㉮ 흡기압력 ㉯ 공기 블리드
㉰ 배기가스온도 ㉱ 엔진오일의 압력

36. 다음 중 윤활유의 점도를 나타내는 것은?
㉮ MIL ㉯ SAE ㉰ SUS ㉱ NAS
[해설] SUS(saybolt universal second) 점도계 : 일정 온도로 윤활유를 가열해 놓고, 점도계 그릇에 들어있는 60mL의 윤활유가 오리피스를 통하여 밑으로 흘러내려가는 데 소요되는 시간을 초 단위로 측정한다.

37. 가스터빈기관의 저속 비행 시 추진효율이 좋은 순서대로 나열된 것은?
㉮ 터보팬 > 터보프롭 > 터보제트
㉯ 터보프롭 > 터보제트 > 토보팬
㉰ 터보프롭 > 터보팬 > 터보제트
㉱ 터보제트 > 터보팬 > 터보프롭

38. 프로펠러 깃각(blade angle)은 에어포일 시위선(chord line)과 무엇과의 사이각으로 정의되는가?
㉮ 회전면
㉯ 프로펠러 추력 라인
㉰ 상대풍
㉱ 피치변화 시 깃 회전 축

39. 항공용 왕복기관의 기본 성능요소에 관한 설명으로 틀린 것은?
㉮ 총 배기량은 기관이 2회전하는 동안 1개의 실린더에서 배출한 배기가스의 양이다.
㉯ 기관의 총 배기량이 증가하면 기관의 최대 출력이 증가한다.
㉰ 열에너지로부터 기계적 에너지로 변환되는 전체마력을 지시마력(indicated horse power)이라 한다.
㉱ 구동장치나 프로펠러에 전달되는 실직적인 마력을 축마력(shaft horse power)이라 한다.

40. 왕복기관에서 흡기압력이 증가할 때 나타나는 효과는?
㉮ 충진 체적이 증가한다.
㉯ 충진 체적이 감소한다.
㉰ 충진 밀도가 증가한다.
㉱ 연료, 공기 혼합기의 무게가 감소한다.

제3과목 : 항공기체

41. 항공기 기체 구조의 리깅(rigging)작업 시 구조의 얼라인먼트(alignment) 점검 사항이 아닌 것은?
㉮ 날개 상반각
㉯ 날개 취부각
㉰ 수평 안정판 상반각
㉱ 항공기 파일론 장착면적

42. 민간 항공기에서 주로 사용하는 integral fuel tank의 가장 큰 장점은?
㉮ 연료의 누설이 없다.
㉯ 화재의 위험이 없다.
㉰ 연료의 공급이 쉽다.
㉱ 무게를 감소시킬 수 있다.

43. 그림과 같이 날개에서 C.G(center of gravity)는 MAC(mean aerodynamic chord)의 백분율로 몇 % 인가?

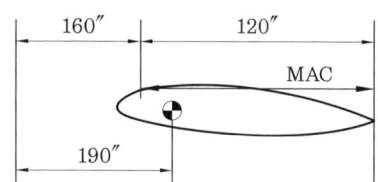

㉮ 15% ㉯ 20% ㉰ 25% ㉱ 30%

[해설] $MAC = \dfrac{H-X}{C} \times 100$
$= \dfrac{190-160}{120} \times 100 = 25\%$

44. 리벳 작업 시 리벳성형머리 폭을 리벳 지름(D)으로 옳게 나타낸 것은?

㉮ 1D ㉯ 1.5D ㉰ 3D ㉱ 5D

45. 항공기의 외피 수리에서 다음의 [조건]에 의하면 알루미늄 판재의 굽힘 허용값은 약 몇 inch인가?

[조건] - 곡률 반지름(R) : 0.125inch
       - 굽힘 각도(°) : 90°
       - 두께(T) : 0.040inch

㉮ 0.206 ㉯ 0.228
㉰ 0.342 ㉱ 0.456

[해설] 굽힘 여유(BA)
$BA = \dfrac{\theta}{360} 2\pi \left(R + \dfrac{T}{2}\right)$
$= \dfrac{90}{360} \times 2 \times 3.14 \times \left(0.125 + \dfrac{0.040}{2}\right)$
$= 0.228$ inch

46. 로크 볼트(lock bolt)에 대한 설명으로 틀린 것은?

㉮ 장착하는데 판의 표면을 풀림 처리한 것이다.
㉯ 고강도 볼트와 리벳의 특징을 결합한 것이다.
㉰ 로크 와셔, 코터핀으로 안전장치를 해야 한다.
㉱ 일반 볼트나 리벳보다 쉽고 신속하게 장착할 수 있다.

47. 알클래드(alclad)에 대한 설명으로 옳은 것은?

㉮ 알루미늄 판의 표면을 풀림 처리한 것이다.
㉯ 알루미늄 판의 표면을 변형화 처리한 것이다.
㉰ 알루미늄 판의 양면에 순수 알루미늄을 입힌 것이다.
㉱ 알루미늄 판의 양면에 아연 크로메이트 처리한 것이다.

48. 항공기 재료에 사용되는 다음 금속 중 비중이 제일 큰 것은?

㉮ 티타늄   ㉯ 크롬
㉰ 알루미늄   ㉱ 니켈

[해설] 금속의 비중
알루미늄 : 2.7, 티탄 : 4.54
크롬 : 7.18, 니켈 : 8.9

49. 항공기 조종장치의 구성품에 대한 설명으로 틀린 것은?

㉮ 풀리는 케이블의 방향을 바꿀 때 사용되며, 풀리의 베어링은 원활한 회전을 위해 주기적으로 윤활해 주어야 한다.
㉯ 압력 실은 케이블이 압력 벌크헤드를 통과하는 곳에 사용되며, 케이블의 움직임을 방해하지 않을 정도의 기밀이 요구된다.
㉰ 페어리드는 케이블이 벌크헤드의 구멍

[정답] 44. ㉯ 45. ㉯ 46. ㉰ 47. ㉰ 48. ㉱ 49. ㉮

이나 다른 금속이 지나는 곳에 사용되며, 페놀수지 또는 부드러운 금속 재료를 사용한다.
㉣ 턴버클은 케이블의 장력조절에 사용되며, 턴버클 배럴은 케이블의 꼬임을 방지하기 위해 한쪽에는 왼나사, 다른 쪽에는 오른나사로 되어 있다.

50. 그림과 같이 보에 집중하중이 가해질 때 하중 중심의 위치는?

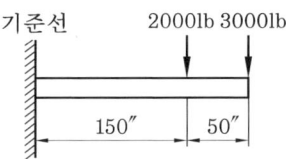

㉮ 기준선에서부터 150″
㉯ 기준선에서부터 180″
㉰ 보의 우측 끝에서부터 150″
㉱ 보의 우측 끝에서부터 180″

[해설] 무게 중심(C.G)
$$C.G = \frac{총 모멘트}{총 무게}$$
$$= \frac{2000 \times 150 + 3000 \times 200}{2000 + 3000}$$
$$= 180″$$

51. 다음 중 항공기의 유효하중을 옳게 설명한 것은?

㉮ 항공기의 무게 중심이다.
㉯ 항공기에 인가된 최대무게이다.
㉰ 총무게에서 자기무게를 뺀 무게이다.
㉱ 항공기 내의 고정위치에 실제로 장착되어 있는 무게이다.

52. 항공기와 관련하여 하중과 응력에 대한 설명으로 틀린 것은?

㉮ 구조물에 가해지는 힘을 하중이라 한다.
㉯ 면적당 작용하는 내력의 크기를 응력이라 한다.
㉰ 하중에는 탑재물의 중량, 공기력, 관성력, 지면반력, 충격력 등이 있다.
㉱ 구조물인 항공기는 하중을 지지하기 위한 외력으로 응력을 가진다.

53. 그림과 같은 $V-n$ 선도에서 AD 선은 무엇을 나타내는 것인가?

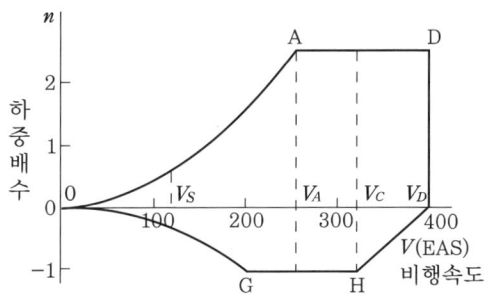

㉮ 최소제한 하중배수
㉯ 최대제한 하중배수
㉰ "−" 방향에서 얻어지는 하중배수
㉱ "+" 방향에서 얻어지는 하중배수

54. 볼트의 부품번호가 AN 3 DD 5 A인 경우 DD에 대한 설명으로 옳은 것은?

㉮ 볼트의 재질을 의미한다.
㉯ 나사 끝에 두 개의 구멍이 있다.
㉰ 볼트 머리에 두 개의 구멍이 있다.
㉱ 미 해군과 공군에 의해 규격 승인되어진 부품이다.

55. 부식 현상 방지를 위한 세척작업 시 사용하는 세제로 페인트칠을 하기 직전에 표면을 세척하는데 사용되는 세척제는?

㉮ 케로신   ㉯ 메틸에틸케톤
㉰ 메틸클로로포름   ㉱ 지방족 나프타

[정답] 50. ㉯   51. ㉰   52. ㉱   53. ㉯   54. ㉮   55. ㉱

[해설] 지방족 나프타 : 페인트칠을 하기 직전에 표면을 세척하는데 사용하며 아크릴과 고무 제품을 세척할 때에도 사용되지만 80°F에서 인화하므로 주의해서 사용해야 한다.

56. 항공기 주 날개에 걸리는 굽힘 모멘트를 주로 담당하는 날개의 부재는?
  ㉮ 스파(spar)
  ㉯ 리브(rib)
  ㉰ 스킨(skin)
  ㉱ 스트링거(stringer)

57. TIG 또는 MIG 아크 용접 시 사용되는 가스가 아닌 것은?
  ㉮ 헬륨가스
  ㉯ 아르곤가스
  ㉰ 아세틸렌가스
  ㉱ 아르곤과 이산화탄소 혼합가스

58. 프로펠러 항공기처럼 토크(torque)가 크지 않은 제트기관 항공기에서, 2개 또는 3개의 콘 볼트(cone bolt)나 트러니언 마운트(trunnion mount)에 의해 기관을 고정하는 장착 방법은?
  ㉮ 링 마운트 형식(ring mount method)
  ㉯ 포드 마운트 방법(pod mount method)
  ㉰ 배드 마운드 방법(bed mount method)
  ㉱ 피팅 마운트 방법(fitting mount method)

59. 압축된 공기가 유압유와 결합되어 충격 하중을 분산시키는 작용을 하며 대형 항공기에 사용되는 완충장치 형식은?
  ㉮ 올레오식   ㉯ 고무 완충식
  ㉰ 오일 스프링식   ㉱ 공기 압력식

60. 복잡한 윤곽을 가진 복합 소재 부품에 균일한 압력을 가할 수 있으며, 비교적 대형 부품을 제작하는데 적용하는 복합재료의 적층방식은?
  ㉮ 진공백 방식
  ㉯ 필라멘트 권선 방식
  ㉰ 압축 주형 방식
  ㉱ 유리 섬유 적층 방식

제4과목 : 항공장비

61. 유량 제어장치 중 유압관 파손 시 작동유가 누설되는 것을 방지하기 위한 장치는?
  ㉮ 유압 퓨즈(fuse)
  ㉯ 흐름 조절기(flow regulator)
  ㉰ 흐름 제한기(flow restrictor)
  ㉱ 유압관 분리 밸브(disconnect valve)

62. 교류 전동기 중 유도전동기에 대한 설명으로 틀린 것은?
  ㉮ 부하 감당 범위가 넓다.
  ㉯ 교류에 대한 작동 특성이 좋다.
  ㉰ 브러시와 정류자편이 필요 없다.
  ㉱ 직류 전원만을 사용할 수 있다.
  [해설] 유도 전동기 : 교류에 대한 작동 특성이 좋고, 시동이나 계자 여자에 있어 특별한 조치가 필요하지 않고, 부하 감당 범위가 넓다. 유도 전동기의 주요 부분은 회전자와 고정자이다.

63. 항공기 단파(H.F)통신에 사용되는 H.F Coupler의 목적은?
  ㉮ 위성 전화를 사용하기 위해
  ㉯ 송신기의 출력을 높이기 위해

정답 56. ㉮ 57. ㉰ 58. ㉯ 59. ㉮ 60. ㉮ 61. ㉮ 62. ㉱ 63. ㉱

㉰ 송신기와 수신기의 잡음을 없애기 위해
㉱ 송신기와 안테나의 전기적인 매칭을 위해

64. 다음 중 외부압력을 절대압력으로 측정하는데 사용되는 것은?
㉮ bellow   ㉯ diaphragm
㉰ aneroid ㉱ burdon tube

[해설] 밀폐식 공함(aneroid) : 내부가 진공이므로 외부 압력을 절대압력으로 측정하는데 사용한다.

65. 다음 중 정류기에 대한 설명으로 틀린 것은?
㉮ 실리콘 다이오드가 사용된다.
㉯ 한 방향으로만 전류를 통과시키는 기능을 한다.
㉰ 교류의 큰 전류에서 그것에 비례하는 작은 전류를 얻는 기능을 한다.
㉱ 교류전력에서 직류전력을 얻기 위해 정류작용에 중점을 두고 만들어진 전기적인 회로소자이다.

66. 선회경사계가 그림과 같이 나타났다면, 현재 이 항공기는 어떤 비행상태인가?

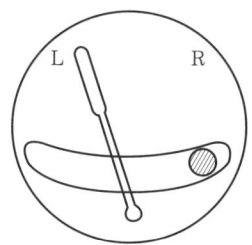

㉮ 좌선회 내활   ㉯ 좌선회 외활
㉰ 우선회 내활   ㉱ 우선회 외활

67. 조종실에서 산소마스크를 착용하고 통신을 할 때 다음 중 어느 계통이 작동해야 하는가?
㉮ public address
㉯ flight interphone
㉰ tape reproducer
㉱ service interphone

68. 유압계통에서 사용되는 압력조절기에 대한 설명으로 가장 거리가 먼 것은?
㉮ 압력조절기에서는 평형식과 선택식이 있다.
㉯ kick-in 압력과 kick-out 압력의 차를 작동범위라 한다.
㉰ kick-out 상태는 계통의 압력이 규정값 보다 낮을 때의 상태이다.
㉱ kick-in 상태에서는 귀환관에 연결된 바이패스밸브가 닫히고 체크밸브가 열리는 과정이다.

[해설] 압력조절기에는 체크밸브와 바이패스 밸브의 작동에 따라 킥 인(kick in), 킥 아웃(kick out)의 상태가 있다.
- 킥 인 : 계통의 압력이 규정값보다 낮을 때 계통으로 작동유 압력을 보내기 위하여 저장탱크 쪽 관에 연결된 바이패스 밸브가 닫히고 체크밸브가 열리는 과정
- 킥 아웃 : 계통의 압력이 규정값보다 높을 때 펌프에서 배출되는 압력을 저장탱크로 되돌려 보내기 위하여 바이패스 밸브가 열리고, 체크밸브가 닫히는 과정

69. 온도의 증가에 따라 저항이 감소하는 성질을 갖고 있는 온도계의 재료는?
㉮ 망간
㉯ 크로멜-알루멜
㉰ 서미스터(thermistor)
㉱ 서모커플(thermocouple)

[정답] 64. ㉰ 65. ㉰ 66. ㉯ 67. ㉯ 68. ㉰ 69. ㉰

70. 교류회로에서 피상전력이 1000VA 이고 유효전력이 600W, 무효전력은 800VAR일 때 역률은 얼마인가?

㉮ 0.4 ㉯ 0.5 ㉰ 0.6 ㉱ 0.7

[해설] 역률 : 피상전력에 대한 유효전력의 비를 역률이라 한다.

71. 4극짜리 발전기가 1800rpm으로 회전할 때 주파수는 몇 Hz인가?

㉮ 60 ㉯ 120 ㉰ 180 ㉱ 360

[해설] $f = \dfrac{P \cdot N}{120} = \dfrac{4 \times 1800}{120} = 60\,\text{Hz}$

72. 편차(variation)에 대한 설명으로 틀린 것은?

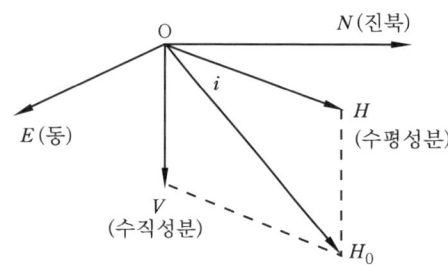

㉮ 그림에서 편차는 NOH_o 이다.
㉯ 편차의 값은 지표면상의 각 지점마다 다르다.
㉰ 편차는 자기 자오선과 지구 자오선 사이의 오차각이다.
㉱ 편차가 생기는 원인은 지구의 자북과 지리상의 북극이 일치하지 않기 때문이다.

73. 일반적으로 항공기 내에 비치되는 비상 장비가 아닌 것은?

㉮ 구명 조끼 ㉯ GTC
㉰ 구명 보트 ㉱ 탈출용 미끄럼대

[해설] 비상장비 : 비상 탈출 미끄럼대, 구명 보트, 비상 신호용장비, 소화기, 산소공급장치, 손전등, 보호안경, 손도끼, 구급약품

74. 자기 컴퍼스가 위도에 따라 기울어지는 현상은 무엇 때문인가?

㉮ 지자기의 복각
㉯ 지자기의 편각
㉰ 지자기의 수평분력
㉱ 컴퍼스 자체의 북선오차

75. 다음 중 autoland system의 종류가 아닌 것은?

㉮ dual system
㉯ triplex system
㉰ dual-dual system
㉱ single-pole system

76. 직류발전기의 계자 플래싱이란 무엇인가?

㉮ 계자코일에 배터리로부터 역전류를 가하는 행위
㉯ 계자코일에 발전기로부터 역전류를 가하는 행위
㉰ 계자코일에 배터리로부터 정방향의 전류를 가하는 행위
㉱ 계자코일에 발전기로부터 정방향의 전류를 가하는 행위

[해설] 계자 플래싱(field flashing) : 잔류 자기가 전혀 남아 있지 않아 발전을 시작하지 못할 때에는 외부 전원으로부터 계자 코일에 잠시 동안 전류를 통해주는데 이를 계자 플래싱이라 한다.

77. 방빙(anti-icing)장치가 되어있지 않은 것은?

정답 70. ㉰ 71. ㉮ 72. ㉮ 73. ㉯ 74. ㉮ 75. ㉱ 76. ㉰ 77. ㉯

㉮ 기관의 앞 카울링
㉯ 동체 리딩 에지
㉰ 꼬리날개 리딩 에지
㉱ 주 날개 리딩 에지

78. 유압계통의 pressure surge를 완화하는 역할을 하는 장치는?
㉮ relief valve ㉯ pump
㉰ accmulator   ㉱ reservoir

79. 대형 항공기에서 사용하는 교류 전력 방식으로 옳은 것은?

㉮ 3상 △ 결선 방식이다.
㉯ 3상 Y 결선 방식이다.
㉰ 3상 Y-△ 결선 방식이다.
㉱ 3상 2선식 Y 결선 방식이다.

80. 조종사가 고도계의 보정(setting)을 QNE 방식으로 보정하기 위하여 고도계의 기압 눈금판을 관제탑에서 불러주는 해면기압으로 맞춰 놓았을 경우 그 고도계가 나타내는 고도는?
㉮ 압력고도   ㉯ 진고도
㉰ 절대고도   ㉱ 밀도고도

정답 78. ㉰   79. ㉯   80. ㉯

2013년도 시행 문제

▶ 2013년 3월 10일 시행

자격종목	시험시간	문제 수	형 별	수험번호	성 명
항공 산업기사	2시간	80	A		

제1과목 : 항공역학

1. 유체의 연속 방정식에 관한 설명으로 틀린 것은?

㉮ 압축성의 영향을 무시하면 밀도 변화는 없다.
㉯ 단면적을 통과하는 단위 시간당 유체의 질량을 질량 유량이라고 한다.
㉰ 아음속의 일정한 유체 흐름에서 단면적이 작아지면 유체 속도는 감소한다.
㉱ 관내 흐름이 정상 흐름이면 동일관내 임의의 두 단면에서 각각의 질량 유량은 동일하다.

[해설] 연속의 방정식
① 압축성 유체일 때의 연속 방정식
$\rho_1 A_1 V_1 = \rho_2 A_2 V_2 =$ 일정
② 비압축성 유체일 때의 연속 방정식($\rho_1 = \rho_2$)
$A_1 V_1 = A_2 V_2 =$ 일정

2. 제트 기관 최대 항속 거리를 비행하기 위한 항공기의 비행 상태는? (단, C_L는 양력 계수, C_D는 항력 계수)

㉮ $\dfrac{C_L}{C_D}$ 이 최소인 상태

㉯ $\dfrac{C_D}{C_L}$ 이 최대인 상태

㉰ $\dfrac{C_L^{1.5}}{C_D}$ 이 최대인 상태

㉱ $\dfrac{C_L^{\frac{1}{2}}}{C_D}$ 이 최대인 상태

[해설] 최대 항속 거리
① 프로펠러 항공기 : $\dfrac{C_L}{C_D}$ 이 최대인 상태
② 제트 기관 항공기 : $\dfrac{C_L^{\frac{1}{2}}}{C_D}$ 이 최대인 상태

3. 그림과 같은 날개의 단면에서 시위선은?

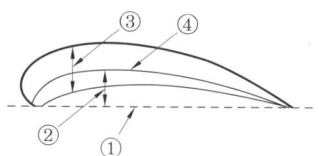

㉮ ①   ㉯ ②   ㉰ ③   ㉱ ④

[해설] 날개골
① : 시위선, ② : 아랫면, ③ : 최대 두께
④ : 평균캠버선

4. 다음 중 프로펠러의 추력을 계산하는 식으로 옳은 것은? (단, C_t는 추력 계수, n은 프로펠러 회전 속도, D는 프로펠러의 지름, ρ는 공기 밀도를 나타낸다.)

㉮ $C_t \rho n^2 D^4$ ㉯ $C_t \rho n^2 D^3$
㉰ $C_t \rho n^3 D^4$ ㉱ $C_t \rho n^2 D^5$

[정답] 1. ㉰   2. ㉱   3. ㉮   4. ㉮

5. 항공기의 세로 안정성(static longitudinal stability)을 좋게 하기 위한 방법으로 틀린 것은?

㉮ 꼬리 날개 면적을 크게 한다.
㉯ 꼬리 날개의 효율을 작게 한다.
㉰ 날개를 무게 중심보다 높은 위치에 둔다.
㉱ 무게 중심을 공기역학적 중심보다 전방에 위치시킨다.

6. 항공기를 오른쪽으로 선회시킬 경우 가해주어야 할 힘은?

㉮ 양(+)피칭 모멘트
㉯ 음(−)롤링 모멘트
㉰ 제로(0)롤링 모멘트
㉱ 양(+)롤링 모멘트

7. 헬리콥터에서 직교하는 세 개의 X, Y, Z 축에 대한 모든 힘과 모멘트 합이 각각 0이 되는 상태를 무엇이라 하는가?

㉮ 전진 상태   ㉯ 균형 상태
㉰ 자전 상태   ㉱ 회전 상태

8. 다음 중 프로펠러 효율을 높이는 방법으로 가장 옳은 것은?

㉮ 저속과 고속에서 모두 큰 깃 각을 사용한다.
㉯ 저속과 고속에서 모두 작은 깃 각을 사용한다.
㉰ 저속에서는 작은 깃 각을 사용하고 고속에서는 큰 깃 각을 사용한다.
㉱ 저속에서는 큰 깃 각을 사용하고 고속에서는 작은 깃 각을 사용한다.

9. 비행기의 무게가 1500kgf 이고, 날개 면적이 40 m², 최대 양력 계수가 1.5일 때 착륙 속도는 몇 m/s인가? (단, 공기 밀도는 0.125 kgf·s²/m⁴이고, 착륙 속도는 실속 속도의 1.2배로 한다.)

㉮ 10   ㉯ 16   ㉰ 20   ㉱ 24

[해설] 실속속도 및 착륙 속도

$$실속\ 속도(V_S) = \sqrt{\frac{2W}{\rho S C_{Lmax}}}$$
$$= \sqrt{\frac{2 \times 1500}{0.125 \times 40 \times 1.5}}$$
$$= 20\ m/s$$

착륙 속도는 실속 속도의 1.2배이므로 24 m/s이다.

10. 다음 중 가장 큰 조종력이 필요한 경우는?

㉮ 비행 속도가 느리고 조종면의 크기가 큰 경우
㉯ 비행 속도가 느리고 조종면의 크기가 작은 경우
㉰ 비행 속도가 빠르고 조종면의 크기가 큰 경우
㉱ 비행 속도가 빠르고 조종면의 크기가 작은 경우

[해설] 조종력 : 조종력(F_e)과 승강키 힌지 모멘트(H_e) 관계식

$$F_e = K \cdot H_e = K \cdot q \cdot b \cdot \overline{c}^2 \cdot C_h$$

조종력은 비행 속도의 제곱에 비례하고, $b\overline{c}^2$에 비례한다.

11. 헬리콥터의 원판하중(disk loading : DL)을 옳게 나타낸 것은? (단, W는 헬리콥터 무게, R은 주회전 날개의 반지름이다.)

㉮ $\dfrac{W}{2\pi R}$ ㉯ $\dfrac{W}{2\pi R^2}$

㉰ $\dfrac{W}{\pi R}$ ㉱ $\dfrac{W}{\pi R^2}$

[정답] 5. ㉯   6. ㉱   7. ㉯   8. ㉰   9. ㉱   10. ㉰   11. ㉱

12. 다음 중 항공기의 상승률과 하강률에 가장 큰 영향을 주는 것은?
㉮ 받음각　　　㉯ 잉여마력
㉰ 가로세로비　㉱ 비행자세

13. 무게가 3000 kgf인 항공기가 경사각 30°, 150 km/h의 속도로 정상 선회를 하고 있을 때 선회 반지름은 약 몇 m인가?
㉮ 218　㉯ 307　㉰ 436　㉱ 604

[해설] 선회 반지름

$$R = \frac{V^2}{g\tan\theta} = \frac{\left(\frac{150}{3.6}\right)^2}{9.8 \times \tan 30} = 306.8 \text{ m}$$

14. 항공기 무게가 5000 kgf 날개 면적 40 m², 속도 100 m/s, 밀도 $\frac{1}{2}$ kgf·s²/m⁴, 양력계수 0.5일 때 양력은 몇 kgf인가?
㉮ 40000　　　㉯ 45000
㉰ 50000　　　㉱ 60000

[해설] 양력

$$L = \frac{1}{2}\rho V^2 C_L S = \frac{1}{2} \times \frac{1}{2} \times 100^2 \times 0.5 \times 40$$
$$= 50000 \text{ kgf}$$

15. 대기의 특성 중 음속에 가장 직접적인 영향을 주는 물리적인 요소는?
㉮ 온도　㉯ 밀도　㉰ 기압　㉱ 습도

[해설] 음속은 절대온도의 제곱근에 비례를 한다.

16. 초음속 전투기는 큰 관성커플링을 일으켜 받음각과 옆 미끄럼각을 계속 증가시켜 발산하게 되는데 이를 무엇이라 하는가?
㉮ 키놀이 커플링　㉯ 공력 커플링
㉰ 빗놀이 커플링　㉱ 옆놀이 커플링

17. 해면상 표준 대기에서 정압(static pressure)의 값으로 틀린 것은?
㉮ 0 kg/m²
㉯ 2116.21695 lb/ft²
㉰ 29.92 inHg
㉱ 1013 mbar

[해설] 표준 대기 압력
$P_0 = 760$ mmhg $= 29.92$ inHg
$= 1013.25$ mbar $= 101,325$ Pa
$= 2116.21695$ lb/ft²

18. 이륙 중량이 1500 kgf, 기관 출력이 200 hp인 비행기가 5000 m 고도를 50%의 출력으로 270 km/h 등속도 순항 비행하고 있을 때 양항비는 얼마인가?
㉮ 5　㉯ 10　㉰ 15　㉱ 20

[해설] $P_a = \dfrac{TV}{75} = \eta \times BHP$에서

$$T = \frac{75 \times \eta \times BHP}{V}$$
$$= \frac{75 \times 0.5 \times 200}{\left(\frac{270}{3.6}\right)} = 75 \text{ kgf}$$

∴ $T = W\left(\dfrac{C_D}{C_L}\right)$에서

$$\frac{C_L}{C_D} = \frac{W}{T} = \frac{1500}{100} = 15$$

19. 날개의 항력 발산(drag divergence) 마하수를 높이기 위한 적절한 방법이 아닌 것은?
㉮ 날개를 워시 인(wash in) 해준다.
㉯ 가로세로비가 작은 날개를 사용한다.
㉰ 날개에 후퇴각(sweep back angle)을 준다.
㉱ 얇은 날개를 사용하여 표면에서의 속도 증가를 줄인다.

[정답] 12. ㉯　13. ㉯　14. ㉰　15. ㉮　16. ㉱　17. ㉮　18. ㉰　19. ㉮

20. 항공기가 A 지점에서 정지 상태로부터 일정한 가속도로 이륙을 시작하여 30초 후에 900 m 떨어진 B 지점을 통과하며 이륙했다고 할 때, 이 항공기의 평균 이륙 속도는 몇 m/s인가?

㉮ 50 ㉯ 60
㉰ 70 ㉱ 90

[해설] 평균 이륙 속도 $S = \frac{1}{2}at^2$
$900 = \frac{1}{2}a30^2$
$a = 2 \text{ m/s}^2$
$v = at = 2 \times 30 = 60 \text{ m/s}$

제2과목 : 항공기관

21. 열역학에서 가역 과정에 대한 설명으로 옳은 것은?

㉮ 마찰과 같은 요인이 있어도 상관없다.
㉯ 계와 주위가 항상 불균형 상태이어야 한다.
㉰ 주위의 작은 변화에 의해서는 반대 과정을 만들 수 없다.
㉱ 과정이 일어난 후에도 처음과 같은 에너지양을 갖는다.

22. 가스 터빈 기관의 교류 고전압 축전기 방전 점화 계통(A.C capacitor discharge ignition system)에서 고전압 펄스(pulse)를 형성하는 곳은?

㉮ 접점(breaker)
㉯ 정류기(rectifier)
㉰ 멀티로브 캠(multilobe cam)
㉱ 트리거 변압기(trigger transformer)

23. 프로펠러 깃의 허브 중심으로부터 깃 끝까지의 길이가 R, 깃각이 β일 때 이 프로펠러의 기하학적 피치는?

㉮ $2\pi R \tan\beta$ ㉯ $2\pi R \sin\beta$
㉰ $2\pi R \cos\beta$ ㉱ $2\pi R \sec\beta$

24. 왕복 기관에서 발생되는 진동의 원인이 아닌 것은?

㉮ 토크의 변동
㉯ 오일 조절 링의 마모
㉰ 크랭크 축의 비틀림 진동
㉱ 왕복 관성력과 회전 관성력의 불균형

25. 터보 제트 기관에서 비추력을 증가시키기 위하여 가장 중요한 것은?

㉮ 고회전 압축기의 개발
㉯ 고열에 견딜 수 있는 압축기의 개발
㉰ 고열에 견딜 수 있는 터빈 재료의 개발
㉱ 고열에 견딜 수 있는 배기 노즐의 개발

26. 9개의 실린더를 갖는 성형 기관(radial engine)의 점화 순서로 옳은 것은?

㉮ 1, 2, 3, 4, 5, 6, 7, 8, 9
㉯ 8, 6, 4, 2, 1, 3, 6, 7, 9
㉰ 1, 3, 5, 7, 9, 2, 4, 6, 8
㉱ 9, 4, 2, 7, 5, 6, 3, 1, 8

27. 가스 터빈 기관의 연료 부품 중 연료 소비율을 알려주는 것은?

㉮ 연료 매니폴드(fuel manifold)
㉯ 연료 오일 냉각기(fuel oil cooler)
㉰ 연료 조절 장치(fuel control unit)
㉱ 연료 흐름 트랜스미터(fuel flow transmitter)

정답 20. ㉯ 21. ㉱ 22. ㉱ 23. ㉮ 24. ㉯ 25. ㉰ 26. ㉰ 27. ㉱

28. 다음 중 내연 기관이 아닌 것은?
- ㉮ 가스 터빈 기관
- ㉯ 디젤 기관
- ㉰ 증기 터빈 기관
- ㉱ 가솔린 기관

29. 피스톤의 지름이 16 cm, 행정 거리가 0.15 m, 실린더 수가 6개인 왕복 기관의 총 행정 체적은 약 몇 cm³인가?
- ㉮ 18095
- ㉯ 19095
- ㉰ 20095
- ㉱ 21095

[해설] 총 행정 체적 = KAL
$$= 6 \times \left(\frac{\pi \times 16^2}{4}\right) \times 15$$
$$= 18095 \text{ cm}^3$$

30. 정속 프로펠러를 장착한 항공기가 순항시 프로펠러 회전수를 2300 rpm 에 맞추고 출력을 1.2배 높이면 회전계가 지시하는 값은?
- ㉮ 1800 rpm
- ㉯ 2300 rpm
- ㉰ 2700 rpm
- ㉱ 4600 rpm

[해설] 정속 프로펠러 : 조속기(speed governor)를 장착하여, 비행 속도나 기관의 출력의 변화에 관계없이 프로펠러 회전수를 항상 일정하게 한다.

31. 항공기 왕복 기관의 회전 속도가 증가함에 따라 마그네토 1차 코일에서 발생되는 전압의 변화를 옳게 설명한 것은?
- ㉮ 증가한다.
- ㉯ 감소한다.
- ㉰ 일정한 상태를 지속한다.
- ㉱ 전압 조절기 맞춤에 따라 변한다.

32. 가스 터빈 기관의 핫 섹션(hot section)에 대한 설명으로 틀린 것은?
- ㉮ 큰 열응력을 받는다.
- ㉯ 가변 스테이터 베인이 붙어 있다.
- ㉰ 직접 연소 가스에 노출되는 부분이다.
- ㉱ 재료는 니켈, 코발트 등의 내열 합금이 사용된다.

33. 가스 터빈 기관에서 사용하는 합성오일은 오래 사용할수록 어두운 색깔로 변색되는데 이것은 오일 속의 어떤 첨가제가 산소와 접촉되면서 나타나는 현상인가?
- ㉮ 점도 지수 향상제
- ㉯ 부식 방지제
- ㉰ 산화 방지제
- ㉱ 청정 분산제

34. 가스 터빈 기관에서 배기 가스의 온도 측정 시 저압 터빈 입구에서 사용하는 온도 감지 센서는?
- ㉮ 열전대(thermocouple)
- ㉯ 서모스탯(thermostat)
- ㉰ 서미스터(thermistor)
- ㉱ 라디오미터(radiometer)

35. 초기 압력과 체적이 각각 $P_1 = 1000$ N/cm², $V_1 = 1000$ cm³인 이상 기체가 등온상태로 팽창하여 체적이 2000 cm³이 되었다면, 이때 기체의 엔탈피 변화는 몇 J인가?
- ㉮ 0
- ㉯ 5
- ㉰ 10
- ㉱ 20

[해설] 이상 기체에서 등온 변화 시 내부 에너지와 엔탈피의 변화는 없다.

36. 터보 제트 기관과 왕복 기관의 오일 소비량을 옳게 나타낸 것은?
- ㉮ 터보 제트 기관 ≡ 왕복 기관
- ㉯ 터보 제트 기관 ≥ 왕복 기관

[정답] 28. ㉰ 29. ㉮ 30. ㉯ 31. ㉮ 32. ㉯ 33. ㉰ 34. ㉮ 35. ㉮ 36. ㉱

㉰ 터보 제트 기관 ≫ 왕복 기관
㉱ 터보 제트 기관 ≪ 왕복 기관

[해설] 왕복 기관이 터보 제트 기관보다 금속 간 마찰하는 부분이 많아 오일 소비량이 더 많다.

37. 오일 펌프 릴리프 밸브(oil pump relief valve)의 역할은?
㉮ 오일 냉각기를 보호한다.
㉯ 오일 계통에 오일의 압력을 증가시킨다.
㉰ 오일 계통이 막힐 경우 재순환 회로에 오일을 공급한다.
㉱ 펌프 출구의 압력의 높을 때 펌프 입구로 오일을 되돌린다.

38. 항공기용 왕복 기관의 연료 계통에서 베이퍼 로크(vapor lock)의 원인이 아닌 것은?
㉮ 연료 온도 상승
㉯ 연료의 낮은 휘발성
㉰ 연료에 작용되는 압력의 저하
㉱ 연료 탱크 내부 슬로싱(sloshing)

39. 항공용 왕복 기관의 플로트(float)식 기화기에 대한 설명으로 옳은 것은?
㉮ 플로트실 유면은 니드 밸브와 시트(seat) 사이에 와셔(washer)를 첨가하면 유면이 상승한다.
㉯ 플로트실 유면은 니들 밸브와 시트 사이에 와셔를 제거하면 유면이 하강한다.
㉰ 주 연료 노즐에서 분사양은 플로트실의 압력과 벤투리의 압력 차에 따라 결정된다.
㉱ 니들 밸브와 시트 사이의 와셔를 제거하면 공급 연료 감소로 혼합비가 희박해진다.

40. 왕복 기관에 사용되는 기어(gear)식 오일 펌프의 사이드 클리어런스(side clearance)가 크면 나타나는 현상은?
㉮ 오일 압력이 높아진다.
㉯ 오일 압력이 낮아진다.
㉰ 과도한 오일 소모가 나타난다.
㉱ 오일 펌프에 심한 진동이 발생한다.

제3과목 : 항공기체

41. 다음 중 설계 하중을 옳게 나타낸 것은?
㉮ 종극 하중×종극 하중 계수
㉯ 한계 하중×안전 계수
㉰ 극한 하중×설계 하중 계수
㉱ 극한 하중×종극 하중 계수

42. 철강 재료의 표면을 경화시키는 방법으로 부적절한 것은?
㉮ 질화(nitriding)
㉯ 침탄(carbonizing)
㉰ 숏피닝(shot peening)
㉱ 아노다이징(anodizing)

43. 평형 방정식에 관계되는 지지점과 반력에 대한 설명으로 옳은 것은?
㉮ 롤러 지지점은 수평 반력만 발생한다.
㉯ 힌지 지지점은 1개의 반력이 발생한다.
㉰ 고정 지지점은 수직 및 수평 반력과 회전 모멘트 등 3개의 반력이 발생한다.
㉱ 롤러 지지점은 수직 및 수평 방향으로 구속되어 2개의 반력이 발생한다.

[해설] 지지점과 반력
롤러 지지점 : 수직 반력

정답 37. ㉱ 38. ㉰ 39. ㉰ 40. ㉯ 41. ㉯ 42. ㉱ 43. ㉰

힌지 지지점 : 수직, 수평 반력
고정 지지점 : 수직, 수평 반력, 회전 모멘트

44. 다음 중 황동의 주 합금 원소는 구리와 무엇인가?

㉮ 아연   ㉯ 주석
㉰ 알루미늄   ㉱ 바나듐

[해설] 황동과 청동
① 황동 : 구리+아연
② 청동 : 구리+주석

45. 조종 컬럼이나 조종간에서 힘을 케이블 장치에 전달하는 데 사용되는 조종 계통의 장치는?

㉮ 풀리   ㉯ 페어리드
㉰ 벨 크랭크   ㉱ 쿼드런트

46. 그림과 같이 판재를 굽히기 위해서는 flat A의 길이는 약 몇 인치가 되어야 하는가?

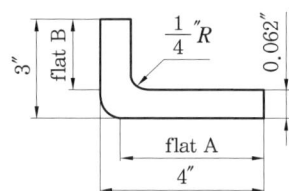

㉮ 2.8   ㉯ 3.7   ㉰ 3.8   ㉱ 4.0

[해설] 판재 길이

$$\text{flat A} = 4 - S.B = 4 - \left(\frac{1}{4} + 0.062\right)$$
$$= 3.7 \text{ inch}$$

47. 7×7 케이블에 대한 설명으로 옳은 것은?

㉮ 7개의 와이어를 모두 모아서 한번에 1개의 가닥으로 만든 케이블
㉯ 49개의 와이어를 모두 모아서 한번에 1개의 가닥으로 만든 케이블
㉰ 7개의 와이어를 모두 모아서 7번 꼬아 1개의 가닥으로 만든 케이블
㉱ 7개의 와이어를 만든 가닥 1개를 7개 모아 다시 1개의 가닥으로 만든 케이블

48. 접개 들이식 착륙 장치에 대한 설명으로 틀린 것은?

㉮ 착륙 장치를 업(up) 또는 다운(down) 시키는 비상 장치를 갖추고 있다.
㉯ 착륙 장치의 다운 로크는 다운 로크 번지(down lock bungee)에 의해 이루어진다.
㉰ 착륙 장치의 부주의한 접힘은 기계적인 다운 로크, 안전 스위치, 그라운드 로크와 같은 안전 장치에 의해 예방된다.
㉱ 착륙 장치의 상태를 나타내는 경고 장치가 있고, 혼(horn) 또는 음성 경고 장치와 적색 경고등으로 구성된다.

49. 다음 중 날개의 주 구조인 스파의 형태가 아닌 것은?

㉮ 단스파 (mono-spar)
㉯ 정형재 (former)
㉰ 박스빔 (box beam)
㉱ 다중스파 (multi-spar)

50. 항공기에 사용되는 페일세이프 구조의 방식만으로 나열된 것은?

㉮ 모노코크 구조, 이중 구조, 다경로 하중 구조, 하중 경감 구조
㉯ 다경로 하중 구조, 이중 구조, 대치 구조, 하중 경감 구조
㉰ 트러스 구조, 이중 구조, 하중 경감 구조, 모노코크 구조

㉣ 다경로 하중 구조, 트러스 구조, 하중 경감 구조, 모노코크 구조

51. 금속의 늘어나는 성질을 이용하여 곡면 용기를 만드는 작업으로 성형 블록이나 모래주머니를 사용하는 가공 방법은?
㉮ 굽힘 가공   ㉯ 절단 가공
㉰ 플랜지 가공   ㉱ 범핑 가공

52. 양극 산화 처리 작업 방법 중 사용 전압이 낮고, 소모 전력량이 적으며, 약품 가격이 저렴하고 폐수 처리도 비교적 쉬워 가장 경제적인 방법은?
㉮ 수산법   ㉯ 인산법
㉰ 황산법   ㉱ 크롬산법

[해설] 양극 산화 처리
① 황산법 : 사용 전압이 낮고, 소모 전력량이 적으며, 약품 가격이 저렴하다. 폐수 처리도 쉬워 가장 경제적인 방법으로 가장 널리 쓰인다.
② 수산법 : 교류 및 직류를 중첩 사용하여 좋은 결과를 얻을 수 있는 장점이 있다.
③ 크롬산법 : 항공기용 부품 재료의 방식 처리에 적합하다.

53. 항공기의 이착륙 중이나 택시 중 랜딩 기어 노스 휠(nose wheel)의 이상 진동을 막는 시미댐퍼의 형태가 아닌 것은?
㉮ 베인(vane) 타입
㉯ 피스톤(piston) 타입
㉰ 스프링(spring) 타입
㉱ 스티어 댐퍼(steer damper)

54. 기체 수리 방법 중 클리닝 아웃(cleaning out)에 대한 설명으로 옳은 것은?
㉮ 트리밍, 커팅, 파일링 작업을 말한다.
㉯ 균열의 끝부분에 뚫는 구멍을 말한다.
㉰ 닉크(nick)등 판의 작은 홈을 제거하는 작업이다.
㉱ 날카로운 면등이 판의 가장자리에 없도록 하는 작업이다.

55. 그림과 같은 $V-n$ 선도에서 실속 속도(V_S) 상태로 수평 비행하고 있는 항공기의 하중배수(n_s)는 얼마인가?

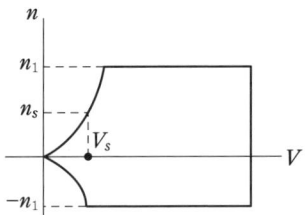

㉮ 1   ㉯ 2   ㉰ 3   ㉱ 4

[해설] 하중 배수 : 수평 비행 시($L=W$) 하중 배수는 1이다.

56. 그림과 같이 단면적 20 cm², 10 cm²로 이루어진 구조물의 a-b 구간에 작용하는 응력은 몇 kN/cm²인가?

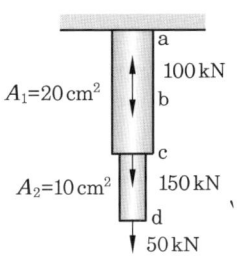

㉮ 5   ㉯ 10   ㉰ 15   ㉱ 20

[해설] 응력
$$응력 = \frac{P}{A} = \frac{100}{20} = 5 \, kN/cm^2$$

57. 인터널 렌칭볼트(internal wrenching bolt)가 주로 사용되는 곳은?
㉮ 정밀 공차 볼트와 같이 사용된다.

㉯ 표준 육각 볼트와 같이 아무 곳에나 사용된다.
㉰ 클레비스 볼트(clevis bolt)와 같이 사용된다.
㉱ 비교적 큰 인장과 전단이 작용하는 부분에 사용된다.

58. 그림과 같은 응력 변형률 선도에서 접선 계수(tangent modulus)는?

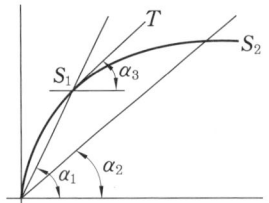

㉮ $\tan\alpha_1$ ㉯ $\tan(\alpha_1 - \alpha_2)$
㉰ $\tan\alpha_3$ ㉱ $\tan\alpha_2$

59. 손상된 판재의 리벳에 의한 수리 작업 시 리벳수를 결정하는 식으로 옳은 것은? (단, N : 리벳의 수, L : 판재의 손상된 길이, D : 리벳 지름, 1.15 : 특별 계수, t : 손상된 판의 두께, σ_{max} : 판재의 최대인장 응력, τ_{max} : 판재의 최대전단 응력이다.)

㉮ $N = 1.15 \times \dfrac{2tL\sigma_{max}}{\left(\dfrac{\pi D^2}{4}\right)\tau_{max}}$

㉯ $N = 1.15 \times \dfrac{tL\sigma_{max}}{\left(\dfrac{\pi D^2}{4}\right)\tau_{max}}$

㉰ $N = 1.15 \times \dfrac{\left(\dfrac{\pi D^2}{4}\right)\tau_{max}}{tL\sigma_{max}}$

㉱ $N = 1.15 \times \dfrac{\left(\dfrac{\pi D^2}{4}\right)\tau_{max}}{2tL\sigma_{max}}$

60. 동체의 세로 방향 모양을 형성하며, 길이 방향으로 작용하는 휨 모멘트와 동체 축방향의 인장력과 압축력을 담당하는 구조재는?
㉮ 외피(skin)
㉯ 프레임(frame)
㉰ 벌크헤드(bulkhead)
㉱ 스트링어(stringer)와 세로대

제4과목 : 항공장비

61. 1차 감시 레이더(radar)에 대한 설명으로 옳은 것은?
㉮ 전파를 수신만 하는 레이더이다.
㉯ 전파를 송신만 하는 레이더이다.
㉰ 송신한 전파가 물체(항공기)에 반사되어 되돌아오는 전파를 스크린에 표시하는 방식이다.
㉱ 송신한 전파가 물체(항공기)에 달으면 항공기는 이 전파를 수신하여 필요한 정보를 추가한 후 다시 송신하여 스크린에 표시하는 방식이다.

[해설] 1차 감시 레이더 : 레이더의 안테나로부터 목표물을 향하여 전파를 발사하면 전파는 목표물에 도달하여 반사되어 다시 안테나로 되돌아온다.

62. 다음 중 항공기에 외부 전원을 접속할 때 켜지는 표시등이 아닌 것은?
㉮ "AUTO" 표시등
㉯ "AVAIL" 표시등
㉰ "AC CONNECTED" 표시등
㉱ "POWER NOT IN USE" 표시등

[해설] 외부 전원
① AC CONNECTED 표시등 : 리셉터클에 전원 플러그가 접속되었다
② POWER NOT IN USE 표시등 : 외부 전원을 항공기 계통에 사용하고 있지 않다는 표시등

63. 일반적으로 항공기 특정 부분에 결빙이 되었을 때 발생하는 현상이 아닌 것은?
㉮ 전파수신 장애
㉯ 계기지시 방해
㉰ 항력 감소, 양력 증가
㉱ 항공기의 비행 성능 저하

64. 배기가스 온도계에 대한 설명으로 틀린 것은?
㉮ 알루멜-크로멜 열전쌍을 사용한다.
㉯ 제트 기관의 배기가스 온도를 측정, 지시하는 계기이다.
㉰ 열전쌍의 열기전력은 두 접점 사이의 온도차에 비례한다.
㉱ 열전쌍을 서로 직렬로 연결되어 배기가스의 평균 온도를 얻는다.
[해설] 배기가스 온도계 : 다섯 곳의 온도가 평균이 되도록 5개의 열전쌍을 병렬로 연결한다.

65. 다음 중 ground speed를 만들어 내는 시스템은?
㉮ air data system
㉯ yaw damper system
㉰ global positioning system
㉱ inertial navigation system

66. 축전지 터미널(battery terminal)에 부식을 방지하기 위한 방법으로 가장 적합한 것은?
㉮ 납땜을 한다.
㉯ 증류수를 씻어낸다.
㉰ 페인트로 엷은 막을 만들어 준다.
㉱ 그리스(grease)로 엷은 막을 만들어 준다.

67. 유압 계통에서 축압기(accumulator)의 목적은?
㉮ 계통의 유압누설 시 차단
㉯ 계통의 결함 발생시 유압 차단
㉰ 계통의 과도한 압력 상승 방지
㉱ 계통의 서지(surge) 완화 및 유압 저장

68. 자기 컴퍼스의 오차에서 동적 오차에 해당하는 것은?
㉮ 와동 오차   ㉯ 불이차
㉰ 사분원 오차   ㉱ 반원 오차

69. 그림과 같은 브리지(bridge) 회로가 평형 되었을 때 R의 값은? (단, 저항의 단위는 모두 Ω이다.)

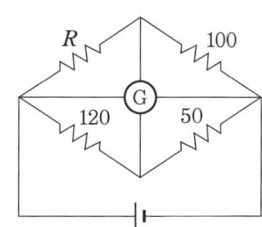

㉮ 60   ㉯ 80
㉰ 120   ㉱ 240
[해설] 브릿지 회로의 평형
$R \cdot Q = P \cdot X$에서,
$R \times 50 = 100 \times 120$, $R = 240\ \Omega$

70. 객실의 압력을 조절하기 위한 장치는?
㉮ outflow valve

㉯ recircuition fan
　㉰ pressure relief valve
　㉱ negative pressure relief valve
　[해설] 아웃 플로 밸브 : 객실 압력 조절은 아웃 플로 밸브가 한다. 이 밸브는 동체의 여압 되는 부분의 동체 하부에 장착한다. 밸브의 목적은 동체의 표면에 있는 통로를 통해서 객실의 공기를 밖으로 배출하기 위한 것이다.

71. 공함에 대한 설명으로 틀린 것은?
　㉮ 승강계, 속도계에도 이용이 된다.
　㉯ 밀폐식 공함을 아네로이드라고 한다.
　㉰ 공함은 기계적 변위를 압력으로 바꾸어 주는 장치이다.
　㉱ 공함 재료는 탄성 한계 내에서 외력과 변위가 직선적으로 비례하다.
　[해설] 공함 : 압력을 기계적 변위로 바꾸는 장치로서 고도계, 승강계, 속도계가 있다.

72. 다음 중 장거리 항법 장치가 아닌 것은?
　㉮ INS　　　㉯ 지문항법
　㉰ 오메가　　㉱ 도플러항법
　[해설] 지문항법 : 조종사가 해안선이나 철도 노선 등을 보면서 비행하는 항법

73. 항공 교통 관제(ATC) 트랜스폰더 (transponder)에서 Mode C의 질문에 대한 항공기가 응답하는 비행 고도는?
　㉮ 진고도　　㉯ 절대고도
　㉰ 기압고도　㉱ 객실고도
　[해설] 2차 감시 레이더의 모드
　① 모드 A : 항공기 식별 정보를 얻기 위한 질문
　② 모드 B와 모드 D : 설정만 되어 있고 사용은 미정
　③ 모드 C : 항공기의 고도를 얻기 위해 사용하는 질문 신호

74. 항공기에서 직류를 교류로 변환시켜 주는 장치는?
　㉮ 정류기(rectifier)
　㉯ 인버터(inverter)
　㉰ 컨버터(converter)
　㉱ 변압기(transformer)

75. 항공기에서 화재탐지를 위한 장치가 설치되어 있지 않는 곳은?
　㉮ 조종실 내　　㉯ 화장실
　㉰ 동력장치　　㉱ 화물실

76. 다음 중 지향성 전파를 수신할 수 있는 안테나는?
　㉮ loop　　　㉯ sense
　㉰ dipole　　㉱ probe
　[해설] 루프 안테나 : 절연된 구리선을 사각형 또는 원형으로 감은 것을 루프 안테나라고 한다. 루프 안테나의 지향성은 루프 면에 평행인 방향으로 최대이며, 직각 방향으로는 최소인 지향성, 즉 8자 모양의 지향성을 가지고 있다.

77. 착륙 및 유도 보조 장치와 가장 거리가 먼 것은?
　㉮ 마커비컨　　㉯ 관성 항법 장치
　㉰ 로컬라이저　㉱ 글라이더슬로프

78. 회전계 발전기(tacho-generator)에서 3개의 선중 2개선이 바꾸어 연결되면 지시는 어떻게 되겠는가?
　㉮ 정상 지시
　㉯ 반대로 지시
　㉰ 다소 낮게 지시
　㉱ 작동하지 않는다.

정답　71. ㉰　72. ㉯　73. ㉰　74. ㉯　75. ㉮　76. ㉮　77. ㉯　78. ㉯

79. 유압계통에 과도한 압력이 걸리는 원인으로 옳은 것은?

㉮ 여압계통이 오작동을 하기 때문
㉯ 압력 릴리프 밸브 조절이 잘못됐기 때문
㉰ 리저버(reservoir) 내에 작동유가 너무 많기 때문
㉱ 사용하고 있는 작동유의 등급이 적당치 못하기 때문

80. 착륙 장치의 경보 회로에서 그림과 같이 바퀴가 완전히 올라가지도 내려가지도 않는 상태에서 스크롤 레버를 줄이게 일어나는 현상은?

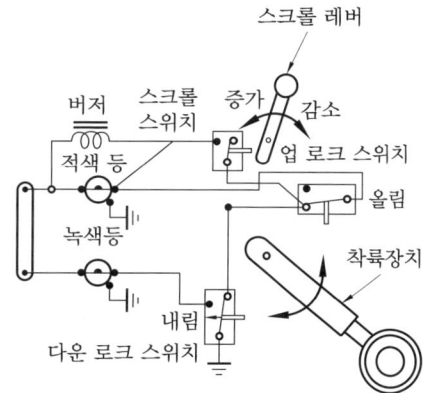

㉮ 버저만 작동된다.
㉯ 녹색등만 작동된다.
㉰ 버저와 적색등이 작동된다.
㉱ 녹색등과 적색등 모두 작동된다.

▶ 2013년 6월 2일 시행

자격종목	시험시간	문제 수	형 별
항공 산업기사	2시간	80	A

제1과목 : 항공역학

1. 다음 중 제트 항공기가 최대 항속 시간으로 비행하기 위한 조건으로 옳은 것은?
㉮ $\left(\dfrac{C_L}{C_D}\right)$ 최대
㉯ $\left(\dfrac{C_L}{C_D}\right)$ 최소
㉰ $\left(\dfrac{C_L^{\frac{1}{2}}}{C_D}\right)$ 최대
㉱ $\left(\dfrac{C_L^{\frac{1}{2}}}{C_D}\right)$ 최소

[해설] 제트 항공기
① 최대 항속 시간 : $\left(\dfrac{C_L}{C_D}\right)$ 최대
② 최대 항속 거리 : $\left(\dfrac{C_L^{\frac{1}{2}}}{C_D}\right)$ 최대

2. 프로펠러의 지름이 2 m, 회전 속도 2400 rpm, 비행 속도 720 km/h일 때 진행률은 얼마인가?
㉮ 1.5 ㉯ 2.5 ㉰ 3.5 ㉱ 4.5

[해설] 진행률(J)
$$J = \dfrac{V}{nD} = \dfrac{\dfrac{720}{3.6}}{\left(\dfrac{2400}{60}\right) \times 2} = 2.5$$

3. 프로펠러의 비틀림 응력 중 원심력에 의한 비틀림은 깃을 어느 방향으로 비트는가?
㉮ 원주 방향
㉯ 피치를 작게 하는 방향
㉰ 허브 중심 방향
㉱ 피치를 크게 하는 방향

4. 헬리콥터가 지상 가까이에 있을 경우 회전 날개를 지난 흐름이 지면에 부딪혀 헬리콥터와 지면 사이에 존재하는 공기를 압축시켜 추력이 증가되는 현상을 무엇이라 하는가?
㉮ 지면 효과
㉯ 페더링 효과
㉰ 플래핑 효과
㉱ 정지 비행 효과

5. 압축성 유체에서 연속의 법칙을 옳게 나타낸 것은? (단, S, V, ρ는 각각 단면적, 유속, 밀도를 나타내고, 첨자 1, 2는 각 단면적의 위치를 나타낸다.)
㉮ $\rho_1 V_1 = \rho_2 V_2$
㉯ $S_1 \rho_1 = S_2 V_2$
㉰ $S_1 V_1 = S_2 V_2$
㉱ $S_1 V_1 \rho_1 = S_2 V_2 \rho_2$

6. 비행기가 옆 미끄럼 상태에 들어갔을 때의 설명으로 옳은 것은?
㉮ 수직 꼬리 날개의 받음각에는 변화가 없다.
㉯ 수평 꼬리 날개에 옆 미끄럼 힘이 발생된다.
㉰ 무게 중심에 대한 빗놀이 모멘트가 발생된다.
㉱ 비행기의 기수를 상대풍과 반대 방향으로 이동시키려는 힘이 발생한다.

정답 1. ㉮ 2. ㉯ 3. ㉯ 4. ㉮ 5. ㉱ 6. ㉰

7. 제트 비행기의 장애물 고도는 약 몇 ft 인가?

㉮ 10 ㉯ 15 ㉰ 35 ㉱ 50

[해설] 장애물 고도
① 프로펠러 항공기 : 15m (50 ft)
② 제트 항공기 : 10.7m (35 ft)

8. 국제 표준 대기에서 평균 해발 고도에서 특성값을 틀리게 짝지은 것은?

㉮ 온도 : 20℃
㉯ 압력 : 1013 hPa
㉰ 밀도 : 1.225 kg/m³
㉱ 중력 가속도 : 9.8066 m/s²

[해설] 표준 대기 온도는 15℃이다.

9. 항공기에 장착된 도살 핀(dorsal fin)이 손상되었다면 다음 중 가장 큰 영향을 받는 것은?

㉮ 가로 안정
㉯ 동적 세로 안정
㉰ 방향 안정
㉱ 정적 세로 안정

[해설] 도살 핀(dorsal fin) : 수직 꼬리 날개가 실속하는 큰 옆 미끄럼각에서도 방향 안정을 유지한다.

10. 비행기 날개에 작용하는 양력과 공기의 유속과의 관계를 옳게 설명한 것은?

㉮ 공기의 유속과는 관계없다.
㉯ 공기의 유속에 반비례한다.
㉰ 공기의 유속의 제곱에 비례한다.
㉱ 공기의 유속의 3제곱에 비례한다.

[해설] 양력 $(L) = \frac{1}{2}\rho V^2 C_L S$

11. 항공기의 압력 중심(center of pressure)에 대한 설명으로 틀린 것은?

㉮ 받음각에 따라 위치가 이동하지 않는다.
㉯ 항공기 날개에 발생하는 합성력의 작용점이다.
㉰ 받음각이 커짐에 따라 위치가 앞으로 변화한다.
㉱ 받음각이 작아짐에 따라 위치가 뒤로 이동한다.

12. 다음 중 항력 발산 마하수를 높게 하기 위한 날개를 설계할 때 옳은 것은?

㉮ 쳐든각을 크게 한다.
㉯ 날개에 뒤젖힘각을 준다.
㉰ 두꺼운 날개를 사용한다.
㉱ 가로세로비가 큰 날개를 사용한다.

[해설] 공기력 중심 : 받음각이 변하더라도 모멘트값이 변하지 않는 점

13. 다음 중 비행기의 안정성과 조종성에 관한 설명으로 가장 옳은 것은?

㉮ 안정성과 조종성은 상호 간에 정비례한다.
㉯ 정적 안정성이 증가하면 조종성도 증가된다.
㉰ 비행기의 안정성은 크면 클수록 바람직하다.
㉱ 안정성이 커지면 조종성이 나빠진다.

14. 헬리콥터에서 양력 불균형 현상이 일어나지 않도록 주회전 날개깃의 플래핑 작용의 결과로 나타내는 현상은?

㉮ 사이클릭 페더링
㉯ 원추 현상
㉰ 후진 블레이드 실속
㉱ 블로 백

15. 직사각형 날개의 가로세로비를 나타내

정답 7.㉰ 8.㉮ 9.㉰ 10.㉰ 11.㉮ 12.㉯ 13.㉱ 14.㉱ 15.㉱

는 것으로 틀린 것은? (단, c : 날개의 코드, b : 날개의 스팬, S : 날개 면적이다.)

㋐ $\dfrac{b}{c}$　㋑ $\dfrac{b^2}{s}$　㋒ $\dfrac{s}{c^2}$　㋓ $\dfrac{s^2}{bc}$

16. 항공기에서 피토관(Pitot tube)을 이용하여 속도 측정을 할 때 이용되는 공기압은?
㋐ 정압, 전압　㋑ 대기압, 정압
㋒ 정압, 동압　㋓ 동압, 대기압

17. 중량 3200 kgf인 비행기가 경사각 30°로 정상 선회를 하고 있을 때 이 비행기의 원심력은 약 몇 kgf인가?
㋐ 1600　㋑ 1847　㋒ 2771　㋓ 3200
[해설] 원심력(C.F) = $W\tan\theta = 3200\tan30$
= 1847 kgf

18. 비행기가 300 m/s인 항공기가 상승각 30°로 상승 비행 시 상승률은 몇 m/s인가?
㋐ 100　㋑ 150
㋒ $150\sqrt{3}$　㋓ 200
[해설] 상승률 = $V\sin\theta = 300\sin30 = 150$ m/s

19. 100 lbs의 항력을 받으며 200 mph로 비행하는 비행기가 같은 자세로 400 mph로 비행 시 작용하는 항력은 약 몇 lbs인가?
㋐ 225　㋑ 300　㋒ 325　㋓ 400
[해설] 항력은 속도의 제곱에 비례를 한다.

20. 저속의 비행기에서 키돌이(loop) 비행을 시작하기 위한 조작으로 가장 적합한 것은?
㋐ 조종간을 당겨 비행기를 상승시켜 속도를 증가시킨다.
㋑ 조종간을 당겨 비행기를 상승시켜 속도를 감소시킨다.
㋒ 조종간을 밀어 비행기를 하강시켜 속도를 증가시킨다.
㋓ 조종간을 밀어 비행기를 하강시켜 속도를 감소시킨다.

제2과목 : 항공기관

21. 항공기용 왕복기관의 이론마력은 250 PS, 지시마력은 200 PS, 제동마력은 140 PS면 이 기관의 기계 효율은 몇 %인가?
㋐ 70　㋑ 75　㋒ 80　㋓ 85
[해설] 기계 효율 = $\dfrac{제동마력}{지시마력} = \dfrac{140}{200} \times 100$
= 70%

22. 기관 흡입구의 장치 중 동일 목적으로 사용되어지는 것으로 짝지어진 것은?
㋐ 움직이는 쐐기형(movable wedge) - 와류 분산기(vortex dissipator)
㋑ 움직이는 스파이크(movable spike) - 움직이는 베인(movable vane)
㋒ 움직이는 베인(movable vane) - 움직이는 쐐기형(movable wedge)
㋓ 와류 분산기(vortex dissipator) - 움직이는 베인(movable vane)

23. 성형 기관에서 마그네토(magneto)를 보기부(accessory section)에 설치하지 않고 전방 부분에 설치하여 얻는 가장 큰 이점은?

정답 16. ㋐ 17. ㋑ 18. ㋑ 19. ㋓ 20. ㋒ 21. ㋐ 22. ㋓ 23. ㋑

㉮ 정비가 용이하다.
㉯ 냉각 효율이 좋다.
㉰ 검사가 용이하다.
㉱ 설치 제작비가 저렴하다.

24. 고정 피치 프로펠러를 장착한 항공기의 프로펠러 회전 속도를 증가시키면 블레이드는 어떻게 되는가?
㉮ 블레이드 각(blade angle)이 증가한다.
㉯ 블레이드 각(blade angle)이 감소한다.
㉰ 블레이드 영각(blade of attack)이 증가한다.
㉱ 블레이드 영각(blade of attack)이 감소한다.

25. 다음 중 민간 항공기용 가스 터빈 기관에 사용되는 연료는?
㉮ Jet A-1   ㉯ Jet B-5
㉰ JP-4   ㉱ JP-8

26. 다음과 같은 밸브 타이밍을 가진 왕복 기관의 밸브 오버랩은 얼마인가? (단, I.O : 25° BTC, E.O : 55° BBC, E.C : 15 ATC, I.C : 60°ABC이다.)
㉮ 25° ㉯ 40° ㉰ 60° ㉱ 75°
[해설] 밸브 오버랩 = I.O + E.C
= 25° + 15° = 40°

27. 피스톤 오일 링(piston oil ring)에 의하여 모여진 여분의 오일은 어느 경로를 통하여 흐르는가?
㉮ 실린더 벽면의 작은 틈을 통하여
㉯ 피스톤 핀 중앙에 뚫린 구멍을 통하여
㉰ 피스톤 핀에 있는 드릴 구멍을 통하여
㉱ 피스톤 오일 링 홈에 있는 드릴 구멍을 통하여

28. 축류형 압축기의 반동도를 옳게 나타낸 것은?
㉮ $\dfrac{\text{로터에 있는 압력 상승}}{\text{단 당 압력 상승}} \times 100$
㉯ $\dfrac{\text{압축기에 의한 압력 상승}}{\text{터빈에 의한 압력 상승}} \times 100$
㉰ $\dfrac{\text{저압 압축기에 의한 압력 상승}}{\text{고압 압축기에 의한 압력 상승}} \times 100$
㉱ $\dfrac{\text{스테이터에 의한 압력 상승}}{\text{단 당 압력 상승}} \times 100$

29. 왕복 기관 작동 중 점화 스위치와 우측 마그네토를 연결한 선이 끊어졌을 때 나타나는 현상으로 옳은 것은?
㉮ 기관의 출력이 떨어진다.
㉯ 우측 마그네토 접점이 타버린다.
㉰ 우측 마그네토가 작동되지 않는다.
㉱ 점화 스위치를 off에 놓아도 기관은 계속 작동한다.

30. 열역학 제2법칙을 가장 잘 설명한 것은?
㉮ 일은 열로 전환될 수 있다.
㉯ 열은 일로 전환될 수 있다.
㉰ 에너지 보존 법칙을 나타낸다.
㉱ 에너지 변화의 방향성과 비가역성을 나타낸다.

31. 부자식 기화기(float-type carburetor)에 있는 이코노마이저 밸브(economizer valve)의 작동에 대한 설명으로 옳은 것은 어느 것인가?
㉮ 저속과 순항속도에서는 밸브가 열린다.
㉯ 최대 출력에서 농후한 혼합비를 만든다.
㉰ 순항 시 최적의 출력을 얻기 위하여 농후한 혼합비를 유지한다.

정답 24. ㉰ 25. ㉮ 26. ㉯ 27. ㉱ 28. ㉮ 29. ㉱ 30. ㉱ 31. ㉯

㉣ 기관의 갑작스런 가속을 위하여 추가적인 연료를 공급한다.

32. 다음 그림과 같은 여과기의 형식은?

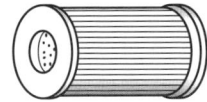

㉮ 디스크형(disk type)
㉯ 스크린형(screen type)
㉰ 카트리지형(cartridge type)
㉱ 스크린-디스크형(screen-disk type)

33. 2단 가변피치 프로펠러 항공기의 프로펠러 효율을 좋게 유지하기 위해 운항 상태에 따른 각각의 사용 피치로 옳은 것은?
㉮ 강하 시에는 저피치(low pitch)를 사용한다.
㉯ 순항 시에는 고피치(high pitch)를 사용한다.
㉰ 이륙 시에는 고피치(high pitch)를 사용한다.
㉱ 착륙 시에는 고피치(high pitch)를 사용한다.

34. 터보팬 기관의 역추력 장치 부품 중 팬을 지난 공기를 막아주는 역할을 하는 것은?
㉮ 블록 도어(blocker door)
㉯ 공기 모터(pneumatic motor)
㉰ 캐스케이드 베인(cascade vane)
㉱ 트랜슬레이팅 슬리브(translating sleeve)

[해설] 역추력 장치 : 기계적 차단 방식은 배기구 바로 전이나 후에 설치되는데, 일단 펼쳐지면 제트 배기 통로에 견고한 차단막(blocking door)을 형성하여 역추력 시에 배기가스는 방향 전환 깃에 부딪쳐 역추력을 내기에는 충분하지만 기관 흡입구로 재흡입되지 않을 정도로 앞으로 분사된다.

35. 왕복 기관 윤활계통에서 윤활유의 역할이 아닌 것은?
㉮ 금속 가루 및 미분을 제거한다.
㉯ 금속 부품의 부식을 방지한다.
㉰ 연료에 수분의 침입을 방지한다.
㉱ 금속면 사이의 충격 하중을 완충시킨다.

[해설] 윤활유의 작용 : 윤활, 기밀, 냉각, 청결, 방청 작용

36. 압축비와 가열량이 일정할 때, 이론적인 열효율이 가장 높은 사이클은?
㉮ 오토 사이클
㉯ 사바테 사이클
㉰ 디젤 사이클
㉱ 브레이튼 사이클

37. 가스 터빈 기관을 시동하여 공회전(idle)에 도달했을 때, 기관의 정상 여부를 판단하는 중요한 변수와 가장 관계가 먼 것은?
㉮ 진동   ㉯ 오일 압력
㉰ 추력   ㉱ 배기가스 온도

38. 다음 중 가스 터빈 기관의 트림(trim) 작업 시 조절하는 것이 아닌 것은?
㉮ 연료 제어 장치(FCU)
㉯ 가변 정익 베인(VSV)
㉰ 터빈 블레이드 각도
㉱ 사용 연료의 비중

39. 가스 터빈 기관에서 터빈 노즐(turbine nozzle)의 주된 목적은?
㉮ 터빈의 냉각을 돕기 위하여
㉯ 연소 가스의 속도를 증가시키기 위하여
㉰ 연소 가스의 온도를 증가시키기 위하여
㉱ 연소 가스의 압력을 증가시키기 위하여

정답 32. ㉰ 33. ㉰ 34. ㉮ 35. ㉰ 36. ㉮ 37. ㉰ 38. ㉱ 39. ㉯

40. 다음 중 터빈 형식 기관에 해당되는 것은?
㉮ 로켓 ㉯ 램제트
㉰ 펄스제트 ㉱ 터보 팬

제3과목 : 항공기체

41. 기계 스크루(machine screw)의 설명으로 틀린 것은?
㉮ 일반 목적용으로 사용되는 스크루이다.
㉯ 평면 머리와 둥근 머리 와셔 헤드 형태가 있다.
㉰ 저 탄소, 황동, 내식강, 알루미늄 합금 등으로 만들어진다.
㉱ 명확한 그립이 있고 같은 크기의 볼트처럼 같은 전단 강도를 갖고 있다.

42. 날개의 주요 하중을 담당하는 부재는?
㉮ 리브(rib)
㉯ 날개보(spar)
㉰ 스트링거(stringer)
㉱ 압축 스트링거(compression stringer)

43. 그림과 같은 $V-n$ 선도에서 n_1은 설계 제한 하중배수, 점선 $1B$는 돌풍하중 배수선도라면 옳게 짝지은 것은?

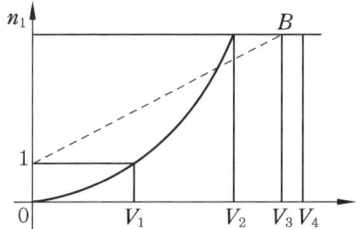

㉮ V_1 - 설계 순항 속도
㉯ V_2 - 설계 운용 속도
㉰ V_3 - 설계 급강하 속도
㉱ V_4 - 실속 속도

44. 2017T보다 강한 강도를 요구하는 항공기 주요 구조용으로 사용되고 열처리 후 냉장고에 보관하여 사용되며 상온에 노출 후 10분에서 20분 이내에 사용하여야 하는 리벳은?
㉮ A17ST(2117)-AD
㉯ 17ST(2017)-D
㉰ 24ST(2024)-DD
㉱ 2S(1100)-A

45. 조종 케이블이 작동 중에 최소의 마찰력으로 케이블과 접촉하여 직선 운동을 하게 하며, 케이블을 작은 각도 이내의 범위에서 방향을 유도하는 것은?
㉮ 풀리(pulley)
㉯ 페어리드(fairlead)
㉰ 벨 크랭크(bell crank)
㉱ 케이블 드럼(cable drum)

46. FRCM의 모재(matrix) 중 사용 온도 범위가 가장 큰 것은?
㉮ FRC ㉯ BMI
㉰ FRM ㉱ FRP

47. 동체의 전단 응력에 대한 설명이 잘못된 것은?
㉮ 동체의 전단 응력은 항공기 무게에 의해 발생된다.
㉯ 동체의 전단 응력은 항공기 공기력에

의해 발생된다.
㉰ 동체의 전단 응력은 항공기 지면 반력에 의해 발생된다.
㉱ 동체의 좌우측 중앙에서 동체의 전단 응력이 최소이다.

48. 크리프(creep) 현상에 대한 설명으로 가장 옳은 것은?
㉮ 재료가 반복되는 응력을 받았을 때 파괴되는 현상이다.
㉯ 재료에 온도를 서서히 증가하였을 때 조직 구조가 변형되는 현상이다.
㉰ 재료에 시험편을 서서히 잡아 당겨서 파괴되었을 때 파단면의 조직이 변화된 현상이다.
㉱ 재료를 일정한 온도와 하중을 가한 상태에서 시간에 따라 변형률이 변화하는 현상이다.

49. 비행기의 무게가 2500 kg이고 중심 위치는 기준선 후방 0.5 m에 있다. 기준선 후방 4 m에 위치한 10 kg짜리 좌석을 2개 떼어내고 기준선 후방 4.5 m에 17 kg짜리 항법 장비를 장착하였으며, 이에 따른 구조 변경으로 기준선 후방 3 m에 12.5 kg의 무게 증가 요인이 추가 발생하였다면 이 비행기의 새로운 무게 중심 위치는?
㉮ 기준선 전방 약 0.21 m
㉯ 기준선 전방 약 0.51 m
㉰ 기준선 후방 약 0.21 m
㉱ 기준선 후방 약 0.51 m

[해설] 새로운 중심 위치 (c.g)
$= \dfrac{\text{총 모멘트} + \text{증가된 모멘트}}{\text{총 무게} + \text{증가된 무게}}$
$= \dfrac{2500 \times 0.5 + 12.5 \times 3}{2500 + 12.5} = 0.51$ m

50. 블라인드 리벳(blind rivet)은?
㉮ H-shear rivet
㉯ rivnut
㉰ explosive rivet
㉱ cherry rivet

51. 대형 항공기에 주로 사용하는 브레이크 장치는?
㉮ 슈(shoe)식 브레이크
㉯ 싱글 디스크(single disk)식 브레이크
㉰ 멀티 디스크(multi disk)식 브레이크
㉱ 팽창 튜브(expander tube)식 브레이크

52. 알루미늄 합금이 초고속기 재료로서 적당하지 않은 이유는?
㉮ 무겁기 때문
㉯ 부식이 심하기 때문
㉰ 열에 약하기 때문
㉱ 전기 저항이 크기 때문

53. 나셀(nacelle)에 대한 설명으로 옳은 것은?
㉮ 기체의 인장하중(tension)을 담당한다.
㉯ 기체에 장착된 기관을 둘러싼 부분을 말한다.
㉰ 일반적으로 기체의 중심에 위치하여 날개 구조를 보완한다.
㉱ 기관을 장착하여 하중을 담당하기 위한 구조물이다.

54. 그림과 같은 응력-변형률 곡선에서 파단점을 나타내는 곳은? (단, σ는 응력, ϵ은 변형률을 나타낸다.)

[정답] 48. ㉱ 49. ㉱ 50. ㉮ 51. ㉰ 52. ㉰ 53. ㉯ 54. ㉱

㉮ A ㉯ B ㉰ C ㉱ D

55. 세라믹 코팅(ceramic coating)의 가장 큰 목적은?
㉮ 내식성
㉯ 접합 특성 강화
㉰ 내열성과 내마모성
㉱ 내열성과 내식성

56. 비행기의 원형 부재에 발생하는 전 비틀림각과 이에 미치는 요소와의 관계로 틀린 것은?
㉮ 비틀림력이 크면 비틀림각도 커진다.
㉯ 부재의 길이가 길수록 비틀림각은 작아진다.
㉰ 부재의 전단계수가 크면 비틀림각이 작아진다.
㉱ 부재의 극단면 2차 모멘트가 작아지면 비틀림각이 커진다.

57. 두께가 0.062″인 판재를 그림과 같이 직각으로 굽힌다면 이 판재의 전체 길이는 약 몇 인치인가?

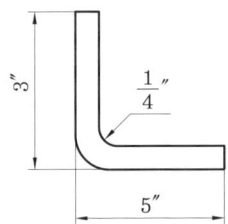

㉮ 7.8 ㉯ 6.8 ㉰ 4.1 ㉱ 3.1

[해설] 판재 길이(L)
① 세트 백(S.B) = $K(R+T)$
$= 1 \times \left(\frac{1}{4} + 0.062\right)$
$= 0.312$ inch
② 굴곡 허용량(B.A) = $\frac{\theta}{360} 2\pi \left(R + \frac{T}{2}\right)$
$= \frac{90}{360} 2\pi \left(\frac{1}{4} + \frac{0.062}{2}\right)$
$= 0.44$ inch
③ 판재 전체 길이(L)
$L = 3 - S.B + 5 - S.B + B.A$
$= 3 - 0.312 + 5 - 0.312 + 0.44 = 7.8$ inch

58. 항공기 착륙 장치의 완충 스트럿(shock strut)을 날개 구조재에 장착할 수 있도록 지지하며 완충 스트럿의 힌지 축 역할을 담당하는 것은?
㉮ 트러니언(trunnion)
㉯ 저리 스트럿(jury strut)
㉰ 토션 링크(torsion link)
㉱ 드래그 스트럿(drag strut)

59. 주로 18-8 스테인리스 강에서 발생하며 부적절한 열처리로 결정체가 큰 반응성을 갖게 되어 입계에 선택적으로 발생하는 국부적 부식을 무엇이라 하는가?
㉮ 입계부식
㉯ 응력부식
㉰ 찰과부식
㉱ 이질금속간의 부식

60. 튜브의 플레어링(tube flaring)에 대한 설명으로 옳은 것은?
㉮ 강 튜브(steel tube)는 더블 플레어링(double flaring)으로 제작된다.
㉯ 싱글 플레어 튜브(single flare tube)

는 가공 경화로 인해 전단 작용에 대한 저항력이 크다.
㉰ 더블 플레어 튜브(double flare tube)는 싱글 플레어 튜브(single flare tube)보다 밀폐 특성이 좋다.
㉱ 싱글 플레어 튜브(single flare tube)는 매끈하고 동심으로 제작이 용이하다.

제4과목 : 항공장비

61. 공압 계통에서 공기 저장통 안에 설치되어 수분이나 윤활유가 계통으로 섞여 나가지 않도록 하는 것은?
㉮ 핀   ㉯ 스택 파이프
㉰ 배플 ㉱ 스탠드 파이프

62. 다음 중 ACM(air cycle machine) 내에서 압력과 온도를 낮추는 역할을 하는 곳은?
㉮ 팽창 터빈 ㉯ 압축기
㉰ 열교환기   ㉱ 팽창 밸브

63. 정침의(DG)의 자이로 축에 대한 설명으로 옳은 것은?
㉮ 지구의 중력 방향을 향하도록 되어 있다.
㉯ 지표에 대하여 수평이 되도록 되어 있다.
㉰ 기축에 평행 또는 수평이 되도록 되어 있다.
㉱ 기축에 직각 또는 수직이 되도록 되어 있다.

64. SELCAL system에 대한 설명 중 가장 관계가 먼 내용은?
㉮ HF, VHF 시스템으로 송·수신된다.
㉯ 지상에서 항공기를 호출하기 위한 장치이다.
㉰ 일반적으로 코드는 4개의 코드로 만들어져 있다.
㉱ 항공기 위험 사항을 알리기 위한 비상 호출 장치이다.

65. 유압 계통의 관이나 호스가 파손되거나 기기 내의 실(seal)에 손상이 생겼을 때 과도한 누설을 방지하는 장치는?
㉮ 흐름 조절기 ㉯ 셔틀 밸브
㉰ 흐름 평형기 ㉱ 유압 퓨즈

66. 도체를 자기장이 있는 공간에 놓고 전류를 흘리면 도체에 힘이 작용하는 것과 같은 전동기 원리에서 작용하는 힘의 방향을 알 수 있는 법칙은?
㉮ 렌츠의 법칙
㉯ 플레밍의 왼손 법칙
㉰ 패러데이 법칙
㉱ 플레밍의 오른손 법칙

67. 축전지에서 용량의 표시 기호는?
㉮ AH   ㉯ Bh   ㉰ Vh   ㉱ Fh

68. 해발 500 m인 지형 위를 비행하고 있는 항공기의 절대 고도가 1500 m 라면 이 항공기의 진고도는 몇 m인가?
㉮ 1000 ㉯ 1500 ㉰ 2000 ㉱ 2500
[해설] 항공기의 고도
① 진고도 : 해면상으로부터 현재 비행 중인 항공기까지의 고도

정답 61. ㉯ 62. ㉮ 63. ㉱ 64. ㉱ 65. ㉱ 66. ㉯ 67. ㉮ 68. ㉰

② 절대고도 : 현재 비행중인 항공기로부터 그 당시 지형까지의 고도

69. 다음 중 발연 경보(smoke warning) 장치에서 감지 센서로 사용되는 것은?
㉮ 바이메탈(bimetal)
㉯ 열전대(thermocouple)
㉰ 광전튜브(photo tube)
㉱ 공용염(eutectic salt)

70. 다음 중 공중 충돌 경보 장치는 무엇인가?
㉮ ATC ㉯ TCAS
㉰ ADC ㉱ 기상 레이더

71. 탄성 압력계의 수감부 형태에 해당되지 않는 것은?
㉮ 흡입형 ㉯ 부르동형
㉰ 다이아프램형 ㉱ 벨로우형

72. 비행 중에는 조종실 내의 운항 승무원 상호 간에 통화를 하며, 지상에서는 비행을 위하여 항공기가 택싱(taxing)하는 동안 지상 조업 요원과 조종실 내 운항 승무원 간에 통화하기 위한 시스템은?
㉮ cabin interphone system
㉯ flight interphone system
㉰ passenger address system
㉱ service interphone system

73. 항공기 나셀의 방빙에 사용되는 방법이 아닌 것은?
㉮ 제빙 부츠 방식
㉯ 열 방빙 방식
㉰ 전기적 방빙 방식
㉱ 고온 공기를 이용한 방식

74. 다음 중 전원 주파수를 측정하는 데 사용되는 브리지(bridge) 회로는?
㉮ 윈 브리지(wien bridge)
㉯ 맥스웰 브리지(maxwell bridge)
㉰ 싱크로 브리지(synchro bridge)
㉱ 휘트스톤 브리지(wheatstone bridge)

75. 전파 고도계에 대한 설명으로 틀린 것은 어느 것인가?
㉮ 송수신기, 안테나, 고도 지시계로 구성된다.
㉯ 지면에 대한 항공기의 절대 고도를 나타낸다.
㉰ 항공기에서 지표를 향해 전파를 발사하여 이 전파가 되돌아오기까지의 시간차를 측정한다.
㉱ 대부분 고고도용이며, 측정 범위는 2500 ft 이상이다.

76. 항공기의 화재 탐지 장치가 갖추어야 할 사항으로 틀린 것은?
㉮ 과도한 진동과 온도변화에 견디어야 한다.
㉯ 화재가 계속되는 동안에 계속 지시해야 한다.
㉰ 조종석에서 화재 탐지 장치의 기능 시험을 할 수 있어야 한다.
㉱ 항상 화재 탐지 장치 자체의 전원으로 작동되어야 한다.

77. 자기 컴퍼스의 구조에 대한 설명으로 틀린 것은?
㉮ 컴퍼스액은 케로신을 사용한다.
㉯ 컴퍼스 카드에는 플로트가 설치되어 있다.

정답 69. ㉰ 70. ㉯ 71. ㉮ 72. ㉯ 73. ㉮ 74. ㉮ 75. ㉱ 76. ㉱ 77. ㉰

㉰ 외부의 진동, 충격을 줄이기 위해 케이스와 베어링 사이에 피벗이 들어 있다.
㉱ 케이스, 자기 보상 장치, 컴퍼스 카드 및 확장실 등으로 구성되어 있다.

78. 항공기가 지상에서 작동 시 흡입 압력계(manifold pressure gauge)에서 지시하는 것은?
㉮ 0(zero)
㉯ 29.92 inHg
㉰ 그 당시 지형의 기압
㉱ 29.92 inHg

79. 그림과 같은 회로도에서 a, b 간에 전류가 흐르지 않도록 하기 위해서 저항 R은 몇 Ω으로 해야 하는가?

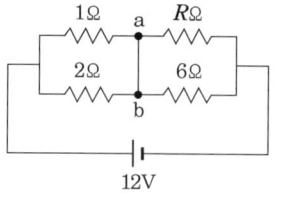

㉮ 1 ㉯ 2 ㉰ 3 ㉱ 4

[해설] 휘트스톤 브리지
$1 \times 2 = 2 \times R$, $R = 3\,\Omega$

80. 항공기 기관의 구동축과 발전기축 사이에 장착하여 주파수를 일정하게 만들어 주는 장치는?
㉮ 변속 구동 장치
㉯ 출력 구동 장치
㉰ 주파수 구동 장치
㉱ 정속 구동 장치

▶ 2013년 9월 28일 시행

자격종목	시험시간	문제 수	형 별	수험번호	성 명
항공 산업기사	2시간	80	A		

제1과목 : 항공역학

1. 레이놀즈 수(Reynolds number)에 대한 설명으로 옳은?
㉮ 관성력과 중력의 비이다.
㉯ 관성력과 점성력의 비이다.
㉰ 관성력과 유체 탄성의 비이다.
㉱ 유체의 동압과 정압의 비이다.

2. 유체 흐름과 관련된 용어의 설명으로 옳은 것은?
㉮ 박리 : 층류에서 난류로 변하는 현상
㉯ 층류 : 유체가 진동을 하면서 흐르는 흐름
㉰ 난류 : 유체 유동 특성이 시간에 대해 일정한 정상류
㉱ 경계층 : 벽면에 가깝고 점성이 작용하는 유체의 층

3. 정상 선회 비행 상태의 항공기에 작용하는 힘의 관계로 옳은 것은?
㉮ 원심력 > 구심력
㉯ 중력 ≥ 원심력
㉰ 원심력 = 구심력
㉱ 원심력 < 구심력

4. 날개 면적이 96m²이고, 날개 길이가 32m일 때 가로세로비는 약 얼마인가?

㉮ 2.1 ㉯ 3.0 ㉰ 9.0 ㉱ 10.7

[해설] 가로세로비$(AR) = \dfrac{b^2}{S} = \dfrac{32^2}{96} = 10.7$

5. 비행기가 트림(trim) 상태의 비행은 비행기 무게 중심 주위의 모멘트가 어떤 상태인가?
㉮ "부(-)"인 경우
㉯ "정(+)"인 경우
㉰ "영(0)"인 경우
㉱ "정"과 "영"인 경우

6. 물체에 작용하는 공기력에 대한 설명으로 옳은 것은?
㉮ 공기력은 공기의 밀도와 속도의 제곱에 비례하고 면적에 반비례한다.
㉯ 공기력은 공기의 밀도와 속도의 제곱에 반비례하고 면적에 반비례한다.
㉰ 공기력은 속도의 제곱에 비례하고 공기밀도와 면적에 비례한다.
㉱ 공기력은 공기의 밀도와 속도의 제곱에 반비례하고 면적에 비례한다.

[해설] 공기력 : 공기밀도, 면적에 비례하고, 속도의 제곱에 비례한다.

7. 날개하중이 30kgf/m²이고, 무게가 1000 kgf인 비행기가 7000m 상공에서 급강하하고 있을 때 항력계수가 0.1이라면 급강하 속도는 몇 m/s인가? (단, 밀도는 0.06 kgf·s²/m⁴이다.)

[정답] 1. ㉯ 2. ㉱ 3. ㉰ 4. ㉱ 5. ㉰ 6. ㉰ 7. ㉮

㉮ 100 ㉯ $100\sqrt{3}$
㉰ 200 ㉱ $100\sqrt{5}$

[해설] 급강하속도(V_D)
$= \sqrt{\dfrac{2W}{\rho S C_D}} = \sqrt{\dfrac{2 \times 30}{0.06 \times 0.1}} = 100\,\text{m/s}$

8. 항공기의 비항속거리(specific range)와 비항속시간(specific endurance)을 옳게 나타낸 것은? (단, dt : 비행시간, ds : dt 동안 비행거리, dQ : 비행 중 dt 동안 소비한 연료량이다.)

㉮ 비항속거리 : $\dfrac{dQ}{ds}$, 비항속시간 : $\dfrac{dQ}{dt}$

㉯ 비항속거리 : $\dfrac{ds}{dQ}$, 비항속시간 : $\dfrac{dQ}{dt}$

㉰ 비항속거리 : $\dfrac{ds}{dQ}$, 비항속시간 : $\dfrac{dt}{dQ}$

㉱ 비항속거리 : $\dfrac{dQ}{ds}$, 비항속시간 : $\dfrac{dt}{dQ}$

[해설] ① 비항속거리$\left(\dfrac{ds}{dQ}\right)$: 단위 연료 무게당 비행거리

② 비항속시간$\left(\dfrac{dt}{dQ}\right)$: 단위 연료 무게당 비행시간

9. 비행기에 작용하는 모든 힘의 합이 영(0)이며 키놀이, 옆놀이 및 빗놀이 모멘트의 합도 영(0)인 경우의 상태는?

㉮ 정렬 상태 ㉯ 평형 상태
㉰ 안정 상태 ㉱ 고정 상태

10. 지름이 6.7ft인 프로펠러가 2800rpm으로 회전하면서 80mph로 비행하고 있다면 이 프로펠러의 진행률은 약 얼마인가?

㉮ 0.23 ㉯ 0.37
㉰ 0.62 ㉱ 0.76

[해설] 진행률(J)

$J = \dfrac{V}{nD} = \dfrac{\left(\dfrac{80 \times 5280}{3600}\right)}{\left(\dfrac{2800}{3.6}\right) \times 6.7} = 0.37$

여기서, 1mile=5280ft, 1시간=3600초, 1분=60초이다.

11. NACA 0018 날개골을 받음각 1°의 상태로 공기의 흐름에 놓았을 때의 설명으로 틀린 것은?

㉮ 흐름 방향 아래로 추력이 발생
㉯ 흐름 방향의 수직으로 양력이 발생
㉰ 흐름 방향과 같은 방향으로 항력이 발생
㉱ 날개골의 윗면과 아래면의 압력에 차이가 발생

12. 다음 중 비행기의 세로안정에 가장 큰 영향을 미치는 것은?

㉮ 수평꼬리날개 ㉯ 도살핀
㉰ 수직꼬리날개 ㉱ 도움날개

13. 그림과 같이 초음속 흐름에 쐐기형 에어포일 주위에 충격파와 팽창파가 생성될 때 각각의 흐름의 마하수(M)와 압력(P)에 대한 설명으로 틀린 것은?

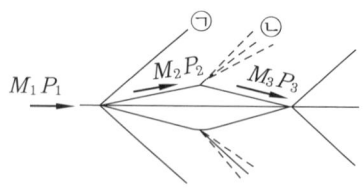

㉮ ㉠은 충격파이며 $M_1 > M_2$, $P_1 < P_2$이다.
㉯ ㉡은 팽창파이며 $M_2 > M_3$, $P_1 < P_2$이다.
㉰ ㉠은 충격파이며 $M_1 > M_2$, $P_2 > P_3$

정답 8. ㉰ 9. ㉯ 10. ㉯ 11. ㉮ 12. ㉮ 13. ㉯

이다.

㉣ ⓒ은 팽창파이며 $M_2 < M_3$, $P_2 > P_3$ 이다.

[해설] 충격파를 지난 공기흐름은 압력은 급격히 증가하고, 속도는 급격히 감소를 한다, 팽창파를 지난 공기흐름은 속도가 증가하고, 압력은 감소한다.

14. 헬리콥터의 수평 최대속도를 비행기와 같은 고속으로 비행 할 수 없는 이유가 아닌 것은?

㉮ 전진하는 깃 끝의 충격 실속 때문
㉯ 후퇴하는 깃의 날개 끝 실속 때문
㉰ 후퇴하는 깃뿌리의 역풍 범위가 커지기 때문
㉱ 회전날개(rotor blades)의 강도상 문제 때문

15. 받음각이 클 때 기체 전체가 실속되고 그 결과 옆놀이와 빗놀이를 수반하여 나선을 그리면서 고도가 감소되는 비행 상태는?

㉮ 스핀(spin) 상태
㉯ 더치 롤(dutch roll) 상태
㉰ 크랩 방식(crab method)에 의한 비행 상태
㉱ 윙 다운 방식(wing down method)에 의한 비행 상태

16. 프로펠러의 동력계수(C_P)를 옳게 나타낸 식은? (단, P : 동력, n : 초당 회전수, D : 직경, ρ : 밀도, V : 비행속도이다.)

㉮ $\dfrac{P}{n^3 D^4}$ ㉯ $\dfrac{P}{\rho n^3 D^4}$
㉰ $\dfrac{P}{n^3 D^5}$ ㉱ $\dfrac{P}{\rho n^3 D^5}$

[해설] ① 프로펠러 추력(T)
$T = C_t \rho n^2 D^4$
② 프로펠러에 작용하는 토크(Q)
$Q = C_q \rho n^2 D^5$
③ 기관에 의해 프로펠러에 전달되는 동력(P)
$P = C_p \rho n^3 D^5$

17. 프로펠러 비행기의 항속거리를 나타내는 식은? (단, B : 연료탑재량, V : 순항속도, P : 순항중의 기관의 출력, t : 항속시간, C : 마력당 1시간에 소비하는 연료량이다.)

㉮ $\dfrac{V}{t}$ ㉯ $\dfrac{C \cdot P}{V \cdot B}$
㉰ $\dfrac{V \cdot B}{C \cdot P}$ ㉱ $\dfrac{P \cdot B}{C \cdot V}$

18. 필요마력에 대한 설명으로 옳은 것은 어느 것인가?

㉮ 속도가 작을수록 필요마력은 크다.
㉯ 항력이 작을수록 필요마력은 작다.
㉰ 날개하중이 작을수록 필요마력은 커진다.
㉱ 고도가 높을수록 밀도가 증가하여 필요마력은 커진다.

[해설] 필요마력 = $\dfrac{DV}{75}$

19. 비행기의 이륙활주거리가 겨울에 비해 여름철이 더 긴 주된 이유는?

㉮ 활주로 온도가 증가함에 따라 밀도 감소
㉯ 활주로 노면의 습도 증가로 인한 항력 증가
㉰ 활주로 온도가 증가함에 따라 지면

[정답] 14. ㉱   15. ㉮   16. ㉱   17. ㉰   18. ㉯   19. ㉮

마찰력 감소
㉣ 온도 증가에 따라 동체가 팽창하여 형상항력 증가

20. 일반적인 헬리콥터 비행 중 주 회전날개에 의한 필요마력의 요인으로 보기 어려운 것은?
㉮ 유도속도에 의한 유도항력
㉯ 공기의 점성에 의한 마찰력
㉰ 공기의 박리에 의한 압력항력
㉱ 경사충격파 발생에 따른 조파저항

제2과목 : 항공기관

21. 제트기관 항공기가 정지상태에서 단위 면적(m²)당 40 kg/s 질량을 속도 500 m/s로 방출할 때 팽창압력은 대기압이며 노즐 단면적은 0.2m²라면 추력은 몇 kN 인가?
㉮ 4   ㉯ 8
㉰ 10   ㉱ 20
[해설] $F_g = W_a \cdot V_j$
$= 40 \times 0.2 \times 500 = 4000\text{N} = 4\text{kN}$

22. 가스터빈기관이 정해진 회전수에서 정격 출력을 낼 수 있도록 연료조절장치와 각종 기구를 조정하는 작업을 무엇이라 하는가?
㉮ 모터링(motoring)
㉯ 트리밍(trimming)
㉰ 크랭킹(crancking)
㉱ 고장탐구(troubleshooting)

23. 그림과 같은 단순 가스터빈기관의 사이클의 $P-V$ 선도에서 압축기가 공기를 압축하기 위하여 소비한 일은 선도의 어떤 면적과 같은가?

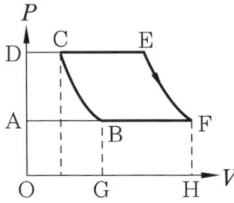

㉮ 도형 ABCDA   ㉯ 도형 BCEFB
㉰ 도형 OGBCDO ㉱ 도형 AFEDA
[해설] 제트기관의 사이클
① 도형 BCEFB : 제트 기관이 한 일
② 도형 ABCDA : 압축기를 구동시키기 위하여 필요한 일

24. 가스터빈기관의 압축효율이 가장 좋은 압축기 입구에서 공기 속도는?
㉮ 마하 0.1 정도   ㉯ 마하 0.2 정도
㉰ 마하 0.4 정도   ㉱ 마하 0.5 정도
[해설] 가스터빈기관의 압축기 입구에서 공기 속도는 비행속도에 관계없이 항상 압축 가능한 최고속도인 마하 0.5 정도를 유지해야 한다.

25. 다음 중 역추력 장치를 사용하는 가장 큰 목적은?
㉮ 이륙 시 추력 증가
㉯ 기관의 실속 방지
㉰ 재흡입 실속 방지
㉱ 착륙 후 비행기 제동
[해설] 역추력 장치 : 배기가스를 비행기의 앞쪽 방향으로 분사시킴으로써 항공기에 제동력을 주는 장치

26. 항공기용 왕복기관의 이상적인 사이

정답 20. ㉱ 21. ㉮ 22. ㉯ 23. ㉮ 24. ㉱ 25. ㉱ 26. ㉮

클은?
㉮ 오토 사이클 ㉯ 카르노 사이클
㉰ 디젤 사이클 ㉱ 브레이턴 사이클

27. 왕복기관의 압력식 기화기에서 저속혼합조정(idle mixture control)을 하는 동안 정확한 혼합비를 알 수 있는 계기는?
㉮ 공기압력계기
㉯ 연료유량계기
㉰ 연료압력계기
㉱ RPM계기와 MAP계기

28. 프로펠러(propeller)의 깃 트랙(blade track)에 대한 설명으로 옳은 것은?
㉮ 프로펠러의 피치(pitch)각이다.
㉯ 프로펠러가 1회전하여 전진한 거리이다.
㉰ 프로펠러가 1회전하여 생기는 와류(vortex)이다.
㉱ 프로펠러 블레이드(propeller blade) 선단의 회전궤적이다.

29. 왕복기관의 마그네토 낙차(drop)를 점검할 때 좌측 또는 우측의 단일 마그네토 점검을 2~3초 이내에 해야 하는 이유로 가장 옳은 것은?
㉮ 기관이 과열 될 수 있기 때문이다.
㉯ 마그네토에 과부하가 걸리기 때문이다.
㉰ 점화 플러그가 오염(fouling)되기 때문이다.
㉱ 마그네토 과열로 기능을 상실하기 때문이다.

30. 건식 윤활유 계통 내의 배유 펌프의 용량이 압력 펌프의 용량보다 큰 이유로 옳은 것은?

㉮ 기관부품에 윤활이 적절하게 될 수 있도록 윤활유의 최대 압력을 제한하고 조절하기 위해
㉯ 윤활유에 거품이 생기고 열로 인해 팽창되어 배유되는 윤활유의 양이 많아지기 때문
㉰ 기관이 마모되고 갭(gap)이 발생하면 윤활유 요구량이 커지기 때문
㉱ 윤활유를 기관을 통하여 순환시켜 예열이 신속히 이루어지게 하기 위해서

31. 실린더 체적이 80 in^3, 피스톤 행정 체적이 70 in^{3}이라면 압축비는 얼마인가?
㉮ 7 : 1 ㉯ 8 : 1
㉰ 9 : 1 ㉱ 10 : 1

[해설] 압축비 $= \dfrac{\text{연소실 체적} + \text{행정 체적}}{\text{연소실 체적}}$

$= \dfrac{80}{80-70} = \dfrac{8}{1}$

여기서, 실린더 체적=연소실 체적+행정 체적

32. 이상기체에 대한 설명으로 틀린 것은 어느 것인가?
㉮ 엔탈피는 온도만의 함수이다.
㉯ 내부에너지는 온도만의 함수이다.
㉰ 비열비(specific heat ratio) 값은 항상 1 이다.
㉱ 상태방정식에서 압력은 체적과 반비례 관계이다.

33. 정속 프로펠러를 장착한 왕복기관을 시동할 때, 프로펠러 제어 레버(propeller control lever)를 어디에 위치시켜야 하는가?
㉮ low RPM ㉯ high RPM
㉰ high pitch ㉱ variable

정답 27. ㉱ 28. ㉱ 29. ㉰ 30. ㉯ 31. ㉯ 32. ㉰ 33. ㉯

34. 가스터빈기관의 윤활계통에 대한 설명으로 틀린 것은?

㉮ 가스터빈은 고 회전하므로 윤활유 소모량이 많기 때문에 윤활유 탱크의 용량이 크다.
㉯ 주 윤활 부분은 압축기 축과 터빈축의 베어링부와 액세서리 구동 기어의 베어링부이다.
㉰ 건식 섬프형은 탱크와 기관 외부에 장착되고 윤활유의 공급과 배유는 펌프로 강압하여 이송한다.
㉱ 가스터빈 윤활계통은 주로 건식 섬프형이고 습식 섬프형은 저출력 왕복기관에 쓰인다.

[해설] 왕복기관에 비해 윤활유 소모량이 적다.

35. 왕복기관에서 마그네토의 작동을 정지시키려면 1차 회로를 어떻게 하여야 하는가?

㉮ 접지에서 분리시킨다.
㉯ 축전지에 연결시킨다.
㉰ 점화스위치를 OFF 위치에 둔다.
㉱ 점화스위치를 BOTH 위치에 둔다.

36. 케로신 연료를 주로 사용하는 제트기관의 연료와 공기혼합비(공연비)에 대한 설명으로 틀린 것은?

㉮ 연소에 필요한 최적의 이론적인 공연비는 약 15 : 1이다.
㉯ 연소실로 유입되는 공기 중 1차 공기만이 연소에 사용된다.
㉰ 연소실에서는 연소 효율을 높이기 위해 공연비를 14 : 1에서 18 : 1 정도로 제한한다.
㉱ 스웰 가이드 베인(swirl guide vane)은 연소실에서 공기 유입량을 조절해 주는 역할을 한다.

37. 일반적으로 가스 터빈 기관에서 프리 터빈(free turbine)이 부착된 기관은?

㉮ 터보 제트   ㉯ 램 제트
㉰ 터보 프롭   ㉱ 터보 팬

38. 왕복기관의 분류 방법으로 옳은 것은 어느 것인가?

㉮ 연소실의 위치 및 냉각 방식에 의하여
㉯ 냉각 방식 및 실린더 배열에 의하여
㉰ 실린더 배열과 압축기의 위치에 의하여
㉱ 크랭크 축의 위치와 프로펠러 깃의 수량에 의하여

39. 가스터빈기관의 연료 분사 방법에 대한 설명으로 옳은 것은?

㉮ 1차 연료는 균등한 연소를 얻을 수 있도록 비교적 좁은 각도로 분사된다.
㉯ 1차 연료는 물분사와 함께 이루어지면 비교적 좁은 각도로 분사된다.
㉰ 2차 연료는 연소실 벽면보호와 균등한 연소를 위해 비교적 좁은 각도로 분사된다.
㉱ 2차 연료는 시동을 용이하게 하기 위해 비교적 넓은 각도로 분사된다.

40. 항공기 왕복기관의 회전수가 일정한 상태에서 고도가 증가할 때 기관출력에 대한 설명으로 옳은 것은? (단, 기온의 변화는 없으며, 과급기는 없다.)

㉮ 밀도가 감소하여 출력이 감소한다.
㉯ 밀도는 증가하나 출력은 일정하다.

정답 34. ㉮ 35. ㉰ 36. ㉱ 37. ㉰ 38. ㉯ 39. ㉰ 40. ㉮

㉰ 밀도가 증가하여 출력이 감소한다.
㉱ 밀도가 일정하므로 출력이 일정하다.

제3과목 : 항공기체

41. 항공기 호스(hose)를 장착할 때 주의 사항으로 틀린 것은?
㉮ 호스가 꼬이지 않도록 한다.
㉯ 내부유체를 식별할 수 있도록 식별표를 부착한다.
㉰ 호스의 진동을 방지하도록 클램프(clamp)로 고정한다.
㉱ 호스에 압력이 가해질 때 늘어나지 않도록 정확한 길이로 설치한다.
[해설] 호스에 압력이 가해지면 수축하므로 5~8% 여유를 준다.

42. 재료에 가해지는 힘이 제거되면 원래의 상태로 돌아가려는 성질은?
㉮ 탄성   ㉯ 전단
㉰ 항복   ㉱ 소성

43. 항공기 날개에 장착되는 장치의 위치가 다르게 짝지어진 것은?
㉮ 크루거 플랩(kruger flap), 슬랫(slat)
㉯ 크루거 플랩(kruger flap), 스플릿 플랩(split flap)
㉰ 슬롯 플랩(slotted flap), 스플릿 플랩(split flap)
㉱ 슬롯 플랩(slotted flap), 플레인 플랩(plain flap)
[해설] 앞전 플랩 : 슬롯과 슬랫, 크루거 플랩, 드루프 앞전

44. 리벳 머리 부분에 볼록하게 튀어 나온 띠(dash)가 두 개 나란히 표시되어 있다면 이 리벳의 재질 기호는?
㉮ AD   ㉯ DD   ㉰ D   ㉱ A

45. 인공시효경화 처리로 강도를 높일 수 있는 가장 좋은 알루미늄 합금은?
㉮ 1100   ㉯ 2024
㉰ 3003   ㉱ 5052

46. 판재를 굴곡작업하기 위한 그림과 같은 도면에서 굴곡 접선의 교차부분에 균열을 방지하기 위한 구멍의 명칭은?

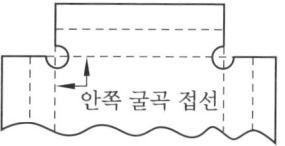

㉮ pilot hole   ㉯ lighting hole
㉰ relief hole   ㉱ countsunk hole

47. 항공기 일부의 부재 파손으로부터 안정성을 보장하기 위한 구조는?
㉮ 경량 구조(light weight structure)
㉯ 샌드위치 구조(sandwich structure)
㉰ 모노코크 구조(monocoque structure)
㉱ 페일세이프 구조(fail-safe structure)

48. 하중배수 선도에 대한 설명으로 옳은 것은?
㉮ 수평비행을 할 때 하중배수는 0 이다.
㉯ 하중배수 선도에서 속도는 진대기 속도를 말한다.
㉰ 구조역학적으로 안전한 조작범위를 제시한 것이다.

[정답] 41. ㉱ 42. ㉮ 43. ㉯ 44. ㉯ 45. ㉯ 46. ㉰ 47. ㉱ 48. ㉰

㉣ 하수배수는 정하중을 현재 작용하는 하중으로 나눈 값이다.

49. 다음과 같은 단면에서 X축에 관한 단면의 2차 모멘트 $\left(I_{XX} = \int_A y^2 dA\right)$는 몇 cm^4인가?

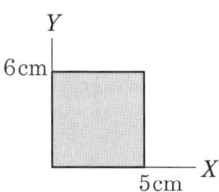

㉮ 240 ㉯ 300
㉰ 360 ㉱ 420

[해설] 옮긴 축에 대한 단면 2차 모멘트
$= \dfrac{bh^3}{3} = \dfrac{5 \times 6^3}{3} = 360 \, cm^4$

50. 트라이 사이클 기어(tricycle gear)에 대한 설명으로 틀린 것은?

㉮ 이·착륙 중에 조종사에게 좋은 시야를 제공한다.
㉯ 기어의 배열은 노스 기어와 메인 기어로 되어 있다.
㉰ 빠른 착륙속도에서 강한 브레이크를 사용할 수 있다.
㉱ 항공기 중력 중심이 메인 기어 후방으로 움직여 그라운드 루핑을 방지한다.

[해설] 앞바퀴형(tricycle gear)은 무게 중심이 주 바퀴 앞에 있어 지상전복(ground loop) 위험이 적다.

51. 다음 중 같은 재질을 가진 금속 판재의 굽힘 허용 값을 결정하는 요소가 아닌 것은?

㉮ 재질의 두께   ㉯ 굽힘각도
㉰ 굽힘기의 용량 ㉱ 곡률반지름

52. 항공기의 최대총무게에서 자기무게를 뺀 것으로 승무원, 승객, 화물 등의 무게를 포함하는 무게는?

㉮ 테어무게(tare weight)
㉯ 유효하중(useful load)
㉰ 최대허용무게(max allowble weight)
㉱ 운항자기무게(operating empty weight)

53. 모노코크 구조와 비교하여 세미모노코크 구조의 차이점에 대한 설명으로 옳은 것은?

㉮ 리브를 추가하였다.
㉯ 벌크헤드를 제거하였다.
㉰ 외피를 금속으로 보강하였다.
㉱ 프레임과 세로대, 스트링거를 보강하였다.

54. 항공기 조종계통에서 회전운동을 이용하여 직선운동의 방향을 90도 변환시키는 부품은?

㉮ 벨 크랭크(bell crank)
㉯ 토크 튜브(torque tube)
㉰ 클레비스 핀(clevis pin)
㉱ 푸시 풀 로드(push pull rod)

55. 비소모성 텅스텐 전극과 모재 사이에서 발생하는 아크열을 이용하여 비피복 용접봉을 용해시켜 용접하며 용접 부위를 보호하기 위해 불활성가스를 사용하는 용접 방법은?

㉮ TIG 용접   ㉯ 가스 용접
㉰ MIG 용접   ㉱ 플라스마 용접

56. 단줄 유니버설 헤드 리벳(universal head rivet) 작업을 할 때 최소 끝거리

및 리벳의 최소 간격(pitch)은?

㉮ 최소 끝거리는 리벳 직경의 2배 이상, 최소 간격은 리벳 직경의 3배
㉯ 최소 끝거리는 리벳 직경의 2배 이상, 최소 간격은 리벳 길이의 3배
㉰ 최소 끝거리는 리벳 직경의 3배 이상, 최소 간격은 리벳 길이의 4배
㉱ 최소 끝거리는 리벳 직경의 3배 이상, 최소 간격은 리벳 직경의 4배

57. 다음 중 앞바퀴형 착륙장치의 장점으로 틀린 것은?

㉮ 조종사의 시야가 좋다.
㉯ 이·착륙 저항이 작고 착륙 성능이 양호하다.
㉰ 가스터빈기관에서 배기가스 분출이 용이하다.
㉱ 중심이 주 바퀴 뒤쪽에 있어 지상전복 위험이 적다.

58. 부적절한 열처리로 결정립계가 큰 반응성을 갖게 되어 입자의 경계에서 발생하며 항공기에 치명적 손상을 줄 수 있는 부식은?

㉮ 찰과 부식
㉯ 응력 부식
㉰ 입계 부식
㉱ 이질금속간의 부식

59. 고장력강으로 니켈강에 크롬이 0.8~1.5% 함유된 것으로 강도를 요하는 봉재나 판재, 그리고 기계 동력을 달하는 축, 기어, 캠, 피스톤 등에 널리 사용되는 것은?

㉮ 니켈강
㉯ 니켈-크롬강
㉰ 크롬강
㉱ 니켈-크롬-몰리브덴강

60. 항공기 무게 측정 결과가 다음과 같다면 자기 무게의 무게 중심 위치는? (단, 8G/L(G/L 당 7.5lbs)의 오일이 -30in의 거리에 보급되어 있다.)

무게점	순무게(lbs)	거리(in)
좌측 주 바퀴	617	68
우측 주 바퀴	614	68
앞바퀴	152	-26

㉮ 61.64 ㉯ 51.64
㉰ 57.67 ㉱ 66.14

[해설] 기본 자기 무게에는 배출 가능한 윤활유는 포함되지 않는다.

무게 중심(c.g)
$$= \frac{617 \times 68 + 614 \times 68 + 152 \times (-26) - 60 \times (-30)}{617 + 614 + 152 - 60}$$
$$= 61.64 \text{ inch}$$

여기서, 8 G/L의 무게는 8×7.5이므로 60 lbs이다.

제4과목 : 항공장비

61. 다음 중 화학적 방빙(anti-icing) 방법을 주로 사용하는 곳은?

㉮ 프로펠러 ㉯ 화장실
㉰ 피토 튜브 ㉱ 실속 경고 탐지기

62. 계기의 지시속도가 일정할 때, 기압이 낮아지면 진대기속도의 변화는?

정답 57. ㉱ 58. ㉰ 59. ㉯ 60. ㉮ 61. ㉮ 62. ㉯

㉮ 감소한다.
㉯ 변화가 없다.
㉰ 증가한다.
㉱ 변화가 일정하지 않다.

63. 자세계(attitude director indicator : ADI)가 지시하는 4가지 요소는?
  ㉮ 하강(flight down) 자세, 피치(pitch) 자세, 요(yaw) 변화율, 미끄러짐(slip)
  ㉯ 롤(roll) 자세, 선회(left&right turn) 자세, 요 변화율, 미끄러짐
  ㉰ 롤 자세, 피치 자세, 기수 방위(heading) 자세, 미끄러짐
  ㉱ 롤 자세, 피치 자세, 요 변화율, 미끄러짐

64. 납산축전지(lead acid battery)의 양극판과 음극판의 수에 대한 설명으로 옳은 것은?
  ㉮ 같다.
  ㉯ 양극판이 한 개 더 많다.
  ㉰ 양극판이 두 개 더 많다.
  ㉱ 음극판이 한 개 더 많다.
  [해설] 음극판의 수는 양극판의 수보다 1개가 더 많으므로 양극판은 항상 음극판 사이에 있게 된다.

65. 다음 중 유선통신 방식이 아닌 것은?
  ㉮ call system
  ㉯ flight interphone system
  ㉰ service interphone system
  ㉱ automatic direction finder

66. 항공계기에 요구되는 조건에 대한 설명으로 옳은 것은?

㉮ 기체의 유효 탑재량을 크게 하기 위해 경량이어야 한다.
㉯ 계기의 소형화를 위하여 화면은 작게 하고 본체는 장착이 쉽도록 크게 해야 한다.
㉰ 주위의 기압과 연동이 되도록 승강계, 고도계, 속도계의 수감부와 케이스는 노출이 되도록 해야 한다.
㉱ 항공기에서 발생하는 진동을 알 수 있도록 계기판에는 방진장치를 설치해서는 안 된다.

67. 자이로의 섭동 각속도를 옳게 나타낸 것은? (단, M : 외부력에 의한 모멘트, L : 자이로 로터의 관성 모멘트이다.)
  ㉮ $\dfrac{M}{L}$ ㉯ $\dfrac{L}{M}$
  ㉰ $L - M$ ㉱ $M \times L$

68. 저항 루프형 화재 탐지 계통을 이루는 장치가 아닌 것은?
  ㉮ 타임스위치   ㉯ 서미스터
  ㉰ 경고계전기   ㉱ 화재경고등

69. 그림과 같은 회로의 회전계는?

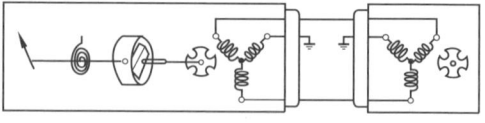

  ㉮ 기계식 회전계
  ㉯ 전기식 회전계
  ㉰ 전자식 회전계
  ㉱ 맴돌이 전류식 회전계

70. 주파수가 100Hz이고, 4A의 전류가 흐

정답 63. ㉱ 64. ㉱ 65. ㉱ 66. ㉮ 67. ㉮ 68. ㉮ 69. ㉯ 70. ㉯

르는 교류회로에서 인덕턴스가 0.01H인 코일의 리액턴스는 얼마인가?

㉮ 1π ㉯ 2π ㉰ 3π ㉱ 4π

[해설] 코일의 리액턴스(X_L)
$$X_L = 2\pi f L = 2\pi \times 100 \times 0.01 = 2\pi$$

71. 다음 중 교류 유도 전동기의 가장 큰 장점은?

㉮ 직류 전원도 사용할 수 있다.
㉯ 다른 전동기보다 아주 작고 가볍다.
㉰ 높은 시동 토크(torque)를 갖고 있다.
㉱ 브러시(brush)나 정류자편이 필요 없다.

72. 다음 중 전기자 코어에서 와전류의 순환을 방지하기 위한 방법은?

㉮ 코어를 절연시킨다.
㉯ 전기자 전류를 제한한다.
㉰ 코어는 얇은 철판을 겹쳐서 만든다.
㉱ 코어 재질과 동일한 가루로 된 철을 사용한다.

73. 객실압력 조절 시 객실압력 조절기에 직접적으로 영향을 받는 것은?

㉮ 공압계통의 압력
㉯ 슈퍼차저의 압축비
㉰ 아웃플로밸브의 개폐
㉱ 터보 컴프레서 속도

74. 항공기가 하강하다가 위험한 상태에 도달하였을 때 작동되는 장비는?

㉮ INS
㉯ weather rader
㉰ GPWS
㉱ radio altimeter

[해설] 대지 접근 경고장치(GPWS : Ground Proximity Warning System)

75. 다음 중 화재탐지장치에서 감지센서로 사용되지 않는 것은?

㉮ 바이메탈(bimetal)
㉯ 열전대(thermocouple)
㉰ 아네로이드(aneroid)
㉱ 공용 염(eutectic salt)

76. 계기착륙장치(insturment landing system)에 대한 설명으로 틀린 것은?

㉮ 계기착륙장치의 지상 설비는 로컬라이저, 글라이드 슬롭, 마커비콘으로 구성된다.
㉯ 항공기가 글라이드 슬롭 위쪽에 위치하고 있을 때는 지시기의 지침은 아래로 흔들린다.
㉰ 항공기가 로컬라이저 코스의 좌측에 위치하고 있을 때는 지시기의 지침은 아래로 흔들린다.
㉱ 로컬라이저 코스와 글라이드 슬롭은 90Hz와 150Hz로 변조한 전파로 만들어지고 항공기 수신기로 양쪽의 변조도를 비교하여 코스 중심을 구한다.

[해설] 항공기가 활주로에서 왼쪽으로 벗어나 있는 경우에는 지시기가 오른쪽으로 벗어나 있다.

77. 유압장치와 공압장치를 비교할 때 공압장치에서 필요 없는 부품은?

㉮ 축압기
㉯ 리듀싱 밸브
㉰ 체크 밸브
㉱ 릴리프 밸브

[정답] 71. ㉱ 72. ㉰ 73. ㉰ 74. ㉰ 75. ㉰ 76. ㉰ 77. ㉮

78. 유압장치의 작동기가 동작하고 있지 않은 상태에서 계통 작동유의 압력이 고르지 못할 때 압력에 대한 완충작용과 동시에 압력조절기의 작동 빈도를 낮추기 위한 장치는?
- ㉮ 리저버 (reservoir)
- ㉯ 축압기 (accumulator)
- ㉰ 체크 밸브 (check valve)
- ㉱ 선택 밸브 (selector valve)

79. 9A의 전류가 흐르고 있는 4Ω 저항의 양끝 사이의 전압은 몇 V인가?
- ㉮ 12
- ㉯ 23
- ㉰ 32
- ㉱ 36

[해설] 전압$(E) = IR = 9 \times 4 = 36\,\Omega$

80. 항공기 안테나에 대한 설명으로 옳은 것은?
- ㉮ 첨단 항공기는 안테나가 필요 없다.
- ㉯ 일반적으로 주파수가 높을수록 작아진다.
- ㉰ VHF 통신용으로는 주로 루프 안테나가 사용된다.
- ㉱ HF 통신용은 전리층 반사파를 이용하기 때문에 안테나가 필요 없다.

2014년도 시행 문제

▶ 2014년 3월 2일 시행

자격종목	시험시간	문제 수	형 별
항공 산업기사	2시간	80	A

제1과목 : 항공역학

1. 전진하는 회전날개 깃에 작용하는 양력을 헬리콥터 전진속도(V)와 주 회전날개의 회전속도(v)로 옳게 설명한 것은?

㉮ $(v+V)^2$에 비례한다.
㉯ $(v-V)^2$에 비례한다.
㉰ $\left(\dfrac{v+V}{v-V}\right)^2$에 비례한다.
㉱ $\left(\dfrac{v-V}{v+V}\right)^2$에 비례한다.

[해설] 전진속도와 회전속도가 같은 방향일 때는 최댓값을 가지고, 전진속도와 회전속도가 반대방향이 되어 최솟값을 갖는다. 양력은 속도의 제곱에 비례를 한다.

2. 물체 표면을 따라 흐르는 유체의 천이(transition)현상을 옳게 설명한 것은?

㉮ 충격 실속이 일어나는 현상이다.
㉯ 층류에 박리가 일어나는 현상이다.
㉰ 층류에서 난류로 바뀌는 현상이다.
㉱ 흐름이 표면에서 떨어져 나가는 현상이다.

3. 무게가 100 kg인 조종사가 2000 m의 상공을 일정속도로 낙하산으로 강하하고 있을 때 낙하산 지름이 7 m, 항력계수가 1.3이라면 낙하속도는 약 몇 m/s인가? (단, 공기밀도는 0.1 kgf·s²/m⁴이며 낙하산의 무게는 무시한다.)

㉮ 6.3   ㉯ 4.4
㉰ 2.2   ㉱ 1.6

[해설] 낙하속도(V) = $\sqrt{\dfrac{2D}{\rho S C_D}}$

= $\sqrt{\dfrac{2 \times 100}{0.1 \times \left(\dfrac{\pi \times 7^2}{4}\right) \times 1.3}}$ = 6.3 m/s

여기에서 일정속도로 수직강하를 하고 있으므로 $D=W$ 와 같다.

4. 무게가 500 kgf인 비행기가 30도의 경사로 정상선회를 하고 있다면 이때 비행기의 원심력은 약 몇 kgf 인가?

㉮ 250   ㉯ 289
㉰ 353   ㉱ 433

[해설] 원심력(C.F) = $W \tan\theta$ = 500 tan30
= 289 kgf

5. 다음과 같은 [조건]에서 헬리콥터의 원판하중은 약 몇 kgf/m² 인가?

[조건] – 헬리콥터의 총중량 : 800 kgf
        – 기관 출력 : 60 hp
        – 회전날개의 반지름 : 2.8 m
        – 회전날개 깃의 수 : 2개

㉮ 25.5   ㉯ 28.5
㉰ 30.5   ㉱ 32.5

정답 1. ㉮   2. ㉰   3. ㉮   4. ㉯   5. ㉱

[해설] 원판하중 = 하중/원의 면적

$$= \frac{800}{\pi \times 2.8^2} = 32.5 \, \text{kgf/m2}$$

6. 그림과 같은 프로펠러 항공기 이륙경로에서 이륙거리는?

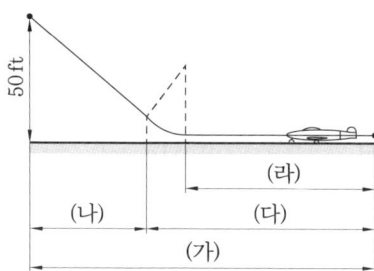

㉮ (가) ㉯ (나)
㉰ (다) ㉱ (라)

[해설] 이륙거리 : 비행기가 정지상태에서 출발하여 프로펠러기는 15 m (50 ft), 제트기는 10.7 m (30 ft)가 될 때까지의 지상 수평거리
이륙거리 = 지상 활주거리 + 상승거리

7. 항공기의 필요동력과 속도와의 관계로 옳은 것은?

㉮ 속도에 반비례한다.
㉯ 속도의 제곱에 비례한다.
㉰ 속도의 세제곱에 비례한다.
㉱ 속도의 제곱에 반비례한다.

[해설] 필요마력 = $\frac{DV}{75} = \frac{1}{150} \rho V^3 C_D S$

8. 프로펠러가 회전하면서 작용하는 원심력에 의해 발생되는 것으로 짝지어진 것은?

㉮ 휨응력, 굽힘모멘트
㉯ 인장응력, 비틀림모멘트
㉰ 압축압력, 굽힘모멘트
㉱ 압축응력, 비틀림모멘트

[해설] 회전하는 프로펠러 깃에는 공기력 비틀림 모멘트와 원심력 비틀림 모멘트가 발생을 한다. 원심력은 프로펠러 회전에 의해 발생을 하며, 이 원심력에 의해 프로펠러 깃에는 인장응력이 발생된다.

9. 다음 [보기]에서 설명하는 대기층은?

[보기] - 고도에 따라 기온이 감소한다.
       - 대기의 순환이 일어난다.
       - 기상현상이 일어난다.

㉮ 대류권   ㉯ 성층권
㉰ 중간권   ㉱ 열권

10. 비행기의 이륙활주거리를 짧게 하기 위한 방법이 아닌 것은?

㉮ 기관의 추력을 크게 한다.
㉯ 비행기의 무게를 감소한다.
㉰ 슬랫(slat)과 플랩(flap)를 사용한다.
㉱ 항력을 줄이기 위해 작은 날개를 이용한다.

11. 100 m/s로 비행하는 프로펠러 항공기에서 프로펠러를 통과하는 순간의 공기 속도가 120 m/s가 되었다면, 이 항공기의 프로펠러 효율은 약 얼마인가?

㉮ 76 %   ㉯ 83.3 %
㉰ 91 %   ㉱ 97.4 %

[해설] 프로펠러 효율 = $\frac{100}{120} \times 100 = 83.3\%$

12. 비행기가 음속에 가까운 속도로 비행 시 속도를 증가시킬수록 기수가 내려가려는 현상은?

㉮ 피치 업 (pitch up)

정답 6. ㉮ 7. ㉰ 8. ㉯ 9. ㉮ 10. ㉱ 11. ㉯ 12. ㉯

㉯ 턱 언더(tuck under)
㉰ 디프 실속(deep stall)
㉱ 역 빗놀이(adverse yaw)

13. 고정익 항공기의 도살핀(dorsal fin)과 벤트랄 핀(ventral fin)의 기능에 대한 설명으로 틀린 것은?
㉮ 더치롤 특성을 저해시킬 수 있다.
㉯ 큰 받음각에서 요댐핑(yaw damping)을 증가시키는 데 효과적이다.
㉰ 나선발산(spiral divergence) 시의 비행특성에 영향을 준다.
㉱ 프로펠러에서 발생하는 나선후류의 영향을 줄이는 역할을 한다.

14. 비행기가 고속으로 비행할 때 날개 위에서 충격실속이 발생하는 시기는?
㉮ 아음속에서 생긴다.
㉯ 극초음속에서 생긴다.
㉰ 임계 마하수에 도달한 후에 생긴다.
㉱ 임계 마하수에 도달하기 전에 생긴다.

15. 비행기의 세로안정을 좋게 하기 위한 방법이 아닌 것은?
㉮ 수직꼬리날개의 면적을 증가시킨다.
㉯ 수평꼬리날개 부피계수를 증가시킨다.
㉰ 무게중심이 날개의 공기역학적 중심 앞에 위치하도록 한다.
㉱ 무게중심에 관한 피칭 모멘트계수가 받음각이 증가함에 따라 음(−)의 값을 갖도록 한다.

16. 활공기에서 활공거리를 증가시키기 위한 방법으로 옳은 것은?
㉮ 압력항력을 크게 한다.
㉯ 형상항력을 최대로 한다.
㉰ 날개의 가로세로비를 크게 한다.
㉱ 표면 박리현상 방지를 위하여 표면을 적절히 거칠게 한다.

17. 날개(wing)의 공기력 중심에 대한 설명으로 옳은 것은?
㉮ 받음각이 클수록 앞쪽으로 이동한다.
㉯ 캠버가 클수록 같은 양력변화에 따라 이동량이 크다.
㉰ 압력 중심과 공기력 중심은 일치하는 것이 일반적이다.
㉱ 키놀이 모멘트의 크기가 받음각에 대하여 변화되지 않는 점을 말한다.

18. 레이놀즈 수(Reynolds number)에 대한 설명으로 틀린 것은?
㉮ 무차원수이다.
㉯ 유체의 관성력과 점성력의 비이다.
㉰ 레이놀즈 수가 클수록 유체의 점성이 크다.
㉱ 유체의 속도가 빠를수록 레이놀즈 수는 크다.

[해설] 레이놀즈 수(R_e)
$$= \frac{관성력}{점성력} = \frac{압력항력}{마찰항력} = \frac{\rho VL}{\mu} = \frac{VL}{\nu}$$

19. 일반적인 형태의 비행기는 3축에 대한 회전운동을 각각 담당하는 3종류의 주조종면을 가진다. 하지만 수평꼬리 날개가 없는 전익기나 델타익기의 2축에 대한 회전운동을 1종류의 조종면이 복합적으로 담당하는데 이때의 조종면 명칭은?
㉮ 키나드(canard)
㉯ 엘레본(elevon)

정답 13. ㉱ 14. ㉰ 15. ㉮ 16. ㉰ 17. ㉱ 18. ㉰ 19. ㉯

㈐ 플래퍼론 (flaperon)
㈑ 테일러론 (taileron)

20. 프로펠러 항공기가 최대 항속시간으로 비행하기 위한 조건으로 옳은 것은?

㈎ $\left(\dfrac{C_D^{\frac{3}{2}}}{C_L}\right)$ 최소 ㈏ $\left(\dfrac{C_L^{\frac{3}{2}}}{C_D}\right)$ 최소

㈐ $\left(\dfrac{C_D^{\frac{3}{2}}}{C_L}\right)$ 최대 ㈑ $\left(\dfrac{C_L^{\frac{3}{2}}}{C_D}\right)$ 최대

제2과목 : 항공기관

---

21. 표준상태에서의 이상기체 20 L를 5기압으로 압축하였을 때 부피는 몇 L인가? (단, 변화과정 중 온도는 일정하다.)

㈎ 0.25 ㈏ 2.5
㈐ 4   ㈑ 10

[해설] 등온과정
$Pv =$ 일정

22. 항공기 왕복기관의 부자식 기화기에서 가속 펌프를 사용하는 주된 목적은?

㈎ 이륙 시 기관구동펌프를 가속시키기 위해서
㈏ 고출력 고정 시 부가적인 연료를 공급하기 위해서
㈐ 높은 온도에서 혼합가스를 농후하게 하기 위해서
㈑ 스로틀(throttle)이 갑자기 열릴 때 부가적인 연료를 공급시키기 위해서

23. 지시마력을 나타내는 식 $iHP = \dfrac{P_{mi}LANK}{75 \times 2 \times 60}$ 에서 N이 의미하는 것은? (단, P_{mi} : 지시평균유효압력, L : 행정길이, A : 실린더 단면적, K : 실린더 수이다.)

㈎ 기계효율
㈏ 축마력
㈐ 기관의 분당 회전수
㈑ 제동평균 유효압력

24. 보정캠(compensated cam)을 가진 마그네토를 장착한 9기통 성형기관의 회전속도가 100rpm일 때 [보기]의 각 요소가 옳게 나열된 것은?

[보기] ㉠ 보정캠의 회전수(rpm)
       ㉡ 보정캠의 로브 수
       ㉢ 분당 브레이커 포인트 열림 및 닫힘 횟수

㈎ ㉠ 50 ㉡ 9   ㉢ 900
㈏ ㉠ 50 ㉡ 9   ㉢ 450
㈐ ㉠ 100 ㉡ 9   ㉢ 450
㈑ ㉠ 100 ㉡ 18 ㉢ 900

[해설] 보정캠의 로브 수는 실린더 수와 같으며, 보정캠 축의 회전속도는 크랭크 축 회전속도의 $\dfrac{1}{2}$이 된다.

25. 다음 중 프로펠러 조속기의 파일럿(pilot)밸브의 위치를 결정하는데 직접적인 영향을 주는 것은?

㈎ 엔진오일 압력   ㈏ 조종사의 위치
㈐ 펌프오일 압력   ㈑ 플라이 웨이트

26. 그림과 같은 브레이턴 사이클 선도의 각 단계와 가스 터빈 기관의 작동 부위를

[정답] 20. ㈑ 21. ㈐ 22. ㈑ 23. ㈐ 24. ㈏ 25. ㈑ 26. ㈏

옳게 짝지은 것은?

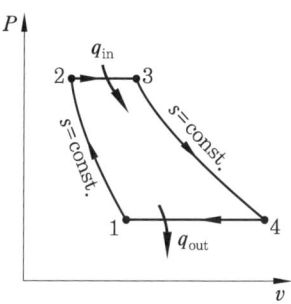

㉮ 1→2 : 디퓨저 ㉯ 2→3 : 연소기
㉰ 3→4 : 배기구 ㉱ 4→1 : 압축기

[해설] 브레이턴 사이클
단열압축 (1→2 : 압축기)
정압수열 (2→3 : 연소실)
단열팽창 (3→4 : 터빈)
정압방열 (4→1 : 배기구)

27. 원심형 압축기 단점으로 옳은 것은?
㉮ 단당압력비가 작다.
㉯ 무게가 무겁고 시동출력 낮다.
㉰ 동일 추력에 대하여 전면면적이 크다.
㉱ 축류형 압축기와 비교해 제작이 어렵고 가격이 비싸다.

28. 디토네이션(detonation)을 발생시키는 과도한 온도와 압력의 원인이 아닌 것은?
㉮ 늦은 점화시기
㉯ 높은 흡입공기 온도
㉰ 연료의 낮은 옥탄가
㉱ 희박한 연료-공기 혼합비

29. 왕복기관을 시동할 때 기화기 공기 히터(carburetor airheater)의 조작 장치 상태는?
㉮ hot 위치
㉯ neutral 위치
㉰ cracked 위치
㉱ cold(normal) 위치

[해설] 기화기 공기 히터는 기화기가 결빙 시에만 사용하고 정상위치(cold position)에 놓았을 때에는 히터 덕트는 막혀 있다.

30. 프로펠러 작동 시 원심(centrifugal) 비틀림 모멘트는 어떤 작용을 하는가?
㉮ 피치각을 감소시킨다.
㉯ 피치각을 증가시킨다.
㉰ 회전방향으로 깃(blade)을 굽히게(bend) 한다.
㉱ 비행 진행방향의 뒤쪽으로 깃(blade)을 굽히게 한다.

31. 다음 중 터보 제트 기관의 회전수가 일정할 때 밀도만 고려 시 추력이 가장 큰 경우는?
㉮ 고도 10000 ft에서 비행할 때
㉯ 고도 20000 ft에서 비행할 때
㉰ 대기온도 15℃인 해면에서 작동할 때
㉱ 대기온도 25℃인 지상에서 작동할 때

[해설] 추력과 밀도와의 관계 : 추력은 밀도와 비례를 한다. 공기밀도는 온도와 반비례를 한다.

32. 항공기용 가스 터빈 기관 연료계통에서 연료 매니폴드로 가는 1차 연료와 2차 연료를 분배하는 역할을 하는 부품은?
㉮ P&D 밸브   ㉯ 체크 밸브
㉰ 스로틀 밸브 ㉱ 파워레버

33. 오일의 점성은 다음 중 무엇을 측정하는 것인가?
㉮ 밀도

㉯ 발화점
㉰ 비중
㉱ 흐름에 대한 저항

34. 항공기관의 후기 연소기에 대한 설명으로 틀린 것은?

㉮ 전면면적의 증가 없이 추력을 증가시킨다.
㉯ 연료의 소비량 증가 없이 추력을 증가시킨다.
㉰ 총 추력의 약 50%까지 추력의 증가가 가능하다.
㉱ 고속 비행하는 전투기에 사용 시 추력이 증가된다.

[해설] 후기 연소기를 사용하면 연료 소비량은 약 3배가 증가한다.

35. 왕복 성형 기관의 크랭크축에서 정적 평형은 어느 것에 의해 이루어지는가?

㉮ dynamic damper
㉯ counter weight
㉰ dynamic suspension
㉱ split master rod

36. 밸브 가이드(valve guide)의 마모로 발생할 수 있는 문제점은?

㉮ 높은 오일 소모량
㉯ 낮은 오일 압력
㉰ 낮은 실린더 압력
㉱ 높은 오일 압력

37. [보기]에 나열된 왕복기관의 종류는 어떤 특성으로 분류한 것인가?

[보기] V형, X형, 대향형, 성형

㉮ 기관의 크기
㉯ 실린더의 회전 상태
㉰ 기관의 장착위치
㉱ 실린더의 배열 형태

38. 판재로 제작된 기관부품에 발생하는 결함으로써 움푹 눌린 자국을 무엇이라고 하는가?

㉮ nick   ㉯ dent
㉰ tear   ㉱ wear

39. 제트 기관 시동 시 EGT가 규정한계치 이상으로 증가하는 과열 시동의 원인이 아닌 것은?

㉮ 연료의 과다 공급
㉯ 연료조정장치의 고장
㉰ 시동기 공급 동력의 불충분
㉱ 압축기 입구부에서 공기 흐름의 제한

40. 일반적인 아음속기의 공기흡입구 형상으로 옳은 것은?

㉮ 확산(divergent)형 덕트
㉯ 수축(convergent)형 덕트
㉰ 수축-확산(convergent-divergent)형 덕트
㉱ 확산-수축(divergent-convergent)형 덕트

제3과목 : 항공기체

41. 다음 중 항공기의 총무게(gross weight)에 대한 설명으로 옳은 것은?

정답 34. ㉯ 35. ㉯ 36. ㉮ 37. ㉱ 38. ㉯ 39. ㉰ 40. ㉮ 41. ㉱

㉮ 항공기 무게 중심을 말한다.
㉯ 기체무게에서 자기무게를 뺀 무게이다.
㉰ 항공기 내의 고정 위치에 실제로 장착되어 있는 하중이다.
㉱ 특정 항공기에 인가된 최대하중으로 형식증명서(type certificate)에 기재되어 있다.

42. 유효길이 20 in의 토크렌치에 10 in인 연장공구를 사용하여 1000 in-lbs의 토크로 볼트를 조이려고 한다면 토크 렌치의 지시값은 약 몇 in-lbs인가?
㉮ 100 ㉯ 333
㉰ 666 ㉱ 2000

[해설] $R = \dfrac{L \cdot T}{L+E} = \dfrac{20 \times 1000}{20+10} = 666$ in-lbs

43. 금속재료의 인장시험에 대한 설명으로 옳은 것은?
㉮ 재료시험편을 서서히 인장시켜 항복점, 인장강도, 연신율 등을 측정하는 시험이다.
㉯ 재료시험편을 서서히 인장시켜 브리넬 인장, 로크웰 경도 등을 측정하는 시험이다.
㉰ 재료시험편을 서서히 인장시켰을 때 탄성에 의한 비커스 경도, 쇼어 경도 등을 측정하는 시험이다.
㉱ 재료시험편을 서서히 인장시켜 충격에 의한 충격강도, 취성강도를 측정하는 것이다.

44. 항공기 재료인 알루미늄 합금은 어디에 해당하는가?
㉮ 철금속 ㉯ 비철금속
㉰ 비금속 ㉱ 복합재료

45. 세미모노코크(semi-monocoque) 구조 형식의 항공기에서 동체가 비틀림 하중에 의해 변형되는 것을 방지하는 역할을 하며 프레임과 유사한 모양의 부재는?
㉮ 표피 (skin)
㉯ 스트링어 (stringer)
㉰ 스파 (spar)
㉱ 벌크헤드 (bulkhead)

46. 세미모노코크(semi-monocoque) 구조 형식 날개의 구성 부재가 아닌 것은?
㉮ 표피 (skin)   ㉯ 링 (ring)
㉰ 스파 (spar)   ㉱ 리브 (rib)

47. 가스용접기에서 가스용기와 토치를 연결하는 호스의 구분에 대한 설명으로 옳은 것은?
㉮ 산소호스는 노란색, 아세틸렌가스호스는 검정색으로 표시한다.
㉯ 산소호스는 빨간색, 아세틸렌가스호스는 하얀색으로 표시한다.
㉰ 산소호스는 녹색(또는 초록색), 아세틸렌가스호스는 빨간색으로 표시한다.
㉱ 산소호스와 아세틸렌가스호스는 호스에 기호를 표시하여 구별한다.

48. 그림과 같은 단면에서 y축에 관한 단면의 1차 모멘트는 몇 cm³인가? (단, 점선은 단면의 중심선을 나타낸 것이다.)

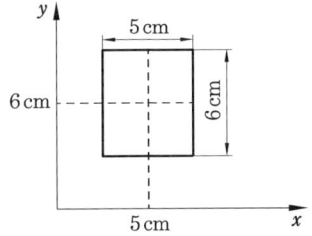

[정답] 42. ㉰ 43. ㉮ 44. ㉯ 45. ㉱ 46. ㉯ 47. ㉰ 48. ㉮

㉮ 150　㉯ 180　㉰ 200　㉱ 220

[해설] y축에 대한 단면 1차 모멘트
$$Q_y = \bar{x}A = 5 \times 30 = 150 \text{ cm}^3$$

49. SAE6150 합금강에서 숫자 "6"이 의미하는 것은?
㉮ 크롬-바나듐
㉯ 4 %의 탄소강
㉰ 크롬-몰리브덴
㉱ 0.04 %의 탄소강

50. 판금 작업 시 구부리는 판재에서 바깥면의 굽힘 연장선의 교차점과 굽힘 접선과의 거리를 무엇이라 하는가?
㉮ 세트백 (set back)
㉯ 굽힘각도 (degree of bend)
㉰ 굽힘여유 (bend allowance)
㉱ 최소반지름 (minimum radius)

51. 판금성형 작업 시 릴리프 홀(relief hole)의 지름치수는 몇 인치 이상의 범위에서 굽힘 반지름의 치수로 하는가?
㉮ 1/32　㉯ 1/16
㉰ 1/8　㉱ 1/4

[해설] 릴리프 홀의 크기는 판재 두께에 따라 다르지만 $\frac{1}{8}$ in 이상이어야 한다.

52. 접개식 강착장치(retractable landing gear)에서 부주의로 인해 착륙장치가 접히는 것을 방지하기 위한 안전 장치로 나열한 것은?
㉮ DOWN LOCK, SAFETY PIN, UP LOCK
㉯ DOWN LOCK, UP LOCK, GROUND LOCK
㉰ UP LOCK, SAFETY PIN, GROUND LOCK
㉱ DOWN LOCK, SAFETY PIN, GROUND LOCK

53. 그림과 같은 항공기에서 앞바퀴에 170 kg, 뒷바퀴 전체에 총 540 kg이 작용하고 있다면 중심위치는 기준선으로 부터 약 몇 m 떨어진 지점인가?

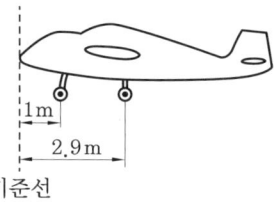

㉮ 2.91　㉯ 2.45　㉰ 1.31　㉱ 1

[해설] 무게중심$(c.g) = \dfrac{\text{총 모멘트}}{\text{총무게}}$
$$= \frac{170 \times 1 + 540 \times 2.9}{170 + 540} = 2.45 \text{ m}$$

54. 항공기용 볼트의 부품번호가 "AN3H-5A"인 경우 이 볼트의 재질은?
㉮ 알루미늄 합금　㉯ 내식강
㉰ 마그네슘 합금　㉱ 합금강

55. 그림과 같은 $V-n$ 선도에서 조종사가 아무리 급격한 조작을 하여도 구조상 안전하여 기체가 파괴에 이르지 않는 비행상황에 해당되는 것은?

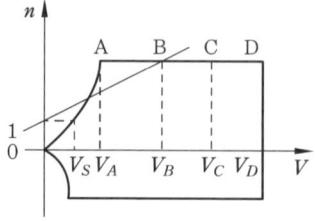

정답 49. ㉮　50. ㉮　51. ㉰　52. ㉱　53. ㉯　54. ㉱　55. ㉮

㉮ A ㉯ B ㉰ C ㉱ D

56. 두 판을 연결하기 위하여 외줄(single row) 둥근머리리벳(round head rivet) 작업을 할 때 리벳 최소 연거리 및 리벳 간격으로 옳은 것은? (단, D는 리벳의 직경이다.)

㉮ 연거리 : $\frac{1}{2}D$, 리벳간격 : $2D$
㉯ 연거리 : $2D$, 리벳간격 : $3D$
㉰ 연거리 : $2\frac{1}{2}D$, 리벳간격 : $2D$
㉱ 연거리 : $5D$, 리벳간격 : $3D$

57. 페일세이프(failsafe) 구조 개념을 옳게 설명한 것은?

㉮ 절대 파괴가 안 되는 완벽한 구조이다.
㉯ 이상적인 목표이나 실제로는 불가능한 구조이다.
㉰ 일부 구조물이 파손되더라도 전체 구조물의 안전을 보장하는 구조이다.
㉱ 파손이 일어나면 안전이 보장될 수 없다는 구조이다.

58. 조종간이나 방향키 페달의 움직임을 전기적인 신호로 변환하고 컴퓨터에 입력 후 전기, 유압식 작동기를 통해 조종계통을 작동하는 조종방식은?

㉮ power control system
㉯ automatic pilot system
㉰ fly-by-wire control system
㉱ push pull rod control system

59. 두 종류의 금속이 접촉한 곳에 습기가 침투하여 전해질이 형성될 때 전지현상에 의하여 양극이 되는 부분에 발생하는 부식은?

㉮ 표면부식 ㉯ 점부식
㉰ 입자간 부식 ㉱ 이질금속간 부식

60. 항공기 기체 구조의 리깅(rigging)작업 시 구조의 얼라인먼트(alignment) 점검 사항이 아닌 것은?

㉮ 날개 상반각
㉯ 수직 안정판 상반각
㉰ 수평 안정판 장착각
㉱ 착륙장치의 얼라인먼트

제4과목 : 항공장비

61. 단파(HF) 통신에서 안테나 커플러(antenna coupler)의 주된 목적은?

㉮ 송수신 장치와 안테나를 접속시키기 위하여
㉯ 송수신 장치와 안테나의 전기적인 매칭(matching)을 위하여
㉰ 송수신 장치에서 주파수 선택을 용이하게 하기 위하여
㉱ 송수신 장치의 안테나를 항공기 기체에 장착하기 위하여

62. 다음 중 항공기 결빙을 막거나 조절하는데 사용되는 방법이 아닌 것은?

㉮ 아세톤 분사
㉯ 고온공기 이용
㉰ 전기적 열에 의한 가열
㉱ 공기가 주입되는 부츠(boots)의 이용

정답 56. ㉯ 57. ㉰ 58. ㉰ 59. ㉱ 60. ㉯ 61. ㉯ 62. ㉮

63. 서로 다른 종류의 금속을 접합하여 온도 계기로 사용하는 열전대(thermocouple)에 대한 설명으로 옳은 것은?
㉮ 사용하는 금속은 동과 철이다.
㉯ 브리지 회로를 만들어 전압을 공급한다.
㉰ 출력에 나타나는 전압은 온도에 반비례한다.
㉱ 지시계 접합부의 온도를 바이메탈로 냉점보정한다.

64. 전자기파 60MHz 주파수에 파장은 몇 m인가?
㉮ 5 ㉯ 10 ㉰ 15 ㉱ 20

[해설] 파장$(\lambda) = \dfrac{빛의 속도(c)}{주파수(f)}$
$= \dfrac{30\,\mathrm{km/s}}{60\,\mathrm{MHz}} = 5\,\mathrm{m}$

65. 정류기(rectifier)의 기능은 무엇인가?
㉮ 직류를 교류로 변환
㉯ 계기 작동에 이용
㉰ 교류를 직류로 변환
㉱ 배터리 충전에 사용

66. 최댓값이 141.4V인 정형파 교류의 실효값은 약 몇 V인가?
㉮ 90 ㉯ 100 ㉰ 200 ㉱ 300

[해설] 실효값 = 0.707 × 최댓값
= 0.707 × 141.4 = 100V

67. 항공기 유압회로에서 필터(filter)에 부착되어 있는 차압지시계(differential pressure indicator)의 주된 목적은?
㉮ 필터 엘리먼트(element)가 오염되어 있는 상태를 알기 위한 지시계이다.
㉯ 필터 입력회로에 유압의 압력차를 지시하기 위한 지시계이다.
㉰ 필터 출력회로에서 귀환되어 유압의 압력차를 지시하기 위한 지시계이다.
㉱ 필터 출력회로에 압력이 높아질 경우 압력차를 알기 위한 지시계이다.

68. 다용도 측정기기 멀티미터(multimeter)를 이용하여 전압, 전류 및 저항 측정 시 주의사항이 아닌 것은?
㉮ 전류계는 측정하고자 하는 회로에 직렬로, 전압계는 병렬로 연결한다.
㉯ 저항계는 전원이 연결되어 있는 회로에 절대로 사용하여서는 아니된다.
㉰ 저항이 큰 회로에 전압계를 사용할 때는 저항이 작은 전압계를 사용하여 계기의 션트 작용을 방지해야 한다.
㉱ 전류계와 전압계를 사용할 때는 측정 범위를 예상해야 하지만, 그렇지 못할 때는 큰 측정 범위부터 시작하여 적합한 눈금에서 읽게 될 때까지 측정범위를 낮추어 간다.

69. 항공기에서 주 교류 전원이 없을 때 배터리 전원으로 교류전원을 발생시키는 장치는?
㉮ 컨버터   ㉯ DC 발전기
㉰ 인버터   ㉱ 바이브레이터

70. 위성 통신에 관한 설명으로 틀린 것은?
㉮ 지상에 위성 지구국과 우주에 위성이 필요하다.
㉯ 통신의 정확성을 높이기 위하여 전파

의 상향과 하향 링크 주파수는 같다.
㉰ 장거리 광역통신에 적합하고 통신거리 및 지형에 관계 없이 전송 품질이 우수하다.
㉱ 위성 통신은 지상의 지구국과 지구국 또는 이동국 사이의 정보를 중계하는 무선통신방식이다.

[해설] 위성통신 : 위성통신용 전파는 간섭을 피하기 위하여 상향 링크 주파수와 하향 링크 주파수를 다르게 사용하고 있으며, C대역과 Ku대역이 주로 사용된다.

71. 자기컴퍼스의 조명을 위한 배선 시 지시오차를 줄여 주기 위한 효율적인 배선 방법으로 옳은 것은?
㉮ -선을 가능한 자기컴퍼스 가까이에 접지시킨다.
㉯ +선과 -선은 가능한 충분한 간격을 두고 -선에는 실드선을 사용한다.
㉰ 모든 전선은 실드선을 사용하여 오차의 원인을 제거한다.
㉱ +선과 -선을 꼬아서 합치고 접지점을 자기컴퍼스에서 충분히 멀리 뗀다.

72. 객실압력 경고 혼(horn)이 울리는 고도와 승객 산소 공급계통의 산소마스크가 자동으로 나타나게 되는 고도는 각각 몇 ft인가?
㉮ 8000ft, 14000ft
㉯ 8000ft, 10000ft
㉰ 10000ft, 15000ft
㉱ 10000ft, 14000ft

[해설] 객실여압 : 객실 내의 기압이 8000ft에 해당하는 기압 이하로 내려가지 않도록 규정하고 있으며, 자동조절장치가 고장나서 10000ft를 초과하면 경고음이 울려 조종사

가 조치를 취하도록 하고 있다. 승객산소 공급계통은 객실의 압력고도가 14000ft 이상일 때 자동적으로 산소마스크가 공급된다.

73. 자이로신 컴퍼스의 자방위판(컴퍼스 카드)은 어떤 신호에 의해 구동되는가?
㉮ 플럭스 밸브에서 전기신호
㉯ 방향자이로 지시계(정침의)의 신호
㉰ 자이로수평 지시계(수평의)의 신호
㉱ 초단파 전방위 무선 표시장치의(VOR)의 신호

74. 다음 중 자장항법장치(independent position determining)가 아닌 장비는?
㉮ VOR   ㉯ weather radar
㉰ GPWS ㉱ radio altimeter

75. 속도를 지시하는 방법으로 전압(total pressure)과 정압(static pressure) 차를 감지하여 해면고도에서의 밀도를 도입하여 계기에 지시하는 속도는?
㉮ 등가대기속도 (EAS)
㉯ 진대기속도 (TAS)
㉰ 지시대기속도 (IAS)
㉱ 수정대기속도 (CAS)

76. 다음 중 가변 용량 펌프에 해당하는 것은?
㉮ 제로터형 펌프   ㉯ 기어형 펌프
㉰ 피스톤형 펌프   ㉱ 베인형 펌프

[해설] 피스톤형 펌프 : 피스톤이 실린더 내에서 왕복운동을 하여 펌프작용을 하며, 고속, 고압의 유압장치에 적합하다. 고정체적형과 가변체적형이 있고, 축방향 피스톤 펌프와 반지름 방향 피스톤 펌프가 있다.

정답 71. ㉱ 72. ㉱ 73. ㉮ 74. ㉮ 75. ㉰ 76. ㉰

77. 교류 발전기의 출력 주파수를 일정하게 유지시키는데 사용되는 것은?
㉮ magn-amp
㉯ brushless
㉰ carbon pile
㉱ constant speed drive

[해설] 정속구동장치(CSD : Constant Speed Drive) : 교류 발전기에서 기관의 회전수에 관계없이 일정한 출력 주파수를 발생할 수 있도록 하는 장치

78. 배기가스를 히터로 사용하는 계통에서 부품의 결함을 검사하는 방법으로 가장 효율적인 것은?
㉮ 자기탐상검사를 주기적으로 실시한다.
㉯ 주기적으로 일산화탄소 감지시험을 한다.
㉰ 기관 오버홀 시 히터를 새것으로 교환한다.
㉱ 매 100시간마다 배기계통의 부품을 교환한다.

79. 전자식 객실 온도 조절기에서 혼합밸브의 목적은?
㉮ 차가운 공기 흐름의 방향 변화를 위해서
㉯ 공기를 가스에서 액체로 변화시키기 위해서
㉰ 장치 내의 프레온과 오일을 혼합하기 위해서
㉱ 더운 공기와 찬공기를 혼합하여 분배하기 위해

80. 통신위성시스템에서 지구국의 일반적인 구성이 아닌 것은?
㉮ 송·수신계　　㉯ 감쇠계
㉰ 변·복조계　　㉱ 안테나계

정답 77. ㉱　78. ㉯　79. ㉱　80. ㉯

▶ 2014년 5월 25일 시행

자격종목	시험시간	문제 수	형 별	수험번호	성 명
항공 산업기사	2시간	80	A		

제1과목 : 항공역학

1. 프로펠러 항공기의 항속거리를 최대로 하기 위한 조건으로 옳은 것은? (단, C_{Dp}는 유해항력계수, C_{Di}는 유도항력계수이다.)

㉮ $C_{Dp} = C_{Di}$ ㉯ $C_{Dp} = 2C_{Di}$
㉰ $C_{Dp} = 3C_{Di}$ ㉱ $3C_{Dp} = C_{Di}$

[해설] 최대 항속거리의 조건으로는 양항비가 최대가 되어야 한다. 이러한 조건을 만족하기 위해서는 유해항력계수와 유도항력계수가 같아야 한다. 즉, $C_{Dp} = C_{Di}$이다.

2. 다음 중 프로펠러 효율에 대한 설명으로 옳은 것은?

㉮ 축동력에 비례한다.
㉯ 회전력계수에 비례한다.
㉰ 진행률에 비례한다.
㉱ 추력계수에 반비례한다.

[해설] 프로펠러 효율은 진행률에 따라 결정되며, 하나의 깃각에서 효율이 최대가 되는 진행률은 1개뿐이다. 진행률이 작을 때에는 깃각을 작게 하고 진행률이 커짐에 따라 깃각을 크게 해야만 효율이 좋아진다.

3. 밀도가 $0.1 \text{kg} \cdot \text{s}^2/\text{m}^4$인 대기를 120 m/s의 속도로 비행할 때 동압은 몇 kg/m² 인가?

㉮ 520 ㉯ 720
㉰ 1020 ㉱ 1220

[해설] 동압$(q) = \frac{1}{2}\rho V^2 = \frac{1}{2} \times 0.1 \times 120^2$
$= 720 \text{ kg/m}^2$

4. 헬리콥터가 자전강하(auto-rotation)를 하는 경우로 가장 적합한 것은?

㉮ 무동력 상승비행
㉯ 동력 상승비행
㉰ 무동력 하강비행
㉱ 동력 하강비행

[해설] 헬리콥터는 비행 중 엔진에 문제가 생겼을 때 일정 고도와 속도를 유지하고 있었다면, 자전강하하여 안전하게 지상에 착륙할 수 있다. 헬리콥터 엔진이 고장나면 엔진은 자동적으로 트랜스미션과 연결되어 있는 프리휠 장치를 통하여 로터와 분리되면, 로터 블레이드는 엔진과의 연결없이 독립적으로 자유회전하여 강하비행을 하게 되는 데 이것을 자전강하라 한다.

5. 프로펠러의 회전수가 3000 rpm, 지름이 6 ft, 제동마력이 400 HP일 때 해발고도에서의 동력계수는 약 얼마인가? (단, 해발고도에 공기밀도는 0.002378 slug/ft³ 이다.)

㉮ 0.015 ㉯ 0.035
㉰ 0.065 ㉱ 0.095

[해설] $P = C_P \rho n^3 D^5$에서
$C_P = \dfrac{P}{\rho n^3 D^5}$
$= \dfrac{550 \times 400}{0.002378 \times \left(\dfrac{3000}{60}\right)^3 \times 6^5} = 0.095$

정답 1. ㉮ 2. ㉰ 3. ㉯ 4. ㉰ 5. ㉱

1HP = 550 ft · lb/s

여기서, 분당 회전수를 초당 회전수로 변환하고 마력도 영국 공학 단위계로 변환시켜야 된다.

6. 헬리콥터를 전진비행 또는 원하는 방향으로의 비행을 위해 회전면을 기울여 주는 조종장치는?

㉮ 페달
㉯ 콜렉티브 조종 레버
㉰ 피치 암
㉱ 사이클릭 조종 레버

[해설] 사이클릭 조종 레버는 헬리콥터 조종간을 조작함으로써 경사판과 연동되어 있다. 조종간을 밀거나 당기면 경사판이 앞, 뒤로 경사지고 로터 회전면이 앞, 뒤로 경사지게 되어 헬리콥터는 전진 및 후진 비행을 하게 된다.

7. 다음 중 마하 트리머(mach trimmer)로 수정할 수 있는 주된 현상은?

㉮ 더치 롤(duch roll)
㉯ 턱 언더(tuck under)
㉰ 나선 불안정(spiral divergence)
㉱ 방향 불안정(directional divergence)

[해설] 턱 언더에 의한 조종력의 역작용은 조종사에 의해서 수정하기 어렵기 때문에 제트 수송기에서는 조종계통에 마하 트리머 또는 피치 트림 보상기를 설치하여 자동적으로 턱 언더 현상을 수정한다.

8. 레이놀즈수(Reynolds number)에 대한 설명으로 틀린 것은?

㉮ 단위는 cm^2/s 이다.
㉯ 동점성계수에 반비례한다.
㉰ 관성력과 점성력의 비를 표시한다.
㉱ 임계 레이놀즈수에서 천이현상이 일어난다.

[해설] 레이놀즈수는 무차원계수라 단위가 없다.

9. 다음 중 테이퍼형 날개(taper wing)의 실속 특성으로 옳은 것은?

㉮ 날개 끝에서부터 실속이 일어난다.
㉯ 날개 뿌리에서부터 실속이 일어난다.
㉰ 초음속에서 와류의 형태로 실속이 감소한다.
㉱ 스팬(span) 방향으로 균일하게 실속이 발생한다.

[해설] 날개 모양에 따른 실속 특성은 다음과 같다.
① 직사각형 날개 : 날개 끝부터 실속이 일어난다.
② 테이퍼형 날개(taper wing)
  • 테이퍼 날개비가 0.5보다 작은 날개 : 날개 끝부터 실속이 발생한다.
  • 테이퍼 날개비가 0.5일 때 : 날개 전체에 걸쳐 일어난다.
③ 타원 날개 : 날개 길이 전체에 걸쳐 실속이 발생한다.
④ 뒤젖힘 날개 : 날개 끝에서 실속이 시작된다.

10. 고정 날개 항공기의 자전운동(auto rotation)이 발생할 수 있는 조건은?

㉮ 낮은 받음각 상태
㉯ 실속 받음각 이전 상태
㉰ 최대 받음각 상태
㉱ 실속 받음각 이후 상태

[해설] 자동회전(auto rotation) : 받음각이 실속각보다 클 경우, 날개 한쪽 끝에 가볍게 교란을 주면 날개가 회전하는데, 이때 회전이 점점 빨라져 일정하게 계속 회전하는 현상이다.

11. 유도항력계수에 대한 설명으로 옳은

정답 6. ㉱ 7. ㉯ 8. ㉮ 9. ㉮ 10. ㉱ 11. ㉱

것은?

㉮ 유도항력계수와 유도항력은 반비례한다.
㉯ 유도항력계수는 비행기 무게에 반비례한다.
㉰ 유도항력계수는 양력의 제곱에 반비례한다.
㉱ 날개의 가로세로비가 크면 유도항력계수는 작다.

[해설] 유도항력계수(C_{Di}) = $\dfrac{C_L^2}{\pi e AR}$

12. 층류와 난류에 대한 설명으로 틀린 것은?

㉮ 난류는 층류에 비해 마찰력이 크다.
㉯ 난류는 층류보다 박리가 쉽게 일어난다.
㉰ 층류에서 난류로 변하는 현상을 천이라 한다.
㉱ 층류에서는 인접하는 유체층 사이에 유체입자의 혼합이 없고 난류에서는 혼합이 있다.

[해설] ① 층류 : 유동속도가 느릴 때 유체입자들이 층을 형성하듯 섞이지 않고 흐르는 흐름이다.
② 난류 : 유동속도가 빠를 때 유체입자들이 불규칙하게 흐르는 흐름이다.

13. 비행기가 수평 비행 시 최소 속도를 나타낸 식으로 옳은 것은? (단, W : 비행기 무게, ρ : 밀도, S : 기준면적, C_{Lmax} : 최대양력계수이다.)

㉮ $\sqrt{\dfrac{2W\rho}{SC_{Lmax}}}$ ㉯ $\sqrt{\dfrac{SW}{\rho C_{Lmax}}}$

㉰ $\sqrt{\dfrac{2W}{\rho SC_{Lmax}}}$ ㉱ $\sqrt{\dfrac{2S\rho}{WC_{Lmax}}}$

[해설] 비행기의 실속속도 = $\sqrt{\dfrac{2W}{\rho C_{lmax}S}}$

14. 무게가 1500 kg 인 비행기가 30° 경사각, 100 km/h 의 속도로 전상선회를 하고 있을 때 선회반경은 약 몇 m 인가?

㉮ 13.6 ㉯ 136.4
㉰ 1364 ㉱ 1500

[해설] $R = \dfrac{V^2}{g\tan\theta} = \dfrac{\left(\dfrac{100}{3.6}\right)^2}{9.8 \times \tan 30} ≒ 136.4\,\text{m}$

15. 양항비가 10인 항공기가 고도 2000 m에서 활공 시 도달하는 활공거리는 몇 m 인가?

㉮ 10000 ㉯ 15000
㉰ 20000 ㉱ 40000

[해설] 활공거리 = 양항비 × 활공고도
= 10 × 2000 = 20000 m

16. 항공기에 장착된 도살 핀(dorsal fin)이 손상되었을 때 발생되는 현상은?

㉮ 방향 안정성 증가
㉯ 동적 세로 안정 감소
㉰ 방향 안정성 감소
㉱ 정적 세로 안정 증가

[해설] 도살 핀(dorsal fin) : 수직 꼬리날개가 실속하는 큰 옆미끄럼각에서도 방향 안정을 증가시킨다.

17. 이륙 중량이 1500 kg, 기관 출력이 250 HP 인 비행기가 해면 고도를 80 %의 출력으로 180 km / h 로 순항비행할 때 양항비는?

㉮ 5.0 ㉯ 5.25
㉰ 6.0 ㉱ 6.25

[해설] $P_a = \dfrac{TV}{75} = \eta \times \text{BHP}$에서

$T = \dfrac{75 \times \eta \times \text{BHP}}{V}$

$= \dfrac{75 \times 0.8 \times 250}{\left(\dfrac{180}{3.6}\right)} = 300\,\text{kgf}$

$\therefore T = W\left(\dfrac{C_D}{C_L}\right)$에서 $\dfrac{C_L}{C_D} = \dfrac{W}{T} = \dfrac{1500}{300} = 5$

18. 다음 중 뒤젖힘 날개의 가장 큰 장점은?

㉮ 임계 마하수를 증가시킨다.
㉯ 익단 실속을 막을 수 있다.
㉰ 유도항력을 무시할 수 있다.
㉱ 구조적 안전으로 초음속기에 적합하다.

[해설] 뒤젖힘 날개(후퇴익)의 장점
① 충격파의 발생을 지연시킨다.
② 고속 시 저항을 감소시킬 수 있어 여객기 등에 사용된다.

19. 비행기의 방향 조종에서 방향키 부유각(float angle)에 대한 설명으로 옳은 것은?

㉮ 방향키를 밀었을 때 공기력에 의해 방향키가 변위되는 각
㉯ 방향키를 당겼을 때 공기력에 의해 방향키가 변위되는 각
㉰ 방향키를 고정했을 때 공기력에 의해 방향키가 변위되는 각
㉱ 방향키를 자유로 했을 때 공기력에 의해 방향키가 자유로이 변위되는 각

[해설] 방향키 부유각 : 항공기의 방향안정에서 방향키를 자유로 하였을 때 공기력에 의하여 방향키가 자유로이 변위되는 각이다.

20. 다음 중 항공기의 가로안정성을 높이는데 일반적으로 가장 기여도가 높은 것은?

㉮ 수직 꼬리날개
㉯ 주 날개의 상반각
㉰ 수평 꼬리날개
㉱ 주 날개의 후퇴각

[해설] 날개의 상반각 효과는 가로안정에 가장 중요한 요소이다. 상반각은 옆미끄럼을 방지하고, 가로 안정성을 좋게 한다.

제2과목 : 항공기관

21. 다음 중 항공기 왕복기관에서 일반적으로 가장 큰 값을 갖는 것은?

㉮ 마찰마력   ㉯ 제동마력
㉰ 지시마력   ㉱ 모두 같다.

[해설] 지시마력은 이론상의 마력으로 마찰에 의한 손실을 고려하지 않은 마력이다.
지시마력=제동마력+마찰마력

22. 다음 중 왕복기관에서 순환하는 오일에 열을 가하는 요인 중 가장 작은 영향을 주는 것은?

㉮ 커넥팅 로드 베어링
㉯ 연료펌프
㉰ 피스톤과 실린더 벽
㉱ 로커 암 베어링

[해설] 커넥팅 로드 베어링, 로커 암 베어링, 피스톤과 실린더 벽같이 마찰이 심한 부분은 윤활유 온도 상승의 주요 원인이다.

23. 대형 터보팬 기관에서 역추력 장치를 작동시키는 방법은?

㉮ 플랩 작동 시 함께 작동한다.
㉯ 항공기의 자중에 따라 고정된다.
㉰ 제동장치가 작동될 때 함께 작동한다.

[정답] 18. ㉮ 19. ㉱ 20. ㉯ 21. ㉰ 22. ㉯ 23. ㉱

㉣ 스로틀 또는 파워레버에 의해서 작동한다.

[해설] 역추력 장치는 착륙 시 사용되는 장치이다. 조종사의 스로틀 또는 파워레버의 조작에 의해 작동된다.

24. 다음 중 프로펠러를 회전시켜 추진력을 얻는 가스터빈 기관은?

㉠ 램제트 기관 ㉡ 펄스제트 기관
㉢ 터보제트 기관 ㉣ 터보프롭 기관

[해설] 터보프롭 기관은 터보제트 기관에 프로펠러를 장착한 형태로, 추력의 대부분을 프로펠러에서 얻는다. 보통, 추력의 75% 정도는 프로펠러에서 얻고, 나머지는 배기노즐에서 얻는다.

25. 항공기 왕복기관을 작동 후 검사하여 보니 오일 소모량이 많고 점화플러그가 더러워졌다면 그 원인이 아닌 것은?

㉠ 점화플러그 장착 불량
㉡ 실린더 벽의 마모 증가
㉢ 피스톤링의 마모 증가
㉣ 밸브 가이드의 마모 증가

[해설] ① 피스톤링 : 오일이 연소실로 과도하게 유입되는 것을 방지(압축링)
② 실린더 : 피스톤의 왕복운동 구간이며, 벽이 마모될 경우 가스와 오일이 누출된다.
③ 밸브 가이드 : 밸브 스템을 지지하여 밸브의 활동 영역을 정해준다.

26. 항공기 왕복기관 연료의 앤티노크(anti-knock)제로 가장 많이 사용되는 것은?

㉠ 벤젠 ㉡ 4에틸납
㉢ 틀루엔 ㉣ 메틸알코올

[해설] 4에틸납 : 무색 가연성 액체로, 독성이 매우 강하다. 연료의 내폭성을 높이기 위하여 휘발유에 섞어 넣는다.

27. 왕복기관에서 실린더의 압축비로 옳은 것은? (단, V_c : 간극체적(clearance volume), V_s : 행정체적이다.)

㉠ $\dfrac{V_s}{V_c}$ ㉡ $\dfrac{V_c + V_s}{V_s}$

㉢ $\dfrac{V_c}{V_s}$ ㉣ $\dfrac{V_s + V_c}{V_c}$

[해설] 실린더의 압축비 $= \dfrac{V_s + V_c}{V_c}$

V_c : 간극체적, V_s : 행정체적

28. 속도 1080 km/h 로 비행하는 항공기에 장착된 터보제트기관이 294 kg/s 로 공기를 흡입하여 400 m/s 로 배기시킬 때 비추력은 약 얼마인가?

㉠ 8.2 ㉡ 10.2 ㉢ 12.2 ㉣ 14.2

[해설] 비추력 $F_s = \dfrac{V_j - V_a}{g}$

$= \dfrac{400 - \dfrac{1080}{3.6}}{9.8} = 10.2$

29. 초음속 항공기의 기관에 사용하는 배기 노즐로 초음속 제트를 효율적으로 얻기 위한 노즐은?

㉠ 수축 노즐 ㉡ 확산 노즐
㉢ 수축확산 노즐 ㉣ 동축 노즐

[해설] 수축확산형 배기 덕트

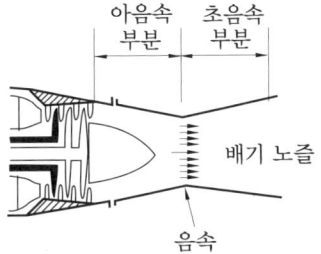

[정답] 24. ㉣ 25. ㉠ 26. ㉡ 27. ㉣ 28. ㉡ 29. ㉢

30. 프로펠러 깃의 스테이션 넘버(station number)에 대한 설명으로 옳은 것은?

㉮ 프로펠러 전연에서 후연으로 갈수록 감소한다.
㉯ 프로펠러 허브에서 팁(tip)으로 갈수록 감소한다.
㉰ 프로펠러 전연(leadin edge)에서 후연(trailing edge)으로 갈수록 증가한다.
㉱ 프로펠러 허브(hub)의 중앙은 스테이션 넘버 "0"이다.

[해설] 프로펠러의 깃 스테이션은 허브의 중심을 기준으로 깃의 길이 방향으로 측정한다.

31. 왕복기관의 지시마력을 구하는 방법은?

㉮ 동력계로 측정한다.
㉯ 마찰마력으로 구한다.
㉰ 지시선도(indicator diagram)를 이용한다.
㉱ 프로니 브레이크(prony brake)를 이용한다.

[해설] 지시마력 $iHP = \dfrac{P_{mi}LANK}{75 \times 2 \times 60}$ 에서 P_{mi}는 지시선도에서 구할 수 있다.
여기서, P_{mi} : 지시평균유효압력

32. 가스터빈기관에서 연료/오일 냉각기의 목적에 대한 설명으로 옳은 것은?

㉮ 연료와 오일을 함께 냉각한다.
㉯ 연료는 가열하고 오일은 냉각한다.
㉰ 연료는 냉각하고 오일속의 이물질을 가려낸다.
㉱ 연료속의 이물질을 가려내고 오일은 냉각한다.

[해설] 연료-윤활유 냉각기(fuel-oil cooler) : 윤활유가 가지고 있는 열을 연료에 전달시켜 윤활유를 냉각시키는 동시에 연료는 가열한다.

33. 왕복기관의 고압 마그네토(magneto)에 대한 설명으로 틀린 것은?

㉮ 전기누설 가능성이 많은 고공용 항공기에 적합하다.
㉯ 콘덴서는 브레이커 포인트와 병렬로 연결되어 있다.
㉰ 마그네토의 자기회로는 회전영구자석, 폴 슈(pole shoe) 및 철심으로 구성되었다.
㉱ 1차 회로는 브레이커 포인트가 붙어 있을 때에만 폐회로를 형성한다.

[해설] 저압 마그네토가 고공에서 전기누설이 없어 고공비행에 적합하다.

34. 그림과 같은 브레이튼(Brayton) 사이클의 $P-V$ 선도에 대한 설명으로 옳은 것은?

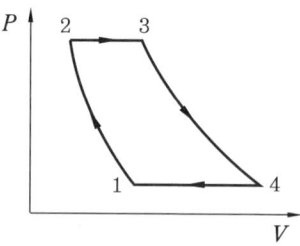

㉮ 1-2 과정 중 온도는 일정하다.
㉯ 2-3 과정 중 온도는 일정하다.
㉰ 3-4 과정 중 엔트로피는 일정하다.
㉱ 4-1 과정 중 엔트로피는 일정하다.

[해설] 1-2 단열압축, 2-3 정압수열(가열), 3-4 단열팽창, 4-1 정압방열과정인데 단열팽창과정은 열의 변화가 없기 때문에 엔트로피는 일정하다.

35. 왕복기관의 작동 여부에 따른 흡입 매니폴드(intake manifold)의 압력계가 나타내는 압력을 옳게 설명한 것은?

㉮ 기관 정지 시 대기압과 같은 값, 작동하면 대기압보다 낮은 값을 나타낸다.
㉯ 기관 정지 시 대기압보다 낮은 값, 작동하면 대기압보다 높은 값을 나타낸다.
㉰ 기관 정지 시나 작동 시 대기압보다 항상 낮은 값을 나타낸다.
㉱ 기관 정지 시나 작동 시 대기압보다 항상 높은 값을 나타낸다.

[해설] 매니폴드 압력 : 매니폴드 안의 압력을 말하며, 과급기가 없는 기관에서는 매니폴드 압력은 대기압보다 항상 낮으며, 과급기가 있는 기관에서는 대기압보다 높아질 수 있다. 매니폴드 압력은 절대압력으로 나타내며, 일반적으로 inHg로 표시한다.

36. 정속 프로펠러에서 파일럿 밸브(pilot valve)를 작동시키는 힘을 발생시키는 것은?

㉮ 프로펠러 감속기어
㉯ 조속펌프 유압
㉰ 엔진오일 유압
㉱ 플라이 웨이트

[해설] 파일럿 밸브 위쪽에는 플라이 웨이트가 장착되어 있어 플라이 웨이트의 회전속도에 따라 파일럿 밸브가 위 아래 움직인다.

37. 가스터빈기관의 연료계통에서 연료필터(또는 연료여과기)는 일반적으로 어느 곳에 위치하는가?

㉮ 항공기 연료탱크 위에 위치한다.
㉯ 기관연료 펌프의 앞뒤에 위치한다.
㉰ 기관연료계통의 가장 낮은 곳에 위치한다.
㉱ 항공기 연료계통에서 화염원과 먼 곳에 위치한다.

[해설] 연료여과기는 보통 연료압력 펌프의 앞뒤에 하나씩 사용된다.

38. 터빈 깃의 냉각방법 중 깃 내부를 중공으로 하여 차가운 공기가 터빈 깃을 통하여 스며 나오게 함으로써 터빈 깃을 냉각시키는 것은?

㉮ 대류 냉각 ㉯ 충돌 냉각
㉰ 공기막 냉각 ㉱ 증발 냉각

[해설] 대류 냉각은 터빈 깃 내부에 공기통로를 만들어 이곳으로 찬 공기가 지나가게 함으로써 터빈을 냉각시키고, 구조가 간단하여 가장 많이 사용한다.

39. 다음 중 비가역 과정에서의 엔트로피 증가 및 에너지 전달의 방향성에 대한 이론을 확립한 법칙은?

㉮ 열역학 제0법칙 ㉯ 열역학 제1법칙
㉰ 열역학 제2법칙 ㉱ 열역학 제3법칙

[해설] 열역학 제2법칙은 열과 일의 변환에 어떠한 방향성이 있다는 것을 설명한다. 열은 고온에서 저온으로 이동하며, 저온에서 고온으로는 이동할 수 없다 (클라시우스 정의).

40. 가스터빈기관의 정상 시동 시에 일반적인 시동 절차로 옳은 것은?

㉮ starter "ON" → ignition "ON" → fuel "ON" → ignition "OFF" → starter "Cut-OFF"
㉯ starter "ON" → fuel "ON" → ignition "ON" → ignition "OFF" → starter "Cut-OFF"
㉰ starter "ON" → ignition "ON" → fuel "ON" → starter "Cut-OFF" → ignition "OFF"

정답 35. ㉮ 36. ㉱ 37. ㉯ 38. ㉮ 39. ㉰ 40. ㉮

㉣ starter "ON" → fuel "ON" → ignition "ON" → starter "Cut-OFF" → ignition "OFF"

[해설] 가스터빈엔진의 시동 순서는 시동기를 작동시키고 점화가 시작되며 연료가 주입되게 된다. 압축기의 자립회전속도가 일정 이상이 되면 점화가 꺼지고 시동기가 꺼져 시동이 일어나게 된다.

제3과목 : 항공기체

41. 길이 200 cm 의 강철봉이 인장력을 받아 0.4 cm 의 신장이 발생하였다면 이 봉의 인장변형률은?

㉮ 15×10^{-4} ㉯ 20×10^{-4}
㉰ 25×10^{-4} ㉣ 30×10^{-4}

[해설] $\epsilon = \dfrac{\delta}{L} = \dfrac{0.4}{200} = 2 \times 10^{-3} = 20 \times 10^{-4}$
여기서, ϵ : 변형률, δ : 늘어난 길이(cm), L : 원래 길이(cm)

42. 항공기의 고속화에 따라 기체재료가 알루미늄합금에서 티타늄합금으로 대체되고 있는데 티타늄합금과 비교한 알루미늄합금의 어떠한 단점 때문인가?

㉮ 너무 무겁다.
㉯ 전기저항이 너무 크다.
㉰ 열에 강하지 못하다.
㉣ 공기와의 마찰로 마모가 심하다.

[해설] 티탄은 비중이 4.51이고 녹는 온도는 1730℃로 강보다 높으며 알루미늄 합금보다 비강도와 내열성이 크고 내식성이 양호하여 항공기 기관 재료로 이용된다.

43. 머리에 스크루 드라이버를 사용하도록 홈이 파여 있고 전단 하중만 걸리는 부분에 사용되며 조종계통의 장착용 핀 등으로 자주 사용되는 볼트는?

㉮ 내부 렌치 볼트 ㉯ 아이 볼트
㉰ 육각머리 볼트 ㉣ 클레비스 볼트

[해설] 클레비스 볼트(AN21~AN36)의 특징 : 머리가 둥글고 스크루 드라이버를 사용하도록 홈이 파여 있으며 전단하중만 걸리고 인장하중이 작용하지 않는 조종계통의 장착용 핀으로 자주 사용된다.

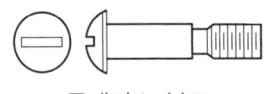

클레비스 볼트

44. 거스트 로크(gust lock) 장치에 대한 설명으로 옳은 것은?

㉮ 비행 중인 항공기의 조종면을 돌풍으로부터 파손되지 않게 고정시키는 장치이다.
㉯ 내부 고정장치, 조종면 스누버, 외부 조종면 고정장치가 있다.
㉰ 동력 조종장치 항공기는 유압실린더의 댐퍼 작용으로 거스트 로크 장치가 반드시 필요하다.
㉣ 거스트 로크 장치는 지상에서 오작하지 않도록 해야 한다.

[해설] gust lock는 항공기를 지상에 계류 시 바람에 의해서 조종면이 정지 장치에 부딪히는 것을 방지하기 위한 지상 잠금장치이며 구성으로는 내부 고정장치, 조종면 스누버, 외부 조종면 고정장치가 있다.

45. 세미모노코크(semi-monocoque)형식의 동체구조에 대한 설명으로 옳은 것은?

㉮ 구조재가 3각형을 이루는 기체의 뼈대가 하중을 담당하고 표피가 우포로 되어 있는 형식이다.
㉯ 하중의 대부분을 표피가 담당하며, 금속이 각 껍질을 (shell)로 되어 있는 형식이다.
㉰ 스트링어 (stringer), 벌크헤드 (bulk-head), 프레임 (frame) 및 외피 (skin)로 구성되어 골격과 외피가 하중을 담당하는 형식이다.
㉱ 트러스재를 활용하여 강도를 보충하고 외피를 씌워 항력을 감소시킨 현대 항공기의 대표적인 형식이다.

[해설] 세미모노코크 구조는 외피가 하중의 일부를 담당하여 외피와 뼈대가 같이 하중을 담당하는 구조로 현대 항공기의 동체 구조로서 가장 많이 사용한다.

46. 항공기 조종계통에 대한 설명으로 옳은 것은?
㉮ 케이블을 왕복으로 설치하는 것은 피해야 한다.
㉯ 케이블 장력이 커지면 풀리에 큰 반력이 생기고 마찰력이 커져 조종성이 떨어진다.
㉰ 케이블 풀리 간격이 조작하는 거리보다 짧아지는 것이 조종성 안정에 좋다
㉱ 케이블은 로드(rod)보다 작은 공간을 필요로 하므로 현대 항공기에서 많이 사용된다.

[해설] 케이블의 장력이 커지면 풀리에 그에 따른 반력도 크게 생겨 마찰력이 커지고 조종성이 저하된다.

47. 그림과 같은 판재 가공을 위한 레이아웃에서 성형점(mold point)을 나타낸 것은?

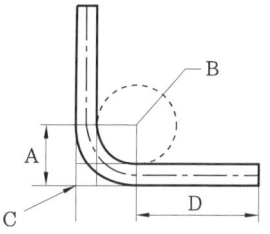

㉮ A   ㉯ B   ㉰ C   ㉱ D

[해설] A : S.B (세트 백), B : 굽힘 반지름, C : 성형점

48. 다음 중 인성(toughness)에 대한 설명으로 옳은 것은?
㉮ 재료에 온도를 서서히 증가하였을 때 조직 구조가 변형되는 현상이다.
㉯ 재료의 시험편을 서서히 잡아 당겨서 파괴되었을 때 파단면의 조직이 변화된 현상이다.
㉰ 취성(brittleness)의 반대되는 성질로서 충격에 잘 견디는 성질을 말한다.
㉱ 재료를 일정한 온도와 하중을 가한 상태에서 시간에 따라 변형률이 변화하는 현상이다.

[해설] 인성(thoughness) : 취성(brittleness)의 반대되는 성질로서 충격에 잘 견디는 성질을 말한다.

49. 가스 중에 아크를 발생시키면 가스는 이온화되어 원자 상태가 되고, 이때 다량의 열이 발생하는데 이 아크와 가스의 혼합물을 용접의 열원으로 이용하는 용접은?
㉮ 플라스마 용접
㉯ 금속 불활성가스 용접
㉰ 산소아세틸렌 용접
㉱ 텅스텐 불활성가스 용접

50. 항공기의 무게를 측정한 결과 그림과

[정답] 46. ㉯   47. ㉰   48. ㉰   49. ㉮   50. ㉯

같다면 이 때 중심위치는 MAC의 몇 % 에 있는가? (단, 단위는 cm이다.)

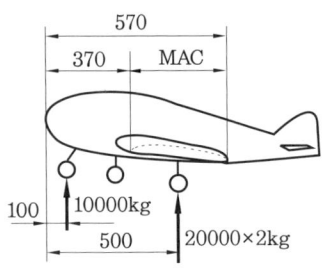

㉮ 20 ㉯ 25 ㉰ 30 ㉱ 35

[해설] 중심위치$(c.g) = \dfrac{총모멘트}{총무게}$

$= \dfrac{10000 \times 100 + 20000 \times 500 + 20000 \times 500}{10000 + 20000 + 20000}$

$= 420\,\text{cm}$

$\%\text{MAC} = \dfrac{H-X}{C} \times 100 = \dfrac{420-370}{200} \times 100$

$= 25\%$

51. 그림과 같이 반대방향으로 하중이 작용하는 구조물에서 B-C 구간의 내력은 몇 N인가?

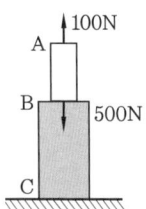

㉮ 100 ㉯ -100 ㉰ 400 ㉱ -400

[해설] +100-500 = -400

52. SAE 규격으로 표시한 합금강의 종류가 옳게 짝지어진 것은?

㉮ 13×× : 망간강
㉯ 23×× : 망간-크롬강
㉰ 51×× : 니켈-크롬-몰리브덴강
㉱ 61×× : 니켈-몰리브덴강

[해설] SAE 규격의 합금강
13XX : 망간강
23XX : 니켈 3% 함유강
51XX : 크롬강
61XX : 크롬-바나듐강

53. 그림과 같이 길이 l인 캔틸레버보의 자유단에 집중력 P가 작용하고 있다면 보의 최대 굽힘모멘트는? (단, A는 보의 단면적, E는 탄성계수이다.)

㉮ $\dfrac{Pl^2}{2AE}$

㉯ $\dfrac{Pl}{AE}$

㉰ $\dfrac{P^2l}{2AE}$

㉱ Pl

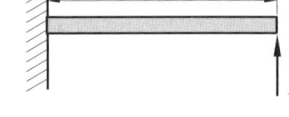

[해설] 굽힘모멘트 $M = Pl$

54. 리벳 작업 시 성형머리(bucktail)의 높이를 리벳지름(D)으로 옳게 나타낸 것은?

㉮ $0.5D$ ㉯ $1D$
㉰ $1.5D$ ㉱ $2D$

[해설] 리벳 전체길이 : $G + 1.5D$, 리벳의 지름 : D, 리벳의 길이 : $1.5D$, 벅 테일(buck tail) 높이 : $0.5D$, 지름 : $1.5D$

55. 복합재료(composite material)를 설명한 것으로 옳은 것은?

㉮ 금속과 비금속을 배합한 합성재료
㉯ 샌드위치 구조로 만들어진 합성재료
㉰ 2가지 이상의 재료를 화학반응을 일으켜 만든 합금재료
㉱ 2가지 이상의 재료를 일체화하여 우수한 성질을 갖도록 한 합성재료

정답 51. ㉱ 52. ㉮ 53. ㉱ 54. ㉮ 55. ㉱

해설 복합재료 : 2가지 이상의 재료를 일체화하여 우수한 성질을 갖도록 한 합성재료

56. 다음 중 이질 금속간 부식이 가장 잘 일어날 수 있는 조합은?
㉮ 납 – 철
㉯ 구리 – 알루미늄
㉰ 구리 – 니켈
㉱ 크롬 – 스테인리스강

해설 이질 금속 간 부식은 서로 다른 금속이 접촉하면 접촉면 양쪽에 기전력이 발생하고 여기에 습기가 끼게 되면 전류가 흐르면서 금속이 부식되는 현상을 말한다.

57. 응력 외피형 날개의 주요 구조 부재가 아닌 것은?
㉮ 스파 (spar)   ㉯ 리브 (rib)
㉰ 스킨 (skin)   ㉱ 프레임 (frame)

해설 응력 외피형 구조
① 외피(skin) : 응력을 일부분 담당하고 비틀림 하중을 담당
② 날개보(spar) : 날개에 작용하는 대부분의 하중을 담당
③ 리브 : 공기 역학적인 날개골을 유지하도록 날개의 모양을 만들어 주며, 날개 외피에 작용하는 하중을 날개보에 전달
④ 스트링어 : 날개의 굽힘강도를 크게 하고, 날개의 비틀림에 의한 좌굴(buckling)을 방지

58. 완충효율이 우수하여 대형기의 착륙장치에 많이 사용되는 완충 (shock absorber) 장치 형식은?
㉮ 올레오(oleo)식
㉯ 공기압력(air pressure)식
㉰ 평판 스프링(plate spring)식
㉱ 고무완충(rubber absorber)식

해설 올레오 완충장치(공기-오일 완충장치) : 현대 항공기에 가장 많이 사용하는 형식으로, 항공기가 착륙할 때 받은 충격을 유체의 운동 에너지와 공기의 압축성을 이용하여 충격을 흡수하는 장치로 완충효율이 70~80 % 정도이다.

59. 리벳 머리 모양에 따른 분류기호 중 둥근머리 리벳은?
㉮ AN 426   ㉯ AN 455
㉰ AN 430   ㉱ AN 470

해설 둥근머리 리벳(round head rivet, AN 430, AN 435, MS 20435) : 두꺼운 판재나 강도를 필요로 하는 내부 구조물을 연결하는데 쓰인다.

60. 페일 세이프(fail-safe) 구조 중 큰 부재 대신에 같은 모양의 작은 부재 2개 이상을 결합시켜 하나의 부재와 같은 강도를 가지게 함으로써 치명적인 파괴로부터 안전을 유지할 수 있는 구조형식은?
㉮ 이중구조(double structure)
㉯ 대치구조(back-up structure)
㉰ 예비구조(redundant structure)
㉱ 하중경감구조(load dropping structure)

해설 ① 이중구조 : 큰 부재 대신에 같은 모양의 작은 부재 2개 이상을 결합시켜 하나의 부재와 같은 강도를 가지게 함으로써 치명적인 파괴로부터 안전을 유지할 수 있는 구조
② 대치구조 : 부재가 파손될 것을 대비하여 예비적인 대치 부재를 삽입시켜 구조의 안정성을 갖는 구조
③ 다경로 하중구조 : 어느 하나의 부재가 손상되더라도 그 부재가 담당하던 하중을 다른 부재가 담당하여 치명적인 결과를 가져오지 않는 구조
④ 하중 경감 구조 : 부재가 파손되기 시작하면 변형이 크게 일어나므로 주변의 다른 부재에 하중을 전달시켜 원래 부재의 추가적인 파괴를 막는 구조

정답 56. ㉰ 57. ㉱ 58. ㉮ 59. ㉰ 60. ㉮

제4과목 : 항공장비

61. 항공기의 기압식 고도계를 QNE 방식에 맞춘다면 어떤 고도를 지시하는가?
㉮ 기압고도 ㉯ 진고도
㉰ 절대고도 ㉱ 밀도고도

[해설] QNE 보정 : 표준 대기압인 29.92 inHg를 맞추어 표준 기압면으로부터의 고도를 지시하는 방법으로 고도계가 지시하는 고도는 기압고도이다.

62. 다음 중 유압계통의 장점이 아닌 것은?
㉮ 원격조정이 용이하다.
㉯ 과부하에 대해서도 안정성이 높다.
㉰ 장치상 구조는 복잡하거나 신뢰성이 크다.
㉱ 운동속도의 조절 범위가 크고 무단변속을 할 수 있다.

[해설] 유압계통의 장점
① 중량에 비해 큰 힘과 동력을 얻음
② 작동 시 조절이 용이하고, 반응속도가 빠름
③ 원동속도의 조절범위가 크고 무단변속이 가능
④ 원격조종이 용이
⑤ 과부화에 대한 안정성이 높음

63. 항공기 비상사태 시 승객을 보호하고 탈출 및 구출을 돕기 위한 비상 장비가 아닌 것은?
㉮ 소화기 ㉯ 휴대용 버너
㉰ 구명보트 ㉱ 비상 신호용 장비

64. 단거리 전파 고도계(LRRA)에 대한 설명으로 옳은 것은?
㉮ 기압 고도계이다.
㉯ 고고도 측정에 사용된다.
㉰ 평균 해수면 고도를 지시한다.
㉱ 전파 고도계로 항공기가 착륙할 때 사용된다.

65. 자동 방향 탐지기(ADF)의 구성 요소가 아닌 것은?
㉮ 전파 자방위 지시계 (RMI)
㉯ 무지향성 표시 시설 (VOR)
㉰ 자이로 컴퍼스 (GYRO compass)
㉱ 루프(loop), 감도(sense) 안테나

[해설] 자동 방향 탐지기(ADF)의 구성
① 무지향성 표시 시설 (NDB : 호밍 비컨 (homing beacon)) : 항공기의 방향 탐지
② 루프 안테나(loop antenna)
③ 방향 지시기
④ 수신기

66. 다음 중 계기 착륙 장치(ILS)와 관계가 없는 것은?
㉮ 로컬라이저 (localizer)
㉯ 전방향 표시 장치 (VOR)
㉰ 마커 비컨 (maker beacon)
㉱ 글라이드 슬로프 (glide slope)

[해설] 계기 착륙 장치(ILS)의 구성
① 로컬라이저(localizer)
② 글라이드 슬로프(glide slope)
③ 마커 비컨(maker beacon)

67. 항공기의 연료 탱크에 150 lb의 연료가 있고 유량계기의 지시가 75 PPH로 일정하다면 연료가 모두 소비되는 시간은?
㉮ 30분 ㉯ 1시간 30분
㉰ 2시간 ㉱ 2시간 30분

[해설] 총연료량 150 lb, 유량계 지시값 75 PPH = 75 lb/h
$$75 \times x = 150 \qquad x = 2$$
∴ 2시간이 소요된다.

정답 61.㉮ 62.㉰ 63.㉯ 64.㉱ 65.㉰ 66.㉯ 67.㉰

68. 납산 축전지(lead acid battery)에서 사용되는 전해액은?
㉮ 수산화칼륨 용액
㉯ 불산 용액
㉰ 수산화나트륨 용액
㉱ 묽은 황산 용액

69. 정전기방전장치(static discharger)에 대한 설명으로 틀린 것은?
㉮ 무선 수신기의 간섭 현상을 줄여주기 위해 동체 끝에 장착한다.
㉯ 비닐이 씌워진 방전장치는 비닐 커버에서 1 inch 나와 있어야 한다.
㉰ null-field 방전장치의 저항은 0.1Ω을 초과해서는 안 된다.
㉱ 항공기에 충전된 정전기가 코로나 방전을 일으킴으로써 무선통신기에 잡음 방해를 발생시킨다.

[해설] 정전기방전장치 : 공기가 표면을 흐를 때 축적되는 공기 속에서의 정전기를 방전하기 위해 항공기 조종 표면에 부착된 장치

70. 유압계통에서 장치의 작용과 펌프의 가압에서 발생하는 압력 서지(surge)를 완화시키는 것은?
㉮ 축압기(accumulator)
㉯ 체크 밸브(check valve)
㉰ 압력 조절기(pressure regulator)
㉱ 압력 릴리프 밸브(pressure relief valve)

[해설] 축압기 : 가압된 작동유의 저장통, 동력 펌프의 고장 시 제한된 유압 기기를 작동
① 유압계통의 서지현상을 방지
② 충격적인 압력을 흡수
③ 압력조절기의 개폐 빈도를 줄여 펌프나 압력조절기의 마멸을 줄임

71. 모든 부품을 항공기 구조에 전기적으로 연결하는 방법으로 고전압 정전기의 방전을 도와 스파크 현상을 방지시키는 역할을 하는 것은?
㉮ 접지(earth)   ㉯ 본딩(bonding)
㉰ 공전(static)   ㉱ 절제(temperance)

[해설] 본딩 와이어(bonding wire) : 부재와 부재 사이, 즉 발동기와 마운트, 날개와 동체 간에 전기적 접촉을 확실히 하기 위하여 구리선을 넓게 짜서 연결한 것.

72. 압력센서의 전압값을 기준전압 5 V의 10bit 분해능의 A/D컨버터로 변환하려 한다면 센서의 출력 전압이 2.5 V일 때 출력되는 이상적인 디지털 값은?

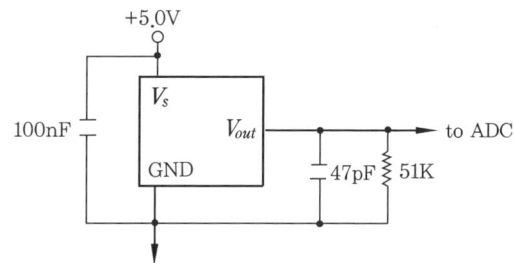

㉮ 128   ㉯ 256   ㉰ 512   ㉱ 1024

[해설] 0~5V 사이에서 10 bit ($2^{10} = 1024$) 분해능이므로 2.5V가 5V의 $\frac{1}{2}$에 해당하므로 1024의 절반인 512 분해능이다.

73. 지상의 항행원조시설 없이 항공기의 대지속도, 편류각 및 비행거리를 직접적이고 연속적으로 구하여 장거리를 항행할 수 있게 하는 자립항법장치는?
㉮ 오메가 항법   ㉯ 도플러 레이더
㉰ 전파 고도계   ㉱ 관성 항법장치

[해설] 도플러 항법장치는 도플러 원리를 이용하여 지상 보조 시설을 필요로 하지 않고 직접 행할 수 있는 기상 항법장치로 도플러 레이더와 항법 계산기로 구성된다.

정답 68. ㉱ 69. ㉮ 70. ㉮ 71. ㉯ 72. ㉰ 73. ㉯

74. 그림과 같은 회로에서 B와 C 단자 사이가 단선되었다면 저항계(ohm-meter)에 측정된 저항값은 몇 Ω인가?

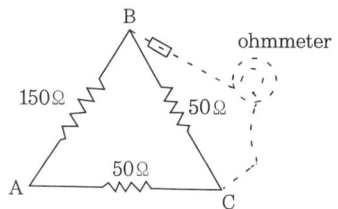

㉮ 0　　㉯ 50　　㉰ 150　　㉱ 200

[해설] BC단자 사이가 단선되었으므로
$\Omega_{AB} + \Omega_{AC} = 150\Omega + 50\Omega = 200\Omega$

75. 다음 중 피토압에 영향을 받지 않는 계기는?

㉮ 속도계　　㉯ 고도계
㉰ 승강계　　㉱ 선회 경사계

[해설] ① 정압을 이용한 계기 : 고도계, 승강계
② 전압과 정압의 차이인 동압을 이용한 계기 : 속도계, 마하계

76. 객실 여압계통에서 대기압이 객실 안의 기압보다 높은 경우 객실로 자유롭게 들어오도록 사용하는 장치로 진공밸브라고도 하는 것은?

㉮ 부압 릴리프 밸브
㉯ 객실 하강률 조절기
㉰ 압축비 한계 스위치
㉱ 슈퍼차저 오버스피드 밸브

[해설] 부압 릴리프 밸브는 대기압이 객실 압력보다 높을 때 작동한다.

77. 광전 연기 탐지기(photo electric smoke detector)에 대한 설명으로 틀린 것은?

㉮ 연기 탐지기 내부는 빛의 반사가 없도록 무광 흑색 페인트로 칠해져 있다.

㉯ 연기 탐지기 내의 광전기 셀에서 연기를 감지하여 경고 장치를 작동시킨다.
㉰ 연기 탐지기 내부로 들어오는 연기는 항공기 내·외의 기압차에 의한다.
㉱ 광전기 셀은 정해진 온도에서 작동될 수 있도록 가스로 채워져 있다.

[해설] 광전 연기 탐지기는 연기 입자에 의한 빛의 굴절을 이용한 photo electric 방식이다.

78. 지자기의 요소 중 지자기 자력선의 방향과 수평선 간의 각을 의미하는 요소는?

㉮ 복각　　㉯ 수직분력
㉰ 계자철심　　㉱ 수평분력

[해설] 복각 : 지구 자기의 전자력(全磁力)의 방향이 수평면과 이루는 각

79. 직류 발전기에서 정류작용을 일으키는 요소는?

㉮ 계자권선　　㉯ 전기자 권선
㉰ 계자철심　　㉱ 브러시와 정류자

80. 제빙 부츠를 취급할 때에 주의해야 할 사항으로 틀린 것은?

㉮ 부츠 위에서 연료 호스(hose)를 끌지 않는다.
㉯ 부츠 위에 공구나 정비에 필요한 공구를 놓지 않는다.
㉰ 부츠를 저장하는 경우 그리스나 오일로 깨끗하게 닦은 다음 기름종이로 덮어둔다.
㉱ 부츠에 흠집이나 열화가 확인되면 가능한 빨리 수리하거나 표면을 다시 코팅한다.

[해설] 가솔린, 오일, 그리스, 오염, 그 밖에 부츠의 고무를 열화시킬 수 있는 물이나 액체는 접촉시키지 않는다.

[정답] 74.㉱　75.㉱　76.㉮　77.㉱　78.㉮　79.㉱　80.㉰

▶ 2014년 9월 20일 시행

자격종목	시험시간	문제 수	형 별
항공 산업기사	2시간	80	B

수험번호 　　　성 명

제1과목 : 항공역학

1. 선회비행성능에 대한 설명으로 틀린 것은?
㉮ 정상 선회를 하려면 원심력과 양력의 수평 성분이 같아야 한다.
㉯ 원심력이 양력의 수평 성분인 구심력보다 더 크면 스키드(skid)가 나타난다.
㉰ 선회반경을 최소로 하기 위해서는 비행속도를 최소로 하고, 경사각 또한 최소로 하는 것이 좋다.
㉱ 슬립(slip)은 경사각이 너무 크거나 방향타의 조작량이 부족할 경우 일어나기 쉽다.

[해설] 선회반경 공식 $\dfrac{V^2}{g\tan\theta}$ 이므로 선회반경을 최소로 하기 위해서는 속도를 최소로 하고 경사각은 최대로(tan θ는 값이 커질수록 증가하므로 분모의 증가는 전체적으로 감소하므로) 하는 것이 좋다.

2. 날개에서 발생하는 와류(vortex)에 대한 설명으로 틀린 것은?
㉮ 높은 받음각에서는 점성효과에 의한 유동박리(flow separation)로 발생하며 추가적인 양력 감소의 주요 요인이다.
㉯ 와류면(vortex surface)을 걸쳐 압력 차이를 유지할 수 있는 날개표면와류(bound vortex)는 양력발생과 직접적인 관련이 있다.
㉰ 날개의 양력분포에 따라 발생하여 공기흐름 방향(down-stream)으로 이동하며 유도항력 발생의 주요 요인이다.
㉱ 윙렛(winglet)은 날개 끝에서 발생하는 와류(wingtip vortex)에 의한 유도항력을 감소시키기 위한 효과적인 장치이다.

[해설] 점성효과가 아닌 역압력 구배에 의한 경계층 내의 유체입자들이 정체되어 유동박리가 생기는 것이다.

3. 날개면적이 100m² 이고 평균공력시위가 5 m일 때 가로세로비는 얼마인가?
㉮ 1 ㉯ 2 ㉰ 3 ㉱ 4

[해설] $AR = \dfrac{b}{c} = \dfrac{b^2}{s} = \dfrac{s}{c^2}$
여기서, b : 날개폭, c : 시위, s : 면적
∴ $\dfrac{100\,\text{m}^2}{(5\,\text{m})^2} = 4$

4. 프로펠러의 역피치(reversing)를 사용하는 주된 목적은?
㉮ 후진비행을 위해서
㉯ 추력의 증가를 위해서
㉰ 착륙 후의 제동을 위해서
㉱ 추력을 감소시키기 위해서

[해설] 항공기에서는 이·착륙 시 거리를 짧게 하는 것이 좋다. 역피치는 착륙 후 착륙거리를 짧게 하기 위한 하나의 방법이다.

5. 비행속도가 100 m/s이고 프로펠러를 지나는 공기의 속도는 비행속도와 유도속

[정답] 1. ㉰ 2. ㉮ 3. ㉱ 4. ㉰ 5. ㉰

도의 합으로 120 m/s가 된다면 공기의 밀도가 0.125 kgf·s²/m⁴이고, 프로펠러 디스크의 면적이 2m²일 때 발생하는 추력은 몇 kgf 인가?

㉮ 300 ㉯ 600
㉰ 1200 ㉱ 3000

[해설] $T = 2\rho A(V+\omega)\omega$
$= 2 \times 0.125 \times 2 \times (100+20) \times 20$
$= 1200$

6. 항공기 이륙거리를 줄이기 위한 방법이 아닌 것은?

㉮ 항공기의 무게를 가볍게 한다.
㉯ 플랩과 같은 고양력 장치를 사용한다.
㉰ 기관의 추력을 작게 하여 이륙 활주 중 가속도를 증가시킨다.
㉱ 맞바람을 받으면서 이륙하여 바람의 속도만큼 항공기의 속도를 증가시킨다.

[해설] 이륙거리를 줄이는 방법
① 항공기 무게를 가볍게 한다.
② 고양력 장치를 사용한다.
③ 기관의 추력을 높인다.
④ 정풍방향으로 이륙을 한다.

7. 중량이 2500 kgf, 날개면적이 10m², 최대 양력계수가 1.6인 항공기의 실속속도는 몇 m/s인가? (단, 공기의 밀도는 0.125 kgf·s²/m⁴ 로 가정한다.)

㉮ 40 ㉯ 50 ㉰ 60 ㉱ 100

[해설] 실속속도 $V_{stall} = \sqrt{\dfrac{2L}{\rho S C_{Lmax}}}$ 이다.

계산식으로 나타내면

$V_{stall} = \sqrt{\dfrac{2 \cdot 2500\,kgf}{0.125\,kgf \cdot s^2/m^4 \cdot 10m^2 \cdot 1.6}}$

∴ $V_{stall} = 50\,m/s$

8. 날개의 뒤젖힘각 효과(sweepback effect)에 대한 설명으로 옳은 것은?

㉮ 방향안정과 가로안정 모두에 영향이 있다.
㉯ 방향안정과 가로안정 모두에 영향이 없다.
㉰ 가로안정에는 영향이 있고 방향안정에는 영향이 없다.
㉱ 방향안정에는 영향이 있고 가로안정에는 영향이 없다.

[해설] 뒤 젖힘각 효과(sweepback effect) : 후퇴각은 방향 안정성과 가로 안정성에 영향을 준다. 난류 혹은 러더의 조작에 의해서 항공기가 만일 왼쪽으로 요잉을 하면, 오른쪽 날개는 앞전이 상대풍에 대해 직각으로 부딪히게 된다. 이때 오른쪽 날개의 속도는 더 빨라지게 되어 왼쪽 날개보다 더 많은 항력을 발생시킨다. 오른쪽 날개의 이 추가적인 항력으로 인해 오른쪽 날개를 뒤쪽으로 밀어내게 되어 항공기는 본래의 비행 경로로 돌아오게 된다.

9. 키돌이(loop) 비행 시 상단점에서의 하중배수를 0이라고 하면 이론적으로 하단점에서의 하중배수는 얼마인가?

㉮ 0 ㉯ 1 ㉰ 3 ㉱ 6

[해설] 키놀이 운동의 궤적을 원이라 가정하면

원의 하단점 $L_1 = W + \dfrac{W}{g}\dfrac{V_1^2}{R}$ ········· ①

원의 상단점 $\dfrac{W}{g}\dfrac{V_2^2}{R} = L_2 + W$ ········· ②

상승에 의한 운동 에너지손실 = 비행기의 위치에너지 증가

$\dfrac{1}{2}\dfrac{W}{g}(V_1^2 - V_2^2) = W2R$

$V_1^2 - V_2^2 = 4gR$ ························· ③

상단점에서 양력은 적으므로 $L_2 = 0$이 된다.

② 식에서 $V_2^2 = gR$ ························· ④

④ 식을 ③식에 대입하면

$V_1^2 = 5gR$ ························· ⑤

정답 6. ㉰ 7. ㉯ 8. ㉮ 9. ㉱

⑤ 식을 ① 식에 대입하면
$$L_1 = W + \frac{W}{g}\frac{5gR}{R} = 6W \cdots\cdots ⑥$$
하단점에서의 하중배수
$$n = \frac{L_1}{W} = \frac{6W}{W} = 6$$

10. 다음 중 날개의 캠버와 면적을 동시에 증가시켜 양력을 증가시키는 플랩은?
㉮ 평 플랩(plain flap)
㉯ 스플릿 플랩(split flap)
㉰ 파울러 플랩(fowler flap)
㉱ 슬로티드 평 플랩(slotted plain flap)

[해설] 파울러 플랩(fowler flap) : 날개 뒷부분으로 작은 날개가 빠져나와 캠버와 날개 면적이 동시에 증가하고 플랩 앞전의 틈새로 공기흐름을 제어해 줌으로써 최대 양력 계수를 90%까지 증가시켜 준다.

11. NICAO에서 설정한 해면고도 표준대기에 대한 값이 틀린 것은?
㉮ 압력은 29.92 inHg이다.
㉯ 온도는 섭씨 0도이다.
㉰ 밀도는 1.225 kg/m³이다.
㉱ 음속은 340.29 m/s 이다.

[해설] 온도(T) = 15℃ = 59°F
          = 288.16 K(15+273.16)
압력(P) = 760mmHg = 29.92 inHg
          = 1013.25mmbar = 101,325 Pa
밀도(ρ)=0.12492 kgf · s²/m⁴
          = $\frac{1}{8}$ kgf · s²/m⁴ = 1.225kgf/m³
중력가속도(g)=90.8066 m/s²

12. 항공기의 양항비가 8인 상태로 고도 600 m에서 활공을 한다면 수평 활공 거리는 몇 m인가?
㉮ 2500 ㉯ 3200 ㉰ 4200 ㉱ 4800

[해설] 수평활공거리 = 양항비×활공고도
                = 8×600 = 4800 m

13. 다음 중 동점성계수의 단위는?
㉮ m²/s   ㉯ kg·s/m²
㉰ kg/m·s   ㉱ kg·m/s²

[해설] 동점성계수(ν) : 점성계수(μ)를 밀도(ρ)로 나눈 값이다.
$$\nu = \frac{\mu}{\rho}$$

14. 헬리콥터 날개의 지면효과를 가장 옳게 설명한 것은?
㉮ 헬리콥터 날개의 기류가 지면의 영향을 받아 회전면 아래의 항력이 증가되어 헬리콥터의 무게가 증가되는 현상
㉯ 헬리콥터 날개의 기류가 지면의 영향을 받아 회전면 아래의 양력이 증가되어 헬리콥터의 무게가 증가되는 현상
㉰ 헬리콥터 날개의 후류가 지면에 영향을 주어 회전면 아래의 항력이 증가되고 양력이 감소되는 현상
㉱ 헬리콥터 날개의 후류가 지면에 영향을 주어 회전면 아래의 압력이 증가되어 양력의 증가를 일으키는 현상

[해설] 지면효과 : 회전익 항공기도 고정익 항공기와 마찬가지로 이착륙을 할 때 지면에서 거리가 가까워지면 양력이 더 커지는 현상이다.

15. 동체에 붙는 날개의 위치에 따라 쳐든 각 효과의 크기가 달라지는데 그 효과가 큰 것에서 작은 순서로 나열된 것은?
㉮ 높은 날개 – 중간 날개 – 낮은 날개
㉯ 낮은 날개 – 중간 날개 – 높은 날개
㉰ 중간 날개 – 낮은 날개 – 높은 날개
㉱ 높은 날개 – 낮은 날개 – 중간 날개

정답 10. ㉰ 11. ㉯ 12. ㉱ 13. ㉮ 14. ㉱ 15. ㉮

[해설] 비행기의 날개가 상반각(쳐든각)을 가지면 옆미끄럼 운동에서 롤링 모멘트가 작용하여 원상태인 비행자세로 되돌아가도록 하는 초기 경향성을 갖는다. 따라서 날개의 상반각은 가로 안정성을 가진다. 고익기의 경우 옆미끄럼이 있을 때 내려간 쪽의 날개의 받음각 증가로 인해 양력이 증가하고, 올라간 쪽의 날개의 받음각 감소로 인하여 양력이 감소하므로 원상태로 복원하려는 롤링 모멘트가 발생한다. 그러므로 고익기의 경우에는 가로 안정성에 기여하지만, 저익기는 불안정 요인으로 작용한다. 그리고 중익기는 가로 안정성과 무관하다.

16. 제트 항공기가 최대항속거리를 비행하기 위한 조건은?

㉮ $\left(\dfrac{C_L}{C_D}\right)_{\max}$
㉯ $\left(\dfrac{C_L^{\frac{1}{2}}}{C_D}\right)_{\max}$
㉰ $\left(\dfrac{C_L^{\frac{3}{2}}}{C_D}\right)_{\max}$
㉱ $\left(\dfrac{C_L}{C_D^{\frac{1}{2}}}\right)_{\max}$

[해설] 제트 항공기가 최대항속거리를 할 수 있는 조건
① 비연료 소모율(SFC)을 최소로 한다.
② 공기밀도(ρ)가 낮은 높은 고도에서 비행한다.
③ $\left(\dfrac{C_L^{\frac{1}{2}}}{C_D}\right)$의 값이 최대인 비행조건으로 비행한다.
④ 적재하는 연료량(W_1)을 최대로, 잔류연료량(W_2)를 최소로 한다.

17. 헬리콥터는 제자리 비행 시 균형을 맞추기 위해서 주회전 날개 회전면이 회전방향에 따라 동체의 좌측이나 우측으로 기울게 되는데 이는 어떤 성분의 역학적 평형을 맞추기 위해서인가? (단, x, y, z는 기체축(동체축) 정의를 따른다.)
㉮ x축 모멘트의 평형
㉯ x축 힘의 평형
㉰ y축 모멘트의 평형
㉱ y축 힘의 평형

18. 조종면에서 앞전 밸런스(leading edge balcnce)를 설치하는 주된 목적은?
㉮ 양력 증가
㉯ 조종력 경감
㉰ 항력 감소
㉱ 항공기 속도 증가

[해설] 공력 평형장치 : 조종사의 조종력을 경감(감소)시키기 위한 장치로 앞전 밸런스, 혼 밸런스, 내부 밸런스, 프리즈 밸런스가 있다.

19. 양의 세로안정성을 가지는 일반형 비행기의 순항 중 트림 조건으로 알맞은 것은? (단, 화살표는 힘의 방향, ⊙는 무게중심을 나타낸다.)

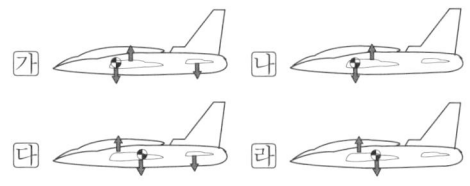

[해설] 무게 중심이 날개의 공력 중심보다 앞에 있으므로 비행기의 기수는 내려간다. 그러므로 꼬리날개에서 하향 양력을 발생시켜야 균형을 이룰 수 있다.

20. 경계층에 대한 설명으로 옳은 것은?
㉮ 난류에서만 존재한다.
㉯ 유체의 점성이 작용하는 영역이다.
㉰ 임계 레이놀즈수 이상에서 생긴다.

정답 16. ㉯ 17. ㉱ 18. ㉯ 19. ㉮ 20. ㉯

㉱ 흐름의 속도에 영향을 받지 않는다.

[해설] 경계층 : 자유 흐름 속도의 99%에 해당하는 속도에 도달한 곳을 경계로 하여, 점성의 영향이 거의 없는 구역과 점성의 영향이 뚜렷한 구역으로 구분할 수 있는데, 점성의 영향이 뚜렷한 벽 가까운 구역의 기상적인 층을 경계층이라고 한다.

제2과목 : 항공기관

21. 다음 중 가스터빈기관에서 사용되는 시동기의 종류가 아닌 것은?

㉮ 전기식 시동기(electric starter)
㉯ 마그네토 시동기(magneto starter)
㉰ 시동 발전기(starter generator)
㉱ 공기식 시동기(pneumatic starter)

[해설] 가스터빈기관의 시동기의 종류는 전동기식, 시동 발전기식, 공기 터빈식, 가스 터빈식, 공기 충돌식 시동 계통이 있다.

22. 가스터빈기관의 공기흡입 덕트(duct)에서 발생하는 램 회복점을 옳게 설명한 것은?

㉮ 램 압력상승이 최대가 되는 항공기의 속도
㉯ 마찰압력 손실이 최소가 되는 항공기의 속도
㉰ 마찰압력 손실이 최대가 되는 항공기의 속도
㉱ 흡입구 내부의 압력이 대기 압력으로 돌아오는 점

[해설] 램 회복점은 흡입구 내부의 압력이 대기 압력과 같아지는 점이다.

23. 그림과 같은 형식의 가스터빈기관을 무엇이라고 하는가?

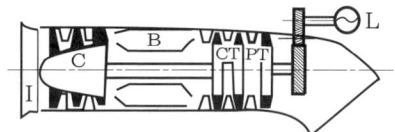

㉮ 터보팬기관   ㉯ 터보제트기관
㉰ 터보축기관   ㉱ 터보프롭기관

24. 열기관에서 열효율을 나타낸 식으로 옳은 것은?

㉮ $\dfrac{일}{공급열량}$ ㉯ $\dfrac{공급열량}{방출열량}$
㉰ $\dfrac{방출열량}{일}$ ㉱ $\dfrac{방출열량}{공급열량}$

[해설] 열기관 열효율
$$e = \dfrac{W}{Q_1} = \dfrac{Q_1 - Q_2}{Q_1} = \dfrac{T_1 - T_2}{T_1}$$

25. 터빈기관을 사용하는 도중 배기가스온도(EGT)가 높게 나타났다면 다음 중 주된 원인은?

㉮ 연료필터 막힘
㉯ 과도한 연료 흐름
㉰ 오일압력의 상승
㉱ 과도한 바이패스비

26. 열역학 제2법칙에 대한 설명이 아닌 것은?

㉮ 에너지 전환에 대한 조건을 주는 법칙이다.
㉯ 열과 일 사이의 에너지 전환과 보존을 말한다.
㉰ 열은 그 자체만으로는 저온 물체로부

터 고온 물체로 이동할 수 없다.
㉣ 자연계에 아무 변화를 남기지 않고 어느 열원의 열을 계속하여 일로 바꿀 수는 없다.

[해설] 열과 일 사이의 에너지 전환과 보존을 말하는 것은 열역학 제1법칙이다.

27. 연료계통에 사용되는 릴리프 밸브(relief valve)에 대한 설명으로 옳은 것은?
㉮ 연료펌프의 출구 압력이 규정치 이상으로 높아지면 펌프 입구로 되돌려 보낸다.
㉯ 연료 여과기(fuel filter)가 막히면 계통 내에 여과기를 통과하지 않고 연료를 공급한다.
㉰ 연료 압력 지시부(fuel pressure transmitter)의 파손을 방지하기 위하여 소량의 연료만 통과시킨다.
㉱ 연료조정장치(fuel control unit)의 윤활을 위하여 공급되는 연료 압력을 조절한다.

[해설] 연료 계통에서의 릴리프 밸브의 역할은 계통에 흐르는 연료가 어느 한 부분에서 압력이 기준치보다 높아질 경우 펌프 입구로 되돌려 보내 계통의 손상을 막는다.

28. 왕복기관에서 저압점화 계통을 사용할 때 주된 단점과 관계되는 것은?
㉮ 플래시 오버   ㉯ 커패시턴스
㉰ 무게의 증대   ㉱ 고전압 코로나

[해설] 왕복기관에서 저압점화 계통의 단점은 무겁다는 점이다.

29. 왕복기관 오일계통에 사용되는 슬러지 체임버(sludge chamber)의 위치는?

㉮ 소기펌프(scavenge pump)의 주위에
㉯ 크랭크 축의 크랭크 핀(crank pin)에
㉰ 오일 저장탱크(oil storage tank) 내에
㉱ 크랭크 축 끝의 트랜스퍼 링(tranfer ring)에

30. 가스터빈기관의 오일필터를 손상시키는 힘이 아닌 것은?
㉮ 고주파수로 인한 피로 힘
㉯ 흐름체적으로 인한 압력 힘
㉰ 오일이 뜨거운 상태에서 발생하는 압력 힘
㉱ 열순환(thermal cycling)으로 인한 피로 힘

31. 다음 중 왕복기관의 출력에 가장 큰 영향을 미치는 압력은?
㉮ 섬프 압력   ㉯ 오일 압력
㉰ 연료 압력   ㉱ 다기관 압력(MAP)

[해설] 왕복기관의 출력에 가장 큰 영향을 주는 압력은 매니폴드 압력(MAP)이다.

32. 항공기 왕복기관의 연료계통에서 저속과 순항 운전 시 닫히지만 고속 운전 시 열려서 연소온도를 낮추고 디토네이션을 방지시킬 목적으로 농후 혼합비가 되도록 도와주는 밸브의 명칭은?
㉮ 저속 장치   ㉯ 혼합기 조절장치
㉰ 가속 장치   ㉱ 이코노마이저 장치

[해설] 이코노마이저 장치 : 기관의 출력이 순항출력보다 큰 출력일 때 연료를 더 공급하여 농후 혼합비를 만들어 주는 고출력 장치

33. 프로펠러의 역추력(reverse thrust)은 어떻게 발생하는가?

정답 27. ㉮ 28. ㉰ 29. ㉯ 30. ㉰ 31. ㉱ 32. ㉱ 33. ㉰

㉮ 프로펠러의 회전속도를 증가시킨다.
㉯ 프로펠러의 회전강도를 증가시킨다.
㉰ 프로펠러를 부(negative)의 깃각으로 회전시킨다.
㉱ 프로펠러를 정(positive)의 깃각으로 회전시킨다.

[해설] 역피치 프로펠러 : 피치 변경 기구를 조작하여 피치각을 감소시키면 페더링 상태인 0의 피치각이 되고, 더욱 줄이면 부(-)의 각이 된다. 부(-)의 피치각을 가질 때 역피치라 한다.

34. 왕복기관의 진동을 감소시키기 위한 방법으로 틀린 것은?
㉮ 압축비를 높인다.
㉯ 실린더 수를 증가시킨다.
㉰ 피스톤의 무게를 적게 한다.
㉱ 평형추(cunter weight)를 단다.

35. 다음 그림과 같은 오토(Otto) 사이클의 $P-V$ 선도에서 압축비를 나타낸 식은?

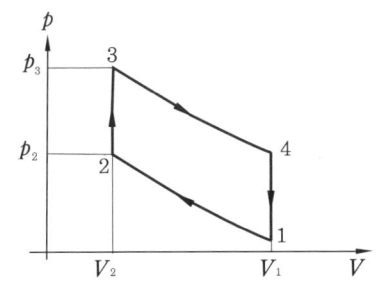

㉮ $\dfrac{V_1}{V_2}$ ㉯ $\dfrac{V_2}{V_1}$

㉰ $\dfrac{V_2}{V_1+V_2}$ ㉱ $\dfrac{V_1}{V_1+V_2}$

[해설] 압력비 = $\dfrac{\text{실린더안의 전체 체적}}{\text{연소실 체적}} = \dfrac{V_1}{V_2}$

36. 정속 프로펠러를 사용하는 왕복기관에서 순항시 스로틀 레버만을 움직여 스로틀을 증가시킬 때 나타나는 현상이 아닌 것은?
㉮ 기관의 출력(HP)은 변하지 않는다.
㉯ 기관의 흡기 압력(MAP)이 증가한다.
㉰ 프로펠러 블레이드 각도가 증가한다.
㉱ 기관의 회전수(RPM)는 변하지 않는다.

[해설] 스로틀 레버를 움직이면 기관 출력은 변화가 있으나 정속 프로펠러를 사용하였기 때문에 프로펠러의 회전수에는 변화가 없다.

37. 가스터빈기관에서 가변 정익(variable stator vane)의 목적을 설명한 것으로 옳은 것은?
㉮ 로터의 회전속도를 일정하게 한다.
㉯ 유입공기의 절대속도를 일정하게 한다.
㉰ 로터에 대한 유입공기의 받음각을 일정하게 한다.
㉱ 로터에 대한 유입공기의 상대속도를 일정하게 한다.

[해설] 로터에 대한 유입공기의 받음각을 일정하게 하여 압축기의 실속을 방지한다.

38. 왕복기관의 피스톤 지름이 16 cm인 피스톤에 65 kgf/cm²의 가스압력이 작용하면 피스톤에 미치는 힘은 약 몇 ton인가?
㉮ 10   ㉯ 11   ㉰ 12   ㉱ 13

[해설] 힘 = 압력 × 면적 = $65 \times \dfrac{\pi \times 16^2}{4}$
= 13069 kgf = 13 ton

39. 가스터빈기관에서 축류 압축기의 1단당 압력비가 1.8일 때 압축기가 3단이라

정답 34.㉮ 35.㉮ 36.㉮ 37.㉰ 38.㉱ 39.㉯

면 압력비는 약 얼마인가?
- ㉮ 4.4　㉯ 5.8　㉰ 6.5　㉱ 7.8

[해설] 압력비$(\gamma_s) = (\gamma_s)^n = (1.8)^3 = 5.8$

40. 흡입밸브와 배기밸브의 팁 간극이 모두 너무 클 경우 발생하는 현상은?
- ㉮ 점화시기가 느려진다.
- ㉯ 오일 소모량이 감소한다.
- ㉰ 실린더의 온도가 낮아진다.
- ㉱ 실린더의 체적효율이 감소한다.

[해설] 밸브 간극이 넓으면 밸브가 늦게 열리고 빨리 닫히므로 실린더의 체적 효율이 감소한다.

제3과목 : 항공기체

41. 중심축을 중심으로 대칭인 일정한 직사각형 단면으로 이루어진 보에 하중이 작용하고 있다. 이때 보의 수직응력 중 최대인장 및 압축응력을 나타낸 것으로 옳은 것은? (단, M : 굽힘 모멘트, I : 단면의 관성 모멘트, C : 중립축으로부터 양과 음의 방향으로 맨 끝 요소까지의 거리이다.)
- ㉮ $\dfrac{c}{MI}$　㉯ $\dfrac{I}{Mc}$　㉰ $\dfrac{Mc}{I}$　㉱ $\dfrac{Ic}{M}$

[해설] 보의 굽힘응력 : 중립축을 기준으로 상단에는 압축응력이, 하단에는 인장응력이 발생한다.

$$\sigma = \frac{M}{Z} = \frac{Mc}{I}$$

여기서, 단면계수 $Z = \dfrac{I}{c}$이다.

42. 다음 중 용접 조인트 형식에 속하지 않는 것은?
- ㉮ lap joint
- ㉯ tee joint
- ㉰ butt joint
- ㉱ double joint

43. 클레비스 볼트(clevis bolt)에 대한 설명으로 틀린 것은?
- ㉮ 인장하중이 걸리는 곳에 사용한다.
- ㉯ 전단하중이 걸리는 곳에 사용한다.
- ㉰ 조종 계통에 기계적인 핀의 역할로 끼워진다.
- ㉱ 보통 스크루 드라이버나 십자 드라이버를 사용한다.

[해설] 클레비스 볼트(AN21~AN36)의 특징 : 머리가 둥글고 스크루 드라이버를 사용하도록 홈이 파여 있으며 전단 하중만 걸리고 인장 하중이 작용하지 않는 조종계통의 장착용 핀으로 자주 사용된다.

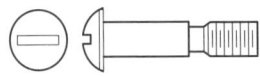

클레비스 볼트

44. 날개의 가동 장치에서 날개 앞전부분의 일부를 앞으로 밀어내어 날개 본체와 간격을 만들어 높은 압력의 공기를 날개의 윗면으로 유도하여 날개의 윗면을 따라 흐르는 기류의 떨어짐을 막고 실속 받음각을 증가시키는 동시에 최대 양력을 증대시키는 장치는?
- ㉮ 플랩
- ㉯ 스포일러
- ㉰ 슬랫
- ㉱ 이중 간격 플랩

[해설] 슬랫(slat) : 고양력 장치로 아음속 여객기에 가장 많이 사용되며, 최대 양력계수를 50~90% 사이의 증가를 얻을 수 있다.

45. 첨단 복합재료로서 가장 오래 전부터 실용화를 시도한 섬유이며 가격이 비교적 비싸고 화학 반응성이 커서 취급에 어려운 강화섬유는?

㉮ 알루미나 섬유 ㉯ 탄소 섬유
㉰ 아라미드 섬유 ㉱ 보론 섬유

[해설] ① 알루미나 섬유 : 무색투명하며 전기 부도체인 섬유이다. 1300℃로 가열해도 물성이 유지되는 우수한 내열성을 가지고 있다. 또한, 모든 종류의 모재와 잘 결합하며 우수한 내열성으로 인해 고온 부위의 재료로 사용된다.
② 탄소 섬유 : 열팽창계수가 작기 때문에 사용온도의 변동이 크더라도 치수 안정성이 우수하다. 강도와 강성이 날개와 동체 등과 같은 1차 구조부의 제작에 쓰인다.
③ 아라미드 섬유 : 케블라라고도 하며 가볍고 인장강도가 크며 유연성이 크다. 알루미늄합금(7075-T6)보다 인장강도가 4배 높으며, 밀도는 $\frac{1}{2}$ 정도로 높은 응력과 진동을 받는 항공기 부품에 가장 인상적이다 (황색 전기 부도체, 전파도 투과시키는 섬유).
④ 보론 섬유 : 뛰어난 압축강도와 경도를 가지며 열팽창률이 크고 금속과의 접착성이 좋다. 작업할 때 위험성이 있고 값이 비싸기 때문에 일부 전투기에 사용된다.

46. 대형 항공기의 날개에 부착되는 2차 조종면으로서 비행 중에 옆놀이 보조 장치로도 사용되는 것은?

㉮ 도움날개   ㉯ 뒷전 플랩
㉰ 스포일러   ㉱ 앞전 플랩

[해설] ① 공중 스포일러 : 도움날개와 연동을 하여 좌우 스포일러를 다르게 움직여 도움날개의 역할을 도와주는 기능
② 지상 스포일러 : 착륙 시 펼쳐서 양력을 감소시키고 항력을 증가시키는 역할을 한다.

47. 다음 중 일반적인 항공기의 $V-n$ 선도에서 최대 속도는?

㉮ 설계급강하속도
㉯ 실속속도
㉰ 설계돌풍운용속도
㉱ 설계운용속도

[해설] ① 설계운용속도(V_A) : 항공기가 어떤 속도로 수평비행을 하다가 갑자기 조종간을 당겨 최대 양력계수의 상태로 될 때 큰 날개에 작용하는 하중배수가 그 항공기의 설계 제한 하중배수와 같게 되었을 때의 속도이다. 설계운용속도 이하에서는 항공기가 어떤 조작을 해도 구조상 안전하다는 것이다.
② 설계돌풍운용속도(V_B) : 어떤 속도로 수평비행 시 수직 돌풍속도를 받았을 때 하중배수가 설계 제한 하중배수와 같아질 때의 수평비행속도를 말한다.
③ 설계순항속도(V_C) : 순항 성능이 가장 효율적으로 얻어지도록 정한 설계속도이다.
④ 설계급강하속도(V_D) : 구조 강도의 안전성과 조종면에서 안전을 보장하는 설계상의 최대 허용속도이다.

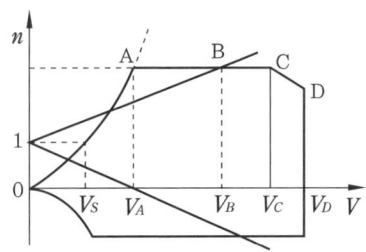

48. 조종석에서 케이블 또는 케이블로부터 조종면으로 힘을 전달하는 장치가 아닌 것은?

㉮ 페어 리드(fair lead)
㉯ 쿼드런트(quadrant)
㉰ 토크 튜브(torque tube)
㉱ 케이블 드럼(cable drum)

[정답] 45. ㉱ 46. ㉰ 47. ㉮ 48. ㉮

[해설] 페어리드 : 조종 케이블이 작동 중 최소 마찰력으로 케이블과 접촉하여 직선운동을 하는 케이블을 3인치 이내에서 방향을 유도하고 케이블이 서로 엉키지 않도록 한다.

49. 다음 중 장착 전에 열처리가 요구되는 리벳은?
- ㉮ DD : 2024
- ㉯ A : 1100
- ㉰ KE : 7050
- ㉱ M : MONEL

[해설] 2024-T리벳 : 2017-T보다 강한 강도가 요구되는 곳에 사용하며, 열처리 후 냉장보관하고 상온 노출 후 10~20분 이내로 작업을 해야 한다.

50. 높이가 H이고 폭이 B인 그림과 같은 직사각형의 무게중심을 원점으로 하는 X축에 대한 관성모멘트는?

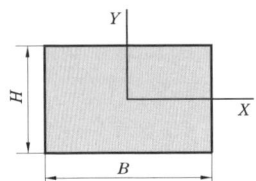

- ㉮ $\dfrac{BH^3}{36}$
- ㉯ $\dfrac{BH^3}{24}$
- ㉰ $\dfrac{BH^3}{12}$
- ㉱ $\dfrac{BH^3}{4}$

[해설] 높이가 H이고 폭이 B인 직사각형의 관성모멘트 : $\dfrac{BH^3}{12}$

지름이 d인 원의 관성모멘트 : $\dfrac{\Pi d^4}{64}$

51. 응력 외피형 구조의 날개 스파가 주로 담당하는 하중은?
- ㉮ 날개의 압축
- ㉯ 날개의 진동
- ㉰ 날개의 비틀림
- ㉱ 날개의 굽힘

[해설] 날개보(spar) : 날개에 작용하는 대부분의 하중을 담당하며, 굽힘 하중과 비틀림 하중을 주로 담당하는 날개의 주 구조 부재이다.

52. 다음 중 해수에 대해 내식성이 가장 강한 것은?
- ㉮ 티타늄
- ㉯ 알루미늄
- ㉰ 마그네슘
- ㉱ 스테인리스강

[해설] 티탄의 성질 : 내열성이 크고 내식성이 우수하며 비강도(20.2)가 커서 가스터빈 기관용 재료로 널리 이용된다.

53. 항공기 구조설계의 변화를 시대적인 흐름 순서대로 옳게 나열한 것은?
- ㉮ 페일세이프설계(fail safe design) → 안전수명설계(safe life design) → 손상허용설계(damage tolerance design)
- ㉯ 손상허용설계(damage tolerance design) → 안전수명설계(safe life design) → 페일세이프설계(fail safe design)
- ㉰ 페일세이프설계(fail safe design) → 손상허용설계(damage tolerance design) → 안전수명설계(safe life design)
- ㉱ 안전수명설계(safe life design) → 페일세이프설계(fail safe design) → 손상허용설계(damage tolerance design)

[해설] 손상허용설계 : 페일세이프 구조를 더욱 발전시킨 새로운 방식으로 구조의 정비 방식과 같은 개념이다.

54. 다음 중 볼트의 용도 및 식별에 대한 설명으로 가장 거리가 먼 내용은?

정답 49. ㉮ 50. ㉰ 51. ㉱ 52. ㉮ 53. ㉱ 54. ㉯

㉮ 볼트머리의 X 표시는 합금강을 표시한 것이다.
㉯ 볼트머리의 △ 표시는 내식강을 표시한 것이다.
㉰ 텐션 볼트(tension bolt)는 인장하중이 걸리는 곳에 사용된다.
㉱ 셰어 볼트(shear bolt)는 전단하중이 많이 걸리는 곳에 사용된다.

[해설] △ 은 정밀 공차 볼트를 의미한다.

55. 양극처리(anodizing)에 대한 설명으로 옳은 것은?
㉮ 양극피막은 전기에 대해 불량도체이다.
㉯ 금속표면에 산화피막을 형성시키는 것이다.
㉰ 순수한 알루미늄을 황산에 담궈 얇게 코팅하는 것이다.
㉱ 부식에 대한 저항은 약해지지만 페인트칠하기에 좋은 표면이 형성된다.

[해설] 양극 산화 처리 : 금속 표면에 전해질인 산화피막을 형성하는 방법으로, 전해질인 수용액 중에서 OH^-이 방출되기 때문에 양극의 금속표면이 수산화물 또는 산화물로 변화되고 고착되어 부식에 대한 저항을 향상시킨다.

56. 무게가 1220 lb 이고, 모멘트가 30500 in. lb인 항공기에 무게가 80 lb이고, 900in. lb의 모멘트를 갖는 장치를 장착하였다면 이 항공기의 무게중심 위치는 약 몇 in인가?
㉮ 20 ㉯ 24
㉰ 28 ㉱ 32

[해설] 무게 중심위치(c.g)
$= \dfrac{\text{총모멘트} + \text{증가된 모멘트}}{\text{총무게} + \text{증가된 무게}}$

$= \dfrac{30500 + 900}{1200 + 80} = 24$ in

57. 지상활주 중 지면과 타이어 사이의 마찰에 의한 타이어 밑면의 가로축 방향의 변형과 바퀴의 선회 축 둘레의 진동과의 합성 진동에 의하여 발생하는 착륙 장치의 불안정한 공진 현상을 감쇠시키는 것은?
㉮ 올레오(oleo) 완충장치
㉯ 시미 댐퍼(shimmy damper)
㉰ 번지 스프링(bungee spring)
㉱ 작동 실린더(actuating cylinder)

[해설] 앞 착륙장치 및 뒤 착륙장치는 지상활주 중 지면과 타이어의 마찰에 의해 타이어의 밑면의 가로축 방향의 변형과 바퀴의 선회축 둘레의 진동과의 합성된 진동이 좌우로 발생하는데, 이러한 진동을 시미라 하며 시미현상을 감쇄 방지하기 위한 장치가 시미 댐퍼이다.

58. 0.040인치 두께의 판을 서로 접합하고자 할 때 다음 중 가장 적절한 리벳의 직경은?
㉮ 6/32 인치 ㉯ 5/32 인치
㉰ 4/32 인치 ㉱ 3/32 인치

[해설] 리벳의 지름(D)
$D = 3T = 3 \times 0.040 = 0.12$
$\dfrac{4}{32} = 0.125$

59. 버킹 바(bucking bar)의 용도로 옳은 것은?
㉮ 드릴을 고정하기 위해 사용한다.
㉯ 리벳을 리벳 건에 끼우기 위해 사용한다.
㉰ 리벳의 머리를 절단하기 위해 사용한다.
㉱ 리벳 체결 시 반대편에서 벅 테일을

[정답] 55. ㉯ 56. ㉯ 57. ㉯ 58. ㉰ 59. ㉱

성형하기 위해 사용한다.

[해설] 버킹 바 : 리벳의 벅 테일을 만들 때 리벳 섕크 끝을 받치는 공구

60. 실속 속도가 90 mph인 항공기를 120 mph 로 비행 중에 조종간을 급히 당겼을 때 항공기에 걸리는 하중 배수는 약 얼마인가?

㉮ 1.5 ㉯ 1.78
㉰ 2.3 ㉱ 2.57

[해설] 하중배수$(n) = \left(\dfrac{V_a}{V_s}\right)^2$
$= \left(\dfrac{120}{90}\right)^2 = 1.78$

제4과목 : 항공장비

61. 다음 중 연료 유량계의 종류가 아닌 것은?

㉮ 차압식 유량계
㉯ 부자식 유량계
㉰ 베인식 유량계
㉱ 동기 전동기식 유량계

62. proximity switch에 대한 설명으로 옳은 것은?

㉮ switch와 피검출물과의 기계적 접촉을 없앤 구조의 switch이다.
㉯ micro switch라고 불리며, 주로 착륙장치 및 플랩 등의 작동 전동기 제어에 사용된다.
㉰ switch의 knob를 돌려 여러 개의 switch를 하나로 담당한다.
㉱ 조작 레버가 동작 상태를 표시하는 것을 이용하여 조종실의 각종 조작 switch로 사용된다.

[해설] proximity switch : 기계적으로 온-오프를 하던 리밋 스위치나 마이크로 스위치 대신, 비접촉 동작으로 같은 스위칭 작용을 하게 한 센서

63. 저항 30Ω과 리액턴스 40Ω을 병렬로 접속하고 양단에 120 V 교류전압을 가했을 때 전전류는 몇 A인가?

㉮ 5 ㉯ 6 ㉰ 7 ㉱ 8

[해설] 교류 병렬 회로이므로
$I = \sqrt{I_R^2 + I_Z^2}$
$I_R = \dfrac{120}{30} = 4$
$I_Z = \dfrac{V}{R_Z} = \dfrac{120}{40} = 3$
그러므로 $I = \sqrt{4^2 + 3^2} = 5$

64. 다음 중 전기적인 방빙을 사용하는 부분이 아닌 것은?

㉮ 정압공 ㉯ 피토 튜브
㉰ 코어 카울링 ㉱ 프로펠러

[해설] 전기적인 방빙을 사용하는 부분은 히터, 기관 공기 흡입구, 실속 경고 장치, 피토관

65. 객실여압조종 계통에서 등압 미터링 밸브가 열림 위치에 있을 때는?

㉮ 객실 압력이 감소할 때
㉯ 객실 고도가 감소할 때
㉰ 객실 압력이 증가할 때
㉱ 배출 밸브가 닫힐 때

[해설] 등압 미터링 밸브가 열려 있을 때는 객실 내의 압력이 감소되었을 때 사용한다.

정답 60. ㉯ 61. ㉯ 62. ㉮ 63. ㉮ 64. ㉰ 65. ㉮

66. 주파수 체배 증폭회로로 C급이 많이 사용되는 이유는?

㉮ 찌그러짐이 적다.
㉯ 능률이 적다.
㉰ 자려발진을 방지한다.
㉱ 고조파분이 많다.

[해설] C급 증폭회로는 큰 전력을 제공할 수 있으므로 이 증폭회로는 송신기의 출력단에 흔히 사용되고, 출력신호에 포함된 고조파를 제거하기 위하여 공진형 부하를 사용한다.

67. 대형 항공기에서 주로 비상전원으로 사용하는 발전기로 유압펌프를 구동시켜 모든 발전기가 정지된 경우라도 유압을 사용할 수 있도록 하며 프로펠러의 피치를 거버너로 조절해서 정주파수의 발전을 하는 발전기는?

㉮ 3상 교류발전기
㉯ 공기 구동 교류발전기
㉰ 단상 교류발전기
㉱ 브러시리스 교류발전기

68. 마커 비컨(marker beacon)의 이너 마커(inner marker)의 주파수와 등(light) 색은?

㉮ 400 Hz, 황색
㉯ 3000 Hz, 황색
㉰ 400 Hz, 백색
㉱ 3000 Hz, 백색

[해설] 마커 비컨은 외측, 중앙, 내측으로 구성되어 있다. 외측은 청록색, 중앙은 주황색, 내측은 흰색으로 나타낸다. 내측 마커 비컨은 3000Hz로 표시한다.

69. 변압기에 성층 철심을 사용하는 이유는?

㉮ 등손을 감소시킨다.
㉯ 유전체 손실을 적게 한다.
㉰ 와전류 손실을 감소시킨다.
㉱ 히스테리스 손실을 감소시킨다.

[해설] 성층 철심의 사용 : 쇠 또는 강철의 절연된 얇은 판을 쌓아서 만든 철심으로 층의 방향을 자력선에 평행이 되게 하여 철심에 있어서의 와전류손을 적게 하기 위하여 사용된다.

70. 자이로(gyro)에 관한 설명으로 틀린 것은?

㉮ 강직성은 자이로 로터의 질량이 커질수록 강하다.
㉯ 강직성은 자이로 로터의 회전이 빠를수록 강하다.
㉰ 섭동성은 가해진 힘의 크기에 반비례하고 로터의 회전속도에 비례한다.
㉱ 자이로를 이용한 계기로는 선회경사계, 방향자이로 지시계, 자이로 수평지시계가 있다.

[해설] 섭동성 : 외부에서 가해진 착력점으로부터 로터의 회전방향으로 90도 회전한 점에 힘이 작용하여 축을 움직이게 하는 성질

71. 유압계통에서 유압작동 실린더의 움직임의 방향을 제어하는 밸브는?

㉮ 체크 밸브
㉯ 릴리프 밸브
㉰ 선택 밸브
㉱ 프라이 오리티 밸브

[해설] ① 체크 밸브 : 유동을 한 방향으로 흐르게 해서 역류를 방지해 준다.
② 릴리프 밸브 : 일정한 압력 이상으로 기관 내에 압력이 올라가면 밸브를 열어 원래대로 돌려준다.
③ 프라이 오리티 밸브 : 유압계통 내에서 우선적으로 필요한 부분으로 많은 유량을 보내주는 역할을 한다.

[정답] 66. ㉱　67. ㉯　68. ㉱　69. ㉰　70. ㉰　71. ㉰

72. 다음 중 항공기에 장착된 고정용 ELT (emergency locator transmitter)가 송신 조건이 되었을 때 송신되는 주파수가 아닌 것은?

㉮ 121.5 MHz ㉯ 203.0 MHz
㉰ 243.0 MHz ㉱ 406.0 MHz

[해설] ELT(emergency locator transmitter) 주파수 영역 : 비상 위치 발신기는 초단파 대역의 주파수(121.5[MHz], 243.0[MHz])를 사용하면 위성 수신기로도 비상 신호를 406[MHz]를 사용한다.

73. 지상에 설치된 송신소나 트랜스폰더를 필요로 하는 항법 장치는?

㉮ 거리측정장치(DME)
㉯ 자동방향탐지기(ADF)
㉰ 2차 감시 레이더(SSR)
㉱ SELCAL(selective calling system)

[해설] SELCAL 시스템은 지상국으로부터 통신 송수신기로 조종사의 호출에 대해 알려준다. 시스템이 모든 입력 신호를 감시하기 때문에 조종사가 계속해서 무선 채널을 감시할 필요가 없다.

74. 공함(pressure capsule)을 응용한 계기가 아닌 것은?

㉮ 선회계 ㉯ 고도계
㉰ 속도계 ㉱ 승강계

[해설] ① 선회계 : 자이로 사용
② 고도계 : 아네로이드 사용
③ 속도계 : 다이어프램 or 벨로즈 사용
④ 승강계 : 아네로이드 사용

75. 다음 중 인천공항에서 출발한 항공기가 태평양을 지나면서 통신할 때 사용하는 적합한 장치는?

㉮ MF 통신장치 ㉯ LF 통신장치
㉰ VHF 통신장치 ㉱ HF 통신장치

[해설] 단파 통신 장치는 바다 위를 긴 시간 비행하는 동안 지상국 또는 다른 항공기와 교신하기 위해 사용한다.

76. 시동 토크가 크고 압력이 과대하게 되지 않으므로 시동 운전 시 가장 좋은 전동기는?

㉮ 분권 전동기
㉯ 직권 전동기
㉰ 복권 전동기
㉱ 화동복권 전동기

[해설] 직권 전동기 : 시동 토크가 크고, 회전 속도는 부하의 크기에 따라 변화하므로, 부하가 작으면 매우 빠르게, 부하가 크면 천천히 회전한다. 무부하 운전은 피해야 하며, 기관의 시동용 전동기, 착륙장치, 플랩 등에 사용된다.

77. 자기 컴퍼스의 정적오차에 속하지 않는 것은?

㉮ 자차 ㉯ 불이차
㉰ 북선 오차 ㉱ 반원차

[해설] ① 자기 컴퍼스의 정적 오차 : 반원차, 사분원차, 불이차
② 자기 컴퍼스의 동적 오차 : 북선 오차, 가속도 오차

78. 자동조종 항법장치에서 위치정보를 받아 자동적으로 항공기를 조종하여 목적지까지 비행시키는 기능은?

㉮ 유도 기능 ㉯ 조종 기능
㉰ 안정화 기능 ㉱ 방향탐지 기능

[해설] 초단파 전 방향 무선 표지에 의한 유도, 계기 착륙장치에 의한 유도, 관선 기준 항법 시스템에 의한 유도 기능이 있다. 이는 항법장치에서 위치 정보를 받아 자동적

정답 72. ㉯ 73. ㉱ 74. ㉮ 75. ㉱ 76. ㉯ 77. ㉰ 78. ㉮

으로 항공기를 조종하여 목적지까지 비행을 시킨다.

79. 대형 항공기 공기조화 계통에서 기관으로부터 블리드(bleed)된 뜨거운 공기를 냉각시키기 위하여 통과시키는 곳은?
㉮ 연료탱크
㉯ 물탱크
㉰ 기관오일탱크
㉱ 열교환기
[해설] 열교환기를 지나면서 공기를 냉각시킨다.

80. 화재감지계통(fire detector system)에 대한 설명으로 옳은 것은?
㉮ 감지기의 꼬임, 눌림 등은 허용범위 이내이더라도 수정하는 것이 바람직하다.
㉯ 감지기의 접속부를 분리했을 때에는 반드시 cooper crush gasket을 교환해야 한다.
㉰ 감지기의 절연저항 점검은 테스터기(multi-meter)로 충분하다.
㉱ ionization smoke detector는 수리를 위해서 기내에서 분해할 수 있다.

정답 79. ㉱ 80. ㉯

2015년도 시행 문제

▶ 2015년 3월 8일 시행

자격종목	시험시간	문제 수	형 별	수험번호	성 명
항공 산업기사	2시간	80	A		

제1과목 : 항공역학

1. 항공기가 세로 안정한다는 것은 어떤 것에 대해서 안정하다는 의미인가?
㉮ 롤링(rolling)
㉯ 피칭(pitching)
㉰ 요잉(yawing)과 피칭(pitching)
㉱ 롤링(rolling)과 피칭(pitching)

[해설] 세로 안정성 : 비행 중 외부 영향이나 조종사 의도에 의해 승강키가 조작되어 키놀이 모멘트가 변화되었을 때 처음 평형상태로 되돌아 가려는 경향을 정적 세로 안정이라 한다.

2. 비행기의 무게가 2500kg, 큰 날개의 면적이 30 m²이며, 해발고도에서의 실속속도가 100 km/h인 비행기의 최대 양력계수는 약 얼마인가? (단, 공기의 밀도는 0.125 kg·s²/m⁴ 이다.)
㉮ 1.5 ㉯ 1.7 ㉰ 3.0 ㉱ 3.4

[해설] 최대 양력계수 $(C_{Lmax}) = \dfrac{2W}{\rho V^2 S}$

$= \dfrac{2 \times 2500}{0.125 \times \left(\dfrac{100}{3.6}\right)^2 \times 30} = 1.7$

3. 항공기 날개에서의 실속현상이란 무엇을 의미하는가?

㉮ 날개상면의 흐름이 층류로 바뀌는 현상이다.
㉯ 날개상면의 항력이 갑자기 0이 되는 현상이다.
㉰ 날개상면의 흐름속도가 급속히 증가하는 현상이다.
㉱ 날개상면의 흐름이 날개상면의 앞전 근처로부터 박리되는 현상이다.

[해설] 실속 : 날개골에서 받음각이 증가하게 되면 날개상면에 흐르는 공기흐름이 점성마찰력으로 인하여 유체입자의 운동에너지는 감소되고, 뒤쪽으로부터 가해지는 압력이 커지게 되면 유체입자는 더 이상 날개골을 따라 흐르지 못하고 떨어져 나가게 된다.

4. 날개의 시위길이가 6 m, 공기의 흐름속도가 360 km/h, 공기의 동점성계수가 0.3 cm²/s 일 때 레이놀즈수는 약 얼마인가?
㉮ 1×10^7 ㉯ 2×10^7
㉰ 1×10^8 ㉱ 2×10^8

[해설] $R_e = \dfrac{VL}{\nu} = \dfrac{(10000) \times 600}{0.3} = 2 \times 10^7$

여기서, $V = 360$ km/h
$= \left(\dfrac{360}{3.6}\right)$ m/s
$= 100$ m/s $= 10000$ cm/s
$L = 3$ m $= 300$ cm

5. 헬리콥터의 자동회전(auto rotation) 비

정답 1. ㉯ 2. ㉯ 3. ㉱ 4. ㉯ 5. ㉮

행에 대한 설명이 아닌 것은?

㉮ 호버링의 일종으로 양력과 무게의 균형을 유지한다.
㉯ 기관이 고장났을 경우 로터 블레이드의 독립적인 자유회전에 의한 강하비행을 말한다.
㉰ 위치에너지를 운동에너지로 바꾸면서 무동력으로 하강하는 것이다.
㉱ 공기흐름은 상향공기흐름을 일으켜 착륙에 필요한 양력을 발생시킨다.

[해설] 자동회전(auto rotation) : 회전날개 축에 토크가 작용하지 않는 상태에서도 일정한 회전수를 유지하는 것을 말한다.

6. 프로펠러 깃의 미소길이에 발생하는 미소양력이 dL, 항력이 dD이고, 이때의 유효 유입각(effective advance angle)이 α라면 이 미소길이에서 발생하는 미소추력은?

㉮ $dL\cos\alpha - dD\sin\alpha$
㉯ $dL\sin\alpha - dD\cos\alpha$
㉰ $dL\cos\alpha + dD\sin\alpha$
㉱ $dL\sin\alpha + dD\cos\alpha$

7. 표준대기의 기온, 압력, 밀도, 음속을 옳게 나열한 것은?

㉮ 15℃, 750mmHg, 1.5kg/m³, 330m/s
㉯ 15℃, 760mmHg, 1.2kg/m³, 340m/s
㉰ 18℃, 750mmHg, 1.5kg/m³, 340m/s
㉱ 18℃, 760mmHg, 1.2kg/m³, 330m/s

8. 항공기의 동적 안정성이 양(+)인 상태에서의 설명으로 옳은 것은?

㉮ 운동의 주기가 시간에 따라 일정하다.
㉯ 운동의 주기가 시간에 따라 점차 감소한다.
㉰ 운동의 진폭이 시간에 따라 점차 감소한다.
㉱ 운동의 고유진동수가 시간에 따라 점차 감소한다.

[해설] 동적 안정 : 운동의 진폭이 시간이 지남에 따라 감소되는 것을 양(+)의 동적 안정이라 하고, 시간이 지남에 따라 진폭이 커진다면 음(-)의 동적 안정 또는 동적 불안정이라 한다.

9. 무게가 500 lbs인 비행기의 마력곡선이 그림과 같다면 수평정상비행할 때 최대상승률은 몇 ft/min인가? (단, HP_{req}는 필요마력, HP_{av}는 이용마력, 비행경로선과 추력선 사이각, 비행경로각은 작다.)

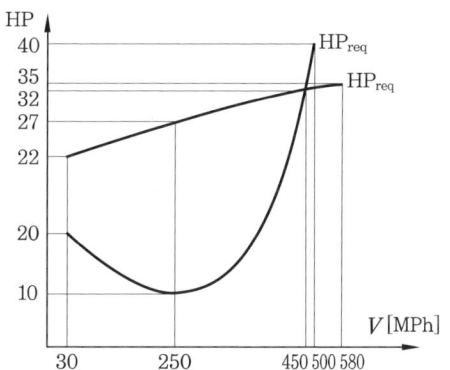

㉮ 1122 ㉯ 1555
㉰ 2360 ㉱ 2500

[해설] 상승률 : 최대 상승률은 여유마력이 최대가 되는 250MPh에서 나타난다.

$$R.C = \frac{550}{W}(P_a - P_r) = \frac{550}{500}(27-10)$$
$$= 18.7\,\text{ft/s} = 1122\,\text{ft/min}$$

10. 비행기의 방향안정에 일차적으로 영향을 주는 것은?

㉮ 수평꼬리날개 ㉯ 플랩
㉰ 수직꼬리날개 ㉱ 날개의 쳐든각

[해설] 방향안정성
① 수직꼬리날개 : 비행기의 방향안전에 일차적으로 영향을 준다.
② 동체, 기관 등에 의한 영향 : 불안정한 영향을 끼치는 가장 큰 요소들이다.

11. 항공기 주위를 흐르는 공기의 레이놀즈수와 마하수에 대한 설명으로 틀린 것은?

㉮ 마하수는 공기의 온도가 상승하면 커진다.
㉯ 레이놀즈수는 공기의 속도가 증가하면 커진다.
㉰ 마하수는 공기 중의 음속을 기준으로 나타낸다.
㉱ 레이놀즈수는 공기흐름의 점성을 기준으로 한다.

[해설] 레이놀즈수와 마하수
① 레이놀즈수
$$= \frac{관성력}{점성력} = \frac{압력항력}{마찰항력} = \frac{\rho VL}{\mu} = \frac{VL}{\nu}$$
② 마하수
$$= \sqrt{\gamma RT} = \frac{비행체의 속도}{소리의 속도}$$

12. 유체흐름을 이상유체(ideal fluid)로 설정하기 위한 조건으로 옳은 것은?

㉮ 압력변화가 없다.
㉯ 온도변화가 없다.
㉰ 흐름속도가 일정하다.
㉱ 점성의 영향을 무시한다.

[해설] 점성흐름과 비점성흐름 : 점성의 영향을 고려하지 않은 흐름을 이상흐름(비점성흐름)이라 하고, 점성의 영향을 고려하여 흐름을 실제흐름(점성흐름)이라 한다.

13. 프로펠러에 흡수되는 동력과 프로펠러 회전수(n), 프로펠러 지름(D)에 대한 관계로 옳은 것은?

㉮ n의 제곱에 비례하고 D의 제곱에 비례한다.
㉯ n의 제곱에 비례하고 D의 3제곱에 비례한다.
㉰ n의 3제곱에 비례하고 D의 4제곱에 비례한다.
㉱ n의 3제곱에 비례하고 D의 5제곱에 비례한다.

[해설] 프로펠러 동력
$$P = C_p \rho n^3 D^5$$

14. 비행기의 조종력을 결정하는 요소가 아닌 것은?

㉮ 조종면의 크기
㉯ 비행기의 속도
㉰ 비행기의 추진효율
㉱ 조종면의 힌지모멘트 계수

[해설] 비행기 조종력
$$F_e = K \cdot H_e = K \cdot q \cdot b \cdot \overline{c^2} \cdot C_h$$

15. 정상선회에 대한 설명으로 옳은 것은 어느 것인가?

㉮ 경사각이 크면 선회반경은 커진다.
㉯ 선회반경은 속도가 클수록 작아진다.
㉰ 경사각이 클수록 하중배수는 커진다.
㉱ 선회 시 실속속도는 수평비행 실속속도보다 작다.

[해설] 정상선회와 하중배수
$$하중배수 = \frac{1}{\cos\theta}$$

16. 헬리콥터 회전날개의 추력을 계산하는 데 사용되는 이론은?

㉮ 기관의 연료 소비율에 따른 연소 이론

정답 11. ㉮ 12. ㉱ 13. ㉱ 14. ㉰ 15. ㉰ 16. ㉱

㉼ 로터 블레이드의 코닝각의 속도변화 이론

㉰ 로터 블레이드의 회전관성을 이용한 관성 이론

㉴ 회전면 앞에서의 공기유동량과 회전면 뒤에서의 공기유동량의 차이를 운동량에 적용한 이론

17. 비행기가 착륙할 때 활주로 15m 높이에서 실속속도보다 더 빠른 속도로 활주로에 진입하며 강하하는 이유는?

㉮ 비행기의 착륙거리를 줄이기 위해서

㉯ 지면효과에 의한 급격한 항력증가를 줄이기 위해서

㉰ 항공기 소음을 속도증가를 통해 감소시키기 위해서

㉴ 지면 부근의 돌풍에 의한 비행기의 자세교란을 방지하기 위해서

[해설] 착륙 : 착륙 시 비행기 하강각을 2.5～3°로 유지하여 착륙자세로 들어가는데 활주로 위 15m 높이에서 실속속도의 1.3배의 속도로 비행기가 하강을 하는데, 이 속도는 지면 부근의 돌풍 등에 의해 착륙 중에 있는 비행기의 자세가 교란되는 것을 방지하기 위한 속도이다.

18. 프로펠러 항공기가 최대 항속거리로 비행할 수 있는 조건으로 옳은 것은? (단, C_D는 항력계수, C_L은 양력계수이다.)

㉮ $\left(\dfrac{C_D}{C_L}\right)$ 최대

㉯ $\left(\dfrac{C_L^{\frac{1}{2}}}{C_D}\right)$ 최대

㉰ $\left(\dfrac{C_L}{C_D}\right)$ 최대

㉴ $\left(\dfrac{C_D^{\frac{1}{2}}}{C_L}\right)$ 최대

19. 그림과 같은 항공기의 운동은 어떤 운동의 결합으로 볼 수 있는가?

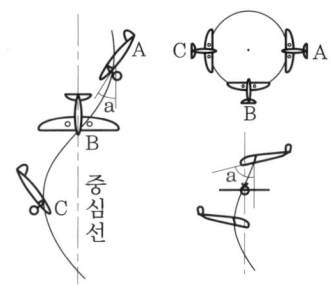

㉮ 자전운동(autorotation) + 수직강하

㉯ 자전운동(autorotation) + 수평선회

㉰ 균형선회(turn coordination) + 빗놀이

㉴ 균형선회(turn coordination) + 수직강하

[해설] 스핀 : 스핀이란 자동회전과 수직강하가 조합된 비행이다.

20. 날개 뿌리 시위길이가 60cm이고 날개 끝 시위길이가 40cm인 사다리꼴 날개의 한쪽 날개 길이가 150cm일 때 평균 시위 길이는 몇 cm인가?

㉮ 40 ㉯ 50 ㉰ 60 ㉴ 75

[해설] 평균 시위길이(C_m)

날개면적(S) = bC_m에서

$C_m = \dfrac{S}{b} = \dfrac{15000}{300} = 50\,\text{cm}$

여기서, 한쪽 날개 사다리꼴 날개면적(S)

$= \dfrac{1}{2}(60+40) \times 150 = 7500\,\text{cm}^2$이므로

날개 전체 면적은 15000cm²이고, 날개길이(b)는 300cm이다.

제2과목 : 항공기관

21. 체적 10 cm³ 속의 완전기체가 압력 760 mmHg 상태에서 체적이 20cm³로 단열팽창하면 압력은 약 몇 mmHg로 변하

정답 17. ㉴ 18. ㉰ 19. ㉮ 20. ㉯ 21. ㉯

는가? (단, 비열비는 1.4이다.)

㉮ 217 ㉯ 288 ㉰ 302 ㉱ 364

[해설] 단열과정

$\dfrac{P_2}{P_1} = \left(\dfrac{v_1}{v_2}\right)^k$ 에서

$P_2 = P_1\left(\dfrac{v_1}{v_2}\right)^k = 76\left(\dfrac{10}{20}\right)^{1.4} = 288\,\mathrm{mmHg}$

22. 왕복기관의 마그네토가 점화에 유효한 고전압을 발생할 수 있는 최소 회전속도를 무엇이라 하는가?

㉮ E갭 스피드(E-gap speed)
㉯ 아이들 회전수(idle speed)
㉰ 2차 회전수(secondary speed)
㉱ 커밍-인 스피드(coming-in speed)

[해설] 마그네토의 커밍-인 스피드 : 왕복기관에서 불꽃을 발생시키기 위하여 회전자석은 자속변화율이 1차 전류와 고전압 출력을 유도시키기에 충분한 속도인 일정 rpm 이상으로 회전하여야 하는 속도를 말하며 보통 100~200rpm 정도이다.

23. 항공기용 왕복기관의 밸브 개폐 시기가 다음과 같다면 밸브 오버랩(valve overlap)은 몇 도(°)인가?

| I.O : 30° BTC | E.O : 60° BBC |
| I.C : 60° ABC | E.C : 15° ATC |

㉮ 15 ㉯ 45 ㉰ 60 ㉱ 75

[해설] 밸브 오버랩 = I.O + E.C
= 30 + 15 = 45°

24. 가스터빈기관의 효율이 높을수록 얻을 수 있는 장점이 아닌 것은?

㉮ 연료 소비율이 작아진다.
㉯ 활공거리를 길게 할 수 있다.
㉰ 같은 적재 연료에서 항속거리를 길게 할 수 있다.
㉱ 필요한 적재 연료의 감소분만큼 유상 하중을 증가시킬 수 있다.

[해설] 가스터빈의 효율 : 기관의 효율이 높을수록 연료 소비율이 적어지고, 적은 연료로도 멀리 비행할 수 있다.

25. 팬 블레이드의 미드 스팬 슈라우드(mid span shroud)에 대한 설명으로 틀린 것은?

㉮ 유입되는 공기의 흐름을 원활하게 하여 공기역학적인 항력을 감소시킨다.
㉯ 팬 블레이드 중간에 원형링을 형성하게 설치되어 있다.
㉰ 상호 마찰로 인한 마모현상을 줄이기 위해 주기적으로 코팅을 한다.
㉱ 공기흐름에 의한 블레이드의 굽힘현상을 방지하는 기능을 한다.

[해설] mid-span shroud

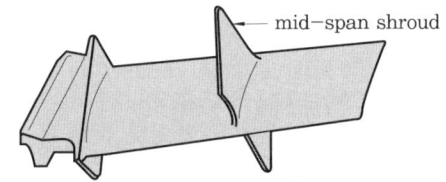

26. 항공기 기관용 윤활유의 점도지수(viscosity index)가 높다는 것은 무엇을 의미하는가?

㉮ 온도변화에 따른 윤활유의 점도 변화가 작다.
㉯ 온도변화에 따른 윤활유의 점도 변화가 크다.
㉰ 압력변화에 따른 윤활유의 점도 변화가 작다.
㉱ 압력변화에 따른 윤활유의 점도 변화가 크다.

[해설] 점도지수 : 윤활유의 점도는 온도가 높

아짐에 따라 낮아지게 되므로, 온도 변화에 따라 점도의 변화가 작은 것이 좋은데 이러한 온도 변화에 따라 점도가 변화하는 정도의 차이를 점도지수라 한다. 점도지수가 높다는 것은 온도변화에 따라 점도의 변화가 작은 것을 뜻한다.

27. [보기]에서 왕복기관과 비교했을 때 가스터빈기관의 장점만을 나열한 것은?

> [보기] (A) 중량당 출력이 크다.
> (B) 진동이 작다.
> (C) 소음이 작다.
> (D) 높은 회전수를 얻을 수 있다.
> (E) 윤활유의 소모량이 적다.
> (F) 연료소모량이 적다.

㉮ (A), (B), (D), (E)
㉯ (A), (C), (D), (F)
㉰ (B), (C), (E), (F)
㉱ (A), (D), (E), (F)

[해설] 가스터빈기관의 특성 : 연료의 연소가 연속적으로 진행되어 기관의 중량당 출력이 커지고, 왕복운동 부분이 없어서 기관의 진동이 적으며, 높은 회전수를 얻을 수가 있기에 작은 크기로 큰 출력을 낼 수 있다. 기관의 구조로 볼 때 회전운동 부분만 있으므로 추운 기후에도 시동이 쉽고, 윤활유의 소모량이 적다.

28. 경항공기에서 프로펠러 감속기어(reduction gear)를 사용하는 주된 이유는?

㉮ 구조를 간단히 하기 위하여
㉯ 깃의 숫자를 많게 하기 위하여
㉰ 깃 끝의 속도를 제한하기 위하여
㉱ 프로펠러 회전속도를 증가시키기 위하여

[해설] 프로펠러 감속기어 : 프로펠러 깃 끝이 음속에 가깝게 되면 공기의 압축성 영향을 받아 깃 끝 근처에서 실속이 발생하게 되고, 프로펠러 효율이 급격히 떨어지게 된다. 이를 방지하기 위해 깃 끝 속도를 음속의 90% 이하로 제한하며, 감속기어를 장착하여 프로펠러 회전수를 감소시킨다.

29. 정속 프로펠러에서 프로펠러가 과속상태(over speed)가 되면 조속기 플라이 웨이트(fly weight)의 상태는?

㉮ 밖으로 벌어진다.
㉯ 무게가 감소된다.
㉰ 안으로 오므라든다.
㉱ 무게가 증가된다.

[해설] 과속상태(over speed) : 과속상태가 되면 플라이 웨이트도 회전이 빨라져 원심력에 의해 밖으로 벌어진다.

30. 왕복기관 실린더를 분해 및 조립할 때 주의사항으로 틀린 것은?

㉮ 실린더를 장착할 때 12시 방향의 너트를 먼저 조인 후 다른 너트를 조인다.
㉯ 실린더를 떼어내기 전에 외부에 부착된 부품들을 먼저 떼어낸다.
㉰ 실린더를 떼어낼 때 피스톤 행정을 배기 상사점 위치에 맞춘다.
㉱ 실린더를 장착할 때 피스톤 링의 터진 방향을 링의 개수에 따라 균등한 각도로 맞춘다.

[해설] 실린더를 떼어낼 때 피스톤 행정을 압축 상사점에 오도록 한다.

31. 가스터빈기관에서 압축기 실속(compressor stall)의 원인이 아닌 것은 어느 것인가?

㉮ 압축기의 손상
㉯ 터빈의 변형 또는 손상

[정답] 27. ㉮ 28. ㉰ 29. ㉮ 30. ㉰ 31. ㉱

㉰ 설계 rpm 이하에서의 기관 작동
㉱ 기관 시동용 블리드 공기의 낮은 압력

32. 왕복기관 동력을 발생시키는 행정은?
㉮ 흡입행정　　㉯ 압축행정
㉰ 팽창행정　　㉱ 배기행정

33. 가스터빈기관의 시동 계통에서 자립회전속도(self-accelerating speed)의 의미로 옳은 것은?
㉮ 시동기를 켤 때의 회전속도
㉯ 점화가 일어나서 배기가스 온도가 증가되기 시작하는 상태에서의 회전속도
㉰ 아이들(idle) 상태에 진입하기 시작했을 때의 회전속도
㉱ 시동기의 도움 없이 스스로 회전하기 시작하는 상태에서의 회전속도

34. 윤활유 여과기에 대한 설명으로 옳은 것은?
㉮ 카트리지형은 세척하여 재사용이 가능하다.
㉯ 여과능력은 여과기를 통과할 수 있는 입자의 크기인 미크론(micron)으로 나타낸다.
㉰ 바이패스 밸브는 기관 정지 시 윤활유의 역류를 방지하는 역할을 한다.
㉱ 바이패스 밸브는 필터 출구압력이 입구압력보다 높을 때 열린다.

[해설] 윤활유 여과기
① 카트리지형은 종이로 되어 있어 주기적으로 교환해주어야 하며, 스크린형, 스크린-디스크형은 강철망으로 되어 있어 세척 후 재사용이 가능하다.
② 바이패스 밸브 : 여과기와 병렬로 설치하며 여과기가 막혔을 때 윤활유를 계속적으로 공급해주는 역할을 한다.
③ 체크 밸브 : 기관 정지 시 윤활유의 역류를 방지한다.

35. 항공기 왕복기관의 오일 탱크 안에 부착된 호퍼(hopper)의 주된 목적은?
㉮ 오일을 냉각시켜 준다.
㉯ 오일 압력을 상승시켜 준다.
㉰ 오일 내의 연료를 제거시켜 준다.
㉱ 시동 시 오일의 온도 상승을 돕는다.

[해설] hopper tank : 오일 탱크 내에 일부 오일을 기관을 통하여 순환시켜 줌으로써 난기(warm-up)가 빠르게 이루어지도록 한다.

36. 단열변화에 대한 설명으로 옳은 것은?
㉮ 팽창일을 할 때는 온도가 올라가고 압축일을 할 때는 온도가 내려간다.
㉯ 팽창일을 할 때는 온도가 내려가고 압축일을 할 때는 온도가 올라간다.
㉰ 팽창일을 할 때와 압축일을 할 때에 온도가 모두 올라간다.
㉱ 팽창일을 할 때와 압축일을 할 때에 온도가 모두 내려간다.

37. 부자식 기화기에서 기관이 저속 상태일 때 연료를 분사하는 장치는?
㉮ venturi
㉯ main discharge nozzle
㉰ main or orifice
㉱ idle discharge nozzle

[해설] 완속장치(ilde system) : 완속작동 중에는 스로틀 밸브가 거의 닫혀 있는 상태여서 주 노즐에서 연료를 분출할 수 없게 되는데, 이때 완속장치의 연료 분출구멍을 만들어 놓으면 완속작동 시 완속 노즐에서만 연료가 정상적으로 분출된다.

정답 32. ㉰　33. ㉱　34. ㉯　35. ㉱　36. ㉯　37. ㉱

38. 가스터빈기관의 연소실에 부착된 부품이 아닌 것은?

㉮ 연료 노즐   ㉯ 선회깃
㉰ 가변정익   ㉱ 점화플러그

[해설] 연소실의 구성 : 이그나이터(점화플러그), 연료 노즐, 연결관, 연소실 라이너, 선회깃

39. 항공기 왕복기관의 제동마력과 단위시간당 기관이 소비한 연료 에너지와의 비는 무엇인가?

㉮ 제동 열효율   ㉯ 기계 열효율
㉰ 연료 소비율   ㉱ 일의 열당량

[해설] 제동 열효율
$$= \frac{제동마력}{단위시간당 기관이 소비한 연료에너지}$$

40. 다음 중 민간 항공기용 가스터빈기관에 주로 사용되는 연료는?

㉮ JP-4   ㉯ Jet A-1
㉰ JP-8   ㉱ Jet B-5

[해설] 가스터빈 연료
① 군용 : JP-4, JP-5, JP-6, JP-7, JP-8
② 민간용 : A-1형, 제트 B형

제3과목 : 항공기체

41. 복합재료에서 모재(matrix)와 결합되는 강화재(reinforcing material)로 사용되지 않는 것은?

㉮ 유리   ㉯ 탄소
㉰ 에폭시   ㉱ 보론

[해설] 강화재와 모재 : 항공기에 많이 사용되는 강화재에는 유리 섬유, 탄소 섬유, 아라미드 섬유, 보론 섬유, 세라믹 섬유 등이 있으며, 모재에는 열경화성 수지, 열가소성 수지, 금속, 세라믹 등이 있다.

42. 접개들이 착륙장치를 비상으로 내리는 (down) 3가지 방법이 아닌 것은?

㉮ 핸드펌프로 유압을 만들어 내린다.
㉯ 측압기에 저장된 공기압을 이용하여 내린다.
㉰ 핸들을 이용하여 기어의 업(up)래크를 풀었을 때 자중에 의하여 내린다.
㉱ 기어핸들 밑에 있는 비상 스위치를 눌러서 기어를 내린다.

43. 조종간의 작동에 대한 설명으로 옳은 것은?

㉮ 조종간을 뒤로 당기면 승강타가 내려간다.
㉯ 조종간을 앞으로 밀면 양쪽의 보조날개가 내려간다.
㉰ 조종간을 왼쪽으로 움직이면 왼쪽의 보조날개가 내려간다.
㉱ 조종간을 오른쪽으로 움직이면 왼쪽의 보조날개가 내려간다.

[해설] 조종간의 작동
① 조종간을 뒤로 당기면 : 승강타는 올라가고, 기수도 올라간다.
② 조종간을 오른쪽으로 움직이면 : 오른쪽 보조날개는 올라가고, 왼쪽은 내려가며, 비행기는 오른쪽으로 옆놀이를 한다.

44. 판재를 절단하는 가공 작업이 아닌 것은?

㉮ 펀칭 (punching)
㉯ 블랭킹 (blanking)
㉰ 트리밍 (trimming)
㉱ 크림핑 (crimping)

정답 38. ㉰ 39. ㉮ 40. ㉯ 41. ㉰ 42. ㉱ 43. ㉱ 44. ㉱

[해설] 크림핑은 판재를 주름잡는 가공 작업이다.

45. 진주색을 띠고 있는 알루미늄합금 리벳은 어떤 방식 처리를 한 것인가?
㉮ 양극처리를 한 것이다.
㉯ 금속도료로 도장한 것이다.
㉰ 크롬산 아연 도금한 것이다.
㉱ 니켈, 마그네슘으로 도금한 것이다.
[해설] 양극 산화처리 : 알루미늄합금 표면에 내식성이 있는 산화피막을 형성시키는 방법으로 부식에 대한 저항성을 향상시킨다.

46. 용접작업에 사용되는 산소·아세틸렌 토치 팁(tip)의 재질로 가장 적당한 것은?
㉮ 납 및 납합금
㉯ 구리 및 구리합금
㉰ 마그네슘 및 마그네슘합금
㉱ 알루미늄 및 알루미늄합금
[해설] 산소 아세틸렌 토치 팁(torch tip) : 구리나 구리합금으로 만들며, 그 크기는 숫자로 표시한다.

47. 한쪽 끝은 고정되어 있고, 다른 한쪽 끝은 자유단으로 되어 있는 지름이 4cm, 길이가 200cm인 원기둥의 세장비는 약 얼마인가?
㉮ 100 ㉯ 200 ㉰ 300 ㉱ 400
[해설] 세장비
$$= \frac{길이}{회전반지름} = \frac{길이}{\frac{d}{4}} = \frac{200}{\frac{4}{4}} = 200$$

48. 연료를 제외한 적재된 항공기의 최대 무게를 나타내는 것은?
㉮ 최대 무게(maximum weight)
㉯ 영 연료 무게(zero fuel weight)
㉰ 기본 자기 무게(basic empty weight)
㉱ 운항 빈 무게(operating empty weight)

49. 샌드위치(sandwich) 구조에 대한 설명으로 옳은 것은?
㉮ 트러스 구조의 대표적인 형식이다.
㉯ 강도와 강성에 비해 다른 구조보다 두꺼워 항공기의 중량이 증가하는 편이다.
㉰ 동체의 외피 및 주요 구조 부분에 사용되는 경우가 많다.
㉱ 구조 골격의 설치가 곤란한 곳에 상하 외피 사이에 벌집 구조를 접착재로 고정하여 면적당 무게가 적고 강도가 큰 구조이다.

50. 항공기의 안전운항을 담당하는 기관에서 항공기를 사용 목적이나 소요 비행 상태의 정도에 따라 분류하여 정하는 하중배수와 같은 값이 될 때의 속도는?
㉮ 설계운용속도
㉯ 설계급강하속도
㉰ 설계순항속도
㉱ 설계돌풍운용속도
[해설] 설계운용속도 : 설계운용속도 이하인 속도에서는 항공기가 운용에 의해 속도가 변하더라도 구조상 안전하다는 것을 나타낸다.

51. 플러시 머리(flush head) 리벳작업을 할 때 끝거리 및 리벳 간격의 최소기준으로 옳은 것은?
㉮ 끝거리는 리벳직경의 2.5배 이상, 간격은 3배 이상
㉯ 끝거리는 리벳직경의 3배 이상, 간격은 2배 이상

정답 45. ㉮ 46. ㉯ 47. ㉯ 48. ㉯ 49. ㉱ 50. ㉮ 51. ㉮

㉰ 끝거리는 리벳직경의 2배 이상, 간격은 3배 이상
㉱ 끝거리는 리벳직경의 3배 이상, 간격은 3배 이상

[해설] 끝거리와 리벳 피치
① 끝거리(edge distance) : 판재의 가장자리에서 첫 번째 리벳 중심까지의 거리로서 리벳 지름의 2~4배(플러시 머리는 2.5~4배)가 적당하다.
② 리벳 피치(리벳 간격) : 같은 리벳 열에서 인접한 리벳 중심 간의 거리를 말하며 $3D$ 이상 $12D$ 이하이지만, $6~8D$가 적당하다.

52. 다음 중 항공기의 부식을 발생시키는 요소로 볼 수 없는 것은?

㉮ 탱크 내의 유기물
㉯ 해면상의 대기 염분
㉰ 암회색의 인산철피막
㉱ 활주로 동결 방지제의 염산

53. 항공기의 무게중심이 기준선에서 90in에 있고, MAC의 앞전이 기준선에서 82in인 곳에 위치한다면 MAC가 32in 인 경우 중심은 몇 %MAC인가?

㉮ 15　㉯ 20　㉰ 25　㉱ 35

[해설] %MAC $= \dfrac{H-X}{C} \times 100$

$= \dfrac{90-82}{32} \times 100 = 25\%$

54. 진공백을 이용한 항공기의 복합재료 수리 시 사용되는 것이 아닌 것은?

㉮ 요크　　　㉯ 블리더
㉰ 필 플라이　㉱ 브리더

[해설] 진공백의 설치 방법 : 복합소재의 수리 작업 시 압력을 가하는 데 가장 효과적인 방법이다. 설치 방법은 패치 작업을 한 위에 이형 필름(필 플라이)를 대고 블리더(bleeder), 브리더(breather)를 덮는다. 그 다음에 배깅 필름(bagging film)을 대고, 각 모서리마다 밀봉테이프로 부착한다.

55. 그림과 같은 항공기 동체 구조에 대한 설명으로 틀린 것은?

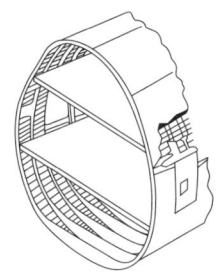

㉮ 외피가 두꺼워져 미사일의 구조에 적합하다.
㉯ 응력 스킨 구조의 대표적인 형식 중 하나이다.
㉰ 외피는 하중의 일부만 담당하고 나머지 하중은 골조 구조가 담당한다.
㉱ 벌크헤드, 프레임, 세로대, 스트링어, 외피 등의 부재로 이루어진다.

[해설] 세미 모노코크 구조형 동체 : 외피가 항공기 형태를 유지해 주면서 항공기에 작용하는 하중의 일부분을 담당하는 구조로서 응력 외피형 동체 구조의 한 형태이다. 프레임, 세로대, 스트링어, 외피, 벌크헤드 등으로 구성된다.

56. 고속 항공기 기체의 재료로서 알루미늄합금이 적합하지 않을 경우 티타늄합금으로 대체한다면 알루미늄합금의 어떠한 이유 때문인가?

㉮ 마찰저항이 너무 크다.
㉯ 온도에 대한 제1변태점이 비교적 낮다.
㉰ 충격에너지를 효과적으로 흡수하지 못한다.

라 비중이 높아 항공기 기체의 중량이 너무 크다.

[해설] 티타늄합금 : 합금강과 비슷한 정도의 강도를 가지며, 내식성이 우수하고, 약 500℃ 정도의 고온에서도 충분한 강도를 유지 할 수 있다.

57. 케이블 조종계통에 사용되는 페어리드의 역할이 아닌 것은?

㉮ 작은 각도의 범위에서 방향을 유도한다.
㉯ 작동 중 마찰에 의한 구조물의 손상을 방지한다.
㉰ 케이블의 엉킴이나 다른 구조물과의 접촉을 방지한다.
㉱ 케이블의 직선운동을 토크튜브의 회전운동으로 바꿔준다.

[해설] 페어리드(fair lead) : 조종 케이블의 작동 중 최소 마찰력으로 케이블과 접촉하여 직선운동을 하며 케이블을 3°이내의 범위에서 방향을 유도한다.

58. 그림과 같이 길이 L 전체에 등분포하중 q를 받고 있는 단순보의 최대전단력은?

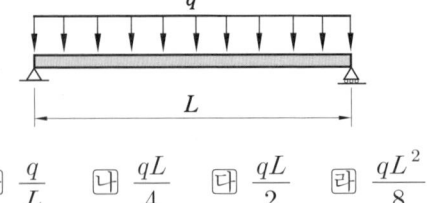

㉮ $\dfrac{q}{L}$ ㉯ $\dfrac{qL}{4}$ ㉰ $\dfrac{qL}{2}$ ㉱ $\dfrac{qL^2}{8}$

59. 리벳을 열처리하여 연화시킨 다음 저온 상태의 아이스박스에 보관하면 리벳의 시효 경화를 지연시켜 연화상태가 유지되는 리벳은?

㉮ 1100   ㉯ 2024
㉰ 2117   ㉱ 5056

[해설] 아이스박스 리벳(icebox rivet) : 2017, 2024는 리벳작업 시 단단하여 균열이 발생할 가능성이 있다. 따라서, 열처리를 하여 연화시킨 다음 2017은 1시간 이내에, 2024는 10분 이내에 작업을 완료하여야 한다.

60. [보기]와 같은 구조물을 포함하고 있는 항공기 부위는?

[보기]
수평·수직안정판, 방향키, 승강키

㉮ 착륙장치   ㉯ 나셀
㉰ 꼬리날개   ㉱ 주날개

[해설] 꼬리날개 : 수평꼬리날개(수평안정판, 승강키), 수직꼬리날개(수직안정판, 방향키)

제4과목 : 항공장비

61. 황산납 축전지(lead acid battery)의 과충전상태를 의심할 수 있는 증상이 아닌 것은?

㉮ 전해액이 축전지 밖으로 흘러나오는 경우
㉯ 축전지에 흰색 침전물이 너무 많이 묻어 있는 경우
㉰ 축전지 셀의 케이스가 구부러졌거나 찌그러진 경우
㉱ 축전지 윗면 캡 주위에 약간의 탄산칼륨이 있는 경우

[해설] 황산납 축전지 : 과충전되는 경우에는 극판이 휘거나 황산화 현상이 생겨 축전지를 손상시키므로 전해액의 비중이 1.30이고, 축전지 1셀당 전압이 약 2.8V를 초과하지 않도록 한다.

62. 외력을 가하지 않는 한 자이로가 우주공간에 대하여 그 자세를 계속적으로 유지하려는 성질은?
㉮ 방향성　　㉯ 강직성
㉰ 지시성　　㉱ 섭동성

[해설] 자이로의 강직성과 섭동성
① 강직성 : 외력이 가해지지 않으면 회전자의 축 방향은 우주공간에 대하여 계속 일정한 방향으로 유지하려는 성질
② 섭동성 : 자이로에 외력을 가하면 가한 점으로부터 회전 방향으로 90°진행된 지점에 작용하는 성질

63. 항공기 조리실이나 화장실에서 사용한 물은 배출구를 통해 밖으로 빠져나가는데 이때 결빙방지를 위해 사용되는 전원에 대한 설명으로 옳은 것은?
㉮ 지상에서는 저전압, 공중에서는 고전압 전원이 항상 공급된다.
㉯ 공중에서는 저전압, 지상에서는 고전압 전원이 항상 공급된다.
㉰ 공중에서만 전원이 공급되며, 이때 전원은 고전압이다.
㉱ 지상에서만 전원이 공급되며, 이때 전원은 저전압이다.

64. 운항 중 목표 고도로 설정한 고도에 진입하거나 벗어났을 때 경보를 냄으로써 조종사의 실수를 방지하기 위한 장치는?
㉮ selcal
㉯ radio altimeter
㉰ altitude alert system
㉱ air traffic control

[해설] 고도 경고장치 : 조종사가 모드 설정 패널에서 선택한 고도와 항공기의 고도를 항상 비교하여 접근, 도달 및 이탈 등의 상태가 조종실 표시창에 나타난다.

65. 고도계에서 발생되는 오차가 아닌 것은?
㉮ 북선오차　　㉯ 기계오차
㉰ 온도오차　　㉱ 탄성오차

[해설] 고도계의 오차 : 눈금오차, 온도오차, 탄성오차, 기계적 오차

66. 유압계통에서 압력조절기와 비슷한 역할을 하지만 압력조절기보다 약간 높게 조절되어 있어 그 이상의 압력이 되면 작동되는 장치는?
㉮ 체크 밸브　　㉯ 리저버
㉰ 릴리프 밸브　　㉱ 축압기

[해설] 릴리프 밸브 : 작동유에 의한 계통 내의 압력을 규정된 값 이하로 제한하는 데 사용되는 것으로서, 과도한 압력으로 인하여 계통 내의 관이나 부품이 파손되는 것을 방지하는 장치이다.

67. 항공기 계기의 분류에서 비행계기에 속하지 않는 것은?
㉮ 고도계　　㉯ 회전계
㉰ 선회경사계　　㉱ 속도계

[해설] 항공기 계기의 분류
① 비행계기 : 속도계, 고도계, 승강계, 선회경사계
② 기관계기 : 기관회전계, 연료 압력계, 윤활 압력계, 실린더 온도계, 연료 유량계, 저압 압축기 회전계, 배기가스 온도계, 고압 압축기 회전계
③ 항법계기 : 나침반, 전파고도계, 무선자석 지시계, 비행지시계, 수평자세 지시계, 거리 측정장치

68. 항공계기의 구비 조건이 아닌 것은?
㉮ 정확성　　㉯ 대형화
㉰ 내구성　　㉱ 경량화

정답 62. ㉯ 63. ㉮ 64. ㉰ 65. ㉮ 66. ㉰ 67. ㉯ 68. ㉯

[해설] 항공기 계기의 특징 : 안전에 대한 요구가 까다롭고, 다른 교통기관에 비해 신뢰성이 높으며 공간확보나 중량에 제한이 있다. 온도나 압력의 변화, 진동이나 가속도에 대하여 영향이 없어야 하며 지시가 광범위하며 정확하게 읽기 쉬워야 한다.

69. 미국연방항공국(FAA)의 규정에 명시된 항공기의 최대 객실고도는 약 몇 ft인가?

㉮ 6000   ㉯ 7000
㉰ 8000   ㉱ 9000

[해설] 객실 여압과 비행고도 : 객실 내의 기압이 8000ft(22.22inHg)에 상당하는 기압 이하로는 내려가지 않도록 규정하고 있다.

70. 정비를 위한 목적으로 지상근무자와 조종실 사이의 통화를 위한 장치는?

㉮ cabin interphone system
㉯ flight interphone system
㉰ passenger address system
㉱ service interphone system

71. 화재탐지기로 사용하는 장치가 아닌 것은?

㉮ 유닛식 탐지기
㉯ 연기 탐지기
㉰ 이산화탄소 탐지기
㉱ 열전쌍 탐지기

[해설] 화재의 탐지 방법 : 온도 상승률 탐지기, 복사 감지 탐지기, 연기 탐지기, 과열 탐지기, 일산화탄소 탐지기, 가연성 혼합가스 탐지기, 승무원 또는 승객에 의한 감시

72. 계기 착륙 장치(instrument landing system)에서 활주로 중심을 알려 주는 장치는?

㉮ 로컬라이저(localizer)
㉯ 마커 비컨(marker beacon)
㉰ 글라이드 슬로프(glide slope)
㉱ 거리 측정 장치(distance measuring equipment)

[해설] 계기 착륙 장치
① 로컬라이저 : 활주로에 접근하는 항공기에 활주로 중심선을 제공해 주는 지상시설
② 글라이드 슬로프 : 계기 착륙 중인 항공기가 활주로에 대하여 적절한 각도를 유지하여 하강하도록 수직방향유도를 수행
③ 마커 비컨 : 활주로 진입상공을 통과하고 있다는 것을 조종사에게 알려주기 위한 지상장치

73. 면적이 $2\,in^2$인 A 피스톤과 $10\,in^2$인 B 피스톤을 가진 실린더가 유체역학적으로 서로 연결되어 있을 경우 A 피스톤에 20 lbs의 힘이 가해질 때 B 피스톤에 발생되는 힘은 몇 lbs인가?

㉮ 100   ㉯ 20   ㉰ 10   ㉱ 5

[해설] 파스칼의 원리

$\dfrac{F_1}{A_1} = \dfrac{F_2}{A_2}$ 에서

$F_2 = F_1\left(\dfrac{A_2}{A_1}\right) = 20 \times \left(\dfrac{10}{2}\right) = 100\,lbs$

74. 소형항공기의 12V 직류전원계통에 대한 설명으로 틀린 것은?

㉮ 직류발전기는 전원전압을 14V로 유지한다.
㉯ 배터리와 직류발전기는 접지귀환방식으로 연결된다.
㉰ 메인 버스와 배터리 버스에 연결된 전류계는 배터리 충전 시 (−)를 지시한다.
㉱ 배터리는 엔진시동기(starter)의 전원으로 사용된다.

정답 69. ㉰   70. ㉱   71. ㉰   72. ㉮   73. ㉮   74. ㉰

75. 변압기(transformer)는 어떠한 전기력 에너지를 변환시키는 장치인가?
㉮ 전류 ㉯ 전압 ㉰ 전력 ㉱ 위상

76. 항법시스템을 자립, 무선, 위성항법시스템으로 분류했을 때 자립항법시스템(self contained system)에 해당하는 장치는?
㉮ LORAN (long range navigation)
㉯ VOR (VHF omnidirectional range)
㉰ GPS (global positioning system)
㉱ INS (inertial navigation system)

[해설] 항법
① 전파항법 : 곡선항법, 위성항법, 단거리 항법은 모두 전파의 성질을 이용하여 전파항법이라 한다.
② 위성항법장치(GPS) : 단일성항법장치, 보정위성항법장치
③ 관성항법장치(INS) : 외부의 도움 없이 탑재된 센서만으로 항법 정보를 계산한다.

77. 화재탐지기에 요구되는 기능과 성능에 대한 설명으로 틀린 것은?
㉮ 화재의 지속기간 동안 연속적인 지시를 할 것
㉯ 화재가 지시하지 않을 때 최소전류요구여야 할 것
㉰ 화재가 진화되었다는 것에 대해 정확한 지시를 할 것
㉱ 정비작업 또는 장비취급이 복잡하더라도 중량이 가볍고 장착이 용이할 것

78. 지상파(ground wave)가 가장 잘 전파되는 것은?
㉮ LF ㉯ UHF ㉰ HF ㉱ VHF

79. 그림과 같은 회로도에서 a, b 간에 전류가 흐르지 않도록 하기 위해서는 저항 R은 몇 Ω으로 해야 하는가?

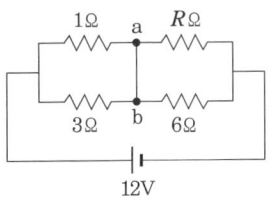

㉮ 1 ㉯ 2 ㉰ 3 ㉱ 4

[해설] 휘트스톤 브리지 회로의 평형 : a, b 간에 전류가 흐르지 않게 되면 휘트스톤 브리지이므로
$R \cdot Q = P \cdot X$에서
$R \times 3 = 1 \times 6$, $R = 2\Omega$

80. 항공기 부품의 이용목적과 이에 적합한 전선이나 케이블의 종류를 옳게 연결한 것은?

[이용목적]
ㄱ. 화재경보장치의 센서 등 온도가 높은 곳
ㄴ. 배기온도측정을 위한 크로멜 알루멜 서모 커플
ㄷ. 음성신호나 미약한 신호 전송
ㄹ. 기내 영상신호나 무선신호 전송

[전선 또는 케이블의 종류]
A. 니켈 도금 동선에 유리와 테프론으로 절연한 전선
B. 크로멜 알루멜을 도체로 한 전선
C. 전선 주위를 구리망으로 덮은 실드 케이블
D. 고주파 전송용 동축 케이블

㉮ ㄱ - B   ㉯ ㄴ - C
㉰ ㄷ - A   ㉱ ㄹ - D

▶ 2015년 5월 31일 시행

자격종목	시험시간	문제 수	형 별
항공 산업기사	2시간	80	A

제1과목 : 항공역학

1. 비행기의 정적세로 안정성을 나타낸 그림과 같은 그래프에서 가장 안정한 비행기는? (단, 비행기의 기수를 내리는 방향의 모멘트를 음(−)으로 하며, C_M은 피칭 모멘트계수, α는 받음각이다.)

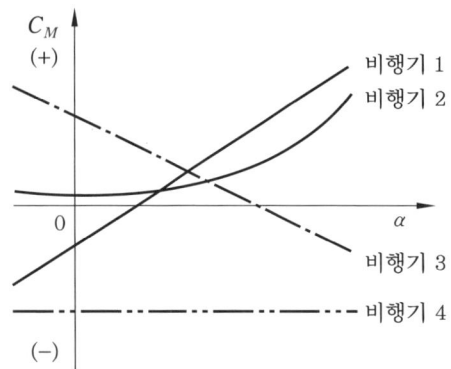

㉮ 비행기 1　　㉯ 비행기 2
㉰ 비행기 3　　㉱ 비행기 4

[해설] 정적세로 안정성 : 비행기가 비행 중 외부 영향이나 조종사 의도에 의해 승강키가 조작되어 키놀이 모멘트가 변화되었을 때, 처음 평형상태로 되돌아가려는 경향
① 비행기 1, 2 : 불안정
② 비행기 3 : 안정
③ 비행기 4 : 중립

2. 이용동력(P_A), 잉여동력(P_E), 필요동력(P_R)의 관계를 옳게 나타낸 것은?

㉮ $P_A + P_E = P_R$　㉯ $P_R \times P_A = P_E$
㉰ $P_E + P_R = P_A$　㉱ $P_A \times P_E = P_R$

[해설] 이용마력과 필요마력의 차를 여유마력 또는 잉여마력이라 한다.

3. 항공기의 방향 안정성이 주된 목적인 것은?

㉮ 수평 안정판　　㉯ 주익의 상반각
㉰ 수직 안정판　　㉱ 주익의 붙임각

[해설] 수직 안정판 : 비행 중 항공기에 방향 안정성을 제공한다.

4. 헬리콥터가 전진비행 시 나타나는 효과가 아닌 것은?

㉮ 회전날개 회전면의 앞부분과 뒷부분의 양항비가 달라짐
㉯ 회전면 앞부분의 양력이 뒷부분보다 크게 됨
㉰ 왼쪽 방향으로 옆놀이 힘(roll force)이 발생함
㉱ 유효전이양력(effective translational lift) 발생

[해설] 방위각 90°일 때 양력이 최대가 되고, 270°일 때 최소가 된다.

5. 프로펠러의 효율이 80%인 항공기가 기관의 최대출력이 800PS인 경우 이 비행기가 수평 최대속도에서 낼 수 있는 최대 이용마력은 몇 PS인가?

㉮ 640　㉯ 760　㉰ 800　㉱ 880

[정답] 1. ㉰　2. ㉰　3. ㉰　4. ㉯　5. ㉮

[해설] 이용마력 $=\eta \times BHP$
$= 0.8 \times 800 = 640$ PS

6. 대기권을 낮은 층에서부터 높은 층의 순서로 나열한 것은?
㉮ 대류권 - 극외권 - 성층권 - 열권 - 중간권
㉯ 대류권 - 성층권 - 중간권 - 열권 - 극외권
㉰ 대류권 - 열권 - 중간권 - 극외권 - 성층권
㉱ 대류권 - 성층권 - 중간권 - 극외권 - 열권

7. 날개 뒤쪽 공기의 하향 흐름에 의해 양력이 뒤로 기울어져 그 힘의 수평 성분에 해당하는 항력은?
㉮ 조파항력 ㉯ 유도항력
㉰ 마찰항력 ㉱ 형상항력

8. 항공기의 중립점(NP)에 대한 정의로 옳은 것은?
㉮ 항공기에서 무게가 가장 무거운 점
㉯ 항공기 세로길이 방향에서 가운데 점
㉰ 받음각에 따른 피칭 모멘트가 0인 점
㉱ 받음각에 따른 피칭 모멘트가 일정한 점

9. 비행기가 2500 m 상공에서 양항비 8인 상태로 활공한다면 최대 수평활공거리는 몇 m인가?
㉮ 1500   ㉯ 2000
㉰ 15000 ㉱ 20000
[해설] 수평활공거리 = 양항비 × 활공고도
$= 8 \times 2500 = 20000$ m

10. 정상 수평선회하는 항공기에 작용하는 원심력과 구심력에 대한 설명으로 옳은 것은?
㉮ 원심력은 추력의 수평 성분이며 구심력과 방향이 반대이다.
㉯ 원심력은 중력의 수직 성분이며 구심력과 방향이 반대이다.
㉰ 구심력은 중력의 수평 성분이며 원심력과 방향이 같다.
㉱ 구심력은 양력의 수평 성분이며 원심력과 방향이 반대이다.
[해설] 정상 수평선회
양력의 수직 성분 = 중력
양력의 수평 성분(구심력) = 원심력

11. 프로펠러의 직경이 2 m, 회전속도 1800 rpm, 비행속도 360 km/h일 때 진행률(advance ratio)은 약 얼마인가?
㉮ 1.67 ㉯ 2.57 ㉰ 3.17 ㉱ 3.67
[해설] 프로펠러 진행률 $= \dfrac{V}{nD}$
$= \dfrac{\left(\dfrac{360}{3.6}\right)}{\left(\dfrac{1800}{60}\right) \times 2} = 1.67$

12. 속도가 360 km/h, 동점성계수가 0.15 cm²/s 인 풍동 시험부에 시위(chord)가 1m 인 평판을 넣고 실험할 때 이 평판의 앞전(leading edge)으로부터 0.3 m 떨어진 곳의 레이놀즈 수는 얼마인가? (단, 레이놀즈 수의 기준 속도는 시험부 속도이고, 기준 길이는 앞전으로부터 거리이다.)
㉮ 1×10^5 ㉯ 1×10^6
㉰ 2×10^5 ㉱ 2×10^6
[해설] $Re = \dfrac{VL}{\nu} = \dfrac{(10000) \times 30}{0.15} = 2 \times 10^6$

[정답] 6. ㉯ 7. ㉯ 8. ㉰ 9. ㉱ 10. ㉱ 11. ㉮ 12. ㉱

$(V = 3600 \text{ km/h} = \left(\dfrac{360}{3.6}\right) \text{m/s}$
$= 100 \text{ m/s} = 10000 \text{ cm/s},$
$L = 0.3 \text{ m} = 30 \text{ cm})$

13. 그림과 같은 전진속도 없이 자동회전(auto rotation) 비행하는 헬리콥터의 회전 날개에서 회전력을 증가시키는 힘을 발생하는 영역은?

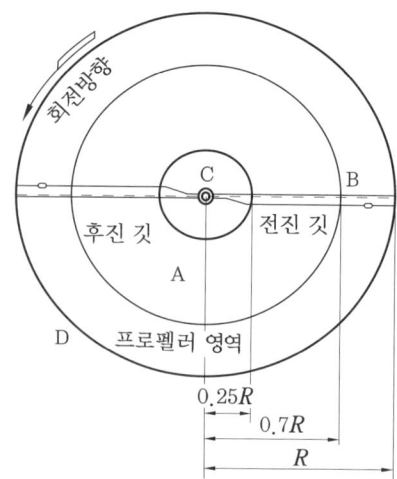

㉮ A 지역 ㉯ B 지역
㉰ C 지역 ㉱ D 지역

[해설] 전진속도가 없는 경우 자동 회전하는 회전날개에 발생되는 공기역학적 힘은 깃 요소 A는 회전날개의 회전력을 증가시키는 자동회전 부분에, 깃 요소 B는 회전날개의 회전력을 감소시키는 프로펠러 영역이다.

14. 날개골의 모양에 따른 특성 중 캠버에 대한 설명으로 틀린 것은?

㉮ 받음각이 0도일 때도 캠버가 있는 날개골은 양력을 발생한다.
㉯ 캠버가 크면 양력은 증가하나 항력은 비례적으로 감소한다.
㉰ 두께나 앞전 반지름이 같아도 캠버가 다르면 받음각에 대한 양력과 항력의 차이가 생긴다.
㉱ 저속 비행기는 캠버가 큰 날개골을 이용하고 고속 비행기는 캠버가 작은 날개골을 사용한다.

[해설] 캠버가 크면 양력이 크게 발생하고, 항력도 캠버가 클수록 증가한다.

15. 키돌이(loop) 비행 시 발생되는 비행이 아닌 것은?

㉮ 수직 상승 ㉯ 배면 비행
㉰ 수직 강하 ㉱ 선회 비행

16. 항공기가 수평 비행이나 급강하로 속도를 증가할 때 천음속 영역에 도달하게 되면 한쪽 날개가 실속을 일으켜서 양력을 상실하여 급격한 옆놀이를 일으키는 현상을 무엇이라 하는가?

㉮ 디프 실속(deep stall)
㉯ 턱 언더(tuck under)
㉰ 날개 드롭(wing drop)
㉱ 옆놀이 커플링(rolling coupling)

17. 다음 중 비행기가 1000 km/h의 속도로 10000 m 상공을 비행하고 있을 때 마하 수는 약 얼마인가? (단, 10000 m 상공에서의 음속은 300 m/s 이다.)

㉮ 0.50 ㉯ 0.93
㉰ 1.20 ㉱ 3.33

[해설] 마하 수($M.N$)
① 고도 10000 m 상공에서 항공기 속도
$V = 1000 \text{ km/h} = 277.7 \text{ m/s}$
② 고도 10000 m에서 음속
$a = 300 \text{ m/s}$
$M.N = \dfrac{V}{a} = \dfrac{277.7}{300} = 0.93$

정답 13. ㉮ 14. ㉯ 15. ㉱ 16. ㉰ 17. ㉯

18. 〈보기〉와 같은 현상의 원인이 아닌 것은?

―〈보기〉―
비행기가 하강 비행을 하는 동안 조종간을 당겨 기수를 올리려 할 때 받음각과 각속도가 특정값을 넘게 되면 예상한 정도 이상으로 기수가 올라가고 이를 회복할 수 없는 현상

㉮ 쳐든각 효과의 감소
㉯ 뒤젖힘 날개의 비틀림
㉰ 뒤젖힘 날개의 날개끝 실속
㉱ 날개의 풍압 중심이 앞으로 이동

[해설] 피치 업(pitch up)의 원인 : 뒤젖힘 날개의 날개끝 실속, 뒤젖힘 날개의 비틀림, 날개의 풍압 중심이 앞으로 이동, 승강키 효율의 감소

19. 항공기 이륙거리를 짧게 하기 위한 방법으로 옳은 것은?

㉮ 정풍(head wind)을 받으면서 이륙한다.
㉯ 항공기 무게를 증가시켜 양력을 높인다.
㉰ 이륙 시 플랩이 항력 증가의 요인이 되므로 플랩을 사용하지 않는다.
㉱ 기관의 가속력을 가능한 최소가 되도록 한다.

[해설] 이륙거리를 짧게 하기 위한 방법
① 비행기의 무게를 가볍게 한다.
② 기관의 추진력을 크게, 항력이 작은 활주 자세로 이륙한다.
③ 정풍으로 이륙하고, 고양력 장치를 사용한다.

20. 받음각이 0°일 경우 양력이 발생하지 않는 것은?

㉮ NACA 2412　　㉯ NACA 4415
㉰ NACA 2415　　㉱ NACA 0018

[해설] 대칭형 날개골(00××)은 받음각이 0°에서 양력이 0이다.

제2과목 : 항공기관

---

21. 가스 터빈 기관에서 길이가 짧으며 구조가 간단하고 연소 효율이 좋은 연소실은?

㉮ 캔형　　　　㉯ 터뷸러형
㉰ 애뉼러형　　㉱ 실린더형

22. 옥탄가 90이라는 항공기 연료를 옳게 설명한 것은?

㉮ 노말헵탄 10%에 세탄 90%의 혼합물과 같은 정도를 나타내는 가솔린
㉯ 연소 후에 발생하는 옥탄가스의 비율이 90% 정도를 차지하는 가솔린
㉰ 연소 후에 발생하는 세탄가스의 비율이 10% 정도를 차지하는 가솔린
㉱ 이소옥탄 90%에 노말헵탄 10%의 혼합물과 같은 정도를 나타내는 가솔린

[해설] 옥탄가
① 이소옥탄 : 노크 성질이 잘 일어나지 않는 성질
② 노말헵탄 : 노크 현상을 아주 잘 일으키는 연료
③ 옥탄가 100 : 이소옥탄만으로 이루어진 표준 연료
④ 옥탄가 90 : 이소옥탄 90%, 노말헵탄 10%의 연료

23. 왕복기관 연료계통에 사용되는 이코노마이저 밸브가 닫힌 위치로 고착되었을 때 발생하는 현상으로 옳은 것은?

[정답] 18. ㉮　19. ㉮　20. ㉱　21. ㉰　22. ㉱　23. ㉱

㉮ 순항속도 이하에서 노킹이 발생하게 된다.
㉯ 순항속도 이하에서 조기 점화가 발생하게 된다.
㉰ 순항속도 이상에서 조기 점화가 발생하게 된다.
㉱ 순항속도 이상에서 디토네이션이 발생하게 된다.

[해설] 이코노마이저 밸브가 닫힌 위치로 고착이 되면 순항속도 이상에서 상대적으로 연료 공급이 적어져서 혼합비는 희박해져 디토네이션이 발생하게 된다.

24. 가스 터빈 기관의 흡입구에 형성된 얼음이 압축기 실속을 일으키는 이유는?
㉮ 공기 압력을 증가시키기 때문에
㉯ 공기 속도를 증가시키기 때문에
㉰ 공기 전압력을 일정하게 하기 때문에
㉱ 공기 통로의 면적을 작게 만들기 때문에

25. 항공기용 가스 터빈 기관 오일계통에 사용되는 기어 펌프의 작동에 대한 설명으로 옳은 것은?
㉮ 아이들 기어(idle gear)는 동력을 전달 받아 회전하고 구동 기어(drive gear)는 아이들 기어에 맞물려 자연스럽게 회전한다.
㉯ 구동 기어(drive gear)는 동력을 전달 받아 회전하고 아이들 기어(idle gear)는 구동 기어에 맞물려 자연스럽게 회전한다.
㉰ 구동 기어(drive gear)와 아이들 기어(idle gear) 모두 오일 압력에 의해 자연적으로 회전한다.
㉱ 구동 기어(drive gear)와 아이들 기어(idle gear) 모두 동력을 받아 회전한다.

26. 항공기를 외부의 열로부터 차단하고 열의 출입을 수반하지 않은 상태에서 팽창시키면 온도는 어떻게 되는가?
㉮ 감소한다.
㉯ 상승한다.
㉰ 일정하다.
㉱ 감소하다가 증가한다.

27. 크랭크 축의 회전속도가 2400rpm 인 14기통 2열 성형 기관에 3-로브 캠판의 회전속도는 몇 rpm 인가?
㉮ 200 ㉯ 400
㉰ 600 ㉱ 800

[해설] 밸브 기구 : 캠 로브 수가 3인 것은 크랭크 축과 캠축이 반대방향으로 회전을 한다.
캠판의 회전속도 $= \dfrac{1}{N \pm 1} = \dfrac{1}{7-1} = \dfrac{1}{6}$
따라서 크랭크 축의 회전속도(2400 rpm)에 $\dfrac{1}{6}$ 해당하므로 400 rpm 이다.

28. 터보 팬 기관의 추력에 비례하며 트리밍(trimming) 작업의 기준이 되는 것은?
㉮ 기관의 압력비(EPR)
㉯ 연료 유량
㉰ 터빈 입구 온도(TIT)
㉱ 대기온도

[해설] 기관의 조절(engine trimming) : 제작 회사에서 정해놓은 정격추력에 해당하는 기관 압력비가 얻어지지 않을 수도 있기 때문에 주기적으로 기관의 여러 가지 작동 상태를 조정하는 것을 기관의 조절이라 한다.

29. 가스 터빈 기관의 연료 가열기(fuel

정답 24. ㉱ 25. ㉯ 26. ㉮ 27. ㉯ 28. ㉮ 29. ㉯

heater)에 대한 설명으로 틀린 것은?
㉮ 연료의 결빙을 방지한다.
㉯ 오일의 온도를 상승시킨다.
㉰ 압축기 블리드 공기를 사용한다.
㉱ 연료의 온도를 빙점(freezing point) 이상으로 유지한다.

30. 그림과 같은 오토 사이클의 $P-v$ 선도에서 $V_1 = 8\,m^3/kg$, $V_2 = 2\,m^3/kg$ 인 경우 압축비는 얼마인가?

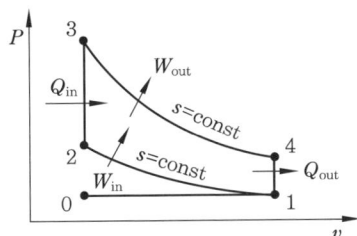

㉮ 2 : 1　　㉯ 4 : 1
㉰ 6 : 1　　㉱ 8 : 1

[해설] 압축비 $= \dfrac{V_1}{V_2} = \dfrac{8}{2} = \dfrac{4}{1}$

31. 다음 중 가스 터빈 기관의 교류 고전압 축전기 방전 점화 계통(A.C capacitor discharge ignition system)에서 고전압 펄스가 유도되는 곳은?
㉮ 접점 (breaker)
㉯ 정류기 (rectifier)
㉰ 멀티로브 캠 (multilobe cam)
㉱ 트리거 변압기 (trigger transformer)

32. 프로펠러 깃 선단(tip)이 회전방향의 반대방향으로 처지게(lag)하는 힘은?
㉮ 토크에 의한 굽힘
㉯ 하중에 의한 굽힘
㉰ 공력에 의한 비틀림
㉱ 원심력에 의한 비틀림

33. 항공기 왕복기관 점화장치에서 콘덴서(condensor)의 기능은?
㉮ 2차 코일을 위하여 안전간격을 준다.
㉯ 1차 코일과 2차 코일에 흐르는 전류를 조절한다.
㉰ 1차 코일에 잔류되어 있는 전류를 신속히 흡수 제거시킨다.
㉱ 포인트가 열릴 때 자력선의 흐름을 차단한다.

[해설] 콘덴서 : 브레이커 포인트에 생기는 아크를 흡수하여 브레이커 포인트 접점 부분의 불꽃에 의한 마멸을 방지하고, 철심에 발생했던 잔류 자기를 빨리 없애준다.

34. 가스 터빈 기관의 연소 효율이란?
㉮ 공급 에너지와 기관의 추력비이다.
㉯ 연소실 입구와 출구 사이의 온도비이다.
㉰ 연소실 입구와 출구 사이의 전압력비이다.
㉱ 공기의 엔탈피 증가와 공급 열량과의 비이다.

[해설] 연소 효율 : 공급된 열량과 공기의 실제 증가된 에너지(엔탈피)의 비

연소효율 $= \dfrac{\text{입구와 출구의 총에너지(엔탈피) 차이}}{\text{공급된 연료량} \times \text{연료의 저발열량}}$

35. 왕복기관 항공기가 고고도에서 비행 시 조종사가 연료/공기 혼합비를 조절하는 주된 이유는?
㉮ 베이퍼로크 방지를 위해
㉯ 결빙을 방지하기 위하여
㉰ 혼합비 과농후를 방지하기 위해

㉣ 혼합비 과희박을 방지하기 위해

[해설] 고도가 높아짐에 따라 공기의 밀도가 감소하므로 혼합비가 농후 혼합비 상태로 되는 것을 막아주는 장치가 혼합비 조절장치이다.

36. 왕복기관을 실린더 배열에 따라 분류할 때 대향형 기관을 나타낸 것은?

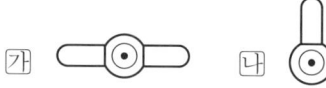

[해설] 실린더 배열에 따른 분류
㉮ : 수평 대향형   ㉯ : 직렬형
㉰ : V형   ㉱ : 성형

37. 왕복기관의 오일탱크에 대한 설명으로 옳은 것은?

㉮ 물이나 불순물을 제거하기 위해 탱크 밑바닥에는 딥스틱이 있다.
㉯ 일반적으로 오일탱크는 오일펌프 입구보다 약간 높게 설치한다.
㉰ 오일탱크의 재질은 일반적으로 강도가 높은 철판으로 제작된다.
㉱ 윤활유의 열팽창에 대비해서 드레인 플러그가 있다.

[해설] 윤활유 탱크 : 알루미늄 합금으로 만들며, 기관으로부터 가장 가깝고 낮은 위치에 장착되지만 윤활유 펌프까지는 중력에 의해 윤활유를 공급시키기 위하여 윤활 펌프 입구보다 약간 높게 위치시키는 경우가 대부분이다.

38. 프로펠러 거버너(governor)의 부품이 아닌 것은?

㉮ 파일럿 밸브   ㉯ 플라이웨이트
㉰ 아네로이드   ㉱ 카운터 밸런스

39. 기관의 손상을 방지하기 위해 왕복기관 시동 후 바로 작동 상태를 점검하기 위하여 확인해야 하는 계기는?

㉮ 흡입 압력 계기
㉯ 연료 압력 계기
㉰ 오일 압력 계기
㉱ 기관 회전수 계기

40. 추진 시 공기를 흡입하지 않고 기관 자체 내의 고체 또는 액체의 산화제와 연료를 사용하는 기관은?

㉮ 로켓   ㉯ 펄스 제트
㉰ 램 제트   ㉱ 터보 프롭

제3과목 : 항공기체

---

41. 1/4-28-UNF-3A 나사(thread)에 대한 설명으로 옳은 것은?

㉮ 직경은 1/4 인치이고 암나사이다.
㉯ 직경은 1/4 인치이고 거친나사이다.
㉰ 나사산 수가 인치당 7개이고 거친나사이다.
㉱ 나사산 수가 인치당 28개이고 가는 나사이다.

[해설] 1/4-28-UNF-3A
 UNF : 유니파이 가는나사
 1/4 : 볼트의 바깥지름이 1/4인치
 28 : 1인치당 나사산의 수 28개
 3 : 피팅 등급은 3급

[정답] 36. ㉮ 37. ㉯ 38. ㉰ 39. ㉰ 40. ㉮ 41. ㉱

42. 항공기가 수평 비행을 하다가 갑자기 조종간을 당겨서 최대 양력계수의 상태로 될 때 큰 날개에 작용하는 하중배수가 그 항공기의 설계 제한 하중과 같게 되는 수평 속도는?
㉮ 설계 급강하 속도
㉯ 설계 운용 속도
㉰ 설계 돌풍 운용 속도
㉱ 설계 순항 속도

43. 다음 중 항공기의 유용 하중(useful load)에 해당하는 것은?
㉮ 고정장치 무게   ㉯ 연료 무게
㉰ 동력장치 무게   ㉱ 기체구조 무게

[해설] 유용 하중(useful load) : 적재량이라고도 하며 항공기의 총 무게에서 자기 무게를 뺀 무게로 승무원, 윤활유, 연료, 승객 및 화물 등으로 구성된다.

44. 그림과 같이 보에 집중하중이 가해질 때 하중 중심의 위치는?

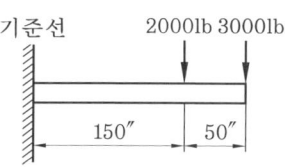

㉮ 기준선에서부터 100″
㉯ 기준선에서부터 150″
㉰ 보의 우측끝에서부터 20″
㉱ 보의 우측끝에서부터 180″

[해설] 무게중심
$= \dfrac{2000 \times 150 + 3000 \times 200}{2000 + 3000} = 180 \text{ inch}$
기준선으로부터 180 inch 또는 우측 끝으로부터 20 inch

45. 1차 조종면(primary control surface)의 목적이 아닌 것은?
㉮ 방향을 조종한다.
㉯ 가로 운동을 조종한다.
㉰ 상승과 하강을 조종한다.
㉱ 이·착륙 거리를 단축시킨다.

[해설] 1차 조종면 : 승강타, 방향타, 도움날개를 말한다.

46. 다음 중 탄소강을 이루는 5대 원소에 속하지 않는 것은?
㉮ Si   ㉯ Mn   ㉰ Ni   ㉱ S

[해설] 탄소강 : 탄소강은 철에 탄소(C)가 0.025 ~ 2.0 % 함유되어 있는 강을 말하며, 약간의 규소(Si), 망간(Mn), 인(P), 황(S) 등을 포함하고 있다.

47. 다음 중 알루미늄 합금의 부식 방지법이 아닌 것은?
㉮ 크래딩 (cladding)
㉯ 양극처리 (anodizing)
㉰ 알로다이징 (alodizing)
㉱ 용제화처리 (solutioning)

48. 턴 버클(turn buckle)의 검사방법에 대한 설명으로 틀린 것은?
㉮ 이중결선법인 경우 배럴의 검사 구멍에 핀이 들어가면 장착이 잘 되었다고 할 수 있다.
㉯ 이중결선법인 경우에 케이블의 지름이 1/8 in 이상인지를 확인한다.
㉰ 단선결선법에서 턴 버클 생크 주위로 와이어가 4회 이상 감겼는지 확인한다.
㉱ 단선 결선법인 경우 턴 버클의 죔이 적당한지는 나사산이 3개 이상 밖에 나와 있는지를 확인한다.

[해설] 턴 버클의 조임이 적당한지를 확인하는

정답 42. ㉯ 43. ㉯ 44. ㉰ 45. ㉱ 46. ㉰ 47. ㉱ 48. ㉮

49. 다른 재질의 금속이 접촉하면 접촉 전기와 수분에 의해 국부 전류 흐름이 발생하여 부식을 초래하게 되는 현상을 무엇이라 하는가?

㉮ galvanic corrosion
㉯ bonding
㉰ anti-corrosion
㉱ age hardening

[해설] 이질 금속 간의 부식(동전지 부식 ; galvanic cells corrosion) : 서로 다른 두 가지의 금속이 접촉되어 있는 상태에서 발생하는 부식

50. 인터널 렌칭 볼트(interal wrenching bolt)의 사용 시 주의사항으로 옳은 것은 어느 것인가?

㉮ 볼트를 풀고 죌 때는 L 렌치를 사용한다.
㉯ 카운터 싱크 와셔를 사용할 때는 와셔의 방향은 무시해도 좋다.
㉰ MS와 NAS의 인터널 렌칭 볼트의 호환은 MS를 NAS로 교환이 가능하다.
㉱ 너트의 아래는 충격에 강한 연질의 와셔를 사용한다.

[해설] 내부 렌칭 볼트 (interal wrenching bolt) : 비교적 큰 인장력과 전단력이 작용하는 곳에 사용하며 고강도의 합금강으로 만든다. 볼트 머리에는 알렌 렌치(allen wrench ; L wrench)를 사용할 수 있도록 홈이 파여 있다.

51. 푸시 풀 로드 조종계통과 비교하여 케이블 조종계통의 장점이 아닌 것은?

㉮ 방향 전환이 자유롭다.
㉯ 다른 조종계통에 비해 무게가 가볍다.
㉰ 구조가 간단하여 가공 및 정비가 쉽다.
㉱ 케이블의 접촉이 적어 마찰이 적고 마모가 없다.

[해설] 조종계통
① 케이블 조종계통 : 무게가 가볍고 느슨함이 없으며 방향전환이 자유롭고 가격이 싼 장점이 있으나 마찰이 크고, 마멸이 많으며, 케이블에 주어져야 할 공간이 필요하고, 큰 장력이 필요하며, 케이블이 늘어나는 단점이 있다
② 푸시풀 로드 조종계통 : 케이블 조종계통에 비행 마찰이 적고, 늘어나지 않으며, 온도변화에 의한 팽창 등이 영향을 받지 않는 등 관리가 쉽지만 무겁고, 관성력이 크며 느슨함이 있을 수 있고, 값이 비싸다.

52. 반복하중을 받는 항공기의 주구조부가 파괴되더라도 남은 구조에 의해 치명적 파괴 또는 구조 변형을 방지하도록 설계된 구조는?

㉮ 응력 외피 구조
㉯ 트러스(truss) 구조
㉰ 페일 세이프(fail safe) 구조
㉱ 1차 구조(primary structure)

53. 모노코크 구조의 항공기에서 동체에 가해지는 대부분의 하중을 담당하는 부재는?

㉮ 론저론(longeron)
㉯ 외피(skin)
㉰ 스트링어(stringer)
㉱ 벌크헤드(bulkhead)

[해설] 모노코크 구조 : 원통 형태로 만들어진 구조로 항공기 동체에서 공간 마련이 매우 용이하고, 넓은 공간을 확보할 수 있다. 이 원통형 구조에 작용하는 모든 구조는 외피(skin)가 받는다.

정답 49. ㉮ 50. ㉮ 51. ㉱ 52. ㉰ 53. ㉯

54. 항공기의 주 날개 양쪽에 기관을 장착한 형식에 대한 설명으로 옳은 것은?

㉮ 동체에 흐르는 난기류의 영향이 크다.
㉯ 1개 기관이 고장날 경우 추력 비대칭이 적다.
㉰ 치명적 고장 또는 비상 착륙 등으로 과도한 충격 발생 시 항공기에서 이탈된다.
㉱ 정비 접근성이 안 좋으나 비행 중 날개에 대한 굽힘 하중이 적다.

55. 지름이 10 cm 인 원형 단면과 1 m 길이를 갖는 알루미늄 합금 재질의 봉이 10 N 의 축하중을 받아 전체 길이가 50μm 늘어났다면 이 때 인장변형률을 나타내기 위한 단위는?

㉮ N/m^2 ㉯ N/m^3 ㉰ $\mu m/m$ ㉱ MPa

[해설] 변형률 = $\dfrac{\text{늘어난 길이}(\mu m)}{\text{원래의 길이}(m)}$

56. 알루미늄 판 두께가 0.051 in 인 재료를 굴곡반경 0.125 in 가 되도록 90° 굴곡할 때 생기는 세트백은 몇 in 인가?

㉮ 0.017 ㉯ 0.074 ㉰ 0.125 ㉱ 0.176

[해설] 세트백 = $K(R+T)$
         = (0.125+0.051) = 0.176 inch
(90°인 경우 굽힘상수 $K=1$이다.)

57. 가스 용접을 할 때 사용하는 산소와 아세틸렌 가스 용기의 색을 옳게 나타낸 것은?

㉮ 산소 용기 : 청색, 아세틸렌 용기 : 회색
㉯ 산소 용기 : 녹색, 아세틸렌 용기 : 황색
㉰ 산소 용기 : 청색, 아세틸렌 용기 : 황색
㉱ 산소 용기 : 녹색, 아세틸렌 용기 : 회색

[해설] 산소 아세틸렌 가스 용접
아세틸렌 용기 : 녹색, 아세틸렌 호스 : 적색
산소 용기 : 녹색, 산소 호스 : 녹색

58. 상온에서 자연 시효 경화가 가장 빠른 알루미늄 합금은?

㉮ Al 2024   ㉯ Al 6061
㉰ Al 7075   ㉱ Al 7178

[해설] Al 2024 : 구리 4.4%, 마그네슘 1.5%를 첨가한 합금으로 초두랄루민이라고도 하며, 고온(495℃)에서 급랭처리한 다음 상온에서 시효경화하여 인장강도를 향상시킨 합금이다.

59. 올레오 쇼크 스트러트(Oleo shock strut)에 있는 메터링 핀(metering pin)의 주된 역할은?

㉮ 스트러트 내부의 공기량을 조정한다.
㉯ 업(up) 위치에서 스트러트를 제동한다.
㉰ 다운(down) 위치에서 스트러트를 제동한다.
㉱ 스트러트가 압착될 때 오일의 흐름을 제한하여 충격을 흡수한다.

60. 무게가 2950 kg 이고 중심위치가 기준선 후방 300 cm 인 항공기에서 기준선 후방 200 cm 에 위치한 50 kg 의 전자장비를 장탈하고, 기준선 후방 250 cm 에 위치한 화물실에 100 kg 의 비상물품을 실었다면 이때 중심 위치는 기준선 후방 약 몇 cm 에 위치하는가?

㉮ 300   ㉯ 310   ㉰ 313   ㉱ 410

[해설] 새로운 중심위치($c.g$)
= $\dfrac{\text{총모멘트} \pm \text{변화된 모멘트}}{\text{총무게} \pm \text{변화된 무게}}$
= $\dfrac{2950 \times 300 - 50 \times 200 + 100 \times 250}{2950 - 50 + 100}$
= 300 cm

정답 54. ㉰ 55. ㉰ 56. ㉱ 57. ㉯ 58. ㉮ 59. ㉱ 60. ㉮

제4과목 : 항공장비

61. 항공기 가스 터빈 기관의 온도를 측정하기 위해 1개의 저항값이 0.79Ω인 열전쌍이 병렬로 6개가 연결되어 있다. 기관의 온도가 500℃일 때 1개의 열전쌍에서 출력되는 기전력이 20.64 mV 이라면 이 회로에 흐르는 전체 전류는 약 몇 mA 인가? (단, 전선의 저항 24.87Ω, 계기 내부 저항 23Ω 이다.)

㉮ 0.1163　　㉯ 0.392
㉰ 0.430　　㉱ 0.526

[해설] $I = \dfrac{E}{R+r}$

여기서, R : 저항, r : 내부 저항

(1) 저항(R)=전선 저항(R_1)+열전쌍 저항(R_2)
　　　　　　=24.87+0.132=25.002Ω
　① 전선 저항(R_1)=24.87Ω
　② 병렬로 6개가 연결된 열전쌍 저항값(R_2)
　　　$R_2 = \dfrac{0.79}{6} = 0.132\,\Omega$
(2) 계기 내부 저항(r)=23Ω

따라서, $I = \dfrac{E}{R+r}$
　　　　　$= \dfrac{20.64 \times 10^{-3}}{25.002+23}$
　　　　　$= 4.300 \times 10^{-4}\,\text{A} = 0.430\,\text{mA}$

62. 화재탐지장치에 대한 설명으로 틀린 것은?

㉮ 광전기 셀(photo-electric cell)은 공기 중의 연기가 빛을 굴절시켜 광전기 셀에서 전류를 발생한다.
㉯ 열전쌍(thermocouple)은 주변의 온도가 서서히 상승함에 따라 전압을 발생한다.
㉰ 서머스터(thermistor)는 저온에서는 저항이 높아지고 온도가 상승하면 저항이 낮아져 도체로서 회로를 구성한다.
㉱ 열 스위치(thermal switch)식에 사용되는 Ni-Fe 의 합금 철편은 열팽창률이 낮다.

[해설] 열전쌍(thermocouple) 탐지기 : 화재 지역이 특정한 온도로 상승하면 화재 경고를 지시하는데, 서로 다른 종류의 특정한 두 금속이 서로 접합하여 있으며, 두 금속 사이에 특정한 온도가 되면 열에 의한 기전력이 발생한다.

63. 신호파에 따라 반송파의 주파수를 변화시키는 변조방식은?

㉮ AM　　㉯ FM
㉰ PM　　㉱ PCM

[해설] 신호 크기에 따라 반송파의 진폭을 변화시키는 진폭변조(AM)와 신호의 크기에 따라 반송파의 주파수를 변화시키는 주파수 변조(FM)가 있다.

64. 다음 중 가시거리에 사용되는 전파는 어느 것인가?

㉮ VHF　㉯ VLF　㉰ HF　㉱ MF

[해설] 초단파(VHF) : 가시거리 통신에만 유효하므로 보통의 공대지 통신에는 초단파 대역이 이상적이다.

65. 유압계통에서 사용되는 체크 밸브의 역할은?

㉮ 역류 방지　㉯ 기포 방지
㉰ 압력 조절　㉱ 유압 차단

66. 소형 항공기의 직류 전원계통에서 메인 버스(main bus)와 축전지 버스 사이에 접속되어 있는 전류계의 지침이 "+"를 지시하고 있는 의미는?

정답　61.㉰　62.㉯　63.㉯　64.㉮　65.㉮　66.㉱

㉮ 축전지가 과충전 상태
㉯ 축전지가 부하에 전류 공급
㉰ 발전기가 부하에 전류 공급
㉱ 발전기의 출력 전압에 의해서 축전지가 충전

67. 해발 500 m인 지형 위를 비행하고 있는 항공기의 절대고도가 1000 m 라면 이 항공기의 진고도는 몇 m인가?

㉮ 500   ㉯ 1000
㉰ 1500   ㉱ 2000

[해설] • 진고도 : 해면상으로 부터의 고도
• 절대고도 : 항공기로부터 그 당시의 지형까지의 고도
진고도=절대고도＋해면으로부터의 지형고도
＝1000＋500＝1500 m

68. 동압(dynamic pressure)에 의해서 작동되는 계기가 아닌 것은?

㉮ 고도계
㉯ 대기 속도계
㉰ 마하계
㉱ 진대기 속도계

[해설] 피토트 튜브
동압을 이용한 계기 : 속도계, 마하계
정압을 이용한 계기 : 고도계, 승강계

69. 다음 중 다른 종류와 비교해서 구조가 간단하여 항공기에 많이 사용되는 축압기(accumulator)는?

㉮ 스풀(spool)형
㉯ 포핏(poppet)형
㉰ 피스톤(piston)형
㉱ 솔레노이드(solenoid)형

[해설] 축압기 : 다이어램형, 블래더형, 피스톤형 축압기가 있으며, 피스톤형 축압기는 공간을 작게 차지하고, 구조가 튼튼하기 때문에 항공기에 많이 사용한다.

70. 항공기 주 전원장치에서 주파수를 400 Hz로 사용되는 주된 이유는?

㉮ 감압이 용이하기 때문에
㉯ 승압이 용이하기 때문에
㉰ 전선의 무게를 줄이기 위해
㉱ 전압의 효율을 높이기 위해

[해설] 교류 전력 기기의 크기를 좌우하는 변수가 바로 주파수이다. 주파수가 커지면 부품을 소형화시킬 수 있기 때문에 가능한 한 부품의 크기를 줄여야 하는 비행기 내부 장비는 400Hz 장비를 사용한다.

71. 램 효과(ram effect)에 의해 방빙이나 제빙이 필요하지 않는 부분은?

㉮ windshield   ㉯ nose radome
㉰ drain mast   ㉱ engine inlet

72. 항공기의 수직방향 속도를 분당 피트(feet)로 지시하는 계기는?

㉮ VSI   ㉯ LRRA   ㉰ DME   ㉱ HSI

[해설] 승강계(vertical speed indicator : VSI) : 상승, 하강 비행을 할 경우 항공기의 수직방향의 속도를 지시하는데 ft/min단위로 지시한다.

73. 항공기 동체 상하면에 장착되어 있는 충돌 방지등(anti-collision light)의 색깔은?

㉮ 녹색   ㉯ 청색
㉰ 흰색   ㉱ 적색

[해설] 충돌 방지등 : 스위치를 작동하면 적색등이 켜짐과 동시에 필터를 거친 잘 정류된 직류 전류에 의해 전동기가 회전한다. 전동기가 회전하면 반사경이 회전하여 적색등이 점멸하는 것으로 보인다.

정답 67. ㉰ 68. ㉮ 69. ㉰ 70. ㉰ 71. ㉯ 72. ㉮ 73. ㉱

74. 병렬운전을 하는 직류 발전기에서 1대의 직류 발전기가 역극성 발전을 할 경우 발전을 멈추기 위해 작동하는 것은?
㉮ 밸런스 릴레이
㉯ 출력 릴레이
㉰ 이퀄라이징 릴레이
㉱ 필드 릴레이

75. 자이로신 컴퍼스의 플럭스 밸브를 장·탈착 시 설명으로 옳은 것은?
㉮ 장착용 나사와 사용 공구 모두 자성체인 것을 사용해야 한다.
㉯ 장착용 나사와 사용 공구 모두 비자성체인 것을 사용해야 한다.
㉰ 장착용 나사는 비자성체인 것을 사용해야 하며, 사용 공구는 보통의 것이 좋다.
㉱ 장착용 나사와 사용 공구에 대한 특별한 사용 제한이 없으므로 일반 공구를 사용해도 된다.
[해설] 자기 컴퍼스는 자석이 주된 구성 요소를 이루고 있으므로 보관이나 운송, 정비 시 비자성체 용기나 공구를 사용해야 한다.

76. 지상에 설치한 무지향성 무선 표시국으로부터 송신되는 전파의 도래 방향을 계기상에 지시하는 것은?
㉮ 거리측정장치 (DME)
㉯ 자동방향탐지기 (ADF)
㉰ 항공교통관제장치 (ATC)
㉱ 전파고도계 (radio altimeter)
[해설] 자동방향탐지기(ADF) : 지향성이 강한 루프 안테나를 사용하여 전파가 들어오는 방향을 측정하여 항공기의 방위각을 나타내는 장치이다. 위치가 알려진 지상국의 전파 방향을 검출하여 지상국과 항공기의 상대 방위를 계산한다.

77. 항공기의 니켈-카드뮴 축전지가 완전히 충전된 상태에서 1셀(cell)의 기전력은 무부하에서 몇 V인가?
㉮ 1.0 ~ 1.1 V
㉯ 1.1 ~ 1.2 V
㉰ 1.2 ~ 1.3 V
㉱ 1.3 ~ 1.4 V

78. 객실 압력 조절에 직접적으로 영향을 주는 것은?
㉮ 공압계통의 압력
㉯ 슈퍼 차저의 압축비
㉰ 터보 컴프레서 속도
㉱ 아웃플로 밸브의 개폐 속도

79. 다음 중 비행장에 설치된 컴퍼스 로즈 (compass rose)의 주 용도는?
㉮ 지역의 지자기의 세기 표시
㉯ 활주로의 방향을 표시하는 방위도 지시
㉰ 기내에 설치된 자기 컴퍼스의 자차 수정
㉱ 지역의 편각을 알려주기 위한 기준 방향 표시

80. 종합 전자계기에서 항공기의 착륙 결심 고도가 표시되는 곳은?
㉮ navigation display
㉯ control display unit
㉰ primary flight display
㉱ flight control computer
[해설] 주비행 표시장치(primary flight display) : 자세계, 속도계, 기압고도계, 전파고도계, 기수방위지시계, 자동 조종작동 모두 표시, 이착륙 관련 기준 속도 지시 기능 등에 관한 정보를 한 곳에 집중 배치하여 조종사가 비행 중에 제일 많이 참고하면서 비행을 한다.

정답 74. ㉱ 75. ㉯ 76. ㉯ 77. ㉱ 78. ㉱ 79. ㉰ 80. ㉰

▶ 2015년 9월 19일 시행

자격종목	시험시간	문제 수	형 별
항공 산업기사	2시간	80	A

제1과목 : 항공역학

1. 비행기 날개의 가로세로비가 커졌을 때 옳은 설명은?
㉮ 양력이 감소한다.
㉯ 유도 항력이 증가한다.
㉰ 유도 항력이 감소한다.
㉱ 스팬 효율과 양력이 증가한다.
[해설] 가로세로비가 커지게 되면 유도 항력은 작아지게 된다.
$$C_{Di} = \frac{C_L^{\,2}}{\pi e AR}$$

2. 제트 항공기가 최대 항속거리로 비행하기 위한 조건은? (단, C_L : 양력계수, C_D : 항력계수이며, 연료소비율은 일정하다.)

㉮ $\left(\dfrac{C_L^{\frac{1}{2}}}{C_D}\right)$ 최대 및 고고도

㉯ $\left(\dfrac{C_L^{\frac{1}{2}}}{C_D}\right)$ 최대 및 저고도

㉰ $\left(\dfrac{C_L}{C_D}\right)$ 최대 및 고고도

㉱ $\left(\dfrac{C_L}{C_D}\right)$ 최대 및 저고도

[해설] 최대 항속거리로 비행하기 위해서는 $\dfrac{C_L^{\frac{1}{2}}}{C_D}$ 이 최대인 받음각으로 비행해야 하며, 연료소비율(C_t)이 작아야 한다.

3. 그림은 주 로터(main rotor)와 테일 로터(tail rotor)를 갖는 헬리콥터에서 발생하는 요구마력을 발생 원인별로 속도에 따른 변화를 나타낸 것으로 이에 대한 설명으로 옳은 것은?

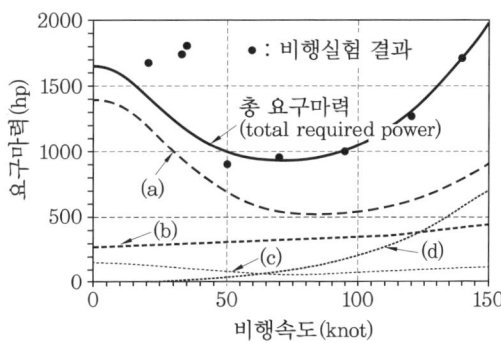

㉮ (a)는 테일 로터의 요구마력이다.
㉯ (b)는 주 로터 블레이드의 항력에 의한 형상마력이다.
㉰ (c)는 동체의 항력에 의한 유해마력이다.
㉱ (d)는 주 로터의 유도속도에 의한 유도마력이다.

[해설] (a) 주 로터의 유도마력
(b) 주 로터의 항력에 위한 형상마력
(c) 테일 로터의 요구마력
(d) 동체의 저항에 의한 유해마력

4. 헬리콥터에서 회전날개의 깃(blade)은 회전하면 회전면을 밑면으로 하는 원추의 모양을 만들게 되는데 이때 회전면과 원추 모서리가 이루는 각은?
㉮ 피치각 (pitch angle)

[정답] 1.㉰ 2.㉮ 3.㉯ 4.㉯

㉯ 코닝각(coning angle)
㉰ 받음각(angle of attack)
㉱ 플래핑각(flapping angle)

[해설] 코닝각(coning angle) : 회전면과 원추의 모서리가 이루는 각을 원추각 또는 코닝각이라 한다.

5. 방향안정성에 관한 설명으로 틀린 것은?
㉮ 도살 핀(dorsal pin)을 붙여주면 큰 옆 미끄럼각에서 방향안정성이 좋아진다.
㉯ 수직 꼬리날개의 위치를 비행기의 무게중심으로부터 멀리 할수록 방향안정성이 증가한다.
㉰ 가로 및 방향 진동이 결합된 옆놀이 및 빗놀이의 주기 진동을 더치 롤(dutch roll)이라 한다.
㉱ 단면이 유선형인 동체는 일반적으로 무게중심이 동체의 1/4 지점 후방에 위치하면 방향안정성이 좋다.

6. 비행기의 옆놀이(rolling) 안정에 가장 큰 영향을 주는 것은?
㉮ 수평 안정판   ㉯ 주날개의 받음각
㉰ 수직 꼬리날개 ㉱ 주날개의 후퇴각

[해설] 수직 꼬리날개는 비행기의 방향 안정에 일차적으로 영향을 준다.

7. 비행기가 하강 비행을 하는 동안 조종간을 당겨 기수를 올리려 할 때, 받음각과 각속도가 특정 값을 넘게 되면 예상한 정도 이상으로 기수가 올라가게 되는 현상은?
㉮ 피치 업(pitch up)
㉯ 스핀(spin)
㉰ 버페팅(buffeting)
㉱ 디프 실속(deep stall)

8. 프로펠러 깃을 통과하는 순수한 유도속도를 옳게 표현한 것은?
㉮ 프로펠러 깃을 통과하는 공기속도 + 비행속도
㉯ 프로펠러 깃을 통과하는 공기속도 − 비행속도
㉰ 프로펠러 깃을 통과하는 공기속도 × 비행속도
㉱ 비행속도 ÷ 프로펠러 깃을 통과하는 공기속도

9. 글라이더가 고도 2000m 상공에서 양항비가 20인 상태로 활공한다면 도달할 수 있는 수평활공거리는 몇 m인가?
㉮ 2000   ㉯ 20000
㉰ 4000   ㉱ 40000

[해설] 수평활공거리 = 활공고도 × 양항비
= 2000 × 20 = 40000m

10. 360 km/h의 속도로 표준 해면고도 위를 비행하고 있는 항공기 날개 상의 한 점에서 압력이 100 kPa 일 때 이 점에서 유속은 약 몇 m/s 인가? (단, 표준 해면 고도에서 공기의 밀도는 1.23 kg/m³이며 압력은 1.01×10^5 N/m² 이다.)
㉮ 105.82   ㉯ 107.82
㉰ 109.82   ㉱ 111.82

[해설] 베르누이 정리를 이용하면
$$P_1 + \frac{1}{2}\rho V_1^2 = P_2 + \frac{1}{2}\rho V_2^2 \text{에서}$$
$$101000 + \frac{1}{2} \times 1.23 \times \left(\frac{360}{3.6}\right)^2$$
$$= 100000 + \frac{1}{2} \times 1.23 \times V^2$$
$$107150 = 100000 + \frac{1}{2} \times 1.23 \times V^2$$
$$V = 107.82 \, \text{m/s}$$

정답 5. ㉱ 6. ㉰ 7. ㉮ 8. ㉯ 9. ㉱ 10. ㉯

11. 이륙과 착륙에 대한 비행 성능의 설명으로 옳은 것은?

㉮ 착륙 활주 시에 항력은 아주 작으므로 보통 이를 무시한다.
㉯ 이륙할 때 장애물 고도란 위험한 비행 상태의 고도를 말한다.
㉰ 착륙거리란 지상활주거리에 착륙진입거리를 더한 것이다.
㉱ 이륙할 때 항력은 속도의 제곱에 반비례하므로 속도를 증가시키면 항력은 감소하게 되어 이륙한다.

[해설] 착륙거리=착륙진입거리+지상활주거리

12. 중량 3200 kgf 인 비행기가 경사각 15°로 정상 선회를 하고 있을 때 이 비행기의 원심력은 약 몇 kgf 인가?

㉮ 857 ㉯ 1600
㉰ 1847 ㉱ 3091

[해설] 원심력$(C.F) = W\tan\theta$
$= 3200 \times \tan 15 = 857 \,\text{kgf}$

13. 수평 등속도 비행을 하던 비행기의 속도를 증가시켰을 때 그 상태에서 수평비행하기 위해서는 받음각은 어떻게 하여야 하는가?

㉮ 감소시킨다.
㉯ 증가시킨다.
㉰ 변화시키지 않는다.
㉱ 감소하다 증가시킨다.

[해설] 속도를 증가시키면 양력이 더 발생하게 되므로 받음각을 감소시켜 수평비행을 유지시킨다.

14. 오존층이 존재하는 대기의 층은?

㉮ 대류권   ㉯ 열권
㉰ 성층권   ㉱ 중간권

[해설] 성층권 윗 부분에 오존층이 있어 자외선을 흡수한다.

15. 꼬리날개가 주날개의 뒤에 위치하는 일반적인 항공기에서 수평꼬리날개의 체적계수(tail volume coefficient)에 대한 설명으로 틀린 것은?

㉮ 주날개의 면적에 반비례한다.
㉯ 주날개의 시위길이에 반비례한다.
㉰ 수평꼬리날개의 면적에 비례한다.
㉱ 수평꼬리날개의 시위길이에 비례한다.

[해설] 꼬리날개 부피=수평꼬리날개 면적×거리

16. 비행기 날개에 작용하는 양력을 증가시키기 위한 방법이 아닌 것은?

㉮ 양력계수를 최대로 한다.
㉯ 날개의 면적을 최소로 한다.
㉰ 항공기의 속도를 증가시킨다.
㉱ 주변 유체의 밀도를 증가시킨다.

[해설] $L = \dfrac{1}{2}\rho V^2 C_L S$

17. 비행기가 수직 강하 시 도달 할 수 있는 최대속도를 무엇이라 하는가?

㉮ 수직 속도 (vertical speed)
㉯ 강하 속도 (descending speed)
㉰ 최대 침하 속도 (rate of descent)
㉱ 종극 속도 (terminal velocity)

[해설] 종극 속도(terminal velocity, V_D) : 비행기가 급강하할 때 더 이상 속도가 증가하지 않고 일정 속도로 유지되는 속도

$V_D = \sqrt{\dfrac{2W}{\rho C_D S}}$

18. 제트비행기가 240m/s의 속도로 비행할 때 마하 수는 얼마인가? (단, 기온:

정답 11. ㉰ 12. ㉮ 13. ㉮ 14. ㉰ 15. ㉱ 16. ㉯ 17. ㉱ 18. ㉮

20℃, 기체상수 : 287 m²/s²·K, 비열비 : 1.4 이다.)

㉮ 0.699 ㉯ 0.785
㉰ 0.894 ㉱ 0.926

[해설] 마하수$(M_a) = \dfrac{속도(V)}{음속(C)}$

기온이 20℃에서의 음속
$C = \sqrt{\gamma RT} = \sqrt{1.4 \times 287 \times 20} = 343 \, m/s$
따라서, 마하 수$(M_a) = \dfrac{V}{C} = \dfrac{240}{343} = 0.699$

19. 받음각(angle of attack)에 대한 설명으로 옳은 것은?

㉮ 후퇴각과 취부각의 차
㉯ 동체 중심선과 시위선이 이루는 각
㉰ 날개 중심선과 시위선이 이루는 각
㉱ 항공기 진행방향과 시위선이 이루는 각

20. 헬리콥터를 전진, 후진, 옆으로 비행을 시키기 위하여 회전면을 경사시키는데 사용되는 조종장치는?

㉮ 동시 피치 조종장치
㉯ 추력 조종장치
㉰ 주기 피치 조종장치
㉱ 방향 조종 페달

[해설] 헬리콥터의 조종
① 동시 피치 조종장치 : 상승, 하강을 조종
② 페달 : 방향 조종
③ 주기 피치 조종장치 : 전진, 후진, 횡진 비행

제2과목 : 항공기관

21. 〈보기〉와 같은 특성을 가진 기관의 명칭은?

〈보기〉
- 비행속도가 빠를수록 추진효율이 좋다.
- 초음속 비행이 가능하다.
- 배기소음이 심하다.

㉮ 터보 프롭 기관 ㉯ 터보 팬 기관
㉰ 터보 제트 기관 ㉱ 터보 축 기관

[해설] 터보 제트 기관 : 소형 경량으로도 큰 추력을 낼 수 있고, 후기 연소기를 장착하면 초음속 비행이 가능하여 군용기로 사용되며, 비행속도가 빠를수록 효율이 좋고, 아음속에서 초음속에 걸쳐 성능이 우수하다. 배기가스가 고속으로 분사되므로 소음이 심한 결점이 있다.

22. 정상 작동중인 왕복기관에서 점화가 일어나는 시점은?

㉮ 상사점 전 ㉯ 상사점
㉰ 하사점 전 ㉱ 하사점

[해설] 압축 상사점 전에 점화가 일어나게 된다.

23. 장탈과 장착이 가장 편리한 가스 터빈 기관 연소실 형식은?

㉮ 가변 정익형 ㉯ 캔형
㉰ 캔-애뉼러형 ㉱ 애뉼러형

[해설] 캔형 연소실 : 연소실이 독립되어 있어 설계나 정비가 간단하므로 초기의 기관에 많이 사용되었으나 고공에서 기압이 낮아지면 연소가 불안정해져 연소 정지 현상이 생기기 쉽고, 과열 시동을 일으키기 쉬우며 출구 온도 분포가 분균일하다.

24. 다음 중 엔탈피(enthalpy)의 차원과 같은 것은?

㉮ 에너지 ㉯ 동력
㉰ 운동량 ㉱ 엔트로피

[해설] 엔탈피 : 에너지와 유사한 성질의 상태함수로서 내부 에너지와 유동일의 합으로 정의되는 열역학적 성질

정답 19. ㉱ 20. ㉰ 21. ㉰ 22. ㉮ 23. ㉯ 24. ㉮

25. 다음 중 프로펠러를 항공기에 장착하는 위치에 따라 형식을 분류한 것은?
㉮ 단열식, 복렬식
㉯ 거버너식, 베타식
㉰ 트랙터식, 추진식
㉱ 피스톤식, 터빈식

[해설] 프로펠러 장착 방법에 따른 분류 : 견인식, 추진식, 이중 반전식, 탠덤식

26. 가스 터빈 기관의 점화 계통에 사용되는 부품이 아닌 것은?
㉮ 익사이터(exciter)
㉯ 마그네토(magneto)
㉰ 리드 라인(lead line)
㉱ 점화 플러그(igniter plug)

[해설] 마그네토는 왕복기관의 점화계통에 사용되는 부품이다.

27. 아음속 항공기의 수축형 배기노즐의 역할로 옳은 것은?
㉮ 속도를 감소시키고 압력을 증가시킨다.
㉯ 속도를 감소시키고 압력을 감소시킨다.
㉰ 속도를 증가시키고 압력을 증가시킨다.
㉱ 속도를 증가시키고 압력을 감소시킨다.

[해설] 아음속에서의 수축형 배기노즐 : 배기 가스의 속도를 증가시키고, 압력을 감소시켜 추력을 얻는다.

28. 프로펠러 비행기가 비행 중 기관이 고장나서 정지시킬 필요가 있을 때, 프로펠러의 깃각을 바꾸어 프로펠러의 회전을 멈추게 하는 조작을 무엇이라 하는가?
㉮ 슬립(slip)
㉯ 비틀림(twisting)
㉰ 피칭(pitching)
㉱ 페더링(feathering)

[해설] 프로펠러 페더링(feathering) : 프로펠러 깃을 비행 방향과 평행이 되도록 피치를 변경시키는 것을 말한다.

29. 가스 터빈 기관에 사용되고 있는 윤활 계통의 구성품이 아닌 것은?
㉮ 압력 펌프   ㉯ 조속기
㉰ 소기 펌프   ㉱ 여과기

[해설] 조속기는 정속 프로펠러에 사용되는 구성품이다.

30. 항공기용 가스 터빈 기관에서 터빈 깃 끝단의 슈라우드(shroud) 구조의 특징이 아닌 것은?
㉮ 깃을 가볍게 만들 수 있다.
㉯ 터빈 깃의 진동 억제 특성이 우수하다.
㉰ 깃 팁(tip)에서 가스 누설 손실이 적다.
㉱ 깃 팁(tip)에서 공기 역학적 성능이 우수하다.

31. 왕복기관의 열효율이 25%, 정미마력이 50PS일 때, 총발열량은 약 몇 kcal/h 인가?
㉮ 8.75   ㉯ 35
㉰ 31500   ㉱ 126000

[해설] 총발열량(Q)
1PS = 0.736 kW,   1cal = 4.2 J
총 발열량(Q)을 구하기 위해서는 총마력이 필요하다.

총마력 = $\frac{200}{0.25}$ = 200 PS

$Q = \frac{200 \times 0.736 \times 3600}{4.2}$
= 126171 ≒ 126000 kcal/h

32. 다음 중 기관에서 축방향과 동시에 반경방향의 하중을 지지할 수 있는 추력 베

[정답] 25. ㉰   26. ㉯   27. ㉱   28. ㉱   29. ㉯   30. ㉮   31. ㉱   32. ㉯

어링 형식은?
- ㉮ 평면 베어링
- ㉯ 볼 베어링
- ㉰ 직선 베어링
- ㉱ 저널 베어링

33. 가스 터빈 기관 내의 가스의 특성 변화에 대한 설명으로 옳은 것은?
- ㉮ 항공기 속도가 느릴 때 공기는 대기압보다 낮은 압력으로 압축기 입구로 들어간다.
- ㉯ 연소실의 온도보다 이를 통과한 터빈의 가스 온도가 더 높다.
- ㉰ 항공기 속도가 증가하면 압축기 입구 압력은 대기압보다 낮아진다.
- ㉱ 터빈 노즐의 수축 통로에서 압력이 감소되면서 배기가스의 속도가 급격히 감속된다.

34. 가스 터빈 기관 연료 계통의 고장 탐구에 관한 설명으로 틀린 것은?
- ㉮ 시동 시 연료 흐름량이 낮을 때 부스터 펌프의 결함을 예상할 수 있다.
- ㉯ 시동 시 연료가 흐르지 않을 때 연료조정장치의 차단밸브 결함을 예상할 수 있다.
- ㉰ 시동 시 결핍 시동(hung start)이 발생한다면 연료조정장치의 결함을 예상할 수 있다.
- ㉱ 시동 시 배기가스 온도가 높을 때 연료조정장치의 고장으로 부족한 연료 흐름이 원인임을 예상할 수 있다.

35. 압력 7atm, 온도 300℃인 0.7 m³의 이상기체가 압력 5 atm, 체적 0.56 m³의 상태로 변화했다면 온도는 약 몇 ℃가 되는가?
- ㉮ 54
- ㉯ 87
- ㉰ 115
- ㉱ 187

[해설] 이상기체의 상태방정식
$$\frac{P_1 V_1}{T_1} = \frac{P_2 V_2}{T_2} \text{에서}$$
$$T_2 = \frac{P_2 V_2}{P_1 V_1} T_1 = \frac{5 \times 0.56}{7 \times 0.7} \times 573$$
$$= 327 \text{ K} = 54\text{℃}$$

36. 왕복기관에서 혼합비가 희박하고 흡입밸브(intake valve)가 너무 빨리 열리면 어떤 현상이 나타나는가?
- ㉮ 노킹(knocking)
- ㉯ 역화(back fire)
- ㉰ 후화(after fire)
- ㉱ 디토네이션(detonation)

[해설] 역화(back fire) : 혼합비가 희박상태에서는 연소속도가 느려 흡입행정에서 흡입밸브가 열렸을 때 실린더 안에 남아 있는 화염불꽃에 의하여 매니폴드나 기화기 안의 혼합가스까지 인화되는 현상

37. 배기밸브 제작 시 축에 중공(hollow)을 만들고 금속 나트륨을 삽입하는 것은 어떤 효과를 위해서인가?
- ㉮ 밸브 서징을 방지한다.
- ㉯ 밸브에 신축성을 부여하여 충격을 흡수한다.
- ㉰ 밸브 헤드의 열을 신속히 밸브 축에 전달한다.
- ㉱ 농후한 연료에 분사되어 농도를 낮춰준다.

[해설] 금속 나트륨 : 비교적 낮은 온도에서 액체 상태로 녹아 냉각 효과를 증대시키는 역할을 한다.

38. 왕복기관의 연료 계통에서 이코노마

정답 33. ㉮ 34. ㉱ 35. ㉮ 36. ㉯ 37. ㉰ 38. ㉰

이저(econmizer)장치에 대한 설명으로 옳은 것은?

㉮ 연료 절감 장치로 최소 혼합비를 유지한다.
㉯ 연료 절감 장치로 순항속도 및 고속에서 닫혀 희박 혼합비가 된다.
㉰ 출력 증강 장치로 순항속도에서 닫혀 희박 혼합비가 되고 고속에서 열려 농후 혼합비가 되도록 한다.
㉱ 출력 증강 장치로 순항속도에서 열려 농후 혼합비가 되고 고속에서 닫혀 희박 혼합비가 되도록 한다.

[해설] 이코노마이저 장치 : 기관의 출력이 순항출력보다 큰 출력일 때 농후 혼합비를 만들어 주기 위하여 추가적으로 충분한 연료를 공급해 주는 역할을 한다. 고출력 장치라고도 한다.

39. 항공기용 왕복기관 윤활 계통에서 소기 펌프(scavenge pump)의 역할로 옳은 것은?

㉮ 프로펠러 거버너로 윤활유를 보내준다.
㉯ 크랭크축의 중공 부분으로 윤활유를 보내준다.
㉰ 오일탱크로부터 윤활유를 각각의 윤활 부위로 보내준다.
㉱ 윤활 부위를 빠져 나온 윤활유를 다시 오일탱크로 보내준다.

40. 마그네토(magneto)의 배전기 블록(distributor block)에 전기누전 점검 시 사용하는 기기는?

㉮ voltmeter
㉯ feeler gage
㉰ harness tester
㉱ high tension am meter

제3과목 : 항공기체

41. 굴곡 각도가 90°일 때 세트 백(set back)을 계산하는 식으로 옳은 것은? (단, T : 두께, R : 굴곡반경, D : 지름이다.)

㉮ $R+T$ ㉯ $\dfrac{D+T}{2}$

㉰ $R+\dfrac{T}{2}$ ㉱ $\dfrac{R}{2}+T$

[해설] 세트 백(S.B)= $K(R+T)$
90°일 때 K값은 1이다.

42. 그림과 같은 $V-n$ 선도에서 GH선은 무엇을 나타내는 것인가?

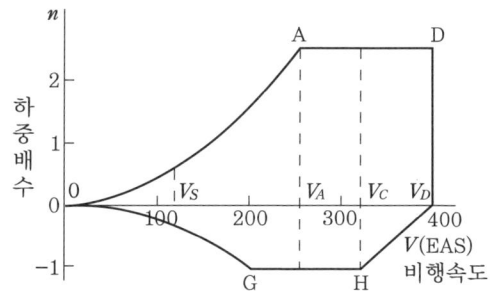

㉮ 돌풍 하중배수
㉯ 최소 제한 하중배수
㉰ 최대 제한 하중배수
㉱ "+" 방향에서 얻어지는 하중배수

[해설] $V-n$ 선도 : AD와 GH의 직선은 설계상 주어지는 (+)와 (−)의 제한 하중배수이다.

43. 설계 제한 하중배수가 2.5인 비행기의 실속 속도가 120 km/h일 때 이 비행기의 설계 운용 속도는 약 몇 km/h인가?

㉮ 150   ㉯ 240   ㉰ 190   ㉱ 300

[해설] 설계운용속도(V_A)
$V_A = \sqrt{n}\, V_S = \sqrt{2.5}\times 120 = 190\,\text{km/h}$

정답 39. ㉱   40. ㉰   41. ㉮   42. ㉯   43. ㉰

44. 그림과 같은 외팔보에 집중하중(P_1, P_2)이 작용할 때 벽 지점에서의 굽힘모멘트를 옳게 나타낸 것은?

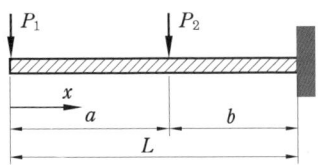

㉮ 0 ㉯ $-P_1 a$
㉰ $-P_1 b + P_2 b$ ㉱ $-P_1 L - P_2 b$

45. 두께가 1mm인 알루미늄 합금판을 그림과 같이 전단가공할 때 필요한 최소한의 힘은 몇 kgf 인가? (단, 이 판의 최대 전단강도는 3600 kg/cm²이다.)

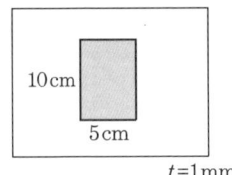

㉮ 10800 ㉯ 36000
㉰ 108000 ㉱ 180000

[해설] 전단강도와 힘
$\tau = \dfrac{F}{A}$, $F = \tau A$
A : 전단강도이므로 힘이 평행하게 닿는 면적, 즉 사각형의 둘레 넓이가 된다.
$F = 3600 \times 0.1 \times (10 + 10 + 5 + 5)$
$\quad = 10800 \, \text{kgf}$

46. 〈보기〉와 같은 특징을 갖는 강은?

― 〈보기〉 ―
- 크롬 몰리브덴강
- 1%의 몰리브덴과 0.30%의 탄소를 함유함
- 용접성을 향상시킨 강

㉮ AA 1100 ㉯ SAE 4130
㉰ AA 7150 ㉱ SAE 4340

47. 스크루(screw)를 용도에 따라 분류할 때 이에 해당하지 않는 것은?

㉮ 머신 스크루(machine screw)
㉯ 구조용 스크루(structure screw)
㉰ 트라이 윙 스크루(tri wing screw)
㉱ 셀프 태핑 스크루(self tapping screw)

[해설] 스크루의 종류 : 기계용 스크루, 구조용 스크루, 자동 셀프 태핑 스크루

48. 경항공기에 사용되는 일반적인 고무 완충식 착륙장치(landing gear)의 완충 효율은 약 몇 % 인가?

㉮ 30 ㉯ 50 ㉰ 75 ㉱ 100

[해설] 완충효율
- 탄성식 : 50%
- 올레오식 : 75%

49. 알루미늄 합금 주물로 된 비행기 부품이 공기 중에서 부식하는 것을 방지하기 위하여 어떤 처리를 하는가?

㉮ 카드뮴 도금 ㉯ 침탄
㉰ 양극 산화처리 ㉱ 인산염 피막

[해설] 양극 산화처리 : 금속표면에 내식성이 있는 산화 피막을 형성시키는 방법

50. 2개의 알루미늄 판재를 리베팅하기 위해 구멍을 뚫으려 할 때 판재가 움직이려 한다면 사용해야 하는 것은?

㉮ 클레코 ㉯ 리머
㉰ 버킹 바 ㉱ 뉴매틱 해머

51. 항공기 무게를 계산하는 데 기초가 되는 자기무게(empty weight)에 포함되는

무게는 ?
㉮ 고정 밸러스트
㉯ 승객과 화물
㉰ 사용 가능 연료
㉱ 배출 가능 윤활유

[해설] 기본 자기 무게 : 승무원, 승객 등의 유용하중, 사용 가능한 연료, 배출 가능한 윤활유 무게를 포함하지 않은 상태에서의 항공기 무게

52. 항공기 기관을 날개에 장착하기 위한 구조물로만 나열한 것은?
㉮ 마운트, 나셀, 파일론
㉯ 블레더, 나셀, 파일론
㉰ 인티그럴, 블레더, 파일론
㉱ 캔틸레버, 인티그럴, 나셀

53. 키놀이 조종 계통에서 승강키에 대한 설명으로 옳은 것은?
㉮ 일반적으로 승강키의 조종은 페달에 의존한다.
㉯ 세로축을 중심으로 하는 항공기 운동에 사용한다.
㉰ 일반적으로 수평 안정판의 뒷전에 장착되어 있다.
㉱ 수직축을 중심으로 좌·우로 회전하는 운동에 사용한다.

54. 케이블 조종 계통의 턴버클 배럴(barrel) 양 쪽 끝에 구멍의 용도로 알맞은 것은?
㉮ 코터핀 작업을 위하여
㉯ 안전 결선(safety wire)을 하기 위하여
㉰ 양쪽 케이블 피팅에 윤활유를 보급하기 위하여
㉱ 양쪽 케이블 피팅의 나사가 충분히 물려있는지 확인하기 위하여

55. 알루미늄 합금(aluminum alloy) 2024 – T4에서 T4가 의미하는 것은?
㉮ 풀림(annealing)한 것
㉯ 용액 열처리 후 냉간 가공품
㉰ 용액 열처리 후 인공시효한 것
㉱ 용액 열처리 후 자연시효한 것

[해설] 식별기호
T3 : 용액 열처리 후 냉간 가공한 것
T4 : 용액 열처리 후 상온시효가 완료된 것
T6 : 용액 열처리 후 인공시효 처리한 것

56. 항공기 구조에서 벌크헤드(bulkhead)에 대한 설명으로 옳은 것은?
㉮ 기관이나 연소실을 객실로부터 분리시키기 위한 수직 부재이다.
㉯ 동체나 나셀 앞·뒤 방향으로 배치되며 다양한 단면 모양의 부재이다.
㉰ 날개에서 날개보를 결합하기 위한 세로 방향 부재이다.
㉱ 방화벽, 압력유비, 날개 및 착륙장치 부착, 동체의 비틀림 방지, 동체의 형상유지 등의 역할을 한다.

57. 다음 중 항공기 세척 시 사용하는 알칼리 세제는?
㉮ 톨루엔   ㉯ 케로신
㉰ 아세톤   ㉱ 계면활성제

58. 세미모노코크 구조의 항공기 동체에서 주 구조물이 아닌 것은?
㉮ 프레임 (frame)
㉯ 외피 (skin)

[정답] 52. ㉮ 53. ㉰ 54. ㉯ 55. ㉱ 56. ㉱ 57. ㉱ 58. ㉱

㉰ 스트링어 (stringer)
㉱ 스파 (spar)
[해설] 날개보(spar)는 날개의 주 구조물이다.

59. 다음 중 리베팅 작업 과정에서 순서가 가장 늦은 과정은?
㉮ 드릴링   ㉯ 리밍
㉰ 디버링   ㉱ 카운터 싱킹
[해설] 디버링(deburring) : burr를 제거한다는 뜻으로 드릴링 후 발생하는 burr를 제거하는 작업을 말한다.

60. 착륙장치 계통에 대한 설명으로 틀린 것은?
㉮ 시미 댐퍼는 앞 착륙장치의 진동을 감쇠시키는 장치이다.
㉯ 앤티-스키드 시스템은 저속에서 작동하며 브레이크 효율을 감소시킨다.
㉰ 브레이크 시스템은 지상 활주 시 방향을 바꿀 때도 사용할 수 있다.
㉱ 트럭 형식의 착륙장치는 바퀴 수가 4개 이상인 경우로서 이를 보기 형식이라고도 한다.
[해설] 앤티 스키드 계통은 항공기가 착륙할 때 바퀴의 회전수를 적절히 유지시켜 지면에 대한 타이어의 미끄럼을 방지하는 장치이다.

제4과목 : 항공장비

61. 화재탐지장치 중 온도 상승을 바이메탈(bimetal)로 탐지하는 것은?
㉮ 용량형 (capasitance type)
㉯ 서모 커플형 (thermo couple type)
㉰ 저항 루프형 (resistance loop type)
㉱ 서멀 스위치형 (thermal switch type)

62. 다른 항법장치와 비교한 관성 항법장치의 특징이 아닌 것은?
㉮ 지상 보조시설이 필요하다.
㉯ 전문 항법사가 필요하지 않다.
㉰ 항법 데이터를 지속적으로 얻는다.
㉱ 위치, 방위, 자세 등의 정보를 얻는다.
[해설] 관성항법장치 : 항공기 항법장치는 지상국이나 인공위성에서 항법정보를 전파에 실어 보내고 항공기에서 그 전파를 받아서 위치를 계산하는 원리를 사용하지만 관성 항법장치는 이러한 외부 도움없이 탑재된 센서만으로 항법 정보를 계산한다.

63. 엔진 화재에 대한 설명으로 틀린 것은 어느 것인가?
㉮ 화재탐지회로는 이중으로 되어 있다.
㉯ 엔진의 화재는 연료나 오일 등에 의해서도 발생한다.
㉰ 엔진의 화재는 주로 압축기 내에서 발생한다.
㉱ T류 항공기의 경우 화재의 탐지 및 소화장비의 구비가 의무화되어 있다.

64. 회전계 발전기(tacho-generater)에서 3개의 선 중 2개 선을 바꾸어 연결하면 지시는 어떻게 되겠는가?
㉮ 정상 지시   ㉯ 반대로 지시
㉰ 다소 낮게 지시   ㉱ 작동하지 않는다.

65. 다음 중 시동 특성이 가장 좋은 직류 전동기는?
㉮ 션트 전동기   ㉯ 직권 전동기
㉰ 직·병렬 전동기   ㉱ 분권 전동기

정답 59.㉰ 60.㉯ 61.㉱ 62.㉮ 63.㉰ 64.㉯ 65.㉯

66. 다음 중 대형 항공기에서 객실 여압(pressurization) 장치를 설비하는 데 직접적으로 고려해야 할 점이 아닌 것은?

㉮ 항공기 최대 운용 속도
㉯ 항공기 내부와 외부의 압력차
㉰ 항공기의 기체 구조 자재의 선택과 제작
㉱ 최대 운용 고도에서 일정한 객실 고도의 유지

67. 다음 중 무선 통신 장치에서 송신기(transmeter)의 기능에 대한 설명으로 틀린 것은?

㉮ 신호의 증폭을 한다.
㉯ 교류 반송파 주파수를 발생시킨다.
㉰ 입력정보신호를 반송파에 적재한다.
㉱ 가청신호를 음성신호로 변환시킨다.

68. 자동조종장치를 구성하는 장치 중 현재의 자세와 변화율을 측정하는 센서의 역할을 하는 것이 아닌 것은?

㉮ 서보 장치   ㉯ 수직 자이로
㉰ 고도 센서   ㉱ VOR/ILS 신호

69. 그림과 같은 회로에서 20Ω 에 흐르는 I_1은 몇 A인가?

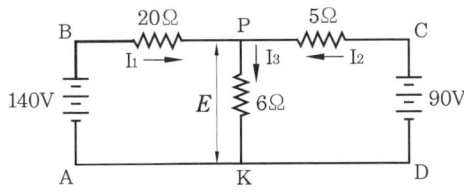

㉮ 4   ㉯ 6   ㉰ 8   ㉱ 10

[해설] 접합점 P점에 키르히호프 제1법칙을 적용하여
$$I_1 + I_2 = I_3$$

폐회로 KPBA회로에서 키르히호프 제2법칙을 적용하면
$$20 I_1 + 6 I_3 = 140$$
폐회로 KPCD회로에서 키르히호프 제2법칙을 적용하면
$$5 I_2 + 6 I_3 = 90$$
위 세 식을 연립방정식으로 풀게 되면
$$I_1 = 4A, \quad I_2 = 6A, \quad I_3 = 10A$$

70. 유압 계통에서 열팽창이 적은 작동유를 필요로 하는 1차적인 이유는?

㉮ 고고도에서 증발 감소를 위해서
㉯ 화재를 최소한 방지하기 위해서
㉰ 고온일 때 과대 압력 방지를 위해
㉱ 작동유의 순환 불능을 해소하기 위해

71. 일반적인 공기식 제빙(de-icing) 계통에 솔레노이드 밸브의 역할은?

㉮ 부츠(boots)로 물이 공급되도록 한다.
㉯ 장착 위치에 부츠(boots)를 고정시킨다.
㉰ 부츠(boots) 내의 수분이 배출되도록 한다.
㉱ 타이머에 따라 분배 밸브(distribution valve)를 작동시킨다.

[해설] 솔레노이드 분배 밸브 : 비행 중에 제빙 부츠를 날개의 앞전에 밀착시키도록 흡입 압력을 항상 가압하고 있는 밸브이다.

72. 유압 계통에서 저장소(reservoir)에 작동유를 보급할 때 이물질을 걸러내는 장치는?

㉮ 스탠드 파이프(stand pipe)
㉯ 화학건조기(chemical drier)
㉰ 손가락거르개(finger stainer)
㉱ 수분제거기(water seperator)

73. 고휘도 음극선관 콤바이너(combiner)라고 부르는 특수한 울을 사용하여 1차적인 비행 정보를 조종사의 시선 방향에서 바로 볼 수 있도록 만든 장치는?

㉮ PFD ㉯ ND
㉰ MFD ㉱ HUD

[해설] 헤드업 디스플레이(HUD : head up display) : 전투 조종사에게 조종의 편의성을 제공하기 위해 고안되었지만 여객기나 수송기에서도 이·착륙과 같이 주의력 집중이 필요한 비행 상황에 사용된다.

74. 항공기의 비행 중 피토 튜브(pitot tube)로부터 얻는 정보에 의해 작동되지 않는 계기는?

㉮ 대기속도계 (air speed indicater)
㉯ 승강계 (vertical speed indicater)
㉰ 기압고도계 (baro altitude indicater)
㉱ 지상속도계 (ground speed indicater)

75. 다음 중 항공기에서 이론상 가장 먼저 측정하게 되는 것은?

㉮ CAS ㉯ IAS ㉰ EAS ㉱ TAS

[해설] IAS → CAS → EAS → TAS

76. 내부저항이 5Ω인 배율기를 이용한 전압계에서 50V의 전압을 5V로 지시하려면 배율기의 저항은 몇 Ω이어야 하는가?

㉮ 10 ㉯ 25 ㉰ 45 ㉱ 50

[해설] 배율기 저항(R_m)
내부저항 $r_s = 5\,\Omega$, $m = 10$
$R_m = r_s(m-1) = 5(10-1) = 45\,\Omega$

77. 〈보기〉와 같은 특징을 갖는 안테나는 어느 것인가?

─〈보기〉─
• 가장 기본적이고 반파장 안테나
• 수평 길이가 파장의 약 반 정도
• 중심에 고주파 전력을 공급

㉮ 다이폴 안테나 ㉯ 루프 안테나
㉰ 마르코니 안테나 ㉱ 야기 안테나

78. 24V 납산 축전지(lead acid battery)를 장착한 항공기가 비행 중 모선(main bus)에 걸리는 전압은 몇 V인가?

㉮ 24 ㉯ 26 ㉰ 28 ㉱ 30

[해설] 납산 축전지 : 납산 축전지가 완전히 충전될 때 12개 셀의 전압은 26.4V (12×2.2 = 26.4V)이지만, 충전하는데 필요한 전압은 28V이다. 내부 저항에 의하여 전압강하가 일어나므로 더 높은 전압이 필요하게 된다.

79. QNH 방식으로 보정한 고도계에서 비행 중 지침이 나타내는 고도는?

㉮ 압력 고도 ㉯ 진 고도
㉰ 절대 고도 ㉱ 밀도 고도

[해설] QNH 보정 : 활주로에서 고도계가 활주로 표고를 가리키도록 하는 보정으로 해면으로부터의 기압고도, 즉 진고도를 지시한다.

80. 자이로의 강직성에 대한 설명으로 옳은 것은?

㉮ 회전자의 질량이 클수록 약하다.
㉯ 회전자의 회전속도가 클수록 강하다.
㉰ 회전자의 질량 관성 모멘트가 클수록 약하다.
㉱ 회전자의 질량이 회전축에 가까이 분포할수록 강하다.

[해설] 자이로 강직성 : 자이로 회전자의 질량이 클수록, 자이로 회전자의 회전이 빠를수록 강하다.

정답 73.㉱ 74.㉱ 75.㉯ 76.㉰ 77.㉮ 78.㉰ 79.㉯ 80.㉯

2016년도 시행 문제

▶ 2016년 3월 6일 시행

자격종목	시험시간	문제 수	형 별	수험번호	성 명
항공 산업기사	2시간	80	A		

제1과목 : 항공역학

1. 항공기가 선회속도 20 m/s, 선회각 45° 상태에서 선회비행을 하는 경우 선회반경은 약 몇 m인가?

㉮ 20.4　　　㉯ 40.8
㉰ 57.7　　　㉱ 80.5

[해설] $R = \dfrac{V^2}{g\tan\theta} = \dfrac{20^2}{9.8 \times \tan 45} = 40.8\,\mathrm{m}$

2. 정상흐름의 베르누이 방정식에 대한 설명으로 옳은 것은?

㉮ 동압은 속도에 반비례한다.
㉯ 정압과 동압의 합은 일정하지 않다.
㉰ 유체의 속도가 커지면 정압은 감소한다.
㉱ 정압은 유체가 갖는 속도로 인해 속도의 방향으로 나타나는 압력이다.

[해설] $P + \dfrac{1}{2}\rho V^2 = P_t$(일정)

정상흐름에서 정압과 동압의 합은 항상 일정하다. 즉, 압력(정압)과 속도(동압)는 서로 반비례한다는 것이다.

3. 스팬(span)의 길이가 39 ft, 시위(chord)의 길이가 6 ft인 직사각형 날개에서 양력계수가 0.8일 때 유도받음각은 약 몇 도인가? (단, 스팬 효율 계수는 1이다.)

㉮ 1.5　　㉯ 2.2　　㉰ 3.0　　㉱ 3.9

[해설] 유도받음각$(\alpha_i) = \dfrac{C_L}{\pi e AR}$

가로세로비$(AR) = \dfrac{b}{C} = \dfrac{39}{6} = 6.5$

유도받음각$(\alpha_i) = \dfrac{C_L}{\pi e AR}$
$= \dfrac{0.8}{\pi \times 1 \times 6.5} = 0.039\,\mathrm{rad}$

$\alpha_i = \tan^{-1}(0.039) = 2.2°$

4. 수평 스핀과 수직 스핀의 낙하속도와 회전각속도 크기를 옳게 나타낸 것은?

㉮ 수평 스핀 낙하속도 > 수직 스핀 낙하속도, 수평 스핀 회전각속도 > 수직 스핀 회전각속도
㉯ 수평 스핀 낙하속도 < 수직 스핀 낙하속도, 수평 스핀 회전각속도 < 수직 스핀 회전각속도
㉰ 수평 스핀 낙하속도 > 수직 스핀 낙하속도, 수평 스핀 회전각속도 < 수직 스핀 회전각속도
㉱ 수평 스핀 낙하속도 < 수직 스핀 낙하속도, 수평 스핀 회전각속도 > 수직 스핀 회전각속도

[해설] 수평 스핀 때의 낙하속도는 수직 스핀보다 작지만, 회전각속도는 상당히 크다.

5. 날개면적이 100 m²인 비행기가 400 km/h의 속도로 수평비행하는 경우 이 항

[정답] 1. ㉯　2. ㉰　3. ㉯　4. ㉱　5. ㉯

공기의 중량은 약 몇 kgf인가? (단, 양력계수는 0.6, 공기밀도는 0.125 kgf·s²/m⁴이다.)

㉮ 60000 ㉯ 46300
㉰ 23300 ㉱ 15600

[해설] 수평비행 시 $W=L$이므로 양력 공식을 사용하면

$$L = \frac{1}{2}\rho V^2 C_L S$$
$$= \frac{1}{2} \times 0.125 \times \left(\frac{400}{3.6}\right)^2 \times 0.6 \times 100$$
$$= 46300 \, \text{kgf}$$

6. 형상항력을 구성하는 항력으로만 나타낸 것은?

㉮ 유도항력 + 조파항력
㉯ 간섭항력 + 조파항력
㉰ 압력항력 + 표면마찰항력
㉱ 표면마찰항력 + 유도항력

7. 항공기의 성능 등을 평가하기 위하여 표준대기를 국제적으로 통일하는데 국제표준대기를 정한 기관은?

㉮ UN   ㉯ FAA
㉰ ICAO   ㉱ ISO

[해설] 국제민간항공기구(ICAO)에서는 항공기의 설계, 운영에 기준이 되는 대기상태를 정하였다. 이것을 국제표준대기(ISA) 또는 표준대기라고 한다.

8. 프로펠러 비행기의 항속거리를 증가시키기 위한 방법이 아닌 것은?

㉮ 연료소비율을 작게 한다.
㉯ 프로펠러 효율을 크게 한다.
㉰ 날개의 가로세로비를 작게 한다.
㉱ 양항비가 최대인 받음각으로 비행한다.

[해설] 프로펠러 비행기에서 항속거리를 크게 하기 위해서는 프로펠러 효율을 크게 해야 하고, 연료소비율을 작게 해야 하며, 양항비가 최대인 받음각으로 비행해야 하고, 연료를 많이 실을 수 있어야 한다. 양항비를 크게 하기 위해서는 가로세로비를 크게 해야 한다.

9. 등속상승비행에 대한 상승률을 나타내는 식이 아닌 것은?

V : 비행속도 γ : 상승각
T_A : 이용추력 T_R : 필요추력
W : 항공기무게

㉮ $V\sin\gamma$ ㉯ $\dfrac{(T_A - T_R)V}{W}$

㉰ $\dfrac{잉여동력}{W}$ ㉱ $\dfrac{T_A - T_R}{W}$

[해설] 이용마력은 항력에 따른 필요마력과 상승하는 데 필요한 마력으로 소비된다.

$$\text{R.C} = \frac{75}{W}(P_a - P_r)$$
$$= \frac{여유마력(잉여마력)}{W} = V\sin\gamma$$

10. 라이트 형제는 인류 최초의 유인동력비행을 성공하던 날 최고기록으로 59초 동안 이륙 지점에서 260 m 지점까지 비행하였다. 당시 측정된 43 km/h의 정풍을 고려한다면 대기속도는 약 몇 km/h인가?

㉮ 27 ㉯ 40 ㉰ 60 ㉱ 80

[해설] 대기속도 = 정풍속도 + 비행기 속도
$= 43 + 16 = 59 \, \text{km/h}$

비행기 평균속도 $= \dfrac{260}{59}$
$= 4.4 \, \text{m/s} = 16 \, \text{km/h}$

11. 비행기가 장주기 운동을 할 때 변화가 거의 없는 요소는?

㉮ 받음각   ㉯ 비행속도

정답 6. ㉰ 7. ㉰ 8. ㉰ 9. ㉱ 10. ㉰ 11. ㉮

㉰ 키놀이 자세 ㉱ 비행고도

[해설] 장주기 운동은 키놀이 자세, 비행속도, 비행고도에 상당한 변화가 있지만 받음각은 거의 일정하다.

12. 에어포일(airfoil) "NACA 23012"에서 첫 번째 자리 숫자 "2"가 의미하는 것은?

㉮ 최대 캠버의 크기가 시위(chord)의 2 %이다.
㉯ 최대 캠버의 크기가 시위(chord)의 20 %이다.
㉰ 최대 캠버의 위치가 시위(chord)의 15 %이다.
㉱ 최대 캠버의 위치가 시위(chord)의 20 %이다.

[해설] NACA 23012
  2 : 최대 캠버의 크기가 시위의 2 %이다.
  3 : 최대 캠버의 위치가 시위의 12 %이다.
  0 : 평균 캠버선의 뒤쪽 반이 직선이다.
      (1이면 뒤쪽 반이 곡선임을 뜻한다.)
  12 : 최대 두께가 시위의 12 %이다.

13. 프로펠러의 이상적인 효율을 비행속도(V)와 프로펠러를 통과할 때의 기체 유동속도(V_1) 및 순수 유도속도(w)로 옳게 표현한 것은? (단, $V_1 = V + w$이다.)

㉮ $\dfrac{V_1}{V_1 + w}$ ㉯ $\dfrac{V}{V + w}$

㉰ $\dfrac{2V}{V_1 + w}$ ㉱ $\dfrac{2V_1}{V + w}$

14. 헬리콥터가 전진비행을 할 때 주 회전날개의 전진깃과 후진깃에서 발생하는 양력 차이를 보정해 주는 장치는?

㉮ 플래핑 힌지(flapping hinge)
㉯ 리드-래그 힌지(lead-lag hinge)
㉰ 동시 피치 제어간(collective pitch control lever)
㉱ 사이클릭 피치 조종간(cyclic pitch control lever)

[해설] 플래핑 힌지 : 전진하는 깃의 양력이 증가하면 회전 날개가 위로 이동하여 받음각이 감소하면서 양력이 감소하게 되고, 후퇴하는 깃의 양력이 감소하면 회전 날개가 아래로 내려가면서 받음각이 증가하면서 양력을 증가시켜 양력 불균형을 해소시켜 준다.

15. 평형상태를 벗어난 비행기가 이동된 위치에서 새로운 평형상태가 되는 경우를 무엇이라고 하는가?

㉮ 동적 안정(dynamic stability)
㉯ 정적 안정(positive static stability)
㉰ 정적 중립(neutral static stability)
㉱ 정적 불안정(negative static stability)

[해설] 정적 중립 : 평형상태에서 벗어난 물체가 이동된 위치에서 평형상태로 유지하는 상태를 말한다.

16. 헬리콥터 속도가 초과금지속도에 이르면 후진 블레이드 실속 징후가 발생하는데 그 징후가 아닌 것은?

㉮ 높은 중량 증가
㉯ 기수 상향 경향
㉰ 비정상적인 진동
㉱ 후진 블레이드 방향으로 헬리콥터 경사

17. 프로펠러의 회전에 의해 깃이 허브 중심에서 밖으로 빠져 나가려는 힘은?

㉮ 추력   ㉯ 원심력
㉰ 비틀림 응력   ㉱ 구심력

[해설] 원심력은 프로펠러의 회전에 의해 일어나며, 깃이 허브의 중심에서 밖으로 빠져

[정답] 12. ㉮ 13. ㉯ 14. ㉮ 15. ㉰ 16. ㉮ 17. ㉯

나가는 힘을 말한다.

18. 비행기의 가로축(lateral axis)을 중심으로 한 피치운동(pitching)을 조종하는 데 주로 사용되는 조종면은?
㉮ 플랩 (flap)
㉯ 방향키 (rudder)
㉰ 도움날개 (aileron)
㉱ 승강키 (elevator)

[해설] 기준축과 운동
① 가로축을 중심으로 하는 운동 : 피칭
  피칭 조종 : 승강키
② 세로축을 중심으로 하는 운동 : 롤링
  롤링 조종 : 도움날개
③ 수직축을 중심으로 하는 운동 : 요잉
  요잉 조종 : 방향타

19. 고도 10 km 상공에서의 대기온도는 몇 ℃인가?
㉮ -35   ㉯ -40   ㉰ -45   ㉱ -50

[해설] 국제표준대기에서는 1000m 상승할 때마다 6.5℃ 내려간다. 표준대기 온도는 15℃이다.
구하고자 하는 고도의 온도=15-0.0065×10000=-50℃

20. 더치 롤 (dutch roll)에 대한 설명으로 옳은 것은?
㉮ 가로진동과 방향진동이 결합된 것이다.
㉯ 조종성을 개선하므로 매우 바람직한 현상이다.
㉰ 대개 정적으로는 안정하지만 동적으로는 불안정하다.
㉱ 나선 불안정 (spiral divergence) 상태를 말한다.

[해설] 더치 롤(가로 방향 불안정) : 가로진동과 방향진동이 결합된 것으로서, 대개 동적으로는 안정하지만 진동하는 성질 때문에 발생을 한다.

제2과목 : 항공기관

21. 외부 과급기(external supercharger)를 장착한 왕복엔진의 흡기계통 내에서 압력이 가장 낮은 곳은?
㉮ 흡입 다기관   ㉯ 기화기 입구
㉰ 스로틀 밸브 앞 ㉱ 과급기 입구

[해설] 과급기 : 일종의 압축기로써 기화기로 들어가는 혼합가스 또는 공기를 과급기 디퓨저에서 속도에너지를 압력에너지로 변화시켜 압력을 증가시킨다. 따라서 과급기 입구 부분이 압력이 제일 낮다.

22. 시운전 중인 가스터빈엔진에서 축류형 압축기의 RPM이 일정하게 유지된다면 가변 스테이터 깃(vane)의 받음각은 무엇에 의하여 변하는가?
㉮ 압력비의 감소
㉯ 압력비의 증가
㉰ 압축기 직경의 변화
㉱ 공기흐름 속도의 변화

[해설] 가변 스테이터 깃(가변 고정자 깃) : 축류식 압축기의 고정자 깃의 붙임각을 변화시킬 수 있도록 하여 공기의 흐름방향과 속도를 변화시킴으로써 회전속도가 변화하는데 따라 회전자 깃의 받음각을 일정하게 한다.

23. 왕복엔진의 마그네토에서 접점(breaker point) 간격이 커지면 점화시기와 강도는?
㉮ 점화가 늦게 되고 강도가 약해진다.
㉯ 점화가 늦게 되고 강도가 높아진다.
㉰ 점화가 일찍 발생하고 강도가 약해진다.
㉱ 점화가 일찍 발생하고 강도가 높아진다.

24. 왕복엔진에 사용되는 고휘발성 연료가

[정답] 18. ㉱ 19. ㉱ 20. ㉮ 21. ㉱ 22. ㉱ 23. ㉰ 24. ㉮

너무 쉽게 증발하여 연료배관 내에서 기포가 형성되어 초래할 수 있는 현상은?

㉮ 베이퍼 로크 (vapor lock)
㉯ 임팩트 아이스 (impact ice)
㉰ 하이드롤릭 로크 (hydraulic lock)
㉱ 이베포레이션 아이스 (evaporation ice)

[해설] 증기 폐색(vapor lock) : 연료의 기화성이 너무 좋으면 연료가 파이프를 통하여 흐를 때에 약간의 열만 받아도 증발되어 연료 속에 거품이 생기기 쉽고, 이 거품이 연료 파이프에 차게 되어 연료의 흐름을 방해하는 현상

25. 가스터빈엔진의 복식(duplex) 연료 노즐에 대한 설명으로 틀린 것은?

㉮ 1차 연료는 아이들 회전 속도 이상이 되면 더 이상 분사되지 않는다.
㉯ 2차 연료는 고속 회전 작동 시 비교적 좁은 각도로 멀리 분사된다.
㉰ 연료 노즐에 압축 공기를 공급하여 연료가 더욱 미세하게 분사되는 것을 도와준다.
㉱ 1차 연료는 시동할 때 이그나이터에 가깝게 넓은 각도로 연료를 분무하여 점화를 쉽게 한다.

[해설] 복식 노즐 : 1차 연료는 노즐 중심의 작은 구멍을 통해 분사되고, 2차 연료는 가장자리의 큰 구멍을 통해 분사되며, 1차 연료는 시동 시 연료의 점화를 쉽게 하기 위해 넓은 각도로 분사되고, 2차 연료는 비교적 좁은 각도로 멀리 분사된다. 시동 시에는 1차 연료만 분사되고, 완속속도 이상에서는 1차, 2차 연료가 함께 분사된다.

26. 압축비가 동일할 때 사이클의 이론 열효율이 가장 높은 것부터 낮은 것 순서로 나열한 것은?

㉮ 정적 – 정압 – 합성
㉯ 정적 – 합성 – 정압
㉰ 합성 – 정적 – 정압
㉱ 정압 – 합성 – 정적

[해설] ① 정적 사이클 : 오토 사이클
② 합성 사이클 : 복합 사이클, 사바테 사이클
③ 정압 사이클 : 디젤 사이클
※ 압축비가 동일할 때 이론 열효율이 높은 순서
오토 사이클 > 사바테 사이클 > 디젤 사이클

27. 플로트식 기화기에서 이코너마이저 장치의 역할로 옳은 것은?

㉮ 연료가 부족할 때 신호를 발생한다.
㉯ 스로틀 밸브가 완전히 열렸을 때 연료를 감소시킨다.
㉰ 순항 출력 이상의 높은 출력일 때 농후한 혼합비를 만든다.
㉱ 고도에 의한 밀도의 변화에 대하여 혼합비를 적절히 유지한다.

[해설] 고출력장치(이코노마이저 장치) : 기관의 출력이 순항 출력보다 큰 출력일 때 농후 혼합비를 만들어 주기 위하여 추가적으로 충분한 연료를 공급해 주는 장치

28. 가스터빈기관에 사용되는 오일의 구비 조건이 아닌 것은?

㉮ 유동점이 낮을 것
㉯ 인화점이 높을 것
㉰ 화학 안전성이 좋을 것
㉱ 공기와 오일의 혼합성이 좋을 것

[해설] 가스터빈기관의 베어링 부분에서 윤활유의 누설을 막기 위해 압축 공기로 여압을 시키기 때문에 윤활유 속에 공기가 다량으로 섞여서 거품을 형성하게 되므로 윤활유와 공기의 분리성이 좋아야 한다.

29. 왕복 엔진의 피스톤 지름이 16 cm, 행정길이가 0.16 m, 실린더 수가 6, 제동평

균 유효압력이 8 kg/cm², 회전수가 2400 rpm일 때의 제동마력은 약 몇 PS인가?

㉮ 411.6 ㉯ 511.6
㉰ 611.6 ㉱ 711.6

[해설] $BHP = \dfrac{P \cdot L \cdot A \cdot N \cdot K}{75 \times 2 \times 60}$

$= \dfrac{80000 \times 0.16 \times \dfrac{3.14 \times 0.16^2}{4} \times 2400 \times 6}{9000}$

$= 411.6\,PS$

30. 다음 중 프로펠러 날개가 회전 시 받는 힘이 아닌 것은?

㉮ 원심력   ㉯ 탄성력
㉰ 비틀림력 ㉱ 굽힘력

[해설] 프로펠러에 작용하는 힘과 응력
① 추력과 휨 응력
② 원심력에 의한 인장응력
③ 비틀림과 비틀림 응력

31. 터보 팬 엔진에 대한 설명으로 틀린 것은?

㉮ 터보 제트와 터보 프롭의 혼합적인 성능을 갖는다.
㉯ 단거리 이착륙 성능은 터보 프롭과 유사하다.
㉰ 확산형 배기노즐을 통해 빠른 속도로 공기를 가속시킨다.
㉱ 터빈에 의해 구동되는 여러 개의 깃을 갖는 일종의 프로펠러 기관이다.

[해설] 터보 팬 기관은 바이패스 공기 및 연소가스를 배기 노즐로 분사함으로써 추력을 얻지만 제트 기관에 비해 많은 양의 공기를 비교적 느린 속도로 분사시킨다.

32. 항공기용 엔진 중 터빈식 회전 엔진이 아닌 것은?

㉮ 램 제트 엔진   ㉯ 터보 프롭 엔진
㉰ 가스터빈엔진   ㉱ 터보 제트 엔진

[해설] ① 램 제트 기관의 구성 : 흡입구, 연소실, 분사노즐
② 터빈 기관의 구성 : 압축기, 연소실, 터빈

33. 왕복 엔진에 사용되는 기어(gear)식 오일 펌프의 옆 간격(side clearance)이 크면 나타나는 현상은?

㉮ 엔진 추력이 증가한다.
㉯ 오일 압력이 낮아진다.
㉰ 오일의 과잉 공급이 발생한다.
㉱ 오일 펌프에 심한 진동이 발생한다.

34. 다음과 같은 이론공기 사이클을 갖는 엔진은? (단, Q는 열의 출입, W는 일의 출입을 표시한다.)

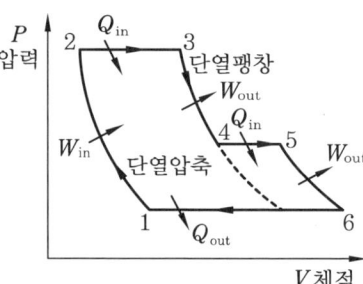

㉮ 2단 압축 브레이튼 사이클
㉯ 과급기를 장착한 디젤 사이클
㉰ 과급기를 장착한 오토 사이클
㉱ 후기연소기를 장착한 가스 터빈 사이클

[해설] 가스 터빈 사이클(정압 사이클) : 가스터빈기관의 배기가스 부분에 후기연소기를 장착하여 연소시키게 되면 총 추력의 50%까지 추력을 증가시킬 수 있다.

35. 가스터빈엔진의 추력비 연료 소비율(thrust specific fuel consumption)이란?

정답 30. ㉯ 31. ㉰ 32. ㉮ 33. ㉯ 34. ㉱ 35. ㉰

㉮ 1시간 동안 소비하는 연료의 중량
㉯ 단위 추력의 추력을 발생하는 데 소비되는 연료의 중량
㉰ 단위 추력의 추력을 발생하기 위하여 1시간 동안 소비하는 연료의 중량
㉱ 1000 km를 순항 비행할 때 시간당 소비하는 연료의 중량

36. 흡입 덕트의 결빙 방지를 위해 공급하는 방빙원(anti icing source)은?
㉮ 압축기의 블리드 공기
㉯ 연소실의 뜨거운 공기
㉰ 연료 펌프의 연료 이용
㉱ 오일 탱크의 오일 이용

[해설] 가스터빈기관의 방빙에는 압축기 뒷 부분이 고온, 고압의 블리드 공기를 이용하여 흡입관의 립(lip) 부분이나 압축기의 입구 안내 깃의 내부로 통과시켜 가열함으로써 얼음이 얼어 붙는 것을 방지한다.

37. 다음 중 아음속 항공기의 흡입구에 관한 설명으로 옳은 것은?
㉮ 수축형 도관의 형태이다.
㉯ 수축 – 확산형 도관의 형태이다.
㉰ 흡입공기 속도를 낮추고 압력을 높여 준다.
㉱ 음속으로 인한 충격파가 일어나지 않도록 속도를 감속시켜 준다.

[해설] 아음속 항공기의 흡입관 : 확산형 흡입관을 사용하며, 흡입속도를 줄이기 위해 통로의 넓이를 앞에서 뒤로 갈수록 점점 넓게 만들어 공기를 확산시켜 속도를 감소시킨다.

38. 제트 엔진의 추력을 나타내는 이론과 관계 있는 것은?
㉮ 파스칼의 원리
㉯ 뉴턴의 제1법칙
㉰ 베르누이의 원리
㉱ 뉴턴의 제2법칙

[해설] 제트 엔진의 추력을 나타내는 이론에는 뉴턴의 2법칙이 사용된다.
$$F = ma$$

39. 프로펠러의 회전면과 시위선이 이루는 각을 무엇이라 하는가?
㉮ 붙임각 ㉯ 깃각
㉰ 회전각 ㉱ 깃뿌리각

40. 총 배기량이 1500 cc 인 왕복 엔진의 압축비가 8.5라면 총 연소실 체적은 약 몇 cc인가?
㉮ 150 ㉯ 200
㉰ 250 ㉱ 300

[해설] 압축비(ϵ)
$$\epsilon = \frac{연소실\ 체적(V_c) + 행정체적(V_d)}{연소실\ 체적(V_c)}$$
$$8.5 = \frac{V_c + 1500}{V_c}$$
$$8.5\,V_c = V_c + 1500$$
따라서, $V_c = 200\,cc$

제3과목 : 항공기체

41. 항공기의 주 조종면이 아닌 것은?
㉮ 방향키 (rudder)
㉯ 플랩 (flap)
㉰ 승강키 (elevator)
㉱ 도움날개 (aileron)

[해설] 주 조종면(1차 조종면) : 항공기의 세 가지 운동축에 대한 회전운동을 일으키는 도움날개, 승강키, 방향키를 말한다.

정답 36. ㉮ 37. ㉰ 38. ㉱ 39. ㉯ 40. ㉯ 41. ㉯

42. 일정한 응력(힘)을 받는 재료가 일정한 온도에서 시간이 경과함에 따라 변형률이 증가하는 현상을 무엇이라고 하는가?

㉮ 크리프 (creep)
㉯ 파괴 (fracture)
㉰ 항복 (yielding)
㉱ 피로 굽힘 (fatigue bending)

43. 엔진 마운트와 나셀에 대한 설명으로 틀린 것은?

㉮ 나셀은 외피, 카울링, 구조부재, 방화벽, 엔진 마운트로 구성된다.
㉯ 착륙거리를 단축하기 위하여 나셀에 장착된 역추진장치를 사용한다.
㉰ 엔진 마운트를 동체에 장착하면 공기역학적 성능이 양호하나 착륙장치를 짧게 할 수 없다.
㉱ 엔진 마운트는 엔진을 기체에 장착하는 지지부로 엔진의 추력을 기체에 전달하는 역할을 한다.

[해설] 동체 장착 방식은 날개의 공기역학적 성능을 저하시키지 않고, 항공기의 비행 성능을 개선시킬 수 있으며, 착륙장치를 짧게 할 수 있는 장점이 있다.

44. 복합재료로 제작된 항공기 부품의 결함(층분리 또는 내부손상)을 발견하기 위해 사용되는 검사방법이 아닌 것은?

㉮ 육안검사
㉯ 와전류탐상검사
㉰ 초음파검사
㉱ 동전 두드리기 검사

[해설] 와전류검사 : 변화하는 자기장 내에 도체를 놓으면 도체 표면에 와전류가 발생하는데, 이 와전류를 이용하는 검사방법으로, 표면 및 표면 부근의 결함을 검출하는 데 적합하다.

45. 페일 세이프(fail safe) 구조 형식이 아닌 것은?

㉮ 이중 (double) 구조
㉯ 대치 (back-up) 구조
㉰ 샌드위치 (sandwitch) 구조
㉱ 다경로 하중 (redundant load) 구조

[해설] 페일 세이프 구조 : 이중 구조, 대치 구조, 다경로 하중 구조, 하중 경감 구조

46. TIG 또는 MIG 아크 용접 시 사용되는 가스끼리 짝지어진 것은?

㉮ 아르곤, 헬륨가스
㉯ 헬륨가스, 아세틸렌가스
㉰ 아르곤가스, 아세틸렌가스
㉱ 질소가스, 이산화탄소 혼합가스

[해설] TIG 용접 : 용접에 필요한 열에너지를 비소모성 텅스텐 전극과 모재 사이에서 발생하는 아크 열에 의해 용접이 되며, 이때 비피복 용접봉이 열에너지에 의해 용접되는 방식으로 용접 부위를 보호하기 위해 헬륨이나 아르곤 등의 불활성 가스가 이용된다.

47. 항공기 타이어 트레드(tire tread)에 대한 설명으로 옳은 것은?

㉮ 여러 층의 나일론실로 강화되어 있다.
㉯ 강 와이어로부터 패브릭으로 둘러싸여 있다.
㉰ 내구성과 강인성을 갖기 위해 합성 고무 성분으로 만들어졌다.
㉱ 패브릭과 고무층은 비드 와이어로부터 카커스를 둘러싸고 있다.

[해설] 트레드는 타이어의 바깥 원주의 고무 복합체로 된 층으로 타이어의 마멸을 담당한다.

정답 42. ㉮ 43. ㉰ 44. ㉯ 45. ㉰ 46. ㉮ 47. ㉰

48. 다음과 같은 트러스(truss) 구조에 있어, 부재 DE의 내력은 약 몇 kN인가?

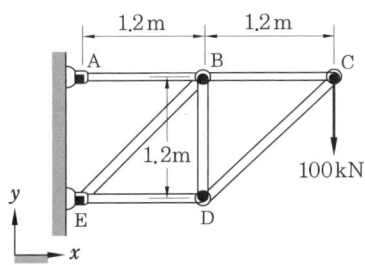

㉮ 141.4 ㉯ 100
㉰ −141.4 ㉱ −100

[해설] 라미의 정리
① D지점에 라미의 정리를 적용하면
$$\frac{F_{DE}}{\sin 45} = \frac{F_{CD}}{\sin 90}, \quad F_{DE} = F_{CD}\sin 45$$
② C지점에 라미의 정리를 적용하면
$$\frac{F_{CD}}{\sin 270} = \frac{100}{\sin 45}$$에서 $F_{CD} = -141.4$
$F_{DE} = F_{CD}\sin 45$
$= -141.4\sin 45 = -100$ kN

49. 로터 핀의 장착 및 제거할 때의 주의사항으로 옳은 것은?
㉮ 한번 사용한 것은 재사용하지 않는다.
㉯ 장착 주변의 구조를 강화시키기 위한 주철 해머를 사용한다.
㉰ 핀 끝을 접어 구부릴 때는 꼬거나 가로 방향으로 구부린다.
㉱ 핀 끝을 절단할 때는 최대한 가늘고 뾰족하게 절단하여 다른 곳과의 연결을 유연하게 한다.
[해설] 안전 결선, 코터 핀은 한 번 사용 후 재사용하지 않는다.

50. 항공기의 무게중심(C.G)에 대한 설명으로 가장 옳은 것은?
㉮ 항공기 무게중심은 항상 기준에 있다.
㉯ 항공기가 이륙하면 무게중심은 전방으로 이동한다.
㉰ 제작회사에서 항공기를 설계할 때 결정되며 변하지 않는다.
㉱ 무게중심은 연료나 승객, 화물 등을 탑재하면 이동되며, 비행 중 연료소모량에 따라서도 이동된다.
[해설] 무게중심 : 항공기가 설계될 때 이미 정해지며 항공기는 정해진 무게중심 위치에 대해 이동 가능한 범위 내에서 비행해야 한다. 비행하는 동안 연료의 소모, 승객, 승무원, 탑재물 등에 따라 무게중심의 위치가 변한다.

51. 재질의 두께와 구멍(hole) 치수가 같을 때 일감의 재질에 따른 드릴의 회전속도가 빠른 순서대로 나열된 것은?
㉮ 구리 – 알루미늄 – 공구강 – 스테인리스강
㉯ 알루미늄 – 구리 – 공구강 – 스테인리스강
㉰ 구리 – 알루미늄 – 스테인리스강 – 공구강
㉱ 알루미늄 – 공구강 – 구리 – 스테인리스강
[해설] 연질 재료는 고속으로, 경질 재료는 저속으로 구멍을 뚫는다.

52. 항공기 주 날개에 작용하는 굽힘 모멘트(bending)를 주로 담당하는 것은?
㉮ 리브(rib)
㉯ 외피(skin)
㉰ 날개보(spar)
㉱ 날개보 플랜지(spar flange)
[해설] 날개보(spar) : 날개에 작용하는 대부분의 하중을 담당한다.

53. 다음 중 탄소의 함량이 가장 큰 SAE 규격에 따른 강은?
㉮ 4050 ㉯ 4140
㉰ 4330 ㉱ 4815

[정답] 48. ㉱ 49. ㉮ 50. ㉱ 51. ㉯ 52. ㉰ 53. ㉮

[해설] 철강 재료의 식별 : 네 자리 숫자 중 맨 뒤 두 자리 숫자가 탄소의 함유량이다.

54. [보기]와 같은 특성을 갖춘 재료는?

―〈보기〉―
- 무게당 강도 비율이 높다.
- 공기역학적 형상 제작이 용이하다.
- 부식에 강하고 피로응력이 좋다.

㉮ 티타늄합금 ㉯ 탄소강
㉰ 마그네슘합금 ㉱ 복합소재

[해설] 복합재료는 무게당 강도 비율이 높고, 공기역학적인 곡선 형태의 제작이 쉬우며, 제작이 단순해지고, 비용이 절감된다. 유연성이 크고 진동에 강하고, 부식되 잘 되지 않으며 피로응력이 좋다.

55. 0.0625 in 두께의 금속판 2개를 접합하기 위하여 1/8 in 직경의 유니버설 리벳을 사용하려고 한다면 최소한의 리벳 길이는 몇 in가 되어야 하는가?

㉮ 1/4 ㉯ 1/8
㉰ 5/16 ㉱ 7/16

[해설] 리벳 길이 $= G + 1.5D$
$= 0.0625 \times 2 + 1.5 \times \dfrac{1}{8} = 0.3125 \text{ in}$

56. 항공기에 사용되는 평와셔(plain washer)에 대한 설명으로 틀린 것은?

㉮ 볼트, 너트를 조일 때 로크 역할을 한다.
㉯ 볼트, 너트를 조일 때 구조물 장착 부품을 보호한다.
㉰ 구조물, 장착 부품의 조임면의 부식을 방지한다.
㉱ 구조물이나 장착 부품의 힘을 분산시킨다.

[해설] 고정와셔는 진동에 의해 볼트와 너트가 풀리는 것을 방지한다.

57. 두 종류의 이질 금속이 접촉하여 전해질로 연결되면 한쪽의 금속에 부식이 촉진되는 것은?

㉮ 피로 부식 ㉯ 점 부식
㉰ 찰과 부식 ㉱ 동전기 부식

[해설] 동전기 부식(이질 금속간의 부식 ; galvanic corrosion) : 서로 다른 두 가지의 금속이 접촉되어 있는 상태에서 발생하는 부식

58. 비행기의 조종간을 앞쪽으로 밀고 오른쪽으로 움직였다면 조종면의 움직임은?

㉮ 승강키는 내려가고, 왼쪽 도움날개는 올라간다.
㉯ 승강키는 올라가고, 왼쪽 도움날개는 내려간다.
㉰ 승강키는 내려가고, 오른쪽 도움날개는 올라간다.
㉱ 승강키는 올라가고, 오른쪽 도움날개는 올라간다.

[해설] 조종간과 조종면 : 조종간을 앞으로 밀면 승강타가 내려가면서 기수도 내려간다. 조종간을 오른쪽으로 움직이면 오른쪽 도움날개는 올라가고, 왼쪽 도움날개는 내려가서, 기체는 오른쪽으로 옆놀이를 한다.

59. 하중배수선도에 대한 설명으로 옳은 것은?

㉮ 수평비행을 할 때 하중배수는 0이다.
㉯ 하중배수선도에서 속도는 진대기속도를 말한다.
㉰ 구조역학적으로 안전한 조작 범위를 제시한 것이다.
㉱ 하중배수는 정하중을 현재 작용하는 하중으로 나눈 값이다.

[해설] 하중배수선도 : 항공기 속도에 대한 제한 하중배수를 나타내며, 항공기의 안전한

정답 54. ㉱ 55. ㉰ 56. ㉮ 57. ㉱ 58. ㉰ 59. ㉰

비행 범위를 정해두는 도표이다. 수평비행 시 하중배수는 1이다.

60. 그림과 같은 단면에서 y축에 관한 단면의 2차 모멘트(관성 모멘트)는 몇 cm⁴인가?

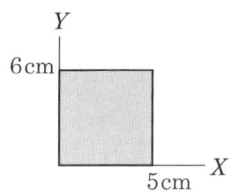

㉮ 175 ㉯ 200
㉰ 225 ㉱ 250

[해설] 단면 2차 모멘트 $= \dfrac{bh^3}{3}$
$= \dfrac{6 \times 5^3}{3} = 250\,\text{cm}^4$

제4과목 : 항공장비

---

61. 비행기록장치(DFDR : Digital Flight Data Recorder) 또는 조종실음성기록장치(CVR : Cockpit Voice Recorder)에 장착된 수중위치표지(ULD : Under Water Locating Device) 성능에 대한 설명으로 틀린 것은?

㉮ 비행에 필수적인 변수가 기록된다.
㉯ 물속에 있을 때만 작동이 가능하다.
㉰ 매초마다 37.5 kHz로 pulse tone 신호를 송신한다.
㉱ 최소 3개월 이상 작동되도록 설계가 되어 있다.

[해설] 수중위치표지 : 비행자료 기록장치가 물속에 빠지면 수색대가 찾기 쉽도록 수중위치 표시기(ULD)가 수분감지기에 의해 작동하며, 물속에서 30일간 37.5 kHz의 초음파 펄스를 낸다.

62. 작동유에 의한 계통 내의 압력을 규정값 이하로 제한하는 것은?

㉮ 레귤레이터 (regulator)
㉯ 릴리프 밸브 (relief valve)
㉰ 선택 밸브 (selector valve)
㉱ 감압 밸브 (reducing valve)

[해설] 릴리프 밸브 : 압력 조절기 및 계통의 고장 등으로 계통 내의 압력이 규정값 이상으로 되는 것을 방지하기 위한 안전밸브

63. Service Interphone System에 관한 설명으로 옳은 것은?

㉮ 정비용으로 사용된다.
㉯ 운항 승무원 상호 간 통신장치이다.
㉰ 객실 승무원 상호 간 통신장치이다.
㉱ 고장수리를 위해 서비스 센터에 맡겨 둔 인터폰이다.

[해설] 승무원간 통화장치(Service Interphone System) : 비행 중 조종실과 객실의 승무원석을 연결하여 통하거나 조종실과 조리실을 연결하여 통화하는 장치

64. 대형 항공기 공압 계통에서 공통 매니폴드에 공급되는 공기 공급원의 종류가 아닌 것은?

㉮ 터빈 기관의 압축기 (compressor)
㉯ 기관으로 구동되는 압축기 (super charger)
㉰ 전기 모터 구동되는 압축기 (electric motor compressor)
㉱ 그라운드 뉴메틱 카트 (ground pneumatic cart)

[정답] 60. ㉱ 61. ㉱ 62. ㉯ 63. ㉮ 64. ㉰

65. 엔진 계기에 해당하지 않는 것은?

㉮ 오일압력계(oil pressure gage)
㉯ 연료압력계(fuel pressure gage)
㉰ 오일온도계(oil temperature gage)
㉱ 선회경사계(turn & bank indicator)

66. $R_1 = 10\,\Omega$, $R_2 = 5\,\Omega$ 의 저항이 연결된 직렬 회로에서 R_2의 양단전압 V_2가 10 V를 지시하고 있을 때 전체 전압은 몇 V 인가?

㉮ 10　㉯ 20　㉰ 30　㉱ 40

[해설] 직렬 회로
전압 $(V) = V_1 + V_2$
저항 $(R) = R_1 + R_2$
전류는 동일하다. $(I = I_1 = I_2)$
총 저항 $(R) = 10 + 5 = 15\,\Omega$
R_2에 흐르는 전류$(I_2) = \dfrac{V_2}{R_2} = \dfrac{10}{5} = 2\,\text{A}$
R_1에 흐르는 전압$(V_1) = IR$
$= 2 \times 10 = 20\,\text{V}$
따라서, 전체 전압 $(V) = V_1 + V_2$
$= 20 + 10 = 30\,\text{V}$

67. Air-Cycle Air Conditioning System에서 팽창 터빈(expansion turbine)에 대한 설명으로 옳은 것은?

㉮ 찬공기와 뜨거운 공기가 섞이도록 한다.
㉯ 1차 열교환기를 거친 공기를 냉각시킨다.
㉰ 공기 공급 라인이 파열되면 계통의 압력손실을 막는다.
㉱ 공기조화 계통에서 가장 마지막으로 냉각이 일어난다.

[해설] 공기 순환 냉각방식 : 2차 열교환기를 거치면서 냉각된 공기는 팽창 터빈을 지나면서 터빈 임펠러를 돌리게 되고, 이 압축된 냉각공기는 터빈을 회전시키는 일을 하게 됨으로써 압력과 온도가 더 떨어지게 되어 객실에 공급된다.

68. 그로울러 시험기(growler tester)는 무엇을 시험하는 데 사용하는 것인가?

㉮ 전기자(armature)
㉯ 계자(brush)
㉰ 정류자(commutator)
㉱ 계자코일(field coil)

[해설] 그로울러 시험기 : 전기자(armature)의 단선, 접지, 단락시험

69. 항공기에서 사용되는 축전지의 전압은?

㉮ 발전기 출력 전압보다 높아야 한다.
㉯ 발전기 출력 전압보다 낮아야 한다.
㉰ 발전기 출력 전압과 같아야 한다.
㉱ 발전기 출력 전압보다 낮거나, 높아도 된다.

[해설] 축전지로부터 발전기로 전류가 역류하지 않기 위해서는 발전기 출력 전압보다 낮아야 한다.

70. 공기압식 제빙 계통에서 부츠의 팽창 순서를 조절하는 것은?

㉮ 분배 밸브　㉯ 부츠 구조
㉰ 진공 펌프　㉱ 흡입 밸브

[해설] 분배 밸브 : 기관 압축기에서 공급된 압축공기가 압력 조절기에 의하여 적당한 압력으로 낮추어져 분배 밸브에 공급되고, 분

정답 65. ㉱　66. ㉰　67. ㉱　68. ㉮　69. ㉯　70. ㉮

배 밸브에 의하여 압축공기가 부츠의 공기방에 공급되면 팽창되고, 압력관이 잠시 닫혀 있다가 공기 배출기에 연결된 진공관 쪽에 연결되면 수축된다.

71. 항공 계기에 대한 설명으로 틀린 것은?

㉮ 내구성이 높아야 한다.
㉯ 접촉 부분의 마찰력을 줄인다.
㉰ 온도의 변화에 따른 오차가 작아야 한다.
㉱ 고주파수, 작은 진폭의 충격을 흡수하기 위하여 충격 마운트를 장착한다.

72. 건조한 윈드 실드(wind shield)에 레인 리펠런트(rain repellent)를 사용할 수 없는 이유는?

㉮ 유리를 분리시킨다.
㉯ 유리를 에칭시킨다.
㉰ 유리가 뿌옇게 되어 시계가 제한된다.
㉱ 열이 축적되어 유리에 균열을 만든다.

해설 방우제(rain repellent) : 건조한 글라스 표면에 방우제를 사용하면 방우제가 고착되기 때문에 시야를 방해하므로 강우량이 적을 때는 사용해서는 안 된다.

73. 길이가 L인 도선에 1V의 전압을 걸었더니 1A의 전류가 흐르고 있었다. 이때 도선의 단면적을 $\frac{1}{2}$로 줄이고, 길이를 2배로 늘리면 도선의 저항 변화는? (단, 도선 고유의 저항 및 전압은 변함이 없다.)

㉮ $\frac{1}{4}$ 감소
㉯ $\frac{1}{2}$ 감소
㉰ 2배 증가
㉱ 4배 증가

해설 도선의 전기저항 : $R = \rho \frac{L}{S}$에서 단면적 S가 $\frac{1}{2}S$, 길이 L이 $2L$로 늘게 되면 $R = \rho \frac{2L}{\frac{1}{2}S} = 4\rho \frac{L}{S}$가 되어 4배 증가한다.

74. 항공 계기와 그 계기에 사용되는 공함이 옳게 짝지어진 것은?

㉮ 고도계 – 차압 공함, 속도계 – 진공 공함
㉯ 고도계 – 진공 공함, 속도계 – 진공 공함
㉰ 속도계 – 차압 공함, 승강계 – 진공 공함
㉱ 속도계 – 차압 공함, 승강계 – 차압 공함

해설 공함
① 고도계 : 진공 공함
② 승강계, 속도계 : 차압 공함

75. 항공기의 직류 전원을 공급(source)하는 것은?

㉮ TRU
㉯ IDG
㉰ APU
㉱ Static Inverter

해설 Transformer Rectifier Unit : AC를 DC로 변환시키는 장치

76. 다음 중 압력 측정에 사용하지 않는 것은?

㉮ 벨로스(bellows)
㉯ 바이메탈(bimetal)
㉰ 아네로이드(aneriod)
㉱ 부르동 튜브(bourdon tube)

해설 압력계기 : 압력을 기계적인 변위로 변환시키기 위하여 압력 측정부에 부르동관(bourden tube), 벨로tm(bellows), 아네로이드와 다이어프램 등을 이용한다.

77. 전파(radio wave)가 공중으로 발사되어 전리층에 의해서 반사되는데 이 전리층을 설명한 내용으로 틀린 것은?

㉮ 전리층이 전파에 미치는 영향은 그 안의 전자 밀도와는 관계가 없다.
㉯ 전리층의 높이나 전리의 정도는 시각, 계절에 따라 변한다.
㉰ 태양에서 발사된 복사선 및 복사 미립자에 의해 대기가 전리된 영역이다.
㉱ 주간에만 나타나 단파대에 영향이 나타나며 D층에서는 전파가 흡수된다.

[해설] 전리층 : 지구를 둘러싸고 있는 상층 대기가 태양으로부터 오는 복사에너지에 의하여 전리된 층을 형성하고 있으며, 이로부터 전파를 반사시키는 작용을 한다.

78. 화재방지 계통(fire protection system)에서 소화제 방출 스위치가 작동하기 위한 조건으로 옳은 것은?

㉮ 화재 벨이 울린 후 작동한다.
㉯ 언제라도 누르면 즉시 작동한다.
㉰ fire shutoff switch를 당긴 후 작동한다.
㉱ 기체 외벽의 적색 디스크가 떨어져 나간 후 작동한다.

79. 착륙 및 유도 보조장치와 가장 거리가 먼 것은?

㉮ 마커 비컨
㉯ 관성항법장치
㉰ 로컬라이저
㉱ 글라이더 슬로프

[해설] 관성항법장치는 착륙 보조장치가 아니라 항법장치이다.

80. 지상 관제사가 항공교통관제(ATC : air traffic control)를 통해서 얻는 정보로 옳은 것은?

㉮ 편명 및 하강률
㉯ 고도 및 거리
㉰ 위치 및 하강률
㉱ 상승률 또는 하강률

정답 77. ㉮ 78. ㉰ 79. ㉯ 80. ㉯

▶ 2016년 5월 8일 시행

자격종목	시험시간	문제 수	형별
항공 산업기사	2시간	80	B

제1과목 : 항공역학

1. 프로펠러 항공기의 경우 항속거리를 최대로 하기 위한 조건으로 옳은 것은?

㉮ 양항비가 최소인 상태로 비행한다.
㉯ 양항비가 최대인 상태로 비행한다.
㉰ $\dfrac{C_L}{\sqrt{C_D}}$ 이 최대인 상태로 비행한다.
㉱ $\dfrac{\sqrt{C_L}}{C_D}$ 이 최대인 상태로 비행한다.

[해설] 항공거리
① 프로펠러 비행기 : $\left(\dfrac{C_L}{C_D}\right)_{max}$
② 제트기 : $\left(\dfrac{C_L^{\frac{1}{2}}}{C_D}\right)_{max}$

2. 비행기가 키돌이(loop) 비행 시 비행기에 작용하는 하중배수의 범위로 옳은 것은?

㉮ $-6 \sim 0$ ㉯ $-6 \sim 6$
㉰ $-3 \sim 3$ ㉱ $0 \sim 6$

[해설] 키돌이 하중계수 : 키돌이 정상에서는 0, 아랫방향에서는 6 정도이다.

3. 일반적인 비행기의 안정성에 관한 설명으로 틀린 것은?

㉮ 고속형 날개인 뒤젖힘 날개(sweep back wing)는 직사각형 날개보다 방향안정성이 적다.
㉯ 중립점(neutral point)에 대한 비행기 무게중심의 위치 관계는 비행기의 안정성에 큰 영향을 미친다.
㉰ 단일 기관을 비행기의 기수에 장착한 프로펠러 비행기의 경우 방향안정성이 프로펠러에 영향을 받는다.
㉱ 주 날개의 쳐든각(dihedral angle)이 있는 비행기는 쳐든각이 없는 비행기에 비하여 가로안정성이 더 크다.

4. 프로펠러의 회전 깃단 마하수(rotational tip Mach number)를 옳게 나타낸 식은? (단, n : 프로펠러 회전수(rpm), D : 프로펠러 지름, a : 음속이다.)

㉮ $\dfrac{\pi n}{60 \times a}$ ㉯ $\dfrac{\pi n}{30 \times a}$
㉰ $\dfrac{\pi n D}{30 \times a}$ ㉱ $\dfrac{\pi n D}{60 \times a}$

[해설] 프로펠러 회전 깃단의 마하수
$= \dfrac{\text{프로펠러 깃의 회전 선속도}}{\text{음속}} = \dfrac{\pi n D}{60 \times a}$

5. 두께가 시위의 12%이고, 상하가 대칭인 날개의 단면은?

㉮ NACA 2412 ㉯ NACA 0012
㉰ NACA 1218 ㉱ NACA 23018

[해설] 대칭형 날개골은 캠버가 0이므로 NACA 00XX 표시가 된다.

6. 양력계수가 0.25인 날개면적 20 m²의 항공기가 720 km/h의 속도로 비행할 때

[정답] 1. ㉰ 2. ㉱ 3. ㉮ 4. ㉱ 5. ㉯ 6. ㉰

발생하는 양력은 몇 N인가? (단, 공기의 밀도는 1.23 kg/m³이다.)

㉮ 6150   ㉯ 10000
㉰ 123000   ㉱ 246000

[해설] 양력 $= \dfrac{1}{2}\rho V^2 C_L S$
$= \dfrac{1}{2} \times 1.23 \times \left(\dfrac{720}{3.6}\right)^2 \times 0.25 \times 20$
$= 123000$ N

7. 해면에서의 온도가 20℃일 때 고도 5 km의 온도는 약 몇 ℃인가?

㉮ −12.5   ㉯ −15.5
㉰ −19.0   ㉱ −23.5

[해설] $T = 20 - 0.0065H$
$= 20 - 0.0065 \times 5000 = -12.5$℃

8. 그림과 같은 비행 특성을 갖는 비행기의 안정 특성은?

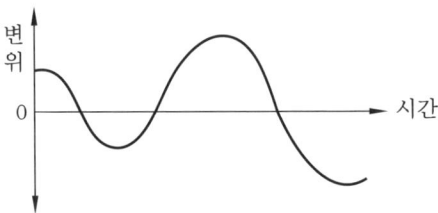

㉮ 정적 안정, 동적 안정
㉯ 정적 안정, 동적 불안정
㉰ 정적 불안정, 동적 안정
㉱ 정적 불안정, 동적 불안정

[해설] ① 정적 안정 : 평형상태에서 벗어난 뒤 다시 본래 위치로 돌아가려는 경향
② 동적 안정 : 평형상태에서 벗어난 뒤 운동의 진폭이 시간이 지남에 따라 감소되는 경향
※ 위 그림은 정적으로는 안정하나 동적으로는 불안정하다.

9. 피치 업(pitch up) 현상의 원인이 아닌 것은?

㉮ 받음각의 감소
㉯ 뒤젖힘 날개의 비틀림
㉰ 뒤젖힘 날개의 날개 끝 실속
㉱ 날개의 풍압 중심이 앞으로 이동

[해설] 피치 업의 원인 : 뒤젖힘 날개의 날개끝 실속, 뒤젖힘 날개의 비틀림, 날개의 풍압 중심이 앞으로 이동, 승강키 효율의 감소

10. 고도 5000 m에서 150 m/s로 비행하는 날개면적이 100 m²인 항공기의 항력계수가 0.02일 때 필요마력은 몇 PS인가? (단, 공기의 밀도는 0.070 kg·s²/m⁴이다.)

㉮ 1890   ㉯ 2500   ㉰ 3150   ㉱ 3250

[해설] 필요마력 $= \dfrac{DV}{75} = \dfrac{1}{150}\rho V^3 C_D S$
$= \dfrac{1}{150} \times 0.070 \times 150^2 \times 0.02 \times 100$
$= 3150$ PS

11. 프로펠러의 후류(slip stream) 중에 프로펠러로부터 멀리 떨어진 후방 압력이 자유흐름(free stream)의 압력과 동일해질 때의 프로펠러 유도속도(induced velocity) V_2와 프로펠러를 통과할 때의 유도속도 V_1의 관계는?

㉮ $V_2 = 0.5 V_1$ ㉯ $V_2 = V_1$
㉰ $V_2 = 1.5 V_1$ ㉱ $V_2 = 2 V_1$

12. 반 토크 로터(anti torque rotor)가 필요한 헬리콥터는?

㉮ 동축 로터 헬리콥터(coaxial HC)
㉯ 직렬 로터 헬리콥터(tandom HC)
㉰ 단일 로터 헬리콥터(single rotor HC)
㉱ 병렬 로터 헬리콥터(side-by-side rotor HC)

[정답] 7. ㉮   8. ㉯   9. ㉮   10. ㉰   11. ㉱   12. ㉰

[해설] 단일 회전날개 헬리콥터 : 주 회전날개와 꼬리 회전날개로 구성되며, 주 회전날개에서 발생하는 토크를 꼬리 회전날개가 상쇄를 하게 되어 꼬리 회전날개를 anti-torque rotor라고도 한다.

13. 프로펠러나 터보제트기관을 장착한 항공기가 비행할 수 있는 대기권 영역으로 옳은 것은?

㉮ 열권과 중간권
㉯ 대류권과 중간권
㉰ 대류권과 하부 성층권
㉱ 중간권과 하부 성층권

[해설] 대기권의 구성 : 대류권, 성층권(하부 성층권, 상부 성층권), 중간권, 열권, 극외권

14. 이륙거리에 포함되지 않는 거리는?

㉮ 상승거리(climb distance)
㉯ 전이거리(transition distance)
㉰ 자유활주거리(free roll distance)
㉱ 지상활주거리(ground run distance)

[해설] 이륙거리＝지상활주거리＋지상상승거리

15. 헬리콥터의 공중 정지비행 시 기수 방향을 바꾸기 위한 방법은?

㉮ 주 회전날개의 코닝각을 변화시킨다.
㉯ 주 회전날개의 회전수를 변화시킨다.
㉰ 주 회전날개의 피치각을 변화시킨다.
㉱ 꼬리 회전날개의 피치각을 조종한다.

[해설] 단일 회전날개 헬리콥터에서는 꼬리회전날개의 피치각을 바꾸어 줌으로써 방향을 전환한다.

16. 직사각형 날개의 가로세로비를 나타내는 것으로 틀린 것은? (단, c : 날개의 코드, b : 날개의 스팬, S : 날개면적이다.)

㉮ $\dfrac{b}{c}$ ㉯ $\dfrac{b^2}{S}$ ㉰ $\dfrac{S}{c^2}$ ㉱ $\dfrac{S^2}{bc}$

[해설] 가로세로비＝$\dfrac{b}{c}=\dfrac{b^2}{S}=\dfrac{S}{c^2}$

17. 운항중인 항공기에서 조종면의 조종 효과를 발생시키기 위해서 주로 변화시키는 것은?

㉮ 날개골의 캠버 ㉯ 날개골의 면적
㉰ 날개골의 두께 ㉱ 날개골의 길이

[해설] 조종면은 날개골의 캠버를 변화시켜 그 효과를 발생시킨다.

18. 활공기가 1 km 상공을 속도 100 km/h로 비행하다가 활공각 45°로 활공할 때 침하속도는 약 몇 km/h인가?

㉮ 50 ㉯ 70.7
㉰ 100 ㉱ 141.4

[해설] 침하속도＝$V\sin\theta=100\sin45°$
＝70.7 km/h

19. 레이놀즈수(Reynolds number)에 대한 설명으로 틀린 것은?

㉮ 무차원수이다.
㉯ 유체의 관성력과 점성력 간의 비이다.
㉰ 레이놀즈수가 낮을수록 유체의 점성이 높다.
㉱ 유체의 속도가 빠를수록 레이놀즈수는 낮다.

[해설] 레이놀즈수＝$\dfrac{\rho VL}{\mu}$
레이놀즈수와 속도는 비례하여 속도가 빨라지면 레이놀즈수는 증가하게 된다.

20. 비행기의 선회반지름을 줄이기 위한 방법으로 옳은 것은?

정답 13. ㉰ 14. ㉰ 15. ㉱ 16. ㉱ 17. ㉮ 18. ㉯ 19. ㉱ 20. ㉮

㉮ 선회각을 크게 한다.
㉯ 선회속도를 크게 한다.
㉰ 날개면적을 작게 한다.
㉱ 중력가속도를 작게 한다.

[해설] 선회반경 $= \dfrac{V^2}{g\tan\phi}$

제2과목 : 항공기관

21. 다음 중 고열의 엔진 배기구 부분에 표시(marking)를 할 때 납(lead)이나 탄소(carbon) 성분이 있는 필기구를 사용하면 안 되는 가장 큰 이유는?
㉮ 고열에 의해 열응력이 집중되어 균열을 발생시킨다.
㉯ 배기부분의 재질과 화학 반응을 일으켜 재질을 부식시킬 수 있다.
㉰ 납이나 탄소 성분이 있는 필기구는 한 번 쓰면 지워지지 않는다.
㉱ 배기부분의 용접 부위에 사용하면 화학 반응을 일으켜 접합 성능이 떨어진다.

22. 성형엔진에 사용되며 축 끝의 나사부에 리테이닝 너트가 장착되고 리테이닝 링으로 허브를 크랭크축에 고정하는 프로펠러 장착방식은?
㉮ 플랜지식   ㉯ 스플라인식
㉰ 테이퍼식   ㉱ 압축밸브식

23. 열역학 제1법칙과 관련하여 밀폐계가 사이클을 이룰 때 열전달량에 대한 설명으로 옳은 것은?
㉮ 열전달량은 이루어진 일과 항상 같다.
㉯ 열전달량은 이루어진 일보다 항상 작다.
㉰ 열전달량은 이루어진 일과 반비례 관계를 가진다.
㉱ 열전달량은 이루어진 일과 정비례 관계를 가진다.

[해설] 열역학 제1법칙(에너지 보존법칙)

24. 왕복엔진에서 기화기 빙결(carburetor icing)이 일어나면 발생하는 현상은?
㉮ 오일압력이 상승한다.
㉯ 흡입압력이 감소한다.
㉰ 흡입밀도가 증가한다.
㉱ 엔진회전수가 증가한다.

25. 다발 항공기에서 각 프로펠러의 회전속도를 자동적으로 조절하고 모든 프로펠러를 같은 회전속도로 유지하기 위한 장치를 무엇이라고 하는가?
㉮ 동조기   ㉯ 슬립 링
㉰ 조속기   ㉱ 피치 변경 모터

26. 그림과 같은 브레이튼 사이클(Brayton cycle)에서 2-3 과정에 해당하는 것은?

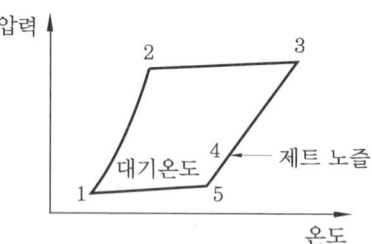

㉮ 압축 과정   ㉯ 팽창 과정
㉰ 방출 과정   ㉱ 연소 과정

[해설] 1→2 과정 : 단열압축 과정
2→3 과정 : 정압연소 과정
3→4 과정 : 단열팽창 과정
4→1 과정 : 정압방열 과정

27. 항공기 왕복엔진 작동 중 주의 깊게 관찰하며 점검해야 할 변수가 아닌 것은?
㉮ N1 및 N2 rpm
㉯ 흡기 매니폴드 압력
㉰ 엔진 오일 압력
㉱ 실린더 헤드 온도

[해설] N1 및 N2 rpm은 가스터빈기관의 점검 사항이다.

28. 항공기 왕복엔진 연료의 옥탄가에 대한 설명으로 틀린 것은?
㉮ 연료의 앤티노크성을 나타낸다.
㉯ 연료의 이소옥탄이 차지하는 체적비율을 말한다.
㉰ 옥탄가가 낮을수록 엔진의 효율이 좋아진다.
㉱ 옥탄가가 높을수록 엔진의 압축비를 더 높게 할 수 있다.

[해설] 옥탄가가 높을수록 기관의 효율이 좋아진다.

29. 가스터빈엔진용 연료의 첨가제가 아닌 것은?
㉮ 청정제   ㉯ 빙결 방지제
㉰ 미생물 살균제   ㉱ 정전기 방지제

30. 항공기가 400 mph의 속도로 비행하는 동안 가스터빈엔진이 2340 lbf의 진추력을 낼 때, 발생되는 추력마력은 약 몇 HP인가?
㉮ 1702   ㉯ 1896   ㉰ 2356   ㉱ 2496

[해설] 추력마력 $= \dfrac{F_n \cdot V(ft/s)}{550}$
$= \dfrac{2340 \times (400 \times 1.467)}{550}$
$= 2396\ HP$

※ mph(mile per hour)를 ft/s로 변환하려면 1.467을 곱하면 된다.
400mph = 400×1.467 ft/s

31. 항공기 왕복엔진은 동일한 조건에서 어느 계절에 가장 큰 출력을 발생시키는가?
㉮ 봄   ㉯ 여름
㉰ 겨울   ㉱ 계절에 관계없다.

[해설] 겨울철에는 기온이 낮아 공기밀도가 높다. 밀도가 증가하면 출력도 증가한다.

32. 가스터빈엔진의 윤활장치에 대한 설명으로 틀린 것은?
㉮ 재사용하는 순환을 반복한다.
㉯ 윤활유의 누설 방지 장치가 없다.
㉰ 고압의 윤활유를 베어링에 분무한다.
㉱ 연료 또는 공기로 윤활유를 냉각한다.

[해설] 가스터빈 윤활계통에서는 윤활유 누설을 막기 위해 특수한 기밀 유지 장치들이 고안되어 사용되고 있다.

33. 가스터빈엔진 중 저속비행 시 추진 효율이 낮은 것에서 높은 순으로 나열된 것은?
㉮ 터보제트 – 터보팬 – 터보프롭
㉯ 터보프롭 – 터보제트 – 터보팬
㉰ 터보프롭 – 터보팬 – 터보제트
㉱ 터보팬 – 터보프롭 – 터보제트

34. 축류식 압축기의 1단당 압력비가 1.6이고, 회전자 것에 의한 압력 상승비가 1.3일 때 압축기의 반동도는?
㉮ 0.2   ㉯ 0.3   ㉰ 0.5   ㉱ 0.6

[해설] 반동도 $= \dfrac{P_2 - P_1}{P_3 - P_1} \times 100$
$= \dfrac{1.3P_1 - P_1}{1.6P_1 - P_1} \times 100 = 50\% = 0.5$

정답 27. ㉮   28. ㉰   29. ㉮   30. ㉱   31. ㉰   32. ㉯   33. ㉮   34. ㉰

35. 내연기관이 아닌 것은?
   ㉮ 가스터빈엔진   ㉯ 디젤엔진
   ㉰ 증기터빈엔진   ㉱ 가솔린엔진
   [해설] 증기터빈기관은 외연기관이다.

36. 볼(ball)이나 롤러 베어링(roller bearing)이 사용되지 않는 곳은?
   ㉮ 가스터빈엔진의 축 베어링
   ㉯ 성형엔진의 커넥트 로드(connect rod)
   ㉰ 성형엔진의 크랭크 축 베어링(crank shaft bearing)
   ㉱ 발전기의 아마추어 베어링(amateur bearing)

37. 가스터빈엔진이 정해진 회전수에서 정격출력을 낼 수 있도록 연료조절장치와 각종 기구를 조정하는 작업을 무엇이라 하는가?
   ㉮ 리깅(rigging)   ㉯ 모터링(motoring)
   ㉰ 크랭킹(cranking)   ㉱ 트리밍(trimming)
   [해설] 기관의 조절(trimming) : 제작회사에서 정한 정격 추력에 해당하는 기관 압력비가 얻어지지 않을 수도 있기 때문에 주기적으로 기관의 여러 가지 작동상태를 조정한다.

38. 아음속 고정익 비행기에 사용되는 공기 흡입 덕트(inlet duct)의 형태로 옳은 것은?
   ㉮ 벨마우스 덕트
   ㉯ 수축형 덕트
   ㉰ 수축 확산형 덕트
   ㉱ 확산형 덕트
   [해설] 아음속 항공기의 비행속도가 마하 0.8~0.9이기 때문에 흡입속도를 줄이기 위해 확산형 흡입관을 사용한다. 가스터빈기관에서 속도에 관계없이 압축기 입구에서는 0.5정도를 유지하는 것이 좋다.

39. 왕복엔진에서 마그네토의 작동을 정지시키는 방법은?
   ㉮ 축전지에 연결시킨다.
   ㉯ 점화스위치를 ON 위치에 둔다.
   ㉰ 점화스위치를 OFF 위치에 둔다.
   ㉱ 점화스위치를 BOTH 위치에 둔다.

40. 가스터빈엔진의 점화장치를 왕복엔진과 비교하여 고전압, 고에너지 점화장치로 사용하는 주된 이유는?
   ㉮ 열손실이 크기 때문에
   ㉯ 사용 연료의 기화성이 낮아서
   ㉰ 왕복엔진에 비하여 부피가 크므로
   ㉱ 점화기 특성 규격에 맞추어야 하므로
   [해설] 가스터빈기관에 사용되는 연료는 기화성이 낮고, 혼합비가 희박하여 점화가 쉽지 않아 높은 에너지를 가지는 전기 스파크를 이용한다.

제3과목 : 항공기체

41. 대형 항공기에서 리브(rib)가 사용되는 부분이 아닌 것은?
   ㉮ 플랩   ㉯ 엔진 마운트
   ㉰ 에일러론   ㉱ 엘리베이터
   [해설] 리브 : 날개가 캠버를 갖도록 그 형태를 만들어 줄 뿐만 아니라, 날개 표면에 작용하는 하중을 날개보에 전달한다.

42. 그림과 같이 단면적 20 cm², 10 cm² 로 이루어진 구조물의 a−b 구간에 작용

[정답] 35. ㉰ 36. ㉯ 37. ㉱ 38. ㉱ 39. ㉰ 40. ㉯ 41. ㉯ 42. ㉮

하는 응력은 몇 kN/cm²인가?

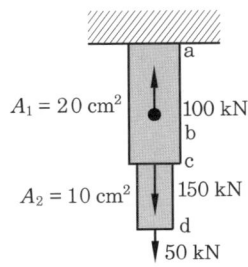

㉮ 5   ㉯ 10   ㉰ 15   ㉱ 20

[해설] 응력 $= \dfrac{P}{A} = \dfrac{100}{20} = 5 \text{ kN/cm}^2$

43. 항공기의 구조부재 용접작업 시 최우선으로 고려해야 할 사항은?

㉮ 작업 부위의 청결
㉯ 용접 방향
㉰ 용접 슬러지 제거
㉱ 재질 변화

44. 일반적인 금속의 응력-변형률 곡선에서 위치별 내용이 옳게 짝지어진 것은?

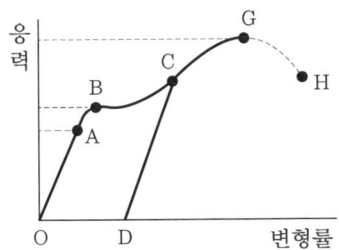

㉮ G : 항복점   ㉯ OA : 인장강도
㉰ B : 비례탄성범위   ㉱ OD : 영구변형률

[해설] G : 극한강도   OA : 탄성한계
       B : 항복점   OD : 영구변형

45. 대형 항공기 조종면을 수리하여 힌지라인 후방의 무게가 증가되었다면 어떠한 문제가 발생하는가?

㉮ 기수가 상승한다.
㉯ 기수가 하강한다.
㉰ 플러터(flutter) 발생 원인이 된다.
㉱ 속도가 증가하고 진동이 감소된다.

46. 연료탱크에 있는 벤트계통(vent system)의 역할로 옳은 것은?

㉮ 연료탱크 내의 증기를 배출하여 발화를 방지한다.
㉯ 비행자세의 변화에 따른 연료탱크 내의 연료유동을 방지한다.
㉰ 연료탱크 내·외의 차압에 의한 탱크구조를 보호한다.
㉱ 연료탱크의 최하부에 위치하여 수분이나 잔류연료를 제거한다.

47. 항공기 구조에서 하중을 담당하는 부재가 파괴되었을 때 그 하중을 예비부재가 전체하중을 담당하도록 설계된 방식의 페일 세이프(fail safe) 구조는?

㉮ 다중 경로 구조   ㉯ 이중 구조
㉰ 하중 경감 구조   ㉱ 대치 구조

48. 항공기의 최대총무게에서 자기무게를 뺀 무게는?

㉮ 유상하중(useful load)
㉯ 테어무게(tare weight)
㉰ 최대허용무게(max allowable weight)
㉱ 운항자기무게(operating empty weight)

[해설] 유상하중(유효하중) : 적재량이라고도 하며 항공기의 총무게에서 자기무게를 뺀 무게로 승무원, 윤활유, 연료, 승객, 화물 등으로 구성된다.

49. 항공기의 기체 구조 수리에 대한 내용으로 가장 올바른 것은?

[정답] 43. ㉱ 44. ㉱ 45. ㉰ 46. ㉰ 47. ㉱ 48. ㉮ 49. ㉯

㉮ 수리를 위하여 대치할 재료의 두께는 원래 두께와 같거나 작아야 한다.
㉯ 사용 리벳 수는 같은 재질로 기체의 강도를 고려하여 최소한의 수를 사용한다.
㉰ 같은 두께의 재료로서 17ST의 판재나 리벳을 A17ST로 대체하여 사용할 수 있다.
㉱ 수리 부분의 원래 재료와의 접촉면에는 재료의 성분에 관계없이 부식방지를 위하여 기름으로 표면처리한다.

[해설] 구조재의 손상이 발생하면 최초의 구조재와 동일한 강성과 강도 및 원래 형태의 항공 역학적 특성을 가지도록 하여야 한다.

50. 항공기 도면에서 "fuselage station 137"이 의미하는 것은?
㉮ 기준선으로부터 137 inch 전방
㉯ 기준선으로부터 137 inch 후방
㉰ 버턱라인(BL)으로부터 137 inch 좌측
㉱ 버턱라인(BL)으로부터 137 inch 우측

[해설] 동체 위치선(fuselage station): 기준이 되는 0점 또는 기준선으로부터 거리

51. 항공기 기체 내부와 외부 구조부에 모두 사용할 수 있는 리벳은?
㉮ 납작머리 리벳(flat head rivet)
㉯ 둥근머리 리벳(round head rivet)
㉰ 접시머리 리벳(countersink head rivet)
㉱ 유니버설머리 리벳(universal head rivet)

[해설] 유니버설머리 리벳: 보통 항공기 내부나 저속 항공기의 공기 흐름이 닿는 외피에도 사용된다.

52. 다음 중 드릴(drill)로 구멍을 뚫을 때 가장 빠른 드릴 회전을 해야 하는 재료는?

㉮ 주철 ㉯ 알루미늄
㉰ 티타늄 ㉱ 스테인리스강

[해설] 연질이나 두꺼운 판에는 드릴 각도가 90°인 드릴 날을 사용하여 고속으로 작업하는 것이 좋다.

53. Al 표면을 양극산화처리하여 표면에 산화 피막이 만들어지도록 처리하는 방법이 아닌 것은?
㉮ 수산법 ㉯ 크롬산법
㉰ 황산법 ㉱ 석출경화법

[해설] 양극산화처리작업에는 황산법, 수산법, 크롬산법 등이 있다.

54. 항공기 실속 속도 80 mph, 설계 제한 하중배수 4인 비행기가 급격한 조작을 할 경우에도 구조 역학적으로 안전한 속도 한계는 약 몇 mph인가?
㉮ 140 ㉯ 160
㉰ 200 ㉱ 320

[해설] $V = \sqrt{n}\, V_s = \sqrt{4} \times 80 = 160$ mph

55. 항공기 판재 굽힘 작업 시 최소 굽힘 반지름을 정하는 주된 목적은?
㉮ 굽힘 작업 시 낭비되는 재료를 최소화하기 위해
㉯ 판재의 굽힘 작업으로 발생되는 내부 체적을 최대로 하기 위해
㉰ 굽힘 반지름이 너무 작아 응력 변형이 생겨 판재가 약화되는 현상을 막기 위해
㉱ 굽힘 작업 시 발생하는 열을 최소화하기 위해

[해설] 판재가 본래의 강도를 유지한 상태로 구부러질 수 있는 최소의 굽힘 반지름을 말한다.

정답 50. ㉯ 51. ㉱ 52. ㉯ 53. ㉱ 54. ㉯ 55. ㉰

56. 알루미늄합금과 구조용 강과의 기계적 성질에 대한 설명으로 옳은 것은?

㉮ 동일한 하중에 대한 알루미늄합금의 변형량은 구조용 강철에 비해 약 3배 많다.
㉯ 알루미늄합금은 구조용 강철에 비해 제1변태점이 약 300℃ 정도가 높다.
㉰ 구조용 강철의 탄성계수는 알루미늄합금의 탄성계수의 약 2배 정도이다.
㉱ 제1변태점 이상에서 알루미늄합금은 구조용 강철보다 기계적 성질이 좋다.

57. 알루미나 섬유에 대한 설명으로 옳은 것은?

㉮ 기계적 특성이 뛰어나므로 주로 전투기 동체나 날개 부품 제작에 사용된다.
㉯ 알루미나 섬유를 일명 "케블러"라고 한다.
㉰ 무색 투명하며 약 1300℃로 가열하여도 물성이 유지되는 우수한 내열성을 가지고 있다.
㉱ 기계적 성질이 떨어져 주로 객실내부 구조물 등 2차 구조물에 사용된다.

[해설] 알루미나 섬유 : 공기 중 1000℃에서 열화되지 않고, 용융금속에도 침해되지 않는 섬유로, 금속 강화에 가장 적합하다.

58. 하중배수(load factor)에 대한 설명으로 틀린 것은?

㉮ 등속수평비행 시 하중배수는 1이다.
㉯ 하중배수는 비행속도의 제곱에 비례한다.
㉰ 선회비행 시 경사각이 클수록 하중배수는 작아진다.
㉱ 하중배수는 기체에 작용하는 하중을 무게로 나눈 값이다.

[해설] 선회 시 하중배수 $= \dfrac{1}{\cos\phi}$

선회 시 경사각이 클수록 하중배수는 크다.

59. 그림과 같은 그래프를 갖는 완충장치의 효율은 약 몇 %인가?

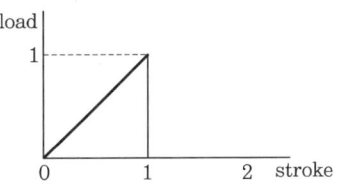

㉮ 30 ㉯ 40 ㉰ 50 ㉱ 60

[해설] 완충효율 : 직사각형 면적의 절반을 흡수하였으므로 50%이다.

60. 손가락 힘으로 조일 수 있는 곳으로 조립과 분해가 빈번한 곳에 사용하는 너트는?

㉮ 윙 너트   ㉯ 체크 너트
㉰ 플레인 너트 ㉱ 캐슬 너트

제4과목 : 항공장비

61. 객실의 개별 승객에게 영화, 음악 등 오락 프로그램을 제공하는 장치는?

㉮ cabin interphone system
㉯ passenger address system
㉰ service interphone system
㉱ passenger entertainment system

62. 10 mH의 인덕턴스에 60 Hz, 100 V의 전압을 가하면 약 몇 암페어(A)의 전류가

정답 56. ㉮ 57. ㉰ 58. ㉰ 59. ㉰ 60. ㉮ 61. ㉱ 62. ㉱

흐르는가?

㉮ 15.35　　　㉯ 20.42
㉰ 25.78　　　㉱ 26.54

[해설] 유도 리액턴스 $(X_L) = 2\pi f L$
$= 2 \times \pi \times 60 \times 0.01 = 3.77$

따라서, 전류 $(I) = \dfrac{V}{R} = \dfrac{100}{3.77} = 26.54$ A

63. 항공계기의 색표지(color marking)와 그 의미를 옳게 짝지은 것은?

㉮ 푸른색 호선(blue arc) : 최대 및 최소 운용한계
㉯ 노란색 호선(yellow arc) : 순항 운용 범위
㉰ 붉은색 방사선(red radiaton) : 경계 및 경고 범위
㉱ 흰색 호선(white arc) : 플랩을 조작할 수 있는 속도 범위 표시

64. full deflection current 10 mA, 내부 저항이 4Ω인 검류계로 28 V의 전압측정용 전압계를 만들려면 약 몇 Ω짜리의 직렬저항을 이용해야 하는가?

㉮ 2000　　　㉯ 2500
㉰ 2800　　　㉱ 3000

[해설] 총 저항 $= \dfrac{E}{I} = \dfrac{28}{0.01} = 2800$ Ω

65. 광전연기탐지기에 대한 설명으로 옳은 것은?

㉮ 연기의 양을 측정한다.
㉯ 연기의 반사광을 감지한다.
㉰ 주변 연기의 온도를 측정한다.
㉱ 연기 내 오염물의 정도를 탐지한다.

[해설] 광전연기탐지기 : 광전기 셀, 비컨등, 시험등으로 구성되어 있으며 공기 중에 연기가 10 % 정도 존재할 경우 광전기 셀은 전류를 발생시킨다.

66. 항공기의 축압기(accumulator)에 대한 설명으로 틀린 것은?

㉮ 압력 조절기가 너무 빈번하게 작동되는 것을 방지한다.
㉯ 갑작스럽게 계통 압력이 상승할 때 이 압력을 흡수한다.
㉰ 작동유 압력계통의 호스가 파손되거나 손상되어 작동유가 누설되는 것을 방지한다.
㉱ 비상시 최소한의 작동 실린더를 제한된 횟수만큼 작동시킬 수 있는 작동유를 저장한다.

67. HF통신의 용도로 가장 옳은 것은?

㉮ 항공기 상호 간 단거리 통신
㉯ 항공기와 지상 간의 단거리 통신
㉰ 항공기 상호 간 및 항공기와 지상 간의 장거리 통신
㉱ 항공기 상호 간 및 항공기와 지상 간의 단거리 통신

[해설] HF(단파)통신 : 전파가 전리층과 지상에 반복적으로 반사되어 멀리 나가므로 주로 국제 항공로 등의 장거리 통신에 사용된다.

68. 직류 발전기에서 잔류자기를 잃어 발전기 출력이 나오지 않을 경우 잔류자기를 회복하는 방법으로 가장 적절한 것은 어느 것인가?

㉮ 계자코일을 교환한다.
㉯ 계자권선에 직류전원을 공급한다.
㉰ 자류자기가 회복될 때까지 반대방향으로 회전시킨다.

정답 63. ㉱　64. ㉰　65. ㉯　66. ㉰　67. ㉰　68. ㉯

㉣ 잔류자기가 회복될 때까지 고속 회전시킨다.

69. 기본적인 에어 사이클 냉각계통의 구성으로 옳은 것은?
㉮ 히터, 냉각기, 압축기
㉯ 압축기, 열교환기, 터빈
㉰ 열교환기, 증발기, 히터
㉣ 바깥 공기, 압축기, 엔진브리드 공기
[해설] 에어 사이클 냉각계통 : 열교환기, 터빈 바이패스 밸브, 차단 밸브, 수분 분리기, 램 공기 흡입 및 배기 도어

70. 자동 비행 조종장치에서 오토 파일럿(auto pilot)을 연동(engage)하기 전에 필요한 조건이 아닌 것은?
㉮ 이륙 후 연동한다.
㉯ 충분한 조정(trim)을 취한 뒤 연동한다.
㉰ 항공기의 기수가 진북(true north)을 향한 후에 연동한다.
㉣ 항공기 자세(roll, pitch)가 있는 한계 내에서 연동한다.

71. 고도계에서 발생되는 오차와 발생 요인을 옳게 짝지어진 것은?
㉮ 탄성 오차 : 케이스의 누출
㉯ 온도 오차 : 온도 변화에 의한 팽창과 수축
㉰ 눈금 오차 : 섹터 기어와 피니언 기어의 불균일
㉣ 기계적 오차 : 확대장치의 가동부분, 연결, 백래시, 마찰

72. 다음 중 싱크로 계기의 종류 중 마그네신(magnesyn)에 대한 설명으로 틀린 것은?
㉮ 교류전압이 회전자에 가해진다.
㉯ 오토신(autosyn)보다 작고 가볍다.
㉰ 오토신(autosyn)의 회전자를 영구자석으로 바꾼 것이다.
㉣ 오토신(autosyn)보다 토크가 약하고 정밀도가 떨어진다.
[해설] 마그네신이 오토신과 다른 것은 오토신은 회전자로 전자석을 사용하는 대신, 마그네신은 회전자를 강력한 영구자석을 사용한다. 교류전압이 고정자에 가해지며, 오토신보다 작고 가볍지만, 토크가 약하고 정밀도가 떨어진다.

73. 비행 중에 비로부터 시계를 확보하기 위한 제우(rain protection)시스템이 아닌 것은?
㉮ air curtain system
㉯ rain repellent system
㉰ windshield wiper system
㉣ windshield washer system

74. 항공기에서 화재탐지를 위한 장치가 설치되어 있지 않는 곳은?
㉮ 조종실 내   ㉯ 화장실
㉰ 동력장치   ㉣ 화물실

75. 직류 전원을 교류 전원으로 바꿔주는 것은?
㉮ static inverter
㉯ load controller
㉰ battery charger
㉣ TRU(transfomer rectifier unit)

정답 69. ㉯ 70. ㉰ 71. ㉮ 72. ㉮ 73. ㉣ 74. ㉮ 75. ㉮

[해설] ① 정류기 : 교류를 직류로 바꾸어 준다.
② 인버터 : 직류를 교류로 바꾸어 준다.

76. 수평 상태 지시계(HSI)가 지시하지 않는 것은?
㉮ 비행고도
㉯ DME거리
㉰ 기수 방위 지시
㉱ 비행 코스와의 관계 지시

[해설] 수평 상태 지시계
① 현재의 비행 상태에서의 기수 방위를 지시한다.
② 비행 코스와의 관계를 나타내 준다.
③ 처음 설정한 기수 방위와 현재의 기수 방위와의 차이를 알 수 있다.

77. 유압계통에서 압력이 낮게 작동되면 중요한 기기에만 작동 유압을 공급하는 밸브는?
㉮ 선택 밸브 (selector valve)
㉯ 릴리프 밸브 (relief valve)
㉰ 유압 퓨즈 (hydraulic fuse)
㉱ 우선 순위 밸브 (priority valve)

78. 항공기 내 승객 안내시스템(passenger address system)에서 방송의 제 1순위로부터 순서대로 옳게 나열한 것은?
㉮ cabin 방송, cockpit 방송, music 방송
㉯ cabin 방송, music 방송, cockpit 방송
㉰ cockpit 방송, cabin 방송, music 방송
㉱ cockpit 방송, music 방송, cabin 방송

[해설] 기내 방송장치(passenger address system)
① 1순위 : 조종실(cockpit)에서의 방송
② 2순위 : 객실 승무원(cabin)이 행하는 방송
③ 3순위 : 음악 방송

79. transmitter와 indicator 양쪽 모두 △ 또는 Y결선의 스테이터(stator)와 교류 전자석의 로터(rotor) 사이에 발생되는 전류와 자장 발생에 의해 동조되는 방식의 계기는?
㉮ 데신 (desyn)
㉯ 오토신 (autosyn)
㉰ 마그네신 (magnesyn)
㉱ 일렉트로신 (electrosyn)

[해설] 오토신 : 교류로 작동하는 원격지시계기의 한 종류이며 26 V, 400 Hz의 단상교류전원이 회전자에 연결되고, 고정자는 3상으로 △ 또는 Y결선이 되어 서로의 단자 사이를 도선으로 연결한다.

80. 직류 직권 전동기의 속도를 제어하기 위한 가변 저항기(rheostat)의 장착방법은?
㉮ 전동기와 병렬로 장착
㉯ 전동기와 직렬로 장착
㉰ 전원과 직·병렬로 장착
㉱ 전원 스위치와 병렬로 장착

[해설] 직권 전동기 : 계자와 전기자가 직렬로 연결되며, 시동 시 시동 토크가 크다. 시동용 전동기, 착륙장치, 플랩 등을 움직이는 전동기로 사용된다.

▶ 2016년 10월 1일 시행

자격종목	시험시간	문제 수	형 별	수험번호	성 명
항공 산업기사	2시간	80	A		

제1과목 : 항공역학

1. 다음 중 ( ) 안에 알맞은 내용은?

"비행기에서 무게 중심이 날개의 공기역학적 중심보다 앞쪽에 위치할 수록 세로안정은 (㉠)하고, 조종성은 (㉡)한다."

㉮ ㉠ 감소 ㉡ 증가
㉯ ㉠ 감소 ㉡ 감소
㉰ ㉠ 증가 ㉡ 증가
㉱ ㉠ 증가 ㉡ 감소

[해설] 무게 중심이 공기역학적 중심보다 앞에 있을수록 안정성이 좋아진다. 안정성과 조종성은 반비례를 하게 된다.

2. 다음 중 이륙 활주거리를 줄일 수 있는 조건으로 옳은 것은?

㉮ 추력을 최대로 한다.
㉯ 고 항력 장치를 사용한다.
㉰ 비행기의 하중을 크게 한다.
㉱ 항력이 큰 활주 자세로 이륙한다.

[해설] 비행기 무게가 작을수록 활주거리가 짧아진다.

3. 프로펠러가 항공기에 가해 준 소요 동력을 구하는 식은?

㉮ $\dfrac{추력}{비행속도}$

㉯ 추력 × 비행속도^2

㉰ $\dfrac{비행속도}{추력}$

㉱ 추력 × 비행속도

[해설] 프로펠러 추력을 T, 비행기 속도를 V라고 하면 프로펠러의 추력과 비행속도를 곱하여 프로펠러가 한 일을 구하게 된다.

4. 헬리콥터 구동계통에서 자유회전장치(free wheeling unit)의 주된 목적은?

㉮ 주 회전날개 제동장치를 풀어서 작동을 가능하게 한다.
㉯ 시동 중에 주 회전날개 깃의 굽힘 응력을 제거한다.
㉰ 착륙을 위해서 기관의 과 회전을 허용한다.
㉱ 기관이 정지되거나 제한된 주 회전날개의 회전수보다 느릴 때 주 회전날개와 기관을 분리한다.

[해설] 자유회전장치 : 기관 구동축과 변속기 사이에 프리휠 장치가 설치되어 있는데, 기관의 회전수가 주 회전날개를 회전시킬 수 있는 회전수보다 낮거나 기관이 정지하였을 때에 회전익 항공기의 자동회전비행이 가능하도록 기관의 구동과 변속기의 구동을 분리시키는 역할을 한다.

5. 조종면 효율변수(flap or control effectiveness parameter)를 설명한 것으로 옳은 것은?

㉮ 양력계수와 항력계수의 비를 말한다.
㉯ 플랩의 변위에 따른 양력계수의 변화량을 나타내는 값이다.

[정답] 1. ㉱ 2. ㉮ 3. ㉱ 4. ㉱ 5. ㉯

㉰ 날개 면적을 날개 면적과 플랩 면적을 합한 값으로 나눈 값이다.
㉱ 플랩 면적을 날개 면적과 플랩 면적을 합한 값으로 나눈 값이다.

6. 다음 중 실속 받음각 영역이 다른 것은 어느 것인가?

㉠ 스핀 ㉡ 방향 발산
㉢ 더치 롤 ㉣ 나선 발산

[해설] 동적 가로 안정의 특성을 결정하는 여러 가지의 복잡한 상호작용에 의해 방향 불안정, 나선 불안정, 가로방향 불안정(더치 롤)의 운동 형태가 만들어진다.

7. 온도가 0℃, 고도 약 2300m에서 비행기가 825 m/s 로 비행할 때의 마하수는 약 얼마인가? (단, 0℃ 공기 중 음속은 331.2 m/s 이다.)

㉠ 2.0 ㉡ 2.5 ㉢ 3.0 ㉣ 3.5

[해설] 마하수 = $\dfrac{\text{비행기 속도}}{\text{마하수}} = \dfrac{825}{331.2} = 2.5$

8. 비행기가 등속도 수평비행을 하고 있다면 이 비행기에 작용하는 하중배수는?

㉠ 0 ㉡ 0.5 ㉢ 1 ㉣ 1.8

[해설] 하중비배수 = $\dfrac{L}{W}$, 수평비행 시에는 $W = L$이므로 하중배수는 1이다.

9. 물체 표면을 따라 흐르는 유체의 천이(transition)현상을 옳게 설명한 것은?

㉠ 충격 실속이 일어난 현상이다.
㉡ 층류에 박리가 일어나는 현상이다.
㉢ 층류에서 난류로 바뀌는 현상이다.
㉣ 흐름이 표면에서 떨어져 나가는 현상이다.

10. 항공기 중량이 900kgf, 날개면적이 10 m²인 제트 항공기가 수평 등속도로 비행할 때 추력은 몇 kgf인가? (단, 양항비는 3이다.)

㉠ 300 ㉡ 250 ㉢ 200 ㉣ 150

[해설] $T = W\dfrac{C_D}{C_L} = 900 \times \dfrac{1}{3} = 300 \text{ kgf}$

11. 날개의 면적을 유지하면서 가로세로비만 2배로 증가시켰을 때의 이 비행기의 유도항력계수는 어떻게 되는가?

㉠ 2배 증가한다.
㉡ 1/2로 감소한다.
㉢ 1/4로 감소한다.
㉣ 1/16로 증가한다.

[해설] 유도항력계수 = $\dfrac{C_L^2}{\pi AR}$

가로세로비(AR)가 2배 증가하였으므로 유도항력계수는 1/2로 줄어든다.

12. 500 rpm 으로 회전하고 있는 프로펠러의 각속도는 약 몇 rad/s 인가?

㉠ 32 ㉡ 52 ㉢ 65 ㉣ 104

[해설] 각속도 = $2\pi n$
$= 2 \times \pi \times \left(\dfrac{500}{60}\right) = 52 \text{ rad/s}$

13. 날개 드롭(wing drop)에 대한 설명으로 틀린 것은?

㉠ 옆놀이와 관련된 현상이다.
㉡ 한쪽 날개가 충격 실속을 일으켜서 갑자기 양력을 상실하며 발생하는 현상이다.
㉢ 아음속에서 충격파가 과도할 경우 날개가 동체에서 떨어져 나가는 현상을 말한다.

정답 6. ㉠ 7. ㉡ 8. ㉢ 9. ㉢ 10. ㉠ 11. ㉡ 12. ㉡ 13. ㉢

㉣ 두꺼운 날개를 사용한 비행기가 천음속으로 비행 시 발생한다.

[해설] 날개 드롭은 비교적 두꺼운 날개를 사용한 비행기가 천음속으로 비행할 때 발생하며, 얇은 날개를 가지는 초음속 비행기가 천음속으로 비행할 때는 발생하지 않는다.

14. 항공기 형상이 비행 안정성에 미치는 영향을 옳게 설명한 것은?

㉮ 후퇴각(sweepback)을 갖는 주 날개에서는 측풍이 날개 익형에서 상대적인 공기속도를 변화시켜 항력 차이에 의한 복원 모멘트로 횡안정성이 개선된다.
㉯ 고익(high wing) 항공기에서는 횡안정성을 저해하는 방향으로 동체 주위의 유동이 날개의 받음각을 변화시킨다.
㉰ 일정한 면적의 꼬리날개는 장착위치가 무게 중심에 가까울수록 수직 및 수평안정판이 비행 안정성에 기여하는 영향이 크다.
㉣ 상반각을 갖는 주 날개에서는 측풍이 좌측 및 우측 날개에서 받음각 차이로 양력의 차이를 발생시켜 횡안정성이 개선된다.

15. 무게 20000kgf, 날개면적 80m² 인 비행기가 양력계수 0.45 및 경사각 30° 상태로 정상선회(균형선회) 비행을 하는 경우 선회반경은 약 몇 m인가? (단, 공기밀도는 1.22kg/m³이다.)

㉮ 1820　㉯ 2000　㉰ 2800　㉣ 3000

[해설] 정상선회 시 $W=L$ 이다.
$W=\frac{1}{2}\rho V C_L S$ 에서
$V=\sqrt{\frac{2W}{\rho C_L S}}$
$=\sqrt{\frac{2\times 20000}{\left(\frac{1.22}{9.8}\right)\times 0.45\times 80}}=94.47\,\mathrm{m/s}$

정상선회 시 속도(V)와 선회 시 선회속도(V_t)와의 관계식에서 선회속도를 구한다.
$V_t=\frac{V}{\sqrt{\cos\theta}}=\frac{94.47}{\sqrt{\cos 30°}}=101.51\,\mathrm{m/s}$

따라서, 선회반지름(R)은
$R=\frac{V_t^2}{g\tan\phi}=\frac{101.51^2}{9.8\times\tan 30°}=1821.2\,\mathrm{m}$

16. 에어포일 코드 'NACA 0009'를 통해 알 수 있는 것은?

㉮ 대칭 단면의 날개이다.
㉯ 초음속 날개 단면이다.
㉰ 다이아몬드형 날개 단면이다.
㉣ 단면에 캠버가 있는 날개이다.

17. 일반적인 헬리콥터 비행 중 주 회전날개에 의한 필요마력의 요인으로 보기 어려운 것은?

㉮ 유도속도에 의한 유도항력
㉯ 공기의 점성에 의한 마찰력
㉰ 공기의 박리에 의한 압력항력
㉣ 경사 충격파 발생에 따른 조파 저항

[해설] 헬리콥터의 필요마력 : 유도항력마력, 형상항력마력, 유해항력마력, 상승마력, 간섭마력 등으로 구성된다.

18. 대기를 구성하는 공기에 대한 설명으로 틀린 것은?

㉮ 공기의 점성계수는 물보다 작다.
㉯ 공기는 압축성 유체로 볼 수 있다.
㉰ 공기의 온도는 고도가 높아짐에 따라서 항상 감소한다.
㉣ 동일한 압력조건에서 공기의 온도변화와 밀도변화는 반비례 관계에 있다.

[정답] 14. ㉣　15. ㉮　16. ㉮　17. ㉣　18. ㉰

19. 다음 중 항력발산 마하수가 높은 날개를 설계할 때 옳은 것은?

㉮ 쳐든각을 크게 한다.
㉯ 날개에 뒤젖힘각을 준다.
㉰ 두꺼운 날개를 사용한다.
㉱ 가로세로비가 큰 날개를 사용한다.

[해설] 항력발산 마하수를 높게 하기 위해서는 날개 뒤젖힘각을 준다, 가로세로비가 작은 날개를 사용한다, 경계층을 제어한다, 얇은 날개로 날개 표면의 속도를 증가시킨다.

20. 상승 가속도 비행을 하고 있는 항공기에 작용하는 힘의 크기를 옳게 비교한 것은?

㉮ 양력 > 중력, 추력 < 항력
㉯ 양력 < 중력, 추력 > 항력
㉰ 양력 > 중력, 추력 > 항력
㉱ 양력 < 중력, 추력 < 항력

[해설] ① 가속도 전진 비행 : 추력 > 항력
② 상승 비행 : 양력 > 중력

제2과목 : 항공기관

21. 마하 0.85로 순항하는 비행기의 가스터빈엔진 흡입구에서 유속이 감속되는 원리에 대한 설명으로 옳은 것은?

㉮ 압축기에 의하여 감속한다.
㉯ 유동 일에 대하여 감속한다.
㉰ 단면적 환산으로 감속한다.
㉱ 충격파를 발생시켜 감속한다.

[해설] 압축기 입구에서 마하 0.5 정도로 유지하는 것이 좋으므로 확산형 덕트를 이용하여 속도를 감속하게 된다.

22. 가스터빈엔진에서 방빙장치가 필요 없는 곳은?

㉮ 터빈 노즐
㉯ 압축기 전방
㉰ 흡입 덕트 입구
㉱ 압축기의 입구 안내 깃

[해설] 방빙계통 : 흡입공기 온도가 낮게 되면 압축기 입구의 안내 깃, 흡입관의 립(lip) 부분에는 대기 중의 수증기가 얼게 된다.

23. 왕복엔진에서 물 분사 장치에 대한 설명으로 틀린 것은?

㉮ 물을 분사시키면 엔진이 더 큰 추력을 낼 수 있게 하는 앤티노크 기능을 가진다.
㉯ 물과 소량의 알코올을 혼합시키는 이유는 배기가스의 압력을 증가시키기 위한 것이다.
㉰ 물 분사는 짧은 활주로에서 이륙할 때와 착륙을 시도한 후 복행할 필요가 있을 때 사용한다.
㉱ 물 분사가 없는 드라이(dry) 엔진은 작동 허용범위를 넘었을 때 디토네이션으로 출력에 제한이 있다.

24. 항공기 가스터빈엔진의 성능 평가에 사용되는 추력이 아닌 것은?

㉮ 진추력   ㉯ 총추력
㉰ 비추력   ㉱ 열추력

25. 가스터빈엔진의 연료조정장치의(FCU) 기능이 아닌 것은?

㉮ 파워레버의 위치에 따른 연료량을 적절히 조절한다.
㉯ 연료 흐름에 따른 연료 필터의 계속 사용 여부를 조정한다.
㉰ 압축기 출구압력 변화에 따라 연료량을 적절히 조절한다.
㉱ 압축기 입구압력 변화에 따라 연료량

정답 19. ㉯ 20. ㉰ 21. ㉰ 22. ㉮ 23. ㉯ 24. ㉱ 25. ㉯

을 적절히 조절한다.

[해설] 연료조정장치의 수감 부분 : 기관의 회전수, 압축기 출구압력(연소실 압력), 압축기 입구 온도, 동력 레버의 위치

26. 열역학에서 주어진 시간에 계(system)의 이전 상태와 관계없이 일정한 값을 갖는 계의 거시적인 특성을 나타내는 것을 무엇이라 하는가?

㉮ 상태(state)
㉯ 과정(process)
㉰ 상태량(property)
㉱ 감사체적(control volume)

27. 흡입공기를 사용하지 않는 제트엔진은 어느 것인가?

㉮ 로켓   ㉯ 램제트
㉰ 펄스제트   ㉱ 터보 팬

28. 민간 항공기용 연료로서 ASTM에서 규정된 성질을 갖고 있는 가스터빈기관용 연료는?

㉮ JP-2   ㉯ JP-3
㉰ JP-8   ㉱ Jet-A

[해설] ① 군용 : JP-4, JP-5, JP-6, JP-7, JP-8
② 민간용 : 제트 A형, 제트 A-1형 및 제트 B형

29. 왕복엔진의 마그네토 캠축과 엔진 크랭크축의 회전속도비를 옳게 나타낸 것은? (단, 캠의 로브 수와 극 수는 같고, n : 마그네토의 극 수, N : 실린더 수이다.)

㉮ $\dfrac{N+1}{2n}$ ㉯ $\dfrac{N}{n+1}$
㉰ $\dfrac{N}{2n}$ ㉱ $\dfrac{N}{n}$

30. 왕복엔진의 피스톤 오일 링(oil ring)이 장착되는 그루브(groove)에 위치한 구멍의 주요 기능은?

㉮ 피스톤의 무게를 경감해 준다.
㉯ 윤활유의 양을 조절해 준다.
㉰ 피스톤 벽에 냉각 공기를 보내 준다.
㉱ 피스톤 내부 점검을 하기 위한 통로이다.

31. 왕복엔진의 마그네토 브레이커 포인트(breaker point)가 과도하게 소실되었다면 브레이커 포인트와 어떤 것을 교환해 주어야 하는가?

㉮ 1차 코일   ㉯ 2차 코일
㉰ 회전자석   ㉱ 콘덴서

32. 9개의 실린더로 이루어진 왕복엔진에서 실린더 직경 5in, 행정길이 6in일 경우 총 배기량은 약 몇 in^3인가?

㉮ 118   ㉯ 508
㉰ 1060   ㉱ 4240

[해설] 배기량 $KAL = 9 \times \left(\dfrac{3.14 \times 5^2}{4}\right) \times 6$
$= 1060\,in^3$

33. 프로펠러 깃(propeller blade)에 작용하는 응력이 아닌 것은?

㉮ 인장응력   ㉯ 굽힘응력
㉰ 비틀림응력   ㉱ 구심응력

[해설] 프로펠러에 작용하는 힘과 응력 : 추력과 휨응력, 원심력에 의한 인장응력, 비틀림과 비틀림응력

34. 가스터빈엔진의 추력 감소 요인이 아닌 것은?

㉮ 대기 밀도 증가

정답 26. ㉰   27. ㉮   28. ㉱   29. ㉰   30. ㉯   31. ㉱   32. ㉰   33. ㉱   34. ㉮

㉯ 연료조절장치 불량
㉰ 터빈 블레이드 파손
㉱ 이물질에 의한 압축기 로터 블레이드 오염

[해설] 공기밀도가 증가하면 추력은 증가한다.

35. 다음 중 가스터빈엔진의 엔진압력비 (EPR : engine pressure ratio)를 나타낸 식으로 옳은 것은?

㉮ $\dfrac{터빈\ 출구\ 압력}{압축기\ 입구\ 압력}$

㉯ $\dfrac{압축기\ 입구\ 압력}{터빈\ 출구\ 압력}$

㉰ $\dfrac{압축기\ 입구\ 압력}{압축기\ 출구\ 압력}$

㉱ $\dfrac{압축기\ 출구\ 압력}{압축기\ 입구\ 압력}$

[해설] 기관압력비는 압축기 입구의 전압과 터빈 출구의 전압의 비를 말하며, 추력에 정비례한다.

36. 그림과 같은 브레이턴 사이클(Brayton cycle)의 $P-V$ 선도에 대한 설명으로 틀린 것은?

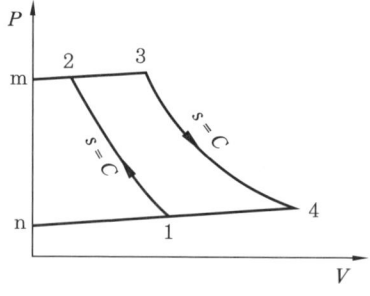

㉮ 넓이 1-2-m-n-1은 압축일이다.
㉯ 1개씩의 정압과정과 단열과정이 있다.
㉰ 넓이 1-2-3-4-1은 사이클의 참 일이다.
㉱ 넓이 3-4-n-m-3은 터빈의 팽창일이다.

이다.

[해설] 브레이턴 사이클은 두 개의 단열과정과 두 개가 정압과정이 이루어진다.

37. 피스톤 핀과 크랭크축을 연결하는 막대이며, 피스톤의 왕복운동을 크랭크축으로 전달하는 일을 하는 엔진의 부품은 어느 것인가?

㉮ 실린더 배럴   ㉯ 피스톤 링
㉰ 커넥팅 로드   ㉱ 플라이 휠

38. 정속 프로펠러(constant-speed propeller)는 엔진 속도를 정속으로 유지하기 위해 프로펠러 피치를 자동으로 조정해 주도록 되어 있는데 이러한 기능은 어떤 장치에 의해 조정되는가?

㉮ 3-way 밸브
㉯ 조속기(governor)
㉰ 프로펠러 실린더
㉱ 프로펠러 허브 어셈블리

39. 민간용 가스터빈엔진의 공압 시동기에 대한 설명으로 틀린 것은?

㉮ 시동 완료 후 발전기로서 작동한다.
㉯ APU, GTC에서의 고압 공기를 사용한다.
㉰ 약 20% 전후 엔진 rpm 속도에서 분리된다.
㉱ 엔진에 사용되는 같은 종류의 오일로 윤활된다.

40. 왕복엔진을 장착한 비행기가 이륙한 후에도 최대 정격 이륙 출력으로 계속 비행하는 경우에 대한 설명으로 옳은 것은?

㉮ 엔진이 과열되어 비행이 곤란해진다.

[정답] 35. ㉮ 36. ㉯ 37. ㉰ 38. ㉯ 39. ㉮ 40. ㉮

㉰ 공기 흡입구가 결빙되어 출력이 저하된다.
㉱ 엔진의 최대 출력을 증가시키기 위한 방법으로 자주 이용한다.
㉲ 연료 소모가 많지만 1시간 이내에서 비행할 수 있다.

[해설] 이륙마력은 기관이 낼 수 있는 최대 마력으로 안전작동과 최대 마력 보증, 수명 연장을 위해 1~5분으로 제한한다.

제3과목 : 항공기체

41. 앞바퀴형 착륙장치의 장점으로 틀린 것은?
㉮ 조종사의 시야가 좋다.
㉯ 이·착륙 저항이 적고 착륙 성능이 양호하다.
㉰ 가스터빈엔진에서 배기가스 분출이 용이하다.
㉱ 고속에서 주 착륙장치의 제동력을 강하게 작동하면 전복의 위험이 크다.

[해설] 앞바퀴형의 특징
① 동체 후방이 들려 있어 이륙 시 저항이 적고, 착륙 성능이 좋다.
② 이·착륙, 지상활주 시 항공기의 자세가 수평이므로 조종사의 시계가 넓다.
③ 터보 제트기의 배기가스의 배출을 용이하게 한다.
④ 뒷바퀴형에 비해 지상전복 위험이 적다.

42. 아이스박스 리벳인 2024(DD)를 아이스박스에 저온 보관하는 이유는?
㉮ 리벳을 냉각시켜 경도를 높이기 위해
㉯ 리벳의 열변화를 방지하여 길이의 오차를 줄이기 위해
㉰ 시효경화를 지연시켜 연화상태를 연장시키기 위해
㉱ 리벳을 냉각시켜 리베팅 시 판재를 함께 냉각시키기 위해

[해설] 아이스박스 리벳 : 리벳을 열처리하여 연화시킨 다음, 저온 상태의 아이스박스에 보관하여 시효경화를 지연시켜 연화상태가 유지되므로 필요 시 꺼내어 사용한다.

43. 외피(skin)에 주 하중이 걸리지 않는 구조 형식은?
㉮ 모노코크 구조
㉯ 트러스 구조
㉰ 세미모노코크 구조
㉱ 샌드위치 구조

[해설] 모노코크 구조 : 모든 하중을 외피가 담당하는 구조

44. 페일 세이프 구조 중 다경로 구조(redundant structure)에 대한 설명으로 옳은 것은?
㉮ 단단한 보강재를 대어 해당량 이상의 하중이 보강재가 분담하는 구조이다.
㉯ 여러 개의 부재로 되어 있고 각각의 부재는 하중을 고르게 분담하도록 되어 있는 구조이다.
㉰ 하나의 큰 부재를 사용하는 대신 2개 이상의 작은 부재를 결합하여 1개의 부재와 같은 또는 그 이상의 강도를 지닌 구조이다.
㉱ 규정된 하중은 모든 좌측 부재에서 담당하고 우측 부재는 예비 부재로 좌측 부재가 파괴된 후 그 부재를 대신하여 전체하중을 담당한다.

45. 알루미늄 합금판에 순수 알루미늄의 압연 코팅(coating)을 하는 알크래드

[정답] 41. ㉱ 42. ㉰ 43. ㉯ 44. ㉯ 45. ㉯

(alcald)의 목적은?

㉮ 공기 저항 감소
㉯ 표면 부식 방지
㉰ 인장강도의 증대
㉱ 기체 전기저항 감소

46. 그림과 같이 벽으로부터 0.8 m 지점에 250 N의 집중하중이 작용하는 1.0 m 길이의 보에 대한 굽힘 모멘트 선도는?

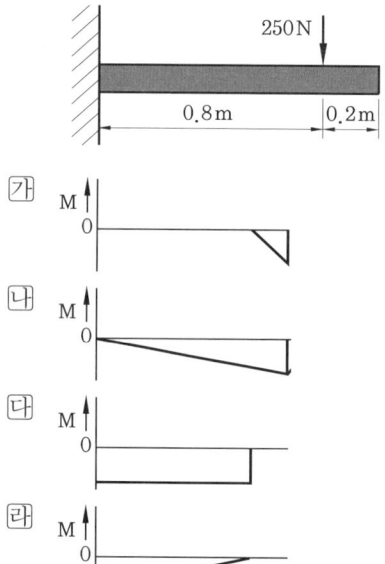

47. 양극처리(anodizing)에 대한 설명으로 옳은 것은?

㉮ 알루미늄합금에 은도금을 하는 것이다.
㉯ 강철에 순수한 탄소 피막을 입히는 것이다.
㉰ 크롬산이나 황산으로 알루미늄합금의 표면에 산화 피막을 만드는 것이다.
㉱ 알루미늄합금의 표면에 순수한 알루미늄 피막을 입히는 것이다.

[해설] 양극 산화 처리작업에는 황산법, 수산법, 크롬산법이 있다.

48. 인장하중(P)을 받는 평판에 구멍이 있다면 구멍 주위에 생기는 응력분포를 옳게 나타낸 것은?

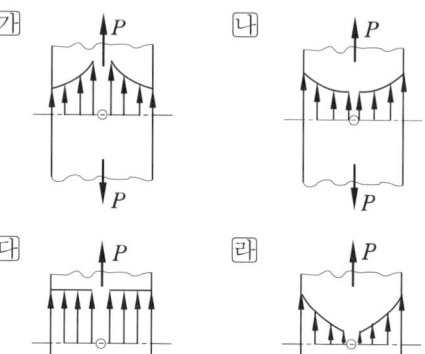

49. 두께가 40/1000 in, 길이가 2.75 in 인 2024 T3 알루미늄 판재를 AD리벳으로 결합하려면 몇 개의 리벳이 필요한가? (단, 2024 T3 판재의 극한인장응력은 60000 psi, AD리벳 1개당 전단강도는 388 lb, 안전계수는 1.15이다.)

㉮ 15 ㉯ 18
㉰ 20 ㉱ 39

[해설] 판재 두께(T) $= \dfrac{40}{1000}$ in $= 0.04$ in

판재 길이(L) $= 2.75$ in

판재의 극한인장응력(σ_{max}) $= 60000$ psi

리벳 지름(D) $= 3T = 3 \times 0.04 = 0.12$ in

판재의 전단응력(τ_{max}) $= \dfrac{전단강도}{리벳 단면적}$

$= \dfrac{388}{\dfrac{\pi \times 0.12^2}{4}} = 34306$ psi

위 값을 리벳 구하는 식에 대입을 하면

$N = 1.15 \dfrac{TL\sigma_{max}}{\dfrac{\pi D^2}{4}\tau_{max}}$

$$= 1.15 \times \frac{\frac{40}{1000} \times 2.75 \times 60000}{\frac{\pi \times 0.12^2}{4} \times 34306} \fallingdotseq 20$$

50. 항공기 기체 제작과 정비에 사용되는 특수 용접에 속하지 않는 것은?
㉮ 전기 아크 용접
㉯ 플라스마 용접
㉰ 금속 불활성가스 용접
㉱ 텅스텐 불활성가스 용접

51. 기계재료가 일정 온도에서 일정한 응력이 가해질 때 시간이 경과함에 따라 계속적으로 변형률이 증가하게 되는데 이와 같이 시간 경과에 따라 변하는 변형률을 나타내는 그래프는?
㉮ 피로(fatigue) 곡선
㉯ 크리프(creep) 곡선
㉰ 탄성(elasticity) 곡선
㉱ 천이(tranistion) 곡선

52. 섬유강화플라스틱(FRP)에 대한 설명으로 틀린 것은?
㉮ 내식성, 진동에 감쇠성이 크다.
㉯ 항공기의 조종면에는 FRP 허니컴 구조가 사용된다.
㉰ 경도, 강성이 낮은데 비하여 강도비가 크다.
㉱ 인장강도, 내열성이 높으므로 엔진 마운트로 사용된다.
[해설] FRP는 항공기의 1차 구조재에 필요한 충분한 강도를 가지지 못하고, 취성이 강해 2차 구조재에 사용한다.

53. 최근 대형 항공기의 동체 구조에 대한 설명으로 틀린 것은?
㉮ 날개, 꼬리날개 및 착륙장치의 장착점이 존재한다.
㉯ 응력 분산이 용이한 세미모노코크 구조가 사용된다.
㉰ 동체의 주요 구조 부재는 정형재와 벌크 헤드 및 외피로 구성된다.
㉱ 동체는 화물, 조종실, 장비품, 승객 등을 위한 공간으로 활용된다.
[해설] 대형 항공기의 경우 프레임, 벌크 헤드, 세로대, 스트링거, 외피 등으로 구성된 세미모노코크 구조를 사용한다.

54. 그림과 같은 $V-n$ 선도에서 실속속도(V_S) 상태로 수평 비행하고 있는 항공기의 하중배수(n_s)는?

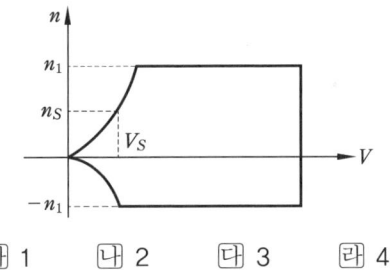

㉮ 1 ㉯ 2 ㉰ 3 ㉱ 4

55. 항공기의 연료 계통에 대한 설명으로 틀린 것은?
㉮ 연료 펌프로 가압 공급한다.
㉯ 연료 탑재 위치는 항공기 평형에 영향을 준다.
㉰ 탑재하는 연료의 양은 비행거리 및 시간에 따라 달라진다.
㉱ 연료 탱크 내부에 수분 증발 장치가 마련되어 있다.

56. 항공기의 케이블 조종 계통과 비교하

여 푸시풀 로드 조종 계통의 장점으로 옳은 것은?
- ㉮ 마찰이 적다.
- ㉯ 유격이 없다.
- ㉰ 관성력이 작다.
- ㉱ 계통의 무게가 가볍다.

[해설] 푸시풀 로드 조종 계통은 마찰이 적고, 늘어나지 않으며, 온도 변화에 영향을 거의 받지 않는다.

57. 다음 그림과 같은 볼트의 명칭은?

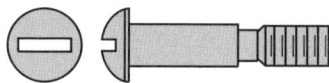

- ㉮ 아이 볼트
- ㉯ 육각머리 볼트
- ㉰ 클레비스 볼트
- ㉱ 드릴머리 볼트

[해설] 클레비스 볼트 : 스크루 드라이버를 사용하여 볼트를 풀거나 조이게 한다.

58. 판재를 굴곡작업하기 위한 그림과 같은 도면에서 굴곡 접선의 교차 부분에 균열을 방지하기 위한 구멍의 명칭은?

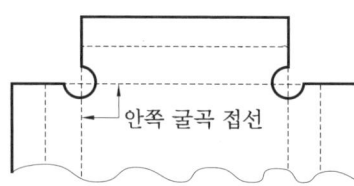

- ㉮ lighting hole
- ㉯ pilot hole
- ㉰ countersunk hole
- ㉱ relief hole

[해설] 릴리프 홀(relief hole) : 굽힘 가공에 앞서서 응력집중이 일어나는 교점에는 응력 제거 구멍을 뚫어야 하는데 이를 릴리프 홀이라 한다.

59. 판재 홀 가공 절차 중 리머 작업에 대한 설명으로 옳은 것은?
- ㉮ 강을 리밍할 때 절삭유를 사용하지 않는다.
- ㉯ 드릴로 뚫은 작은 구멍의 안쪽을 매끈하게 가공한다.
- ㉰ 홀 가공 시 드릴 작업보다 빠른 회전 속도로 작업한다.
- ㉱ 드릴로 뚫은 구멍의 안쪽 부식을 제거한다.

[해설] 리머(reamer)작업 : 드릴로 구멍을 뚫은 판재 안쪽을 매끄럽게 다듬질하는 작업

60. 다음 중 재료가 탄성한도에서 단위 체적에 축적되는 변형에너지를 나타내는 식은? (단, σ : 응력, E : 탄성계수이다.)

- ㉮ $\dfrac{\sigma^2}{2E}$
- ㉯ $\dfrac{E}{2\sigma^2}$
- ㉰ $\dfrac{\sigma}{2E^2}$
- ㉱ $\dfrac{E}{2\sigma^3}$

제4과목 : 항공장비

61. 유압계통의 압력 서지(pressure surge)를 완화하는 역할을 하는 장치는?
- ㉮ 펌프 (pump)
- ㉯ 리저버 (reservoir)
- ㉰ 릴리프 밸브 (relief valve)
- ㉱ 어큐뮬레이터 (accumulator)

[해설] 축압기(accumulator) : 가압된 작동유를 저장하는 저장통으로서, 여러 개의 유압기기가 사용 시 동력펌프를 돕고, 동력펌프가 고장 시 저장되었던 작동유를 유압기기에 공급한다. 또 유압계통의 서지(surge)현상을 방지한다.

정답 57. ㉰ 58. ㉱ 59. ㉯ 60. ㉮ 61. ㉱

62. 유압계통에서 유압관 파손 시 작동유의 과도한 누설을 방지하는 장치는?
㉮ 유압 퓨즈 ㉯ 흐름 평형기
㉰ 흐름 조절기 ㉱ 압력 조절기

[해설] 유압 퓨즈는 유압계통의 관이나 호스가 파손되거나 기기 내의 실(seal)에 손상이 생겼을 때 과도한 누설을 방지하기 위한 장치이다.

63. 다음 중 화학적 방빙(atnti-icing)방법을 주로 사용하는 곳은?
㉮ 프로펠러
㉯ 화장실
㉰ 피토 튜브
㉱ 실속 경고 탐지기

[해설] 화학적 방빙계통은 결빙의 우려가 있는 부분에 이소프로필 알코올이나 에틸렌글리콜과 알코올을 섞은 용액을 분사, 어는점을 낮게 하여 결빙을 방지한다. 주로 프로펠러 깃이나 윈드 실드 또는 기화기의 방빙에 사용한다.

64. 다음 중 합성 작동유 계통에 사용되는 실(seal)은?
㉮ 천연 고무
㉯ 일반 고무
㉰ 부틸 합성 고무
㉱ 네오프렌 합성 고무

[해설] 부틸 합성 고무 : 가스 침투의 방지와 기후에 대한 저항성이 우수하고, 내열 노화성, 내오존성이 좋고, 내약품성 중에서도 산화제에 대하여 강산 특성이 있어 호스, 패킹, 진공 실(seal) 등에 사용된다.

65. 레인 리펠런트(rain repellent)에 대한 설명으로 틀린 것은?
㉮ 물방울이 퍼지는 것을 방지한다.
㉯ 우천 시 항공기 이·착륙에 와이퍼(wipper)와 같이 사용한다.
㉰ 표면장력 변화를 위하여 특수 용액을 사용한다.
㉱ 강우량이 적을 때 사용하면 매우 효과적이다.

66. 액량계기와 유량계기에 관한 설명으로 옳은 것은?
㉮ 액량계기는 대형기와 소형기에 차이 없이 대부분 동압식 계기이다.
㉯ 액량계기는 연료계통에서 기관으로 흐르는 연료의 유량을 지시한다.
㉰ 유량계기는 연료탱크에서 기관으로 흐르는 연료의 유량을 시간당 부피 또는 무게단위로 나타낸다.
㉱ 유량계기는 직독식, 플로트식, 액압식 등이 있다.

[해설] ① 액량계기 : 항공기에 탑재되는 연료, 윤활유, 작동유와 방빙액의 양을 부피나 무게로 측정하여 지시하는 계기
② 유량계기 : 연료탱크에서 기관으로 흐르는 연료의 유량을 시간당 부피 단위(GPH) 또는 무게 단위(PPH)로 지시한다.

67. 발전기의 무부하(no-load) 상태에서 전압을 결정하는 3가지 주요한 요소가 아닌 것은?
㉮ 자장의 세기
㉯ 회전자의 회전 방향
㉰ 자장을 끊는 회전자의 수
㉱ 회전자가 자장을 끊는 속도

68. 20HP의 펌프를 작동시키기 위해 몇 kW의 전동기가 필요한가? (단, 펌프의 효율은 80%이다.)

정답 62.㉮ 63.㉮ 64.㉰ 65.㉱ 66.㉰ 67.㉯ 68.㉱

㉮ 8 ㉯ 10 ㉰ 12 ㉱ 19

[해설] 20HP = 20 × 746 W = 14.92 kW

전동기의 효율 = $\dfrac{출력}{입력}$ 에서

입력 = $\dfrac{출력}{효율} = \dfrac{14.92}{0.8} = 18.65$ kW

69. 다음 중 지향성 전파를 수신할 수 있는 안테나는 어느 것인가?
㉮ loop ㉯ sense
㉰ dipole ㉱ probe

[해설] 루프 안테나 : 절연된 구리선을 사각형 또는 원형으로 감은 것을 말하며, 소형 라디오의 수신 안테나 또는 방향 탐지용 안테나로 많이 사용된다. 루프 안테나의 지향성은 루프 면에 평행인 방향으로 최대이고, 직각 방향으로 최소인 지향성을 가진다.

70. 정전용량 20μF, 인덕턴스 0.01H, 저항 10Ω이 직렬로 연결된 교류회로가 공진이 일어났을 때 전원전압이 30V라면 전류는 몇 A인가?
㉮ 2 ㉯ 3 ㉰ 4 ㉱ 5

[해설] $Z = R + j\left(\omega L - \dfrac{1}{\omega C}\right)$

공진상태에서는 $\omega L = \dfrac{1}{\omega C}$ 이다.

따라서, $Z = 10\,\Omega$이다.

$I = \dfrac{E}{R} = \dfrac{30}{10} = 3$ A

71. 그림에서 편차(variation)를 옳게 나타낸 것은?

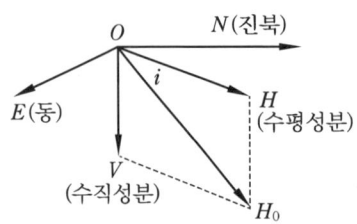

㉮ $N-O-H$ ㉯ $N-O-H_0$
㉰ $N-O-V$ ㉱ $E-O-V$

[해설] 편차란 지구 자오선과 자기 자오선 사이이 오차각이다.

72. 객실 고도를 옳게 설명한 것은?
㉮ 운항 중인 항공기 객실의 실제 고도를 해발고도로 표현한 것
㉯ 항공기 외부의 압력을 표준대기 상태의 압력에 해당되는 고도로 표현한 것
㉰ 항공기 내부의 압력을 표준대기 상태의 압력에 해당되는 고도로 표현한 것
㉱ 항공기 내부의 기온을 현재 비행 상태의 외기 온도에 해당되는 고도로 표현한 것

[해설] 실제 비행하는 고도를 비행고도라 하며, 객실 안의 기압에 해당되는 기압고도를 객실고도라 한다.

73. 다음 중 화재 진압 시 사용되는 소화제가 아닌 것은?
㉮ 이산화탄소 ㉯ 물
㉰ 암모니아수 ㉱ 하론1211

74. 속도계에만 표시되는 것으로 최대 착륙하중시의 실속 속도에서 플랩(flap)을 내릴 수 있는 속도까지의 범위를 나타내는 색 표식의 색깔은?
㉮ 녹색 ㉯ 황색
㉰ 청색 ㉱ 백색

75. 자이로 섭동성을 나타낸 그림에서 자이로가 굵은 화살표 방향으로 회전하고 있을 때, 힘(F)을 가하면 실제로 힘을 받는 부분은?

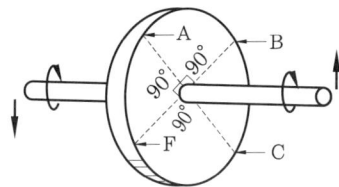

㉮ F   ㉯ A   ㉰ B   ㉱ C

[해설] 섭동성 : 자이로가 회전하고 있을 때 회전자의 앞면에 F라는 힘을 가하면 가한 점으로부터 회전방향으로 90° 진행된 점에 힘이 가해진 것 같은 작용을 한다.

76. 활주로 진입로 상공을 통과하고 있다는 것을 조종사에게 알리기 위한 지상장치는?

㉮ 로컬라이저 (localizer)
㉯ 마커 비컨 (marker beacon)
㉰ 대지 접근 경보장치 (GPWS)
㉱ 글라이드 슬로프 (glide slope)

77. 다음 중 니켈-카드뮴 축전지에 대한 설명으로 틀린 것은?

㉮ 전해액은 질산계의 산성액이다.
㉯ 진동이 심한 장소에 사용 가능하고, 부식성 가스를 거의 방출하지 않는다.
㉰ 고부하 특성이 좋고 큰 전류가 방전 시 안정된 전압을 유지한다.
㉱ 한 개의 셀(cell)의 기전력은 무부하 상태에서 1.2~1.25 V 정도이다.

[해설] 니켈-카드뮴 축전지는 알칼리 축전지이다.

78. 전 방향 표지시설(VOR) 주파수의 범위로 가장 적절한 것은?

㉮ 1.8~108 kHz
㉯ 18~118 kHz
㉰ 108~118 MHz
㉱ 130~165 MHz

[해설] 초단파 전방향 무선 표지와 자동 착륙장치의 로컬라이저가 같은 주파수 대역인 108~118 MHz이며, 하나의 안테나에 겸용 수신기를 사용한다.

79. 발전기와 함께 장착되는 역전류 차단장치(reverse-current cut-out relay)의 설치 목적은?

㉮ 발전기 전압의 파동을 방지한다.
㉯ 발전기 전기자의 회전수를 조절한다.
㉰ 발전기 출력전류의 전압을 조절한다.
㉱ 축전지로부터 발전기로 전류가 흐르는 것을 방지한다.

[해설] 역전류 차단기 : 발전기의 출력 쪽과 버스 사이에 장착하여 발전기의 출력전압이 낮을 때 축전지로부터 발전기로 전류가 역류하는 것을 방지하는 장치이다.

80. SELCAL(selective calling)은 무엇을 호출하기 위한 장치인가?

㉮ 항공기   ㉯ 정비타워
㉰ 항공회사   ㉱ 관제기관

[해설] 선택호출장치(SELCAL : selective calling system) : 지상에서 특정한 항공기를 무선통신으로 호출하는 것을 알린다.

2017년도 시행 문제

▶ 2017년 3월 5일 시행

자격종목	시험시간	문제 수	형 별	수험번호	성 명
항공 산업기사	2시간	80	A		

제1과목 : 항공역학

1. 프로펠러의 깃각을 감소시키려는 경향을 갖는 요소로 옳은 것은?

㉮ 추력에 의한 굽힘 모멘트
㉯ 회전력에 의한 굽힘 모멘트
㉰ 원심력에 의한 비틀림 모멘트
㉱ 공기력에 의한 비틀림 모멘트

[해설] 회전하는 프로펠러 깃에는 공기력 비틀림과 원심력 모멘트가 발생한다. 공기력 비틀림 모멘트는 깃의 피치를 크게 하는 방향으로 작용하며, 원심력 모멘트는 깃이 회전하는 동안 깃의 피치를 작게 하는 방향으로 작용한다.

2. 날개의 양력분포가 타원 모양이고 양력계수가 1.2, 가로세로비가 6일 때 유도항력계수는 약 얼마인가?

㉮ 0.012   ㉯ 0.076
㉰ 1.012   ㉱ 1.076

[해설] 양력분포가 타원 모양이므로 $e=1$

$$C_{Di} = \frac{C_L^2}{\pi AR} = \frac{1.2^2}{\pi \times 6} = 0.076$$

3. 조종면에 발생되는 힌지 모멘트가 증가되는 경우로 옳은 것은?

㉮ 조종면의 폭을 키운다.
㉯ 비행기의 속도를 줄인다.
㉰ 항공기 주 날개의 무게를 늘린다.
㉱ 조종면의 평균 시위를 최대한 작게 한다.

[해설] $H = C_h \frac{1}{2} \rho V^2 Sc = C_h \frac{1}{2} \rho V^2 b c^2$

4. 항공기의 조종성과 안정성에 대한 설명으로 옳은 것은?

㉮ 전투기는 안정성이 커야 한다.
㉯ 안정성이 커지면 조종성이 나빠진다.
㉰ 조종성이란 평형상태로 되돌아오는 정도를 의미한다.
㉱ 여객기의 경우 비행 성능을 좋게 하기 위해 조종성에 중점을 두어 설계해야 한다.

5. 비행기의 수직 꼬리날개 앞 동체에 붙어 있는 도살 핀(dorsal fin)의 가장 중요한 역할은?

㉮ 구조 강도를 좋게 한다.
㉯ 가로 안정성을 좋게 한다.
㉰ 방향 안정성을 좋게 한다.
㉱ 세로 안정성을 좋게 한다.

[해설] 도살 핀 장착 시 효과
㉮ 큰 옆미끄럼각에서도 방향 안정성을 증가시킨다.
㉯ 수직 꼬리날개의 유효 가로세로비를 감소시켜 실속각을 증가시킨다.

[정답] 1. ㉰ 2. ㉯ 3. ㉮ 4. ㉯ 5. ㉰

6. 다음 중 항공기의 양력(lift)에 영향을 가장 적게 미치는 요소는?

㉮ 양력계수 ㉯ 공기 밀도
㉰ 항공기 속도 ㉱ 공기 점성

해설 $L = C_L \frac{1}{2} \rho V^2 S$

양력은 양력계수, 공기 밀도, 속도, 날개 면적에 대한 함수이다.

7. 특정한 헬리콥터에서 회전날개(rotor blades)에 비틀림 각을 주는 주된 이유는 어느 것인가?

㉮ 회전날개의 무게를 경감하기 위하여
㉯ 회전날개의 회전속도를 증가시키기 위하여
㉰ 전진비행에서 발생하는 진동을 줄이기 위하여
㉱ 정지비행 시 균일한 유도속도의 분포를 얻기 위하여

8. 수직 충격파 전후의 유동 특성으로 틀린 것은?

㉮ 충격파를 통과하는 흐름은 등엔트로피 흐름이다.
㉯ 수직 충격파 뒤의 속도는 항상 아음속이다.
㉰ 충격파를 통과하게 되면 급격한 압력 상승이 일어난다.
㉱ 충격파는 실제적으로 압력의 불연속 면이라 볼 수 있다.

해설 초음속 흐름이 수직 충격파를 지난 공기 흐름은 항상 아음속이 되고 압력과 밀도는 급격히 증가하며, 온도는 불연속적으로 증가, 속도는 급격히 감소한다.

9. 프로펠러 항공기의 항속거리를 최대로 하기 위한 조건으로 옳은 것은? (단, C_{Dp}는 유해항력계수, C_{Di}는 유도항력계수이다.)

㉮ $C_{Dp} = C_{Di}$ ㉯ $C_{Dp} = 2C_{Di}$
㉰ $C_{Dp} = 3C_{Di}$ ㉱ $3C_{Dp} = C_{Di}$

해설 항속거리를 최대로 하기 위해서는 양항비가 최대인 상태로 비행을 해야 한다. 여기서 양항비가 최대가 되려면 유해항력계수 값과 유도항력계수 값이 같아야 한다.

10. 무게 4000 kgf인 항공기가 선회경사각 60°로 경사선회하며 하중계수 1.5가 작용한다면 이 항공기의 양력은 몇 kgf인가?

㉮ 2000 ㉯ 4000
㉰ 6000 ㉱ 8000

해설 $n = \frac{L}{W}$
$L = nW = 1.5 \times 4000 = 6000$

11. 전리층이 존재하기 때문에 전파를 흡수, 반사하는 작용을 하여 통신에 영향을 주는 대기층은?

㉮ 대류권 ㉯ 열권
㉰ 중간권 ㉱ 성층권

해설 열권의 특징
① 고도에 따라 온도가 높아지고, 공기는 매우 희박하다.
② 전리층이 전파를 흡수, 반사하는 작용을 하여 통신에 영향을 준다.
③ 극광이나 유성이 밝은 빛의 꼬리를 길게 남기는 현상이 일어난다.

12. 전진비행 중인 헬리콥터의 진행방향 변경은 어떻게 이루어지는가?

㉮ 꼬리 회전날개를 경사시킨다.
㉯ 꼬리 회전날개의 회전수를 변경시킨다.
㉰ 주 회전날개 깃의 피치각을 변경시킨다.

정답 6. ㉱ 7. ㉱ 8. ㉮ 9. ㉮ 10. ㉰ 11. ㉯ 12. ㉱

㉣ 주 회전날개 회전면을 원하는 방향으로 경사시킨다.

[해설] 주기적 피치 제어간(cyclic control lever) : 회전날개의 피치를 주기적으로 변하게 하면서 회전 경사판을 경사지게 하여 추력의 방향을 경사지게 하여 전진과 후진 및 좌·우의 비행을 가능하게 한다.

13. 무게 2000 kgf의 비행기가 5 km 상공에서 급강하할 때 종극속도는 약 몇 m/s인가? (단, 항력계수 0.03, 날개하중 300 kg/m, 공기의 밀도 0.75 kg·m⁴ 이다.)

㉮ 350　　㉯ 516.4
㉰ 620　　㉱ 771.5

[해설] $V_D = \sqrt{\dfrac{2W}{\rho C_D S}} = \sqrt{\dfrac{2}{\rho C_D} \dfrac{W}{S}}$
$= \sqrt{\dfrac{2}{0.075 \times 0.03} \times 300} = 516.4$
($\dfrac{W}{S}$: 날개하중)

14. 100 m/s로 비행하는 프로펠러 항공기에서 프로펠러를 통과하는 순간의 공기속도가 120 m/s가 되었다면 이 항공기의 프로펠러 효율은 약 얼마인가?

㉮ 0.76　　㉯ 0.83
㉰ 0.91　　㉱ 0.97

[해설] 프로펠러 효율 = $\dfrac{100}{120} = 0.83$

15. 비행기의 최대양력계수가 커질수록 이와 관계된 비행성능의 변화에 대한 설명으로 옳은 것은?

㉮ 상승속도가 크고 착륙속도도 커진다.
㉯ 상승속도는 작고 착륙속도는 커진다.
㉰ 선회반경이 크고 착륙속도는 작아진다.
㉱ 실속속도가 작아지고 착륙속도도 작아진다.

[해설] $V_s = \sqrt{\dfrac{2W}{\rho C_{Lmax} S}}$
착륙속도 = $1.3 V_s$

16. 항공기 사고의 원인이 되기도 하는 스핀(spin)이 일어날 수 있는 조건으로 가장 옳은 것은?

㉮ 기관이 멈추었을 때
㉯ 받음각이 실속각보다 클 때
㉰ 한쪽 날개 플랩이 작동하지 않을 때
㉱ 항공기 착륙장치가 작동하지 않을 때

[해설] 스핀 : 비행기의 받음각이 실속 받음각보다 더 큰 상태, 즉 실속 상태에서 옆놀이 운동을 하면서 자전운동을 하게 되며, 이 상태와 함께 수직 강하하는 현상

17. 항공기의 착륙거리를 줄이기 위한 방법이 아닌 것은?

㉮ 추력을 크게 한다.
㉯ 익면하중을 작게 한다.
㉰ 역추력장치를 사용한다.
㉱ 지면 마찰계수를 크게 한다.

[해설] 착륙거리를 짧게 하는 방법
① 착륙무게(W)가 가벼워야 한다.
② 접지속도가 작아야 한다.
③ 착륙 활주 중에 항력을 크게 한다.

18. 비행기의 세로안정성을 좋게 하기 위한 방법이 아닌 것은?

㉮ 수직꼬리날개의 면적을 증가시킨다.
㉯ 수평꼬리날개 부피계수를 증가시킨다.
㉰ 무게중심이 날개의 공기역학적 중심 앞에 위치하도록 한다.
㉱ 무게중심에 관한 피칭 모멘트계수가 받음각이 증가함에 따라 음(-)의 값을

[정답] 13. ㉯ 14. ㉯ 15. ㉱ 16. ㉯ 17. ㉮ 18. ㉮

갖도록 한다.

[해설] 비행기의 세로안정을 좋게 하는 방법
① 무게중심이 날개의 공기역학적 중심보다 앞에 위치할수록 좋다.
② 날개가 무게중심보다 높은 위치에 있을수록 좋다.
③ 수평 꼬리날개 부피가 클수록 좋다.
④ 수평 꼬리날개 효율이 클수록 좋다.

19. 직사각형 날개의 가로세로 비를 나타낸 식으로 틀린 것은? (단, b : 날개의 길이, C : 날개의 시위, S : 날개의 면적이다.)

㉮ $\dfrac{b}{C}$ ㉯ $\dfrac{b^2}{S}$ ㉰ $\dfrac{S}{C^2}$ ㉱ $\dfrac{C^2}{S}$

[해설] $AR = \dfrac{b}{C} = \dfrac{b^2}{S} = \dfrac{S}{C^2}$

20. 다음 중 해면상 표준대기에서 정압(static pressure)의 값으로 틀린 것은?

㉮ 0 kg/m² ㉯ 2116.2 lb/ft²
㉰ 29.92 inHg ㉱ 1013.25 mbar

[해설] $P_0 = 760$ mmHg $= 29.92$ inHg
$= 1013.25$ mbar $= 101.325$ Pa

제2과목 : 항공기관

---

21. 엔진의 오일탱크가 별도로 장치되어 있지 않고 스플래시(splash) 방식에 의해 윤활되는 오일계통을 무엇이라 하는가?

㉮ hot tank system
㉯ wet sump system
㉰ cold tank system
㉱ dry sump system

[해설] 습식 윤활계통(wet sump oil system) : 크랭크 케이스 밑부분을 탱크로 이용하여 오일 탱크가 따로 설치되어 있지 않고 스플래시 방식으로 윤활한다.

22. 왕복엔진 기화기의 혼합기 조절장치(mixture control system)에 대한 설명으로 틀린 것은?

㉮ 고도에 따라 변하는 압력을 감지하여 점화시기를 조절한다.
㉯ 고고도에서 혼합기가 너무 농후해지는 것을 방지한다.
㉰ 고고도에서 기압, 밀도, 온도가 감소하는 것을 보상하기 위해 사용된다.
㉱ 실린더가 과열되지 않는 출력 범위 내에서 희박한 혼합기를 사용함으로써 연료를 절약한다.

[해설] 혼합기 조절장치 : 기관이 요구하는 출력에 적합한 혼합비가 되도록 연료량을 조절하거나, 고도가 증가함에 따라 밀도가 감소하므로 혼합비가 농후 상태가 되는 것을 방지해 주는 장치

23. 왕복엔진에 장착된 피스톤 링(piston ring)의 역할이 아닌 것은?

㉮ 피스톤의 진동에 의한 경화현상을 방지하는 기능
㉯ 윤활유가 연소실로 유입되는 것을 방지하는 기능
㉰ 연소실 내의 압력을 유지하기 위한 밀폐 기능
㉱ 피스톤으로부터 실린더 벽으로 열을 전도하는 기능

[해설] 피스톤 링은 실린더 벽에 밀착되어 압축가스의 기밀 작용, 열전도 작용, 윤활유 조절 작용을 한다.

24. 회전동력을 이용하여 프로펠러를 움직여 추진력을 얻는 엔진으로만 짝지어진 것

[정답] 19. ㉱ 20. ㉮ 21. ㉯ 22. ㉮ 23. ㉮ 24. ㉱

은 어느 것인가?

㉮ 터보 프롭 – 터보 팬
㉯ 터보 샤프트 – 터보 팬
㉰ 터보 샤프트 – 터보 제트
㉱ 터보 프롭 – 터보 샤프트

25. 왕복엔진에서 저압점화계통을 사용할 때 단점은?

㉮ 커패시턴스   ㉯ 무게의 증대
㉰ 플래시 오버   ㉱ 고전압 코로나

[해설] 저압점화계통 : 마그네토 1차 코일에서 낮은 전압을 발생시켜 저전압 상태로 배전기 회전자를 통해 각 실린더마다 설치된 변압기에 보내주게 되고, 변압기 코일에서 높은 전압으로 승압시켜 점화플러그에 전달한다. 고공에서 전기 누설이 없어 고공비행에 적합하다. 그러나 가격이 비싸고 무게가 무겁다.

26. 압축비가 8인 오토 사이클의 열효율은 약 얼마인가? (단, 공기의 비열비는 1.5이다.)

㉮ 0.52   ㉯ 0.56
㉰ 0.58   ㉱ 0.64

[해설] $\eta_o = 1 - \left(\dfrac{1}{\epsilon}\right)^{k-1} = 1 - \left(\dfrac{1}{8}\right)^{0.5} = 0.646$

27. 가스터빈엔진의 터빈에서 공기압력과 속도의 변화에 대한 설명으로 옳은 것은?

㉮ 압력과 속도 모두 감소한다.
㉯ 압력과 속도 모두 증가한다.
㉰ 압력은 증가하고 속도는 감소한다.
㉱ 압력은 감소하고 속도는 증가한다.

[해설] 터빈 : 압축기 및 그 밖의 필요 장비를 구동시키는데 필요한 동력을 발생시키는 부분으로 연소실에서 연소된 고온, 고압의 연소가스를 팽창시켜 회전동력을 얻고, 속도는 증가한다.

28. [보기]에 나열된 왕복엔진의 종류는 어떤 특성으로 분류한 것인가?

[보기]   V형, X형, 대항형, 성형

㉮ 엔진의 크기
㉯ 엔진의 장착 위치
㉰ 실린더의 회전 형태
㉱ 실린더의 배열

29. 비행 중 엔진고장 시 프로펠러를 페더링(feathering)시켜야 하는 이유로 옳은 것은?

㉮ 엔진의 진동을 유발해 화재를 방지하기 위하여
㉯ 풍차(windmill) 효과로 인해 추력을 얻기 위하여
㉰ 프로펠러 회전을 멈춰 추가적인 손상을 방지하기 위하여
㉱ 전면과 후면의 차압으로 프로펠러를 회전시키기 위하여

[해설] 프로펠러 페더링 : 프로펠러 깃을 비행 방향과 평행이 되도록 피치를 변경시키는 것을 말하고 비행 중 기관 정지 시 항공기의 공기저항을 감소시키고 풍차 회전에 따른 기관 고장을 확대방지 한다.

30. 가스터빈엔진에서 가스 발생기(gas generator)를 나열한 것은?

㉮ compressor, combustion chamber, turbine
㉯ compressor, combustion chamber, diffuser
㉰ inlet duct, combustion chamber, diffuser
㉱ compressor, combustion chamber, exhaust

정답 25. ㉯ 26. ㉱ 27. ㉱ 28. ㉱ 29. ㉰ 30. ㉮

[해설] 가스발생기에는 압축기, 연소실, 터빈이 있다.

31. 가스터빈엔진에서 연료계통의 여압 및 드레인 밸브(P&D valve)의 기능이 아닌 것은?
㉮ 일정 압력까지 연료 흐름을 차단한다.
㉯ 1차 연료와 2차 연료 흐름으로 분리한다.
㉰ 연료압력이 규정치 이상 넘지 않도록 조절한다.
㉱ 엔진정지 시 노즐에 남은 연료를 외부로 방출한다.

[해설] 여압 및 드레인 밸브 기능
① 연료의 흐름을 1차 연료와 2차 연료로 분리한다.
② 기관 정지 시 매니폴드나 연료 노즐에 남아 있는 연료를 외부로 방출한다.
③ 연료의 압력이 일정 압력 이상이 될 때까지 연료의 흐름을 차단하는 역할을 한다.

32. 2차 공기유량이 16500 lb/s이고 1차 공기유량이 3000 lb/s 인 터보팬엔진에서 바이패스 비는?
㉮ 6.3 : 1   ㉯ 5.5 : 1
㉰ 4.3 : 1   ㉱ 3.7 : 1

[해설] $BPR = \dfrac{2차\ 공기\ 유량}{1차\ 공기\ 유량} = \dfrac{16500}{3000} = 5.5$

33. 왕복엔진 배기밸브(exhaust valve)의 냉각을 위해 밸브 속에 넣는 물질은?
㉮ 스텔라이트   ㉯ 취화물
㉰ 금속 나트륨   ㉱ 아닐린

[해설] 금속 나트륨(sodium) : 배기밸브는 흡입밸브보다 더 높은 온도에 접하게 되므로 밸브 스템 속에 금속 나트륨을 넣어서 비교적 낮은 온도에서 액체 상태로 녹아 냉각효과를 증대시킨다.

34. 비가역 과정에서의 엔트로피 증가 및 에너지 전달의 방향성에 대한 이론을 확립한 법칙은?
㉮ 열역학 제0법칙
㉯ 열역학 제1법칙
㉰ 열역학 제2법칙
㉱ 열역학 제3법칙

[해설] 열역학 제2법칙 : 열과 일의 변환에 어떠한 방향성이 있다는 것을 설명한 것이다. 열은 고온 물체에서 저온 물체로 이동하며, 저온 물체에서 고온 물체로는 이동하지 못한다.

35. 비행 중 프로펠러에 작용하는 힘의 종류가 아닌 것은?
㉮ 원심력   ㉯ 추력
㉰ 구심력   ㉱ 비틀림 힘

[해설] 프로펠러에 작용하는 힘은 추력, 원심력, 비틀림 힘이 있다.

36. 초기 압력과 체적이 각각 1000 N/cm², 1000 cm³ 인 이상기체가 등온상태로 팽창하여 체적이 2000 cm³ 이 되었다면, 이때 기체의 엔탈피 변화는 몇 J인가?
㉮ 0   ㉯ 5   ㉰ 10   ㉱ 20

[해설] 이상기체에서 등온변화 시 내부에너지와 엔탈피의 변화는 없다.

37. 가스터빈엔진의 시동 시 정상 작동 여부를 판단하는데 중요한 계기는?
㉮ 오일압력계기, 연소실 압력계기
㉯ 오일압력계기, 배기가스 온도계기
㉰ 오일압력계기, 압축기 입구 공기온도계기
㉱ 오일압력계기, 압축기 입구 공기압력계기

정답 31. ㉰   32. ㉯   33. ㉰   34. ㉰   35. ㉰   36. ㉮   37. ㉯

[해설] 시동 시 오일 압력계 및 유량계를 관찰하고, 배기가스 온도가 높아지는 것을 확인한다.

38. 다음 중 초음속 전투기 엔진에 사용되는 수축-확산형 가변배기 노즐(VEN)의 출구 면적이 가장 큰 작동 상태는?

㉮ 전투 추력(military thrust)
㉯ 순항 추력(cruising thrust)
㉰ 중간 추력(intermediate thrust)
㉱ 후기 연소 추력(afterburning thrust)

[해설] 수축-확산형 가변배기 노즐에서 배기 노즐의 면적이 넓어지려면 초음속 비행이 필요하다. 초음속 비행을 하기 위해서는 후기 연소기를 작동하여 초음속 비행에 필요한 추력을 얻어야 한다.

39. 왕복엔진을 장착하는 동안 마그네토 점화 스위치를 off 위치에 두는 이유는?

㉮ 점화 스위치가 잘못 놓일 수 있는 가능성 때문에
㉯ 엔진 장착 도중에 프로펠러를 돌리면 엔진이 시동될 가능성이 있기 때문에
㉰ 엔진시동 시 역화(back fire)를 방지하기 위하여
㉱ 엔진을 마운트(mount)에 완전히 장착시킨 후 마그네토 접지선을 점검치 않기 위하여

40. 터빈엔진(turbine engine)의 윤활유 (lubrication oil)의 구비조건이 아닌 것은 어느 것인가?

㉮ 인화점이 낮을 것
㉯ 점도지수가 클 것
㉰ 부식성이 없을 것
㉱ 산화 안정성이 높을 것

[해설] 윤활유의 구비조건
① 점성과 유동점이 어느 정도 낮아야 한다.
② 점도지수는 높고 기화성은 낮아야 한다.
③ 윤활유와 공기의 분리성이 좋아야 한다.
④ 인화점, 산화 안정성 및 열적 안정성이 높아야 한다.

제3과목 : 항공기체

41. AN 표준규격 재료기호 2024(DD) 리벳을 상온에 노출되고 10분 이내에 리베팅을 해야 하는 이유는?

㉮ 시효경화가 되기 때문에
㉯ 부식이 시작되기 때문에
㉰ 시효경화가 멈추기 때문에
㉱ 열팽창으로 지름이 커지기 때문에

[해설] 2017(D), 2024T(DD)가 아이스박스 리벳으로 열처리인 풀림처리를 한 다음, 상온에 두면 경화가 되어 리벳작업이 불가능하게 되어 풀림처리 후 냉장고에 보관하여 사용한다.

42. 폭이 20 cm, 두께가 2 mm 인 알루미늄판을 그림과 같이 직각으로 굽히려 할 때 필요한 알루미늄판의 세트 백(set back)은 몇 mm 인가?

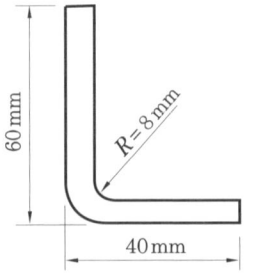

㉮ 8 ㉯ 10 ㉰ 12 ㉱ 14

[해설] $SB = K(R+T) = 1 \times (8+2) = 10$

43. 구조재료에 발생하는 현상에 대한 설명으로 틀린 것은?

㉮ 반복하중에 의하여 재료의 저항력이 증가하는 현상을 피로라 한다.
㉯ 일정한 응력을 받는 재료가 일정한 온도에서 시간이 경과함에 따라 하중이 일정하더라도 변형률이 변하는 현상을 크리프라 한다.
㉰ 노치, 작은 구멍, 키, 홈 등과 같이 단면적의 급격한 변화가 있는 부분에 대단히 큰 응력이 발생하는 현상을 응력집중이라 한다.
㉱ 축방향의 압축력을 받는 부재 중 기둥이 압축하중에 의해 파괴되지 않고 휘어지면서 파단되어 더 이상 하중에 견디지 못하게 되는 현상을 좌굴이라 한다.

[해설] 피로 : 반복하중에 의하여 재료의 저항력이 감소하는 현상

44. 셀프 로킹 너트(self locking nut) 사용에 대한 설명으로 틀린 것은?

㉮ 규정토크 값에 로킹 토크 값을 더한 값을 적용한다.
㉯ 볼트에 장착했을 때 너트면보다 2산 이상의 나사산이 나와 있어야 한다.
㉰ 볼트 지름이 1/4 인치 이하이며 코터핀 구멍이 있는 볼트에는 사용할 수 없다.
㉱ 회전부분의 너트가 연결부를 이루는 곳에 주로 사용된다.

[해설] 자동 고정 너트(self locking nut) : 심한 진동하에서 쉽게 풀리지 않는 강도를 요하는 연결부에 사용하며, 회전하는 부분에는 사용할 수 없다.

45. 항공기의 자세 조종에 사용되는 1차 조종면으로 나열된 것은?

㉮ 승강타, 방향타, 플랩
㉯ 도움날개, 승강타, 방향타
㉰ 도움날개, 스포일러, 플랩
㉱ 도움날개, 방향타, 스포일러

[해설] 1차 조종면 : 도움날개, 승강키, 방향키

46. 다음 중 리벳 작업에 대한 설명으로 옳은 것은?

㉮ 리벳의 최소 연거리는 리벳지름의 2배 정도이다.
㉯ 리벳의 피치는 열과 열 사이의 거리이다.
㉰ 리벳의 지름은 접합할 판재 중 제일 두꺼운 판재 두께의 2배 정도가 적당하다.
㉱ 리벳의 열은 판재의 인장력을 받는 방향으로 배열된 리벳의 집합이다.

47. 다음 중 2차원의 구조물에 미치는 힘을 해석할 때 정역학의 평형방정식 ($\Sigma F = 0$, $\Sigma M = 0$)은 총 몇 개가 되는가?

㉮ 1   ㉯ 2   ㉰ 3   ㉱ 6

48. 경비행기의 방화벽(fire wall) 재료로 사용되는 18-8 스테인리스강(stainless steel)에 대한 설명으로 옳은 것은?

㉮ Cr-Mo강으로서 열에 강하다.
㉯ 18% Cr과 8% Ni을 갖는 내식강이다.
㉰ 1.8%의 탄소와 8%의 Cr을 갖는 특수강이다.
㉱ 1.8%의 Cr과 0.8%의 Ni을 갖는 내식강이다.

49. 세미모노코크 구조에서 동체가 비틀림에 의해 변형되는 것을 방지해 주며 날개,

정답 43. ㉮   44. ㉱   45. ㉯   46. ㉮   47. ㉰   48. ㉯   49. ㉱

착륙장치 등의 장착 부위로 사용되기도 하는 부재는?
- ㉮ 프레임 (frame)
- ㉯ 세로대 (longeron)
- ㉰ 스트링어 (stringer)
- ㉱ 벌크헤드 (bulkhead)

[해설] 벌크헤드 : 동체의 앞뒤에 하나씩 있으며 집중하중을 외피에 골고루 분산하고, 동체가 비틀림에 의해 변형되는 것을 방지한다. 여압식 동체에서는 객실 내의 압력을 유지하기 위해 격벽판으로 이용된다.

50. 다음 중 기체 구조의 고유진동수와 일치하는 진동수를 가지는 외부하중이 부가되면 하중의 크기가 아주 크지 않더라도 파괴가 일어날 수 있는 현상을 무엇이라 하는가?
- ㉮ 피로
- ㉯ 공진
- ㉰ 크리프
- ㉱ 항복

[해설] ㉯ 공진 : 강제 진동에서 외력이 가진 주파수가 계의 고유진동수와 일치하여 압력이 계속 가해짐에 따라 진폭이 커지는 현상
㉰ 크리프 : 일정한 응력을 받는 재료가 일정한 온도에서 시간이 경과함에 따라 하중이 일정하더라도 변형률이 변화하는 현상
㉱ 피로 : 반복하중에 의하여 재료의 저항력이 감소하는 현상

51. 올레오 스트러트(oleo strut) 착륙장치의 구성품 중 토크 링크(torque link)에 대한 설명으로 틀린 것은?
- ㉮ 휠 얼라인먼트를 바르게 한다.
- ㉯ 피스톤의 과도한 신장을 제한한다.
- ㉰ 피스톤과 실린더의 회전을 방지한다.
- ㉱ 올레오 스트러트의 전, 후 행정을 제한한다.

[해설] 토션 링크 : 2개의 A자 모양으로 윗부분은 완충 버팀대에, 아랫부분은 올레오 피스톤과 축으로 연결되어 피스톤이 과도하게 빠지지 못하게 하고, 바퀴가 정확하게 정렬해 있도록, 즉 옆으로 돌아가지 못하도록 한다.

52. 단면적이 A 이고, 길이가 L 이며 탄성계수가 E 인 부재에 인장하중 P 가 작용하였을 때, 이 부재에 저장되는 탄성에너지로 옳은 것은?
- ㉮ $\dfrac{PL^2}{2AE}$
- ㉯ $\dfrac{PL^2}{3AE}$
- ㉰ $\dfrac{P^2L}{2AE}$
- ㉱ $\dfrac{P^2L}{3AE}$

[해설] $U = \dfrac{1}{2}P\delta = \dfrac{1}{2}P\dfrac{PL}{EA} = \dfrac{P^2L}{2EA}$
$= \dfrac{1}{2}\left(\dfrac{P}{A}\right)^2 \dfrac{LA}{E} = \dfrac{\sigma^2}{2E}$
($\sigma = \dfrac{P}{A}$, LA : 단위체적, $\delta = \dfrac{PL}{EA}$)

53. 밀착된 구성품 사이에 작은 진폭의 상대운동이 일어날 때 발생하는 제한된 형태의 부식은?
- ㉮ 점 (pitting) 부식
- ㉯ 피로 (fatigue) 부식
- ㉰ 찰과 (fretting) 부식
- ㉱ 이질금속 간 (galvanic)의 부식

[해설] 프레팅 부식(찰과 부식) : 서로 밀착된 부품 간에 계속적으로 아주 작은 진동이 일어날 경우 그 표면에 흠이 생기는 부식

54. 조종간의 조종력을 케이블이나 푸시풀로드를 대신하여 전기·전자적으로 변환된 신호 상태로 조종면의 유압 작동기를 움직이도록 전달하는 장치는?
- ㉮ 트림 시스템 (trim system)
- ㉯ 인공감지장치(artificial feel system)

정답 50. ㉯ 51. ㉱ 52. ㉰ 53. ㉰ 54. ㉰

㉰ 플라이 바이 와이어 장치(fly by wire system)
㉱ 부스터 조종장치(booster control system)

[해설] 플라이 바이 와이어(fly by wire) : 조종간이나 방향키 페달의 움직임을 전기적인 신호로 변환시켜 컴퓨터에 입력시키고, 이 컴퓨터에 의해 전기 또는 유압 작동기를 동작함으로써 조종계통을 작동시킨다.

55. 항공기에서 복합재료를 사용하는 주된 이유는?

㉮ 무게 당 강도가 높다.
㉯ 재료를 구하기가 쉽다.
㉰ 재질 표면에 착색이 쉽다.
㉱ 재료의 가공 및 취급이 쉽다.

[해설] 복합재료의 장점
① 무게 당 강도비가 높다.
② 복잡한 형태나 공기 역학적인 곡선 형태의 부품 제작이 쉽다.
③ 유연성이 크고 진동에 대한 내구성이 커서 피로강도가 증가한다.
④ 접착제가 절연제 역할을 하여 전기화학 작용에 의한 부식을 최소화 할 수 있다.
⑤ 복합구조재의 제작이 단순하고 비용이 절감된다.

56. 그림과 같이 단면의 면적이 10 cm²의 원형 강봉에 40 kN의 인장하중이 작용하는 경우, 축의 수직인 면에 발생하는 수직응력은 약 몇 MPa 인가?

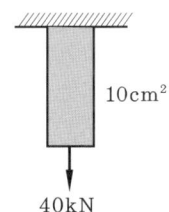

㉮ 40   ㉯ 50   ㉰ 60   ㉱ 70

[해설] $\sigma = \dfrac{P}{A} = \dfrac{40000}{10 \times \left(\dfrac{1}{100}\right)^2}$

$= \dfrac{40000 \times 10000}{10} = 40\,\text{MPa}$

57. 안티스키드(anti-skid) 기능 중 착륙 시 바퀴가 지면에 닿기 전에 조종사가 브레이크를 밟더라도 제동력이 발생하지 않도록 하여 착륙장치에 무리한 힘이 가해지지 않도록 하는 기능은?

㉮ 페일 세이프 보호(fail safe protection)
㉯ 터치 다운 보호(touch down protection)
㉰ 정상 스키드 컨트롤(normal skid control)
㉱ 로크된 휠 스키드 컨트롤(locked wheel skid control)

58. 트러스(truss) 구조 형식의 항공기에 없는 부재는?

㉮ 리브(rib)
㉯ 장선(brace wire)
㉰ 스파(spar)
㉱ 스트링어(stringer)

[해설] 세미 모노코크 구조의 부재로는 스트링어, 세로대, 링, 벌크헤드, 외피 등이 있다.

59. NAS 514 P 428 – 8 스크루에서 P가 의미하는 것은?

㉮ 재질   ㉯ 나사계열
㉰ 길이   ㉱ 머리의 홈

[해설] NAS 514 P 428 – 8
 NAS : 규격명
 514 : 스크루의 종류
 P : 머리의 홈
 428 : 스크루 지름 $\left(\dfrac{4}{16}\right)$
  1인치당 나사산의 수가 28
 8 : 스크루 길이 $\left(\dfrac{8}{16}\right)$

[정답] 55. ㉮ 56. ㉮ 57. ㉯ 58. ㉱ 59. ㉱

60. 탄성을 가진 고분자 물질인 합성고무가 아닌 것은?
㉮ 부틸   ㉯ 부나
㉰ 에폭시   ㉱ 실리콘

제4과목 : 항공장비

61. 항공기에서 결심고도에 대한 설명으로 옳은 것은?
㉮ 항공기 이륙 시 조종사가 이륙 여부를 결정하는 고도
㉯ 항공기 착륙 시 조종사가 착륙 여부를 결정하는 고도
㉰ 항공기가 비행 중 긴급한 사항이 발생하여 착륙 여부를 결정하는 고도
㉱ 항공기의 착륙장치를 "Down"할 것인가를 결정하는 고도

62. 계자가 8극인 단상교류 발전기가 115 V, 400 Hz 주파수를 만들기 위한 회전수는 몇 rpm 인가?
㉮ 4000   ㉯ 6000
㉰ 8000   ㉱ 10000

[해설] $f = \dfrac{P}{2} \times \dfrac{N}{60}$

$N = \dfrac{120 \times f}{P} = \dfrac{120 \times 400}{8} = 6000$

63. 고도계에서 압력에 따른 탄성체의 휘어짐 양이 압력 증가 때와 압력 감소 때가 일치하지 않는 현상의 오차는?
㉮ 눈금 오차   ㉯ 온도 오차
㉰ 히스테리 오차   ㉱ 밀도 오차

64. 조종실의 온도변화에 따른 속도계 지시 보상 방법으로 옳은 것은?
㉮ 진대기속도를 이용한다.
㉯ 등가대기속도를 이용한다.
㉰ 장착된 바이메탈(bimetal)을 이용한다.
㉱ 서멀 스위치에 의해서 전기적으로 실시된다.

65. 항공기에 사용되는 유압계통의 특징이 아닌 것은?
㉮ 리저버와 리턴라인이 필요 없다.
㉯ 단위중량에 비해 큰 힘을 얻는다.
㉰ 과부하에 대해서도 안정성이 높다.
㉱ 운동속도의 조절범위가 크고 무단변속을 할 수 있다.

[해설] 공기압 계통은 무게가 가볍고, 사용한 공기를 대기 중으로 배출시키게 되어, 귀환관이 필요 없어 계통이 간단하다.

66. 니켈-카드뮴 축전지의 특성에 대한 설명으로 옳은 것은?
㉮ 양극은 카드뮴이고 음극은 수산화니켈이다.
㉯ 방전 시 수분이 증발되므로 물을 보충해야 한다.
㉰ 충전 시 음극에서 산소가 발생되고, 양극에서 수소가 발생된다.
㉱ 전해액은 KOH이며 셀당 전압은 약 1.2~1.25 V 정도이다.

[해설] 니켈-카드뮴 축전지 특징
① 양극-수산화니켈, 음극-카드뮴
② 전해액의 비중은 변함이 없으므로 방전 상태를 확인하기 위해서는 전압계로 측정한다.
③ 전해액은 수산화칼륨
④ 셀당 전압은 1.2~1.25 V 이다.

67. 객실여압계통에서 주된 목적이 과도한 객실압력을 제거하기 위한 안전장치가 아닌 것은?
㉮ 압력 릴리프 밸브
㉯ 덤프 밸브
㉰ 부압 릴리프 밸브
㉱ 아웃 플로 밸브

[해설] 아웃 플로 밸브(out flow valve) : 고도에 관계없이 계속 공급되는 압축된 공기를 동체 옆이나 꼬리부분 또는 날개의 필릿을 통하여 외부로 배출시킴으로써 객실 안의 압력을 원하는 압력으로 유지하도록 하는 밸브이다.

68. 엔진에 화재가 발생되어 화재차단스위치(fire shutoff switch)를 작동시켰을 때 작동하는 소화 준비 과정으로 틀린 것은 어느 것인가?
㉮ 발전기의 발진을 정지한다.
㉯ 작동유의 공급 밸브를 닫는다.
㉰ 엔진의 연료 흐름을 차단한다.
㉱ 화재탐지계통의 활동을 멈춘다.

69. 자이로를 이용한 계기가 아닌 것은?
㉮ 수평지시계   ㉯ 방향지시계
㉰ 선회경사계   ㉱ 제빙압력계

[해설] ① 자이로의 강직성을 이용한 계기 : 방향 자이로 지시계
② 자이로의 섭동성을 이용한 계기 : 선회계
③ 자이로의 강직성과 섭동성을 이용한 계기 : 자이로 수평 지시계

70. 활주로에 접근하는 비행기에 활주로 중심선을 제공해 주는 지상시설은?
㉮ VOR   ㉯ glide slop
㉰ localizer   ㉱ marker beacon

71. 자이로스코프(gyroscope)의 섭동성에 대한 설명으로 옳은 것은?
㉮ 피치 축에서의 자세 변화가 롤(roll) 및 요(yaw)축을 변화시키는 현상
㉯ 극 지역에서 자이로가 극 방향으로 기우는 현상
㉰ 외부에서 가해진 힘의 방향과 자이로 축의 방향에 직각인 방향으로 회전하려는 현상
㉱ 외력이 가해지지 않는 한 일정 방향을 유지하려는 현상

[해설] 자이로의 특징
① 강직성 : 자이로의 축이 항상 우주에 대하여 일정한 방향을 유지하려는 성질을 말한다. 자이로 회전자의 질량이 클수록, 자이로 회전자의 회전이 빠를수록 강하다.
② 섭동성 : 외부에서 가해진 착력점으로부터 로터의 회전방향으로 90°회전한 점에 힘이 작용하여 축을 움직이게 하는 성질

72. 자장 내 단일코일로 회전하는 발전기에서 중립면을 통과하는 코일에 전압이 유도되지 않는 이유로 옳은 것은?
㉮ 자력선이 존재하지 않기 때문
㉯ 자력선이 차단되지 않기 때문
㉰ 자력선의 밀도가 너무 높기 때문
㉱ 자력선이 잘못된 방향으로 차단되기 때문

73. 신호의 크기에 따라 반송파의 주파수를 변화시키는 변조방식은?
㉮ FM   ㉯ AM   ㉰ PM   ㉱ PCM

74. 제빙 부츠의 이물질을 제거할 때 우선 사용하는 세척제는?
㉮ 비눗물   ㉯ 부동액

정답 67. ㉱ 68. ㉱ 69. ㉱ 70. ㉰ 71. ㉰ 72. ㉯ 73. ㉮ 74. ㉮

㉰ 테레빈   ㉱ 중성 솔벤트

75. 군용 항공기에서 지상국과 항공기까지의 거리와 방위를 제공하는 항법장치는?
㉮ DME   ㉯ TCAS
㉰ VOR   ㉱ TACAN

[해설] 전술항행장치(TACAN : tactical air navigation) : 지상국의 채널을 사용하여 항공기에 선택하면 지상국에 대한 방위와 거리가 동시에 기상 지시기에 표시되는 장치

76. 유압작동 피스톤의 작동속도를 증가시키는 것으로 옳은 것은?
㉮ 공급 유량 감소
㉯ 펌프 회전수 증가
㉰ 작동 실린더의 직경 증가
㉱ 작동 실린더의 스트로크(stroke) 감소

77. 자기 컴퍼스의 자침이 수평면과 이루는 각을 무엇이라고 하는가?
㉮ 지자기의 복각   ㉯ 지자기의 수평각
㉰ 지자기의 편각   ㉱ 지자기의 수직각

[해설] 복각 : 지구 자기의 전자력의 방향이 수평면과 이루는 각. 지구상의 임의의 지점에 놓인 자침의 방향이 수평면과 이루는 각을 이룬다. 자기 적도에서는 0°, 자기극에서는 90°이다.

78. 다용도 측정기 멀티미터(multimeter)를 이용하여 전압, 전류 및 저항 측정 시 주의사항으로 틀린 것은?
㉮ 전류계는 측정하고자 하는 회로에 직렬로, 전압계는 병렬로 연결한다.
㉯ 저항계는 전원이 연결되어 있는 회로에 사용해서는 절대 안 된다.
㉰ 저항이 큰 회로에 전압계를 사용할 때는 저항이 작은 전압계를 사용하여 계기의 션트 작용을 방지해야 한다.
㉱ 전류계와 전압계를 사용할 때는 측정범위를 예상해야 하지만 그렇지 못할 때는 큰 측정범위부터 시작하여 적합한 눈금에서 읽게 될 때까지 측정범위를 낮추어 간다.

79. 산소 계통에서 산소가 흐르는 방식의 종류가 아닌 것은?
㉮ 희석 유량형   ㉯ 압력형
㉰ 연속 유량형   ㉱ 요구 유량형

[해설] 산소 계통에서 산소의 흐름을 조절하는 방식에는 연속 유량형, 요구 유량형, 압력형이 있다.

80. 그림과 같은 회로에서 저항 6Ω의 양단전압 E 는 몇 V인가?

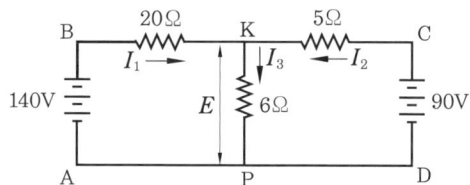

㉮ 20   ㉯ 60   ㉰ 80   ㉱ 120

[해설] 복접합점 K점에 키르히호프 제1법칙을 적용하면
$$I_1 + I_2 = I_3$$
폐회로 KPAB에서 키르히호프 제2법칙을 적용하면
$$20 I_1 + 6 I_3 = 140$$
폐회로 KPDC에서 키르히호프 제2법칙을 적용하면
$$5 I_2 + 6 I_3 = 90$$
위 세 식을 연립 방정식으로 풀면
$$I_1 = 4\,\text{A},\ \ I_2 = 6\,\text{A}\ \ I_3 = 10\,\text{A}$$
저항 6Ω의 양단 전압은
$$E = 6 \times I_3 = 6 \times 10 = 60\,\text{V}$$

정답 75. ㉱ 76. ㉯ 77. ㉮ 78. ㉰ 79. ㉮ 80. ㉯

▶ 2017년 5월 7일 시행

자격종목	시험시간	문제 수	형 별	수험번호	성 명
항공 산업기사	2시간	80	B		

제1과목 : 항공역학

1. 다음 중 세로 정안정성이 안정인 조건은? (단, 비행기가 nose down 시 음의 피칭 모멘트가 발생되며, C_m은 피칭 모멘트계수, α는 받음각이다.)

㉮ $\dfrac{dC_m}{d\alpha}=0$ ㉯ $\dfrac{dC_m}{d\alpha}\neq 0$

㉰ $\dfrac{dC_m}{d\alpha}>0$ ㉱ $\dfrac{dC_m}{d\alpha}<0$

[해설] 정적 세로 안정 : 키놀이 모멘트계수(C_m)가 음의 기울기를 가지며, 받음각이 증가함에 따라 키놀이 모멘트계수는 감소한다.

2. 피토 정압관(pitot static tube)으로 측정하는 것은?

㉮ 비행속도 ㉯ 외기온도
㉰ 하중계수 ㉱ 선회반경

[해설] 피토 정압관 : 베르누이 정리를 이용하여 흐름의 속도를 측정하는 장치이다.

3. 150 lbf의 항력을 받으며 200 mph로 비행하는 비행기가 같은 자세로 400 mph로 비행 시 작용하는 항력은 약 몇 lbf 인가?

㉮ 300 ㉯ 400
㉰ 600 ㉱ 800

[해설] 항력은 속도의 제곱에 비례한다. 속도가 2배로 증가하였으므로 4배의 항력이 작용한다.

4. 다음 중 층류 날개골에 해당하는 계열은?

㉮ 4자 계열 날개골
㉯ 5자 계열 날개골
㉰ 6자 계열 날개골
㉱ 8자 계열 날개골

[해설] 6자 계열 날개골 : 최대 두께 위치를 중앙 부근에 놓이도록 설계한 날개골로 층류 날개골이라고도 한다.

5. V 속도로 비행하는 프로펠러 항공기의 프로펠러 유도속도가 $v=-\dfrac{V}{2}+\sqrt{\left(\dfrac{V}{2}\right)^2+\dfrac{T}{2A\rho}}$ 라면 이 항공기가 정지하였을 때의 유도속도는? (단, T : 발생추력, A : 프로펠러 회전면적, ρ : 공기밀도이다.)

㉮ $v=\left(\dfrac{T}{2A\rho}\right)^{\frac{1}{2}}$

㉯ $v=\left(\left(\dfrac{V}{2}\right)^2+\dfrac{T}{2A\rho}\right)^{\frac{1}{2}}$

㉰ $v=\dfrac{T}{2A\rho}$

㉱ $v=-V/2+\left(\dfrac{T}{2A\rho}\right)^{\frac{1}{2}}$

[정답] 1. ㉱ 2. ㉮ 3. ㉰ 4. ㉰ 5. ㉮

[해설] 유도속도(V_1) : 프로펠러 회전면에서의 속도 $V_1 = \sqrt{\dfrac{T}{2\rho A}}$

6. 수직 꼬리날개가 실속하는 큰 옆미끄럼각에서도 방향안정성을 유지하기 위한 목적의 장치는?
㉮ 윙렛 (winglet)
㉯ 도살핀 (dorsal fin)
㉰ 드루프 플랩 (droop flap)
㉱ 저리 스트럿 (jury strut)

[해설] 도살핀(dorsal fin) : 비행기 수직 꼬리날개 부분의 날개 시위를 연장하여 동체 위의 수직 방향으로 면적이 확장된 부분으로 수직 꼬리날개가 실속하는 큰 옆미끄럼각에서도 방향안정을 유지하는 강력한 효과를 얻는다.

7. 항공기 이륙거리를 줄이기 위한 방법이 아닌 것은?
㉮ 항공기의 무게를 가볍게 한다.
㉯ 플랩과 같은 고양력 장치를 사용한다.
㉰ 엔진의 추력을 증가하여 이륙 활주 중 가속도를 증가시킨다.
㉱ 바람을 등지고 이륙하여 바람의 저항을 줄인다.

[해설] 맞바람을 이용하여야 항공기 이륙거리가 짧아진다.

8. 항공기 속도와 음속의 비를 나타낸 무차원 수는?
㉮ 마하 수   ㉯ 웨버 수
㉰ 하중배수   ㉱ 레이놀즈 수

[해설] 마하 수 = $\dfrac{항공기 속도}{소리의 속도}$

9. 동체에 붙는 날개의 위치에 따라 쳐든각 효과의 크기가 달라지는데 그 효과가 큰 것에서 작은 순서로 나열된 것은?
㉮ 높은 날개 → 중간 날개 → 낮은 날개
㉯ 낮은 날개 → 중간 날개 → 높은 날개
㉰ 중간 날개 → 낮은 날개 → 높은 날개
㉱ 높은 날개 → 낮은 날개 → 중간 날개

[해설] 쳐든각을 주게 되면 옆놀이 안정성이 좋아진다. 옆놀이 안정성은 높은 날개일수록 좋다.

10. 프로펠러의 진행률(advance ratio)을 옳게 설명한 것은?
㉮ 추력과 토크와의 비이다.
㉯ 프로펠러 기하학적 피치와 프로펠러 지름과의 비이다.
㉰ 프로펠러 유효피치와 프로펠러 지름과의 비이다.
㉱ 프로펠러 기하학적 피치와 프로펠러 유효피치와의 비이다.

[해설] 진행률(J) = $\dfrac{V}{nD}$

11. 뒤젖힘각(sweep back angle)에 대한 설명으로 옳은 것은?
㉮ 날개가 수평을 기준으로 위로 올라간 각
㉯ 기체의 세로축과 날개의 시위선이 이루는 각
㉰ 날개 끝의 붙임각을 날개 뿌리의 붙임각보다 크거나 작게 한 각
㉱ 25%C(코드 길이)되는 점들을 날개뿌리에서 날개끝까지 연결한 직선과 기체의 가로축이 이루는 각

[해설] 날개가 뒤로 젖혀진 각으로 고속 비행기는 뒤젖힘각이 크고, 저속 비행기는 뒤젖힘각이 없는 직선 날개를 사용한다.

정답 6. ㉯ 7. ㉱ 8. ㉮ 9. ㉮ 10. ㉰ 11. ㉱

12. 헬리콥터의 동시피치제어 간(collective pitch control lever)을 올리면 나타나는 현상에 대한 설명으로 옳은 것은?

㉮ 피치가 커져 전진비행을 가능하게 한다.
㉯ 피치가 커져 수직으로 상승할 수 있다.
㉰ 피치가 작아져 후진비행을 빠르게 한다.
㉱ 피치가 작아져 수직으로 상승할 수 있다.

[해설] 동시피치제어 간 헬리콥터를 상승, 하강시키는 조종장치

13. 다음 그림과 같은 비행기의 운동에 대한 설명이 아닌 것은?

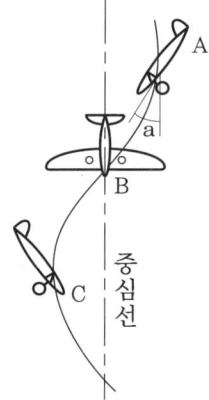

㉮ 수평 스핀보다 낙하 속도가 크다.
㉯ 옆미끄럼이 생긴다고 할 수 있다.
㉰ 자동 회전과 수직 강하가 조합된 비행이다.
㉱ 비행 중 가장 큰 하중배수는 상단점이다.

[해설] 스핀 (spin)
① 자동 회전과 수직 강하의 조합된 비행
② 수평 스핀은 정상 스핀보다 작지만 회전 각속도는 상당히 크다.
③ 비행기가 스핀 상태에 들어가면 옆으로 미끄러지는 옆미끄럼 현상이 생긴다.

14. 지구 북반구에서 서에서 동으로 37 m/s 정도의 속도로 부는 제트 기류가 발생하는 대기층은?

㉮ 열권계면 ㉯ 성층권계면
㉰ 중간권계면 ㉱ 대류권계면

[해설] 대류권계면 : 대류권과 성층권의 경계면으로 대기가 안정되어 구름이 없고, 기온이 낮으며, 공기가 희박하여 제트기의 순항고도로 적합하다.

15. 양항비가 10인 항공기가 고도 2000 m에서 활공 시 도달하는 활공거리는 몇 m인가?

㉮ 10000 ㉯ 15000
㉰ 20000 ㉱ 40000

[해설] 양항비=활공비=$\dfrac{활공거리}{활공고도}$
활공거리 = 양항비×활공고도
= 10×2000 = 20000 m

16. 비행속도가 300 m/s인 항공기가 상승각 10°로 상승비행을 할 때 상승률은 약 몇 m/s인가?

㉮ 52 ㉯ 150 ㉰ 152 ㉱ 295

[해설] 상승률 = $V\sin\theta = 300\sin10 = 52\,m/s$

17. 정상선회하는 항공기의 선회각이 60°일 때 하중배수는?

㉮ 0.5 ㉯ 2.0 ㉰ 2.5 ㉱ 3.0

[해설] 선회 시 하중배수 = $\dfrac{1}{\cos\theta} = \dfrac{1}{\cos60} = 2$

18. 조종면의 앞전을 길게 하는 앞전 밸런스(leading edge balance)의 주된 이용 목적은?

㉮ 양력 증가

정답 12. ㉯ 13. ㉱ 14. ㉱ 15. ㉰ 16. ㉮ 17. ㉯ 18. ㉯

㉯ 조종력 경감
㉰ 항력 감소
㉱ 항공기 속도 증가

[해설] 조종력 경감장치 : 앞전 밸런스, 혼 밸런스, 내부 밸런스, 프리즈 밸런스

19. 날개의 폭(span)이 20 m, 평균 기하학적 시위의 길이가 2 m 인 타원날개에서 양력계수가 0.7 일 때 유도항력계수는 약 얼마인가?

㉮ 0.008 ㉯ 0.016
㉰ 1.56   ㉱ 16

[해설] 유도항력계수 (C_{Di})

$$= \frac{C_L^2}{\pi e AR} = \frac{0.7^2}{\pi \times 1 \times 10} = 0.016$$

여기서, 가로세로비 $(AR) = \frac{b}{C} = \frac{20}{2} = 10$ 이다.

20. 원심력에 대해 양력이 회전날개에 수직으로 작용한 결과로서 헬리콥터 회전날개 깃 끝 경로면(tip path plane)과 회전날개 깃이 이루는 각을 의미하는 용어는?

㉮ 경로각   ㉯ 깃각
㉰ 회전각   ㉱ 코닝각

[해설] 코닝각(원추각) : 회전면과 원추의 모서리가 이루는 각

제2과목 : 항공기관

21. 오일(oil)의 구비 조건으로 틀린 것은?

㉮ 저 인화점일 것
㉯ 열전도율이 좋을 것
㉰ 화학적 안정성이 좋을 것
㉱ 양호한 유성(oiliness)을 가질 것

[해설] 윤활유는 유성이 좋고, 알맞은 점도를 가지며 점도지수가 높아야 한다. 낮은 온도에서 유성이 좋고 산화 및 탄화 경향이 작아 화학적 안정성이 좋아야 한다.

22. 가스터빈엔진의 윤활계통에 대한 설명으로 옳은 것은?

㉮ 윤활유 양은 비중을 이용하여 측정한다.
㉯ 배유 윤활유에 함유된 공기를 분리시키는 것은 드웰 체임버(dwell chamber)이다.
㉰ 냉각기의 바이패스 밸브는 입구의 압력이 낮아지면 배유 펌프 입구로 보낸다.
㉱ 윤활유 펌프는 베인(vane)식이 주로 쓰인다.

[해설] dwell chamber : 오일 공기 분리장치 (de-aerator)라고도 하며, 배유 윤활유에서 흡입된 공기를 분리한다.

23. 프로펠러의 슬립(slip)에 대한 설명으로 옳은 것은?

㉮ 프로펠러가 1분 회전 시 실제 전진거리
㉯ 허브 중심으로부터 끝부분까지의 길이를 인치로 나타낸 거리
㉰ 블레이드 시위 앞전 25%를 연결한 선의 길이와 시위 길이를 나눈 값
㉱ 기하학적 피치와 유효피치의 차이를 기하학적 피치로 나눈 % 값

[해설] 프로펠러 슬립(slip)
$$= \frac{\text{기하학적 피치} - \text{유효피치}}{\text{기하학적 피치}} \times 100(\%)$$

24. 이상기체에 대한 설명으로 틀린 것은?

㉮ 엔탈피는 온도만의 함수이다.
㉯ 내부에너지는 온도만의 함수이다.
㉰ 상태방정식에서 압력은 체적과 반비

[정답] 19. ㉯ 20. ㉱ 21. ㉮ 22. ㉯ 23. ㉱ 24. ㉱

례 관계이다.

㉣ 비열비(specific heat ratio) 값은 항상 1이다.

[해설] 이상기체 방정식 : 비열이 일정한 이상기체에 대해 압력(P), 비체적(v), 온도(T)의 관계를 나타낸 것이다.
$$Pv = RT$$

25. 가스터빈엔진에서 펌프 출구 압력이 규정값 이상으로 높아지면 작동하는 밸브는?

㉮ 릴리프 밸브 ㉯ 체크 밸브
㉰ 바이패스 밸브 ㉱ 드레인 밸브

[해설] 릴리프 밸브(relief valve) : 출구쪽 압력이 정해 놓은 압력보다 높을 때 열려 입구쪽으로 되돌려 보내는 밸브

26. 성형 왕복엔진에서 마그네토(magneto)를 액세서리부(accessory section)에 부착하지 않고 엔진 전방 부분에 부착하는 주된 이유는?

㉮ 무게중심의 이동이 쉽다.
㉯ 공기에 의한 냉각효과를 높일 수 있다.
㉰ 엔진 회전력을 이용할 수 있기 때문이다.
㉱ 공기 저항을 줄여 엔진 회전의 효율을 높일 수 있다.

[해설] 마그네토를 전방 부분에 설치한 이유는 보기 부분보다 냉각이 잘 되기 때문이다.

27. 왕복엔진과 비교하여 가스터빈엔진의 특징으로 틀린 것은?

㉮ 단위추력당 중량비가 낮다.
㉯ 대부분의 구성품이 회전운동으로 이루어져 진동이 많다.
㉰ 고도에 따라 출력을 유지하기 위한 과급기가 불필요하다.
㉱ 주요 구성품이 상호 마찰 부분이 없어서 윤활유 소비량이 적다.

[해설] 가스터빈기관은 기관의 단위추력당 중량비가 낮고, 왕복운동 부분이 없어 기관의 진동이 적으며, 높은 회전수를 얻을 수 있다. 추운 기후에도 시동 시 쉽고 윤활유 소모가 적다.

28. 가스터빈엔진에서 사용하는 주 연료 펌프의 형식으로 옳은 것은?

㉮ 기어 펌프(gear pump)
㉯ 베인 펌프(vain pump)
㉰ 루트 펌프(roots pump)
㉱ 지로터 펌프(gerotor pump)

[해설] 가스터빈 연료 펌프 : 원심 펌프, 기어 펌프, 피스톤 펌프

29. 내연기관의 이론 공기 사이클을 해석하는데 가정한 내용으로 틀린 것은?

㉮ 가열은 외부로부터 피스톤과 실린더를 가열하는 것으로 한다.
㉯ 작동 사이클은 공기 표준 사이클에 대하여 계산한다.
㉰ 비열은 온도에 따라 변화하지 않는 것으로 한다.
㉱ 열해리는 일어나지 않는 것으로 하고 열손실은 없다고 가정한다.

30. 항공기 왕복엔진의 기본 성능 요소에 관한 설명으로 옳은 것은?

㉮ 고도가 증가하면 제동마력이 증가한다.
㉯ 엔진의 배기량을 증가시키기 위해서는 압축비를 줄인다.
㉰ 회전수가 증가하면 제동마력이 감소 후 증가한다.
㉱ 총 배기량은 엔진이 2회전하는 동안 전

[정답] 25. ㉮ 26. ㉯ 27. ㉯ 28. ㉮ 29. ㉮ 30. ㉱

체 실린더가 배출한 배기가스 양이다.

[해설] 고도가 증가하면 공기밀도가 감소하여 마력은 감소한다. 회전수와 압축비가 증가하면 출력은 증가한다.

31. 비행속도가 V[ft/s], 회전속도가 N[rpm]인 프로펠러의 유효피치(effective pitch)를 옳게 표현한 것은?

㉮ $V \times \dfrac{N}{60}$ ㉯ $V + \dfrac{60}{N}$

㉰ $V + \dfrac{N}{60}$ ㉱ $V \times \dfrac{60}{N}$

[해설] 유효피치 : 공기중에서 프로펠러가 1회전할 때 실제로 전진하는 거리

$$유효피치 = \dfrac{V \times 60}{N}$$

32. 가스터빈엔진에서 RPM의 변화가 심할 때 원인이 아닌 것은?

㉮ 배기가스 온도가 낮을 때
㉯ 주 연료장치가 고장일 때
㉰ 연료 부스터 압력이 불안정할 때
㉱ 가변 스테이터 베인 리깅이 불량일 때

33. 항공기 왕복엔진에서 2중 마그네토 점화계통(dual magneto ignition system)을 사용하는 이유가 아닌 것은?

㉮ 출력의 증가
㉯ 점화 안전성
㉰ 불꽃의 지연
㉱ 디토네이션의 방지

[해설] 이중 점화 방식 : 효율적이고 안전한 기관 작동을 위하여 이중 점화 방식을 사용하며 하나의 계통이 고장이 나더라도 작동이 가능하며, 디토네이션을 일으키지 않고 효율적인 연소가 이루어진다.

34. 왕복엔진을 낮은 기온에서 시동하기 위해 오일 희석(oil dilution) 장치에서 사용하는 것은?

㉮ alcohol ㉯ propane
㉰ gasoline ㉱ kerosene

[해설] 오일 희석 장치 : 추운 날씨에 휘발유와 오일을 희석하여 시동을 돕는다.

35. 항공기 왕복엔진의 마찰마력을 옳게 표현한 것은?

㉮ 제동마력과 정격마력의 차
㉯ 지시마력과 정격마력의 차
㉰ 지시마력과 제동마력의 차
㉱ 엔진의 용적 효율과 제동마력의 차

[해설] 지시마력=제동마력+마찰마력

36. 속도 540 km/h로 비행하는 항공기에 장착된 터보제트엔진이 196 kg/s인 중량 유량의 공기를 흡입하여 250 m/s의 속도로 배기시킨다면 총 추력은 몇 kg인가?

㉮ 4000 ㉯ 5000
㉰ 6000 ㉱ 7000

[해설] 총 추력 (F_g)

$$F_g = \dfrac{W_a}{g} V_j = \dfrac{196}{9.8} \times 250 = 5000 \,\text{kg}$$

37. 원심형 압축기에서 속도 에너지가 압력 에너지로 바뀌는 곳은?

㉮ 임펠러 (impeller)
㉯ 디퓨저 (diffuser)
㉰ 매니폴드 (manifold)
㉱ 배기노즐 (exhaust nozzle)

[해설] 디퓨저(확산기) : 속도를 감소시키고, 압력을 증가시킨다.

38. 수동식 혼합 제어 장치(mixture control)

[정답] 31. ㉱ 32. ㉮ 33. ㉰ 34. ㉰ 35. ㉰ 36. ㉯ 37. ㉯ 38. ㉰

를 사용하는 왕복엔진을 장착한 비행기가 순항중일 때 일반적으로 혼합제어장치의 조작 위치는?

㉮ rich ㉯ middle
㉰ lean ㉱ full rich

[해설] 순항 비행을 할 때는 오랜 시간 비행해야 하므로, 연료소비율을 최소로 하는 비교적 희박(lean)한 혼합비로 작동시킨다.

39. 항공기 기관용 윤활유의 점도지수(viscosity index)가 높다는 것은 무엇을 의미하는가?

㉮ 온도변화에 따른 윤활유의 점도변화가 작다.
㉯ 온도변화에 따른 윤활유의 점도변화가 크다.
㉰ 압력변화에 따른 윤활유의 점도변화가 작다.
㉱ 압력변화에 따른 윤활유의 점도변화가 크다.

[해설] 점도지수 : 온도변화에 의한 점도의 변화 정도를 나타내는 지수. 점도지수가 높다는 것은 온도가 변하더라도 윤활유 점도의 변화가 적다는 의미이다.

40. 가스터빈엔진의 윤활계통에서 고온탱크계통(hot tank type)에 대한 설명으로 옳은 것은?

㉮ 윤활유는 노즐을 거치고 냉각기를 거쳐 탱크로 이동한다.
㉯ 탱크의 윤활유는 연료가열기에 의하여 가열된다.
㉰ 윤활유는 배유 펌프에서 탱크로 곧바로 이동한다.
㉱ 냉각기가 배유 펌프와 탱크 사이에 위치하여 냉각된 윤활유가 탱크로 유입된다.

[해설] hot tank system : 고온의 배유가 냉각되지 않고 직접 탱크에 돌아오는 방식

제3과목 : 항공기체

41. 다음 중 주조종면이 아닌 것은?

㉮ 러더(rudder)
㉯ 에일러론(aileron)
㉰ 스포일러(spoiler)
㉱ 엘리베이터(elevator)

[해설] 주조종면(1차 조종면) : 승강타(elevator), 방향타(rudder), 도움날개(aileron)

42. 항공기 소재로 사용되고 있는 알루미늄합금의 특성으로 틀린 것은?

㉮ 비강도가 우수하다.
㉯ 시효경화성이 있다.
㉰ 상온에서 기계적 성질이 우수하다.
㉱ 순수 알루미늄인 상태에서 큰 강도를 가진다.

[해설] 순수 알루미늄은 강도가 약해 항공기 재료로 사용할 때는 구리, 마그네슘, 아연 등을 첨가하여 합금 형태로 사용한다.

43. 항공기 날개의 스팬 방향의 주요 구조부재로서 날개에 가해지는 공기력에 의한 굽힘 모멘트를 주로 담당하는 부재는?

㉮ 리브(rib)
㉯ 스파(spar)
㉰ 스킨(skin)
㉱ 스트링어(stringer)

[정답] 39. ㉮ 40. ㉰ 41. ㉰ 42. ㉱ 43. ㉯

44. 그림과 같은 응력-변형률 선도에서 극한응력의 위치는? (단, σ는 응력, ε은 변형률을 나타낸다.)

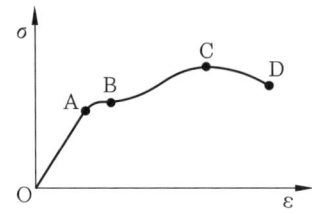

㉮ A   ㉯ B
㉰ C   ㉱ D

[해설] 응력-변형률 선도
OA : 탄성한계
B점 : 항복점
C점 : 극한강도(인장강도)
D점 : 파단

45. 항공기 조종계통에서 운동의 방향을 바꿔주는 것이 아닌 것은?
㉮ 풀리 (pulley)
㉯ 스토퍼 (stopper)
㉰ 벨 크랭크 (bell crank)
㉱ 토크 튜브 (torque tube)

[해설] 스토퍼 (stopper) : 운동 물체의 운동을 정지시키기 위한 부품

46. 항공기의 외피 수리에서 다음의 [조건]에 의하면 알루미늄 판재의 굽힘 허용값은 약 몇 in 인가?

[조건] - 곡률 반지름(R) : 0.125 in
       - 굽힘각도(°) : 90°
       - 두께(T) : 0.050 in

㉮ 0.216   ㉯ 0.226
㉰ 0.236   ㉱ 0.246

[해설] 굽힘 허용값 $= \dfrac{\theta}{360} 2\pi \left(R + \dfrac{T}{2}\right)$
$= \dfrac{90}{360} \times 2 \times 3.14 \times \left(0.125 + \dfrac{0.050}{2}\right)$
$= 0.236$ in

47. 다음 중 와셔의 사용방법에 대한 설명으로 옳은 것은?
㉮ 볼트와 같은 재질을 사용하지 않는 것이 좋다.
㉯ 기밀을 요구하는 부분에는 반드시 로크 와셔를 사용한다.
㉰ 와셔의 사용 개수는 로크 와셔 및 특수 와셔를 포함하여 최대 3개까지 허용한다.
㉱ 로크 와셔는 1, 2차 구조부, 부식되기 쉬운 곳에는 사용하지 않는다.

[해설] 와셔 : 볼트와 같은 재질을 사용하고, 사용 개수는 최대 3개이다.
• 로크 와셔 (lock washer) : 셀프 로킹 너트나 안전결선이 불가능한 곳에 사용되며 자주 장·탈착하는 곳, 1, 2차 기체 구조부, 부식되기 쉬운 곳, 기밀이 필요한 곳, 공기 흐름 노출부에는 사용을 금지한다.

48. 특별한 지시가 없을 때 비상용 장치에 사용하는 CY(구리-카드뮴 도금) 안전결선의 지름은?
㉮ 0.020 in   ㉯ 0.025 in
㉰ 0.030 in   ㉱ 0.032 in

[해설] 안전결선 : 비상용 장치에는 특별한 지시가 없는 한 0.020 in CY 와이어, 카드뮴 도금 와이어를 사용한다.

49. 항공기 엔진 장착 방식에 대한 설명으로 옳은 것은?
㉮ 가스터빈엔진은 구조적인 이유로 동체 내부에 장착이 불가능하다.

㉯ 동체에 엔진을 장착하려면 파일론(pylon)을 설치하여야 한다.
㉰ 날개에 엔진을 장착하면 날개의 공기 역학적 성능을 저하시킨다.
㉱ 왕복엔진 장착 부분에 설치된 나셀의 카울링은 진동 감소와 화재 시 탈출구로 사용된다.

50. 단단한 방부 페인트를 유연하게 하기 위해 솔벤트 유화 세척제와 혼합하여 일반 세척용으로 사용하며, 다른 보호제와 함께 바르거나 씻는 작업이 뒤따라야 하는 세척제는?
㉮ 케로신   ㉯ 메틸에틸케톤
㉰ 메틸클로로포름   ㉱ 지방족 나프타

51. 외경이 8 cm, 내경이 7 cm 인 중공원형단면의 극관성 모멘트는 약 몇 cm⁴ 인가?
㉮ 166   ㉯ 252
㉰ 275   ㉱ 402

[해설] 중공축의 관성 모멘트 $= \dfrac{\pi}{32}(d_2^4 - d_1^4)$
$= \dfrac{\pi}{32}(8^4 - 7^4) = 166 \, cm^4$

52. 0.040 in 두께의 알루미늄 판 2장을 체결하기 위해 재질이 2117인 유니버설 헤드 리벳을 사용한다면 리벳의 규격으로 적당한 것은?
㉮ MS 20426D4 − 6
㉯ MS 20426AD4 − 4
㉰ MS 20470D4 − 6
㉱ MS 20470AD4 − 4

[해설] 유니버설 리벳 : MS 20470
2117 리벳 : AD

53. 그림과 같은 트러스(truss) 구조에 하중 P가 작용할 때, 내력이 작용하지 않는 부재는? (단, 각 단위 부재의 길이는 1 m 이다.)

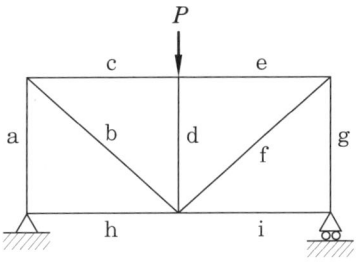

㉮ 부재 a, h   ㉯ 부재 h, i
㉰ 부재 a, g   ㉱ 부재 b, f

54. 온도가 약 700°F까지 올라가는 부위에 사용할 수 있는 안전결선 재료는?
㉮ Cu 합금
㉯ Ni-Cu 합금 (모넬)
㉰ 5056 AL 합금
㉱ 탄소강 (아연 도금)

55. 항공기 동체의 축방향으로 작용하는 인장력 및 압축력과 동체의 각 단면의 굽힘 모멘트를 담당하도록 되어 있는 항공기 구조재는?
㉮ 링 (ring)
㉯ 스트링어 (stringer)
㉰ 외피 (skin)
㉱ 벌크헤드 (bulkhead)

[해설] 동체 축방향 구조재 : 스트링어, 세로대

56. 항공기의 날개착륙장치의 트럭 형식에서 트럭 위치 작동기(truck position actuator)에 대한 설명으로 틀린 것은?
㉮ 착륙장치를 접어들이거나 펼칠 때 사

용되는 유압 작동기이다.
㉯ 착륙장치가 접혀 들어갈 때 공간을 줄이기 위해서도 사용된다.
㉰ 항공기가 지상에서 수평으로 활주할 때에는 완충 스트럿과 트럭 빔이 수직이 되도록 댐퍼(damper)의 역할도 한다.
㉱ 바퀴가 지면으로부터 떨어지는 순간에 완충 스트럿과 트럭 빔을 특정한 각도로 유지시켜 주는 유압 작동기이다.

57. 무게 2000 kg인 항공기의 중심 위치가 기준선 후방 50 cm에 위치하고 기준선 전방 80 cm에 위치하고 있다. 기준선 전방 80 cm에 위치한 화물 70 kg을 기준선 후방 80 cm 위치로 이동시켰을 때 새로운 중심 위치는?
㉮ 기준선 후방 55.6 cm
㉯ 기준선 후방 60.6 cm
㉰ 기준선 후방 65.6 cm
㉱ 기준선 후방 70.6 cm

[해설] 무게중심
① 원래 무게중심 50 cm에서 이동화물을 제외한 무게의 위치 x는 다음과 같이 구한다.
$$c.g = \frac{\text{총 모멘트}}{\text{총 무게}}$$ 에서
$$50 = \frac{2000 \times x - 80 \times 70}{2000}$$
$x = 52.8$ cm 이다.

② 화물이 이동되었을 때 새로운 무게중심을 구하면
$$c.g = \frac{2000 \times 52.8 + 70 \times 80}{2000} = 55.6 \text{ cm}$$

58. 다음 중 아크 용접에 속하는 것은?
㉮ 단접법 ㉯ 테르밋 용접
㉰ 업셋 용접 ㉱ 원자 수소 용접

[해설] 원자 수소 용접 : 2개의 텅스텐봉을 전극으로 하고, 그 사이에 아크를 발생시키며 그 속에 수소를 불어넣어 용접하는 방법. 특수강, 스테인리스강, 초경합금 등의 용접

59. 이질 금속 간의 접촉 부식에서 알루미늄 합금의 경우 A군과 B군으로 구분하였을 때 군이 다른 것은?
㉮ 2014 ㉯ 2017
㉰ 2024 ㉱ 3003

60. 실속속도 100 mph 인 비행기의 설계 제한 하중배수가 4일 때, 이 비행기의 설계운용속도는 몇 mph인가?
㉮ 100 ㉯ 150
㉰ 200 ㉱ 400

[해설] 설계운용속도(V_A)
$$V_A = \sqrt{n} \ V_S$$
$$= \sqrt{4} \times 100 = 200 \text{ km/h}$$

제4과목 : 항공장비

61. 선회경사계가 그림과 같이 나타났다면 현재 항공기 비행 상태는?

㉮ 좌선회 균형 ㉯ 좌선회 내활
㉰ 좌선회 외활 ㉱ 우선회 외활

[해설] 항공기 선회 시 원심력과 중력이 균형

을 이루면 정상선회 시이고, 볼이 중앙에 있다.

62. 계기 착륙장치(instrument landing system)의 구성 장치가 아닌 것은?

㉮ 로컬라이저(localizer)
㉯ 마커 비컨(marker beacon)
㉰ 기상 레이더(weather rader)
㉱ 글라이드 슬로프(glide slope)

[해설] 계기 착륙장치
① 로컬라이저 : 수평 위치를 알려준다.
② 글라이드 슬로프 : 활강 경로를 전표로 나타낸다.
③ 마커 비컨 : 활주로까지 거리 표시이다.

63. 압력 센서의 전압값을 기준 전압 5 V의 10 bit 분해능의 A/D컨버터로 변환하려 한다면, 센서의 출력 전압이 2.5 V일 때 출력되는 이상적인 디지털 값은?

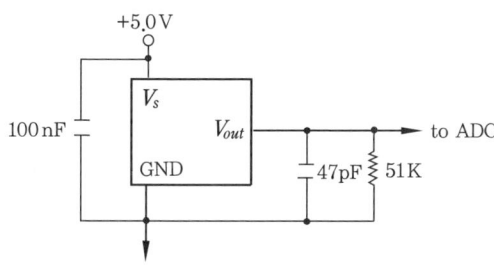

㉮ 128 ㉯ 256
㉰ 512 ㉱ 1024

[해설] 5V의 10 bit 분해능 : $2^{10} = 1024$
2.5V일 때 1024의 절반인 512

64. FAA에서 정한 여압장치를 갖춘 항공기의 제작 순항 고도에서의 객실 고도는 몇 ft 인가?

㉮ 0   ㉯ 3000
㉰ 8000   ㉱ 20000

65. 교류 발전기의 출력 주파수를 일정하게 유지하는데 사용되는 것은?

㉮ brushless
㉯ magn-amp
㉰ carbon pile
㉱ constant speed drive

[해설] 정속구동장치(constant speed drive) : 항공기 발전기를 일정 속도로 구동시키기 위하여 가변인 엔진 기어 박스 속도를 일정하게 유지시키는 장비로서 기관의 속도가 가변임에도 불구하고 일정한 속도이며, 일정한 교류 주파수를 발생시킨다.

66. 자이로스코프의 섭동성을 이용한 계기는?

㉮ 경사계   ㉯ 선회계
㉰ 정침의   ㉱ 인공 수평의

[해설] ① 섭동성을 이용한 계기 : 선회계
② 강직성을 이용한 계기 : 방향 자이로 지시계(정침의)
③ 섭동성, 강직성을 이용한 계기 : 자이로 수평지시계(인공 수평의)

67. 다음 중 종합 계기 PFD에서 지시되지 않는 것은?

㉮ 승강 속도   ㉯ 날씨 정보
㉰ 비행 자세   ㉱ 기압 고도

[해설] 주비행 표시장치(PFD ; Primary Flight Display) : 비행 자세 지시부, 속도 지시부, 기압 고도 지시부, 자동 비행 모드 지시부, 전파 고도 지시부 등으로 나누어져 있다.

68. 항공기에서 사용된 물을 방출하는 드레인 마스트(drain mast)의 방빙 방법으로 옳은 것은?

㉮ 마스트 주변에 알코올을 분사하여 방빙한다.

㉰ 마스트 주변에 배기가스를 공급하여 방빙한다.
㉯ 마스트 주변의 파이프에 제빙부츠를 장착하여 방빙한다.
㉴ 항공기가 지상에 있을 때는 저전압, 비행 중에는 고전압을 공급하는 전기 히터를 이용한다.

[해설] 전력 가열 방식은 전기 히터를 사용하는 방법으로, 항공기의 작은 부분에 사용한다. VHF 안테나, 피토관, 배수 마스트(drain mast), 조종실 창유리 등이다.

69. 서로 떨어진 2개의 송신소로부터 동기 신호를 수신하고 신호의 시간 차를 측정하여 자기 위치를 결정하는 장거리 쌍곡선 무선항법은?

㉮ VOR ㉯ ADF
㉰ TACAN ㉴ LORAN C

[해설] 로란 C : 두 송신국을 한 조로 하여 그 중 하나를 주국, 다른 하나를 종국이라고 하는데 동일 주파수의 주기 펄스를 송신한다.

70. 저항 루프형 화재탐지계통의 구성품이 아닌 것은?

㉮ 타임 스위치 ㉯ 경고벨
㉰ 테스트 스위치 ㉴ 경고등

71. 작동유 저장탱크에 관한 설명으로 옳은 것은?

㉮ 배플은 불순물을 제거한다.
㉯ 가압식과 비가압식이 있다.
㉰ 저장탱크의 압력은 사이트 게이지로 알 수 있다.
㉴ 용량은 축압기를 포함한 모든 계통이 필요로 하는 용량의 75% 이상이어야 한다.

[해설] 저장탱크 : 저고도에서 비행하는 항공기에는 비가압식 탱크가 장착되고, 높은 고도에서 비행하는 항공기는 가압식 저장탱크를 사용한다.

72. 항공기에 사용되는 수평 철재 구조재에 의해 지자기의 자장이 흩어져 생기는 오차는?

㉮ 반원차 ㉯ 와동오차
㉰ 불이차 ㉴ 사분원차

[해설] 정적 오차
① 반원차 : 항공기에 사용되고 있는 수평 철재 및 전류에 의해 생기는 오차
② 사분원차 : 항공기에 사용되는 수평 철재에 의해 생기는 오차
③ 불이차 : 컴퍼스 자체의 제작상 오차 또는 장착 잘못에 의한 오차

73. 그림과 같은 회로에서 합성저항은 몇 Ω인가?

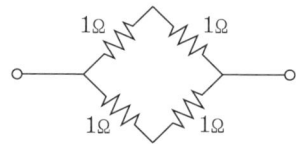

㉮ 1 ㉯ 2 ㉰ 3 ㉴ 4

[해설] 저항
위쪽 저항의 합 $R_1 = 1+1 = 2\,\Omega$
아래쪽 저항의 합 $R_2 = 1+1 = 2\,\Omega$
구하고자 하는 합성저항의 합은
$\dfrac{1}{R} = \dfrac{1}{2} + \dfrac{1}{2}$ 에서 $R = 1\,\Omega$

74. 온도 변화에 의한 전기저항의 변화를 측정하는 화재경고장치 형식은?

㉮ 바이메탈(bimetal)식
㉯ 서미스터(thermistor)식

[정답] 69. ㉴ 70. ㉮ 71. ㉯ 72. ㉴ 73. ㉮ 74. ㉯

㉰ 서모커플(thermocouple)식
㉱ 서멀 스위치(thermal switch)식

75. 주파수 300 MHz의 파장은 몇 m인가?

㉮ 1　㉯ 10　㉰ 100　㉱ 1000

[해설] 전파의 속도(c) : 3×10^8 [m/s]

$$\lambda = \frac{c}{f} = \frac{3 \times 10^8}{300 \times 10^6} = 1\,\text{m}$$

76. 계기의 색표지 중 흰색 방사선이 의미하는 것은?

㉮ 안전 운용 범위
㉯ 최대 및 최소 운용 한계
㉰ 플랩 조작에 따른 항공기의 속도 범위
㉱ 유리판과 계기 케이스의 미끄럼방지 표시

77. 도선도표(導線圖表, wire chart)상에서 도선의 굵기를 정할 때 고려할 사항이 아닌 것은?

㉮ 전류
㉯ 주파수
㉰ 전선의 길이
㉱ 장착위치의 온도

78. 다음 중 작동유가 과도하게 흐르는 것을 방지하기 위한 장치는?

㉮ 필터(filter)
㉯ 우선 밸브(priority valve)
㉰ 유압 퓨즈(hydraulic fuse)
㉱ 바이패스 밸브(by-pass valve)

[해설] 유압 퓨즈 : 유압계통의 관이나 호스가 파손되거나 기기 내의 실에 손상이 생겼을 때 과도한 누설을 방지하기 위한 장치

79. 1차 감시 레이더에 대한 설명으로 옳은 것은?

㉮ 전파를 수신만 하는 레이더이다.
㉯ 전파를 송신만 하는 레이더이다.
㉰ 송신한 전파가 물체(항공기)에 반사되어 되돌아오는 전파를 감지하는 방식이다.
㉱ 송신한 전파가 물체(항공기)에 닿으면 항공기는 이 전파를 수신하여 필요한 정보를 추가한 후 다시 송신하는 방식이다.

[해설] 1차 감시 레이더 : 레이더의 안테나로부터 목표물을 향하여 전파를 발사하면 전파는 목표물에 도달하여 반사되어 다시 안테나로 되돌아온다.

80. 항공기 버스(bus)에 대한 설명으로 틀린 것은?

㉮ 로드 버스(load bus)는 전기 부하에 직접 전력을 공급한다.
㉯ 대기 버스(standby bus)는 비상 전원을 확보하기 위한 것이다.
㉰ 필수 버스(essential bus)는 항공기 항법등, 점검등을 작동시키기 위한 전력을 공급한다.
㉱ 동기 버스(synchronizing bus)는 엔진에 의해 구동되는 발전기들을 병렬 운전하기 위한 것이다.

▶ 2017년 9월 23일 시행

자격종목	시험시간	문제 수	형 별
항공 산업기사	2시간	80	A

제1과목 : 항공역학

1. 다음 중 방향안정성이 양(+)인 경우는? (단, β : 옆미끄럼각, C_n : 요잉 모멘트계수이다.)

㉮ $\dfrac{dC_n}{d\beta}=0$ ㉯ $\dfrac{dC_n}{d\beta}\neq 0$

㉰ $\dfrac{dC_n}{d\beta}>0$ ㉱ $\dfrac{dC_n}{d\beta}<0$

[해설] 방향안정성 : 옆미끄럼각(β)에 대한 빗놀이 모멘트(C_n)의 곡선이 양(+)의 기울기를 가진다.

2. 일반적으로 고정 피치 프로펠러의 깃각은 어떤 속도에서 효율이 가장 좋도록 설정하는가?

㉮ 이륙   ㉯ 착륙
㉰ 순항   ㉱ 상승

[해설] 고정 피치 프로펠러 : 순항 속도에서 프로펠러 효율이 가장 좋도록 깃각이 설정된다.

3. 항공기 날개에 관한 설명으로 옳은 것은?

㉮ 날개에서 발생하는 양력은 유도항력을 유발한다.
㉯ 날개의 뒤처짐 각은 임계마하수를 낮춘다.
㉰ 날개의 가로세로비는 날개폭을 넓이로 나눈 값이다.
㉱ 양력과 항력은 날개면적의 제곱에 비례한다.

[해설] 날개 뒤처짐 각은 임계마하수를 높여주며, 가로세로비는 날개폭(span)의 제곱을 날개면적(S)으로 나눈 값이다. 양력과 항력은 날개면적에 비례한다.

4. 등가대기속도(V_e)와 진대기속도(V)에 대한 설명으로 옳은 것은? (단, 밀도비는 $\sigma=\dfrac{\rho}{\rho_o}$, P_t : 전압, P_s : 정압, ρ_o : 해면고도 밀도, ρ : 현재 고도 밀도이다.)

㉮ 등가대기속도와 진대기속도의 관계는 $V_e=\sqrt{\dfrac{V}{\rho}}$ 이다.
㉯ 등가대기속도는 고도에 따른 밀도변화를 고려한 속도이다.
㉰ 표준대기의 대류권에서 고도가 증가할수록 진대기속도가 등가대기속도보다 느리다.
㉱ 베르누이의 정리를 이용하여 등가대기속도를 나타내면 $V_e=\sqrt{\dfrac{(Pt-Ps)}{\rho_o}}$ 이다.

5. 조종면의 폭이 2배가 되면 조종력은 어떻게 되어야 하는가?

㉮ 1/2로 감소   ㉯ 변함없음
㉰ 2배 증가   ㉱ 4배 증가

[해설] 조종력은 조종면의 폭에 비례한다.

정답 1. ㉰ 2. ㉰ 3. ㉮ 4. ㉱ 5. ㉰

6. 비행기가 날개를 내리거나 올려 비행기의 전후축(세로축 ; longitudinal axis)을 중심으로 움직이는 것과 관련된 모멘트는?

㉮ 옆놀이 모멘트 (rolling moment)
㉯ 빗놀이 모멘트 (yawing moment)
㉰ 키놀이 모멘트 (pitching moment)
㉱ 방향 모멘트 (directional moment)

[해설] 옆놀이 모멘트 : 비행기 앞과 뒤를 연결한 축(세로축)을 중심으로 일어나는 모멘트

7. 항공기가 등속 수평 비행을 하기 위한 조건으로 옳은 것은? (단, L은 양력, D는 항력, T는 추력, W는 항공기 무게이다.)

㉮ $L = W$, $T > D$
㉯ $L = W$, $T = D$
㉰ $T = W$, $L > D$
㉱ $T = W$, $L = D$

[해설] 등속($T = D$) 수평($L = W$) 비행

8. 비행기 무게가 1000 kgf이고 경사각 30°, 100 km/h의 속도로 정상선회를 하고 있을 때 양력은 약 몇 kgf인가?

㉮ 500   ㉯ 866
㉰ 1155   ㉱ 2000

[해설] 선회 시 양력 $= \dfrac{W}{\cos\phi} = \dfrac{1000}{\cos 30}$
$\qquad\qquad\qquad = 1155$ kgf

9. 다음 중 압력계수 (C_p)의 정의로 틀린 것은? (단, p_∞ : 자유흐름의 정압, p : 임의점의 정압, V : 임의점의 속도, V_∞ : 자유흐름의 속도, ρ : 밀도, q_∞ : 자유흐름의 동압이다.)

㉮ $C_p = \dfrac{p - p_\infty}{q_\infty}$

㉯ $C_p = 2V^2 - p_\infty \rho V_\infty$

㉰ $C_p = \dfrac{p - p_\infty}{\dfrac{1}{2}\rho V_\infty^{\,2}}$

㉱ $C_p = 1 - \left(\dfrac{V}{V_\infty}\right)^2$

[해설] 압력계수$(C_P) = \dfrac{정압}{동압} = \dfrac{P - P_0}{\dfrac{1}{2}\rho V^2}$

10. 고정익 항공기 추진에 사용되는 프로펠러에 대한 설명으로 옳은 것은?

㉮ 일반적으로 지상활주 시와 같이 전진비가 낮은 경우에 프로펠러 효율은 최대가 된다.
㉯ 전진비의 증가에 따라 피치각을 증가시켜야 한다.
㉰ 로터면에 대한 비틀림각을 블레이드 팁 (tip) 방향으로 증가하도록 분포시킨다.
㉱ 프로펠러 지름이 큰 경우에는 회전수 변화로 추력을 증감시키는 방법이 일반적으로 사용된다.

11. 꼬리회전날개(tail rotor)가 필요한 헬리콥터는?

㉮ 단일 회전날개 헬리콥터
㉯ 직렬식 회전날개 헬리콥터
㉰ 병렬식 회전날개 헬리콥터
㉱ 동축 역회전식 회전날개 헬리콥터

12. 착륙접지 시 역추력을 발생시키는 비행기에 작용하는 순 감속력에 대한 식은? (단, 추력 $= T$, 항력 $= D$, 무게 $= W$, 양력 $= L$, 활주로 마찰계수 $= \mu$이다.)

㉮ $T - D + \mu(W - L)$
㉯ $T + D + \mu(W + L)$

정답 6. ㉮   7. ㉯   8. ㉰   9. ㉯   10. ㉯   11. ㉮   12. ㉱

㉰ $T-D+\mu(W+L)$
㉱ $T+D+\mu(W-L)$

13. 레이놀즈 수(Reynolds number)에 대한 설명으로 틀린 것은?
㉮ 단위는 cm^2/s이다.
㉯ 동점성계수에 반비례한다.
㉰ 관성력과 점성력의 비를 표시한다.
㉱ 임계 레이놀즈 수에서 천이현상이 일어난다.

[해설] 레이놀즈 수는 단위가 없는 무차원의 수이다.

14. 날개골(airfoil)의 정의로 옳은 것은?
㉮ 날개의 단면
㉯ 날개가 굽은 정도
㉰ 최대 두께를 연결한 선
㉱ 앞전과 뒷전을 연결한 선

[해설] 날개골(airfoil) : 비행기 날개를 수직으로 자른 유선형의 단면을 날개골 또는 날개 단면이라 한다.

15. 700 ps 짜리 2개의 엔진을 장착한 항공기가 대기속도 50 m/s로 상승비행을 하고 있다면 이 항공기의 상승률은 몇 m/s인가? (단, 비행기의 중량은 5000 kgf, 항력은 1000 kgf, 프로펠러 효율은 0.8이다.)
㉮ 3.4   ㉯ 5.0
㉰ 6.0   ㉱ 6.8

[해설] 상승률 $= \dfrac{75(P_a - P_r)}{W}$
$= \dfrac{75(1120 - 667)}{5000} = 6.8 \, m/s$

이용마력$(P_a) = \eta \times bHp$
$= 0.8 \times 1400 = 1120 \, ps$

필요마력$(P_r) = \dfrac{DV}{75}$
$= \dfrac{1000 \times 50}{75} = 667 \, ps$

16. 다음 중 수평 스핀(flat spin) 상태에서 받음각의 크기로 가장 적합한 것은?
㉮ 약 5°   ㉯ 10 ~ 20°
㉰ 약 60°   ㉱ 약 95° 이상

[해설] 수평 스핀 : 수직 수핀의 상태보다 점점 받음각이 증가하여 60°가까이 되고 기체 세로축은 거의 수평에 가깝고 탈출하기가 곤란하다.

17. 제트 비행기의 최대항속시간에 해당하는 속도는 다음 중 어느 조건에서 이루어지는가?
㉮ 최대이용추력   ㉯ 최소이용추력
㉰ 최대필요추력   ㉱ 최소필요추력

[해설] 제트기 항속시간$(t) = \dfrac{W_1 - W_2}{\dfrac{c \cdot BHP}{3600}}$

18. 전진하는 회전날개 깃에 작용하는 양력을 헬리콥터 전진속도(V)와 주 회전날개의 회전속도(v)로 옳게 설명한 것은?
㉮ $(v-V)^2$에 비례한다.
㉯ $(v+V)^2$에 비례한다.
㉰ $\left(\dfrac{v+V}{v-V}\right)^2$에 비례한다.
㉱ $\left(\dfrac{v-V}{v+V}\right)^2$에 비례한다.

[해설] 회전하는 날개에서 전진하는 방향에서는 전진속도와 회전날개 속도가 합해져서 합성속도가 제일 크다.

19. 도움날개(aileron) 및 승강키(elevator)

정답 13. ㉮ 14. ㉮ 15. ㉱ 16. ㉰ 17. ㉱ 18. ㉯ 19. ㉮

의 힌지 모멘트와 이들 조종면을 원하는 위치에 유지하기 위한 조종력과의 관계로 옳은 것은?

㉮ 힌지 모멘트가 크면 조종력도 커야 한다.
㉯ 힌지 모멘트가 커져도 필요한 조종력에는 변화가 없다.
㉰ 힌지 모멘트가 크면 조종력은 작아도 된다.
㉱ 아음속 항공기에서는 힌지 모멘트가 커질수록 필요한 조종력은 작아진다.

[해설] 조종력은 힌지 모멘트와 비례한다.

20. 국제 표준 대기의 평균 해발고도에서 특성값을 틀리게 짝지은 것은?

㉮ 온도 : 20℃
㉯ 압력 : 1013 hPa
㉰ 밀도 : 1.225 kg/m³
㉱ 중력 가속도 : 9.8066 m/s²

[해설] 표준 대기 온도는 15℃이다.

제2과목 : 항공기관

21. 가스터빈엔진의 기본 구성 요소가 아닌 것은?

㉮ 압축기　　　㉯ 터빈
㉰ 연소실　　　㉱ 감속장치

[해설] 가스 발생기 : 압축기, 연소실, 터빈

22. 가스터빈엔진에 사용되는 연료의 구비 조건이 아닌 것은?

㉮ 가격이 저렴할 것
㉯ 어는점이 높을 것
㉰ 인화점이 높을 것
㉱ 연료의 중량당 발열량이 클 것

[해설] 어는점이 낮다는 것은 추운 날씨에도 연료가 얼지 않는다는 것이다.

23. 오일 양이 매우 작은 상태에서 왕복엔진을 시동하였을 때, 조종사는 어떤 현상을 인지할 수 있는가?

㉮ 정상 작동을 한다.
㉯ 오일압력계기가 0을 지시한다.
㉰ 오일압력계기가 동요(fluctuation)한다.
㉱ 오일압력계기가 높은 압력을 지시한다.

24. 단(stage)당 압력비가 1.34인 9단 축류형 압축기의 출구 압력은 약 몇 psi인가? (단, 압축기 입구 압력은 14.7 psi이다.)

㉮ 177　　　㉯ 205
㉰ 255　　　㉱ 276

[해설] 단당 압력비$(\gamma)=(\gamma_s)^n=(1.34)^9=14$
압축기 출구 압력 $=14.7\times14=205\,psi$

25. 이륙 시 정속 프로펠러에서 rpm과 피치각은 어떤 상태가 되어야 가장 효율적인가?

㉮ 높은 rpm과 작은 피치각
㉯ 높은 rpm과 큰 피치각
㉰ 낮은 rpm과 작은 피치각
㉱ 낮은 rpm과 큰 피치각

[해설] 이·착륙 시 : 저피치, 고rpm
　　　순항·강하 시 : 고치피, 저rpm

26. 오토사이클의 열효율을 옳게 나타낸 것은? (단, ε : 압축비, k : 비열비이다.)

㉮ $1-\dfrac{1}{\varepsilon^{k-1}}$　　　㉯ $\dfrac{k-1}{\varepsilon^{k-1}}$

㉰ $1-\varepsilon^{\frac{1}{k-1}}$　　㉱ $\dfrac{1}{1-\varepsilon^{k-1}}$

27. 왕복엔진 부품 중 윤활유에서 열을 가장 많이 흡수하는 부품은?
㉮ 피스톤
㉯ 배기밸브
㉰ 푸시로드
㉱ 프로펠러 감속 기어

[해설] 피스톤 : 피스톤 헤드 부분이 약 2000℃의 높은 온도에 노출된다.

28. 왕복엔진에서 마그네토(magneto)의 브레이커 어셈블리에서 접촉 부분은 일반적으로 어떤 재료로 되어 있는가?
㉮ 은 (silver)
㉯ 구리 (copper)
㉰ 코발트 (covalt)
㉱ 백금 (platinum)-이리듐(iridium)합금

29. 가스터빈엔진에서 압축기 실속(compressor stall)이 일어나는 경우는?
㉮ 흡입 공기 압력이 높을 때
㉯ 유입 공기 속도가 상대적으로 느릴 때
㉰ 항공기 속도가 터빈 회전속도에 비하여 너무 빠를 때
㉱ 흡입구로 들어오는 램 공기(ram-air)의 밀도가 높을 때

[해설] 압축기 실속 : 공기 흡입 속도가 작을수록, 회전속도가 클수록 회전자 깃의 받음각이 커져 실속이 발생한다.

30. 가스터빈엔진 점화계통의 구성품이 아닌 것은?
㉮ 익사이터 (exciter)
㉯ 이그나이터 (igniter)
㉰ 점화 전선 (ignition lead)
㉱ 임펄스 커플링 (impulse coupling)

[해설] 임펄스 커플링(impulse coupling) : 왕복기관에서 엔진 시동을 위하여 마그네토에 순간적으로 고회전 속도를 주고 지연점화를 한다.

31. 다음 중 디토네이션(detonation)을 일으키는 요인은?
㉮ 너무 늦은 점화시기
㉯ 낮은 흡입공기 온도
㉰ 너무 낮은 옥탄가의 연료 사용
㉱ 너무 높은 옥탄가의 연료 사용

[해설] 디토네이션 : 고압축비 엔진이나 압축 혼합 가스 온도가 높을 때, 또는 낮은 옥탄가 연료를 사용할 때도 발생하기 쉽다.

32. 항공기 왕복엔진의 벤투리 부분에서 실린더 흡입 공기량으로부터 생긴 부압에 의해 가솔린을 빨아내고 혼합기를 만드는 방식의 기화기는?
㉮ 부자식 기화기
㉯ 충동식 기화기
㉰ 경계 압력식 기화기
㉱ 압력 분사식 기화기

33. 다음 중 프로펠러 조속기의 파일럿(pilot) 밸브의 위치를 결정하는데 직접적인 영향을 주는 것은?
㉮ 플라이 웨이트　㉯ 엔진오일 압력
㉰ 조종사의 위치　㉱ 펌프오일 압력

[해설] 파일럿 밸브는 프로펠러 축에 베벨 기어로 연결되어 회전하며 그 위쪽에 플라이 웨이트가 장착되어 있다.

34. 항공기 왕복엔진의 출력 증가를 위하여 장착하는 과급기 중 가장 많이 사용되

정답 27. ㉮　28. ㉱　29. ㉯　30. ㉱　31. ㉰　32. ㉮　33. ㉮　34. ㉱

는 형식은?

㉮ 기어식 (gear type)
㉯ 베인식 (vane type)
㉰ 루츠식 (roots type)
㉱ 원심식 (centrifugal type)

[해설] 과급기 : 원심식, 루츠식, 베인식 과급기 중 원심식 과급기가 많이 사용된다.

35. 엔진의 공기 흡입구에 얼음이 생기는 것을 방지하기 위한 방빙(anti icing)방법으로 옳은 것은?

㉮ 배기가스를 인렛 스트럿(inlet strut)에 보낸다.
㉯ 압축기 통과 전의 청정한 공기를 인렛(inlet)쪽으로 순환시킨다.
㉰ 압축기의 고온 브리드 공기를 흡입구 (intake), 인렛 가이드 베인(inlet guide vane)으로 보낸다.
㉱ 더운 물을 엔진 인렛(inlet) 속으로 분사한다.

[해설] 방빙계통 : 압축기 뒷부분의 고온, 고압의 공기를 흡입관의 립 부분이나 압축기의 입구 안내 깃의 내부로 통과시켜 가열함으로써 얼음이 얼어붙는 것을 방지한다.

36. 가스터빈엔진의 오일 필터를 손상시키는 힘이 아닌 것은?

㉮ 압력변화로 인한 피로 힘
㉯ 흐름 체적으로 인한 압력 힘
㉰ 가열된 오일에 의한 압력 힘
㉱ 열순환(thermal cycling)으로 인한 피로 힘

[해설] 오일 필터(oil filter) : 오일이 찬 상태에서 압력, 흐름양에 의한 압력, 고주파수로부터 피로, 열순환에 의한 피로 등 큰 피로에 견딜 수 있도록 설계한다.

37. 가스터빈엔진에서 사용되는 추력 증가 장치로만 짝지어진 것은?

㉮ reverse thrust, afterburner
㉯ afterburner, water-injection
㉰ afterburner, noise suppressor
㉱ reverse thrust, water-injection

38. 왕복엔진에서 밸브 오버랩의 주된 효과가 아닌 것은?

㉮ 실린더 냉각효과를 높여준다.
㉯ 실린더의 체적 효율을 높여준다.
㉰ 크랭크축의 마모를 감소시켜 준다.
㉱ 배기가스를 완전히 배출시키는 데 유리하다.

39. 항공기용 왕복엔진으로 사용하는 성형엔진에 대한 설명으로 옳은 것은?

㉮ 단열 성형엔진은 실린더 수가 짝수로 구성되어 있다.
㉯ 성형엔진의 2열은 짝수의 실린더 번호가 부여된다.
㉰ 성형엔진의 1열은 홀수의 실린더 번호가 부여된다.
㉱ 14기통 성형엔진의 크랭크 핀은 2개이다.

[해설] 성형기관의 실린더 번호는 위쪽 중앙에 있는 실린더를 1번으로 하여 기관의 회전방향으로 붙여지고, 2열 성형기관에서는 앞열은 짝수만으로, 뒤 열은 홀수만으로 이루어진다. 2열 14기통 기관에는 크랭크축이 2개이다.

40. 비열비(k)에 대한 식으로 옳은 것은? (단, C_p : 정압비열, C_v : 정적비열이다.)

㉮ $k = \dfrac{C_v}{C_p}$ ㉯ $k = \dfrac{C_p}{C_v}$

㉰ $k = 1 - \dfrac{C_p}{C_v}$ ㉱ $k = \dfrac{C_p - 1}{C_v}$

제3과목 : 항공기체

41. 구조부재의 일부분에 균열과 같은 결함이 잠재할 수 있다고 가정하고 기체의 안전한 사용 기간을 규정하여 안전성을 확보하는 설계 개념은?

㉮ 정적강도설계 ㉯ 안전수명설계
㉰ 손상허용설계 ㉱ 페일세이프설계

42. 부품 번호가 AN 470 AD 3-5인 리벳에서 "AD"는 무엇을 나타내는가?

㉮ 리벳의 지름이 $\dfrac{3}{16}$ 인치이다.
㉯ 리벳의 길이는 머리를 제외한 길이이다.
㉰ 리벳의 머리 모양이 유니버설 머리이다.
㉱ 리벳의 재질이 알루미늄 합금인 2117이다.

[해설] AD : 2117T 리벳 D : 2017T 리벳
DD : 2027T 리벳

43. 다음 중 SAE 규격에 따른 합금강으로 탄소를 가장 많이 함유하고 있는 것은?

㉮ 6150 ㉯ 4130
㉰ 2330 ㉱ 1025

[해설] 네 자리 중 마지막 두 자리 숫자가 탄소 함유량이다.

44. 항공기 엔진을 장착하거나 보호하기 위한 구조물이 아닌 것은?

㉮ 킬빔 ㉯ 나셀
㉰ 포드 ㉱ 카울링

45. 착륙장치(landing gear)에 사용되는 올레오 완충 장치(oleo shock absorber)의 충격흡수 원리에 대한 설명으로 옳은 것은?

㉮ 스트럿 실린더(strut cylinder)에 공급되는 공기의 마찰에너지를 이용하여 충격을 흡수한다.
㉯ 헬리컬 스프링(helical spring)이 탄성체의 탄성변형에너지 형식으로 충격을 흡수한다.
㉰ 공기의 압축성 효과에 의한 탄성에너지와 작동유 흐름 제한에 따른 에너지 손실에 의해 충격을 흡수한다.
㉱ 리프 스프링(leaf spring) 자체가 랜딩 스트럿(landing strut) 역할을 하여 충격을 굽힘에너지로 흡수한다.

46. 접개식 강착장치(retractable landing gear)에서 부주의로 인해 착륙장치가 접히는 것을 방지하기 위한 안전장치를 나열한 것은?

㉮ down lock, safety pin, up lock
㉯ down lock, up lock, ground lock
㉰ up lock, safety pin, ground lock
㉱ down lock, safety pin, ground lock

47. 티타늄합금의 성질에 대한 설명으로 옳은 것은?

㉮ 열전도계수가 크다.
㉯ 불순물이 들어가면 가공 후 자연경화를 일으켜 강도를 좋게 한다.
㉰ 티타늄은 고온에서 산소, 질소, 수소

정답 41. ㉰ 42. ㉱ 43. ㉮ 44. ㉮ 45. ㉰ 46. ㉱ 47. ㉰

등과 친화력이 매우 크고, 또한 이러한 가스를 흡수하면 강도가 매우 약해진다.
㉣ 합금원소로써 Cu가 포함되어 있어 취성을 감소시키는 역할을 한다.

48. 실소속도가 90 mph인 항공기를 120 mph로 수평비행 중 조종간을 급히 당겨 최대 양력계수가 작용하는 상태라면 주날개에 작용하는 하중배수는 약 얼마인가?

㉮ 1.5 ㉯ 1.78 ㉰ 2.3 ㉱ 2.57

[해설] $n = \dfrac{V_A^2}{V_S^2} = \dfrac{120^2}{90^2} = 1.78$

49. 그림과 같이 100N의 힘(P)이 작용하는 구조물에서 지점 A의 반력(R_1)은 몇 N인가? (단, 구조물 ABC는 4분원이다.)

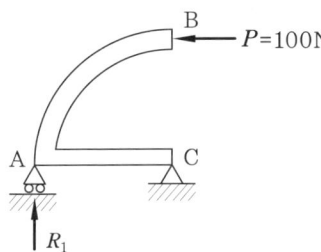

㉮ 100 ㉯ 50 ㉰ 25 ㉱ 0

[해설] C점을 중심으로 한 모멘트 값이 같으므로 $R_1 = 100$ N이다. 4분원이므로 거리는 같다.

50. 항공기에 작용하는 하중에 대한 설명으로 옳은 것은?
㉮ 구조물에 가해지는 힘을 응력이라 한다.
㉯ 하중에는 탑재물의 중량, 공기력, 관성력, 지면반력, 충격력 등이 있다.
㉰ 구조물인 항공기는 하중을 지지하기 위한 외력으로 응력을 가진다.
㉱ 면적당 작용하는 내력의 크기를 하중이라 한다.

[해설] ① 하중 : 구조물에 작용하는 힘
② 응력 : 단위면적당 내력의 크기
③ 강도 : 하중에 견딜 수 있는 정도

51. 숏 피닝(shot peening) 작업으로 나타나는 주된 효과는?
㉮ 내부 균열 및 변형 방지
㉯ 크롬 도금으로 인한 표면 부식 방지
㉰ 표면 강도 증가와 스트레스 부식 방지
㉱ 광택 감소로 인한 표면 마찰 증가와 내열성 증가

[해설] 숏 피닝(shot peening) : 표면층의 가공 경화에 따른 경화처리가 이루어짐과 동시에 균열이 생기는 것을 막고 부품의 표면에서 손괴나 마모 방지에 유효하다.

52. 표와 같은 항공기의 기본 자기무게에 대한 무게중심 (c.g)의 위치는 몇 cm인가?

측정 항목	측정 무게(N)	거리(cm)
왼쪽 바퀴	3200	135
오른쪽 바퀴	3100	135
앞 바퀴	700	−45
연료	2500	−10

㉮ 176.4   ㉯ 187.6
㉰ 194.4   ㉱ 201.6

[해설] 기본 자기무게에는 연료의 무게는 제하여야 한다.
• 기본 자기 무게중심
$= \dfrac{3200 \times 135 + 3100 \times 135 - 700 \times 45 - 200 \times (-10)}{3200 + 3100 + 700 - 2500}$
$= 187.6$ m

53. 리브너트(rivnut)를 사용하는 방법으로 옳은 것은?

정답 48. ㉯ 49. ㉮ 50. ㉯ 51. ㉰ 52. ㉯ 53. ㉰

㉮ 금속면에 우포를 씌울 때 사용한다.
㉯ 두꺼운 날개 표피에 리브를 붙일 때 사용한다.
㉰ 한쪽면에서만 작업이 가능한 제빙장치 등을 설치할 때 사용한다.
㉱ 기관 마운트와 같은 중량물을 구조물에 부착할 때 사용한다.

[해설] 리브너트 : 제빙부츠(de-icer boots)를 장착하는 날개앞전 부분에 사용된다.

54. [보기]에서 설명하는 작업의 명칭은?

> [보기] − 플러시 헤드 리벳의 헤드를 감추기 위해 사용
> − 리벳 헤드의 높이보다 판재의 두께가 얇은 경우 사용

㉮ 디버링 (deburing)
㉯ 딤플링 (dimpling)
㉰ 클램핑 (clamping)
㉱ 카운터 싱킹 (counter sinking)

[해설] 딤플링 : 판재의 두께가 0.04 in 이하로 얇아서 카운터 싱크 작업이 불가능할 때 딤플링을 한다.

55. 항공기 구조의 특정 위치를 쉽게 알 수 있도록 위치를 표시하는 것 중 기준 수평면과 일정거리를 두며 평행한 선은?

㉮ 기준선 (datum line)
㉯ 버턱선 (buttock line)
㉰ 동체 수위선 (body water line)
㉱ 동체 위치선 (body station line)

56. 항공기 기체 판재에 적용한 릴리프 홀 (relief hole)의 주된 목적은?

㉮ 무게 감소
㉯ 강도 증가
㉰ 좌굴 방지
㉱ 응력 집중 방지

[해설] 릴리프 홀(relief hole) : 굽힘 가공에 앞서서 응력 집중이 일어나는 교점에 구멍을 뚫는다.

57. FRCM(Fiber Reinforced Composite Material)의 모재(matrix) 중 사용온도 범위가 가장 큰 것은?

㉮ FRC (Fiber Reinforced Ceramic)
㉯ FRP (Fiber Reinforced Plastic)
㉰ FRM (Fiber Reinforced Metallics)
㉱ C/C 복합체 (Carbon-Carbon Composite Material)

[해설] C/C 복합체 (Carbon-Carbon Composite Material) : 내열성과 내마모성이 우수하다. 모재의 사용온도 범위가 대략 3000℃이다.

58. 토크렌치의 길이는 10인치이고, 5인치의 연장공구를 사용하여 작업을 하여 토크렌치의 지시값이 300 lb이라면 실제 너트에 가해진 토크는 몇 in-lb인가?

㉮ 400   ㉯ 450
㉰ 500   ㉱ 550

[해설] $T = \dfrac{(L+E)}{L} \times R$
$= \dfrac{(10+5)}{10} \times 300 = 450 \,\text{in-lb}$

59. 리벳작업을 위한 구멍뚫기 작업에 대한 설명으로 옳은 것은?

㉮ 드릴작업 전 리밍작업을 한다.
㉯ 드릴작업 후 구멍의 버(burr)는 되도록 보조하도록 한다.
㉰ 구멍은 리벳 지름보다 약간 작게 한다.
㉱ 리밍작업 시 회전방향을 일정하게 하여 가공한다.

정답 54. ㉯   55. ㉰   56. ㉱   57. ㉱   58. ㉯   59. ㉱

[해설] 리밍(reaming)작업 : 기존에 있는 구멍을 높은 정확도로 매끈한 구멍을 만들어 넓히는 작업

60. 항공기 조종장치의 종류가 아닌 것은?
㉮ 동력 조종장치(power control system)
㉯ 매뉴얼 조종장치(manual control system)
㉰ 부스터 조종장치(booster control system)
㉱ 수압식 조종장치(water pressure control system)

제4과목 : 항공장비

61. 전원회로에서 전압계(voltmeter)와 전류계(ammeter)를 부하와 연결하는 방법으로 옳은 것은?
㉮ 전압계와 전류계 모두 직렬 연결한다.
㉯ 전압계와 전류계 모두 병렬 연결한다.
㉰ 전압계는 병렬, 전류계는 직렬 연결한다.
㉱ 전압계는 직렬, 전류계는 병렬 연결한다.
[해설] 전류계는 회로에 직렬로 접속해서 사용해야 하며, 전압계와 같이 부하나 전원에 병렬로 접속하면 위험하다.

62. VOR국은 전파를 이용하여 방위 정보를 항공기에 송신하는데 이때 VOR국에서 관찰하는 항공기의 방위는?
㉮ 진방위
㉯ 상대방위
㉰ 자방위
㉱ 기수방위
[해설] 초단파 전방향 무선표지(VOR)는 유효거리 내에 있는 항공기에 지상국에 대한 자방위를 연속적으로 지시해 주어 정확한 항로를 구할 수 있다.

63. 교류발전기의 정격이 115V, 1kVA, 역률이 0.866이라면 무효전력 (reactive power)은 얼마인가? (단, 역률(power factor) 0.866은 cos30°에 해당된다.)
㉮ 500 W
㉯ 866 W
㉰ 500 Var
㉱ 866 Var
[해설] 무효전력=피상전력 × $\sin\theta$
      =1000sin30=500 Var

64. 열을 받게 되면 스테인리스강으로 된 케이스가 늘어나게 되므로, 금속 스트럿이 퍼지면서 접촉점이 연결되어 회로를 형성시키는 화재경고장치는?
㉮ 열전쌍식 화재경고장치
㉯ 광전지식 화재경고장치
㉰ 열 스위치식 화재경고장치
㉱ 저항 루프형 화재경고장치
[해설] 열 스위치식 화재경고장치 : 열팽창률이 낮은 니켈-철 합금인 그 속 스트럿이 서로 휘어져 있어 평상시에는 접촉점이 떨어져 있다가 열을 받게 되면 스테인리스강으로 된 케이스가 늘어나므로, 금속 스트럿이 퍼지면서 접촉점이 연결되어 회로를 형성한다.

65. 왕복엔진의 실린더에 흡입되는 공기압을 아네로이드와 다이어프램을 사용하여 절대압력으로 측정하는 계기는?
㉮ 윤활유 압력계
㉯ 제빙 압력계
㉰ 증기압식 압력계
㉱ 흡입 압력계

정답 60. ㉱ 61. ㉰ 62. ㉰ 63. ㉰ 64. ㉰ 65. ㉱

[해설] 흡입 압력계 : 이 계기의 지시는 절대압력으로 inHg 단위로 표시된다.

66. 솔레노이드 코일의 자계세기를 조정하기 위한 요소가 아닌 것은?
㉮ 철심의 투자율
㉯ 전자석의 코일 수
㉰ 도체를 흐르는 전류
㉱ 솔레노이드 코일의 작동 시간

[해설] 솔레노이드 코일 : 도선을 원통 모양으로 촘촘히 감은 것을 솔레노이드 코일이라 한다. 여기에 전류를 흘리면 자계가 형성된다. 코일 내부의 자계의 세기 H 는 전류 I 와 코일의 단위길이에 감은 권수 N 에 비례한다.

67. 공기순환 공기조화계통(air cycle air conditioning)에 대한 설명으로 틀린 것은?
㉮ 냉매를 사용하여 공기를 냉각시킨다.
㉯ 수분분리기는 압축공기로부터 수분을 제거하기 위해 사용된다.
㉰ 항공기 공기압 계통에 공기를 공급한다.
㉱ 항공기 객실에 압력을 가하기 위하여 엔진 추출 공기를 사용한다.

[해설] 공기순환 공기조화계통 : 1,2차 열교환기를 거치면서 뜨거운 공기를 냉각한다.

68. 수평의(vertical gyro)는 항공기에서 어떤 축의 자세를 감지하는가?
㉮ 기수 방위
㉯ 롤 및 피치
㉰ 롤 및 기수 방위
㉱ 피치 및 기수 방위

[해설] 자이로 수평 지시계(인공 수평의) : 강직성과 섭동성을 이용한 3축 자이로로 키놀이와 옆놀이 각의 크기를 지시한다.

69. VHF 무전기의 교신 가능 거리에 대한 설명으로 옳은 것은?
㉮ 장애물이 있을 때에는 100 km 이내로 제한된다.
㉯ 송신 출력은 높여도 가시거리 이내로 제한된다.
㉰ 항공기 운항속도를 늦추면 더 먼 거리까지 교신이 가능하다.
㉱ 안테나 성능 향상으로 장애물과 상관없이 100km 이상 교신이 가능하다.

[해설] 초단파(VHF) 통신 : 가시거리 통신에만 유효하며, 공대지 통신에는 VHF대역이 이상적이다.

70. 압력조절기에서 킥인(kick-in)과 킥아웃(kick-out) 상태는 어떤 밸브의 상호작용으로 하는가?
㉮ 체크 밸브와 릴리프 밸브
㉯ 체크 밸브와 바이패스 밸브
㉰ 흐름조절기와 릴리프 밸브
㉱ 흐름평형기와 바이패스 밸브

[해설] 압력조절기에는 체크 밸브와 바이패스 밸브의 작동에 따라 킥인(kick in)과 킥아웃(kick out) 상태가 있다. 정상 압력에서는 바이패스 밸브는 닫혀 있고, 펌프에서 배출되는 유압을 계통으로 직접 공급되는데 이때를 킥인 상태라 한다.

71. 항공기 속도에서 등가대기속도에서 대기 밀도를 보정한 속도는?
㉮ IAS   ㉯ CAS
㉰ TAS   ㉱ EAS

[해설] ① 진대기속도(TAS) : 고도 변화에 따른 공기 밀도를 수정한 속도
② 등가대기속도(EAS) : 공기의 압축성 효과를 고려한 수정한 속도

정답 66. ㉱　67. ㉮　68. ㉯　69. ㉯　70. ㉯　71. ㉰

72. 그림에서 압력계에 나타나는 압력은 몇 kgf/cm²인가? (단, 단면적은 A측 2 cm², B측 10 cm²이며, 작용하는 힘은 A측 50 kgf, B측 250 kgf 이다.)

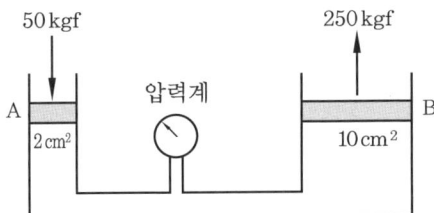

㉮ 25 ㉯ 50 ㉰ 100 ㉱ 250

[해설] 파스칼의 원리 : 밀폐된 용기에 채워져 있는 유체에 가해진 압력은 모든 방향으로 일정하다.
따라서, 압력 $= \dfrac{F}{A} = \dfrac{50}{2} = 25 \text{ kgf/cm}^2$

73. 자이로의 섭동 각속도를 나타낸 것으로 옳은 것은? (단, M : 외부력에 의한 모멘트, L : 각 운동량이다.)

㉮ $\dfrac{M}{L}$　　㉯ $\dfrac{L}{M}$
㉰ $L - M$　　㉱ $M \times L$

74. 축전기 터미널(battery terminal)에 부식을 방지하기 위한 방법으로 가장 적합한 것은?

㉮ 납땜을 한다.
㉯ 증류수로 씻어낸다.
㉰ 페인트로 얇은 막을 만들어 준다.
㉱ 그리스(grease)로 얇은 막을 만들어 준다.

75. 교류발전기의 병렬운전 시 고려해야 할 사항이 아닌 것은?

㉮ 위상　　㉯ 전류
㉰ 전압　　㉱ 주파수

[해설] 교류발전기의 병렬운전 조건
① 두 발전기의 정격 전압이 같아야 한다.
② 두 발전기의 주파수가 동일해야 한다.
③ 두 발전기의 위상이 동일해야 한다.
④ 전압의 위상 연결이 동일하고 두 전압의 파형이 동일 파형이어야 한다.

76. 압축공기 제빙부츠 계통의 팽창 순서를 제어하는 것은?

㉮ 제빙장치 구조　　㉯ 분배밸브
㉰ 흡입 안전밸브　　㉱ 진공펌프

[해설] 기관 압축기에서 공급된 압축공기가 압력 조절기에 의해 적당한 압력으로 낮추어서 분배밸브에 공급되면 부츠가 팽창, 수축을 통해 제빙을 하게 된다.

77. 항공기가 산악 또는 지면과 충돌하는 것을 방지하는 장치는?

㉮ air traffic control system
㉯ inertial navigation system
㉰ distance measuring equipment
㉱ ground proximity warning system

[해설] 대지 접근 경고장치(ground proximity warning system) : 지면에 이상 접근 및 이상 강하할 때에 파일럿에 경보를 주는 장치

78. 공압 계통에 대한 설명으로 옳은 것은 어느 것인가?

㉮ 유압과 비교하여 큰 힘을 얻을 수 없다.
㉯ 공압 계통은 리저버(reservoir)가 필요하다.
㉰ 공기압은 비압축성이라 그대로의 힘이 잘 전달된다.
㉱ 공압 계통은 리턴라인(return line)이 필요하다.

정답 72. ㉮　73. ㉮　74. ㉱　75. ㉯　76. ㉯　77. ㉱　78. ㉮

[해설] 공기압 계통 : 어느 정도 계통의 누설을 허용하더라도 압력 전달에는 영향을 주지 않으며, 무게가 가볍고 사용한 공기는 대기 중으로 배출되어 귀환관이 필요 없다.

79. 자기나침반(magnetic compass)의 자차 수정 시기가 아닌 것은?

㉮ 엔진교환 작업 후 수행한다.
㉯ 지시에 이상이 있다고 의심이 갈 때 수행한다.
㉰ 철재 기체 구조재의 대수리 작업 후 수행한다.
㉱ 기체의 구조 부분을 검사할 때 항상 수행한다.

80. 항공기가 야간에 불시착했을 때 기내·외를 밝혀주는 비상용 조명(emergency light)은 최소 몇 분간 조명하여야 하는가?

㉮ 10분 ㉯ 30분
㉰ 60분 ㉱ 90분

2018년도 시행 문제

▶ 2018년 3월 4일 시행

자격종목	시험시간	문제 수	형 별	수험번호	성 명
항공 산업기사	2시간	80	A		

제1과목 항공역학

1. 무동력(power off)비행 시 실속속도와 동력(power on)비행 시 실속속도의 관계로 옳은 것은?
㉮ 서로 동일하다.
㉯ 비교할 수가 없다.
㉰ 동력비행 시의 실속속도가 더 크다.
㉱ 무동력비행 시의 실속속도가 더 크다.

[해설] 동력(power on)비행 시 실속과 무동력(power off)비행 시 실속 동력 시(power on) 실속은 무동력(power off) 실속 속도보다 작고 항공기 자세는 커지게 된다.

2. 날개의 길이(span)가 10 m이고 넓이가 25 m²인 날개의 가로세로비(aspect ratio)는?
㉮ 2   ㉯ 4   ㉰ 6   ㉱ 8

[해설] 가로세로비 $= \dfrac{b^2}{S} = \dfrac{10^2}{25} = 4$

3. 헬리콥터의 제자리 비행 시 발생하는 전이성향 편류를 옳게 설명한 것은?
㉮ 주로터가 회전할 때 토크를 상쇄하기 위해 미부로터가 수평추력을 발생시키는 것
㉯ 단일로터 헬리콥터에서 주로터와 미부로터의 추력이 효과적인 균형을 이룰 때 헬리콥터가 옆으로 흐르는 현상
㉰ 종렬 로터와 동축 로터 시스템이 헬리콥터에서 토크를 방지하기 위한 로터가 상호 반대로 회전하는 것
㉱ 헬리콥터의 주로터 회전방향의 반대 방향으로 동체가 돌아가려는 성질

[해설] 전이성향 : 헬리콥터가 제자리 비행 중 단일로터 계통의 헬리콥터가 우측으로 편류하려는 경향을 말한다.

4. 유체흐름과 관련된 각 용어의 설명이 옳게 짝지어진 것은?
㉮ 박리 : 층류에서 난류로 변하는 현상
㉯ 층류 : 유체가 진동을 하면서 흐르는 흐름
㉰ 난류 : 유체 유동특성이 시간에 대해 일정한 정상류
㉱ 경계층 : 벽면에 가깝고 점성이 작용하는 유체의 층

5. 프로펠러의 역피치(reverse pitch)를 사용하는 주된 목적은?
㉮ 후진비행을 위해서
㉯ 추력의 증가를 위해서
㉰ 착륙 후의 제동을 위해서
㉱ 추력을 감소시키기 위해서

정답 1. ㉱   2. ㉯   3. ㉯   4. ㉱   5. ㉰

[해설] 역피치 프로펠러 : 착륙 후 피치를 반대로 하여 출력을 증가시키면 프로펠러 회전 방향이 똑 같으면서 피치각이 반대가 되어 역추력이 발생하여 착륙거리를 단축시킬 수 있다.

6. 임계마하수가 0.70인 직사각형 날개에서 임계 마하수를 0.91로 높이기 위해서는 후퇴각을 약 몇 도(°)로 해야 하는가?

㉮ 10° ㉯ 20° ㉰ 30° ㉱ 40°

[해설] $V_2 = V\cos\theta$ 에서
$$\cos\theta = \frac{V_2}{V} = \frac{0.7}{0.91}, \quad \theta = \cos^{-1}\left(\frac{0.7}{0.91}\right) = 40°$$

7. 비행기의 이륙활주거리를 짧게 하기 위한 방법이 아닌 것은?

㉮ 엔진의 추력을 크게 한다.
㉯ 비행기의 무게를 감소한다.
㉰ 슬랫(slat)과 플랩(flap)을 사용한다.
㉱ 항력을 줄이기 위해 작은 날개를 사용한다.

8. 항력계수가 0.02이며, 날개면적이 20 m^2인 항공기가 150 m/s로 등속도 비행을 하기 위해 필요한 추력은 약 몇 kgf 인가? (단, 공기의 밀도는 0.125 kgf · s^2/m^4이다.)

㉮ 433 ㉯ 563
㉰ 643 ㉱ 723

[해설] 초등속 수평비행 시에는 추력(T)과 항력(D)이 같다.
$$T = D = \frac{1}{2}\rho V^2 C_D S$$
$$= \frac{1}{2} \times 0.125 \times 150^2 \times 0.02 \times 20 = 563\,kgf$$

9. 항공기가 스핀 상태에서 회복하기 위해 주로 사용하는 조종면은?

㉮ 러더   ㉯ 에일러론
㉰ 스포일러 ㉱ 엘리베이터

[해설] 스핀에서 탈출 시 회전운동으로 인해 승강키는 효력이 없고, 방향키(rudder)를 사용하여 탈출하여야 한다.

10. 비행기의 방향 조종에서 방향키 부유각(float angle)에 대한 설명으로 옳은 것은?

㉮ 방향키를 고정했을 때 공기력에 의해 방향키가 변위되는 각
㉯ 방향키를 자유로 했을 때 공기력에 의해 방향키가 자유로이 변위되는 각
㉰ 방향키를 밀었을 때 공기력에 의해 방향키가 변위되는 각
㉱ 방향키를 당겼을 때 공기력에 의해 방향키가 변위되는 각

11. 해면고도에서 표준대기의 특성값으로 틀린 것은?

㉮ 표준온도는 15°F이다.
㉯ 밀도는 1.23 kg/m^3이다.
㉰ 대기압은 760 mmHg이다.
㉱ 중력가속도는 32.2 ft/s^2이다.

[해설] 표준온도는 15°C이다.

12. 날개끝 실속을 방지하는 보조장치 및 방법으로 틀린 것은?

㉮ 경계층 펜스를 설치한다.
㉯ 톱날 앞전 형태를 도입한다.
㉰ 날개의 후퇴각을 크게 한다.
㉱ 날개가 워시 아웃(wash out) 형상을 갖도록 한다.

[해설] 날개끝 실속방지법 : 기하학적 비틀림, 공기역학적 비틀림, 실속판 설치, 슬롯

정답 6. ㉱ 7. ㉱ 8. ㉯ 9. ㉮ 10. ㉯ 11. ㉮ 12. ㉰

13. 등속수평비행에서 경사각을 주어 선회하는 경우 동일 고도를 유지하기 위한 선회속도와 수평비행속도와의 관계로 옳은 것은? (단, V_L : 수평비행속도, V : 선회속도, ϕ : 경사각이다.)

㉮ $V = \dfrac{V_L}{\sqrt{\cos\phi}}$　　㉯ $V = \dfrac{V_L}{\cos\phi}$

㉰ $V = \sqrt{\dfrac{V_L}{\cos\phi}}$　　㉱ $V = \dfrac{\sqrt{V_L}}{\cos\phi}$

14. 날개하중이 30 kgf/m² 이고, 무게가 1000 kgf인 비행기가 7000 m 상공에서 급강하 하고 있을 때 항력계수가 0.1이라면 급강하 속도는 몇 m/s인가? (단, 공기의 밀도는 0.06 kgf·s²/m⁴이다.)

㉮ 100　　㉯ $100\sqrt{3}$
㉰ 200　　㉱ $100\sqrt{5}$

[해설] 급강하 속도 $= \sqrt{\dfrac{2}{\rho}\dfrac{W}{S}\dfrac{1}{C_D}}$

$= \sqrt{\dfrac{2}{0.06} \times 30 \times \dfrac{1}{0.1}} = 100\,\text{m/s}$

15. 무게가 4000 kgf, 날개면적 30 m² 인 항공기가 최대양력계수 1.4로 착륙할 때 실속속도는 약 몇 m/s인가? (단, 공기의 밀도는 1/8 kgf·s²/m⁴이다.)

㉮ 10　㉯ 19　㉰ 30　㉱ 39

[해설] 실속속도 $= \sqrt{\dfrac{2}{\rho}\dfrac{W}{S}\dfrac{1}{C_{Lmax}}}$

$= \sqrt{\dfrac{2 \times 4000}{(1/8) \times 30 \times 1.4}} = 39\,\text{m/s}$

16. 비행기가 트림(trim) 상태로 비행한다는 것은 비행기 무게중심 주위의 모멘트가 어떤 상태인 경우인가?

㉮ "부(−)"인 경우
㉯ "정(+)"인 경우
㉰ "영(0)"인 경우
㉱ "정"과 "영"인 경우

17. 비행기가 평형 상태에서 이탈된 후, 평형 상태와 이탈 상태를 반복하면서 그 변화의 진폭이 시간의 경과에 따라 발산하는 경우를 가장 옳게 설명한 것은?

㉮ 정적으로 안정하고, 동적으로는 불안정하다.
㉯ 정적으로 안정하고, 동적으로도 안정하다.
㉰ 정적으로 불안정하고, 동적으로는 안정하다.
㉱ 정적으로 불안정하고, 동적으로도 불안정하다.

18. 태양이 방출하는 자외선에 의하여 대기가 전리되어 자유전자의 밀도가 커지는 대기권 층은?

㉮ 중간권　　㉯ 열권
㉰ 성층권　　㉱ 극외권

19. 프로펠러에 작용하는 토크(torque)의 크기를 옳게 나타낸 것은? (단, ρ : 유체밀도, n : 프로펠러 회전수, C_q : 토크계수, D : 프로펠러의 지름이다.)

㉮ $C_q \rho n D$　　㉯ $\dfrac{C_q D^2}{\rho n}$

㉰ $C_q \rho n^3 D^5$　　㉱ $\dfrac{\rho n}{C_q D^2}$

20. 헬리콥터에서 회전날개의 회전 위치에 따른 양력 비대칭 현상을 없애기 위한 방법은?

㉮ 회전깃에 비틀림을 준다.

[정답] 13. ㉮　14. ㉮　15. ㉱　16. ㉰　17. ㉮　18. ㉯　19. ㉰　20. ㉯

㉯ 플래핑 힌지를 사용한다.
㉰ 꼬리 회전날개를 사용한다.
㉱ 리드-래그 힌지를 사용한다.

[해설] 플래핑 힌지 : 전진하는 깃의 양력이 증가하면 회전날개가 위로 이동하여 받음각이 감소하여 양력이 감소하게 되고, 후퇴하는 날개의 깃의 양력이 감소하면 회전날개가 아래로 내려가 받음각을 증가시켜 양력이 증가하므로 회전날개 면적에서의 양력 불평형 현상을 없애준다.

제2과목 : 항공기관

21. 가스터빈엔진의 후기연소기가 작동 중일 때 배기노즐 단면적의 변화로 옳은 것은?

㉮ 감소된다.
㉯ 증가된다.
㉰ 변화 없다.
㉱ 증가 후 감소된다.

[해설] 후기연소기(after burner)를 장착한 기관에는 반드시 가변면적 노즐을 사용하는데 후기연소기가 작동하지 않을 때는 배기노즐 출구의 넓이가 좁아지고, 후기연소기가 작동할 때는 배기 노즐이 열려 터빈의 과열이나 터빈 뒤쪽의 압력이 과도하게 높아지는 것을 방지한다.

22. 왕복엔진에서 순환하는 오일에 열을 가하는 요인 중 가장 영향이 적은 것은?

㉮ 연료펌프
㉯ 로커암 베어링
㉰ 커넥팅로드 베어링
㉱ 피스톤과 실린더 벽

[해설] 연료펌프는 연료자체로 냉각을 시키기에 오일의 온도를 증가시키는 것과 관계가 없다.

23. 그림과 같은 $P-V$ 선도는 어떤 사이클을 나타낸 것인가?

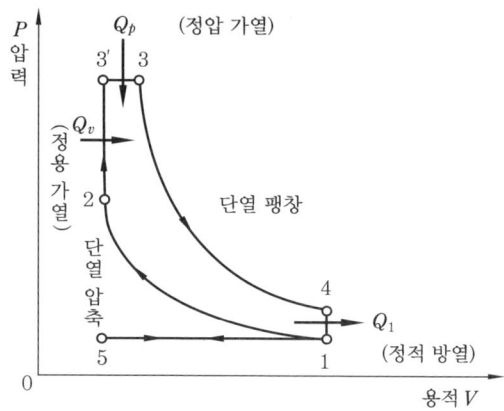

㉮ 정압 사이클   ㉯ 정적 사이클
㉰ 합성 사이클   ㉱ 카르노 사이클

[해설] 디젤 기관의 사이클의 한 형식으로 오토 사이클과 디젤 사이클이 합성된 사이클을 말한다. 합성 사이클은 연소과정이 일부는 정적, 일부는 정압이라서 합성이라 한다.

24. 프로펠러의 평형작업에 관한 설명으로 틀린 것은?

㉮ 2깃 프로펠러는 수직 또는 수평평형 검사 중 한가지만 수행한 후 수정 작업한다.
㉯ 동적 불평형은 프로펠러 깃 요소들의 중심이 동일한 회전면에서 벗어났을 때 발생한다.
㉰ 정적 불평형은 프로펠러의 무게중심이 회전축과 일치하지 않을 때 발생한다.
㉱ 깃의 회전궤도가 일정하지 못할 때에는 진동이 발생하므로 깃 끝 궤도검사를 실시한다.

[해설] 2깃 프로펠러는 수평 및 수직평형검사를 모두 실시하여야 한다.

정답 21. ㉯   22. ㉮   23. ㉰   24. ㉮

25. 가스를 팽창 또는 압축시킬 때 주위와 열의 출입을 완전히 차단시킨 상태에서 변화하는 과정을 나타낸 식은? (단, P는 압력, v는 비체적, T는 온도, k는 비열비이다.)

㉮ Pv = 일정　　㉯ Pv^k = 일정
㉰ $\dfrac{P}{T}$ = 일정　　㉱ 일정

[해설] 단열과정 : 주위와 열의 출입이 차단된 상태에서 진행되는 작동유체의 상태변화
$$\dfrac{P_2}{P_1} = \left(\dfrac{v_1}{v_2}\right)^k \text{ 또는 } P_1 v_1^k = P_2 v_2^k$$

26. 제트엔진의 압축기에서 압축된 고온의 공기를 일부 우회시켜 압축기 흡입부의 방빙, 연료가열 및 항공기 여압과 제빙에 사용하는데 이 공기를 제어하는 장치는?

㉮ 차단 밸브　　㉯ 섬프 밸브
㉰ 블리드 밸브　　㉱ 점화가스 밸브

27. 항공기용 왕복엔진의 이상적인 사이클은?

㉮ 오토 사이클　　㉯ 디젤 사이클
㉰ 카르노 사이클　　㉱ 브레이튼 사이클

[해설] 왕복엔진 : 오토 사이클
　　　가스터빈엔진 : 브레이튼 사이클

28. 체적을 일정하게 유지시키면서 단위질량을 단위온도로 높이는데 필요한 열량은?

㉮ 단열　　㉯ 비열비
㉰ 정압비열　　㉱ 정적비열

29. 축류형 압축기에서 1단(stage)의 의미를 옳게 설명한 것은?

㉮ 저압압축기(low compressor)를 말한다.
㉯ 고압압축기(high compressor)를 말한다.
㉰ 1열의 로터(rotor)와 1열의 스테이터(stator)를 말한다.
㉱ 저압압축기(low compressor)와 고압압축기(high compressor)의 1쌍을 말한다.

30. 속도 1080 km/h 로 비행하는 항공기에 장착된 터보제트엔진이 294 kg/s로 공기를 흡입하여 400 m/s로 배기시킬 때 비추력은 약 얼마인가?

㉮ 8.2　㉯ 10.2　㉰ 12.2　㉱ 14.2

[해설] $F_s = \dfrac{V_j - V_a}{g}$
$= \dfrac{400 - (1080/3.6)}{9.8} = 10.2$

31. 왕복엔진의 밸브작동장치 중 유압 태핏(hydraulic tappet)의 장점이 아닌 것은?

㉮ 밸브 개폐시기를 정확하게 한다.
㉯ 밸브 작동기구의 충격과 소음을 방지한다.
㉰ 열팽창 변화에 의한 밸브간격을 항상 "0"으로 자동 조정한다.
㉱ 엔진 작동 시 열팽창을 작게 하여 실린더 헤드의 온도를 낮춘다.

[해설] 대향형 기관에서는 hydraulic valve lift로 되어 있어 오일압력에 의해 작동 중 밸브 간격을 항상 0으로 유지하므로 정비가 간단하고 작동이 유연해 진다.

32. 항공기 엔진의 오일필터가 막혔다면 어떤 현상이 발생하는가?

[정답] 25. ㉯　26. ㉰　27. ㉮　28. ㉱　29. ㉰　30. ㉯　31. ㉱　32. ㉰

㉮ 엔진 윤활계통의 윤활 결핍현상이 온다.
㉯ 높은 오일압력 때문에 필터가 파손된다.
㉰ 오일이 바이패스 밸브(bypass valve)를 통하여 흐른다.
㉱ 높은 오일압력으로 체크밸브(check valve)가 작동하여 오일이 되돌아온다.

[해설] 오일 여과기가 막히게 되면 bypass valve가 열리게 되어 오일이 정상 공급이 되도록 한다.

33. 정속 프로펠러(constant speed propeller)에 대한 설명으로 옳은 것은?

㉮ 조속기에 의해서 자동적으로 피치를 조정할 수 있다.
㉯ 3방향 선택밸브(3way vlave)에 의해 피치가 변경된다.
㉰ 저 피치(low pitch)와 고 피치(high pitch)인 2개의 위치만을 선택할 수 있다.
㉱ 깃각(blade angle)이 하나로 고정되어 피치 변경이 불가능하다.

[해설] 정속 프로펠러 : 조속기에 의해 저 피치에서 고 피치까지 자유롭게 피치를 조정할 수 있어 비행속도나 기관 출력의 변화에 관계없이 프로펠러를 항상 일정한 속도로 유지하여 가장 좋은 프로펠러 효율을 가지도록 한 프로펠러이다.

34. 가스터빈엔진의 연료계통에 사용되는 P&D 밸브 (Pressurizing & Dump Valve)의 역할이 아닌 것은?

㉮ 연료의 흐름을 1차 연료와 2차 연료로 분리시킨다.
㉯ 엔진이 정지되었을 때 연료노즐에 남아있는 연료를 외부로 방출한다.
㉰ 연료의 압력이 일정압력 이상이 될 때까지 연료의 흐름을 차단한다.
㉱ 펌프 출구압력이 규정 값 이상으로 높아지면 열려서 연료를 기어펌프 입구로 되돌려 보낸다.

35. 엔진 윤활유 탱크 내 설치된 호퍼(hopper)의 기능은?

㉮ 엔진의 급가속 시 윤활유의 공급량을 증대시킨다.
㉯ 엔진으로부터 배유된 윤활유의 온도를 측정한다.
㉰ 윤활유에 연료를 혼합하여 윤활유의 점도를 조정한다.
㉱ 시동시 신속히 오일온도를 상승시키게 한다.

36. 왕복엔진의 크랭크 케이스 내부에 과도한 가스 압력이 형성되었을 경우 크랭크 케이스를 보호하기 위하여 설치된 장치는?

㉮ 블리드(bleed) 장치
㉯ 브레더(breather) 장치
㉰ 바이패스(by-pass) 장치
㉱ 스케벤지(scavenge) 장치

[해설] 피스톤과 실린더 벽 사이에서 누설되는 공기가 크랭크 케이스에 모이고 그 압력이 높아지면 오일계통의 배유가 힘들어지고 과도한 압력에 의해 파손될 염려가 있으므로 고공용 항공기에서는 이 압력으로 오일 탱크를 여압시키면서 오일 소모도 방지한다. 경비행기에서는 대기 중으로 배출시키는데 이를 crankcase breather라고 한다.

37. 추진 시 공기를 흡입하지 않고 자체 내의 고체 또는 액체의 산화제와 연료를 사용하는 엔진은?

㉮ 로켓   ㉯ 램제트
㉰ 펄스제트   ㉱ 터보프롭

[정답] 33. ㉮ 34. ㉱ 35. ㉱ 36. ㉯ 37. ㉮

[해설] 로켓 : 내부에 연료와 산화제를 갖추고 있어 연소된 가스가 노즐을 통해 고속으로 분출될 때 발생하는 반작용력에 의해 비행한다.

38. 항공기용 왕복엔진의 연료계통에서 베이퍼록(vapor lock)의 원인이 아닌 것은?
㉮ 연료 온도 상승
㉯ 연료의 낮은 휘발성
㉰ 연료탱크 내부의 거품 발생
㉱ 연료에 작용되는 압력의 저하

[해설] vapor lock이란 기화성이 너무 높은 연료가 파이프를 통하여 흐를 때 약간의 열에 의해서도 증발되어 거품이 생기기 쉽고 이 거품이 연료흐름을 차단하는 현상을 말한다.

39. 헬리콥터용 터보샤프트엔진을 시운전실에서 시험하였더니 24000 rpm에서 토크가 51 kg·m 이었다면 이때 엔진은 약 몇 마력(ps)인가? (단, 1 ps = 75 kg·m/s 이다.)
㉮ 1709　㉯ 2105　㉰ 2400　㉱ 2571

[해설] 마력 $= \dfrac{2\pi \times T \times RPM}{75}$
$= \dfrac{2\pi \times 51 \times 24000}{75 \times 60} = 1709\,\text{ps}$

40. 왕복엔진의 작동 중에 안전을 위해 확인해야 하는 변수가 아닌 것은?
㉮ 오일 압력　㉯ 흡기 압력
㉰ 연료 온도　㉱ 실린더헤드 온도

제3과목 : 항공기체

41. SAE 4130 합금강에서 숫자 4는 무엇을 의미하는가?
㉮ 크롬　㉯ 몰리브덴강
㉰ 4%의 카본　㉱ 0.04%의 카본

[해설]
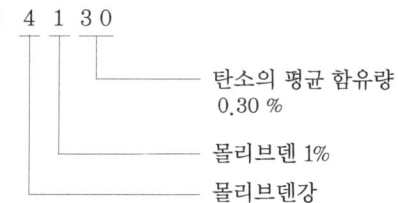

42. 세미모노코크(semi monocoque) 구조 형식의 비행기 동체에서 표피가 주로 담당하는 하중은?
㉮ 굽힘과 비틀림
㉯ 인장력과 압축력
㉰ 비틀림과 전단력
㉱ 굽힘, 인장력 및 압축력

[해설] 세미모노코크 구조는 골격과 외피(skin)가 함께 하중을 담당하도록 되어 있으며, 동체는 인장, 압축, 휨을 담당하고, 외피는 전단 및 비틀림 하중을 담당한다.

43. 그림과 같은 외팔보에 집중하중(P_1, P_2)이 작용할 때 벽 지점에서의 굽힘모멘트를 옳게 나타낸 것은?

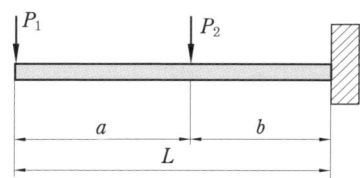

㉮ 0　　　　　㉯ $-P_1 a$
㉰ $-P_1 L - P_2 b$　㉱ $-P_1 b + P_2 b$

[해설] 고정 지지점을 기준으로 한 굽힘모멘트
$M = -P_1 L - P_2 b$ (여기서 −는 반시계 방향)

44. 판금작업 시 구부리는 판재에서 바깥면의 굽힘 연장선의 교차점과 굽힘 접선

정답 38.㉯　39.㉮　40.㉰　41.㉯　42.㉰　43.㉰　44.㉮

과의 거리를 무엇이라고 하는가?
㉮ 세트 백(set back)
㉯ 굽힘각도(degree of bend)
㉰ 굽힘여유(bend allowance)
㉱ 최소반지름(minimum radius)

45. 그림과 같은 $V-n$ 선도에서 n_1은 설계제한 하중배수, 점선 1-B 는 돌풍하중배수선도라면 옳게 짝지은 것은?

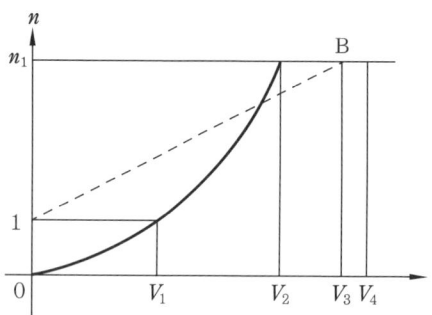

㉮ V_1 - 실속속도
㉯ V_2 - 설계순항속도
㉰ V_3 - 설계급강하속도
㉱ V_4 - 설계운용속도

[해설] V_1 : 실속속도
V_2 : 설계운용속도
V_3 : 설계순항속도
V_4 : 설계급강하속도

46. 양극산화 처리 방법 중 사용 전압이 낮고 소모전력량이 적으며, 약품 가격이 저렴하고 폐수처리도 비교적 쉬워 가장 경제적인 방법은?
㉮ 수산법   ㉯ 인산법
㉰ 황산법   ㉱ 크롬산법

[해설] 양극산화 처리 방법 : 황산법, 수산법, 크롬산법

47. 항공기의 고속화에 따라 기체재료가 알루미늄합금에서 티타늄합금으로 대체되어 있는데 티타늄합금과 비교한 알루미늄합금의 어떠한 단점 때문인가?
㉮ 너무 무겁다.
㉯ 열에 강하지 못하다.
㉰ 전기저항이 너무 크다.
㉱ 공기와의 마찰로 마모가 심하다.

[해설] 티탄합금은 비중이 4.51로서 강의 0.6배 정도이며, 용융온도는 1730°C로 강보다도 높다. 알루미늄합금보다 비강도, 내열성이 크고, 내식성이 양호하므로 항공기기관 재료로 이용되고 있다.

48. 항공기의 연료계통에 대한 고려 사항으로 틀린 것은?
㉮ 고도에 따른 공기와 연료의 특성변화를 고려해야 한다.
㉯ 항공기의 운동자세와 무관하게 연료를 엔진으로 공급할 수 있어야 한다.
㉰ 연료의 소모량에 따라 변하는 항공기의 무게중심에 대한 균형을 유지하여야 한다.
㉱ 연료탱크가 주 날개에 장착된 항공기는 날개 끝 부분의 연료부터 사용해야 한다.

[해설] 대형 항공기의 인테그럴 연료탱크의 연료 사용 순서는 중앙 탱크(center wind tank)를 먼저 사용하고, 날개에 달린 wing main tank의 연료를 사용하게 된다.

49. 다음 중 용접 조인트(joint) 형식에 속하지 않는 것은?
㉮ 랩 조인트(lap joint)
㉯ 티 조인트(tee joint)
㉰ 버트 조인트(butt joint)
㉱ 더블 조인트(double joint)

[해설] 용접 이음의 종류 : 맞대기(butt), 겹치

기(lap), 변두리(edge), 모서리(coner), T형(tee)

50. 비행 중 발생하는 불균형 상태를 탭을 변위시킴으로써 정적균형을 유지하여 정상 비행을 하도록 하는 장치는?

㉮ 트림 탭(trim tab)
㉯ 서보 탭(servo tab)
㉰ 스프링 탭(spring tab)
㉱ 밸런스 탭(balance tab)

[해설] trim tab은 조종사의 조종력을 0으로 조정해 주는 역할을 하며, 조종사가 조종석에서 임의로 탭의 위치를 조절할 수 있도록 되어 있다.

51. 항공기 중량을 측정한 결과를 이용하여 날개 앞전으로부터 무게중심까지의 거리를 MAC(공력평균시위) 백분율로 표시하면 약 얼마인가?

[결과]
앞바퀴(nose landing gear) : 1500 kg
우측 주바퀴(main landing gear) : 3500 kg
좌측 주바퀴(main landing gear) : 3400 kg

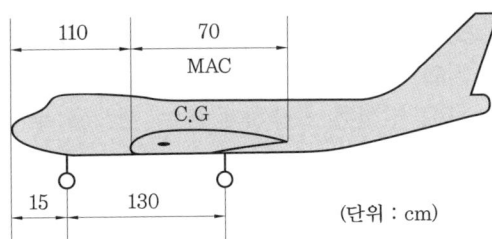

(단위 : cm)

㉮ 14.5% MAC   ㉯ 16.9% MAC
㉰ 21.7% MAC   ㉱ 25.4% MAC

[해설] $c.g = \dfrac{총모멘트}{총무게}$

$= \dfrac{1500 \times 15 + 3400 \times 145 + 3500 \times 145}{1500 + 3400 + 3500}$

$= 121.79 \text{ inch}$

$\%MAC = \dfrac{H-X}{C} \times 100$

$= \dfrac{121.79 - 110}{70} \times 10 = 16.84$

52. 비상구, 소화제 발사장치, 비상용 제동장치핸들, 스위치, 커버 등을 잘못 조작하는 것을 방지하고, 비상 시 쉽게 제거할 수 있도록 하는 안전결선은?

㉮ 고정 결선(lock wire)
㉯ 전단 결선(shear wire)
㉰ 다선식 안전결선법(multi wire methed)
㉱ 복선식 안전결선법(double twist method)

[해설] 비상시 사용되어야 할 스위치나 장치들은 평상시 오작동 방지를 위해 위급 시 바로 끊어질 수 있는 구리(copper) 재질의 와이어를 사용하여 안전 결선을 하므로 전단 결선이라 한다.

53. 다음과 같은 특징을 갖는 착륙장치의 형식은?

- 지상에서 항공기 동체의 수평 유지로 기내에서 승객들의 이동이 용이하다.
- 고속상태에서 항공기의 급제동이 가능하고 지상전복을 방지하여 안정성이 좋다.
- 조종사는 이·착륙 시 넓은 시야각을 갖는다.

㉮ 고정식 착륙장치
㉯ 앞 바퀴식 착륙장치
㉰ 직렬식 착륙장치
㉱ 뒷 바퀴식 착륙장치

54. 다음 중 응력을 설명한 것으로 옳은 것은?

㉮ 단위체적당 무게이다.
㉯ 단위체적당 질량이다.

정답 50. ㉮ 51. ㉯ 52. ㉯ 53. ㉯ 54. ㉱

㉰ 단위길이당 늘어난 길이이다.
㉱ 단위면적당 힘 또는 힘의 세기이다.

[해설] 응력이란 외력에 견디려는 재료의 내력을 말하며, 가해진 하중에 작용한 면적으로 나눈 값이다.

하중(σ) = $\frac{W(하중)}{A(면적)}$

55. 항공기용 볼트의 부품번호가 AN 3 DD 5 A 인 경우 "DD"를 가장 옳게 설명한 것은?

㉮ 부식 저항용 강을 나타낸다.
㉯ 카드뮴 도금한 강을 나타낸다.
㉰ 싱크에 드릴작업이 되지 않은 상태를 나타낸다.
㉱ 재질을 표시하는 것으로 2024 알루미늄 합금을 나타낸다.

[해설]
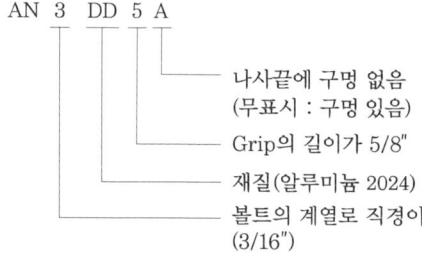
AN 3 DD 5 A
— 나사끝에 구멍 없음 (무표시 : 구멍 있음)
— Grip의 길이가 5/8"
— 재질(알루미늄 2024)
— 볼트의 계열로 직경이 (3/16")

56. 나셀(nacelle)에 대한 설명으로 옳은 것은?

㉮ 기체의 인장하중을 담당한다.
㉯ 엔진을 장착하여 하중을 담당하기 위한 구조물이다.
㉰ 기체에 장착된 엔진을 둘러싼 부분을 말한다.
㉱ 일반적으로 기체의 중심에 위치하여 날개구조를 보완한다.

[해설] 나셀이란 기관을 둘러싸고 있는 유선형의 외피를 말하며, 카울링(cowling)과 페어링(fairing)으로 구성된다.

57. 원형단면의 봉이 비틀림 하중을 받을 때 비틀림 모멘트에 대한 식으로 옳은 것은?

㉮ 굽힘응력 × (단면계수 ÷ 단면의 반지름)
㉯ 전단응력 × (횡탄성계수 ÷ 단면의 반지름)
㉰ 전단변형도 × (단면오차모멘트 ÷ 단면의 반지름)
㉱ 전단응력 × (극관성모멘트 ÷ 단면의 반지름)

[해설] $T = \tau_{\max} \times \frac{I_p}{r}$

58. 다음 중 평소에는 하중을 받지 않는 예비부재를 가지고 있는 구조형식은?

㉮ 이중 구조
㉯ 하중경감 구조
㉰ 대치 구조
㉱ 다중하중경로 구조

[해설] 대치 구조 : 부재가 파손되었을 때를 대비하여 예비적인 대치 부재를 삽입시켜 구조의 안전성을 도모하고자 하는 구조형식

59. 다른 재질의 금속이 접촉하면 접촉전기와 수분에 의해 국부전류흐름이 발생하여 부식을 초래하게 되는 현상을 무엇이라고 하는가?

㉮ galvanic corrosion
㉯ bonding
㉰ anti-corrosion
㉱ age hardening

[해설] 이질금속 간의 부식(galvanic corrosion)

60. 항공기 기체수리 작업 시 리베팅 전에 임시 고정하는 데 사용하는 공구는?

㉮ 시트 파스너　㉯ 딤플링
㉰ 캠-록 파스너　㉱ 스퀴즈

[해설] 시트 파스너(sheet fasrener) : 리벳 작업 시 접합할 금속판을 미리 고정시키는데 이용된다.

제4과목 : 항공장비

61. 화재감지계통에서 화재의 지시에 대한 설명으로 옳은 것은?

㉮ 가청 알람 시스템과 경고등으로 화재를 확인할 수 있다.
㉯ 화재가 진행되는 동안 발생 초기에만 지시해 준다.
㉰ 화재가 다시 발생할 때에는 다시 지시하지 않아야 한다.
㉱ 화재를 지시하지 않을 때 최대의 전력 소모가 되어야 한다.

[해설] 화재가 발생하면 조종실 내에 음향경고를 발생시키고 적색등을 점등시킨다. 적색등은 화재 장소를 지시하며, 화재가 계속될 때는 점등을 계속하고, 소화가 되면 꺼진다.

62. 신호에 따라 반송파의 진폭을 변화시키는 변조방식은?

㉮ FM 방식　㉯ AM 방식
㉰ PCM 방식　㉱ PM 방식

[해설] AM 방식 : 반송파의 진폭을 신호파에 의해 변화시키고, 반송파를 변조하는 방식.

63. 지상 무선국을 중심으로 하여 360도 전방향에 대해 비행 방향을 항공기에 지시할 수 있는 기능을 갖추고 있는 항법장치는?

㉮ VOR　㉯ M/B
㉰ LRRA　㉱ G/S

[해설] 전방향 무선표지시설(VHF OMNI DIRECTIONAL RANGE) : 항공기 안전운항을 위해 운항위치를 알려주는 시스템으로 360도 전방향으로 주고받을 수가 있다.

64. 항공기에서 직류를 교류로 변환시켜주는 장치는?

㉮ 정류기 (rectifier)
㉯ 인버터 (inverter)
㉰ 컨버터 (converter)
㉱ 변압기 (transformer)

65. 항공기 날개 부위 중 리딩 에지 (leading edge)에 발생하는 빙결을 방지 또는 제거하는 방법이 아닌 것은?

㉮ 전기적인 열을 가해 제거
㉯ 압축공기에 의해 팽창되는 장치로 제거
㉰ 엔진 압축기부에서 추출된 블리드 (bleed) 공기로 제거
㉱ 드레인 마스트(drain mast)에 사용되는 물로 제거

[해설] 결빙을 방지하는 방법으로는 가열된 공기를 사용하는 방법, 전열선으로 해당 부분을 가열시키는 방법, 알코올을 분사시키는 방법 등이 있으며, 얼음을 제거하기 위한 방법으로 제빙부츠에 압축공기를 공급하여 얼음을 깨뜨리는 방법이 있다.

66. 대형 항공기의 객실을 여압하기 위해 가장 고려하여야 할 문제는?

㉮ 항공기의 최대운영속도
㉯ 항공기의 최저운영실속속도
㉰ 항공기의 내부와 외부의 압력 차
㉱ 항공기의 최저운영고도 이하에서 객실고도

[정답] 61. ㉮　62. ㉯　63. ㉮　64. ㉯　65. ㉱　66. ㉰

[해설] 비행기가 실제 비행하는 고도를 비행고도, 객실 안의 기압에 해당되는 고도를 객실고도라 하며, 비행고도와 객실고도의 차이로 인하여 기체 외부와 내부에는 다른 압력이 작용하는데 이를 차압이라 하며, 비행기 구조가 견딜 수 있는 차압은 설계할 때에 정해지게 된다.

67. 공함(pressure capsule)을 응용한 계기가 아닌 것은?
㉮ 선회계 ㉯ 고도계
㉰ 속도계 ㉱ 승강계

[해설] 선회계는 자이로의 성질 중에서 섭동성만을 이용한 계기이다.

68. 그림과 같은 불평형 브리지회로에서 단자 A, B간의 전위차를 구하고, A와 B 중 전위가 높은 쪽을 옳게 표시한 것은?

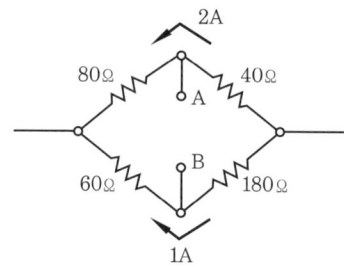

㉮ 100V, A<B ㉯ 220V, A<B
㉰ 100V, A>B ㉱ 220V, A>B

[해설] A 전위 : 80×2=160 V
B 전위 : 60×1=60 V
따라서 A와 B의 전위차는 100V이다.

69. ND(navigation display)에 나타나지 않는 정보는?
㉮ DME data
㉯ ground speed
㉰ radio altitude
㉱ wind speed/direction

[해설] navigation display(항로 표시기)를 이용하여 항공기 기수 방향, 진행 방향, 속도, 기상 정보, 주변 항공기 정보, 항로 정보를 알 수 있다.

70. 다음 중 오리피스 체크밸브에 대한 설명으로 옳은 것은?
㉮ 유압 도관 내의 거품을 제거하는 밸브
㉯ 유압 계통 내의 압력 상승을 막는 밸브
㉰ 일시적으로 작동유의 공급량을 증가시키는 밸브
㉱ 한 방향의 유량은 정상적으로 흐르게 하고 다른 방향의 유량은 작게 흐르도록 하는 밸브

71. 위상으로부터 전파를 수신하여 자신의 위치를 알아내는 계통으로서 처음에는 군사 목적으로 이용하였으나 민간 여객기, 자동차용으로도 실용화되어 사용 중인 것은?
㉮ 로란 (LORAN)
㉯ 관성항법 (INS)
㉰ 오메가 (OMEGA)
㉱ 위성항법 (GPS)

72. 유압계통에서 레저버(reservoir) 내에 있는 스탠드 파이프(stand pipe)의 주된 역할은?
㉮ 벤트(vent) 역할을 한다.
㉯ 비상 시 작동유의 예비공급 역할을 한다.
㉰ 탱크 내의 거품이 생기는 것을 방지하는 역할을 한다.
㉱ 계통 내의 압력 유동을 감소시키는 역할을 한다.

[해설] 스탠드 파이프 : 정상 유압계통이 파손되어 작동유가 누출되더라도 비상 유압계통을 작동시킬 수 있는 양을 공급한다.

73. 도체의 단면에 1시간 동안 10800 C

정답 67. ㉮ 68. ㉰ 69. ㉰ 70. ㉱ 71. ㉱ 72. ㉯ 73. ㉮

의 전하가 흘렀다면 전류는 몇 A인가?

㉮ 3　㉯ 18　㉰ 30　㉱ 180

[해설] 전하량(C) = 전류의 세기(A) × 시간(s)

전류 = 전하량/시간 = 10800/3600 = 3A

74. 무선 통신 장치에서 송신기(transmitter)의 기능에 대한 설명으로 틀린 것은?

㉮ 신호를 증폭한다.
㉯ 교류 반송파 주파수를 발생시킨다.
㉰ 입력정보신호를 반송파에 적재한다.
㉱ 가청신호를 음성신호로 변환시킨다.

75. D급 화재의 종류에 해당하는 것은?

㉮ 기름에서 일어나는 화재
㉯ 금속물질에서 일어나는 화재
㉰ 나무 및 종이에서 일어나는 화재
㉱ 전기가 원인이 되어 전기 계통에 일어나는 화재

[해설] 화재의 등급
A급 화재(일반 화재): 종이, 나무, 의류 등 가연성 물질에 의해 발생하는 화재
B급 화재(기름 화재): 연료, 그리스, 솔벤트, 페인트와 같은 석유제품에서 발생되는 화재
C급 화재(전기 화재): 전기가 원인이 되어 전기계통에서 발생되는 화재
D급 화재(금속 화재): 마그네슘, 분말금속, 두랄루민과 같은 금속물질에서 발생되는 화재

76. 다음 중 항법계기에 속하지 않는 계기는?

㉮ INS　㉯ CVR
㉰ DME　㉱ TACAN

[해설] 조종사 음성기록장치(CVR)

77. 계기착륙장치인 로컬라이저(localizer)에 대한 설명으로 틀린 것은?

㉮ 수신기에서 90Hz, 150Hz 변조파 감도를 비교하여 진행방향을 알아낸다.
㉯ 로컬라이저의 위치는 활주로의 진입단 반대쪽에 있다.
㉰ 활주로에 대하여 적절한 수직 방향의 각도 유지를 수행하는 장치이다.
㉱ 활주로에 접근하는 항공기에 활주로 중심선을 제공하는 지상시설이다.

[해설] 로컬라이저: 항공기가 계기 착륙을 할 때 항공기에 활주 중심선을 제공하는 지향성 VHF안테나 시설로서 주파수 108.1∼111.95 Mhz, 출력 200W로 송신한다. 항공기 탑재 수신기에서는 이 패턴에 포함되어 있는 90 Hz와 150 Hz의 변조파의 감도를 비교하여 진행방향을 알아낸다.

78. 다음 중 황산납축전지 캡(cap)의 용도가 아닌 것은?

㉮ 외부와 내부의 전선연결
㉯ 전해액의 보충, 비중측정
㉰ 충전 시 발생되는 가스배출
㉱ 배면비행 시 전해액의 누설방지

79. 교류와 직류 겸용이 가능하며, 인가되는 전류의 형식에 관계없이 항상 일정한 방향으로 구동될 수 있는 전동기는?

㉮ induction motor
㉯ universal motor
㉰ reversible motor
㉱ synchronous motor

80. 버든 튜브식 오일압력계가 지시하는 압력은?

㉮ 동압　㉯ 대기압
㉰ 게이지압　㉱ 절대압

▶ 2018년 4월 28일 시행

자격종목	시험시간	문제 수	형 별	수험번호	성 명
항공 산업기사	2시간	80	A		

제1과목 : 항공역학

1. 에어포일(airfoil)의 공력 중심에 대한 설명으로 틀린 것은?

㉮ 일반적으로 압력 중심보다 뒤에 위치한다.
㉯ 일반적으로 공력 중심에 대한 피칭모멘트 계수는 음의 값이다.
㉰ 받음각이 변해도 피칭 모멘트가 일정한 기준점을 말한다.
㉱ 대부분의 아음속 에어포일은 앞전에서 시위선 길이의 $\frac{1}{4}$에 위치한다.

[해설] 공기력 중심(aerodynamic center) : 날개골의 받음각이 변하여도 모멘트 값이 변하지 않는 점을 말한다. 아음속 날개에서 공기력 중심은 앞전에서부터 약 25% 뒤쪽에 위치하고, 압력 중심은 받음각이 클 때는 앞으로 이동하여 시위 길이의 $\frac{1}{4}$ 정도인 곳이 되고, 받음각이 작을 때는 시위 길이의 $\frac{1}{2}$ 정도까지 이동한다.

2. 헬리콥터 회전 날개의 추력을 계산하는 데 사용되는 이론은?

㉮ 엔진의 연료소비율에 따른 연소 이론
㉯ 로터 블레이드의 코닝각의 속도 변화 이론
㉰ 로터 블레이드의 회전관성을 이용한 관성 이론
㉱ 회전면 앞에서의 공기유동량과 회전면 뒤에서의 공기유동량의 차이를 운동량에 적용한 이론

[해설] 회전 날개의 추력을 구하는 방법에는 운동량(momentum) 이론, 깃 요소(blade element) 이론, 와류(vortex) 이론 등이 있다.

3. 2000 m의 고도에서 활공기가 최대 양항비 8.5인 상태로 활공한다면 이 비행기가 도달할 수 있는 최대수평거리는 몇 m인가?

㉮ 25500
㉯ 21300
㉰ 17000
㉱ 12300

[해설] 최대수평 활공거리 = 양항비 × 활공고도
= 8.5 × 2000
= 17000 m

4. 공기를 강체로 가정하여 프로펠러를 1회전시킬 때 전진하는 거리를 무엇이라고 하는가?

㉮ 유효 피치
㉯ 기하학적 피치
㉰ 프로펠러 슬립
㉱ 프로펠러 피치

5. 대기권을 높은 층에서부터 낮은 층의 순서로 나열한 것은?

㉮ 대류권 → 열권 → 중간권 → 성층권 → 극외권
㉯ 대류권 → 성층권 → 중간권 → 열권 → 극외권
㉰ 극외권 → 열권 → 중간권 → 성층권

[정답] 1. ㉮ 2. ㉱ 3. ㉰ 4. ㉯ 5. ㉰

→ 대류권

㉣ 극외권 → 성층권 → 중간권 → 열권 → 대류권

6. 다음 중 정적 중립을 나타낸 것은?

[해설] 정적 중립 : 평형 상태에서 벗어난 물체가 이동된 위치에서 평형 상태를 유지하는 경우

7. 이상기체의 온도(T), 밀도(ρ), 그리고 압력(P)과의 관계를 옳게 나타낸 식은? (단, V : 체적, v : 비체적, R : 기체 상수이다.)

㉮ $P = TV$ ㉯ $Pv = RT$

㉰ $P = \dfrac{RT}{\rho}$ ㉱ $P = RV$

8. 층류와 난류에 대한 설명으로 옳은 것은?

㉮ 층류는 난류보다 유속의 구배가 크다.
㉯ 층류는 난류보다 경계층(boundary layer)이 두껍다.
㉰ 층류는 난류보다 박리(separation)가 되기 쉽다.
㉱ 난류에서 층류로 변하는 지역을 천이 지역(transition region)이라고 한다.

[해설] 층류와 난류 경계층 : 난류 경계층이 층류 경계층보다 벽에서 급격한 속도 변화가 발생되는 속도 분포를 보이며, 경계층의 두께도 더 두껍다. 흐름의 떨어짐은 난류 경계층보다 층류 경계층에서 쉽게 일어난다.

9. 다음 중 프로펠러에 의한 동력을 구하는 식으로 옳은 것은? (단, n : 프로펠러 회전수, D : 프로펠러의 지름, ρ : 유체 밀도, C_P : 동력계수이다.)

㉮ $C_P \rho n^3 D^5$ ㉯ $C_P \rho n^2 D^4$

㉰ $C_P \rho n^3 D^4$ ㉱ $C_P \rho n^2 D^5$

[해설] ① 프로펠러 추력(T)= $C_T \rho n^2 D^4$
② 프로펠러 동력(P)= $C_P \rho n^3 D^5$

10. 날개골의 모양에 따른 특성 중 캠버에 대한 설명으로 틀린 것은?

㉮ 받음각이 0도일 때도 캠버가 있는 날개골은 양력을 발생한다.
㉯ 캠버가 크면 양력은 증가하나 항력은 비례적으로 감소한다.
㉰ 두께나 앞전 반지름이 같아도 캠버가 다르면 받음각에 대한 양력과 항력의 차이가 발생한다.
㉱ 저속 비행기는 캠버가 큰 날개골을 이용하고 고속 비행기는 캠버가 작은 날개골을 사용한다.

[해설] 캠버(camber) : 날개가 휘어진 정도를 나타내며, 휘어진 정도가 클수록 양력도 크게 발생한다. 캠버가 크면 양력도 증가하나, 항력도 증가하게 되어 저속 비행기는 캠버가 큰 날개골을 사용하고, 고속 비행기에서는 항력이 작아야 하므로 캠버가 작은 날개골을 사용한다.

11. 헬리콥터 회전 날개의 조종장치 중 주기피치조종과 피치조종을 위해서 사용되는 장치는?

㉮ 평형 탭(balance tab)
㉯ 안정 바(stabilizer bar)
㉰ 회전 경사판(swash plate)
㉱ 트랜스미션(transmission)

[해설] ① 주기적(cyclic) 피치 제어간 : 전진, 후진, 횡진 비행
② 동시(collective) 피치 제어간 : 상승, 하강 비행
③ 회전 경사판 : 회전 날개 허브의 아래쪽에 위치하며, 깃에 피치각을 만들어 주는 기구

12. 키돌이(loop) 비행 시 상단점에서의 하중배수를 0이라고 하면 이론적으로 하단점에서의 하중배수는 얼마인가?
㉮ 0　㉯ 1　㉰ 3　㉱ 6

13. 등속 수평 비행을 하기 위한 힘의 관계를 옳게 나열한 것은?
㉮ 양력＝무게, 추력＞양력
㉯ 양력＞무게, 추력＝항력
㉰ 양력＞무게, 추력＞항력
㉱ 양력＝무게, 추력＝항력

[해설] 등속($T=D$) 수평($L=W$) 비행 조건 : 추력＝항력, 양력＝중력

14. 비행기의 무게가 3000 kg, 경사각이 60°, 150 km/h의 속도로 정상선회하고 있을 때 선회반지름(R)은 약 몇 m인가?
㉮ 102.3　㉯ 200
㉰ 302.3　㉱ 500

[해설] 선회반지름(R) $=\dfrac{V^2}{g\tan\phi}$

$=\dfrac{\left(\dfrac{150}{3.6}\right)^2}{9.8\times\tan 60°}=102.3\,\mathrm{m}$

15. 비행기의 동적 안정성이 (+)인 비행 상태에 대한 설명으로 옳은 것은?
㉮ 진동수가 점차 감소한다.
㉯ 진동수가 점차 증가한다.
㉰ 진폭이 점차로 증가한다.
㉱ 진폭이 점차로 감소한다.

[해설] 동적 안정 : 운동의 진폭이 시간이 지남에 따라 감소되는 현상

16. 받음각이 클 때 기체 전체가 실속되고 그 결과 옆놀이와 빗놀이를 수반하여 나선을 그리면서 고도가 감소되는 비행 상태는?
㉮ 스핀(spin) 상태
㉯ 더치 롤(dutch roll) 상태
㉰ 크랩 방식(crab method)에 의한 비행 상태
㉱ 윙다운 방식(wing down method)에 의한 비행 상태

[해설] 스핀(spin) : 옆놀이에 의한 자동회전과 수직강하가 조합된 비행으로, 정상 비행 중인 비행기가 갑자기 돌풍 등에 의해 기수가 내려가고, 자전현상이 나타날 때 발생한다.

17. 제트 항공기가 최대 항속시간을 비행하기 위해 최대가 되어야 하는 것은? (단, C_L은 양력계수, C_D는 항력계수이다.)

㉮ $\left(\dfrac{C_L^{\frac{3}{2}}}{C_D}\right)$　㉯ $\left(\dfrac{C_L}{C_D}\right)$

㉰ $\left(\dfrac{C_L^{\frac{1}{2}}}{C_D}\right)$　㉱ $\left(\dfrac{C_L}{C_D^{\frac{1}{2}}}\right)$

[해설]

구분	프로펠러 항공기	제트 항공기
최대 항속시간	$\left(\dfrac{C_L^{\frac{3}{2}}}{C_D}\right)_{\max}$	$\left(\dfrac{C_L}{C_D}\right)_{\max}$
최대 항속거리	$\left(\dfrac{C_L}{C_D}\right)_{\max}$	$\left(\dfrac{C_L^{\frac{1}{2}}}{C_D}\right)_{\max}$

정답 12. ㉱　13. ㉱　14. ㉮　15. ㉱　16. ㉮　17. ㉯

18. 정지상태인 항공기가 가속도 2 m/s² 로 가속되었을 때, 30초되었을 때 거리는 몇 m인가?

㉮ 100 ㉯ 400 ㉰ 900 ㉱ 1200

[해설] 이동거리$(S) = \frac{1}{2}at^2$
$= \frac{1}{2} \times 2 \times 30^2 = 900\,\text{m}$

19. 항공기를 오른쪽으로 선회시킬 경우 가해주어야 할 힘은? (단, 오른쪽 방향을 양(+)으로 한다.)

㉮ 양(+) 피칭 모멘트
㉯ 음(−) 롤링 모멘트
㉰ 제로(0) 롤링 모멘트
㉱ 양(+) 롤링 모멘트

[해설] 비행기 기준축에 따른 양(+)의 옆놀이 모멘트는 비행기의 오른쪽 날개를 아래로 향하게 하는 세로축에 관한 모멘트이다.

20. 레이놀즈수(Reynold's number)를 나타내는 식으로 옳은 것은 어느 것인가? (단, c : 날개의 시위길이, μ : 절대점성계수, ν : 동점성계수, ρ : 공기 밀도, V : 공기 속도이다.)

㉮ $\dfrac{Vc}{\rho}$ ㉯ $\dfrac{Vc}{\nu}$ ㉰ $\dfrac{Vc}{\mu}$ ㉱ $\dfrac{Vc\nu}{\rho}$

[해설] $Re = \dfrac{Vc}{\nu} = \dfrac{\rho Vc}{\mu}$

제2과목 : 항공기관

21. 가스터빈 엔진에서 길이가 짧으며 구조가 간단하고, 연소 효율이 좋은 연소실은?

㉮ 캔형 ㉯ 터뷸러형
㉰ 애뉼러형 ㉱ 실린더형

[해설] 애뉼러형 연소실 장점
① 연소실 구조가 간단하고 캔형에 비해 길이가 짧다.
② 연소가 안정하여 연소 정지 현상이 없다.
③ 출구 온도 분포가 균일하고, 연소 효율이 좋다.

22. 가스터빈 엔진 연료의 성질에 대한 설명으로 옳은 것은?

㉮ 발열량은 연료를 구성하는 탄화수소와 그 외 화합물의 함유물에 의해서 결정된다.
㉯ 가스터빈엔진 연료는 왕복엔진보다 인화점이 낮다.
㉰ 유황분이 많으면 공해문제를 일으키지만 엔진 고온부품의 수명은 연장된다.
㉱ 연료 노즐에서의 분출량은 연료의 점도에는 영향을 받으나, 노즐의 형상에는 영향을 받지 않는다.

23. 항공기 엔진 오일 교환을 정해진 기간마다 해야 하는 주된 이유로 옳은 것은?

㉮ 오일이 연료와 희석되어 피스톤을 부식시키기 때문
㉯ 오일의 색이 점차 짙게 변하기 때문
㉰ 윤활유가 열과 산화에 노출되어 점성이 커지기 때문
㉱ 윤활유가 습기, 산, 미세한 찌꺼기로 인해 오염되기 때문

24. 왕복 엔진용 윤활유의 점도에 관한 설명으로 틀린 것은?

㉮ 점도는 윤활유의 흐름에 저항하는 유체 마찰을 뜻한다.

정답 18. ㉰ 19. ㉱ 20. ㉯ 21. ㉰ 22. ㉮ 23. ㉱ 24. ㉯

㈀ 일반적으로 겨울철에는 고점도 윤활유를 사용한다.
㈁ 윤활유의 점도를 알 수 있는 것으로 SUS가 사용된다.
㈂ 점도 변화율은 점도지수(viscosity index)로 나타낸다.
[해설] 윤활유는 낮은 온도에서도 고체 상태로 굳지 않고 유체 상태로 유동이 잘 되어야 한다.

25. 왕복 엔진 점화과정에서의 이상 연소가 아닌 것은?
㉮ 역화 ㉯ 조기 점화
㉰ 디토네이션 ㉱ 블로바이
[해설] 블로바이 가스(blowby gas) : 엔진의 압축 및 폭발 행정 시에 혼합기 또는 연소 가스가 피스톤과 실린더 사이의 틈새를 통하여 크랭크 케이스로 새는 가스

26. 터빈엔진을 사용하는 도중 배기가스 온도(EGT)가 높게 나타났다면 다음 중 주된 원인은?
㉮ 과도한 연료 흐름
㉯ 연료필터 막힘
㉰ 과도한 바이 패스비
㉱ 오일압력의 상승
[해설] 터빈엔진 시동 시 연료가 과도하게 들어가면 배기가스 온도(EGT)가 규정값보다 높아지게 되므로 시동 시 연료압력계, 유량계 등을 관찰하면서 시동을 해야 한다.

27. 가스터빈 엔진에서 사용되는 시동기의 종류가 아닌 것은?
㉮ 전기식 시동기(electric starter)
㉯ 시동 발전기(starter generator)
㉰ 공기식 시동기(pneumatic starter)

㉱ 마그네토 시동기(magneto starter)
[해설] 가스터빈 기관의 시동 계통
① 전동기식 시동기
② 시동-발전기식 시동기
③ 공기 터빈식 시동기
④ 가스터빈 시동기

28. 4500 lbs의 엔진이 3분 동안 5 ft의 높이로 끌어 올리는 데 필요한 동력은 몇 ft·lbs/min인가?
㉮ 6500 ㉯ 7500
㉰ 8500 ㉱ 9000
[해설] 동력$(P) = \dfrac{F \times L}{t}$
$= \dfrac{4500 \times 5}{3} = 7500 \text{ ft} \cdot \text{lbs/min}$

29. 가스터빈 엔진에서 윤활유의 구비 조건이 아닌 것은?
㉮ 유동점이 낮아야 한다.
㉯ 부식성이 낮아야 한다.
㉰ 점도지수가 낮아야 한다.
㉱ 화학 안정성이 높아야 한다.
[해설] 점도지수 : 온도 변화에 따라 점도가 변화하는 정도의 차이를 점도지수라 하며, 윤활유의 점도지수가 높다는 것은 온도 변화에 따라 점도의 변화가 작다는 것을 뜻한다.

30. 항공기 왕복 엔진에서 마력의 크기에 대한 설명으로 옳은 것은?
㉮ 가장 큰 값은 마찰마력이다.
㉯ 가장 큰 값은 제동마력이다.
㉰ 가장 큰 값은 지시마력이다.
㉱ 마력들의 크기는 모두 같다.
[해설] 지시마력=제동마력+마찰마력

31. 벨 마우스(bell mouth) 흡입구에 대한 설명으로 틀린 것은?

정답 25. ㉱ 26. ㉮ 27. ㉱ 28. ㉯ 29. ㉰ 30. ㉰ 31. ㉯

㉮ 헬리콥터 또는 터보프롭 항공기에 사용할 수 있다.
㉯ 흡입구는 공력 효율을 고려하여 확산형으로 제작한다.
㉰ 흡입구에 아주 얇은 경계층과 낮은 압력손실로 덕트 손실이 거의 없다.
㉱ 대부분 이물질 흡입 방지를 위한 인렛 스크린을 설치한다.

[해설] 벨 마우스 흡입구(bell mouth inlet)는 종 모양의 수축 형태이고, 헬리콥터나 터보프롭 항공기에서 볼 수 있다. 흡입구에 아주 얇은 경계층을 형성하고 압력손실이 매우 적다. 이 흡입구는 큰 항력계수를 만들지만 높은 공력 효율에 의해 항력이 상쇄된다. 또한, 지상 시험을 하는 엔진에서도 많이 사용하며, 때때로 이물질 흡입 방지망(anti-ingestion screen)을 함께 장착한다.

32. 왕복 엔진의 피스톤 지름이 16cm인 피스톤에 6370 kPa의 가스압력이 작용하면 피스톤에 미치는 힘은 약 몇 kN인가?

㉮ 63 ㉯ 98 ㉰ 110 ㉱ 128

[해설] 힘 = 압력 × 면적
$= 6370 \times \dfrac{\pi \times 0.16^2}{4} = 128 \text{kN}$

33. 왕복 엔진의 점화계통에서 E-gap 각이란 마그네토의 폴(pole)의 중립위치로부터 어떤 지점까지의 각도를 말하는가?

㉮ 접점이 열리는 지점
㉯ 접점이 닫히는 지점
㉰ 1차 전류가 가장 낮은 점
㉱ 2차 전류가 가장 낮은 점

[해설] E-gap 각 : 마그네토의 회전 영구자석이 회전하면서 중립위치를 지나 중립위치와 브레이커 포인트의 접점 열리는 사이의 크랭크축의 회전각도

34. 왕복 엔진의 평균유효압력에 대한 설명으로 옳은 것은?

㉮ 사이클당 유효일을 행정길이로 나눈 값
㉯ 사이클당 유효일을 행정체적으로 나눈 값
㉰ 행정길이를 사이클당 엔진의 유효 일로 나눈 값
㉱ 행정체적을 사이클당 엔진의 유효 일로 나눈 값

[해설] 평균유효압력이란 1사이클 동안에 이루어진 순일을 행정체적으로 나눈 값을 말한다.

35. 다음 그림과 같은 브레이턴 사이클의 $P-V$ 선도에서 각 과정과 명칭이 틀린 것은?

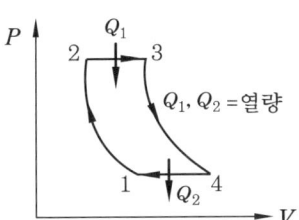

㉮ 1-2 : 단열압축
㉯ 2-3 : 정적수열
㉰ 3-4 : 단열팽창
㉱ 4-1 : 정압방열

[해설] 브레이턴 사이클의 $P-V$ 선도
1→2 과정 : 단열압축 과정
2→3 과정 : 정압연소 과정
3→4 과정 : 단열팽창 과정
4→1 과정 : 정압방열 과정

36. 일반적으로 왕복 엔진의 배기가스 누설 여부를 점검하는 방법으로 옳은 것은?

㉮ 배기가스 온도(EGT)가 비정상적으로 올라가는지 살펴본다.

정답 32. ㉱ 33. ㉮ 34. ㉯ 35. ㉯ 36. ㉰

㉯ 공기흡입관의 압력계기가 안정되지 않고 흔들리며 지시(fluctuating indication)하는지 살펴본다.
㉰ 엔진 카울 및 주변 부품 등에 심한 그을음(exhaust soot)이 묻어 있는지 검사한다.
㉱ 엔진 배기 부분을 알칼리 용액 또는 샌드 블라스팅(sand blasting)으로 세척을 하고 정밀검사를 한다.

37. 왕복 엔진의 압력식 기화기에서 저속혼합조정(idle mixture control)을 하는 동안 정확한 혼합비를 알 수 있는 계기는?
㉮ 공기압력계기
㉯ 연료유량계기
㉰ 연료압력계기
㉱ RPM 계기와 MAP 계기

38. 프로펠러 깃의 허브 중심으로부터 깃 끝까지의 길이가 R, 깃각이 β일 때 이 프로펠러의 기하학적 피치는?
㉮ $2\pi R \tan\beta$ ㉯ $2\pi R \sin\beta$
㉰ $2\pi R \cos\beta$ ㉱ $2\pi R \sec\beta$

39. 프로펠러를 [보기]와 같이 분류한 기준으로 가장 적합한 것은?

―〈보기〉―
• 유형 A : 고정 피치 프로펠러
• 유형 B : 지상 조정 피치 프로펠러
• 유형 C : 정속 프로펠러

㉮ 프로펠러의 최대 회전속도
㉯ 프로펠러 지름의 최대 크기
㉰ 프로펠러 피치의 조정 방식
㉱ 프로펠러 유효 피치의 크기
[해설] 피치 변경 방법에 따라 분류하면 고정 피치 프로펠러, 조정 피치 프로펠러, 가변 피치 프로펠러, 완전 페더링 프로펠러, 역 피치 프로펠러가 있다.

40. 제트엔진의 추력을 결정하는 압력비(EPR : Engine Pressure Ratio)의 정의는?
㉮ $\dfrac{\text{터빈입구압력}}{\text{엔진입구압력}}$ ㉯ $\dfrac{\text{엔진입구압력}}{\text{터빈입구압력}}$
㉰ $\dfrac{\text{터빈출구압력}}{\text{엔진입구압력}}$ ㉱ $\dfrac{\text{엔진입구압력}}{\text{터빈출구압력}}$

[해설] 기관 압력비 : 압축기 입구의 전압과 터빈 출구의 전압의 비를 말하며, 추력에 정비례한다.

제3과목 : 항공기체

41. 실속속도가 120 km/h인 수송기의 설계제한 하중배수가 4.4인 경우 이 수송기의 설계운용속도는 약 몇 km/h인가?
㉮ 228   ㉯ 252   ㉰ 264   ㉱ 270

[해설] 설계운용속도 $V_A = \sqrt{n}\, V_s$
$= \sqrt{4.4} \times 120$
$= 252\,\text{km/h}$

42. 키놀이 조종계통에서 승강키에 대한 설명으로 옳은 것은?
㉮ 일반적으로 승강키의 조종은 페달에 의존한다.
㉯ 세로축을 중심으로 하는 항공기 운동에 사용한다.
㉰ 일반적으로 수평 안정판의 뒷전에 장착되어 있다.

정답 37. ㉱ 38. ㉮ 39. ㉰ 40. ㉰ 41. ㉯ 42. ㉰

④ 수직축을 중심으로 좌우로 회전하는 운동에 사용한다.

[해설] 키놀이(pitching) : 키놀이 조종을 하기 위해서는 조종사가 조종간을 앞뒤로 조작하여 승강키를 움직여 가로축을 중심으로 키놀이 모멘트가 발생하도록 한다.

43. 세미 모노코크(semi monocoque) 구조에 대한 설명으로 틀린 것은?

㉮ 트러스 구조보다 복잡하다.
㉯ 뼈대가 모든 하중을 담당한다.
㉰ 하중의 일부를 표피가 담당한다.
㉱ 프레임, 정형재, 링, 스트링어로 이루어져 있다.

[해설] 세미 모노코크 구조 : 외피는 항공기의 형태를 유지해 주면서 항공기에 작용하는 하중의 일부분을 담당한다.

44. 다음 중 착륙거리를 단축시키는데 사용하는 보조 조종면은?

㉮ 스태빌레이터(stabilator)
㉯ 브레이크 블리딩(brake bleeding)
㉰ 플라이트 스포일러(flight spoiler)
㉱ 그라운드 스포일러(ground spoiler)

[해설] 지상 스포일러(ground spoiler) : 착륙 활주 중 지상 스포일러를 수직에 가깝게 세워 항력을 증가시킴으로써 활주거리를 짧게 하는 역할을 한다.

45. 항공기용 알루미늄 합금 판재에 드릴 작업을 할 때 가장 적합한 드릴각도, 작업속도, 작업압력을 옳게 나열한 것은?

㉮ 118°, 고속 회전, 손힘을 균일하게
㉯ 140°, 저속 회전, 매우 힘있게
㉰ 90°, 저속 회전, 변화있게
㉱ 75°, 저속 회전, 매우 세게

[해설] 드릴작업
• 경질 재료나 얇은 판인 경우 : 118° 드릴날을 사용하여 저속 작업
• 연질 재료나 두꺼운 판의 경우 : 90° 드릴날을 사용하여 고속 작업

46. 항공기 날개 구조에서 리브(rib)의 기능으로 옳은 것은?

㉮ 날개 내부 구조의 집중응력을 담당하는 골격이다.
㉯ 날개에 걸리는 하중을 스킨에 분산시킨다.
㉰ 날개의 스팬(span)을 늘리기 위하여 사용되는 연장 부분이다.
㉱ 날개의 곡면상태를 만들어주며, 날개의 표면에 걸리는 하중을 스파에 전달시킨다.

[해설] 리브(rib) : 날개의 단면이 공기역학적인 형태를 유지할 수 있도록 날개의 모양을 형성해주며, 날개 외피에 작용하는 하중을 날개보에 전달하는 역할을 한다.

47. AN 426 AD 3-5 리벳의 부품번호에 대한 각 의미로 옳게 짝지어진 것은?

㉮ 426 : 플러시 머리 리벳
㉯ AD : 알루미늄 합금 2017T
㉰ 3 : 3/16인치의 지름
㉱ 5 : 5/32인치의 길이

[해설] 리벳의 식별기호
AN 426 AD 3-5
AN 426 : 접시 머리 리벳(countersunk rivet : 420, 425, 426)
AD : 리벳의 재질로 알루미늄 합금 2117T
3 : 리벳의 지름 3/32인치
5 : 리벳의 길이 5/16인치

48. 다음 중 토크 렌치의 형식이 아닌 것

[정답] 43. ㉯ 44. ㉱ 45. ㉮ 46. ㉱ 47. ㉮ 48. ㉱

은 어느 것인가?

㉮ 빔 식(beam type)
㉯ 제한 식(limit type)
㉰ 다이얼 식(dial type)
㉱ 버니어 식(vernier type)

[해설] 토크 렌치 : 오디블 인디케이팅 토크 렌치, 프리셋 토크 렌치, 리지드 프레임 토크 렌치, 디플렉팅 빔 토크 렌치

49. 다음 중 대형 항공기 연료탱크 내 연료 분배계통의 구성품에 해당하지 않는 것은?

㉮ 연료 차단 밸브
㉯ 섬프 드레인 밸브
㉰ 부스트(승압) 밸브
㉱ 오버라이트 트랜스퍼 펌프

[해설] 섬프 드레인 밸브(sump drain valve) : 탱크의 최하부에 있으며 수분이나 잔류 연료를 제거하는 데 사용된다.

50. 다음과 같은 항공기 트러스 구조에서 부재 BD의 내력은 몇 kN인가?

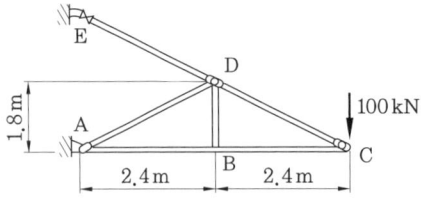

㉮ 0   ㉯ 100   ㉰ 150   ㉱ 200

[해설] 트러스 절점법 : $\sum F_x = 0, \sum F_y = 0$
B지점에서

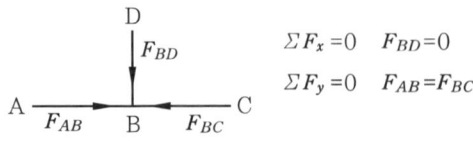

$\sum F_x = 0 \quad F_{BD} = 0$
$\sum F_y = 0 \quad F_{AB} = F_{BC}$

따라서 부재 BD가 받은 내력은 0이다.

51. 그림과 같이 인장력 P를 받는 봉에 축적되는 탄성에너지에 관한 설명으로 틀린 것은?

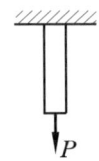

㉮ 봉의 길이에 비례한다.
㉯ 하중의 제곱에 비례한다.
㉰ 봉의 단면적에 비례한다.
㉱ 재료의 탄성계수에 반비례한다.

[해설] 수직응력에 의한 탄성에너지(U)
$$= \frac{P^2 L}{2AE}$$
여기서, P : 인장하중, L : 길이,
A : 단면적, E : 재료의 탄성계수

52. 항공기의 구조물에서 프레팅(fretting) 부식이 생기는 원인으로 가장 적합한 것은?

㉮ 잘못된 열처리에 의해 발생
㉯ 표면에 생성된 산화물에 의해 발생
㉰ 서로 다른 금속간의 접촉에 의해 발생
㉱ 서로 밀착된 부품간에 아주 작은 진동에 의해 발생

[해설] 프레팅 부식 : 서로 밀착된 부품 사이에서 아주 작은 진동이 발생하는 경우에 접촉 표면에 홈이 발생하는 부식으로 베어링, 커넥팅 로드, 너클 핀 등과 같은 부품에서 자주 발생한다.

53. 항공기 엔진의 카울링(cowling)에 대한 설명으로 옳은 것은?

㉮ 엔진을 둘러싸고 있는 전체 부분이다.
㉯ 엔진과 기체를 차단하는 벽의 구조물이다.

㉰ 엔진의 추력을 기체에 전달하는 구조물이다.
㉱ 엔진이나 엔진에 부수되는 보기 주위를 쉽게 접근할 수 있도록 장·탈착하는 덮개이다.

[해설] 카울링과 나셀
① 카울링 : 기관이나 기관에 관계되는 보기, 기관 마운트 및 방화벽 주위를 쉽게 접근할 수 있도록 장착하거나, 떼어낼 수 있는 덮개
② 나셀(nacelle) : 기체에 장착된 기관을 둘러싸는 부분

54. 복합재료인 수지용기의 라벨에 "pot life 30min, shelf life 12Mo."라고 적혀 있다면 옳은 설명은?
㉮ 수지가 선반에 보관된 기간이 12개월이다.
㉯ 얇은 판재 두께의 12배의 넓이로 작업한다.
㉰ 수지를 촉매와 섞어 혼합시키면 30분 안에 사용하여 작업을 끝내야 한다.
㉱ 용기의 크기는 최소 12 in 크기로 최소 30분 동안 혼합한다.

[해설] 복합소재 수리작업
① pot-life : 촉매제를 섞은 후 경화될 때까지의 시간(작업 시 사용시간)
② shelf-life : 크게 상하지 않고 수지를 저장할 수 있는 저장기간

55. 다음 중 변형률에 대한 설명으로 틀린 것은?
㉮ 변형률은 길이와 길이의 비이므로 차원은 없다.
㉯ 변형률은 변화량과 본래의 치수와의 비를 말한다.
㉰ 변형률은 비례한계 내에서 응력과 정비례 관계에 있다.
㉱ 일반적으로 인장봉에서 가로 변형률은 신장률을 나타내며, 축 변형률은 폭의 증가를 나타낸다.

[해설] 변형률 : 재료가 하중을 받았을 때 늘어난 길이(δ)와 원래 길이(l)와의 비이다. 재료가 길이 방향으로 변형될 때 생기는 변형률을 가로 변형률, 세로 방향으로 변형될 때 세로 변형률이라 한다.

56. 다음 중 두께 0.051 in의 판을 $\frac{1}{4}$ in 굴곡반경으로 90° 굽힌다면 굴곡허용량(bend allowance)은 약 몇 inch인가?
㉮ 0.342   ㉯ 0.433
㉰ 0.652   ㉱ 0.833

[해설] 굴곡허용량(BA)
$$= \frac{\theta}{360} \times 2\pi(R + \frac{1}{2}T)$$
$$= \frac{90}{360} \times 2\pi\left(\frac{1}{4} + \frac{0.051}{2}\right) = 0.433 \text{ inch}$$

57. 항공기의 중량과 균형(weight and balance) 조정을 수행하는 주된 목적은?
㉮ 순항 시 수평비행을 위하여
㉯ 항공기의 조종성 보장을 위하여
㉰ 효율적인 비행과 안전을 위하여
㉱ 갑작스러운 돌풍 등 예기치 않은 비행조건에 대처하기 위하여

[해설] 중량과 균형(weight and balance) : 항공기가 구조상으로 안전을 유지할 수 있는 중량한계 및 무게중심의 허용범위 내에서 운항할 수 있도록 승객, 화물, 수하물, 기타 탑재물 등이 한쪽으로 치우치지 않게 균형을 조정하는 업무로서 정확한 중량과 균형 업무는 항공기의 안전운항과 직결되며 적절한 무게중심의 확보는 경제운항과 연관되는 중요한 사항이다.

[정답] 54. ㉰   55. ㉱   56. ㉯   57. ㉰

58. SAE 규격으로 표시한 합금강의 종류가 옳게 짝지어진 것은?

㉮ 13XX : 망간강
㉯ 23XX : 망간-크롬강
㉰ 51XX : 니켈-크롬-몰리브덴강
㉱ 61XX : 니켈-몰리브덴강

[해설]
1XXX : 탄소강
13XX : 망간강
2XXX : 니켈강
23XX : 니켈 3% 함유강
5XXX : 크롬강
6XXX : 크롬-바나듐강

59. 강관의 용접작업 시 조인트 부위를 보강하는 방법이 아닌 것은?

㉮ 평 거싯(flat gussets)
㉯ 스카프 패치(scarf patch)
㉰ 손가락 판(finger straps)
㉱ 삽입 거싯(insert gussets)

60. 복합재료의 강화재 중 무색 투명하며 전기부도체인 섬유로서 우수한 내열성 때문에 고온 부위의 재료로 사용되는 것은?

㉮ 아라미드 섬유 ㉯ 유리 섬유
㉰ 알루미나 섬유 ㉱ 보론 섬유

제4과목 : 항공장비

61. 항공기에서 고도 경고 장치(altitude alert system)의 주된 목적은?

㉮ 지정된 비행 고도를 충실히 유지하기 위하여
㉯ 착륙 장치를 내릴 수 있는 고도를 지시하기 위하여
㉰ 고 양력 장치를 펼치기 위한 고도를 지시하기 위하여
㉱ 항공기가 상승 시 설정된 고도에 진입된 것을 지시하기 위하여

[해설] 고도 경고 장치 : 항공기는 교통관제소로부터 지정된 고도를 유지하고 있다가 고도 변경이 필요한 때에는 지정 고도로 정확히 상승이나 하강해야 하며, 이것은 다른 항공기와 적절한 관제 간을 유지하여 안전을 확보하는 것이 중요하기 때문이다.

62. 교류회로에서 피상전력이 100 kVA이고 유효전력은 80 kW, 무효전력은 60 kVar일 때 역률은 얼마인가?

㉮ 0.60 ㉯ 0.75
㉰ 0.80 ㉱ 1.25

[해설] 역률 = $\dfrac{\text{유효전력}}{\text{피상전력}} = \dfrac{80}{100} = 0.80$

63. 항공기의 자기 컴퍼스가 270°(W)를 가리키고 있고, 편각은 6°40′, 복각은 48°50′인 경우 항공기가 실제 비행하는 실제 방향은?

㉮ 223° 10′   ㉯ 263° 20′
㉰ 276° 40′   ㉱ 318° 50′

64. 피토관 및 정압공에서 받은 공기압의 차압으로 속도계가 지시하는 속도를 무엇이라고 하는가?

㉮ 지시대기속도(IAS)
㉯ 진대기속도(TAS)
㉰ 등가대기속도(EAS)
㉱ 수정대기속도(CAS)

[정답] 58. ㉮ 59. ㉯ 60. ㉰ 61. ㉮ 62. ㉰ 63. ㉯ 64. ㉮

65. 지상 근무자가 다른 지상 근무자 또는 조종사와 통화할 수 있는 장치는?

㉮ 객실(cabin) 인터폰
㉯ 화물(freight) 인터폰
㉰ 서비스(service) 인터폰
㉱ 플라이트(flight) 인터폰

[해설] 승무원 간 통화장치(service interphone system) : 비행 중에 조종실과 객실의 승무원석을 연결하여 통화하거나 조종실과 조리실을 연결하여 통화하는 장치이다. 또 항공기가 지상에 계류 중일 때 조종실과 지상 점검을 하고 있는 기체 외부의 정비사와 통화 연락을 하거나 객실 승무원끼리 통화하기 위한 장치이다.

66. 엔진을 시동하여 아이들(idle)로 운전할 경우 발전기 전압이 축전지 전압보다 낮게 출력될 때 발생되는 현상은?

㉮ 발전기와 축전기가 부하로부터 분리된다.
㉯ 축전지는 부하로부터 분리되고, 발전기가 전체의 부하를 담당한다.
㉰ 발전기와 축전기가 병렬로 접속되어 전체 부하를 담당한다.
㉱ 역전류 차단기에 의해 발전기가 부하로부터 분리된다.

[해설] 역전류 차단기(reverse current cutout relay) : 발전기의 출력쪽과 버스 사이에 장착하여, 발전기의 출력전압이 낮을 때 축전지로부터 발전기로 전류가 역류하는 것을 방지한다.

67. 유압계통에서 작동기의 작동 방향을 결정하기 위해 사용되는 것은?

㉮ 축압기(accumulator)
㉯ 체크 밸브(check valve)
㉰ 선택 밸브(select valve)
㉱ 압력 릴리프 밸브(pressure relief valve)

[해설] 흐름 방향 제어장치
① 선택밸브(selector valve) : 작동실린더의 운동 방향을 결정하는 밸브
② 체크 밸브(check valve) : 유로의 흐름을 한 방향으로만 흐르도록 하는 밸브

68. 서모커플형(thermocouple type) 화재탐지장치에 관한 설명으로 옳은 것은?

㉮ 전기 감지에 의해 작동한다.
㉯ 빛의 세기에 의해 작동한다.
㉰ 급격한 움직임에 의해 작동한다.
㉱ 온도 상승에 의한 기전력 발생으로 작동한다.

[해설] 열전쌍(thermocouple) 탐지기 : 화재 지역이 특정한 온도로 상승하면 화재 경고를 지시한다.

69. 고도계의 오차 중 탄성오차에 대한 설명으로 틀린 것은?

㉮ 재료의 피로 현상에 의한 오차이다.
㉯ 온도 변화에 의해서 탄성계수가 바뀔 때의 오차이다.
㉰ 확대장치의 가동부분, 연결 등에 의해 생기는 오차이다.
㉱ 압력 변화에 대응한 휘어짐이 회복되기까지의 시간적인 지연에 따른 지연 효과에 의한 오차이다.

[해설] 탄성오차 : 히스테리시스(hysteresis), 편위(drift), 잔류효과(after effect) 등과 같이 일정한 온도에서 재료의 특성 때문에 생기는 탄성체 고유의 오차

70. 다음 중 엔진의 상태를 지시하는 엔진 계기의 종류가 아닌 것은?

정답 65. ㉰ 66. ㉱ 67. ㉰ 68. ㉱ 69. ㉰ 70. ㉯

㉠ RPM 계기
㉡ ADI
㉢ EGT 계기
㉣ fuel flowmeter

[해설] 항공계기의 분류
① 비행계기 : 항공기의 비행상태, 즉 고도, 속도, 자세 등을 지시하게 되며 고도계, 승강계, 선회경사계 등이 있다.
② 기관계기 : 기관의 작동상태를 지시하며, 기관회전계, 연료 압력계, 윤활 압력계, 실린더 온도계, 연료 유량계, 저압 압축기 회전계, 배기가스 온도계, 고압 압축기 회전계 등이 있다.
③ 항법계기 : 항공기의 진로, 방위, 위치를 지시하며, 예비나침반, 전파고도계, 수평 자세지시계, 거리 측정장치 등이 있다.

71. 엔진의 회전수와 관계없이 항상 일정한 회전수를 발전기축에 전달하는 장치는?
㉠ 정속구동장치(CSD)
㉡ 전압 조절기(voltage regulator)
㉢ 감쇠 변압기(damping transformer)
㉣ 계자 제어장치(field control relay)

[해설] 정속구동장치 : 기관과 발전기 사이에 설치하여 기관의 회전수와 관계없이 발전기를 일정하게 회전하게 한다.

72. 항공기 방화 시스템에 대한 설명으로 옳은 것은?
㉠ 방화 시스템은 감지(detection), 소화(extinguishing), 탈출(evacuation) 시스템으로 구성되어 있다.
㉡ 엔진의 화재 감지에 사용되는 감지기(detector)는 주로 스모그 감지장치(smog detector)이다.
㉢ 연속 저항 루프 화재 탐지기에는 키드 시스템(kidde system)과 펜월 시스템(fenwal system)이 있다.
㉣ 항공기에서 화재가 감지되면 자동적으로 해당 소화시스템(extinguishing system)이 작동되어 화재를 진압한다.

[해설] 저항 루프형 화재경고장치 : 전기저항이 온도에 의해 변화하는 세라믹이나 일정 온도에 달하면 급격하게 전기저항이 떨어지는 융점이 낮은 소금을 이용하여 온도 상승을 전기적으로 탐지한다. 센서의 단면은 중심선이 1개인 펜월(fenwal)형과 중심선이 2개인 키드(kidde)형이 있다.

73. 자기 컴퍼스(magnetic compass)의 북선 오차에 대한 설명으로 틀린 것은?
㉠ 항공기가 선회할 때 발생하는 오차이다.
㉡ 항공기가 북극 지방을 비행할 때 컴퍼스 회전부가 기울어져 발생하는 오차이다.
㉢ 항공기가 북진하다 선회할 때 실제 선회각보다 작은 각이 지시된다.
㉣ 컴퍼스 회전부의 중심과 지지점이 일치하지 않기 때문에 발생한다.

[해설] 북선 오차 : 북진하다가 동서로 선회할 때에 오차가 가장 크므로 북선 오차라 하며, 선회 시 나타나서 선회 오차라고도 한다.

74. 다음 중 붉은색을 띠며 인화점이 낮은 작동유는?
㉠ 식물성유   ㉡ 합성유
㉢ 광물성유   ㉣ 동물성유

75. 현대 항공기에서 사용되는 결빙 방지 방법이 아닌 것은?
㉠ 화학물질 처리
㉡ 발열소자를 사용한 가열
㉢ 팽창식 부츠를 활용한 제빙

정답 71. ㉠ 72. ㉢ 73. ㉡ 74. ㉢ 75. ㉣

㉠ 기계식 운동으로 인한 마찰열 발생

[해설] 방빙계통 : 열적 방빙계통(가열공기, 열선)과 화학적 방빙계통(이소프로필 알코올)이 있다.

76. 객실여압(cabin pressurization) 장치가 있는 항공기의 순항고도에서 적절한 객실고도는?

㉮ 6000 ft ㉯ 8000 ft
㉰ 10000 ft ㉱ 12000 ft

[해설] 객실고도 : 인체가 외부의 도움 없이 신체적 장애를 받지 않고 정상적인 활동을 할 수 있는 고도는 해면으로부터 8000 ft (2400 m)이다.

77. 황산납 축전지(lead acid battery)의 충전 작용의 결과로 나타나는 현상은?

㉮ 전해액 속의 황산의 양이 줄어든다.
㉯ 물의 양은 증가하고 전해액은 묽어진다.
㉰ 내부 저항은 증가하고 단자 전압은 감소한다.
㉱ 양극판은 과산화납으로, 음극판은 해면상납이 된다.

[해설] 납산 축전지 : 극판은 납과 안티몬으로 만들어진 격자에 활성물질을 이겨 붙인 것으로 과산화납으로 된 양극판과 납으로 된 음극판으로 이루어져 있으며, 각 셀(cell)은 극판을 묽은 황산의 전해액 속에 잠겨 있도록 한다. 축전지를 충전하게 되면 황산납이 용해되면서 두 극판이 원래의 성분으로 회복되며, 황산이 다시 생성되고, 전해액의 묽의 양은 감소되므로 비중이 높아진다.

78. 다음 중 자동 착륙 시스템(autoland system)의 종류가 아닌 것은?

㉮ dual system
㉯ triplex system
㉰ dual-dual system
㉱ triple-triple system

79. 항공기의 전기회로에 사용되는 스위치에 대한 설명으로 틀린 것은?

㉮ 푸시 버튼 스위치는 접촉방식에 따라 SPUT, SPWT, DPUT, DPWT가 있다.
㉯ 항공기의 토글 스위치는 운동 부분이 공기 중에 노출되지 않도록 케이스로 보호되어 있다.
㉰ 회선 선택 스위치는 한 회로만 개방하고 다른 회로는 동시에 닫히게 하는 역할을 한다.
㉱ 마이크로 스위치는 짧은 움직임으로 회로를 개폐시키는 것으로, 착륙장치와 플랩 등을 작동시키는 전동기의 작동을 제한하는 스위치로 사용된다.

[해설] 토글(toggle) 스위치는 접속방법에 따라 SPST (single pole single throw), SPDT (single pole double throw), DPST (double pole single throw), DPDT (double pole double throw) 등이 있다.

80. 항공기 안테나에 대한 설명으로 옳은 것은?

㉮ 첨단 항공기는 안테나가 필요 없다.
㉯ 일반적으로 주파수가 높을수록 안테나의 길이가 짧아진다.
㉰ ADF는 주로 다이폴 안테나가 사용된다.
㉱ HF 통신용은 전리층 반사파를 이용하기 때문에 안테나가 필요 없다.

정답 76. ㉯ 77. ㉱ 78. ㉱ 79. ㉮ 80. ㉯

▶ 2018년 9월 15일 시행

자격종목	시험시간	문제 수	형 별	수험번호	성 명
항공 산업기사	2시간	80	A		

제1과목 : 항공역학

1. 공기가 아음속의 흐름으로 풍동 내의 지점 1을 밀도 ρ, 속도 250 m/s로 통과하고 지점 2를 밀도 $\frac{4}{5}\rho$인 상태로 지난다면, 이때 속도는 약 몇 m/s인가? (단, 지점 2의 단면적은 지점 1의 $\frac{1}{2}$이다.)

㉮ 155 ㉯ 215 ㉰ 465 ㉱ 625

[해설] 연속의 법칙
$A_1 V_1 \rho_1 = A_2 V_2 \rho_2$에서
$V_1 = 250\,\text{m/s}, \ A_2 = \frac{1}{2}A_1, \ \rho_2 = \frac{4}{5}\rho_1$이므로
$1 \times 250 \times 1 = 0.5 \times V_2 \times \frac{4}{5}$
$250 = \frac{2}{5}V_2 \quad \therefore \ V_2 = 625\,\text{m/s}$

2. 날개의 뒤젖힘각 효과(sweep back effect)에 대한 설명으로 옳은 것은?

㉮ 방향안정과 가로안정 모두에 영향이 있다.
㉯ 방향안정과 가로안정 모두에 영향이 없다.
㉰ 가로안정에는 영향이 있고 방향안정에는 영향이 없다.
㉱ 방향안정에는 영향이 있고 가로안정에는 영향이 없다.

3. 유도항력계수에 대한 설명으로 옳은 것은?

㉮ 유도항력계수와 유도항력은 반비례한다.
㉯ 유도항력계수는 비행기 무게에 반비례한다.
㉰ 유도항력계수는 양력의 제곱에 반비례한다.
㉱ 날개의 가로세로비가 커지면 유도항력계수는 작아진다.

[해설] 유도항력계수(C_{Di})
$C_{Di} = \frac{C_L^2}{\pi e AR}$ 이므로
유도항력계수는 가로세로비에 반비례한다.

4. 중량이 2000 kgf인 항공기가 받음각 4°로 등속 수평비행을 하고 있을 때 이 항공기에 작용하는 항력은 몇 kgf인가? (단, 받음각이 4°일 때 양항비는 20이다.)

㉮ 100 ㉯ 200
㉰ 300 ㉱ 400

[해설] $T = W\frac{C_D}{C_L}$ 이며,
등속($T = D$) 수평비행이므로
$D = W\frac{C_D}{C_L} = 2000 \times \frac{1}{20} = 100\,\text{kgf}$

5. 프로펠러 깃의 받음각에 가장 큰 영향을 주는 2가지 요소는?

㉮ 깃각과 인장력
㉯ 굽힘모멘트와 추력
㉰ 비행속도와 회전수
㉱ 원심력과 공기탄성력

정답 1. ㉱ 2. ㉮ 3. ㉱ 4. ㉮ 5. ㉰

6. 다음 그림과 같은 날개(wing)의 테이퍼비(taper ratio)는 얼마인가?

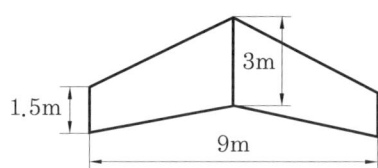

㉮ 0.5   ㉯ 1.0   ㉰ 3.5   ㉱ 6.0

[해설] 테이퍼비$(\lambda) = \dfrac{C_t}{C_r} = \dfrac{1.5}{3} = 0.5$

7. 그림과 같이 초음속 흐름에 쐐기형 에어포일 주위에 충격파와 팽창파가 생성될 때 각각의 흐름의 마하수(M)와 압력(P)에 대한 설명으로 옳은 것은?

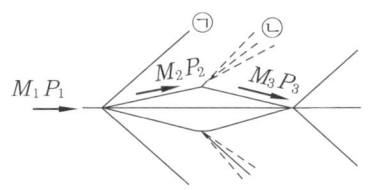

㉮ ㉠은 충격파이며 $M_1 > M_2$, $P_1 < P_2$ 이다.
㉯ ㉡은 충격파이며 $M_2 < M_3$, $P_2 > P_3$ 이다.
㉰ ㉠은 팽창파이며 $M_1 < M_2$, $P_1 > P_2$ 이다.
㉱ ㉡은 팽창파이며 $M_2 > M_3$, $P_2 < P_3$ 이다.

[해설] 초음속 흐름에서 흐름의 경로가 좁아지게 되면 경사 충격파가 발생하며, 충격파를 지난 공기 흐름은 압력과 밀도는 증가하고, 속도는 감소한다.

8. 항공기가 선회경사각 30°로 정상 선회할 때 작용하는 원심력이 3000 kgf이라면 비행기의 무게는 약 몇 kgf인가?

㉮ 6150   ㉯ 6000
㉰ 5800   ㉱ 5196

[해설] 원심력 $= W\tan\theta = \dfrac{WV^2}{gR}$ 이므로
$W = \dfrac{원심력}{\tan\theta} = \dfrac{3000}{\tan 30} = 5196 \text{kgf}$

9. 수직강하와 함께 비행기의 자전(auto rotation)운동을 이루는 현상은?

㉮ 스핀(spin) 현상
㉯ 디프 실속(deep stall) 현상
㉰ 날개드롭(wing drop) 현상
㉱ 가로방향 불안정(dutch roll) 현상

[해설] spin = 자전 + 수직강하

10. 항공기 총중량 24000 kgf의 75%가 주(제동)바퀴에 작용한다면 마찰계수가 0.7일 때 주바퀴의 최소 제동력은 몇 kgf 이어야 하는가?

㉮ 5250   ㉯ 6300
㉰ 12600   ㉱ 25200

[해설] 주바퀴 제동력 $= 24000 \times 0.75 \times 0.7$
$= 12600 \text{kgf}$

11. 비행기의 세로안정을 향상시키는 방법이 아닌 것은?

㉮ 꼬리날개 효율을 높인다.
㉯ 꼬리날개 부피를 최대한 줄인다.
㉰ 무게중심의 위치를 공기역학적 중심 앞으로 위치시킨다.
㉱ 무게중심과 공기역학적 중심과의 수직거리를 양(+)의 값으로 한다.

[해설] 비행기의 세로안정을 좋게 하는 방법
① 무게중심이 공기역학적 중심보다 앞에 위치하도록 한다.
② 날개가 무게중심보다 높은 위치에 있도

정답 6. ㉮   7. ㉮   8. ㉱   9. ㉮   10. ㉰   11. ㉯

록 한다.
③ 꼬리날개 부피를 크게 한다.
④ 꼬리날개의 효율을 크게 한다.

12. 제트 비행기의 속도에 따른 추력 변화 그래프 분석을 통해 알 수 있는 최대 항속거리에 대한 조건으로 옳은 것은?

㉮ 속도에 대한 필요추력의 비가 최대인 값
㉯ 속도에 대한 필요추력의 비가 최소인 값
㉰ 속도에 대한 이용추력의 비가 최대인 값
㉱ 속도에 대한 이용추력의 비가 최소인 값

[해설] 제트기의 항속 성능을 계산할 때는 필요추력곡선을 사용하게 되는데, 최대 항속시간에 대한 속도는 최소 필요추력에서 얻어지며, 최대 항속거리에 대한 비행속도도 속도와 필요추력의 비가 최소인 점에서 얻어진다.

13. 회전익장치가 하나뿐인 헬리콥터는 질량이 큰 동체가 하나의 점에 매달려 있는 것과 같아 한 번 흔들리면 전후좌우로 자연스럽게 진동운동을 하게 되는데 이런 현상을 무엇이라 하는가?

㉮ 지면효과 (ground effect)
㉯ 시계추 작동 (pendular action)
㉰ 코리올리 효과 (Coriolis effect)
㉱ 편류 (drift or translating tendency)

[해설] 시계추 작동(pendular action): 주회전익장치가 하나뿐인 헬리콥터는 시계추의 구조와 같이 질량이 상당히 큰 동체가 하나의 점에 매달려 있는 것과 같다. 그래서 한 번 흔들리면 시계추와 같이 전후 또는 좌우로 자연스럽게 진동운동을 하게 된다. 이런 현상은 과도하게 조종할수록 더욱 커지므로 조종 조작은 가급적 부드럽게 수행한다.

14. 지구를 둘러싸고 있는 대기를 지표에서 고도가 높아지는 방향으로 순서대로 나열한 것은?

㉮ 성층권, 대류권, 중간권, 열권, 외기권
㉯ 대류권, 중간권, 열권, 성층권, 외기권
㉰ 성층권, 열권, 중간권, 대류권, 외기권
㉱ 대류권, 성층권, 중간권, 열권, 외기권

15. 일반적인 프로펠러의 깃 뿌리에서 깃 끝으로 위치 변화에 따른 깃 각의 변화를 옳게 설명한 것은?

㉮ 커진다.
㉯ 작아진다.
㉰ 일정하다.
㉱ 종류에 따라 다르다.

[해설] 프로펠러 깃 각은 깃 뿌리에서는 크고, 깃 끝으로 갈수록 작아진다.

16. 지름 20 cm인 원형 배관이 지름 10 cm인 원형 배관과 연결되어 있다. 지름 20 cm인 원형 배관을 지난 공기가 지름 10 cm인 원형 배관을 지나게 되면 유속의 변화는 어떻게 되는가?

㉮ 2배로 증가한다.
㉯ $\dfrac{1}{2}$로 감소한다.
㉰ 4배로 증가한다.
㉱ $\dfrac{1}{4}$로 감소한다.

[해설] 연속의 법칙
$A_1 V_1 = A_2 V_2$ 에서
$V_2 = \dfrac{A_1}{A_2} V_1 = \dfrac{d_1^{\,2}}{d_2^{\,2}} V_1 = \dfrac{20^2}{10^2} V_1 = 4 V_1$

17. 수평 꼬리날개에 의한 모멘트의 크기를 가장 옳게 설명한 것은? (단, 양(+), 음(-)의 부호는 고려하지 않는다.)

㉮ 수평 꼬리날개의 면적이 클수록, 수평 꼬리날개 주위의 동압이 작을수록

정답 12. ㉯ 13. ㉯ 14. ㉱ 15. ㉯ 16. ㉰ 17. ㉯

커진다.
- ㉯ 수평 꼬리날개의 면적이 클수록, 수평 꼬리날개 주위의 동압이 클수록 커진다.
- ㉰ 수평 꼬리날개의 면적이 작을수록, 수평 꼬리날개 주위의 동압이 클수록 커진다.
- ㉱ 수평 꼬리날개의 면적이 작을수록, 수평 꼬리날개 주위의 동압이 작을수록 커진다.

[해설] 조종면에 발생하는 힌지 모멘트(H)

$$H = C_h \cdot q \cdot b \cdot \overline{c^2}$$

힌지 모멘트는 힌지 모멘트 계수, 동압, 조종면의 크기에 비례한다.

18. 항공기 엔진이 정지한 상태에서 수직 강하하고 있을 때 도달할 수 있는 최대 속도인 종극 속도 상태의 경우는?
- ㉮ 항공기 양력과 항력이 같은 경우
- ㉯ 항공기 양력의 수평분력과 항력의 수직분력이 같은 경우
- ㉰ 항공기 총중량과 항공기에 발생되는 항력이 같아지는 경우
- ㉱ 항공기 총중량과 항공기에 발생되는 양력이 같은 경우

[해설] 종극 속도 : 비행기가 수평상태로부터 급강하할 때의 속도는 차차 증가하게 되어 일정 속도($W=D$)에 가까워지며, 이 속도 이상 증가하지 않는데 이 속도를 종극 속도로 한다.

19. 헬리콥터에서 양력 불균형이 일어나지 않도록 하는 주 회전날개 깃의 플래핑 작용의 결과로 나타나는 현상으로 옳은 것은?
- ㉮ 후퇴하는 깃에는 최대 상향 변위가 기수 전방에서 나타난다.
- ㉯ 후퇴하는 깃에는 최대 상향 변위가 기수 후방에서 나타난다.
- ㉰ 전진하는 깃에는 최대 상향 변위가 기수 후방에서 탄난다.
- ㉱ 전진하는 깃에는 최대 상향 변위가 기수 전방에서 탄난다.

[해설] 양력 불평형 : 방위각 90° 위치에서 합성속도가 제일 크기 때문에 양력도 커지므로 플래핑 속도가 최대가 된다. 따라서 회전날개 깃은 관성에 의해 계속 위로 올라가며, 방위각 180°의 위치에서 제일 높은 위치에 도달하게 된다.

20. 다음 중 양(+)의 가로안정성(lateral stability)에 기여하는 요소로 거리가 먼 것은?
- ㉮ 저익 (low wing)
- ㉯ 상반각 (dihedral angle)
- ㉰ 후퇴각 (sweep back angle)
- ㉱ 수직꼬리날개 (vertical tail)

[해설] 정적가로안정에 영향을 주는 요소
① 날개(쳐든각, 뒤젖힘각)
② 동체
③ 수직 꼬리날개

제2과목 : 항공기관

21. 가스터빈엔진의 압축기 블레이드 오염(dirty or contamination)으로 발생되는 현상이 아닌 것은?
- ㉮ 연료 소모율 증가
- ㉯ 엔진 서지(surge)
- ㉰ 엔진 회전속도 증가
- ㉱ 배기가스 온도 증가

[해설] 블레이드의 오염 및 손상은 압축기 유량과 효율 모두를 감소시키며 가스터빈 출력

정답 18. ㉰ 19. ㉱ 20. ㉮ 21. ㉰

을 감소시키고 열소비율을 증가시킨다. 압축기 블레이드 오염의 징후는 3~5%의 출력 감소로 나타나며 소정의 속도나 입구 온도에 대하여 압축기 출구 압력도 감소한다.

22. 왕복엔진의 크랭크 핀(crank pin)의 속이 비어 있는 이유가 아닌 것은?

㉮ 윤활유의 통로 역할을 한다.
㉯ 열팽창에 의한 파손을 방지한다.
㉰ 크랭크축의 전체 무게를 줄여준다.
㉱ 탄소 침전물 등 이물질을 모으는 슬러지 실(sludge chamber) 역할을 한다.

[해설] 크랭크 핀(crank pin) : 무게를 감소시키고, 윤활유 통로 역할을 하며, 불순 물질의 저장소 역할을 할 수 있도록 가운데 속이 비어 있다.

23. 제트엔진에서 착륙거리를 줄이기 위하여 사용하는 장치는?

㉮ 베인 ㉯ 방향타
㉰ 노즐 ㉱ 역추력 장치

24. 압축비가 8인 경우 오토사이클의 열효율은 약 몇 %인가? (단, 작동유체는 공기이고, 비열비는 1.4이다.)

㉮ 48.9 ㉯ 56.5
㉰ 78.2 ㉱ 94.5

[해설] $\eta_o = 1 - \left(\dfrac{1}{\epsilon}\right)^{k-1} = 1 - \dfrac{1}{8^{1.4-1}} = 0.565$
$= 56.5\%$

25. 터보제트 엔진의 추진효율이 1일 때는 어느 것인가?

㉮ 비행속도가 음속을 돌파할 때
㉯ 비행속도와 배기가스 속도가 같을 때
㉰ 비행속도가 배기가스 속도보다 빠를 때
㉱ 비행속도가 배기가스 속도보다 늦을 때

[해설] 터보제트 엔진의 추진효율(η_p)
$$\eta_p = \dfrac{2V_a}{V_j + V_a}$$
여기서, V_a : 비행속도, V_j : 배기가스 속도

26. 열역학에서 가역과정에 대한 설명으로 옳은 것은?

㉮ 마찰과 같은 요인이 있어도 상관없다.
㉯ 주위의 작은 변화에 의해서는 반대과정을 만들 수 없다.
㉰ 계와 주위가 항상 불균형 상태여야 한다.
㉱ 과정이 일어난 후에도 처음과 같은 에너지양을 갖는다.

[해설] 가역과정 : 이상적 과정이라고도 하며, 계가 한 과정을 진행한 다음, 반대로 그 과정을 따라 처음 상태로 되돌아올 수 있는 과정을 말한다.

27. 항공기 연료 "옥탄가 90"에 대한 설명으로 옳은 것은?

㉮ 노말헵탄 10%에 세탄 90%의 혼합물과 같은 정도를 나타내는 가솔린이다.
㉯ 연소 후에 발생하는 옥탄가스의 비율이 90% 정도를 차지하는 가솔린이다.
㉰ 연소 후에 발생하는 세탄가스의 비율이 10% 정도를 차지하는 가솔린이다.
㉱ 이소옥탄 90%에 노말헵탄 10%의 혼합물과 같은 정도를 나타내는 가솔린이다.

28. 윤활계통 중 오일탱크의 오일을 베어링까지 공급해주는 것은?

㉮ 드레인 계통(drain system)
㉯ 가압 계통(pressure system)
㉰ 브리더 계통(breather system)

정답 22. ㉯ 23. ㉱ 24. ㉯ 25. ㉯ 26. ㉱ 27. ㉱ 28. ㉯

라 스캐빈지 계통(scavenge system)

[해설] 윤활유 펌프의 압력 부분은 탱크로부터 오는 윤활유를 가압시켜 윤활유 냉각기, 윤활유 여과기를 거쳐 기어박스 및 각 베어링으로 보낸다.

29. 비행속도가 V, 회전속도가 $n[\text{rpm}]$인 프로펠러의 1회전 소요시간이 $\dfrac{60}{n}$ 초일 때 유효피치를 나타내는 식은?

가 $\dfrac{60V}{n}$ 나 $\dfrac{60n}{V}$

다 $\dfrac{nV}{60}$ 라 $\dfrac{V}{60}$

30. 다음 중 FADEC (full authority digital electronic control)에서 조절하는 것이 아닌 것은?

가 오일 압력
나 엔진 연료 유량
다 압축기 가변 스테이터 각도
라 실속 방지용 압축기 블리드 밸브

[해설] 통합 디지털 엔진 제어장치(FADEC) : 항공기에서 입력되는 명령에 따라 엔진과 기체의 총체적인 시스템을 제어하는 장치로서 엔진의 작동과 상태, 고장 등을 항시 모니터링하고 있으며, 자체 진단 기능을 통해 물리적인 결함뿐만 아니라 외부의 요소들도 감지하는 기능을 지니고 있다.

31. 왕복엔진의 고압 마그네토(magneto)에 대한 설명으로 틀린 것은?

가 콘덴서는 브레이커 포인트와 병렬로 연결되어 있다.
나 전기 누설 가능성이 많은 고공용 항공기에 적합하다.
다 1차 회로는 브레이커 포인트가 붙어 있을 때에만 폐회로를 형성한다.
라 마그네토의 자기회로는 회전영구자석, 폴 슈(pole shoe) 및 철심으로 구성되어 있다.

[해설] 저압 점화계통 : 현대의 항공기는 높은 고도나 좋지 않은 기상 상태에서도 비행이 가능해야 하며, 통신 상태가 양호해야 한다. 이러한 조건을 충족시키기 위해서 고전압에 의한 전기 누전이나 방전의 위험성이 작은 저압 계통이 개발되었다.

32. 왕복엔진의 부자식 기화기에서 부자실(float chamber)의 연료 유면이 높아졌을 때 기화기에서 공급하는 혼합비는 어떻게 변하는가?

가 농후해진다.
나 희박해진다.
다 변하지 않는다.
라 출력이 증가하면 희박해진다.

33. 다음 중 가스터빈 엔진의 공압시동기(pneumatic starter)에 공급되는 고압공기 동력원이 아닌 것은?

가 지상동력장치(ground power unit)
나 보조동력장치(auxiliary power unit)
다 다른 엔진의 배기가스 (exhaust gas)
라 다른 엔진의 블리드 공기 (bleed air)

34. 왕복엔진에서 엔진오일의 기능이 아닌 것은?

가 재생 작용 나 기밀 작용
다 윤활 작용 라 냉각 작용

[해설] 윤활유의 작용 : 윤활, 기밀, 냉각, 청결, 방청, 소음 방지 작용

35. 다음 중 고공에서 극초음속으로 비행할 경우 성능이 가장 좋은 엔진은?

[정답] 29. 가 30. 가 31. 나 32. 가 33. 다 34. 가 35. 나

㈎ 터보팬 엔진
㈏ 램제트 엔진
㈐ 펄스제트 엔진
㈑ 터보제트 엔진

[해설] 램제트 엔진을 응용하여 음속의 4배 이상을 비행할 수 있는 미래의 극초음속 비행체를 만들려는 노력이 활발히 진행되고 있다. 이렇게 극초음속에서 작동되는 램제트 기관을 스크램(scram)제트 기관이라 한다.

36. 속도 1080 km/h로 비행하는 항공기에 장착된 터보제트엔진이 중량유량 294 kgf/s로 공기를 흡입하여 400 m/s로 배기분사시킬 때 진추력은 몇 N인가?

㈎ 1000 ㈏ 3000
㈐ 29400 ㈑ 108000

[해설] $F_n = \dfrac{W_a}{g}(V_j - V_a)$
$= \dfrac{294}{9.8}\left(400 - \dfrac{1080}{3.6}\right) = 3000\,\text{kgf}$
$= 3000 \times 9.8\,\text{N} = 29400\,\text{N}$
(1 kgf = 9.8 N 이다.)

37. 정속 프로펠러의 블레이드 각이 증가하면 나타나는 현상은?

㈎ 회전수가 감소한다.
㈏ 엔진출력이 감소한다.
㈐ 진동과 소음이 심해진다.
㈑ 실속 속도가 감소하고 소음이 증가한다.

38. 겨울철 왕복엔진 작동(reciprocating engine operation in winter) 전 점검사항이 아닌 것은?

㈎ 연료 가열(fuel heating)
㈏ 섬프 드레인(sump drain)
㈐ 엔진 예열(engine preheat)
㈑ 결빙 방지제 첨가(anti-icing fluid additive)

39. 항공용 왕복엔진의 효율과 마력에 대한 설명으로 틀린 것은?

㈎ 지시마력은 지압선도로부터 구할 수 있다.
㈏ 연료소비율(SFC)은 1마력당 1시간 동안의 연료소비량이다
㈐ 기계효율은 지시마력과 이론마력의 비이다.
㈑ 축마력은 실제 크랭크축으로부터 측정한다.

[해설] 기계효율 = $\dfrac{제동마력}{지시마력}$

40. 다음 중 지시마력을 나타내는 식 $iHP = \dfrac{P_{mi}LANK}{75 \times 2 \times 60}$ 에서 N이 의미하는 것은? (단, P_{mi} : 지시평균유효압력, L : 행정길이, A : 실린더 단면적, K : 실린더 수이다.)

㈎ 축마력
㈏ 기계효율
㈐ 제동평균유효압력
㈑ 엔진의 분당 회전수

제3과목 : 항공기체

41. 다음 AA(aluminum association) 규격의 알루미늄 합금 중 마그네슘 성분이 없거나 가장 적게 함유된 것은?

㉮ 2024 ㉯ 3003
㉰ 5052 ㉱ 7075

[해설] 알루미늄 합금
① Al 2024 : 구리 4.4%, 마그네슘 1.5%를 첨가한 합금으로 초두랄루민(super dur-alumin)이라고도 한다.
② Al 3003 : 망간을 1.0~1.5% 정도 첨가하여 순 알루미늄의 내식성을 떨어뜨리지 않으면서 강도를 높인 합금
③ Al 5052 : 강도를 높이기 위하여 마그네슘을 2.5% 첨가하고, 내식성을 유지하기 위해 크롬이나 망간을 소량 첨가한 합금
④ Al 7075 : 아연 5.6%, 마그네슘 2.5%를 첨가한 합금으로 Al 2024 합금보다 강도가 우수하다.

42. 다음 중 날개에 발생한 비틀림 하중을 감당하기에 가장 효과적인 것은?
㉮ 스파 ㉯ 스킨
㉰ 리브 ㉱ 토션 박스

[해설] 토션 박스(torsion box) : 비틀림 회전력을 전달하는 폐단면의 상자형 구조로 된 것을 말한다.

43. 항공기 기체의 비틀림 강도를 높이기 위한 방법으로 틀린 것은?
㉮ 기체의 길이를 증가시킨다.
㉯ 기체 표피의 두께를 증가시킨다.
㉰ 표피소재의 전단계수를 증가시킨다.
㉱ 기체의 극단면 2차 모멘트를 증가시킨다.

[해설] $\theta = \dfrac{TL}{GJ}$, $T = \dfrac{GJ\theta}{L}$
여기서, T : 비틀림력, L : 봉의 길이, J : 극관성 모멘트, G : 전단탄성계수

44. 금속판재를 굽힘가공할 때 응력에 의해 영향을 받지 않는 부위를 무엇이라 하는가?

㉮ 굽힘선(bend line)
㉯ 몰드선(mold line)
㉰ 중립선(neutral line)
㉱ 세트백 선(setback line)

45. 항공기가 비행 중 오른쪽으로 옆놀이 현상이 발생하였다면 지상 정비작업으로 옳은 것은?
㉮ 왼쪽 보조날개 고정탭을 올린다.
㉯ 방향타의 탭을 왼쪽으로 굽힌다.
㉰ 오른쪽 보조날개 고정탭을 올린다.
㉱ 방향타의 탭을 오른쪽으로 굽힌다.

46. 높이가 H이고 폭이 B인 그림과 같은 직사각형의 무게중심을 원점으로 하는 X 축에 대한 관성 모멘트는?

㉮ $\dfrac{BH^3}{36}$ ㉯ $\dfrac{BH^3}{24}$
㉰ $\dfrac{BH^3}{12}$ ㉱ $\dfrac{BH^3}{4}$

[해설]

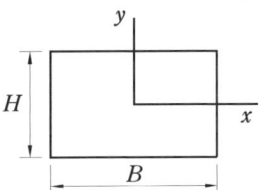

단면 형상	b, h	d	d_1, d_2
관성 모멘트 (I)	$\dfrac{bh^3}{12}$	$\dfrac{\pi d^4}{64}$	$\dfrac{\pi}{64}(d_2^4 - d_1^4)$

47. 경항공기에 사용되는 일반적인 고무 완충식 착륙장치(landing gear)의 완충

효율은 약 몇 %인가?

㉮ 30　㉯ 50　㉰ 75　㉱ 100

[해설] 완충 효율
① 탄성식 : 50%
② 공기식 : 47%
③ 올레오식 : 75%

48. 2개의 알루미늄 판재를 리베팅하기 위해 구멍을 뚫으려할 때 판재가 움직이려 한다면 사용해야 하는 것은?

㉮ 클레코　㉯ 리머
㉰ 버킹 바　㉱ 뉴매틱 해머

[해설] 시트 파스너(sheet fastener, 클레코 (cleco)) : 리벳 작업 시 접합할 금속판을 미리 고정시키는 데 이용된다.

49. 다음 중 부식의 종류에 해당되지 않는 것은?

㉮ 응력 부식　㉯ 표면 부식
㉰ 입자간 부식　㉱ 자장 부식

[해설] 부식의 종류 : 표면 부식, 이질 금속간 부식, 공식 부식, 입자간 부식, 응력 부식, 프레팅 부식

50. 알루미나(alumina) 섬유의 특징으로 틀린 것은?

㉮ 은백색으로 도체이다.
㉯ 금속과 수지와의 친화력이 좋다.
㉰ 표면처리를 하지 않아도 FRP나 FRM으로 할 수 있다.
㉱ 내열성이 뛰어나 공기 중에서 1300℃로 가열해도 취성을 갖지 않는다.

[해설] 알루미나 섬유는 무색투명하다.

51. 샌드위치 구조의 특징에 대한 설명이 아닌 것은?

㉮ 습기와 열에 강하다.
㉯ 기존의 보강재보다 중량당 강도가 크다.
㉰ 같은 강성을 갖는 다른 구조보다 무게가 가볍다.
㉱ 조종면(control surface)이나 뒷전(trailing edge) 등에 사용된다.

[해설] 샌드위치 구조(sandwich structure) : 2개의 외판 사이에 가볍고 두꺼운 심재를 넣고 접착제로 고착시켜 강도가 크고 무게가 가벼운 우수한 성능을 지닌 재료
[단점] 손상형태를 파악하기가 곤란하고 고온에 약하다.

52. 볼트 그립 길이와 볼트가 장착되는 재료의 두께에 관한 설명으로 옳은 것은?

㉮ 볼트가 장착될 재료의 두께는 볼트 그립 길이의 2배여야 한다.
㉯ 볼트 그립 길이는 가장 얇은 판 두께의 3배가 되어야 한다.
㉰ 볼트가 장착될 재료의 두께는 볼트 그립 길이에 볼트 지름의 길이를 합한 것과 같아야 한다.
㉱ 볼트 그립 길이는 볼트가 장착되는 재료의 두께와 같거나 약간 길어야 한다.

[해설] 볼트의 길이 중에 나사 부분을 제외한 길이를 그립이라 하며, 이 길이는 체결하고자 하는 부품의 두께와 일치한다.

53. 항공기에 일반적으로 사용하는 리벳 중 순수 알루미늄(99.45%)으로 구성된 리벳은?

㉮ 1100　㉯ 2017 – T
㉰ 5056　㉱ 2117 – T

[해설] 1100 리벳(A) : 순수 알루미늄 리벳으로 열처리가 불필요하며 비구조용에 사용한다.

54. 케이블 턴버클 안전결선방법에 대한 설명으로 옳은 것은?

[정답] 48. ㉮　49. ㉱　50. ㉮　51. ㉮　52. ㉱　53. ㉮　54. ㉰

㉮ 배럴의 검사구멍에 핀을 꽂아 핀이 들어가지 않으면 양호한 것이다.
㉯ 단선식 결선법은 턴버클 엔드에 최소 10회 감아 마무리한다.
㉰ 복선식 결선법은 케이블 지름이 1/8 in 이상인 경우에 주로 사용한다.
㉱ 턴버클 엔드의 나사산이 배럴 밖으로 10개 이상 나오지 않도록 한다.

55. 조종 케이블이 작동 중에 최소의 마찰력으로 케이블과 접촉하여 직선운동을 하게 하며, 케이블을 작은 각도 이내의 범위에서 방향을 유도하는 것은?
㉮ 풀리(pulley)
㉯ 페어리드(fair lead)
㉰ 벨 크랭크(bell crank)
㉱ 케이블 드럼(cable drum)

56. 그림과 같은 수송기의 $V-n$ 선도에서 A와 D의 연결선은 무엇을 나타내는가?

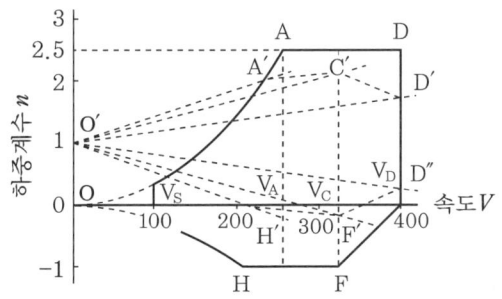

㉮ 돌풍 하중배수
㉯ 양력계수
㉰ 설계 순항속도
㉱ 설계 제한 하중배수

[해설] 설계 제한 하중 배수 : 항공기의 안전운항을 담당하는 해당 기관에 의하여 지정한다.

57. 항공기 나셀에 대한 설명으로 틀린 것은?

㉮ 나셀의 구조는 세미모노코크 구조 형식으로 세로부재와 수직부재로 구성되어 있다.
㉯ 항공기 엔진을 동체에 장착하는 경우에도 나셀의 설치는 필요하다.
㉰ 나셀은 외피, 카울링, 구조부재, 방화벽, 엔진마운트로 구성되며 유선형이다.
㉱ 나셀은 안으로 통과하여 나가는 공기의 양을 조절하여 엔진의 냉각을 조절한다.

[해설] 나셀(nacelle)은 기체에 장착된 기관을 둘러싸는 부분을 말한다. 동체 안에 기관을 장착할 때에는 나셀이 필요 없다.

58. 다음 중 한쪽에서만 작업이 가능하도록 고안된 리벳이 아닌 것은?
㉮ 리브 너트(riv nut)
㉯ 체리 리벳(cherry rivet)
㉰ 폭발 리벳(explosive rivet)
㉱ 솔리드 섕크 리벳(solid shank rivet)

[해설] 블라인드 리벳 : 리벳 작업을 할 구조물의 양쪽 면 접근이 불가능하거나 작업 공간이 좁아서 버킹 바를 댈 수 없는 곳에 사용하며 체리 리벳, 폭발 리벳, 리브 너트 등이 있다.

59. 엔진이 2대인 항공기의 엔진을 1750 kg의 모델에서 1850 kg의 모델로 교환하였으며, 엔진은 기준선에서 후방 40 cm에 위치하였다. 엔진을 교환하기 전의 항공기 무게평형(weight and balance) 기록에는 항공기 무게 15000 kg, 무게중심은 기준선 후방 35 cm에 위치하였다면, 새로운 엔진으로 교환 후 무게중심 위치는?
㉮ 기준선 전방 약 32 cm
㉯ 기준선 전방 약 20 cm
㉰ 기준선 후방 약 35 cm

㉰ 기준선 후방 약 45 cm

[해설] 새로운 무게중심(c.g)
= (본래 모멘트+추가 모멘트) / (본래의 무게+추가된 무게)
= (15000×35 + 200×40) / (15000+200) ≒ 35 cm

여기서, 엔진 한 개당 추가된 무게는 100 kg이므로 엔진이 2개이므로 총 추가된 무게는 200 kg이다.

60. 그림과 같이 길이 2 m인 외팔보에 2개의 집중하중 400 kg, 200 kg이 작용할 때 고정단에 생기는 최대 굽힘 모멘트의 크기는 약 몇 kg · m인가?

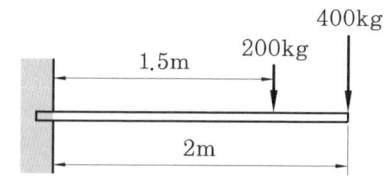

㉮ 1000 ㉯ 1100
㉰ 1200 ㉱ 1500

[해설] 벽면을 중심으로 한 모멘트(M)는
$M = 200 \times 1.5 + 400 \times 2 = 1100$ kg · m

제4과목 : 항공장비

61. 다음 중 항공기에서 레인 리펠런트(rain repellent)를 사용하기 가장 적합한 때는?

㉮ 많은 눈이 내릴 때
㉯ 블리드 공기를 사용할 수 없을 때
㉰ 폭우가 내려 시야를 확보할 수 없을 때
㉱ 윈드실드(windshield)가 결빙되어 있을 때

[해설] 제우계통 : 조종실 윈드실드와 윈도에서 빗물이나 눈을 와이퍼로 제거하고, 폭우 시 레인 리펠런트 장치를 작동하여 시야를 좀 더 좋게 한다.

62. 저주파 증폭기에서 수신기 전체의 성능을 판단할 때 활용되는 특성이 아닌 것은?

㉮ 감도(sensitivity)
㉯ 검출도(detection)
㉰ 충실도(fidelity)
㉱ 선택도(selectivity)

[해설] 무선수신기의 성능지표 : 감도(sensitivity), 선택도(selectivity), 충실도(fidelity), 안정도(stability)

63. 다음 중 3상 교류를 사용하는 항공용 계기는?

㉮ 데신(desyn)
㉯ 오토신(autosyn)
㉰ 전기용량식 연료량계
㉱ 전자식 태코미터(tachometer)

[해설] 오토신 : 교류로 작동하는 원격지시계기의 한 종류로 26 V, 400 Hz의 단상 교류가 연결되고, 고정자는 3상으로서 Δ 또는 Y결선이 되어 서로의 단자 사이를 도선으로 연결한다.

64. 항공기 VHF 통신장치에 관한 설명으로 틀린 것은?

㉮ 근거리 통신에 이용된다.
㉯ VHF 통신 채널 간격은 30 kHz이다.
㉰ 수신기에는 잡음을 없애는 스켈치 회로를 사용하기도 한다.
㉱ 국제적으로 규정된 초단파 통신주파수 대역은 108~136 MHz이다.

[해설] 초단파(VHF) 통신 : 가시거리 통신에만

유효하므로 보통의 공대지 통신에는 초단파 대역이 이상적이다. 항공 초단파 통신 주파수 대역은 108~136 MHz이고, 25 kHz 간격을 두고 통신채널이 배정된다.

65. 다음 중 일반적인 계기의 구성부가 아닌 것은?
㉮ 수감부　　㉯ 지시부
㉰ 확대부　　㉱ 압력부

66. 다음 중 전위차 및 기전력의 단위는?
㉮ 볼트(V)　　㉯ 옴(Ω)
㉰ 패럿(F)　　㉱ 암페어(A)

[해설] ① 기전력(전압)의 단위 : V(volt)
② 전류의 단위 : 암페어(A)
③ 저항의 단위 : 옴(Ω)

67. 자동조종항법장치에서 위치정보를 받아 자동적으로 항공기를 조종하여 목적지까지 비행시키는 기능은?
㉮ 유도 기능　　㉯ 조종 기능
㉰ 안정화 기능　㉱ 방향탐지 기능

68. 유압계통에서 열팽창이 적은 작동유를 필요로 하는 1차적인 이유는?
㉮ 고 고도에서 증발 감소를 위해서
㉯ 화재를 최대한 방지하기 위해서
㉰ 고온일 때 과대압력 방지를 위해서
㉱ 작동유의 순환불능을 해소하기 위해서

69. 고도계 오차의 종류가 아닌 것은?
㉮ 눈금 오차　　㉯ 밀도 오차
㉰ 온도 오차　　㉱ 기계적 오차

[해설] 고도계 오차 : 눈금 오차, 온도 오차, 탄성 오차, 기계적 오차

70. 항공기의 조명계통(light system)에 대한 설명으로 옳은 것은?
㉮ 객실(cabin)의 조명은 일반적으로 형광등(flood light)에 의해 직접 조명된다.
㉯ 충돌 방지등(anti-collision light)은 비행 중에만 점멸(flashing)된다.
㉰ 패슨 시트 벨트(fasten seat belt) 사인 라이트(sign light)는 항공기의 비행자세에 따라 자동으로 조종(on / off / control)된다.
㉱ 조종실의 인테그랄 인스트루먼트 라이트(integral instrument light)는 퍼텐쇼미터(potentiometer)에 의해 디밍컨트롤(dimmingcontrol)할 수 있다.

71. 계기의 지시속도가 일정할 때 기압이 낮아지면 진대기속도의 변화는?
㉮ 감소한다.
㉯ 증가한다.
㉰ 변화가 없다.
㉱ 변화는 일정하지 않다.

72. 다음 중 항공기에 사용되는 화재 탐지기가 아닌 것은?
㉮ 저항 루프(loop)형 탐지기
㉯ 바이메탈(bimetal)형 탐지기
㉰ 열전대(thermocouple)형 탐지기
㉱ 코일을 이용한 자기(magnetic)형 탐지기

[해설] 화재탐지계통
① 유닛식 탐지기(unit type detector)
② 저항 루프 화재 탐지기
③ 열 스위치식(thermal switch type) 탐지기
④ 열전쌍(thermocouple) 탐지기
⑤ 가스식 화재 탐지기(광연기, 시각연기, 일산화탄소 탐지기)
⑥ 연기 탐지기

정답 65. ㉱　66. ㉮　67. ㉮　68. ㉰　69. ㉯　70. ㉱　71. ㉰　72. ㉱

73. 다음 중 유압계통에 있는 축압기(accumulator)의 설치위치로 가장 적합한 곳은?
- ㉮ 공급라인(supply line)
- ㉯ 귀환라인(return line)
- ㉰ 작업라인(working line)
- ㉱ 압력라인(pressure line)

74. 축전지에서 용량의 표시기호는?
- ㉮ Ah
- ㉯ Bh
- ㉰ Vh
- ㉱ Fh

75. 지자기의 3요소가 아닌 것은?
- ㉮ 복각(dip)
- ㉯ 편차(variation)
- ㉰ 자차(deviation)
- ㉱ 수평분력(horizontal componet)

76. 기상 레이더(weather radar)에 대한 설명으로 틀린 것은?
- ㉮ 반사파의 강함은 강우 또는 구름 속의 물방울 밀도에 반비례한다.
- ㉯ 청천 난기류역은 기상 레이더에서 감지하지 못한다.
- ㉰ 영상은 반사파의 강약을 밝음 또는 색으로 구별한다.
- ㉱ 전파의 직진성, 등속성으로부터 물체의 방향과 거리를 알 수 있다.

[해설] 기상 레이더 : 야간이나 시계가 나쁜 경우에도 항로 및 그 주변의 악천후 영역을 정확히 탐지하고 표시하여 조종사가 이러한 영역을 피해 비행하도록 정보를 제공하는 레이더로 악천후 지역의 빗방울로 인한 전파 반사를 이용하여 강우량이 많은 장소를 반사파의 강도에 따라 다른 색상으로 나타내며 난기류는 붉은 보라색으로 나타낸다.

77. 5A/50mV인 분류기 저항 양단에 걸리는 전압이 0.04V일 경우 이 회로의 전원버스에 흐르는 전류는 몇 A인가?
- ㉮ 1
- ㉯ 2
- ㉰ 3
- ㉱ 4

[해설] 5A/50mV에서 저항을 구하면
$$R = \frac{E}{I} = \frac{0.05}{5} = 0.01\,\Omega$$
(여기서, 50mV=0.05V)
양단에 흐르는 전류 $I = \frac{E}{R} = \frac{0.04}{0.01} = 4A$

78. 다음 중 직류 전동기가 아닌 것은?
- ㉮ 유도 전동기
- ㉯ 복권 전동기
- ㉰ 분권 전동기
- ㉱ 직권 전동기

[해설] 전동기의 종류
① 직류 전동기 : 직권형 전동기, 분권형 전동기, 복권형 전동기
② 교류 전동기 : 유도 전동기, 만능 전동기, 동기 전동기

79. 다음 중 회로보호 장치로 볼 수 없는 것은?
- ㉮ 퓨즈
- ㉯ 계전기
- ㉰ 회로차단기
- ㉱ 열보호장치

[해설] 계전기(relay) : 조종석에 설치되어 있는 스위치에 의하여 먼 거리의 많은 전류가 흐르는 회로를 직접 계폐시키는 역할을 하는 일종의 전자기 스위치

80. 미국 연방 항공국(FAA)의 규정에 명시된 항공기의 최대 객실고도는 약 몇 ft인가?
- ㉮ 6000
- ㉯ 7000
- ㉰ 8000
- ㉱ 9000

[해설] 객실고도(cabin altitude) : 인간이 외부의 도움 없이 신체적인 장애를 받지 않고 정상적인 활동이 확실히 보장되는 고도는 해면으로부터 8000ft(2400m)이다.

정답 73. ㉱ 74. ㉮ 75. ㉰ 76. ㉮ 77. ㉱ 78. ㉮ 79. ㉯ 80. ㉰

 # 2019년 시행 문제

▶ 2019년 3월 3일 시행

자격종목	시험시간	문제 수	형 별	수험번호	성 명
항공 산업기사	2시간	80	A		

제1과목 항공역학

1. 항공기의 세로 안정성(static longitudinal stability)을 좋게 하기 위한 방법으로 틀린 것은?

㉮ 꼬리날개 면적을 크게 한다.
㉯ 꼬리날개의 효율을 작게 한다.
㉰ 날개를 무게 중심보다 높은 위치에 둔다.
㉱ 무게 중심을 공기역학적 중심보다 전방에 위치시킨다.

[해설] 비행기의 세로 안정성을 좋게 하기 위한 방법
① 무게 중심이 공기역학적 중심보다 앞에 위치하도록 한다.
② 날개가 무게 중심보다 높은 위치에 있도록 한다.
③ 꼬리날개 부피의 값을 크게 한다.
④ 꼬리 날개 효율을 크게 한다.

2. 수평스핀과 수직스핀의 낙하속도와 회전 각속도 크기를 옳게 나타낸 것은?

㉮ 낙하속도 : 수평스핀 > 수직스핀,
  회전각속도 : 수평스핀 > 수직스핀
㉯ 낙하속도 : 수평스핀 < 수직스핀,
  회전각속도 : 수평스핀 < 수직스핀
㉰ 낙하속도 : 수평스핀 > 수직스핀,
  회전각속도 : 수평스핀 < 수직스핀
㉱ 낙하속도 : 수평스핀 < 수직스핀,
  회전각속도 : 수평스핀 > 수직스핀

[해설] 수평스핀과 수직스핀
① 수직스핀 : 비행기의 받음각은 20~40°, 낙하속도 40~80 m/s
② 수평스핀 : 기수가 들린 형태로 수평자세가 되면서 회전속도가 빨라지고, 회전 반지름이 작아져서 회복이 불가능한 상태로 낙하속도는 수직스핀보다 작지만 회전각속도는 상당히 크다.

3. 항공기 이륙거리를 짧게 하기 위한 방법으로 옳은 것은?

㉮ 정풍(head wind)을 받으면서 이륙한다.
㉯ 항공기 무게를 증가시켜 양력을 높인다.
㉰ 이륙 시 플랩이 항력 증가의 요인이 되므로 플랩을 사용하지 않는다.
㉱ 엔진의 가속력을 가능한 최소가 되도록 하여 효율을 높인다.

[해설] 이륙 활주거리를 짧게 하기 위한 방법
① 비행기 무게를 가볍게 한다.
② 기관의 추진력을 크게 한다.
③ 항력이 작은 활주자세로 이륙한다.
④ 맞바람으로 이륙한다.
⑤ 고양력장치를 사용한다.

4. 비행자세 각속도와 조종간 변위를 일정하게 유지할 수 있는 정상상태 트림비행(steady trimmed flights)에 해당하지 않는 비행상태는?

㉮ 루프 기동비행(loop maneuver)
㉯ 하강각을 갖는 비정렬 선회비행(uncoordinated helical descent turn)

정답 1. ㉯ 2. ㉱ 3. ㉮ 4. ㉮

㉰ 상승각을 갖는 정렬 선회비행(coordinated helical climb turn)

㉱ 상승각 및 사이드 슬립각을 갖는 직선비행

5. 헬리콥터 속도-고도선도(velocity-height diagram)와 관련된 설명으로 틀린 것은?

㉮ 양력불균형이 심화되는 높은 고도에서의 전진비행 시 비행가능영역이 제한된다.

㉯ 엔진 고장 시 안전한 착륙을 보장하기 위한 비행가능영역을 표시한 것이다.

㉰ 속도-고도선도는 항공기 중량, 비행고도 및 대기 온도 등에 따라 달라진다.

㉱ 속도-고도선도는 인증을 받은 후 비행교범의 성능차트로 명시되어야 한다.

[해설] 자동회전 비행범위 : 회전익 항공기가 자동회전을 할 수 있는 영역에 대해 고도와 속도의 함수로써 나타내며 자동회전상태로 들어가 적정한 하강률과 전진속도를 가지고 안전하게 착륙하기 위해서는 자동회전으로 들어가기 전에 약간의 시간과 고도를 낮추는 것이 필요하다.

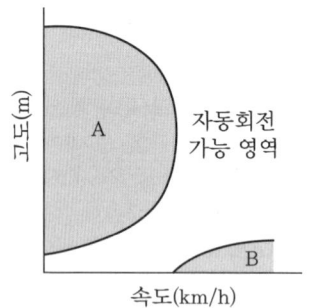

6. 비행기 날개 위에 생기는 난류의 발생 조건으로 가장 적합한 것은?

㉮ 성층권을 비행할 때
㉯ 레이놀즈수가 0일 때
㉰ 레이놀즈수가 아주 클 때
㉱ 비행기 속도가 아주 느릴 때

[해설] 층류와 난류 : 레이놀즈수가 작을 때 질서 정연한 흐름을 층류라 하며, 난류는 유동속도가 빠를 때 유체 입자들이 불규칙하게 흐르는 흐름으로 레이놀즈수가 큰 경우에 발생한다.

7. 국제 표준대기의 특성값으로 옳게 짝지어진 것은?

㉮ 압력 = 29.92 mmHg
㉯ 밀도 = 1.013 kg/m³
㉰ 온도 = 288.15 K
㉱ 음속 = 340.429 ft/s

[해설] 국제 표준대기
- 압력(P_0) = 29.92 inHg
- 밀도(ρ_0) = 1.225 kg/m³
- 온도(T_0) = 15℃ = 288.16 K
- 음속(a_0) = 340 m/s

8. 프로펠러 항공기의 경우 항속거리를 최대로 하기 위한 조건으로 옳은 것은?

㉮ 양항비가 최소인 상태로 비행한다.
㉯ 양항비가 최대인 상태로 비행한다.
㉰ $\dfrac{C_L}{\sqrt{C_D}}$ 가 최대인 상태로 비행한다.
㉱ $\dfrac{\sqrt{C_L}}{C_D}$ 가 최대인 상태로 비행한다.

[해설] 항속거리 : 항속거리를 크게 하기 위해서는 프로펠러 비행기는 양항비 $\left(\dfrac{C_L}{C_D}\right)$ 가 최대인 받음각으로, 제트기는 $\dfrac{C_L^{\frac{1}{2}}}{C_D}$ 가 최대인 받음각으로 비행을 해야 한다.

9. 에어포일 코드 'NACA 0009'를 통해 알 수 있는 것은?

㉮ 대칭 단면의 날개이다.
㉯ 초음속 날개 단면이다.
㉰ 다이아몬드형 날개 단면이다.

정답 5. ㉮ 6. ㉰ 7. ㉰ 8. ㉯ 9. ㉮

라 단면에 캠버가 있는 날개이다.

[해설] 대칭형 날개골 : NACA 00XX처럼 대칭형 날개골은 앞에 두 자리 숫자가 00이다.

10. 항공기의 승강키(elevator) 조작은 어떤 축에 대한 운동을 하는가?

- 가 가로축 (lateral axis)
- 나 수직축 (vertical axis)
- 다 방향축 (directional axis)
- 라 세로축 (longitudinal axis)

[해설] 가로축을 중심으로 하는 운동을 피칭(pitching)이라 하며, 피칭 모멘트를 발생시키는 조종면은 승강키(elevator)이다.

11. 무게가 1000 lb이고 날개면적이 100 ft²인 프로펠러 비행기가 고도 10000 ft에서 100 mph의 속도, 받음각 3°로 수평정상비행할 때 필요마력은 약 몇 HP인가? (단, 밀도 0.001756 slug/ft³, 양력 0.6, 항력 0.2이다.)

- 가 50.5
- 나 100
- 다 68.2
- 라 83.5

[해설] 필요마력 $(HP_r) = \dfrac{1}{550}\sqrt{\dfrac{2W^3 C_D^2}{\rho S C_L^3}}$

$= \dfrac{1}{550}\sqrt{\dfrac{2 \times 1000^3 \times 0.2^2}{0.001756 \times 100 \times 0.6^3}} = 83.5 \text{ HP}$

12. 대류권에서 고도가 상승함에 따라 공기의 밀도, 온도, 압력의 변화로 옳은 것은?

- 가 밀도, 압력, 온도 모두 증가한다.
- 나 밀도, 압력, 온도 모두 감소한다.
- 다 밀도, 온도는 감소하고 압력은 증가한다.
- 라 밀도는 증가하고 압력, 온도는 감소한다.

[해설] 대류권에서는 비, 눈, 안개 등의 기상현상이 일어나며 고도가 올라감에 따라 온도, 밀도, 압력은 감소한다. 온도는 1000 m 올라감에 따라 6.5℃ 씩 감소한다.

13. 회전원통 주위의 공기를 비회전운동을 시켜서 순환을 생기게 했다. 원통 중심에서 1 m 되는 점에서의 속도가 10 m/s였을 때 볼텍스(vortex)의 세기는 약 몇 m²/s인가?

- 가 62.83
- 나 94.25
- 다 125.66
- 라 157.08

[해설] 볼텍스의 세기 $(\Gamma) = 2\pi Vr$
$= 2 \times \pi \times 10 \times 1 = 62.83 \text{ m}^2/\text{s}$

14. 다음 중 프로펠러 효율을 높이는 방법으로 가장 옳은 것은?

- 가 저속과 고속에서 모두 큰 깃각을 사용한다.
- 나 저속과 고속에서 모두 작은 깃각을 사용한다.
- 다 저속에서는 작은 깃각을 사용하고 고속에서는 큰 깃각을 사용한다.
- 라 저속에서는 큰 깃각을 사용하고 고속에서는 작은 깃각을 사용한다.

[해설] 프로펠러 효율
① 이·착륙 시 : 저피치
② 순항, 강하 시 : 고피치

15. 다음 중 비행기의 안정성과 조종성에 관한 설명으로 가장 옳은 것은?

- 가 안정성과 조종성은 정비례한다.
- 나 정적 안정성이 증가하면 조종성도 증가된다.
- 다 비행기의 안정성을 최대로 키워야 조종성이 최대가 된다.
- 라 조종성과 안정성을 동시에 만족시킬 수 없다.

[정답] 10. 가 11. 라 12. 나 13. 가 14. 다 15. 라

[해설] 안정성과 조종성 : 안정과 조종은 서로 상반되는 성질을 나타내기 때문에 조종성과 안정성을 동시에 만족시킬 수는 없다.

16. 유체의 점성을 고려한 마찰력에 대한 설명으로 옳은 것은?
㉮ 마찰력은 유체의 속도에 반비례한다.
㉯ 마찰력은 온도 변화에 따라 그 값이 변한다.
㉰ 유체의 마찰력은 이상유체에서만 고려된다.
㉱ 마찰력은 유체의 종류에 관계없이 일정하다.

[해설] 공기의 점성은 온도가 상승하면, 점성도 증가를 하게 된다.

17. 프로펠러에 유입되는 합성속도의 방향이 프로펠러의 회전면과 이루는 각은?
㉮ 받음각　　㉯ 유도각
㉰ 유입각　　㉱ 깃각

[해설] 프로펠러 각
- 깃각 : 회전면과 깃의 시위선이 이루는 각
- 유입각(피치각) : 비행속도와 깃의 회전 선속도를 합하여 하나의 합성속도를 만든 다음 이것과 회전면이 이루는 각
- 받음각 : 깃각에서 유입각을 뺀 각

18. 항공기에 쳐든각(dihedral angle)을 주는 주된 이유로 옳은 것은?
㉮ 익단 실속을 방지할 수 있다.
㉯ 임계 마하수를 높일 수 있다.
㉰ 가로 안정성을 높일 수 있다.
㉱ 피칭 모멘트를 증가시킬 수 있다.

[해설] 쳐든각의 효과 : 옆놀이 안정성으로 인해 가로 안정성이 좋아진다.

19. 항공기가 선회속도 20 m/s, 선회각 45° 상태에서 선회비행을 하는 경우 선회반경은 몇 m인가?
㉮ 20.4　　㉯ 40.8
㉰ 57.7　　㉱ 80.5

[해설] 선회반경 $(R) = \dfrac{V^2}{g\tan\phi}$

$= \dfrac{20^2}{9.8 \times \tan 45} = 40.8\,\mathrm{m}$

20. 다음과 같은 [조건]에서 헬리콥터의 원판하중은 약 몇 kgf/m²인가?

[조건]
- 헬리콥터의 총중량 : 800 kgf
- 엔진 출력 : 160 HP
- 회전날개의 반지름 : 2.8 m
- 회전날개 깃의 수 : 2개

㉮ 25.5　　㉯ 28.5
㉰ 30.5　　㉱ 32.5

[해설] 원판하중$(\mathrm{D.L}) = \dfrac{W}{\pi R^2}$

$= \dfrac{800}{\pi \times 2.8^2} = 32.5\,\mathrm{kgf/m^2}$

제2과목 : 항공기관

21. 가스터빈 엔진에 사용되는 윤활유 펌프에 대한 설명으로 틀린 것은?
㉮ 배유펌프가 압력펌프보다 용량이 더 작다.
㉯ 윤활유 펌프엔 베인형, 지로터형, 기어형이 사용된다.
㉰ 베인형 펌프는 다른 형식에 비해 무게가 가볍고 두께가 얇아 기계적 강도가 약하다.
㉱ 기어형 펌프는 기어 이와 펌프 내부

정답　16. ㉯　17. ㉰　18. ㉰　19. ㉯　20. ㉱　21. ㉮

케이스 사이의 공간에 오일을 담아 회전시키는 원리로 작동한다.

[해설] 윤활유는 기관 내부에서 공기와 혼합되어 체적이 증가하기 때문에 배유펌프가 압력펌프보다 용량이 더 크다.

22. 터보제트 엔진과 비교한 터보팬 엔진의 특징이 아닌 것은?

㉮ 연료 소비가 작다.
㉯ 소음이 작다.
㉰ 엔진 정비가 쉽다.
㉱ 배기속도가 작다.

[해설] 터보팬 기관은 배기가스의 평균 분사속도는 낮지만, 아음속에서 효율이 좋고, 연료 소비율이 작으며, 소음 방지에 유리하여 대형 여객기뿐만 아니라 군용기에도 널리 사용되고 있다.

23. 왕복엔진의 압축비가 너무 클 때 일어나는 현상이 아닌 것은?

㉮ 후화
㉯ 조기점화
㉰ 디토네이션
㉱ 과열현상과 출력의 감소

[해설] 후화는 연료 공기 혼합비가 너무 농후할 때 발생한다.

24. 왕복엔진의 피스톤 형식이 아닌 것은?

㉮ 오목형 (recessed type)
㉯ 요철형 (irregularly type)
㉰ 볼록형 (dome or convex type)
㉱ 모서리 잘린 원뿔형 (truncated cone type)

[해설] 피스톤 헤드의 모양 : 평면형, 오목형, 컵형, 돔형, 반원뿔형

25. 열역학적 성질(property)을 세기 성질(intensive property)과 크기 성질(extensive property)로 분류할 경우 크기 성질에 해당하는 것은?

㉮ 체적
㉯ 온도
㉰ 밀도
㉱ 압력

[해설] ① 강성 성질(intesive property) : 온도, 압력, 밀도, 비체적 등
② 종량 성질(extensive property) : 체적, 질량 등과 같이 물질의 양에 비례하는 성질

26. 왕복엔진의 마그네토 브레이커 포인트(breaker point)가 고착되었다면 발생하는 현상은?

㉮ 마그네토의 작동이 불가능하다.
㉯ 엔진 시동 시 역화가 발생한다.
㉰ 고속 회전 점화 시 과열 현상이 발생한다.
㉱ 스위치를 off해도 엔진이 정지하지 않는다.

[해설] 브레이커 포인트가 떨어지는 순간 2차 코일에 고전압이 유기되어야 점화 불꽃을 발생하게 되는데, 브레이커 포인트가 붙어서 고착되면 마그네토가 제대로 작동하지 않는다.

27. 왕복엔진에서 과도한 오일소모(excessive oil consumption)와 점화플러그의 파울링(fouling) 원인은?

㉮ 더러워진 오일필터(oil filter) 때문
㉯ 피스톤링(piston ring)의 마모 때문
㉰ 오일이 소기펌프(scavenger pump)로 되돌아가기 때문
㉱ 캠 허브 베어링(cam hub bearing)의 과도한 간격 때문

28. 점화플러그를 구성하는 주요 부분이 아닌 것은?

㉮ 전극
㉯ 금속 셸 (shell)

정답 22.㉰ 23.㉮ 24.㉯ 25.㉮ 26.㉮ 27.㉯ 28.㉰

㉰ 보상 캠　　㉱ 세라믹 절연체

[해설] 보상 캠(compensated cam) : 성형기관에서 주커넥팅 로드와 부커넥팅 로드 실린더 간의 점화시기 차이로 실린더마다 각각의 고유한 캠 로브를 가져야 하는데, 이와 같은 캠을 보상 캠이라 한다.

29. 오토사이클의 열효율에 대한 설명으로 틀린 것은?

㉮ 압축비가 증가하면 열효율도 증가한다.
㉯ 동작유체의 비열비가 증가하면 열효율도 증가한다.
㉰ 압축비가 1이라면 열효율은 무한대가 된다.
㉱ 동작유체의 비열비가 1이라면 열효율은 0이 된다.

[해설] 오토사이클 열효율(η_o) = $1 - \dfrac{1}{\epsilon^{k-1}}$

여기서, k : 비열비, ϵ : 압축비

30. 가스터빈 엔진에서 연소실 입구압력은 절대압력 80 inHg, 연소실 출구압력은 절대압력 77 inHg이라면 연소실 압력 손실계수는 얼마인가?

㉮ 0.0375　　㉯ 0.1375
㉰ 0.2375　　㉱ 0.3375

[해설] 압력손실 : 입구와 출구의 전압차

압력손실계수 = $\dfrac{80-77}{80}$ = 0.0375

31. 정속 프로펠러를 장착한 항공기가 순항 시 프로펠러 회전수를 2300 rpm에 맞추고 출력을 1.2배 높이면 프로펠러 회전계가 지시하는 값은?

㉮ 1800 rpm　　㉯ 2300 rpm
㉰ 2700 rpm　　㉱ 4600 rpm

[해설] 정속 프로펠러 : 비행속도나 출력의 변화에 관계없이 프로펠러를 항상 일정한 속도로 유지하여 가장 좋은 프로펠러 효율을 가지도록 한다.

32. 가스터빈 엔진 연료의 구비 조건이 아닌 것은?

㉮ 인화점이 높아야 한다.
㉯ 연료의 빙점이 높아야 한다.
㉰ 연료의 증기압이 낮아야 한다.
㉱ 대량생산이 가능하고 가격이 저렴해야 한다.

[해설] 가스터빈 기관을 장착한 항공기는 고고도 비행을 하기 때문에 연료의 어는점이 낮아야 고고도 비행 시 연료가 얼지 않는다.

33. 항공기 엔진에 사용하는 연료의 저발열량(LHV)에 대한 설명으로 옳은 것은?

㉮ 연료 중 탄소만의 발열량을 말한다.
㉯ 연소 효율이 가장 나쁠 때의 발열량이다.
㉰ 연소가스 중 물(H_2O)이 액상일 때 측정한 발열량이다.
㉱ 연소가스 중 물(H_2O)이 증기인 상태일 때 측정한 발열량이다.

[해설] 연료의 발열량 : 수소와 탄소를 함유하고 있는 연료는 연소과정에서 산소와 결합하여 물이 만들어지는데, 이 물이 액체 상태일 때 발열량이 커서 고발열량이라 하고, 기체 상태일 때 발열량이 작아 저발열량이라 한다.

34. 회전하는 프로펠러 깃(blade)의 선단(tip)이 앞으로 휘게(bend) 될 때의 원인과 힘은?

㉮ 토크에 의한 굽힘 (torque-bending)
㉯ 추력에 의한 굽힘 (thrust-bending)
㉰ 공력에 의한 비틀림 (aerodynamic-twisting)

정답 29. ㉰　30. ㉮　31. ㉯　32. ㉯　33. ㉱　34. ㉯

㉣ 원심력에 의한 비틀림(centrifugal-twisting)

[해설] 추력과 휨 응력 : 프로펠러는 추력에 의해 앞쪽으로 휘어지는 휨 응력을 받는다. 또한 휨 응력은 공기 저항에 의해 생기기도 하지만 추력에 의한 휨 응력에 비하면 매우 작다.

35. 가스터빈 엔진에서 후기 연소기(after burner)에 대한 설명으로 틀린 것은?

㉮ 후기 연소기는 연료 소모가 증가된다.
㉯ 후기 연소기의 화염 유지기는 튜브형 그리드와 스포크형이 있다.
㉰ 후기 연소기를 장착하면 후기 연소 모드에서 약 100% 정도 추력 증가를 얻을 수 있다.
㉱ 후기 연소기는 약 5%의 비교적 적은 비연소 배기가스와 연료가 섞여 점화된다.

[해설] 후기 연소기 : 기관의 연소실로 들어온 공기는 전체 공기량의 약 25% 정도만 연소에 소모되고, 나머지 75% 정도는 연소실 및 터빈 냉각에 이용되기 때문에 이 공기를 이용하여 배기도관에 연료를 분사하여 연소시켜 추력을 얻게 된다. 연료 소비량은 거의 3배 정도가 된다.

36. 왕복엔진의 작동 여부에 따른 흡입 매니폴드(intake manifold)의 압력계가 나타내는 압력으로 옳은 것은?

㉮ 엔진 정지 또는 작동 시 항상 대기압보다 높은 값을 나타낸다.
㉯ 엔진 정지 또는 작동 시 항상 대기압보다 낮은 값을 나타낸다.
㉰ 엔진 정지 시 대기압보다 낮은 값을, 엔진 작동 시 대기압보다 높은 값을 나타낸다.
㉱ 엔진 정지 시 대기압과 같은 값을, 엔진 작동 시 대기압보다 낮은 값을 나타낸다.

[해설] 매니폴드 압력 : 매니폴드 안의 적당한 위치에 압력을 감지할 수 있는 수감부를 두어 측정하는데, 과급기가 없는 기관에서는 매니폴드 압력이 대기압보다 항상 낮으나, 과급기가 있는 기관에서는 대기압보다 높아질 수 있으며, 기관이 작동하지 않을 때는 대기압을 나타낸다.

37. 제트 엔진 부분에서 압력이 가장 높은 부위는?

㉮ 터빈 출구   ㉯ 터빈 입구
㉰ 압축기 입구   ㉱ 압축기 출구

[해설] 압축기 입구로부터 압축기 뒤쪽으로 갈수록 압축기의 압축 효과에 의해 압력이 상승하는데, 최고 압력 상승은 압축기 바로 뒤에 있는 디퓨저(압축기 출구)에서 이루어진다.

38. 가스터빈 엔진의 공기식 시동기를 작동시키는 공기 공급 장치가 아닌 것은?

㉮ APU
㉯ GPU
㉰ D.C power supply
㉱ 시동이 완료된 다른 엔진의 압축공기

[해설] 공기터빈식 시동기 : 압축된 공기를 외부로부터 공급받아 소형 터빈을 고속 회전시킨 다음 감속 기어를 통해 기관의 압축기를 회전시킨다. 이때 사용되는 압축공기는 별도의 보조가스터빈 기관(APU, GPU)에 의해 만들어지거나, 다발항공기의 경우 다른 기관의 압축기에서 블리드 된 공기를 사용한다.

39. 가스터빈 엔진에서 저압 압축기의 압력비는 2:1, 고압 압축기의 압력비는 10:1일 때의 엔진 전체의 압력비는 얼마인가?

㉮ 5:1   ㉯ 8:1
㉰ 12:1   ㉱ 20:1

[정답] 35. ㉱ 36. ㉱ 37. ㉱ 38. ㉰ 39. ㉱

[해설] 엔진 전체의 압력비는 저압과 고압의 압력비를 곱해서 구하게 된다.

40. 압축비가 일정할 때 열효율이 좋은 순서대로 나열된 것은?
㉮ 정적사이클 > 정압사이클 > 합성사이클
㉯ 정압사이클 > 합성사이클 > 정적사이클
㉰ 정적사이클 > 합성사이클 > 정압사이클
㉱ 정압사이클 > 정적사이클 > 합성사이클

[해설] 압축비가 동일할 때 가장 열효율이 좋은 사이클은 오토사이클(정적사이클)이다. 합성(사바테)사이클은 디젤 기관의 사이클의 한 형식으로 오토사이클과 디젤사이클이 합성된 사이클을 말한다.

제3과목 : 항공기체

41. 항공기 조종장치의 구성품에 대한 설명으로 틀린 것은?
㉮ 풀리는 케이블의 방향을 바꿀 때 사용되며, 풀리의 베어링은 윤활이 필요 없다.
㉯ 턴버클은 케이블의 장력 조절에 사용되며, 턴버클 배럴은 한쪽은 왼나사, 다른 쪽은 오른나사로 되어 있다.
㉰ 압력 실(seal)은 케이블이 압력 벌크헤드를 통과하지 않는 곳에 사용되며, 케이블의 움직임을 방해한다면 기밀은 하지 않는다.
㉱ 페어리드는 케이블이 벌크헤드의 구멍이나 다른 금속이 지나는 곳에 사용되며, 페놀수지 또는 부드러운 금속 재료를 사용한다.

[해설] 압력 실(pressure seal) : 케이블이 압력 벌크헤드(bulkhead)를 통과하는 곳에 장착되며, 압력이 감소하는 것을 막지만 케이블의 움직임을 방해하지 않을 정도의 기밀성이 있다.

42. 항공기 기체의 구조를 1차 구조와 2차 구조로 분류할 때 그 기준에 대한 설명으로 옳은 것은?
㉮ 강도비의 크기에 따라 구분한다.
㉯ 허용하중의 크기에 따라 구분한다.
㉰ 항공기 길이와의 상대적인 비교에 따라 구분한다.
㉱ 구조역학적 역할의 정도에 따라 구분한다.

[해설] 1차 구조는 항공기 기체의 중요한 하중을 담당하는 부분이고, 2차 구조는 비교적 적은 하중을 담당하는 부분으로 이 부분의 파손은 즉시 사고로 일어나기 보다는 적절한 조치와 뒤처리 여하에 따라 사고를 방지할 수 있다.

43. 그림과 같은 일반적인 항공기의 $V-n$ 선도에서 최대 속도는?

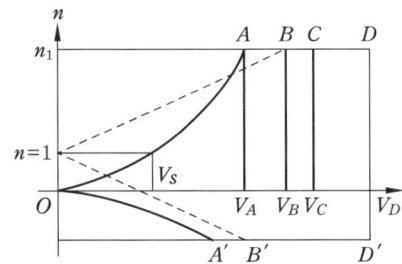

㉮ 실속 속도
㉯ 설계 급강하 속도
㉰ 설계 운용 속도
㉱ 설계 돌풍 운용 속도

[해설] 설계 급강하 속도(V_D) : 하중배수 선도에서 최대 속도를 나타내며, 구조 강도의 안정성과 조종면에서 안전을 보장하는 설계상의 최대 허용속도이다.

44. 조종 케이블이나 푸시풀 로드(push-pull rod)를 대체하여 전기·전자적인 신호 및 데이터로 항공기 조종을 가능하게

정답 40. ㉰ 41. ㉰ 42. ㉱ 43. ㉯ 44. ㉰

하는 플라이 바이 와이어(fly-by-wire) 기능과 관련된 장치가 아닌 것은?
㉮ 전기 모터
㉯ 유압 작동기
㉰ 쿼드런트 (quadrant)
㉱ 플라이트 컴퓨터 (flight computer)

[해설] 플라이 바이 와이어(fly-by-wire) 조종장치 : 기체에 가해지는 중력가속도와 기체의 기울어짐을 감지하는 컴퓨터 등 조종사의 감지능력을 보충하는 장비를 갖추고 있다.

45. 양극산화처리 방법이 아닌 것은?
㉮ 질산법   ㉯ 황산법
㉰ 수산법   ㉱ 크롬산법

[해설] 양극산화처리 : 황산법, 수산법(수산 알루마이트법), 크롬산법 등이 있다.

46. 비행기의 무게가 2500 kg이고 중심 위치는 기준선 후방 0.5 m에 있다. 기준선 후방 4 m에 위치한 15 kg짜리 좌석을 2개 떼어내고 기준선 후방 4.5 m에 17 kg짜리 항법장비를 장착하였으며, 이에 따른 구조 변경으로 기준선 후방 3 m에 12.5 kg의 무게 증가 요인이 추가 발생하였다면 이 비행기의 새로운 무게 중심 위치는?
㉮ 기준선 전방 약 0.30 m
㉯ 기준선 전방 약 0.40 m
㉰ 기준선 후방 약 0.50 m
㉱ 기준선 후방 약 0.60 m

[해설] 새로운 중심위치(c.g)
$= \dfrac{총모멘트 + 증가된 모멘트}{총무게 + 증가된 무게}$
$= \dfrac{2500 \times 0.5 + 12.5 \times 3}{2500 + 12.5} = 0.51 \text{ m}$

47. 체결 전에 열처리가 요구되는 리벳은?
㉮ A : 1100   ㉯ DD : 2024
㉰ KE : 7050 ㉱ M : MONEL

[해설] 아이스 박스 리벳 : 2017 리벳(D), 2024 리벳(DD)

48. 두랄루민을 시작으로 개량된 고강도 알루미늄 합금으로 내식성보다도 강도를 중시하여 만들어진 것은?
㉮ 1100   ㉯ 2014
㉰ 3003   ㉱ 5056

[해설] ① 고강도 알루미늄 합금 : 2014, 2017, 2024, 7075
② 내식 알루미늄 합금 : 3003, 5056, 6061, 6063, 알클래드판

49. 두께가 0.055 in인 재료를 90° 굴곡에 굴곡반경 0.135 in가 되도록 굴곡할 때 생기는 세트백(set back)은 몇 inch인가?
㉮ 0.167   ㉯ 0.176
㉰ 0.190   ㉱ 0.195

[해설] 세트백(SB) $= K(R+T)$
$= 1 \times (0.135 + 0.055) = 0.190 \text{ inch}$
(90°일 때 K값은 1이다.)

50. 접개들이 착륙장치를 비상으로 내리는(down) 3가지 방법이 아닌 것은?
㉮ 핸드펌프로 유압을 만들어 내린다.
㉯ 축압기에 저장된 공기압을 이용하여 내린다.
㉰ 핸들을 이용하여 기어의 업락(up-lock)을 풀었을 때 자중에 의하여 내린다.
㉱ 기어핸들 밑에 있는 비상 스위치를 눌러서 기어를 내린다.

51. 항공기의 부품 연결이나 장착 시 볼트, 너트 등의 토크 값을 맞추어 조여 주는 이유가 아닌 것은?

[정답] 45. ㉮ 46. ㉰ 47. ㉯ 48. ㉯ 49. ㉰ 50. ㉱ 51. ㉰

㉮ 항공기에는 심한 진동이 있기 때문이다.
㉯ 상승, 하강에 따른 심한 온도 차이를 견뎌야 하기 때문이다.
㉰ 조임 토크 값이 부족하면 볼트, 너트에 이질 금속 간의 부식을 초래하기 때문이다.
㉱ 조임 토크 값이 너무 크면 나사를 손상시키거나 볼트가 절단되기 때문이다.

[해설] 항공기는 비행 중에 심한 진동이나 급격한 온도 변화를 받으므로 부품의 체결에 사용되는 볼트, 너트 등의 죔 정도는 매우 중요하다. 조임 토크가 부족하면 볼트, 너트의 피로 현상을 촉진시키거나 마모를 초래하게 되며, 또한 토크 값이 과대하면 볼트, 너트에 큰 하중이 걸려 나사를 손상시키거나 볼트가 절단되기도 한다.

52. 프로펠러 항공기처럼 토크(tourqe)가 크지 않은 제트엔진 항공기에서 2개 또는 3개의 콘 볼트(cone bolt)나 트러니언 마운트(trunnion mount)에 의해 엔진을 고정하는 장착 방법은?
㉮ 링 마운트 방법(ring mount method)
㉯ 포드 마운트 방법(pod mount method)
㉰ 베드 마운트 방법(bed mount method)
㉱ 피팅 마운트 방법(fitting mount method)

53. 원형 단면 봉이 비틀림에 의하여 단면에 발생하는 비틀림각을 옳게 나타낸 식은? (단, L: 봉의 길이, G: 전단탄성계수, R: 반지름, J: 극관성 모멘트, T: 비틀림 모멘트이다.)
㉮ $\dfrac{TL}{GJ}$ ㉯ $\dfrac{GJ}{TL}$
㉰ $\dfrac{TR}{J}$ ㉱ $\dfrac{GR}{TJ}$

[해설] 비틀림각(θ) = $\dfrac{TL}{GJ}$

54. 리벳의 배치와 관련된 용어의 설명으로 옳은 것은?
㉮ 연거리는 열과 열 사이의 거리를 의미한다.
㉯ 리벳의 피치는 같은 열에 있는 리벳의 중심간 거리를 말한다.
㉰ 리벳의 횡단 피치는 판재의 모서리와 이웃하는 리벳의 중심까지의 거리를 말한다.
㉱ 리벳의 열은 판재의 인장력을 받는 방향에 대하여 같은 방향으로 배열된 리벳들을 말한다.

[해설] 리벳의 선택과 배치
• 리벳 피치: 같은 열에 있는 리벳과 리벳 중심간의 거리
• 리벳의 횡단 피치: 열과 열 사이의 거리
• 연거리(끝거리): 판재의 모서리와 이웃하는 리벳의 중심까지의 거리

55. 알루미늄 합금이 열처리 후에 시간이 지남에 따라 경도가 증가하는 특성을 무엇이라고 하는가?
㉮ 시효 경화   ㉯ 가공 경화
㉰ 변형 경화   ㉱ 열처리 강화

56. 블라인드 리벳(blind rivet)의 종류가 아닌 것은?
㉮ 체리 리벳   ㉯ 리브 너트
㉰ 폭발 리벳   ㉱ 유니버설 리벳

[해설] 리벳(rivet)
① 솔리드 섕크 리벳: 둥근머리, 접시머리, 납작머리, 브래지어 머리, 유니버설 머리 리벳 등
② 블라인드 리벳: 체리 리벳, 폭발 리벳, 리브 너트

57. 그림과 같이 집중하중을 받는 보의 전

정답 52. ㉯ 53. ㉮ 54. ㉯ 55. ㉮ 56. ㉱ 57. ㉮

단력 선도는?

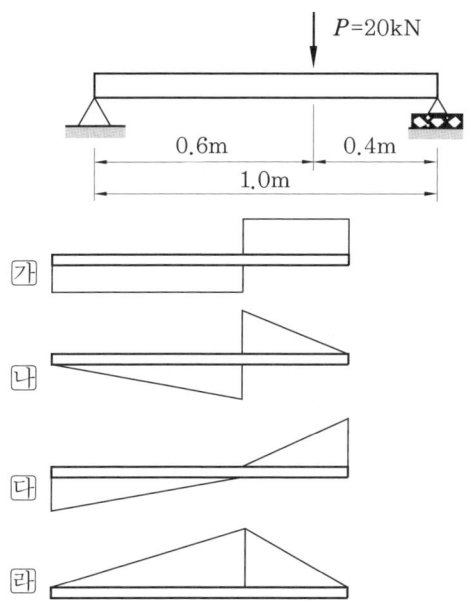

58. 항공기의 손상된 구조를 수리할 때 반드시 지켜야 할 기본 원칙으로 틀린 것은?
㉮ 중량을 최소로 유지해야 한다.
㉯ 원래의 강도를 유지하도록 한다.
㉰ 부식에 대한 보호 작업을 하도록 한다.
㉱ 수리부위 알림을 위한 윤곽 변경을 한다.

[해설] 구조 수리의 기본 원칙 : 원래의 강도 유지, 원래의 윤곽 유지, 부식에 대한 보호

59. 샌드위치 구조에 대한 설명으로 옳은 것은?
㉮ 보온 효과가 있어 습기에 강하다.
㉯ 초기 단계 결함의 발견이 용이하다.
㉰ 강도비는 우수하나 피로하중에는 약하다.
㉱ 코어의 종류에는 허니콤형, 파형, 거품형 등이 있다.

[해설] 샌드위치 구조
① 구성 : 외판, 심재, 접착제
② 장점 :무게에 비해 강도가 크며 음진동에 잘 견딘다. 보온 방습성이 우수하며 피로와 굽힘하중에 강하다.
③ 단점 : 손상 형태를 파악하기가 곤란하며, 고온에 약하다.
④ 심재의 종류 : 벌집형(honey comb), 거품형(foam), 파형(wave)

60. 길이 1 m, 지름 10 cm인 원형 단면의 알루미늄 합금 재질의 봉이 10 N의 축하중을 받아 전체 길이가 50 μm 늘어났다면 이때 인장변형률을 나타내기 위한 단위는?
㉮ μm/m ㉯ N/m^2
㉰ N/m^3 ㉱ MPa

[해설] 변형률 = $\dfrac{\text{늘어난 길이}}{\text{원래 길이}}$

제4과목 : 항공장비

61. 24 V, $\dfrac{1}{3}$ HP인 전동기가 효율 75%로 작동하고 있다면, 이때 전류는 약 몇 A인가?
㉮ 7.8   ㉯ 13.8
㉰ 22.8 ㉱ 30.0

62. 방빙계통(anti-icing system)에 대한 설명으로 옳은 것은?
㉮ 날개 앞전의 방빙은 공기역학적 특성을 유지하기 위해 사용한다.
㉯ 날개의 방빙장치는 공기역학적 특성보다는 엔진이나 기체 구조의 손상 방지를 위해 필요하다.
㉰ 날개 앞전의 곡률 반경이 큰 곳은 램 효과(ram effect)에 의해 결빙되기 쉽다.
㉱ 지상에서 날개의 방빙을 위해 가열공

기(hot air)를 이용하는 날개의 방빙장치를 사용한다.

[해설] 결빙은 날개의 앞전, 공기 흡입구, 윈드실드, 피토관, 프로펠러 등과 같이 대기 중에 노출되는 부분에 잘 발생한다. 항공기에 결빙이 생기면 양력이 감소되고, 항력이 증가되며, 진동이 발생하고, 지시계통에 이상이 생길 수도 있으며, 조종면의 불균형이 발생하고, 기관의 성능 저하가 생긴다.

63. 종합전자계기에서 항공기의 착륙 결심고도가 표시되는 곳은?
㉮ navigation display
㉯ control display unit
㉰ primary flight display
㉱ flight control computer

[해설] 주비행 표시장치(primary flight display) : 조종사가 비행 중에 제일 많이 참고하면서 비행을 하며, 착륙 시에 항공기의 정상적인 진입로를 계기로 표시해주어 조종사가 현재 항공기의 정상적인 진입각도와 진입로를 비행하고 있는지를 모니터할 수 있게 한다.

64. 감도 20 mA이고 내부저항은 10 Ω이며, 200 A까지 측정할 수 있는 전류계를 만들 때 분류기(shunt)는 약 몇 Ω으로 해야 하는가?
㉮ 1   ㉯ 0.1
㉰ 0.01   ㉱ 0.001

[해설] 션트 저항
$= \dfrac{계기의\ 감도(암페어) \times 계기의\ 내부저항}{션트\ 전류}$
$= \dfrac{0.02 \times 10}{199.98} = 0.001\ \Omega$

65. 조종사가 산소마스크를 착용하고 통신하려고 할 때 작동시켜야 하는 장치는?
㉮ public address
㉯ flight interphone
㉰ tape reproducer
㉱ service interphone

[해설] 플라이트 인터폰(flight interphone) : 운항 승무원끼리의 통화와 통신 및 항법 시스템의 음성 신호를 각 승무원에게 분배하여 승무원들이 자유롭게 청취할 수 있고, 마이크로폰을 통하여 송화하는 기능도 가지고 있다. 비상시에 산소마스크를 착용하고 있을 때에는 핸드 마이크나 붐 마이크를 사용할 수 없으므로 마스크에 내장되어 있는 산소마스크 마이크를 사용한다.

66. 서모커플(thermo couple)에 사용되는 금속 중 구리와 짝을 이루는 금속은?
㉮ 백금 (platinum)
㉯ 티타늄 (titanium)
㉰ 콘스탄탄 (constantan)
㉱ 스테인리스강 (stainless steel)

[해설] 열전쌍식 온도계 : 철-콘스탄탄, 구리-콘스탄탄, 크로멜-알루멜 등이 사용되고 있다.

67. 유압계통에서 압력이 낮게 작동되면 중요한 기기에만 작동 유압을 공급하는 밸브는?
㉮ 선택 밸브 (selector valve)
㉯ 릴리프 밸브 (relief valve)
㉰ 유압 퓨즈 (hydraulic fuse)
㉱ 우선순위 밸브 (priority valve)

[해설] 우선순위 밸브(priority valve) : 작동유 압력이 일정 압력 이하로 떨어지면 유로를 막아 작동기구의 중요도에 따라 우선 필요한 계통만을 작동시키는 기능을 가진 밸브

68. 항공기에 사용되는 전기계기가 습도 등에 영향을 받지 않도록 내부 충전에 사용되는 가스는?
㉮ 산소 가스   ㉯ 메탄 가스
㉰ 수소 가스   ㉱ 질소 가스

정답 63. ㉰ 64. ㉱ 65. ㉯ 66. ㉰ 67. ㉱ 68. ㉱

69. 프레온 냉각장치의 작동 중 점검창에 거품이 보인다면 취해야 할 조치로 옳은 것은?
㉮ 프레온을 보충한다.
㉯ 장치에 물을 공급한다.
㉰ 장치의 흡입구를 청소한다.
㉱ 계통의 배관에 이물질을 제거한다.

70. 알칼리 축전지(Ni-Cd)의 전해액 점검 사항으로 옳은 것은?
㉮ 온도와 점도를 정기적으로 점검하여 일정 수준 이상 유지해야 한다.
㉯ 비중은 측정할 필요가 없지만 액량은 측정하고 정확히 보존하여야 한다.
㉰ 일정한 온도와 염도를 유지해야 한다.
㉱ 비중과 색을 정기적으로 점검해야 한다.
[해설] 알칼리 축전지는 충전, 방전 시 전해액의 비중이 변하지 않는다. 다만 충전하면 전해액 수면이 높아지고, 방전하면 낮아지므로 수면의 높이로 충전 상태를 알 수 있다.

71. 항공기 엔진과 발전기 사이에 설치하여 엔진의 회전수와 관계없이 발전기를 일정하게 회전하게 하는 장치는?
㉮ 교류 발전기   ㉯ 인버터
㉰ 정속 구동장치 ㉱ 직류 발전기
[해설] 정속 구동장치(CSD) : 교류 발전기에서 기관의 회전수에 관계없이 일정한 출력 주파수를 발생할 수 있도록 하는 장치

72. 자동비행조종장치에서 오토파일럿(auto pilot)을 연동(engage)하기 전에 필요한 조건이 아닌 것은?
㉮ 이륙 후 연동한다.
㉯ 충분한 조정(trim)을 취한 뒤 연동한다.
㉰ 항공기의 기수가 진북(true north)을 향한 후에 연동한다.
㉱ 항공기 자세(roll, pitch)가 있는 한계 내에서 연동한다.

73. 항공계기 중 각 변위의 빠르기(각속도)를 측정 또는 검출하는 계기는?
㉮ 선회계   ㉯ 인공 수평의
㉰ 승강계   ㉱ 자이로 컴퍼스
[해설] 선회계 : 자이로를 이용하여 항공기의 분당 선회율을 나타내는 계기

74. 작동유의 압력에너지를 기계적인 힘으로 변환시켜 직선운동시키는 것은?
㉮ 유압 밸브 (hydraulic valve)
㉯ 지로터 펌프 (gerotor pump)
㉰ 작동 실린더 (actuating cylinder)
㉱ 압력 조절기 (pressure regulator)
[해설] 유압 작동기 : 가압된 작동유를 받아 기계적인 운동으로 변환시키는 장치로서 직선운동 작동기와 회전운동 작동기로 분류한다.

75. 키르히호프의 제1법칙을 설명한 것으로 옳은 것은?
㉮ 전기회로 내의 모든 전압강하의 합은 공급된 전압의 합과 같다.
㉯ 전기회로에 들어가는 전류의 합과 그 회로로부터 나오는 전류의 합은 같다.
㉰ 직렬회로에서 전류의 값은 부하에 의해 결정된다.
㉱ 전기회로 내에서 전압강하는 가해진 전압과 같다.
[해설] 키르히호프의 제1법칙 : 흘러 들어오는 전류의 합과 흘러 나가는 전류의 합은 같다.

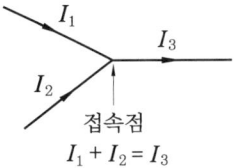

76. 다음 중 VHF 계통의 구성품이 아닌 것은?
㉮ 조정 패널 ㉯ 안테나
㉰ 송수신기 ㉱ 안테나 커플러

[해설] 초단파(VHF) 통신장치는 조종실에 설치된 조정 패널을 비롯하여 장비실에 설치된 송수신기 및 안테나로 구성되어 있다.

77. 안테나의 특성에 대한 설명으로 틀린 것은?
㉮ 안테나 이득은 방향성으로 인해 파생되는 상대적 이득을 의미한다.
㉯ 무지향성 안테나를 기준으로 하는 경우 안테나 이득을 dBi로 표현한다.
㉰ 지향성 안테나를 기준으로 안테나 이득을 계산할 때 dBd를 사용한다.
㉱ 안테나의 전압 정재파비는 정재파의 최소 전압을 정재파의 최대 전압으로 나눈 값이다.

[해설] 전압 정재파비(VSWR) = $\dfrac{\text{최대 전압 크기}}{\text{최소 전압 크기}}$

전송선로에서 부하 쪽으로 진행하는 전압파와 부하 쪽에서 반사되어 나오는 전압파의 합에 의해 발생되는 전압 정재파(voltage standing wave) 진폭의 최댓값과 최솟값의 비

78. 정상 운전되고 있는 발전기(generator)의 계자코일(field coil)이 단선될 경우 전압의 상태는?
㉮ 변함없다.
㉯ 약간 저하한다.
㉰ 약하게 발생한다.
㉱ 전혀 발생하지 않는다.

79. 전기저항식 온도계에 사용되는 온도 수감용 저항 재료의 특성이 아닌 것은?
㉮ 저항값이 오랫동안 안정해야 한다.
㉯ 온도 외의 조건에 대하여 영향을 받지 않아야 한다.
㉰ 온도에 따른 전기저항의 변화가 비례 관계에 있어야 한다.
㉱ 온도에 대한 저항값의 변화가 작아야 한다.

[해설] 전기저항식 온도계에 사용되는 온도 수감용 저항 재료의 특성
① 온도에 따른 전기저항의 변화가 비례 관계에 있어야 한다.
② 저항값이 오랫동안 안정화되어야 하고, 다른 외부 조건에 영향을 받지 않아야 한다.
③ 온도에 대한 저항값의 변화가 커야 한다.

80. 다음 중 무선 원조 항법장치가 아닌 것은?
㉮ inertial navigation
㉯ automatic direction finder
㉰ air traffic control system
㉱ distance measuring equipment system

[해설] 항법장치
① 근거리 항법장치 : 자동 방위 측정기(ADF), 초단파 전방향 무선 표지(VOR), 거리 측정장치(DME), 전술항공 항법장치(TACAN)
② 위성 항법장치(GPS)
③ 관성 항법장치(INS) : 외부의 도움 없이 탑재된 센서만으로 항법 정보를 계산한다.
④ 보조 항법장치 : 전파 고도계, 기상 레이더

▶ 2019년 4월 27일 시행

자격종목	시험시간	문제 수	형 별	수험번호	성 명
항공 산업기사	2시간	80	A		

제1과목 : 항공역학

1. 프로펠러 비행기의 이용마력과 필요마력을 비교할 때 필요마력이 최소가 되는 비행속도는?

㉮ 비행기의 최고속도
㉯ 최저 상승률일 때의 속도
㉰ 최대 항속거리를 위한 속도
㉱ 최대 항속시간을 위한 속도

[해설] 필요마력이 최소라는 것은 연료가 가장 적게 소비되는 경우로, 주어진 연료를 가지고 가장 오랫동안 비행할 수 있다는 것을 의미한다.

2. 날개뿌리 시위길이가 60cm이고 날개 끝 시위길이가 40cm인 사다리꼴 날개의 한쪽 날개길이가 150cm일 때 양쪽 날개 전체의 가로세로비는?

㉮ 4 ㉯ 5 ㉰ 6 ㉱ 10

[해설] 가로세로비 $(AR) = \dfrac{b^2}{S}$

사다리꼴 한쪽 날개면적 =
$\left(\dfrac{\text{날개뿌리 시위길이} + \text{날개 끝 시위길이}}{2}\right)$
$\times$ 한쪽 날개길이
$= \dfrac{60+40}{2} \times 150 = 7500\,\text{cm}^2$

양쪽 날개의 날개면적은 15000cm^{2}이고, 날개길이(b)=300cm이므로

가로세로비 $(AR) = \dfrac{b^2}{S} = \dfrac{300^2}{15000} = 6$

3. 선회각 ϕ로 정상 선회 비행하는 비행기의 하중배수를 나타낸 식은? (단, W는 항공기의 무게이다.)

㉮ $W\cos\phi$ ㉯ $\dfrac{W}{\cos\phi}$

㉰ $\dfrac{1}{\cos\phi}$ ㉱ $\cos\phi$

[해설] 선회 시 하중배수 $n = \dfrac{1}{\cos\phi}$

선회 시 선회경사각이 증가하면 하중배수는 증가를 하게 된다.

4. 헬리콥터가 비행기처럼 고속으로 비행할 수 없는 이유로 틀린 것은?

㉮ 후퇴하는 깃의 날개 끝 실속 때문에
㉯ 후퇴하는 깃뿌리의 역풍 범위 때문에
㉰ 전진하는 깃 끝의 마하수의 영향 때문에
㉱ 전진하는 깃 끝의 항력이 감소하기 때문에

[해설] 헬리콥터가 수평 최대속도를 낼 수 없는 이유
① 후퇴하는 깃의 날개 끝 실속
② 후퇴하는 깃뿌리의 역풍 범위
③ 전진하는 깃 끝의 마하수 영향

5. 프로펠러 항공기의 최대 항속거리 비행 조건으로 옳은 것은? (단, C_{D_p} : 유해항력계수, C_{D_i} : 유도항력계수이다.)

㉮ $C_{D_p} = C_{D_i}$ ㉯ $3C_{D_p} = C_{D_i}$

㉰ $C_{D_p} = 3C_{D_i}$ ㉱ $C_{D_p} = 2C_{D_i}$

[정답] 1. ㉱ 2. ㉰ 3. ㉰ 4. ㉱ 5. ㉮

[해설] 프로펠러 비행기의 항속거리를 크게 하기 위해서는 $\left(\dfrac{C_L}{C_D}\right)_{max}$ 상태이다. 이는 유도항력과 유해항력이 같아지는 지점이다.

6. 관의 단면이 10cm²인 곳에서 10m/s로 흐르는 비압축성 유체는 관의 단면이 25cm²인 곳에서는 몇 m/s의 흐름 속도를 가지는가?

㉮ 3   ㉯ 4
㉰ 5   ㉱ 8

[해설] 비압축성 유체에서의 연속의 법칙
$A_1 V_1 = A_2 V_2$ 이므로
$10 \times 10 = 25 \times V_2$
$\therefore V_2 = \dfrac{100}{25} = 4\,\text{m/s}$

7. 항공기의 이륙거리를 옳게 나타낸 것은 어느 것인가? (단, S_G : 지상활주거리 (ground run distance), S_R : 회전거리 (rotation run distance), S_T : 전이거리 (transition distance), S_C : 상승거리 (climb distance)이다.)

㉮ S_G ㉯ $S_G + S_T + S_C$
㉰ $S_G + S_R - S_T$ ㉱ $S_G + S_R + S_T + S_C$

[해설] 이륙 단계는 지상 활주(ground run), 회전(rotation), 전환(transition), 상승(climb) 단계로 구성된다.

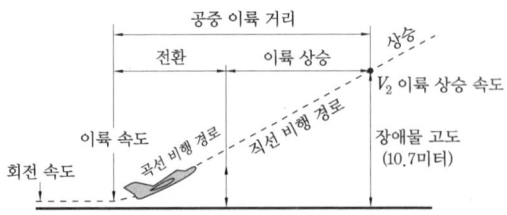

8. 항공기의 스핀(spin)에 대한 설명으로 틀린 것은?

㉮ 수직스핀은 수평스핀보다 회전각속도가 크다.
㉯ 스핀 중에는 일반적으로 옆 미끄럼(side slip)이 발생하다.
㉰ 강하속도 및 옆놀이 각속도가 일정하게 유지되면서 강하하는 상태를 정상 스핀이라 한다.
㉱ 스핀 상태를 탈출하기 위하여 방향키를 스핀과 반대 방향으로 밀고, 동시에 승강키를 앞으로 밀어내야 한다.

[해설] 스핀은 정상 비행중인 비행기가 갑자기 돌풍 등에 의해 기수가 내려가고, 자전현상이 나타날 때 발생을 하며, 수평스핀 때의 낙하속도는 수직스핀보다 작지만 회전각속도는 상당히 크다.

9. 고도가 높아질수록 온도가 높아지며, 오존층이 존재하는 대기의 층은?

㉮ 열권   ㉯ 성층권
㉰ 대류권   ㉱ 중간권

[해설] 성층권은 대류권 바로 위쪽부터 고도 50 km까지를 말한다. 성층권 조금 위쪽에는 오존층이 있어 이 층은 자외선을 흡수해서 지표면에 닿지 않도록 한다.

10. 양의 세로 안정성을 가지는 일반형 비행기의 순항 중 트림 조건으로 알맞은 것은? (단, 화살표는 힘의 방향, ●는 무게 중심을 나타낸다.)

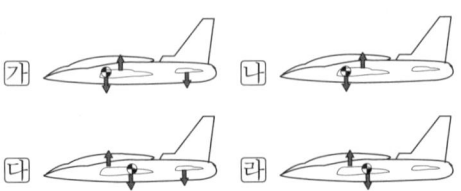

[해설] 세로 안정성이 좋으려면 무게 중심이 공기력 중심의 바로 앞에 놓일 때 안정하다.

[정답] 6. ㉯   7. ㉱   8. ㉮   9. ㉯   10. ㉮

11. 양력(lift)의 발생 원리를 직접적으로 설명할 수 있는 원리는?
㉮ 관성의 법칙   ㉯ 베르누이의 정리
㉰ 파스칼의 정리 ㉱ 에너지보존 법칙

12. 다음 중 가로세로비가 큰 날개라 할 때 갑자기 실속할 가능성이 가장 적은 날개골은?
㉮ 캠버가 큰 날개골
㉯ 두께가 얇은 날개골
㉰ 레이놀즈수가 작은 날개골
㉱ 앞전 반지름이 작은 날개골

[해설] 날개의 실속성
① 갑작스런 실속 : 종횡비가 큰 날개, 고속기, 레이놀즈수가 작은 날개골, 앞전 반지름이 작은 날개골, 캠버가 작은 날개골
② 완만한 실속 : 종횡비가 작은 날개, 저속기, 레이놀즈수가 큰 날개골, 앞전 반지름이 큰 날개골, 캠버가 큰 날개골

13. 헬리콥터가 지상 가까이에 있을 때, 회전날개를 지난 흐름이 지면에 부딪혀 헬리콥터와 지면 사이에 존재하는 공기를 압축시켜 추력이 증가되는 현상을 무엇이라 하는가?
㉮ 지면 효과   ㉯ 페더링 효과
㉰ 실속 효과   ㉱ 플래핑 효과

[해설] 지면 효과(ground effect) : 이·착륙을 할 때 지면과 거리가 가까워지면 양력이 더 커지는 현상을 말하며, 회전 날개면이 회전 날개의 반지름 정도의 높이에 있는 경우 5~10% 정도의 추력의 증가를 가져온다.

14. 밀도가 0.1 kg·s²/m⁴인 대기를 120 m/s의 속도로 비행할 때 동압은 몇 kg/m²인가?

㉮ 520   ㉯ 720   ㉰ 1020   ㉱ 1220

[해설] 동압$(q) = \frac{1}{2}\rho V^2$이므로
$= 0.5 \times 0.1 \times (120)^2 = 720 \, kg/cm^2$

15. 공력 평형장치 중 프리즈 밸런스(frise balance)가 주로 사용되는 조종면은?
㉮ 방향키(rudder)
㉯ 승강키(elevator)
㉰ 도움날개(aileron)
㉱ 도살핀(dorsal fin)

16. 프로펠러의 기하학적 피치비(geometric pitch ratio)를 옳게 정의한 것은?

㉮ $\frac{프로펠러\ 지름}{기하학적\ 피치}$ ㉯ $\frac{기하학적\ 피치}{유효피치}$

㉰ $\frac{기하학적\ 피치}{프로펠러\ 지름}$ ㉱ $\frac{유효피치}{기하학적\ 피치}$

[해설] 피치비란 프로펠러 피치(P)와 프로펠러 지름(D)과의 비를 말한다.
$P = \pi D \tan\beta$

17. 평형 상태에 있는 비행기가 교란을 받았을 때 처음의 상태로 돌아가려는 힘이 자체적으로 발생하게 되는데 이와 같은 정적 안정상태에서 작용하는 힘을 무엇이라 하는가?
㉮ 가속력   ㉯ 기전력
㉰ 감쇠력   ㉱ 복원력

18. 비행기의 동적 세로 안정으로서 속도 변화에 무관한 진동이며 진동주기는 0.5~5초가 되는 진동은 무엇인가?
㉮ 장주기 운동
㉯ 승강키 자유운동
㉰ 단주기 운동

[정답] 11. ㉯ 12. ㉮ 13. ㉮ 14. ㉯ 15. ㉰ 16. ㉰ 17. ㉱ 18. ㉰

㉑ 도움날개 자유운동

[해설] 단주기 운동 : 키놀이 진동이며, 진동주기가 0.5~5초 사이이다.

19. 무게가 7000kgf인 제트 항공기가 양항비 3.5로 등속 수평 비행할 때 추력은 몇 kgf인가?

㉮ 1450　　㉯ 2000
㉰ 2450　　㉱ 3000

[해설] $T = W \dfrac{C_D}{C_L} = 7000 \times \dfrac{1}{3.5} = 2000\,\mathrm{kgf}$

20. 활공비행에서 활공각(θ)을 나타내는 식으로 옳은 것은? (단, C_L : 양력계수, C_D : 항력계수이다.)

㉮ $\sin\theta = \dfrac{C_L}{C_D}$　　㉯ $\sin\theta = \dfrac{C_D}{C_L}$

㉰ $\cos\theta = \dfrac{C_D}{C_L}$　　㉱ $\tan\theta = \dfrac{C_D}{C_L}$

[해설] 활공각(θ)은 양항비에 반비례한다.
$\tan\theta = \dfrac{C_D}{C_L} = \dfrac{1}{양항비}$

제2과목 : 항공기관

---

21. 왕복엔진에서 로 텐션 (low tension) 점화장치를 사용하는 경우의 장점은?

㉮ 구조가 간단하여 엔진의 중량을 줄일 수 있다.
㉯ 부스터 코일(booster coil)이 하나이므로 정비가 용이하다.
㉰ 점화 플러그에 유기되는 전압이 낮아 정비 시 위험성이 적다.
㉱ 높은 고도 비행 시 하이 텐션(high tension) 점화장치에서 발생되는 플래시 오버 (flash over)를 방지할 수 있다.

[해설] 저압 점화계통(low tension ignition system) : 높은 고도에서 전기 누설이 없어 높은 고도 비행에 적합하다.

22. 프로펠러 날개의 루트(root) 및 허브(hub)를 덮는 유선형의 커버로, 공기흐름을 매끄럽게 하여 엔진효율 및 냉각효과를 돕는 것은?

㉮ 램(ram)
㉯ 커프스(cuffs)
㉰ 거버너(governor)
㉱ 스피너(spinner)

[해설] 프로펠러 구조

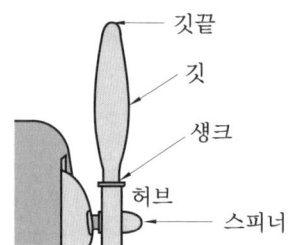

23. 가스터빈엔진에서 배기 노즐(exhaust nozzle)의 가장 중요한 기능은?

㉮ 배기가스의 속도와 압력을 증가시킨다.
㉯ 배기가스의 속도와 압력을 감소시킨다.
㉰ 배기가스의 속도를 증가시키고 압력을 감소시킨다.
㉱ 배기가스의 속도를 감소시키고 압력을 증가시킨다.

[해설] 배기 노즐 : 터빈을 통과한 배기가스를 정류하는 동시에 압력에너지를 속도에너지로 바꾸어 추력을 증가시킨다.

24. 흡입밸브와 배기밸브의 팁 간극이 모

두 너무 클 경우 발생하는 현상은?

㉮ 점화시기가 느려진다.
㉯ 오일 소모량이 감소한다.
㉰ 실린더의 온도가 낮아진다.
㉱ 실린더의 체적효율이 감소한다.

[해설] 밸브 간격이 너무 크면 밸브가 늦게 열리고 빨리 닫히게 밸브가 열려있는 시간이 짧아 실린더 체적효율이 감소한다.

25. 가스터빈엔진의 압축기에서 축류식과 비교한 원심식의 특징이 아닌 것은?

㉮ 경량이다.
㉯ 구조가 간단하다.
㉰ 제작비가 저렴하다.
㉱ 단(stage)당 압축비가 작다.

[해설] 원심식 압축기의 장점은 단당 압력비가 높고 제작이 쉬우며 구조가 튼튼하고 값이 싸다.

26. 가스터빈엔진의 축류 압축기에서 발생하는 실속(stall)현상 방지를 위해 사용하는 장치가 아닌 것은?

㉮ 블리드 밸브(bleed valve)
㉯ 다축식 구조(multi spool design)
㉰ 연료-오일 냉각기(fuel-oil cooler)
㉱ 가변 스테이터 베인(variable stator vane)

[해설] 실속 방지법 : 다축식 구조, 가변 정익 밸브 VSV(variable stator vane), 블리드 밸브 설치

27. 가스터빈엔진에서 주로 사용하는 윤활계통의 형식은?

㉮ dry sump, jet and spray
㉯ dry pump, dip and splash
㉰ wet pump, spray and splash
㉱ wet sump, dip and pressure

[해설] 건식 윤활(dry sump lubrication) : 크랭크실 밖에 설치된 탱크로부터 윤활유를 공급하여 순환시키는 윤활방법

28. 다음 그림과 같은 브레이턴 사이클 선도의 각 단계와 가스터빈엔진의 작동 부위를 옳게 짝지은 것은?

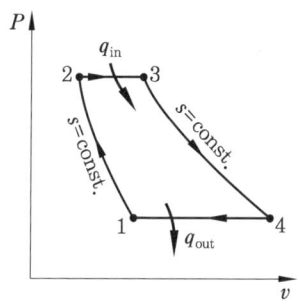

㉮ 1→2 : 디퓨저 ㉯ 2→3 : 연소기
㉰ 3→4 : 배기구 ㉱ 4→1 : 압축기

[해설] 브레이턴 사이클 선도
단열압축(1→2 : 압축기)
정압수열(2→3 : 연소실)
단열팽창(3→4 : 터빈)
정압방열(4→1 : 배기구)

29. 가스터빈엔진 점화기의 중심 전극과 원주 전극 사이의 간극에서 공기가 이온화되면 점화에 어떠한 영향을 주는가?

㉮ 아무 변화가 없다.
㉯ 불꽃방전이 잘 이루어진다.
㉰ 불꽃방전이 이루어지지 않는다.
㉱ 플러그가 손상된 것이므로 교환해 주어야 한다.

30. 터보제트엔진에서 비행속도 100ft/s, 진추력 10000lbf일 때 추력마력은 약 몇 ft·lbf/s인가?

㉮ 1818 ㉯ 2828

[정답] 25. ㉱ 26. ㉰ 27. ㉮ 28. ㉯ 29. ㉯ 30. ㉮

㉰ 8181　　㉱ 8282

[해설] 추력마력(THP)
$1HP = 33000 ft \cdot lbf/m = 550 ft \cdot lbf/s$ 이므로

$$추력마력(THP) = \frac{F_n \times V_a}{550} = \frac{10000 \times 100}{550}$$
$$= 1818.18 HP$$

31. 피스톤이 하사점에 있을 때 차압 시험기를 이용한 압축점검(compression check)을 하면 안 되는 이유는?

㉮ 폭발의 위험성이 있기 때문에
㉯ 최소한 1개의 밸브가 열려있기 때문에
㉰ 과한 압력으로 게이지가 손상되기 때문에
㉱ 실린더 체적이 최대가 되어 부정확하기 때문에

[해설] 실린더 압축시험은 피스톤을 압축행정 상사점에 위치한 상태에서 밸브, 피스톤링, 그리고 피스톤이 연소실을 적절하게 밀봉하고 있는지를 판정하여 실린더의 교체 필요성 여부를 판정하는 시험이다.

32. 왕복엔진의 윤활계통에서 엔진 오일의 기능이 아닌 것은?

㉮ 밀폐작용　　㉯ 윤활작용
㉰ 보온작용　　㉱ 청결작용

[해설] 윤활유의 작용 : 윤활, 기밀, 냉각, 청결, 방청, 소음방지 작용

33. 가스터빈엔진의 연료 중 항공 가솔린의 증기압과 비슷한 값을 가지고 있으며, 등유와 증기압이 낮은 가솔린의 합성연료이고, 군용으로 주로 많이 쓰이는 연료는 어느 것인가?

㉮ JP-4　　㉯ JP-6
㉰ 제트 A형　　㉱ AV-GAS

34. 9기통 성형엔진에서 회전 영구자석이 6극형이라면, 회전 영구자석의 회전속도는 크랭크축 회전속도의 몇 배가 되는가?

㉮ 3　　㉯ 1.5　　㉰ $\frac{3}{4}$　　㉱ $\frac{2}{3}$

[해설] $\frac{마그네토의 회전속도}{크랭크축의 회전속도} = \frac{실린더 수}{2 \times 극 수}$
$= \frac{9}{2 \times 6} = \frac{3}{4}$

35. 프로펠러의 회전면과 시위선이 이루는 각을 무엇이라 하는가?

㉮ 깃각　　㉯ 붙임각
㉰ 회전각　　㉱ 깃뿌리각

36. 왕복엔진의 연료계통에서 증기 폐색(vapor lock)에 대한 설명으로 옳은 것은?

㉮ 연료 펌프의 고착을 말한다.
㉯ 기화기(carburetter)에서의 연료 증발을 말한다.
㉰ 연료흐름도관에서 증기 기포가 형성되어 흐름을 방해하는 것을 말한다.
㉱ 연료계통에 수증기가 형성되는 것을 말한다.

[해설] vapor lock : 기화성이 너무 높은 연료가 관속을 흐를 때 열을 받으면 기포가 생기고 기포가 많아지면 연료의 흐름을 차단하는 현상이다.

37. 흡입공기를 사용하지 않는 제트엔진은?

㉮ 로켓　　㉯ 램제트
㉰ 펄스제트　　㉱ 터보팬엔진

[해설] 로켓은 흡입공기가 필요 없이 내부에

정답 31. ㉯　32. ㉰　33. ㉮　34. ㉰　35. ㉮　36. ㉰　37. ㉮

연료와 산화제를 갖추고 있어 연소된 가스가 노즐을 통해 고속으로 분출될 때 발생하는 반작용력에 의해 비행한다.

제3과목 : 항공기체

38. 왕복엔진 실린더 배열에 따른 종류가 아닌 것은?
㉮ 성형 엔진   ㉯ 대향형 엔진
㉰ V형 엔진   ㉱ 액랭식 엔진
[해설] 냉각방식에 따라 분류 : 액랭식, 공랭식

39. 완전기체의 상태변화와 관계식을 짝지은 것으로 틀린 것은? (단, P : 압력, V : 체적, T : 온도, r : 비열비이다.)
㉮ 등온변화 : $P_1 V_1 = P_2 V_2$
㉯ 등압변화 : $\dfrac{T_1}{V_2} = \dfrac{T_2}{V_1}$
㉰ 등적변화 : $\dfrac{P_1}{T_1} = \dfrac{P_2}{T_2}$
㉱ 단열변화 : $\dfrac{T_2}{T_1} = \left(\dfrac{P_2}{P_1}\right)^{\frac{r-1}{r}}$
[해설] 보일과 샤를의 법칙
$\dfrac{P_1 v_1}{T_1} = \dfrac{P_2 v_2}{T_2}$ 에서 등압이면 $\dfrac{v_1}{T_1} = \dfrac{v_2}{T_2}$

40. 왕복엔진의 크랭크축에 다이내믹 댐퍼(dynamic damper)를 사용하는 주된 목적은?
㉮ 커넥팅 로드의 왕복운동을 방지하기 위하여
㉯ 크랭크축의 비틀림 진동을 감쇠하기 위하여
㉰ 크랭크축의 자이로 작용(gyroscopic action)을 방지하기 위하여
㉱ 항공기가 교란되었을 때 원위치로 복원시키기 위하여

41. 항공기 기체 구조의 리깅(rigging) 작업을 할 때 구조의 얼라인먼트(alignment) 점검 사항이 아닌 것은?
㉮ 날개 상반각
㉯ 수직 안정판 상반각
㉰ 수평 안정판 장착각
㉱ 착륙 장치의 얼라인먼트

42. 다음 그림과 같이 판재를 굽히기 위해서 flat A의 길이는 약 몇 인치가 되어야 하는가?

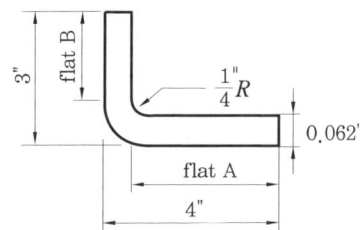

㉮ 2.8   ㉯ 3.7   ㉰ 3.8   ㉱ 4.0
[해설] flat A의 길이=4−세트 백(S.B)
세트 백(S.B)=$K(R+T)$
$= 1 \times \left(\dfrac{1}{4} + 0.062\right) = 0.312$ inch
∴ flat A의 길이=4−0.312=3.7 inch

43. 두 판재를 결합하는 리벳작업 시 리벳 지름의 크기는?
㉮ 두 판재를 합한 두께의 3배 이상이어야 한다.
㉯ 얇은 판재 두께의 3배 이상이어야 한다.
㉰ 두꺼운 판재 두께의 3배 이상이어야 한다.

[정답] 38. ㉱   39. ㉯   40. ㉯   41. ㉯   42. ㉯   43. ㉰

㉣ 두 판재를 합한 두께의 $\frac{1}{2}$ 이상이어야 한다.

[해설] 리벳의 지름은 접합하여야 할 판재 중에서 두꺼운 쪽 판재 두께의 3배 정도가 적당하다.

44. 너트의 부품번호 AN 310 D-5 R에서 문자 D가 의미하는 것은?

㉠ 너트의 안전결선용 구멍
㉡ 너트의 종류인 캐슬 너트
㉢ 사용 볼트의 지름을 표시
㉣ 너트의 재료인 알루미늄 합금 2017T

[해설] 너트의 식별기호
AN : 규격
310 : 너트의 종류(캐슬 너트)
D : 너트의 재질(2017)
5 : 사용 볼트의 지름 (5/16 inch)

45. 항공기 무게를 계산하는데 기초가 되는 자기무게(empty weight)에 포함되는 무게는?

㉠ 고정 밸러스트
㉡ 승객과 화물
㉢ 사용 가능 연료
㉣ 배출 가능 윤활유

[해설] 항공기 자기무게 (empty weight) : 기체, 동력장치, 필요 장비, 고정 작동 장비, 배출하고 남은 잔여 연료와 오일, 고정 밸러스트, 엔진 액체 냉각액 등을 포함하는 무게를 말한다.

46. 탄소강에 첨가되는 원소 중 연신율을 감소시키지 않고 인장강도와 경도를 증가시키는 것은?

㉠ 탄소　　　　㉡ 규소
㉢ 인　　　　　㉣ 망간

47. 연료탱크에 있는 벤트계통(vent system)의 주 역할로 옳은 것은?

㉠ 연료탱크 내의 증기를 배출하여 발화를 방지한다.
㉡ 비행자세의 변화에 따른 연료탱크 내의 연료유동을 방지한다.
㉢ 연료탱크의 최하부에 위치하여 수분이나 잔류 연료를 제거한다.
㉣ 연료탱크 내·외의 차압에 의한 탱크 구조를 보호한다.

[해설] 벤트 계통은 연료탱크의 상부 여유 부분을 외기와 통기시켜 탱크 내외의 압력차가 생기지 않도록 한다.

48. 육각볼트머리의 삼각형 속에 X가 새겨져 있다면 이것은 어떤 볼트인가?

㉠ 표준 볼트
㉡ 정밀 공차 볼트
㉢ 내식성 볼트
㉣ 내부 렌칭 볼트

[해설] 정밀 공차 볼트

49. 복합소재의 결함탐지 방법으로 적합하지 않은 것은?

㉠ 와전류 검사
㉡ X-Ray 검사
㉢ 초음파 검사
㉣ 탭 테스트(tap test)

50. 다음과 같은 단면에서 x, y축에 관한 단면 상승 모멘트$\left(I_{xy} = \int_A xy dA\right)$는 약 몇 cm^4 인가?

[정답] 44. ㉣　45. ㉠　46. ㉣　47. ㉣　48. ㉡　49. ㉠　50. ㉢

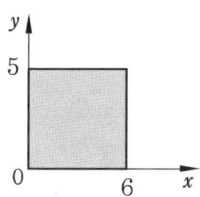

㉮ 56 ㉯ 152 ㉰ 225 ㉱ 990

해설 $I_{xy} = \dfrac{b^2 h^2}{4} = \dfrac{6^2 \times 5^2}{4} = 225\,\mathrm{cm}^4$

51. SAE 1035가 의미하는 금속재료는?

㉮ 탄소강 ㉯ 마그네슘강
㉰ 니켈강 ㉱ 몰리브덴강

해설 SAE 1035 : 탄소강으로 탄소 함유량이 0.35%이다.

52. 항공기 엔진을 날개에 장착하기 위한 구조물로만 나열한 것은?

㉮ 마운트, 나셀, 파일론
㉯ 블래더, 나셀, 파일론
㉰ 인테그널, 블래더, 파일론
㉱ 캔틸레버, 인테그널, 나셀

53. 페일 세이프(fail safe) 구조 중 다경로 구조(redundant structure)에 대한 설명으로 옳은 것은?

㉮ 단단한 보강재를 대어 해당 양 이상의 하중을 이 보강재가 분담하는 구조이다.
㉯ 여러 개의 부재로 되어 있고 각각의 부재는 하중을 고르게 분담하도록 되어 있는 구조이다.
㉰ 하나의 큰 부재를 사용하는 대신 2개 이상의 작은 부재를 결합하여 1개의 부재와 같은 또는 그 이상의 강도를 지닌 구조이다.
㉱ 규정된 하중은 모두 좌측 부재에서 담당하고, 우측 부재는 예비 부재로 좌측 부재가 파괴된 후 그 부재를 대신하여 전체하중을 담당하는 구조이다.

해설 페일 세이프 구조

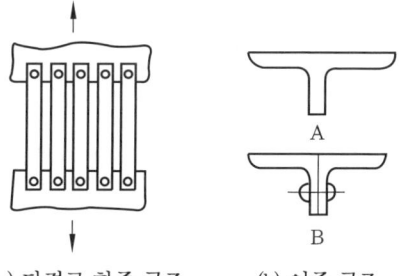

(a) 다경로 하중 구조   (b) 이중 구조

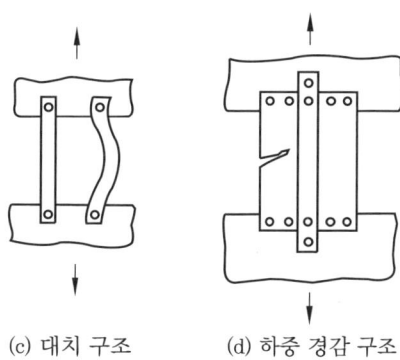

(c) 대치 구조   (d) 하중 경감 구조

54. 용접 작업에 사용되는 산소·아세틸렌 토치 팁(tip)의 재질로 가장 적절한 것은?

㉮ 납 및 납합금
㉯ 구리 및 구리합금
㉰ 마그네슘 및 마그네슘합금
㉱ 알루미늄 및 알루미늄합금

해설 토치 팁(tip)은 구리나 구리합금으로 만들며, 그 크기는 숫자로 표시한다.

55. 주 날개(main wing)의 주요 구조로 옳은 것은?

㉮ 스파(spar), 리브(rib), 론저론(longeron), 표피(skin)

㉯ 스파(spar), 리브(rib), 스트링어(stringer), 표피(skin)

㉰ 스파(spar), 리브(rib), 벌크헤드(bulkhead), 표피(skin)

㉱ 스파(spar), 리브(rib), 스트링어(stringer), 론저론(longeron)

56. 다음 중 크기와 방향이 변화하는 인장력과 압축력이 상호 연속적으로 반복되는 하중은?

㉮ 교번하중 ㉯ 정하중
㉰ 반복하중 ㉱ 충격하중

[해설] 교번하중 : 부재가 하중을 받을 때, 힘의 크기와 방향이 변화하면서 인장력과 압축력이 교대로 가해지는 형태의 하중

57. 일정한 응력(힘)을 받는 재료가 일정한 온도에서 시간이 경과함에 따라 변형률이 증가하는 현상을 무엇이라고 하는가?

㉮ 크리프(creep)
㉯ 항복(yield)
㉰ 파괴(fracture)
㉱ 피로 굽힘(fatigue bending)

58. 설계 제한 하중배수가 2.5인 비행기의 실속속도가 120km/h일 때 이 비행기의 설계운용속도는 약 몇 km/h인가?

㉮ 150 ㉯ 240 ㉰ 190 ㉱ 300

[해설] 설계 운용속도 $(V_A) = \sqrt{n} \times V_s$
$V_A = \sqrt{2.5} \times 120 = 190 \text{ km/h}$

59. 착륙장치(landing gear)가 내려올 때 속도를 감소시키는 밸브는?

㉮ 셔틀 밸브

㉯ 시퀀스 밸브
㉰ 릴리프 밸브
㉱ 오리피스 체크 밸브

[해설] 오리피스 체크 밸브(orifice check valve) : 오리피스와 체크 밸브의 기능을 합한 것인데 한 방향으로는 정상적으로 작동유가 흐르도록 하고, 다른 방향으로는 흐름을 제한한다.

60. 항공기 부식을 예방하기 위한 표면처리 방법이 아닌 것은?

㉮ 마스킹처리(masking)
㉯ 알로다인처리(alodining)
㉰ 양극산화처리(anodizing)
㉱ 화학적 피막처리(chemical conversion coating)

제4과목 : 항공장비

61. 다음 중 계기착륙장치의 구성품이 아닌 것은?

㉮ 마커 비컨   ㉯ 관성 항법장치
㉰ 로컬 라이저 ㉱ 글라이더 슬로프

62. 제빙부츠장치(de-icing boots system)에 대한 설명으로 옳은 것은?

㉮ 날개 뒷전이나 안정판(stabilizer)에 장착된다.
㉯ 조종사의 시계 확보를 위해 사용된다.
㉰ 코일에 전원을 공급할 때 발생하는 진동을 이용하여 제빙하는 장치이다.
㉱ 고압의 공기를 주기적으로 수축, 팽창시켜 제빙하는 장치이다.

정답 56. ㉮ 57. ㉮ 58. ㉰ 59. ㉱ 60. ㉮ 61. ㉯ 62. ㉱

63. 다음 중 외기온도계가 활용되지 않는 것은?
㉮ 외기 온도 측정
㉯ 엔진 출력 설정
㉰ 배기가스 온도 측정
㉱ 진대기 속도의 파악

64. 12000rpm으로 회전하고 있는 교류 발전기로 400Hz의 교류를 발전하려면 몇 극(pole)으로 하여야 하는가?
㉮ 4극   ㉯ 8극
㉰ 12극   ㉱ 24극

[해설] 교류 발전기
$f = \dfrac{PN}{120}$ 에서
$P = \dfrac{120f}{N} = \dfrac{120 \times 400}{12000} = 4$

65. 황산납 축전지(lead acid battery)의 과충전 상태를 의심할 수 있는 증상이 아닌 것은?
㉮ 전해액이 축전지 밖으로 흘러나오는 경우
㉯ 축전지에 흰색 침전물이 너무 많이 묻어 있는 경우
㉰ 축전지 셀 케이스가 부풀어 오른 경우
㉱ 축전지 윗면 캡 주위에 약간의 탄산칼륨이 있는 경우

66. 통신장치에서 신호 입력이 없을 때 잡음을 제거하기 위한 회로는?
㉮ AGC 회로
㉯ 스퀠치 회로
㉰ 프리엠파시스 회로
㉱ 디엠파시스 회로

67. 인공위성을 이용하여 3차원의 위치(위도, 경도, 고도), 항법에 필요한 항공기 속도 경보를 제공하는 것은?
㉮ Inertial Navigation System
㉯ Global Positioning System
㉰ Omega Navigation System
㉱ Tactical Air Navigation System

[해설] 위성항법 시스템(Global Positioning System) : 인공위성에서 발사되는 전파를 관측하거나 위성을 중계국으로 하여 지구 전역에서 위치 정보를 제공받을 수 있는 시스템

68. 객실 압력 조절에 직접적으로 영향을 주는 것은?
㉮ 공압계통의 압력
㉯ 슈퍼 차저의 압축비
㉰ 터보 컴프레서 속도
㉱ 아웃플로 밸브의 개폐 속도

[해설] 객실 압력 조절은 아웃플로 밸브가 하는데, 이 밸브는 동체의 여압되는 부분인 동체 하부에 장착된다.

69. 10mH의 인덕턴스에 60Hz, 100V의 전압을 가하면 약 몇 암페어(A)의 전류가 흐르는가?
㉮ 15   ㉯ 20
㉰ 25   ㉱ 26

[해설] 유도성 리액턴스$(X_L) = 2\pi f L$
$X_L = 2 \times \pi \times 60 \times 0.01 = 3.76\,\Omega$
따라서, 전류$(I) = \dfrac{E}{R} = \dfrac{100}{3.76} = 26\,A$

70. 항공기에서 거리측정장치(DME)의 기능에 대한 설명으로 옳은 것은?
㉮ 질문펄스에서 응답펄스에 대한 펄스

[정답] 63. ㉰   64. ㉮   65. ㉱   66. ㉯   67. ㉯   68. ㉱   69. ㉱   70. ㉯

간 지체시간을 구하여 방위를 측정할 수 있다.
㉯ 질문펄스에서 응답펄스에 대한 펄스 간 지체시간을 구하여 거리를 측정할 수 있다.
㉰ 응답펄스에서 질문펄스에 대한 시간차를 구하여 방위를 측정할 수 있다.
㉱ 응답펄스에서 선택된 주파수만을 계산하여 거리를 측정할 수 있다.

[해설] 거리측정장치(DME : Distance Measurement Equipment) : 항공기와 VOR 기지국과의 거리를 알려주는 시스템으로 항공기에 탑재된 질문기와 지상에 설치된 응답기로 이루어진다. 질문신호에 대해 응답신호가 도달하는 데 걸리는 시간차를 이용하여 거리를 계산한다.

71. 실린더에 흡입되는 공기와 연료 혼합기의 압력을 측정하는 왕복엔진계기는?
㉮ 흡입 압력계
㉯ EPR 계기
㉰ 흡인 압력계
㉱ 오일 압력계

[해설] 흡입 압력계(manifold pressure indicator) : 왕복 엔진의 경우 실린더에 흡입되는 공기와 연료 혼합기의 manifold pressure를 측정한다.

72. 다음 중 자기 컴퍼스에서 발생하는 정적오차의 종류가 아닌 것은?
㉮ 북선오차
㉯ 반원차
㉰ 사분원차
㉱ 불이차

[해설] 정적오차(static error) : 반원차, 사분원차, 불이차

73. 교류에서 전압, 전류의 크기는 일반적으로 어느 값을 의미하는가?
㉮ 최댓값
㉯ 순싯값
㉰ 실횻값
㉱ 평균값

[해설] 실횻값(effective value) : 같은 저항에서 같은 시간에 같은 양의 전기 에너지가 열로 바뀌는 직류의 값을 말한다.

74. 화재탐지장치에 대한 설명으로 틀린 것은?
㉮ 열전쌍(thermocouple)은 주변의 온도가 서서히 상승할 때 열전대의 열팽창으로 인해 전압을 발생시킨다.
㉯ 광전기 셀(photo-electric cell)은 공기 중의 연기로 빛을 굴절시켜 광전기 셀에서 전류를 발생시킨다.
㉰ 서미스터(thermistor)는 저온에서는 저항이 높아지고, 온도가 상승하면 저항이 낮아지는 도체로 회로를 구성한다.
㉱ 열스위치(thermal switch)식은 2개의 합금의 열팽창에 의해 전압을 발생시킨다.

75. 증기순환 냉각계통의 구성품 중 계통의 모든 습기를 제거해주는 장치는?
㉮ 증발기
㉯ 응축기
㉰ 리시버 건조기
㉱ 압축기

[해설] 리시버 건조기 : 냉각제가 응축장치에서 리시버로 들어오며 어떠한 습기라도 제거하는 실리카 겔(silica gel)과 같은 건조제를 통과하여 계통으로 부터의 습기를 제거한다.

76. 4대의 교류 발전기가 병렬운전을 하고 있을 경우 1대의 발전기가 고장나면 해당 발전기 계통의 전원은 어디에서 공급받는가?

정답 71. ㉮ 72. ㉮ 73. ㉰ 74. ㉮ 75. ㉰ 76. ㉱

㉮ 전력이 공급되지 않는다.
㉯ 배터리에서 전원을 공급 받는다.
㉰ 비상시에 사용되는 버스에서 전원을 공급 받는다.
㉱ 병렬운전하는 버스에서 전원을 공급 받는다.

77. 조종실이나 객실에 설치되며 전기나 기름화재에 사용하는 소화기는?
㉮ 물 소화기
㉯ 포말 소화기
㉰ 분말 소화기
㉱ 이산화탄소 소화기

[해설] 이산화탄소 소화기 : 조종실이나 객실에 설치되어 일반화재, 전기화재, 기름화재 등에 사용된다.

78. 유압계통에서 압력조절기와 비슷한 역할을 하며 계통의 고장으로 인해 이상 압력이 발생되면 작동하는 장치는?
㉮ 체크 밸브
㉯ 리저버
㉰ 릴리프 밸브
㉱ 축압기

79. 선택호출장치(SELCAL system)에 대한 설명으로 틀린 것은?
㉮ HF, VHF 시스템으로 송·수신된다.
㉯ 양자 간 호출을 위한 화상 시스템이다.
㉰ 일반적으로 코드는 4개의 코드로 만들어져 있다.
㉱ 지상에서 항공기를 호출하기 위한 장치이다.

[해설] 선택호출장치(SELCAL system) : 모든 항공기에 고유의 등록부호를 주어 지상에서 호출을 할 때는 통신에 앞서 호출 부호를 송신하면 항공기쪽의 부호 해독기는 자기 항공기의 호출 부호를 수신하였을 때에만 벨소리와 호출등을 점멸하여 승무원에게 지상의 호출을 알리는 장치로 4개의 코드로 되어 있으며, SELCAL 디코더 내부엔 5개의 디코더로 구성되어 있어 채널별로 VHF, HF 시스템이 할당되어 있다.

80. 항공계기에 표시되어 있는 적색 방사선(red radiation)은 무엇을 의미하는가?
㉮ 플랩 조작 속도 범위
㉯ 계속 운전 범위(순항 범위)
㉰ 최소, 최대 운전 또는 운용 한계
㉱ 연료와 공기 혼합기의 auto-lean 시의 계속 운전 범위

▶ 2019년 9월 21일 시행

자격종목	시험시간	문제 수	형 별	수험번호	성 명
항공 산업기사	2시간	80	A		

제1과목 : 항공역학

1. 프로펠러를 장착한 비행기에서 프로펠러 깃의 날개 단면에 대해 유입되는 합성 속도의 크기를 옳게 표현한 식은? (단, V : 비행속도, r : 프로펠러 반지름, n : 프로펠러 회전수(rps)이다.)

㉮ $\sqrt{V^2 - (\pi nr)^2}$
㉯ $\sqrt{V^2 + (2\pi nr)^2}$
㉰ $\sqrt{V^2 + (\pi nr)^2}$
㉱ $\sqrt{V^2 - (2\pi nr)^2}$

2. 고정 날개 항공기의 자전 운동(auto rotation)과 연관된 특수 비행 성능은?

㉮ 선회 운동
㉯ 스핀(spin) 운동
㉰ 키돌이(loop) 운동
㉱ 온 파일런(on pylon) 운동

[해설] 스핀은 자동 회전과 수직 강하가 조합된 비행이다.

3. 일반적인 헬리콥터 비행 중 주 회전 날개에 의한 필요마력의 요인으로 보기 어려운 것은?

㉮ 유도속도에 의한 유도항력
㉯ 공기의 점성에 의한 마찰력
㉰ 공기의 박리에 의한 압력항력
㉱ 경사충격파 발생에 따른 조파저항

4. 가로 안정(lateral stability)에 대해서 영향을 미치는 것으로 가장 거리가 먼 것은 어느 것인가?

㉮ 수평 꼬리날개
㉯ 주 날개의 상반각
㉰ 수직 꼬리날개
㉱ 주 날개의 뒤 젖힘각

[해설] 가로 안정에 영향을 주는 요소 : 동체, 날개(쳐든각, 상반각), 수직 꼬리날개

5. 헬리콥터는 제자리비행 시 균형을 맞추기 위해서 주 회전 날개 회전면이 회전방향에 따라 동체의 좌측이나 우측으로 기울게 되는데 이는 어떤 성분의 역학적 평형을 맞추기 위해서인가? (단, x, y, z는 기체축(동체축) 정의를 따른다.)

㉮ x축 모멘트의 평형
㉯ x축 힘의 평형
㉰ y축 모멘트의 평형
㉱ y축 힘의 평형

[해설] 헬리콥터의 3축 운동

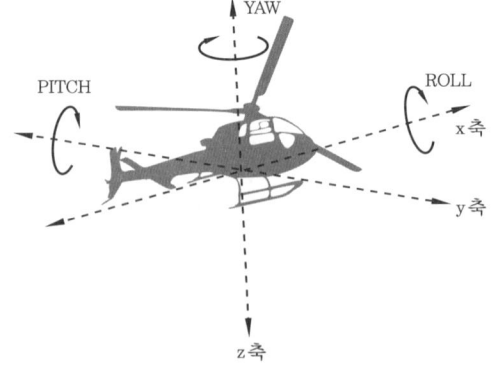

정답 1. ㉯ 2. ㉯ 3. ㉱ 4. ㉮ 5. ㉱

6. 항공기의 방향 안정성이 주된 목적인 것은?

㉮ 수직 안정판 ㉯ 주익의 상반각
㉰ 수평 안정판 ㉱ 주익의 붙임각

[해설] 수직 꼬리날개는 수직 안정판과 방향타로 구성되며, 수직 안정판은 비행 중 방향 안정성을 제공한다.

7. 비행기의 조종면을 작동하는데 필요한 조종력을 옳게 설명한 것은?

㉮ 중력 가속도에 반비례한다.
㉯ 힌지 모멘트에 반비례한다.
㉰ 비행속도의 제곱에 비례한다.
㉱ 조종면 폭의 제곱에 비례한다.

[해설] 조종력(F_e) = $K \cdot H_e$
승강키 힌지 모멘트(H_e)
$H_e = C_h \times \frac{1}{2}\rho V^2 \times b \times \overline{c^2}$

8. 프로펠러의 회전 깃단 마하수(rotational tip Mach number)를 옳게 나타낸 식은? (단, n : 프로펠러 회전수(rpm), D : 프로펠러 지름(m), a : 음속(m/s)이다.)

㉮ $\frac{\pi n}{60 \times a}$ ㉯ $\frac{\pi n}{30 \times a}$
㉰ $\frac{\pi n D}{30 \times a}$ ㉱ $\frac{\pi n D}{60 \times a}$

[해설] 마하수 = $\frac{\text{선속도}}{\text{음속}} = \frac{\pi D n}{60 a}$
깃 끝의 선속도(V_r) = $\pi D n$
여기서, n은 분당 회전수이므로 60으로 나누어 주어야 한다.

9. 베르누이의 정리에 대한 식과 설명으로 틀린 것은? (단, P_t : 전압, P : 정압, q : 동압, V : 속도, ρ : 밀도이다.)

㉮ $q = \frac{1}{2}\rho V^2$
㉯ $P = P_t + q$
㉰ 정압은 항상 존재한다.
㉱ 이상유체 정상 흐름에서 전압은 일정하다.

[해설] 정압(P) + 동압(q) = 전압(P_t) ← 일정
$q = \frac{1}{2}\rho V^2$

10. 양력계수가 0.25인 날개면적 20m²의 항공기가 720km/h의 속도로 비행할 때 발생하는 양력은 몇 N인가? (단, 공기의 밀도는 1.23kg/m³이다.)

㉮ 6150   ㉯ 10000
㉰ 123000   ㉱ 246000

[해설] $L = \frac{1}{2}\rho V^2 C_L S$
$= \frac{1}{2} \times 1.23 \times \left(\frac{720}{3.6}\right)^2 \times 0.25 \times 20$
$= 123000 \text{ N}$

11. NACA 2412 에어포일의 양력에 관한 설명으로 옳은 것은?

㉮ 받음각이 0°일 때 양의 양력계수를 갖는다.
㉯ 받음각이 0°보다 작으면 양의 양력계수를 가질 수 없다.
㉰ 최대 양력계수의 크기는 레이놀즈수에 무관하다.
㉱ 실속이 일어난 직후에 양력이 최대가 된다.

[해설] NACA 2412
최대 캠버의 크기가 시위의 2%이므로 받음각이 없어도 캠버가 있기 때문에 양의 양력계수를 갖는다.

12. 비행기의 무게가 2000kgf이고 선회 경사각이 30°, 150km/h의 속도로 정상

정답 6. ㉮ 7. ㉰ 8. ㉱ 9. ㉯ 10. ㉰ 11. ㉮ 12. ㉰

선회하고 있을 때 선회반지름은 약 몇 m 인가?

㉮ 214 ㉯ 256 ㉰ 307 ㉱ 359

[해설] 선회반지름 $(R) = \dfrac{V^2}{g\tan\theta}$

$= \dfrac{\left(\dfrac{150}{3.6}\right)^2}{9.81 \times \tan 30} = 306.78\,\text{m}$

13. 폭이 3m, 길이가 6m인 평판이 20m/s 흐름 속에 있고, 층류 경계층이 평판의 전 길이에 따라 존재한다고 가정할 때, 앞에서부터 3m인 곳의 경계층 두께는 약 몇 m 인가? (단, 층류에서의 두께 $= \dfrac{5.2x}{\sqrt{R_e}}$, 동점성계수 $(\mu)\ 0.1 \times 10^{-4}\,\text{m}^2/\text{s}$ 이다.)

㉮ 0.52 ㉯ 0.63
㉰ 0.0052 ㉱ 0.0063

[해설] 층류에서의 두께 $= \dfrac{5.2x}{\sqrt{Re}}$

$Re = \dfrac{VL}{\mu} = \dfrac{5.2 \times 3}{\sqrt{\dfrac{20 \times 3}{0.1 \times 10^{-4}}}}$

$= \dfrac{15.6}{2449.5} = 0.0063\,\text{m}$

14. 다음 그림과 같은 프로펠러 항공기의 이륙 과정에서 이륙거리는?

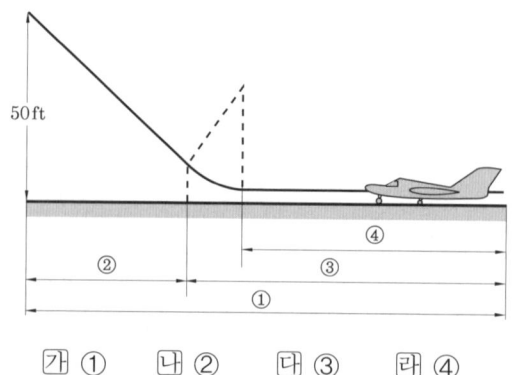

㉮ ① ㉯ ② ㉰ ③ ㉱ ④

[해설] 이륙거리 = 지상활주거리 + 장애물 고도 도달까지의 상승거리

15. 활공기에서 활공거리를 증가시키기 위한 방법으로 옳은 것은?

㉮ 압력항력을 크게 한다.
㉯ 형상항력을 최대로 한다.
㉰ 날개의 가로세로비를 크게 한다.
㉱ 표면 박리현상 방지를 위하여 표면을 적절히 거칠게 한다.

[해설] 활공비(양항비) $= \dfrac{\text{활공거리}}{\text{활공고도}}$

멀리 날아가기 위해서는 양항비가 커야 한다. 또는 날개의 길이를 길게 하여 가로 세로비를 크게 하여 유도항력을 작게 한다.

16. 대기권의 구조를 낮은 고도에서부터 순서대로 나열한 것은?

㉮ 대류권 → 성층권 → 열권 → 중간권
㉯ 대류권 → 중간권 → 성층권 → 열권
㉰ 대류권 → 성층권 → 중간권 → 열권
㉱ 대류권 → 중간권 → 열권 → 성층권

17. 프로펠러 비행기가 최대 항속거리를 비행하기 위한 조건은?

㉮ 양항비 최소, 연료소비율 최소
㉯ 양항비 최소, 연료소비율 최대
㉰ 양항비 최대, 연료소비율 최대
㉱ 양항비 최대, 연료소비율 최소

[해설] 프로펠러 비행기의 항속거리를 크게 하기 위해서는 연료소비율을 작게 하고, 프로펠러 효율을 크게 하여 양항비가 최대인 받음각으로 비행을 하여야 한다.

18. 스팬(span)의 길이가 39 ft, 시위(chord)의 길이가 6 ft인 직사각형 날개에서 양력계수가 0.8일 때 유도 받음각은 약 몇 도

[정답] 13. ㉱ 14. ㉮ 15. ㉰ 16. ㉰ 17. ㉱ 18. ㉯

(°)인가? (단, 스팬 효율계수는 1이라 가정한다.)

㉮ 1.5 ㉯ 2.2 ㉰ 3.0 ㉱ 3.9

[해설] 유도각 $(\alpha_i) = \dfrac{C_L}{\pi AR}$

$AR = \dfrac{b}{C} = \dfrac{39}{6} = 6.5$

∴ 유도각 $(\alpha_i) = \dfrac{0.8}{6.5 \times 3.14} = 0.039$ rad
$= 0.039 \times 57.3 = 2.2°$

여기서, 1라디안은 57.3°이다.

19. 표준대기의 기온, 압력, 밀도, 음속을 옳게 나열한 것은?

㉮ 15℃, 750mmHg, 1.5kg/m³, 330m/s
㉯ 15℃, 760mmHg, 1.2kg/m³, 340m/s
㉰ 18℃, 750mmHg, 1.5kg/m³, 340m/s
㉱ 18℃, 760mmHg, 1.2kg/m³, 330m/s

20. 비행기가 음속에 가까운 속도로 비행 시 속도를 증가시킬수록 기수가 내려가려는 현상은?

㉮ 피치 업(pitch up)
㉯ 턱 언더(tuck under)
㉰ 디프 실속(deep stall)
㉱ 역 빗놀이(adverse yaw)

제2과목 : 항공기관

21. 정적비열 0.2kcal/kg·K인 이상기체 5kg이 일정 압력 하에서 50kcal의 열을 받아 온도가 0℃에서 20℃까지 증가하였을 때 외부에 한 일은 몇 kcal인가?

㉮ 4 ㉯ 20 ㉰ 30 ㉱ 70

[해설] 이상기체 5kg을 정압상태에서 가열하는데 필요한 열량은
$Q = mC(t_2 - t_1)$ 에서
$5 \times 0.2 \times 20 = 20$ kcal
공급열량이 50 kcal이고 필요열량이 20 kcal이므로 30 kcal은 외부로 나가는 일이다.

22. 프로펠러의 특정 부분을 나타내는 명칭이 아닌 것은?

㉮ 허브(hub) ㉯ 넥(neck)
㉰ 로터(rotor) ㉱ 블레이드(blade)

23. 비행 중이나 지상에서 엔진이 작동하는 동안 조종사가 유압 또는 전기적으로 피치를 변경시킬 수 있는 프로펠러 형식은?

㉮ 정속 프로펠러(constant-speed propeller)
㉯ 고정피치 프로펠러(fixed pitch propeller)
㉰ 조정피치 프로펠러(adjustable pitch propeller)
㉱ 가변피치 프로펠러(controllable pitch propeller)

24. 가스터빈엔진에서 실속의 원인으로 볼 수 없는 것은?

㉮ 압축기의 심한 손상 또는 오염
㉯ 번개나 뇌우로 인한 엔진 흡입구 공기 온도의 급격한 증가
㉰ 가변 스테이터 베인(variable stator vane)의 각도 불일치
㉱ 연료조정장치와 연결되는 압축기 출구 압력(CDP) 튜브의 절단

[해설] 압축기의 실속 원인 : 압축기 출구 압력(CDP)이 너무 클 때, 압축기 입구 온도(CIT)가 너무 높을 때, choke 현상 발생 시 등이다.

25. 왕복엔진에서 시동을 위해 마그네토(magneto)에 고전압을 증가시키는데 사

[정답] 19. ㉯ 20. ㉯ 21. ㉰ 22. ㉰ 23. ㉱ 24. ㉱ 25. ㉱

용되는 장치는?
- ㉮ 스로틀(throttle)
- ㉯ 기화기(carburetor)
- ㉰ 과급기(supercharger)
- ㉱ 임펄스 커플링(impulse coupling)

26. 가스터빈엔진에서 배기 노즐의 주목적은?
- ㉮ 난류를 얻기 위하여
- ㉯ 배기가스의 속도를 증가시키기 위하여
- ㉰ 배기가스의 압력을 증가시키기 위하여
- ㉱ 최대 추력을 얻을 때 소음을 증가시키기 위하여

27. 윤활유 시스템에서 고온 탱크형(hot tank system)에 대한 설명으로 옳은 것은?
- ㉮ 고온의 소기오일(scavenge oil)이 냉각되어서 직접 탱크로 들어가는 방식
- ㉯ 고온의 소기오일(scavenge oil)이 냉각되지 않고 직접 탱크로 들어가는 방식
- ㉰ 오일냉각기가 소기계통에 있어 오일이 연료 가열기에 의해 가열되는 방식
- ㉱ 오일냉각기가 소기계통에 있어 오일 탱크의 오일이 가열기에 의해 가열되는 방식

[해설] 핫(hot) 탱크와 콜드(cold) 탱크의 차이는 오일냉각기의 위치에 따라 결정되는데 작동을 마친 오일이 배유펌프를 통해 탱크로 돌아갈 때 냉각기를 거쳐가면 콜드 탱크(cold tank)이고, 거치지 않고 직접 탱크로 들어가면 핫 탱크(hot tank)라 한다.

28. 왕복엔진의 기계효율을 옳게 나타낸 식은?
- ㉮ $\dfrac{제동마력}{지시마력} \times 100$
- ㉯ $\dfrac{이용마력}{제동마력} \times 100$
- ㉰ $\dfrac{지시마력}{제동마력} \times 100$
- ㉱ $\dfrac{지시마력}{이용마력} \times 100$

[해설] 기계효율은 제동마력과 지시마력과의 비를 말하며, 실질적인 기계효율은 85~95% 정도이다.

29. 축류형 터빈에서 터빈의 반동도를 구하는 식은?
- ㉮ $\dfrac{단당 팽창}{터빈 깃의 팽창} \times 100$
- ㉯ $\dfrac{스테이터 깃의 팽창}{단당 팽창} \times 100$
- ㉰ $\dfrac{회전자 깃에 의한 팽창}{단당 팽창} \times 100$
- ㉱ $\dfrac{회전자 깃에 의한 압력 상승}{터빈 깃의 팽창} \times 100$

30. 소형 저속 항공기에 주로 사용되는 엔진은?
- ㉮ 로켓
- ㉯ 터보팬엔진
- ㉰ 왕복엔진
- ㉱ 터보제트엔진

31. <보기>와 같은 특성을 가진 엔진은 어느 것인가?

―― 〈보기〉 ――
- 비행속도가 빠를수록 추진효율이 좋다.
- 초음속 비행이 가능하다.
- 배기소음이 심하다.

- ㉮ 터보팬엔진
- ㉯ 터보프롭엔진
- ㉰ 터보제트엔진
- ㉱ 터보샤프트엔진

32. 압축기 입구에서 공기의 압력과 온도가 각각 1기압, 15℃이고, 출구에서 압력

정답 26. ㉯ 27. ㉯ 28. ㉮ 29. ㉰ 30. ㉰ 31. ㉰ 32. ㉯

과 온도가 각각 7기압, 300°C일 때, 압축기의 단열 효율은 몇 %인가? (단, 공기의 비열비는 1.4이다.)

㉮ 70 ㉯ 75
㉰ 80 ㉱ 85

[해설] 압축기 단열 효율

$$T_{2i} = T_1 \times \gamma^{\frac{k-1}{k}}$$
$$= (273+15) \times 7^{\frac{1.4-1}{1.4}} = 501.47$$
$$\eta_c = \frac{T_{2i} - T_1}{T_2 - T_1} = \frac{501-288}{573-288} = 0.747 = 74.7\%$$

33. 가스터빈엔진 연료조절장치(FCU)의 수감 요소(sensing factor)가 아닌 것은?

㉮ 엔진 회전수(RPM)
㉯ 압축기 입구 온도(CIT)
㉰ 추력 레버 위치(power lever angle)
㉱ 혼압기 조정 위치(mixture control position)

34. 왕복엔진 실린더에 있는 밸브 가이드(valve guide)의 마모로 발생할 수 있는 문제점은?

㉮ 높은 오일 소모량
㉯ 낮은 오일 압력
㉰ 낮은 오일 소모량
㉱ 높은 오일 압력

[해설] 밸브 가이드(valve guide)는 밸브 스템(stem)을 둘러싸고 있는 원통으로 마모가 되면 오일이 연소실로 흘러서 연소되므로 소모량이 많아진다.

35. 외부 과급기(external supercharger)를 장착한 왕복엔진의 흡기계통 내에서 압력이 가장 낮은 곳은?

㉮ 과급기 입구 ㉯ 흡입 다기관
㉰ 기화기 입구 ㉱ 스로틀 밸브 앞

36. 항공기 엔진에서 소기 펌프(scavenge pump)의 용량을 압력 펌프(pressure pump)보다 크게 하는 이유는?

㉮ 소기 펌프의 진동이 더욱 심하기 때문
㉯ 소기되는 윤활유는 체적이 증가하기 때문
㉰ 압력 펌프보다 소기 펌프의 압력이 높기 때문
㉱ 윤활유가 저온이 되어 밀도가 증가하기 때문

[해설] 작동을 마친 윤활유에는 공기가 섞여 체적이 증가하므로 배유 펌프의 용량이 압력 펌프보다 커야 한다.

37. 실린더 안지름이 6in이고 행정(stroke)이 6in인 단기통 엔진의 배기량은 약 몇 in^3인가?

㉮ 28 ㉯ 169
㉰ 339 ㉱ 678

[해설] 배기량 $= K \times A \times L$
$$= 1 \times \frac{\pi \times 6^2}{4} \times 6 = 169\,in^3$$

38. 브레이턴 사이클(Brayton cycle)의 열역학적인 변화에 대한 설명으로 옳은 것은?

㉮ 2개의 정압과정과 2개의 단열과정으로 구성된다.
㉯ 2개의 정적과정과 2개의 단열과정으로 구성된다.
㉰ 2개의 단열과정과 2개의 등온과정으로 구성된다.
㉱ 2개의 등온과정과 2개의 정적과정으로 구성된다.

[해설] 브레이턴 사이클 과정 : 단열압축 → 정압수열 → 단열팽창 → 정압방열

정답 33. ㉱ 34. ㉮ 35. ㉮ 36. ㉯ 37. ㉯ 38. ㉮

39. 왕복엔진과 비교하여 가스터빈엔진의 점화장치로 고전압, 고에너지 점화장치를 사용하는 주된 이유는?
- ㉮ 열손실을 줄이기 위해
- ㉯ 사용연료의 기화성이 낮아 높은 에너지 공급을 위해
- ㉰ 엔진의 부피가 커 높은 열 공급을 위해
- ㉱ 점화기 특정 규격에 맞추어 장착하기 위해

[해설] 가스터빈기관에 사용되는 연료는 왕복기관에 비해 기화성이 낮고 혼합비가 희박하여 점화가 쉽지 않으며, 고에너지의 점화 장치를 사용한다.

40. 부자식 기화기를 사용하는 왕복엔진에서 연료는 어느 곳을 통과할 때 분무화 되는가?
- ㉮ 기화기 입구
- ㉯ 연료펌프 출구
- ㉰ 부자실(float chamber)
- ㉱ 기화기 벤투리(carburetor venturi)

[해설] 부자식 기화기의 연료 노즐은 벤투리 중앙에 위치하여 부압에 의해 연료를 분무한다.

제3과목 : 항공기체

41. 다음 중 인공시효 경화처리로 강도를 높일 수 있는 알루미늄 합금은?
- ㉮ 1100
- ㉯ 2024
- ㉰ 3003
- ㉱ 5052

42. 세미모노코크 구조 형식의 날개에서 날개의 단면 모양을 형성하는 부재로 옳은 것은?
- ㉮ 스파(spar), 표피(skin)
- ㉯ 스트링어(stringer), 리브(rib)
- ㉰ 스트링어(stringer), 스파(spar)
- ㉱ 스트링어(stringer), 표피(skin)

43. 항공기 판재 굽힘작업 시 최소 굽힘 반지름을 정하는 주된 목적은?
- ㉮ 굽힘작업 시 발생하는 열을 최소화하기 위해
- ㉯ 굽힘작업 시 낭비되는 재료를 최소화하기 위해
- ㉰ 판재의 굽힘작업으로 발생되는 내부 체적을 최대로 하기 위해
- ㉱ 굽힘 반지름이 너무 작아 응력 변형이 생겨 판재가 약화되는 현상을 막기 위해

[해설] 최소 굽힘 반지름은 판재가 본래의 강도를 유지한 상태로 구부러질 수 있는 최소의 굽힘 반지름을 말한다.

44. 다음 중 조종 케이블의 장력을 측정하는 기구는?
- ㉮ 턴 버클(turn buckle)
- ㉯ 프로트랙터(protractor)
- ㉰ 케이블 리깅(cable rigging)
- ㉱ 케이블 텐션미터(cable tension meter)

45. 항공기 외부 세척방법에 해당하지 않는 것은?
- ㉮ 습식세척
- ㉯ 연마
- ㉰ 건식세척
- ㉱ 블라스팅

46. 기체 구조의 형식 중 응력 외피 구조(stress skin structure)에 대한 설명으

정답 39. ㉯ 40. ㉱ 41. ㉯ 42. ㉯ 43. ㉱ 44. ㉱ 45. ㉱ 46. ㉱

로 옳은 것은?

㉮ 2개의 외판 사이에 벌집형, 거품형, 파(wave)형 등의 심을 넣고 고착시켜 샌드위치 모양으로 만든 구조이다.

㉯ 하나의 구조 요소가 파괴되더라도 나머지 구조가 그 기능을 담당해 주는 구조이다.

㉰ 목재 또는 강판으로 트러스(삼각형 구조)를 구성하고 그 위에 천 또는 얇은 금속판의 외피를 씌운 구조이다.

㉱ 외피가 항공기의 형태를 이루면서 항공기에 작용하는 하중의 일부를 외피가 담당하는 구조이다.

47. <보기>와 같은 특징을 갖는 것은?

―〈보기〉―
- 크롬 몰리브덴강
- 0.30%의 탄소를 함유함
- 용접성을 향상시킨 강

㉮ AA 1100   ㉯ SAE 4130
㉰ AA 5052   ㉱ SAE 4340

[해설] 크롬-몰리브덴강(AISI 4130~4140): 용접성, 열처리성을 향상시켜 인장강도를 높인 강으로 항공기의 강력 볼트, 착륙장치 부품, 기관 부품 등에 사용된다.

48. 안티 스키드장치(anti-skid system)의 역할이 아닌 것은?

㉮ 유압식 브레이크에서 작동유 누출을 방지하기 위한 것이다.

㉯ 브레이크의 제동을 원활하게 하기 위한 것이다.

㉰ 항공기가 착륙 활주 중 활주속도에 비해 과도한 제동을 방지한다.

㉱ 항공기가 미끄러지지 않게 균형을 유지시켜 준다.

49. 케이블 조종계통(cable control system)에서 7×19의 케이블을 옳게 설명한 것은 어느 것인가?

㉮ 19개의 와이어로 7번을 감아 케이블을 만든 것이다.

㉯ 7개의 와이어로 19번을 감아 케이블을 만든 것이다.

㉰ 19개의 와이어로 1개의 다발을 만들고, 그 다발 7개로 1개의 케이블을 만든 것이다.

㉱ 7개의 와이어로 1개의 다발을 만들고, 이 다발 19개로 1개의 케이블을 만든 것이다.

[해설]

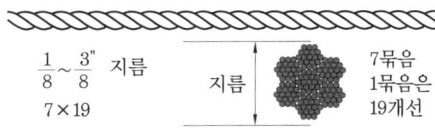

50. 지상 계류 중인 항공기가 돌풍을 만나 조종면이 덜컹거리거나 그것에 의해 파손되지 않게 설비된 장치는?

㉮ 스토퍼(stopper)
㉯ 토크 튜브(torque tube)
㉰ 거스트 로크(gust lock)
㉱ 장력 조절기(tension regulator)

[해설] 거스트 로크(gust lock): 비행기를 지상에 계류 중일 때 승강타와 방향타 등을 고정시켜 돌풍 등에 의해 파손되는 것을 방지하기 위한 잠금장치

51. 항공기의 무게중심이 기준선에서 90 in에 있고, MAC의 앞전이 기준선에서

[정답] 47. ㉯ 48. ㉮ 49. ㉰ 50. ㉰ 51. ㉰

82 in인 곳에 위치한다면 MAC가 32 in인 경우 중심은 몇 %MAC인가?

㉮ 15　㉯ 20　㉰ 25　㉱ 30

[해설] $\%MAC = \dfrac{H-X}{C} \times 100$
$= \dfrac{90-82}{32} \times 100 = 25$

52. 스크루의 식별기호 AN507 C 428 R 8에서 C가 의미하는 것은?

㉮ 지름　　　　㉯ 재질
㉰ 길이　　　　㉱ 홈을 가진 머리

[해설] 스크루의 식별기호
① AN : 규격
② 507 : 머리 종류(접시머리 스크루)
③ C : 재질(내식강)
④ 428 : 스크루의 지름이 4/16", 나사산의 수가 1"당 28개
⑤ R : 필립스 스크루
⑥ 8 : 스크루의 길이가 8/16"

53. 벤트 플로트 밸브, 화염차단장치, 서지탱크, 스캐벤지 펌프 등의 구성품이 포함된 계통은?

㉮ 조종계통　　　㉯ 착륙장치계통
㉰ 연료계통　　　㉱ 브레이크계통

54. 두께가 0.01 in인 판의 전단 흐름이 30 lb/in일 때 전단응력은 몇 lb/in²인가?

㉮ 3000　　　㉯ 300
㉰ 30　　　　㉱ 0.3

[해설] 전단응력$(\tau) = \dfrac{V}{t}$
$= \dfrac{30}{0.01} = 3000 \text{ lb/in}^2$

55. 알루미늄의 표면에 인공적으로 얇은 산화피막을 형성하는 방법은?

㉮ 주석 도금처리
㉯ 파커라이징
㉰ 카드뮴 도금처리
㉱ 아노다이징

56. 항공기의 무게중심 위치를 맞추기 위하여 항공기에 설치하는 모래주머니, 납봉, 납판 등을 무엇이라 하는가?

㉮ 밸러스트(ballast)
㉯ 유상하중(pay load)
㉰ 테어 무게(tare weight)
㉱ 자기 무게(empty weight)

57. 한쪽의 길이를 짧게 하기 위해 주름지게 하는 판금가공 방법은?

㉮ 범핑(bumping)
㉯ 크림핑(crimping)
㉰ 수축가공(shrinking)
㉱ 신장가공(stretching)

58. 리벳작업에 대한 설명으로 틀린 것은 어느 것인가?

㉮ 리벳의 피치는 같은 열에 이웃하는 리벳 중심 간의 거리로 최소한 리벳 지름의 5배 이상은 되어야 한다.
㉯ 열간 간격(횡단 피치)은 최소한 리벳 지름의 2.5배 이상은 되어야 한다.
㉰ 리벳과 리벳 구멍의 간격은 0.002 ~ 0.004 in가 적당하다.
㉱ 판재의 모서리와 최외곽열의 중심까지의 거리는 리벳 지름의 2 ~ 4배가 적당하다.

[해설] 리벳 피치 : 같은 열에 있는 리벳 중심과 리벳 중심 간의 거리를 말하며, 리벳 지름의 3~12배로 하며, 일반적으로 6~8D가 주로 이용된다.

[정답] 52. ㉯　53. ㉰　54. ㉮　55. ㉱　56. ㉮　57. ㉯　58. ㉮

59. 다음 그림과 같은 단면에서 y축에 관한 단면의 1차 모멘트는 몇 cm³인가? (단, 점선은 단면의 중심선을 나타낸 것이다.)

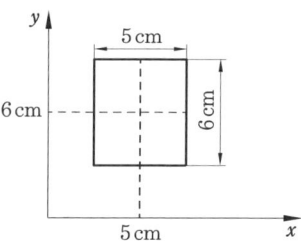

㉮ 150   ㉯ 180   ㉰ 200   ㉱ 220

[해설] y축에 대한 1차 관성 모멘트
$Q_y = y$축에 대한 단면적 중심까지의 거리×단면적
$= \bar{x}A = 5 \times 5 \times 6 = 150\,cm^3$

60. 다음 그림과 같은 $V-n$ 선도에서 항공기의 순항 성능이 가장 효율적으로 얻어지도록 설계된 속도를 나타내는 지점은?

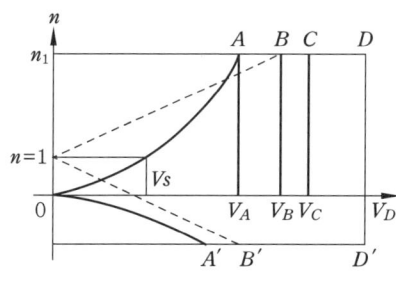

㉮ V_A ㉯ V_B ㉰ V_C ㉱ V_D

제4과목 : 항공장비

61. HF(high frequency) system에 대한 설명으로 옳은 것은?

㉮ 항공기 대 항공기, 항공기 대 지상 간에 가시거리 음성통화를 위해 사용한다.
㉯ 작동 주파수 범위는 118MHz~137MHz 이며, 채널별 간격은 8.33 kHz이다.
㉰ 송신기는 발진부, 고주파 증폭부, 변조기 및 안테나로 이루어진다.
㉱ HF는 파장이 짧기 때문에 안테나의 길이가 짧아야 한다.

[해설] 단파(HF) 통신장치 : 국제 항공로 등의 해상 원거리 통신에 사용되며, 주파수 범위는 3~30MHz이다. HF 주파수를 사용하기 위해서는 HF파에 사용되는 안테나가 굉장히 길어야 하지만 항공기에는 그럴만한 여유가 없기 때문에 그나마 기다란 수직 꼬리날개 앞전 부분에 이 HF안테나가 매립되어 있다.

62. 항공기용 회전식 인버터(rotary inverter)가 부하 변동이 있어도 발전기의 출력 전압을 일정하게 하기 위한 방법은?

㉮ 직류 전원의 전압을 변화시킨다.
㉯ 교류 발전기의 전압을 변화시킨다.
㉰ 직류 전동기의 분권 계자 전류를 제어한다.
㉱ 교류 발전기의 회전 계자 전류를 제어한다.

63. 화재탐지기에 요구되는 기능과 성능에 대한 설명으로 틀린 것은?

㉮ 무게가 가볍고 설치가 용이할 것
㉯ 화재가 시작, 진행 및 종료 시 계속 작동할 것
㉰ 화재 발생 장소를 정확하고 신속하게 표시할 것
㉱ 화재가 지시하지 않을 때 최소 전류가 소비될 것

[정답] 59. ㉮ 60. ㉰ 61. ㉰ 62. ㉰ 63. ㉯

[해설] 화재탐지계통의 요구사항
① 지상 또는 비행 중에 거짓 작동이 나 경고가 울리지 말 것
② 화재가 발생했을 때 발생 장소를 정확하고 신속하게 표시할 것
③ 화재가 진행 중일 때는 계속 작동할 것
④ 화재가 꺼진 후에는 즉시 작동이 중지될 것

64. 항공기 동체 상·하면에 장착되어 있는 충돌 방지등(anti-collision light)의 색깔은?

㉮ 녹색 ㉯ 청색
㉰ 적색 ㉱ 흰색

65. 지자기의 3요소 중 편각에 대한 설명으로 옳은 것은?

㉮ 플럭스 밸브(flux valve)가 편각을 감지한다.
㉯ 지자력의 지구수평에 대한 분력을 의미한다.
㉰ 지자기 자력선의 방향과 수평선 간의 각을 말하며, 양극으로 갈수록 90°에 가까워진다.
㉱ 지축과 지자기축이 서로 일치하지 않음으로써 발생되는 진방위와 자방위의 차이이다.

66. 다음 그림과 같은 델타(Δ) 결선에서 $R_{ab}=5\Omega$, $R_{bc}=4\Omega$, $R_{ca}=3\Omega$일 때 등가인 Y결선 각 변의 저항은 약 몇 Ω인가?

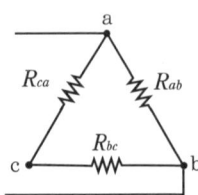 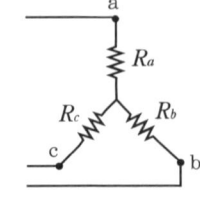

㉮ $R_a=1.00$, $R_b=1.25$, $R_c=1.67$
㉯ $R_a=1.00$, $R_b=1.67$, $R_c=1.25$
㉰ $R_a=1.25$, $R_b=1.00$, $R_c=1.67$
㉱ $R_a=1.25$, $R_b=1.67$, $R_c=1.00$

[해설] Δ회로를 Y회로로 변환

$R_a = \dfrac{R_{ca} \times R_{ab}}{R_{ab}+R_{bc}+R_{ca}} = \dfrac{3 \times 5}{5+4+3} = 0.15\,\Omega$

$R_b = \dfrac{R_{ab} \times R_{bc}}{R_{ab}+R_{bc}+R_{ca}} = \dfrac{5 \times 4}{5+4+3} = 1.67\,\Omega$

$R_c = \dfrac{R_{ca} \times R_{bc}}{R_{ab}+R_{bc}+R_{ca}} = \dfrac{3 \times 4}{5+4+3} = 1\,\Omega$

67. 고주파 안테나에서 30MHz의 주파수에 파장(λ)은 몇 m인가?

㉮ 25 ㉯ 20 ㉰ 15 ㉱ 10

[해설] 파장(λ) = $\dfrac{\text{빛의 속도}(c)}{\text{주파수}(f)}$

$\lambda = \dfrac{c}{f} = \dfrac{3 \times 10^8}{30 \times 10^6} = 10\,\text{m}$

여기서, 빛의 속도(c) = $3 \times 10^8\,\text{m/s}$ 이다.

68. 싱크로 전자기기에 대한 설명으로 틀린 것은?

㉮ 회전축의 위치를 측정 또는 제어하기 위해 사용되는 특수한 회전기이다.
㉯ 각도 검출 및 지시용으로는 2개의 싱크로 전자기기를 1조로 사용한다.
㉰ 구조는 고정자측에 1차권선, 회전자측에 2차권선을 갖는 회전변압기이고, 2차측에는 정현파 교류가 발생하도록 되어 있다.
㉱ 항공기에서는 컴퍼스 계기에 VOR국이나 ADF국 방위를 지시하는 지시계기로서 사용되고 있다.

69. 지상 접근 경보장치(GPWS)의 입력 소스가 아닌 것은?

정답 64. ㉰ 65. ㉱ 66. ㉱ 67. ㉱ 68. ㉰ 69. ㉯

㉮ 전파고도계
㉯ BELOW G/S Light
㉰ 플랩 오버라이드 스위치
㉱ 랜딩 기어 및 플랩 위치 스위치

[해설] 대지 접근 경고장치(GPWS) : 대지 접근 경고 컴퓨터를 중심으로 전파 고도계, 글라이드 슬로프 수신기, 공력 자료 시스템, 착륙 장치 및 플랩 위치 등을 입력으로 처리하여 대지 이상 접근 여부를 감시하는 장치이다.

70. 유압계통에서 축압기(accumulator)의 사용 목적은?
㉮ 계통의 유압 누설 시 차단
㉯ 계통의 과도한 압력 상승 방지
㉰ 계통의 결함 발생 시 유압 차단
㉱ 계통의 서지(surge)완화 및 유압저장

71. 14000ft 미만에서 비행할 경우 사용하고, 활주로에서 고도계가 활주로 표고를 지시하도록 하는 방식의 고도계 보정 방법은?
㉮ QNH 보정   ㉯ QNE 보정
㉰ QFE 보정   ㉱ QFG 보정

72. 다음 중 시동 특성이 가장 좋은 직류 전동기는?
㉮ 션트 전동기
㉯ 직권 전동기
㉰ 직·병렬 전동기
㉱ 분권 전동기

73. 관성항법장치(INS)계통에서 얼라인먼트(alignment)는 무엇을 하는 것인가?
㉮ 플랫폼(platform) 방향을 진북을 향하게 하고, 지구에 대해 수평이 되게 하는 것
㉯ 조종사가 항공기 위치 정보를 입력하는 것
㉰ 플랫폼(platform)에 놓여진 3축의 가속도계가 검출한 가속도를 적분하여 위치나 속도를 계산하는 것
㉱ INS가 계산한 위치(위도)와 제어표시 장치를 통해 입력한 항공기의 실제 위치를 일치시켜 주는 것

[해설] 안정 플랫폼(stable platform) : 3개의 가속도계가 서로 직각으로 플랫폼에 고정되어 있고, 하나의 가속도계는 진북을 향하고 두 번째는 동서 방향으로 고정되어 있으며, 세 번째는 플랫폼에 수직으로 세워져 있다.

74. 유압계통에서 유량제어 또는 방향제어 밸브에 속하지 않는 것은?
㉮ 오리피스(orifice)
㉯ 체크 밸브(check valve)
㉰ 릴리프 밸브(relief valve)
㉱ 선택 밸브(selector valve)

[해설] 릴리프 밸브(relief valve) : 계통 내의 압력을 최대 규정값 이하로 제한하여 계통이 과도한 압력에 의하여 파손되는 것을 방지하는 데 사용하는 장치이다.

75. 다음 중 전압을 높이거나 낮추는 데 사용되는 것은?
㉮ 변압기   ㉯ 트랜스미터
㉰ 인버터   ㉱ 전압 상승기

76. 객실 내의 공기를 일정한 기압이 되도록 동체의 옆이나 끝부분 또는 날개의 필릿(fillet)을 통하여 공기를 외부로 배출시켜주는 밸브는?
㉮ 덤프 밸브(dump valve)
㉯ 아웃플로 밸브(out-flow valve)
㉰ 압력 릴리프 밸브(cabin pressure

정답 70. ㉱ 71. ㉮ 72. ㉯ 73. ㉮ 74. ㉰ 75. ㉮ 76. ㉯

relief valve)
㉣ 부압 릴리프 밸브 (negative pressure relief valve)

77. 다음 중 방빙장치가 되어 있지 않은 곳은?
㉮ 착륙장치 휠 웰
㉯ 주 날개 리딩 에지
㉰ 꼬리날개 리딩 에지
㉱ 엔진의 전방 카울링

[해설] 항공기 방빙 계통
① 공기식 방빙 계통 : 날개 앞전, 기관 나셀
② 전기식 방빙 계통 : 피토관, 받음각 감지기, 기관 압력 감지기, 기관 온도 감지기, 얼음 감지기, 조종실 윈도

78. 조종실 내의 온도와 열전대식(thermo-couple) 온도계에 대한 설명으로 옳은 것은?
㉮ 조종실 내의 온도계는 열전대식(thermo-couple) 온도계가 사용되지 않는다.
㉯ 조종실 내의 온도계로 사용되는 열전대식(thermo-couple) 온도계는 최고 100℃까지 측정이 가능하다.
㉰ 조종실 내의 온도가 높아지면 열전대식(thermo-couple) 온도계의 지시값은 낮게 지시된다.
㉱ 조종실 내의 온도가 높아지면 열전대식(thermo-couple) 온도계의 지시값은 높게 지시된다.

[해설] 열전쌍 온도계 : 두 종류의 금속을 조합해서 열기전력을 이용한 온도계로서 온도를 감지하는 수감부와 온도계와의 사이에 온도차에 따르는 기전력에 의한 전류를 측정하여 해당되는 온도를 측정한다. 왕복기관의 온도, 가스터빈기관의 배기가스 온도를 측정하는 데 사용한다.

79. 축전지의 충전방법과 방법에 해당하는 <보기>의 설명이 옳게 짝지어진 것은?

─〈보기〉─
A. 충전 시간이 길면 과충전의 염려가 있다.
B. 충전이 진행됨에 따라 가스 발생이 거의 없어지며 충전 능률도 우수해 진다.
C. 충전 완료 시간을 미리 예측할 수 있다.
D. 초기 과도한 전류로 극판 손상의 위험이 있다.

㉮ 정전류 충전 - A, B
  정전압 충전 - C, D
㉯ 정전류 충전 - A, C
  정전압 충전 - B, D
㉰ 정전류 충전 - B, C
  정전압 충전 - A, D
㉱ 정전류 충전 - C, D
  정전압 충전 - A, B

80. 다음 중 피토압에 영향을 받지 않는 계기는?
㉮ 속도계
㉯ 고도계
㉰ 승강계
㉱ 선회경사계

[해설] 피토 정압계통
① 정압공에 연결된 계기 : 고도계, 승강계
② 피토공과 정압공에 연결된 계기 : 속도계, 마하계

정답 77. ㉮ 78. ㉮ 79. ㉯ 80. ㉱

2020년도 시행 문제

▶ 2020년 6월 21일 (1회, 2회 통합) 시행

자격종목	시험시간	문제 수	형 별	수험번호	성 명
항공 산업기사	2시간	80	A		

제1과목 : 항공역학

1. 다음 중 프로펠러의 효율(η_p)을 표현한 식으로 틀린 것은? (단, T : 추력, D : 지름, V : 비행속도, J : 진행률, n : 회전수, P : 동력, C_p : 동력계수, C_t : 추력계수이다.)

㉮ $\eta < 1$ ㉯ $\eta = \dfrac{C_t}{C_p} J$

㉰ $\eta = \dfrac{P}{TV}$ ㉱ $\eta = \dfrac{C_t}{C_p} \cdot \dfrac{V}{nD}$

[해설] 프로펠러 효율(η_p)
$= \dfrac{\text{프로펠러가 발생한 추력}(T) \times \text{비행속도}(V)}{\text{기관으로부터 프로펠러에 전달된 축동력}(P)}$
$= \dfrac{C_t}{C_p} \cdot \dfrac{V}{nD}$

진행률(J) = $\dfrac{\text{비행속도}}{\text{회전속도}} = \dfrac{V}{nD}$

2. 평형상태로부터 벗어난 뒤에 다시 평형상태로 되돌아가려는 초기의 경향을 표현한 것은?

㉮ 정적 중립
㉯ 양(+)의 정적 안정
㉰ 정적 불안정
㉱ 음(−)의 정적 안정

[해설] ① 평형상태 : 물체에 작용하는 모든 힘의 합과 모멘트의 합이 무게 중심에서 각각 0인 경우
② 정적 안정(양의 정적 안정) : 평형상태로부터 벗어난 뒤에 어떤 형태로든 움직여서 원래의 평형상태로 되돌아가려는 비행기의 초기 경향
③ 정적 불안정(음의 정적 안정) : 평형상태에서 벗어난 물체가 처음 평형상태로부터 더 멀어지려는 경향

3. 비행기가 등속도 수평비행을 하고 있다면 이 비행기에 작용하는 하중배수는?

㉮ 0 ㉯ 0.5
㉰ 1 ㉱ 1.8

[해설] 등속 수평비행 시에는 $L = W$이므로 하중배수는 1이다.

4. 다음 중 비행기의 정적 여유에 대한 정의로 옳은 것은? (단, 거리는 비행기의 동체중심선을 따라 nose에서부터 측정한 거리이다.)

㉮ 정적 여유=중립점까지의 거리−무게 중심까지의 거리
㉯ 정적 여유=공력 중심까지의 거리−중립점까지의 거리
㉰ 정적 여유=무게 중심까지의 거리−공력중심까지의 거리
㉱ 정적 여유=무게 중심까지의 거리−중립점까지의 거리

정답 1. ㉰ 2. ㉯ 3. ㉰ 4. ㉮

[해설] 정적 여유(static margin)

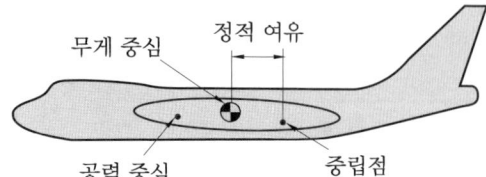

5. 헬리콥터에서 회전날개의 깃(blade)이 회전하면 회전면을 밑변으로 하는 원추의 모양을 만들게 되는데 이때 회전면과 원추 모서리가 이루는 각은?

㉮ 피치각 (pitch angle)
㉯ 코닝각 (coning angle)
㉰ 받음각 (angle of attack)
㉱ 플래핑각 (flapping angle)

[해설] ① 피치각 : 회전날개의 시위선과 회전면이 이루는 각
② 코닝각 : 회전면과 원추 모서리가 이루는 각
③ 받음각 : 회전면과 헬리콥터의 진행방향에서의 상대풍이 이루는 각

6. 라이트 형제는 인류 최초로 유인동력비행을 성공하던 날 최고기록으로 59초 동안 이륙 지점에서 260 m 지점까지 비행하였다. 당시 측정된 43 km/h의 정풍을 고려한다면 대기속도는 약 몇 km/h인가?

㉮ 27 ㉯ 43
㉰ 59 ㉱ 80

[해설] 비행기 속도 = $\dfrac{거리}{시간}$

$= \dfrac{260}{59} = 4.4 \, \text{m/s}$
$= 15.8 \, \text{km/h}$

정풍 상태에서의 대기속도
= 비행기속도 + 정풍바람속도
= 15.8 km/h + 43 km/h
≒ 59 km/h

7. 〈보기〉와 같은 현상의 원인이 아닌 것은?

─〈보기〉─
비행기가 하강 비행을 하는 동안 조종간을 당겨 기수를 올리려 할 때, 받음각과 각속도가 특정값을 넘게 되면 예상한 정도 이상으로 기수가 올라가고, 이를 회복할 수 없는 현상

㉮ 쳐든각 효과의 감소
㉯ 뒤젖힘 날개의 비틀림
㉰ 뒤젖힘 날개의 날개 끝 실속
㉱ 날개의 풍압중심이 앞으로 이동

[해설] 피치 업(pitch up)의 원인
① 뒤젖힘 날개의 날개 끝 실속
② 뒤젖힘 날개의 비틀림
③ 날개의 풍압중심이 앞으로 이동
④ 승강키 효율의 감소

8. 헬리콥터의 전진비행 또는 원하는 방향으로의 비행을 위해 회전면을 기울여 주는 조종장치는?

㉮ 사이클릭 조종 레버
㉯ 페달
㉰ 콜렉티브 조종 레버
㉱ 피치 암

[해설] 헬리콥터 조종장치
① 사이클릭 조종 레버 : 전진, 후진, 회진 비행 조종
② 콜렉티브 조종 레버 : 상승, 하강 비행 조종
③ 페달 : 방향 조종

9. 비행기 무게 1500 kgf, 날개면적이 30 m²인 비행기가 등속도 수평비행하고 있을 때 실속속도는 약 몇 km/h인가? (단, 최대양력계수 1.2, 밀도 0.125 kgf·s²/m⁴이다.)

㉮ 87 ㉯ 90 ㉰ 93 ㉱ 101

정답 5. ㉯ 6. ㉰ 7. ㉮ 8. ㉮ 9. ㉰

[해설] 실속속도 $= \sqrt{\dfrac{2W}{\rho C_L S}}$

$= \sqrt{\dfrac{2 \times 1500}{0.125 \times 1.2 \times 30}} = 25.8\,\text{m/s} = 93\,\text{km/h}$

10. 비행기 속도가 2배로 증가했을 때 조종력은 어떻게 변화하는가?

㉮ $\dfrac{1}{2}$로 감소한다.

㉯ $\dfrac{1}{4}$로 감소한다.

㉰ 2배로 증가한다.

㉱ 4배로 증가한다.

[해설] 비행기 조종력은 비행속도의 제곱에 비례한다.

11. 항공기의 정적 안정성이 작아지면 조종성 및 평형을 유지하는 것은 어떻게 변화하는가?

㉮ 조종성은 감소되며, 평형유지도 어렵다.

㉯ 조종성은 감소되며, 평형유지는 쉬워진다.

㉰ 조종성은 증가되며, 평형유지도 쉬워진다.

㉱ 조종성은 증가하나, 평형유지는 어려워진다.

[해설] 비행기에 작용하는 모든 힘의 합이 0이고, 키놀이, 옆놀이 및 빗놀이 모멘트의 합이 0인 경우를 평형이 되었다고 하며, 비행기 조종성과 안정성은 서로 반비례 한다.

12. 날개의 시위(chord)가 2 m이고 공기의 유속이 360 km/h일 때 레이놀즈수는 얼마인가? (단, 공기의 동점성계수는 0.1 cm²/s이고, 기준속도는 유속, 기준길이는 날개시위길이이다.)

㉮ 2.0×10^7 ㉯ 3.0×10^7
㉰ 4.0×10^7 ㉱ 7.2×10^7

[해설] 주어진 속도 km/h 단위를 cm/s 단위로 환산하여 대입하고, 시위길이 m 단위를 cm로 바꾸어 대입한다.

레이놀즈수 $= \dfrac{VL}{\nu}$

$= \dfrac{\left(\dfrac{360}{3.6} \times 100\right) \times 200}{0.1} = 2 \times 10^7$

13. 헬리콥터 날개의 지면효과에 대한 설명으로 옳은 것은?

㉮ 헬리콥터 날개의 기류가 지면의 영향을 받아 회전면 아래의 항력이 증가되어 헬리콥터의 무게가 증가되는 현상

㉯ 헬리콥터 날개의 기류가 지면의 영향을 받아 회전면 아래의 양력이 증가되어 헬리콥터의 무게가 증가되는 현상

㉰ 헬리콥터 날개의 후류가 지면에 영향을 주어 회전면 아래의 항력이 증가되고 양력이 감소되는 현상

㉱ 헬리콥터 날개의 후류가 지면에 영향을 주어 회전면 아래의 압력이 증가되어 양력의 증가를 일으키는 현상

14. 활공비행의 한 종류인 급강하 비행 시 (활공각 90°) 비행기에 작용하는 힘을 나타낸 식으로 옳은 것은? (단, $L=$양력, $D=$항력, $W=$항공기 무게이다.)

㉮ $L = D$ ㉯ $D = 0$
㉰ $D = W$ ㉱ $D + W = 0$

[해설] 급강하 시에는 양력(L)이 0이고, 비행기에 작용하는 힘은 무게(W)와 항력(D)가 평형을 이룬다.

15. 대기의 층과 각각의 층에 대한 설명이 틀린 것은?

정답 10. ㉱   11. ㉱   12. ㉮   13. ㉱   14. ㉰   15. ㉱

㉮ 대류권-고도가 증가하면 온도가 감소한다.
㉯ 성층권-오존층이 존재한다.
㉰ 중간권-고도가 증가하면 온도가 감소한다.
㉱ 열권-고도는 약 50 km이며, 온도는 일정하다.

[해설] 열권에서는 고도가 높아짐에 따라 온도가 높아지고 공기는 매우 희박해진다.

16. 전중량이 4500 kgf인 비행기가 400 km/h의 속도, 선회반지름 300 m로 원운동을 하고 있다면, 이 비행기에 발생하는 원심력은 약 몇 kgf인가?
㉮ 170   ㉯ 18900
㉰ 185000   ㉱ 245000

[해설] 원심력 $= \dfrac{WV^2}{gR}$

$= \dfrac{4500 \times \left(\dfrac{400}{3.6}\right)^2}{9.81 \times 300} = 18900 \, \text{kgf}$

17. 해면 고도로부터의 실제 길이 차원에서 측정된 고도를 의미하는 것은?
㉮ 압력 고도
㉯ 기하학적 고도
㉰ 밀도 고도
㉱ 지구 포텐셜 고도

[해설] 기하학적 고도 : 고도에 따른 중력 가속도의 변화를 고려하지 않고 항공기가 지상으로부터 얼마나 높이 떠서 비행하고 있는가 하는 고도

18. NACA 23012에서 날개골의 최대 두께는 얼마인가?
㉮ 시위의 12 %   ㉯ 시위의 15 %
㉰ 시위의 20 %   ㉱ 시위의 30 %

[해설] NACA 23012 : 첫째 자리 숫자 2는 최대 캠버(시위의 2 %)를 나타내며, 네 번째와 다섯 번째 숫자 12는 날개골의 최대 두께(시위의 12 %)를 나타낸다.

19. 다음 중 일반적인 베르누이 방정식 $P_t = P + \dfrac{1}{2}\rho V^2$을 적용할 수 있는 가정으로 틀린 것은?
㉮ 정상류   ㉯ 압축성
㉰ 비점성   ㉱ 동일 유선상

[해설] 베르누이 정리의 가정
① 유체는 비압축성이어야 한다.
② 유선(streamline)이 경계층을 통과하여서는 안 된다.
③ 점성력이 존재하지 않아야 한다.
④ 정상상태여야 한다.
⑤ 하나의 유선에 대해서만 적용된다.

20. 유도항력계수에 대한 설명으로 옳은 것은?
㉮ 양항비에 비례한다.
㉯ 가로세로비에 비례한다.
㉰ 속도의 제곱에 비례한다.
㉱ 양력계수의 제곱에 비례한다.

[해설] 유도항력계수 $(C_{D_i}) = \dfrac{C_L^2}{\pi e AR}$
유도항력계수는 양력계수의 제곱에 비례한다.

제2과목 : 항공기관

21. 일반적인 가스터빈엔진에서 연료조정장치(fuel control unit)가 받는 주요 입력자료가 아닌 것은?
㉮ 파워레버 위치

정답 16. ㉯ 17. ㉯ 18. ㉮ 19. ㉯ 20. ㉱ 21. ㉯

㉰ 엔진오일 압력
㉱ 압축기 출구압력
㉲ 압축기 입구온도

[해설] 연료조정장치 수감 부분 : 기관의 회전수, 압축기 출구압력 또는 연소실 입구압력, 압축기 입구온도, 동력 레버의 위치

22. 왕복엔진의 점화시기를 점검하기 위하여 타이밍 라이트(timing light)를 사용할 때, 마그네토 스위치는 어디에 위치시켜야 하는가?

㉮ OFF ㉯ LEFT
㉰ RIGHT ㉱ BOTH

[해설] 항공기에 장착된 완전한 점화계통에서 마그네토를 점검하기 위해 타이밍 라이트(timing light)를 사용할 때, 엔진을 위한 점화 스위치는 BOTH로 돌려주어야 한다. 그렇게 하지 않으면, 라이트는 포인트의 열림을 지시하지 않게 된다.

23. 체적 10 cm³의 완전기체가 압력 760 mmHg 상태에서 체적 20 cm³로 단열팽창하면 압력은 약 몇 mmHg로 변하는가?

㉮ 217 ㉯ 288 ㉰ 302 ㉱ 364

[해설] $\frac{P_2}{P_1} = \left(\frac{v_1}{v_2}\right)^k$ 에서

$P_2 = P_1 \left(\frac{v_1}{v_2}\right)^k = 760 \left(\frac{10}{20}\right)^{1.4} = 288 \, mmHg$

24. 터보제트엔진의 추진효율에 대한 설명으로 옳은 것은?

㉮ 추진효율은 배기가스 속도가 클수록 커진다.
㉯ 엔진의 내부를 통과한 1차 공기에 의하여 발생되는 추력과 2차 공기에 의하여 발생되는 추력의 합이다.
㉰ 엔진에 공급된 열에너지와 기계적 에너지로 바꿔진 양의 비이다.
㉱ 공기가 엔진을 통과하면 얻는 운동에너지에 의한 동력과 추진 동력의 비이다.

[해설] 터보제트엔진의 추진효율 : 추진효율이란 공기가 기관을 통과하면서 얻은 운동에너지와 비행기가 얻은 에너지인 추력 동력의 비를 말하며, 추진효율은 공기에 공급된 전체 운동에너지와 추력을 발생시키기 위해 사용된 에너지의 비를 뜻한다.

25. 다음 중 왕복엔진의 분류 방법으로 옳은 것은?

㉮ 연소실의 위치, 냉각방식에 의하여
㉯ 냉각방식 및 실린더 배열에 의하여
㉰ 실린더 배열과 압축기의 위치에 의하여
㉱ 크랭크축의 위치와 프로펠러 깃의 수량에 의하여

[해설] 기관의 분류
① 냉각 방법에 따른 분류 : 액랭식 기관, 공랭식 기관
② 실린더 배열 방법에 따른 분류 : 대향형 기관, 성형기관, V형 기관, 직렬형 기관

26. 프로펠러 깃 각(blade angle)은 에어포일의 시위선(chord line)과 무엇의 사이각으로 정의되는가?

㉮ 회전면
㉯ 상대풍
㉰ 프로펠러 추력 라인
㉱ 피치 변화 시 깃 회전축

[해설] 프로펠러 깃 각(blade angle) : 프로펠러 회전면과 시위선이 이루는 각

27. 왕복엔진 마그네토에 사용되는 콘덴서의 용량이 너무 작으면 발생하는 현상은?

㉮ 점화플러그가 탄다.
㉯ 브레이커 접점이 탄다.

정답 22. ㉱ 23. ㉯ 24. ㉱ 25. ㉯ 26. ㉮ 27. ㉯

㉰ 엔진시동이 빨리 걸린다.
㉱ 2차 권선에 고전류가 생긴다.

[해설] 콘덴서 : 브레이커 포인트와 병렬로 연결되어 있으며, 브레이커 포인트에 생기는 아크(arc), 즉 전기 불꽃 튀김을 흡수하여 브레이커 포인트 접점 부분의 불꽃에 의한 마멸을 방지하고, 철심에 발생했던 잔류 자기를 빨리 없애준다.

28. 항공기 제트엔진에서 축류식 압축기의 실속을 줄이기 위해 사용되는 부품이 아닌 것은?
㉮ 블로 밸브 ㉯ 가변 안내베인
㉰ 가변 정익베인 ㉱ 다축식 압축기

[해설] 축류식 압축기의 실속을 방지하기 위해서는 다축식 구조, 가변 고정자 깃, 브리드 밸브 등을 장착한다.

29. 다음 중 가스터빈엔진 점화계통의 구성품이 아닌 것은?
㉮ 익사이터(exciter)
㉯ 이그나이터(igniter)
㉰ 점화 전선(ignition lead)
㉱ 임펄스 커플링(impulse coupling)

[해설] 왕복기관 점화계통에서 시동 시 점화를 돕기 위해 부스터 코일(booster coil), 인덕션 바이브레이터 또는 임펄스 커플링(impulse coupling) 등이 사용된다.

30. 왕복엔진 기화기의 혼합기 조절장치 (mixture control system)에 대한 설명으로 틀린 것은?
㉮ 고도에 따라 변하는 압력을 감지하여 점화시기를 조절한다.
㉯ 고고도에서 기압, 밀도, 온도가 감소하는 것을 보상하기 위해 사용된다.
㉰ 고고도에서 혼합기가 농후해지는 것을 방지한다.
㉱ 실린더가 과열되지 않는 출력 범위 내에서 희박한 혼합기를 사용하게 함으로써 연료를 절약한다.

[해설] 혼합기 조절장치 : 기관이 요구하는 출력에 적합한 혼합비가 되도록 연료량을 조절하거나, 고도가 높아짐에 따라 공기의 밀도가 감소하므로 혼합비가 농후 혼합비 상태로 되는 것을 막아준다.

31. 가스터빈엔진의 윤활계통에 대한 설명으로 틀린 것은?
㉮ 가스터빈 윤활계통은 주로 건식 섬프형이다.
㉯ 건식 섬프형은 탱크가 엔진 외부에 장착된다.
㉰ 가스터빈엔진은 왕복엔진에 비해 윤활유 소모량이 많아서 윤활유 탱크의 용량이 크다.
㉱ 주 윤활 부분은 압축기와 터빈축의 베어링부, 액세서리 구동 기어의 베어링부이다.

[해설] 가스터빈 기관의 윤활계통은 주로 압축기와 터빈축을 지지해 주는 주 베어링과 액세서리를 구동하는 기어들, 그리고 그 축의 베어링 부분으로 왕복기관에 비해 윤활유 소모량 및 사용량이 매우 적다.

32. 수평 대향형 왕복엔진의 특징이 아닌 것은?
㉮ 항공용에는 대부분 공랭식이 사용된다.
㉯ 실린더가 크랭크 케이스 양쪽에 배열되어 있다.
㉰ 도립식 엔진이라 하며 직렬형 엔진보다 전면 면적이 크다.
㉱ 실린더가 대칭으로 배열되어 진동이 적게 발생한다.

정답 28. ㉮ 29. ㉱ 30. ㉮ 31. ㉰ 32. ㉰

해설 수평 대향형 기관 : 구조가 간단하고, 기관의 전면 면적이 좁아 공기저항을 줄 일 수 있지만, 실린더 수가 많아지면 기관의 길이가 길어진다.

33. 열역학의 법칙 중 에너지 보존법칙은?
㉮ 열역학 제0법칙 ㉯ 열역학 제1법칙
㉰ 열역학 제2법칙 ㉱ 열역학 제3법칙
해설 열역학 제1법칙(에너지 보존의 법칙) : 에너지는 한 형태에서 다른 형태로 전환되어도 전환 전후의 에너지 총합은 변하지 않고 항상 일정하다.

34. 정속 프로펠러(constant speed propeller)는 프로펠러 회전속도를 정속으로 유지하기 위해 프로펠러 피치를 자동으로 조정해 주도록 되어 있는데 이러한 기능은 어떤 장치에 의해 조정되는가?
㉮ 3-way 밸브
㉯ 조속기(governor)
㉰ 프로펠러 실린더(propeller cylinder)
㉱ 프로펠러 허브 어셈블리(propeller hub assembly)

35. 항공기 가스터빈엔진의 역추력장치에 대한 설명으로 틀린 것은?
㉮ 비상착륙 또는 이륙포기 시에 제동능력을 향상시킨다.
㉯ 항공기 착지 후 지상 아이들 속도에서 역추력 모드를 선택한다.
㉰ 역추력장치의 구동방법은 안전상 주로 전기가 사용되고 있다.
㉱ 캐스케이드 리버서(cascade reverser)와 클램셜 리버서(clamshell reverser) 등이 있다.
해설 역추력장치 : 배기가스를 비행기의 앞쪽 방향으로 분사시켜 항공기에 제동력을 주는 장치로 착륙 후 비행기 제동에 사용된다. 역추력장치를 작동하기 위한 동력은 기관의 블리드 공기를 이용하는 공기압식과 유압을 이용하는 유압식이 많이 사용된다.

36. 실린더 내의 유입 혼합기 양을 증가시키며 실린더의 냉각을 촉진시키기 위한 밸브 작동은?
㉮ 흡입 밸브 래그 ㉯ 배기 밸브 래그
㉰ 흡입 밸브 리드 ㉱ 배기 밸브 리드
해설 • 밸브 지연(valve lag) : 흡기밸브가 하사점 후에 닫히거나, 배기밸브가 상사점 후에 닫히는 것
• 밸브 앞섬(valve lead) : 배기밸브가 하사점 전에 열리거나, 흡기밸브가 상사점 전에 열리는 것

37. 건식 윤활유 계통 내의 배유 펌프 용량이 압력 펌프 용량보다 큰 이유는?
㉮ 윤활유를 엔진을 통하여 순환시켜 예열이 신속히 이루어지도록 하기 위해서
㉯ 엔진이 마모되고 갭(gap)이 발생하면 윤활유 요구량이 커지기 때문
㉰ 윤활유에 거품이 생기고 열로 인해 팽창되어 배유되는 윤활유의 부피가 증가하기 때문
㉱ 엔진부품에 윤활이 적절하게 될 수 있도록 윤활유의 최대 압력을 제한하고 조절하기 위해서
해설 배유 펌프 : 기관의 각종 부품을 윤활시킨 뒤 윤활유를 탱크로 보내는 펌프로서 윤활유는 기관내부에서 공기와 혼합되어 체적이 증가하기 때문에 배유 펌프가 압력 펌프 보다 용량이 더 커야 한다.

38. 오토사이클 왕복엔진의 압축비가 8일 때, 이론적인 열효율은 얼마인가? (단, 가스의 비열비는 1.4이다.)

정답 33. ㉯ 34. ㉯ 35. ㉰ 36. ㉰ 37. ㉰ 38. ㉯

㉮ 0.54 ㉯ 0.56
㉰ 0.58 ㉱ 0.62

[해설] 왕복기관의 열효율 (η_0)
$$= 1 - \frac{1}{\epsilon^{k-1}} = 1 - \frac{1}{8^{1.4-1}} = 0.56 = 56\%$$

39. 다음 중 항공기 왕복엔진의 흡입계통에서 유입되는 공기량의 누설이 연료-공기비(fuel-air ratio)에 가장 큰 영향을 미치는 경우는?

㉮ 저속 상태일 때
㉯ 고출력 상태일 때
㉰ 이륙출력 상태일 때
㉱ 연속사용 최대출력 상태일 때

40. 항공기 터보제트엔진을 시동하기 전에 점검해야 할 사항이 아닌 것은?

㉮ 추력 측정
㉯ 엔진의 흡입구
㉰ 엔진의 배기구
㉱ 연결부분 결합상태

제3과목 : 항공기체

41. 그림과 같이 집중하중 P가 작용하는 단순 지지보의 지점 B에서의 반력 R_2는? (단, $a > b$이다.)

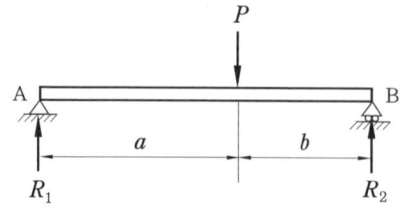

㉮ P ㉯ $\frac{1}{2}P$
㉰ $\frac{a}{a+b}P$ ㉱ $\frac{b}{a+b}P$

[해설] A점에 대한 회전모멘트 성분을 구하면
$(a+b)R_2 = Pa$ 이다.

따라서, $R_2 = \frac{a}{a+b}P$

42. 판금성형 작업 시 릴리프 홀(relief hole)의 지름치수는 몇 인치 이상의 범위에서 굽힘 반지름의 치수로 하는가?

㉮ $\frac{1}{32}$ ㉯ $\frac{1}{16}$ ㉰ $\frac{1}{8}$ ㉱ $\frac{1}{4}$

[해설] 릴리프 홀(relief hole) : 릴리프 홀의 크기는 판재의 두께에 따라 다르지만, 1/8인치 이상이어야 한다. 판재의 두께가 0.064 인치 이하인 경우에는 릴리프 홀의 크기를 1/8인치로 하고, 판재의 두께가 그 이상인 경우에는 보통 1/8인치 이하가 아닌 범위에서 굽힘 반지름의 치수를 릴리프 홀의 지름으로 한다.

43. 그림과 같은 구조물의 A단에서 작용하는 힘 200 N이 300 N으로 증가하면 케이블 AB에 발생하는 장력은 약 몇 N이 증가하는가?

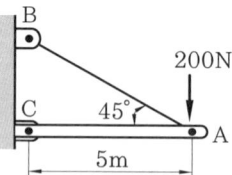

㉮ 141 ㉯ 212 ㉰ 242 ㉱ 282

[해설] 케이블 AB에 작용하는 장력을 P_{ab}라고 하고, C 지점에 대한 모멘트를 구하면
$5 \times 200 = P_{ab} \cdot \sin 45°$ 이다.

따라서, $P_{ab} = \frac{2 \times 200}{\sin 45°} = 141\,\text{N}$

44. 리벳 작업 시 리벳 성형머리(bucktail)의 일반적인 높이를 리벳 지름(D)으로 옳게 나타낸 것은?

㉮ $0.5D$ ㉯ $1D$ ㉰ $1.5D$ ㉱ $2D$

[해설] 일반적인 리벳 작업 시 성형머리의 길이는 $1.5D$이고, 높이는 $0.5D$이다.

45. 가로 5 cm, 세로 6 cm인 직사각형 단면의 중심이 그림과 같은 위치에 있을 때, x, y축에 관한 단면의 상승 모멘트 $I_{xy} = \int_A xy dA$ 는 몇 cm⁴인가?

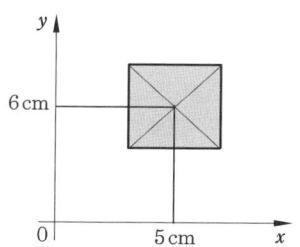

㉮ 750 ㉯ 800 ㉰ 850 ㉱ 900

[해설] 단면 상승 모멘트(I_{xy}) $= xyA$
$= 5 \times 6 \times 30 = 900\,\text{cm}^4$

46. 항공기 조종계통은 대기온도 변화에 따라 케이블의 장력이 변하는데 이것을 방지하기 위하여 온도 변화에 관계없이 자동적으로 항상 일정한 케이블의 장력을 유지하는 역할을 하는 것은?

㉮ 턴버클(turn buckle)
㉯ 푸시 풀 로드(push pull rod)
㉰ 케이블 장력 측정기(cable tension meter)
㉱ 케이블 장력 조절기(cable tension regulator)

47. 그림과 같은 응력 변형률 선도에서 접선 계수(tangent modulus)는? (단, $S_1 T$는 점 S_1에서의 접선이다.)

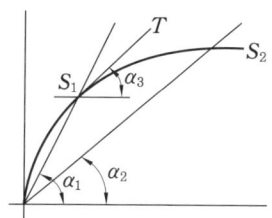

㉮ $\tan \alpha_1$ ㉯ $\tan \alpha_2$
㉰ $\tan \alpha_3$ ㉱ $\tan\left(\dfrac{\alpha_1}{\alpha_2}\right)$

[해설] 응력 변형률 선도에서 접선 계수(tangent modulus ; E_t) : 어떤 특정 응력에서 응력-변형률 선도의 기울기로 응력-변형 선도 위에 있어서 곡선의 각 선상에 그은 접선의 탄젠트(tangent)를 한 것이다.

48. 민간 항공기에서 주로 사용하는 인티그럴 연료탱크(Integral fuel tank)의 가장 큰 장점은?

㉮ 연료의 누설이 없다.
㉯ 화재의 위험이 없다.
㉰ 연료의 공급이 쉽다.
㉱ 무게를 감소시킬 수 있다.

[해설] 인티그럴 연료탱크 : 날개 내부 공간을 연료탱크로 사용하는 것으로 앞 날개보와 뒷 날개보 및 외피로 이루어진 공간을 밀폐제를 이용하여 완전히 밀폐하여 사용하게 되므로 무게가 가볍다.

49. 비소모성 텅스텐 전극과 모재 사이에서 발생하는 아크열을 이용하여 비피복 용접봉을 용해시켜 용접하며 용접 부위를 보호하기 위해 불활성가스를 사용하는 용접 방법은?

㉮ TIG 용접 ㉯ 가스 용접
㉰ MIG 용접 ㉱ 플라스마 용접

[해설] 불활성가스 아크 용접
① 텅스텐 불활성가스 아크 용접(TIG 용접) : 아크(arc)를 일으키는데 소모되지 않는 텅스텐 전극이 사용되며, 용접작업 도중 불활성가스 (아르곤, 헬륨) 가 용접부위의 공기를 제거하여 산화를 방지시킨다. 텅스텐 전극은 단지 아크를 일으키기 위해 사용된다.
② 금속 불활성가스 아크 용접(MIG 용접) : 소모성 금속 와이어를 이용하는 용접으로 불활성가스로는 보통 아르곤을 사용하고 경우에 따라 소량의 헬륨과 산소를 혼합하여 사용하기도 한다.

50. 케이블 단자 연결방법 중 케이블 원래의 강도를 90 % 보장하는 것은 ?
㉮ 스웨이징 단자방법(swaging terminal method)
㉯ 니코프레스 처리방법(nicopress process)
㉰ 5단 엮기 이음방법(5 tuck woven splice)
㉱ 랩 솔더 이음방법(wrap solder cable splice)

[해설] 케이블 단자 연결방법
① 스웨이징 방법 : 연결부분 케이블 강도는 케이블 강도의 100 %이고, 가장 일반적이다.
② 납땜 이음방법(wrap solder cable splice) : 접합부분 강도는 케이블 강도의 90 %이고 고온부분에는 사용을 금한다.
③ 5단 엮기 이음방법 : 연결부분의 강도는 케이블 강도의 75 %이다.

51. 딤플링(dimpling) 작업 시 주의사항이 아닌 것은 ?
㉮ 반대방향으로 다시 딤플링을 하지 않는다.
㉯ 판을 2개 이상 겹쳐서 딤플링을 하지 않는다.
㉰ 스커드 판 위에서 미끄러지지 않게 스커드를 확실히 잡고 수평으로 유지한다.
㉱ 7000 시리즈의 알루미늄 합금은 홀 딤플링을 적용하지 않으면 균열을 일으킨다.

[해설] 딤플링(dimpling) : 판재의 두께가 0.04 인치 이하로 얇아서 카운터 싱킹 작업이 불가능할 때 딤플링을 하게 되며, 7000 시리즈 알루미늄 합금이나 마그네슘 합금 및 그 밖에 티타늄 합금은 균열을 방지하기 위하여 모두 열을 가해서 딤플링 방법을 적용해야 한다. 판을 2개 이상 겹쳐서 동시에 딤플링하는 방법은 가능한 삼가야 하며, 반대방향으로 다시 딤플링을 해서는 안 된다.

52. 항공기 동체에서 모노코크 구조와 비교하여 세미모노코크 구조의 차이점에 대한 설명으로 옳은 것은 ?
㉮ 리브를 추가하였다.
㉯ 벌크헤드를 제거하였다.
㉰ 외피를 금속으로 보강하였다.
㉱ 프레임과 세로대, 스트링어를 보강하였다.

[해설] 세미모노코크 구조 : 프레임 및 벌크헤드가 동체의 형태를 만들고 동체 길이 방향으로 세로대, 스트링어를 보강하여 골격을 만들고 그 위에 외피를 입힌 구조

53. 항공기용 볼트의 부품번호가 AN 6 DD H 7A 인 경우 숫자 '6' 이 의미하는 것은 ?
㉮ 볼트의 길이가 $\frac{6}{16}$ in 이다.
㉯ 볼트의 직경이 $\frac{6}{16}$ in 이다.
㉰ 볼트의 길이가 $\frac{6}{8}$ in 이다.

[정답] 50. ㉱ 51. ㉰ 52. ㉱ 53. ㉯

라 볼트의 직경이 $\frac{6}{32}$ in 이다.

해설 AN 6 DD H 7 A
AN : 규격(AN 표준 기호)
6 : 볼트의 직경 (6/16인치)
DD : 볼트의 재질(DD : 2024 알루미늄 합금)
H : 볼트 머리의 구멍 유무(H : 구멍 유, 무표시 : 구멍 무)
7 : 볼트의 길이(7/8인치)
A : 볼트 나사 끝의 구멍 유무(A : 구멍 무, 무표시 : 구멍 유)

54. 그림과 같은 항공기에서 무게 중심의 위치는 기준선으로부터 약 몇 m인가? (단, 뒷바퀴는 총 2개이며, 개당 1000 kgf이다.)

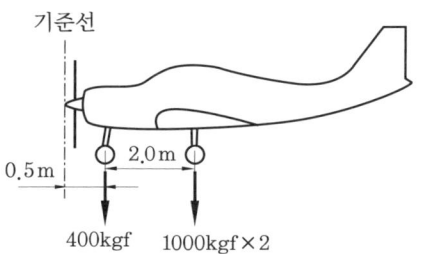

가 0.72　　나 1.50
다 2.17　　라 3.52

해설 무게 중심$(C.G) = \frac{\text{총모멘트}}{\text{총무게}}$
$= \frac{400 \times 0.5 + 1000 \times 2.5 + 1000 \times 2.5}{400 + 1000 + 1000}$
$= 2.17 \text{ m}$

55. 금속표면에 접하는 물, 산, 알칼리 등의 매개체에 의해 금속이 화학적으로 침해되는 현상은?

가 침식　　나 부식
다 찰식　　라 마모

해설 금속 재료의 부식(corrosion) : 주위 환경과 화학적 또는 전기 화학적 반응에 의해 표면 상태가 변화되거나 재료의 내부를 악화시켜 결국에는 구조물이 파손되는 현상

56. 페일세이프 구조(failsafe structure) 방식으로만 나열한 것은?

가 리던던트 구조, 더블 구조, 백업 구조, 로드 드롭핑 구조
나 모노코크 구조, 더블 구조, 백업 구조, 로드 드롭핑 구조
다 리던던트 구조, 모노코크 구조, 백업 구조, 로드 드롭핑 구조
라 리던던트 구조, 더블 구조, 백업 구조, 모노코크 구조

해설 페일세이프 구조(failsafe structure)
① 다경로 하중 구조(redundant structure)
② 이중 구조(double structure)
③ 대치 구조(back-up structure)
④ 하중 경감 구조(load dropping structure)

57. 알클래드(alclad)에 대한 설명으로 옳은 것은?

가 알루미늄 판의 표면을 변형 경화 처리한 것이다.
나 알루미늄 판의 표면에 순수 알루미늄을 입힌 것이다.
다 알루미늄 판의 표면을 아연 크로메이트 처리한 것이다.
라 알루미늄 판의 표면을 풀림 처리한 것이다.

해설 알클래드(alclad) : 고강도 알루미늄 합금의 표면에 순도가 높은 알루미늄 판을 피복함으로써 내식성을 향상시킨 것을 말한다.

58. 브레이크 페달(brake pedal)에 스펀지(sponge) 현상이 나타났을 때 조치 방법은?

정답　54. 다　55. 나　56. 가　57. 나　58. 나

㉮ 공기를 보충한다.
㉯ 계통을 블리딩(bleeding)한다.
㉰ 페달(pedal)을 반복해서 밟는다.
㉱ 작동유(MIL-H-5606)를 보충한다.

[해설] 브레이크 블리딩(bleeding) : 유압 브레이크 시스템에서 브레이크 라인(브레이크 오일이 포함된 파이프 및 호스)에서 공기 방울을 제거하는 것을 말한다. 공기를 제거하면 페달이 뻣뻣해진다.

59. 고정익 항공기가 비행 중에 날개 뿌리에서 가장 크게 발생하는 응력은?

㉮ 굽힘응력
㉯ 전단응력
㉰ 인장응력
㉱ 비틀림응력

[해설]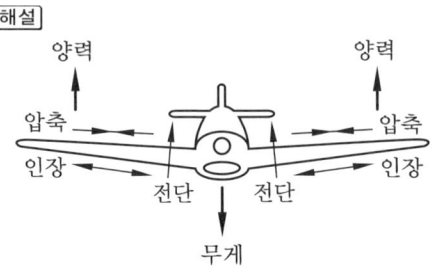

60. 상품명이 케블라(kevlar)라고 하며 가볍고 인장강도가 크며 유연성이 큰 섬유는?

㉮ 아라미드 섬유
㉯ 보론 섬유
㉰ 알루미나 섬유
㉱ 유리 섬유

[해설] 아라미드 섬유 : 고분자 합성에 의해 제조된 유기 섬유의 일종으로 케블라라고도 한다. 압축강도나 열적 특성은 나쁘지만 높은 인장강도와 유연성을 가지고 있으며, 비중이 작기 때문에 높은 응력과 진동을 받는 항공기의 부품에 가장 이상적이다.

제4과목 : 항공장비

61. 최댓값이 141.4 VB인 정현파 교류의 실횻값은 약 몇 V인가?

㉮ 90
㉯ 100
㉰ 200
㉱ 300

[해설] 실횻값 : 교류가 실제로 일을 한 값이다.
$E = 0.707 E_m = 0.707 \times 141.4 = 100 \text{ V}$

62. 착륙 장치의 경보 회로에서 그림과 같이 바퀴가 완전히 올라가지도 내려가지도 않은 상태에서 스크롤 레버를 감소로 작동시키면 일어나는 현상은?

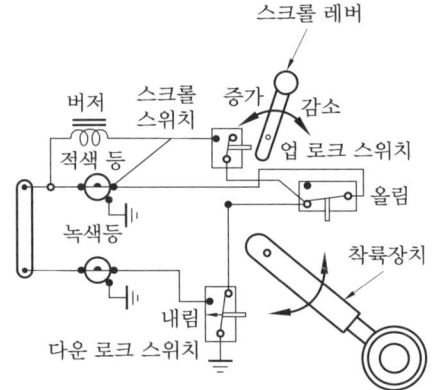

㉮ 버저만 작동된다.
㉯ 녹생등만 작동된다.
㉰ 버저와 적색등이 작동된다.
㉱ 녹색등과 적색등 모두 작동된다.

[해설] 착륙 장치의 경보계통 : 인입식 착륙 장치를 사용하는 항공기에서 불안전한 착륙 장치의 상태를 조종사에게 경고해주기 위한 장치로, 바퀴가 불안전 상태일 때 적색 경고등이 켜지고, 착륙하기 위해서 착륙 장치를 내렸을 때 바퀴가 내려가지 않거나 잠금이 되지 않았을 때 경고음이 발생하는 청각 경고장치가 있다.

정답 59. ㉯ 60. ㉮ 61. ㉯ 62. ㉰

① 녹색등 : 기어가 완전히 내려가면 down latch에 의해 녹색등 발광
② 적색등 : 기어가 올라가지도 내려가지도 않은 중간 상태에서 up latch에 의해 적색등 발광
③ 무색등 : 기어가 완전히 올라와 down latch 작동 시 아무 불도 켜지지 않음

63. 다음 중 항공기의 엔진계기만으로 짝 지어진 것은?

㉮ 회전 속도계, 절도 고도계, 승강계
㉯ 기상레이더, 승강계, 대기 온도계
㉰ 회전 속도계, 연료 유량계, 자기나침반
㉱ 연료 유량계, 연료 압력계, 윤활유 압력계

[해설] 항공기 계기
① 비행계기 : 고도계, 속도계, 승강계, 선회경사계
② 엔진계기 : 엔진회전계, 연료 압력계, 윤활 압력계, 실린더 온도계, 연료 유량계, 저압 압축기 회전계, 배기가스 온도계, 고압 압축기 회전계
③ 항법계기 : 전파 고도계, 수평자세 지시계, 거리 측정장치, 무선 자석 지시계

64. 다음 중 화재탐지장치에서 감지센서로 사용되지 않는 것은?

㉮ 바이메탈 (bimetal)
㉯ 아네로이드 (aneroid)
㉰ 공용염 (eutectic salt)
㉱ 열전대 (thermocouple)

[해설] 아네로이드(밀폐식 공함)는 내부가 진공이므로 외부 압력을 절대 압력으로 측정하는데 사용한다.

65. 항공기의 위치와 방빙(anti-icing) 또는 제빙(de-icing) 방식의 연결이 틀린 것은?

㉮ 조종날개 – 열공압식, 열전기식
㉯ 프로펠러 – 열전기식, 화학식
㉰ 기화기(carbutetor) – 열전기식, 화학식
㉱ 윈드실드(windshield), 윈도우(window) – 열전기식, 열공압식

[해설] 방빙 및 제빙 방법

결빙 부분	얼음 방지 및 제거 방법
날개 앞전, 수직 수평 안정판의 앞전	가열 공기
윈드실드 및 창문	전열기, 알코올
히터, 기관 공기 흡입구	전열기
실속 경고장치, 피토관	전열기
프로펠러 깃의 앞전	전열기, 알코올
기화기(플로트형)	가열공기, 알코올

66. SELCAL 시스템의 구성 장치가 아닌 것은?

㉮ 해독장치
㉯ 음성 제어 패널
㉰ 안테나 커플러
㉱ 통신 송·수신기

[해설] 선택 호출장치(SELCAL : selective calling system) : 모든 항공기에 고유의 등록 부호를 주어 지상에서 호출할 때는 통신에 앞서 호출 부호를 먼저 송신하면 항공기 쪽의 부호 해독 장치는 자기 항공기의 호출 부호를 수신하였을 때에만 벨소리와 호출 등으로 점멸하여 승무원에게 지상의 호출을 알리는 장치이다.

67. 3상 교류발전기와 관련된 장치에 대한 설명으로 틀린 것은?

㉮ 교류발전기에서 역전류 차단기를 통해 전류가 역류하는 것을 방지한다.

㈏ 엔진의 회전수에 관계없이 일정한 출력 주파수를 얻기 위해 정속구동장치가 이용된다.
㈐ 교류발전기에서 별도의 직류발전기를 설치하지 않고 변압기 정류기 장치(TR unit)에 의해 직류를 공급한다.
㈑ 3상 교류발전기는 자계권선에 공급되는 직류전류를 조절함으로써 전압조절이 이루어진다.

[해설] 역전류 차단기 : 전자적으로 조작되는 직류 전류 장치로 발전기의 출력쪽과 버스 사이에 장착하여 발전기의 출력 전압이 낮을 때 축전지로부터 발전기로 전류가 역류하는 것을 방지하는 장치이다.

68. 자동 착륙 시스템과 관련하여 활주로까지 가시거리(RVR)가 최소 50m이상만 되면 착륙할 수 있는 국제민간항공기구의 활주로 시정등급은?
㈎ CAT Ⅰ　　㈏ CAT Ⅱ
㈐ CAY ⅢA　㈑ CAT ⅢB

[해설] • 활주로 가시거리(Runway Visual Range or Visibility ; RVR) : 자동측정장치로 측정된 가시거리

등급	착륙 가시거리	결심 고도	비고
CAT Ⅰ	550m 이상	60m 이상 75m 미만	김해 등 지방공항
CAT Ⅱ	300m 이상 ~ 550m 미만	30m 이상 60m 미만	제주 공항
CAT ⅢA	175m 이상 ~ 300m 미만	15m 이상 30m 미만	김포 (RVR 175m)
CAT ⅢB	50m 이상 ~ 175m 미만	15m 미만	인천 (RVR 75m)
CAT ⅢC	제한 없음	제한 없음	-

• 결심 고도(decision height) : 조종사가 착륙 또는 복행을 최종적으로 결심하는 고도

69. 시동 토크가 커서 항공기 엔진의 시동장치에 가장 많이 사용되는 전동기는?
㈎ 분권 전동기　㈏ 직권 전동기
㈐ 복권 전동기　㈑ 분할 전동기

[해설] 직권 전동기 : 계자와 전기자 직렬로 연결되어 있으며 시동할 때 계자에도 전류가 많이 흘러 시동 토크가 크다. 부하가 크고, 시동 토크가 크게 필요한 기관의 시동용 전동기, 착륙장치, 플랩 등을 움직이는 전동기에 사용한다.

70. 항공기를 운항하기 위해 필요한 음성통신은 주로 어떤 장치를 이용하는가?
㈎ GPS 통신장치　㈏ ADF 수신기
㈐ VOR 통신장치　㈑ VHF 통신장치

[해설] 초단파(VHF) 통신 : 근거리 통신장치로 국내선 및 공항 주변에서의 통신연락에 대부분 이 통신장치가 이용되고 있다.

71. 다음 중 자이로(gyro)의 강직성 또는 보전성에 대한 설명으로 옳은 것은?
㈎ 외력을 가하지 않는 한 일정한 자세를 유지하려는 성질이다.
㈏ 외력을 가하면 그 힘의 방향으로 자세가 변하려는 성질이다.
㈐ 외력을 가하면 그 힘과 직각방향으로 자세가 변하려는 성질이다.
㈑ 외력을 가하면 그 힘과 반대방향으로 자세가 변하려는 성질이다.

[해설] 자이로 강직성 : 외력이 가해지지 않으면 회전자의 축 방향은 우주공간에 대하여 계속 일정한 방향으로 유지하려는 성질을 말하며 자이로 회전자의 질량이 클수록, 회전이 빠를수록 강하다.

72. 전파 고도계(radio altimeter)에 대한 설명으로 틀린 것은?

정답 68. ㈑　69. ㈏　70. ㈑　71. ㈎　72. ㈐

㉮ 전파 고도계는 지형과 항공기의 수직 거리를 나타낸다.
㉯ 항공기 착륙에 이용하는 전파 고도계의 측정범위는 0~2500 ft 정도이다.
㉰ 절대 고도계라고도 하며 높은 고도용의 FM형과 낮은 고도용의 펄스형이 있다.
㉱ 항공기에서 지표를 향해 전파를 발사하여 그 반사파가 되돌아올 때까지의 시간을 측정하여 고도를 표시한다.

[해설] 전파 고도계(radio altimeter) : 항공기에서 지표를 향해 전파를 발사하여 고도를 측정하는 장치로, 지형과 항공기 사이의 수직거리 즉 절대고도를 지시하는 것으로서 절대 고도계라고도 한다. 높은 고도용의 펄스형과 낮은 고도용의 FM형 등이 있다.

73. 매니폴드(manifold) 압력계에 대한 설명으로 옳은 것은?
㉮ EPR 계기라 한다.
㉯ 절대압력으로 측정한다.
㉰ 상대압력으로 측정한다.
㉱ 제트엔진에 주로 사용한다.

[해설] 매니폴드 압력계(흡입 압력계) : 왕복기관에 흡입공기의 압력을 측정하는 계기로, 정속 프로펠러나 과급기를 갖춘 기관에서는 반드시 필요한 계기이다. 절대압력으로 측정되며 inHg 단위로 표시된다.

74. 화재탐지기가 갖추어야 할 사항으로 틀린 것은?
㉮ 화재가 계속되는 동안에 계속 지시해야 한다.
㉯ 조종실에서 화재탐지장치의 기능 시험이 가능해야 한다.
㉰ 과도한 진동과 온도변화에 견디어야 한다.
㉱ 화재탐지는 모든 구역이 하나의 계통으로 되어야 한다.

[해설] 화재·과열 탐지계통 : 화재·과열 발생 시 즉시 전기 신호를 지속적이고, 연속적으로 발생시킬 수 있어야 하고, 소화가 된 후에는 전기신호 발생이 중단되어야 한다. 물, 오일, 열, 진동 및 기타 하중에 대해 내구성이 있어야 하며 중량이 가볍고, 장착이 쉬워야 하며 정비 및 취급이 간단하고 기능시험이 가능하여야 한다.

75. 압력제어밸브 중 릴리프밸브의 역할로 옳은 것은?
㉮ 불규칙한 배출압력을 규정 범위로 조절한다.
㉯ 계통의 압력보다 낮은 압력이 필요할 때 사용된다.
㉰ 항공기 비행자세에 의한 흔들림과 온도상승으로 인하여 발생된 공기를 제거한다.
㉱ 계통 안의 압력으로 인하여 계통 안의 관이나 부품이 파손되는 것을 방지한다.

[해설] ① 압력 제어 밸브(pressure control valve) : 회로의 압력을 일정하게 유지하거나 최고 압력을 제어하는 등 작동유 압력 회로의 안전 또는 기기를 보호하는 역할을 한다.
② 릴리프 밸브 : 압력 조절기 및 계통의 고장 등으로 계통 내의 압력이 규정값 이상으로 되는 것을 방지하기 위한 안전밸브이다.

76. 유압계통에서 사용되는 체크밸브의 역할은?
㉮ 역류방지
㉯ 기포방지
㉰ 압력조절

정답 73. ㉯ 74. ㉱ 75. ㉱ 76. ㉮

㉣ 유압차단

[해설] 체크 밸브(check valve) : 한쪽 방향으로만 작동유의 흐름을 허용하고, 반대방향의 흐름은 제한하는 밸브이다.

77. 지자기 자력선의 방향과 지구 수평선이 이루는 갓을 말하며 적도부근에서는 거의 0도이고 양극으로 갈수록 90도에 가까워지는 것을 무엇이라 하는가?

㉮ 복각
㉯ 수평분력
㉰ 편각
㉱ 수직분력

[해설] 복각 : 지구 상의 한 지점에 작용하는 나침반의 자침(지구 자기장의 방향)이 수평면과 이루는 각을 복각이라고 한다. 복각이 0인 지역을 자기 적도, +90°인 지점을 자북극, -90°인 지점을 자남극이라고 한다.

78. 다음 중 항공기에서 이론상 가장 먼저 측정하게 되는 것은?

㉮ CAS
㉯ IAS
㉰ EAS
㉱ TAS

[해설] 속도계 : IAS → CAS → EAS → TAS

79. FAA에서 정한 여압장치를 갖춘 항공기의 제작 순항고도에서의 객실고도는 약 몇 ft인가?

㉮ 0
㉯ 3000
㉰ 8000
㉱ 20000

[해설] 객실 고도(cabin altitude) : 객실 안의 기압에 해당되는 기압고도를 말하며, 객실 여압계통이 설비된 항공기는 최대 순항 고도에서 객실고도를 8000ft로 유지할 수 있어야 한다.

80. 다음 중 니켈-카드뮴 축전지에 대한 설명으로 틀린 것은?

㉮ 전해액은 질산계의 산성액이다.
㉯ 한 개 셀(cell)의 기전력은 무부하 상태에서 약 1.2~1.25V 정도이다.
㉰ 진동이 심한 장소에 사용 가능하고, 부식성 가스를 거의 방출하지 않는다.
㉱ 고부하 특성이 좋고 큰 전류 방전 시 안정된 전압을 유지한다.

[해설] 니켈-카드뮴 축전지 : 알칼리 축전지로 유지비가 적게 들고 수명이 길며, 재충전 소요시간이 짧고 신뢰성이 높으며 전류를 일시에 사용하여도 무리가 없다. 셀(cell)당 전압은 1.2~1.25V이다.

정답 77. ㉮ 78. ㉯ 79. ㉰ 80. ㉮

제1과목 : 항공역학

1. 날개면적이 150 m², 스팬(span)이 25 m인 비행기의 가로세로비(aspect ratio)는 약 얼마인가?
㉮ 3.0 ㉯ 4.17
㉰ 5.1 ㉱ 7.1

[해설] 가로세로비 $= \dfrac{b^2}{S} = \dfrac{25^2}{150} = 4.17$

2. 비행기가 고속으로 비행할 때 날개 위에서 충격실속이 발생하는 시기는?
㉮ 아음속에서 생긴다.
㉯ 극초음속에서 생긴다.
㉰ 임계 마하수에 도달한 후에 생긴다.
㉱ 임계 마하수에 도달하기 전에 생긴다.

[해설] ① 충격실속(schock stall) : 천음속 흐름에서 충격파에 의해 에어포일의 항력이 급격히 증가하고 양력이 현저하게 감소하는 현상
② 임계 마하수 : 날개 윗면에서 최대속도가 마하수 1이 될 때 날개 앞쪽에서의 흐름의 마하수

3. 다음 중 항공기의 가로 안정에 영향을 미치지 않는 것은?
㉮ 동체 ㉯ 쳐든각 효과
㉰ 도어(door) ㉱ 수직 꼬리 날개

[해설] 가로 안정에 영향을 주는 요소 : 날개(쳐든각 효과), 수직 꼬리 날개, 동체

4. 음속을 구하는 식으로 옳은 것은? (단, K : 비열비, R : 공기의 기체상수, g : 중력가속도, T : 공기의 온도이다.)
㉮ $\sqrt{KgRT}$ ㉯ $\sqrt{\dfrac{gRT}{K}}$
㉰ $\sqrt{\dfrac{RT}{gK}}$ ㉱ $\sqrt{\dfrac{gKT}{R}}$

5. 날개 드롭(wing drop) 현상에 대한 설명으로 옳은 것은?
㉮ 비행기의 어떤 한 축에 대한 변화가 생겼을 때 다른 축에도 변화를 일으키는 현상
㉯ 음속비행 시 날개에 발생하는 충격실속에 의해 기수가 오히려 급격히 내려가는 현상
㉰ 하강비행 시 기수를 올리려 할 때, 받음각과 각속도가 특정값을 넘게 되면 예상한 정도 이상으로 기수가 올라가는 현상
㉱ 비행기의 속도가 증가하여 천음속 영역에 도달하게 되면 한쪽 날개가 충격실속을 일으켜서 갑자기 양력을 상실하고 급격한 옆놀이(rolling)를 일으키는 현상

6. 정상 수평비행하는 항공기의 필요마력에 대한 설명으로 옳은 것은?
㉮ 속도가 작을수록 필요마력은 크다.
㉯ 항력이 작을수록 필요마력은 작다.

[정답] 1. ㉯ 2. ㉰ 3. ㉰ 4. ㉮ 5. ㉱ 6. ㉯

㉰ 날개하중이 작을수록 필요마력은 커진다.
㉱ 고도가 높을수록 밀도가 증가하여 필요마력은 커진다.

[해설] 필요마력 $\left(\dfrac{DV}{75}\right)$: 비행기가 항력(D)을 이기고 앞으로 움직이기 위해 필요한 마력으로 항력이 작을수록 필요마력도 작아진다.

7. 항공기 날개의 압력중심(center of pressure)에 대한 설명으로 옳은 것은?

㉮ 날개 주변 유체의 박리점과 일치한다.
㉯ 받음각이 변하더라도 피칭 모멘트 값이 변하지 않는 점이다.
㉰ 받음각이 커짐에 따라 압력중심은 앞으로 이동한다.
㉱ 양력이 급격히 떨어지는 지점의 받음각을 말한다.

[해설] 압력중심 : 받음각이 변화하면 이동을 하게 되며, 보통 받음각이 클 때에는 압력중심으로 앞으로 이동을 하고 시위 길이의 1/4 정도인 곳이 된다. 받음각이 작을 때에는 날개 뒤쪽으로 이동을 하고 날개 시위 길이의 1/2 정도까지 이동을 한다.

8. 헬리콥터의 주 회전날개에 플래핑 힌지를 장착함으로써 얻을 수 있는 장점이 아닌 것은?

㉮ 돌풍에 의한 영향을 제거할 수 있다.
㉯ 지면효과를 발생시켜 양력을 증가시킬 수 있다.
㉰ 회전축을 기울이지 않고 회전면을 기울일 수 있다.
㉱ 주 회전날개 깃 뿌리(root)에 걸린 굽힘 모멘트를 줄일 수 있다.

[해설] 플래핑 힌지 : 전진하는 깃의 양력이 증가하면 회전날개가 위로 이동하여 받음각이 감소하고, 따라서 양력도 감소하게 된다. 후퇴하는 깃의 양력이 감소하면 회전날개가 아래로 내려가 받음각을 증가시켜 양력이 증가하므로 회전날개 면에서의 양력 불균형을 해소한다.

9. 양항비가 10인 항공기가 고도 2000 m에서 활공비행 시 도달하는 활공거리는 몇 m인가?

㉮ 10000 ㉯ 15000
㉰ 20000 ㉱ 40000

[해설] 활공거리 = 활공비 × 활공고도
 = 10 × 2000 = 20000 m

10. 등속 상승비행에 대한 상승률을 나타내는 식이 아닌 것은? (단, V : 비행속도, γ : 상승각, W : 항공기 무게, T : 추력, D : 항력, P_a : 이용동력, P_r : 필요동력이다.)

㉮ $\dfrac{P_a - P_r}{W}$ ㉯ $\dfrac{잉여동력}{W}$
㉰ $\dfrac{(T-D)V}{W}$ ㉱ $\dfrac{V}{W}\sin\gamma$

[해설] 상승률(R.C) = $\dfrac{75(P_a - P_r)}{W} = V\sin\gamma$

이용마력과 필요마력의 차이를 여유마력(잉여마력)이라 하며, 여유마력이 클수록 상승률도 증가한다.

11. 엔진고장 등으로 프로펠러의 페더링을 하기 위한 프로펠러의 깃 각 상태는?

㉮ 0°가 되게 한다.
㉯ 45°가 되게 한다.
㉰ 90°가 되게 한다.
㉱ 프로펠러에 따라 지정된 고유값을 유지한다.

[해설] 프로펠러 페더링 : 프로펠러 깃의 갓 약 90°의 각도로 비행방향과 평행이 되도록 피치를 변경시키는 것을 말한다.

정답 7. ㉰ 8. ㉯ 9. ㉰ 10. ㉱ 11. ㉰

12. 항공기의 성능 등을 평가하기 위하여 표준대기를 국제적으로 통일하여 정한 기관의 명칭은?

㉮ ICAO ㉯ ISO
㉰ EASA ㉱ FAA

[해설] 국제민간항공기구(ICAO : International Civil Aviation Organization) : 공기 중을 비행하는 항공기의 비행특성이나 성능은 공기의 물리적 상태량인 온도, 압력, 밀도 등에 좌우되며 이는 시간, 장소, 고도에 따라 변화를 하게 되어 국제민간항공기구에서는 항공기의 설계, 운용에 기준이 되는 표준대기를 정하였다.

13. 헬리콥터 회전날개의 코닝각에 대한 설명으로 틀린 것은?

㉮ 양력이 증가하면 코닝각은 증가한다.
㉯ 무게가 증가하면 코닝각은 증가한다.
㉰ 회전날개의 회전속도가 증가하면 코닝각은 증가한다.
㉱ 헬리콥터의 전진속도가 증가하면 코닝각은 증가한다.

[해설] 코닝각 : 회전면과 원추 모서리가 이루는 각

14. 그림과 같은 프로펠러 항공기의 비행속도에 따른 필요마력과 이용마력의 분포에 대한 설명으로 옳은 것은?

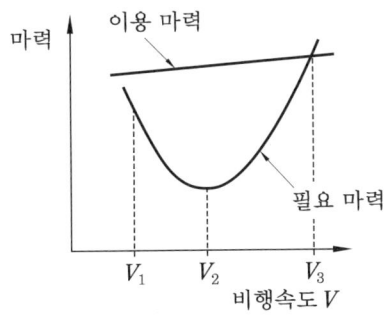

㉮ 비행속도 V_1에서 주어진 연료로 최대의 비행거리를 비행할 수 있다.
㉯ 비행속도 V_1 근처에서 필요마력이 감소하는 것은 유해항력의 증가에 기인한다.
㉰ 일반적으로 비행속도 V_2에서 최대 양항비를 갖도록 항공기 형상을 설계한다.
㉱ 비행속도가 V_2에서 V_3 방향으로 증가함에 따라 프로펠러 토크에 의한 롤 모멘트(roll moment)가 증가한다.

[해설] 이용마력과 필요마력 곡선이 오른쪽에서 만나는 점(V_3)이 비행기가 낼 수 있는 최대속도이며, 왼쪽에서 만나는 점이 최소 속도로 실속속도라 부른다.

15. 항공기 날개의 유도항력계수를 나타낸 식으로 옳은 것은? (단, AR : 날개의 가로세로비, C_L : 양력계수, e : 스팬(span) 효율계수이다.)

㉮ $\dfrac{C_L^{\ 2}}{\pi e AR}$ ㉯ $\dfrac{C_L^{\ 3}}{\pi e AR}$

㉰ $\dfrac{C_L}{\pi e AR}$ ㉱ $\sqrt{\dfrac{C_L}{2\pi e AR}}$

16. 수평비행의 실속속도가 71 km/h인 항공기가 선회경사각 60°로 정상선회비행을 할 경우 실속속도는 약 몇 km/h인가?

㉮ 80 ㉯ 90 ㉰ 100 ㉱ 110

[해설] 선회 시 실속속도(V_{ts})
$= \dfrac{V_s}{\sqrt{\cos\phi}} = \dfrac{71}{\sqrt{\cos 60°}} = 100 \,\text{km/h}$

17. 이륙 시 활주거리를 감소시킬 수 있는 방법으로 옳은 것은?

㉮ 플랩을 활용하여 최대양력계수를 증가시킨다.

정답 12. ㉮ 13. ㉱ 14. ㉱ 15. ㉮ 16. ㉰ 17. ㉮

㉯ 양항비를 높여 항력을 증가시킨다.
㉰ 최소 추력을 내어 가속력을 줄인다.
㉱ 양항비를 높여 실속속도를 증가시킨다.

[해설] 이륙 활주거리를 짧게 하기 위한 방법
① 비행기 무게를 가볍게 한다.
② 기관의 추력이 클수록 좋다.
③ 항력이 작은 활주 자세로 이륙을 한다.
④ 맞바람을 받고 이륙을 한다.
⑤ 플랩과 같은 고양력 장치를 이용한다.

18. 지름이 20 cm와 30 cm로 연결된 관에서 지름 20 cm 관에서의 속도가 2.4 m/s일 때 30 cm 관에서의 속도는 약 몇 m/s인가?

㉮ 0.19   ㉯ 1.07   ㉰ 1.74   ㉱ 1.98

[해설] 연속의 법칙
$$A_1 V_1 = A_2 V_2$$
$$V_2 = \left(\frac{A_1}{A_2}\right) V_1 = \left(\frac{d_1^2}{d_2^2}\right) V_1$$
$$= \left(\frac{0.2^2}{0.3^2}\right) \times 2.4 = 1.07 \, \text{m/s}$$

19. 키놀이 모멘트(pitching moment)에 대한 설명으로 옳은 것은?

㉮ 프로펠러 깃의 각도 변경에 관련된 모멘트이다.
㉯ 비행기의 수직축(상하축 ; vertical axis)에 관한 모멘트이다.
㉰ 비행기의 세로축(전후축 ; longitudinal axis)에 관한 모멘트이다.
㉱ 비행기의 가로축(좌우축 ; lateral axis)에 관한 모멘트이다.

[해설] 비행기가 가로축(날개와 날개를 연결한 축)을 중심으로 기수가 상승하거나, 하강하는 것을 키놀이(pitching)이라 한다.

20. 프로펠러 비행기가 최대 항속거리를 비행하기 위한 조건으로 옳은 것은? (단, C_L은 양력계수, C_D는 항력계수이다.)

㉮ $\dfrac{C_L}{C_D}$가 최소일 때

㉯ $\dfrac{C_L}{C_D}$가 최대일 때

㉰ $\dfrac{C_L^{\frac{3}{2}}}{C_D}$가 최대일 때

㉱ $\dfrac{C_L^{\frac{3}{2}}}{C_D}$가 최소일 때

[해설] 프로펠러 비행기에서 항속거리를 길게 하기 위해서는 프로펠러 효율을 크게하고, 연료 소비율을 작게하며 양항비가 최대인 받음각으로 비행을 하여야 한다.

제2과목 : 항공기관

21. 전기식 시동기(electrical starter)에서 클러치(clutch)의 작동 토크 값을 설정하는 장치는?

㉮ Clutch Plate
㉯ Clutch Housing Slip
㉰ Ratchet Adjust Regulator
㉱ Slip Torque Adjustment Unit

[해설] 전기식 시동기 : 자동풀림 클러치(release clutch) 장치가 있어 엔진 구동으로부터 시동기 구동을 분리시키고, 시동기가 엔진 구동에 지나친 토크를 주는 것을 막는데 이러한 조절은 슬립 토크 조절 장치(Slip Torque Adjustment Unit)를 통해 조절이 가능하다.

22. 다음 중 프로펠러에서 기하학적 피치(geometrical pitch)에 대한 설명으로 옳은 것은?

[정답] 18. ㉯   19. ㉱   20. ㉯   21. ㉱   22. ㉰

㉮ 프로펠러를 1바퀴 회전시켜 실제로 전진한 거리이다.
㉯ 프로펠러를 2바퀴 회전시켜 실제로 전진한 거리이다.
㉰ 프로펠러를 1바퀴 회전시켜 전진할 수 있는 이론적인 거리이다.
㉱ 프로펠러를 2바퀴 회전시켜 전진할 수 있는 이론적인 거리이다.

23. 속도 720 km/h로 비행하는 항공기에 정착된 터보제트엔진이 300 kgf/s로 공기를 흡입하여 400 m/s의 속도로 배기시킨다면 이때 진추력은 몇 kgf인가? (단, 중력가속도는 10 m/s²로 한다.)
㉮ 3000   ㉯ 6000
㉰ 9000   ㉱ 18000

[해설] 터보제트엔진의 진추력 : 배기가스 속도 (V_j) : 400 m/s, 비행속도(V_a) : 720 km/h = 200 m/s, 흡입공기 중량유량(W_a) : 300 kgf/s를 대입하면

진추력 $= \dfrac{W_a}{g}(V_j - V_a)$
$= \dfrac{300}{10}(400 - 200) = 6000\,\text{kgf}$

24. 밀폐계(closed system)에서 열역학 제1법칙을 옳게 설명한 것은?
㉮ 엔트로피는 절대로 줄어들지 않는다.
㉯ 열과 에너지, 일은 상호 변환 가능하며 보존된다.
㉰ 열효율이 100 %인 동력장치는 불가능하다.
㉱ 2개의 열원사이에 동력 사이클을 구성할 수 있다.

[해설] 밀폐계의 열역학 제1법칙 : 열은 일로, 일은 열로 변환이 가능하며 변환 시 에너지 총량은 일정하다.

25. 가스터빈엔진에서 압축기 입구온도가 200 K, 압력이 1.0 kgf/cm²이고, 압축기 출구압력이 10 kgf/cm²일 때 압축기 출구온도는 약 몇 K인가? (단, 공기 비열비는 1.4이다.)
㉮ 184.14   ㉯ 285.14
㉰ 386.14   ㉱ 487.14

[해설] 압축기 출구온도(T_2)
$\dfrac{T_2}{T_1} = \left(\dfrac{P_2}{P_1}\right)^{\frac{k-1}{k}}$ 에서

$T_2 = T_1\left(\dfrac{P_2}{P_1}\right)^{\frac{k-1}{k}}$
$= 200\left(\dfrac{10}{1.0}\right)^{\frac{1.4-1}{1.4}} = 386.14\,\text{K}$

26. 왕복엔진의 액세서리(accessory) 부품이 아닌 것은?
㉮ 시동기(starter)
㉯ 하네스(harness)
㉰ 기화기(carburetor)
㉱ 블리드 밸브(bleed valve)

27. 항공기용 엔진 중 터빈식 회전엔진이 아닌 것은?
㉮ 램 제트 엔진
㉯ 터보 프롭 엔진
㉰ 터보 제트 엔진
㉱ 터보 샤프트 엔진

[해설] 램 제트(ram jet) 엔진 : 흡입구, 연소실, 분사노즐로 구성된다.

28. 고열의 엔진 배기구 부분에 표시(marking)를 할 때 납이나 탄소 성분이 있는 필기구를 사용하면 안 되는 주된 이유는?

정답 23. ㉯ 24. ㉯ 25. ㉰ 26. ㉱ 27. ㉮ 28. ㉮

㉮ 고열에 의해 열응력이 집중되어 균열을 발생시킨다.
㉯ 고압에 의해 비틀림응력이 집중되어 균열을 발생시킨다.
㉰ 고압에 의해 전단응력이 집중되어 균열을 발생시킨다.
㉱ 고열에 의해 전단응력이 집중되어 균열을 발생시킨다.

[해설] 탄소, 구리, 아연, 납 성분이 있는 것으로 표시를 하게 되면 절대 안 되는데, 이러한 성분들은 금속이 열을 받으면 접촉해서 입자간 응력을 일으켜 균열을 발생시킨다.

29. 프로펠러 페더링(feathering)에 대한 설명으로 옳은 것은?

㉮ 프로펠러 페더링은 엔진축과 연결된 기어를 분리하는 방식이다.
㉯ 비행 중 엔진정지 시 프로펠러 회전도 같이 멈추게 하여 엔진의 2차 손상을 방지한다.
㉰ 프로펠러 페더링을 하게 되면 항력이 증가하여 항공기 속도를 줄일 수 있다.
㉱ 프로펠러 페더링을 하게 되면 바람에 의해 프로펠러가 공회전하는 윈드밀링(wind milling)이 발생하게 된다.

[해설] 프로펠러 페더링(feathering) : 비행 중 기관 고장이 발생하였을 때 정지된 프로펠러에 의한 공기 저항을 감소시키고, 프로펠러가 풍차회전에 의하여 기관을 강제로 회전시켜 줌에 따른 기관의 고장 확대를 방지하기 위해 프로펠러 깃을 비행방향과 평행이 되도록 피치를 변경시키는 것을 말한다.

30. 복식 연료 노즐에 대한 설명으로 틀린 것은?

㉮ 1차 연료는 넓은 각도로 분사된다.
㉯ 공기를 공급하여 미세하게 분사되도록 한다.
㉰ 2차 연료는 고속회전 시 1차 연료보다 멀리 분사된다.
㉱ 1차 연료는 노즐의 가장자리 구멍으로 분사되고, 2차 연료는 중심에 있는 작은 구멍을 통하여 분사된다.

[해설] 가스터빈기관의 복식 연료 노즐 : 1차 연료는 노즐 중심의 작은 구멍을 통해 분사되고, 2차 연료는 가장자리의 큰 구멍을 통해 분사되도록 되어 있으며, 1차 연료는 넓은 각도로 이그나이터에 가깝게 분사되고, 2차 연료는 좁은 각도로 멀리 분사된다.

31. 왕복엔진의 마그네토에서 브레이커 포인트 간격이 커지면 발생되는 현상은?

㉮ 점화가 늦어진다.
㉯ 전압이 증가한다.
㉰ 점화가 빨라진다.
㉱ 점화불꽃이 강해진다.

[해설] 브레이커 포인트 : 전기회로상에 1차 코일과 병렬로 연결되며, E 갭 위치에서 열리도록 되어 있다. 회전하는 캠에 의해 브레이커 포인트가 열리고 닫혀 회로를 이어주거나 끊어준다. 브레이커 포인트 접점(breaker point) 간격이 커지면 점화가 일찍 발생하고 강도가 약해진다.

32. 왕복엔진에 사용되는 고휘발성 연료가 너무 쉽게 증발하여 연료배관 내에서 기포가 형성되어 초래할 수 있는 현상은?

㉮ 베이퍼 로크(vapor lock)
㉯ 임팩트 아이스(impact ice)
㉰ 하이드로릭 로크(hydraulic lock)
㉱ 이베포레이션 아이스(evaporation ice)

33. 이상기체의 등온 과정에 대한 설명으로 옳은 것은?

정답 29. ㉯ 30. ㉱ 31. ㉰ 32. ㉮ 33. ㉱

㉮ 단열과정과 같다.
㉯ 일의 출입이 없다.
㉰ 엔트로피가 일정하다.
㉱ 내부 에너지가 일정하다.

[해설] 등온 과정은 온도가 일정하게 유지되면서 진행되는 작동유체의 상태변화를 말하며, 온도가 일정할 때 내부 에너지도 일정하다.

34. 가스터빈엔진의 흡입구에 형성된 얼음이 압축기 실속을 일으키는 이유는 어느 것인가?

㉮ 공기압력을 증가시키기 때문에
㉯ 공기 전압력을 일정하게 하기 때문에
㉰ 형성된 얼음이 압축기로 흡입되어 로터를 파손시키기 때문에
㉱ 흡입 안내 깃으로 공기의 흐름이 원활하지 못하기 때문에

[해설] 공기 흡입구, 압축기 입구에 얼음이 생기면 기관으로 흡입되는 공기의 양이 감소하고, 압축기 실속의 원인이 되거나 터빈 입구의 온도가 높아지게 되어 기관의 효율이 떨어진다.

35. 다음 중 주된 추진력을 발생하는 기체가 다른 것은?

㉮ 램 제트 엔진 ㉯ 터보 팬 엔진
㉰ 터보 프롭 엔진 ㉱ 터보 제트 엔진

[해설] 터보 프롭 엔진 : 엔진과 프로펠러 사이에 감속기어를 장착하여 프로펠러를 회전시켜 대부분의 추력을 프로펠러에서 얻는다.

36. 왕복엔진을 낮은 기온에서 시동하기 위해 오일희석(oil dilution) 장치에서 사용하는 것은?

㉮ Alcohol   ㉯ Propane
㉰ Gasoline ㉱ Kerosene

37. 터빈엔진에서 과열시동(hot start)을 방지하기 위하여 확인해야 하는 계기는?

㉮ 토크 미터   ㉯ EGT 지시계
㉰ 출력 지시계 ㉱ RPM 지시계

[해설] 과열 시동(hot start) : 시동 시 배기가스의 온도가 규정된 한계값 이상으로 증가하는 현상으로 이를 확인하기 위해서는 배기가스 온도계(EGT)를 확인하여야 한다.

38. 왕복엔진의 흡기밸브를 작동시키는 관련 부품으로 볼 수 없는 것은?

㉮ 캠(cam)
㉯ 푸시 로드(push rod)
㉰ 로커 암(rocker arm)
㉱ 실린더 헤드(cylinder head)

39. 가스터빈엔진의 공기흡입 덕트(duct)에서 발생하는 램 회복점에 대한 설명으로 옳은 것은?

㉮ 흡입구 내부의 압력이 대기압과 같아질 때의 항공기 속도
㉯ 마찰압력 손실이 최소가 되는 항공기의 속도
㉰ 마찰압력 손실이 최대가 되는 항공기의 속도
㉱ 램 압력상승이 최대가 되는 항공기의 속도

[해설] 압력 회복점(ram pressure recovery point) : 압축기 입구의 정압이 대기압과 같아지는 항공기 속도를 말하며, 압력 회복점이 낮을수록 좋은 흡입관이다.

40. 왕복엔진의 연료-공기 혼합비(fule-air ratio)에 영향을 주는 공기밀도 변화에 대한 설명으로 틀린 것은?

㉮ 고도가 증가하면 공기밀도가 감소한다.

[정답] 34. ㉱ 35. ㉰ 36. ㉰ 37. ㉯ 38. ㉱ 39. ㉮ 40. ㉯

㉯ 연료가 증가하면 공기밀도가 증가한다.
㉰ 온도가 증가하면 공기밀도가 감소한다.
㉱ 대기 압력이 증가하면 공기밀도가 증가한다.

[해설] 성능과 고도의 관계 : 공기밀도는 대기의 압력, 온도, 습도에 의해 영향을 받는다. 고도가 높아짐에 따라 공기밀도가 감소하여 왕복기관의 출력은 떨어진다. 왕복기관의 마력은 대기 압력에 정비례하고, 대기의 절대온도의 제곱근에 반비례한다.

제3과목 : 항공기체

41. 다음 특징을 갖는 배열 방식의 착륙장치는?

- 주 착륙장치와 앞 착륙장치로 이루어져 있다.
- 빠른 착륙속도에서 제동 시 전복의 위험이 적다.
- 착륙 및 지상이동 시 조종사의 시계가 좋다.
- 착륙 활주 중 그라운드 루핑의 위험이 없다.

㉮ 탠덤식 착륙장치
㉯ 후륜식 착륙장치
㉰ 전륜식 착륙장치
㉱ 충격흡수식 착륙장치

[해설] 앞바퀴형 : 세발자전거와 같은 형태로서 주 바퀴의 앞에 항공기의 방향 조절 기능을 가진 앞바퀴가 설치된 것으로 거의 대부분 대형 항공기에 사용된다.

42. 항공기엔진 장착 방식에 대한 설명으로 옳은 것은?
㉮ 가스터빈엔진은 구조적인 이유로 동체 내부에 장착이 불가능하다.
㉯ 동체에 엔진을 장착하려면 파일론(pylon)을 설치하여야 한다.
㉰ 날개에 엔진을 장착하면 날개의 공기역학적 성능을 저하시킨다.
㉱ 왕복엔진 장착 부분에 설치된 나셀의 카울링은 진동감소와 화재 시 탈출구로 사용된다.

[해설] 기관 마운트 : 날개에 기관을 장착하는 경우 가장 큰 단점은 날개의 공기역학적 성능을 저하시키고, 장점은 날개의 날개보에 파일론(pylon)을 설치하게 되므로 구조물이 부수적으로 필요하지 않게 되어 항공기의 무게를 감소시킬 수 있다.

43. 대형 항공기에 주로 사용하는 3중 슬롯 플랩을 구성하는 플랩이 아닌 것은?
㉮ 상방 플랩   ㉯ 전방 플랩
㉰ 중앙 플랩   ㉱ 후방 플랩

[해설] 3중 플랩(triple slotted flap)

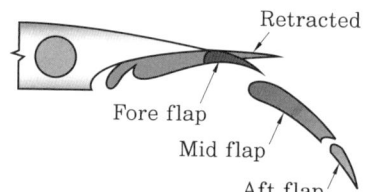

44. 손상된 판재를 리벳에 의한 수리작업 시 리벳수를 결정하는 식으로 옳은 것은? (단, L : 판재의 손상된 길이, D : 리벳지름, t : 손상된 판의 두께, s : 안전계수, $\sigma_{\max}$: 판재의 최대인장응력, $\tau_{\max}$: 판재의 최대전단응력이다.)

㉮ $s \times \dfrac{8tL\sigma_{\max}}{\pi D^2 \tau_{\max}}$ ㉯ $s \times \dfrac{4tL\sigma_{\max}}{\pi D^2 \tau_{\max}}$

㉰ $s \times \dfrac{\pi D^2 \tau_{\max}}{4tL\sigma_{\max}}$ ㉱ $s \times \dfrac{\pi D^2 \tau_{\max}}{8tL\sigma_{\max}}$

[정답] 41. ㉰ 42. ㉰ 43. ㉮ 44. ㉯

45. 항공기 외피용으로 적합하며, 플러시 헤드 리벳(flush head rivet)이라 부르는 것은?

㉮ 납작머리 리벳(flat head rivet)
㉯ 유니버설 리벳(universal rivet)
㉰ 둥근머리 리벳(round rivet)
㉱ 접시머리 리벳(counter sunk head rivet)

[해설] 접시머리(countersunk-head) 리벳은 카운터성크(counter sunk)나 딤플링한 (dimpled) 구멍 안에 맞도록 머리 윗면은 평평하고 섕크(shank) 쪽으로 경사진 면을 가지고 있어서, 결합한 부품의 표면과 일치되는 리벳이다. 머리의 경사각도는 78°∼120°까지 다양하며, 100° 접시머리 리벳이 가장 많이 사용된다. 이 리벳은 공기 저항이 거의 없으며, 난류 발생을 최소로 하기 때문에 항공기 외피용으로 사용한다.

46. 실속속도가 90 mph 항공기를 120 mph로 수평 비행 중 조종간을 급히 당겨 최대 양력계수가 작용하는 상태라면 주 날개에 작용하는 하중배수는 약 얼마인가?

㉮ 1.5   ㉯ 1.78   ㉰ 2.3   ㉱ 2.57

[해설] 하중배수$(n) = \dfrac{V_a^2}{V_s^2} = \dfrac{120^2}{90^2} = 1.78$

47. 그림과 같은 평면 응력 상태에 있는 한 요소가 $\sigma_x = 100\,\text{MPa}$, $\sigma_y = 20\,\text{MPa}$, $\tau_{xy} = 60\,\text{MPa}$의 응력을 받고 있을 때, 최대 전단응력은 약 몇 MPa인가?

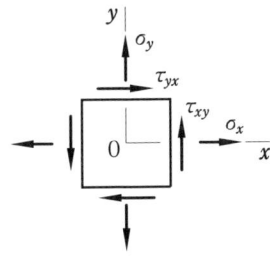

㉮ 67.11   ㉯ 72.11
㉰ 77.11   ㉱ 87.11

[해설] 최대 전단응력$(\tau_{\max})$
$= \dfrac{1}{2}\sqrt{(\sigma_x - \sigma_y)^2 + 4\tau_{xy}^2}$
$= \dfrac{1}{2}\sqrt{(100-20)^2 + 4\times 60^2}$
$= 72.11\,\text{MPa}$

48. 페일세이프(failsafe) 구조형식이 아닌 것은?

㉮ 이중(double) 구조
㉯ 대치(back-up) 구조
㉰ 다경로(redundant) 구조
㉱ 샌드위치(sandwich) 구조

49. 복합재료(composite material)를 수리할 때 접착용 수지를 효과적으로 접착시키기(curing) 위하여 열을 가하는 장비가 아닌 것은?

㉮ 오븐(oven)
㉯ 가열건(heat gun)
㉰ 가열램프(heat lamp)
㉱ 진공백(vacuum bag)

[해설] 진공백(vacuum bag) : 복합소재의 수리 작업 시 압력을 가하는데 가장 효과적인 방법으로 습도가 높은 장소에서 공기를 제거하여 습도를 낮출 수 있으므로 수지를 경화시키는데 효과적이다.

50. 연료계통이 갖추어야 하는 조건으로 틀린 것은?

㉮ 번개에 의한 연료발화가 발생하지 않도록 해야 한다.
㉯ 각각의 엔진과 보조동력장치에 공급되는 연료에서 오염물질을 제거할 수 있어야 한다.

정답 45. ㉱   46. ㉯   47. ㉯   48. ㉱   49. ㉱   50. ㉱

㉰ 계통에 저장된 연료를 안전하게 제거하거나 격리할 수 있어야 한다.
㉱ 고장발생 감지가 유용하도록 한 계통 구성품의 고장이 다른 연료계통의 고장으로 연결되어야 한다.

51. 복합재료에서 모재(matrix)와 경합되는 강화재(reinforcement)로 사용되지 않는 것은?
㉮ 유리 섬유 ㉯ 탄소 섬유
㉰ 에폭시 수지 ㉱ 보론 섬유

[해설] 강화재(reinforcement) : 유리 섬유, 탄소 섬유, 아라미드 섬유, 보론 섬유, 세라믹 섬유

52. 조종간이나 방향키 페달(pedal) 움직임을 전기적인 신호로 변환하고 컴퓨터에 입력 후 전기, 유압식 작동기를 통해 조종계통을 작동하는 조종방식은?
㉮ Cable control system
㉯ Automatic pilot system
㉰ Fly-By-Wire control system
㉱ Push Pull Rod control system

53. 연료를 제외하고 화물, 승객 등이 적재된 항공기의 무게를 의미하는 것은?
㉮ 최대 무게(maximum weight)
㉯ 영연료 무게(zero fuel weight)
㉰ 기본자기 무게(basic empty weight)
㉱ 운항 빈 무게(operating empty weight)

[해설] 영연료 무게 : 연료를 제외하고 적재된 항공기의 최대무게로서 화물, 승객, 승무원의 무게 등을 포함한다.

54. 티타늄 합금에 대한 설명으로 옳은 것은?

㉮ 열전도계수가 크다.
㉯ 불순물이 들어가면 가공 후 자연경화를 일으켜 강도를 좋게 한다.
㉰ 티타늄은 고온에서 산소, 질소, 수소 등과 친화력이 매우 크고, 또한 이러한 가스를 흡수하면 강도가 매우 약해진다.
㉱ 합금원소로서 Cu가 포함되어 있어 취성을 감소시키는 역할을 한다.

[해설] 티타늄(titanium) : 매장량이 금속 원소 중 네 번째로 풍부하지만, 사용량이 적은 이유는 티타늄 광물을 제련하기가 어렵기 때문이다. 티타늄은 산소, 탄소, 질소, 수소 등과 친화력이 매우 크기 때문에 순수한 금속을 얻기도 어렵다.

55. 이질 금속간의 접촉부식에서 알루미늄 합금의 경우 A 그룹과 B 그룹으로 구분하였을 때 그룹이 다른 것은?
㉮ 2014 ㉯ 2017
㉰ 2024 ㉱ 5052

[해설] 이질금속간의 부식
A 그룹 : 1100, 3003, 5052, 6061
B 그룹 : 2014, 2017, 2024, 7075

56. 다음 중 가스 용접에 해당하는 것은?
㉮ 산소-수소 용접
㉯ MIG 용접
㉰ CO_2 용접
㉱ TIG 용접

[해설] 가스 용접 : 가스 불꽃의 열을 이용해서 행하는 용접으로 산소-수소 용접, 산소-아세틸렌 용접 등이 있다.

57. 너트의 부품 번호가 AN 310 D-5일 때 310은 무엇을 나타내는가?
㉮ 너트 계열 ㉯ 너트 지름

정답 51. ㉰ 52. ㉰ 53. ㉯ 54. ㉰ 55. ㉱ 56. ㉮ 57. ㉮

㉰ 너트 길이　㉱ 재질 번호

[해설] AN 310 D-5
 AN : 규격명
 310 : 너트의 종류(캐슬 너트)
 D : 재질(2017T)
 5 : 지름(5/16인치)

58. 그림과 같이 하중(W)이 작용하는 보를 무엇이라 하는가?

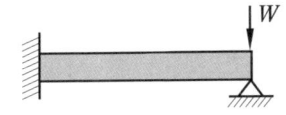

㉮ 외팔보　㉯ 돌출보
㉰ 고정보　㉱ 고정 지지보

[해설] 보의 종류

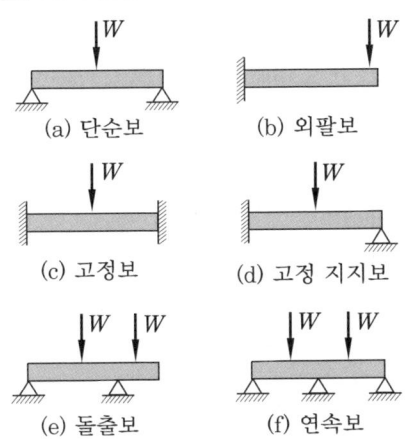

(a) 단순보　(b) 외팔보
(c) 고정보　(d) 고정 지지보
(e) 돌출보　(f) 연속보

59. 비행기의 양력 발생함이 없이 급강하할 때 날개는 비틀림 등의 하중을 받게 되며 이러한 하중에 항공기가 구조적으로 견딜 수 있는 설계상의 최대속도는?

㉮ 설계순항속도
㉯ 설계급강하속도
㉰ 설계운용속도
㉱ 설계돌풍운용속도

60. 단줄 유니버설 헤드 리벳(universal head rivet) 작업을 할 때 최소 끝거리 및 리벳의 최소 간격의 기준으로 옳은 것은?

㉮ 최소 끝거리는 리벳 직경의 2배 이상, 최소 간격은 리벳 직경의 3배
㉯ 최소 끝거리는 리벳 직경의 2배 이상, 최소 간격은 리벳 길이의 3배
㉰ 최소 끝거리는 리벳 직경의 3배 이상, 최소 간격은 리벳 길이의 4배
㉱ 최소 끝거리는 리벳 직경의 3배 이상, 최소 간격은 리벳 직경의 4배

[해설] • 리벳의 피치 : 같은 열에 있는 리벳 중심간의 거리로 최소 3D, 보통 6~8D
• 연거리(끝거리) : 판재의 모서리와 이웃하는 리벳의 중심까지의 거리로 보통 2.5D, 최소 2D(접시머리의 경우 2.5D), 최대 4D

제4과목 : 항공장비

61. 니켈-카드뮴 축전지의 충·방전 시 설명으로 옳은 것은?

㉮ 충·방전 시 전해액(KOH)의 비중은 변하지 않는다.
㉯ 방전 시 물이 발생되어 전해액의 비중이 줄어든다.
㉰ 충전 시 전해액의 수면높이가 낮아진다.
㉱ 방전 시 전해액의 수면높이가 높아진다.

[해설] 니켈-카드뮴 축전지 : 충전과 방전 시 전해액(KOH)은 화학적으로 변화하지 않고, 납산 축전지에서와 같이 물이 생기거나 흡수 현상이 일어나지 않으므로 전해액의 비중도 변하지 않는다. 방전을 하고 있을 때는 전해액의 수면이 낮아지고, 충전 시에는 높아진다.

62. 그림과 같은 회로에서 5Ω 저항에 흐르는 전류값은 몇 A인가?

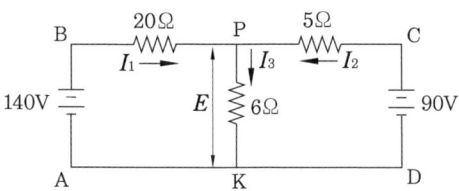

㉮ 1   ㉯ 4   ㉰ 6   ㉱ 10

[해설] 접합점 P점에 키르히호프 제1법칙을 적용하여
$$I_1 + I_2 = I_3$$
폐회로 KPBA회로에서 키르히호프 제2법칙을 적용하면
$$20I_1 + 6I_3 = 140$$
폐회로 KPCD회로에서 키르히호프 제2법칙을 적용하면
$$5I_2 + 6I_3 = 90$$
위 세 식을 연립 방정식으로 풀게 되면
$$I_1 = 4\,\text{A},\quad I_2 = 6\,\text{A},\quad I_3 = 10\,\text{A}$$

63. CVR(Cockpit Voice Recorder)에 대한 설명으로 옳은 것은?
㉮ HF 또는 VHF를 이용하여 통화를 한다.
㉯ 항공기 사고원인 규명을 위해 사용되는 녹음장치이다.
㉰ 지상에 있는 정비사에게 경고하기 위한 장비이다.
㉱ 지상에서 항공기를 호출하기 위한 장치이다.

[해설] 조종실 음성 기록장치(CVR) : 승무원의 목소리를 포함하여 조종실 내의 모든 소리를 기록한다. 항공기 사고의 80 %는 운항 승무원의 실수에 의해 발생하기 때문에 조종실 음성 기록장치는 사고원인 규명에 매우 중요한 단서를 제공한다.

64. 항공기 계기 중 압력 수감부를 이용한 것이 아닌 것은?
㉮ 고도계   ㉯ 방향 지시계
㉰ 승강계   ㉱ 대기 속도계

[해설] 피토 정압계기 : 피토 정압계통의 계기에는 고도계, 승강계, 속도계, 마하계 등이 포함되며, 여기에 사용되는 피토 정압관에는 정압을 수감하는 정압공과 전압을 수감하는 피토공이 있다.

65. 항공기에 사용되는 전선의 굵기를 결정할 때 고려해야 할 사항이 아닌 것은 어느 것인가?
㉮ 도선 내 흐르는 전류의 크기
㉯ 도선의 저항에 따른 전압강하
㉰ 도선 내 발생하는 줄(Joule) 열
㉱ 도선과 연결된 축전지의 전해액 종류

[해설] 항공기에 도선을 배선할 때에는 굵기에 따른 도선 번호를 결정하는데 이때 도선 내로 흐르는 전류에 의한 줄 열(joule heat)과 도선의 저항에 따른 전압강하를 고려해야 한다.

66. 터보팬 항공기의 방빙(anti-icing)장치에 관한 설명으로 틀린 것은?
㉮ 윈드실드는 내부 금속 피막에 전기를 통하여 방빙한다.
㉯ 피토관의 방빙은 내부의 전기 가열기를 사용한다.
㉰ 날개 앞전의 방빙은 엔진 압축기의 고온 공기를 사용한다.
㉱ 엔진의 공기흡입장치의 방빙은 화학적 방빙계통을 사용한다.

[해설] 가스터빈 기관의 방빙장치에는 압축기 뒷 부분의 고온, 고압의 브리드 공기를 흡입관의 립(lip) 부분이나 압축기 입구 안내깃의 내부로 통과시켜 가열함으로써 얼음이 얼어붙는 것을 방지한다.

정답 62. ㉰   63. ㉯   64. ㉯   65. ㉱   66. ㉱

67. 항공기 계기에서 플랩의 작동 범위를 표시하는 것은?

㉮ 녹색 호선(green arc)
㉯ 백색 호선(white arc)
㉰ 황색 호선(yellow arc)
㉱ 적색 방사선(red radiation)

[해설] 백색 호선(white arc) : 대기 속도계에서 플랩 조작에 따른 항공기의 속도 범위를 나타내는 것으로, 최대 착륙 무게에 대한 실속속도로부터 플랩을 내리더라도 구조강도상에 무리가 없는 플랩 내림 최대속도까지 나타낸다.

68. 직류발전기에서 발생하는 전기자 반작용을 없애기 위한 것은?

㉮ 보극(interpole)
㉯ 직렬권선(series-winding)
㉰ 병렬권선(shunt-winding)
㉱ 회전자권선(armature coil)

[해설] 전기자 반작용(armature reaction) 대책
① 보상권선(compensating winding) 적용
② 보극(interpole) 설치 : 계좌의 주 극 사이에 작은 보극을 설치하여 전기자 반작용을 없애준다.

69. 자동조종장치(autopilot)의 구성요소에 해당하지 않는 것은?

㉮ 출력부(output elements)
㉯ 전이부(transit elements)
㉰ 수감부(sensing elements)
㉱ 명령부(command elements)

[해설] 자동조종장치의 구성 : 수감부(sensing element)와 정보를 산출하여 조타 신호를 발생하는 컴퓨터부, 전기신호를 기계적 출력으로 변환하는 서보부, 조종사가 자동조종장치에 대하여 명령을 가하는 제어부 그리고 자동조종장치의 상황을 조종사에게 알리는 표시기 등으로 되어 있다.

70. 발전기 출력 제어회로에서 제너 다이오드(zener diode)의사용 목적은?

㉮ 정전류 제어
㉯ 역류방지
㉰ 정전압 제어
㉱ 자기장 제어

[해설] 제너 다이오드(Zener diode) : 반도체 다이오드의 일종으로 정전압 다이오드라고도 한다. 정방향에서는 일반 다이오드와 동일한 다이오드의 특성을 보이며 전류가 흐르지만 역방향 전압에서는 일반 다이오드보다 낮은 전압(항복전압)에서 역방향 전류가 흐르도록 만들어진 소자이다.

71. 장거리 통신에 유리하나 잡음(noise)이나 페이딩(fading)이 많으며 태양 흑점의 활동으로 인한 전리층 산란으로 통신 불능이 가끔 발생되는 항공기 통신장치는?

㉮ HF 통신장치
㉯ MF 통신장치
㉰ LF 통신장치
㉱ VHF 통신장치

[해설] 단파(HF) 통신장치 : 전파의 특성상 전리층과 지표 사이에서 반사를 여러 번 반복하기 때문에 전리층의 상태에 따라 음질이 변화하여 통신 품질이 떨어지거나 통신이 끊어지는 등 불안정성을 피할 수 없다.

72. 다음 중 화재 진압 시 사용되는 소화제가 아닌 것은?

㉮ 물
㉯ 이산화탄소
㉰ 할론
㉱ 암모니아

[해설] 소화제 : 고정식 소화기에는 이산화탄소 가스, 프레온 소화제가 사용되며, 휴대용 소화기에는 물, 이산화탄소 가스, 할론, 분말 소화제가 많이 사용된다.

73. 비행 중에 비로부터 시계를 확보하기 위한 제우(rain protection)시스템이 아닌 것은?

㉮ Air curtain system
㉯ Rain repellent system
㉰ Windshield wiper system
㉱ Windshield washer system

[해설] 제우 장치계통
① 윈드실드 와이퍼 계통(windshield wiper system)
② 제트 블라스트 제우계통 : 제트 기관의 압축공기나 기관 시동용 압축기의 브리드 공기를 이용하여 고온, 고압의 공기를 윈드실드 앞쪽에 분사한다.
③ 방우제 계통(rain repellent system) : 비가 오는 동안 윈드실드가 더욱 선명해질 수 있도록 와이퍼 작동과 함께 사용한다.

74. 자기 컴퍼스의 조명을 위한 배선 시 지시오차를 줄여 주기 위한 효율적인 배선 방법으로 옳은 것은?
㉮ 음(−)극선을 가능한 자기컴퍼스 가까이에 접지시킨다.
㉯ 양(+)극선과 음(−)극선은 가능한 충분한 간격을 두고 음(−)극선에는 실드선을 사용한다.
㉰ 모든 전선은 실드선을 사용하여 오차의 원인을 제거한다.
㉱ 양(+)극선과 음(−)극선을 꼬아서 합치고 접지점을 자기컴퍼스에서 충분히 멀리 뗀다.

75. 다음 중 항공기 유압계통에서 축압기 (accumulator)의 사용 목적으로 옳은 것은?
㉮ 유압유 내 공기 저장
㉯ 작동유의 누출을 차단
㉰ 계통내 작동유의 방향 조정
㉱ 비상 시 계통 내 작동유 공급

[해설] 축압기(accumulator) : 가압된 작동유를 저장하는 저장통으로, 여러 개의 유압기기를 동시에 사용 시 동력펌프를 돕고, 동력펌프가 고장 시 저장되었던 작동유를 유압기기에 공급한다.

76. 유압계통에서 기기의 실(seal)이 손상 또는 유압관의 파열로 작동유가 완전히 새어나가는 것을 방지하기 위해 설치한 안전장치는?
㉮ 유압 퓨즈(hydraulic fuse)
㉯ 오리피스 밸브(orifice valve)
㉰ 분리 밸브(disconnect valve)
㉱ 흐름 조절기(flow regulator)

77. 항공계기에 요구되는 조건으로 옳은 것은?
㉮ 기체의 유효 탑재량을 크게 하기 위해 경량이어야 한다.
㉯ 계기의 소형화를 위하여 화면은 작게 하고 본체는 장착이 쉽도록 크게 해야 한다.
㉰ 주위의 기압과 연동이 되도록 승강계, 고도계, 속도계의 수감부와 케이스는 노출이 되도록 해야 한다.
㉱ 항공기에서 발생하는 진동을 알 수 있도록 계기판에 방진장치를 설치해서는 안 된다.

[해설] 항공계기의 특징 : 안전에 대한 요구가 까다롭고, 다른 교통 기관에 비해 신뢰성이 높으며, 공간 확보나 중량에 제한이 있다. 또한 온도나 압력의 변화, 진동이나 가속도에 대하여 영향이 없어야 하며, 지시가 광범위하여 정확하게 읽기 쉬워야 한다.

78. 계기착륙장치(instrument landing system)의 구성장치가 아닌 것은?

[정답] 74. ㉱ 75. ㉱ 76. ㉮ 77. ㉮ 78. ㉰

㉮ 로컬라이저(localizer)
㉯ 마커 비컨(marker beacon)
㉰ 기상레이더(weather radar)
㉱ 글라이드 슬로프(glide slope)

[해설] 계기착륙장치 : 안전한 착륙을 위해서 항공기의 진행방향 정보뿐만 아니라 비행자세와 활강 제어를 위한 정확한 정보를 제공해야 한다. 수평 위치를 알려주는 로컬라이저(localizer), 활강 경로를 전파로 나타내는 글라이드 슬로프(glide slope), 활주로까지의 거리를 표시해 주는 마커 비컨(marker beacon)으로 구성된다.

79. 객실여압장치를 가진 항공기 여압계통 설계 시 고려해야 하는 최소 객실고도는 얼마인가?

㉮ 2400 ft   ㉯ 8000 ft
㉰ 10000 ft ㉱ 해면고도

80. 항공기가 산악 또는 지면과 충돌하는 것을 방지하는 장치는?

㉮ Air traffic control system
㉯ Inertial navigation system
㉰ Distance measuring equipment
㉱ Ground proximity warning system

[해설] 대지 접근 경보장치(GPWS : Ground Proximity Warning System) : 항공기의 안전운항을 위한 항공전자장비의 한가지로서 항공기가 지면 및 산악 등의 지형에 접근할 경우 점멸등과 인공음성으로 조종사에게 이상접근을 경고하는 장치이다.

2021년 CBT 복원문제 (제1회)

항공산업기사 필기

제1과목 항공역학

1. 항공기 무게가 5000kg이고, 해발고도에서 잉여마력이 50HP일 때, 이 비행기의 상승률은 몇 m/min인가?

① 35 ② 45 ③ 51 ④ 62

[해설] 상승률(R.C) = $\frac{75}{W}(P_a - P_r)$

$= \frac{75}{5000}(50) = 0.75 \text{ m/s}$

$= 0.75 \times 60 \text{ m/min} = 45 \text{ m/min}$

2. 어떤 비행기가 1000km/h의 속도로 10000m 상공을 비행하고 있다. 이때 마하수는 약 얼마인가? (단, 10000m 상공에서의 음속은 300m/s이다.)

① 0.50 ② 0.93
③ 1.20 ④ 3.33

[해설] 마하수 = $\frac{10000\text{m에서 비행기속도}}{10000\text{m에서 음속}}$

$= \frac{\left(\frac{1000}{3.6}\right)}{300} = 0.93$

3. 다음 중 테이퍼형 날개(taper wing)의 실속 특성으로 옳은 것은?

① 날개 뿌리에서부터 실속이 일어난다.
② 날개 끝에서부터 실속이 일어난다.
③ 초음속에서 와류의 형태로 실속이 일어난다.
④ 스팬(span) 방향으로 균일하게 실속이 발생한다.

[해설] 실속 특성
㉠ 테이퍼형 날개 : 날개 끝부터 실속
㉡ 직사각형 날개 : 날개 뿌리부터 실속
㉢ 타원형 날개 : 실속이 날개 전체에 걸쳐서 균일하게 일어난다.

4. 다음 중 프로펠러 비행기의 이용마력과 필요마력을 비교할 때 필요마력이 최소가 되는 비행속도는?

① 최고 속도
② 최저 상승률일 때의 속도
③ 최대 항속거리를 위한 속도
④ 최대 항속시간을 위한 속도

[해설] 필요마력 : 필요마력이 최소라고 하는 것은 연료가 가장 적게 소비되는 경우로 주어진 연료를 가지고 가장 오랫동안 비행할 수 있다는 것이다. 이 속도를 경제속도라 한다.

5. 다음 중 날개 주위에서 경계층(Boundary Layer)의 박리(Separation)가 발생되는 조건은?

① 음속에 도달하였을 때
② 역압력구배가 형성될 때
③ 경계층이 정지되었을 때
④ 날개표면의 점성이 줄어들 때

[해설] 경계층의 박리(이탈) : 경계층 속을 흐르는 유체입자가 뒤쪽으로 갈수록 점성마찰력으로 인하여 운동량을 잃게 되고, 또 뒤

정답 1. ② 2. ② 3. ② 4. ④ 5. ②

쪽에서 가해지는 압력(역압력 구배)이 계속 증가하면 유체입자는 표면을 따라서 흐르지 못하고 표면에서 떨어져 나가는 현상을 말한다.

6. 가로세로비가 9인 사각날개의 시위길이가 1m라면 스팬의 길이는 몇 m인가?
① 3   ② 4.5   ③ 9   ④ 18

[해설] 가로세로비(AR)
$AR = \dfrac{b}{C}$ 에서 $b = AR \times C = 9 \times 1 = 9\text{m}$

7. 항공기에 작용하는 공기역학적 힘, 관성력, 탄성력이 상호작용에 의하여 생기는 주기적인 불안정한 진동을 무엇이라 하는가?
① 플러터 (flutter)
② 피치 업 (pitch up)
③ 디프 실속 (deep stall)
④ 피치 다운 (pitch down)

[해설] 플러터 (flutter): 항공기에 작용하는 공기역학적 힘, 관성력, 탄성력이 상호작용에 의하여 생기는 주기적인 불안정한 진동을 플러터라 하며 구조의 파괴를 가져올 수 있는 심한 진동이다.

8. 프로펠러의 중심으로부터 35 in 위치에서 프로펠러 깃 각이 25°라면 기하학적 피치는 약 몇 in인가?
① 102   ② 110   ③ 1633   ④ 1795

[해설] 기하학적 피치 ($G.P$)
$G.P = \pi D \tan\beta = 3.14 \times 70 \times \tan 25$
   $= 102.54$ inch

9. 다음 중 유해항력 (parasite drag)이 아닌 것은?
① 간섭항력   ② 유도항력
③ 형상항력   ④ 조파항력

[해설] 유해항력: 유도항력을 제외한 모든 항력을 유해항력이라 한다.

10. 그림과 같은 항공기의 운동을 무엇이라 하는가?

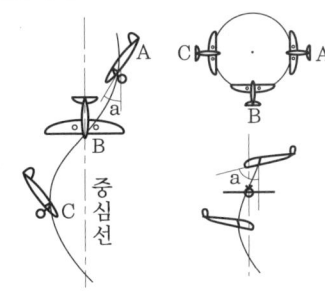

① 스핀   ② 턱 언더
③ 선회   ④ 버퍼링

11. 항공기의 비행 성능을 좋게 하기 위하여 날개 끝부분에 장착하는 윙렛(winglet)의 직접적인 역학적 효과는?
① 양력 증가   ② 마찰항력 감소
③ 실속 방지   ④ 유도항력 감소

[해설] 윙렛(winglet): 날개 끝에 작은 날개를 수직 방향으로 붙인 것으로서 비행중에 날개 끝 와류로 인하여 작은 날개에 공기력이 발생하는데, 이 공기력의 작용방향은 날개의 항력을 감소시켜 주는 방향으로 발생하기 때문에 항력 감소의 효과를 갖는다.

12. 선회각 ϕ로 정상 수평 선회비행하는 비행기의 하중배수를 나타낸 식은?(단, W는 항공기 무게이다.)
① $W\cos\phi$ ② $\dfrac{W}{\cos\phi}$
③ $\cos\phi$ ④ $\dfrac{1}{\cos\phi}$

[해설] 선회 비행 시 하중배수(n)
$n = \dfrac{1}{\cos\phi}$ 경사각이 60°일 때 하중배수는 2이다.

정답 6. ③ 7. ① 8. ① 9. ② 10. ① 11. ④ 12. ④

13. 헬리콥터의 메인 로터 블레이드에 플래핑 힌지를 장착함으로써 얻을 수 있는 장점이 아닌 것은?
① 돌풍에 의한 영향을 제거할 수 있다.
② 지면효과를 발생시켜 양력을 증가시킬 수 있다.
③ 회전축을 기울이지 않고 회전면을 기울일 수 있다.
④ 주회전날개 깃 뿌리(root)에 걸린 굽힘 모멘트를 줄일 수 있다.

[해설] 플래핑 힌지: 전진하는 깃의 피치각은 감소시켜 받음각을 작게 하고, 후퇴하는 깃의 피치각은 크게 하여 받음각을 크게 하여 양력분포의 평형을 이루게 하여 회전 날개의 양력 불균형을 해소한다.

14. 다음 중 항공기 날개 단면 주위에 발생하는 미지량 Γ의 크기를 결정하여 양력을 구하는데 사용되는 이론은?
① Pascal 정리
② Bernoulli 정리
③ Prandtl 정리
④ Kutta-Joukowsky 정리

[해설] Kutta-Joukowsky 양력: 순한 흐름에 자유 흐름이 합성되면 양력이 발생하는데 이러한 양력을 Kutta-Joukowsky 양력이라 한다.
$$L = \rho \cdot V \cdot \Gamma$$
(여기서, Γ: 볼텍스의 세기)

15. 지름이 6.7ft인 프로펠러가 2800rpm으로 회전하면서 50mph로 비행하고 있다면 이 프로펠러의 진행률은 약 얼마인가?
① 0.23   ② 0.37
③ 0.62   ④ 0.76

[해설] 진행률(J)
$$= \frac{V}{nD} = \frac{\left(\frac{50 \times 5280}{3600}\right)}{\left(\frac{2800}{60}\right) \times 6.7} = 0.23$$
(여기서, 1마일=5280 ft, 1시간=3600초, 1분=60초이다.)

16. 다음 중 항공기 축에 대한 조종면과 회전 동작 명칭을 옳게 짝지은 것은?
① 가로축-방향키-키놀이
② 가로축-방향키-옆놀이
③ 세로축-승강키-빗놀이
④ 세로축-도움날개-옆놀이

[해설] 운동축
가로축-승강키-키놀이(pitching)
세로축-도움날개-옆놀이(rolling)
수직축-방향키-빗놀이(yawing)

17. 다음 중 비행기의 안정성과 조종성에 관한 설명으로 가장 옳은 것은?
① 안정성과 조종성은 상호간에 정비례한다.
② 정적 안정성이 증가하면 조종성도 증가된다.
③ 비행기의 안정성은 크면 클수록 바람직하다.
④ 안정성과 조종성은 서로 상반되는 성질을 나타낸다.

[해설] 비행기의 안정성과 조종성은 서로 상반되는 성질을 나타내기 때문에 조종성과 안정성을 동시에 만족시킬 수는 없다. 비행기를 안정성에 중점을 두고 설계를 하면 비행기의 조종성은 나빠진다.

18. 헬리콥터의 정지비행 상승한도를 마력을 이용하여 옳게 표현한 것은?
① 이용마력＞필요마력

[정답] 13. ② 14. ④ 15. ① 16. ④ 17. ④ 18. ②

② 이용마력＝필요마력
③ 이용마력＜필요마력
④ 유도항력마력＝이용마력＋필요마력

[해설] 정지비행 상승한계(hover ceiling): 속도가 0인 경우의 상승한계, 즉 이용마력과 필요마력이 같은 지점에서의 상승한계를 말한다.

19. 다음 중 날개 상면에 공중 스포일러(flight spoiler)를 설치하는 이유로 옳은 것은?

① 양력을 증가시키기 위하여
② 활공각을 감소시키기 위하여
③ 최대 항속거리를 얻기 위하여
④ 고속에서 도움날개의 역할을 보조하기 위하여

[해설] 스포일러(spoiler): 항공기가 활주할 때 브레이크 작용을 보조해주는 지상 스포일러와 비행 중 도움날개의 조작에 따라 작동되어 항공기의 세로조종을 보조해 주는 공중 스포일러가 있다.

20. 최대 양항비가 10인 항공기가 고도 2400 m에서 활공을 시작했다면 최대 수평 도달거리는 몇 m인가?

① 14400   ② 24000
③ 28800   ④ 48000

[해설] 최대 수평 도달거리(활공거리)

양항비 = $\dfrac{\text{최대 수평도달거리}}{\text{활공고도}}$ 에서

최대 수평도달거리 = 양항비 × 활공고도
= 10 × 2400 = 24000 m

제2과목 항공기관

---

21. 다음 중 보상 캠(compensated cam)이 사용되는 엔진 형식은?

① V-형(V-type)
② 직렬형(inline type)
③ 성형(radial type)
④ 대향형(opposit type)

[해설] 보상캠(compensated cam): 성형기관에서는 주커넥팅 로드 실린더와 부커넥팅 로드 실린더 간의 점화시기 차이로 실린더마다 각각의 고유한 캠 로브를 가져야 하는데 이와 같은 캠을 보상캠(보정캠)이라 한다.

22. 정압비열 0.114 kcal/kg·℃인 기체 5 kg을 정압상태 0℃에서 20℃까지 가열하였다면 이때 공급된 열량은 몇 kcal인가?

① 11.4   ② 22.8   ③ 88.0   ④ 114

[해설] 열량(Q)
$Q = m C (t_2 - t_1)$
$= 5 \times 0.114 (20 - 0) = 11.4 \text{ kcal}$

23. 다음 중 일반적으로 라인 정비(line maintenance)에서 할 수 없는 작업은?

① 배기노즐 장탈
② 기관 압축기 분해
③ 보기장치의 교환
④ 연료제어장치의 교환

[해설] 라인 정비: 항공기를 격납고나 정비수리창에 입고하지 않고 현장에서 수행할 수 있는 정비를 말한다.

24. 왕복기관 윤활계통에서 윤활유의 역할이 아닌 것은?

① 금속가루 및 미분을 제거한다.
② 금속 부품의 부식을 방지한다.
③ 연료에 수분의 침입을 방지한다.
④ 금속면 사이의 충격 하중을 완충시킨다.

정답 19. ④   20. ②   21. ③   22. ①   23. ②   24. ③

[해설] 윤활유의 작용 : 윤활작용, 기밀작용, 냉각작용, 청결작용, 방청작용, 소음방지작용

25. 가스 터빈 기관에서 터빈을 통과하는 가스의 압력과 속도는 변하지 않고 흐름 방향만 바뀌는 터빈은?

① 충동 터빈   ② 구동 터빈
③ 반동 터빈   ④ 이차 터빈

[해설] 충동 터빈 : 반동도가 0인 터빈으로 가스의 팽창은 터빈 고정자에서만 이루어지고, 회전자 깃에서는 전혀 팽창이 이루어지지 않는다.

26. 대형 터보팬 기관에서 역추력 장치를 작동시키는 방법은?

① 플랩 작동 시 함께 작동한다.
② 항공기의 자중에 따라 고정된다.
③ 제동장치가 작동될 때 함께 작동한다.
④ 스로틀 또는 파워레버에 의해서 작동한다.

[해설] 역추력장치 : 역추력장치는 조종사가 조종레버(스로틀 또는 파워 레버)를 이용하여 조절할 수 있으며 역추력이 선택된 후에 조종사는 착륙조건에 맞는 레버를 idle위치에서 이륙위치까지 움직일 수가 있다.

27. 다음 중 마찰마력을 옳게 표현한 것은?

① 제동마력과 정격마력의 차
② 지시마력과 제동마력의 차
③ 지시마력과 정격마력의 차
④ 기관의 용적효율과 제동마력의 차

[해설] 제동마력
제동마력=지시마력−마찰마력
마찰마력=지시마력−제동마력

28. 가스터빈 기관의 연소용 공기량은 일반적으로 연소실(combustion chamber)을 통과하는 총공기량의 몇 % 정도인가?

① 25   ② 50   ③ 75   ④ 100

[해설] 연소실
㉠ 1차 연소영역 : 기관 전체에 공급되는 공기량의 약 20~30% 정도이며, 연소영역이라 한다.
㉡ 2차 연소영역 : 연소가스의 냉각작용을 담당하는 영역으로 혼합냉각 영역이라 한다.

29. 항공기 기관의 오일 필터가 막혔다면 어떤 현상이 발생하는가?

① 엔진 윤활계통의 윤활 결핍 현상이 온다.
② 높은 오일 압력 때문에 필터가 파손된다.
③ 오일이 바이패스 밸브(bypass valve)를 통하여 흐른다.
④ 높은 오일 압력으로 체크 밸브(check valve)가 작동하여 오일이 되돌아온다.

[해설] 오일 여과기(oil filter)
• 바이패스 밸브 : 윤활유 여과기가 막혔거나 추운 상태에서 시동할 때에 여과기를 거치지 않고 윤활유가 직접 기관의 안쪽으로 공급하도록 한다.

30. 초크(choked) 또는 테이퍼 그라운드(taper-ground) 실린더 배럴을 사용하는 가장 큰 이유는?

① 시동 시 압축압력을 증가시키기 위하여
② 정상 작동온도에서 실린더의 원활한 작동을 위하여
③ 정상적인 실린더 배럴(cylinder barrel)의 마모를 보상하기 위하여
④ 피스톤 링(piston ring)의 마모를 미리 알기 위하여

[해설] 초크 보어(choke bored) : 실린더 상사점

정답 25. ① 26. ④ 27. ② 28. ① 29. ③ 30. ②

부근이 열팽창을 고려하여 실린더 헤드쪽의 내부 지름을 하사점보다 약간 작게 만든다.

31. 피스톤의 단면적 120cm², 행정거리 50cm인 실린더 14개를 갖는 4행정 왕복기관이 1800rpm으로 작동할 때 평균 유효압력이 20kgf/cm²라면 지시마력은 몇 ps인가?

① 3200 ② 3360
③ 4520 ④ 6720

[해설] 지시마력 = $\dfrac{PLANK}{2 \times 75 \times 60}$

$= \dfrac{20 \times 0.50 \times 120 \times 1800 \times 14}{9000} = 3360\,ps$

(여기서, P=20 kgf/cm², L=50 cm=0.5 m, A=120 cm², N=1800 rpm, K=14이다.)

32. 그림과 같은 단순 가스터빈 사이클의 $P-v$선도에서 압축기가 공기를 압축하기 위하여 소비한 일은 선도의 어떤 면적과 같은가?

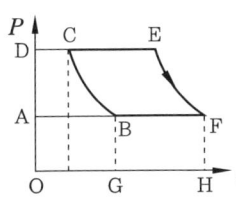

① 도형 ABCDA의 면적
② 도형 BCEFB의 면적
③ 도형 OGBCDO의 면적
④ 도형 AFEDA의 면적

[해설] 가스터빈 사이클
• 도형 BCEFB의 면적 : 가스터빈 기관이 한 일
• 도형 BCDAB의 면적 : 압축기를 구동시키기 위하여 필요한 일

33. 가스터빈 기관에서 축류식 압축기의 단수를 n, 단당 압력비를 Ys라 할 때 이 압축기의 전체 압력비 Y를 구하는 식으로 옳은 것은?

① $Y = n \times Ys$ ② $Y = n^{Ys}$
③ $Y = n + Ys$ ④ $Y = (Ys)^n$

[해설] 압축기의 압력비(Y)
Y=(단당 압력비)^{단수}=$(Y_s)^n$

34. 왕복기관에서 흡입밸브가 상사점 이전 30°에서 열리고 하사점 이후 60°에서 닫히며, 배기밸브가 하사점 이전 60°에서 열리고 상사점 이후 15°에서 닫히는 경우 밸브 오버랩(valve overlap)은 몇 도인가?

① 15° ② 45° ③ 60° ④ 75°

[해설] 밸브 오버랩
= IO+EC=30°+15°=45°

35. 항공용 왕복기관의 압축비를 옳게 나타낸 것은?(단, V_d는 행정체적, V_c는 연소실 체적이다.)

① $\dfrac{V_c - V_d}{V_c}$ ② $\dfrac{V_c + V_d}{V_d}$
③ $\dfrac{V_c + V_d}{V_c}$ ④ $\dfrac{V_c - V_d}{V_d}$

[해설] 압축비(ε) = $\dfrac{실린더 안의 전체 체적}{연소실 체적}$

$= \dfrac{연소실 체적 + 행정 체적}{연소실 체적}$

$= \dfrac{V_c + V_d}{V_c}$

36. 제트 엔진 부분에서 다음 중 압력이 가장 높은 부위는?

① 터빈 입구 ② 압축기 입구
③ 터빈 출구 ④ 압축기 출구

[해설] 압력 변화 : 압축기 입구로부터 압축기 뒤쪽으로 갈수록 압축기의 압축효과에 의해 압력은 상승하고, 최고 압력 상승은 압축기 바로 뒤에 있는 디퓨저(diffuser)에서 이루어진다.

37. 왕복기관의 체적효율에 영향을 미치지 않는 것은?
① 기관 회전수
② 부적절한 밸브 타이밍
③ 기화기 공기온도
④ 연료와 공기의 혼합비

[해설] 체적효율 : 같은 압력, 같은 온도 조건에서 실제로 실린더 안으로 흡입된 혼합가스의 체적과 행정체적과의 비를 말한다.

38. 왕복기관 마그네토에 사용되는 콘덴서의 용량이 너무 작으면 발생하는 현상은?
① 점화플러그가 탄다.
② 브레이커 접점이 탄다.
③ 기관 시동이 빨리 걸린다.
④ 2차 권선에 고전류가 생긴다.

[해설] 콘덴서
㉠ 콘덴서의 용량이 너무 작으면 : 브레이커 접점(breaker point)이 손상되고 2차선에서 출력이 약화된다.
㉡ 콘덴서의 용량이 너무 크면 : 전압이 감소하여 불꽃이 약화된다.

39. 항공기 왕복기관의 부자식 기화기에서 가속 펌프의 주된 기능으로 옳은 것은?
① 고고도에서 혼합비를 희박하게 한다.
② 고출력으로 작동할 때 추가 공기를 공급한다.
③ 이륙 시 기관 구동 펌프의 회전속도를 증가시킨다.
④ 스로틀(throttle)이 갑자기 열릴 때 추가 연료를 공급한다.

[해설] 가속장치 : 기관의 출력을 빨리 증가시키기 위하여 스로틀 밸브를 갑자기 여는 순간에만 더 많은 연료를 강제적으로 분출시켜 공기량 증가에 적당한 혼합가스가 유지되도록 한다.

40. 가스터빈 기관의 점화계통에 대한 설명 중 틀린 것은?
① 유도형과 용량형이 있다.
② 점화시기 조절장치가 없다.
③ 기관 작동 중에 항상 점화한다.
④ 높은 에너지의 전기 스파크를 이용한다.

[해설] 가스 터빈 기관의 점화계통
㉠ 시동시에만 점화가 필요하여 점화시기 조절장치가 필요없다.
㉡ 왕복기관에 비해 구조가 간편하다.
㉢ 유도형과 용량형 점화계통이 있다.
㉣ 점화장치는 연소실 안에서 점화가 이루어진 후에는 작동이 멈춘다.

제3과목 항공기체

41. 블라인드 리벳(blind rivet)의 종류가 아닌 것은?
① 체리 리벳   ② 리브 너트
③ 접시머리 리벳   ④ 폭발 리벳

[해설] 블라인드 리벳(blind rivet) : 리벳 작업을 할 구조물의 양쪽 면 접근이 불가능하거나 작업 공간이 좁아서 버킹 바를 사용할 수 없는 곳에 사용한다.
• 체리 리벳, 폭발 리벳, 리브 너트 등이 있다.

정답 37. ④ 38. ② 39. ④ 40. ③ 41. ③

42. 알루미늄 합금을 구조용 강철과 비교하여 설명한 것으로 틀린 것은?

① 비강도가 높다.
② 단위 체적당 무게가 거의 같다.
③ 알루미늄 합금의 변형이 더 크다.
④ 알루미늄 합금의 제1변태점이 낮다.

[해설] 알루미늄 합금
㉠ 항공기에 사용되는 재료는 비중이 작고 인장강도가 높은, 즉 비강도가 우수한 것을 사용하는데 알루미늄 합금과 티탄 합금이 비강도가 우수하다.
㉡ 순수 알루미늄의 비중은 2.7로서 흰색의 광택이 나고 비자성체이며 전기 및 열에 대한 전도성이 양호하고 약 660℃에서 녹는다.

43. 알클래드(alclad)판은 어떤 목적으로 알루미늄 합금판 위에 순수 알루미늄을 피복한 것인가?

① 공기저항 감소
② 기체 전기저항 감소
③ 인장 강도의 증대
④ 공기 중에서의 부식 방지

[해설] 알클래드판 : 초강 합금의 표면에 내식성이 우수한 순수알루미늄 또는 알루미늄 합금판을 붙여 사용하는데 이것을 알클래드라 한다.

44. 세미모노코크 구조의 동체에 작용하는 전단하중을 주로 담당하는 부재는?

① 외피(skin)
② 론저론(longeron)
③ 스트링거(stringer)
④ 벌크헤드(bulkhead)

[해설] 세미모노코크 구조형 동체 : 외피는 동체에 작용하는 전단응력과 비틀림 응력을 담당하며, 때로는 스트링거와 함께 압축 및 인장응력을 담당하기도 한다.

45. 약 1500°F 까지 온도가 올라갈 수 있는 기관 부위에 사용할 수 있는 안전결선 재료는?

① Cu 합금
② 5056 Al 합금
③ Ni-Cu 합금(모넬)
④ Ni-Cr-Fe 합금(인코넬)

[해설] 안전결선의 사용조건
Ni-Cu합금(모넬) : 700°F 까지의 장소
Ni-Cr-Fe합금(인코넬) : 1500°F 까지의 장소
5056 AL 합금 : 안전결선이 마그네슘 재료와 결합했을 경우
Cu(지름 0.02in) : 비상 장치용

46. 항공기의 여러 곳에 가장 많이 사용되며 그립이 없고 보통 납작머리, 둥근머리, 와셔머리 등으로 되어 있는 스크루는?

① 구조용 스크루   ② 테이퍼핀 스크루
③ 기계용 스크루   ④ 셀프태핑 스크루

[해설] 스크루
㉠ 구조용 스크루 : 볼트와 같은 강도가 요구되는 곳에 사용
㉡ 기계용 스크루 : 둥근머리, 와셔머리, 납작머리 등이 있으며 머리부분에는 드라이버로 죌 수 있도록 홈이 파여 있다.
㉢ 자동태핑 스크루 : 나사 구멍을 만들 수 있는 약한 재질의 부품이나 주물에 표찰을 고정시킬 때 사용한다.

47. 다음 중 응력(stress)의 단위가 아닌 것은?

① kgf/cm^2 ② N/m^2
③ lb/in^2 ④ kJ/m^2

[해설] 응력의 단위
단위 면적당 힘을 응력이라 한다.
단위 : Pa, N/m^2, kgf/cm^2, lb/in^2

[정답] 42. ② 43. ④ 44. ① 45. ④ 46. ③ 47. ④

48. 그림과 같이 보에 집중하중이 가해질 때 하중 중심의 위치는?

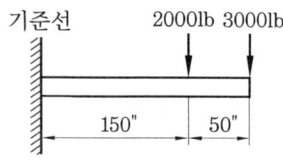

① 기준선에서부터 150"
② 기준선에서부터 180"
③ 보의 우측 끝에서부터 150"
④ 보의 우측 끝에서부터 180"

[해설] 중심 위치($c \cdot g$)
$$c \cdot g = \frac{2000 \times 150 + 3000 \times 200}{2000 + 3000}$$
$$= 180 \text{ inch}$$

49. 다음 중 고정익 항공기의 일반적인 기체구조 구성요소로만 나열된 것은?

① 동체, 날개, 나셀, 기관 마운트, 조종장치, 착륙장치
② 기체, 주날개, 꼬리날개, 기관, 착륙장치
③ 동체, 날개, 기관, 동력 연결장치, 전자장비
④ 동체, 날개, 기관, 조향장치, 강착장치

[해설] 항공기 기체의 구성: 동체, 날개, 주날개, 꼬리 날개, 나셀, 기관마운트, 조종장치, 착륙장치

50. 다음 중 뒷전 플랩의 종류가 아닌 것은?

① 슬롯 플랩 ② 스플릿 플랩
③ 크루거 플랩 ④ 파울러 플랩

[해설] 플랩
㉠ 앞전 고양력 장치: 고정 슬롯, 드롭(앞전), 크루거 플랩, 로컬 캠버, 핸들리 페이지 슬롯
㉡ 뒷전 고양력 장치: 단순 플랩, 스플릿 플랩, 파울러 플랩, 슬롯 플랩, 잽 플랩, 블로 플랩, 블로 제트

51. 다음과 같은 항공기용 리벳의 표시 중 5가 의미하는 것은?

```
MS 20470 A 5 - 6 A
```

① 재질 ② 머리형상
③ 리벳 길이 ④ 리벳 지름

[해설] MS 20470 A 5 - 6
MS 20470: 리벳의 종류로서 유니버설 리벳
A: 재질로서 순수 알루미늄 리벳을 말한다.
5: 리벳의 지름으로 $\frac{5}{32}$ in이다.
6: 리벳의 길이로서 $\frac{6}{16}$ in이다.

52. 전단응력만 작용하는 곳에 사용되고 그립길이가 생크의 직경보다 적은 곳에 사용해서는 안 되는 리벳은?

① 폭발 리벳(explosive rivet)
② 블라인드 리벳(blind rivet)
③ 하이시어 리벳(hi-shear rivet)
④ 기계적 확장 리벳(mechanically expand rivet)

[해설] 고전단 리벳(hi-shear rivet): 특수 리벳이며 나사가 없는 볼트라고도 볼수 있다. 높은 전단강도가 요구되는 곳에 사용되며, 그립(grip)의 길이가 몸체의 지름보다 큰 곳에 사용해야 한다.

53. 알루미늄의 표면에 인공적으로 얇은 산화피막을 형성하는 방법은?

① 파커라이징
② 주석 도금 처리
③ 아노다이징
④ 카드뮴 도금 처리

[해설] 양극 산화처리(anodizing): 전해액에서 금속을 양극으로 하고, 전류를 통하여 양극에서 발생하는 산소에 의하여 알루미늄과 같은 금속표면에 산화피막을 형성하는 부식처리 방법

54. 그림과 같이 길이 5m인 보에 A단에서 2m인 곳에 800kgf의 집중하중이 작용 할 때 A단에서의 반력은 몇 kgf인가?

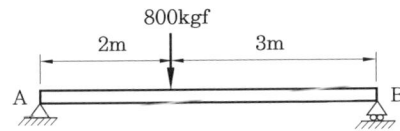

① 300 ② 320 ③ 400 ④ 480

[해설] 반력
B점에 관한 모멘트 식은 다음과 같다.
$3 \times 800 = 5 \times R_A$
$R_A = 480\,\text{kgf}$

55. 가스 용접을 할 때 사용하는 산소와 아세틸렌가스 용기의 색을 옳게 나타낸 것은?

① 산소 용기 : 청색, 아세틸렌 용기 : 회색
② 산소 용기 : 녹색, 아세틸렌 용기 : 황색
③ 산소 용기 : 청색, 아세틸렌 용기 : 황색
④ 산소 용기 : 녹색, 아세틸렌 용기 : 회색

[해설] 산소-아세틸렌가스 용접 : 다른 가연성 가스를 쓰는 가스 용접에 비하여 고온을 얻을 수 있고, 열을 집중시키며, 불꽃의 조절이 쉽다. 산소 용기는 녹색, 아세틸렌 용기는 황색으로 되어 있다.

56. 다음 중 아크 용접에 속하는 것은?

① 단접법 ② 테르밋 용접
③ 업셋 용접 ④ 원자수소 용접

[해설] 아크 용접의 종류 : 금속 아크 용접, 탄소 아크 용접, 아크 토치 용접, 원자 수소 용접

57. 다음 중 설계하중을 옳게 나타낸 것은?

① 종극하중×종극하중 계수
② 한계하중×안전계수
③ 극한하중×설계하중 계수
④ 극한하중×종극하중 계수

[해설] 설계하중 : 항공기는 한계하중보다 더 큰 하중에 견딜 수 있도록 설계해야 하는데 이를 설계하중이라 한다. 기체구조의 설계 시 안전계수는 1.5이다.
설계하중 = 한계하중×안전계수

58. 다음 중 굽힘여유를 구하는 식으로 옳은 것은? (단, R : 굽힘 반지름, T : 금속의 두께, θ : 굽힘 각도)

① $\dfrac{2\pi\left(R+\dfrac{T}{2}\right)\theta}{360}$ ② $\dfrac{2\pi\left(T+\dfrac{R}{2}\right)\theta}{360}$

③ $\dfrac{2\pi\left(T+\dfrac{\theta}{2}\right)R}{360}$ ④ $\dfrac{2\pi\left(\theta+\dfrac{R}{2}\right)T}{360}$

[해설] 굽힘여유(BA) : 판재를 구부릴 때 정확히 수직으로 구부릴 수 없기 때문에 구부러지는 여유길이가 생기는데 이 여유길이를 말한다.
$BA = \dfrac{\theta}{360}2\pi\left(R+\dfrac{T}{2}\right)$

59. 리벳 제거 작업에 관한 설명으로 옳은 것은?

① 드릴 사용 시 리벳 지름보다 한 치수 작은 드릴을 사용한다.
② 리벳이 관통될 때까지 드릴 작업을 한다.
③ 리벳 생크 부분에 드릴을 이용하여 몸체를 제거한다.
④ 남은 리벳 머리는 깨끗이 줄로 갈아 없앤다.

[해설] 리벳 제거 작업 : 리벳 머리를 줄고 평평하게 갈고, 리벳 지름보다 작은 드릴로 리벳 머리에 구멍을 뚫어 머리를 제거한 다음 펀치로 리벳의 몸체 부분을 밀어낸다.

60. 외경이 8 cm, 내경이 6 cm인 중공원형 단면의 극관성 모멘트는 약 몇 cm⁴인가?

① 29 ② 127 ③ 275 ④ 402

[해설] 극관성 모멘트(I_P)

$I_P = 2I_x = 2I_y$

$I_x = \dfrac{\pi}{64}(d_2^2 - d_1^2) = \dfrac{3.14}{64}(8^2 - 6^2)$

$= 137.375 \text{ cm}^4$

따라서,

$I_P = 2I_x = 2 \times 137.375 ≒ 275 \text{ cm}^4$

제4과목 항공장비

61. 항공기 브레이크(brake) 계통에서 브레이크로 가는 압력을 감소시키고 유압유의 흐르는 양을 증가시키는 역할과 관계되는 것은?

① 셔틀 밸브(shuttle valve)
② 디부스터 실린더(debooster cylinder)
③ 브레이크 제어 밸브(brake control valve)
④ 브레이크 조절 밸브(brake regulation)

[해설] 디부스터 밸브(debooster valve): 브레이크의 작동을 신속하게 하기 위한 밸브이다. 브레이크를 작동할 때 일시적으로 작동유의 공급량을 증가시켜 신속하게 제동되도록 하며, 브레이크를 풀 때에도 작동유의 귀환이 신속하게 이루어지도록 한다.

62. 대형 항공기에서 객실 여압(pressurization) 장치를 설비하는데 고려되어야 할 내용과 가장 거리가 먼 것은?

① 항공기 내부와 외부의 압력차
② 항공기 최대 운용 속도
③ 항공기의 기체 구조 자재의 선택과 제작
④ 최대 운용 고도에서 일정한 객실 고도를 유지

[해설] 객실 여압: 비행고도와 객실고도의 차이로 인하여 기체 외부와 내부에는 다른 압력이 작용하게 되는데 이 압력차를 차압이라 하며, 비행기 구조가 견딜 수 있는 차압은 설계할 때 정해지게 된다.

63. 항공기에서 사용되는 공기압 계통에 대한 설명 중 가장 관계가 먼 것은?

① 공기압의 재활용으로 귀환관이 필요하나 유압 계통보다는 계통이 단순하다.
② 소형 항공기에서는 브레이크 장치, 플랩작동장치 등을 작동시키는데 사용한다.
③ 적은 양으로 큰 힘을 얻을 수 있고, 깨끗하며 불연성(non-inflammable)이다.
④ 대형 항공기에는 주로 유압계통에 대한 보조수단으로 사용한다.

[해설] 공기압 계통: 압력전달 매체로서 공기를 사용하므로, 어느 정도 계통의 누설을 허용하더라도 압력 전달에는 큰 영향을 주지 않으며, 공기압 계통은 무게가 가볍고, 사용한 공기를 대기 중으로 배출되어 귀환관이 필요 없다.

64. 지자기의 3요소 중 복각에 대한 설명으로 옳은 것은?

① 지자력의 지구 수평에 대한 분력을 의미한다.
② 지자기 자력선의 방향과 수평선 간의 각을 말하며, 양극으로 갈수록 90°에 가까워진다.
③ 지축과 지자기축이 서로 일치하지 않

[정답] 60. ③ 61. ② 62. ② 63. ① 64. ②

음으로써 발생되는 진방위와 지방위의 차이를 말한다.
④ 지자력의 지구 수평에 대한 분력을 말하며, 적도 부근에서는 최대이고 양 극에서는 0°에 가깝다.

[해설] 복각 : 막대 자석의 중심을 실로 묶어 매달아 자유롭게 움직이게 하여 적도에서 북극까지 이동시키면 적도에서는 수평(0°)이지만, 북극에 가까워질수록 기울어져서 수직(90°)이 되는데 이때의 기울어지는 각도를 복각(dip)이라 한다.

65. 항공기에 정속 구동장치(constant speed drive)를 장착하는 주목적은 무엇을 유지하기 위한 것인가?

① 전압   ② 전류   ③ 위상   ④ 주파수

[해설] 정속 구동장치(CSD) : 기관과 발전기 사이에 정속 구동장치를 설치하여 기관의 회전수에 관계없이 일정한 출력 주파수를 발생하도록 한다.

66. 그림과 같은 Wheatstone bridge가 평형이 되려면 X의 저항은 몇 Ω이 되어야 하는가?

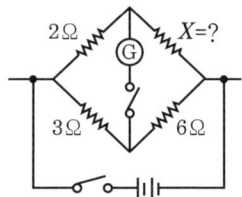

① 3   ② 4   ③ 5   ④ 6

[해설] 휘트스톤 브리지
$R_1 \cdot R_4 = R_2 \cdot R_3$ 에서
$2 \times 6 = 3 \times X$ ∴ $X = 4\,\Omega$

67. 안테나 종류에서 구조에 의한 분류 중 판상 안테나에 해당하는 것은?

① 반사형   ② 집중 정수형
③ 분포 정수형   ④ 복합 개구면형

[해설] 구조에 의한 안테나 분류
㉠ 선상 안테나 : 집중형, 분포 정수형
㉡ 판상 안테나 : 판상 도선용, 반사용
㉢ 개구형 안테나 : 렌즈 안테나, 곡면 반사형, 복합 개구면형

68. 액량계기와 유량계기에 관한 설명으로 옳은 것은?

① 액량계기는 연료 탱크에서 기관으로 흐르는 연료의 유량을 지시한다.
② 액량계기는 대형기와 소형기에 차이 없이 대부분 동압식 계기이다.
③ 유량계기는 연료 탱크에서 기관으로 흐르는 연료의 유량을 시간당 부피 또는 무게단위로 나타낸다.
④ 유량계기는 직독식, 플로트식, 액압식 등이 있다.

[해설] 액량 및 유량계기
㉠ 액량계기 : 연료, 윤활유, 작동유와 방빙액의 양을 부피나 무게로 측정하여 지시하는 계기다. 직독식, 부자식, 전기 용량식이 있다
㉡ 유량계기 : 연료탱크에서 기관으로 흐르는 연료의 유량을 시간당 부피단위(GPH), 또는 무게단위(PPH)로 지시한다.

69. 항공기 VHF 통신 장치에 관한 설명 중 틀린 것은?

① 근거리 통신에 이용된다.
② VHF 통신 채널 간격은 30kHz이다.
③ 수신기에는 잡음을 없애는 스퀠치 회로를 사용하기도 한다.
④ 국제적으로 규정된 항공 초단파 통신 주파수 대역은 108~136MHz이다.

[해설] VHF 통신 장치 : 가시거리 통신에 유효하므로 보통의 공대지 통신에는 초단파 대역이 시상적이다.

㉠ 구성 : 조정패널, 송·수신기, 안테나
㉡ 주파수대 : 118~136.9 MHz
㉢ 주파수 간격 : 25 kHz

70. 다음 중 고도계에서 발생되는 오차가 아닌 것은?

① 복선 오차 ② 기계 오차
③ 온도 오차 ④ 탄성 오차

[해설] 고도계의 오차
㉠ 눈금 오차
㉡ 온도 오차
㉢ 탄성 오차 : 히스테리시스, 편위, 잔류효과
㉣ 기계적 오차

71. 자이로의 섭동성을 이용한 것으로 항공기의 선회율을 지시하는 계기는?

① 자세 지시계 ② 선회 경사계
③ 마하 속도계 ④ 방향 지시계

[해설] 자이로 계기
㉠ 선회계 : 자이로 섭동성을 이용
㉡ 방향 자이로 지시계 : 자이로의 강직성을 이용
㉢ 자이로 수평 지시계 : 자이로의 강직성, 섭동성을 이용

72. 전파(radio wave)가 공중으로 발사되어 전리층에 의해서 반사되는데 이 전리층을 설명한 내용으로 틀린 것은?

① 태양에서 발사된 복사선 및 복사 미립자에 의해 대기가 전리된 영역이다.
② 주간에만 나타나 단파대에 영향이 나타나며 D층에서는 전파가 흡수된다.
③ 전리층이 전파에 미치는 영향은 그 안의 전자 밀도와는 관계가 없다.
④ 전리층의 높이나 전리의 정도는 시각, 계절에 따라 변한다.

[해설] 전리층 : 지구를 둘러싸고 있는 상층 대기가 태양으로부터 복사에너지에 의하여 전리된 층을 형성하고 있으며, 이로부터 전파를 반사시키는 작용을 하는 층을 말한다. D층은 낮에는 태양을 향하고 있는 동안에만 나타나며 밤에는 전리된 전자층이 재결합하여 대부분 소멸된다. 각 전리층은 중앙 부분의 전자 밀도가 가장 크고, 그 윗부분과 아랫부분의 전자밀도는 점차 낮아진다.

73. 다음 중 피토압에 영향을 받지 않는 계기는?

① 속도계 ② 고도계
③ 승강계 ④ 선회 경사계

[해설] 정압과 동압
㉠ 정압을 이용한 계기 : 고도계, 승강계
㉡ 전압과 정압의 차이인 동압을 이용한 계기 : 속도계, 마하계

74. 신호에 따라 반송파의 진폭을 변화시키는 변조방식은?

① PCM 방식 ② FM 방식
③ AM 방식 ④ PM 방식

[해설] 변조
㉠ 진폭 변조(AM) : 반송파의 진폭을 변화시킨다.
㉡ 주파수 변조(FM) : 신호의 크기에 따라 반송파의 주파수를 변화시킨다.

75. 방빙계통에 대한 다음 설명 중 옳은 것은?

① 프로펠러의 방빙, 제빙에는 슬링거링(slinger ring)을 이용해 날개 끝부분에 뜨거운 공기를 공급한다.
② 기화기(carburetor)는 water separator를 사용하여 흡입공기의 수분을 제거함으로써 방빙을 한다.
③ drain master의 예열은 지상 계류시에는 저전압으로 예열된다.
④ 연료에 수분이 포함되면 필터 부분에

[정답] 70. ① 71. ② 72. ③ 73. ④ 74. ③ 75. ③

결빙이 발생되므로 이를 방지하기 위해 필터 앞에 전기 히터를 설치한다.

[해설] 방빙계통
㉠ 결빙이 일어나는 부분: 날개 앞전, 수직, 수평안정판 앞전, 윈드실드 및 창문, 기관공기 흡입구, 실속 경고장치, 피토관, 프로펠러 깃의 앞전, 기화기
㉡ 프로펠러에는 슬링거 링(slinger ring)이 설치되어 있어서 원심력에 의해 알코올을 분사, 노즐에 공급하여 분사시킨다.
㉢ 기화기의 방빙은 뜨거운 공기를 이용하여 방빙을 한다.

76. 다음 중 비행계기만을 포함하고 있는 것은?

① 고도계, 속도계, 나침반, TACAN
② 고도계, 속도계, 승강계, 연료 압력계
③ 고도계, 속도계, 자세 지시계, mach-meter
④ 고도계, 속도계, 회전계, 흡입공기 온도계

[해설] 비행 계기
㉠ 항공기의 비행 상태를 알아내는데 필요한 계기
㉡ 고도계, 대기 속도계, 승강계, 선회 경사계, 자이로 수평지시계, 방향 자이로 지시계, 실속 탐지기, 마하계

77. 20해리(nautical mile) 떨어진 물체를 레이더가 감지하는 데 걸리는 시간은 약 몇 μs인가?

① 247 ② 124 ③ 12 ④ 6

[해설] 레이더 방정식
$R = \dfrac{c \cdot t}{2}$ 에서
$t = \dfrac{2R}{c} = \dfrac{2 \times 20 \times 1852}{3 \times 10^8} = 0.00247s$
$= 247 \mu s$
(여기서, $R = 20\, n$ mile에서 $1n$은 1852 m 이다. 전파의 속도 $(c) = 3 \times 10^8$)

78. CSD(constant speed drive)의 주된 역할에 대한 설명으로 옳은 것은?

① 유압 펌프의 회전수 및 압력을 일정하게 한다.
② 연료 펌프의 회전수 및 압력을 일정하게 한다.
③ 기관의 회전수에 맞추어 발전기축의 부하를 낮춘다.
④ 기관의 회전수에 관계없이 항상 일정한 회전수를 발전기축에 전달한다.

[해설] 정속 구동장치(constant speed drive): 교류발전기에서 기관의 회전수에 관계없이 일정한 출력 주파수를 발생할 수 있도록 하는 장치

79. 온도 보상용으로 쓰일 수 있는 소자로 가장 적합한 것은?

① 바리스터(varister)
② 서미스터(thermister)
③ 제너 다이오드(zener diode)
④ 버랙터 다이오드(varactor diode)

[해설] 서미스터(thermister): 아주 작은 온도의 변화로 전기 저항이 대폭으로 변하는 반도체의 성질을 이용한 소자로 전기 저항식 온도계에 이용된다.

80. 3상 교류 발전기에서 발전된 전압을 정의 방향으로 순차적으로 모두 합하면 얼마가 되겠는가?

① 0 ② 1 ③ $\sqrt{3}$ ④ 3

[해설] 3상 교류: 각 상(a상, b상, c상)은 서로 120°간격으로 배치되고 상전압을 모두 합하면 0이 된다.

[정답] 76. ④ 77. ① 78. ④ 79. ② 80. ①

김진우
- 한국 항공대학교 항공기계공학과 (졸)
- 한국 항공대학교 항공산업대학원 (졸)
- 직업훈련 전문교사 자격증 소지
- 항공정비사 면허증 소지
- 항공산업기사 자격증 소지
- 초경량비행장치 조종사 자격증 소지
- 패러글라이딩 수석지도자 자격증 소지 (전국 패러글라이딩 연합회)
- 패러글라이딩 지도강사 자격증 소지 (한국활공협회)

〈저서〉 항공정비기능사학과, 항공정비기능사 실기
항공정비사 시리즈 (항공역학, 항공기관, 항공기 장비, 항공기 기체)

항공산업기사 필기

2011년 1월 25일 1판 1쇄
2015년 1월 15일 1판 9쇄
2021년 5월 15일 2판 11쇄

저　자 : 김진우
펴낸이 : 이정일

펴낸곳 : 도서출판 일진사
www.iljinsa.com

(우) 04317 서울시 용산구 효창원로 64길 6
전화 : 704-1616 / 팩스 : 715-3536
등록 : 제1979-000009호 (1979.4.2)

값 35,000원

ISBN : 978-89-429-1441-8